U0144724

熱交換設計

王啟川 ◎著

Heat Transfer Design

五南圖書出版公司 印行

前言

本書內容涵蓋熱交換設計的主要型態，三種常見的熱交換器主要型態，即Recuperator、Regenerator與Direct Contact Heat Exchanger，本書均有詳實的交代；本書前面11個章節的內容架構與前身「熱交換器設計」相同，改正了相當多的錯誤，這部份要感謝許多讀者與同事提供許多修正的建議，讓這部份得以更為完整；12章到21章為新增章節，主要與製程熱交換、質量傳遞、直接接觸熱傳應用、熱管與微流道的特性有關，許多應用上的熱傳與質傳的問題，都可以在本書中找到一些重要的索引；本書終於付梓，筆者很難清楚地去感謝每一個對本書有貢獻的人，但是筆者還是要盡力的對那些為本書付出的同仁與朋友道謝，首先最重要的是要感謝讀者的支持，另外筆者要特別提到我的老長官陳陵援[註*]所長，他生前大力支持工研院同仁整理研究資料、撰寫研究書籍，才有本書的前身 –「熱交換器設計」於2001年的誕生，另外筆者過去工研院的直屬長官曲新生博士、徐瑞鐘博士、胡耀祖博士與楊秉純博士多年來的背後支持提供作者研究上的寬廣空間是本書不可或缺助力，此外筆者特別感激當時所屬的熱交換器研究小組的努力，本書有很多的研究都是來自於這個小組的貢獻；這個研究小組包括張育瑞、韋宗椳、廖建順、劉敏生、簡國祥博士與楊愷祥博士等人與多年來許多曾在這個研究實驗室中從事論文研究的研究生，另外對徐幸玉小姐與林柔均小姐協助部份圖表的繪製，表示萬分的謝意；一丞冷凍的尤郁淵先生對本書提供了寶貴的改善意見，筆者要特別感謝他的幫忙，本書的部份封面封底設計也是由他操刀；最後，筆者要謝謝我的家人，包括太太、兒子、女兒與爸媽，謝謝他們在這段時間對我的支持。

本書內容雖經一再訂正，但是相信仍有一些值得商榷與需要更正的地方，如果讀者有任何建議與指正，歡迎透過下面的聯絡管道告知，讓筆者有機會於後續版本印行時持續更正這些錯誤：

新竹市大學路1001號工程五館474室；國立交通大學機械工程系

Tel ：886-3-5712121 ext. 55105

Fax：886-3-5720634

e-mail:ccwang@mail.nctu.edu.tw

---

[*] 陳所長已於2006年4月初因病過世

作者簡歷

本書作者王啟川，1960年生於台灣埔里，大學(1982)、碩士(1984)與博士學位(1989)均於新竹市國立交通大學機械工程系取得；1989年畢業後進入新竹工業技術研究院與能源資源研究所(2005改名為能源與環境研究所)工作，1998年升任正研究員，2005年升任資深正研究員；2010 年從工研院退休後回交通大學機械工程系任教授一職，作者二十多年中，主要從事熱交換、兩相流、電子散熱管理、微細熱流、冷凍空調應用、能源系統開發與雲端系統能源熱流管理的相關研究工作，對現有知識的追求與未知領域的探索，一直是作者最大的興趣；作者的願景(Vision)是希望在退休前，能夠將研究所得化為至少三百篇的國際期刊論文與五本以上的專書。

作者全家福

作者曾獲得1996年的中國機械工程師學會頒發的優秀青年工程師獎與1997年工研院頒發的研究成就獎；1999年後，由於長期的研究成果獲得國際肯定，獲邀擔任國際著名學術期刊Journal of Enhanced Heat Transfer之區域編輯，2003起並獲邀擔任Heat Transfer Engineering的副編輯，2006年並榮獲美國冷凍空調工程師學會的會士頭銜(ASHRAE Fellow)，2009年獲得美國機械工程師學會的會士頭銜(ASME Fellow)。作者除了研究的嗜好外，閒暇之餘也很喜歡運動，其中桌球算是作者的「第二專長」；年輕時要是選擇打球這條路，應該也會和當年許多三民國中的隊友一樣擁有『國手』這個稱號，不過讀者也應該看不到這本書的出版(至少不是由我撰寫)。

本書導讀

本書規劃以熱交換器的熱流設計為主，內容包含回復式熱交換器、再生式熱交換器與直接接觸式熱交換器等製程熱交換中常見的熱交換器；另外熱管的原理與應用與微通道的熱流問題，本書也有特別的章節介紹。本書的內容如下：

第零章：　符號說明
第一章：　基本熱傳與流力簡介
第二章：　熱交換器設計導論
第三章：　密集式熱交換器
第四章：　基本兩相熱流特性簡介
第五章：　氣冷式熱交換器 (乾盤管)
第六章：　氣冷式熱交換器 (濕盤管)
第七章：　熱交換器之性能評價方法
第八章：　套管式熱交換器
第九章：　殼管式熱交換器
第十章：　板式熱交換器
第十一章：　污垢對熱流特性的影響
第十二章：　熱交換製程整合技術
第十三章：　不均勻流動對熱交換器性能的影響
第十四章：　質量傳遞之基本介紹
第十五章：　多成分混合物的冷凝器與蒸發器的熱流設計
第十六章：　直接接觸熱傳遞
第十七章：　冷卻水塔
第十八章：　再生式熱交換器
第十九章：　攪拌容器的熱流設計
第二十章：　熱管熱交換器
第二十一章：微通道單相流動熱傳特性
附錄：一些常見的流體、金屬與非金屬的熱物性質

作者多年工作於產業界與學術界之間，深知產業界與學術界間的落差，本書的構想在於純粹學理與應用間取得一個平衡點，讓經常接觸熱交換器的工程師能夠合理的去評估一個熱交換過程的熱流性能；筆者也同時希望藉由本書的內容，讓修習這一門課的學生們能夠對熱交換器有初步的概念，瞭解如何估算、評比不同熱交換

器的性能。

對初學者而言，筆者建議最好循序漸進，從第一、二章中建立基本的熱交換器設計背景資料，第四章為兩相流的基本熱傳與壓降計算的介紹，由於兩相流遠較單相流複雜，因此建議初學者可以暫時不看，第三、五與六章為氣冷式熱交換器，第八、九與十章為不同型式的液對液熱交換器，這類熱交換器中，污垢的影響相當重要，故讀者研讀八、九與十章時，第十一章將不可或缺；第十二章主要在介紹狹點技術(pinch technology)，為能源有效合理應用的設計技術，第十三章介紹流場不均勻條件下對熱交換性能的影響，許多熱交換應用中，不單單僅有顯熱熱傳，往往夾帶了潛熱的變化，因此質量傳遞的影響也就相對的重要，第十四章到第十七章都在介紹質量傳遞對熱流系統的影響與應用，第十八章介紹另一種型態的熱交換器-再生式熱交換器，此類熱交換器在高溫與熱回收應用中經常看到，第二十章則介紹熱管，第二十一章為單相流動中微通道內的熱流特性。第七章為一些觀念的澄清，建議所有的讀者應該研讀。已經有經驗的讀者，筆者建議可直接從第二章進入，複習一些基本原理觀念後，再進入有興趣的章節，由於兩相流的應用相當的普遍，因此建議讀者在熟習基本技巧後，還是要將第四章好好的看一遍，因為兩相流實在非常重要，實際應用非常的多，若能具備兩相流的基本知識，將來在設計運用上才不會有捉襟見肘的困擾。

目錄

Chapter 0

符號說明

Nomenclature

符號說明

a	矩形截面積長；螺旋管管路直徑；熱擴散係數；$a=0.8(\beta/30)^{3.6}$ (第十章) 冷卻水塔單位體積下的熱交換器面積，m^2/m^3；管半徑，m
A	管路截面積，m^2；面積，m^2
A_b	旁通面積，m^2
A_c	管路截面積；最小流道面積；crossflow部份面積；螺旋管截面積，m^2
$A_{c,f}$	結垢後管內截面積，m^2
A_{cf}	侷限截面積，$=\pi D_{cf}^2/4$，m^2
$A_{c,i}$	管內截面積，m^2
A_{cr}	自由通路的面積$=\left(\frac{\pi}{4}D_{ot\ell}^2-2A_{ss}\right)\frac{L_b}{H}-W_pL_p$，m^2
A_e	噴嘴入口與緩衝板或是管群間的有效流動面積，m^2
A_i	管內面積，m^2
A_f	鰭片面積，m^2
A_G	管內兩相流動中氣態所佔的截面積，m^2
$A_{k,t}$	為可用來縱向熱傳導的面積，$=A_{fr}(1-\sigma)$，m^2
A_L	管內兩相流動中液態所佔的截面積，m^2
A_m	接近殼側中心的流道面積 (crossflow area at or near the centerline for one crossflow section ；第九章) ，m^2
A_{me}	不等間距進出口，接近殼側中心的流道面積，m^2，第九章
A_{mm}	殼管式熱交換器靠近中心線之最小流道面積，ESDU法，$=((N_{ct}-1)(P_t-d_o)+2\delta_{bb}+W_p)L_p$，m^2
A_n	噴嘴的面積，m^2
$A_{p,i}$	管內面積，m^2
$A_{p,m}$	平均管壁面積，m^2
$A_{p,o}$	管外面積，m^2
A_o	管外總面積，m^2
A_s	外殼與管陣間的間隙面積(ESDU法)，m^2
A_{sb}	外殼與管陣間的間隙面積(Bell-Delaware法)，m^2
A_{ss}	見圖9-47說明，$=\frac{1}{8}D_{ot\ell}^2\left(\theta_{ot\ell}-2\sin\frac{\theta_{ot\ell}}{2}\cos\frac{\theta_{ot\ell}}{2}\right)$，m^2

A_t 傳熱管外部表面積；傳熱管與擋板的間隙面積(ESDU法)，m^2

A_{tb} 傳熱管與擋板的間隙面積(Bell-Delaware法)，m^2

A_u $A\chi$，m^2

A_w 流體通過window的面積；管壁面積，m^2

A_{wg} window總面積；window面積中傳熱管支數所佔的面積，m^2

$A_{w,m}$ 管壁的平均面積，m^2

$AMTD$ 數學平均溫差(arithmetic mean temperature difference)，K

b 矩形截面積；鰭片高度(第三章圖3-3)螺旋管與渦管間距(圖1-5)，m^2；$b=0.78(30/\beta)^{0.554}$ (第十章)；剝蝕率比例常數(第十一章)；見式18-72；常數，見式20-23

b'_p 以管內壁溫度估算飽和空氣焓曲線的斜率的值 $=\left.\dfrac{\Delta i_s}{\Delta T}\right)_{T=T_{w,i}}$，J/kg·K

b'_r 以冷媒溫度估算飽和空氣焓曲線的斜率的值 $=\left.\dfrac{\Delta i_s}{\Delta T}\right)_{T=T_r}$，J/kg·K

$b'_{w,m}$ 以冷凝水平均溫度估算飽和空氣焓曲線的斜率的值 $=\left.\dfrac{\Delta i_s}{\Delta T}\right)_{T=T_{w,m}}$，J/kg·K

$b'_{w,p}$ 以管外壁溫度估算飽和空氣焓曲線的斜率的值 $=\left.\dfrac{\Delta i_s}{\Delta T}\right)_{T=T_{w,p}}$，J/kg·K

Bo 沸騰係數(boiling number，$Bo=q/\left(Gi_{fg}\right)$)

B_o Bond number $=g(\rho_L-\rho_G)(d_i/2)^2/\sigma$

c 音速c，m/s；濃度，mol/m^3 (14、15章)

C_{He} 亨利常數 (Henry constant)

c_n 裸管式管陣型Žukauskas (1998)關係式之熱傳性能校正參數(第五章)

c_p 比熱

C 熱容量流率 $=\dot{m}c_p$，W/K；Chisholm (1973)方程式之C常數(見式4-82~4-83與表4-4)；比例常數(19章)

C_1 stream 1 的熱容量流率，W/K

C_2 stream 2 的熱容量流率，W/K

C_0、C_1、C_2、C_3 經驗常數 (19章)

C、C_1、C_2、C_4、C_5 測試資料經迴歸分析後的經驗常數 (16章)

C_F 式16-28的經驗常數

C_{max} C_h與C_c兩者間的較大值，W/K

C_{min} C_h與C_c兩者間的較小值，W/K

C^* C_{min}/C_{max}

C_r^* 見式18-31

$C_{r,m}^*$ 見式18-65

C_c 冷側的熱容量流率 = $(\dot{m}c_p)_c$，W/K

C_h 熱側的熱容量流率 = $(\dot{m}c_p)_h$，W/K

C_o 全壓損失係數(第一章)

Co 兩相對流係數(第四章) = $\left(\frac{1-x}{x}\right)^{0.8}\left(\frac{\rho_G}{\rho_L}\right)^{0.5}$

CF 清潔係數(cleanliness factor)，見式11-16之定義

CL 見式9-4定義

CS 控制面積

CTP 見式9-2定義

CV 控制體積

d 管徑；圓管管內徑，m

d_e 分離型圓狀鰭鰭片含鰭片之外徑，見圖5-6說明，m

d_f 結垢後的管內直徑，m

d_g 螺旋管管間距，m

d_h、D_h 水力直徑，m

d_s 二螺旋管間距，m

d_t 螺旋管管徑，m

d_v 絕對溼度 (absolute humidity, water vapor density)，kg/m^3

$d_{w,o}$ 圓管管外徑，m

$d_{w,i}$ 圓管管內徑，m

D 質量擴散係數，m^2/s；塔槽直徑，m (16章)

D_v 質量擴散係數，m^2/s；容器直徑，m (19章)

D (d) 管路直徑，m；質量擴散係數 (mass diffusivity)，m^2/s

D_c (d_c) 含兩倍頸領厚度的管外徑 = $d_o + 2\delta_f$，m

D_{cf} 侷限直徑，見式21-76，m

$D_{ct\ell}$ = $D_{ot\ell} - d_o$，m

D_e Kern設計法之等效水力直徑(第九章)，m；板式熱交換器等效直徑(第十章)，m

D_E = 4×管蕊之截面積/管蕊之潤濕周長，m

D_h 水力直徑(hydraulic diameter)，m

$D_{h,ref}$ 參考水力直徑，見式21-112，此值爲1.164 mm

D_H Beecher and Fagan定義的波浪鰭片之水力直徑 $=\dfrac{2F_s(1-\beta)}{(1-\beta)\sec\theta+2F_s\beta/D_c}$，m，(第五章)

D_i (d_i) 管內徑，m；攪拌器直徑(第十九章)，m

D_{le} 矩形管等效直徑，見式21-71，m

D_m 主要管直徑 (major tube diameter)，適用扁管，m

D_p 板片manifold 的pore diameter，m

D_n 噴嘴直徑，m

D_o (d_o) 管外徑，m

$D_{ot\ell}$ 管群最大外徑 (diameter of outer tube limit)，m

D_s 外殼內徑 (shell diameter)，m

D_v 體積平均直徑，見式9-117；質量擴散係數；容器直徑，m (19章)

D_w window之等效直徑 (equivalent diameter of the window)，m

D^* 見式5-35的定義

De Dean number $=\mathrm{Re}\left(\dfrac{r}{R}\right)^{0.5}$

$D(\varepsilon)$ 能量密度

e 管路表面粗糙度

E 對流蒸發加強係數；熱交換量，J；小單元(17章)

E_i 分子在橫向入射方向能量通量

E_r 分子在橫向反射能量通量

E_w 分子在邊界重新發射能量通量

$E_{std}\beta$ 單位體積的摩擦消耗(第七章)

Eu Euler number $=\Delta P\Big/\left(\dfrac{1}{2}\rho u_c^2\cdot N\right)$

f Fanning friction factor (Fanning 摩擦係數)

f_{app} 明顯摩擦係數

f_{cf} 侷限摩擦係數，見式21-77

f_c 螺旋管、彎管之摩擦係數

f_D Darcy friction factor，Darcy 摩擦係數，$f_D=4f$

f_f 鰭片部份的摩擦係數(第五章)；污垢條件下的Fanning摩擦係數(第十一章)

f_{FD}　流動已完全發展下的摩擦係數

f_G　氣相部份Fanning摩擦係數

f_{GO}　將兩相流體視爲全部氣體時，其相對的單相摩擦係數

f_L　液相部份Fanning摩擦係數

f_{LO}　將兩相流體視爲全部液體時，其相對的單相摩擦係數

f_m　位置x處之平均摩擦係數

f_s　平滑管之摩擦係數

f_t　傳熱管部份的摩擦係數(第五章)

f_{TP}　兩相摩擦係數

f_x　位置x處之摩擦係數

f_1, f_2, f_3　分別代表液體黏度(liquid viscosity)、液體密度(liquid density)與表面張力(surface tension)三種物理性質的影響(見式16-27)

F　修正係數 ；校正係數；有速度下的冷凝的參數 $= \dfrac{g d_o \mu_L i_{fg}}{u_G^2 k_L (T_s - T_w)}$(見4-4)；有親水性塗佈鰭片的壓降與無水性鰭片壓降的比值(見式6-155)；校正係數；見式18-26；外力 (第21章)

$\vec{F}$　加於粒子上的外力，N

F_0　修正係數，見式17-41

F_b　$\dot{m}_b / \dot{M}_T$

F_c　交錯流動管支數所佔的比例 (fraction of total tubes in crossflow)

F_{cn}　代表某種函數(function)

F_{cr}　$\dot{m}_c / \dot{M}_T$

F_K　Kandlikar沸騰方程式計算用

F_L　分離型圓狀鰭鰭片高度，見圖5-6說明

F_p　鰭片截距F_p；充填係數

F_{PF}　Gorenflo 池沸騰方程式之參數，見式4-9

Fr　Froude number，$= G^2 / \left(g d \bar{\rho}^2\right)$

F_{TP}　對流增強兩相乘數，見4-3-3 Steiner and Taborek方程式

F_s　$\dot{m}_s / \dot{M}_T$ ；鰭片間距 $= F_p - \delta_f$，m

F_{sbp}　代表流體旁通部份面積所佔的比例爲 (fraction of crossflow area for bypass flow)

F_t　$\dot{m}_t / \dot{M}_T$

F_w　$\dot{m}_w / \dot{M}_T$

Fd 鰭片深度，m

Fe 鰭片長度，m

Fr Froude number

Fr_L Froude number，僅針對兩相流流體液體部份，$=\left(G\left(1-x\right)\right)^2/\left(\rho_L^2 gd\right)$

Fr_{LO} Froude number，視全部兩相流流體為液體，$=G^2/\left(\rho_L^2 gd\right)$

g 重力加速度，m/s^2

$\mathscr{g}$ 莫耳流率質導 (molar conductance)，kmol/m^2·s

$\mathscr{G}$ 質量流率質質導 (mass conductance)，kg/m^2·s

g_c 單位換算常數，以標準SI單為而言 $g_c = 1$ kg·m /N· s^2，若為英制則$g_c = 32.17$ lbm·ft /lbf·s^2，本書以SI單位為主，故大都省略g_c於方程式中

G 質量通率，kg/m^2·s

G_a 空氣質量通量，kg/m^2·s

G_c 最小流道面積下的質通量，kg/m^2·s

$G_{c,i}$ 管內質量通率，kg/m^2·s

$G_{c,f}$ 結垢後管內質量通率，kg/m^2·s

G_C 無結垢條件下的最小流道下的質量通率，kg/m^2·s

G_G 氣相部份質量通率 $= Gx$，kg/m^2·s

G_L 液相部份質量通率 $= G(1-x)$，kg/m^2·s；冷卻水質量通率，kg/m^2·s；縱向熱傳導的效應參數，見式18-71

G_r 管內冷媒流動的質量通量，kg/m^2·s

G_s 殼側最小流道面積下的質量通量 (mass flux of the air based on the minimum flow area)，kg/m^2·s

G_w 通過window的質量通量 (見式9-86)，kg/m^2·s

Gr Grashöf number

Gz Gratez number = $(\pi D/4x)$·Re·Pr

h 熱傳係數，W/m^2·K

h_f 冷凝液膜的流動熱傳係數，W/m^2·K

h_o 顯熱熱傳係數，W/m^2·K

$h_{D,o}$ 質傳係數，kg/m^2·s

h_M 質傳係數，kg/m^2·s

h_{ID1} 理想熱傳係數，見式15-91，W/m^2·K

h_{ID2} 理想熱傳係數，見式15-92，W/m^2·K

h_{TP}　兩相熱傳係數，W/m^2·K

ha　單位體積之熱傳係數，W/m^3·K

$(hA)^*$　見式18-28

$\bar{h}_m$　不均勻溫度造成的等效熱傳係數，W/m^2·K (式18-48)

Δh　高度變化，m

h_1　第一排的熱傳係數，W/m^2·K

h_c　冷凝熱傳係數(第四章)，W/m^2·K；接觸阻抗的熱導係數(第五章)；冷卻液的熱傳係數，W/m^2·K

$h_{c,m}$　平均冷凝熱傳係數(第四章)；冷凝平均熱傳係數，W/m^2·K

$h_{c,o}$　顯熱熱傳係數，W/m^2·K

h_{co}　濕空氣的顯熱熱傳係數，W/m^2·K

h_{CV}　強制對流蒸發的熱傳係數，W/m^2·K

h_D，$h_{D,o}$　質傳係數

h_{GO}　將兩相流體流量視爲全部氣體狀況下，所算出的單相氣體熱傳係數，W/m^2·K

h_i　管內熱傳係數 (tube-side heat transfer coefficient)，W/m^2·K

h_L　單向液體的熱傳係數，W/m^2·K

$h_{m,T}$　等溫邊界條件下的熱傳係數，W/m^2·K

h_N　第 N 排的熱傳係數，W/m^2·K

h_{NB}　核沸騰的熱傳係數，W/m^2·K

$h_{N,m}$　第一排到第 N 排的熱傳係數的平均值，W/m^2·K

$h_{NB,o}$　標準熱通量下及 reduced pressure 下正規化(normalized)後的池沸騰熱傳係數，W/m^2·K

h_o　管外的熱傳係數，W/m^2·K；空氣側的熱傳係數，W/m^2·K

$h_{o,w}$　溼熱傳係數，見式6-70定義，其單位與一般熱傳係數相同但意義完全不同(焓差定義下之熱傳係數)，W/m^2·K

h_{sh}　有速度效應下的管外冷凝熱傳係數 $= 0.59\dfrac{k_L}{d_o}\widetilde{\mathrm{Re}}_G^{1/2}$，W/m^2·K

Δh　液面上升的高度爲，m

H　熱交換器高度，m；擋板邊緣至擋板邊緣的距離(第九章)，m；排熱量，W (第12章)；通道高度，m (第13章)；水塔高度，m (17章)

$H_{h,G}$　氣體側擴散傳遞單元之高度(height of gas-phase diffusional transfer unit)，$H_{h,G} = G_G c_{p,G} / (h_G a)$，m

$H_{h,L}$ 液體側擴散傳遞單元之高度(height of liquid-phase diffusional transfer unit)，$H_{h,L}=G_L c_{p,L}/(h_L a)$，m

$H_{h,G,O}$ 氣體側之整體擴散傳遞單元之高度(height of overall gas-phase diffusional transfer unit)，$H_{h,G,O}=(G_G c_{p,G})/(Ua)=H_{h,G}+H_{h,L}\,G_G c_{p,G}/(G_L c_{p,L})$

He 亨利數 (Henry number)，bar (壓力單位)

i 焓值 (enthalpy)，kJ/kg

$i_{a,i}$ 空氣入口焓值，kJ/kg

$i_{a,o}$ 空氣出口焓值，kJ/kg

$i_{a,in}$ 空氣入口焓值，kJ/kg

$i_{a,out}$ 空氣出口焓值，kJ/kg

i_{fg}, i_{LG} 氣液相變化潛熱 (latent heat)，kJ/kg

$i_{g,t}$ 水蒸氣焓值，kJ/kg

i_s 空氣飽和焓值，kJ/kg

i_{fg} 氣液相變化潛熱 (latent heat) ，kJ/kg

$i_{g,t}$ 為水蒸氣(water vapor)的焓值，kJ/kg

$i_{f,m}$ 以平均鰭片溫度估算相對飽和空氣的焓，kJ/kg

$i_{f,w}$ 冷凝水的焓值，kJ/kg

i_g 水蒸氣焓值，kJ/kg

i_G 氣相部份焓值 (enthalpy)，kJ/kg

i_{in} 進口處的焓值 (enthalpy)，kJ/kg

i_L 液相部份焓值 (enthalpy)；水焓值 (enthalpy)，kJ/kg

i_{out} 出口處的焓值 (enthalpy)，kJ/kg

$i_{s,fm}$ 以平均鰭片溫度估算相對飽和空氣的焓值，kJ/kg

$i_{r,m}$ 以平均冷媒側溫度估算相對飽和空氣的焓值，kJ/kg

$i_{r,in}$ 以進口冷媒側溫度估算相對飽和空氣的焓值，kJ/kg

$i_{r,ou}$ 以出口冷媒側溫度估算相對飽和空氣的焓值，kJ/kg

$i_{r,s}$ 以冷媒側溫度估算相對飽和空氣的焓值，kJ/kg

$i_{s,fb}$ 以鰭片根部溫度估算相對飽和空氣的焓值，kJ/kg

$i_{s,p,i,m}$ 以管壁內壁溫度估算相對飽和空氣的焓值，kJ/kg

$i_{s,p,o,m}$ 以管壁外壁溫度估算相對飽和空氣的焓值，kJ/kg

$i_{s,w,m}$ 以管外冷凝液膜平均溫度估算相對飽和空氣的焓值，kJ/kg

i_s^* 為熱力濕球溫度下的飽和焓值，kJ/kg

i_w 為相對於水膜平均溫度的飽和空氣焓值，kJ/kg

Δi_m 平均焓差，kJ/kg

Δi_{lm} 對數平均焓差，kJ/kg

I 電流，A

I_M 墨客積分值

I_0 零階的第一種修正 Bessel 函數 (first kind, order 0)

I_1 一階的第一種修正 Bessel 函數 (first kind, order 1)

j $Nu/\mathrm{Re}\cdot Pr^{1/3}$, the Colburn factor

$j_{1,s}$ 交接面的質通量($= h_{D,o}(W-W_s)$)，kg/m^2·s

j_4 4排管的平均 Colburn j factor

j_N N 排管的Colburn j factor

J 質量擴散通率

J_b 旁通效應對熱傳係數的修正係數

J_c 半月切效應對熱傳係數的修正係數

J_ℓ 洩漏效應對熱傳係數的修正係數

J_r 層流流動下逆向熱效應對熱傳係數的修正係數

J_r^* 層流流動下逆向熱效應對熱傳係數的修正係數-基本參考值

J_s 噴嘴進出出口不等間距隔效應，對熱傳係數的修正係數

k 熱傳導係數，W/m·K

k_B 波茨曼常數 = 1.3806503×10^{-23} m^2 kg/s^2·K

k_w 傳熱管的熱傳導係數；管壁熱傳導係數，W/m·K

K 質傳係數，(14章)；平衡比(15章)；壓損係數 (17章)；壓損係數；整體熱交換係數，W/m^2·K(18章)；流體的permeaibility (20章)

K_0 零階的第二種修正 Bessel 函數 (the second kind, order 0)；見式15-104；無軸向熱傳導效應的整體熱交換係數，W/m^2·K (18章)

$K(x)$ 壓力缺陷(pressure defect)，見式1-56

$K(\infty)$ 流動已完全發展下的壓力缺陷

Kn Knudsen number，$Kn = \ell/L$

K_1 一階的第二種修正 Bessel 函數 (the second kind, order 1)

K_b 旁通效應的壓降阻抗係數

K_c 驟縮(壓力損失)係數

K_e 驟升(壓力損失)係數

K_{inlined} Žukauskas 排列管陣壓降係數計算方程式之修正係數，見式5-19

K_s 外殼與擋板洩漏效應的壓降阻抗係數

$K_{staggered}$ Žukauskas 交錯管陣壓降係數計算方程式之修正係數，見式5-16

K_t 傳熱管與擋板洩漏效應的壓降阻抗係數

K_{VP} 冷卻水塔填充材的特性(即 $h_{D,o}aV/\dot{m}_L$ 或 $h_{D,o}aV/\dot{m}_a$)

K_w window部份的壓降阻抗係數

K_{we} 進出口不等間距的window壓降阻抗係數

K_x 液側之總莫耳質傳係數(overall liquid-side mole transfer coefficient，14章)

K_y 氣側之總莫耳質傳係數(overall gas-side mole transfer coefficient，14章)

l 鰭片長度，m

ℓ 熱管軸向方向長度，m

ℓ_a^* $=\ell_a/\left(D_{e,G}\,\mathrm{Re}_G\right)$

ℓ 碰撞的平均距離，m

ℓ_r 平衡平均距離，m

ℓ_d 平均擴散距離，m

L 管路長度；熱交換器深度；鰭片高度；板片之長度；熱交換器之深度，m；特徵長度，m

Le $h_{c,o}/h_{D,o}c_{p,a}$；Lewis number ($Le=\alpha/D_v$)

L_b 擋板間距 (baffle spacing) ，m

L_{bc} 半月型切 (baffle cut) ，m

L_{bi} 噴嘴進口端之擋板間距，m

L_{bo} 噴嘴出口端之擋板間距，m

L_h 百葉窗鰭片的高度(louver height) ，m

L_{hy} 流場完全發展長度，m

L_{hy}^+ 無因次的流場完全發展長度

L_i 螺旋槳葉片的厚度(平行於旋轉軸)，m

L_l 百葉窗鰭片的長度(louver length)，m

L_p 百葉窗鰭片的節距(louver pitch)，m

L_{ta} 殼管式熱交換器的傳熱管有效長度，m

L_{th} 溫度場完全發展長度，m

L_{th}^+ 無因次的溫度場完全發展長度

L_{to} 殼管式熱交換器內傳熱管長度，m

L_{ts} 殼管式熱交換器端板的厚度，m

L_i^+ L_{bi}/L_b

L_o^+ L_{bo}/L_b

LMHD 對數平均焓差(log mean enthalpy difference)，kJ/kg

LMTD 對數平均溫度差 (log mean temperature difference)，K

m 質量，kg；鰭片效率計算參數；無因次的質量流率濃度 (14章)

m、m_0、m_1、m_2 測試資料經迴歸分析後的經驗常數 (16章)

$\dot{m}$ 質量流率、流量，kg/s

$\dot{m}_a$ 空氣質量流率，kg/s

$\dot{m}_b$ 旁通效應的流量，kg/s

$\dot{m}_c$ 冷側流量，kg/s；冷卻週期氣體質量流率，kg/s

$\dot{m}_G$ 氣相部份質量流率，kg/s

$\dot{m}_h$ 熱側流量；加熱週期氣體質量流率，kg/s

$\dot{m}_L$ 液相部份質量流率；冷卻水質量流率，kg/s

$\dot{m}_r$ 冷媒質量流率，kg/s

$\dot{m}_s$ 外殼與擋板洩漏效應的流量，kg/s

$\dot{m}_t$ 傳熱管與擋板洩漏效應的流量，kg/s

$\dot{m}_{total}$, $\dot{m}_{tot}$ 總質量流率，kg/s

$\dot{m}_w$ window部份的流量(第九章) ，kg/s；冷凝水流量，kg/s (第六章)

$\dot{m}_{water}$ 水流量，kg/s

$\dot{m}_{water,C}$ 無結垢狀況下的水流量，kg/s

$\dot{m}_{water,f}$ 結垢狀況下的水流量，kg/s

m' 平衡濃度曲線之斜率(針對氣側之總莫耳質傳傳係數) (14章) ，變化物性與固定物性摩擦性能比值的指數

m'' 平衡濃度曲線之斜率(針對液側之總莫耳質傳傳係數) (14章)

$\dot{m}'$ 質通量，kg/m^2·s

M 分子量，kg/kg-Mol；質量、濕空氣的總質量$=M_a+M_w$，kg；鰭片效率計算之參數，如式6-78，容器內之溶液總質量，kg (19章)；馬赫數(Mach number)

M_m 再生式熱交換器的質量，kg

$\dot{M}_m$ dM_m/dt，kg/s

M_a 空氣的質量，kg

M_w 水蒸氣的質量，kg

$\dot{M}_T$ 殼側總流量，kg/s

ΔM 動量變化，kg

n 濕空氣的莫耳數；鰭片間距(第三章)，m；指數 (19章)

n、n_0、n_1、n_2 測試資料經迴歸分析後的經驗常數(16章)

ntu 個別通道的性能(見式13-31)

n_1, n_2 渦管開始到結束部份的圈數

n_a 乾空氣的莫耳數

n_b 旁通效應的流動阻抗係數

n_s 外殼與擋板洩漏效應的流動阻抗係數

n_t 傳熱管與擋板洩漏效應的流動阻抗係數

n_w window部份的流動阻抗係數(第九章)；水蒸氣的莫耳數(第五章)

n_{we} 進出口不等間距的window流動阻抗係數

n' 變化物性與固定物性熱傳性能比值的指數

$\dot{N}$ 莫耳流率，kmol/s

$\dot{N}_i$ 某一成分的質通量，kg/m^2·s

N 4-3-2節使用的特殊參數；管排數；板片之迴路數(第十章)

N_{bl} 檔板數目

N_c Cell density， (cell/in^2)

N_C 冷流數目

N_H 熱流數目

$Nu_{\check{Z}}$ Žukauskas 管陣熱傳計算之方程式(見式5-1~5-8)

N_b 殼管式熱交換器的隔板數 (number of baffles)

N_c 一個隔板間的傳熱管的管排數(number of tube rows crossed in one crossflow section, between baffle tips)

N_{cc} 整個熱交換器內屬於crossflow的總排數 (N_c+N_{cw})

N_{cp} $=\left(N_p-1\right)/\left(2N\right)$ (第十章)

N_{cr} 冷媒迴路數

N_{ct} 爲靠近中心線的傳熱管數目，見式9-124定義

N_{cw} 一個window 中屬於交錯流動型態的傳熱管的管排數目 (the number of effective crossflow rows in each window)

N_F 鰭片數目

N_ℓ 液體傳輸係數(liquid transport parameter，$=\rho_L\sigma i_{LG}/\mu_L$)

N_p 旁通隔板數目 (number of bypass partition lanes)，板片數目(板式熱交換器)

N_{ss} 一個crossflow 區域內的有效sealing strip數目(number of sealing strips or equivalent obstructions to bypass flow in one crossflow section)

N_s^+ N_{ss}/N_c

N_t 殼管式熱交換器的總熱傳管數

N_T 每排管的管支數

NTU number of transfer unit，$= UA/C_{min}$，傳遞單位數

NTU_{cf} 逆向流之NTU

NTU_1 stream 1的NTU，UA/C_1

NTU_2 stream 2的NTU，UA/C_2

NTU_0 見式18-60

Nu 紐塞數 (Nusselt number)

Nu_a 紐塞數，以數學平均溫差計算所得(Nusselt number based on arithmetic mean temperature difference)

Nu_c 彎管的紐塞數(第一章)

Nu_C 冷凝的紐塞數

Nu_H 紐塞數，特性長度爲水力直徑 (Nusselt number based on hydraulic diameter, 式5-55)；紐塞數，等熱通量邊界條件(第一章)

Nu_{GN} 見式21-110

$Nu_{m,H}$ 等熱通量條件下，從入口到位置x處之平均Nusselt number

Nu_s 直管的紐塞數(第一章)

Nu_T 等壁溫條件下之Nusselt number

$Nu_{m,T}$ 等壁溫條件下，從入口到位置x處之平均Nusselt number

$Nu_{x,H}$ 等熱通量條件下於位置x處之Nusselt number

$Nu_{x,T}$ 等壁溫條件下於位置x處之Nusselt number

Nu_∞ 已完全發展之Nusselt number

p 壓力，Pa

$\vec{p}$ 動量向量

P 壓力；截面周長；溫度有效度 (第8、13章)；壓力，kPa；螺旋帶狀攪拌器之螺旋間距，見圖19-3(b)，m

$P_{s,i}$ 成分 i 的蒸氣壓， kPa

P_A^0 純物質A在相同溫度與壓力下時的飽和蒸氣壓，kPa

P_1 stream 1 的溫度有效度，$(T_{1,i} - T_{1,o})/(T_{1,i} - T_{2,i})$

P_2 stream 2 的溫度有效度，$(T_{2,i} - T_{2,o})/(T_{2,i} - T_{1,i})$

P_a 乾空氣的分壓；空氣壓力，Pa

P_c 冷卻週期，s

P_{crit} 臨界壓力，Pa

P_d 波浪鰭片波峰到波谷的高度

P_h 加熱週期，s

P_{in} 通道入口壓力，Pa

P_o 通道出口壓力，Pa

Pe Pélect number, Re·Pr

Po Poiseuille number，f·Re

P_f 爲單位長度的鰭管周長，m

P_l, P_ℓ 氣冷式熱交換器之縱向管間距，m

P_l^* $= P_l/d_o$

P_n 代表平行於流動方向的管間距，見圖9-15，m

P_p 代表與垂直於流動方向的管間距，見圖9-15，m

P_r reduced pressure = 壓力/臨界壓力

P_t 鰭片的橫向節距(transverse fin pitch)，管間距 (第九章，tube pitch)，m

P_t^* $= P_t/d_o$

P_w 水蒸氣分壓，Pa；潤濕周界，m

P_X ESDU計算殼管式方法上的間距，m，見圖9-15定義與式9-116定義

ΔP 壓降，Pa

ΔP^* 無因次壓降，見式21-53

ΔP_a 速度變化造成的壓力變化，Pa

ΔP_{bi} 理想狀態下，通過crossflow 區域的壓降(pressure drop for flow across one ideal crossflow section) ，Pa

ΔP_c 殼側crossflow部份所佔的壓降，Pa

ΔP_C 無結垢條件下的壓降，Pa

ΔP_e 出口擴張段的壓力變化；殼側進出口不等間距部份所佔的壓降，Pa

ΔP_f 熱交換器內因摩擦產生的壓力變化；有結垢條件下的壓降(第十一章) ，Pa

ΔP_g 熱交換器內因高度變化產生的壓力變化，Pa

ΔP_i 進口收縮段的壓降，Pa

ΔP_n 殼側噴嘴部份所造成的壓降，Pa

ΔP_p 每一個內部隔板區間所造成的壓降，Pa

ΔP_r 板式熱交換器設計的壓降限制，Pa

ΔP_T 總壓降，Pa

ΔP_{tot} 殼側總壓降，Pa

$\varDelta P_w$ 殼側window部份所佔的壓降，Pa

ΔP_{wi} 理想狀態下，通過window 區域的壓降(pressure drop for one ideal window section)，Pa

$\varDelta P_1$ 板式熱交換器中manifold 部份的壓降，Pa

$\varDelta P_2$ 板式熱交換器中動量變化部份的壓降，Pa

$\varDelta P_3$ 板式熱交換器中摩擦部份的壓降，Pa

$\varDelta P_4$ 板式熱交換器中高度變化部份的壓降，Pa

dP_f 相流中的摩擦壓降，Pa

dP_G, $dP_{f,G}$ 兩相流中氣態部份所佔的摩擦壓降，Pa

dP_L, $dP_{f,L}$ 兩相流中液態部份所佔的摩擦壓降，Pa

$dP_{f,LO}$ 將兩相流視爲全部液態後的摩擦壓降，Pa

Pe Pelect number $\equiv$ Re·Pr

Pr Prandtl number

q 熱通量 (heat flux = Q/A) ，W/m^2

q_{CV} 強制對流蒸發的熱通量，W/m^2

q_i 熱通量，W/m^2·K

q_m 由質量傳遞條件下的熱通量，W/m^2

q_n 正向熱通量，W/m^2·K

q_s 橫向流動方向的熱通量，W/m^2·K

q_{NB} 核沸騰的熱通量，W/m^2

Q 熱傳量，W

Q_H Process加熱用之熱量，W

Q_C Process冷卻用之熱量，W

Q_ℓ 潛熱熱傳量，W

Q_p 熱引擎或熱泵的熱源，W

Q_s 顯熱熱傳量，W

Q 體積流率(第一章)；單位時間之熱傳量，W

Q_f 傳到鰭片部份的單位時間之熱傳量，W

Q_i 管內單位時間之熱傳量，W

Q_l 單位時間之潛熱熱傳量，W

Q_p , Q_w單位時間之管壁熱傳量，W

Q_r 單位時間之板式熱交換器設計的熱傳量，W

Q_s 單位時間之顯熱熱傳量，W

Q_t　傳到傳熱管部份的單位時間之熱傳量，W

r　管外半徑，m

r_1　$\left(1-C^*\right)NTU/\left(1+\lambda' NTUC^*\right)$(第十章)

r_c　$d_c/2$；含面積單位之冷側阻抗；冷卻液測的污垢係數，$m^2 \cdot K/W$

r_f　冷凝側液膜與管壁間的污垢係數，$m^2 \cdot K/W$

r_{ij}　相互作用的分子距離，m

R　熱阻抗，$m^2 \cdot K/W$(第12章)，C_c/C_h(第13章)；曲率半徑；熱阻抗熱；電阻；氣體常數 = 8314.41 J/(kg·mol·K)；彎管或螺旋管旋轉半徑，m

R_0　溶質半徑，m

R_1　C_1/C_2

R_2　C_2/C_1

R_a　氣體常數 = 8314.41 J/(kg·mol·K)

R_{ave}　由於渦管的R隨圈數增加而變，R_{ave}爲所有圈數的平均值(第一章之渦管)

R_{eq}，r_{eq}　等效半徑，m

R_b　旁通效應對殼側壓降的修正係數，無因次

R_c　冷側阻抗，K/W

R_f　總污垢阻抗，K/W

R_{fi}　管內污垢阻抗，K/W

R_{fo}　管外污垢阻抗，K/W

R_h　熱側阻抗，K/W

R_ℓ　洩漏效應對殼側壓降的修正係數，無因次

R_P　表面粗糙度

R_{po}　爲參考粗糙度 = 1 μm

R_s　噴嘴進出口不等間距隔效應對殼側壓降的修正係數，無因次

$R_{s,c}$　冷側污垢阻抗，K/W

$R_{s,h}$　熱側污垢阻抗，K/W

R_t　$\begin{cases} \dfrac{N_p+1}{N_p} & \text{如果板片數爲奇數} \\ 1 & \text{如果板片數爲偶數} \end{cases}$

R_w　管壁阻抗，K/W；水蒸氣氣體常數(第六章) = 461.52 J/kg·K

RH　相對溼度

r_e　分離型圓狀鰭鰭片含鰭片之半徑，見圖5-6說明

r_{eq} 鰭片之等效半徑，m，見式5-30與式5-31的定義(乾盤管，第五章)，或見式6-79的定義(濕盤管，第六章)；
r_f 含面積單位之總污垢係數，$m^2 \cdot K/W$
r_{fi} 含面積單位之管內污垢係數，$m^2 \cdot K/W$
r_{fo} 含面積單位之管外污垢係數，$m^2 \cdot K/W$
r_h 含面積單位之熱側阻抗，$m^2 \cdot K/W$
r_i 爲熱傳管的管外半徑，若管外鰭片有頸領(collar)，則$r_i = r_c$，m
r_{lm} $(A_{sb}+A_{tb})/A_m$，無因次
r_o 爲包含鰭片高度的管半徑，m
r_s $A_s/(A_{sb}+A_{tb})$ ；含面積之污垢係數，$m^2 \cdot K/W$
r_w 單位面積之管壁阻抗，$m^2 \cdot K/W$
Re 雷諾數，Reynolds number
Re_{cf} 侷限Reynolds number，見式21-75
Re_{d_c} 雷諾數的特徵長度使用d_c，$\rho V d_c/\mu$ ，based on tube outside diameter, including collar
$Re_{De} = Re_G D_{e,G}/4\ell_e$
Re_{D_e} 雷諾數的特徵長度使用D_e，$\rho V D_e/\mu$，based on equivalent hydraulic diameter
Re_{D_h} 雷諾數的特徵長度使用D_h，$\rho V D_h/\mu$ ，based on hydraulic diameter
Re_{film} 冷凝液的雷諾數 = $2\Gamma/\mu$
$\widetilde{Re}_G$ 有速度影響下的冷凝氣態雷諾數，= $\rho_L u_G d_o/\mu_L$ (注意僅速度爲氣態)
Re_H Beecher and Fagan定義之雷諾數，= $\rho u_m D_H/\mu$
Re_{L_p} 雷諾數的特徵長度使用L_p，$\rho V L_p/\mu$，Reynolds number based on louver pitch
Re_m homogeneous Reynolds number，= GD/μ_m
Re_{P_d} 雷諾數的特徵長度使用P_d，$\rho V P_d/\mu$，Reynolds number based on P_d
Re_{P_l} 雷諾數的特徵長度使用P_l，$\rho V P_l/\mu$，Reynolds number based on P_l
Re_{P_t} 雷諾數的特徵長度使用P_t，$\rho V P_t/\mu$，Reynolds number based on P_t
Re_T ESDU法定義之雷諾數，= $\dot{M}_T d_o F_{cr}/(\mu A_{cr})$
Re_{2F_s} 雷諾數的特徵長度使用$2F_s$，$\rho V(2F_s)/\mu$，Reynolds number based on $2F_s$
RH 相對濕度
RH_{in} 進口的相對溼度(0~1間)
s 鰭片間距，同F_s，m
s_a 見圖20-25

s_e	見圖20-23
S	沸騰被壓抑係數，式4-16；見式17-42
S_h	裂口高度(height of slit)，m
S_l	裂口長度(length of slit)，m
S_n	裂口數目 (number of slit per row)
S_w	裂口之寬度(breadth of a slit in the direction of airflow)，m
Sc	Schmidt number
Sh	Sherwood number
St	Stanton number = $h/\rho V c_p$
t	時間，s；厚度，m
t_b	擋板厚度，m
Δt	時間變化，s
T	溫度，K
$\overline{T}$	週期平均溫度，°C
T_a	空氣溫度，K
T_b	鰭片基部溫度(fin base temperature)，K；流體中心的平均溫度(bulk temperature)，K
T_c	冷側溫度，K；冷卻週期中的流體溫度，°C
$T_{c,i}$	冷側入口溫度，°C
$T_{c,o}$	冷側出口溫度，°C
T_d	扁管之管深度(tube depth)，m
T_{dew}	露點溫度，°C
T_f	鰭片溫度，°C
T_h	$T_p - D_m$，m；熱側溫度，°C；加熱週期中的流體溫度，°C
T_H	熱側的溫度，K
$\tilde{T}_h$	填料的絕對平均溫度，°C
$T_{h,i}$	熱側入口溫度，°C
$T_{h,o}$	熱側出口溫度，°C
$T_{L,in}$	冷卻水入口溫度，°C
$T_{L,in}$	冷卻水出口溫度，°C
$T_{L,in}$	冷卻水入口溫度，°C
$T_{L,in}$	冷卻水出口溫度，°C
T_m	再生式熱，交換器填料溫度，°C

$\tilde{T}_m$ 填料的絕對平均溫度，°C

T_p 扁管之管間距，m

$T_{p,i,m}$ 管壁內壁之平均溫度，°C

$T_{p,o,m}$ 管壁外壁之平均溫度，°C

$T_{r,m}$ 冷媒溫度，°C

$T_{r,m}$ 冷媒側之平均溫度，°C

T_s 板片表面的溫度，°C；飽和溫度，°C

T_w 管壁溫度；冷凝液膜溫度，°C

$T_{w,in}$ 入口水溫，°C

$T_{w,m}$ 冷凝液膜之平均溫度，°C；流體於通道內某軸向位置的平均溫度，K；平均管壁溫度，K

$T_{w,out}$ 出口水溫，°C

T_{wet} 濕球溫度，°C

T_∞ 環境溫度，°C

ΔT 溫差，K

ΔT_m 有效平均溫差，K

ΔT_{min} 最小溫差，K

$\Delta T_{min,exp}$ 最小溫差(經驗值)，K

$\Delta T_{thresholdp}$最小溫差(臨界值)，K

ΔT_{lm} 對數平均溫差，$=\left((T_{h,o}-T_{c,i})-(T_{h,i}-T_{c,o})\right)\Big/\ell n\left(\dfrac{T_{h,o}-T_{c,i}}{T_{h,i}-T_{c,o}}\right)$ ，K

ΔT_{SN} 爲同一壓力下，個別成分的沸點溫度差，°C

u 速度，m/s；$u = L/t$，m/s (18章)

u_c 驟縮段之流速，最小流道面積下的流速，m/s

u_{FD} 完全發展之速度分布，m/s

u_{fr} 面速(frontal velocity) ，m/s

u_G 氣相部份流速，m/s

u_i 管內入口速度，m/s

u_L 液相部份流速，m/s

u_m 板片manifold內的平均流速(第十章)；Beecher and Fagan定義之平均風速 $=u_{fr}\big/\left(\sigma\left(1-\beta\right)\right)$ (第五章)，m/s；平均流道速度，m/s

$u_{m,cf}$ 侷限平均流道速度，見式21-74，m/s

u_s 滑移速度，m/s

u_w 為壁面的參考速度，m/s

U 總熱傳係數(overall heat transfer coefficient)， $m^2 \cdot K/W$；速度，m/s

Ua 單位體積之總熱傳係數，(volumetric overall heat transfer coefficient)，$W/m^3 \cdot K$

$U_{c,\max}$ 流經擋板間的最大流速，m/s

U_C 無結垢狀態下之總熱傳係數，$W/m^2 \cdot K$

U_f 結垢狀態下之總熱傳係數，$W/m^2 \cdot K$

U_{ow} 濕盤管之總熱傳係數，$kg/m^2 \cdot s$

$U_{w,\max}$ 通過半月切的最大氣體流速，m/s

U' 外管熱傳係數與管壁部份的總熱傳係數(含積垢的阻抗)，$W/ m^2 \cdot K$

v 比容，m^3/kg

V 熱交換器體積，m^3；濕空氣體積，m^3；流速，m/s；水塔體積，m^3 (17章)

v 動量擴散係數；熱擴散係數，m^2/s

v^0 速度，m/s

V_T 塔槽體積，m^3

$\widetilde{V}_{1b}$ 為溶質為液體狀態下於正常沸點下的莫耳比容，$m^3/kmol$

$\dot{V}$ 體積流率，m^3/s

$\dot{V}_1$ 操作點1之風量，m^3/s

V_c 最小流道面積下的流速，m/s

$V_{n,max}$ 通過噴嘴的最大速度，m/s

Vol 體積，m^3

ΔV 體積變化，m^3；電位差，volt

$W(\vec{p},\vec{p}')$ 代表從 $\vec{p}'$ 狀態到 $\vec{p}$ 狀態的散射率

W 熱交換器寬度；比濕；功率消耗；輸出功率, W (12章)；通道寬度，m (13章)；比濕 (14章)

We Weber number $= G^2 d / (\bar{\rho}\sigma)$

W_p 旁通隔板所佔掉的寬度 (width of the bypass lane)，m；泵的功率消耗(第十一章)

$W_{p,f}$ 結垢條件下泵的功率消耗，W

W_s 飽和空氣的比濕度，kg/kg-dry-air

W_s^* 為熱力濕球溫度下的飽和比濕，kg/kg-dry-air

$W_{s,w}$ 為相對於水膜平均溫度下的飽和空氣的比濕度，kg/kg-dry-air

w 一半之板片厚度，m (18章)

x	x 軸座標，m；乾度；板片軸向座標，m；無因次的莫耳濃度，通常針對液態而言 (14章)；座標軸x方向，m
$\hat{x}$	無因次的質量分率，通常針對液態而言
$\dot{x}$	乾度 (vapor quality)
x^+	無因次的流動距離，$x^+ = x/(D_h\mathrm{Re})$
x^*	無因次的溫度場的發展距離，$x^* = x/(D_h \mathrm{Re}\,\mathrm{Pr}) = x/(D_h \mathrm{Pe})$
x_a	乾空氣的莫耳分率 (mole fraction of air)；攪拌器的厚度，m
x_b	擋板的厚度，m
x_c	攪拌器與容器的間距，m
x_e	出口乾度
x_i	進口乾度，攪拌器與容器底部的距離，m
x_ℓ	攪拌器容器底部到溶液液面的距離，m
x_{th}	熱力乾度 = $(i-i_L)/i_{fg}$
x_w	水蒸氣的莫耳分率；冷卻條件下第一區的長度，m (13章)
x_{ws}	於同一大氣壓力、溫度下的飽和水蒸氣的莫耳分率 (mole fraction of water)
X	Martinelli 參數 = $(dP_L/dP_G)^{0.5}$；見式18-35
X_d	圓形鰭片計算參數 $=\sqrt{P_t^2+P_l^2}/2$ (第五章)
X_f	波浪鰭片波峰到波谷的投射長度 (projected wavy length)，m
X_L	$\begin{cases}\sqrt{(P_t/2)^2+P_l^2}/2, & \text{適用交錯型式} \\ P_l/2, & \text{適用排列型式與一排管}\end{cases}$ 幾何參數，m
X_M	$P_t/2$，幾何參數，m
X_p	管壁厚度，m
X_{tt}	氣液相均為紊流狀況下的Martinelli 參數，$=\left(\frac{1-x}{x}\right)^{0.875}\left(\frac{\mu_L}{\mu_G}\right)^{0.125}\left(\frac{\rho_G}{\rho_L}\right)^{0.5}$
ΔX	厚度，m；管壁厚度，m
y	無因次的莫耳濃度，通常針對氣態而言；座標軸y方向，m
y_f	一半鰭片厚度 = $\delta_f/2$，m
y_w	冷凝水膜厚度，m
Y	見式18-32
z	座標軸 z，m；塔槽高度之座標，m；阻抗，K/W
z_1	蒸發段管外阻抗，K/W

z_2 蒸發段管壁阻抗，K/W

z_3 蒸發段管蕊阻抗，K/W

z_4 蒸發段氣液界面阻抗，K/W

z_5 蒸氣流動阻抗，K/W

z_6 冷凝段氣液界面阻抗，K/W

z_7 冷凝段管蕊阻抗，K/W

z_8 冷凝段管壁阻抗，K/W

z_9 冷凝段管外阻抗，K/W

z_{10} 管壁與管蕊阻抗，K/W

$\tilde{z}$ 成分一的總冷凝莫耳分率

Z $= dQ_G/dQ$

Z_T 塔槽總高度，m

特殊符號

α 空泡比 $= A_G/A$；$\alpha = \ln(P_w)$；$\lambda' \; NTU \; C^*$ (第十章)；熱擴散係數(thermal diffusivity)，m^2/s；$= H/W$ (13章)

α^* 長寬比

α_m homogeneous空泡比，$\alpha_m = \rho_L x \big/ \left(\rho_L x + \rho_g (1-x)\right)$

β 熱交換器熱傳面積與體積比(第三章)；波浪鰭片特徵參數$= \pi d_c^2 \big/ \left(4P_t P_l\right)$(第五章)；山紋角(第十章)；質傳係數，m/s；校正值 (見式18-81)

β_{app} $(\beta_{low} + \beta_{high})/2$

β_{low} 混和板片中較小的山紋角

β_{high} 混和板片中較大的山紋角

β_{ref} 見式7-14之定義

£ 英鎊幣值

Ω 較小管徑之兩相摩擦壓降修正係數，見式4-85；固定成本(12章)；溫度影響的無因次參數，代表碰撞積分常數(collision integral，14章)；轉速，每秒幾轉(19章)

Ξ 操作成本

δ 板片的振幅，m；見式18-50之相關說明；冷凝液膜，m；鰭片厚度，m

δ_{bb} 外殼與管群的間隙，m

δ_f 鰭片厚度，m

δ_G 速度邊界層厚度，m

δ_{GM} 濃度邊界層厚度，m

δ_{GT} 溫度邊界層厚度，m

δ_{ij} 爲Kronecker delta

δ_s 污垢厚度，m

δ_{sb} 外殼與擋板的間隙，m

$\delta_{s,c}$ 冷側污垢厚度，m

$\delta_{s,h}$ 熱側污垢厚度，m

δ_{tb} 傳熱管與擋板之間隙，m

δ_w 板片的厚度，m；管壁厚度，m；管蕊厚度，m

δT_G 氣體側的進出口溫差，K (16章)

δT_L 液體側的進出口溫差，K (16章)

Δ_{bb} 外殼與管群的直徑間隙 (=2δ_{bb})

Δ_{tb} 傳熱管與擋板之直徑間隙 (=2δ_{tb})

Δ_{sb} 外殼與擋板的直徑間隙 (=2δ_{sb})

Δ_o 熱交換器冷熱進口之最大溫差($T_{h,i}-T_{c,i}$)

θ 旋轉葉片與旋轉軸間的角度，度；$=dT/dt$，K/s (18章)，斜角度；波浪或百葉窗鰭片之傾斜角度 (corrugation angle or louver angles)；熱管傾斜角

$\theta_{ct\ell}$ 見圖9-13的說明

θ_{ds} 見式9-88的定義及圖9-44的說明$=2\cos^{-1}\left(H/D_s\right)$

$\theta_{ot\ell}$ $=2\cos^{-1}\left(H/D_{ot\ell}\right)$

$\Delta\theta$ 溫度滑移，°C

$\Delta\theta_I$ 爲理想的過熱溫差($=(1-x)\Delta\theta_A+x\Delta\theta_B$)，°C

$\Delta\theta_E$ 爲混合後產生多餘的過熱度，°C

Θ 爲無因次的混合後產生多餘的過熱度，見式15-100

γ 見式18-12；$=\phi/\left(e^{\phi}-1\right)$(16章)；定壓比熱與定容比熱的比值；δ/λ(第十章)

$\dot{\gamma}$ 切變率，1/s

τ 剪應力，Pa；碰撞所需的平均時間(mean free time)，s(21章)

τ_b 分子重新發射動量

τ_c 碰撞的時間(duration of collision)

τ_d 擴散時間 ($\approx L^2/\alpha$)

τ_i 分子在橫向入射方向動量

τ_o	無質量傳遞條件下的界面剪應力，kPa；降伏應力，Pa
$\tau_{o,m}$	有質量傳遞條件下的界面剪應力，kPa
τ_r	平衡時間(relaxation time)，分子在橫向反射動量
τ_w	管壁摩擦剪力，Pa
ν	動黏度，kinematic viscosity = μ/ρ
v	熱擴散係數
φ	式16-28中之經驗常數
ε	熱效率；有效度，Q/Q_{max}；孔隙率 (porosity)；該系統的特徵能量
ε_0	填充床中的空泡比 (18章)
ε_{cf}	逆向流動之熱效率，見式18-61
ε_f	爲氣體的放射率(emissivity)
ε_r	見式18-66
Λ	見式15-102；生式熱交換器的縮減長度，見式18-6
Λ_0	見表15-1
Λ_H	縮減長度的和諧平均值，見式18-24
Π	再生式熱交換器的縮減週期，見式18-7
Π_H	縮減週期的和諧平均值，見式18-25
σ	表面張力，N/m；流道收縮比(A_c/A_{fr}) (contraction ratio)；系統的特徵能量
σ_{ij}	黏滯應力(viscous stress)
σ_s	Stefan-Boltzmann 常數(18章) = 5.6704×10^{-8}/kg·s^3·K^4
σ_T	爲熱累積係數，(thermal accommodation coefficient)
σ_v	爲切線動量累積係數(tangential momentum accommodation coefficient)
σ_{12}	分子直徑的特徵長度 = $(\sigma_1+\sigma_2)/2$，單位爲Å (10^{-10} m)
n_1	$\mathcal{N}_1/\mathcal{N}$，無因次的數量部份濃度
$\mathcal{N}$	Number concentration (數量濃度)
μ	黏度，Pa·s；濕空氣的飽和度
μ_{app}	外觀黏度，Pa·s
μ_w	冷凝液的黏滯係數，Pa·s
μ_m	homogeneous黏滯係數 $\mu_m=\mu_G\alpha_m+\mu_L(1-\alpha_m)(1+2.5\alpha_m)$，Pa·s
χ	裸管式管陣型的熱交換器Zukauskas (1998)關係式之壓降性能校正參數，$=(P_t^*-1)/(P_l^*-1)$ (第五章)；見式10-74(板式熱交換器參數)
ρ	密度，kg/m^3

$\overline{\rho}$	平均兩相密度 $=1\Big/\left(\dfrac{x}{\rho_G}+\dfrac{(1-x)}{\rho_L}\right)$
η_f	鰭片效率
$\eta_{wet,f}$	濕鰭片效率
η_i	內側表面效率(surface efficiency)
η_o	表面效率；外側表面效率 (surface efficiency)
η_p	泵的等熵效率
η_{reg}	熱效率比(thermal ratio)，見式18-4與18-5
Ψ	總耗費成本(第十二章)；某種性質
ψ	式16-27中之經驗常數
$\Psi, \Psi_{nb}, \Psi_{cb}$	增強比值，見4-3-2節
ω	轉輪式熱交換器的轉速，rpm
ϖ_d	單位面積污垢沉積速率
ϖ_r	單位面積污垢移除速率
ϖ_f	單位熱交換器表面上污垢的生長量
λ	板片節距，m；縱向熱傳導的效應，見式18-68
λ'	板片縱向熱傳導效應係數
Γ	單位長度的冷凝量
ϕ	彎管角度；Schmidt 近似鰭片效率法的參數 (式 5-23)；相對溼度；板片實際面積與投影面積的比值(第十章)；液體與毛細結構的接觸角；ckermann 校正值 (16章)；$=\dot{m}_L/\dot{m}_a$ (17章)
ϕ_H	Hausen的修正參數，用於板片內的不均勻溫度分布，見式18-50
ϕ_2	爲溶劑的輔助常數
$\phi^2{}_G$	氣相部份乘數
$\phi^2{}_L$	液相部份乘數
$\phi^2{}_{LO}$	全部液相乘數
ϕ_s	Nakayama and Xu定義之裂口型鰭片參數 $=(2N_s-1)S_lS_w\Big/\left(P_tP_l-\dfrac{\pi d_c^2}{4}\right)$；性質校正係數(見式9-60)
ϑ_0	爲平衡條件下的分布函數(Maxwellian distribution function)
ϑ	代表某種粒子的ensemble後的統計分布函數
Φ	代表散失函數(dissipation function)
φ	修正係數，見式21-112

ζ bulk黏滯係數(bulk viscosity, second coefficient)；見式18-52

下標

a 速度變化；空氣側；攪拌器內溶液；絕熱段

ave 平均值

avg 平均值

A 成分A

b 代表bulk (圖1-10)；鰭片根部

B 成分B

c 彎管；渦管；螺旋管；低溫側；量少截面處；冷側；冷卻週期；冷凝段

$coated$ 親水性處理

cp 固定性質

conv 對流熱傳貢獻

C 乾淨表面

CV 對流蒸發

dry 代表全乾狀態

e 蒸發段

eg 等效

eff 有效值

f 摩擦；鰭片或散熱片；結垢條件下(第十一章)

fg 氣液相變化

fr 正面的；正向面積

g 高度

G 氣相

h 水力；高溫側

hom homogeneous model (見第四章)

i 入口；管內；成分i 或界面狀態

ideal 理想狀態

in 入口

int 中間值

I 混和板片的第一個板片群

II 混和板片的第二個板片群

h 熱側；加熱週期

L　兩相的液體部份或指液體；液相
LO　兩相全部視為液體
LG　潛熱變化
m　個別成分；平均值；再生式熱交換器填料
max　最大值
min　最小值
n　名義上的
NB　沸騰
non-coated　無親水性處理
o　出口；標準的；空氣側；全部面積
out　出口
r　徑向
rad　輻射熱傳貢獻
ref　參考值
s　直管；飽和狀態；結垢條件下
std　標準狀態
t　傳熱管
T　總量
TP　兩相流體
w　管壁溫度條件下；管壁；水膜；冷凝水；管蕊
W　管蕊
wall　管壁
water　代表水
wet　代表全濕狀態
x　管壁部份
δ　速度邊界層處
σ　毛細結構
1　通道1；成分1；進口 (19章)
2　通道2；成分2；出口 (19章)
∞　環境

Chapter 1

基本熱傳與流力簡介

Introduction to Heat Transfer and Fluid Mechanics

1-0 前言-基本熱傳與流力簡介

本章節以一工程師的眼光來瞭解一些經常遇到的流力與熱傳方程式的正確運用，目的在教導讀者正確的使用這些方程式，一些較爲深入的流力熱傳理論將不會在這個章節中敘述，有興趣的讀者應可在坊間找到流力、熱傳學的書籍。

1-1 壓降的計算

熱交換器的主要用途乃藉由溫差進行能量的交換 (此處的能量以熱量爲主)，由熱力學的第二定律，在無外力控制下，熱量乃由溫度較高的工作流體經熱交換器再傳至溫度較低的工作流體。熱交換當然是熱交換器的主要功能，然而工作流體通過熱交換器時所產生壓降的影響，在設計與應用上也是非常重要，這可從兩方面來說；首先壓降的資料將直接影響到流體機械的選擇(風扇、壓縮機、泵等)，而這些流體機械的起始購置成本與長期操作的運轉成本，對業者而言是非常重要的資訊，因此工作流體在熱交換器中對壓降的計算評估的重要性並不亞於熱傳量的計算。流體通過熱交換器的壓降主要可分爲管內(或通道內)與管外(或通道外側)的壓降，本章節主要針對管內部份的壓降與熱傳來探討，管外(通道外)的熱傳壓降特性較爲複雜，此部份的資料將會在後續的章節中探討。

1-1-1 管內壓降分析

管內壓降的變化，可用圖1-1來說明。假設工作流體入口的狀態爲ρ_1、u_1、P_1、T_1，其中ρ_1、u_1、P_1分別爲進口密度、速度與壓力，T_1爲進口溫度；出口狀態爲ρ_2、u_2、P_2、T_2，要正確選用流體機械，(1)到(2)的壓力變化P_1-P_2，即壓降的資料是非常重要的；要選取流體機械，首先當然要決定流體機械的消耗功率(power consumption)，在熱力學上的功爲$P\Delta V$或$V\Delta P$，因此功率可寫爲$(P\Delta V)/\Delta t$或$(V\Delta P)/\Delta t$，如果將管線上壓降與流體流量整合，我們可得到流體機械(以泵爲例)的消耗功率如下：

$$W_p = \frac{1}{\eta_p}\frac{\dot{m}}{\rho}\Delta P \tag{1-1}$$

其中η_p爲泵的等熵效率(isentropic efficiency)，W_p爲泵的功率消耗；從圖1-1中的(A)區到(G)區的壓降可表示如下：

$$\Delta P_{總壓降} = \Sigma\Delta P = \Delta P_A + \Delta P_B + \Delta P_C + \Delta P_D + \Delta P_E + \Delta P_F + \Delta P_G \tag{1-2}$$

因此爲了得到正確的總壓降，吾人必須計算每一區的壓損，首先我們來看各區的壓降。

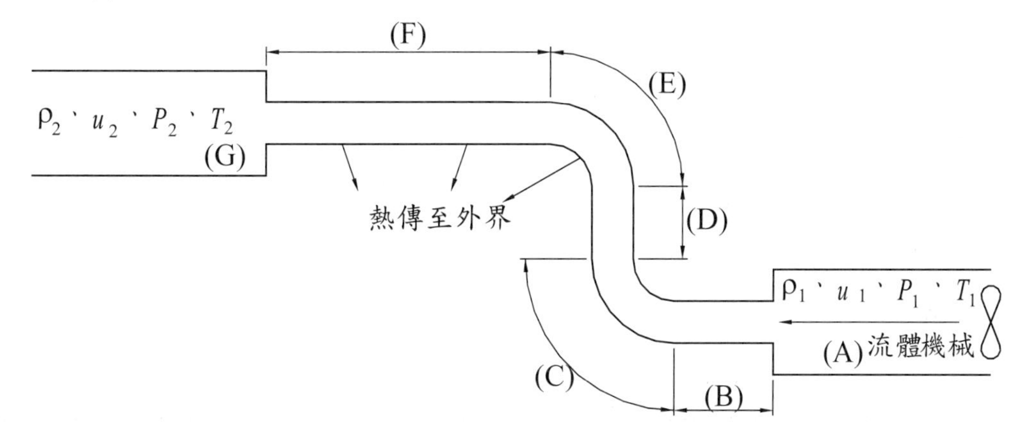

圖1-1　壓力變化與管路高度、長度與管徑的關係示意圖

1-1-1-1　(A)區的壓降

表1-1　驟縮段的全壓損失係數C_o

適用圓、方管

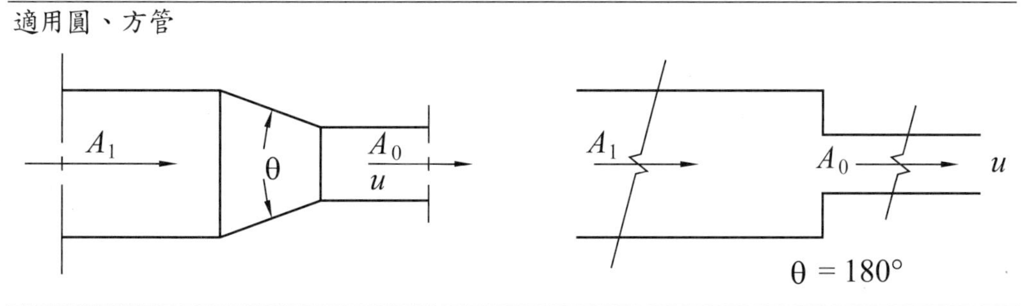

	角度θ，度						
A_1/A_0	10	15-40	50-60	90	120	150	180
2	0.05	0.05	0.06	0.12	0.18	0.24	0.26
4	0.05	0.04	0.07	0.17	0.27	0.35	0.41
6	0.05	0.04	0.07	0.18	0.28	0.36	0.42
10	0.05	0.05	0.08	0.19	0.29	0.37	0.43

工作流體由入口(A)區到(B)區由於流道面積急遽變小，因此壓力會產生相當的變化，這種原因是入口處面積急速變化而產生的壓力降，我們稱為ΔP_i，ΔP_i與入口面積變化程度及速度有關，此一部份的壓力變化，一般習慣將之簡化如下：

$$\Delta P_i = C_o \frac{\rho u^2}{2} \tag{1-3}$$

其中參考速度u為驟縮後的速度(參考表1-1之附圖)，驟縮段的全壓損失係數C_o可參考表1-1。

例1-1-1：如下圖所示，$A_1/A_0=4$，空氣之進入驟縮段前的風速為1 m/s， 空氣的密度為1.2 kg/m^3，通過驟縮段後產生的壓降為何？

A_1　$u_i = 1$ m/s　$\rho_i = 1.2$ kg/m^3　$u_c A_o$

1-1-1 解：

驟縮後的工作流體速度會增加，由於流體為不可壓縮，所以：

$$\frac{A_1}{A_0} = \frac{u_C}{u_i}$$

$A_1/A_0 = 4$

所以$u_C = 4$ m/s

C_o由表1-1可知為0.41

故$\Delta P_i = 0.41 \times \dfrac{1.2 \times 4^2}{2} = 3.9$ Pa

1-1-1-2 直管區(B)、(D)與(F)的計算

直管區的壓降計算可以由圖1-2來說明；如果不考慮熱傳的影響，且假設流體為不可壓縮狀態下，出口的速度會與進口相同(因為進出口密度相同)，但如果有熱量進出該直管區的話，因進出口的溫度不同會造成密度變化，由質量不滅可知$\rho_i u_i = \rho_o u_o$，而$\rho_i \neq \rho_o$，所以進出口的速度會不同，當然這個密度的效應在氣體上會比較明顯；故通過直管的壓降可分為三部份，如下：

$$\Delta P = \Delta P_a + \Delta P_f + \Delta P_g \tag{1-4}$$

其中ΔP_a爲速度變化造成的壓降，ΔP_f爲工作流體於管內的摩擦壓降，而ΔP_g爲工作流體因高度變化所造成的壓降；以下針對單相流體來對ΔP_a、ΔP_f與ΔP_g作說明。

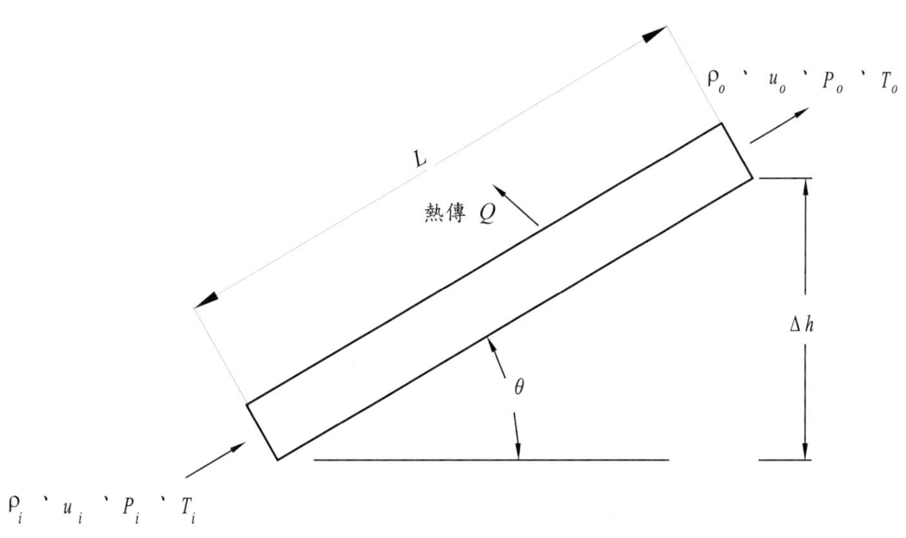

圖1-2　直管區壓降變化示意圖

ΔP_a 爲速度變化所造成的壓降：

$$\therefore \Delta P_a = \frac{1}{2}\rho_o u_o^2 - \frac{1}{2}\rho_i u_i^2 \tag{1-5}$$

ΔP_g 爲重力變化所造成的壓降：

$$\therefore \Delta P_g = \rho g \Delta h = \rho g L \sin\theta \tag{1-6}$$

ΔP_f爲摩擦造成的壓降，在一般管線中，ΔP_f所佔的比重約略可超過85%，因此，一般快速計算管線內的壓降，可以由ΔP_f 概算得知；ΔP_f 的計算茲說明如下。

可以想見摩擦壓降ΔP_f 應與下列參數有關：

(1) 流體的速度u

(2) 流體的密度ρ

(3) 流體的黏滯係數μ

(4) 管路直徑大小d_i

(5) 管路表面的粗糙度e

假設ΔP_f與管路長度成正比，所以

$$\frac{\Delta P_f}{L} = F_{cn}(u, \rho, d_i, e, \mu) \tag{1-7}$$

其中F_{cn}代表某種函數，將式1-7經過無因次化的分析後(請參考一般流體力學的教科書以進一步瞭解爲什麼要無因次化)，可以得到一個新的無因次參數－摩擦係數f，且摩擦係數f與Re等參數關係如下：

$$f \equiv \frac{\Delta P}{4\left(\frac{L}{d_i}\right)\left(\frac{\rho u^2}{2}\right)} = F_{cn}\left(\frac{\rho u d_i}{\mu}, \frac{e}{d_i}\right) = F_{cn}\left(\text{Re}, \frac{e}{d_i}\right) \tag{1-8}$$

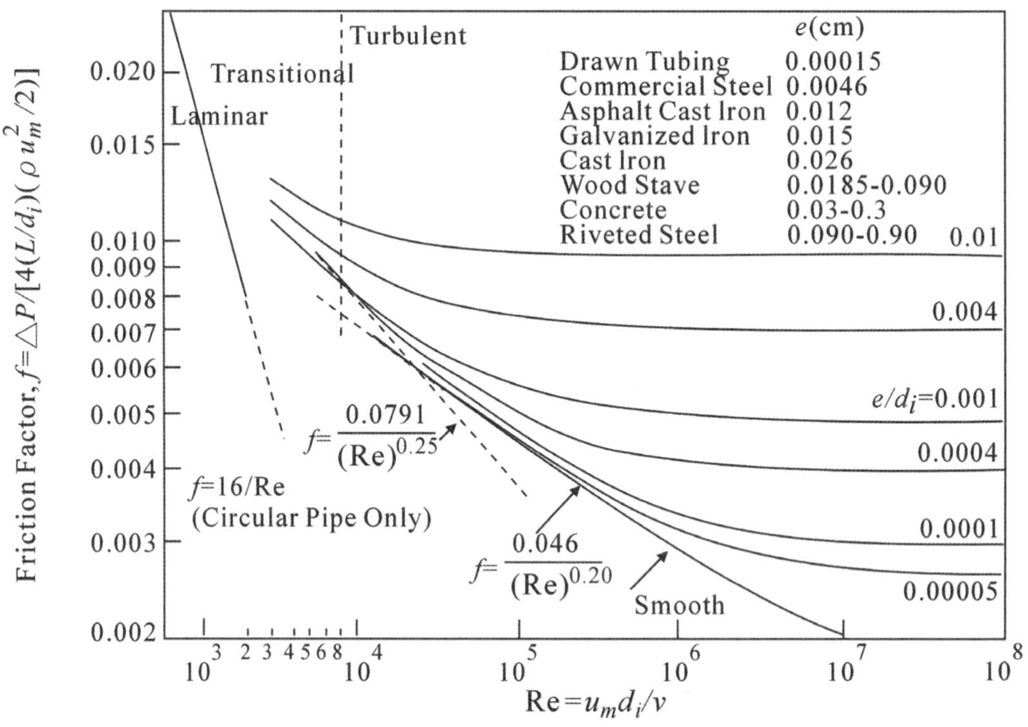

圖1-3 Moody Diagram (From Moody, L.F., 1944, Trans. ASME, 66:671-684)

其中 $\rho u d_i/\mu \equiv \text{Re}$ ，(Reynolds number，雷諾數)；此一新導入的無因次參數f (Fanning friction factor, Fanning 摩擦係數其定義爲$\tau_w\Big/\left(\frac{1}{2}\rho V_c^2\right)$，化簡後如式1-8所示)，這裡要特別提醒讀者，如果讀者使用的摩擦係數爲Darcy係數；其定義爲$f_D \equiv (D/L)\Delta P\Big/\left(\frac{1}{2}\rho V_c^2\right)$，故$f_D = 4f$，所以會有4倍的差異，完全是因爲定義不同所造成的，一般在密集式熱交換器的使用上，比較傾向使用Fanning係數；本書

中所用的摩擦係數均採用Fanning的定義。

1934年，Moody整理相當多的測試資料後，得到如圖1-3的結果，此一圖表說明了f與Re及e/d_i間的關係，同時也說明了無因次的好處，並且可適用不同的工作流體與不同的管徑，當然，也並非說一般物理量在無因次化後都可得到類似圖1-3的圓滿結果。下面，我們以兩個例子來說明圖1-3的用法。

例1-1-2：如下圖所示，水量30 L/min流進一長為10公尺的水平直管中，假設水入口溫度為T = 20°C，試估算通過管路的壓降：

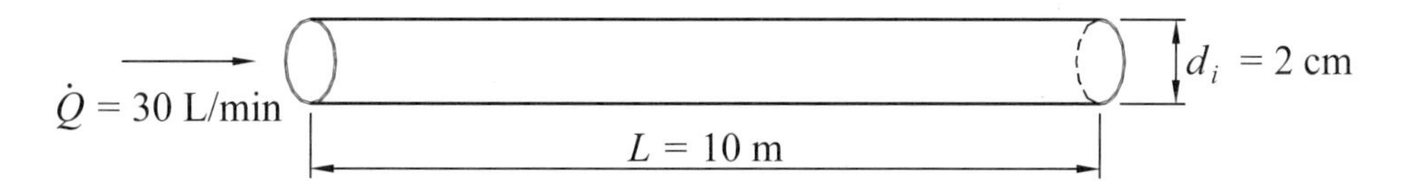

1-1-2 解：

在計算過程中，建議讀者養成使用標準SI單位的習慣，如此可避免單位換算的錯誤(尤其是無因次參數，一定要用標準單位)

$d_i = 2\text{ cm} = 0.02\text{ m}$

$L = 10\text{ m}$

$\dot{Q} = 30\text{ L/min} = {}^{30\text{ L}}\!/_{60\text{s}} = 0.5\text{ L/s} = 0.0005\text{ m}^3/\text{s}$

管內的截面積 $A_c = \frac{\pi}{4}d_i^2 = \frac{\pi}{4}(0.02)^2 = 0.000314\text{ m}^2$

$\therefore \dot{Q} = A_c \cdot u$

$0.0005\text{ m}^3/\text{s} = (0.000314\text{ m}^2)\times u$

$\therefore u = 1.59\text{ m/s}$

水在20°C的黏度、密度如下(見附錄資料)

$\mu = 1002\times10^{-6}\text{ N}\cdot\text{s/m}^2$

$\rho = 998.2\text{ kg/m}^3$

∴雷諾數

$$\text{Re} = \frac{998.2\times1.59\times0.02}{1002\times10^{-6}} = 31680$$

由圖1-3來估算f值，由於本例為平滑管且Re = 31680，故可估出f約為0.0058

$$\therefore \Delta P = \frac{4L}{d_i}\cdot f\cdot\frac{1}{2}\rho u^2 = \frac{4\times10}{0.02}\times0.0058\times\frac{1}{2}\times998.2\times(1.59)^2 = 14636.6\text{ Pa}$$

解題說明

由上例，可簡單歸納壓降的計算流程如下：

(1) 由於一般L、d_i爲給定資料，所以需得到f、ρ、μ等資訊後，才能算出壓降。

(2) 由進口條件，可由表查出密度、黏滯係數再算出Re。

(3) 由 $f = f(\text{Re}, e/d_i)$，若爲平滑管$f = f(\text{Re})$，則可由表1-2的方程式或由Moody chart得到f。

(4) 壓降估算爲 $\Delta P = \frac{4L}{d_i} \cdot f \cdot \frac{1}{2} \rho u^2$ 。

由於Moody Chart 爲一圖表型式，爲了方便對摩擦係數的估算，有很多研究提出一些方程式方便計算，不過這些方程式在使用上都有範圍的限制，在使用時要特別注意，表1-2即爲一些於紊流流動下，平滑管常用的摩擦係數的方程式。

表1-2 紊流流動下等溫摩擦係數方程式

資料來源 (參考 Kakaç and Liu 2002一書)	方程式[a]	適用範圍
Blasius	$f = 0.0791\text{Re}^{-0.25}$	$3\times10^3 < \text{Re} < 10^5$
Drew, Koo, and McAdams	$f = 0.00140 + 0.125\text{Re}^{-0.32}$	$3\times10^3 < \text{Re} < 5\times10^6$
Karman-Nikuradse	$\frac{1}{\sqrt{f}} = 1.737\ln(\text{Re}\sqrt{f}) - 0.4$ 或 $\frac{1}{\sqrt{f}} = 4\log_{10}(\text{Re}\sqrt{f}) - 0.4$ 可近似為：$f = 0.46\text{Re}^{-0.2}$	$3\times10^3 < \text{Re} < 3\times10^6$
Filonenko	$f = (3.64\log_{10}\text{Re} - 3.28)^{-2}$	$3\times10^4 < \text{Re} < 10^6$

[a] 計算時以流體的混和溫度為基準 (bulk temperature)

1-1-1-3 非圓管之壓降計算

在一般應用中，管線除了圓管外，方管也經常使用 (例如空調送回風之風管)，針對這些非圓管壓降的計算，依然可使用如表1-2的方程式來計算摩擦係數，不過不規則管的直徑，必需使用水力直徑(類似等效直徑)，水力直徑(hydraulic diameter)的定義爲 $D_h = \frac{4A_c}{P} = \frac{4(\text{淨截面面積})}{\text{截面周長}}$ 。

例1-1-3： 如圖 1-4 所示，試估算同心圓環環側與方管的水力直徑計算，其中d_o

爲內管之外徑，而D_i爲外管之內徑。

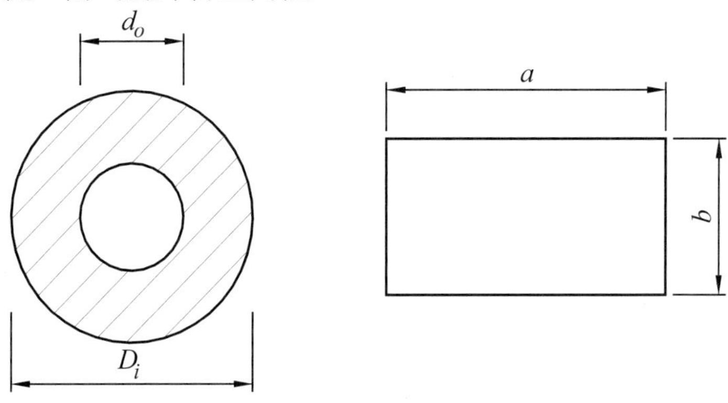

圖1-4　同心圓環管與方管的水力直徑

1-1-3 解：

由定義直接計算可得：

$$D_{h,\text{圓環}} = \frac{4\times(\frac{\pi}{4}D_i^2 - \frac{\pi}{4}d_o^2)}{\pi D_i + \pi d_o} = D_i - d_o$$

$$D_{h,\text{方管}} = \frac{4\times(a\times b)}{2a+2b} = \frac{2ab}{a+b}$$

1-1-1-4　螺旋管與渦管的壓降計算

如圖1-5所示，螺旋管與渦管在化學反應器、儲存槽中與熱回收系統上的應用相當普遍，它的優點(與直管比較)爲可以大幅節省空間。下面則針對螺旋管及渦管常用的壓降計算方程式來說明，由於離心力的關係，可以想見螺旋管與渦管的壓降會比直管大，因此，一般的計算方法都是先算出直管平滑管的摩擦係數(f_{s})再乘上一個修正係數方程式；下面則列出螺旋管和渦管的摩擦係數方程式：

螺旋管

(a) 層流流動(Re < 2300, Manlapaz and Churchill, 1981)

$$\frac{f_c}{f_s} = \left[\left(1.0 + \frac{0.18}{\left[\left(1+\frac{35}{De}\right)^2\right]^{0.5}}\right)^m + \left(1.0 + \frac{r/R}{3}\right)\left(\frac{De}{88.33}\right)\right]^{0.5} \quad (1\text{-}9)$$

$$\text{其中}\begin{cases} m=0 & \text{當 } De>40 \\ m=1 & \text{當 } 20<De<40 \\ m=2 & \text{當 } De<20 \end{cases}，$$

而De為Dean number，定義如下

$$De=\text{Re}\left(\frac{r}{R}\right)^{0.5} \tag{1-10}$$

(b) 紊流流動 (Srinivasan et al., 1970)

$$f_c=0.0084\left[\text{Re}\left(\frac{R}{r}\right)^{-2}\right]^{-0.2}\left(\frac{R}{r}\right)^{-0.5} \tag{1-11}$$

$$\text{其中 Re}\left(\frac{R}{r}\right)^{-2}<700 \text{ 且 } 7<\frac{R}{r}<10$$

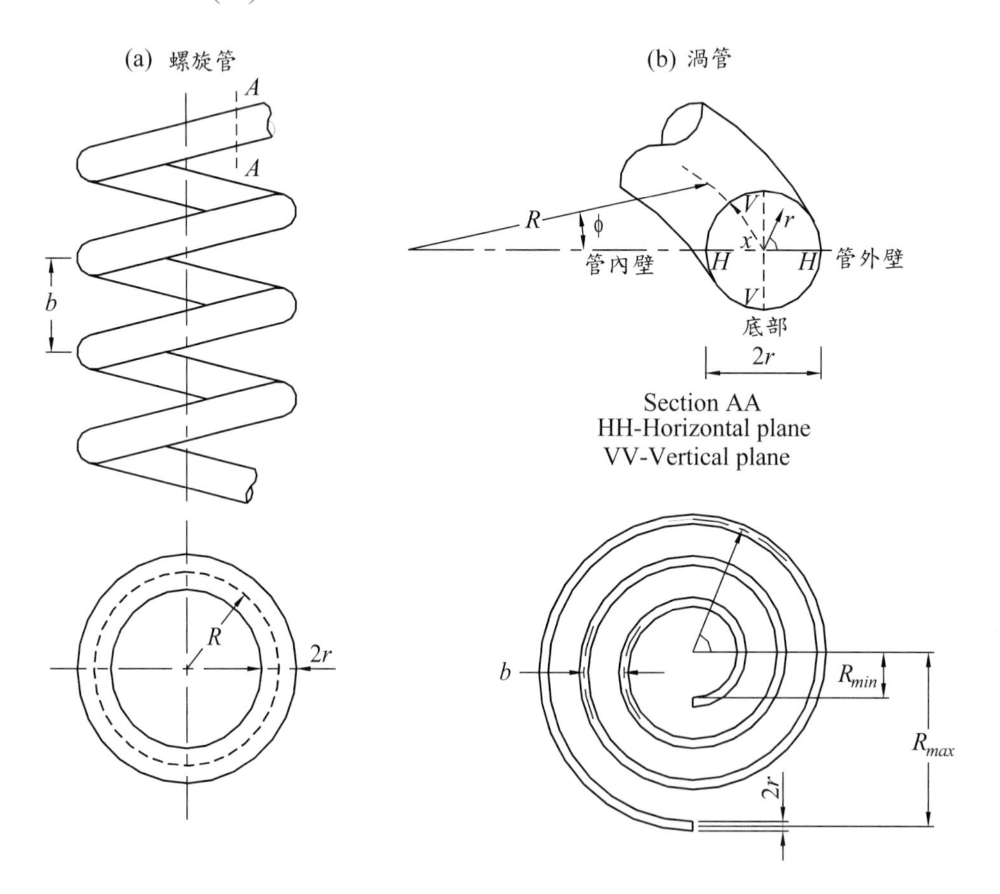

圖1-5 (a) 螺旋管；(b) 渦管 (From Shah, R. K. and Joshi, S. D., 1987, in Handbook of Single-Phase Convective Heat Transfer, pp. 5.1-5.46. Wiley, New York)

渦管

(a) 層流流動 (Re < 2300, Srinivasan et. al., 1970)

$$f_c = \frac{0.63(n_2^{0.7} - n_1^{0.7})^2}{\text{Re}^{0.6}\left(\frac{b}{r}\right)^{0.3}} \tag{1-12}$$

(b) 紊流流動

$$f_c = \frac{0.0074(n_2^{0.9} - n_1^{0.9})^{1.5}}{\left[\text{Re}\left(\frac{b}{r}\right)^{0.5}\right]^{0.2}} \tag{1-13}$$

上式中 n_1 與 n_2 代表渦管開始到結束部份的圈數(這是因爲渦管每一圈的半徑均不同，故需導入使用n_1與 n_2)，而b的定義可從圖1-5得知。

1-1-1-5 擴張管之壓降

表1-3 擴張段的全壓損失係數的C_o (適用圓管)

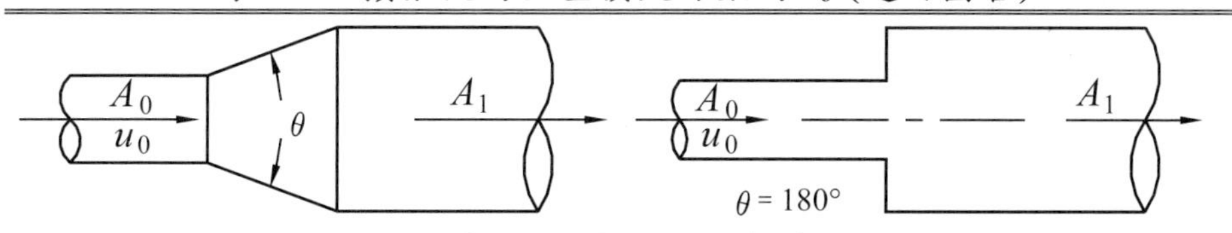

圖1-6 擴張段示意圖

	角度θ，度									
A_1/A_0	8	12	16	20	30	45	60	90	120	180
2	0.11	0.11	0.14	0.19	0.32	0.33	0.33	0.32	0.31	0.30
4	0.15	0.17	0.23	0.30	0.46	0.61	0.68	0.64	0.63	0.62
6	0.17	0.20	0.27	0.33	0.48	0.66	0.77	0.74	0.73	0.72
10	0.19	0.23	0.29	0.38	0.59	0.76	0.80	0.83	0.84	0.83
16	0.19	0.22	0.31	0.38	0.60	0.84	0.88	0.88	0.88	0.88

資料參考來源：ASHRAE Handbook，Fundamentals， 1997，32章

與1-1-1-1類似，不過，流體流經擴張管時，並不是真正的「壓降」，反而會有「壓升」的現象，這是因爲速度減慢，速度部份的壓力轉換到靜壓來，因此壓力不降反升。

$$\therefore \Delta P = \Delta P_e = C_o \frac{\rho u^2}{2} \quad (C_o\text{見表1-3})$$

1-1-1-6 彎管部份的壓降

表1-4 90°多片組合型式之轉彎之全壓損失係數的C_o (適用圓管)

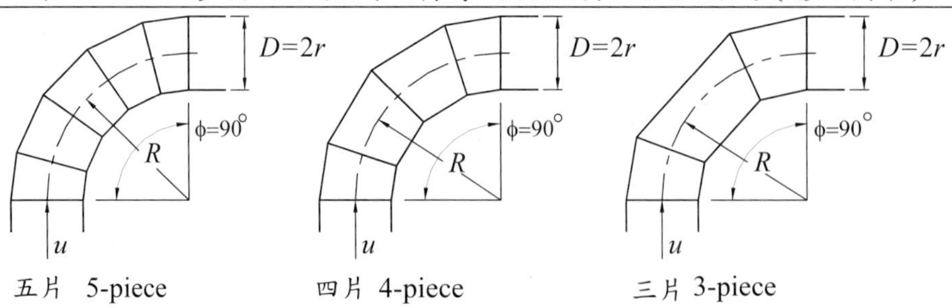

圖1-7 多片組合型式之彎管

	R/D				
彎頭組成片數	0.5	0.75	1.0	1.5	2.0
5	--	0.46	0.33	0.24	0.19
4	--	0.50	0.37	0.27	0.24
3	0.90	0.54	0.42	0.34	0.33

90°彎管部份的壓降的C_o值可以直接參考表1-4，表1-4爲多片型式組成彎管時的壓降計算表，如果是平滑管型式的彎頭(如圖1-8所示)，一般多以彎管的摩擦係數 f_c 來計算彎管的壓降，即：$\Delta P_c = \frac{4L_c}{d_i} \cdot f_c \cdot \frac{1}{2}\rho u^2$，一些常用彎管的摩擦係數方程式如下：

層流 (Idelchik,1994)

$$f_c = 5\,\mathrm{Re}^{-6.5}\left(\frac{R}{r}\right)^{-0.175} \quad 當\ 50 < De \le 600 \tag{1-14}$$

$$f_c = 2.6\,\mathrm{Re}^{-5.5}\left(\frac{R}{r}\right)^{-0.225} \quad 當\ 600 < De \le 1400 \tag{1-15}$$

$$f_c = 1.25\,\mathrm{Re}^{-4.5}\left(\frac{R}{r}\right)^{-0.275} \quad 當\ 1400 < De \le 5000 \tag{1-16}$$

上述方程式適用於平滑彎管，角度在360°以內(必需在層流區，Re < 2300)，其中R與r分別代表轉彎與彎管本身的半徑(見圖1-8說明)，De爲Dean number，見式1-10之定義。

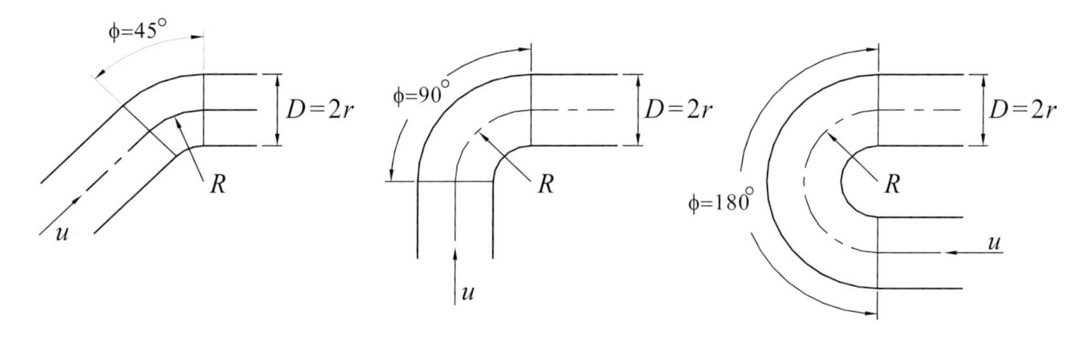

圖1-8 平滑彎管 (45°、90° 與180°)

若彎管型式爲平滑型，當紊流流動時，Ito (1959) 建議下列的方程式可供使用 ($2\times10^4 < \text{Re} < 4\times10^5$，$\phi$ 爲彎管角度，可爲 45°、90°或180°，見圖1-8)。

$$\Delta P_c = C_o \frac{\rho u^2}{2} \tag{1-17}$$

$$C_o = \begin{cases} 0.00873 \cdot B \cdot \phi \cdot f_c \cdot \left(\dfrac{R}{r}\right) & \text{其中}\,\text{Re}\left(\dfrac{R}{r}\right)^{-2} < 91 \\ 0.00241 \cdot B \cdot \phi \cdot \text{Re}^{-0.17} \left(\dfrac{R}{r}\right)^{0.84} & \text{其中}\,\text{Re}\left(\dfrac{R}{r}\right)^{-2} \geq 91 \end{cases} \tag{1-18}$$

$$\text{而}\ f_c = \left(0.00725 + 0.076\,\text{Re}\left(\frac{r}{R}\right)^2\right)^{-0.25} \left(\frac{R}{r}\right)^{-0.5} \tag{1-19}$$

上述方程式中的ϕ爲彎管的角度，以度來表示；而B的值與彎管角度有關，表示如下：

$$\text{當}\ \boldsymbol{\phi = 45°}，\ B = 1 + 14.2(R/r)^{-1.47} \tag{1-20}$$

$$\text{當}\boldsymbol{\phi = 90°}，\ \phi = 45°\ ，B = \begin{cases} 0.95 + 17.2\left(\dfrac{R}{r}\right) & \text{當}\,R/r < 19.7 \\ 1 & \text{當}\,R/r \geq 19.7 \end{cases} \tag{1-21}$$

$$\text{當}\boldsymbol{\phi = 180°}，B = 1 + 116(R/r)^{-4.52} \tag{1-22}$$

1-2 基本熱傳學簡介

1-2-1 前言

本章節的內容僅在簡略的介紹熱傳學理論，以搭配熱交換器設計上的需要，並提供一些常用的設計方程式，其他比較深入的課題，有興趣的讀者可參考書目如下：

Holman, J. P. (1990) Heat Transfer

Mills, A. F. (1995) Basic Heat and Mass Transfer

以下，即針對本書的需要來介紹基本熱傳學。

1-2-2 熱傳基本模式

表1-5 熱傳模式與熱傳機制

熱傳模式	熱傳機制
傳導	分子在短距離碰撞
對流	流體本身的運動
輻射	光子傳遞

從熱力學中，我們知道，能量(energy)的傳遞來自於溫度差或更精確的說爲溫度梯度(temperature gradient)，而熱量傳遞的方式可歸納爲傳導(conduction)、對流(convection)與輻射(radiation) ，見表1-5之說明。

對傳導與輻射而言，它們的傳遞方式發生範圍在分子、原子，甚至更小的粒子，傳導是藉由分子在很短的距離內相互碰撞來傳遞能量，輻射的傳遞則藉由光子(photons)以光速穿過空間來傳遞。

對流熱傳與上述熱傳方式最大的差異乃在於它藉由流體本身的運動來傳遞能量，在對流熱傳上又有下面幾種不同的模式：

自然對流：流體因爲密度不同而引發的流動。

強制對流：即爲典型的對流，藉由外加的動力促使流體流動來傳遞熱量。

沸騰：當液體的溫度高於沸點時的汽化現象，此時熱傳機制主要藉由潛熱來傳送。

冷凝：當氣體溫度低於冷凝溫度時產生的凝結現象，此時熱傳機制同樣主要藉由潛熱來傳送。

在熱交換器的應用上，對流(工作流體)與傳導(熱交換器本體)是最常見到的熱傳模式，本書主要亦以對流熱傳與傳導來向讀者介紹。熱傳學，顧名思義，最重要的物理量，當然是單位時間的熱傳量Q(單位爲瓦特 Watt，簡稱W，記住W要大寫，不是小寫，一般在科學記號上以人名爲單位時，該單位要大寫，例如焦耳，J)。除了Q外，另外一個非常重要的物理量爲熱通量q (heat flux)，爲單位面積的熱傳量，因此q可寫爲：

$$q = Q/A \tag{1-23}$$

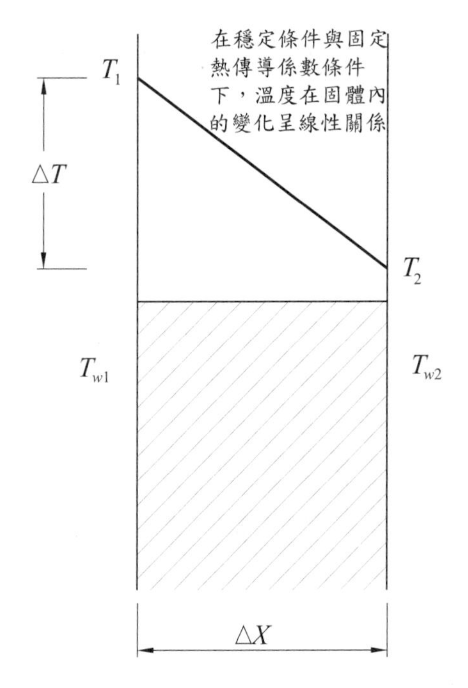

圖1-9 管壁內熱傳導溫度變化示意圖

其中A爲熱交換表面的參考面積。如果將熱傳學和電學來對照，可以發現其中有若干相似之處，例如電流是由高電位處傳至低電位處，同樣的熱量也是由高溫傳至低溫，因此這些物理量中有類比的特性，即：

$$\Delta V \sim \Delta T \tag{1-24}$$

$$I \sim Q \tag{1-25}$$

由歐姆定律知ΔV與I間成一正比關係，其比例常數稱之爲電阻R，即

$$R = \Delta V/I \text{ 或 } I = \Delta V/R \tag{1-26}$$

同樣的，ΔT與Q間的比例常數R，我們稱之為熱阻

$$\therefore R = \Delta T/Q \text{ 或 } Q = \Delta T/R \tag{1-27}$$

記得上面提到熱傳的模式包括傳導、對流與輻射，這幾種熱傳模式又有各自不同的基本定律，例如：(Fourier Law)

$$q = k\frac{\Delta T}{\Delta X} \text{ (傳導，見圖1-9)} \tag{1-28}$$

k：熱傳導係數 (thermal conductivity)，這個比例常數通常可假設與距離X及溫度T無關，為材料的輸送性質之一，所以傳導的熱阻為 $R_{COND} = \frac{\Delta X}{kA}$。

又例如：(Newton's cooling law)

$$Q = hA\Delta T \text{ (對流，見圖1-10)} \tag{1-29}$$

其中$\Delta T = T_w - T_b$，而h為對流熱傳係數(heat transfer coefficient)，或簡稱熱傳係數。

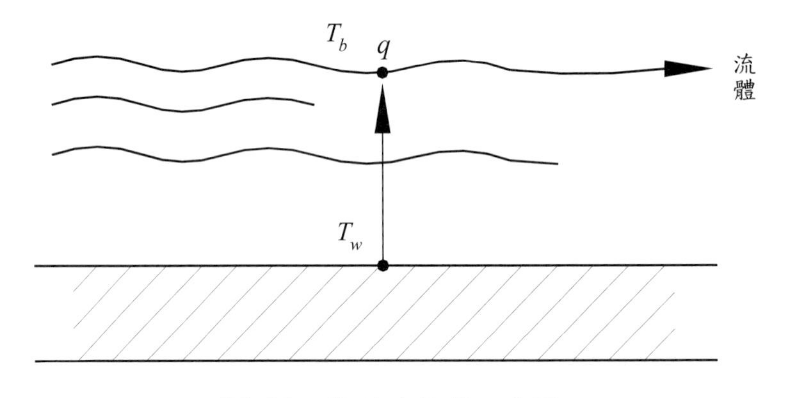

圖1-10　熱對流熱傳示意圖

所以對流的熱阻為 $R_{CONV} = \frac{1}{hA}$，不管是傳導或是對流的熱阻，其中的比例值k、h經常不是一個固定值，尤其是對流熱傳係數h。以典型的熱交換器而言，熱傳的模式包括兩種工作流體的熱對流與熱交換器本體的熱傳導(見圖1-11)。因此考慮如圖1-11所示，熱通量可表示如下：

$$q_1 = h_1\left(T_h - T_{w,1}\right) \tag{1-30}$$

$$q_w = k\frac{\left(T_{w,1} - T_{w,2}\right)}{\Delta X} \tag{1-31}$$

$$q_2 = h_2\left(T_{w,2} - T_c\right) \tag{1-32}$$

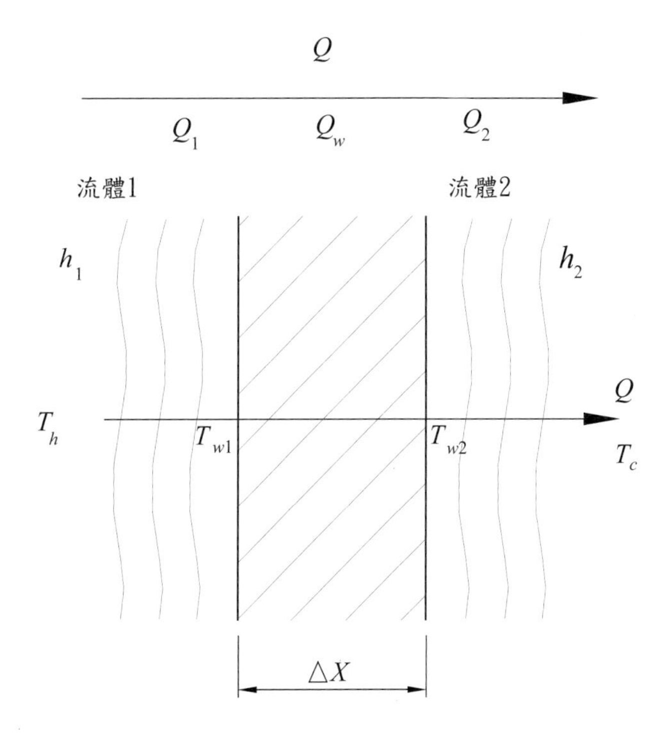

圖1-11　熱交換器兩側熱對流時熱傳示意圖

所以在下標1、w及2區的熱傳量Q_1、Q_w與Q_2分別爲

$$Q_1 = q_1 A_{w1} = h_1 A_{w1}\left(T_h - T_{w,1}\right) \tag{1-33}$$

$$Q_w = q_w A = kA\frac{T_{w,1} - T_{w,2}}{\Delta X} \tag{1-34}$$

$$Q_2 = q_2 A_{w2} = h_2 A_{w2}\left(T_{w,2} - T_c\right) \tag{1-35}$$

在穩定狀態下熱傳量是平衡的，故

$$Q_1 = Q_w = Q_2 = Q \tag{1-36}$$

改寫式1-36如下：

$$Q = h_1 A_{w1}\left(T_h - T_{w,1}\right) \Rightarrow \frac{Q}{h_1 A_{w1}} = T_h - T_{w,1} \tag{1-37}$$

$$Q = kA\frac{\left(T_{w,1} - T_{w,2}\right)}{\Delta X} \Rightarrow \frac{Q}{\frac{kA}{\Delta X}} = T_{w,1} - T_{w,2} \tag{1-38}$$

$$Q = h_2 A_{w2}\left(T_{w,2} - T_c\right) \Rightarrow \frac{Q}{h_2 A_{w2}} = T_{w,2} - T_c \tag{1-39}$$

將式1-37、式1-38與式1-39加總可得

$$\left(\frac{1}{h_1 A_{w1}} + \frac{1}{\frac{kA}{\Delta X}} + \frac{1}{h_2 A_{w2}}\right)Q = T_h - T_c \tag{1-40}$$

$$\therefore Q = \frac{1}{\underbrace{\left(\frac{1}{h_1 A_{w1}} + \frac{1}{\frac{kA}{\Delta X}} + \frac{1}{h_2 A_{w2}}\right)}_{UA}}(T_h - T_c) \tag{1-41}$$

其中U一般習稱爲總熱傳係數，A爲參考面積

$$\therefore \frac{1}{UA} = \frac{1}{h_1 A_{w1}} + \frac{\Delta X}{kA} + \frac{1}{h_2 A_{w2}} \tag{1-42}$$

式1-42告訴讀者一些很重要的訊息如下：

(1)串聯的熱阻抗，如同電阻的串聯型式是可以直接加總而得，即

$$\therefore \frac{1}{\underbrace{UA}_{\text{總阻抗}}} = \frac{1}{\underbrace{h_1 A_{w1}}_{\text{熱側阻抗}}} + \frac{\Delta X}{\underbrace{kA}_{\text{管壁阻抗}}} + \frac{1}{\underbrace{h_2 A_{w2}}_{\text{冷側阻抗}}}$$

$$R = R_1 + R_w + R_2 \tag{1-43}$$

(2)從式1-43，讀者可初步估算熱阻抗R_1、R_w與R_2的大小，再決定應採取怎樣的步驟來改善熱交換器性能。

有關熱阻抗的定義，也有一些採用「分離面積」的定義，即將式1-42乘上參考面積A：

$$\therefore \underbrace{\frac{1}{U}}_{\text{總阻抗}} = \underbrace{\frac{A}{h_1 A_{w1}}}_{\text{熱側阻抗}} + \underbrace{\frac{\Delta X}{k}}_{\text{管壁阻抗}} + \underbrace{\frac{A}{h_2 A_{w2}}}_{\text{冷側阻抗}} \tag{1-44}$$

即 $r = r_1 + r_w + r_2$ (1-45)

若參考面積 $A = A_{w1} = A_{w2}$ (例如平板)

則 $\frac{1}{U} = \frac{1}{h_1} + \frac{\Delta X}{k} + \frac{1}{h_2}$ (1-46)

例1-2-1：一般管式冷凝器，管外殼側為R-22冷媒，管內為冷卻水，h_1為水側熱傳係數，其值約為4000 W/m^2·K，h_2為R-22平滑管之冷凝熱傳係數約為2000 W/m^2·K，銅管k值為386 W/m·K，管壁厚度約為1.5 mm，現在，如果要採用熱傳增強管來改善該殼管式熱交換器的性能，則熱傳管該如何選擇 ?(管內增強?管外增強或管內外都增強？)

1-2-1 解：

由於是平滑管，管內的面積與管外的面積相差不多，故$A_{w1} \approx A_{w2}$，故以管壁外表面積 A 做為參考面積，故：

$$\frac{1}{U} \approx \frac{1}{h_1} + \frac{\Delta X}{k} + \frac{1}{h_2}$$

$$= \frac{1}{4000} + \frac{0.0015}{386} + \frac{1}{2000}$$

$$= \underbrace{0.000255}_{\text{水側阻抗}r_1} + \underbrace{0.0000039}_{\text{管壁阻抗}r_w} + \underbrace{0.0005}_{\text{冷媒側阻抗}r_2}$$

可知 r_w 甚小可予以忽略

$$\therefore \frac{1}{U} \approx r_1 + r_2 = 0.00025 + 0.0005 \ \ (\text{m}^2\cdot\text{K/W})$$

因此，此時若選取管外增強管方式將比較合適(當然管內外都增強亦可行)。

例1-2-2：同例1-2-1，若原熱傳管爲26牙增強管，其熱傳係數爲20000 W/m^2·K，同樣的，如果要採用熱傳增強管來改善該殼管式熱交換器的性能，則熱傳管應如何進一步改善？(管內增強?繼續加強管外或管內外都增強？)

1-2-2 解：

$$\frac{1}{U} \approx \frac{1}{4000} + \frac{0.0015}{386} + \frac{1}{20000} \approx 0.00025 + 0.00005 \ (\mathrm{m^2 \cdot K/W})$$

因此，此時若要再適度的改善殼管式熱交換器的性能，應從管內側著手，亦即選擇管內增強表面如微鰭管或是五星鋁條型式等的熱傳增強管。

解題說明

例1-2-1與1-2-2的結論：花錢要花在刀口上，要改善熱阻，應先從阻抗大的著手，才有立竿見影的效果。

1-2-3 常用的管內單相熱傳係數

與摩擦係數類似，單相的熱傳係數也與流體的流動型態有關(層流或紊流)，並且由於熱邊界層發展的影響，熱傳係數也會隨著流動方向而遞減(尤其層流流動下時更爲明顯)，本章節的目的並不在於要完整的去交待對流熱傳的相關理論，有興趣的讀者可以參考 Mills (1995)一書。

同樣於摩擦係數f，通常我們也將熱傳係數以無因次化的方式來表現，最常用到的無因次熱傳係數爲紐塞數(Nusselt number，簡寫爲Nu)，其定義如下：

$$Nu = \frac{hL}{k} \tag{1-47}$$

其中L爲特徵參考長度，而k爲工作流體之熱傳導係數，請特別注意式1-47中的特徵長度的使用，不同的研究可能會採用不同的特徵長度，例如密集式熱交換器中，有的研究會採用水力直徑，而有的研究會使用固定幾何尺寸(如管外徑)；因此當讀者在應用相關方程式計算熱傳係數h時，請務必正確使用原本的特徵長度。

下面則提供一些常用的熱傳係數方程式供讀者參考(適用於圓管)，由於熱傳係數與流體流動型態有關，因此這些方程式又分爲層流與紊流兩方面來說明，在層流流動方面，熱傳係數受邊界狀態的影響甚大，因此在層流流動下，使用者應針對邊界條件判斷方程式是否適用，如圖1-12(b)所示(以加熱爲例)。

假設進口流體爲均勻分布($T = T_{in}$)，當流體流入管內，由於管壁溫度高於入口溫度，因此流體的溫度會逐漸上升，可想而知，愈靠近管壁處的流體溫度會愈接近管壁溫度，而隨著加熱長度的增加，流體沿著加熱面的溫度分布發展亦逐漸變化，所以可以想見的，在層流流動下，熱傳係數亦與進口之長度有關，當流體流動型態爲紊流時，邊界狀態與進口長度的效應亦相對應的減少，所以一般紊流流動的經驗方程式中多不見邊界條件的影響。下列則介紹一些常用的方程式供讀者參考。

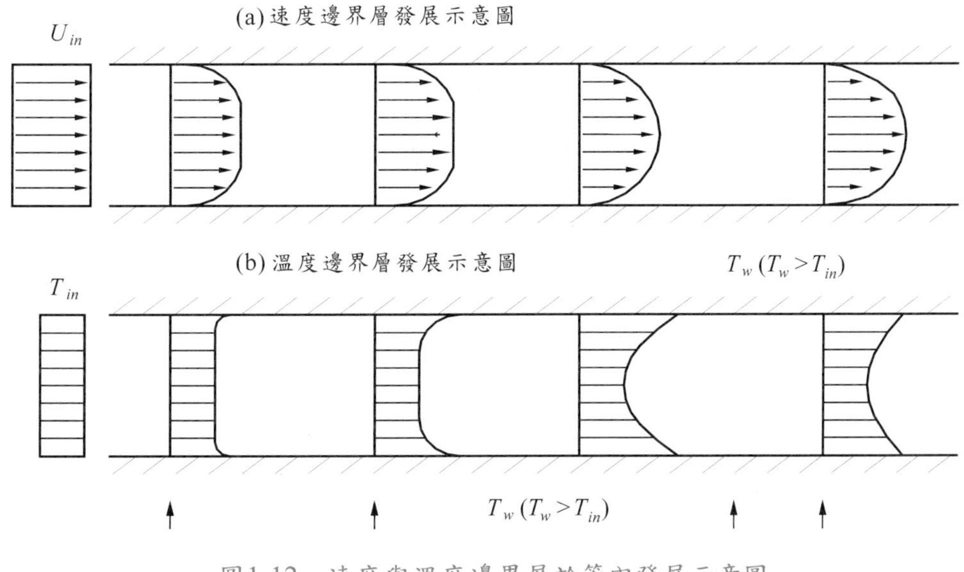

圖1-12 速度與溫度邊界層於管內發展示意圖

1-2-3-1 直管內單相熱傳係數

表1-6爲層流流動下，不同邊界狀態條件下的熱傳方程式，其中下標 T 表示等溫條件，而H表示等熱通量條件，請注意這些方程式所使用的特徵長度爲管內徑d_i，以層流流動而言，熱傳係數與邊界條件及形狀有關，表1-7爲各種形狀與邊界條件下完全發展條件下的熱傳係數與摩擦數的關係，其中下標$H1$代表流動方向爲等熱通量但截面周圍壁面 爲等溫條件，而下標$H2$代表流動方向與截面周圍均爲等熱通量的邊界條件。

請讀者注意，這些方程式適用於工作流體特性較不受溫度影響，若流體特性(例如黏度)受溫度變化影響甚大時，流體本身的速度分布則有所不同，如圖1-13所示，等溫條件下的流速分布爲曲線a；當溫度上升時，流體黏性變小，所以靠近壁面的速度會變快(曲線b)，相反的，若流體將熱傳至外界降溫時，靠近壁面的流體速度會下降(曲線c)，但中心的速度反而會變快。流體速度分布的變化當然也會影響熱傳係數，因此若要考慮溫度效應的影響，則可將表1-6的方程式乘上一個修正係數 $(\frac{\mu_b}{\mu_w})^{0.14}$，其中$\mu_b$為流體中心溫度的黏度(viscosity)，$\mu_w$為壁面溫度下的流體黏度。事實上，溫度對液體與氣體的影響不太一樣，對氣體而言，黏度μ、熱傳導係數k與密度ρ都會因為溫度改變而產生明顯變化，對液體而言，則僅有黏度μ受溫度變化的影響較大。

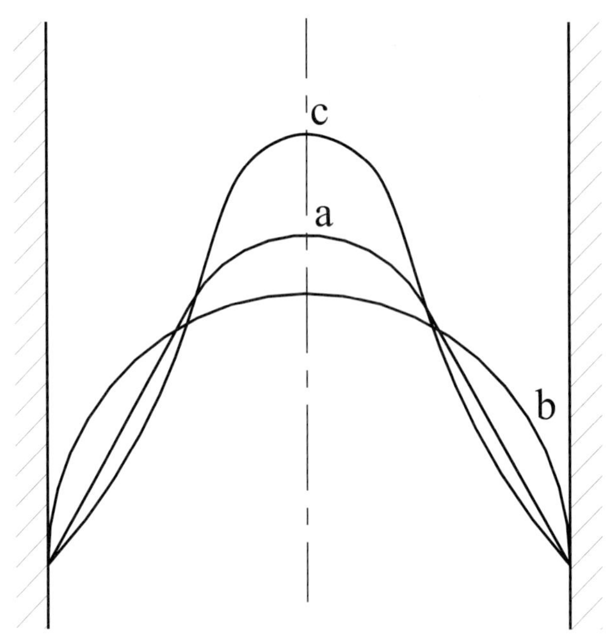

圖1-13　流體黏度對溫度分布的影響

表1-6　直管熱傳係數之方程式 (層流流動)

編號	方程式	適用範圍說明
1.	$Nu_T = 3.66$	等壁溫邊界條件且 $Pe \cdot \frac{d}{L} > 1000$
2.	$Nu_T = 3.66 + \frac{0.19\left(Pe \cdot \frac{d}{L}\right)^{0.8}}{1 + 0.117\left(Pe \cdot \frac{d}{L}\right)^{0.467}}$	等壁溫邊界條件且 $0.1 < Pe \cdot \frac{d}{L} < 10^4$
3.	$Nu_H = 4.36$	等熱通量邊界條件且為完全發展
4.	$Nu_H = 1.953\left(Pe \cdot \frac{d}{L}\right)^{\frac{1}{3}}$	等熱通量邊界條件

其中 Pe為Pelect 數 $\equiv$ Re·Pr，Pr為 Prandtl number $\equiv \nu / \alpha$

表1-7 各種形狀與邊界條件下完全發展條件下的熱傳係數與摩擦數的關係(下標T代表等溫邊界條件，$H1$代表軸向熱通量為定值但周長方向為等溫條件，$H2$表軸向與周長方向的熱通量均為定值)

Geometry ($L/D_h > 100$，完全發展)		Nu_T	Nu_{H1}	Nu_{H2}	$f{\cdot}Re$
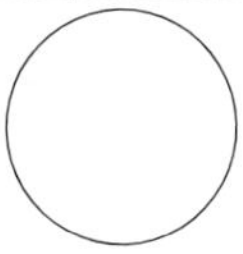 圓形		3.657	4.364	4.364	16.00
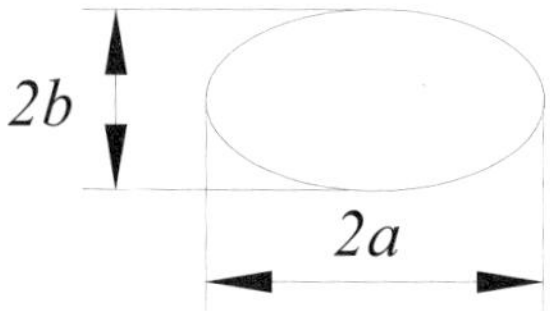 橢圓（$2b$、$2a$）	$2b/2a = 0.5$	3.742	4.558	3.802	16.83
	$2b/2a = 0.25$	3.792	4.88	2.333	18.24
	$2b/2a = 0.125$	3.725	5.085	0.9433	19.146
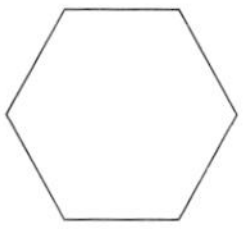 六角形		3.34	4.002	3.682	16.06
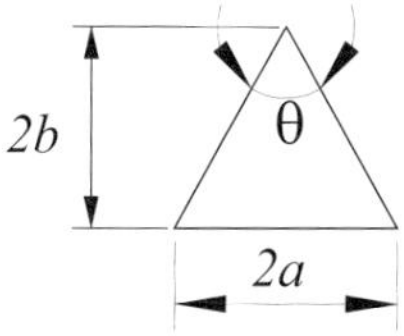 三角形（$2b$、$2a$、θ）	$\theta = 120°$, $\frac{2b}{2a} = 0.289$	2.0	2.68	0.62	12.744
	$\theta = 90°$, $\frac{2b}{2a} = \frac{1}{2}$	2.34	2.982	1.34	13.153
	$\theta = 60°$, $\frac{2b}{2a} = \frac{\sqrt{3}}{2}$	2.47	3.111	1.892	13.333
	$\theta = 30°$, $\frac{2b}{2a} = 1.866$	2.26	2.91	0.851	13.065
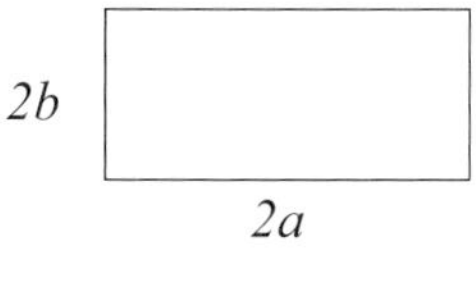 矩形（$2b$、$2a$）	$\frac{2b}{2a} = 1$	2.976	3.608	3.091	14.23
	$\frac{2b}{2a} = \frac{1}{2}$	3.391	4.123	3.017	15.55
	$\frac{2b}{2a} = \frac{1}{4}$	3.66	5.099	4.35	18.7
	$\frac{2b}{2a} = \frac{1}{8}$	5.597	6.490	2.904	20.59
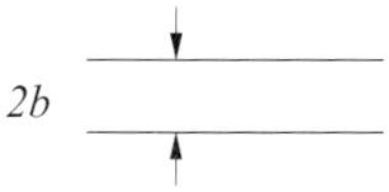 平行板（$2b$）	$\frac{2b}{2a} = 0$	7.541	8.235	8.235	24.0
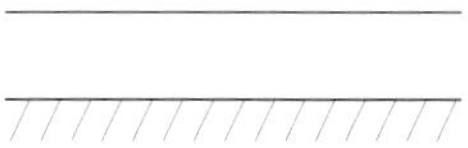 平行板，一面絕熱面	$\frac{b}{a} = 0$	4.861	5.385	--	24.0

資料來源：Shah, R. K. and London (1978) Laminar Flow Forced Convection in Ducts, Academic Press

同樣的，當流體流動為紊流時，一些常用的方程式如表1-8，表中的方程式(1)為知名的 Dittus and Boelter correlation，使用的相當廣泛，不過Kakaç等人(1987)曾做過相當深入的比較後發現該方程式預測氣體時偏高，預測較高Pr數的流體時又偏低。Kays and Crawford (1993) 因此建議少用該方程式。表中的公式(2)為 Gnielinski方程式，係一半經驗方程式，由熱傳與動量類比 (Heat-Momentum analogy)而來，其基本式子係依據壓降與熱傳有關推導而來，再佐以實驗數據調整經驗常數；因此，適用範圍與精度都相當的高，筆者亦建議讀者使用表1-8中(2)的Gnielinski方程式，表中編號3~12方程式比較適合氣體。

表1-8 單相常用熱傳方程式 (紊流流動)

編號	方程式	適用範圍說明
1.	$Nu = 0.023\text{Re}^{0.8}\text{Pr}^{0.4}$ (被加熱的流體) $Nu = 0.023\ \text{Re}^{0.8}\text{Pr}^{0.3}$ (被冷卻的流體)	$\text{Re} > 10^4$，Dittus-Boelter 方程式
2.	$Nu = \dfrac{\left(f/2\right)\left(\text{Re}-1000\right)\text{Pr}}{1.07+12.7\sqrt{f/2}\left(\text{Pr}^{2/3}-1\right)}$ $f = \left(1.58\ln\text{Re}-3.28\right)^{-2}$	$2300 < \text{Re} < 10^5$ Gnielinski 方程式
3.	$Nu = 0.022\ \text{Re}^{0.8}\text{Pr}^{0.5}$	適用氣體且 $\text{Re} > 5000$
4.	$Nu_b = 0.023\text{Re}_b^{0.8}\,\text{Pr}_b^{0.4}\left(\dfrac{T_w}{T_b}\right)^n$ $T_w/T_b < 1,\ n = 0$ (冷卻) $T_w/T_b < 1,\ n = -0.55$(加熱)	$30 < L/d < 120$, $7\times10^3 < \text{Re}_b < 3\times10^5$ $0.46 < T_w/T_b < 3.5$ 適用空氣
5.	$Nu_b = 0.022\,\text{Re}_b^{0.8}\,\text{Pr}_b^{0.4}\left(\dfrac{T_w}{T_b}\right)^{-0.5}$	$29 < L/d < 72$, $1.24\times10^5 < \text{Re}_b < 4.35\times10^5$ $1.1 < T_w/T_b < 1.73$
6.	$Nu_b = 0.023\text{Re}_b^{0.8}\,\text{Pr}_b^{0.4}\left(\dfrac{T_w}{T_b}\right)^n$ $n = -0.4$ (空氣) $n = -0.185$ (氦氣) $n = -0.27$ (二氧化碳)	$1.2 < T_w/T_b < 2.2$, $4\times10^3 < \text{Re}_b < 6\times10^4$, $L/d > 60$，適用空氣、氦氣與二氧化碳
7.	$Nu_b = 0.021\text{Re}_b^{0.8}\,\text{Pr}_b^{0.4}\left(\dfrac{T_w}{T_b}\right)^{-0.5}$ $Nu_b = 0.021\text{Re}_b^{0.8}\,\text{Pr}_b^{0.4}\left(\dfrac{T_w}{T_b}\right)^{-0.5}\times\left[1+\left(\dfrac{L}{d}\right)^{-0.7}\right]$	$L/d > 30$, $< T_w/T_b < 2.5$, $1.5\times10^4 < \text{Re}_b < 2.33\times10^5$，$L/d > 5$， Local values，適用空氣、氦氣與氮氣

編號	方程式	適用範圍說明
8.	$Nu_b = 0.024\,\text{Re}_b^{0.8}\,\text{Pr}_b^{0.4}\left(\dfrac{T_w}{T_b}\right)^{-0.7}$ $Nu_b = 0.023\,\text{Re}_b^{0.8}\,\text{Pr}_b^{0.4}$ $Nu_b = 0.024\,\text{Re}_b^{0.8}\,\text{Pr}_b^{0.4}\left(\dfrac{T_w}{T_b}\right)^{-0.7}\times\left[1+\left(\dfrac{L}{d}\right)^{0.7}\left(\dfrac{T_w}{T_b}\right)^{0.7}\right]$	$L/d > 40$, $1.24 < T_w/T_b < 7.54$, $1.83\times10^4 < \text{Re}_b < 2.8\times10^5$ 性質估算以管壁溫度為準, $L/d > 24$，$144 \ge \text{Pr}_b \ge 1.2$ 適用氦氣
9.	$Nu_b = 0.021\,\text{Re}_b^{0.8}\,\text{Pr}_b^{0.4}\left(\dfrac{T_w}{T_b}\right)^{n}$ $n = -\left(0.91\log\dfrac{T_w}{T_b}+0.205\right)$	$80 < L/d < 100$, $1.3\times10^4 < \text{Re}_b < 3\times10^5$ $1 < T_w/T_b < 6$ 適用氦氣
10.	$Nu_b = 5+0.012\,\text{Re}_f^{0.83}\left(\text{Pr}_w+0.29\right)$	$0.6 < \text{Pr}_b < 0.9$，適用氣體
11.	$Nu_b = 0.0214\left(\text{Re}_b^{0.8}-100\right)\text{Pr}_b^{0.4}\left(\dfrac{T_b}{T_w}\right)^{0.45}\times\left[1+\left(\dfrac{d}{L}\right)^{2/3}\right]$ $Nu_b = 0.012\left(\text{Re}_b^{0.87}-280\right)\text{Pr}^{0.4}\left(\dfrac{T_b}{T_w}\right)^{0.4}\times\left[1+\left(\dfrac{d}{L}\right)^{2/3}\right]$	$0.5 < \text{Pr}_b < 1.5$ (加熱條件) $1.5 < \text{Pr}_b < 500$，兩式均適用空氣、氦氣與二氧化碳
12.	$Nu_b = 0.022\,\text{Re}_b^{0.8}\,\text{Pr}_b^{0.4}\left(\dfrac{T_w}{T_b}\right)^{-10.29+0.0019L/d}$	$10^4 < \text{Re}_b < 10^5$, $18 < L/d < 316$，適用空氣與氦氣

例1-2-3：如下圖所示，水量30 L/min流進一長爲10公尺的水平直管中，管內直徑爲2 cm，假設水入口溫度爲T_{in} = 20 °C，出口溫度爲T_{out} = 80°C，試估算管內側的熱傳係數，水進口的性質如下：(μ_{in} = 0.001002 N·s/m^2，k_{in} = 0.603 W/m·K，ρ_{in} = 998.2 kg/m^3，Pr_{in} = 6.95)

$\dot{Q}$ = 30 L/min　　L = 10 m　　d_i = 2 cm

1-2-3 解：

在這個題目中由於水的進出口溫度變化甚大，因此必須考慮溫度變化所造成的物性變化，由於水進出口的平均溫度爲(20+80)/2 = 50°C，水50°C的物性如下

μ_b = 0.000547 N·s/m^2，k_b = 0.643 W/m·K，Pr_b = 3.56

d_i = 2 cm = 0.02 m

$$\dot{m} = 30\,\text{L}/\text{min} \times \rho_{in} = {}^{30\,\text{L}}\!/_{60\text{s}} \times 998.2\,\text{kg/m}^3$$

$$= 0.0005\,\text{m}^3/\text{s} \times 998.2\,\text{kg/m}^3 = 0.4991\ \text{kg/s}$$

管內的截面積 $A_c = \frac{\pi}{4} d_i^2 = \frac{\pi}{4}(0.02)^2 = 0.000314\,\text{m}^2$

$\therefore G = \dot{m}/A_c = 0.4991/0.000314 = 1589.5\,\text{kg/m}^2\cdot\text{s}$

∴雷諾數爲

$$\text{Re}_b = \frac{G \times d_i}{\mu_b} = \frac{1589.5 \times 0.02}{0.000547} = 58116.6 > 2300 \quad \Rightarrow \text{紊流流動！}$$

依表1-8中的Gnielinski方程式

$$f_b = (1.58 \ln \text{Re}_b - 3.28)^{-2} = 0.005063$$

$$Nu_b = \frac{\left({}^{f}\!/_{2}\right)(\text{Re}_b - 1000)\text{Pr}_b}{1.07 + 12.7\sqrt{\frac{f}{2}}\left(\text{Pr}_b^{2/3} - 1\right)} = \frac{\left(\frac{0.005063}{2}\right)(58116.6 - 1000) \times 3.56}{1.07 + 12.7\sqrt{\frac{0.005063}{2}}\left(3.56^{2/3} - 1\right)} = 268.0$$

$$h_b = \frac{k_b \times Nu_b}{d_i} = \frac{0.643 \times 268}{0.02} = 8616.2\,\text{W/m}^2\cdot\text{K}$$

若是以Dittus-Boelter方程式(表1-8的第一個方程式)來計算：

$$Nu_b = 0.023\,\text{Re}_b^{0.8}\,\text{Pr}_b^{0.4} = 0.23 \times 58116.8^{0.8} \times 3.56^{0.4} = 247.6$$

可知其結果約較Gnielinski方程式的計算結果低5%左右。

衍生問題： 如果本例使用水的進口條件來計算，其差異如何？

∴雷諾數爲

$$\text{Re}_b = \frac{G \times d_i}{\mu_b} = \frac{1589.5 \times 0.02}{0.001002} = 31726.5 > 2300 \quad \Rightarrow \text{紊流流動！}$$

若是以Dittus-Boelter方程式來速算：

$$Nu_b = 0.023\,\text{Re}_b^{0.8}\,\text{Pr}_b^{0.4} = 0.23 \times 31726.5^{0.8} \times 6.95^{0.4} = 199.4$$

此一計算値比原先的Dittus-Boelter計算結果低了將近20%，這個結果告訴讀者正確的掌握流體物性是非常重要的！

1-2-3-2 彎管與渦管的熱傳計算

表1-9爲一些常用的彎管與渦管的熱傳計算方程式，彎管及渦管方程式主要引用來自Kakaç and Liu (2002)一書。如果讀者英文不錯的話，該書可說是一本相當合適的教科書。

表1-9　彎管與渦管的熱傳經驗式

編號	方程式	適用範圍說明
1.	$Nu_T=\left[\left(3.657+\frac{4.343}{x_1}\right)^3+1.158\left(\frac{De}{x_2}\right)^{3/2}\right]^{1/3}$ $x_1=\left(1.0+\frac{957}{De^2\,\mathrm{Pr}}\right)^2$, $x_2=1.0+\frac{0.477}{\mathrm{Pr}}$	彎管等壁溫邊界條件，層流
2.	$Nu_H=\left[\left(4.364+\frac{4.636}{x_3}\right)^3+1.816\left(\frac{De}{x_4}\right)^{3/2}\right]^{1/3}$ $x_3=\left(1.0+\frac{1342}{De^2\,\mathrm{Pr}}\right)^2$, $x_4=1.0+\frac{1.15}{\mathrm{Pr}}$	彎管等熱通量邊界條件，層流
3.	$Nu_T=\left(1.98+\frac{1.8}{R_{ave}}\right)Gz^{0.7}$ Gz ： Graetz number = $(\pi D/4x)\cdot\mathrm{Re}\cdot\mathrm{Pr}$ R_{ave}：由於渦管的R 隨圈數增加而變，R_{ave}為所有圈數的平均值	渦管等壁溫邊界條件, $9<\mathrm{Gz}<1000$, $80<\mathrm{Re}<6000$, $20<\mathrm{Pr}<100$
4.	$\frac{Nu_c}{Nu_s}=1.0+3.6\left(1.0-\frac{r}{R}\right)\left(\frac{r}{R}\right)^{0.8}$	渦管紊流。其中Nu_c為彎管的Nusselt number，Nu_s為直管的Nusselt number, $2\times10^4<\mathrm{Re}<1.5\times10^5$, $5<r/R<84$
5.	$\frac{Nu_c}{Nu_s}=1.0+3.4\left(\frac{r}{R}\right)$	渦管。$1.5\times10^3<\mathrm{Re}<2\times10^4$
6.	$\frac{Nu_c}{Nu_s}=1.0+3.4\left(\frac{r}{R}\right)\left(\frac{\mathrm{Pr}_b}{\mathrm{Pr}_w}\right)^{0.25}$	渦管。$1.5\times10^3<\mathrm{Re}<2\times10^4$ 適用黏度變化之工作流體如油

1-3　結語

本章節的內容乃以一工程師的眼光來瞭解一些經常遇到的流力熱傳方程式的計算與應用，目的在教導讀者正確的使用這些方程式，以爲將來深入的課題奠基，本章節的傳熱管基本上都以平滑管爲主，在很多應用上，熱傳增強管的使用也相當普遍，這一部份的資料將會在稍後的章節中作進一步的介紹。

主要參考資料

ASHRAE Handbook, Fundamentals, 1997. ASHRAE.

Hewitt G.F., Shires G.L., Boll, T.R., 1994. *Process Heat Transfer*. CRC press.

Holman, J.P., 1990. *Heat Transfer*. 7th ed., McGraw-Hill, New York.

Idelchik, I.E. 1994. *Handbook of Hydraulic Resistance*. 3rd ed., CRC Press.

Ito, H. 1959. Friction factors for turbulent flow in curved pipe. *J. Basic Engng.* 81:123-134.

Kakaç S., Shah, R. K., Augn, W., ed. 1987. *Handbook of Single-Phase Convective Heat Transfer*. Wiley, New York.

Kakaç, S., Liu H., 2002. *Heat Exchangers*. 2nd ed., CRC Press Ltd.

Kays, W.M., Crawford 1993. *Convective Heat and Mass Transfer*. 3rd ed., McGraw-Hill.

Manlapaz, R.L., Churchill, S.W. 1981. Fully developed laminar convection from a helical coil. *Chem. Engng. Commun.* 9:185-200.

McQuiston, F.C., Parker J.D., 1994. *Heating, Ventilating, and Air-conditioning, Analysis and Design*. 4rd ed., John Wiley & Sons.

Mills, A.F., 1995. *Heat and Mass Transfer*. IRWIN.

Mills, A.F., 1995. *Basic Heat and Mass Transfer*. IRWIN.

Rohsenow, W.M., Hartnett, J.P., Cho Y.I., 1998. *Handbook of Heat Transfer*. 3rd ed. McGraw-Hill.

Shah, R. K., London A.L. 1978. *Laminar Flow Forced Convection in Ducts,* Academic Press.

Srinivasan, P.S., Nandapurkar, S.S., Holland, F.A. 1970. Friction for coils. *Trans. Inst. Chem. Engng.* 48:T156-T161.

Chapter 2

熱交換器設計導論

Fundamentals of Heat Exchanger Design

2-0 前言

熱交換器的分類有很多種，本章節的目的主要在介紹熱交換器的分類與設計原理，希望透過筆者的整理讓一般讀者可以瞭解基本的熱交換器設計方法與差異。

2-1 熱交換器的分類

熱交換器的分類，可由使用特性、熱傳特徵及密集度等來分類，本書以熱傳特徵來分類，依此可分爲回復式(recuperator)、再生式 (regenerator) 與直接接觸式(direct contact heat exchanger)。第一類型即所謂回復式(recuperator)乃熱量由一工作流體(A)傳經一工作界面(熱交換器本體)到另一工作流體(B)上，此一工作界面即爲回復式之熱交換器，圖2-1即說明回復式熱交換器的工作原理。

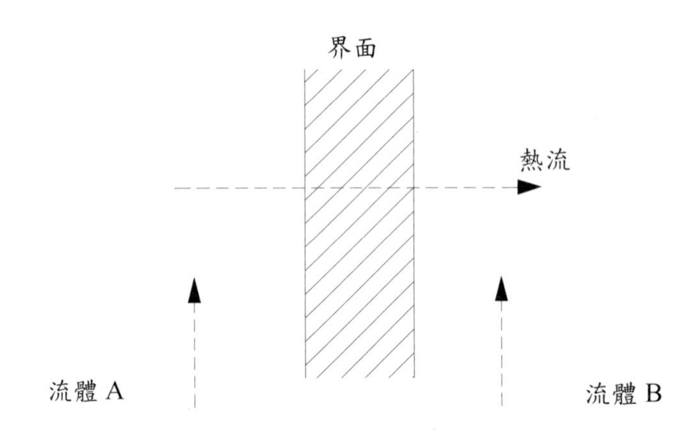

圖2-1 回復式熱交換器的工作原理

常見的回復式熱交換器包括氣冷式熱交換器(圖2-2)、殼管式熱交換器(圖2-3與圖，廣泛用於化工製程與冷凍空調上)、板式熱交換器(圖2-5與圖2-6，同樣廣泛應用在食品工業與冷凍空調上)。由於熱傳必須傳經界面，爲了能提高傳輸的效率，回復式熱交換器所用的材質，均以選用具有較大熱傳導係數(k)的材質爲原則，例如銅(Cu，k = 386 W/m·K)、鋁(Al，k = 204 W/m·K)，不過，如果操作環境很惡劣(例如，海水或是廢熱回收應用或是化工應用之特殊流體)，在安全、穩定的考慮前提下，使用k值較小但安全穩定性較高的材質也很常見，例如銅鎳合金(k = 10~90 W/m·K)、鈦(k = 21.9 W/m·K)，甚至是石墨、琺瑯都可當作熱交換器的材料；總而言之，在安全穩定的考慮下，原則上以選定材料較便宜而同時又擁有較大k值的材質。

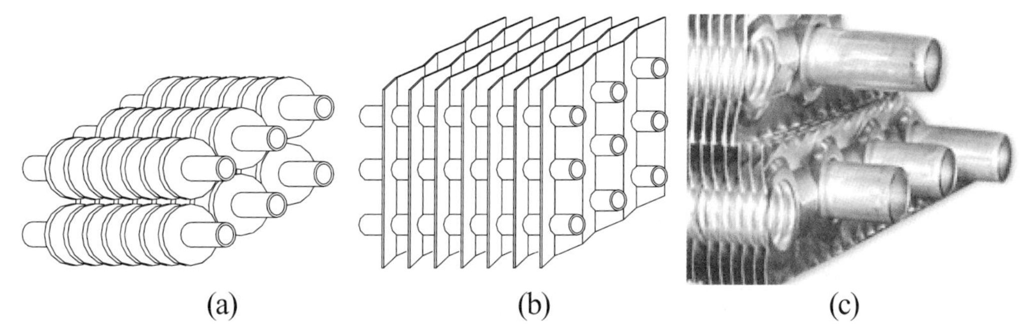

圖2-2 氣冷式熱交換器 (a)圓鰭片；(b)連續波浪型鰭片；(c) 典型空調用氣冷式熱交換器

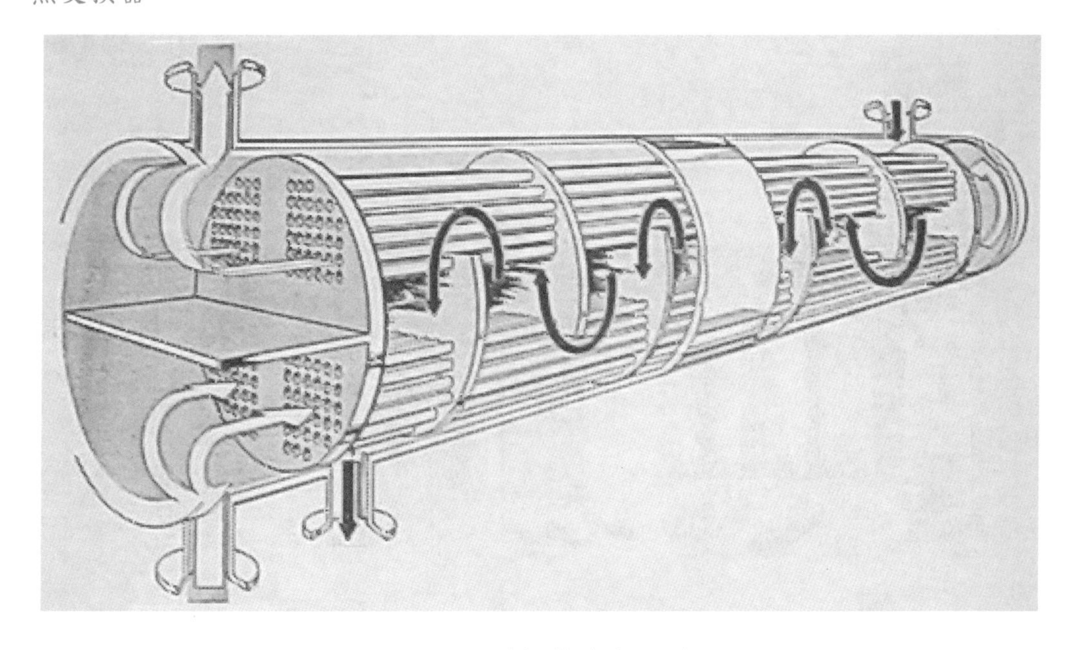

圖2-3 典型殼管式熱交換器

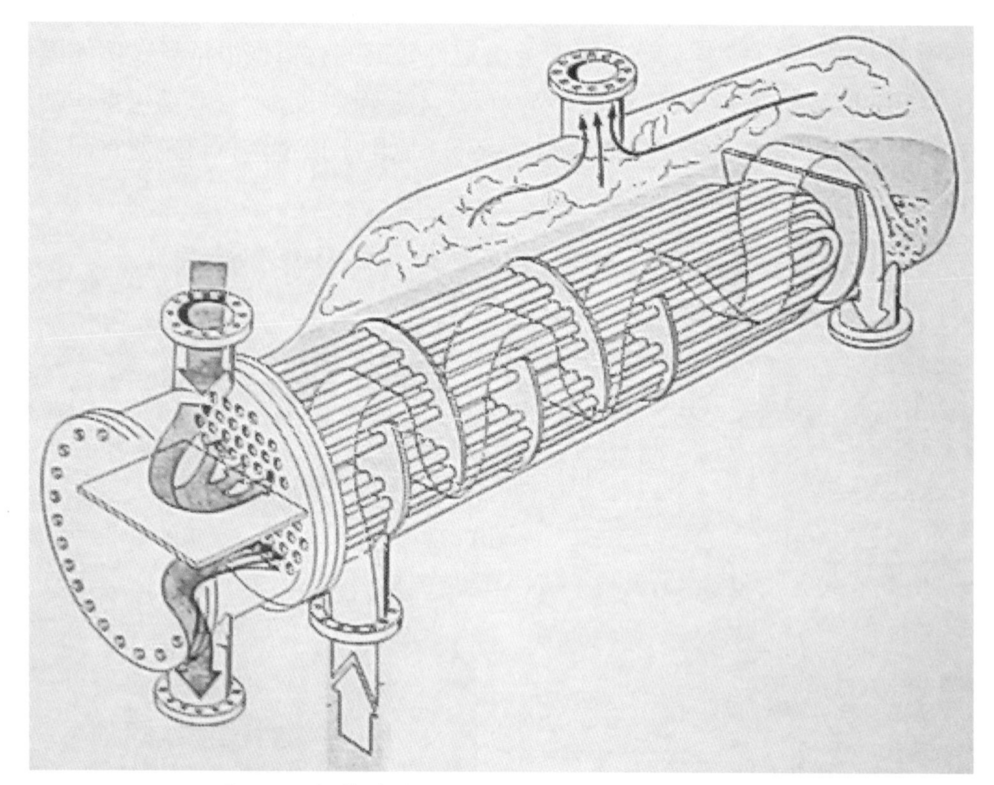

圖2-4　殼管式熱交換器 – Kettle – Reboiler

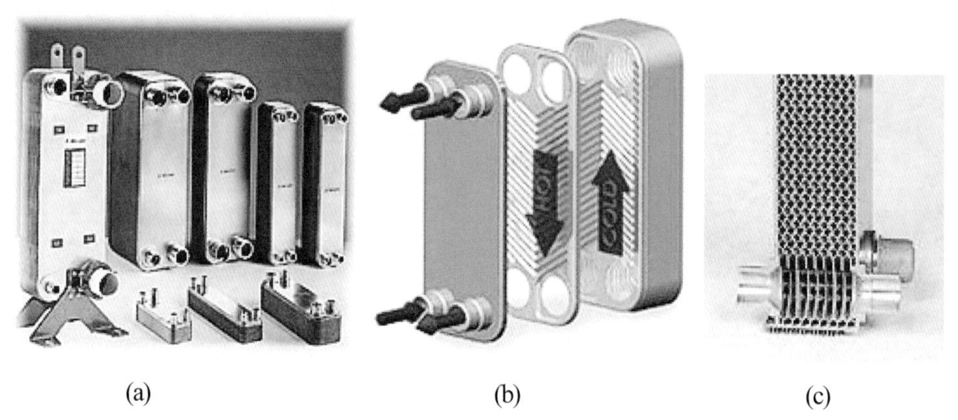

(a)　(b)　(c)

圖2-5　板式熱交換器 (a) 硬焊型(brazed type)；(b) 工作原理；(c) 橫切面

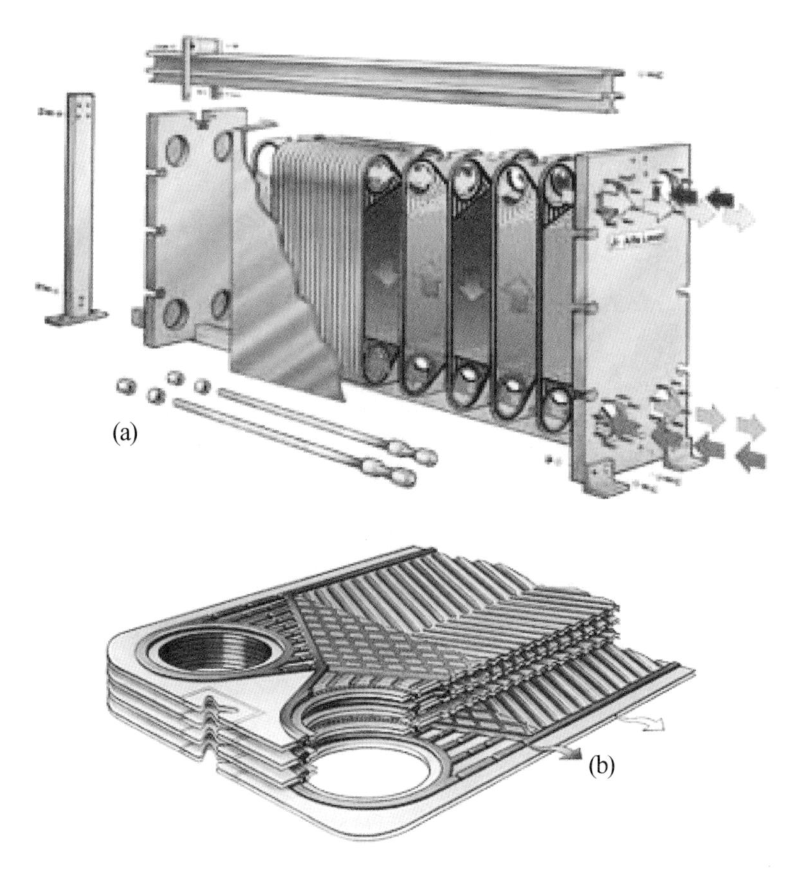

圖2-6 組合式板式熱交換器 (Gasketed – type)，(a)工作原理；(b)板片

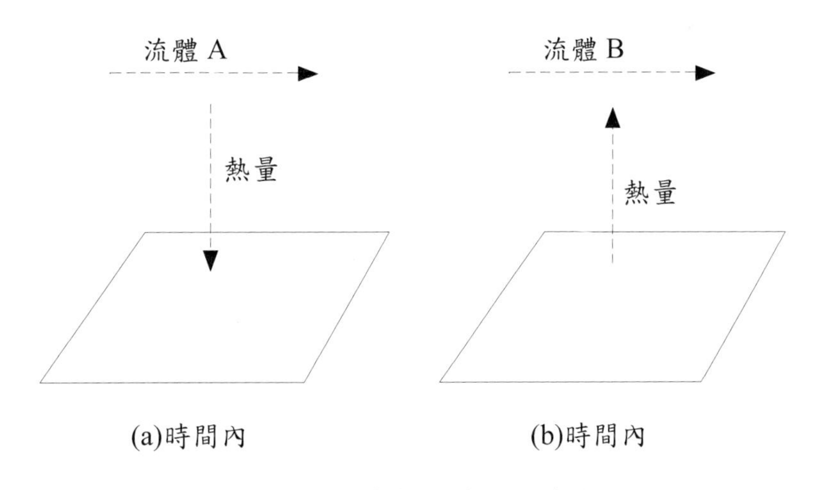

圖2-7 再生式熱交換器工作原理

第二類型即再生式熱交換器，與回復式熱交換器相同，都必須透過界面來傳遞熱量，所不同的是熱傳遞並不在同一時間發生，其傳遞方式可以圖2-7來說明，

在(a)時間內，流體A流經傳熱界面，而把熱量傳至界面上，界面則將熱量儲存在熱交換器的本身的材質上。在(b)時間內，儲存在界面的熱量在流體B流經時，再將熱量釋放至流體B上。

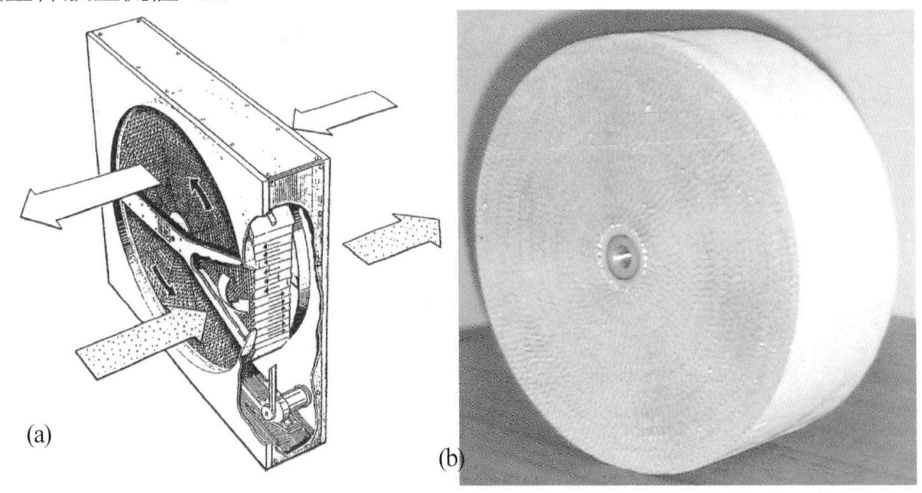

圖2-8 再生式熱交換器之運作與轉輪 (a)工作原理；(b) 轉輪

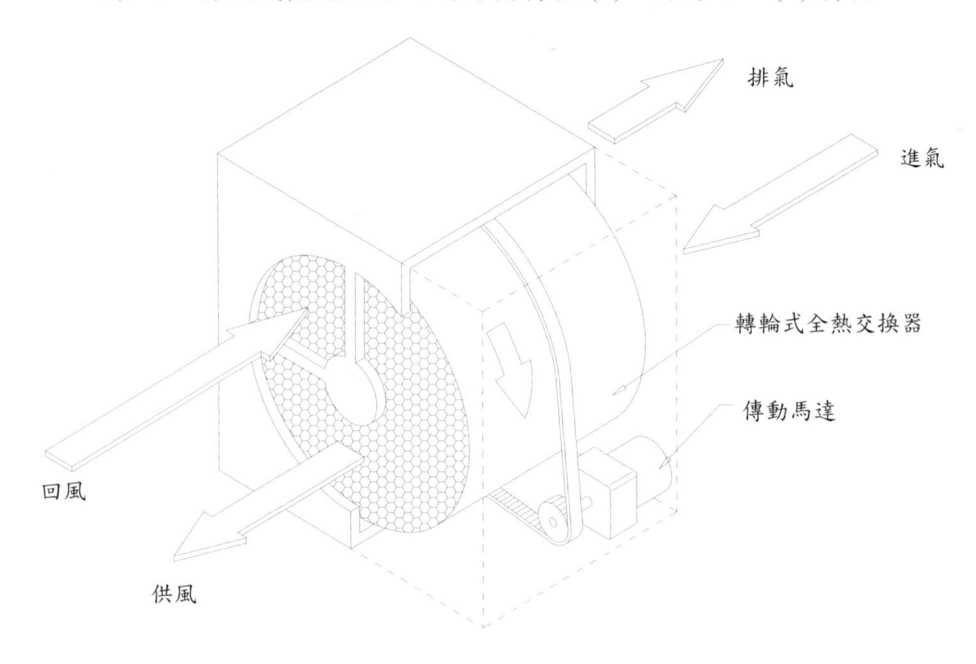

圖2-9 轉輪式全熱交換器

因此，由於再生式熱交換器蓄熱的特性，熱交換器的材質基本上與回復式熱交換器不同，爲了能有效的儲存熱量，材質通常選用較大的 c_p 值(比熱)與較小熱傳導係數(k 值)。一個有趣的再生式熱交換器爲小時候常於田間玩的「番薯窯」。記得嗎？首先，你將泥土堆成窯狀，然後生火將泥土烤乾(即將熱量存於泥土中)；

待火熄滅後，再將番薯放入，隨後將土窯放倒讓高溫的泥土去加熱番薯；等個把鐘頭後就有又香又Q的番薯了。圖2-8 與圖2-9乃一些典型的再生式熱交換器。通常此類熱交換器可用來回收廢熱或除溼(除溼輪)。

圖2-10 冷卻水塔 (Courtesy of Composite Aqua Systems & Equipments Pvt. Ltd.)

第三類型熱交換器稱之爲直接接觸式熱交換器，顧名思義，乃兩個工作流體藉由直接(或僅是部份直接)接觸來傳遞熱量，冷卻水塔爲一典型的例子(見圖2-10與圖2-11)，不過，即使兩種工作流體是透過直接接觸方式來傳遞熱量，在實際運轉上仍須有一些基材與導板來增加工作流體的混合程度與混合時間，以提高傳熱效率(見圖2-12)。

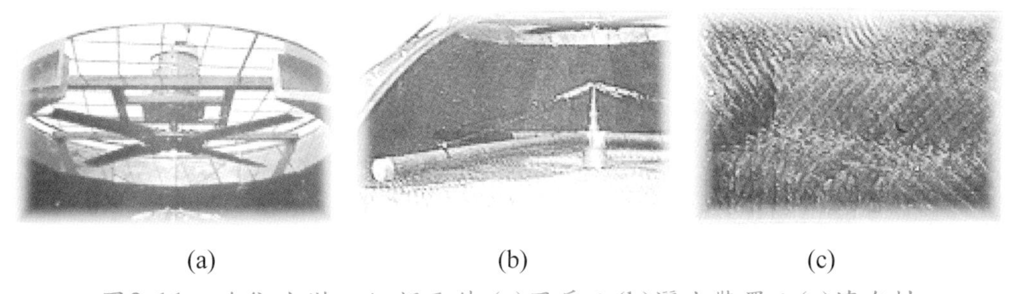

(a) (b) (c)

圖2-11 冷卻水塔之細部元件 (a)風扇；(b)灑水裝置；(c)填充材

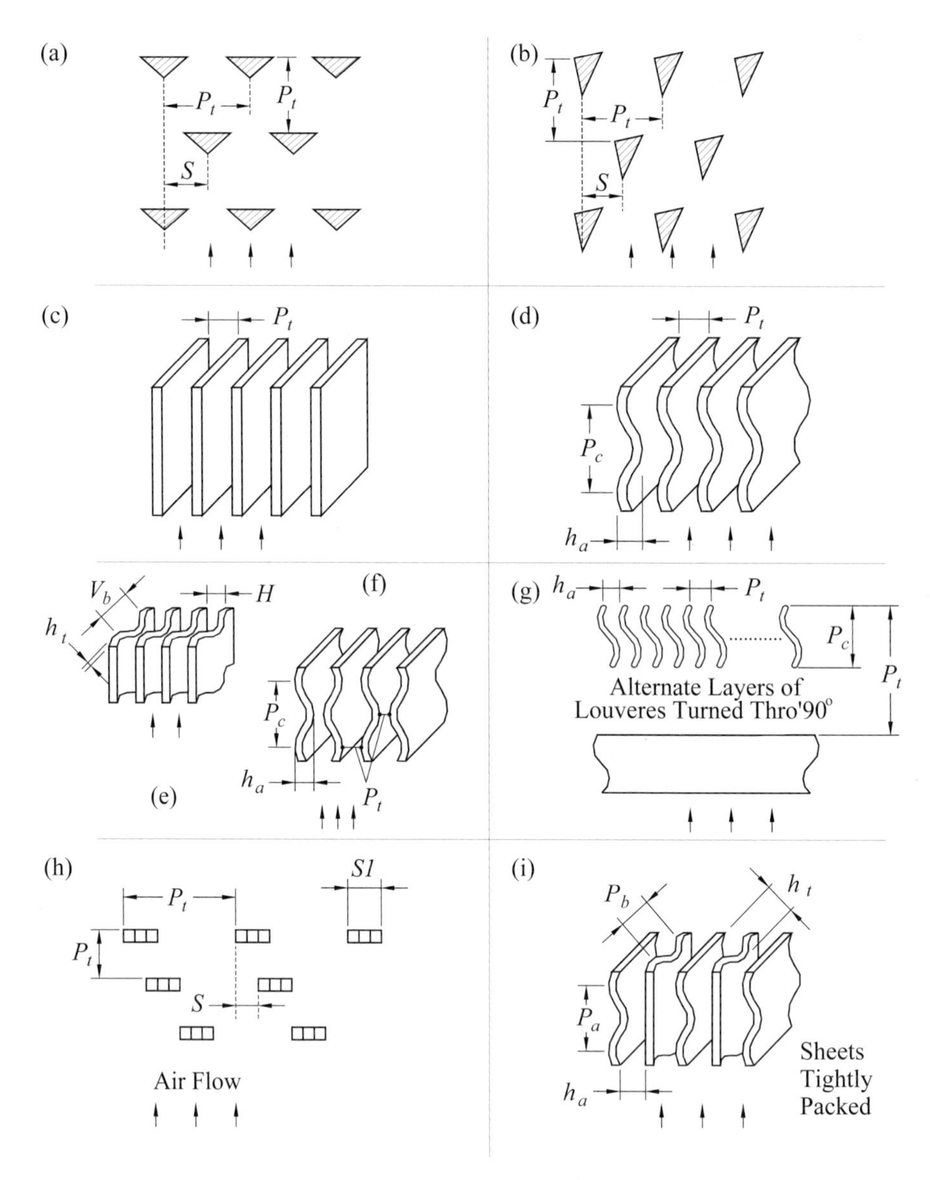

圖2-12 冷卻水塔之填充材

2-2 熱交換器表面特性

由前述的介紹與圖片可看出，在熱交換器的設計與使用上，爲了能夠有效的提高熱傳量，不論是氣冷式或殼管式，都會使用一些表面不平坦的熱傳增強設計，例如圖2-13的各式熱傳增強管與圖2-14各種增強型的鰭片。從這些熱交換器的表面上，我們大致可區分出(1)平滑的表面，或稱主要的表面(primary-surface)；

與(2)凹凸的增強表面，或稱次要的表面(secondary-surface)。請注意，在一般應用上，凹凸的次要表面積通常遠較主要表面的表面積來的大。以空調用鰭管式熱交換器爲例，次要表面積(鰭片面積)通常是主要表面積(管面積)的二、三十倍。謂何會有這種差異，則可由下面的基本熱傳原理來說明，從第一章的基本熱流介紹，我們知道：

$$Q = UA\Delta T_m \tag{2-1}$$

其中Q爲熱傳量 (W)，A爲總面積 (m^2)，ΔT_m爲平均溫差 (K)，U爲總熱傳係數 ($W/m^2 \cdot K$)；以回復式熱交換器而言：

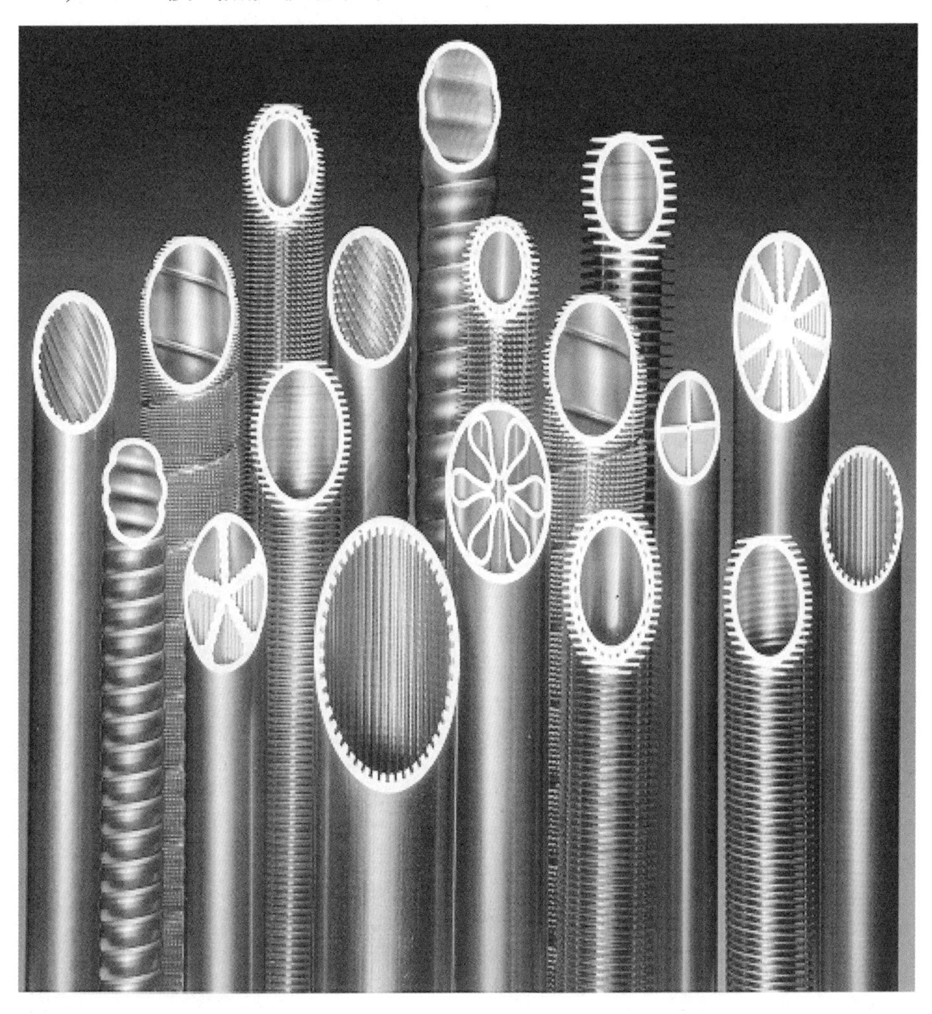

圖2-13 各種型式的增強管 (Courtesy of Hitachi Ltd.)

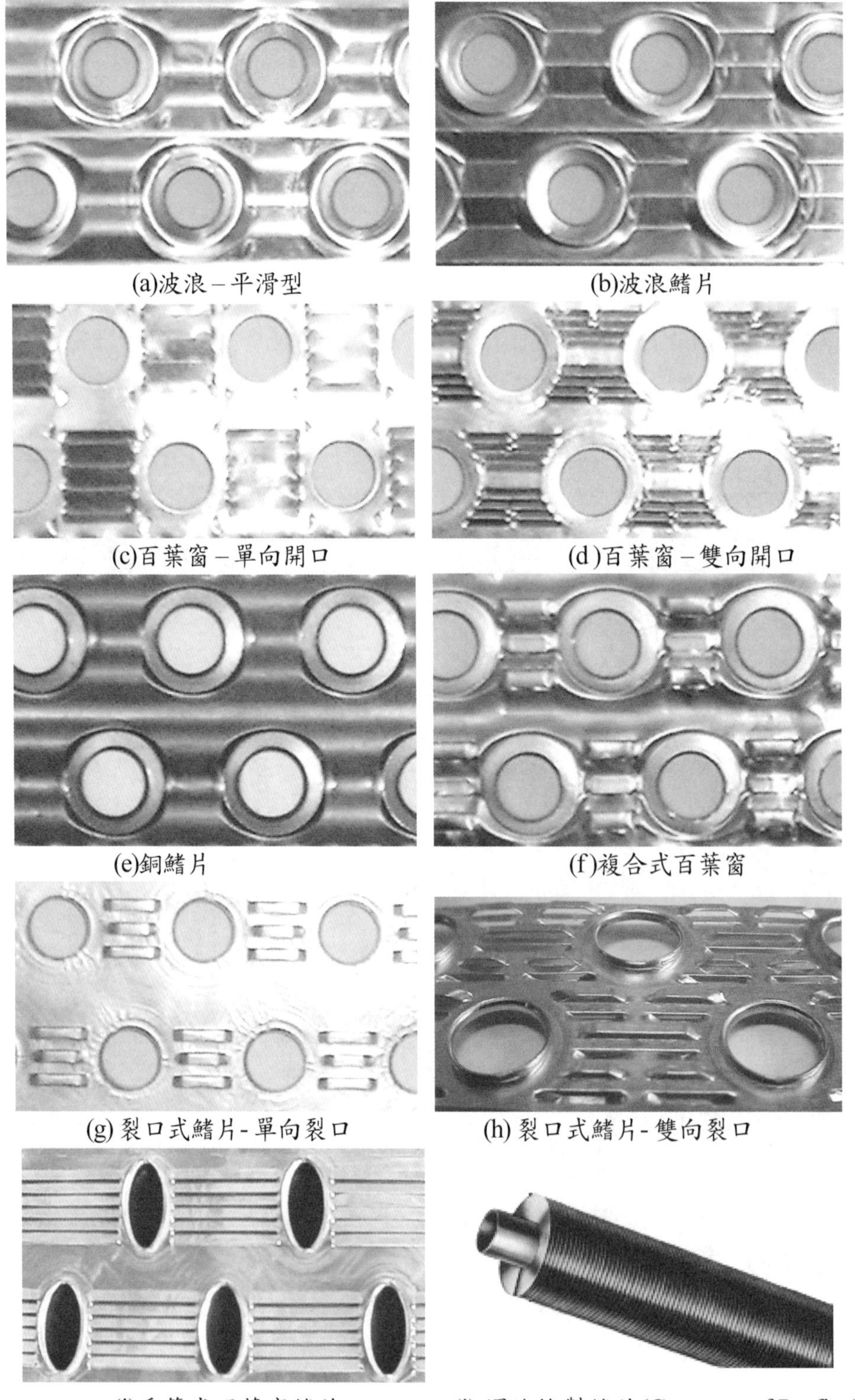

(a)波浪－平滑型

(b)波浪鰭片

(c)百葉窗－單向開口

(d)百葉窗－雙向開口

(e)銅鰭片

(f)複合式百葉窗

(g) 裂口式鰭片-單向裂口

(h) 裂口式鰭片-雙向裂口

(i)扁管式百葉窗鰭片

(j) 螺旋捲製鰭片(Courtesy of Profins)

圖2-14 各種型式的增強鰭片 (一丞冷凍公司提供)

(k)圓形鰭片 (軟焊型，Courtesy of Profins)

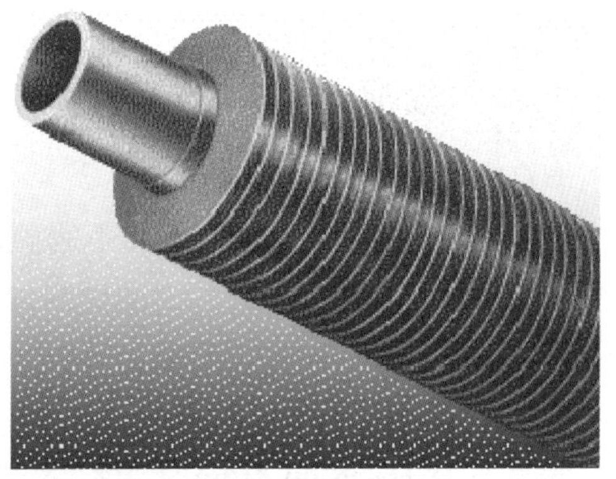

(ℓ) 圓形鰭片 (L-型，Courtesy of Profins)

圖2-14(續) 各種型式的增強鰭片 (一丞冷凍公司提供)

$$\frac{1}{UA}=\frac{1}{\eta_i h_i A_i}+\frac{1}{\eta_o h_o A_o}+R_w \tag{2-2}$$

其中η_i與η_o爲內外側的鰭片效率(鰭片效率的定義與進一步敘述將會在後續章節中說明)，以鰭管式熱交換器而言，管內側的鰭片效率可視爲1(因爲平滑管的鰭片效率=1，增強管內凸起的增強部份因爲鰭片高度甚小，其η_i值接近1)。R_w爲管壁的阻抗，以常用的銅管而言，R_w值遠小於其他兩項，所以式2-2可簡化成：

$$\frac{1}{UA}=\frac{1}{h_i A_i}+\frac{1}{\eta_o h_o A_o} \tag{2-3}$$

以空調常用的氣冷式冷凝器的相關應用而言，$h_i \approx 2000\ \mathrm{W/m^2{\cdot}K}$，$h_o \approx 50\ \mathrm{W/m^2{\cdot}K}$，$\eta_o \approx 0.7$ (請注意上述值只是在一種操作條件下的近似值，讀者不可隨意將此值拿來運用於各種不同的應用場合上)。

$$\therefore \frac{1}{UA}=\frac{1}{2000A_i}+\frac{1}{0.7\times 50A_o}=\frac{1}{2000A_i}+\frac{1}{35A_o}=\frac{0.0005}{A_i}+\frac{0.0286}{A_o}$$

假設A_i爲一單位面積 (= 1 m^2)，而A_o/A_i = 1(即$A_o = A_i$)，則

$$\frac{1}{UA}=\underset{(管內阻抗)}{0.0005}+\underset{(管外阻抗)}{0.0286}=0.0291\,\mathrm{K/W}$$

$\Rightarrow UA$ = 34.4 W/K (此值幾乎等於$\eta_o h_o A_o$ = 35 W/K)

此時就可充分說明熱傳的阻抗幾乎都是落在空氣側；因此即使管內的熱傳係數甚高(2000 W/m^2·K)，仍舊無法有效提升其總熱傳係數。是故爲了能有效地解

決這個問題，適度增加管外面積就可達到此一功效。例如假設$A_o/A_i=20$，故$A_o=20\ \text{m}^2$，

$$則\frac{1}{UA}=0.0005+\frac{0.0286}{20}=0.0005(管內阻抗)+0.00143(管外阻抗)=0.00193\ \text{K/W}$$

$$\Rightarrow UA=518\ \text{W/K}$$

此時就可有效的提升UA值，不過值得注意的是這些UA值雖明顯的提升了，總熱傳係數(U，基準面積為A_o)卻從34.4 W/m^2·K下降到25.9 W/m^2·K(知道如何算嗎？)。以流體流動的型態而言，熱交換器在設計安排上，大致可分成下列的方式：

(a)平行流 (parallel flow)，此時的熱側與冷側進出口在同一處，典型的溫度變化如圖2-15：

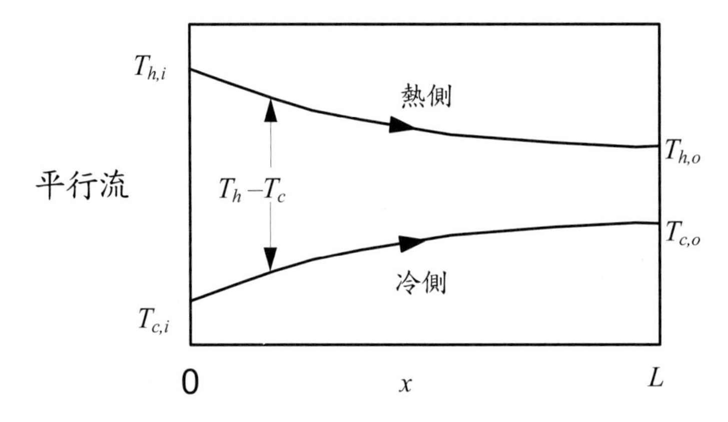

圖2-15　平行流流動下之冷熱側的溫度變化圖

(b)逆向流 (counter flow)，此時熱側的進口與冷側的出口溫度在同一側，而熱側的出口與冷測的進口在同一側，典型的溫度變化如圖2-16：

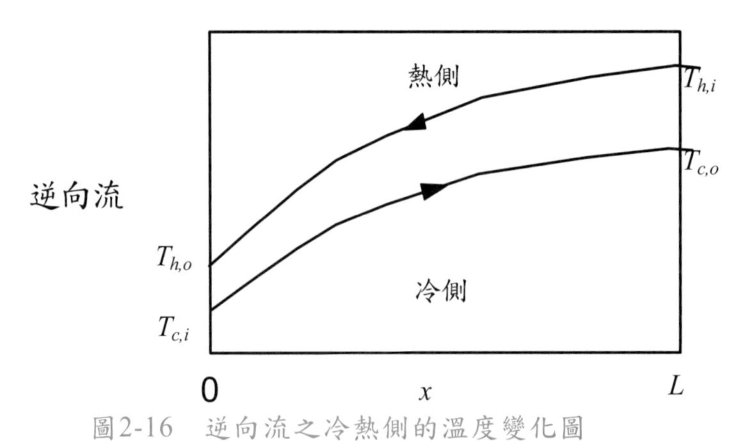

圖2-16　逆向流之冷熱側的溫度變化圖

【注意】： 逆向流冷側的出口溫度有可能高於熱側的出口溫度，但是平行流動下則不可能出現此一現象。

(c)交錯流 (crossflow)，係熱側的進口處與冷側的進口處剛好垂直，典型的溫度變化如圖2-17所示，由圖可知交錯流動下出口溫度呈現一較爲複雜的變化。交錯流動時，有時候爲了適度提升另一側的溫度差，管路的安排經常會由幾個回數 (pass)所組成，它的另一個優點就是可將熱交換器較爲緊密地安排，圖2-18即一些常見的熱交換器回數安排說明。

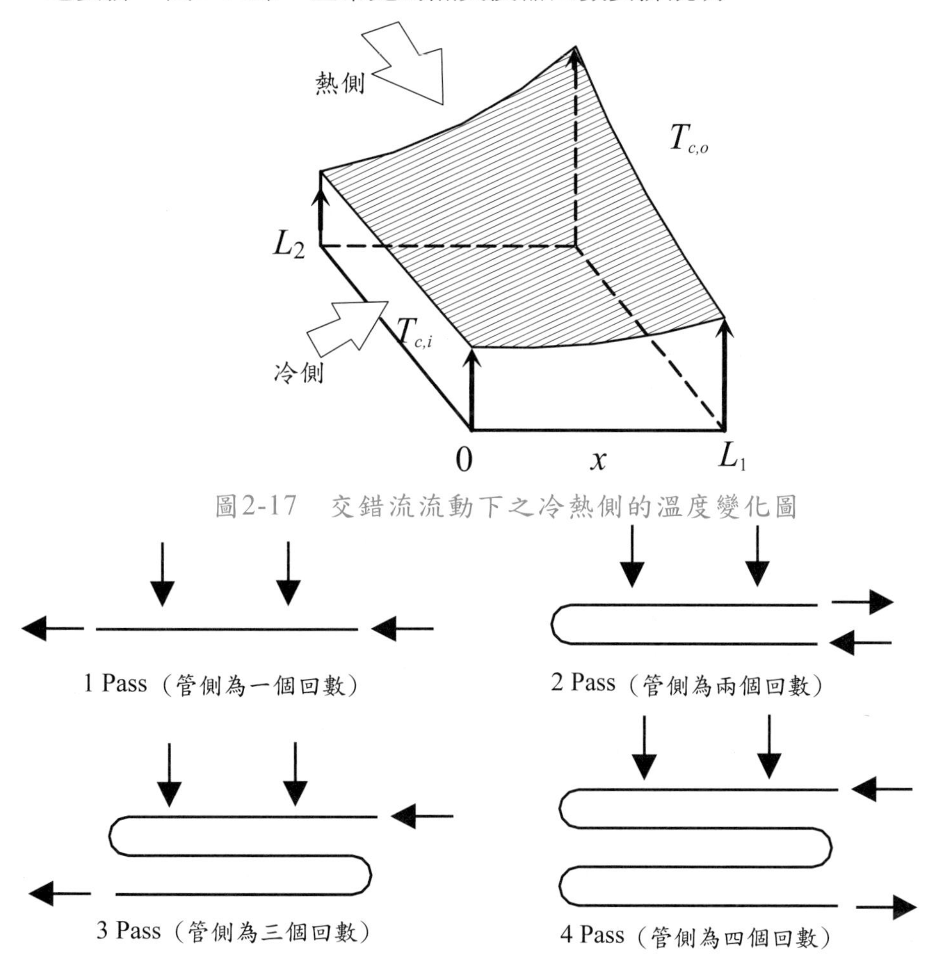

圖2-17 交錯流流動下之冷熱側的溫度變化圖

圖2-18 熱交換器的回數安排示意圖

(d)混合流動方式 (mixed flow)，此時的流動型態係上述三者流動方式的綜合。

上述流動型式在熱交換器設計上，所代表的意義可由式2-1來說明，即 $Q = UA\Delta T_m$ ，由於增加熱交換性能的方法不外乎：

(1) 增加總熱傳係數U

(2) 增加總熱傳面積A

(3) 增加有效溫度差ΔT_m

流動型式在熱交換器設計上所扮演的角色即爲調整有效溫度差，另外上述的流動型態中，以逆向流的安排具有最大的溫度差。這可從逆向流的出口溫度有可能高於熱側的出口溫度，但是平行流動下則不可能發生此現象(見圖2-15與圖2-16)，讀者可從圖中看出，在逆向流動的熱交換器中，熱側與冷側流體的溫差保持的最爲「均勻」，而平行流動時，熱側與冷側流體的溫差變化較大，以平均值而言，熱交換器內各處保有最爲「均勻」溫差者，將會擁有最大的有效溫差；筆者不會以繁雜的數學來證明逆向流擁有最大的溫差，不過讀者從簡單的數學運算 5×5 ＞ 6×4 ＞7×3 ＞ · · · (雖然 5＋5 = 6＋4 = · · ·)，應該就可以看出一些端倪。在實際應用上，熱側與冷側溫度的變化型態可能甚大，圖2-19說明一些常見的冷熱側的溫度變化圖；以純冷媒而言，兩相蒸發與冷凝時的溫度幾乎保持一定，但對多成分的混合物時，其兩相蒸發與冷凝時的溫度則可能會改變，冷凝蒸發溫度會變化的混合物稱之爲非共沸(例如R-407C冷媒)，冷凝蒸發時溫度保持一定的混合物稱之爲共沸(例如R-502冷媒)。

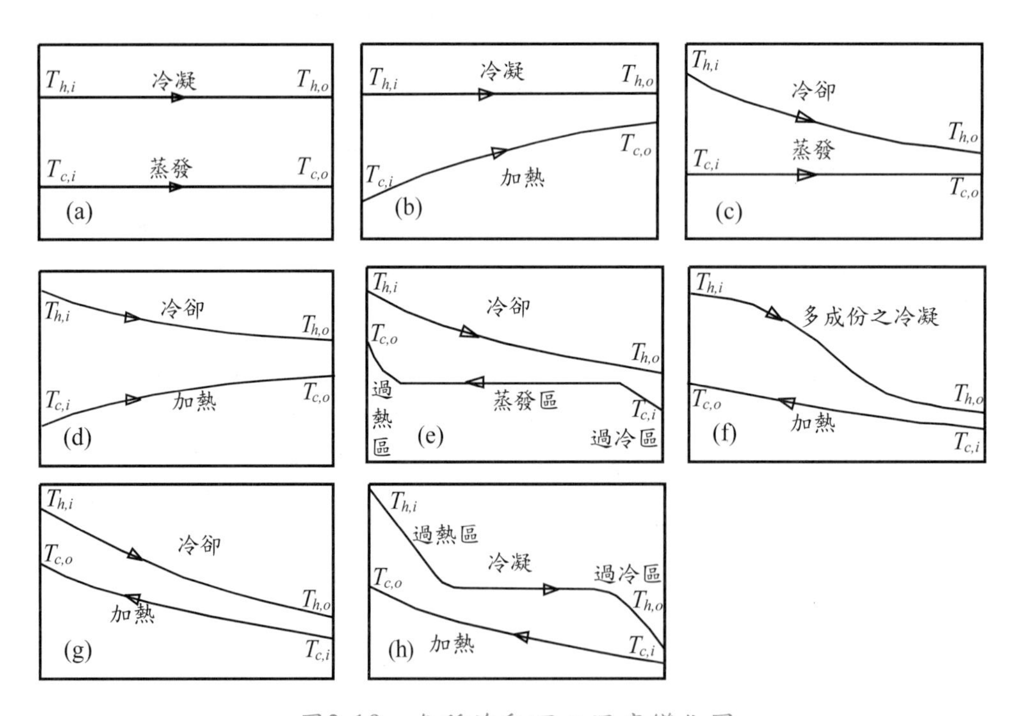

圖2-19　各種流動下之溫度變化圖

2-3 熱交換器熱傳設計方法

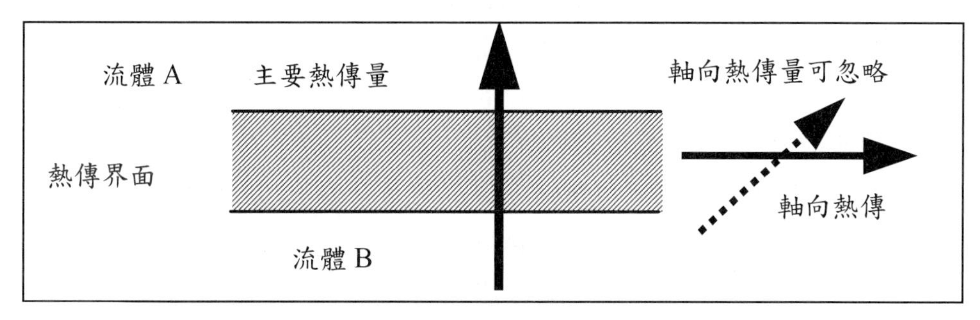

圖2-20 熱交換器熱傳示意圖

表2-1 常用的熱交換器符號及其單位

符號	說明	單位
A	熱交換面積	m^2
C_c	冷側流體熱容量流率$(\dot{m}c_p)_c$	W/K
C_h	熱側流體熱容量流率$(\dot{m}c_p)_h$	W/K
Q	熱傳量	W
Q_{max}	最大熱傳量	W
ε	有效度 (Q/Q_{max})	無因次
$\dot{m}$	質量流率	kg/s
c_p	比熱	J/kg·K
q	熱通量＝Q/A	$W/m^2 \cdot K$
C_{min}	C_c與 C_h 中較小者	W/K
U	總熱傳係數	$W/m^2 \cdot K$
NTU	傳遞單位，UA/C_{min}	無因次
C^*	C_{min}/C_{max}	無因次
C_{max}	C_c與C_h中較大者	W/K
$T_{h,i}$	熱側流體進口溫度	°C，K
$T_{h,o}$	熱側流體出口溫度	°C，K
$T_{c,i}$	冷側流體進口溫度	°C，K
$T_{c,o}$	冷側流體出口溫度	°C，K
F	校正係數	無因次
P	溫度有效度，$(T_{c,o}-T_{c,i})/(T_{h,i}-T_{c,i})$	無因次
R	C_c/C_h，$(T_{h,i}-T_{h,o})/(T_{c,o}-T_{c,i})$	無因次
$LMTD$	對數平均溫度差	°C，K
Δ_o	熱交換器冷熱進口之最大溫差，$(T_{h,i}-T_{c,i})$	°C，K

本節介紹兩種熱交換器熱傳設計基本方法，即*UA-LMTD-F*與ε-*NTU*方法，這兩種設計方法有以下的一些基本的假設：

1. 熱交換過程是在一穩定狀態下進行(即與時間的改變無關)。
2. 溫度、速度爲一維分布(one-dimensional)，且流體無分層的現象。
3. 流體的比熱爲定值，且在操作時間內，整個熱交換器內部的比熱值(c_p)不變。
4. 總熱傳係數U值爲固定。
5. 熱交換器的軸向熱傳可忽略(主要熱傳途徑如圖2-20所示)。
6. 熱量損失到外界的部份可予以忽略。
7. 熱交換器內並無產生熱量的裝置或反應(例如裝加熱器或化學反應等)。

說明：違反上述假設並非就不能使用本設計原理，而是必須適度調整基本設計。

表2-1爲熱交換器設計中最常用的符號，其中比較重要的幾個參數爲熱容量C、有效度ε、傳遞單位*NTU*，熱容量的定義爲質量流率$\dot{m}$與流體比熱的乘積；其他相關的符號會在隨後章節進一步敘述。

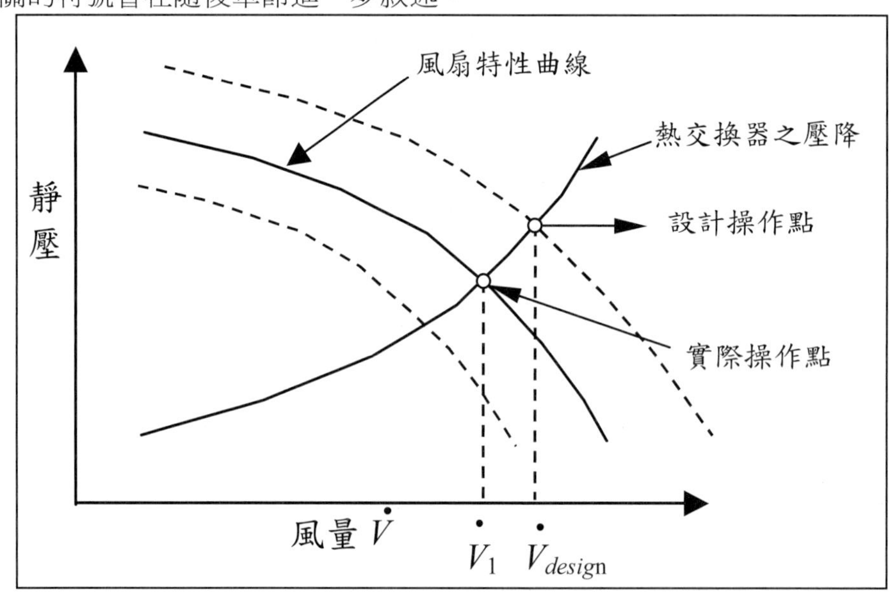

圖2-21 典型之風量與壓降關係圖

接下來，我們就針對ε-*NTU*與*UA-LMTD-F*法來討論，我們的分析均以兩種工作流體間的熱傳來分析。在熱交換器的設計分析中，我們有兩件事情最感興趣。即(1)總熱傳量Q與(2)流體通過熱交換器的壓降ΔP。其中(1)項可決定我們設計熱交換器是否得當，太大會造成材料及投資金錢上的浪費，太小則造成系統散熱不良，影響系統性能；另外(2)項的資訊可決定我們選取工作的流體機械大小

(如：風扇-fan，壓縮機-compressor，與泵-pump)，這些流體機械的選取與通過熱交換器的壓降有密切的關聯，以圖2-21來概略說明典型氣冷式熱交換器中，風扇風與熱交換器的壓降間的關係；圖中可看出風扇與熱交換器搭配後，其操作點的風量爲$\dot{V}_1$，此時的風量比設計的操作點低，因此可知道使用該把風扇一定無法達到額定的性能；因此需要調整風扇(或換掉風扇，或調整電壓)來滿足原始設計時的操作點。這個例子主要乃在說明熱交換器在設計時，熱傳與壓降的資料是同等重要的。

2-3-1 *UA-LMTD-F*法

下面，我們先從*UA-LMTD-F*來說明，以下推導的主要目的在導出對數平均溫差，*LMTD*。首先，如圖2-22所示(逆向流動)，考慮一小塊熱交換面積下的能量守恆：

$$dQ = -C_h dT_h = \pm C_c dT_c \qquad (2\text{-}4)$$

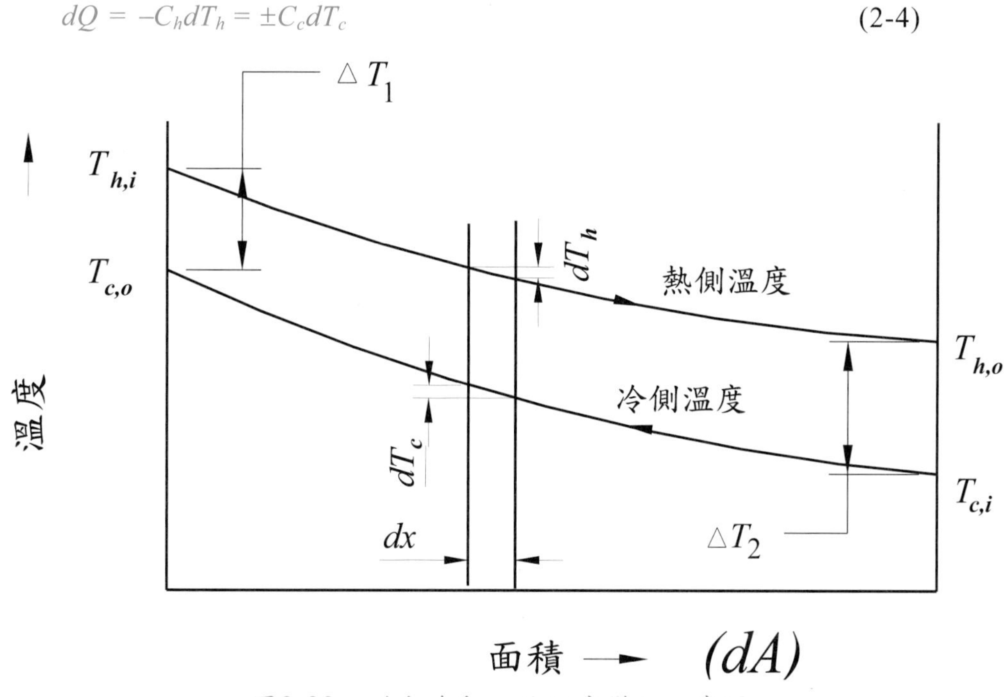

圖2-22 逆向流動下的溫度變化示意圖

對上式而言，如果是逆向流動，由圖2-22，熱側溫度與冷側溫度都沿圖中的x座標方向下降，因此式2-4的C_c前必須爲負號(因爲dT_h與dT_c均爲負值)，相反的，如果是平行流(見圖2-15)時，因爲dT_h爲負值而dT_c爲正值所以必須是正號；這裡考慮逆向流動(平行流動的結果亦同)，則沿著熱交換面積的增加方向來積分，可得：

$$Q = \int q \cdot dA = C_h(T_{h,i} - T_{h,o}) = C_c(T_{c,o} - T_{c,i}) \tag{2-5}$$

同時，在一小塊熱交換面積之下熱通量與熱傳量、總熱傳係數間的關係如下：

$$q = dQ/dA = U(T_h - T_c) = U\Delta T \tag{2-6}$$

$$\therefore Q = \int U(T_h - T_c)dA \tag{2-7}$$

由平均值定理可知，上式可改寫成如下

$$Q = U_m A \Delta T_m \tag{2-8}$$

其中U_m爲平均總熱傳係數，

$$U_m = \frac{1}{A}\int U dA \tag{2-9}$$

而

$$\frac{1}{\Delta T_m} = \frac{1}{Q}\int \frac{dQ}{\Delta T} \tag{2-10}$$

通常，總熱傳係數在熱交換器內的變化甚小，故 U_m 可假設成定值[1]，所以

$$\therefore Q = UA\Delta T_m \tag{2-11}$$

接下來的問題是「什麼是ΔT_m？」，從上述的分析中，$U_m = \frac{1}{A}\int U dA$ 且 $\frac{1}{\Delta T_m} = \frac{1}{Q}\int \frac{dQ}{\Delta T}$，若$U_m$爲定值，而$\Delta T_m$爲有效流體之溫度差，可想而知，$\Delta T_m$與熱交換流體流動型式及流體混合程度有關；下面我們則來推導一典型逆向流動下的ΔT_m。

---

[1] 實際應用上(尤其在單相、雙相混合變化的熱交換器應用裡的U值可能有相當大的變化)，此時則必須將熱交換器分成數個部份來計算再予以加成，例如冷凝器中可能要分為過熱段、飽和段與過冷段來計算與分析。

在一小塊面積dA下的熱平衡如下(見圖2-22)

$$dQ = -C_h dT_h = -C_c dT_c = UdA(T_h - T_c) \quad (2\text{-}12)$$

$$\Delta T_m = \frac{1}{A}\int_A (T_h - T_c)\, dA \quad (2\text{-}13)$$

重新安排方程式2-12，可改寫如下：

$$dT_h = -dQ/C_h \quad (2\text{-}14)$$

$$dT_c = -dQ/C_c \quad (2\text{-}15)$$

將式2-14減去式2-15可得：

$$dT_h - dT_c = d(T_h - T_c) = -dQ(1/C_h - 1/C_c) \quad (2\text{-}16)$$

同時從式2-12，知 $dQ = UdA(T_h - T_c)$，所以式2-16可改寫如下：

$$dT_h - dT_c = -UdA(T_h - T_c)(1/C_h - 1/C_c) \quad (2\text{-}17)$$

$$-U(1/C_h - 1/C_c)dA = d(T_h - T_c)/(T_h - T_c) \quad (2\text{-}18)$$

從進口到出口積分後可得，

$$-UA(1/C_h - 1/C_c) = \ell n \frac{T_{h,o} - T_{c,i}}{T_{h,i} - T_{c,o}} \quad (2\text{-}19)$$

由能量平衡，

$$C_h(T_{h,i} - T_{h,o}) = Q \quad (2\text{-}20)$$

$$C_c(T_{c,o} - T_{c,i}) = Q \quad (2\text{-}21)$$

其中式2-20與式2-21可寫成

$$C_h = Q/(T_{h,i} - T_{h,o}) \quad (2\text{-}22)$$

$$C_c = Q/(T_{c,o} - T_{c,i}) \quad (2\text{-}23)$$

將式2-22與式2-23倒數後合併可得

$$\frac{1}{C_c} - \frac{1}{C_h} = \frac{T_{c,o} - T_{c,i}}{Q} - \frac{T_{h,i} - T_{h,o}}{Q} = \frac{1}{Q}\left(\left(T_{h,o} - T_{c,i}\right) - \left(T_{h,i} - T_{c,o}\right)\right) \quad (2\text{-}24)$$

再將式2-24代入式2-19，可得

$$UA\left(\frac{T_{h,o}-T_{c,i}}{Q}-\frac{T_{h,i}-T_{c,o}}{Q}\right)=\ell n\frac{T_{h,o}-T_{c,i}}{T_{h,i}-T_{c,o}} \tag{2-25}$$

即

$$Q=UA\frac{(T_{h,o}-T_{c,i})-(T_{h,i}-T_{c,o})}{\ell n\left(\frac{(T_{h,o}-T_{c,i})}{(T_{h,i}-T_{c,o})}\right)} \tag{2-26}$$

若U爲定值，則比較式2-26與式2-11 ($Q = UA\Delta T_m$)，我們可發現在逆向流動下：

$$\Delta T_m=\frac{\left((T_{h,o}-T_{c,i})-(T_{h,i}-T_{c,o})\right)}{\ell n\left(\frac{T_{h,o}-T_{c,i}}{T_{h,i}-T_{c,o}}\right)} \tag{2-27}$$

其中式2-27的右式稱之爲對數平均溫差(log mean temperature difference，ΔT_{lm}或$LMTD$)，因此我們得到如下的結論，在逆向流動下，有效平均溫差ΔT_m等於對數平均溫差ΔT_{lm}；即

$$\Delta T_m=\frac{(T_{h,i}-T_{c,o})-(T_{h,o}-T_{c,i})}{\ell n\left(\frac{(T_{h,i}-T_{c,o})}{T_{h,o}-T_{c,i}}\right)}=LMTD=\Delta T_{lm} \tag{2-28}$$

如果流動不是逆向流動時，ΔT_m可證明等於ΔT_{lm}再乘上一個校正係數F，F值也可證明與流動型態及P、R有關，P爲溫度有效度，R爲冷熱側熱容比值(見表2-1定義)。而$F = F$(流動型態，P，R)。例如圖2-23的殼管式熱交換器，其管側有兩個回數(pass) 時，F與P、R間的關係如下(詳細推導過程請參考Hewitt et al., Process Heat Transfer，第三章)：

$$F=\frac{\sqrt{R^2+1}\cdot\ln\left(\frac{1-P}{1-PR}\right)}{(R-1)\ln\left(\left\{\frac{2-P\left(R+1-\sqrt{R^2+1}\right)}{2-P\left(R+1+\sqrt{R^2+1}\right)}\right\}\right)} \tag{2-29}$$

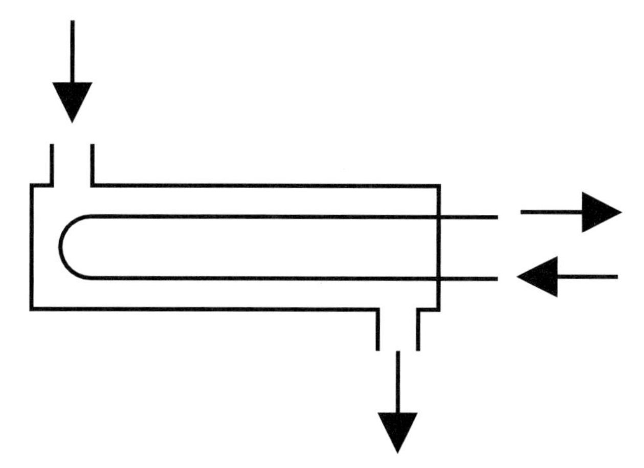

圖2-23 2個管回數之殼管式熱交換器(殼側為1回數)

$$R=\frac{C_2}{C_1}=\frac{(T_1)_i-(T_1)_o}{(T_2)_o-(T_2)_i}$$

T_1 and T_2 are interchangeable

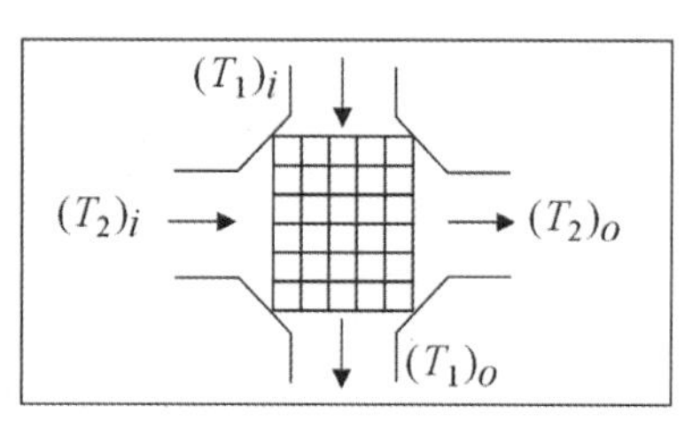

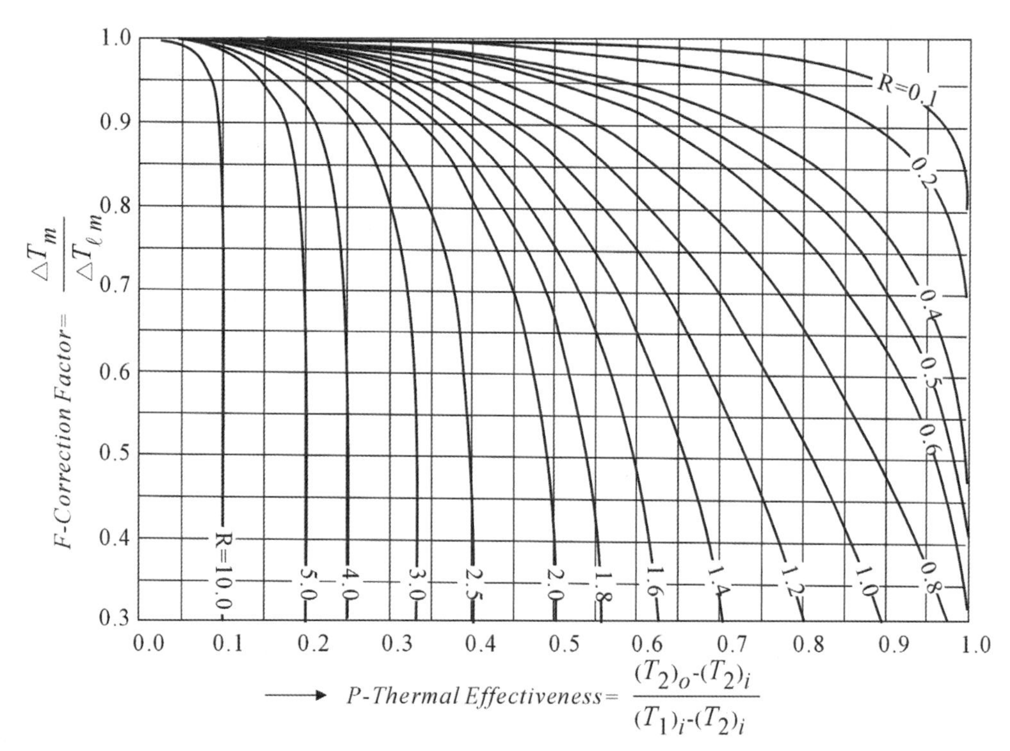

圖2-24 F與P、R間的關係圖(交錯流動，兩側均不混和 unmixed-unmixed，資料來源：HEDH, 2002)

總結上述說明，在逆向流動時：

$$Q = UA\Delta T_{lm}$$

若非逆向流動，

$$Q = UAF\Delta T_{lm}$$

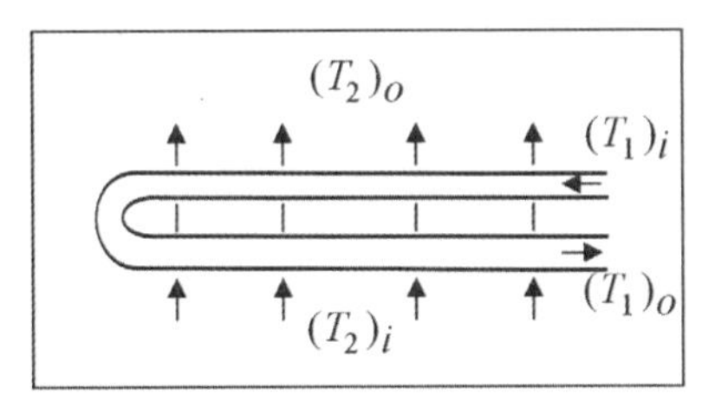

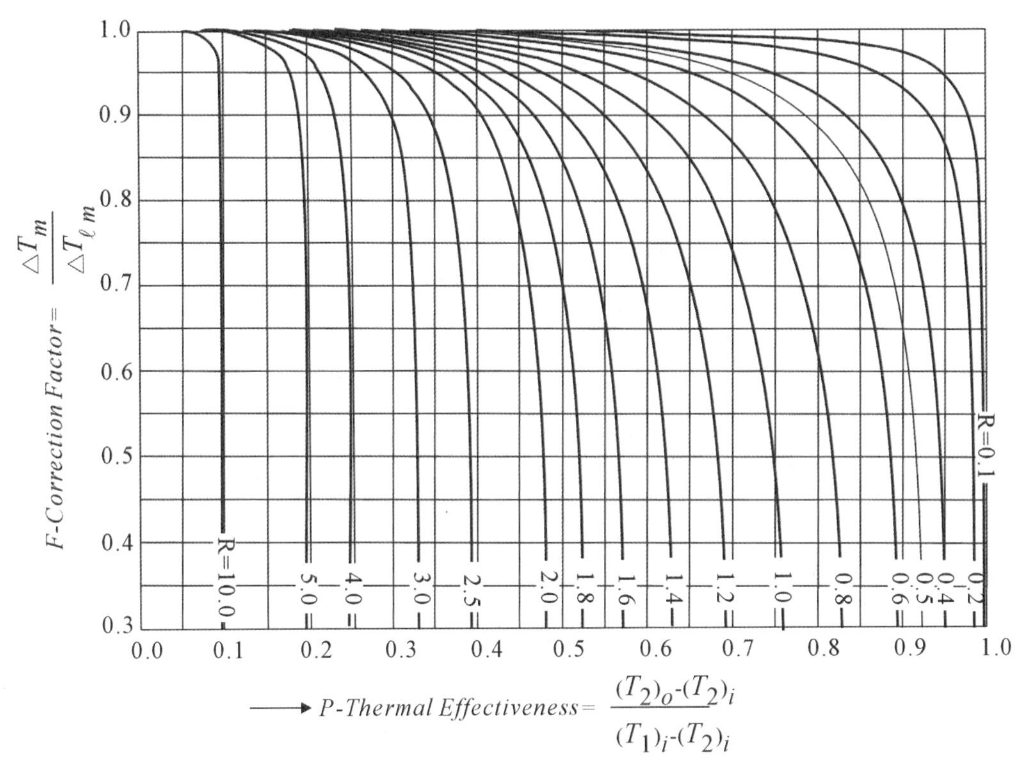

圖2-25 管側為2回數之交錯流動之F與P、R間的關係圖（資料來源：HEDH, 2002）

圖2-24爲交錯流動下兩側均不混和(unmixed-unmixed)流動型態之F與P、R之間的關係圖；有關不混和(unmixed)及混和(mixed)的定義將在隨後介紹，圖2-25則是另外一型兩排管交錯流動下的F與P、R之間的關係圖；其他更爲詳細的F值的圖形與方程式可參考HEDH (2002, Heat Exchanger Design Handbook)。請注意

先確定熱交換器的安排型式，再來尋找合適的圖表，切勿隨意找個圖表就用！另外要注意的是，雖然我們在先前是定義$R = C_c/C_h$，可是有些時候圖表中會告訴你使用這個圖表時，熱側的溫度與冷側的溫度是可置換(interchangeable)或是不可置換的(not interchangeable)。若是可置換，則無所謂入口溫度點的選取；若是不可置換時，則需依圖表上所顯示的流體溫度來計算P、R值再決定F值。圖2-24即爲可置換(interchangeable)，而圖2-25是不可置換的(not interchangeable)，此一例子告訴讀者要詳細的去檢查所套用的數值是否適用選取的圖表。一般應用下的F值多在0.7~1.0之間，如果算出或查表的值不在這個範圍，請特別小心，很可能是算錯了。

2-3-2 ε-NTU法

ε-NTU對初學者可能較爲抽象，不過當讀者熟悉後，相信會覺得相當方便。筆者將會以ε-NTU作爲本書的主軸。首先來定義ε (effectiveness，有效度)與NTU (number of transfer unit，傳遞單位)，有效度定義如下：

$$\varepsilon = \frac{Q}{Q_{max}} \tag{2-30}$$

其中Q爲熱交換器在某一操作條件下之實際熱交換量，Q_{max}爲熱交換器在該操作條件下之最大可能熱交換量。

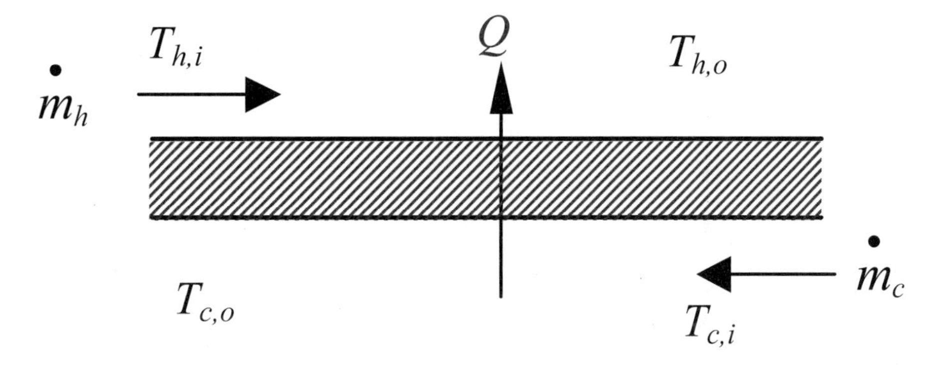

圖2-26 熱傳路徑示意圖

什麼是該操作條件下之最大可能熱交換量呢？考慮熱交換器安排爲如圖2-26的逆流式熱交換器，其中冷熱側的進出口溫度分別爲$T_{c,i}$、$T_{c,o}$、$T_{h,i}$與$T_{h,o}$，熱交換器內的溫度變化如圖2-27所示。

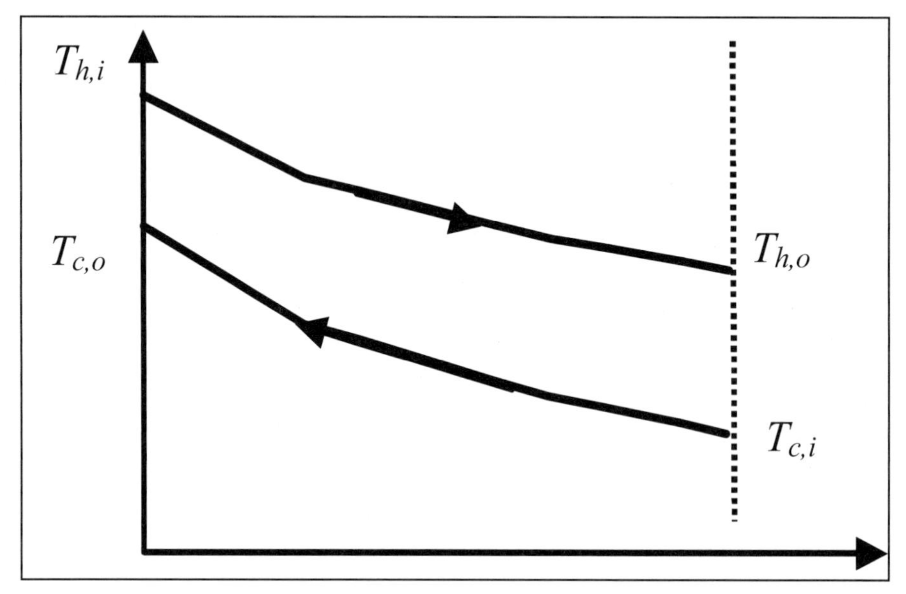

圖2-27 逆流式熱交換器溫度變化示意圖

首先我們假設 $\dot{m}_h c_{p,h}$ 較 $\dot{m}_c c_{p,c}$ 爲大，此時若我們漸漸增大熱交換器的面積，則冷側的出口溫度會逐漸地趨近熱側進口溫度，當熱交換器的面積趨近無窮大時，此時熱交換器的冷側出口溫度會等於熱側的進口溫度(溫度變化如圖2-28所示)。

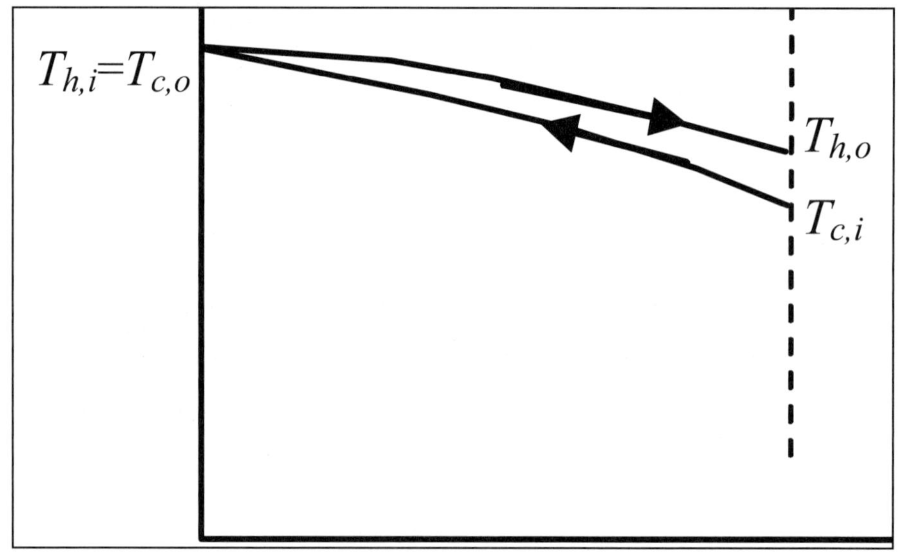

圖2-28 熱交換器面積趨近無窮大時，逆流式熱交換器溫度變化示意圖

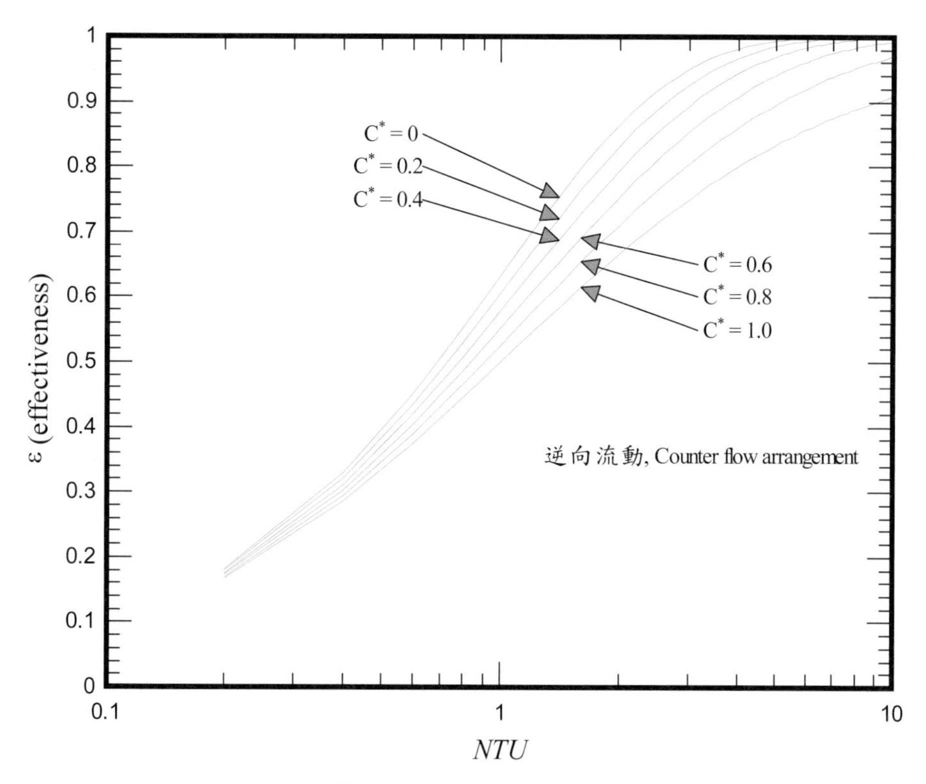

圖2-29 逆向流動下，有效度ε與NTU間的關係圖

在這種條件下，我們稱該熱交換器擁有最大可能熱傳量(因爲熱交換器大小趨近於無窮大)，故$Q_{max} = \dot{m}_c c_{p,c}\left(T_{c,o} - T_{c,i}\right) = \dot{m}_c c_{p,c}\left(T_{h,i} - T_{c,i}\right)$；相反的，若$\dot{m}_c c_{p,c}$較$\dot{m}_h c_{p,h}$爲大，依上述同樣的推論，可得到$Q_{max} = \dot{m}_h c_{p,h}\left(T_{h,i} - T_{c,i}\right)$的結果；由此可歸納出 $Q_{max} = C_{min}\left(T_{h,i} - T_{c,i}\right) = C_{min}\Delta_o$ ；其中$\Delta_o = T_{h,i} - T_{c,i}$ ，爲兩側流體間最大的溫差。即一熱交換器的最大可能熱傳量Q_{max}，可由上式決定。當我們要決定該熱交換器的真正熱傳量時，則可由$\varepsilon = Q/Q_{max}$的定義算出，即$Q = \varepsilon Q_{max}$。

接下來的問題是ε與熱交換器間的關係究竟如何呢？依據理論推導，我們可證明ε與熱交換器間的關係如下：$\varepsilon = \varepsilon$($NTU$，$C^*$，流體流動型式)，我們將會在隨後的章節中推導出逆向流ε與NTU、C^*的關係。這個關係式中引出了兩個重要的參數NTU與C^*，其中$NTU \equiv UA/C_{min}$，其意義爲熱交換器的熱傳性能的大小(thermal size)；從定義上即可發現它是熱交換器的面積尺寸A、總熱傳係數U與最小熱容量C_{min}的組合。一般NTU一値在應用上多設計在4.0以下，不過在許多密集式熱交換器上的NTU很可能仍會超過 此一範圍。値得一提的是熱交換器的有效度ε，通常會隨著NTU增加而增加，而且增加到某個程度後，其增加幅度就會呈現飽和狀態，例如圖2-29的逆向流動下ε與NTU、C^*間的關係圖，不過也有例外；在某些特殊的流動安排上，ε會先增加再減少，例如圖2-30(b)，由於熱量的逆向的逆向傳遞，當NTU大過一個值後，NTU增加反而會降低ε；這個特殊的結果告訴讀者，一味的增加熱交換器的面積不見得一定可以增加熱傳量，熱交換器的流動安排也是非常重要的因素，另外圖2-30(a) 中不會有熱量逆傳的現象，一般而言，最後一個回數(pass)若與另一側流體保持逆向流動時，可避免熱量逆傳的現象，另一個有趣的現象是圖2-30(a) 與圖2-30(b)的出口溫度是一樣的。

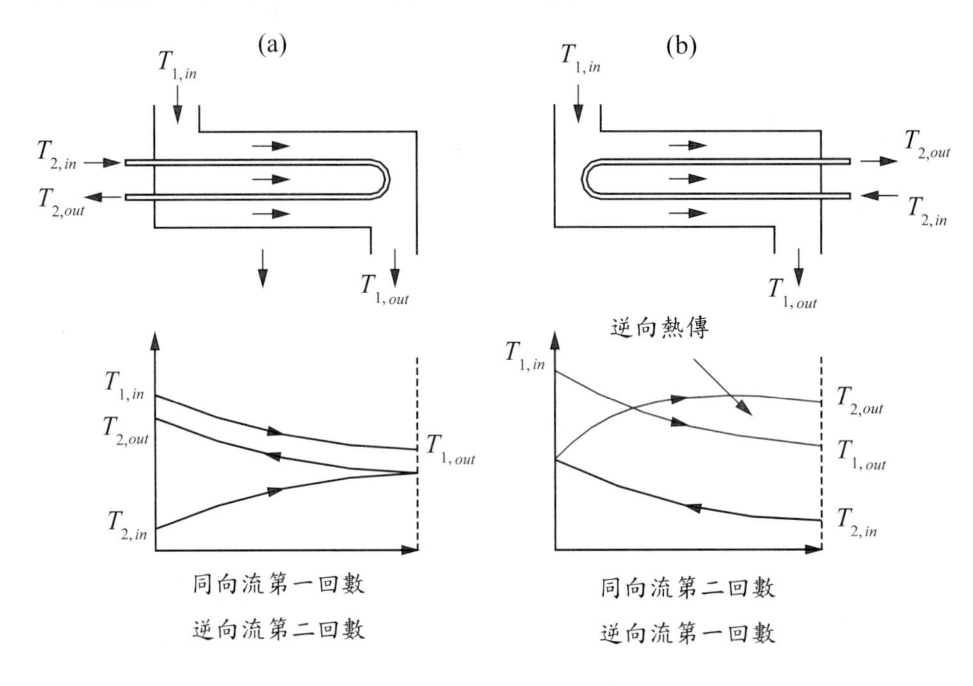

圖2-30　2-Pass殼管式熱交換器，溫度變化示意圖

另外一個重要的參數，C^*，定義爲C_{min}/C_{max}，從定義上可知$1 \geq C^* \geq 0$，若一個熱交換器中有一側牽涉到兩相蒸發(evaporation)或冷凝(condensation)，則$C^*=0$，這是因爲$C = \dot{m}c_p$，而$c_p \equiv \left.\frac{\partial i}{\partial T}\right|_P$，在蒸發或冷凝的過程中溫度與壓力幾乎爲一定値，所以$c_p \equiv \left.\frac{\partial i}{\partial T}\right|_P \to \infty$，因此$C^* \approx 0$；換句話說，若熱交換器中牽涉到兩相蒸發或冷凝的過程時，則此一熱交換器的有效度與NTU間的關係式將唯一決定(與熱交換器型式及流動型式無關，爲什麼？)；若$C^* \neq 0$，每一種型式的熱交換器都會有它的有效度與NTU間的關係圖，一般而言，合理的熱交換器設計點約在最大有效度的95%以內。

一般人在熱交換器的設計上常有一個不甚正確的觀念,就是希望熱傳量越大越好。以圖2-31爲例，設計點1是不是一個好的設計點？答案當然是否定的；這是因為設計點落在飽和區，因此在這個設計點上，將無法有效提升有效度，更不用說要增加熱傳量了，接下來，如果老闆問你要如何改善原有的設計呢？筆者建議合理的答案如下：何不將設計點定於設計點2上？試想，從設計點1到設計點2，有效度大概掉了2%，但是*NTU*值大約減少了40%，換句話說，熱傳量少了2%，熱交換器的大小卻可減少40%！筆者認為以節省材料成本的眼光來看，應該絕對划算。這一部份的結論是：在設計熱交換器前，請先畫畫ε-*NTU*的關係圖，確認一下設計點的位置。

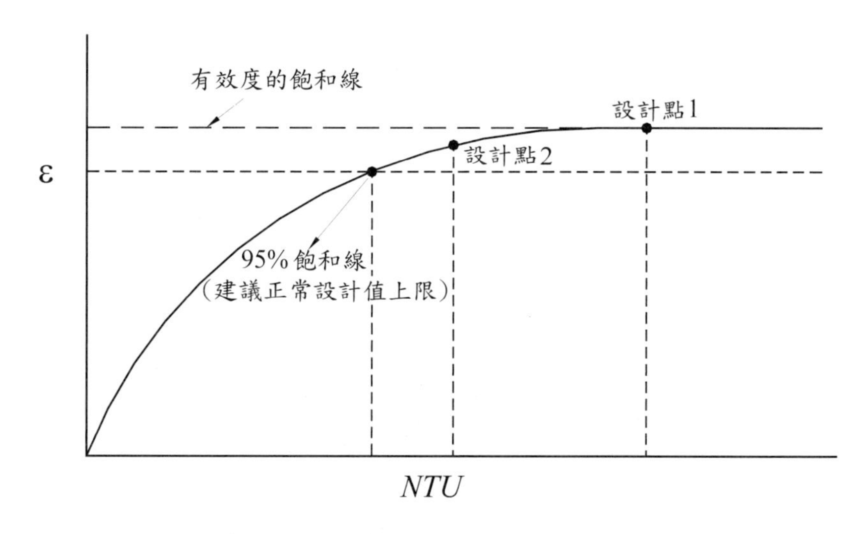

圖2-31 合理的有效度設計點

2-3-3 Mixed？Unmixed？

在熱交換器的設計上，常常有這樣的字眼，即完全混合(mixed)與完全不混合 (unmixed)；什麼是mixed？什麼是unmixed？下面則針對此進行說明。首先，mixed與unmixed只適用於交錯流動之下的場合；而且，只針對熱傳部份的均勻度而言；對於流體流動部份的不均勻分布則不在此探討之列。所以會有mixed與unmixed的問題可從圖2-17中交錯流的出口溫度看出，由於溫度分布相當複雜，而本節(基本熱交換器熱傳設計與方法)的基本假設1，告訴讀者熱交換器設計的基本理論是以一維溫度變化為出發點，為了克服實際熱交換器(僅針對交錯流)中不只是一維溫度變化的事實，乃有mixed與unmixed的議題產生。所謂mixed係指流體流動方向的截面上的溫度為均勻分布，而unmixed 係指流體流動方向的截面上的溫度為不均勻分布。Unmixed與mixed的假設會直接影響到ε與*NTU*、C^*之關係式的推導結果。

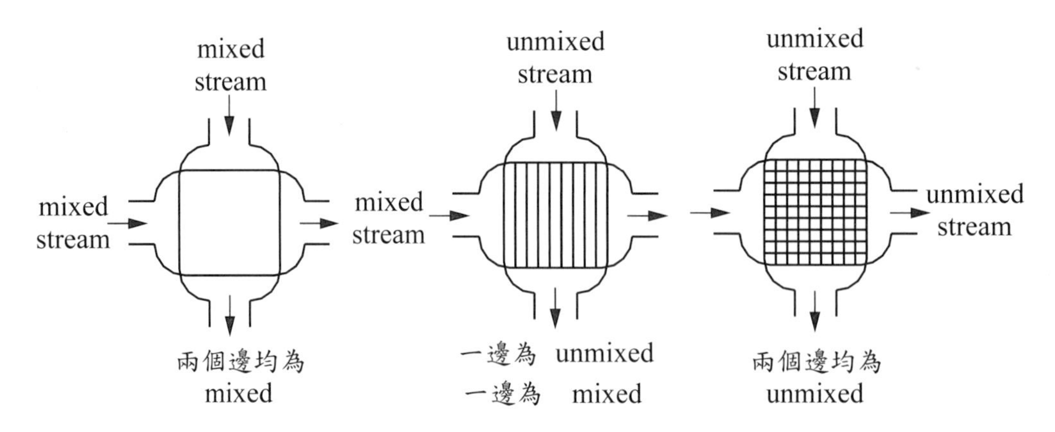

圖2-32 mixed/unmixed 於交錯流動下之示意圖

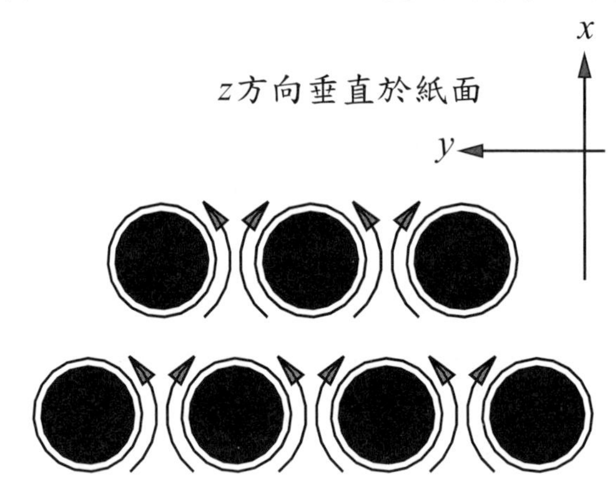

圖2-33 x-方向，mixed流動示意圖

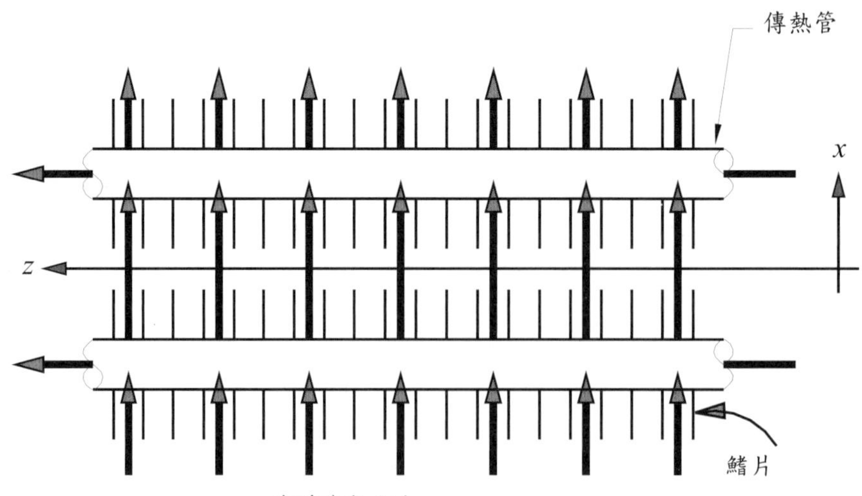

圖2-34 x-方向，unmixed流動示意圖

圖2-32爲mixed/unmixed於交錯流動下之示意圖，可以理解的是在交錯流動下，兩側均爲mixed的假設在實際應用上幾乎不可能發生。以圖2-33爲例，如果管內流體爲等溫狀態(例如蒸發或冷凝)，則x方向的溫度變化應可假設爲mixed。但是若有鰭片隔開(圖2-34)或是管內爲單相流體且沿z方向有明顯的溫度變化時，x方向的溫度變化應假設爲unmixed。

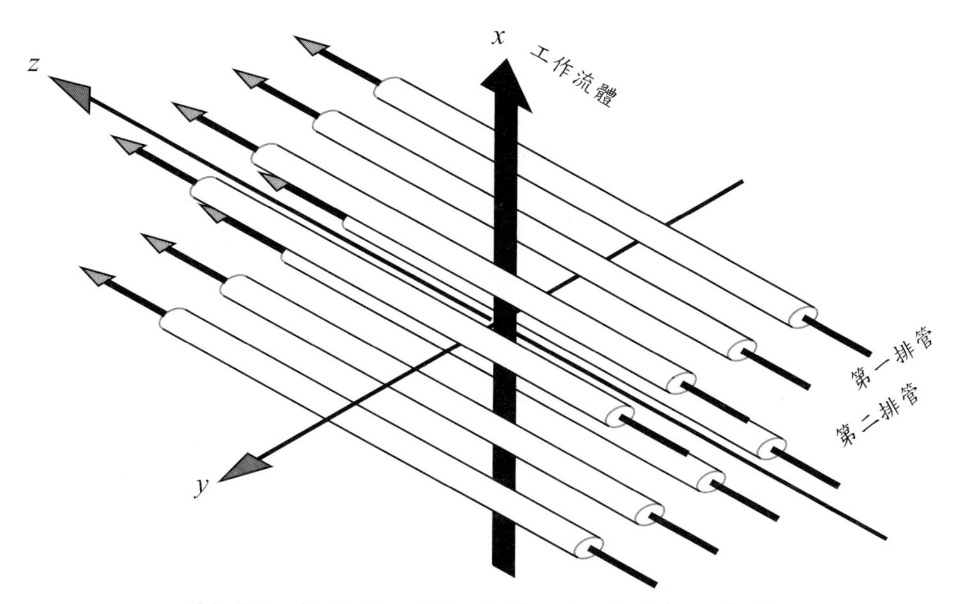

圖2-35 較複雜之Mixed-Unmixed 流動示意圖

圖2-35的變化則較複雜，首先以管側而言，若管排僅有一排，則管側應該假設爲mixed。但若排數增加時，其unmixed 的程度則會變大(針對多排管而言，這是因爲氣側的溫度會隨著管排數增加而改變，因此後面管排內的流體溫度變化將不若前排劇烈，後排管的溫度變化相繼減小，而形成管側溫度分布的不均勻)。

不過，要提醒讀者，有時候很難判斷是mixed或是unmixed；這個時候，往往需要一些經驗來做進一步的分析，因此，讀者必須在mixed或unmixed 中作一個取捨；不過當熱交換器的排數增加到一個程度後，unmixed/unmixed 的假設會比較接近真實的狀況。

2-3-4 逆向流動下ε與NTU間的關係

下面我們則以逆向流動(見圖2-36)的例子來推導ε與NTU間的關係：

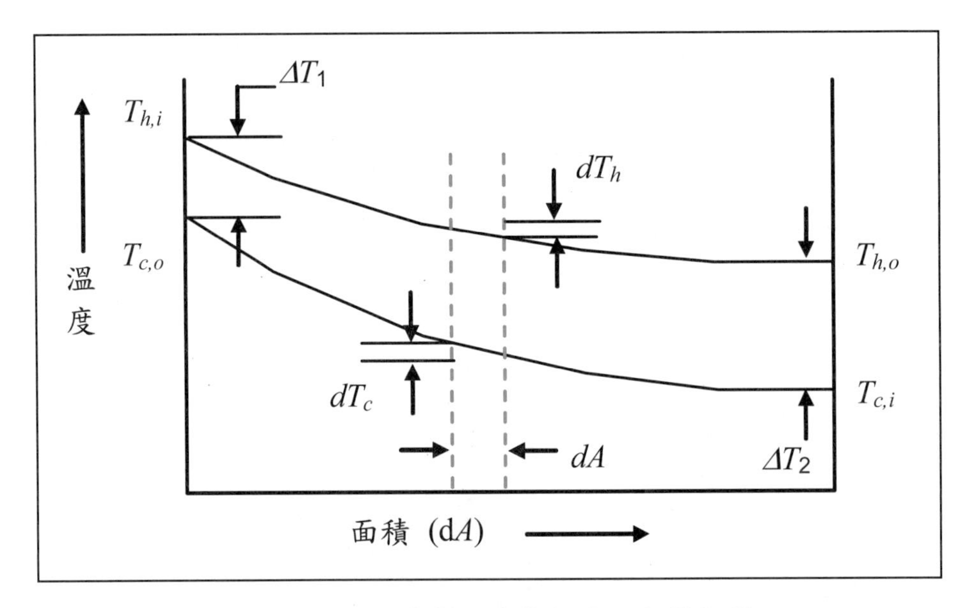

圖2-36　逆向流動下冷熱側的溫度變化圖

由　$$NTU \equiv \frac{1}{C_{min}} \int_A U dA \tag{2-31}$$

又　$$d(T_h - T_c) = dQ(1/C_c - 1/C_h) \tag{2-32}$$

$$\therefore d(T_h - T_c)/(T_h - T_c) = U(1/C_c - 1/C_h)dA \tag{2-33}$$

$$\Rightarrow \ell n \frac{T_{h,o} - T_{c,i}}{T_{h,i} - T_{c,o}} = UA\left(\frac{1}{C_c} - \frac{1}{C_h}\right) \tag{2-34}$$

或 $$T_{h,o} - T_{c,i} = (T_{h,i} - T_{c,o})\exp[UA(1/C_c - 1/C_h)] \tag{2-35}$$

假設 $C_c > C_h$，$\therefore C_h = C_{min}$，$C_c = C_{max}$ (同樣道理，可處理平行流動情形，可歸納如下)

$$\therefore T_{h,o} - T_{c,i} = \left(T_{h,i} - T_{c,o}\right)\exp\left[-NTU\left(1 \pm \frac{C_{min}}{C_{max}}\right)\right] \tag{2-36}$$

其中

+ 號爲平行流

– 號爲逆向流

$$Q = C_h(T_{h,i} - T_{h,o}) \Rightarrow T_{h,o} = T_{h,i} - Q/C_h$$

$Q = C_c(T_{c,o} - T_{c,i}) \Rightarrow T_{c,o} = T_{c,i} + Q/C_c$

因爲假設 $C_h = C_{min}$，所以：

$$\varepsilon = \frac{C_c(T_{c,o} - T_{c,i})}{C_h(T_{h,i} - T_{c,i})} = \frac{1}{C^*}\frac{(T_{c,o} - T_{c,i})}{(T_{h,i} - T_{h,o})} \tag{2-37}$$

又 $Q = \varepsilon C_{min}(T_{h,i} - T_{c,i})$，故帶入式2-35後可得

$$T_{h,o} - T_{c,i} = (T_{h,i} - T_{c,o})\exp[-NTU(1 - C_{min}/C_{max})]$$

$$\therefore T_{h,i} - Q/C_h - T_{c,i} = (T_{h,i} - T_{c,i} - Q/C_c)\exp[-NTU(1 - C_{min}/C_{max})]$$

$$T_{h,i} - T_{c,i} - \varepsilon\frac{C_{min}}{C_h}(T_{h,i} - T_{c,i})$$

$$= \left[T_{h,i} - T_{c,i} - \varepsilon\frac{C_{min}}{C_c}(T_{h,i} - T_{c,i})\right]\exp\left[-NTU(1 - \frac{C_{min}}{C_{max}})\right]$$

消去 $T_{h,i} - T_{c,i}$，又由 $C_{min} = C_h$，可得知

$$1 - \varepsilon = (1 - \varepsilon C^*)\exp[-NTU(1 - C^*)]$$

故 $1 - \varepsilon = \exp[-NTU(1 - C^*)] - \varepsilon C^* \cdot \exp[-NTU(1 - C^*)]$

$$\therefore 1 - \exp[-NTU(1 - C^*)] = \varepsilon\{1 - C^* \cdot \exp[-NTU(1 - C^*)]\}$$

即 $$\varepsilon = \frac{1 - \exp[-NTU(1 - C^*)]}{1 - C^*\exp[-NTU(1 - C^*)]} \tag{2-38}$$

式2-38爲逆向流下ε與NTU、C^*的關係式，從這個推導可知$\varepsilon = \varepsilon(NTU，C^*，$流動型式)；不同的流動型態可推出不同的關係式，例如若爲平行流，則：

$$\varepsilon = \frac{1 - \exp[-NTU(1 + C^*)]}{1 + C^*} \tag{2-39}$$

這個推導過程的結論是$\varepsilon = \varepsilon(NTU，C^*，$流動型式)；一些常見的流動安排型式的關係式見表2-2，下面我們則考慮幾個逆向流動下的特別情況下的結果，即$C^* = 1$與$C^* = 0$。若$C^* = 0$，則$\varepsilon = 1 - e^{-NTU}$，而且讀者要特別注意這個式子與流動型式無關，也就是說當$C^* = 0$時，不管是逆向流、平行流、交錯流活其他各種複雜形式組合的流動型態，其關係式均相同。在何種條件下C^*會等於0呢？當熱

交換器的一側有冷凝或沸騰時，由於比熱c_p趨近於無窮大，故$C_{max} \to \infty$，即$C^*= 0$；當$C^* = 1$，如果讀者將C^*值帶入逆向流的方程式$\varepsilon = \dfrac{1-\exp[-NTU(1-C^*)]}{1-C^*\exp[-NTU(1-C^*)]}$，則會出現 一個$\dfrac{0}{0}$無法決定的結果，由微積分的L'Hospital rule，可知要將該式先予以微分後再帶入$C^* = 1$，經過此一步驟後，可得到特殊條件下的結果：$\varepsilon = NTU/(1 + NTU)$。

表2-2　常見各種流動型式的ε-NTU關係式(資料來源：Kays and London, 1984)

流動型態	ε-NTU關係式
逆向流	$\varepsilon = \begin{cases} \dfrac{1-\exp[-NTU(1-C^*)]}{1-C^*\exp[-NTU(1-C^*)]} & 當C^* \neq 1 \\ \dfrac{NTU}{NTU+1} & 當C^* = 1 \end{cases}$
平行流	$\varepsilon = \begin{cases} \dfrac{1-\exp[-NTU(1+C^*)]}{1+C^*} & 當C^* \neq 1 \\ \dfrac{NTU}{NTU+1} & 當C^* = 1 \end{cases}$
交錯流，unmixed/unmixed，近似值	$\varepsilon = 1-\exp\left[\dfrac{\exp\left(-C^* \cdot NTU^{0.78}\right)-1}{C^* NTU^{-0.22}}\right]$
交錯流，mixed/mixed	$\varepsilon = NTU\left[\dfrac{NTU}{1-\exp\left(-NTU\right)}+\dfrac{NTU \cdot C^*}{1-\exp(-NTU \cdot C^*)}-1\right]^{-1}$

流動型態	ε-NTU關係式
交錯流，C_{min}為unmixed，C_{max}為mixed C_{min} C_{max}	$\varepsilon = \dfrac{1-\exp\left[-C^*\left(1-\exp(-NTU)\right)\right]}{C^*}$
交錯流，C_{max}為unmixed，C_{min}為mixed C_{max} C_{min}	$\varepsilon = 1-\exp\left[\dfrac{-1+\exp(-NTU \cdot C^*)}{C^*}\right]$
殼管式熱交換器，殼側回數n＝1(E-shell)，兩個管回數的殼管式熱交換器 2 1	$\varepsilon = \varepsilon_1 = 2\left[1+C^*+\left(1+\left(C^*\right)^2\right)^{1/2}\dfrac{1+\exp(A)}{1-\exp(A)}\right]^{-1}$ $A = -NTU\left(1+\left(C^*\right)^2\right)^{1/2}$ 注意：此一方程式也同時適用管回數為4、6、8...的偶數回數安排
殼管式熱交換器，殼側回數為n，管側回數為2n、4n、6n	$\varepsilon = \begin{cases} \dfrac{A-1}{A-C^*} & 當C^* \neq 1 \\ \dfrac{n\varepsilon_1}{1+(n-1)\varepsilon_1} & 當C^* = 1 \end{cases}$ $A = \left(\dfrac{1-\varepsilon_1 C^*}{1-\varepsilon_1}\right)^n$ 其中ε_1殼側回數為1 (n =1) 的ε (即上面的方程式)
所有的熱交換器在 $C^*=0$的特殊條件下，ε-NTU的方程式均相同，如右式	$\varepsilon = 1-e^{-NTU}$

2-4 *UA-LMTD-F*法與ε-*NTU*法於熱交換器之設計流程

熱交換器設計通常分爲兩類，即(1)熱傳性能的估算；(2)熱交換器尺寸之估計，前者即爲rating，後者稱之爲sizing。*UA-LMTD-F*法與ε-*NTU*法在rating與sizing的步驟如下：

2-4-1 Rating 的計算步驟

2-4-1-1 ε-*NTU* 法

1. 從已知的熱交換器幾何尺寸、操作條件、熱傳係數及流體輸送性質，來計算NTU與C^*。
2. 由已知的NTU、C^*與流動型式，再根據相關的ε-NTU的圖表或方程式來算出有效度ε。
3. 由$Q = \varepsilon C_{min}(T_{h,i} - T_{c,i})$ 來算出熱交換量Q，然後可一併算出冷熱側之出口溫度如下：

   $T_{h,o} = T_{h,i} - Q/C_h$

   $T_{c,o} = T_{c,i} + Q/C_c$

2-4-1-2 *UA-LMTD-F* 法

1. 由$R = C_c/C_h$，算出R值。
2. 假設熱側或冷側出口溫度，再由$P = (T_{c,o} - T_{c,i})/(T_{h,i} - T_{c,i})$，可算出$P$值與$\Delta T_{lm}$。
3. 由P、R值再搭配相關圖表或方程式可得到校正因子F。
4. 由$Q = UAF\Delta T_{lm}$，算出熱傳量Q。
5. 由Q值可推算出口溫度，然後再比較此一出口溫度是否與原先假設一致？
6. 若與假設值不同，則需重新假設熱側或冷側出口溫度，再重複步驟2-5。

2-4-2 Sizing 的計算步驟

2-4-2-1 ε-NTU法

1. 由於熱傳量爲已知，故可算出出口溫度與ε，同時也算出C^*。
2. 根據已知的ε-NTU的關係式，可算出此一設計點的NTU值(可能需要疊代)。
3. 由$A = NTU \cdot C_{min}/U$，算出所需要的熱交換器面積。

2-4-2-2 UA-LMTD-F法

1. 由於熱傳量爲已知，故可算出出口溫度、P與R值。
2. 由P、R 算出該設計條件的校正因子F。
3. 由端點溫度算出對數平均溫差 $LMTD$。
4. 由$A = Q/(UF\Delta T_{lm})$，算出所需要的熱交換器面積。

2-5 UA-LMTD-F法與 ε-NTU法的比較

這兩種方法的比較大致可歸納如下：

(1) ε-NTU 法爲完全無因次化 。

(2) ε代表能量的效率，ε較高代表熱交換器的熱傳效率指標較高，F值則否，較大的F值代表流動型式較接近逆向流，並不代表其效率較高。

(3) $$F = \frac{NTU_{cf}}{NTU} = \frac{(T_{h,i} - T_{c,i})\varepsilon}{NTU\Delta T_{\ell m}} = \frac{1}{NTU(1-C^*)}\ell n\left[\frac{1-C^*\varepsilon}{1-\varepsilon}\right]。$$

(4) 使用ε-NTU法時，使用者必須隨時掌握C_{min}究竟在熱側或冷側。

(5) ε-NTU圖表較F圖表容易查詢。

(6) 在rating時，使用UA-$LMTD$-F法需要疊代，ε-NTU法則不需要。

(7) 在sizing時，UA-$LMTD$-F較直接，由於熱傳量與進出口溫度均爲已知，所以熱交換器面積可以較爲迅速的算出，即$A = Q/(UF\Delta T_{lm})$。

2-6 一個Rating計算實例

例2-6-1： 一雙重管蒸發器，管內爲R-22冷媒，其蒸發溫度爲5 °C，環側爲冷水，冷水入口溫度爲12°C，水流量爲0.1 kg/s，比熱爲4180 J/kg·K，蒸發器之總熱傳係數爲2000 W/m²·K。熱交換器總長度爲3 m，管徑爲2 cm，試問冷水出口溫度爲何？

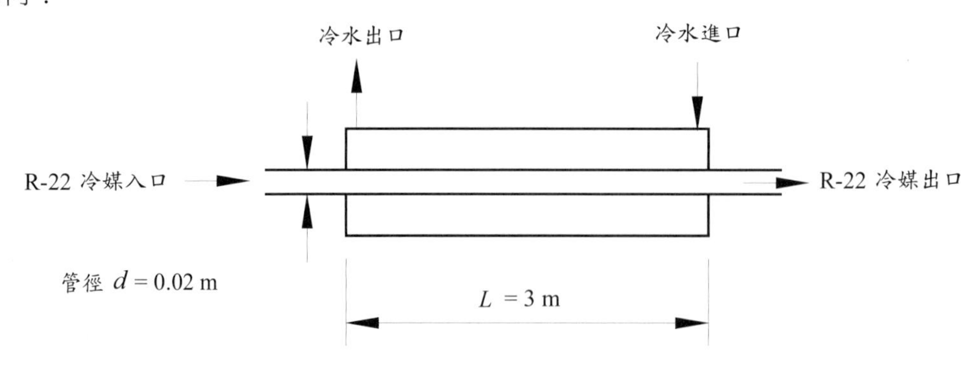

2-6-1 解：

(1) 解法一 (*UA-LMTD-F*)

$$UA \cdot LMTD \cdot F = \dot{m}c_p \Delta T$$

逆向流安排， $F = 1$

$A = \pi \times 0.02 \times 3 = 0.189\ \text{m}^2$

$\Delta T_1 = 12 - 5 = 7°\text{C}$

$\Delta T_2 = x - 5$ (假設水出口溫度爲 x °C)

$$LMTD = \frac{\Delta T_1 - \Delta T_2}{\ell n\left(\dfrac{\Delta T_1}{\Delta T_2}\right)} = \frac{7-(x-5)}{\ell n\left(\dfrac{7}{x-5}\right)}$$

$$2000 \times 0.189 \times \frac{12-x}{\ell n\left(\dfrac{7}{x-5}\right)} = 0.1 \times 4180 \times (12-x)$$

$$\therefore\ \ell n\frac{7}{x-5} = 0.9043$$

$x = 7.83°\text{C}$， $Q = 0.1 \times 4180 \times (12-7.83) = 1741.6\ \text{W}$

(2) 解法二 (ε-*NTU* 法)

$$C_{min} = 0.1 \times 4180 = 418\ \text{W/K}$$

$$NTU = \frac{UA}{C_{min}} = \frac{2000 \times 0.189}{418} = 0.9043$$

$$C^* = \frac{C_{min}}{C_{max}} = 0$$

$$\varepsilon = 1 - \exp(-NTU) = 0.5952$$

$$Q_{max} = C_{min}\Delta_O = 418 \times (12-5) = 2926 \text{ W}$$

$$Q = \varepsilon Q_{max} = 0.5952 \times 2926 = 1741.6 \text{ W}$$

$$T_{c,out} = 12 - 1741.6/418 = 7.83°\text{C}$$

【計算例子之結論】

1.不管是使用*UA-LMTD-F*或*ε-NTU* 法，其計算結果應相同。

2.如果 *UA-LMTD-F*或 *ε-NTU* 法之計算結果不同，一定是算錯！

2-7 一個Sizing計算實例

例2-7-1：一雙重管蒸發器，管內爲R-22冷媒，其蒸發溫度爲5°C，環側爲冷水，其水流量爲0.1 kg/s，水入出口溫度分別爲12°C與7°C，比熱爲4180 J/kg·K，蒸發器之總熱傳係數爲2000 W/m²·K。試問雙重管熱交換器的長度要多長才足以滿足此一條件？

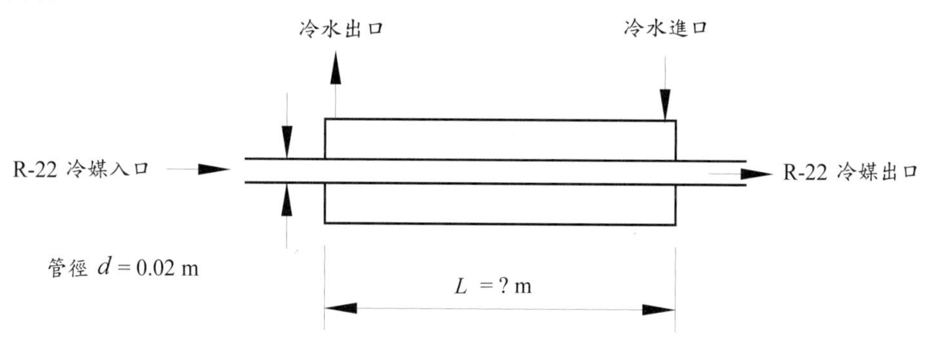

2-7-1 解：

(1) 解法一 (*UA-LMTD-F*)

$$\text{熱傳量} = Q = \dot{m}c_p\Delta T = 0.1 \times 4180 \times (12-7) = 2090 \text{ W}$$

$$UA \cdot LMTD \cdot F = \dot{m}c_p\Delta T$$

$$\Delta T_1 = 12 - 5 = 7°\text{C}$$

$$\Delta T_2 = 7 - 5 = 2°\text{C}$$

$$LMTD=\frac{\Delta T_1-\Delta T_2}{\ell n\left(\dfrac{\Delta T_1}{\Delta T_2}\right)}=\frac{7-2}{\ell n\left(\dfrac{7}{2}\right)}=3.99\,°\mathrm{C}$$

逆向流安排，$F = 1$

$\therefore UA\cdot LMTD=Q$

$\therefore\ A=Q/LMTD/U=2090/3.99/2000=0.2618\ \mathrm{m}^2$

$A = \pi\times0.02\times L\ \Rightarrow L = 4.167\ \mathrm{m}$

(2) 解法二 (ε-NTU 法)

熱傳量 $=Q=\dot{m}c_p\Delta T=0.1\times4180\times(12-7)=2090\ \ \mathrm{W}$

$C_{min}=0.1\times4180=418\ \mathrm{W/K}$

$Q_{max}=C_{min}\Delta_o=418\times(12-5)=2926\ \mathrm{W}$

$$\varepsilon=\frac{Q}{Q_{max}}=\frac{2090}{2926}=0.7143$$

又 $\varepsilon=1-\exp(-NTU)=0.7143$

$\therefore NTU=-\ln(1-\varepsilon)=-\ln(1-0.7143)=1.253$

$$NTU=\frac{UA}{C_{min}}\Rightarrow A=\frac{NTU\times C_{min}}{U}=\frac{1.253\times418}{2000}=0.2618$$

$A = \pi\times0.02\times L\ \Rightarrow\ L =\ 4.167\ \mathrm{m}$

【計算例子之結論】

不管是sizing或rating，使用UA-$LMTD$-F或ε-NTU法的結果都相同。

2-8 結語

本章節以較爲嚴謹的介紹，幫助讀者認識有關熱交換器設計的基本原理，同時搭配計算例說明，協助讀者能夠快速掌握熱交換器熱流設計之基本技巧。

主要參考資料

Hewitt, G.F., Shires, G.L., Boll, T.R., 1994. *Process Heat Transfer*. CRC press.

Hewitt, G.F., executive editor. 2002. *Heat Exchanger Design Handbook*. Begell House Inc.

Holman, J.P., 1990. *Heat Transfer*. 7th ed., McGraw-Hill, New York.

Kakaç, S., Liu, H., 2002. *Heat Exchangers*. 2nd ed., CRC Press Ltd.

Kays, W.M., London A.L., 1984. *Compact Heat Exchanger*. 3rd ed., New York: McGraw-Hill.

McQuiston, F.C., Parker, J.D., 1994. *Heating, Ventilating, and Air-conditioning, Analysis and Design*. 4th ed., John Wiley & Sons, 1994.

ESDU, Engineering Science Data Unit, 98003-98006, 1998.

Mills, A.F., 1995. *Basic Heat and Mass Transfer*. IRWIN, 1995.

Rohsenow, W.M., Hartnett, J.P., Cho Y.I., 1998. *Handbook of Heat Transfer*. 3rd ed., McGraw- Hill.

VDI Heat Atlas, 1993. English edition.

Chapter 3

密集式熱交換器

Compact Heat Exchanger

3-0 前言

所謂密集，僅是程度上的一種差別；一般的定義是以熱交換器的熱傳面積與體積的比值超過700 m^2/m^3時，我們稱之爲密集式熱交換器(見表3-1)，符合這種定義的熱交換器相當的多，例如第二章提到的板式熱交換器，又例如圖3-1的氣對氣的熱交換器，這種氣對氣的熱交換器多以交錯型式安排爲主，其溫度變化如圖3-2所示；本章節介紹的密集式熱交換器以氣冷式爲主，板式熱交換器則將於第十章中介紹。

表3-1 密集式熱交換器之定義

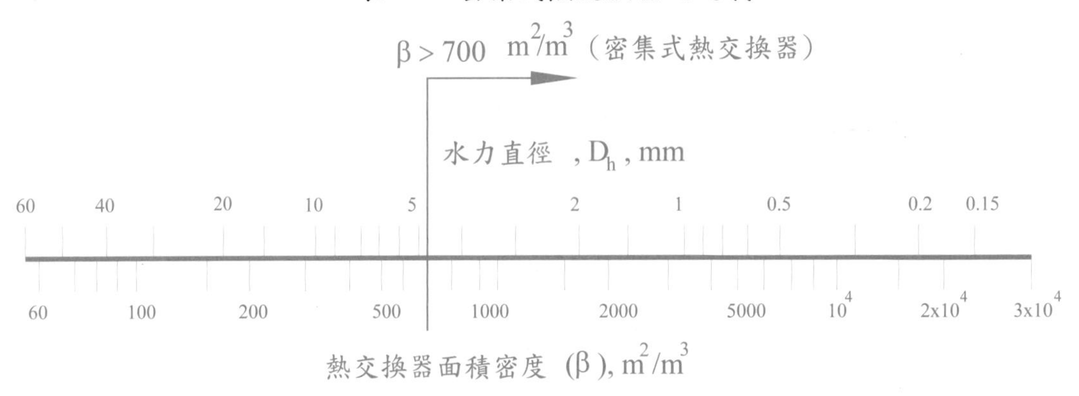

所以會使用密集式熱交換器的最主要原因，要從下式開始敘述：

$$Q = UA\Delta T_m \tag{3-1}$$

其中 Q爲總熱傳量 (W)

A爲總熱傳面積 (m^2)

ΔT_m爲有效平均溫差 (K)

U爲總熱傳係數 ($W/m^2 \cdot K$)

由式3-1可知提升熱傳量的方法不外乎有三，即增加U或A或ΔT_m；以氣對氣熱交換器而言，空氣的熱傳係數極低，因此想要大幅的增加U值的確有先天上的困難；另外想要大幅增加有效平均溫差也有困難(因爲受限於設計與工作上的條件)，所以增加面積來大幅提升熱傳效果便成爲密集式熱交換器設計的由來。

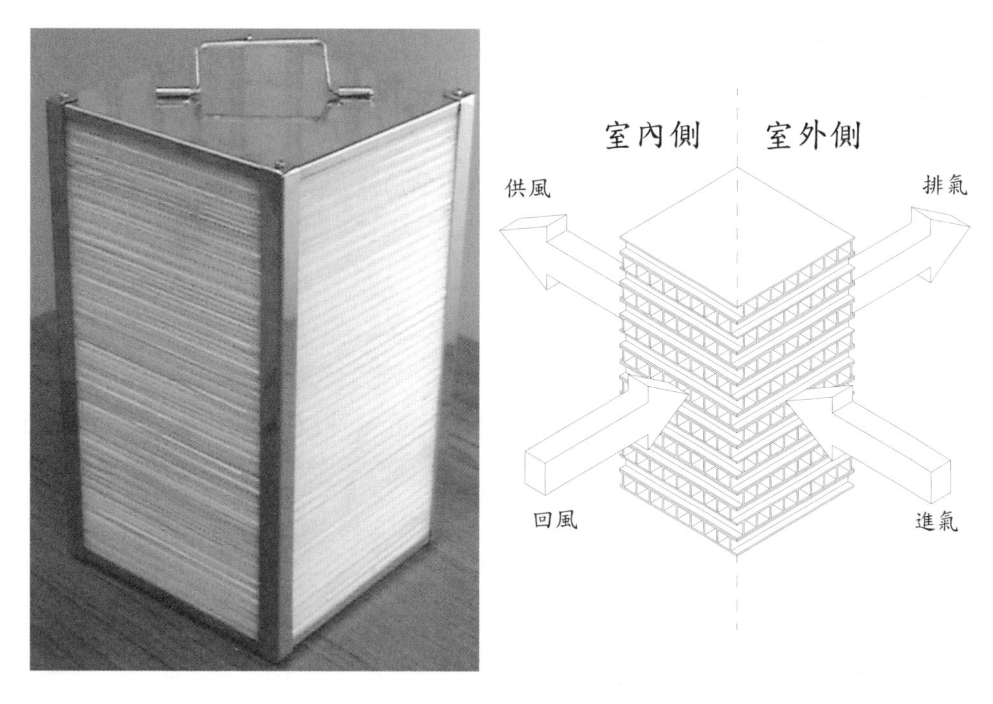

圖3-1 氣對氣的熱交換器與工作原理

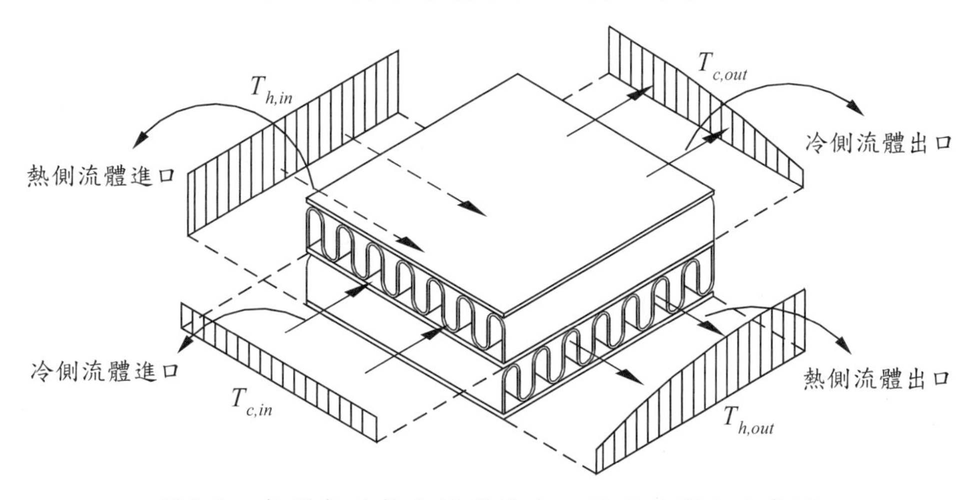

圖3-2 氣對氣的熱交換器進出口溫度的變化示意圖

3-1 密集式熱交換器的一些定義

密集式熱交換器的一些幾何參數的定義如下：

A: 熱交換器兩側的其中之一側的總面積

A_c: 最小流道面積 (free flow area, minimum flow area)

A_{fr}: 正向截面積

L: 熱交換器之深度或厚度

V: 熱交換器之體積

σ: 流道收縮比 (contraction ratio $\equiv A_c/A_{fr}$)

β: 熱交換器的熱傳面積與體積比

D_h: 水力直徑 $\equiv \dfrac{4A_c}{\text{潤濕之周長}}$

V_c: 熱交換器內之最大流速；即通過最小流道面積時的流速

V_{fr}: 進入熱交換器前的風速，或稱正面風速 (face velocity or frontal velocity)

$G_c \equiv \rho V_c$

$\mathrm{Re}_{\mathrm{Dh}} \equiv G_c D_h/\mu$ (注意：G_c是以A_c面積計算)

有關 σ, β與 D_h 間的關係式可推導如下：

$D_h = (4A_c/P)\times(L/L) = 4L\times A_c/A$ (即$A = P\times L$)

其中P為潤濕周長，上式的D_h可改寫如下：

$$\begin{aligned}
D_h &= 4(A_c/A)\times(L/L) \\
&= 4(A_c/A_{fr})\times(A_{fr}/A)\times(L/L) \\
&= 4\sigma\times(A_{fr}/A)\times(L/L) \\
&= 4((A_{fr}\times L)/(A\times L))\times\sigma \\
&= 4\sigma V/AL \\
&= 4\sigma/\beta L
\end{aligned}$$

$$\Rightarrow \quad D_h = 4L\times(\sigma/\beta L) \Rightarrow D_h = 4\sigma/\beta \tag{3-2}$$

在這些定義中以最小流道面積A_c，最讓讀者困惑；下面則以一典型的板鰭式熱交換器(圖3-3)來向讀者說明：其中

- b ： 板片間距
- δ ： 鰭片厚度
- n ： 鰭片間距
- L ： 熱交換器的深度

由於一般熱交換器多採用週期性(鰭片或管陣呈現重複變動)的設計，故我們僅需拿出一小塊單元來說明即可。若僅以一小單元來看，其正向面積為：

$A_{fr} = n\times b$

$A_c = n\times b - n\times\delta - b\times\delta + \delta^2$

$\therefore \sigma \equiv A_c/A_{fr} = (n-\delta)\times(b-\delta)/(n\times b) = A_c/A_{fr}$

$\beta \equiv A/V = 2[(b-\delta) + (n-\delta)]L/(b\times n\times L)$

$D_h = 4\times A_c/P = 4[(n-\delta)\times(b-\delta)]/2[(b-\delta)+(n-\delta)]$

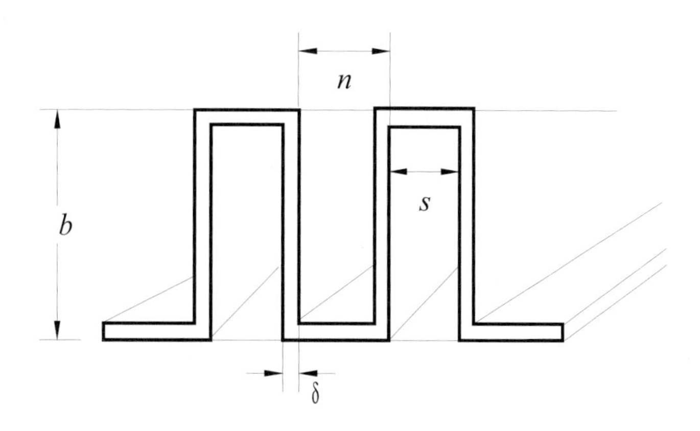

圖3-3　典型的板鰭式熱交換器的單元鰭片放大示意圖

接下來的一個問題是：爲何要用A_c呢？用A_{fr}不是很直接嗎？這個問題的說明如下：當流體流入熱交換器內部時(如圖3-3之板鰭式熱交換器)，由於流道面積的縮減，流體的速度會增加；而當流體流速增加時，熱傳性能也會相對的提升，此外壓降也會相對的提高；故若以進口的速度來估算熱交換器的熱傳性能，勢必會低估；所以較合理的基準應該以熱交換器內部的速度來判斷，因此有所謂A_c的產生；而通過最小流道面積的速度則可由下列的質量不滅方程式算出，即：

$\rho_{in}V_{fr}A_{fr} = \rho_c V_c A_c$

其中 ρ_{in} 代表入口的密度

　　ρ_c 代表最小流道的密度

3-2　鰭片

由上述的簡介中得知，在密集式熱交換器的設計上，多使用大量的次要面積(secondary area)，這些次要面積稱爲鰭片。

圖3-4中T_w爲熱交換器管壁平均溫度，T_b爲鰭片根部的溫度(這裡先假設根部的溫度大於環境溫度)，T_∞爲環境的溫度，由於鰭片上的溫度T_f會隨著鰭片長度的變化而改變，因此若我們考慮$T_b > T_\infty$的情況，則此時鰭片上的溫度會隨著鰭片長度增加而下降；若鰭片無限長，鰭片尖端的溫度最後會接近T_∞。因此，若要能精

確掌握熱交換器的設計，勢必要瞭解在鰭片上的溫度分布情形，然而，對一個工程師而言，要詳細估算溫度的分布情形後，再去設計熱交換器，在實際應用上有困難；以工程師的設計，至多也僅能去估算一個管壁的平均溫度；所以，最快的方法就是將鰭片溫度分布的效應整合成一個修正係數，稱爲鰭片效率η_f。首先定義鰭片效率η_f與表面效率η_o如下：

$$\eta_f \equiv \frac{\text{鰭片真正熱傳量}}{\text{鰭片最大熱傳量(發生於鰭片溫度等於鰭片根部溫度}T_b\text{)}}$$

$$\therefore \eta_f = \frac{Q}{Q_{max}} = \frac{Q}{hA_f(T_b - T_\infty)} \tag{3-3}$$

表面效率η_o的定義如下：

$$\eta_o \equiv \frac{\text{熱交換器真正熱傳量}}{\text{熱交換器表面最大熱傳量(發生於鰭片溫度等於管壁平均溫度}T_w\text{)}} \tag{3-4}$$

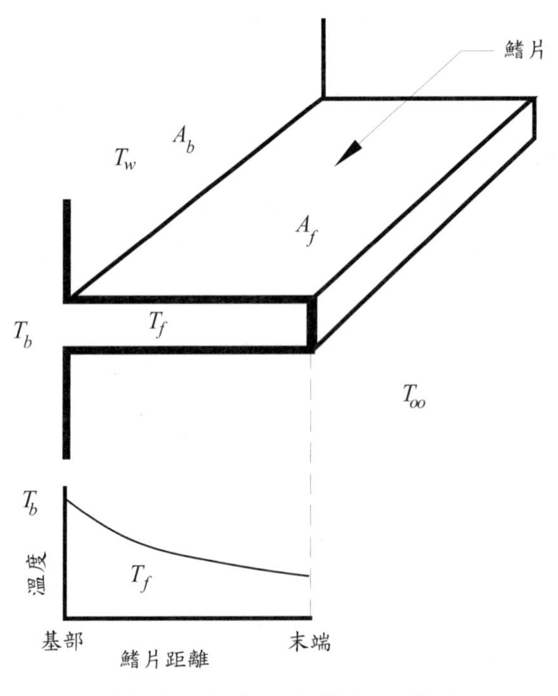

圖3-4　鰭片溫度變化示意圖

考慮對流熱傳係數h爲定值，再由能量平衡可知(A_b爲基部面積，A_f爲鰭片面積)，鰭片效率η_f與表面效率η_o的關係可推導如下：

$$hA\eta_o(T_w - T_\infty) = hA_b(T_w - T_\infty) + hA_f\eta_f(T_b - T_\infty)$$

由於根部溫度等於平均壁溫，$T_b = T_w$ 且 $A = A_b + A_f$

$$\therefore A\eta_o = A_b + A_f\eta_f = A - A_f + A_f\eta_f$$

$$\eta_o = 1 - \frac{A_f}{A}\left(1 - \eta_f\right) \tag{3-5}$$

鰭片效率的主要好處是讓使用者可以不用去管鰭片溫度分布的問題，換句話說，η_f將T_f的參考點移至鰭片的根部溫度T_b。同樣的道理，表面效率則將根部的溫度移至參考的管壁溫度T_w，所以，使用者大可不用去管鰭片溫度分布的影響，只需將原有的熱傳係數乘上一個類似修正係數的η_o即可。

說明：

(a) 若熱交換器表面上無鰭片，則$\eta_f = \eta_o = 1$

(b) 若熱交換器表面上有鰭片，則$\eta_o > \eta_f$

(c) 鰭片效率永遠小於或等於1，如果算出的結果大於1，一定是算錯！

所以若原熱交換器無鰭片的話，熱傳的阻抗方程式如下：

$$\underbrace{\frac{1}{UA}}_{\text{總阻抗}} = \underbrace{\frac{1}{h_1 A_{w1}}}_{\text{熱側阻抗}} + \underbrace{\frac{\Delta X}{kA}}_{\text{管壁阻抗}} + \underbrace{\frac{1}{h_2 A_{w2}}}_{\text{冷側阻抗}} \tag{3-6}$$

若有鰭片時，則阻抗方程式改寫如下：

$$\underbrace{\frac{1}{UA}}_{\text{總阻抗}} = \underbrace{\frac{1}{\eta_1 h_1 A_{w1}}}_{\text{熱側阻抗}} + \underbrace{\frac{\Delta X}{kA}}_{\text{管壁阻抗}} + \underbrace{\frac{1}{\eta_2 h_2 A_{w2}}}_{\text{冷側阻抗}} \tag{3-7}$$

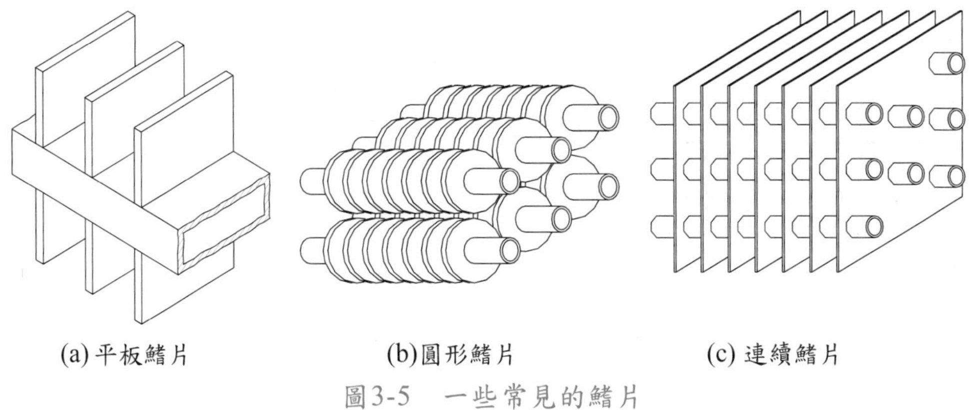

(a) 平板鰭片　(b)圓形鰭片　(c) 連續鰭片

圖3-5　一些常見的鰭片

接下來的問題是如何去算鰭片效率呢？顯而易見的，鰭片效率與鰭片形狀有很大的關係，不同的鰭片形狀其溫度的分布必然不盡相同；所以，要計算鰭片效率必須知道鰭片的形狀。鰭片效率的推導為一求解熱傳導方程式的過程，有興趣的讀者可以參考熱傳學的書籍，各式形狀的鰭片效率方程式則可參考1998年版的Handbook of Heat Transfer (見表3-2)。圖3-5為一些氣冷式熱交換器最常見的鰭片型式，我們將深入來探討它的鰭片效率。首先來看圖3-5(a)的鰭片效率。

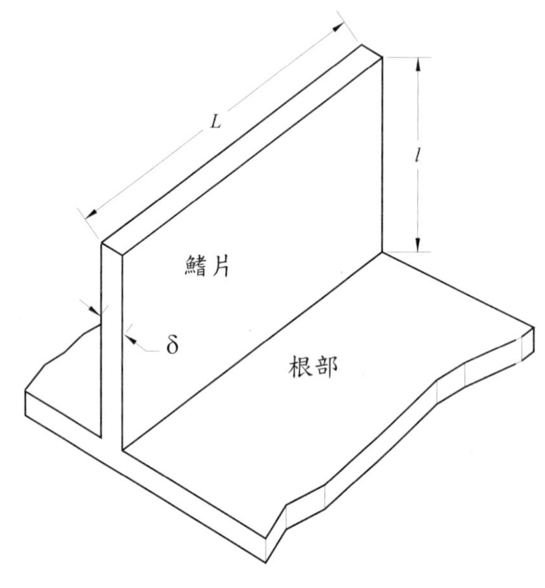

圖3-6　平板鰭片之幾何參數

表3-2 常見的密集式熱交換器的鰭片效率方程式 (資料來源： Handbook of Heat Transfer)

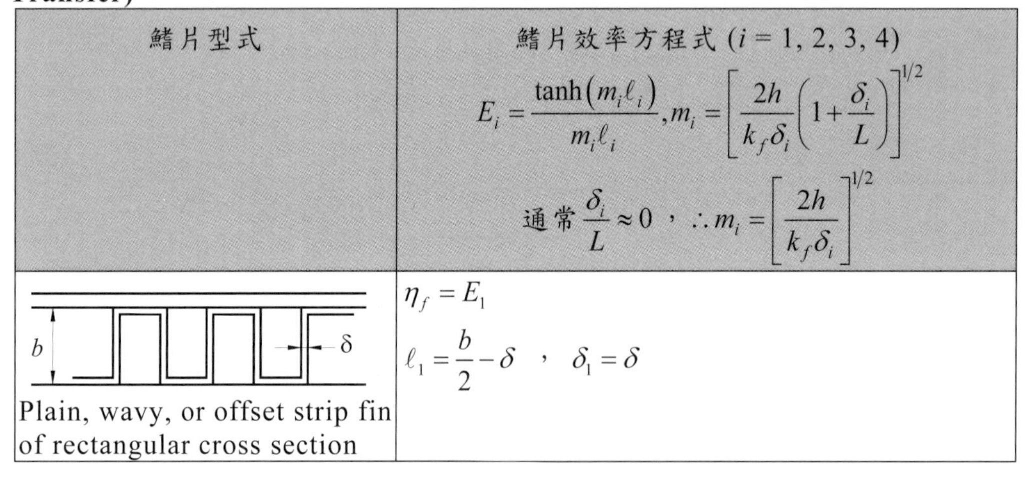

鰭片型式	鰭片效率方程式 ($i = 1, 2, 3, 4$) $$E_i = \frac{\tanh(m_i \ell_i)}{m_i \ell_i}, m_i = \left[\frac{2h}{k_f \delta_i}\left(1 + \frac{\delta_i}{L}\right)\right]^{1/2}$$ 通常 $\frac{\delta_i}{L} \approx 0$，$\therefore m_i = \left[\frac{2h}{k_f \delta_i}\right]^{1/2}$
b　δ Plain, wavy, or offset strip fin of rectangular cross section	$\eta_f = E_1$ $\ell_1 = \frac{b}{2} - \delta$ ， $\delta_1 = \delta$

鰭片型式	鰭片效率方程式 ($i=1, 2, 3, 4$)
	$E_i=\dfrac{\tanh(m_i\ell_i)}{m_i\ell_i}, m_i=\left[\dfrac{2h}{k_f\delta_i}\left(1+\dfrac{\delta_i}{L}\right)\right]^{1/2}$ 通常 $\dfrac{\delta_i}{L}\approx 0$，$\therefore m_i=\left[\dfrac{2h}{k_f\delta_i}\right]^{1/2}$
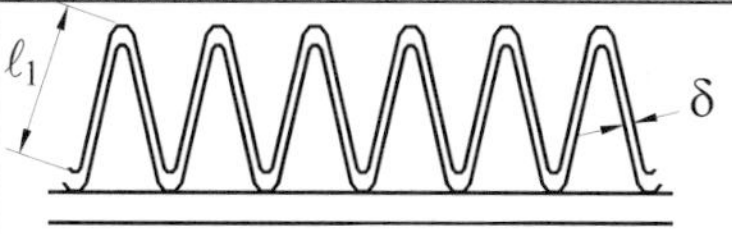 Triangular fin heated from one side	$\eta_f=\dfrac{hA_1(T_0-T_\infty)\dfrac{\sinh(m_1\ell_1)}{m_1\ell_1}+q_e}{\cosh(m_1\ell_1)\left[hA_1(T_0-T_\infty)+q_e\dfrac{T_0-T_\infty}{T_1-T_\infty}\right]}$，$\delta_1=\delta$
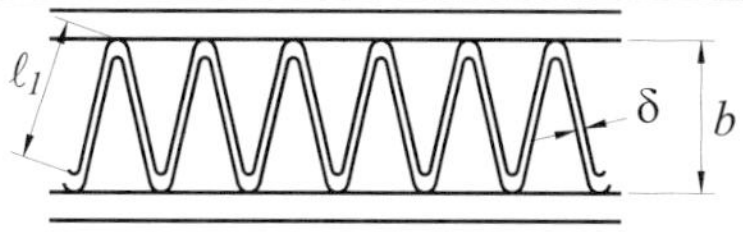 Plain, wavy, or louver fin of triangular cross section	$\eta_f=E_1$ $\ell_1=\dfrac{\ell}{2}$，$\delta_1=\delta$
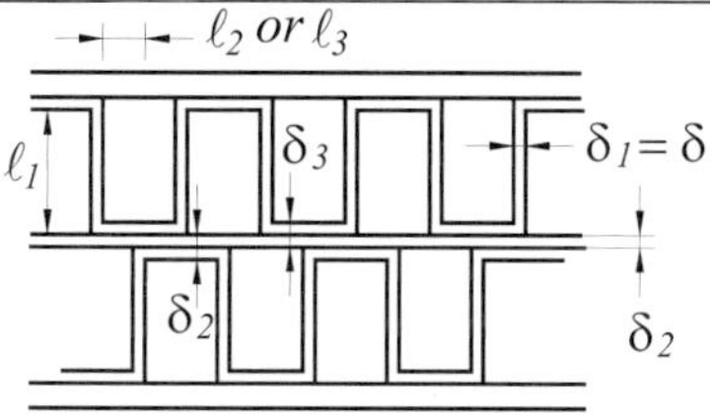 Double sandwich fin	$\eta_f=\dfrac{E_1\ell_1+E_2\ell_2}{\ell_1+\ell_2}\dfrac{1}{1+m_1^2E_1E_2\ell_1\ell_2}$ $\delta_1=\delta$，$\delta_2=\delta_3=\delta+\delta_s$ $\ell_1=b-\delta+\dfrac{\delta_s}{2}$，$\ell_2=\ell_3=\dfrac{F_p}{2}$
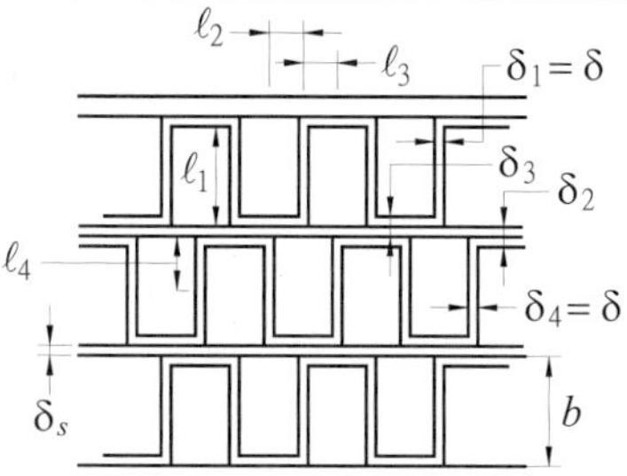 Triple sandwich fin	$\eta_f=\dfrac{(E_1\ell_1+2\eta_{f24})/(\ell_1+2\ell_2+\ell_4)}{1+2m_1^2E_1\ell_1\eta_{f24}\ell_{24}}$ $\eta_{f24}=\dfrac{(2E_2\ell_2+E_4\ell_4)/(2\ell_2+\ell_4)}{1+m_2^2E_2E_4\ell_2\ell_4/2}$，$\ell_{24}=2\ell_2+\ell_4$ $\ell_1=b-\delta+\dfrac{\delta_s}{2}$，$\ell_2=\ell_3=\dfrac{F_p}{2}$，$\delta_1=\delta_4=\delta$， $\delta_2=\delta_3=\delta+\delta_s$，$\ell_4=\dfrac{b}{2}-\delta+\dfrac{\delta_s}{2}$
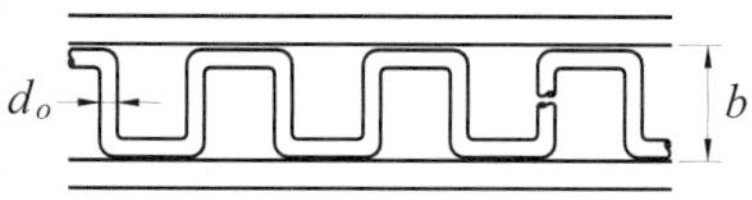 Pin fin	$\eta_f=\dfrac{\tanh(m\ell)}{m\ell}$, $\ell=\dfrac{b}{2}-d_o$, $m=\left[\dfrac{4h}{k_fd_o}\right]^{1/2}$，$\delta=\dfrac{d_o}{2}$

鰭片型式	鰭片效率方程式 ($i = 1, 2, 3, 4$)
	$E_i = \dfrac{\tanh(m_i \ell_i)}{m_i \ell_i}, m_i = \left[\dfrac{2h}{k_f \delta_i}\left(1+\dfrac{\delta_i}{L}\right)\right]^{1/2}$ 通常 $\dfrac{\delta_i}{L} \approx 0$ ，$\therefore m_i = \left[\dfrac{2h}{k_f \delta_i}\right]^{1/2}$
ℓ_f, δ, d_e, d_o Circular fin	$\eta_f = \begin{cases} a(m\ell_e)^{-b} & \text{當} \Phi > 0.6 + 2.257(r^*)^{-0.445} \\ \dfrac{\tanh \Phi}{\Phi} & \text{當} \Phi \le 0.6 + 2.257(r^*)^{-0.445} \end{cases}$ $a = (r^*)^{-0.246}$ ，$\Phi = m\ell_e (r^*)^n$ ，$n = \exp(0.13m\ell_e - 1.3863)$ $b = \begin{cases} 0.9107 + 0.0893r^* & \text{當 } r^* \le 2 \\ 0.9706 + 0.17125 \ln r^* & \text{當 } r^* > 2 \end{cases}$ $m = \left[\dfrac{2h}{k_f \delta}\right]^{1/2}$ ，$\ell_e = \ell_f + \dfrac{\delta}{2}$，$r^* = \dfrac{d_e}{d_o}$
δ, d_o, d_e, w Studded fin	$\eta_f = \dfrac{\tanh(m\ell_e)}{m\ell_e}$ ，$m = \left[\dfrac{2h}{k_f \delta}\left(1+\dfrac{\delta}{w}\right)\right]^{1/2}$ $\ell_e = \ell_f + \dfrac{\delta}{2}$，$\ell_f = \dfrac{d_e - d_o}{2}$

圖3-6的平板鰭片效率可表示如下(推導過程可參考一些熱傳書籍)：

$$
\begin{aligned}
\eta_f &= \frac{\tanh(ml)}{ml} \\
m &= \left[\frac{2h(L+\delta)}{kL\delta}\right]^{0.5}
\end{aligned}
\tag{3-8}
$$

如圖3-7所示，其中l爲鰭片的長度而L爲鰭片的寬度，δ 爲鰭片的厚度，k爲鰭片之熱傳導係數。由於鰭片的厚度都很薄($L >> \delta$)，故式3-8中的m可簡化成：

$$
m = \left[\frac{2h}{k\delta}\right]^{0.5} \tag{3-9}
$$

而圖3-5(b)的圓形鰭片的推導則較爲複雜(可參考Hong and Webb 1996的論文，圓形鰭片之幾何參數見圖3-7)；圓形鰭片之鰭片效率可表示如下：

$$\eta_f = \frac{2r_c}{m(r_e^2 - r_c^2)}\left[\frac{K_1(mr_c)I_1(mr_e) - K_1(mr_e)I_1(mr_c)}{K_1(mr_e)I_0(mr_c) + K_0(mr_c)I_1(mr_e)}\right] \tag{3-10}$$

其中：

I_0 = 零階的第一種修正 Bessel 函數 (first kind, order 0)

I_1 = 一階的第一種修正 Bessel 函數 (first kind, order 1)

K_0 = 零階的第二種修正 Bessel 函數 (the second kind, order 0)

K_1 = 一階的第二種修正 Bessel 函數 (the second kind, order 1)

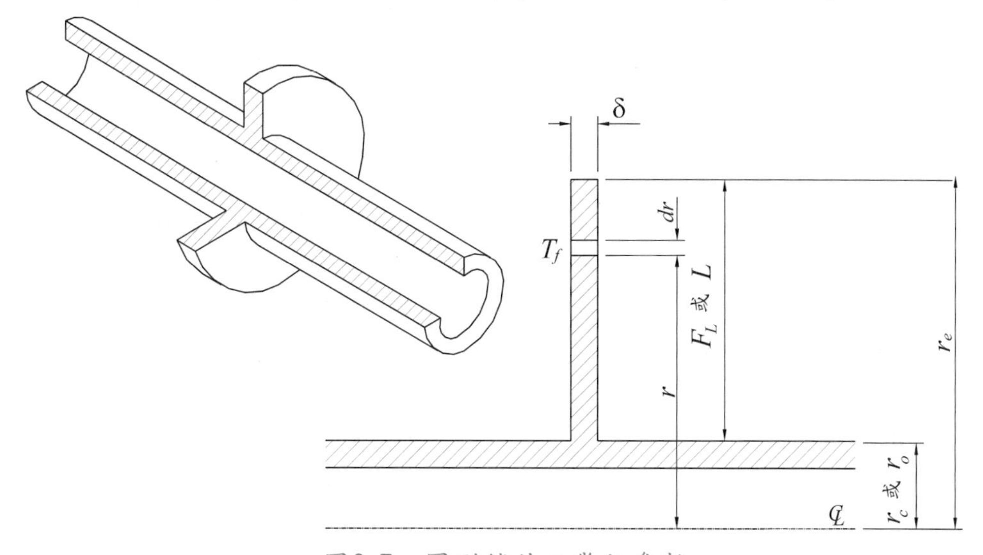

圖3-7　圓形鰭片之幾何參數

不幸的是，式3-10牽涉到複雜的Bessel函數的運算，一般工程師無法利用掌上型計算機來運算，所以有一些研究希望能提出一些經驗式來近似式3-10，其中最有名的是Schmidt法(1949)如下：

$$\eta_f = \frac{\tanh(mr_c\phi)}{mr_c\phi} \tag{3-11}$$

其中：

$$m = \sqrt{\frac{2h_o}{k_f\delta}} \tag{3-12}$$

$$\phi = \left(\frac{r_e}{r_c} - 1\right)\left[1 + 0.35\ln\left(\frac{r_e}{r_c}\right)\right] \tag{3-13}$$

請注意k_f為鰭片熱傳導係數，而式3-11僅是一個近似方程式。

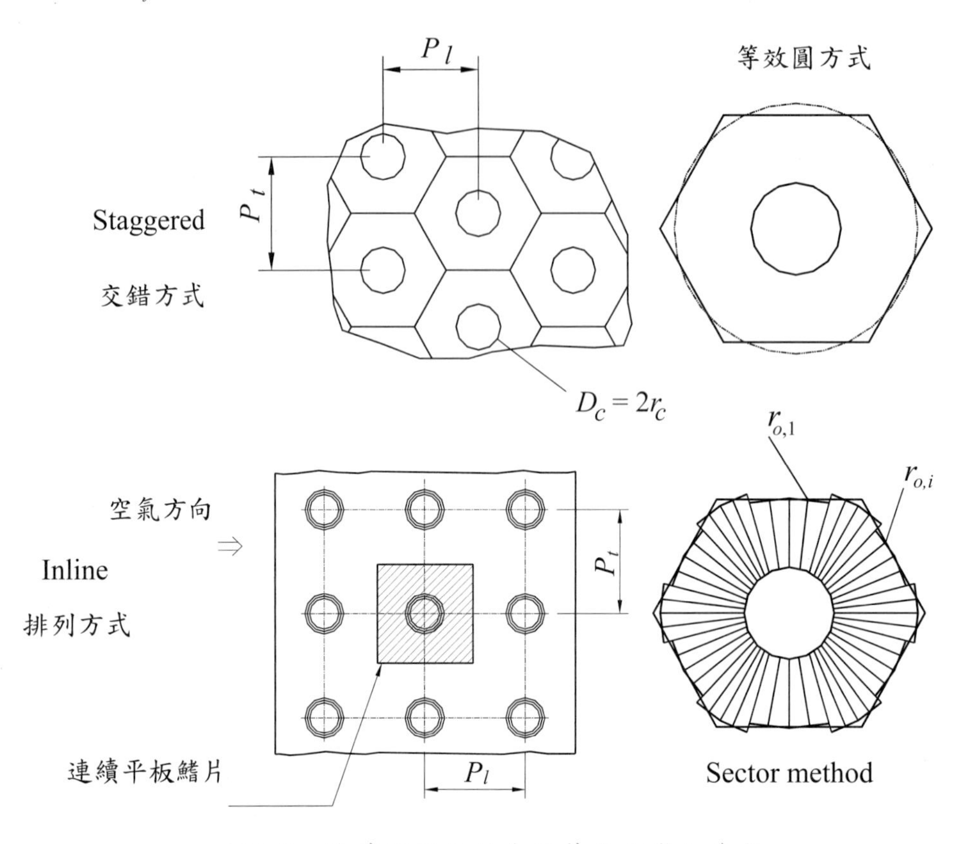

圖3-8　連續型鰭片效率計算法與幾何參數

然而在冷凍空調的應用上，圖3-5(c)連續型鰭片的使用也非常廣泛，這種鰭片的鰭片效率算法可參考圖3-8。Schmidt建議若為交錯型鰭片 (staggered)時可將鰭片面積分割成一六角形；若為排列式鰭片(inline)時可將鰭片面積分割成一矩形。再以等效面積的圓形鰭片的近似方程式來近似六角形或矩形的鰭片效率。在這個觀念下，這種連續型鰭片會有一等效之圓半徑的產生以方便使用，所以連續型鰭片之鰭片效率可簡化如下：

$$\eta_f = \frac{\tanh(mr_c\phi)}{mr_c\phi} \tag{3-14}$$

其中

$$m = \sqrt{\frac{2h_o}{k_f\delta}} \tag{3-15}$$

$$\phi=\left(\frac{r_{eq}}{r_c}-1\right)\left[1+0.35\ln\left(\frac{r_{eq}}{r_c}\right)\right] \tag{3-16}$$

其中

$$\frac{r_{eq}}{r_c}=\begin{cases}1.27\dfrac{M}{r_c}\left(\dfrac{L}{M}-0.3\right)^{1/2} & \text{當鰭片爲交錯型式 (staggered)}\\ 1.28\dfrac{M}{r_c}\left(\dfrac{L}{M}-0.2\right)^{1/2} & \text{當鰭片爲排列型式 (inline)}\end{cases} \tag{3-17}$$

$$L=\begin{cases}\dfrac{\sqrt{\left(P_t/2\right)^2+P_l^2}}{2} & \text{當鰭片爲交錯型式 (staggered)}\\ \dfrac{P_l}{2} & \text{當鰭片爲排列型式 (inline)}\end{cases} \tag{3-18}$$

$$M=P_t/2 \tag{3-19}$$

上式中，P_l爲縱向管間距，P_t爲橫向管間距。請注意上述方法僅是一種近似的結果，如果想要得到很精確的連續型鰭片的鰭片效率，則必須使用區塊法(sector method，見圖3-8)，這個方法主要是將六角形(或矩形)的鰭片切成很細小的扇形區塊A_i，然後單獨算出每一小塊的鰭片效率η_i(扇形的鰭片效率可直接用圓形鰭片的公式3-10)；最後再將每一小塊的扇形鰭片的鰭片效率加總後，可得鰭片效率如下：

$$\eta_f=\frac{\sum_{i=1}^{S}\eta_i A_i}{\sum_{i=1}^{S}A_i} \tag{3-20}$$

通常區塊法的計算結果可視爲exact solution，一般而言，使用 Schmidt近似法已足夠應付一般的問題。對區塊法有興趣的讀者可參考Hong and Webb (1996)，或Wang et al. (1997)的論文。

例3-2-1：一平板鋁鰭片如下圖，其熱導係數 $k=204$ W/m·K，試計算鰭片效率η_f。

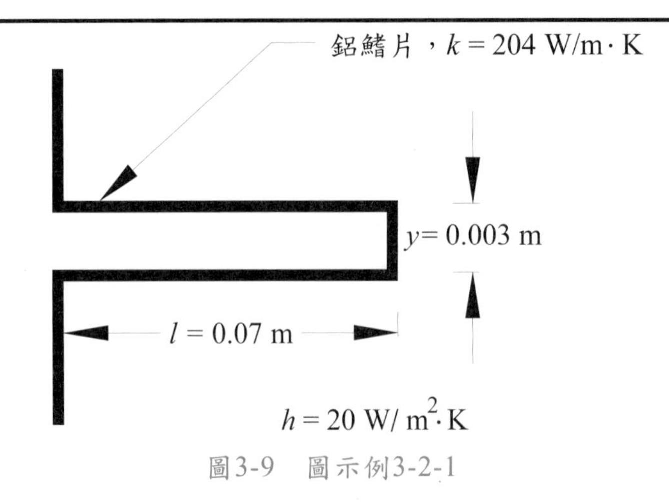

圖3-9　圖示例3-2-1

3-2-1 解：

$$\eta_f = \frac{\tanh(ml)}{ml}$$

$$m = \left[\frac{2h_o}{ky}\right]^{0.5}$$

$\therefore\ m = (2\times20/204/0.003)^{0.5} = 8.085\ \text{m}^{-1}$

$\eta_f = \tanh(8.085\times0.07)/(8.085\times0.07) = 0.905$

例3-2-2：同例3-2-1，但鰭片爲不鏽鋼$k = 20\ \text{W/m·K}$，試計算該平板鰭片的鰭片效率 η_f。

3-2-2 解：

$\therefore\ m = (2\times20/20/0.003)^{0.5} = 25.82\ \text{m}^{-1}$

$\eta_f = \tanh(25.82\times0.07)/(25.82\times0.07) = 0.524$

換句話說，在這個特定條件下，若使用不鏽鋼鰭片，且根部溫度T_b固定，則熱傳量約較鋁鰭片低42%！

例3-2-3：一平板連續型鋁鰭片如下圖，其熱導係數 $k = 204\ \text{W/m·K}$，空氣側的熱傳係數爲40 $\text{W/m}^2\text{·K}$，試計算鰭片效率η_f。

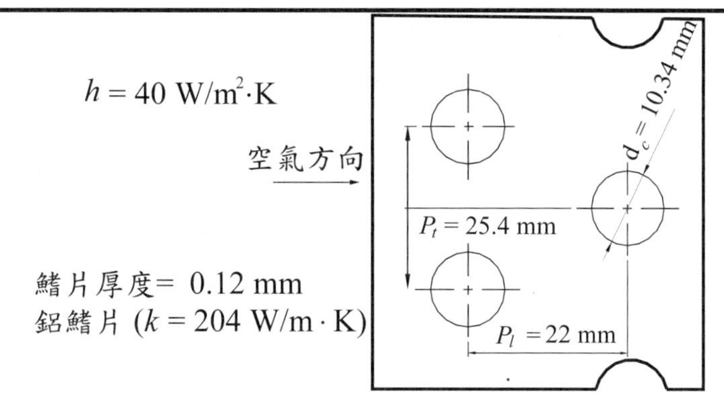

圖3-10　圖示例3-2-3

3-2-3 解：

$$\eta_f = \frac{\tanh(mr_c\phi)}{mr_c\phi}$$

$$m = \sqrt{\frac{2h}{k_f\delta}}$$

$$\phi = \left(\frac{r_{eq}}{r_c} - 1\right)\left[1 + 0.35\ln\left(\frac{r_{eq}}{r_c}\right)\right]$$

由於爲一交錯型式 (staggered)

$$L = \sqrt{(P_t/2)^2 + P_l^2}\Big/2 = 0.0127\ \mathrm{m}$$

$$M = P_t/2 = 0.0254/2 = 0.0127\ \mathrm{m}$$

$$r_c = 0.01034/2 = 0.00517\ \mathrm{m}$$

$$\frac{r_{eq}}{r_c} = 1.27\frac{M}{r_c}\left(\frac{L}{M} - 0.3\right)^{1/2}$$

$$= 1.27 \times (0.0127/0.00517) \times (0.0127/0.0127 - 0.3)^{0.5} = 2.61$$

$$\phi = \left(\frac{r_{eq}}{r_c} - 1\right)\left[1 + 0.35\ln\left(\frac{r_{eq}}{r_c}\right)\right] = (2.61 - 1)(1 + 0.35\ln(2.61)) = 2.15$$

$$m = \sqrt{\frac{2h}{k_f\delta}} = (2 \times 40/204/0.00012)^{0.5} = 57.166\ \mathrm{m^{-1}}$$

$$\eta_f = \frac{\tanh(mr_c\phi)}{mr_c\phi}$$

$$= \tanh(57.166 \times 0.00517 \times 2.15)/(57.166 \times 0.00517 \times 2.15) = 0.884$$

鰭片與主要面積接合的方式有很多種，圖3-11爲一些常見的方式，冷凍空調用熱交換器大都使用圖中的(a)或(b)型式；可以想見的，這些接合方式中，(a)或(b)方式製造較容易，然而如果漲管方式不得當的話，會造成多餘的接觸阻抗，使性能大幅下降，一般而言，接觸阻抗佔全部阻抗的2~5%，比重不大，所以通常在實驗上已將該部份阻抗納入於主要阻抗中，一般使用者不需再將之獨立分開計算；不過仍然要提醒讀者，接觸阻抗與公司的製造技術能力有關，使用者在設計熱交換器的性能前，最好還是要能夠知道該公司的品質與技術水平。

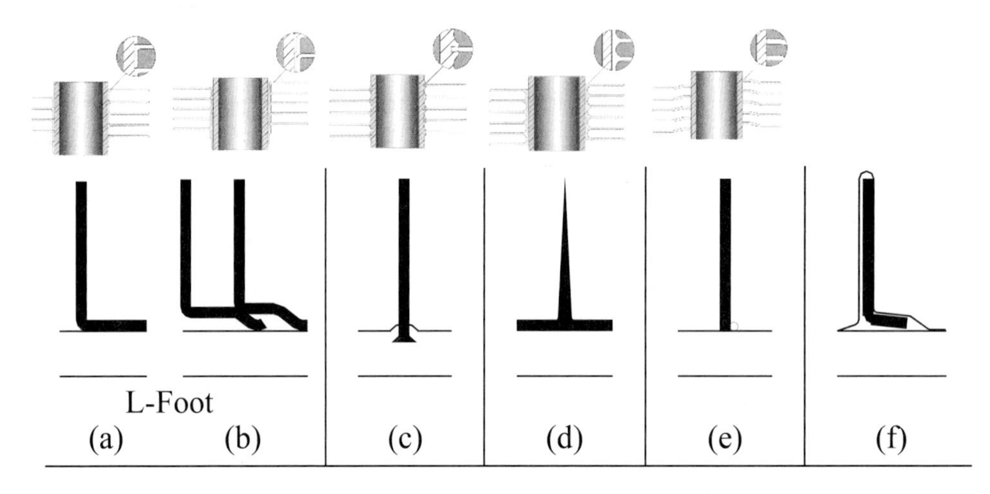

圖3-11 各種鰭片接合方式(a) 單一L型；(b)重疊L型；(c)嵌入型；(d)擠製型；(e)焊接型；(f) 熱浸熔接型 (Courtesy of Profins Inc.)

3-3 壓降之計算與分析

在前面的章節中已清楚的告訴讀者，熱交換量與壓降的計算是同等重要的。本節的目的即在教導讀者如何估算流體流經密集式熱交換器時的壓降；本部份的主要資料來自 Kays and London (1984) 一書。

以圖3-12所示，流經熱交換器的壓降可分爲如下4個部份：

$$\Delta P = \Delta P_i + \Delta P_f + \Delta P_a + \Delta P_e \tag{3-21}$$

其中：

(a) ΔP_i爲流入熱交換器時因流道變小所造成的壓降。

(b) ΔP_f爲流體經過熱交換器的摩擦壓降。

(c) ΔP_a爲流體因密度變化引起速度改變所造成的壓降。

(d) ΔP_e爲流出熱交換器時因流道變大所造成的壓降。

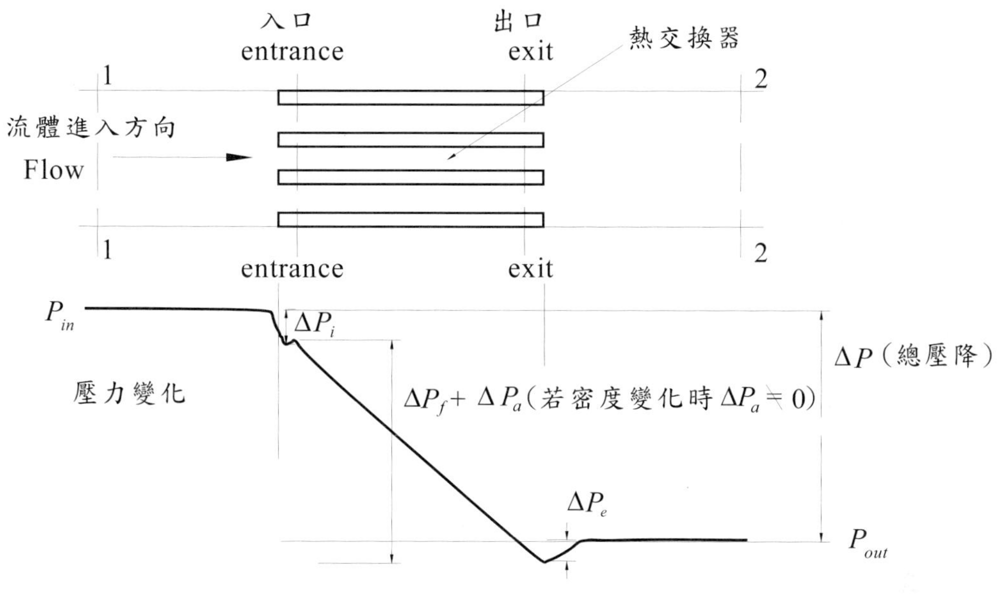

圖3-12 流體流經熱交換器時的壓力變化圖

下面則針對(a)、(b)、(c)及(d)做進一步的說明：

(a) 流入熱交換器時因流道變小所造成的壓降 ΔP_i。

由於流道面積變化正比於$(1-\sigma^2)$，而這部份不考慮摩擦壓降，若假設流體爲不可壓縮且流道驟縮的壓力損失係數爲K_c，則：

$$P_1 + \frac{1}{2}\rho_1 V_{fr}^2 = P_{entrance} + \frac{1}{2}\rho_{entrance} V_c^2 + K_c \cdot \frac{1}{2}\rho_{entrance} V_c^2 \tag{3-22}$$

而因流體爲不可壓縮，所以$\rho_1 = \rho_{entrance}$，式3-22可改寫成：

$$\therefore \frac{\Delta P_i}{\rho_i} = \frac{-(P_{entrance} - P_1)}{\rho_1} = \frac{1}{2}(V_c^2 - V_{fr}^2) + K_c \cdot \frac{1}{2}V_c^2 \tag{3-23}$$

但是$V_{fr}^2 = \sigma^2 V_c^2$

$$\therefore \frac{\Delta P_i}{\rho_1} = \frac{V_c^2}{2}(1-\sigma^2 + K_c) \tag{3-24}$$

(b) 流體經過熱交換器的摩擦壓降ΔP_f(假設密度ρ爲常數)。

$$\frac{\Delta P_f}{\rho_m}=4f\frac{L}{D_h}\cdot\frac{V_c^2}{2}$$

其中f為Fanning摩擦係數，如果讀者使用的摩擦係數為Darcy摩擦係數，其定義為：$\frac{\Delta P_f}{\rho_m}=f\frac{L}{D_h}\cdot\frac{V_c^2}{2}$；注意：Darcy $f_D\equiv 4f$，其中會有4倍的差異，完全是因為定義不同所造成的，一般在密集式熱交換器的使用上，比較傾向使用Fanning摩擦係數，讀者在使用時要特別注意該摩擦係數的定義。

(c) 流體因密度變化造成速度改變，所產生的壓降ΔP_a。

由於是不可壓縮，所以$\rho_{entrance}\approx\rho_1$，$\rho_{exit}\approx\rho_2$，另外由於$\Delta P_a$ =單位面積下進出口的動量變化，所以：

$$\Delta P_a=\frac{\dot{m}}{A}V_{exit}-\frac{\dot{m}}{A}V_{entrance}=\rho_{exit}V_{exit}\cdot V_{exit}-\rho_{entrance}V_{entrance}\cdot V_{entrance}$$

$$=\rho_2V_{exit}^2-\rho_1V_{entrance}^2=\frac{(\rho_2V_{exit})^2}{\rho_2}-\frac{(\rho_1V_{entrance})^2}{\rho_1}=\frac{G_c^2}{\rho_2}-\frac{G_c^2}{\rho_1}$$

$$=\left(\frac{1}{\rho_2}-\frac{1}{\rho_1}\right)G_c^2$$

$$\therefore\Delta P_a=\left(\frac{1}{\rho_2}-\frac{1}{\rho_1}\right)G_c^2 \qquad (3\text{-}25)$$

請特別注意，動量變化主要是由於溫度變化造成速度變化所產生的壓降，在本例計算速度變化的影響中，應取如圖3-12的entrance-entrance與exit-exit處來計算，而不是以1-1與2-2截面的速度來計算，這是因為1-1與2-2截面將會包含K_c與K_e的影響。

(d) 流出熱交換器時因流道變大，所造成的壓降ΔP_e。

其實因為流道變大，故速度變小，(d)項部份的壓降為一壓升；計算方法與入口相似，假設流道突然變大的壓力損失係數為K_e，則：

$$\frac{\Delta P_e}{\rho_2}=\frac{-1}{2}(V_c^2-V_{fr}^2)+K_e\frac{V_c^2}{2}=\frac{-V_c^2}{2}(1-\sigma^2-K_e) \qquad (3\text{-}26)$$

所以總壓降如下：

$$\Delta P=\Delta P_i+\Delta P_f+\Delta P_a+\Delta P_e$$

$$=\frac{G_c^2}{2}\left[\frac{(1-\sigma^2+K_c)}{\rho_1}+\frac{f}{\rho_m}\frac{A}{A_c}+2(\frac{1}{\rho_2}-\frac{1}{\rho_1})-\frac{(1-\sigma^2-K_e)}{\rho_2}\right] \tag{3-27}$$

其中$\rho_m = (\rho_1+\rho_2)/2$，如果流體通過熱交換器時無熱傳現象時，$\rho_1 = \rho_2 = \rho_m =$定值，所以因密度變化造成速度改變的壓降可以忽略，則式3-27可改寫成：

$$\Delta P=\frac{1}{\rho}(K_c+K_e+f\frac{A}{A_c})\frac{G_c^2}{2} \tag{3-28}$$

有關驟縮與驟升係數K_c與K_e的值讀者可參考Kays and London一書(1984)，圖3-13~3-16爲摘錄自該書的圖5-2 ~ 5-5。請注意這些圖表均是以K_e、K_c對σ及Re_{Dh}作圖，讀者在使用這些圖表時，應該先檢查熱交換器是否適合該圖表的熱交換器型式；如果熱交換器型式不是在這些圖表中，可選擇一個近似的樣式；Kays and London (1984)並指出，如果熱交換器的鰭片型式甚爲複雜，例如圖3-17的百葉窗型式(louver)與裂口型鰭片(slit)，可以想見當流體流入這些熱交換器後，由於百葉窗等鰭片的充分擾動，流體流動會非常混亂而呈現紊流流動 (turbulent flow)，所以若單單以Re_{Dh}來估算K_c或K_e並不恰當(因爲流體已被鰭片充分攪拌)，Kays and London 建議如果鰭片的型式像圖3-17時，應以$Re_{Dh} \to \infty$來估算K_e及K_c較爲合理；另外一點提醒讀者，當$Re_{Dh} \to \infty$時，各種型式的熱交換器其K_e與K_c 值都相同！在一般應用上，摩擦部份的壓降，ΔP_f，可達到80%甚至更高，故在快速計算時，使用者可以摩擦部份的壓降來粗估全部的壓降。

Kays and London並指出，如果工作流體流經熱交換器時呈現週期性的驟縮與驟升現象(如圖3-18)，則很難將K_c與K_e部份的壓降從全部的壓降中分離出來，Kays and London 建議這個時候不妨將驟縮與驟升所造成的壓降與摩擦部份的壓降合併，即$K_c = K_e = 0$，所以式3-27可改寫成：

$$\Delta P=\frac{G_c^2}{2\rho_1}\left[\frac{A}{A_c}\frac{\rho_1}{\rho_m}f+(1+\sigma^2)\left(\frac{\rho_1}{\rho_2}-1\right)\right] \tag{3-29}$$

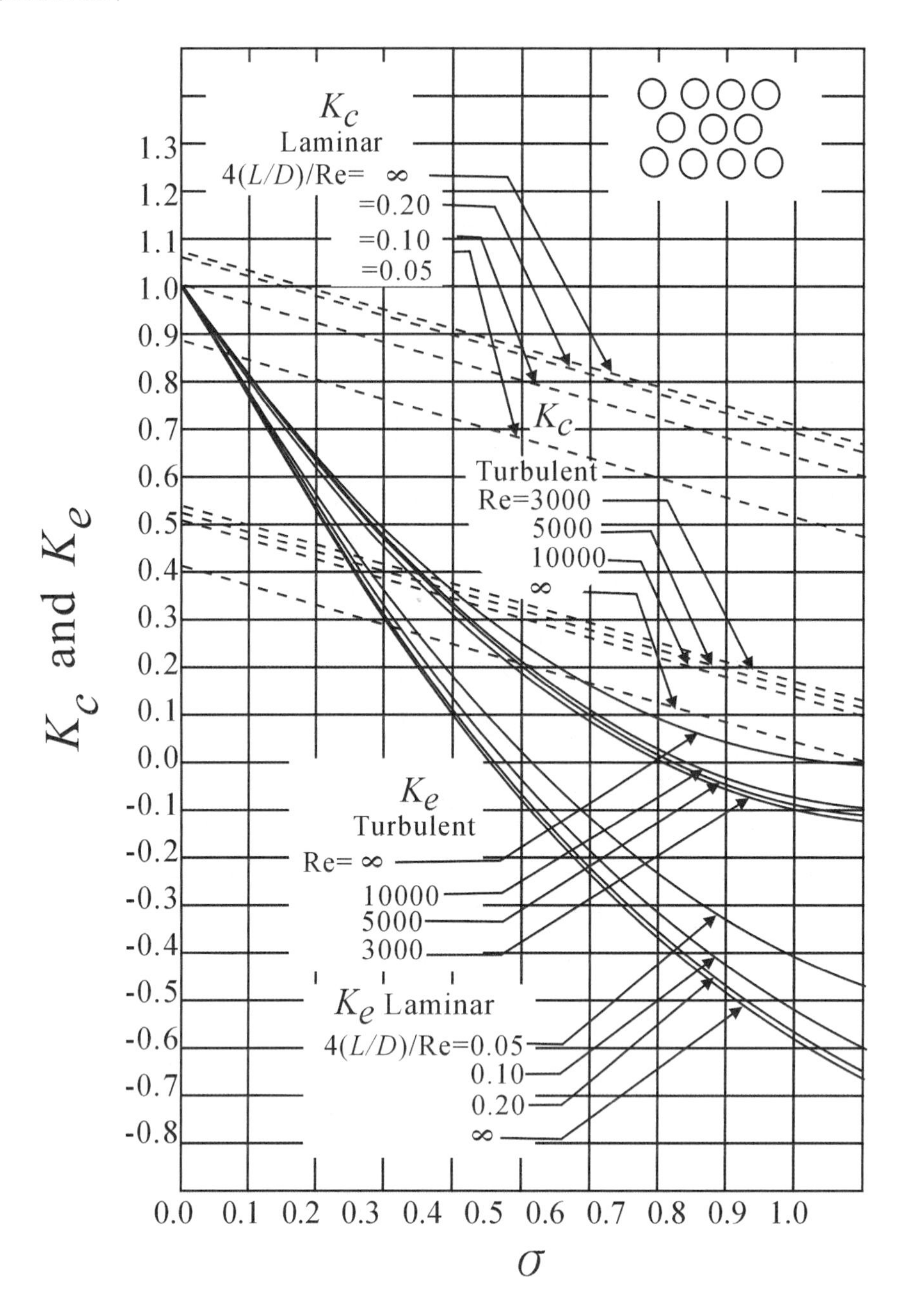

圖3-13　多管型之K_e與K_c值(資料來源：Kays and London, 1984)

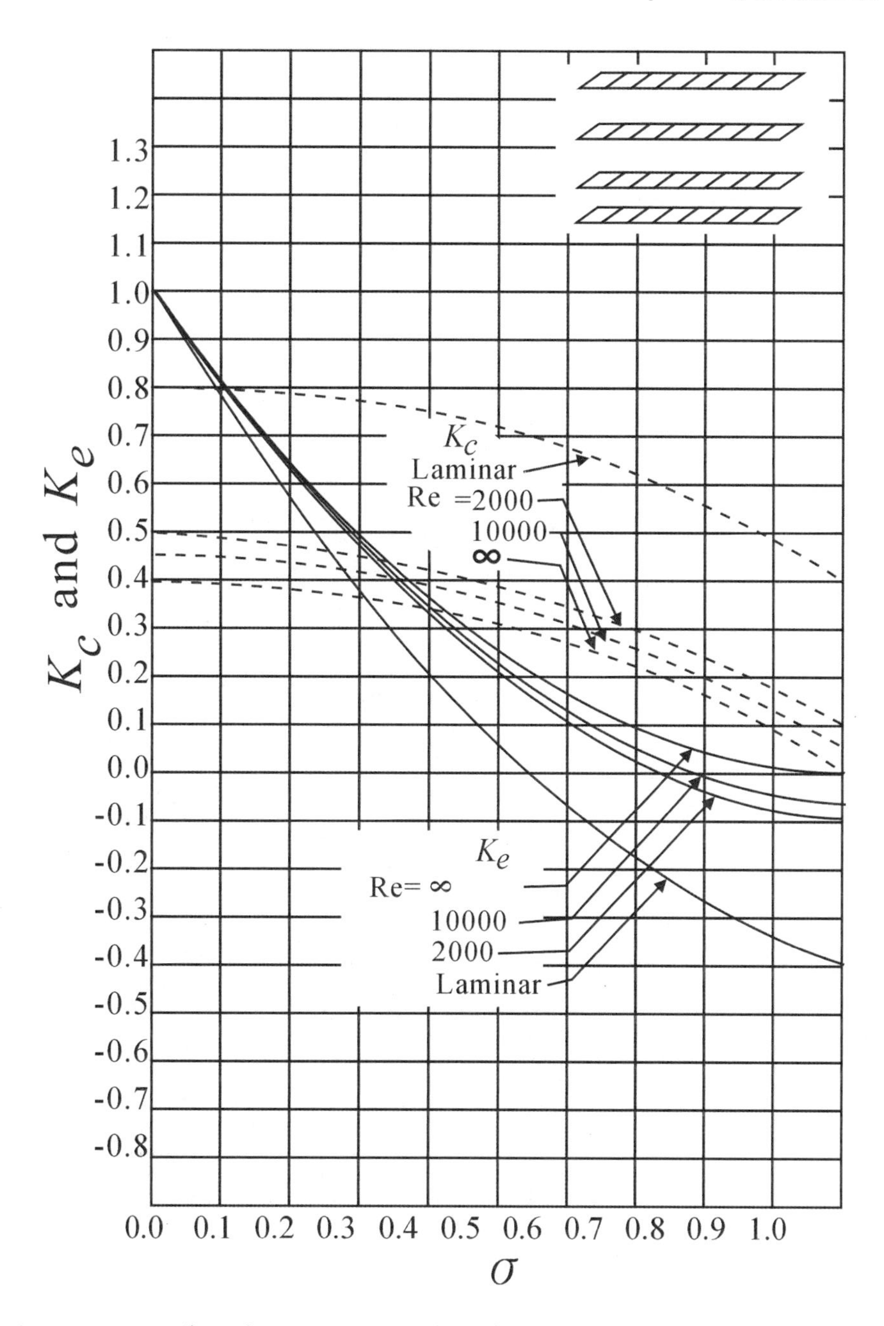

圖3-14 平行管型式之K_e與K_c值(資料來源：Kays and London, 1984)

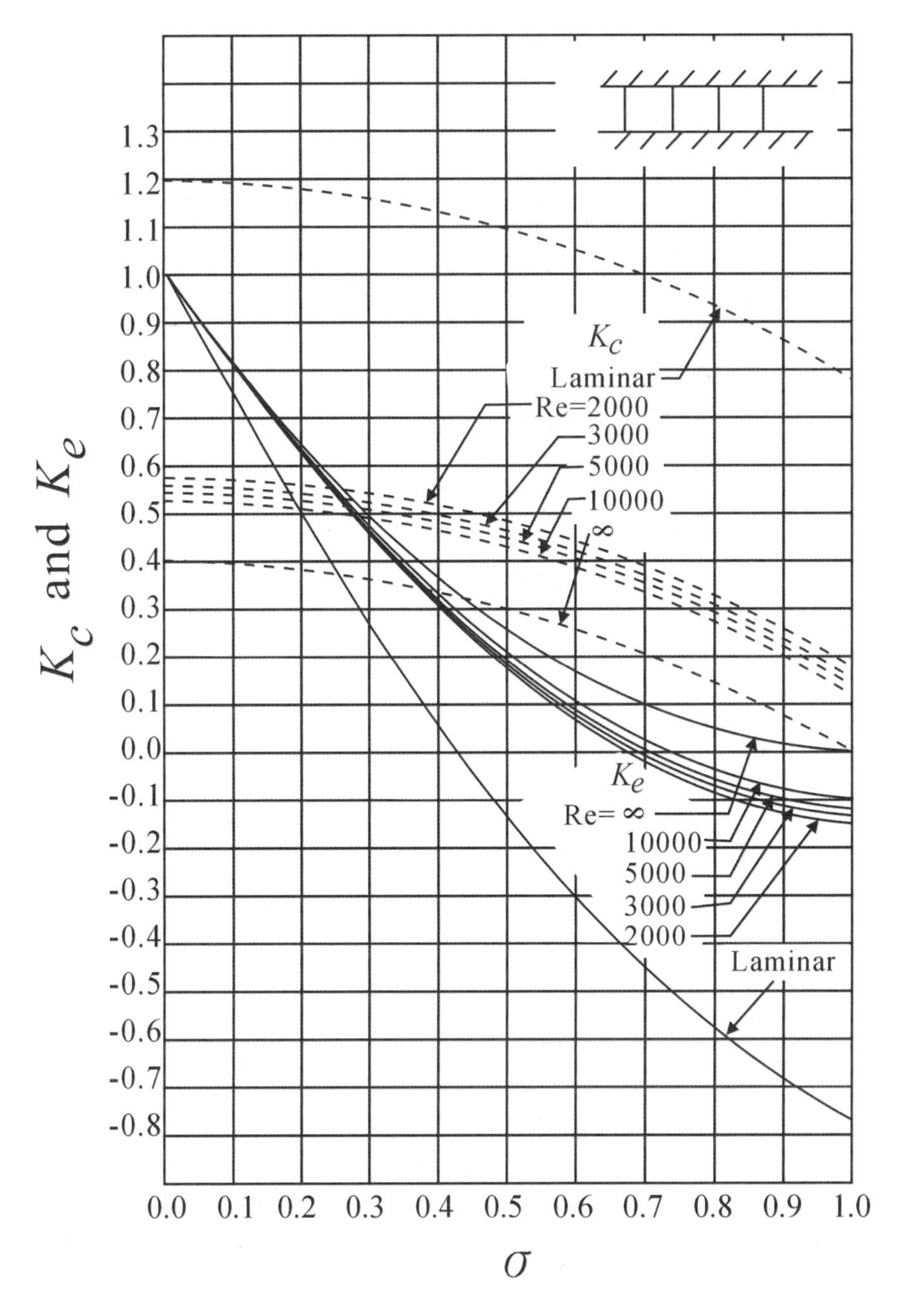

圖3-15 管鰭型之K_e與K_c值(資料來源：Kays and London, 1984)

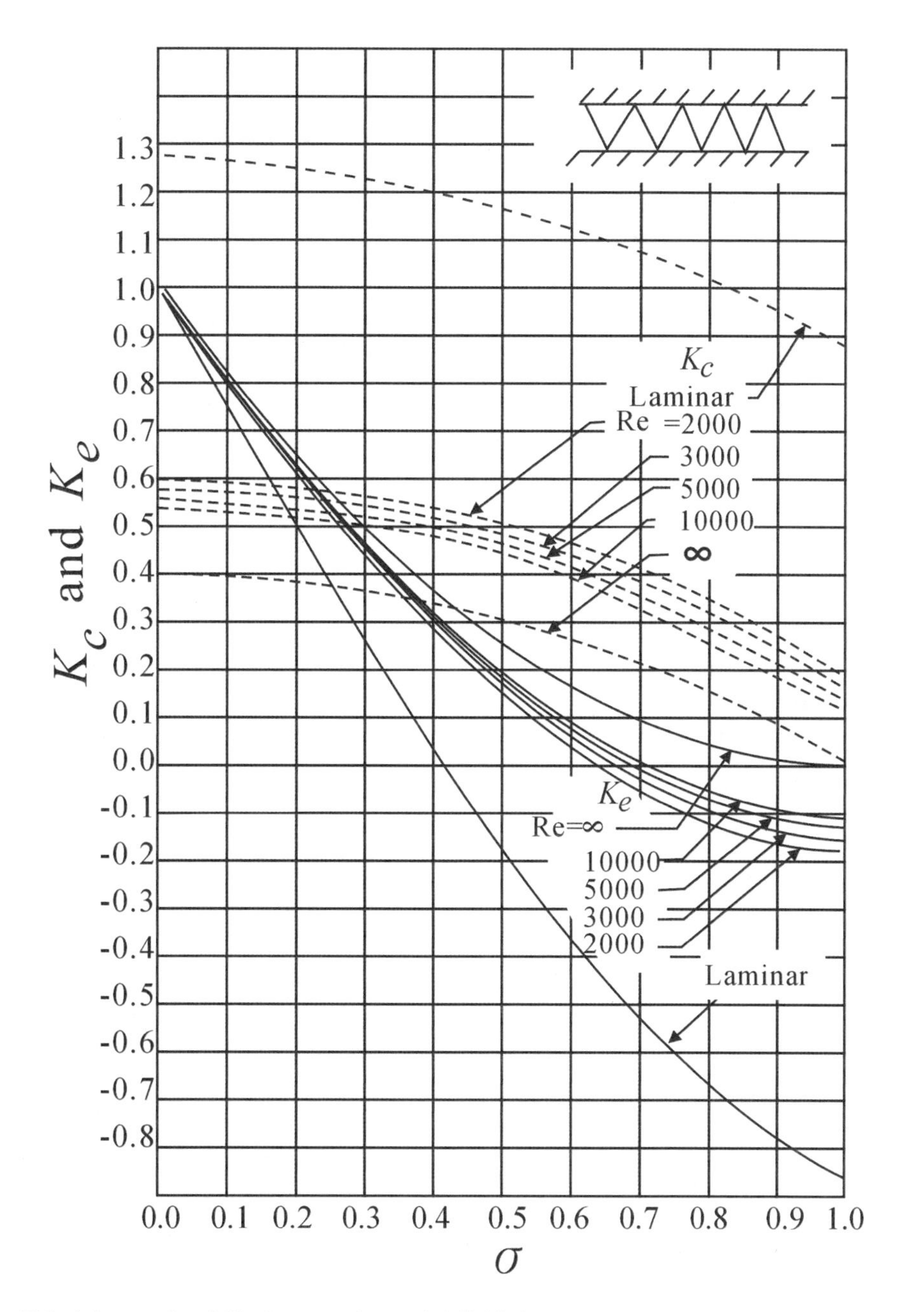

圖3-16 三角型鰭片之K_e與K_c值(資料來源：Kays and London, 1984)

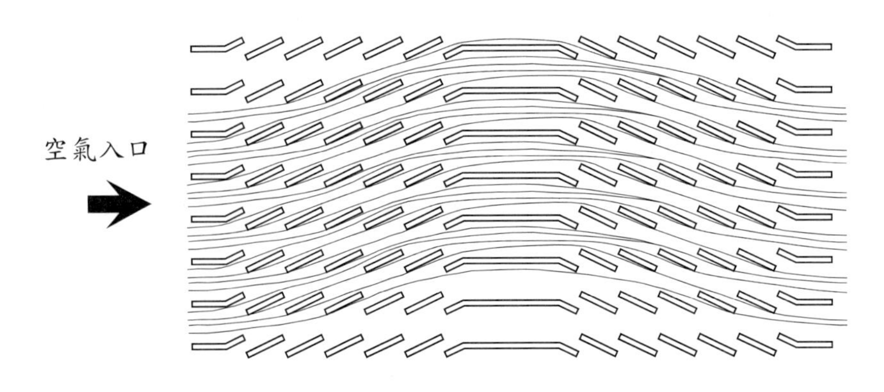

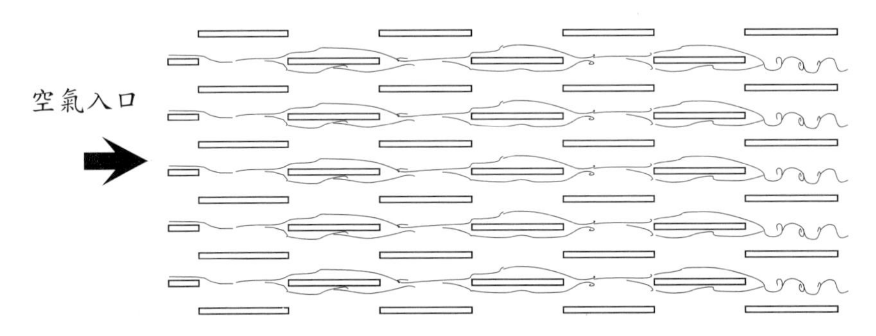

圖3-17　複雜鰭片流場示意圖

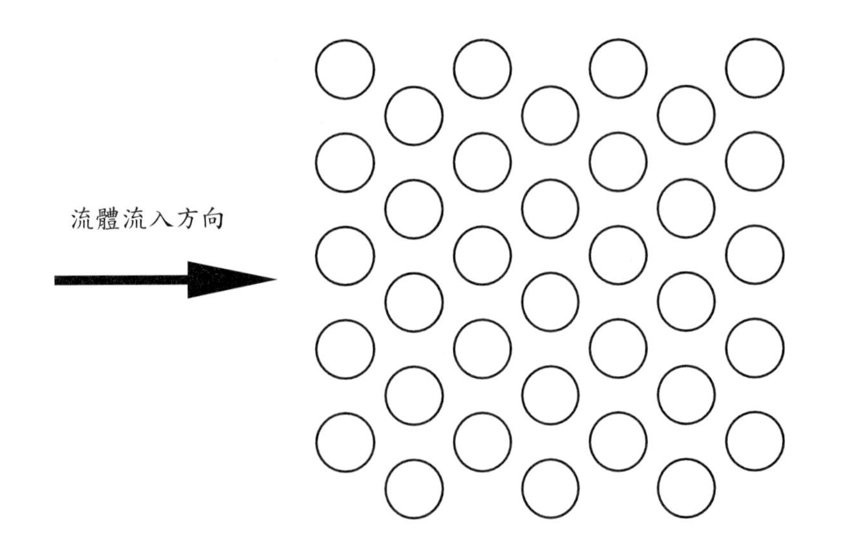

圖3-18　週期性的驟縮與驟升熱交換器型式

注意式3-27的f值與式3-29的f值基本意義並不同，一者僅是摩擦部份的摩擦係數，一者是含摩擦部份及驟縮與驟升部份的摩擦係數，讀者在使用時必須清楚瞭解究竟是使用那一個定義f；前者必須使用式3-27來算壓降，後者則必須使用式3-29來算壓降。

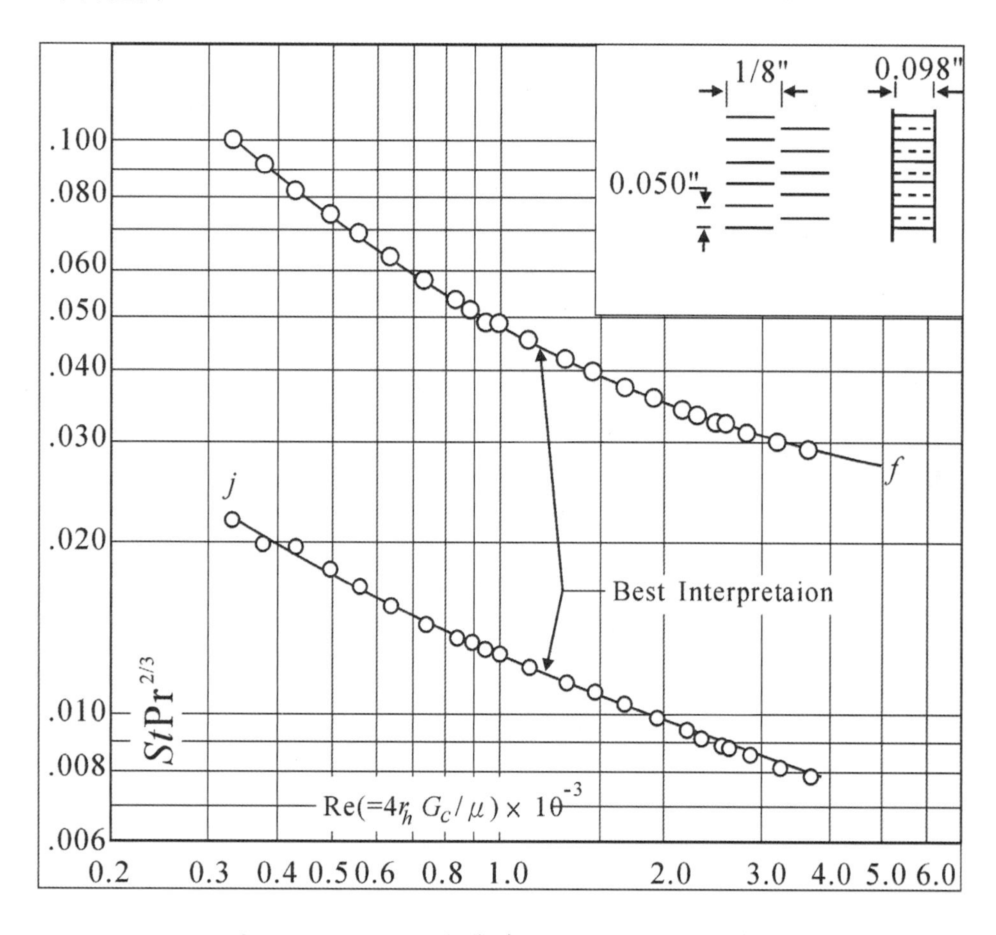

圖3-19　例3-3-1密集式strip鰭片的測試資料

例3-3-1：一密集式strip鰭片的測試資料如圖3-19所示(圖形資料來源：Kays and London, Fig. 10-56, strip fin)，熱交換器的重要參數如下：

Fin pitch = 782 fins/m

Plate spacing, $b = 2.49\times10^{-3}$ m

Fin length = 3.175×10^{-3} m

Hydraulic diameter, $4r_h = 1.54\times10^{-3}$ m

Fin thickness = 0.102×0^{-3} m

$\beta = 2254\ \text{m}^2/\text{m}^3$

Fin area/total area = 0.785

$L = 0.4$ m

$A_{fr} = 0.4$ m^2

若進入熱交換器的面速$V_{fr} = 10$ m/s，試估算這個操作條件下，通過熱交換器的總壓降，假設工作流體爲空氣，進出口密度爲 $\rho_1 = 1.145$ kg/m^3 與 $\rho_2 = 1.1$ kg/m^3；平均的viscosity $\mu = 188.7\times10^{-7}$ N·s/m^2

3-3-1 解：

該圖表已幫讀者算出一些必要的尺寸，如D_h，β；因此在此不再對相關尺寸進行計算，不過讀者最好能親自演一次以瞭解整個計算的過程，在隨後的例3-5當中，也提供如何去計算這些幾何參數的過程。由式3-2，$D_h = 4\sigma/\beta$

$\therefore \sigma = D_H\beta/4 = 0.00154\times2254/4 = 0.868$

$G_c = \rho_1 V_{fr}/\sigma = 1.145\times10/0.868 = 13.19$ kg/m^2·s

$\mathrm{Re}_{\mathrm{Dh}} = G_c D_h/\mu = 13.19\times0.00154/(188.7\times10^{-7}) = 1076.4$

由圖估 $f \approx 0.044$

$$\Delta P = \frac{G_c^2}{2}\left[\frac{(1-\sigma^2+K_c)}{\rho_1} + \frac{f}{\rho_m}\frac{A}{A_c} + 2\left(\frac{1}{\rho_2}-\frac{1}{\rho_1}\right) - \frac{(1-\sigma^2-K_e)}{\rho_2}\right]$$

下面我們將以前文所介紹的各部份壓降來計算：

(a) 流道驟縮部份的壓降

由於鰭片型式爲strip fin，所以估K_e及K_c時應用$\mathrm{Re}_{\mathrm{Dh}} \approx \infty$，由圖3-15，$K_c \approx 0.1$，$K_e \approx 0.02$；又$\rho_m = (1.145+1.1)/2 \approx 1.123$ kg/m^3

$$\Delta P_i = \frac{G_c^2}{2}\left[\frac{(1-\sigma^2+K_c)}{\rho_1}\right] = \left(\frac{13.19^2}{2}\right)\left(\frac{1-0.868^2+0.1}{1.145}\right) = 26.3\ \mathrm{Pa}$$

(b) 摩擦部份的壓降

由 $D_h = 4A_cL/A$，$L = 0.4$ m $\therefore A/A_c = 4L/D_h = 4\times0.4/0.00154 \approx 1039$

$$\Delta P_f = \frac{G_c^2}{2}\left[\frac{f}{\rho_m}\frac{A}{A_c}\right] = \left(\frac{13.19^2}{2}\right)\left(\frac{0.044}{1.123}\times1039\right) \approx 3541\ \mathrm{Pa}$$

(c) 密度變化的壓降

$$\Delta P_a = \frac{G_c^2}{2}\left[2\left(\frac{1}{\rho_2}-\frac{1}{\rho_1}\right)\right] = \left(\frac{13.19^2}{2}\right)\left(2\left(\frac{1}{1.1}-\frac{1}{1.145}\right)\right) = 6.22\ \mathrm{Pa}$$

(d) 出口流道變大部份的壓降

$$\Delta P_e = \frac{G_c^2}{2}\left[-\frac{(1-\sigma^2-K_e)}{\rho_1}\right] = \left(\frac{13.19^2}{2}\right)\left(\frac{-1+0.868^2+0.02}{1.1}\right) = -17.92\ \text{Pa}$$

∴總壓降 ΔP = 26.3+3541+6.22−17.92 = 3555.6 Pa

注意 ：本例中的ΔP_f超過 99% ！

3-4 熱交換器之熱流特性的表示型式

爲了讓設計者能夠精確的來估算一個熱交換器在不同應用場合的性能，理論上，熱交換器都會有性能曲線來供設計者參考(很不幸的，一般設計者卻無法由製造廠商取得，因爲許多廠商本身並無法提供這些資料)；所以當設計者無法取得該部份的資料時，熱交換器的設計往往變成一種藝術了！只能藉由設計者的經驗來進行，基本上這是不太科學的，下面我們只針對有性能曲線的部份來談。

3-4-1 熱傳特性

一般熱傳性能的表示曲線有兩種無因次方式，在第一章中，我們習慣以紐塞數(Nusselt number, Nu)來表示；一般而言，Nusselt number 較常用於管內的熱傳；對於管外的熱傳，多使用Colburn j factor(注意：僅是習慣上如是，並非絕對如此；另外，j factor 通常與 Fanning f factor 畫在一起，由於 j 與 f 的大小差異較大，因此比較容易判讀，但是如果將Nu與f畫在一起，則 Nu與 f 可能會交叉，而影響觀察)，在密集式熱交換器應用上，幾乎清一色的使用Colburn j factor。而有關 Colburn j factor 的來源可由雷諾類比(Reynolds analogy)而來；首先假設流體流經一段距離後的動量的變化(ΔM)比上當時的動量值(M)，等於熱傳量的變化(ΔQ)比上流體最大熱傳量Q_{max}：

$$\therefore \Delta M/M = \Delta Q/Q_{max} \tag{3-30}$$

$$\therefore \frac{\tau_w dA}{\dot{m}V} = \frac{h\Delta T dA}{\dot{m}c_p\Delta T} \tag{3-31}$$

其中τ_w爲壁面上的摩擦剪應力，若將上式兩邊除以ρV，可得：

$$\frac{h}{\rho V c_p} = \frac{\tau_w}{\rho V^2} \tag{3-32}$$

由於

$$\tau_w = f \times \frac{1}{2}\rho V^2 \tag{3-33}$$

$$\therefore \frac{h}{\rho V c_p} = \frac{f \cdot 1/2\rho V^2}{\rho V^2} \tag{3-34}$$

$$\therefore \frac{h}{\rho V c_p} = \frac{f}{2} \tag{3-35}$$

又由Stanton number的定義，$St \equiv \dfrac{h}{\rho V c_p}$，因此

$$\Rightarrow St = f/2 \tag{3-36}$$

請注意式3-36的推導並不是很嚴謹；1930年代，Colburn 比較平板上不同流體(Pr 由 0.6 ~ 60)流動下的實驗值與式3-36的差異；他發現上式只要略做修正爲

$$St\mathrm{Pr}^{2/3} = f/2 \tag{3-37}$$

對單一平板就可適用，所以Colburn j factor 就定義如下：

$$j \equiv St\mathrm{Pr}^{2/3} \tag{3-38}$$

即：

$$j = f/2 \tag{3-39}$$

值得讀者注意的是，並不是所有的熱交換器都會有$j = f/2$的關係式(通常關係不會這樣單純！)；另外許多入門的讀者可能會覺得奇怪爲何熱傳性能j 會隨著雷諾數增加而下降(典型例如圖3-19所示)，不是速度越快熱傳性能院好嗎？答案其實很簡單，$j \equiv \dfrac{h}{\rho V c_p}\mathrm{Pr}^{\frac{2}{3}}$，其中分母爲速度，一般熱傳性能會隨著速度增加而變好，但增加的幅度會小於速度本身的增幅。

3-4-2 壓降的特性

壓降部份則比較單純，一般均以摩擦係數f來表示；不過仍有兩點要叮嚀讀者：(1)請確定摩擦係數是否爲Fanning定義或Darcy定義；3-3 節部份是以Fanning

的定義來推導，也就是說讀者要注意所使用的圖表或方程式是否爲Fanning 摩擦係數；如果是Darcy 摩擦係數的話，請先由圖表或方程式算出Darcy 摩擦係數，再由Fanning f = (Darcy f)/4；然後再使用3-3章節的方程式；(2) 請確定摩擦係數是否僅是摩擦部份的摩擦係數或是包含摩擦部份及驟縮與驟升部份的摩擦係數，前者必須使用式3-27來算壓降，後者必須使用式3-29來算壓降。

3-4-3 表面特性

密集式熱交換器的熱流特性通常以 j 及 f 的型式對雷諾數(Reynolds number)作圖表；通常用於雷諾數內的特徵長度爲水力直徑，D_h，Kays and London (1984)並建議所有的密集式熱交換器都應以 j 及f 對雷諾數來作圖表。Kays and London (1984)建議使用雷諾數時，應以水力直徑當特徵長度，即$Re_{Dh} = G_c D_h/\mu$，注意其中質通率G_c是在最小面積處來估算($G_c = \rho V_c$，V_c不是進口的速度V_{fr})；有關參考特徵長度是否一定要使用水力直徑D_h，則相當見仁見智；筆者以爲密集式熱交換器的參考特徵長度的使用相當主觀，Webb (1994)亦認爲如是，從筆者對鰭管式熱交換器的研究中發現，如果要得到比較好的經驗方程式，最好不要用水力直徑來當特徵長度，用熱傳管的管外徑(d_o或d_c，$d_c = d_o + 2\delta_f$，d_c適用管外被鰭片覆蓋)通常可以得到較好的結果，當然，不同型式的熱交換器的參考特徵長度也可以不同，不同的研究可能會使用不同的特徵長度，所以使用者在參考文獻的資料時，要特別注意文獻所使用的特徵長度。

3-5 一個實例演算

一連續型平板鰭片型式的鰭管式熱交換器之熱流特性(j & f)如圖3-20所示，該熱交換器的幾何尺寸如下：

寬度W = 595 mm

高度H =355 mm

管排數N = 1

含頸領的外徑d_c = 10.34mm

鰭片厚度δ_f = 0.12 mm

鰭片的橫向節距P_t = 25.4 mm

鰭片的縱向節距 P_l = 22 mm

熱交換器的正向風速爲4 m/s，試問(1) 它的正向面積 (A_{fr})；(2) 它的收縮比 (σ)；(3)熱交換器之總面積；(4) 它是否爲密集式熱交換器？(5)它的熱傳係數 (V_{fr} = 4 m/s)；(6) 它的壓降(熱交換器的入口空氣的溫度爲35°C，ρ_a = 1.145 kg/m^3，μ_a = 188.7×10^{-7} N·s/m^2，$c_{p,a}$ = 1007 J/kg·K，Pr_a = 0.71)。

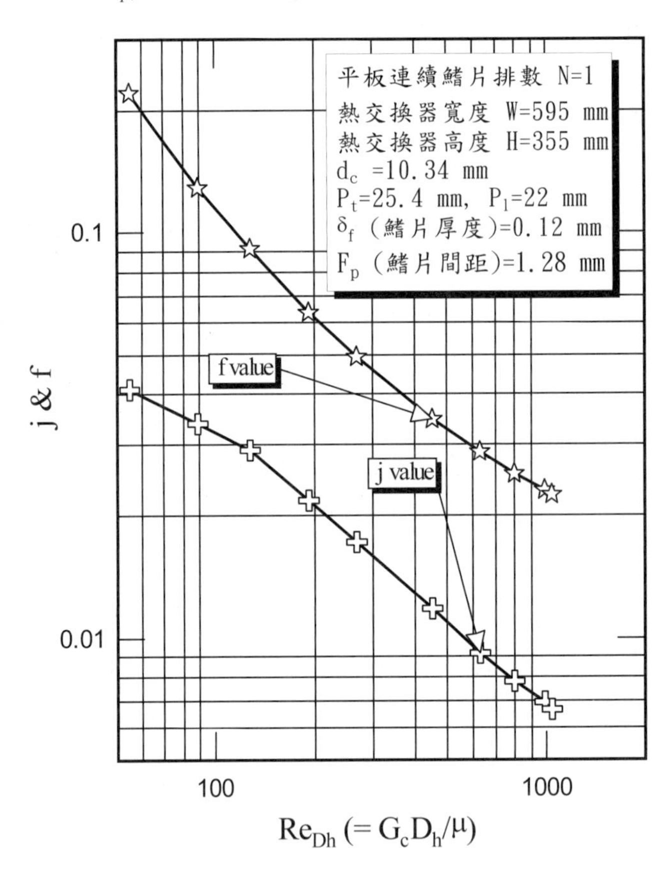

圖3-20 平板型熱交換器之熱流特性圖

3-5 解：

熱交換器的計算中，需要一些耐心與細心，在計算前，再一次叮嚀讀者務必使用標準SI單位 (長度用 m，雖然題目中用mm，讀者應該馬上將之換算成 m)：

(1)熱交換器正向面積： A_{fr} = 0.595× 0.355 = 0.2112 m^2

(2)收縮比 (σ)：$\sigma = A_c/A_{fr}$

所以必須先算A_c

由於熱交換器高度 = 0.355 m

所以熱交換器每列的管數N_T爲(0.355/0.0254) = 14支

由於熱交換器鰭片間距爲 = 0.00128 m

所以熱交換器鰭片片數N_F為$(0.595/0.00128) \approx 465$ 片

$A_c = A_f - N_T \times (d_c \times W + N_F \times \delta_f \times (P_t - d_c))$ {請參考圖3-21}

$= 0.2112 - 14 \times (0.01034 \times 0.595 + 465 \times 0.00012 \times (0.0254 - 0.01034))$

$= 0.1143\ m^2$

$\sigma = A_c/A_{fr} = 0.1143/0.2112 = 0.541$

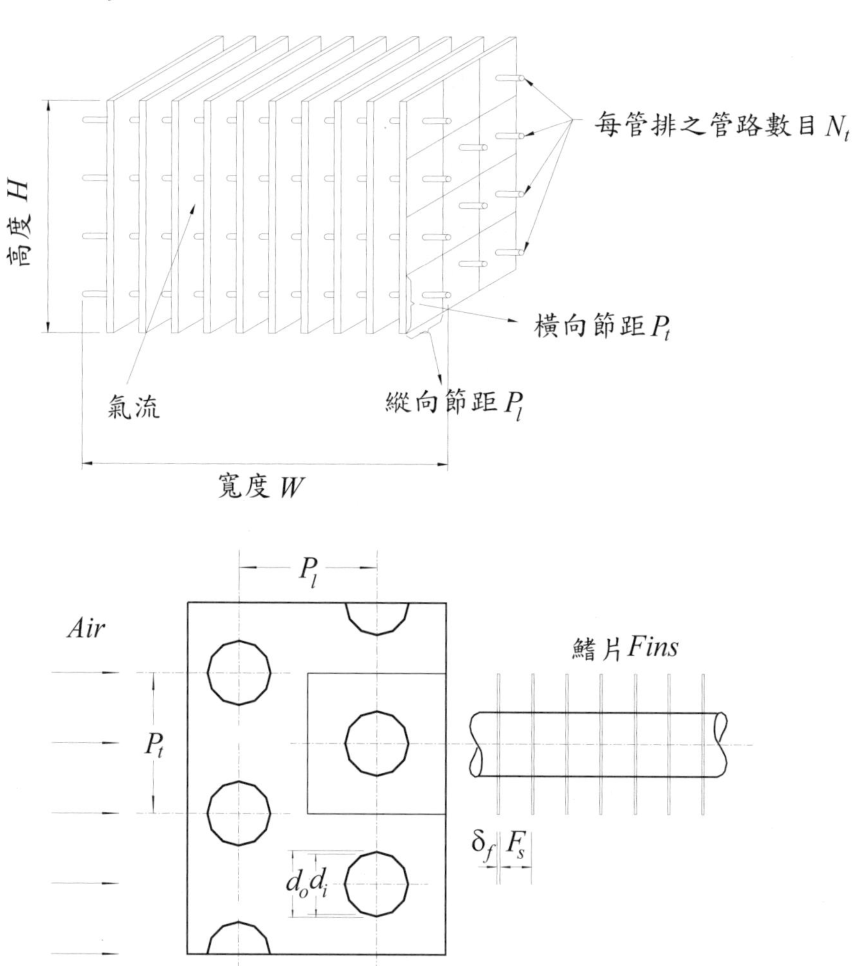

圖3-21　熱交換器示意圖

(1) 熱交換器之總面積：總面積A = 鰭片面積 (A_f) +管子面積(A_t)

$A_f = 2 \times N_F \times (P_l \times H - \pi/4 \times d_c^2 \times N_T) \times N + 2 \times \delta_f \times N_F \times (H + P_l \times N)$

{請參考圖3-21，即可瞭解如何計算}

$= 2 \times 465 \times (0.022 \times 0.355 - \pi/4 \times 0.01034^2 \times 14) \times 1$

$+ 2 \times 0.00012 \times 465 \times (0.355 + 0.022 \times 1) = 6.21\ m^2$

$A_t = \pi \times d_c \times (W - N_F \times \delta_f) \times N_T \times N$

$= \pi \times 0.01034 \times (0.595 - 465 \times 0.00012) \times 14 \times 1 = 0.245\ \text{m}^2$

$A = A_f + A_t = 6.21 + 0.245 = 6.455\ \text{m}^2$

注意本例中，鰭片的面積佔總面積的 96.2%！

(2) 它是否爲密集式熱交換器？

熱交換器的體積 $V = 0.595 \times 0.355 \times 0.022 = 0.0465\ \text{m}^3$

$\therefore \beta = A/V = 6.455/0.0465 = 1389\ \text{m}^2/\text{m}^3 > 700\ \text{m}^2/\text{m}^3$

故爲一密集式熱交換器

(3) $V_{fr} = 4$ m/s下的熱傳係數

首先要算出該條件下的雷諾數，由於本例的雷諾數是以水力直徑爲參考特徵長度(D_h)

熱交換器的深度 $L = P_l \times N = 0.022 \times 1 = 0.022$ m

$D_h = 4A_cL/A = 4 \times 0.1143 \times 0.022/6.455 = 0.001558$ m

$\text{Re}_{Dh} = \rho V_c D_h/\mu = \rho V_{fr} D_h/\mu/\sigma$

$= 1.145 \times 4 \times 0.001558/(188.7 \times 10^{-7})/0.541 \approx 699$

由圖3-20中可看出 $j \approx 0.0084$，$f \approx 0.026$

$j = 0.0084 = h_o \times Pr^{2/3}/(\rho V_c c_{p,a}) = h_o \times (0.71)^{2/3}/1.145/7.394/1007$

$\therefore h_o \approx 90\ \text{W/m}^2\cdot\text{K}$

(4)大概壓降可由 $\Delta P = \dfrac{G_c^2}{2\rho_1}\left[\dfrac{A}{A_c}\dfrac{\rho_1}{\rho_m}f + (1+\sigma^2)\left(\dfrac{\rho_1}{\rho_2} - 1\right)\right]$ 來算(請注意，本例的 f 值已內含 K_c 與 K_e 的效應，所以不需另估 K_c 與 K_e 的影響)：假設 $\rho_1 = \rho_2 = \rho_m$ (方便本例快速計算)

$G_c = \rho V_c = 8.47\ \text{kg/m}^2\cdot\text{s}$

$$\therefore \Delta P \approx \frac{G_c^2}{2\rho_1}\left[\frac{A}{A_c}f\right] = \frac{8.47^2}{2 \times 1.145}\left[\frac{6.455}{0.1143}0.026\right] \approx 46\ \text{Pa}$$

3-6 結語

本章節的目的在教導讀者認識密集式熱交換器，及如何正確的使用熱交換器所提供的熱流特性資料，讀者應理解，要計算熱交換器的性能通常得花上一些時間，所以多一點細心與耐心是必要的。

主要參考資料

Hewitt, G.F., executive editor. 2002. *Heat Exchanger Design Handbook*. Begell House Inc..

Hong, T. K., Webb, R.L., 1996. Calculation of fin efficiency for wet and dry fins. *Int. J. HVAC&R Research*, 2(1):27-41.

Kakaç, S., Liu, H., 2002. *Heat Exchangers*. 2nd ed., CRC Press Ltd.

Kays, W.M., London A.L., 1984. *Compact Heat Exchanger*. 3rd ed. New York: McGraw-Hill.

Mills, A.F., 1995. *Basic Heat and Mass Transfer*. IRWIN.

Rohsenow, W.M., Hartnett, J.P., Cho Y.I., 1998. *Handbook of Heat Transfer*. 3rd ed., McGraw-Hill.

Schmidt, Th.E., 1949. Heat transfer calculations for extended surfaces. *Refrigerating Engineering*, pp. 351-357.

Wang, C.C., Hsieh, Y.C., Lin, Y.T., 1997. Performance of plate finned tube heat exchangers under dehumidifying conditions. *ASME J. of Heat Transfer*, 119:109-117.

Webb, R.L., 1994. *Principles of Enhanced Heat Transfer*. Chap. 3, John Wiely & Sons, Inc.

Chapter 4

基本兩相熱流特性簡介

Introduction to Two-phase Flow

4-0 前言

兩相流在熱交換器的設計中相當的重要，的確，兩相流的熱傳也是相當的複雜，但絕非無脈絡可循，因此本章節的目的在導正讀者認識一些兩相流的基本觀念與應用方程式，希望能以深入淺出的方式讓讀者能正確的運用一些兩相流熱傳壓降的計算方程式；一些艱深的內容將不會在此交代，有興趣的讀者可以參考本章節的參考書籍，找到進階的內容。

4-1 一些兩相流的基本定義

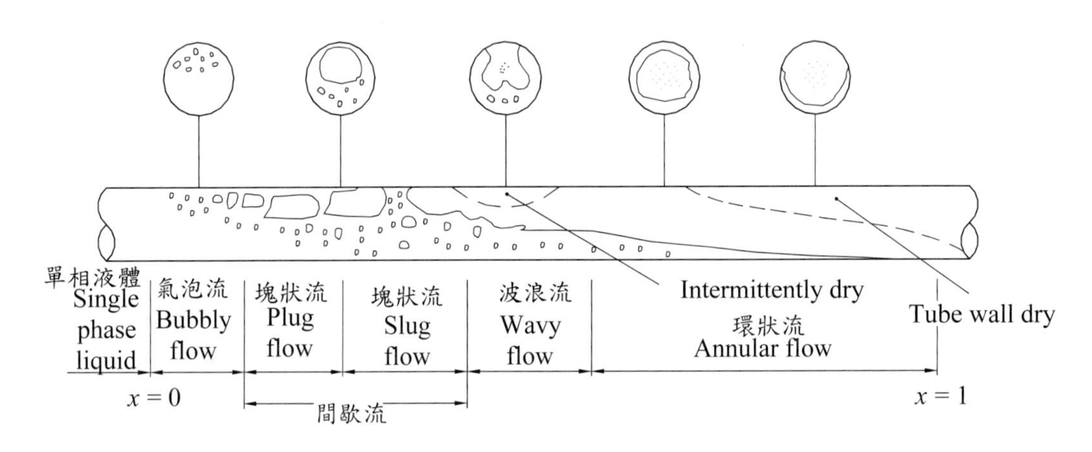

圖4-1 典型的水平流動之兩相流譜

兩相流，顧名思義，乃是流體流動中牽涉到兩相的變化；廣義的兩相流包括(1)氣相－液相；(2)氣相－固相；(3)固相－液相間的熱流特性；不過本章節的主要重點只針對(1)氣相－液相來討論，圖4-1與圖4-2爲典型的管內兩相流動的流譜，從圖中可看出兩相的流譜相當的複雜。如所周知，在單相的流體流動上，可大略區分流體流動型式爲(1)層流流動(laminar flow)區；(2)過渡流動(transition flow)區；(3)紊流流動(turbulent flow)區。不同的流動型式下，熱流特性也顯然不同，同樣的，兩相流動下，熱流特性也會因爲流譜的不同而不同。兩相的流動中，流譜型式的影響也相當的重要，本章節以管內兩相流譜的流動型式說明爲主：我們區分傳熱管爲垂直管與水平管兩種。我們先從較常用的水平管說起，水平管中主要的流動型式可區分如下(流譜部份的主要參考資料來源：Taitel, 1990；Collier and Thome, 1994；Tong and Tang, 1997)。

(1) 氣泡流 －bubbly flow

如圖4-3所示，管內中有明顯的大小氣泡，由於管子為水平管，因此氣泡多集中於管子的上方。

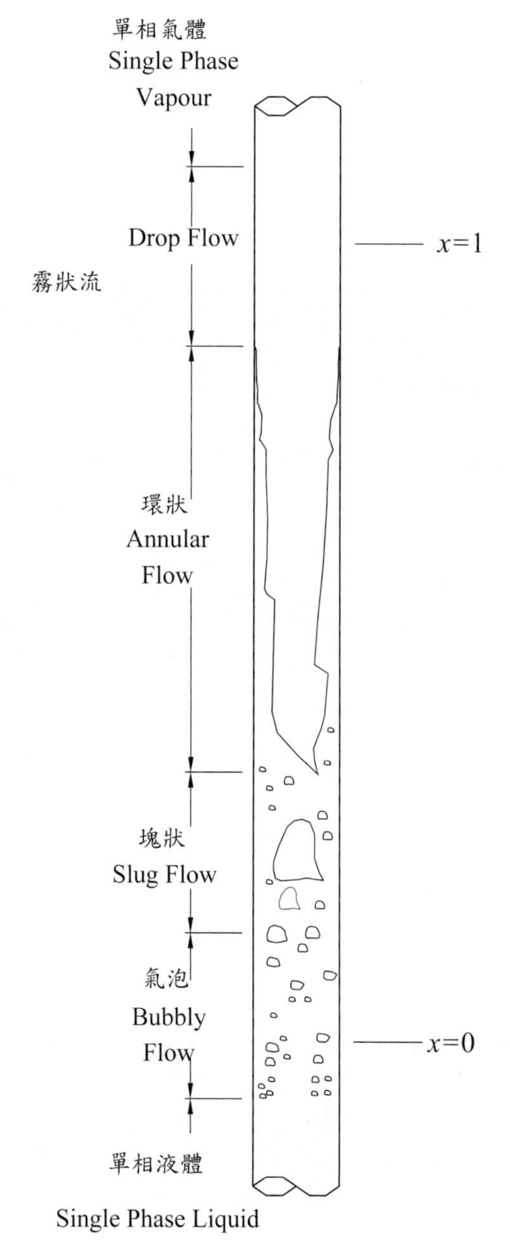

圖4-2 典型的垂直流動之兩相流譜

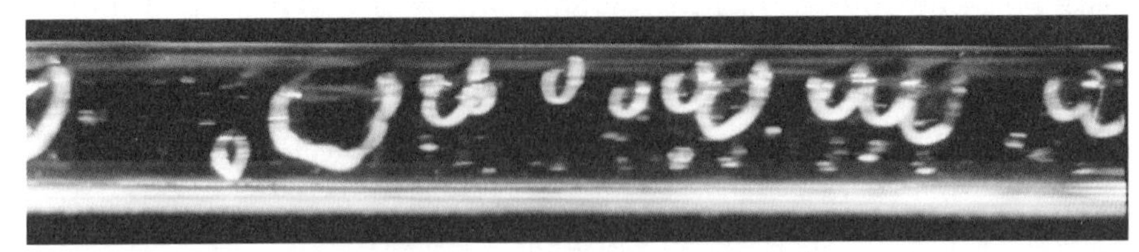

圖4-3 水平管內之氣泡流

(2) 分層流－stratified flow

如圖 4-4所示，管內中液體及氣體部份明顯的分層，由於重力的影響，因此氣態部份在管內的上方，而液態部份則在管子的下方；如果氣態與液態間的差異較大時，由於剪應力的效應，液態部份會呈現波浪狀的波浪流(wavy flow)，如圖 4-5所示。

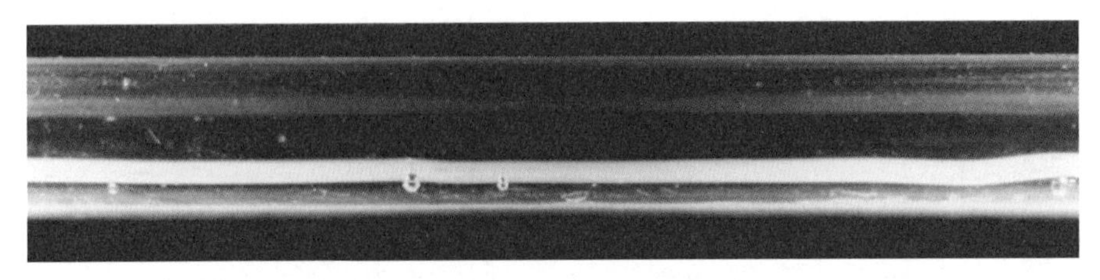

圖4-4 水平管內之分層流

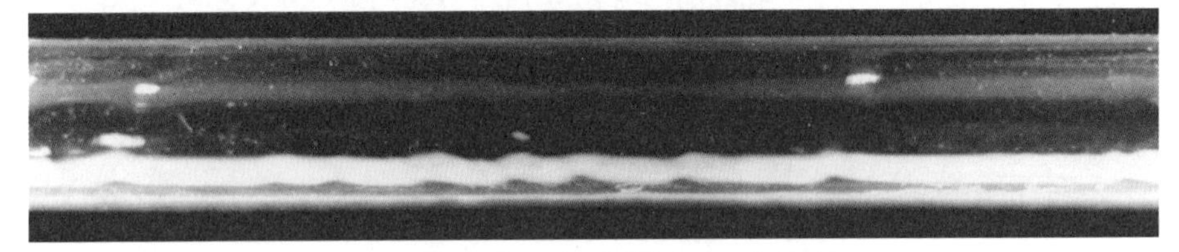

圖 4-5 水平管內之波浪流

(3) 間歇流－intermittent flow

所謂間歇流，顧名思義，其兩相的流動並非連續的流動流譜，例如圖 4-6所示的塊狀流動(slug flow)。通常，塊狀氣泡流過後可能會伴隨短暫的純液體流動，呈現間歇出現或交替性的變化，故稱之爲間歇流。

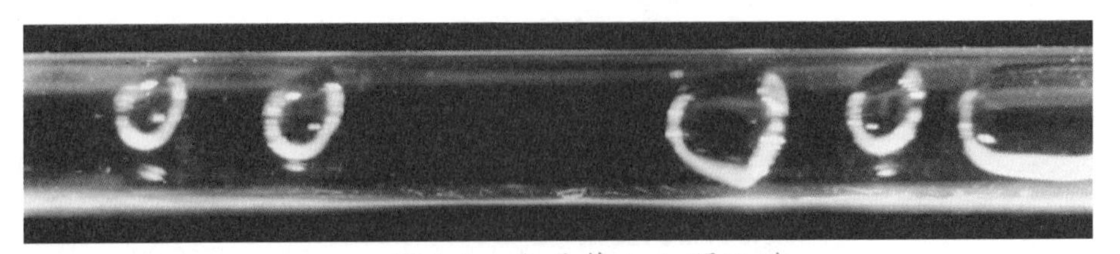

圖4-6 水平管內之間歇流

(4) 環狀流－annular flow

所謂環狀流，係指兩相流動時，液態部份覆蓋於管壁表面的周圍，而氣態部份則集中於管中央部份，通常此種流動型式的速度都較快，由於剪應力的效應，可能會有一部份的液體被帶到管內的中央，這一部份被夾帶到管中央的小液滴，稱之為entrainment (如圖 4-7所示)。

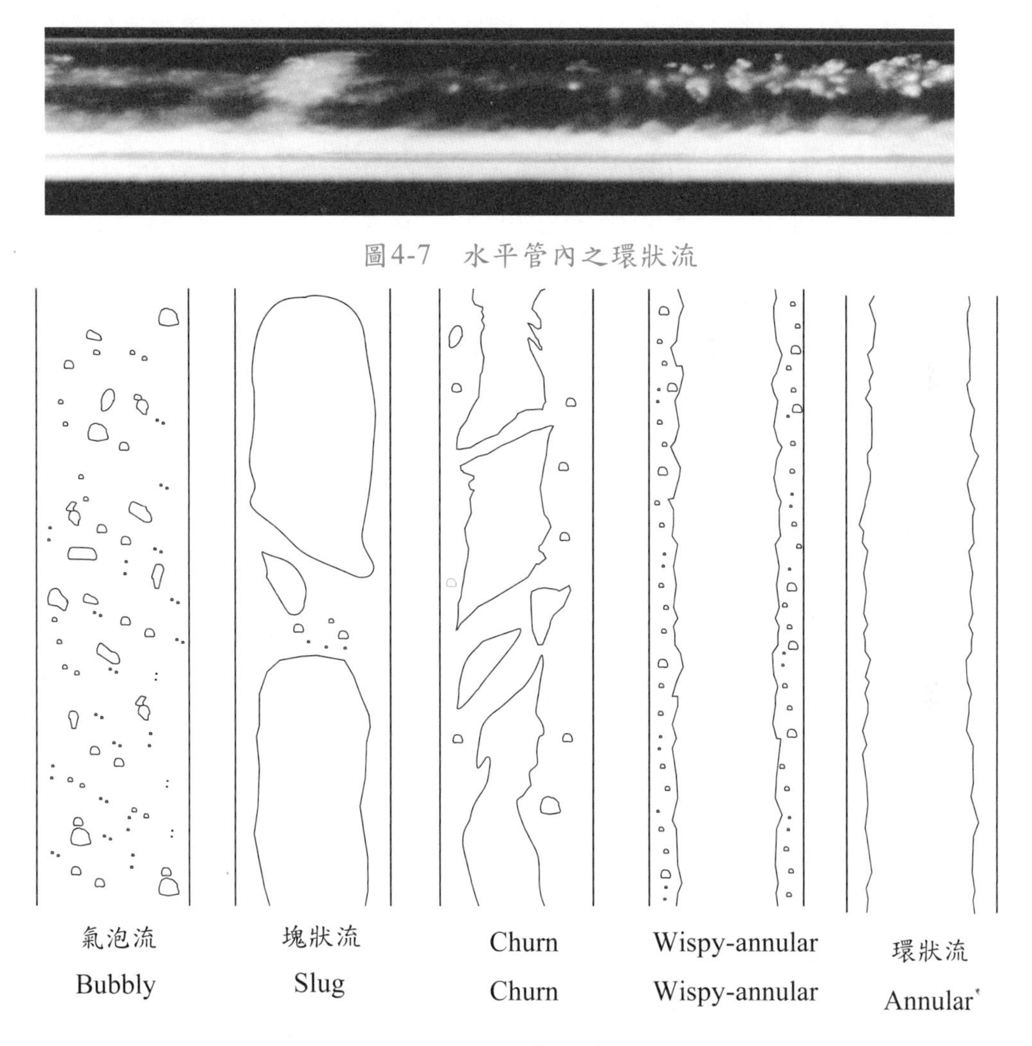

圖4-7　水平管內之環狀流

圖4-8　垂直流的流動流譜

由於重力影響的不同，可以想見垂直管與水平管並不完全相同，其中最大的差異為垂直管不會有分層流與波浪流。垂直流的流動流譜如圖4-8所示。不管是水平流動或是垂直流動甚至是傾斜狀態的流動，熱流特性都會受到流譜的影響，因此在較為深入的兩相流研究中，都會針對不同的流譜來探討；本章節的目的並不在於深入的去介紹兩相流這個主題，而是讓讀者有初步的認識。

不管是那種流動型態，兩相流動中一定會牽涉到氣相與液相的各種型式的分布，因此下面將對兩相流動的重要參數進一步說明；在這些參數中，最常用的參數爲α、x、X；下面則針對這部份作進一步的討論：

(a) 乾度－quality，x，代表氣體部份質量流量與總質量流量的比值；其標準定義爲 $x=\dot{m}_G/\dot{m}$ ，除了這個定義外，讀者可能還看過這樣的定義：$x=m_G/m$(一般熱力學上常採用的乾度)，可以想見在實際應用上很難去估算乾度 x，這是因爲最大的困難在於氣體部份的質量流量的估算，在熱交換器設計上，乾度的計算可用焓值來估算：$x_{th}=(i-i_L)/i_{fg}$ ，其中i爲兩相流體的焓值。爲什麼要用焓值來計算？說穿了，乃是應用上較爲可行的方法；接下來，我們以下面的例子來看如何計算乾度。

表4-1 常用的兩相流之符號及其單位

符號	說明	單位
A	管子總截面積	m^2
A_G	氣相部份所佔的截面積	m^2
A_L	液相部份所佔的截面積	m^2
α	空泡比 $\equiv A_G/A$	無因次
$\dot{m}$	總質量流率 $=\dot{m}_G+\dot{m}_L$	kg/s
$\dot{m}_G$	氣相部份質量流率	kg/s
$\dot{m}_L$	液相部份質量流率	kg/s
i	兩相焓值 (enthalpy)	kJ/kg
i_G	氣相部份焓值 (enthalpy)	kJ/kg
i_L	液相部份焓值 (enthalpy)	kJ/kg
i_{fg}	氣液相變化潛熱 (latent heat)	kJ/kg
x	乾度 $=\dot{m}_G/\dot{m}$	無因次
x_{th}	熱力乾度 $=(i-i_L)/i_{fg}$	無因次
G	總質量通率$=G_G+G_L=\dot{m}/A$	kg/m^2·s
G_G	氣相部份質量通率$=Gx$	kg/m^2·s
G_L	液相部份質量通率$=G(1-x)$	kg/m^2·s
X	Martinelli 參數 $\equiv(dP_L/dP_G)^{0.5}$，兩相流中液態部份壓降和氣態部份的壓降比	無因次
u_G	氣相部份流速	m/s
u_L	液相部份流速	m/s

例4-1-1：如圖4-9所示，在熱交換器的應用上，如果讀者知道熱交換器的熱傳量

Q，假設熱交換器入口的乾度 x_{in}，試計算出口的乾度 x_{out}。

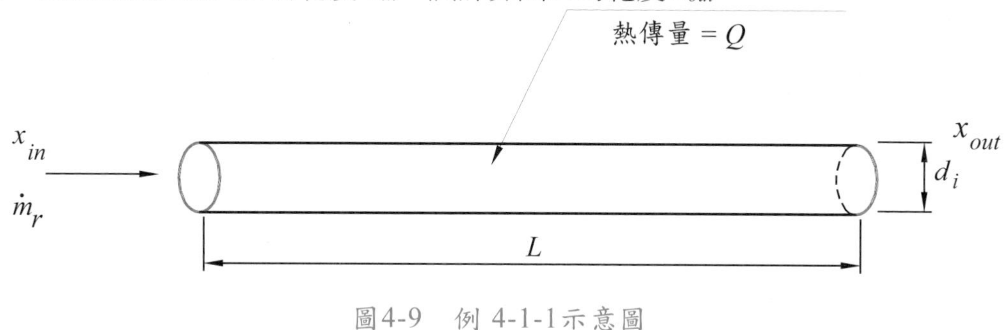

圖4-9　例 4-1-1示意圖

4-1-1 解：

由能量平衡可知

$$\dot{m}_r i_{in} - \dot{m}_r i_{out} = Q \tag{4-1}$$

$$x_{in} = \left(i_{in} - i_L\right) / i_{fg} \tag{4-2}$$

$$x_{out} = \left(i_{out} - i_L\right) / i_{fg} \tag{4-3}$$

將 i_{in} 與 i_{out} 代入後即可得到出口的乾度 x_{out}，這裡有一些地方要提醒讀者，以焓差方式來計算乾度時，即 $x_{th} = \left(i - i_L\right)/i_{fg}$，此一定義的乾度可以小於0也可以大於1 (於過冷狀態時，$x < 0$；於過熱狀態時，$x > 1$)。 但是如果以 $x = \dot{m}_G / \dot{m}$ 或 $x = m_G / m$ 的方式來定義時，x 的範圍永遠在0與1之間。此時讀者或許會延伸這樣的一個問題，在何種情形下這些定義會相同？答案是在熱力平衡時(thermally equilibrium)，以筆者的經驗，使用焓差來計算乾度似乎是熱交換器設計上唯一的選擇。

(b)空泡比 (void fraction) α – 係代表兩相流中氣態部份面積與截面積的比值，如圖4-10所示。在實際應用上很難精確的估算出 α 值，不過有一些經驗式可用來估算空泡比的值，這些經驗式通常可歸納如下式：

$$\alpha = \left[1 + B_B \left(\frac{1-x}{x}\right)^{n_1} \left(\frac{\mu_L}{\mu_G}\right)^{n_2} \left(\frac{\rho_G}{\rho_L}\right)^{n_3}\right]^{-1} \tag{4-4}$$

不同的研究結果都會提出一些不太一樣的B_B、n_1、n_2與 n_3值。例如以兩相流的均質流模式(homogeneous model，即$u_G = u_L$)下，$B_B = n_1 = n_2 = 1$而$n_3 = 0$；若採用Lockhart and Martinelli模式，則$B_B = 0.28$，$n_1 = 0.64$，$n_2 = 0.36$而$n_3 = 0.07$；有關空泡比的進一步資料內容，有興趣的讀者可參考Carey (1992) 一

書，有較爲詳細的說明。

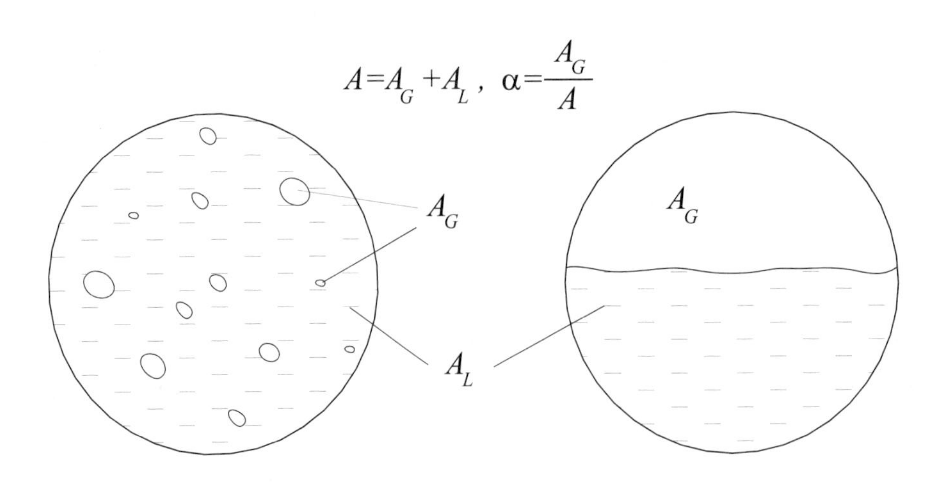

圖4-10 空泡比α之定義

(c) Martinelli 參數X的定義爲$(dP_L/dP_G)^{0.5}$，如果氣液兩相都在紊流狀態下時，由第一章的Blasius 方程式($f = 0.0791\mathrm{Re}^{-0.25}$)可推導$X$ 如下：

$$\Delta P_L = \frac{4L}{d} f_L \frac{G_L^2}{2\rho_L} = \frac{4L}{d} 0.0791 \mathrm{Re}_L^{-0.25} \frac{(G(1-x))^2}{2\rho_L}$$

$$= \frac{4L}{d} 0.0791 \left(\frac{Gd(1-x)}{\mu_L} \right)^{-0.25} \frac{(G(1-x))^2}{2\rho_L}$$

$$\Delta P_G = \frac{4L}{d} f_G \frac{G_G^2}{2\rho_G} = \frac{4L}{d} 0.0791 \mathrm{Re}_G^{-0.25} \frac{(Gx)^2}{2\rho_G} = \frac{4L}{d} 0.079 \left(\frac{Gdx}{\mu_G} \right)^{-0.25} \frac{(Gx)^2}{2\rho_G}$$

$$X = \left(\frac{\Delta P_L}{\Delta P_G} \right)^{0.5} = \left(\frac{\left(\frac{Gd(1-x)}{\mu_L} \right)^{-0.25} \frac{(G(1-x))^2}{2\rho_L}}{\left(\frac{Gdx}{\mu_G} \right)^{-0.25} \frac{(Gx)^2}{2\rho_G}} \right)^{0.5}$$

$$= \left(\frac{1-x}{x} \right)^{0.875} \left(\frac{\mu_L}{\mu_G} \right)^{0.125} \left(\frac{\rho_G}{\rho_L} \right)^{0.5} \tag{4-5}$$

上式非常廣泛的應用於兩相流熱傳或壓降的計算中，由於式4-5是基於氣液兩相均在紊流流動的假設下推導所得(turbulent-turbulent)，因此X可寫成X_{tt}。

4-2 常用兩相熱傳之經驗方程式-管外沸騰

表 4-2 常見冷媒之分子量、臨界壓力、h_{ref}與F_K

冷媒	M 分子量 $\frac{kg}{kmole}$	P_{crit} 臨界壓力 bar	h_{ref} (W/m²·K) $P_r = 0.1$ $q_{ref} = 20000$ W/m²	F_k 常數 Kandlikar 方程式計算用
R-11	137.37	44.7	2690	1.3
R-12	120.91	41.8	3290	1.5
R-13	104.46	38.7	3910	-
R-113	187.38	34.6	2180	1.3
R-114	170.92	32.5	2460	1.4
R-22	86.47	49.9	3930	2.2
R-134a	102.03	40.7	3500	1.63
R-123	152.93	36.6	2600	-
R-404A	97.6	37.8	-	-
R-502	111.6	40.8	-	-
R-410A	72.56	48.5	4400	1.4
R-407C	86.2	46.5	-	-
R-125	120.02	36.3	-	-
R-32	52.02	57.95	-	-

管外沸騰在滿溢式熱交換器的設計上是息息相關的，較爲深入的沸騰熱傳研究從1950年代Rohsenow開始，至今每年仍有相當多的研究；原因無他，這個現象實在是太複雜了，從氣泡的生成、頻率、大小、脫離表面的現象、沸騰表面的特性與工作流體間的複雜關係，即使過了50年都還能讓有心參與研究的人輕易找到研究的議題；許多人窮盡一生的研究仍無法讓這個研究議題告一個段落，可見這個問題的困難度。不過，以熱交換器設計的眼光來看這個問題就比較簡單，希望能選擇適用性較廣的經驗方程式來克服實際應用所需；管外的沸騰經驗式相當的多，這裡介紹Cooper (1984)提出的方程式：

$$h_o = \begin{cases} 55q^{0.67}M^{-0.5}P_r^{m}(-\log_{10}P_r)^{-0.55} & \text{(平板)} \\ 90q^{0.67}M^{-0.5}P_r^{m}(-\log_{10}P_r)^{-0.55} & \text{(圓管)} \end{cases} \tag{4-6}$$

$$m = 0.12 - 0.2\log_{10}R_p \tag{4-7}$$

其中q爲熱通量(W/m²)，P_r爲 reduced pressure，R_p爲表面粗糙度 (μm)，M爲

工作流體的分子量，表4-2為一些常用的冷媒的分子量。Cooper (1984)建議如果熱交換器表面的粗糙度不清楚的話，可以使用1.0 μm；請注意式4-6為一有因次的經驗式，因此在計算時，必須統一使用給定的單位來計算(標準SI單位，但R_p的單位為為μm)，另外值得一提的是，在沸騰熱傳的熱傳係數h_o與熱通量q有明顯的關係，以式4-6而言，$h_o \sim q^{0.67}$，在單相熱傳中，h_o與熱通量的關聯較小，通常單相熱傳係數與熱通量的指數關係會小於0.3。不過，仍有一些地方要提醒讀者，在Cooper的方程式中，熱傳係數與熱通量的0.67次方成正比，然而，最近Gorenflo (1993)的研究中指出，熱通量關係的指數應該不是一個常數，他歸納結果顯示此一指數應與reduced pressure P_r ($P_r = P/P_{crit}$，P_{crit}為臨界壓力) 有關，即：

$$h_o = h_{ref} F_{PF} \left(\frac{q}{q_{ref}} \right)^{nf} \left(\frac{R_p}{R_{po}} \right)^{0.133} \tag{4-8}$$

其中

$$F_{PF} = 1.2 P_r^{0.27} + 2.5 P_r + \frac{P_r}{1 - P_r} \tag{4-9}$$

$$nf = 0.9 - 0.3 P_r^{0.3} \tag{4-10}$$

其中R_{po}為參考粗糙度 = 1 μm，而參考的熱傳係數，h_{ref}，為該工作流體於P_r = 0.1 且q_{ref} = 20,000 W/m^{2}時所測的熱傳係數，一些常見冷媒的h_{ref}值列於表4-2中。有關Cooper與Gorenflo方程式的比較，可參考Wang等人的研究 (1998)，Wang等人(1998)指出Gorenflo方程式的準確度較高，在高熱通量時尤其優於Cooper的方程式，不過最大的缺點在於h_{ref}的取得，很多工作流體並不知道這個參考值，因此，針對一個工程師速算需要，我個人認為Cooper方程式應該就夠用了。

例4-2-1：如圖4-11所示，一滿溢式殼管式熱交換器，使用R-22冷媒，共有5根熱傳管，冰水入口溫度為12 °C，熱傳管為平滑管，長度為6公尺，管內外徑及其他資料見下圖；試計算冰水之出口溫度。R-22冷媒的臨界壓力 P_{crit} = 49.9 bar。

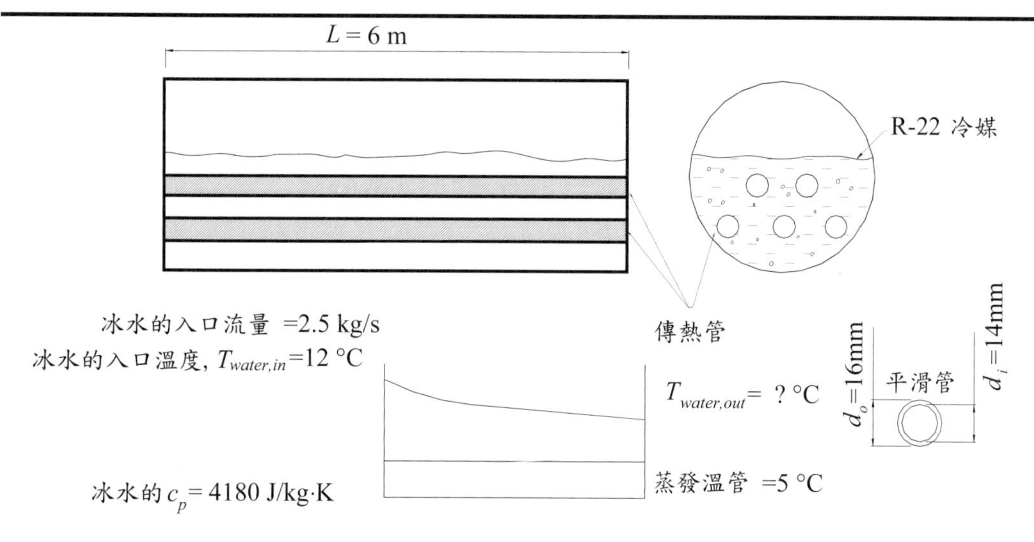

圖4-11　例 4-2-1示意圖

4-2-1 解：

使用ε-*NTU* method，解法流程請參考第二章：

(1) 首先我們假設出口的水溫爲7°C

(2) 所以總熱傳量 $Q = 2.5\times4180\times(12-7) = 52.25\text{ kW} = 52250\text{ W}$

(3) 熱通量 $q = Q/A_o$

管外面積 $= A_o = \pi\times d_o\times L\times N = \pi\times0.016\times6\times5 = 1.508\text{ m}^2$

$\therefore q = 52250/1.508 = 34649\text{ W/m}^2$

(4) 管外熱傳係數 $h_o = 90q^{0.67}M^{-0.5}P_r^{\,m}(-\log_{10}P_r)^{-0.55}$

相對於蒸發溫度5°C下的飽和R-22壓力爲5.83 bar，而臨界壓力爲49.9 bar

$\therefore P_r = 5.83/49.9 = 0.117$

假設粗糙度 $R_p = 1.0\ \mu\text{m}$

$m = 0.12 - 0.2\log_{10}R_p = 0.12$

$h_o = 90\times34649^{0.67}\times86.47^{-0.5}\times(0.117)^{0.12}\times(0.932)^{-0.55} = 8559\text{ W/m}^2\cdot\text{K}$

(5) 管內的熱傳係數的估算，由第一章可知：

$$Nu = \frac{h_i d_i}{k} = \frac{\left(\frac{f}{2}\right)(\text{Re}_b - 1000)\text{Pr}_b}{1.07 + 12.7\sqrt{\left(\frac{f}{2}\right)}\left(\text{Pr}_b^{2/3} - 1\right)}$$

其中 $f = (1.58\ln\text{Re}_b - 3.28)^{-2}$

$d_i = 0.014\text{ m}$，$L = 6\text{ m}$，$\dot{m}_{total} = 2.5\text{ kg/s}$

$\therefore$每一根傳熱管的流量 $= \dot{m} = 2.5/5 = 0.5\text{ kg/s}$

管內的截面積 $A_c = \frac{\pi}{4} d_i^2 = \frac{\pi}{4}(0.014)^2 = 0.000154\ \mathrm{m}^2$

$G = \dot{m}/A_c = 0.5/0.000154 = 3247\ \mathrm{kg/m^2 \cdot s}$

水的進出口平均溫度爲9.5°C，$k_f \approx 0.585\ \mathrm{W/m \cdot K}$

$\mu_f \approx 1350 \times 10^{-6}\ \mathrm{N \cdot s/m^2}$，$\mathrm{Pr}_b \approx 10$

∴雷諾數

$$\mathrm{Re} = \frac{Gd_i}{\mu_f} = \frac{3247 \times 0.014}{1350 \times 10^{-6}} = 33670$$

$f = (1.58 \ln \mathrm{Re}_b - 3.28)^{-2} = 0.0057474$，

$\therefore f/2 = 0.002874$

$$h_i = \frac{k_f}{d_i} \cdot Nu = \frac{k_f}{d_i} \frac{\frac{f}{2}(\mathrm{Re}_b - 1000)\mathrm{Pr}_b}{1.07 + 12.7\sqrt{\frac{f}{2}}\left(\mathrm{Pr}_b^{2/3} - 1\right)}$$

$$= \frac{0.585}{0.014} \times \frac{0.002874 \times (33670 - 1000) \times 10}{1.07 + 12.7 \times \sqrt{0.002874} \times \left(10^{0.667} - 1\right)} = 11052\ \mathrm{W/m^2 \cdot K}$$

(6) 計算總阻抗 $1/UA$，假設管壁阻抗可以忽略，

$\therefore\ 1/UA \approx 1/h_i A_i + 1/h_o A_o$

管內面積 $= A_i = \pi \times d_i \times L \times N = \pi \times 0.014 \times 6 \times 5 = 1.32\ \mathrm{m}^2$

$1/UA \approx 1/h_i A_i + 1/h_o A_o = 1/11052/1.32 + 1/8559/1.508 = 0.000146\ \mathrm{K/W}$

$UA = 6849.3\ \mathrm{W/K}$

(7) 計算熱交換器其他參數

$C_{min} = 2.5 \times 4180 = 10450\ \mathrm{W/K}$

$$NTU = \frac{UA}{C_{min}} = \frac{6848.3}{10450} = 0.65543$$

$$C^* = \frac{C_{min}}{C_{max}} = 0$$

$\varepsilon = 1 - \exp(-NTU) = 0.4807$

$Q_{max} = C_{min}\Delta_o = 10450 \times (12 - 5) = 73150\ \mathrm{W}$

$Q = \varepsilon Q_{max} = 0.4807 \times 73150 = 35165.8\ \mathrm{W}$

$T_{c,out} = 12 - 35165.8/10450 = 8.63\ ^\circ\mathrm{C}$

(8) 由於水的出口溫度爲8.63°C，與先前假設的7°C不同，因此我們必須要作

第二次的疊代。爲什麼要作第二次的疊代？先前第二章不是說使用 ε-NTU 法不需疊代嗎？原因在於管外側的沸騰熱傳係數與熱通量有關，我們第一次的7°C假設只在於方便h_o的計算，與ε-NTU法並無直接關聯。

(9) 所以第二次我們假設出口溫度爲8.5°C，然後繼續(1)–(8)的步驟，

$Q = 2.5 \times 4180 \times (12 - 8.5) = 36575$ W

$q = Q/A = 36575/1.508 = 24253$ W/m^2

$h_o = 90 \times 24253^{0.67} \times 86.47^{-0.5} \times 0.117)^{0.12} \times (0.932)^{-0.55} = 6739.7$ W/m^2·K

水的平均溫度爲10°C，大略估算h_i約爲11000 W/m^2·K

$1/UA \approx 1/h_iA_i + 1/h_oA_o = 1/11000/1.32 + 1/6739.7/1.508 = 0.0001672$ K/W

$UA \approx 5979$ W/K

$NTU = 5979/10450 = 0.572$

$\varepsilon = 1 - e^{-NTU} = 0.4357$

$Q = \varepsilon Q_{max} = 0.4357 \times 73150 = 31869$ W

$T_{c,out} = 12 - 31869/10450 = 8.95$°C

這個答案已經很接近猜測值8.5°C了，如此繼續疊代幾次就可算出最後的答案應接近9.0°C。

4-3 常用兩相熱傳之經驗方程式-管內流動沸騰

在進一步探討管內沸騰方程式之前，有一些地方需事先釐清，由於管內流譜的特性，管內的熱傳方式可歸納成下列兩種模式，即沸騰模式(nucleate boiling)與強制對流蒸發模式(forced convective evaporation)。所謂蒸發，簡單的說明，乃是沒有氣泡現象的『沸騰』，蒸發發生在氣液的交界面上，而沸騰則發生於熱交換器的表面上，可想而知，當管內流速較慢時，兩相流動的主要流譜爲氣泡流、波浪流或間歇流，因此主要的熱傳機制爲沸騰模式，而當速度較快時，流譜爲環狀流，此時的主要熱傳機制變爲強制對流蒸發模式，主要熱傳發生於氣液介面上，在強制對流蒸發模式下時，熱傳係數與熱通量間的關係較小；不過，如果熱通量甚大時，熱傳機制仍有可能轉成沸騰模式，有關管內沸騰熱傳經驗式的研究方法方面，大致可分爲三派，即(1)合成法(superposition model)；(2)加強模式法(enhanced model)；與(3)漸進模式法(asymptotic model)。下面則針對各種模式來說明。

4-3-1 合成法(superposition model)

所謂合成法模式，簡單的說就是

$$q = q_{NB} + q_{CV} \tag{4-11}$$

$$q = h(T_w - T_s) \tag{4-12}$$

$$q_{NB} = h_{NB}(T_w - T_s) \tag{4-13}$$

$$q_{CV} = h_{CV}(T_w - T_s) \tag{4-14}$$

其中q爲總熱通量，q_{NB}爲沸騰部份的熱通量，q_{CV}爲強制對流蒸發部份的熱通量，h爲兩相沸騰熱傳係數，h_{NB}爲沸騰部份的熱傳係數，h_{CV}爲對流蒸發的熱傳係數，因此式4-11可改寫成

$$h = h_{NB} + h_{CV} \tag{4-15}$$

上式爲Rohensnow所提出最早的兩相沸騰的基本模式，不過Chen (1966)認爲這兩種熱傳機制會隨著流動型態的改變後，比重會有所改變，Chen認爲在管內沸騰情況下，h_{NB}會被壓抑，而h_{CV}會適度的被加強，h_{CV}可由單相部份的熱傳係數，h_L，乘上一個加強係數，因此

$$h = S \times h_{NB} + E \times h_L \tag{4-16}$$

上式中的S代表沸騰被壓抑的係數(suppression)，而E代表蒸發加強係數(enhancement)；式4-16爲相當有名的Chen's model，從Chen (1966)開始，後來有相當多的研究都以合成法來整理實驗數據，這些研究都各自提出相關的S與E的經驗方程式；這些方程式的使用範圍與限制則見仁見智，如何選取合適的方程式與使用者的經驗有很大關係。筆者並不想在此強力推薦某一種方程式，僅以Chen的原作提供讀者參考。

Chen的S與E的圖表經Butterworth (1979)整理出的經驗方程式如下：

$$E = 2.35/(1/X_{tt} + 0.213)^{0.736} \tag{4-17}$$

$$S = 1/(1 + 2.53 \times 10^{-6} \times \mathrm{Re}^{1.17}) \tag{4-18}$$

其中

$$\mathrm{Re} = \mathrm{Re}_L E^{1.25} \tag{4-19}$$

有很多的研究都使用Chen的方法來歸納實驗數據以獲得E與S的方程式，例如Gungor amd Winterton (1986)歸納3700組的測試資料得到如下的結果：

$$E = 1+24000\,Bo^{1.16}+1.23X_{tt}^{-0.86} \tag{4-20}$$

$$S = (1+0.00000115E^2\mathrm{Re}_L^{1.17})^{-1} \tag{4-21}$$

其中

$$X_{tt} = \left(\frac{1-x}{x}\right)^{0.875}\left(\frac{\mu_L}{\mu_G}\right)^{0.125}\left(\frac{\rho_G}{\rho_L}\right)^{0.5} \tag{4-22}$$

$$Bo = \frac{q}{Gi_{fg}} \quad \text{(boiling number)} \tag{4-23}$$

例4-3-1：試以Chen's correlation計算下列條件下的兩相熱傳沸騰係數：水平擺置之平滑管，R –22，q = 10 kW/m^2·K，T_s = 5 °C，x = 0.5，G = 200 kg/m^2·s，d_i = 13 mm，k_L = 94 mW/(m·K)，μ_L = 199 μPa·s，μ_G = 12 μPa·s，ρ_L = 1265 kg/m^3，ρ_G = 25 kg/m^3，Pr_L = 2.51，i_{fg} = 200 kJ/kg·K，P = 583 kPa，P_{crit} = 4990 kPa (臨界壓力)，P_r = 583/4990 = 0.1168 (reduced pressure)。

4-3-1 解：

$h = S\,h_{NB} + E\,h_L$

液體部份的雷諾數(記得要用標準SI單位！)：

$\mathrm{Re}_L = Gd_i(1-x)/\mu_L = 200\times0.013\times(1-0.5)/0.000199 = 6533$

h_L的計算可以簡單的Dittus-Boelter方程式來計算 ，見第一章表1-8，即

$Nu = 0.023\mathrm{Re}^{0.8}\,\mathrm{Pr}^{0.4}$

$\therefore\ h_L = 0.094/0.013\times0.023\times6533^{0.8}\times2.51^{0.4} = 251.6$ W/m^2·K

h_{NB} 可由Cooper方程式(式4-6)來算(Cooper的計算式中，管外沸騰取常數90而管內則與平板同，取55)：

$h_o = 55q^{0.67}M^{-0.5}P_r^{\,m}(-\log_{10}P_r)^{-0.55}$

$h_o = 55\times10000^{0.67}\times86.47^{-0.5}\times0.117^{0.12}\times0.932^{-0.55} = 2275$ W/m^2

上式的計算可參考例 4-2-1

接下來算S與E

$$X_{tt}=\left(\frac{1-x}{x}\right)^{0.875}\left(\frac{\mu_L}{\mu_G}\right)^{0.125}\left(\frac{\rho_G}{\rho_L}\right)^{0.5}=\left(\frac{1-0.5}{0.5}\right)^{0.875}\left(\frac{0.000199}{0.000012}\right)^{0.125}\left(\frac{1265}{25}\right)^{0.5}=10.1$$

$E = 2.35/(1/X_{tt} + 0.213)^{0.736} = 0.696$

$\mathrm{Re} = \mathrm{Re}_L E^{1.25} = 6533\times0.696^{1.25} = 4153.5$

$S = 1/(1+2.53\times10^{-6}\times\mathrm{Re}^{1.17}) = 0.958$

$\therefore h = Sh_{NB} + Eh_L = 0.958\times2275 + 0.696\times251.6 = 2355.7\ \mathrm{W/m^2\cdot K}$

4-3-2 加強模式法 (enhanced model)

加強模式法 (enhanced model)的主要觀念乃是以兩相的熱傳係數相對於單相熱傳係數間的關聯出發，試圖尋求兩者間的合適關係式，即

$$\Psi=\frac{h}{h_L}=f_{cn}(\text{一些特定參數}) \tag{4-24}$$

根據不同的流動區域，Shah (1982)提出的加強模式法可整理如下：

(1) 如果是垂直管或水平管(但水平管的$Fr_{LO} < 0.04$)

$$N = Co \tag{4-25}$$

如果是水平管，但$Fr_{LO} > 0.04$

$$N=0.38Fr_{LO}^{-0.3}Co \tag{4-26}$$

其中

$$Fr_{LO}=\frac{G^2}{\rho_L^2 gd} \tag{4-27}$$

$$Co=\left(\frac{1-x}{x}\right)^{0.8}\left(\frac{\rho_G}{\rho_L}\right)^{0.5} \tag{4-28}$$

(2) F的計算如下

$$F=\begin{cases}14.7 & \text{如果}Bo>11\times10^{-4}\\ 15.4 & \text{如果}Bo\le11\times10^{-4}\end{cases} \tag{4-29}$$

其中

$$Bo = \frac{q}{Gi_{fg}} \tag{4-30}$$

(3) 如果$N > 1.0$

$$\Psi = \frac{h}{h_L} = Max\left(\Psi_{nb}, \Psi_{cb}\right) \tag{4-31}$$

其中

$$\Psi_{nb} = \begin{cases} 230Bo^{0.5} & \text{如果}Bo > 0.3\times10^{-4} \\ 1+46Bo^{0.5} & \text{如果}Bo \le 0.3\times10^{-4} \end{cases} \tag{4-32}$$

$$\Psi_{cb} = \frac{1.8}{N^{0.8}} \tag{4-33}$$

(4) 如果$0.1 < N < 1.0$

$$\Psi_{bs} = F\times Bo^{0.5}e^{2.74N^{-0.15}} \tag{4-34}$$

$$\Psi_{cb} = \frac{1.8}{N^{0.8}} \tag{4-35}$$

(5) 如果$N < 0.1$

$$\Psi_{bs} = F\times Bo^{0.5}e^{2.47N^{-0.15}} \tag{4-36}$$

$$\Psi_{cb} = \frac{1.8}{N^{0.8}} \tag{4-37}$$

(6) 如果$N < 1.0$

$$\Psi = \frac{h}{h_L} = Max\left(\Psi_{bs}, \Psi_{cb}\right) \tag{4-38}$$

例4-3-2： 同例4-3-1，試以Shah方程式來計算熱傳係數。

4-3-2 解：

$$Fr_{LO} = \frac{G^2}{\rho_L^2 gD} = \frac{200^2}{1265^2\times9.806\times0.013} = 0.196 > 0.04$$

$$Co=\left(\frac{1-x}{x}\right)^{0.8}\left(\frac{\rho_G}{\rho_L}\right)^{0.5}=1\times\left(\frac{25}{1265}\right)^{0.5}=0.141$$

$$\therefore N=0.38Fr_{LO}^{-0.3}Co=0.38\times0.196^{-0.3}\times0.141=0.0874$$

$$Bo=\frac{q}{Gi_{fg}}=\frac{10000}{200\times200000}=2.5\times10^{-4}\le11\times10^{-4}$$

$$F=15.4$$

$$\Psi_{bs}=F\times Bo^{0.5}e^{2.47N^{-0.15}}=15.4\times(0.00025)^{0.5}e^{2.47\times0.0874^{-0.15}}=8.56$$

$$\Psi_{cb}=\frac{1.8}{N^{0.8}}=1.8/0.0874=20.59$$

$$\Psi=\frac{h}{h_L}=Max(\Psi_{bs},\Psi_{cb})=Max(8.56,20.59)=20.59$$

由上例知h_L = 251.6 W/m^2·K

$\therefore h$ = 20.59×251.6 = 5180.4 W/m^2·K

除了Shah(1982)的方程式外，另外一個很多人使用的加強模式法爲Kandlikar (1990)所提出，此法同時適用於水平管與垂直管：

$$\frac{h}{h_L}=\left[C_1Co^{C_2}\left(25Fr_L\right)^{C_5}+C_3Bo^{C_4}F_K\right] \tag{4-39}$$

其中C_1~C_5常數的決定如表4-3所示：

表4-3 Kandlikar (1990)之經驗常數；C_1~C_5 常數

常數	$Co<0.65$	$Co>0.65$
C_1	1.136	0.6683
C_2	−0.9	−0.2
C_3	667.2	1058.0
C_4	0.7	0.7
$C_5(Fr_L<0.04)$	0.3	0.3
$C_5(Fr_L>0.04)$	0	0

而常數F_K與冷媒有關，可參考表 4-2。Kandlikar的計算法缺點在於多了一個與冷媒有關的經驗常數F_K，如果不知該冷媒的F_K值將無法估算。

4-3-3 漸進模式法(asymptotic model)

漸進模式法的觀念說明如下，由於熱傳機制爲q_{NB}與 q_{CV}的加成，在合成法中，$q = q_{NB} + q_{CV}$，而在漸進模式法中認爲兩者並非單純的線性加成，所以

$$q^n = q_{NB}^n + q_{CV}^n \tag{4-40}$$

$$\therefore h^n = h_{NB}^n + h_{CV}^n \tag{4-41}$$

其中$n > 1$，這種合成方式可在q_{NB}與q_{CV}交界上取得較好的計算結果；例如Liu and Winterton (1991)以$n = 2$整理的方程式，$h = \sqrt{(Eh_L)^2 + (Sh_{NB})^2}$，其中

$$E = \left[1 + x\,\mathrm{Pr}_L\left(\frac{\rho_L}{\rho_G} - 1\right)\right]^{0.35} \tag{4-42}$$

$$S = \frac{1}{1 + 0.055E^{0.1}\,\mathrm{Re}_L^{0.16}} \tag{4-43}$$

例4-3-3： 同例4-3-1，試以Liu and Winterton (1991)方程式來計算熱傳係數。

4-3-3 解：

同例 4-3-1，$h_L = 251.6\ \mathrm{W/m^2{\cdot}K}$

$h_{NB} = 2275\ \mathrm{W/m^2}$

$$E = \left[1 + x\,\mathrm{Pr}_L\left(\frac{\rho_L}{\rho_G} - 1\right)\right]^{0.35} = \left[1 + 0.5 \times 2.41\left(\frac{1265}{25} - 1\right)\right]^{0.35} = 4.21$$

$$S = \frac{1}{1 + 0.055E^{0.1}\,\mathrm{Re}_L^{0.16}} = \frac{1}{1 + 0.055 \times 4.21^{0.1} \times 6533^{0.16}} = 0.794$$

$$\therefore h = \sqrt{(Eh_L)^2 + (Sh_{NB})^2} = \sqrt{(4.21 \times 251.6)^2 + (0.794 \times 2275)^2} = 2094\ \mathrm{W/m^2 \cdot K}$$

另外，Steiner and Taborek (1992)也提出漸進法的方程式，他們的模式中是以$n = 3$整理數據。Steiner and Taborek (1992)所提出漸進模式法如下：

$$\therefore h = (h_{NB}^3 + h_{CV}^3)^{1/3} \tag{4-44}$$

$$\therefore h = \left[(h_{NB,o}F_{NB})^3 + (h_L F_{TP})^3\right]^{1/3} \tag{4-45}$$

其中

$h_{NB,o}$為在標準熱通量下及reduced pressure下正規化(normalized)後的沸騰熱傳係數

F_{NB}為沸騰熱傳係數的校正因子

$h_{NB,o}$與F_{NB}的適用主要是搭配Gorenflo (1988)的沸騰計算方程式

h_L為單相液體的熱傳係數，可由Gnielinski 方程式來計算

h_{GO}為將兩相流體視為全部氣體狀況下的熱傳係數

F_{TP}為對流增強兩相乘數 (two-phase multiplier)

如果熱通量甚小，熱傳型式主要以蒸發為主時，

$$F_{TP}=\left\{\left[(1-x)^{1.5}+1.9x^{0.6}\left(\frac{\rho_L}{\rho_G}\right)^{0.35}\right]^{-2.2}+\left[\left(\frac{h_{GO}}{h_L}\right)x^{0.01}\left(1+8(1-x)^{0.7}\right)\left(\frac{\rho_L}{\rho_G}\right)^{0.67}\right]^{-2}\right\}^{-0.5} \tag{4-46}$$

若熱傳型式為沸騰與蒸發並重時，

$$F_{TP}=\left[(1-x)^{1.5}+1.9x^{0.6}\left(\frac{\rho_L}{\rho_G}\right)^{0.35}\right]^{1.1} \tag{4-47}$$

$h_{NB,o}$的計算會隨著不同的工作流體而有不同的調整參數，F_{NB}則與reduced pressure、粗糙度、分子量及工作流體有關：Steiner and Taborek (1992)對相關的計算做了相當完整的交代，有興趣的讀者可逕自參考他們的文章。

4-4 常用兩相熱傳之經驗方程式-管外冷凝

管外冷凝的熱傳方程式最早要從Nusselt (1916)的推導說起，在這裡將不會詳細地推導方程式的由來，而只針對方程式部份來討論；如圖4-12所示，由於熱傳管的溫度低於冷媒的飽和溫度，管外冷媒蒸氣會在管外凝結，若考慮管外冷媒蒸氣的速度很小，則此重力的影響將是平滑管冷凝的最重要參數，在這種條件下，Nusselt (1916)推導出等壁溫條件下的熱傳方程式，整理如下：

$$Nu_c = \frac{h_c d_o}{k_L} = 0.728\left[\frac{\rho_L(\rho_L - \rho_G)gi_{fg}d_o^3}{\mu_L(T_s - T_w)k_L}\right]^{1/4} \tag{4-48}$$

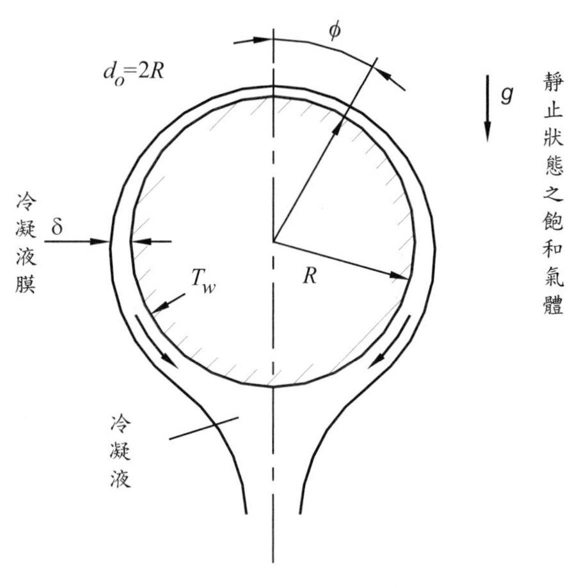

圖4-12　單管冷凝模式

其中d_o爲管外徑，T_s爲飽和溫度，T_w爲管壁溫度。由於熱通量$q = h_c(T_s - T_w)$，所以由上式也可將冷凝熱傳係數整理表示如下：

$$h_c = 0.728\left[\frac{\rho_L(\rho_L - \rho_G)gi_{fg}k_L^3}{\mu_L(T_s - T_w)d_o}\right]^{1/4} = 0.728\left[\frac{\rho_L(\rho_L - \rho_G)gi_{fg}k_L^3 h_c}{\mu_L h_c(T_s - T_w)d_o}\right]^{1/4}$$

$$= 0.728\left[\frac{\rho_L(\rho_L - \rho_G)gi_{fg}k_L^3}{\mu_L q d_o}\right]^{1/4} h_c^{1/4}$$

$$\Rightarrow h_c^{3/4} = 0.728\left[\frac{\rho_L(\rho_L - \rho_G)gi_{fg}k_L^3}{\mu_L q d_o}\right]^{1/4}$$

$$\Rightarrow h_c = 0.655\left[\frac{\rho_L(\rho_L - \rho_G)gi_{fg}k_L^3}{\mu_L q d_o}\right]^{1/3} \tag{4-49}$$

例4-4-1：飽和溫度46°C，單管的管壁溫度爲38°C，管外徑爲19 mm，R-134a爲工作冷媒，試計算該條件下的熱傳係數(k_L = 72.2 mW/m·K，ρ_L = 1120 kg/m^3，ρ_G = 59.21 kg/m^3，i_{fg} =156.67 kJ/kg，μ_L = 165.7 μPa·s)。

4-4-1 解：

$$Nu_c = 0.728\left[\frac{1120\times(1120-59.21)\times 9.806\times 156670\times 0.019^3}{0.0001657\times(46-38)\times 0.0722}\right]^{1/4} = 437.8$$

$$h_c = \frac{k_L}{d_o}\times Nu_c = 0.0722\times 437.8/0.019 = 1664\ \mathrm{W/m^2\cdot K}$$

如果只是簡單的將數據代入方程式就可以得到答案(如上例)，就不會有問題了，但上例最大的困難在於管壁溫度的獲得，在一般設計例中，冷凝溫度與冷媒特性事先就會知道，但壁溫的獲得就要花一些功夫，讀者知道要怎麼計算嗎？一般設計例都會提供管內冷卻水的資料，例如冷卻水的水量 $\dot{m}_{water}$ 與入口水溫 $T_{water,in}$；在這個條件下，管壁壁溫(甚至是熱傳量的計算)的計算可歸納如下：

(1) 首先假設一個水側出口溫度$T_{water,out}$，可算出管內熱傳係數h_i與對數平均溫差 $LMTD$

(2) 算出熱傳量 $Q = \dot{m}_{water}c_{p,water}\left(T_{water,out} - T_{water,in}\right)$

(3) 由$q = Q/A$，算出 熱通量

(4) $h_c = 0.655\left[\frac{\rho_L(\rho_L-\rho_G)gi_{fg}k_L^3}{\mu_L q d_o}\right]^{1/3}$，可算出$h_c$

(5) 由管內熱傳係數與h_c，可算出總熱傳係數U

(6) 由 $U\times A\times LMTD = Q$，可算出總熱傳量

(7) 檢查(6)項的 Q 是否與 (2)項相同，若否，則必須重複步驟(1)-(6)

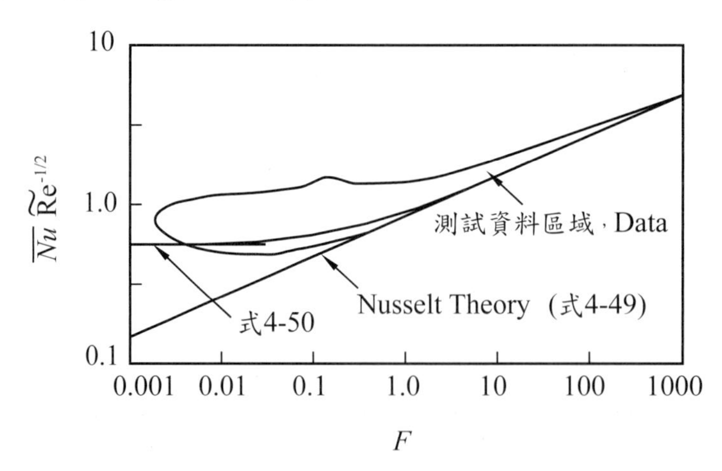

圖4-13 速度對單管冷凝的影響

Nusselt的方程式僅適用於冷媒蒸氣速度甚小的情況，在許多應用中，冷媒蒸氣進入熱交換器時仍具有相當的速度，故此時的熱傳係數會較大，此乃因爲剪力效應與重力效應都會影響冷凝，Butterworth (1977)根據一些實驗數據(見圖4-13)，整理出方程式如下：

$$\frac{Nu_c}{\tilde{\mathrm{Re}}_G^{1/2}} = 0.416\left[1+\left(1+9.47F\right)^{1/2}\right]^{1/2} \tag{4-50}$$

其中

$$F = \frac{gd_o\mu_L i_{fg}}{u_G^2 k_L\left(T_s - T_w\right)} \tag{4-51}$$

$$\tilde{\mathrm{Re}}_G = \frac{\rho_L u_G d_o}{\mu_L} \tag{4-52}$$

u_G爲冷媒蒸氣通過管外的速度，在使用上，請特別注意上式$\tilde{\mathrm{Re}}_G = \frac{\rho_L u_G d_o}{\mu_L}$中的定義，參考速度是以氣態的速度而冷媒特性則是以液態爲準！上面的計算式都是以單管來考慮，在實際的運用中(例如殼管式熱交換器)，都會牽涉到管陣(tube bundle)的問題，管陣所造成的管陣效應非常複雜，例如圖4-14所示，不同的條件與情況對熱傳的影響也相當大；以圖4-14(a)爲例，愈下排的管子會因冷凝液的堆積，造成液膜厚度增加，而使得熱傳效果變差，Nusselt推導出下排的管子與第一排管間的關係式如下：

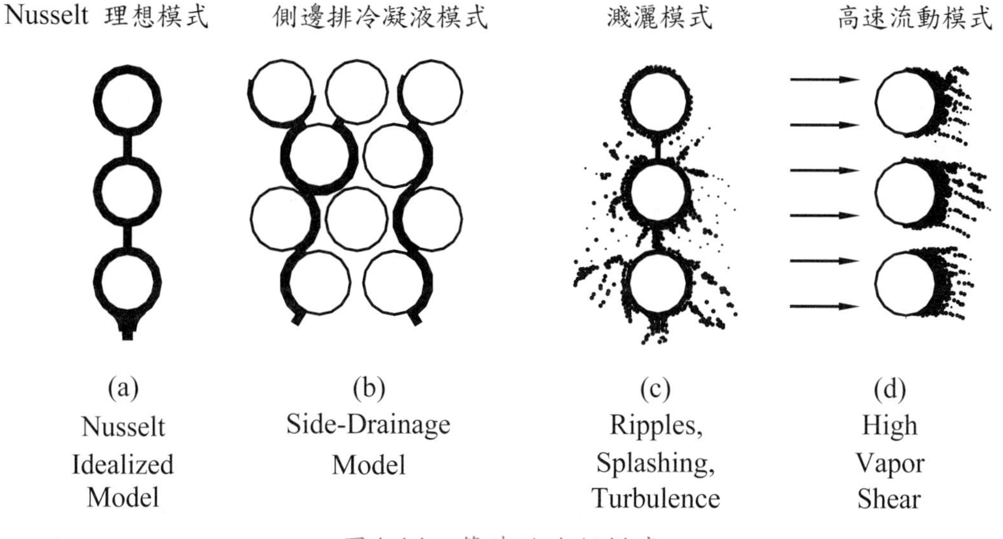

圖4-14 管陣的冷凝模式

$$\frac{h_N}{h_1}=N^{3/4}-\left(N-1\right)^{3/4} \tag{4-53}$$

從第一排到第N排的平均熱傳係數$h_{N,m}$可計算如下：

$$\frac{h_{N,m}}{h_1}=N^{-1/4} \tag{4-54}$$

Kern (1958)認為Nusselt 所推導的管群效應與實際測試結果不完全相符，因此，Kern修正提出較為保守的方程式如下：

$$\frac{h_N}{h_1}=N^{5/6}-\left(N-1\right)^{5/6} \tag{4-55}$$

從第一排到第 N 排的平均熱傳係數 $h_{N,m}$可計算如下：

$$\frac{h_{N,m}}{h_1}=N^{-1/6} \tag{4-56}$$

Butterworth (1978)認為Kern (1958)的修正比較接近實際的結果，因此建議使用者採用Kern (1958)的修正式。請注意Nusselt的推導係以圖4-14(a)的inline排列，在實際應用中，如圖4-14(b)的交錯式排列(staggered)也非常普遍，Eissenberg (1972)依據他所測試的交錯式排列整理出如下的管陣效應設計方程式：

$$\frac{h_N}{h_1}=0.6+0.42N^{-1/4} \tag{4-57}$$

如果同時要考慮管群與速度的效應，則可使用Butterworth (1977)整理的方程式如下：

$$h_N=\left[\frac{1}{2}h_{sh}^2+\left(\frac{1}{4}h_{sh}^4+h_1^4\right)^{1/2}\right]^{1/2}\times\left(N^{5/6}-(N-1)^{5/6}\right) \tag{4-58}$$

其中

$$h_{sh}=0.59\frac{k_L}{d_o}\tilde{\mathrm{Re}}_G^{1/2} \tag{4-59}$$

例4-4-2： 飽和溫度46ºC，管壁溫度為38ºC 的八排管陣(如下圖)，管外徑為19 mm

(= 0.019 m)，R-134a為工作冷媒，試計算該條件下第一排管與第八排管的熱傳係數：(k_L = 72.2 mW/(m·K)，ρ_L = 1120 kg/m^3，ρ_G = 59.21 kg/m^3，i_{fg} =156.67 kJ/kg，μ_L = 165.7 μPa·s)

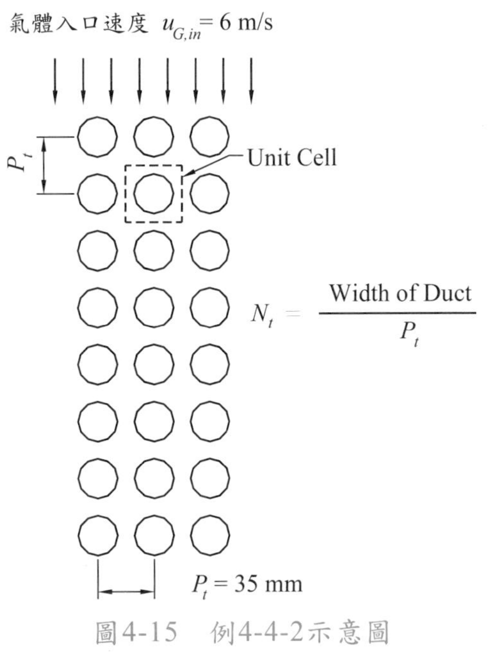

圖4-15　例4-4-2示意圖

4-4-2 解：

管徑為0.019 m，而管間距為0.035 m，所以管間最小距離 = 0.035 – 0.019 = 0.016 m，所以通過最小流道的冷媒蒸氣速度為

$u_G = u_{G,in} \times 0.035/0.016 = 13.13$ m/s

由例4-4-1其中h_L = 1664 W/m^2·K

$$h_{sh} = 0.59\frac{k_L}{d_o}\tilde{\text{Re}}_G^{1/2} = 0.59\times\frac{0.0722}{0.019}\times\left(\frac{1120\times13.13\times0.019}{0.0001657}\right)^{0.5} = 2911.3\ \text{W/m}^2\cdot\text{K}$$

$$\therefore\left[\frac{1}{2}h_{sh}^2+\left(\frac{1}{4}h_{sh}^4+h_1^4\right)^{1/2}\right]^{1/2} = 3050\ \text{W/m}^2\cdot\text{K}$$

由式4-58，

$$h_N = \left[\frac{1}{2}h_{sh}^2+\left(\frac{1}{4}h_{sh}^4+h_1^4\right)^{1/2}\right]^{1/2}\times\left(N^{5/6}-(N-1)^{5/6}\right)$$

所以第一排管的熱傳係數 = 3050.3 W/m^2·K

第八排管的熱傳係數 = $3050.3\times(8^{5/6}-(8-1)^{5/6}) = 1817\ \text{W/m}^2\cdot\text{K}$

4-5 常用兩相熱傳之經驗方程式-管內冷凝

同樣的，管內冷凝的熱傳方程式的相關研究也相當多，這裡僅提出Shah (1979)的方程式供讀者參考：

$$h_c = h_L\left(1+\frac{3.8}{Z}\right) \tag{4-60}$$

$$Z = \left(\frac{1-x}{x}\right)^{0.8} P_r^{0.4} \tag{4-61}$$

$$h_L = \frac{k_L}{d_i}0.023\left(\frac{G(1-x)d_i}{\mu_L}\right)^{0.8} \mathrm{Pr}^{0.4} \tag{4-62}$$

其中h_c為一local值與流體的乾度有關，若我們將上式從進口處開始處積分(x = 1)到完全冷凝出口(x = 0)，則可得到一近似平均值如下：

$$h_{c,m} = h_L\left(0.55+\frac{2.09}{P_r^{0.38}}\right) \tag{4-63}$$

在使用Shah方程式時，請注意Pr為Prandtl number，而P_r為 reduced pressure，千萬不要弄錯！

4-6 常用的管內兩相壓降計算方程式

如前章節所談到的，壓降的計算和熱傳一樣的重要，兩相壓降的計算以管內應用較多，因此本文僅針對這部份來說明，有興趣的讀者可進一步參考 Kandlikar (1999) 等人編輯的書；對直管而言，兩相的總壓降與單相一樣，由三部份所構成，即$\Delta P = \Delta P_a + \Delta P_f + \Delta P_g$，其中$\Delta P_a$為速度變化造成的壓降，$\Delta P_f$為工作流體於管內的摩擦壓降，$\Delta P_g$為工作流體因高度變化所造成的壓降。

管內兩相壓降的計算方法大致可以歸納成兩個方法，分別是均質法

(homogeneous model)與分流法(separated model)，均質法(homogeneous model)簡單的說就是假設氣體的流速u_G與液體的流速相同($u_L = u_G$)，分流法則假設氣體的流速u_G與液體的流速不相同($u_L \neq u_G$)。以均質法的假設出發，壓降可表示如下(推導過程詳見 Collier and Thome, 1994)：

$$-\frac{dP}{dz} = \frac{G^2 v_L \left(\frac{v_{fg}}{v_L}\right)\frac{dx}{dz} + \frac{2 f_{TP} G^2 v_L}{d_i}\left(1 + x\left(\frac{v_{fg}}{v_L}\right)\right) + \frac{g \sin\theta}{v_L\left[1 + x\left(\frac{v_{fg}}{v_L}\right)\right]}}{1 + G^2 x\left(\frac{dv_G}{dP}\right)} \tag{4-64}$$

在上式中，v代表液態的比容，下標L與G分別代表液體狀態與氣體狀態，而$v_{fg} = v_G - v_L$。在一般應用上，$G^2x(dv_G/dP) \approx 0$，所以上式可簡化成：

$$-\frac{dP}{dz} = G^2 v_L \frac{dx}{dz} + \frac{2 f_{TP} G^2 v_L}{d_i}\left(1 + x\left(\frac{v_{fg}}{v_L}\right)\right) + \frac{g \sin\theta}{v_L(1 + x v_{fg}/v_L)} \tag{4-65}$$

上式的計算中，最大的問題在於兩相摩擦係數f_{TP}的決定，由第一章的介紹，在紊流流動下的單相流體，摩擦係數可由Blasius方程式計算，即

$$f = 0.0791\mathrm{Re}^{-0.25} \tag{4-66}$$

在均質法中亦可用同樣的方程式來計算，不過由於是兩相流動，因此最大的困擾將會出現在雷諾數Re的計算，由雷諾數的定義，$\mathrm{Re} = Gd_i/\mu_{TP}$，可知真正的問題在兩相平均黏度$\mu_{TP}$的計算上，由於$\mu_{TP}$必須滿足一些先天上的限制($x = 0$，$\mu_{TP} = \mu_L$；$x = 1$，$\mu_{TP} = \mu_G$)，所以有很多方式可以來定義$\mu_{TP}$一值，例如：

$$\frac{1}{\mu_{TP}} = \frac{x}{\mu_G} + \frac{(1-x)}{\mu_L} \tag{4-67}$$

$$\mu_{TP} = (1 - x)\mu_L + x\,\mu_G \tag{4-68}$$

$$\mu_{TP} = \bar{\rho}\left[\frac{x\mu_G}{\rho_G} + \frac{(1-x)\mu_L}{\rho_L}\right] \tag{4-69}$$

上式中

$$\bar{\rho}=\frac{1}{\left(\frac{x}{\rho_G}+\frac{(1-x)}{\rho_L}\right)} \quad (4\text{-}70)$$

式4-67 ~ 4-69 均可應用在μ_{TP}的計算上，也許讀者會問那一個最準呢？筆者沒有這個問題的標準答案，只能告訴讀者依據應用比較後再選擇一個較合適的。

除了均質法外，另外一個非常受歡迎的方法就是分流法(separated model)，這個方法在使用上牽涉到較多的兩相流的基本定義；同樣的，以分流法的假設出發，可推導出壓降梯度的方程式如下(推導過程詳見Collier and Thome, 1994)：

$$-\frac{dP}{dz}=G^2\frac{d}{dz}\left[\frac{x^2}{\alpha\rho_G}+\frac{(1-x)^2}{(1-\alpha)\rho_L}\right]-\left.\frac{dP}{dz}\right)_f+g\sin\theta\left[\alpha\rho_G+(1-\alpha)\rho_L\right] \quad (4\text{-}71)$$

同樣的，這個式子比較棘手的地方仍在摩擦部份的計算，$-\left.\frac{dP}{dz}\right)_f$，在分流法中，引入一些新的定義，分別是氣相部份乘數ϕ_G、液相部份乘數ϕ_L與全部液相乘數ϕ_{LO}；部份乘數定義如下：

$$\phi_G^2=\frac{dP_f/dz}{dP_{f,G}/dz} \quad (4\text{-}72)$$

$$\phi_L^2=\frac{dP_f/dz}{dP_{f,L}/dz} \quad (4\text{-}73)$$

$$\phi_{LO}^2=\frac{dP_f/dz}{dP_{f,LO}/dz} \quad (4\text{-}74)$$

這個定義的道理其實很簡單，例如由式4-74的定義，兩相部份的摩擦壓降dP_f，等於將全部兩相流體視爲單相液體，以此算出對應的單相液體的摩擦係數後，便可算出將兩相流體視爲單相流體的壓降dP_{LO}，然後再乘上一個類似校正因數的全部液相乘數ϕ_{LO}^2，以獲得兩相流體的壓降($dP_f=\phi_{LO}^2\times dP_{LO}$)，單相全部液體的壓降$dP_{LO}$應可輕易地算出；所以，只要有全部液相乘數$\phi_{LO}^2$的資料，就可計算摩擦部份的壓降。有關兩相乘數的研究，一直是研究兩相流的一個重點，例如Friedel (1979)提出一個相當有名的方程式如下：

$$\phi_{LO}^2 = A_1 + \frac{3.24 A_2 A_3}{Fr^{0.045} We^{0.035}} \tag{4-75}$$

其中

$$A_1 = (1-x)^2 + x^2\left(\frac{\rho_L f_{GO}}{\rho_G f_{LO}}\right) \tag{4-76}$$

上式中的f_{LO}與f_{GO}分別代表將兩相流體視爲全部液態與全部氣體時，其相對的單相摩擦係數，若爲紊流流動則可由Blasius方程式來計算。另外，

$$A_2 = x^{0.78}(1-x)^{0.224} \tag{4-77}$$

$$A_3 = \left(\frac{\rho_L}{\rho_G}\right)^{0.91}\left(\frac{\mu_G}{\mu_L}\right)^{0.19}\left(1-\frac{\mu_G}{\mu_L}\right)^{0.7} \tag{4-78}$$

$$Fr = \frac{G^2}{gd\bar{\rho}^2} \tag{4-79}$$

$$We = \frac{G^2 d}{\bar{\rho}\sigma} \tag{4-80}$$

$$\bar{\rho} = \frac{1}{\left(\frac{x}{\rho_G} + \frac{(1-x)}{\rho_L}\right)} \tag{4-81}$$

例4-6-1：如下圖，空氣與水的兩相流流入一內徑 7 mm管，長度 0.5m的圓管，試以Friedel方程式來計算壓降，ρ_L = 998.3 kg/m^3，ρ_G = 1.098 kg/m^3，σ_L = 0.0661 N/m，μ_L = 0.00046 Pa·s，μ_G = 0.0000203 Pa·s。

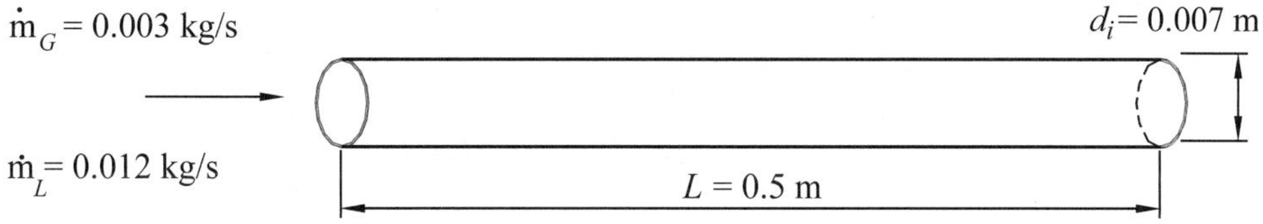

$\dot{m}_G$ = 0.003 kg/s

d_i = 0.007 m

$\dot{m}_L$ = 0.012 kg/s

L = 0.5 m

圖4-16 圖示例4-6-1

4-6-1 解：

$\dot{m} = \dot{m}_G + \dot{m}_L = 0.003 + 0.012 = 0.015$ kg/s

x = 0.003/(0.003 + 0.012) = 0.2

$A_c = \pi \times d_i^2/4 = 3.848\times10^{-5}\ \text{m}^2$

$G = \dot{m}/A_c = 390\ \text{kg/m}^2\cdot\text{s}$

$\text{Re}_G = Gd_i/\mu_G = 1.34\times10^5$

$\text{Re}_L = Gd_i/\mu_L = 5.93\times10^3$

$f_{GO} = 0.0791\text{Re}_G^{-0.25} = 0.00413$

$f_{LO} = 0.0791\text{Re}_L^{-0.25} = 0.00901$

$A_1 = 17.31$

$A_2 = 0.271$

$A_3 = 263.8$

$\overline{\rho} = 5.47\ \text{kg/m}^3$

$Fr = 7.41\times10^4$

$We = 2.94\times10^3$

$$\therefore \phi_{LO}^2 = A_1 + \frac{3.24A_2A_3}{Fr^{0.045}We^{0.035}} = 123.1$$

$\Delta P_{LO} = 4L/d_i \times f_{LO} \times G^2/2/\rho_L = 195.9\ \text{Pa}$

$\Delta P_f = \phi_{LO}^2 \times \Delta P_{LO} = 123.1\times195.9 = 24.1\,\text{kPa}$

除了使用全部液相乘數ϕ_{LO}^2，有很多的研究採用氣相部份乘數ϕ_G^2或液相部份乘數ϕ_L^2，例如相當有名的Chisholm (1973)方程式

$$\phi_L^2 = 1 + \frac{C}{X} + \frac{1}{X^2} \tag{4-82}$$

或

$$\phi_G^2 = 1 + CX + X^2 \tag{4-83}$$

表4-4　Chisholm (1973)方程式之C常數

液體流動型態	氣體流動型態	C 值
紊流 (turbulent)	紊流 (turbulent)	20
層流 (laminar)	紊流 (turbulent)	12
紊流 (turbulent)	層流 (laminar)	10
層流 (laminar)	層流 (laminar)	5

C值與氣相及液相流動型態有關(見表4-4)，若採用氣相部份乘數ϕ_G^2或液相部份乘數ϕ_L^2來計算壓降時，請記得必須以氣態部份或液態部份的冷媒量來計算相關

資料(見例4-6-2)。

例4-6-2： 同例 4-6-1，試以Chisholm 的方程式來計算壓降。

4-6-2 解：

$$\dot{m} = \dot{m}_G + \dot{m}_L = 0.003 + 0.012 = 0.015\ \text{kg/s}$$

$$x = 0.003/(0.003 + 0.012) = 0.2$$

$$A_c = \pi \times d_i^2/4 = 3.848\times10^{-5}\ \text{m}^2$$

$$G = \dot{m}/A_c = 390\ \text{kg/m}^2\cdot\text{s}$$

$\text{Re}_G = G d_i x/\mu_G = 26876 \Rightarrow$ 紊流，turbulent！

$\text{Re}_L = G d_i (1-x)/\mu_L = 4746 \Rightarrow$ 可視爲紊流，turbulent！

$\therefore$ 由表4-4可知 $C = 20$

$$X_{tt} = \left(\frac{1-x}{x}\right)^{0.875}\left(\frac{\mu_L}{\mu_G}\right)^{0.125}\left(\frac{\rho_G}{\rho_L}\right)^{0.5} = 0.165$$

$$\phi_G^2 = 1 + CX_{tt} + X_{tt}^2 = 4.33$$

$$f_G = 0.079\text{Re}_G^{-0.25} = 0.00617$$

$$\Delta P_G = 4L/d_i \times f_G \times (Gx)^2/2/\rho_G = 4884\ \text{Pa}$$

$$\Delta P_f = \phi_G^2 \times \Delta P_G = 4.33\times4884 = 21.15\ \text{kPa}$$

此一結果與Friedel 的計算結果相近，再一次提醒讀者若採用氣相部份乘數 ϕ_G^2 或液相部份乘數 ϕ_L^2 來計算壓降時，請記得必須以氣態部份或液態部份的冷媒量來計算相關資料，而若以 ϕ_{LO}^2 來計算時，則務必將兩相的流體總流量當作全部是液體來計算。簡而言之，兩相摩擦壓降 $\Delta P_f = \Delta P_L\times\phi_L^2 = \Delta P_L\times\phi_G^2 = \Delta P_{LO}\times\phi_{LO}^2$。一般而言，由於過去的資料庫內的管徑比較大，因此上面介紹的壓降計算方程式的預測性在較大的管徑有比較好的結果，然而近年的許多研究發現在較小的管徑應用上($d_i < 10$ mm)，上述所介紹的方程式的預測性不盡理想，因此Chen et al. (2002)整理七種不同的研究並整合一些後新近的測試數據，提出均質法在$d_i < 10$ mm的修正式，即：

$$\left(\frac{dP}{dz}\right) = \left(\frac{dP}{dz}\right)_{\text{hom}} \times \Omega \tag{4-84}$$

$$\Omega = \frac{0.85 - 0.082Bo^{-0.5}}{0.57 + 0.004\text{Re}_v^{0.5} + 0.04Fr^{-1}} + \frac{1.95We^{0.03} + 1.8Fr^{0.066} - 3.98}{1 + e^{\left(8.5 - 1000\rho_v/\rho_L\right)}} \tag{4-85}$$

B_o爲Bond number = $B_o = g(\rho_L - \rho_G)\dfrac{(d_i/2)^2}{\sigma}$

$$\left(\frac{dP}{dz}\right)_{\text{hom}}=\frac{4f_m}{D}\frac{G^2}{2\overline{\rho}} \tag{4-86}$$

$$f_m=\begin{cases}\dfrac{16}{\text{Re}_m} & \text{層流流動}\\ 0.0791\text{Re}_m^{-0.25} & \text{紊流流動}\end{cases} \tag{4-87}$$

其中下標hom代表均質法的計算結果。

例4-6-3：同例 4-6-1，試以Chen 的修正式來計算壓降。

4-6-3 解：

$\dot{m}=\dot{m}_G+\dot{m}_L=0.003+0.012=0.015\ \text{kg/s}$

$x = 0.003/(0.003 + 0.012) = 0.2$

$A_c = \pi \times d_i^2/4 = 3.848\times10^{-5}\ \text{m}^2$

$G = \dot{m}/A_c = 390\ \text{kg/m}^2\cdot\text{s}$

$$\overline{\rho}=\frac{1}{\left(\dfrac{x}{\rho_G}+\dfrac{(1-x)}{\rho_L}\right)}=\frac{1}{\left(\dfrac{0.2}{1.098}+\dfrac{(1-0.2)}{998.3}\right)}=5.47\ \text{kg/m}^3$$

$$\mu_{TP}=\frac{1}{\left(\dfrac{x}{\mu_G}+\dfrac{(1-x)}{\mu_L}\right)}=\frac{1}{\left(\dfrac{0.2}{0.0000203}+\dfrac{(1-0.2)}{0.00046}\right)}=0.0000863\ \text{Pa}\cdot\text{s}$$

$$\text{Re}_{TP}=\frac{GD_i}{\mu_{TP}}=\frac{390\times0.007}{0.0000863}=31633.84\Rightarrow \text{紊流，turbulent}$$

$f_m = 0.079\text{Re}_{TP}^{-0.25} = 0.00593$

$$dP_{\text{hom}}=\frac{4Lf_m}{D}\frac{G^2}{2\overline{\rho}}=\frac{4\times0.5\times0.00593}{0.007}\times\frac{390^2}{2\times5.47}=23.56\ \text{kPa}$$

$Fr = 7.41\times10^4$

$We = 2.94\times10^3$

$\text{Re}_v = Gd_i x/\mu_G = 26876$

$$B_o=g(\rho_L-\rho_G)\frac{(d_i/2)^2}{\sigma}=9.8(998.3-1.098)\frac{(0.007/2)^2}{0.0661}=1.81$$

$$\Omega = \frac{0.85 - 0.082Bo^{-0.5}}{0.57 + 0.004\,\mathrm{Re}_v^{\;0.5} + 0.04Fr^{-1}} + \frac{1.95We^{0.03} + 1.8Fr^{0.066} - 3.98}{1 + e^{(8.5 - 1000\rho_V/\rho_L)}}$$
$$= \frac{0.85 - 0.082 \times 1.81^{-0.5}}{0.57 + 0.004 \times 26878^{0.5} + 0.04 \times 74100^{-1}} + \frac{1.95 \times 2940^{0.03} + 1.8 \times 74100^{0.066} - 3.98}{1 + e^{(8.5 - 1000(1.098/998.3))}}$$
$$= 0.645$$

$$dP = dP_{\mathrm{hom}} \times \Omega = 23.56 \times 0.645 = 15.2 \text{ kPa}$$

4-7 結語

本章節的目的在教導讀者認識一些兩相流的基本熱傳與壓降的計算方法，在兩相熱傳係數的估算上，一般而言，±25%的誤差是很正常的，而壓降上的估算，±50%的差異也不令人意外，這是因爲兩相流動相當複雜，所以讀者要有心理準備，兩相熱流估算的準確度與單相有相當落差。本文的目的在於提供讀者一個合理的方式來估算兩相流的熱流特性，這些資料在未來章節中，對熱交換器性能的估算上是不可或缺的，不過要提醒讀者本章節所交代的方程式都是以平滑管爲主，在實際應用上，熱傳增強管亦廣爲使用，有興趣的讀者可參考Webb and Kim (2005)一書，一些較特別的熱傳管的熱流特性或可在該書中找到一些解答。

主要參考資料

Butterwoth, D., The correlation for cross flow pressure drop data by means of permeability concept. *AERE report* R9435.

Butterwoth, D., 1977. Developments in the design of shell and tube condensers. *ASME paper 77-WA/HT-24*.

Carey, V.P. 1992. *Liquid-vapor Phase Change Phenomena*. Hemisphere publishing corp.

Chen, J.C., 1966. Correlation for boiling heat transfer to saturated fluids in convective flow. *Ind. Eng. Chem. Proc. Dev.*, 5:322.

Chen I.Y., Yang K.S. and Wang C.C., 2002, An empirical correlation for two-phase frictional performance in small diameter tubes, *Int. J. of Heat and Mass Transfer*, 45:3667-3671.

Collier, J.G., Thome J.R., 1994. *Convective Boiling and Condensation*. 3rd ed., Oxford science publication.

Cooper, M.G. 1984. Saturation nucleate pool boiling - a simple correlation. *Int. Chem. Engng. Symp. Ser.*, 86:785-792.

Chisholm, D., 1973. Pressure gradient due to friction during the flow of evaporating two-phase mixtures in smooth tube and channels. *Int. J. Heat Mass Transfer*, 16:347-348.

Eissenberg, D. M., 1972. An investigation of the variable affecting steam condensation on the outside of a horizontal tube bundle. PhD Thesis, University of Tennessee, Knoxville.

Friedel, L. 1979. Improved friction pressure drop correlations for horizontal and vertical two-phase pipe flow. Presented at the European Two-phase Group Meeting, Ispra, Italy, Paper E2.

Gorenflo, D. 1993. Pool Boiling. in VDI Heat Atlas, Chapter Ha, Germany: VDI-Verlag GmbH (in English).

Gungor, K.E., R.H.S. Winterton, 1986. A general correlation for flow boiling in tubes and annuli. *Int. J. Heat Mass Transfer*, 29:351-358.

Kakaç, S., Liu, H., 2002. *Heat Exchangers*. 2nd. ed., CRC Press Ltd.

Kandlikar, S.G., 1990. A general correlation for saturated two-phase flow boiling heat transfer inside horizontal and vertical tubes. *J. of Heat Transfer*, 112:219-228.

Kandlikar S., Shoji, M., Dhir, V.K., 1999. *Handbook of Phase Change: Boiling and Condensation*, Taylor & Francis.

Kays, W.M., London, A.L., 1984. *Compact Heat Exchanger*. 3rd ed., New York: McGraw-Hill.

Kern, D.Q., 1958. Mathematical development of loading in horizontal condensers. *AIChE J.,* 4:157-160.

Liu, Z., Winterton, R.H.S., 1991. A general correlation for saturated and subcooled flow boiling in tubes and annuli based on a nucleate pool boiling. *Int. J. Heat Mass Transfer*, 34:2759-2765.

Nusselt, W. the condensation of steam on cooled surfaces. Z. ver. Ttsch. Ing., 60, pp. 541-546 and 569-575, 1916, (translated by Fullarton D. Chem. Eng. Fund. Vol. 1, no. 2, pp. 6-19).

Rohsenow, W.M., Hartnett, J.P., and Cho, Y.I., 1998. *Handbook of Heat Transfer*. 3rd ed., McGraw-Hill, 1998.

Shah, M.M., 1979. A general correlation for heat transfer during film condensation inside pipes. *Int. J. Heat Mass Transfer*, 22:547-556.

Shah, M.M., 1982. Chart correlation for saturated boiling heat transfer: equations and further study. *ASHRAE Transactions,* 88(1):185-196.

Steiner, D., Taborek, J., 1992. Flow boiling heat transfer in vertical tubes correlated by an asymptotic model. *Heat Transfer Engineering*, 13:43-56.

Taitel, Y., 1990. Flow pattern transition in two-phase flow. In: *Proceedings of the 9th Int. Heat Transfer Conference*, pp. 237-254, Jerusalem.

Tong, L.S., Tang, Y.S., 1997. *Boiling Heat Transfer and Two-phase Flow*. 2nd ed. Taylor & Francis.

Wang, C.C., Shieh, W. Y, Chang, Y.J., Yang, C.J., 1998. Nucleate boiling performance of R-22, R-123, R-134a, R-410A, and R-407C on smooth and enhanced tubes. *ASHRAE Transactions*, 104(1B):1314-1321.

Webb, R. L., Kim, N.H., 2005. *Principles of Enhanced Heat Transfer*. 2nd ed. John Wiley & Sons, Inc.

Chapter 5

氣冷式熱交換器—乾盤管

Air-cooled Heat Exchanger (Dry Coil)

5-0 前言

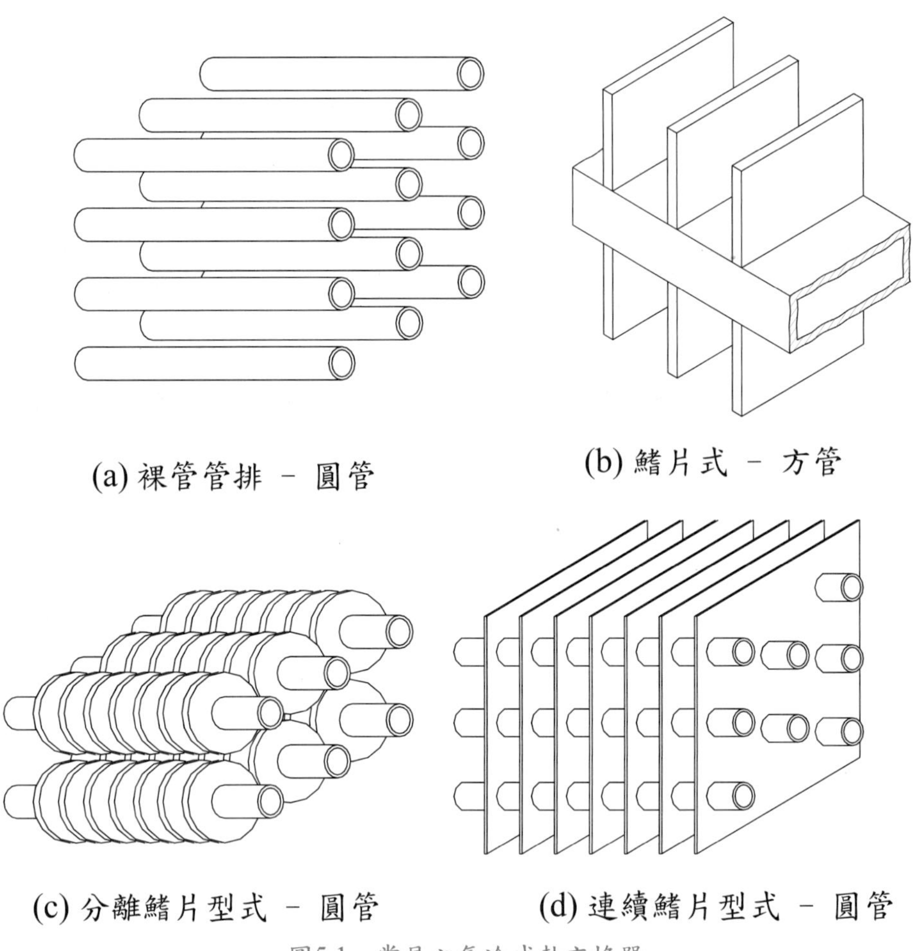

圖5-1 常見之氣冷式熱交換器

氣冷式熱交換器應用非常的廣泛，顧名思義，氣冷式熱交換器的目的在於空氣的冷卻或加熱，圖5-1爲一些常見的氣冷式熱交換器；如果讀者稍做觀察的話，在一大氣壓25ºC下，空氣傳導係數，k = 0.0258 W/m^2·K，相對於水的0.61 W/m^2·K，相差了23.6倍。如果你將手放在25°C的水和25°C的空氣中那一個感覺比較冷？答案當然是水，雖然兩者與手的溫差都相同，但若僅考慮熱傳導$q = k\Delta T/\Delta x$，可想見水的傳熱性能要好很多，換句話說，空氣本身可以說是一個非常差的熱傳介質，因此，使用氣冷式熱交換器經常要使用大量的次要面積來增加熱傳量(見圖5-1)。可是，空氣也有一些相當好的優點如下：

(1) 無退伍軍人症之虞。

(2) 相較於水冷系統，可省下銜接之管路與水泵，而且保養較簡單。

(3) 在缺水的地方，氣冷式是唯一的選擇。

接下來，筆者將針對各型的氣冷式熱交換器的熱流特性來向讀者介紹。

5-1 裸管管陣

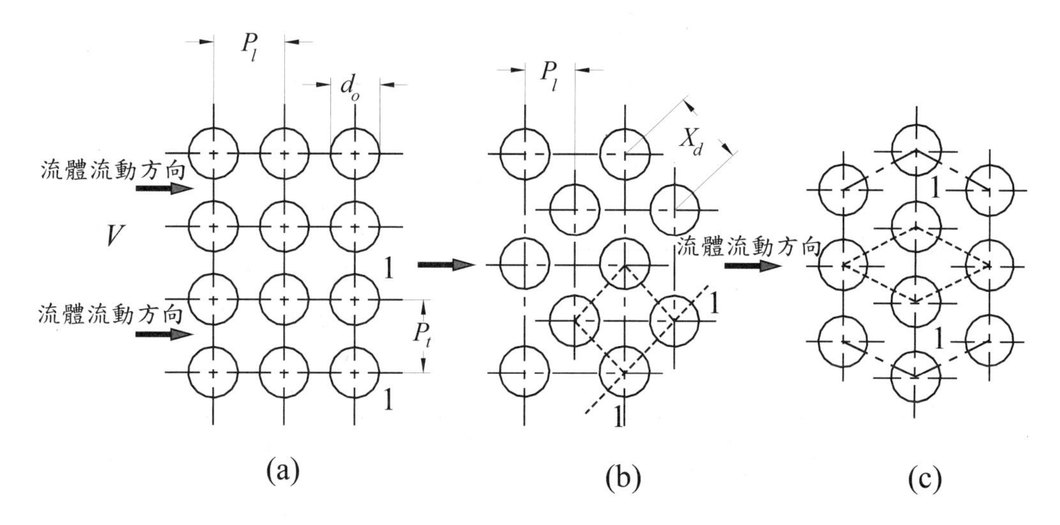

圖5-2 裸管管陣安排型式(a) 排列型式 (inline)；(b)交錯型式 (staggered)；(c) 最小管間距型式

在許多較爲惡劣的應用場合，由於長期信賴性的考量或是高壓環境的相關應用，氣冷式熱交換器不一定能夠使用鰭片，因此，使用圖5-2的裸管式管陣型的熱交換器也是相當多；由於空氣側的熱傳性能遠低於管內的熱傳性能(即阻抗集中在空氣側上)，因此，裸管空氣側熱流特性的計算就顯得特別地重要。裸管空氣側部份的研究相當地多，其中要以Žukauskas (1998)所提出的經驗方程式最爲人所知，下面我們將針對排列型式(inline)與交錯型式(staggered)的熱流經驗方程式向讀者做進一步的說明。若爲排列型式，其熱傳方程式如下：

$$Nu_b = 0.9 c_n \mathrm{Re}_b^{0.4} \mathrm{Pr}_b^{0.36} \left(\frac{\mathrm{Pr}_b}{\mathrm{Pr}_w} \right)^{0.25} \qquad 當\ \mathrm{Re}_b = 1 \sim 10^2 \tag{5-1}$$

$$Nu_b = 0.52 c_n \, \mathrm{Re}_b^{0.5} \, \mathrm{Pr}_b^{0.36} \left(\frac{\mathrm{Pr}_b}{\mathrm{Pr}_w} \right)^{0.25} \qquad 當\ \mathrm{Re}_b = 10^2 \sim 10^3 \tag{5-2}$$

$$Nu_b = 0.27 c_n \, \mathrm{Re}_b^{0.63} \, \mathrm{Pr}_b^{0.36} \left(\frac{\mathrm{Pr}_b}{\mathrm{Pr}_w} \right)^{0.25} \qquad 當\ \mathrm{Re}_b = 10^3 \sim 2 \times 10^5 \tag{5-3}$$

$$Nu_b = 0.033 c_n \, \mathrm{Re}_b^{0.8} \, \mathrm{Pr}_b^{0.4} \left(\frac{\mathrm{Pr}_b}{\mathrm{Pr}_w} \right)^{0.25} \qquad 當\ \mathrm{Re}_b = 2 \times 10^5 \sim 2 \times 10^6 \tag{5-4}$$

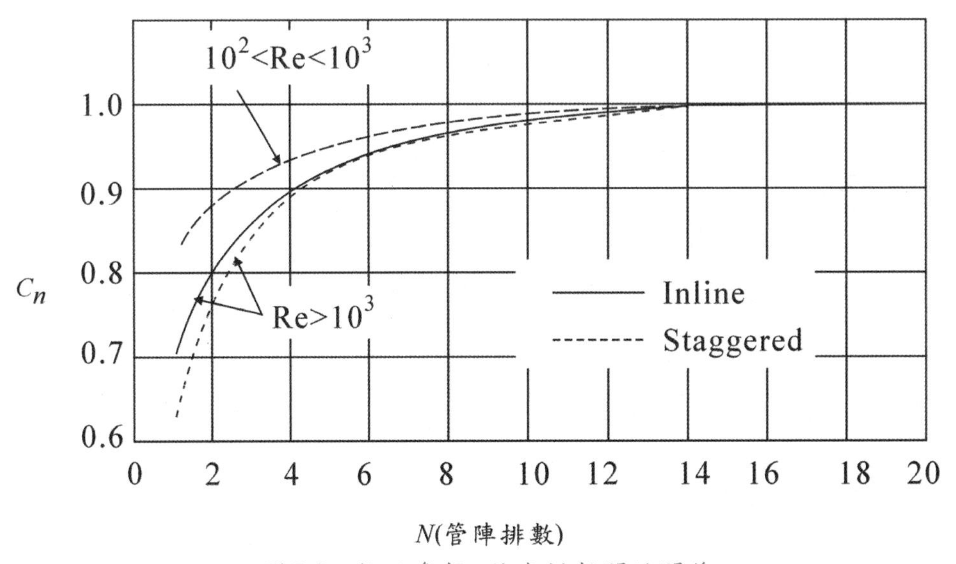

圖5-3 校正參數c_n值與排數間的關係

這些方程式中的下標b代表以流體進出熱交換器前後平均的溫度來計算物理特性，下標w代表以管壁溫度來估算；而雷諾數的定義爲$\mathrm{Re}_b = G_c d_o / \mu_b$，$G_c$爲最小流道面積下的質通量，相關的定義與計算方法，讀者可參考第三章密集式熱交換器。式5-1~5-4中有一個校正參數c_n，與管陣的實際排數有關，圖5-3即是c_n與排數間的關係圖，由圖中可以看出，不管是排列或是交錯型式，當排數大於16時，此一校正參數就可視爲1。

若爲交錯型式 (staggered)，其方程式如下：

$$Nu_b = 1.04 c_n \, \mathrm{Re}_b^{0.4} \, \mathrm{Pr}_b^{0.36} \left(\frac{\mathrm{Pr}_b}{\mathrm{Pr}_w} \right)^{0.25} \qquad 當\ \mathrm{Re}_b = 1 \sim 500 \tag{5-5}$$

$$Nu_b = 0.71 c_n \, \mathrm{Re}_b^{0.5} \, \mathrm{Pr}_b^{0.36} \left(\frac{\mathrm{Pr}_b}{\mathrm{Pr}_w} \right)^{0.25} \qquad 當\ \mathrm{Re}_b = 500 \sim 10^3 \tag{5-6}$$

$$Nu_b = 0.35c_n \mathrm{Re}_b^{0.63} \mathrm{Pr}_b^{0.36} \left(\frac{\mathrm{Pr}_b}{\mathrm{Pr}_w}\right)^{0.25} \left(\frac{P_t}{P_l}\right)^{0.2} \quad \text{當 } \mathrm{Re}_b = 10^3 \sim 2\times10^5 \tag{5-7}$$

$$Nu_b = 0.031c_n \mathrm{Re}_b^{0.8} \mathrm{Pr}_b^{0.4} \left(\frac{\mathrm{Pr}_b}{\mathrm{Pr}_w}\right)^{0.25} \left(\frac{P_t}{P_l}\right)^{0.2} \quad \text{當 } \mathrm{Rc}_b = 2\times10^5 \sim 2\times10^6 \tag{5-8}$$

除了熱傳部份的計算外，壓降部份的計算也是非常重要，然而，不像熱傳部份有經驗計算方程式，Žukauskas (1998)以圖形表示法來計算壓降，壓降係以無因次的*Eu* (Euler number)來表示，*Eu*與一些無因次特殊參數 P_t^* 及 P_l^* 有關，相關的定義如下：

$$Eu = \frac{\Delta P}{\frac{1}{2}\rho u_c^2 \cdot N} \tag{5-9}$$

$$P_t^* = \frac{P_t}{d_o} \tag{5-10}$$

$$P_l^* = \frac{P_l}{d_o} \tag{5-11}$$

由式5-9可知，如果知道管排數*N*、最小流道內的速度u_c與*Eu*數便可算出壓降ΔP，Žukauskas (1998)整理的圖表分爲排列與交錯型式，詳見圖5-4與圖5-5，請注意其中同樣引進一個校正參數χ，χ與雷諾數及$\left(P_t^*-1\right)/\left(P_l^*-1\right)$有關。使用這些圖表來計算壓降$\Delta P$的過程如下：

(1) 由操作條件算出 Re_b、P_t^*、P_l^*與$\left(P_t^*-1\right)/\left(P_l^*-1\right)$

(2) 若爲排列型式則使用圖5-4，若爲交錯型式則使用圖5-5

(3) 由圖表查出 Eu/χ 與χ值

(4) 如果要考慮因爲溫度變化所造成流體物性變化的影響的話，則可使用下式：

$$Eu_b = Eu\left(\frac{\mu_w}{\mu_b}\right)^{P1} \tag{5-12}$$

其中下標*w*代表以管壁溫度來計算，而*b*係以流體中心溫度來計算，另外

$$P1=\begin{cases}0 & \text{若雷諾數大於 1000}\\ -0.0018\,\mathrm{Re}+0.28 & \text{若流體通過管陣時被加熱}\\ -0.0026\,\mathrm{Re}+0.43 & \text{若流體通過管陣時被冷卻}\end{cases} \tag{5-13}$$

(5) 由 $\Delta P=\left(\dfrac{Eu}{\chi}\right)(\chi)\dfrac{1}{2}\rho u_c^2\cdot N$ 算出壓降

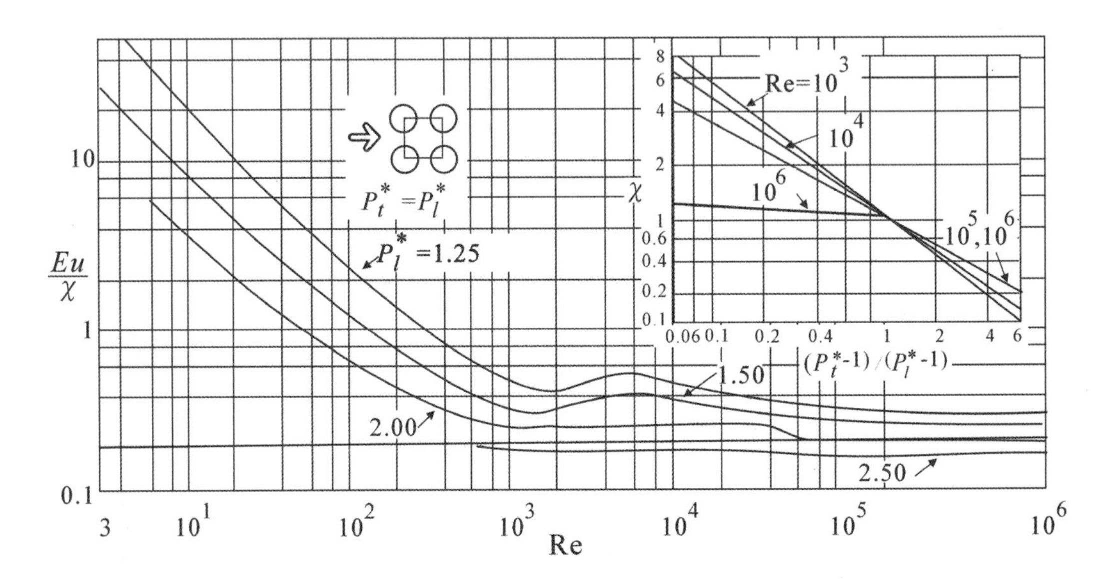

圖5-4 排列型式管陣下之 Eu/χ，χ 與雷諾數間的關係

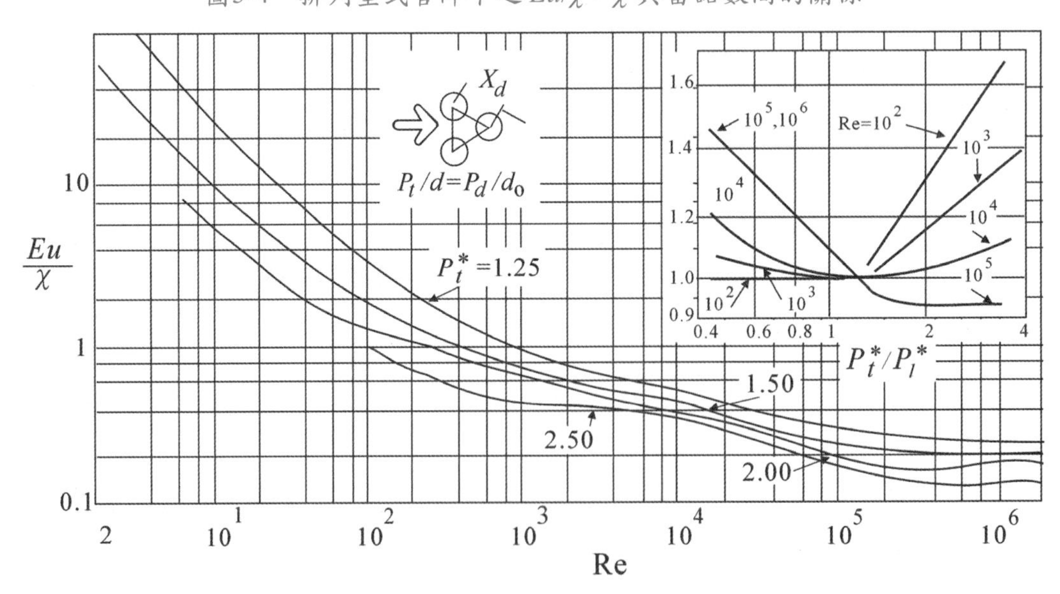

圖5-5 交錯型式管陣下之 Eu/χ，χ 與雷諾數間的關係

Žukauskas (1998) 所提出的經驗方程式雖然最廣爲使用，然而最近的研究發現如果管排數N較小且雷諾數較低時($N < 8$，$Re_b < 1000$)，該方程式熱傳預測性能偏低，因此Wang et al. (2001)與Lee et al. (2001)分別提出交錯型與排列式管陣熱傳與壓降的修正方程式如下：

$$Nu_{\mathrm{mod,staggered}} = \begin{cases} 1.35 Nu_{\check{Z}} & N = 1 \\ 1.7 Nu_{\check{Z}} & 1 < N < 8,\ \mathrm{Re}_b < 500 \\ 1.38 Nu_{\check{Z}} & 1 < N < 8,\ 500 < \mathrm{Re}_b < 1000 \end{cases} \tag{5-14}$$

$$Eu_{\mathrm{mod,staggered}} = Eu_{\check{Z}} \left[1 + \left(P_t^* - 2.5 \right) \left(1 + 1.5 N^{-2.5} \right) K_{\mathrm{staggered}} \right] \tag{5-15}$$

$$\begin{aligned} K_{\mathrm{staggered}} &= -89.678 - \frac{5974.226}{\mathrm{Re}_b} + 61.743 P_t^* - \frac{180245.52}{\mathrm{Re}_b^2} \\ &\quad -10.589 \left(P_t^* \right)^2 + 1911.025 \left(\frac{P_t^*}{\mathrm{Re}_b} \right) \end{aligned} \tag{5-16}$$

$$Nu_{\mathrm{mod,inlined}} = (2.21 N^{-0.097} \mathrm{Re}^{-0.0115}) Nu_{\check{Z}} \tag{5-17}$$

$$Eu_{\mathrm{mod,inlined}} = Eu_{\check{Z}} \left[1 + \left(P_l^* - 2.5 \right) K_{\mathrm{inlined}} \right] \tag{5-18}$$

$$K_{\mathrm{inlined}} = 43.5 - 0.164 N^{2.5} - 72.73 \frac{\log_e(N)}{N} \tag{5-19}$$

5-2 分離型圓形鰭片熱交換器

分離型圓形鰭片在產業上的應用相當多，在許多廢熱回收、燃燒的應用上都可以看到它的蹤影，圖5-6爲此型熱交換器一些常用的符號說明，此型熱交換器熱流特性的研究也相當的多，Webb (1987)曾就該型熱交換器的測試資料與經驗方程式做過相當深入的探討，有興趣的讀者可以參考該篇著作；筆者在這裡根據Webb (1994)的推薦，提出下列的設計方程式供讀者參考。Webb (1994)建議在熱傳部份可使用Briggs and Young (1963)的方程式，而在壓降的部份則可使用Robinson and Briggs (1966)的方程式如下：

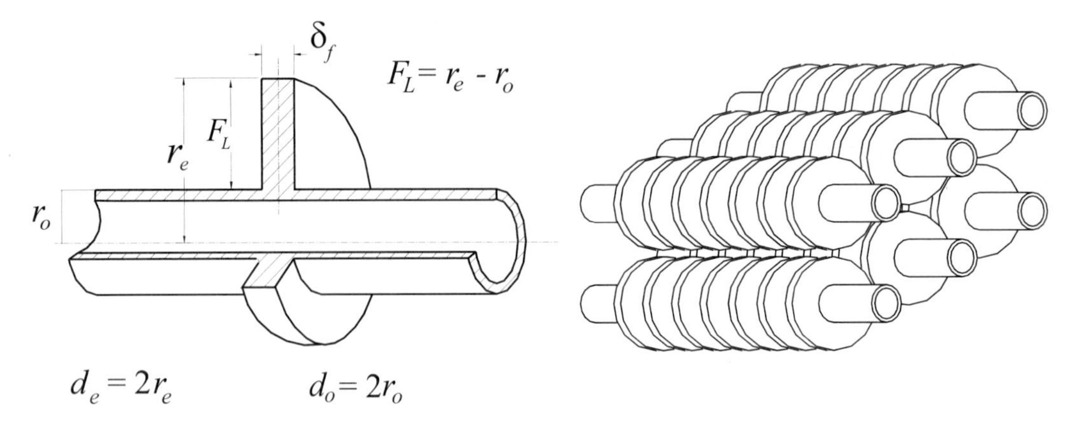

圖5-6 分離型圓形鰭片

$$j = 0.134\,\mathrm{Re}_{d_o}^{-0.319}\left(\frac{F_s}{F_L}\right)^{0.2}\left(\frac{F_s}{\delta_f}\right)^{0.11} \tag{5-20}$$

$$f = 9.47\,\mathrm{Re}_{d_o}^{-0.316}\left(\frac{P_t}{d_o}\right)^{-0.927}\left(\frac{P_t}{X_d}\right)^{0.11} \tag{5-21}$$

其中

$$X_d = \frac{\sqrt{P_t^2 + P_l^2}}{2} \tag{5-22}$$

Rabas et al. (1981)則提出較準確的方程式如下：

$$j = 0.292\,\mathrm{Re}_{d_o}^{n}\left(\frac{F_s}{d_o}\right)^{1.12}\left(\frac{F_s}{F_L}\right)^{0.26}\left(\frac{\delta_f}{F_s}\right)^{0.67}\left(\frac{d_e}{d_o}\right)^{0.47}\left(\frac{d_e}{\delta_f}\right)^{0.77} \tag{5-23}$$

$$f = 3.805\,\mathrm{Re}_{d_o}^{-0.234}\left(\frac{F_s}{d_o}\right)^{0.25}\left(\frac{F_L}{F_s}\right)^{0.76}\left(\frac{d_o}{d_e}\right)^{0.73}\left(\frac{d_o}{P_t}\right)^{0.71}\left(\frac{P_t}{P_l}\right)^{0.38} \tag{5-24}$$

其中

$$n = -0.415 + 0.0346\left(\frac{d_e}{F_s}\right) \tag{5-25}$$

請注意式5-20及式5-21僅適用於4排以上的熱交換器，而式5-23及式5-24僅適用於6排以上。另外這些方程式均使用管外徑d_o當作特徵長度。

5-3 連續式鰭片熱交換器

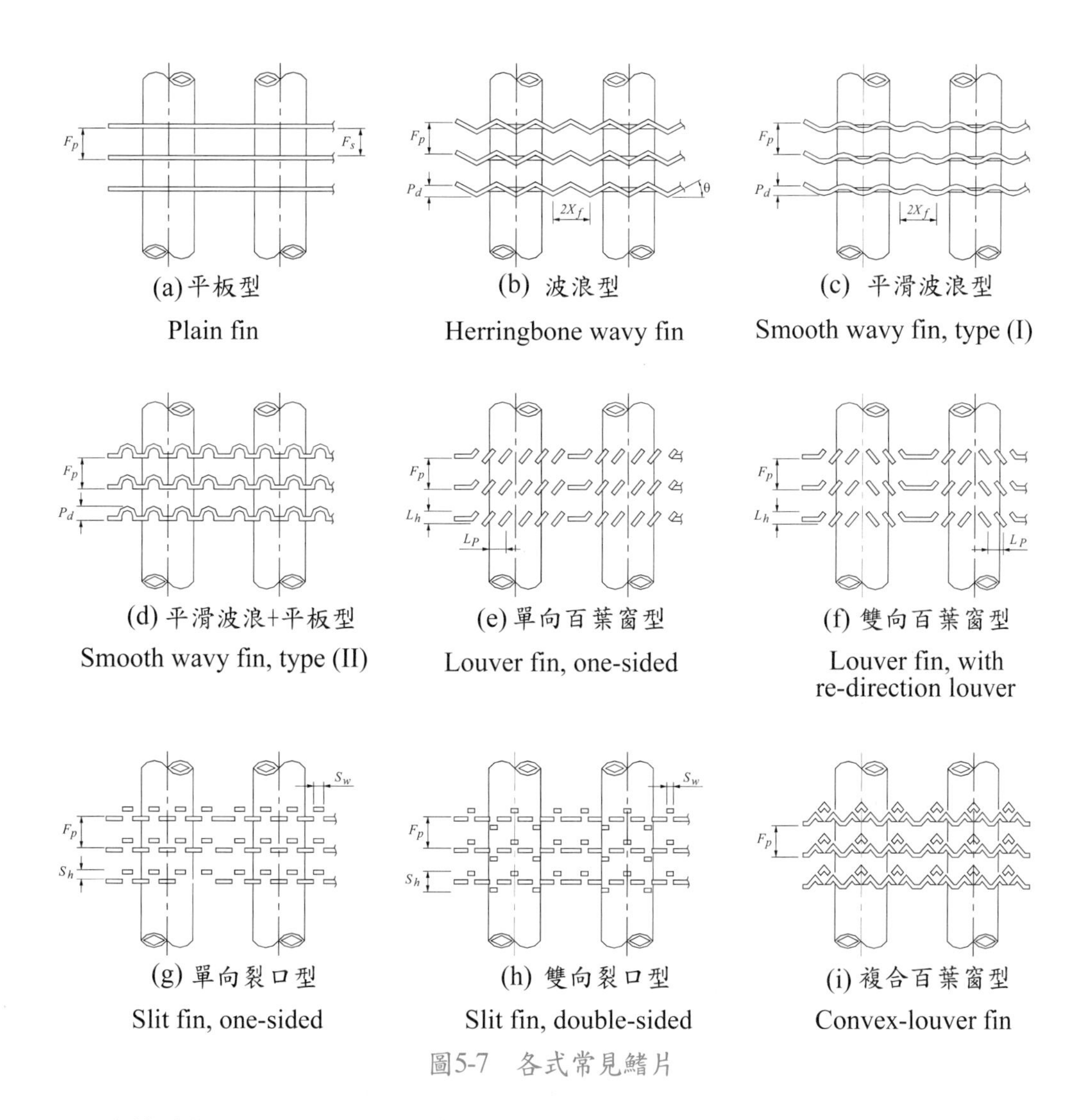

圖5-7　各式常見鰭片

連續式鰭片在冷凍空調上應用相當廣泛，圖5-7爲一些相當常見的連續式鰭片，包括平板式、波浪式、百葉窗式、裂口式及複合式百葉窗，這些鰭片型式均廣泛的應用於氣冷式熱交換器，在冷凍空調中，這種加強型的鰭片更是經常使用。原因無他，空氣本身實在是一個再差不過的熱傳介質，因此熱傳的阻抗幾乎全在空氣側，所以使用加強型的鰭片將會有效改善熱交換器的性能。雖然各式加強型鰭片很多，不過可資運用的經驗方程式及公開的資料還是相當欠缺，所以如何正確的使用各型鰭片的熱流特性資料，將是本章節的一個重點。有關鰭管式熱交換器的一些常見符號定義，可參照圖5-8的說明。

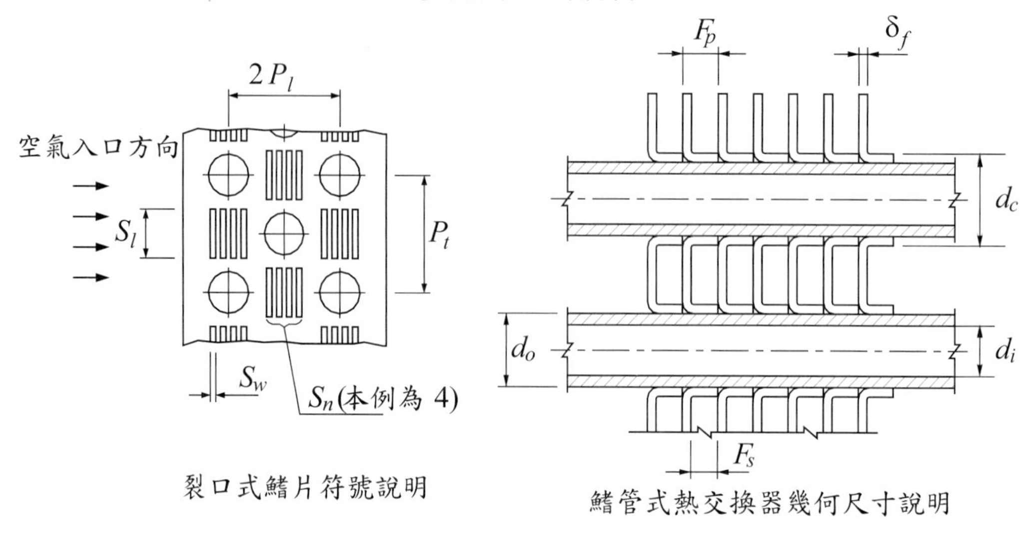

圖5-8 鰭管式熱交換器的一些符號定義

5-3-1 熱傳計算方法

在進一步介紹各式鰭片熱流特性方程式之前，有需要先向讀者介紹這種連續鰭片的分析方法，這是因爲許多現有的文獻中對這類熱交換器的性能分析方法相當分歧，爲此，Wang et al. (2000a)針對現有文獻的一些疑點提出說明與建議，Wang et al. (2000a)發現在現有文獻中有關此類測試性能的差異大致來自四個方面，即：

(1) 鰭片與熱傳管間的接觸阻抗

(2) 分析方法

(3) 管內與管外阻抗的計算方法

(4) 實驗誤差

下面筆者針對一些已公開的測試資料來做進一步的說明：

圖5-9爲四排平板鰭管式熱交換器的熱傳性能測試值，圖中的資料來源包括Wang et al. (1996a)，Seshimo and Fujii (1991)，McQuiston (1978a)，與Kayansayan (1993) et al.的測試結果；圖中各組人馬的熱交換器的縱向管截距(P_t)與橫向管截距(P_l)均相同，根據Rich (1973)與Wang et al. (1996a)的測試結果顯示鰭片間距對四排平板型鰭片性能的影響甚小，所以，若以此結果來推斷，上述研究中的測試結果都應該差不多，不過如果讀者仔細觀察圖5-9的話，應該會發現測試結果上

下的差異超過100%！從這裡就可以瞭解其中應有不少問題值得進一步的釐清；根據Wang et al. (2000a)的研究，Kayansayan (1993)的測試件可能因為水壓漲管不良，造成測試件品質不穩定，因而呈現測試數據分散不一致的現象，McQuiston (1978a)也可能如此，Wang et al. (1996a)與Seshimo and Fujii (1991)間的差異則來自於接觸阻抗。在一般應用中，接觸阻抗很難去詳細評估，所以一般研究者均將此接觸阻抗納入到空氣側的阻抗中，Wang et al. (1996a)即是採用這種方法來分析，但是Seshimo and Fujii (1991)則以兩種方式來表示其熱傳性能，他們早期的研究中也將接觸阻抗放在空氣側的阻抗中，所以可以看到圖5-10中Seshimo (1988)的結果與Wang et al. (1996a)所測的結果幾乎相同；Seshimo and Fujii (1991)將空氣側的阻抗減掉接觸阻抗(使用Naito 1970所發展的經驗方程式)，其結果($-h_c$)當然較其他結果為高(見圖5-9)，但如果將接觸阻抗的計算值加回($+h_c$)，由圖5-9可看出幾乎與Wang et al. (1996a)的測試結果完全一致。

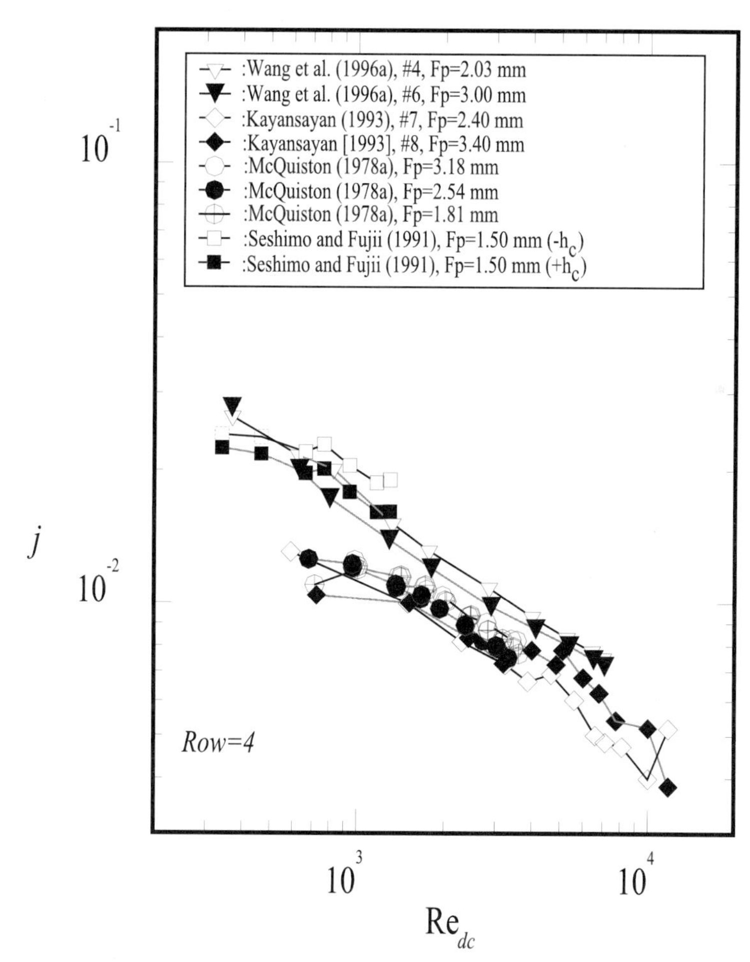

圖5-9 為四排平板式鰭管式熱交換器的熱傳性能測試值

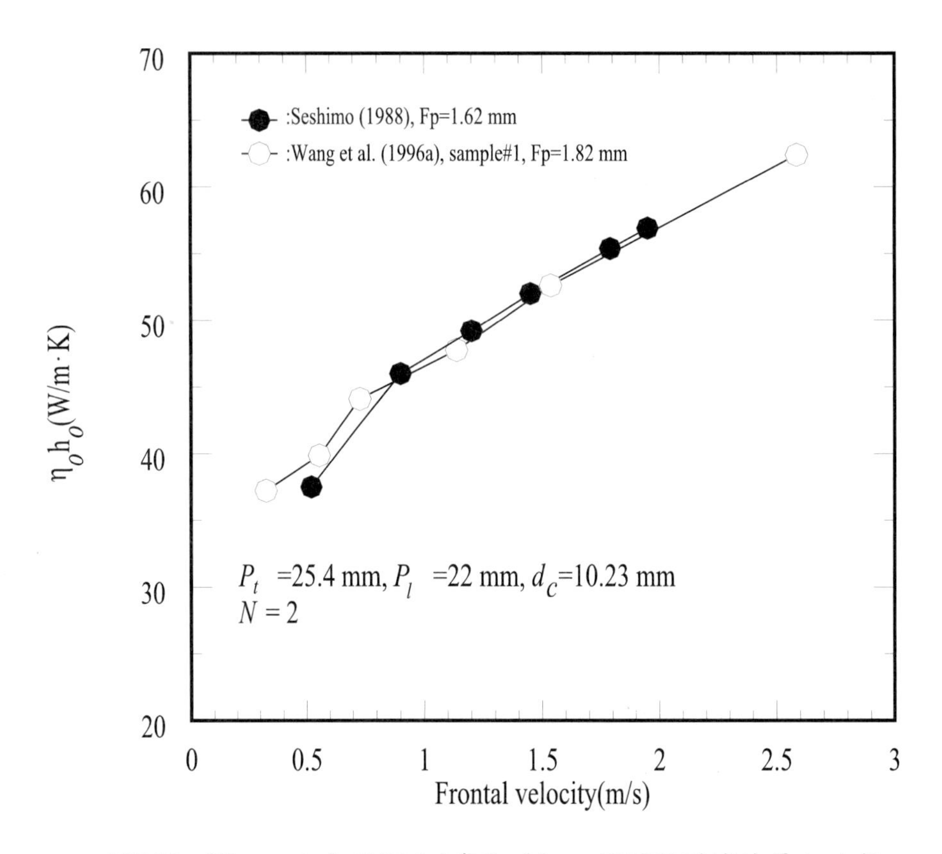

圖5-10 Wang et al. (1996a)與Seshimo (1988)測試結果之比較

當然，如果可以很精確的去估算接觸阻抗，必然可以更準確的來估算空氣側的阻抗；然而在實際應用上，很難去詳細的算出接觸阻抗，如果廠商使用機械漲管來製造，應該會有較穩定的品質，但是即使是使用機械式漲管，讀者也可以理解漲管用的衝頭會隨著漲管次數的增加而產生磨耗，可想而知，接觸阻抗的影響一直在變化，是故筆者建議接觸阻抗應可併入於空氣側的阻抗中。上述的說明主要是提醒讀者在使用相關的經驗方程式時，要先去瞭解研究者發展的方程式是否將接觸阻抗排除，如果是，那麼使用者在設計時，先要使用相關的接觸阻抗方程式再加回來！

另外有一點要提醒讀者，歐美研究者多習慣以空氣側的熱傳係數，h_o，來表示空氣側的熱傳性能，不過日本與韓國的研究者則較喜歡將表面效率(surface efficiency，$\eta_o = 1 - \frac{A_f}{A_o}(1-\eta_f)$)併入空氣側的性能計算；當然表面效率的計算較爲繁瑣，不過空氣側的熱傳係數不會受鰭片材質的影響，但若將表面效率併入熱傳係數的最大缺點在於萬一鰭片不是使用鋁片時，將會造成嚴重的問題！(知道爲什麼嗎？請參閱第三章密集式熱交換器的鰭片效率的定義或參照式5-20 ~ 5-21，相信可以很容易的找到這個問題的答案)；無論如何，讀者在使用相關研究的經驗方程式時，請確實弄清楚空氣側性能是否已包含表面效率；筆者與工研院同仁所發展的方程式都已將表面效率部份分離(即歐美派)，而所使用的鰭片效率方法是以Schmidt (1949)法爲主，說明如下：

$$\eta_o = 1 - \frac{A_f}{A_o}\left(1 - \eta_f\right) \tag{5-26}$$

$$\eta_f = \frac{\tanh\left(mr\phi\right)}{mr\phi} \tag{5-27}$$

$$m = \sqrt{\frac{2h_o}{k_f \delta_f}} \tag{5-28}$$

$$\phi = \left(\frac{r_{eq}}{r} - 1\right)\left[1 + 0.35\ln\left(\frac{r_{eq}}{r}\right)\right] \tag{5-29}$$

若鰭片型式爲交錯型排列，

$$\frac{r_{eq}}{r} = 1.27\frac{X_M}{r}\left(\frac{X_L}{X_M} - 0.3\right)^{1/2} \tag{5-30}$$

若鰭片型式爲排列型式(inline layout)或是單排熱交換器($N = 1$)，

$$\frac{r_{eq}}{r} = 1.28\frac{X_M}{r}\left(\frac{X_L}{X_M} - 0.2\right)^{1/2} \tag{5-31}$$

Hong and Webb (1996) 發現當$r_{eq}/r > 3$ 且$m(r_{eq} - r) > 2.0$時，Schmidt (1949)的近似值的誤差會超過5%。不過在一般應用上，可容許誤差多在這個範圍之內，爲了快速運算，筆者建議使用Schmidt (1949) 法。

此外，另一個爭議的議題爲特徵長度的選定，如果讀者還有印象的話，第三章的密集式熱交換器中，Kays and London (1984)建議以水力直徑D_h來作爲特徵長度，也就是以雷諾數 = G_cD_h/μ來表示與Nu或是j之間的關係。不過在一般鰭管式熱交換器中，使用外管徑d_o可能是一個比較好的選擇，最主要的原因是可以較輕易的將測試數據整理出經驗方程式來(可參考Rich 1973, 1975的文章)。因此筆者與同事均以d_c(擴管後的外徑加上兩倍的鰭片厚度 = $d_o + 2\delta_f$)來整理及表示實驗結果。

另外一點要提醒讀者，在計算熱交換器性能時，要正確的使用ε-NTU的關係式，雖然氣冷式熱交換器多使用交錯流動型式，但是ε-NTU關係式也與管排數有關，一般而言，管排數超過4 排以上時，可使用$N \to \infty$的結果來近似，若小於或等於4排則可參考表5-1 ESDU (1991) 所提供的方程式。

表5-1　交錯流動下ε-NTU與排數的關係式

N 排數	C_{min}較小的一側	關係式
1	空氣側 Air	$\varepsilon = \frac{1}{C^*}\left[1-e^{-C^*\left(1-e^{-NTU}\right)}\right]$
	管側 Tube	$\varepsilon = 1-e^{-\frac{\left(1-e^{-NTU\cdot C^*}\right)}{C^*}}$
2	空氣側 Air	$\varepsilon = \frac{1}{C^*}\left[1-e^{-2KC^*}\left(1+C^*K^2\right)\right]$，$K = 1-e^{-NTU/2}$
	管側 Tube	$\varepsilon = 1-e^{-2K/C^*}\left(1+\frac{K^2}{C^*}\right)$，$K = 1-e^{-NTU\cdot C^*/2}$
3	空氣側 Air	$\varepsilon = \frac{1}{C^*}\left[1-e^{-3KC^*}\left(1+C^*K^2(3-K)+\frac{3\left(C^*\right)^2K^4}{2}\right)\right]$，$K = 1-e^{-NTU/3}$
	管側 Tube	$\varepsilon = 1-e^{-3K/C^*}\left(1+\frac{K^2(3-K)}{C^*}+\frac{3K^4}{2(C^*)^2}\right)$，$K = 1-e^{-NTU\cdot C^*/3}$
4	空氣側 Air	$\varepsilon = \frac{1}{C^*}\left[1-e^{-4KC^*}\left(1+C^*K^2\left(6-4K+K^2\right)+4\left(C^*\right)^2K^4(2-K)+\frac{8\left(C^*\right)^3K^6}{3}\right)\right]$ $K = 1-e^{-NTU/4}$
	管側 Tube	$\varepsilon = 1-e^{-4K/C^*}\left(1+\frac{K^2\left(6-4K+K^2\right)}{C^*}+\frac{4K^4(2-K)}{(C^*)^2}+\frac{8K^6}{3(C^*)^3}\right)$ $K = 1-e^{-NTU\cdot C^*/4}$
∞	-	$\varepsilon = 1-\exp\left[NTU^{0.22}\cdot\left\{\exp\left(-C^*\cdot NTU^{0.78}\right)-1\right\}/C^*\right]$ 注意：本式為近似方程式

5-3-2 平板型鰭片(plain fin surfaces)

表 5-2 1970年代迄今平板式鰭片之相關研究

研究者	測試件	d_o (mm)	F_p (mm)	P_t (mm)	P_l (mm)	N	測試範圍 (m/s)	提出方程式?
McQuiston and Tree (1971)	2	10.3	1.78, 3.18	20.3	17.6	-	0.5~5.9	N
Rich (1973)	8	13.3	1.23~8.7	31.8	27.5	4	0.95~21	N
Rich (1975)	6	13.2	1.75	31.8	27.5	1~6	1.44~16.3	N
Elmahdy and Biggs (1978)	1 5 1	9.91 13.5 13.5	3.14 3.81~1.75 2.15	25.4 31.8 38.1	22 27.4 32.8	6 4 8	0.8~4.5	Y
McQuiston (1978)	5	9.96	1.81~6.35	25.4	22	4	0.5~4	N
McQuiston (1981)	-	-	-	-	-	-		Y
Kays and London (1984)	1 1	10.21 17.17	3.175 3.28	25.4 38.1	22 44.45	- -		N
Gray and Webb (1986)	-	-	-	-	-	-		Y
Kayansayan (1993)	3 3 1 3	9.52 9.52 12.5 16.3	2.34~3.34 2.34~4.34 2.34 2.34~4.34	25.4 30 31.8 40.0	22 26 32 34.7	4 4 4 4	0.5~10	Y*1
Seshimo and Fujii (1991)	5 8 4 4	6.35 7.94 9.52 9.52 9.52	1.2~2.1 1.2~2.3 1.5 25.4 1.0~6.0	20.4 20.4 25.4 20.4 25.4	17.7 17.7 32/22/20/18 17.7 22	1~2 1 1 1~5	0.5~2.5	Y*2
Wang, et. al. (1996a)	15	10.06	1.74~3.2	25.4	22	2~6	0.3~6.5	Y
Wang et. al. (1997a)	4	7.2	1.21, 1.71	20.4	12.7	2~3	0.3~8.0	Y*3
Wang et. al. (2000b,2000c)	18	7.3 8.28 10.0	1.21~1.78 1.21~2.06 1.21~2.06	21 25.4 25.4	12.7 19.05 19.05	2, 4 1~4 1~4	0.3~6.5	Y*4

說明：除1排外，測試件均為交錯排列(staggered)

*1 Kayansayan (1993) 的方程式僅適用其個人的測試件

*2 Seshimo and Fujii (1991) 的方程式僅適用他們測試件的1、2排

*3 Wang et al. (1997a) 的方程式係修改Gray and Webb (1986) 的方程式，且僅適用熱傳部份

*4 Wang et al. (2000c)所提出的方程式係由7批資料來源所整理，共74個測試件發展而來

如圖5-7所示，鰭片的樣式相當多，各式各樣的增強型鰭片在使用上也相當的普遍，不過平板式鰭片仍然是目前應用最多最廣的型式，可想而知，平板型鰭片長期使用的信賴性會比其他型式好；有關平板型鰭片的熱流特性研究相當的多，表5-2顯示從1970年代以來迄今最重要的相關研究。

由表5-2中雖然可看出有不少的研究，不過這些研究中仍存在相當多的問題，某些研究甚至有很多的錯誤，關於這點，Wang et al. (2000a, 2000b, 2000c)有較爲深入的探討，有興趣的讀者可以參考這部份資料，筆者在本章節中將以交代經驗方程式供熱交換器設計使用爲主。

McQuiston (1978b)根據5組測試件的結果(McQuiston, 1978a；$F_p = 1.81\sim6.35$ mm, $d_o = 9.96$ mm，$P_l = 22$ mm，$P_t = 25.4$ mm且$N = 4$)，並整合Rich (1973,1975)的測試結果，提出鰭片係數(finning factor = A_o/A_t，A_o爲熱交換器總面積，A_t爲熱傳管部份的面積)，並提出最早的平板鰭片性能方程式如下：

$$\frac{j_N}{j_4} = \frac{1-1280N\,\mathrm{Re}_{P_l}^{-1.2}}{1-5120\,\mathrm{Re}_{P_l}^{-1.2}} \tag{5-32}$$

$$f = 0.0004094 + 1.382\,\mathrm{Re}_{d_c}^{-0.5}\left(\frac{P_t-d_c}{4F_s}\right)^{-0.8}\left(\frac{P_t}{D^*}-1\right)^{-1}\left(\frac{d_c}{D^*}\right)^{0.5} \tag{5-33}$$

其中

$$j_4 = 0.0014 + 0.2618\,\mathrm{Re}_{d_c}^{-0.4}\left(\frac{A_o}{A_t}\right)^{-0.15} \tag{5-34}$$

$$\frac{D^*}{d_c} = \left(\frac{A_o}{A_t}\right)\left(\frac{F_p}{P_t-d_c+F_p}\right) \tag{5-35}$$

式5-32中的j_N代表管排數爲N時的整個熱交換器的平均j值(非指第N排)，而j_4代表管排數爲4排的整個熱交換器的平均j值，請注意雷諾數的下標d_c代表以d_c爲特徵長度，而P_l則代表以P_l爲特徵長度，F_s與F_p的定義可由圖5-8得知；McQuiston的方程式顯示熱傳特性與鰭片係數有相當關聯，即$j \sim (A_o/A_t)^{-0.15}$。McQuistion (1978b)宣稱他所提出的摩擦係數方程式可以涵蓋測試資料的±35%。Kayansayan (1993)同樣以鰭片係數來整理他的測試結果(共10組測試件，均爲4排管)如下：

$$j_4 = 0.15\,\mathrm{Re}_{d_c}^{-0.28}\left(\frac{A_o}{A_t}\right)^{-0.362} \tag{5-36}$$

Gray and Webb (1986)則根據五組研究報告的結果，提出下列的方程式：

$$\frac{j_N}{j_4} = 0.991\left[2.24\,\mathrm{Re}_{d_c}^{-0.092}\left(\frac{N}{4}\right)^{-0.031}\right]^{0.607(4-N)} \tag{5-37}$$

$$f = f_f\left(\frac{A_f}{A_o}\right) + f_t\left(1-\frac{A_f}{A_o}\right)\left(1-\frac{\delta_f}{F_p}\right) \tag{5-38}$$

其中

$$j_4 = 0.14\,\mathrm{Re}_{d_c}^{-0.328}\left(\frac{P_t}{P_l}\right)^{-0.502}\left(\frac{F_s}{d_c}\right)^{0.0312} \tag{5-39}$$

$$f_f = 0.508\,\mathrm{Re}_{d_c}^{-0.521}\left(\frac{P_t}{d_c}\right)^{1.318} \tag{5-40}$$

式5-37預測的平均誤差(mean deviation)爲7.3%，而式5-38的誤差爲7.8%。式5-39中的A_f代表鰭片的面積；請注意Gray and Webb (1986)將平板鰭片的摩擦係數分成單純傳熱管的摩擦係數f_t與鰭片的摩擦係數f_f，如式5-32所示，Gray and Webb (1986)僅針對f_f部份提出方程式(見式5-40)，至於f_t部份的估算，則以5-1章節的裸管部份的圖表來計算。Gray and Webb (1986)熱傳部份的方程式的精確度與McQuiston (1978b)差不多，而壓降部份的預測能力則遠較McQuiston好。不管是McQuiston (1978b)或是Gray and Webb (1986)的方程式，在熱傳方面的一個結論就是熱傳特性與鰭片間距關聯不大，這個結論的來源係根據Rich (1973)4排管的測試結果而來，Wang et al. (1996a)亦證實在4排管時，鰭片間距的影響的確很小；由於McQuiston (1978b)與Gray and Webb (1986)在發展方程式時均使用Rich (1973,1975)的測試資料，所以可想見的他們的方程式結果就會顯示這樣的結論，但是如果排數較少時，鰭距是不是還是沒有影響呢？比較近的研究指出並非如此，例如Seshimo and Fujii (1991)，Wang and Chang (1998) 與 Wang et al. (2000b)均指出在$N = 1$或 $N = 2$時，熱傳性能會隨著鰭距縮小而增大，因此，平板型鰭片的設計方程式有必要進一步的修正，所以，Wang et al. (2000c) 根據 74組測試件的測試資料，整理出現階段中最爲精確的平板式方程式如下：

當 $N = 1$，

$$j = 0.108\,\mathrm{Re}_{d_c}^{-0.29}\left(\frac{P_t}{P_l}\right)^{P1}\left(\frac{F_p}{d_c}\right)^{-1.084}\left(\frac{F_p}{D_h}\right)^{-0.786}\left(\frac{F_p}{P_t}\right)^{P2} \tag{5-41}$$

其中

$$P1 = 1.9 - 0.23\log_e\left(\mathrm{Re}_{d_c}\right) \tag{5-42}$$

$$P2 = -0.236 + 0.126\log_e\left(\mathrm{Re}_{d_c}\right) \tag{5-43}$$

$$D_h = \frac{4A_cL}{A_o} \tag{5-44}$$

式5-44中A_c爲最小流道面積，L爲熱交換器深度，而A_o爲總面積。

當$N \geq 2$，

$$j = 0.086\,\mathrm{Re}_{d_c}^{P3}\,N^{P4}\left(\frac{F_p}{d_c}\right)^{P5}\left(\frac{F_p}{D_h}\right)^{P6}\left(\frac{F_p}{P_t}\right)^{-0.93} \tag{5-45}$$

其中

$$P3 = -0.361 - \frac{0.042N}{\log_e(\mathrm{Re}_{d_c})} + 0.158\log_e\left(N\left(\frac{F_p}{d_c}\right)^{0.41}\right) \tag{5-46}$$

$$P4 = -1.224 - \frac{0.076\left(\frac{P_l}{D_h}\right)^{1.42}}{\log_e(\mathrm{Re}_{d_c})} \tag{5-47}$$

$$P5 = -0.083 + \frac{0.058N}{\log_e(\mathrm{Re}_{d_c})} \tag{5-48}$$

$$P6 = -5.735 + 1.21\log_e\left(\frac{\mathrm{Re}_{d_c}}{N}\right) \tag{5-49}$$

摩擦係數如下：

$$f = 0.0267\,\mathrm{Re}_{d_c}^{F1}\left(\frac{P_t}{P_l}\right)^{F2}\left(\frac{F_p}{d_c}\right)^{F3} \qquad (5\text{-}50)$$

其中

$$F1 = -0.764 + 0.739\frac{P_t}{P_l} + 0.177\frac{F_p}{d_c} - \frac{0.00758}{N} \qquad (5\text{-}51)$$

$$F2 = -15.689 + \frac{64.021}{\log_e(\mathrm{Re}_{d_c})} \qquad (5\text{-}52)$$

$$F3 = 1.696 - \frac{15.695}{\log_e(\mathrm{Re}_{d_c})} \qquad (5\text{-}53)$$

請注意Wang et al. (2000c)所發展的摩擦係數是f，並不是Gray and Webb (1986)的f_f，讀者若使用筆者所發展的方程式時，不需要再去算f_t然後再由式5-32來合成。筆者所發展的熱傳方程式的平均誤差爲7.53%，摩擦係數的平均誤差爲8.31%，這組方程式是公開資料中最爲精準的！

5-3-3 波浪型鰭片 (wavy fin geometry)

5-3-3-1 Herringbone wavy fin

有關 herringbone fin 的外型可參考圖5-7；第一個對herringbone型波浪鰭片作深入探討的研究來自於Beecher and Fagan (1987)。他們發表了21組的測試結果(都是三排管)，不過，他們並不是以我們一般常用的*LMTD*或ε-*NTU*法來整理數據，而是以數學平均溫差(arithmetic mean temperature difference, *AMTD*)來整理數據；此法在實際應用上，很少人採用，而且，他們的測試樣本也經過特殊的設計而顯得非常特別；他們將電熱線嵌入於鰭片當中來模擬鰭片維持在一等溫的條件下，基本上，這個實驗方法的困難度甚高，而且Beecher and Fagan (1987)並沒有完整交代實驗的不準度；若以他們的方法，鰭片效率將高達100%！基本上這與實際的情形已有所不同，以這種方法來測試，事實上已將接觸阻抗排除在空氣側阻抗之外，所以可想見Beecher and Fagan (1987)的數據都會比一般實測值爲高，Webb (1990)根據Beecher and Fagan (1987)的測試結果提出下列的方程式：

$$Nu_H = \begin{cases} 0.5Gz^{0.86}\left(\dfrac{P_t}{d_c}\right)^{0.11}\left(\dfrac{F_s}{d_c}\right)^{-0.09}\left(\dfrac{P_d}{P_l}\right)^{0.12}\left(\dfrac{2X_f}{P_l}\right)^{-0.34} & \text{Gz} \le 25 \\ 0.83Gz^{0.76}\left(\dfrac{P_t}{d_c}\right)^{0.13}\left(\dfrac{F_s}{d_c}\right)^{-0.16}\left(\dfrac{P_d}{P_l}\right)^{0.25}\left(\dfrac{2X_f}{P_l}\right)^{-0.43} & \text{Gz} > 25 \end{cases} \tag{5-54}$$

其中

$$Nu_H = hD_H/k \tag{5-55}$$

$$Gz = \text{Re}_H \text{Pr} D_H/L \tag{5-56}$$

$$\text{Re}_H = \rho u_m D_H/\mu \tag{5-57}$$

$$D_H = \frac{2F_s(1-\beta)}{(1-\beta)\sec\theta + 2F_s\beta/d_c} \tag{5-58}$$

$$\beta = \frac{\pi d_c^2}{4P_tP_l} \tag{5-59}$$

$$\sec\theta = \frac{\sqrt{P_d^2 + (2X_p)^2}}{2X_p} \tag{5-60}$$

$$u_m = \frac{u_{fr}}{\sigma(1-\beta)} \tag{5-61}$$

基本上，筆者個人認爲Beecher and Fagan (1987)的資料並不適合用來發展方程式；雖然如此，Kim et al. (1997)將Beecher and Fagan (1987)及Wang et al. (1997b)的測試資料整理後，提出下列的方程式：

$$\frac{j_N}{j_3} = \begin{cases} 0.987 - 0.01N & \text{當 } \text{Re}_{d_c} \ge 1000, N = 1,2 \\ 1.35 - 0.162N & \text{當 } \text{Re}_{d_c} < 1000, N = 1,2 \end{cases} \tag{5-62}$$

$$f = f_f\left(\frac{A_f}{A_o}\right) + f_t\left(1 - \frac{A_f}{A_o}\right)\left(1 - \frac{\delta_f}{F_p}\right) \tag{5-63}$$

其中

$$j_3 = 0.394\,\mathrm{Re}_{d_c}^{-0.357}\left(\frac{P_t}{P_l}\right)^{-0.272}\left(\frac{F_s}{d_c}\right)^{-0.205}\left(\frac{X_f}{P_d}\right)^{-0.558}\left(\frac{P_d}{F_s}\right)^{-0.133} \tag{5-64}$$

$$f_f = 4.467\,\mathrm{Re}_{d_c}^{-0.423}\left(\frac{P_t}{P_l}\right)^{-1.08}\left(\frac{F_s}{d_c}\right)^{-1.08}\left(\frac{X_f}{P_d}\right)^{-0.672} \tag{5-65}$$

請注意不管是Webb方程式(1990)或是Kim et al. (1997)經驗式的預測值都比一般實驗值高，這或許是他們都使用了Beecher and Fagan (1987)的資料庫。因此，筆者並不推薦使用這些經驗方程式。

近年來筆者以實驗方式進行了一系列波浪型鰭片特性的研究(Wang et al., 1997b, 1998a, 1999a, 1999b, 1999c)，包括鰭片間距(F_p)、管排數(N)、波浪高度(P_d)及入口處的波浪狀結構(edge corrugation)對熱流特性的影響，都有相當深入的探討，依據管徑大小的區分，筆者亦提出兩套方程式供讀者參考。

對較大的管徑 (d_o = 12.7 mm 與15.88 mm，俗稱四分和五分管)，Wang et al. (1999a)提出下列的方程式：

$$j = 1.79097\,\mathrm{Re}_{d_c}^{J1}\left(\frac{P_l}{\delta_f}\right)^{-0.456} N^{-0.27}\left(\frac{F_p}{d_c}\right)^{-1.343}\left(\frac{P_d}{X_f}\right)^{0.317} \tag{5-66}$$

$$f = 0.05273\,\mathrm{Re}_{d_c}^{f1}\left(\frac{P_d}{X_f}\right)^{f2}\left(\frac{F_p}{P_t}\right)^{f3}\left(\log_e\left(\frac{A_o}{A_t}\right)\right)^{-2.726}\left(\frac{D_h}{d_c}\right)^{0.1325} N^{0.02305} \tag{5-67}$$

其中

$$J1 = -0.1707 - 1.374\left(\frac{P_l}{\delta_f}\right)^{-0.493}\left(\frac{F_p}{d_c}\right)^{-0.886} N^{-0.143}\left(\frac{P_d}{X_f}\right)^{-0.0296} \tag{5-68}$$

$$f1 = 0.1714 - 0.07372\left(\frac{F_p}{P_l}\right)^{0.25}\left(\frac{P_d}{X_f}\right)^{-0.2}\log_e\left(\frac{A_o}{A_t}\right) \tag{5-69}$$

$$f2 = 0.426\left(\frac{F_p}{P_t}\right)^{0.3}\log_e\left(\frac{A_o}{A_t}\right) \tag{5-70}$$

$$f3 = \frac{-10.2192}{\log_e(\mathrm{Re}_{d_c})} \tag{5-71}$$

對較小的管徑 (d_o = 9.53 mm與 7.94 mm，俗稱三分和兩分半管)，Wang et al.

(1999c)提出下列的方程式：

$$j = 0.324\,\mathrm{Re}_{d_c}^{J1}\left(\frac{F_p}{P_l}\right)^{J2}(\tan\theta)^{J3}\left(\frac{P_l}{P_t}\right)^{J4}N^{0.428} \tag{5-72}$$

$$f = 0.01915\,\mathrm{Re}_{d_c}^{F1}(\tan\theta)^{F2}\left(\frac{F_p}{P_l}\right)^{F3}\left(\log_e\left(\frac{A_o}{A_t}\right)\right)^{-5.35}\left(\frac{D_h}{d_c}\right)^{1.3796}N^{-0.0916} \tag{5-73}$$

其中

$$J1 = -0.229 + 0.115\left(\frac{F_p}{d_c}\right)^{0.6}\left(\frac{P_l}{D_h}\right)^{0.54}N^{-0.284}\log_e(0.5\tan\theta) \tag{5-74}$$

$$J2 = -0.251 + \frac{0.232N^{1.37}}{\log_e\left(\mathrm{Re}_{d_c}\right) - 2.303} \tag{5-75}$$

$$J3 = -0.439\left(\frac{F_p}{D_h}\right)^{0.09}\left(\frac{P_l}{P_t}\right)^{-1.75}N^{-0.93} \tag{5-76}$$

$$J4 = 0.502\left(\log_e\left(\mathrm{Re}_{d_c}\right) - 2.54\right) \tag{5-77}$$

$$F1 = 0.4604 - 0.01336\left(\frac{F_p}{P_l}\right)^{0.58}\log_e\left(\frac{A_o}{A_t}\right)(\tan\theta)^{-1.5} \tag{5-78}$$

$$F2 = 3.247\left(\frac{F_p}{P_t}\right)^{1.4}\log_e\left(\frac{A_o}{A_t}\right) \tag{5-79}$$

$$F3 = \frac{-20.113}{\log_e(\mathrm{Re}_{d_c})} \tag{5-80}$$

此外，Wang et al. (2002a)以更大的數據資料庫(61個波浪狀鰭片)的測試資料，整理出一通用的計算方程式如下(此方程式適用範圍甚廣，但缺點在於將資料切割成 Re_{d_c} 小於1000與大於1000兩部份，如果設計點在 Re_{d_c} 等於1000附近時，將會出現一些不連續的現象)：

$$j=\begin{cases}0.882\,\mathrm{Re}_{d_c}^{J1}\left(\dfrac{d_c}{D_h}\right)^{J2}\left(\dfrac{F_s}{P_t}\right)^{J3}\left(\dfrac{F_s}{d_c}\right)^{-1.58}(\tan\theta)^{-0.2}, & \mathrm{Re}_{d_c}<1000\\ 0.0646\,\mathrm{Re}_{d_c}^{j1}\left(\dfrac{d_c}{D_h}\right)^{j2}\left(\dfrac{F_s}{P_t}\right)^{-1.03}\left(\dfrac{P_l}{d_c}\right)^{0.432}(\tan\theta)^{-0.692}N^{-0.737}, & \mathrm{Re}_{d_c}\geq 1000\end{cases} \quad (5\text{-}81)$$

$$f=\begin{cases}4.37\,\mathrm{Re}_{d}^{F1}\left(\dfrac{F_s}{d_h}\right)^{F2}\left(\dfrac{P_l}{P_t}\right)^{F3}\left(\dfrac{d_c}{D_h}\right)^{0.2054}N^{F4}, & \mathrm{Re}_{d_c}<100\\ 0.228\,\mathrm{Re}_{d_c}^{f1}(\tan\theta)^{f2}\left(\dfrac{F_s}{P_l}\right)^{f3}\left(\dfrac{P_l}{d_c}\right)^{f4}\left(\dfrac{d_c}{D_h}\right)^{0.383}\left(\dfrac{P_l}{P_t}\right)^{-0.247}, & \mathrm{Re}_{d_c}\geq 100\end{cases} \quad (5\text{-}82)$$

其中

$$J1=0.0045-0.491\,\mathrm{Re}_{d_c}^{-0.0316-0.0171\log_e(N\tan\theta)}J0 \quad (5\text{-}83)$$

$$J0=\left(\frac{P_l}{P_t}\right)^{-0.109\log_e(N\tan\theta)}\left(\frac{d_c}{D_h}\right)^{0.542+0.0471N}\left(\frac{F_s}{d_c}\right)^{0.984}\left(\frac{F_s}{P_t}\right)^{-0.349} \quad (5\text{-}84)$$

$$J2=-2.72+6.84\tan\theta \quad (5\text{-}85)$$

$$J3=2.66\tan\theta \quad (5\text{-}86)$$

$$j1=-0.0545-0.0538\tan\theta-0.302\,j0 \quad (5\text{-}87)$$

$$j0=N^{-0.24}\left(\frac{F_s}{P_l}\right)^{-1.3}\left(\frac{P_l}{P_t}\right)^{0.379}\left(\frac{P_l}{D_h}\right)^{-1.35}\tan\theta^{-0.256} \quad (5\text{-}88)$$

$$j2=-1.29\left(\frac{P_l}{P_t}\right)^{1.77-9.43\tan\theta}\left(\frac{d_c}{D_h}\right)^{0.229-1.43\tan\theta}N^{-0.166-1.08\tan\theta}\left(\frac{F_s}{P_t}\right)^{-0.174l\log_e(0.5N)} \quad (5\text{-}89)$$

$$F1=-0.574-0.137(\log_e(\mathrm{Re}_{d_c})-5.26)^{0.245}F0 \quad (5\text{-}90)$$

$$F0=\left(\frac{P_t}{d_c}\right)^{-0.765}\left(\frac{d_c}{D_h}\right)^{-0.243}\left(\frac{F_s}{D_h}\right)^{-0.474}(\tan\theta)^{-0.217}N^{0.035} \quad (5\text{-}91)$$

$$F2=-3.05\tan\theta \quad (5\text{-}92)$$

$$F3=-0.192N \quad (5\text{-}93)$$

$$F4=-0.646\tan\theta \quad (5\text{-}94)$$

$$f1=-0.141\left(\frac{F_s}{P_l}\right)^{0.0512}(\tan\theta)^{-0.472}\left(\frac{P_l}{P_t}\right)^{0.35}\left(\frac{P_t}{D_h}\right)^{0.449\tan\theta}N^{-0.049+0.237\tan\theta} \tag{5-95}$$

$$f2=-0.562(\log_e(\mathrm{Re}_{d_c}))^{-0.0923}N^{0.013} \tag{5-96}$$

$$f3=0.302\,\mathrm{Re}_{d_c}^{0.03}\left(\frac{P_t}{d_c}\right)^{0.026} \tag{5-97}$$

$$f4=-0.306+3.63\tan\theta \tag{5-98}$$

5-3-3-2 平滑波浪型鰭片(smooth wavy fin)

如圖5-7(c)所示，另一種波浪型鰭片的波峰及波谷呈現平滑的曲線，爲什麼要使用這種形狀呢？5-3-3-1節的herringbone鰭片有什麼缺點呢？這可以從Wang et al. (1999d)的研究中看出一些端倪，Wang et al. (1999b)發現如果鰭片間距較小且波浪角度小於20°時，波浪型鰭片所增加的熱傳性能不過5~10%(相較於同樣尺寸的平板鰭片)，可是增加的壓降可能達40~60%！當然這種壓降大幅增加的情況會隨著鰭片間距增加而縮小，可是這個時候增加的熱傳就會更小！因此爲了大幅降低壓降，才有這種平滑型的波浪鰭片的產生；圖5-11爲Sparrow and Hossfeld (1984)將一波浪曲折的通道平滑化前後的熱流特性比較，從圖中就可清楚的看出平滑後的好處，平滑後只會稍稍的降低熱傳性能卻可大幅的降低壓降。有關這種平滑的波浪鰭片，就筆者的瞭解，台灣市場上幾乎沒有，不過在美國市場上倒還算是普遍；不幸的是幾乎沒有詳細的研究來報導平滑波浪型鰭片的熱流特性，唯一公開的資料是Mirth and Ramadhyani (1994)的資料；Mirth and Ramadhyani (1994)共測試兩種平滑型鰭片(圖5-7(c)與圖5-7(d))，並提出這兩種款式鰭片的經驗方程式如下：

$$Nu=0.0197\,\mathrm{Re}_{2F_s}^{0.94}\left(\frac{F_s}{P_t-d_c}\right)^{0.3}\left(1+\frac{111900}{\left(\mathrm{Re}_{2F_s}\left(\frac{L}{2F_s}\right)\right)^{1.2}}\right)\mathrm{Pr}^{1/3} \tag{5-99}$$

$$f=f_f\left(\frac{A_f}{A_o}\right)+f_t\left(1-\frac{A_f}{A_o}\right)\left(1-\frac{\delta_f}{F_p}\right) \tag{5-100}$$

其中

$$Nu = \frac{h(2F_s)}{k} \tag{5-101}$$

$$\mathrm{Re}_{2F_s} = \frac{G_c(2F_s)}{\mu} \tag{5-102}$$

$$f_f = \begin{cases} 0.375\,\mathrm{Re}_{P_d}^{-0.368} & \text{圖5-7(c)} \\ 8.64\,\mathrm{Re}_{P_d}^{-0.457}\left(\dfrac{2F_s}{P_d}\right)^{0.473}\left(\dfrac{L}{P_d}\right)^{-0.545} & \text{圖5-7(d)} \end{cases} \tag{5-103}$$

$$f_t = \frac{2.17}{\left(\dfrac{P_t}{d_c}\right)^{1.08}} - \frac{0.174\,\mathrm{Re}_{d_c}}{\left(\dfrac{P_t}{d_c}\right)^{1.24}} \tag{5-104}$$

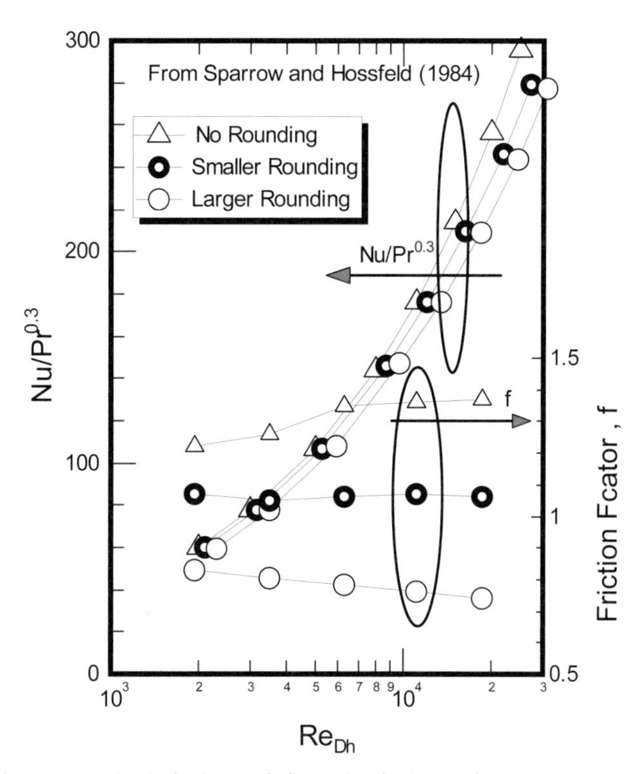

圖5-11 平滑波浪通道與一般波浪通道之性能比較

值得注意的是，式5-103顯示圖5-7(d)型式的平滑波浪型式的摩擦係數與管排數有強烈的關聯，這個結果倒是始料未及，詳細的原因目前尚不清楚，不過Wang et al. (1999g)最近發現5-3-3-1節的herringbone鰭片在結露除濕運轉條件下也有同樣的情形。

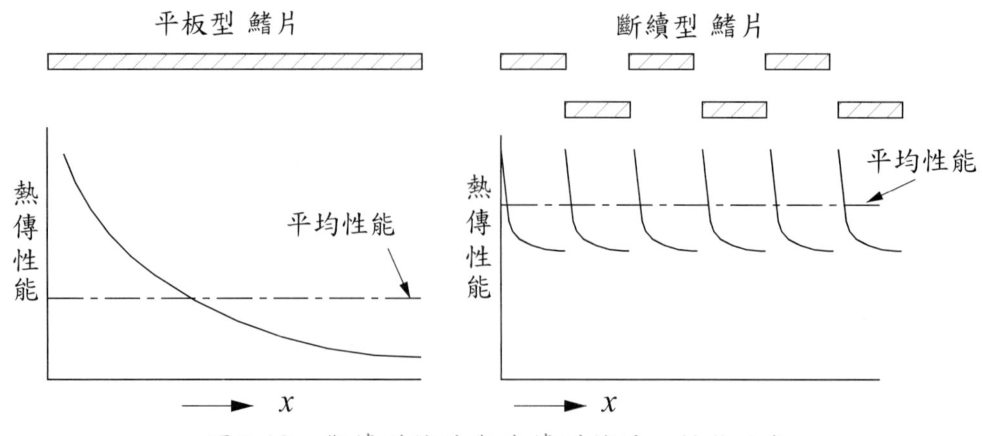

圖5-12 斷續型鰭片與連續型鰭片之性能比較

5-3-4 斷續型鰭片(interrupted fin geometry)

上述鰭片都是連續型的鰭片，不過，在實際氣冷式熱交換器應用上，使用斷續型的鰭片也是非常的普遍，這是因爲斷續型鰭片可以打斷熱邊界層的發展，促使重新成長(見圖5-12)；因此斷續型的鰭片性能會比連續型的鰭片性能好很多，接下來筆者將介紹一系列常見的斷續型鰭片之性能方程式。

5-3-4-1 扁管式百葉窗型鰭片(louver fin – with flat tube)

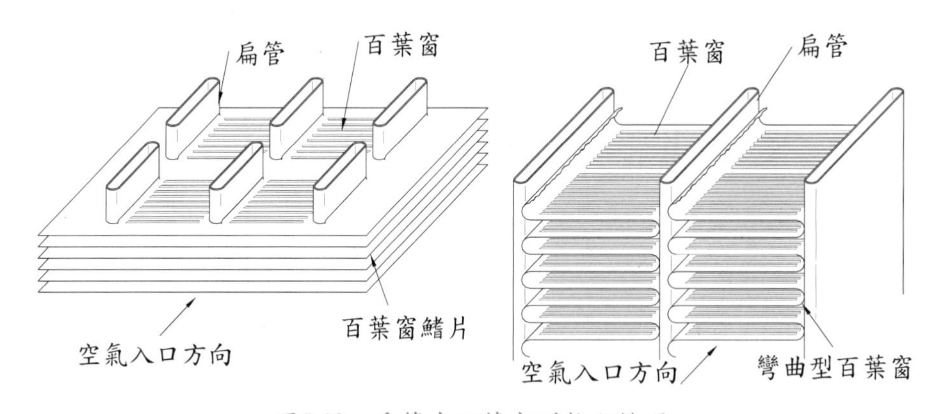

圖5-13 扁管式百葉窗型熱交換器

最常見的斷續型鰭片爲百葉窗式，這是因爲百葉窗型鰭片可以非常快速的大量生產，而且熱傳性能遠較平板型鰭片爲好。有關百葉窗型鰭片大致上有兩種應用，一種是使用於汽車上的扁管型百葉窗型式(圖5-13)，或是家用或商用空調漲管式的圓管式熱交換器(圖5-14)，車用扁管式熱交換器多使用硬焊的方式來接合傳熱管與鰭片；在汽車上使用的氣冷式熱交換器幾乎清一色使用扁管(而且多是鋁合金擠製管)，除了鋁重量較輕外，根據 Webb and Jung (1992)的研究，相較於圓管，使用扁管有下列熱流考量上的優點：

1. 空氣通過鰭片時幾乎與傳熱管的方向垂直。
2. 扁管後面無效的熱傳區域較小。
3. 鰭片效率較高。
4. 扁管所造成的壓降較小。

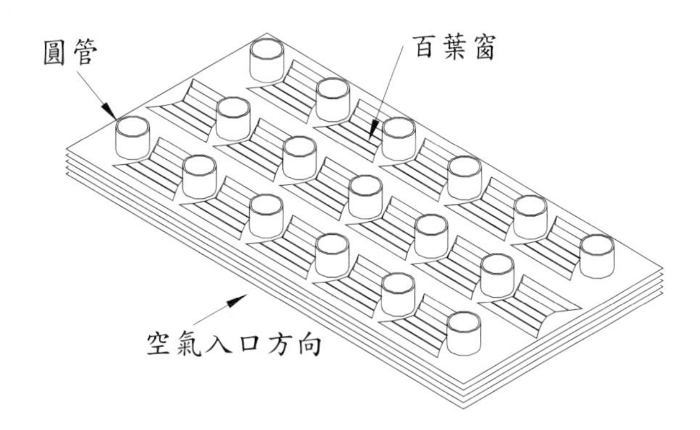

圖5-14　圓管式百葉窗型熱交換器

不過可以想見的，使用硬焊式的扁管熱交換器成本會比較高，而且熱交換器與系統管路的銜接上也比較困難，此外如果需要採用漲管方式來製造，技術上的困難度也會比較高。在過去二十年來有相當多的研究在探討扁管式百葉窗型鰭片的性能，最近，Chang and Wang (1997) 與Chang et al. (2000)根據8組研究報告共91個各型扁管型熱交換器，整理出如下的經驗方程式：

$$j = \mathrm{Re}_{L_p}^{-0.49}\left(\frac{\theta}{90}\right)^{0.27}\left(\frac{F_p}{L_p}\right)^{-0.14}\left(\frac{F_l}{L_p}\right)^{-0.29}\left(\frac{T_d}{L_p}\right)^{-0.23}\left(\frac{L_l}{L_p}\right)^{0.68}\left(\frac{T_p}{L_p}\right)^{-0.28}\left(\frac{\delta_f}{L_p}\right)^{-0.05} \quad (5\text{-}105)$$

$$f = f1 \times f2 \times f3 \quad (5\text{-}106)$$

其中

$$f1 = \begin{cases} 14.39\,\mathrm{Re}_{L_p}^{(-0.805F_p/F_l)}\left(\log_e\left(1.0+\left(F_p/L_p\right)\right)\right)^{3.04} & \mathrm{Re}_{L_p} < 150 \\ 4.97\,\mathrm{Re}_{L_p}^{0.6049-1.064/\theta^{0.2}}\left(\log_e\left(0.9+\left(\delta_f/F_p\right)^{0.5}\right)\right)^{-0.527} & 150 < \mathrm{Re}_{L_p} < 5000 \end{cases} \quad (5\text{-}107)$$

$$f2=\begin{cases}\left(\log_e\left(\left(\delta_f/F_p\right)^{0.48}+0.9\right)\right)^{-1.435}\left(D_h/L_p\right)^{-3.01}\left(\log_e\left(0.5\mathrm{Re}_{Lp}\right)\right)^{-3.01} & \mathrm{Re}_{L_p}<150\\ \left(\left(D_h/L_p\right)\log_e\left(0.3\mathrm{Re}_{Lp}\right)\right)^{-2.966}\left(F_p/L_l\right)^{-0.7931\left(T_p/T_h\right)} & 150<\mathrm{Re}_{L_p}<5000\end{cases}$$

(5-108)

$$f3=\begin{cases}\left(F_p/L_l\right)^{-0.308}\left(F_d/L_l\right)^{-0.308}\left(e^{-0.1167T_p/D_m}\right)\theta^{0.35} & \mathrm{Re}_{L_p}<150\\ \left(T_p/D_m\right)^{-0.0446}\left(\log_e\left(1.2+\left(L_p/F_p\right)^{1.4}\right)\right)^{-3.553}\theta^{-0.477} & 150<\mathrm{Re}_{L_p}<5000\end{cases}$$

(5-109)

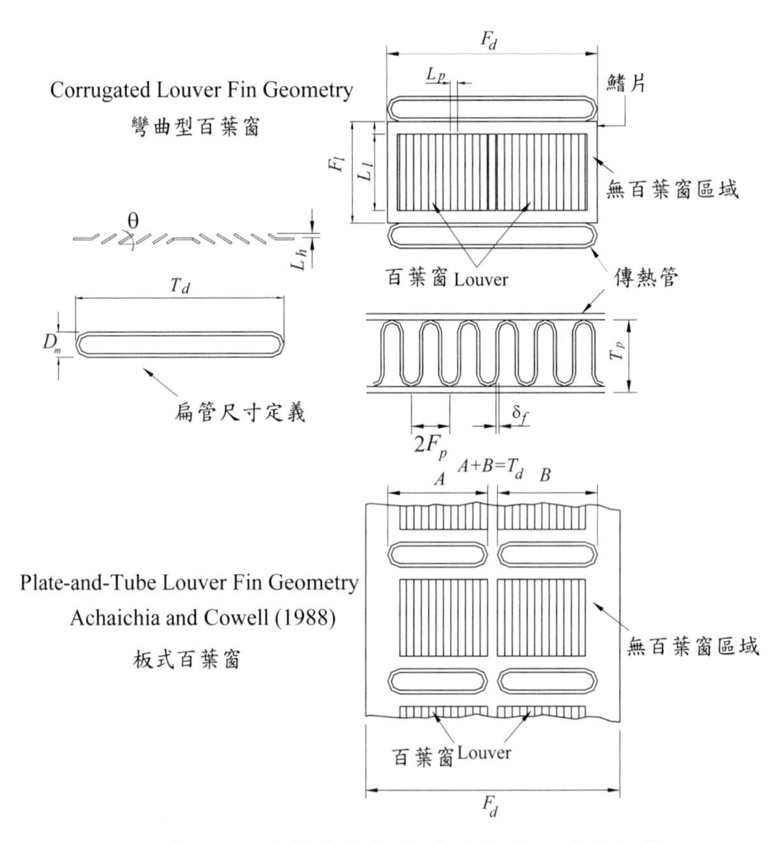

圖5-15 扁管式熱交換器的符號說明及定義

有關扁管式熱交換器的符號說明及定義詳見圖5-15。Chang and Wang (1997)與Chang et al. (2000)的設計方程式是該型熱交換器中預測能力最好的。不過，Chang et al. (2000)的摩擦方程式爲一兩段式型式($\mathrm{Re}_{LP}>150$ 與 $\mathrm{Re}_{LP}<150$)，故造成在$\mathrm{Re}_{LP}=150$上出現明顯的不連續現象，爲此，Chang et al. (2006)提出簡單的三段式做法來消除此一不連續情形，其做法如下：

(1) 如果$Re_{LP} > 230$或$Re_{LP} < 130$，則採用原式5-106~5-109的計算方法。

(2) 如果$230 \geq Re_{LP} \geq 130$，則摩擦係數可修正計算如下：

$$f = \sqrt[2]{\frac{(1+w) f^2_{Re_{Lp}=130} + (1-w) f^2_{Re_{Lp}=230}}{2}}$$

其中

$$w = 3.6 - 0.02\,Re_{Lp}$$

此一修正做法不僅可消除不連續現象並可些微的提升預測能力。

5-3-4-2 圓管式百葉窗鰭片(louver fin – with round tube)

空氣通過圓管管陣時會呈現週期性的加速與減速的特性，因此流動上也會比較複雜；有關此型鰭片較有系統的研究可以參考下列的研究文獻，即Chang et al. (1995)，Chi et al. (1998)和Wang et al. (1998b, 1998c, 1999d)。百葉窗型鰭片的一個特性就是管排數與鰭片間距的影響都比較小；根據筆者和同事的研究，Wang et al. (1999e) 提出百葉窗型鰭片的通用設計方程式如下：

當 $Re_{d_c} < 1000$

$$j = 14.3117\,Re_{d_c}^{J1} \left(\frac{F_p}{d_c}\right)^{J2} \left(\frac{L_h}{L_p}\right)^{J3} \left(\frac{F_p}{P_l}\right)^{J4} \left(\frac{P_l}{P_t}\right)^{-1.724} \qquad (5\text{-}110)$$

其中

$$J1 = -0.991 - 0.1055\left(\frac{P_l}{P_t}\right)^{3.1} \log_e\left(\frac{L_h}{L_p}\right) \qquad (5\text{-}111)$$

$$J2 = -0.7344 + 2.1059\left(\frac{N^{0.55}}{\log_e(Re_{d_c}) - 3.2}\right) \qquad (5\text{-}112)$$

$$J3 = 0.08485\left(\frac{P_l}{P_t}\right)^{-4.4} N^{-0.68} \qquad (5\text{-}113)$$

$$J4 = -0.1741 \log_e(N) \qquad (5\text{-}114)$$

當 $Re_{d_c} \geq 1000$

$$j=1.1373\,\mathrm{Re}_{d_c}^{J5}\left(\frac{F_p}{P_l}\right)^{J6}\left(\frac{L_h}{L_p}\right)^{J7}\left(\frac{P_l}{P_t}\right)^{J8}(N)^{0.3545} \tag{5-115}$$

其中

$$J5=-0.6027+0.02593\left(\frac{P_l}{D_h}\right)^{0.52}(N)^{-0.5}\log_e\left(\frac{L_h}{L_p}\right) \tag{5-116}$$

$$J6=-0.4776+0.40774\left(\frac{N^{0.7}}{\log_e(\mathrm{Re}_{d_c})-4.4}\right) \tag{5-117}$$

$$J7=-0.58655\left(\frac{F_p}{D_h}\right)^{2.3}\left(\frac{P_l}{P_t}\right)^{-1.6}N^{-0.65} \tag{5-118}$$

$$J8=0.0814\left(\log_e\left(\mathrm{Re}_{d_c}\right)-3\right) \tag{5-119}$$

摩擦係數的關係式如下：

當$N = 1$，

$$f=0.00317\,\mathrm{Re}_{d_c}^{F1}\left(\frac{F_p}{P_l}\right)^{F2}\left(\frac{D_h}{d_c}\right)^{F3}\left(\frac{L_h}{L_p}\right)^{F4}\left(\log_e\left(\frac{A_o}{A_t}\right)\right)^{-6.0483} \tag{5-120}$$

其中

$$F1=0.1691+4.4118\left(\frac{F_p}{P_l}\right)^{-0.3}\left(\frac{L_h}{L_p}\right)^{-2}\left(\log_e\left(\frac{P_l}{P_t}\right)\right)\left(\frac{F_p}{P_t}\right)^{3} \tag{5-121}$$

$$F2=-2.6642-14.3809\left(\frac{1}{\log_e(\mathrm{Re}_{d_c})}\right) \tag{5-122}$$

$$F3=-0.6816\log_e\left(\frac{F_p}{P_l}\right) \tag{5-123}$$

$$F4=6.4668\left(\frac{F_p}{P_t}\right)^{1.7}\log_e\left(\frac{A_o}{A_t}\right) \tag{5-124}$$

當$N > 1$，

$$f = 0.06393 \mathrm{Re}_{d_c}^{F5} \left(\frac{F_p}{d_c} \right)^{F6} \left(\frac{D_h}{d_c} \right)^{F7} \left(\frac{L_h}{L_p} \right)^{F8} N^{F9} \left(\log_e(\mathrm{Re}_{d_c}) - 4.0 \right)^{-1.093} \quad (5\text{-}125)$$

其中

$$F5 = 0.1395 - 0.0101 \left(\frac{F_p}{P_l} \right)^{0.58} \left(\frac{L_h}{L_p} \right)^{-2} \left(\log_e \left(\frac{A_o}{A_t} \right) \right) \left(\frac{P_l}{P_t} \right)^{1.9} \quad (5\text{-}126)$$

$$F6 = -6.4367 \left(\frac{1}{\log_e(\mathrm{Re}_{d_c})} \right) \quad (5\text{-}127)$$

$$F7 = 0.07191 \log_e \left(\mathrm{Re}_{d_c} \right) \quad (5\text{-}128)$$

$$F8 = -2.0585 \left(\frac{F_p}{P_t} \right)^{1.67} \log_e \left(\mathrm{Re}_{d_c} \right) \quad (5\text{-}129)$$

$$F9 = 0.1036 \left(\log_e \left(\frac{P_l}{P_t} \right) \right) \quad (5\text{-}130)$$

5-3-4-3 裂口型鰭片 (slit fin geometry)

Nakayama and Xu (1983)是第一個對裂口型鰭片提出熱流特性的研究者；根據三組熱交換器測試的結果，他們提出下列的經驗方程式：

$$j = j_p F_j \quad (5\text{-}131)$$

$$f = f_p \left(1 + F_f \right) = f_p \left(1 + 0.0105 \, \mathrm{Re}_{D_h}^{0.575} \right) \quad (5\text{-}132)$$

其中

$$j_p = 0.479 \, \mathrm{Re}_{D_h}^{-0.644} \quad (5\text{-}133)$$

$$F_j = 1.0 + 1093 \left(\frac{\delta_f}{F_s} \right)^{1.24} \phi_s^{0.944} \, \mathrm{Re}_{Dh}^{-0.58} + 1.097 \left(\frac{\delta_f}{F_s} \right)^{2.09} \phi_s^{2.26} \, \mathrm{Re}_{D_h}^{0.88} \quad (5\text{-}134)$$

$$\phi_s = \frac{(2N_s - 1) S_l S_w}{P_t P_l - \frac{\pi d_c^2}{4}} \quad (5\text{-}135)$$

$$f_p = 7.29\mathrm{Re}_{D_h}^{-0.6}\left(\frac{\delta_f}{F_p}\right)^{-0.6}\left(\frac{P_t}{d_c}\right)^{-0.927}\left(\frac{P_t}{P_l}\right)^{0.515} \tag{5-136}$$

j_p與f_p代表相對於平板型鰭片的j或f值；換句話說，裂口型鰭片的熱流特性就是等於平板型的熱流特性乘上一個加強係數；請注意Nakayama and Xu (1983)是使用水力直徑D_h當特徵長度。而且要特別注意Nakayama and Xu (1983) 已將表面效率加在熱傳性能當中，如果讀者要使用該方程式時，請務必不要再疊床架屋，重複將η_o的影響算進來，還記得5-3-1節中筆者提醒讀者注意的事嗎？許多日韓的研究都將表面效率與熱傳係數合併。所以讀者在使用時要很小心，千萬不要「竹竿併菜刀」了！可以理解的，Nakayama and Xu (1983)方程式的應用範圍相當有限；這點，Garimella et al. (1997)也有提及，一來他們的測試件相當少，二來他們的方程式顯示熱流特性與鰭片厚度有相當關聯，這是個不太合理的結果；因此若要外插他們的方程式到別的應用場合，可能會有很大的誤差！

Du and Wang (2000) 整合Wang et al. (1999f，裂口型，圖5-7(g))與Nakayama and Xu (1983，裂口型，圖5-7(g))的測試結果及新近測試的兩種上下裂口型鰭片(圖5-7(h))後，提出如下的經驗方程式：

$$j = 5.98\mathrm{Re}_{d_c}^{S1}\left(\frac{F_s}{d_c}\right)^{S2} N^{S3}\left(\frac{S_w}{S_h}\right)^{S4}\left(\frac{P_t}{P_l}\right)^{0.804} \tag{5-137}$$

$$f = 0.1851\mathrm{Re}_{d_c}^{S5}\left(\frac{F_s}{d_c}\right)^{S6}\left(\frac{S_w}{S_h}\right)^{S7} N^{-0.046} \tag{5-138}$$

其中

$$S1 = -0.647 + 0.198\frac{N}{\log_e(\mathrm{Re}_{d_c})} - 0.458\frac{F_s}{d_c} + 2.52\frac{N}{\mathrm{Re}_{d_c}} \tag{5-139}$$

$$S2 = 0.116 + 1.125\frac{N}{\log_e(\mathrm{Re}_{d_c})} + 47.6\frac{N}{\mathrm{Re}_{d_c}} \tag{5-140}$$

$$S3 = 0.49 + 175\frac{F_s/d_c}{\mathrm{Re}_{d_c}} - \frac{3.08}{\log_e(\mathrm{Re}_{d_c})} \tag{5-141}$$

$$S4 = -0.63 + 0.086S_n \tag{5-142}$$

$$S5 = -1.485 + 0.656\left(\frac{F_s}{d_c}\right) + 0.855\left(\frac{P_t}{P_l}\right) \tag{5-143}$$

$$S6 = -1.04 - \frac{125}{\mathrm{Re}_{d_c}} \tag{5-144}$$

$$S7 = -0.83 + 0.117 S_n \tag{5-145}$$

5-3-4-4 複合式百葉窗型鰭片(convex louver fin geometry)

複合式百葉窗型鰭片，簡單的說，就是百葉窗型鰭片與波浪型鰭片的綜合體，相關發表的文獻相當的少，僅有Hadata et al. (1989)及Wang et al. (1996b, 1998a)提出公開的報告。Hadata et al. (1989)的測試結果顯示複合式百葉窗型鰭片的熱傳係數約爲平板式的2.8倍，而壓降則爲3.3倍。Wang et al. (1996b)的研究則指出複合式百葉窗型鰭片的j值較平板型高99%，而摩擦係數則高183%；同時複合式百葉窗型鰭片的j值較波浪型鰭片高21%，而摩擦係數則高44%。根據Wang et al. (1996a)的結果與新的9組測試件的結果，Wang et al. (1998a)提出下列的設計方程式：

$$j = 16.06\,\mathrm{Re}_{d_c}^{-1.02\left(\frac{F_p}{d_c}\right)-0.256}\left(\frac{A_o}{A_t}\right)^{-0.601} N^{-0.069}\left(\frac{F_p}{d_c}\right)^{0.84} \tag{5-146}$$

$$f = \begin{cases} \mathrm{Re}_{d_c} < 1000 \\ \quad 0.264\left[0.105 + 0.708 e^{\frac{-\mathrm{Re}_{d_c}}{225}}\right]\mathrm{Re}_{d_c}^{-0.637}\left(\frac{A_o}{A_t}\right)^{0.263}\left(\frac{F_p}{d_c}\right)^{-0.317} \\ \mathrm{Re}_{d_c} > 1000 \\ \quad 0.768\left[0.0494 + 0.142 e^{\frac{-\mathrm{Re}_{d_c}}{1180}}\right]\left(\frac{A_o}{A_t}\right)^{0.0195}\left(\frac{F_p}{d_c}\right)^{-0.121} \end{cases} \tag{5-147}$$

請注意式5-146及式5-147僅適用於一種複合式百葉窗型鰭片，即P_t = 25.4 mm，P_l = 19.05 mm，θ = 14.5°，所以如果讀者要使用該方程式，請特別注意適用範圍。有關筆者所提出一系列的經驗方程式的適用範圍及精確度詳見表5-3，筆者建議最好不要外插到這些方程式的適用範圍之外。

表5-3 筆者與同事發展之鰭片性能方程式的準確度與應用範圍

鰭片型式	平板 plain	波浪 wavy	波浪 Wavy	百葉窗 (扁管) Louver	百葉窗 (圓管) louver	裂口式 slit	複合式百葉窗 convex-louver
適用方程式	5-41 5-45 5-50	5-66 5-67	5-72 5-73	5-105 5-106	5-110 5-115 5-120 5-125	5-137 5-128	5-146 5-147
發展方程式所使用的測試件數	74	18	27	91	49	50	18
平均誤差 (j)	7.53%	4.02%	6.44%	7.55%	5.72%	8.04%	-
平均誤差 (f)	8.31%	4.90%	5.01%	9.21%	8.73%	5.44%	-
Re_{d_c} or Re_{L_p}	300~20000	500~10000	300~8000	30~5000 (Re_{L_p})	300~8000	300~13000	300~8000
D_c or D_h (mm)	6.9~13.6	13.6~16.85	8.58~10.38	0. 82~5.02 (D_h)	6.93~10.42	7.52~16.3	8.54~10.3
P_t or T_p (mm)	20.4~31.8	31.75~38.1	25.4	7.51~25 (T_p)	17.7~25.4	17.32~38	25.4
P_l(mm)	12.7~32	27.5~33	19.05~25.04	-	12.7~22	15~33	19.05
F_p (mm)	1.0~8.7	2.98~6.43	1.21~3.66	0.51~3.25	1.2~2.49	1.2~2.5	1.21~2.54
N	1~6	1~6	1~6	1~2	1~6	1~6	1~4
θ(degree)	-	12.3~14.7	14.5~18.5	8.4~35	-	-	15.5
L_p or X_f or S_w(mm)	-	6.87~8.25	4.76~6.35	0.5~3	1.7~3.75	1~2.2	4.76
L_h or P_d or S_h (mm)	-	1.8	1.18~1.68	-	0.79~1.4	0.99~1.6	-

說明：1. 平板、波浪、圓管百葉窗及裂口型的摩擦係數已包含驟縮(K_c)與驟升係數(K_e)，

即：$$\Delta P = \frac{G_c^2}{2\rho_1}\left[\frac{A}{A_c}\frac{\rho_1}{\rho_m}f + (1+\sigma^2)\left(\frac{\rho_1}{\rho_2}-1\right)\right]$$

2. 扁管百葉窗及複合式百葉窗型鰭片的摩擦係數不包含驟縮與驟升係數，

即：$$f = \frac{A_c}{A_o}\frac{\rho_m}{\rho_1}\left[\frac{2\rho_1\Delta P}{G_c^2} - \left(K_c + 1 - \sigma^2\right) - 2\left(\frac{\rho_1}{\rho_2}-1\right) + \left(1-\sigma^2-K_e\right)\frac{\rho_1}{\rho_2}\right]$$

3. 計算方程式僅適用交錯型排列

5-3-4-5 次世代鰭片-渦流產生器(vortex generator)

如前面的說明，鰭片的演進從第一代的連續鰭片(平板、波浪)到現在最流行的斷續型鰭片(裂口、百葉窗等)，雖然第二代鰭片可以有效的提升熱傳性能，但其增加的摩擦阻抗也相當的驚人，因此搭配的流體機械的負擔與連帶的噪音問題的考量也就格外重要，過去十多年來有不少研究投入第三代鰭片的開發，所謂第三代鰭片係指渦流產生器(vortex generator)，常見的渦流產生器如圖5-16所示，渦流產生器在航太的應用上相當的普遍(例如飛機翅膀上經常會使用渦流產生器以減緩氣流在邊界層的分離現象)。

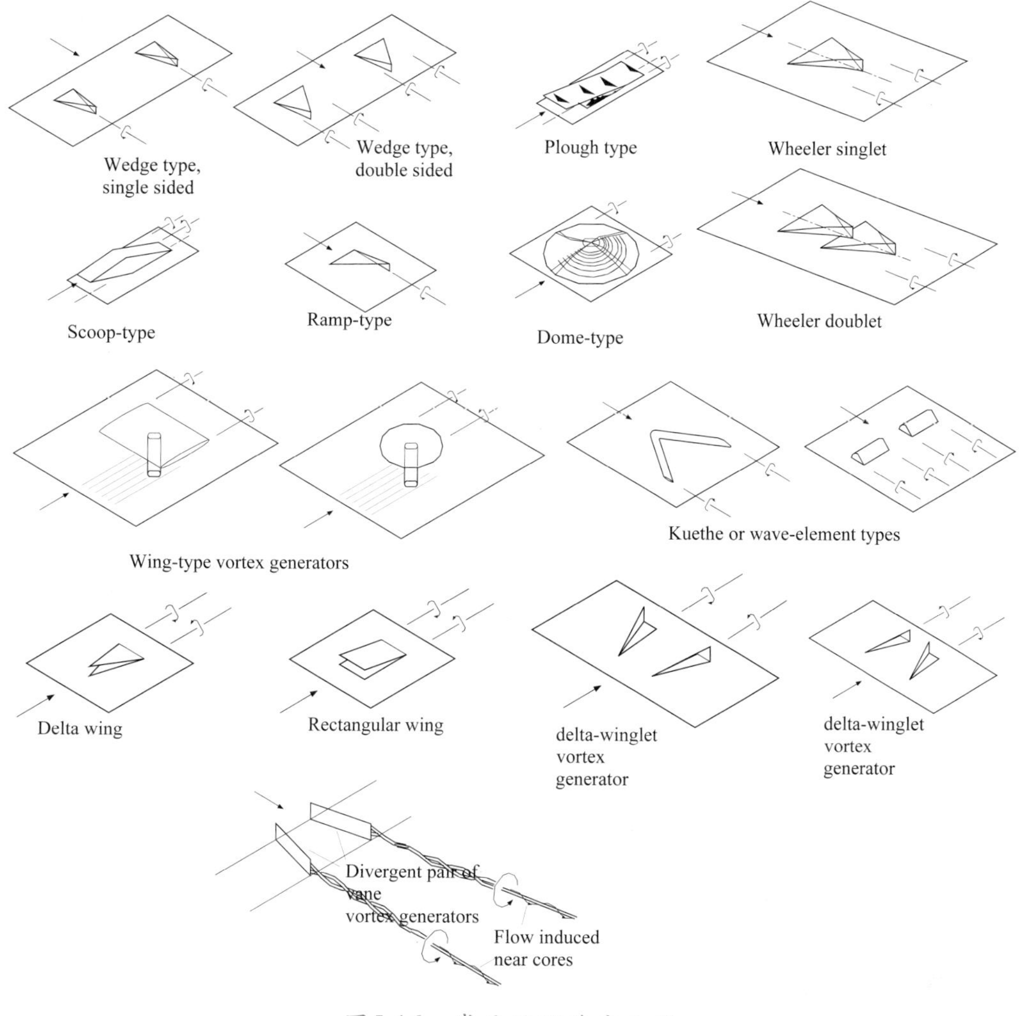

圖5-16　常見的渦流產生器

所謂渦流產生器乃在工作表面上置入某種特殊的形狀，此一形狀會使通過該處的流體產生轉動，這裡要特別提醒讀者，產生的轉動方向非常重要，渦流產生器所產生出的渦流運動結構大致分爲兩種，一爲橫向渦流(transverse vortices)，另一爲縱向渦流(longitudinal vortices)。橫向渦流其轉動軸與流體流動方向垂直，而縱向渦流的轉動軸與流體流動方向平行，這裡所強調的渦流產生器係指能夠產生縱向渦流而言，因爲橫向渦流不僅無法提升熱傳性能更會增加摩擦阻抗。縱向渦流可以適度的提升熱傳但不會大幅提升壓降，其主要原因在於摩擦阻抗與流動方向速度的梯度有關(即$\partial u/\partial y$，u爲流動方向速度，y爲垂直流動方向的座標)；對橫向渦流而言，由於流體出現分離會明顯增加此一速度梯度，因而促使壓降增加；相反的，縱向渦流流動下其轉動來自v、w (即x、z方向)速度的貢獻，因此並不會顯著增加壓降(甚至有研究指出某些特別狀況反而有較小的壓降，筆者在波浪通道內的研究觀察也發現這個特別的現象)，而且轉動會促使熱交換面與中心流體更有效的熱交換。

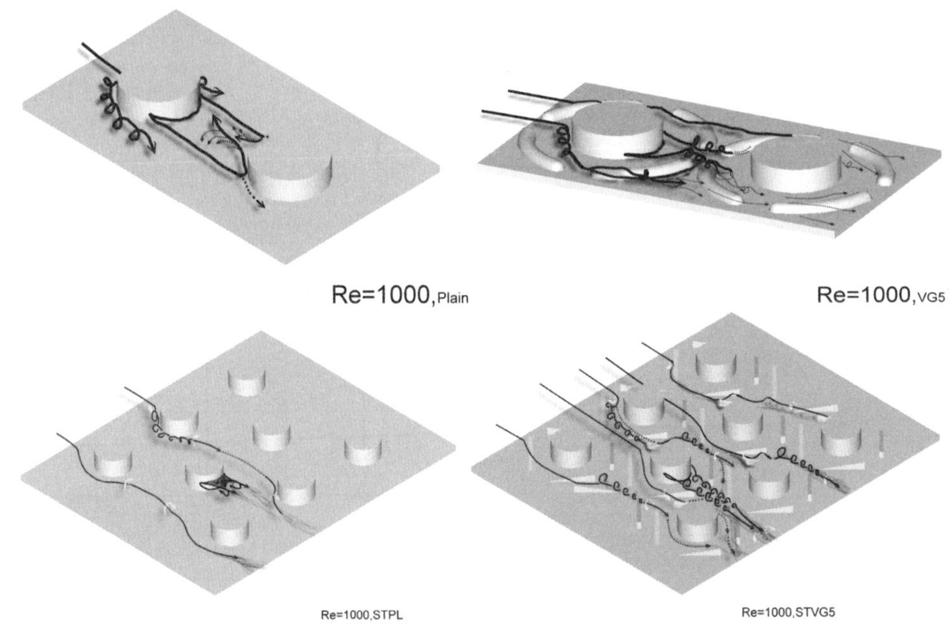

圖5-17 環狀與三角翼渦流產生器在排列與交錯形式下對流動的影響

關於渦流產生器的渦漩結構對於熱傳影響，已有相當多的研究，有興趣的讀者可以參考一些回顧文章(如Fiebig, 1995, Jacobi and Shah, 1995, Fiebig, 1998)。雖然目前尚無商業化的鰭片，不過筆者認爲渦流產生器型的鰭片一定會在不久的將來問世，圖5-17爲Wang et al. (2002b)以染料在水洞觀察環型渦流產生器在排列形式的放大鰭管式熱交換器內流動現象的示意圖，由圖中可清楚看出若無渦流產生器時，圓管後方有明顯的回流現象，可是一旦加入環狀渦流產生器後，此一無效的回流現象就會由轉動流到下游。同樣的，在交錯式熱交換器內，Wang et al. (2002c)也發現三角翼渦流產生器亦有同樣的效果。

5-4 一個設計實例

如圖5-18所示，一連續型平板鰭片的冷凝器的相關資料如下：

冷媒測：

R-22冷媒：

T_{rin}= 92 ºC；$c_{p,r,in}$ = 910 J/kg·K；$\rho_{r,in}$ = 73.46 kg/m^3；$\dot{m}_r$ = 75 kg/hr

$k_{r,in}$ = 0.0161 W/m·K；$\mu_{r,in}$ = 16.08×10^{-6} N·s/m^2；$\mathrm{Pr}_{r,in}$ = 0.909

$\mathrm{Pr}_{s,G}$ = 1.121；$\mathrm{Pr}_{s,L}$ = 2.426；P_r = 0.437 (reduced pressure)

$\rho_{s,L}$ = 1062 kg/m^3；$\rho_{s,G}$ = 95.4 kg/m^3；$i_{s,LG}$ = 148.3 kJ/kg；T_s = 54ºC

$\mu_{s,L}$= 116.9×10^{-6} N·s/m^2；$\mu_{s,G}$ = 14.47×10^{-6} N·s/m^2；$c_{p,s,L}$ = 1461 J/kg·K

$c_{p,s,G}$ = 1173 J/kg·K；$k_{s,L}$ = 0.0704 W/m·K；$k_{s,G}$ = 0.01514 W/m·K

空氣側：

空氣的入口溫度為35°C，ρ_a = 1.145 kg/m^3；V_{fr} = 1.5 m/s；

μ_a = 188.7×10^{-7} N·s/m^2；$c_{p,a}$ = 1007 J/kg·K；Pr_a = 0.71

熱交換器幾何尺寸：

W = 595 mm，H = 355 mm，N = 1，δ_f = 0.12 mm，F_p = 1.28 mm，P_t =25.4 mm，P_l = 22 mm，d_c = 10.34 mm，δ_w = 0.3 mm，d_i = 9.5 mm

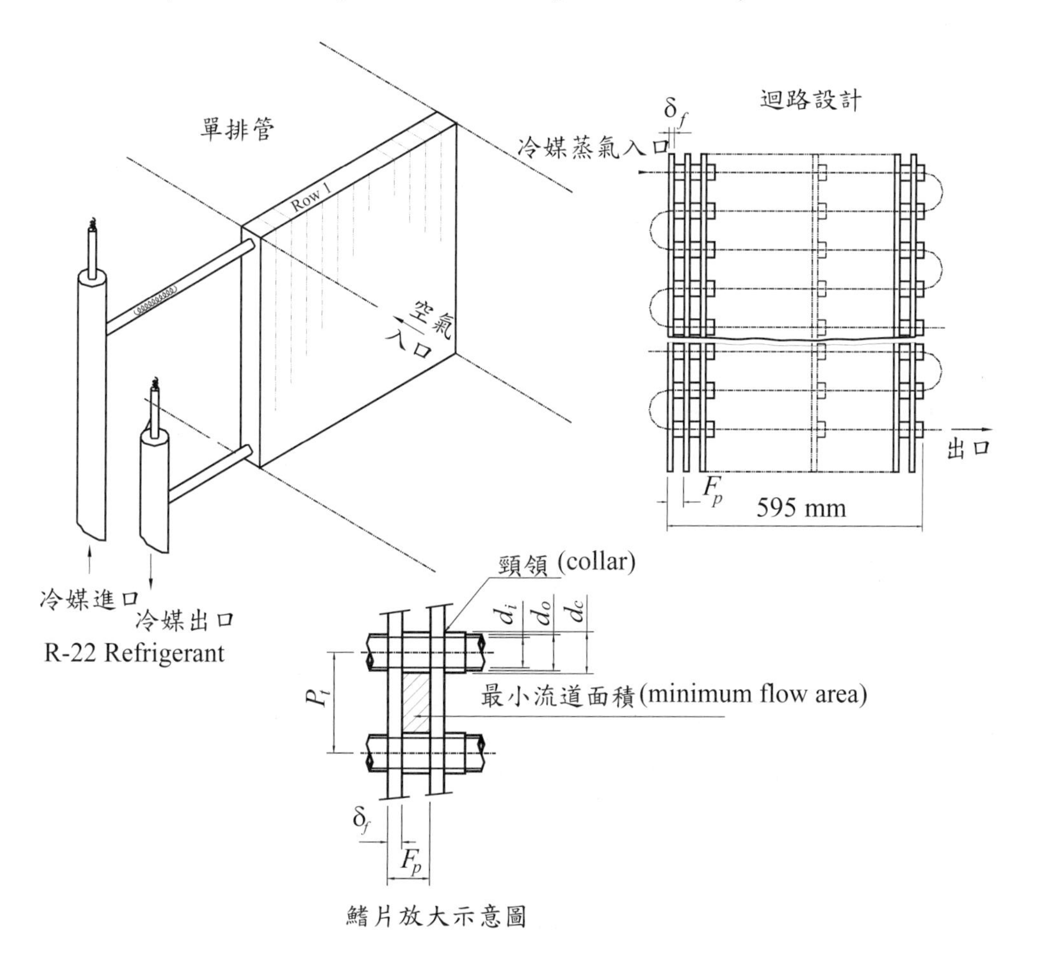

圖5-18 平板型冷凝器熱交換器之示意圖

試問**(1)**是否可以完全冷凝？若是，**R-22**冷媒冷凝後出口的過冷度為何？若否，則出口的乾度為何？**(2)** 計算過熱區、兩相冷凝區及過冷液態區各區的熱交換面積。

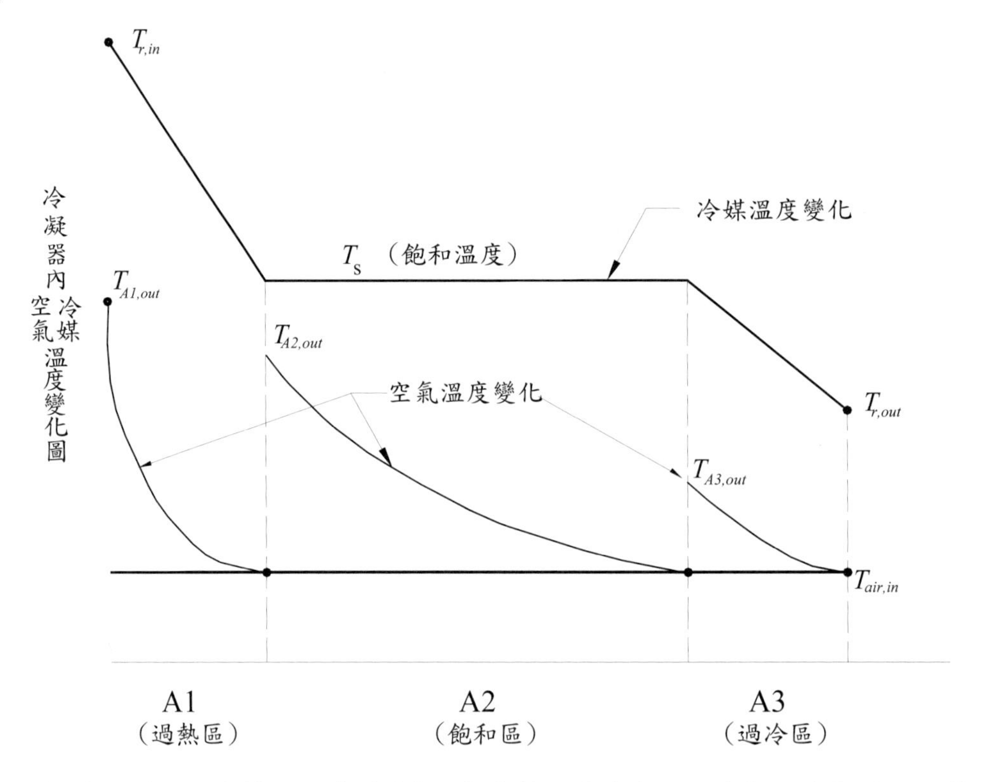

圖5-19　冷凝器內溫度變化示意圖(請注意！每一區的出口溫度都不盡相同，這是因為交錯流動安排方式所造成，若熱交換器採用Counter-Cross 安排時，空氣側的溫度變化可參考圖5-21)

解：首先，我們先來分析這個問題，解決這個問題可以用較簡單的方法也可以用較複雜的方法，我們先以較簡單的流程來向讀者說明：如圖5-19所示，冷凝的過程可以簡單的分為三區，分別是過熱單相熱傳區A1、兩相冷凝區A2及過冷單相熱傳區A3，因此我們有必要先將計算分為三個部份。在開始計算前，一個例行的動作就是要先算一些熱交換器的衍生幾何參數，以獲得管內外的熱傳係數。

管外空氣側方面：

熱交換器正向面積：$A_{fr} = 0.595\times0.355 = 0.2112\ \text{m}^2$

(1) 收縮比：$\sigma = A_c/A_{fr}$

所以必須先算A_c

由於熱交換器高度 = 0.355 m

所以熱交換器每列的管數N_T爲(0.355/0.0254) = 14支

由於熱交換器鰭片間距爲 = 0.00128 m

所以熱交換器鰭片片數(N_F)爲(0.595/0.00128) ≈ 465 片

$A_c = A_{fr} - N_T\times(d_c\times W + N_F\times\delta_f\times(P_t - d_c))$

{請參考第三章的圖例以瞭解公式的由來！！}

$= 0.2112 - 14\times(0.01034\times0.595+465\times0.00012\times(0.0254-0.01034))$

$= 0.1143\ \text{m}^2$

$\sigma = A_c/A_{fr} = 0.1143/0.2112 = 0.541$

(2) 熱交換器之總面積：總面積 A_o = 鰭片面積 (A_f) +管子面積(A_t)

$A_f = 2\times N_F\times(P_l\times H - \pi/4\times d_c^2\times N_T)\times N + 2\times\delta_f\times N_F\times(H + P_l\times N)$

{同樣請參考第三章的圖例以瞭解公式的由來！！}

$= 2\times465\times(0.022\times0.355 - \pi/4\times0.01034^2\times14)\times1$

$+ 2\times0.00012\times465\times(0.355 + 0.022\times1) = 6.21\ \text{m}^2$

$A_t = \pi\times d_c\times(W - N_F\times\delta_f)\times N_T\times N$

$= \pi\times0.01034\times(0.595-465\times0.00012)\times14\times1 = 0.245\ \text{m}^2$

$A_o = A_f + A_t = 6.21+0.245 = 6.455\ \text{m}^2$

注意本例中，鰭片的面積佔總面積的 96.2%！

$D_h = 4A_cL/A_o = 4\times0.1143\times0.022/6.455 = 0.001558\ \text{m}$

管內面積 = $A_i = \pi\times d_i\times W\times N_T\times N = 0.2486\ \text{m}^2$

$A_o/A_i = 25.96$ (此值不會隨著熱交換器的管支數增加而改變，稍後會用到這個比值的資料)。

(3) V_{fr} = 1.5 m/s下的熱傳係數

由式5-41的1排平板型鰭片方程式

$$j = 0.108\,\text{Re}_{d_c}^{-0.29}\left(\frac{P_t}{P_l}\right)^{P1}\left(\frac{F_p}{d_c}\right)^{-1.084}\left(\frac{F_p}{D_h}\right)^{-0.786}\left(\frac{F_p}{P_t}\right)^{P2}$$

$$P1 = 1.9 - 0.23\log_e\left(\text{Re}_{d_c}\right)$$

$$P2 = -0.236 + 0.126\log_e\left(\text{Re}_{d_c}\right)$$

首先要算出該條件下的雷諾數，由於本例的雷諾數是以d_c爲準，

$\therefore \text{Re}_{dc} = \rho V_c d_c/\mu = \rho V_{fr} d_c/\mu/\sigma$

$= 1.145\times1.5\times0.01034/(188.7\times10^{-7})/0.541 \approx 1740$

$$P1 = 1.9 - 0.23\log_e(\mathrm{Re}_{d_c}) = 0.1839$$

$$P2 = -0.236 + 0.126\log_e(\mathrm{Re}_{d_c}) = 0.7042$$

$$j = 0.108\,\mathrm{Re}_{d_c}^{-0.29}\left(\frac{P_t}{P_l}\right)^{P1}\left(\frac{F_p}{d_c}\right)^{-1.084}\left(\frac{F_p}{D_h}\right)^{-0.786}\left(\frac{F_p}{P_t}\right)^{P2}$$

$$= 0.108\times1740^{-0.29}\left(\frac{0.0254}{0.022}\right)^{0.1839}\left(\frac{0.00128}{0.01034}\right)^{-1.084}\left(\frac{0.00128}{0.001558}\right)^{-0.786}\times$$

$$\left(\frac{0.00128}{0.0254}\right)^{0.7042} = 0.01746$$

V_c =1.5/0.541 = 2.773 m/s

$j = 0.01746 = h_o/(\rho V_c c_{p,a})\times \mathrm{Pr}_a^{2/3} = (h_o/1.145/2.773/1007)\times(0.71)^{2/3}$

$\therefore h_o \approx 70\ \mathrm{W/m^2\cdot K}$

接下來要算表面效率η_o，以獲得空氣側阻抗，由於管排數為1排，所以可視為排列型式(inline)，過程如下(請參考式5-20 ~ 5-25)：

$$m = \sqrt{\frac{2h_o}{k_f\delta_f}} = \sqrt{\frac{2\times70}{204\times0.00012}} = 75.62\ (\mathrm{m^{-1}})$$

$X_L = P_l/2 = 0.022/2 = 0.011$ m （排列型式算法，若是交錯型式需用 $X_L = \sqrt{(P_t/2)^2 + P_l^2}/2$）

$X_M = P_t/2 = 0.0254/2 = 0.0127$ m

$r = d_c/2 = 0.01034/2 = 0.00517$ m

$$\frac{r_{eq}}{r} = 1.28\frac{X_M}{r}\left(\frac{X_L}{X_M} - 0.2\right)^{1/2} = 1.28\frac{0.0127}{0.00517}\left(\frac{0.011}{0.0127} - 0.2\right)^{1/2} = 2.566$$

$$\phi = \left(\frac{r_{eq}}{r} - 1\right)\left[1 + 0.35\ln(r_{eq}/r)\right] = (2.566 - 1)\left[1 + 0.35\ln(2.566)\right] = 2.083$$

$$\eta_f = \frac{\tanh(mr\phi)}{mr\phi} = \frac{\tanh(75.62\times0.00517\times2.083)}{75.62\times0.00517\times2.083} = 0.825$$

$$\eta_o = 1 - \frac{A_f}{A_o}(1 - \eta_f) = 1 - \frac{6.21}{6.455}(1 - 0.825) = 0.8316$$

$\therefore \eta_o h_o = 0.8316\times70 = 58.21\ \mathrm{W/m^2\cdot K}$

接下來我們要分三段A1、A2、A3來分別計算各段的UA值以獲得各段的性能。

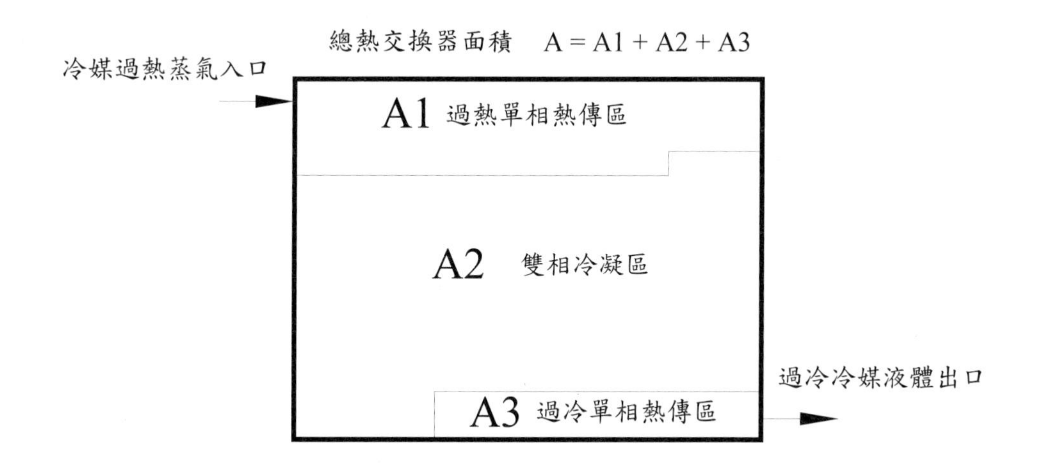

圖5-20 冷凝器內單相及雙相熱傳區示意圖

『**A1部份**』

A1部份，管內爲單相氣態熱傳，所以管內的熱傳係數需使用單相熱傳係數，過程如下：

首先將資料變爲標準 SI單位， $\dot{m}_r = 75\ \text{kg/hr} = 0.02083\ \text{kg/s}$

A1部份的散熱量均爲單相熱傳

即$Q_{A1} = \dot{m}_r c_{p,r,G}(T_{r,in} - T_s)$

$c_{p,r,G}$的值可以單相過熱進口值與飽和氣態部份的值來估算

$\therefore\ c_{p,r,G} = (c_{p,r,in} + c_{p,s,G})/2 = (910 + 1173)/2 = 1041.5\ \text{J/kg·K}$

$Q_{A1} = \dot{m}_r c_{p,r,G}(T_{r,in} - T_s) = 0.02083 \times 1041.5 \times (92 - 54) = 824.4\ \text{W}$

$C_r = \dot{m}_r c_{p,r} = 0.02083 \times 1041.5 = 21.7\ \text{J/K}$

空氣側的$\dot{m}_a = \rho_a V_{fr} A_{fr} = 1.145 \times 1.5 \times 0.2112 = 0.363\ \text{kg/s}$

$C_A = \dot{m}_a c_{p,a} = 0.363 \times 1007 = 365.3\ \text{J/K}$

但是如圖5-20所示，通過A1部份的空氣量僅佔A_1/A，所以A1區的有效熱容量$C_{A1} = A_1/A \times C_A$，由於$C_r$與$C_A$相差甚多，所以我們暫時假設$C_{min} = C_r$

$Q_{max,A1} = \dot{m}_r c_{p,r,G}(T_{r,in} - T_{a,in}) = 0.02083 \times 1041.5 \times (92 - 35) = 1236.6\ \text{W}$

$\therefore \varepsilon_{A1} = Q_{A1}/Q_{max,A1} = 824.4/1236.6 = 0.667$

接下來，我們需要一段痛苦的疊代才能求得A_1的值，在開始之前，我們先把管內的h_i算出來如下：

管內氣態的平均雷諾數 = Gd_i/μ_G

μ_G、k_G的值，同樣可以單相過熱進口值與飽和氣態部份的平均值來估算

$\mu_G = (\mu_{G,in}+\mu_{s,G})/2=(16.08\times10^{-6}+14.47\times10^{-6})/2 = 15.28\times10^{-6}\ \text{N·s/m}^2$

$k_G = (0.0161+0.01514)/2 = 0.01562\ \text{W/m·K}$

平均的Pr_G數 = $(\text{Pr}_{r,i}+\text{Pr}_{s,G})/2 = (0.909+1.121)/2 = 1.015$

$$G = \frac{\dot{m}_r}{\frac{\pi}{4}d_i^2} = \frac{0.02083}{\frac{\pi}{4}0.0095^2} = 293.9\ \text{kg/m}^2\cdot\text{s}$$

$\text{Re}_G = Gd_i/\mu_G = 182726$

$f = (1.58\ln\text{Re}_G - 3.28)^{-2} = 0.003974$

$$Nu = \frac{\left(\frac{f}{2}\right)(\text{Re}_G-1000)\text{Pr}_b}{1.07+12.7\sqrt{\frac{f}{2}}\left(\text{Pr}_b^{2/3}-1\right)} = \frac{\left(\frac{0.003974}{2}\right)(182726-1000)\times1.015}{1.07+12.7\sqrt{\frac{0.003974}{2}}\left(1.015^{2/3}-1\right)} = 342.3$$

$\therefore h_i = Nu\times k_G/d_i = 342.3\times0.01562/0.0095 = 563.2\ \text{W/m}^2\text{·K}$

接下來，開始進行疊代，我們首先假設 $A_1^* = A_1/A_o = 0.2$

$\therefore A_1 = 0.2\times6.455 = 1.291\ \text{m}^2$

管內面積$A_{1,i} = A_1/25.96 = 0.0497\ \text{m}^2$

$C_{A1} = 0.2\times C_A = 0.2\times365.3 = 73.1\ \text{W/K}$

$C_{A1}^* = C_r/C_{A1} = 21.7/73.1 = 0.297$

由表5-1的1排管ε-NTU方程式，當C_{min}於管側時：

$$\varepsilon_{A1} = 1-e^{-\frac{\left(1-e^{-NTU\cdot C_{A1}^*}\right)}{C^*}}$$

即 $NTU = \dfrac{-\log_e\left(C_{A1}^*\log_e(1-\varepsilon_{A1})+1\right)}{C_{A1}^*}$

而$\varepsilon_{A1} = 0.667$，$C_{A1}^* = 0.297$；帶入上式後可得$NTU_{A1}=1.33$

$NTU_{A1} = (UA)_{A1}/C_r \Rightarrow (UA)_{A1} = 28.89\ \text{W/K}$

但若是由下面公式來計算$(UA)_{A1}$(暫且忽略管壁阻抗)

$$\frac{1}{(UA)_{A1}} = \frac{1}{\eta_o h_o A_1} + \frac{1}{h_i A_{1,i}}$$

可算出$(UA)_{A1} = 20.4\ \text{W/K}$

所以假設值太小，要繼續進行疊代，經過數次疊代後，大致可以得到$(UA)_{A1}$

$= 27.34$ W/K 而 $A_1^* = A_1/A_o = 0.2681$，即$A_1 = 1.731\ \text{m}^2$

『**A2部份**』

A2部份牽涉到管內冷凝熱傳的計算，這裡，我們使用第四章兩相流章節介紹的Shah (1979)方程式，我們以整段冷凝的熱傳係數的平均值來估算：

$$h_L = \frac{k_L}{d_i} 0.023 \left(\frac{Gd_i}{\mu_L} \right)^{0.8} \text{Pr}^{0.4}$$

$$h_{c,m} = h_L \left(0.55 + \frac{2.09}{P_r^{0.38}} \right)$$

$$h_L = \frac{k_L}{d_i} 0.023 \left(\frac{Gd_i}{\mu_L} \right)^{0.8} \text{Pr}^{0.4} = \frac{0.0704}{0.0095} 0.023 \left(\frac{293.9 \times 0.0095}{116.9 \times 10^{-6}} \right)^{0.8} 2.426^{0.4}$$

$$= 772.7\ \text{W/m}^2 \cdot \text{K}$$

$$h_{c,m} = h_L \left(0.55 + \frac{2.09}{P_r^{0.38}} \right) = 772.7 \left(0.55 + \frac{2.09}{0.437^{0.38}} \right) = 2637\ \text{W/m}^2 \cdot \text{K}$$

同樣的，我們假設可以完全冷凝，所以在A2區的熱傳量爲

$Q_{A2} = \dot{m}_r i_{s,LG} (1 - x) = 0.02083 \times 148.3 \times (1 - 0) 1000 = 3089$ W (先假設完全冷凝)

在冷凝段A2有兩件事要注意(這在前面的章節已有完整說明)，即

(1) $C_{min} = C_A$而$C_{max} = C_r \to \infty$

(2) $C^* = 0$，ε-NTU 關係式簡化成$\varepsilon = 1 - e^{-NTU}$

接下來，開始進行疊代，如同A1部份的計算，我們首先假設

$A_2^* = A_2/A_o = 0.6$

$Q_{max,A2} = \dot{m}_{a,A2} c_{p,a} (T_{r,s} - T_{a,in}) = 0.363 \times 1007 \times 0.6 \times (54 - 35) = 4167.2$ W

$\varepsilon_{A2} = Q_{A2}/Q_{max,A2} = 3089/4167.2 = 0.741$

由$\varepsilon = 1 - e^{-NTU}$，可算出$NTU_{A2} = 1.351$ W/K

$\therefore A_2 = 0.6 \times 6.455 = 3.873\ \text{m}^2$

管內面積$A_{2,i} = A_2/25.96 = 0.1492\ \text{m}^2$

$C_{A2} = 0.6 \times C_A = 0.6 \times 365.3 = 219.2$ W/K

$NTU_{A2} = (UA)_{A2}/C_{a,A2} \Rightarrow (UA)_{A2} = 296.1$ W/K

但若是由下式來計算$(UA)_{A2}$(同樣暫且忽略管壁阻抗)

$$\frac{1}{(UA)_{A2}} = \frac{1}{\eta_o h_o A_2} + \frac{1}{h_i A_{2,i}} \tag{5-148}$$

由式5-148，可算出$(UA)_{A2}$ = 143.32 W/K

這個答案已經暗示A2區將無法完全冷凝，如果再次將A2區的面積增加到最大，即：

$A_2^* = 1 - A_1^* = 1 - 0.2681 = 0.7319$

在A2最大面積下時的最大可能熱傳量可估算如下：

$$\therefore Q_{max,A2} = \dot{m}_{a,A2} c_{p,a} (T_{r,s} - T_{a,in}) = 0.363 \times 1007 \times 0.7319 \times (54 - 35) = 5083.2 \text{ W}$$

$C_{A2} = 0.7319 \times C_A = 0.6 \times 365.3 = 267.36$ W/K

$\therefore A_2 = 0.7319 \times 6.455 = 4.724$ m^2

管內面積$A_{2,i} = A_2/25.96 = 0.18197$ m^2

再由式5-148，可得$(UA)_{A2}$ = 174.8

另外，由於此時沒有完全冷凝，因此必須先假設出口的乾度，才能算出真正的熱傳量，然後再由有效度反算NTU(即UA)，最後檢查UA是否滿足5-148的計算結果已決定是否需要再次疊代；因此，我們先假設出口乾度爲x = 0.3，所以：

$$\therefore Q_{A2} = \dot{m}_r i_{s,LG} (1 - x) = 0.02083 \times 148.3 \times 1000 \times (1 - 0.3) = 2162 \text{ W}$$

$$\therefore \varepsilon_{A2} = Q_{A2}/Q_{max,A2} = 2162/5083.2 = 0.4253$$

由$\varepsilon = 1 - e^{-NTU}$，可算出 NTU_{A2} = 0.5539 W/K

$NTU_{A2} = (UA)_{A2}/C_{a,A2} \Rightarrow (UA)_{A2}$ = 148.1 W/K

而利用式5-148的計算法結果則爲174.82 W/K，大於由式5-148算出的148.1 W/K；因此乾度應較大，如此經過反覆數次疊代後可以得到出口的乾度爲0.2102。

A2區的總熱傳量爲 3089×0.7898 = 2439.8 W

總熱傳量爲 A1+A2 = 824.4+2439.8 = 3264.2 W

A2的面積爲4.758 m^2

本計算例中，如果還需要計算A3區時，算法基本上與A1區類似，所不同的地方在於(1) 要將氣體部份的資料換成液態來計算；(2) A3區的面積爲已知 = A – A1 –A2，所以要利用此給定的A3值來計算熱傳量 (及空氣側與冷媒側的出口溫度)。

另外，在許多氣冷式熱交換器性能的測試標準中(冷凝器)，多以固定進口風速下(例如V_{fr} = 1.5 m/s)、固定冷媒進口過熱度(例如過熱25°C)、固定冷媒冷凝溫度與固定冷媒出口過冷度(例如過冷5°C)時的能力爲標準能力；讀者若碰到類似的問題，則可以本例題來估算；這類問題最大的困難在於冷媒流量的假設，讀者必須假設一個冷媒流量，然後以本例的計算過程去檢查冷媒出口狀態是否滿足過冷度的需求，若否，則需繼續假設冷媒流量重複疊代。

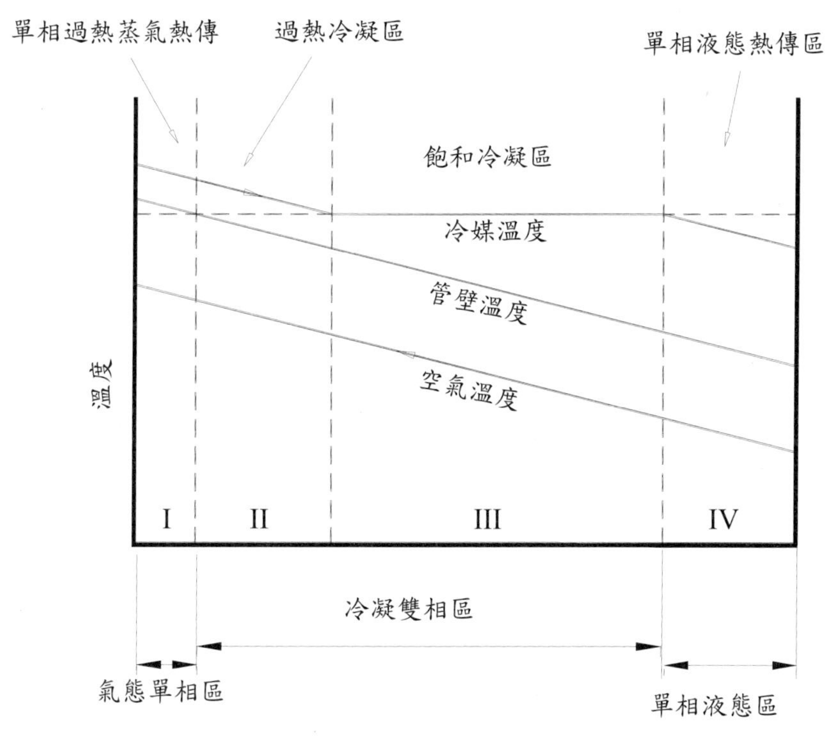

圖5-21　冷凝器內熱傳現象說明圖

經過上述繁瑣的計算過程，相信讀者會比較瞭解整個設計的流程，在本例中，筆者以較簡化的方式分三區來處理冷凝器內的問題；然而在實際上，較合理的設計應該分成四區，這是因爲只要管壁溫度低於飽和溫度就會出現冷凝現象，即使這個時候的管內蒸氣的平均溫度仍然高於飽和溫度；所以應該如圖5-21所示的還有一區「過熱冷凝區」的存在，必須要單獨考慮分析。有關過熱冷凝區熱傳係數的計算，可參考已故李崇江博士一篇相當好的文章(Lee et al., 1991)，該篇文章中提出一種合成模式，以飽和冷凝方程式與單相氣態熱傳方程式來計算過熱冷凝熱傳；在本例中，過熱單相熱傳部份面積超過25%，這是因爲沒有考慮過熱冷凝的緣故，如果將此一效應考慮進來時，純單相氣態部份的比重約莫在15%左右，甚至更少；另外在冷凍空調中的冷凝器的設計常常牽涉到複雜迴路的設計(見圖5-22)，迴路設計最主要的目的在於提升有效溫差；不幸的是這部份的研究資訊相當欠缺，迴路設計一直鮮有人投入研究，比較有系統的研究可參照Wang et al. (1999h)的研究報告，不過這部份的內容將不在這裡交代。

最後，筆者要對5-4的這個設計案例做個註解，也許讀者會覺得這個例子很難，令人摸不著頭緒要從那裡下手，其實並不完全是這樣的；基本上整個過程只是熱交換器熱流基本設計的演練夾雜一些應用上的考量，解決問題的基本技巧有四：(1)首先計算出相關的幾何尺寸；(2)找出工作流體的基本性質，這點相當重要，正確的資料才能協助你算出衍生的資料；(3)運用正確合適的熱交換器型式的熱流特性資料，包括圖表與方程式；(4) 熟悉第二章熱交換器設計方法的流程，剩下來的只是這個方法的重複使用；當然，一些必要的知識與經驗可以協助你做進一步的判斷。讀者若能經常演練，相信各式熱交換器的設計都難不了讀者。

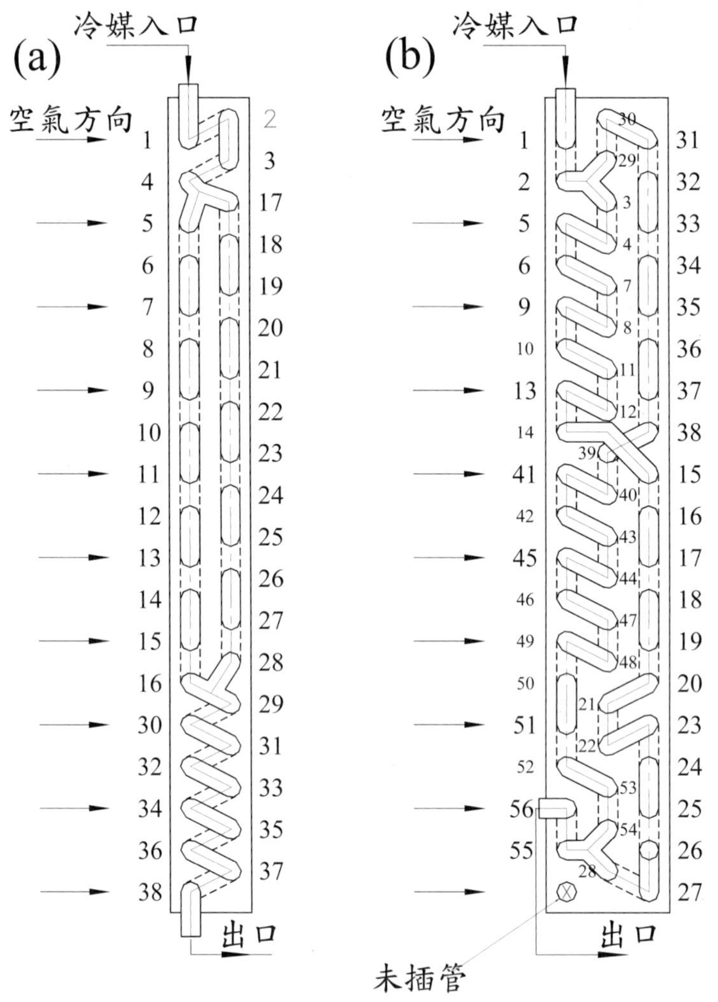

圖5-22 典型冷凝器之迴路設計

5-5 結語

氣冷式熱交換器在應用上相當常見，本文提供氣冷式熱交換器相關的熱流設計的資訊，希望可以協助讀者對它的熱流設計有更進一步的瞭解，讀者要特別注意如何去使用合理的經驗式去計算正確的熱傳係數與摩擦係數，除了要確定所使用方程式所適用鰭片形狀與適用範圍外，並要注意使用各種方程式中的熱傳係數與摩擦係數的定義是否與原提供者一致，例如熱傳性能是否含鰭片效率，而摩擦係數是否由熱傳管與鰭片個別摩擦係數所組成的等等問題。

主要參考資料

Achaichia, A., Cowell, T.A., 1988. Heat transfer and pressure drop characteristics of flat tube and louvered plate fin surfaces. *Exp. Thermal and Fluid Sci.* 1:147-157.

Beecher, D.T., Fagan, T.J., 1987. Effects of fin pattern on the air-side heat transfer coefficient in plate finned-tube heat exchangers. *ASHRAE Transactions*. 93(2):1961-1984.

Briggs, D.E., Young, E.H., 1963. Convective heat transfer and pressure drop of air flowing across triangular pitch banks of finned tubes. *Chemical Engineering progress Symposium Series,* 59(41):1-10.

Chang, W.R., Wang, C.C., Tsi, W.C., Shyu, R.J., 1995. Air-side performance of louver fin heat exchanger. *Proc. of the 4th ASME/JSME Thermal Engineering Joint Conference*, 4:467-372.

Chang, Y.J., Wang, C.C., 1997. A generalized heat transfer correlation for louver fin geometry. *Int. J. of Heat and Mass Transfer*. 40(3):533-544.

Chang, Y.J., Lin, Y.T., Hsu, K.C., Wang, C.C., 2000. A generalized friction correlation for louver fin geometry. *Int. J. of Heat and Mass Transfer*, 43:2237-2243.

Chang Y.J., Chang W.J., Li M.C., and Wang C.C., 2006. An amendment of the generalized friction correlation for louver fin geometry. *Int. J. Heat and Mass Transfer*, 49: 4250-4253.

Chi, K.U., Wang, C.C., Chang, Y.J., Chang, Y.P., 1998. A comparison study of compact plate fin-and-tube exchanger. *ASHRAE Transactions*, 104(2):548-555.

Du, Y.J., Wang, C.C. 2000. An experimental study of the airside performance of the superslit fin-and-tube heat exchangers. *Int. J. Heat and Mass Transfer,* 43:4475-4482.

Elmahdy, P.E., Briggs, P.E., 1979. Finned tube heat exchangers: correlation of dry surface data. *ASHRAE Transactions*. 85(2):262-273.

ESDU 86018, 1991. Effectiveness – NTU relationships for the design and performance evaluation of two-stream heat exchangers. Engineering Science Data Unit 86018 with amendment A, July (1991) 92-107, ESDU International plc, London.

Fiebig, M., 1995. Vortex generators for compact heat exchangers, *J. of Enhanced Heat Transfer*, 2:43-61.

Fiebig, M. 1998. Vortices, generators and heat transfer. *Trans. IChemE*, 76(A): 108-123.

Garimella, S., Coleman, J.W., Wicht, A., 1997. Tube and fin geometry alternatives for the design of absorption-heat-pump heat exchangers. *J. of Enhanced Heat Transfer*. 4:217-235.

Gray, D.L., Webb, R.L., 1986. Heat transfer and friction correlations for plate finned-tube heat exchangers having plain fins. *Proc. 8th Heat Transfer Conference*, pp. 2745-2750.

Hatada, T., Ueda, U., Oouchi, T., Shimizu, T., 1989. Improved heat transfer performance of air coolers by strip fins controlling air flow distribution. *ASHRAE Transactions*. 95(2): 166-170.

Jacobi, A. M., Shah, R.K.1995. Heat transfer surfaces enhancement through the use of longitudinal vortices: a review of recent progress. *Experimental Thermal and Fluid Science*, 11:295-309.

Hong, T.K., Webb, R.L., 1996, Calculation of fin efficiency for wet and dry fins. *Int. J. HVAC&R Research*, 2(1):27-41.

Kayansayan, N., 1993. Heat transfer characterization of flat plain fins and round tube heat exchangers. *Experimental Thermal and Fluid Science*. 6:263-272.

Kays, W.M., London, A.L., 1984. *Compact Heat Exchangers*, 3rd ed. McGraw-Hill, New York.

Kim, N.H., Yun, J.H., Webb, R.L., 1997. Heat transfer and friction correlations for wavy plate fin-and-tube heat exchangers. *J. of Heat Transfer*, 119:560-567.

Kang, H.C., Kim, M.H., 1999. Effect of strip location on the air-side pressure drop and heat transfer in strip fin-and-tube heat exchanger. *Int. J. of Refrigeration*. 22:302-312.

Kays, W.M., London, A.L., 1984. *Compact Heat Exchangers*, 3rd ed. McGraw-Hill, New York.

Lee, C.C., Teng, Y.T., Lu, D.C., Fang, L.J., 1991. An investigation of condensation heat transfer of superheated R22 vapor in a horizontal tube. *Proceedings of the 2nd World Conference on Experimental Heat Transfer, Fluid Mechanics, and Thermodynamics*, 1051-1057.

Lee W.S., Hu R., Sheu W.J., and Wang C.C., 2001. Airside Performance of Inline Tube Bundle Having Shallow Tube Rows. in Proceedings of the 2001 *ASIA-Pacific Conference on the Built Environment*, Progress on Energy Efficiency and Indoor Quality, Singapore, Vol. 1, pp. 373-381.

McQuiston, F.C., Tree, D.R., 1971. Heat transfer and flow friction data for two fin-tube surfaces. *ASME J. of Heat Transfer*, 93:249-250.

McQuiston, F.C., 1978a. Correlation of heat, mass and momentum transport coefficients for plate-fin-tube heat transfer surfaces with staggered tubes. *ASHRAE Transactions*, 84(1):294-309.

McQuiston, F.C., 1978b. Correlation of heat, mass and momentum transport coefficients for plate-fin-tube heat transfer surface. *ASHRAE Transactions*, 84(1):294-308.

Mirth, D.R. Ramadhyani, S., 1994. Correlations for predicting the air-side Nusselt numbers and friction factors in chilled-water cooling coils. *Experimental Heat Transfer*, 7:143-162.

Nakayama, W., Xu, L.P., 1983. Enhanced fins for air-cooled heat exchangers – heat transfer and friction correlations. *Proc. of the 1983 ASME-JSME Thermal Engineering Conf.*, 1:495-502.

Naito, N., 1970. *SHASE Transactions* (The Society of Heating, Air-conditioning and Sanitary Engineers of Japan), 44(5):1-, in Japanese, quoted from Seshimo (1988).

Rabas, T.J., Eckels, P.W., Sabatino, R.A., 1981. The effect of density on the heat transfer and pressure drop performance of low finned tube banks. *Chemical Engineering Communications*, 10(1):127-147.

Rich, D.G., 1966. The efficiency and thermal resistance of annular and rectangular fins. *Proceedings of International Heat Transfer Conference*. 3:281-289.

Rich, D.G., 1973. The effect of fin spacing on the heat transfer and friction performance of multi-row, smooth plate fin-and-tube heat exchangers. *ASHRAE Transactions*, 79(2):135-145.

Rich, D.G., 1975. The effect of the number of tubes rows on heat transfer performance of smooth plate fin-and-tube heat exchangers. *ASHRAE Transactions*, 81(1):307-317.

Robinson, K.K., Briggs, D.E., 1966. Pressure drop of air flowing across triangular pitch banks of finned tubes. *Chemical Engineering Progress Symposium Series*, 62(64):177-184.

Schmidt, Th. E., 1949. Heat Transfer Calculations for Extended Surfaces. *Refrigerating Engineering*, April, pp. 351-357.

Seshimo, Y., 1988. Effectiveness and fin efficiency of plate-fin and tube heat exchangers. *Transactions of the JAR*, 5(2):133-141, in Japanese.

Seshimo, Y. Fujii, M. 1991. An experimental study of the performance of plate fin and tube heat exchangers at low Reynolds number. *Proceeding of the 3rd ASME/JSME Thermal Engineering Joint Conference*, 4:449-454.

Sparrow, E.M., Hossfeld, L.M., 1984. Effect of rounding protruding edges on heat transfer and pressure drop in a duct. *Int. J. Heat Mass Transfer*, 27:1715-1723.

Shah, M.M., 1979. A general correlation for heat transfer during film condensation inside pipes. *Int. J. of Heat Mass Transfer*, 22:547-556.

Wang, C.C., Hsieh, Y.C., Chang, Y.J., Lin, Y.T., 1996a. Sensible heat and friction characteristics of plate fin-and-tube heat exchangers having plane fins. *Int. J. of Refrigeration*, 19(4):223-230.

Wang, C.C., Chen, P.Y., Jang, J.Y., 1996b. Heat transfer and friction characteristics of convex-louver fin-and-tube heat exchangers. *Experimental Heat Transfer*, 9:61-78.

Wang, C.C., Lee, W.S., Chang, C.T. 1997a. Sensible heat transfer characteristics of plate fin-and-tube exchangers having 7-mm tubes. *AIChE Symposium Series,* 93(314):211-216.

Wang, C.C., Fu, W.L., Chang, C.T. 1997b. Heat transfer and friction characteristics of typical wavy fin-and-tube heat exchangers, *Experimental Thermal and Fluid Science*, 14(2):174-186.

Wang, C.C., Chang, C.T., 1998. Heat and mass transfer for plate fin-and-tube heat exchangers with and without hydrophilic coating. *Int. J. of Heat and Mass Transfer*, 41(20):3109-3120.

Wang, C.C., Tsi, Y.M., Lu, D.C., 1998a. Comprehensive study of convex-louver and wavy fin-and-tube heat exchangers. *AIAA J. of Thermophysics and Heat Transfer*, 12(3):423-430.

Wang, C.C., Chi, K.U, Chang, Y.P., Chang, Y.J. 1998b. An experimental study of heat transfer and friction characteristics of typical louver fin and tube heat exchangers. *Int. J. of Heat and Mass Transfer*, 41(4-5):817-822.

Wang, C.C., Chang, Y.P., Chi, K.U., Chang, Y.J., 1998c. A study of non-redirection louver fin-and-tube heat exchangers, *Proceeding of Institute of Mechanical Engineering,*

Part C, Journal of Mechanical Engineering Science, 212:1-14.

Wang, C.C., Lin, Y.T., Lee, C.J., Chang, Y.J., 1999a. An investigation of wavy fin-and-tube heat exchangers; a contribution to databank, *Experimental Heat Transfer*, 12:73-89.

Wang, C.C., Jang, J.Y., Chiou, N.F., 1999b. Effect of waffle height on the air-side performance of wavy fin-and-tube heat exchangers. *Heat Transfer Engineering*, 20(3):45-56.

Wang, C.C., Jang, J.Y., Chiou, N.F., 1999c. A heat transfer and friction correlation for wavy fin-and-tube heat exchangers. *Int. J. of Heat and Mass Transfer*, 42(10):1919-1924.

Wang, C.C., Lee, C.J., Chang, C.T., Chang, Y.J., 1999d. Some aspects of the fin-and-tube heat exchangers: with and without louvers. *J. of Enhanced Heat Transfer*, 6:357-368.

Wang, C.C., Lee, C.J., Chang, C.T., Lin, S.P., 1999e. Heat transfer and friction correlation for compact louvered fin-and-tube heat exchangers. *Int. J. of Heat and Mass Transfer*, 42(11):1945-1956.

Wang, C.C. Tao, W.H., Chang, C.J. 1999f. An investigation of the airside performance of the slit fin-and-tube heat exchangers. *Int. J. of Refrigeration*, 22(6):595-603.

Wang, C.C., Du, Y.J., Chang, Y.J., Tao, W.H., 1999g. Airside performances of herringbone fin-and-tube heat exchangers in wet conditions. *Canadian J. of Chemical Engineering*, 77:1225-1230.

Wang, C.C., Jang, J.Y., Chang, C.C., Chang, Y.J., 1999h. Effect of Circuit Arrangements on the Performance of an Air-Cooled Condenser. *Int. J. of Refrigeration*, 22(4):275-282 .

Wang, C.C., Webb R.L., Chi, K.U., 2000a. Data reduction for air-side performance of fin-and-tube heat exchangers. *Experimental Thermal & Fluid Science*, 21:228-236.

Wang, C.C., Chi, K.U., Chang, C.J., 2000b. Heat transfer and friction characteristics of plain fin-and-tube heat exchangers: part 1: new experimental data. *Int. J. of Heat and Mass Transfer*, 43:2681-2691.

Wang C.C., Chi, K.U., 2000c. Heat transfer and friction characteristics of plain fin-and-tube heat exchangers: part 2: correlation. *Int. J. of Heat and Mass Transfer*, 43:2692-2700.

Wang C.C., Lee, W.S., and Sheu W.J, 2001. Airside performance of staggered tube bundle having shallow tube rows. *Chemical Engineering Communications*, 187: 129-147.

Wang, C.C., Hwang, Y.M., and Lin, Y.T., 2002a. Empirical Correlations for Heat Transfer and Flow Friction Characteristics of Herringbone Wavy Fin-and-Tube Heat Exchangers. *Int. J. of Refrigeration*, 25:653-660.

Wang, C.C., Lo, J., Lin, Y.T., and Liu, M.S., 2002b, Flow visualization of wave-type vortex generators having inline fin-tube arrangement. *Int. J. of Heat and Mass Transfer*, 45:1933-1944.

Wang, C.C., Lo, J., Lin, Y.T., and Wei, C.S., 2002c. Flow visualization of annular and delta winglet vortex generators in fin-and-tube heat exchanger application. *Int. J. of Heat and Mass Transfer*, 45:3803-3815.

Webb, R.L., 1987. Enhancement of single-phase heat transfer. Chapter 17 in *Handbook of Single-phase Heat Transfer*, Kakaç S., Shah, R.K., and Aung, W. eds., John Wiley and Sons, New York, 17.1-17.62.

Webb, R.L., 1990. Air-side heat transfer correlations for flat and wavy plate fin-and-tube geometries. *ASHRAE Transactions,* 96(2):445-449.

Webb, R.L., Jung, S.H., 1992. Air-side performance of enhanced brazed aluminum heat exchangers, *ASHRAE Transactions*, 98(2):391-401.

Webb, R.L. 1994. *Principles of enhanced heat transfer*. John Wiley & Sons, Inc., 131-132.

Žukauskas, A., Ulinskas, R., 1998. Banks of plain and finned tubes. In Heat Exchanger Design Handbook, ed. By Hewitt G.F., Chap. 2.2.4. Begell house, inc.

Chapter 

氣冷式熱交換器－濕盤管

Air-cooled Heat Exchanger (Wet Coil)

6-0 前言

當溫濕的空氣通過較冷的表面時，若表面溫度低於露點溫度時，空氣中的水蒸氣會凝結成水附著於傳熱表面上，例如吹南風時的「反潮現象」；由於這個熱交換的過程同時牽涉到顯熱熱傳與潛熱熱傳(亦稱之質傳)，因此，顯然與一般單純的顯熱熱交換器不同，圖6-1爲一典型除濕熱交換器的熱傳過程。以空調除濕式熱交換器而言，當空氣流過盤管表面，除了溫度降低之外，若盤管的表面溫度低於空氣的露點溫度(dew point temperature)時，會有水份凝結下來，達到冷卻和除濕的功能，此時稱盤管爲濕盤管(wet coil)。此一熱傳現象包括顯熱(sensible heat)和潛熱(latent heat)兩種變化，以熱傳的觀點而言，顯熱變化係由溫度差所造成；潛熱變化則起因於相的變化(例如凝結與蒸發)，以本章節探討的除濕過程而言，熱傳可由下面的方程式來描述(將在隨後做更深入的討論)：

$$\dot{m}_a W_1 = \dot{m}_a W_2 + \dot{m}_w \tag{6-1}$$

$$\dot{m}_a i_1 = \dot{m}_a i_2 + Q + \dot{m}_w i_{f,2} \tag{6-2}$$

$$\dot{m}_w = \dot{m}_a (W_1 - W_2) \tag{6-3}$$

$$Q = \dot{m}_a \left[(i_1 - i_2) - (W_1 - W_2) i_{f,2} \right] \tag{6-4}$$

由於濕盤管的分析方法比平常的方法更複雜，本章節的目的在於導入濕空氣的熱質傳計算與分析方法，這個方法比前述章節更爲繁瑣，讀者要更費心研讀這部份內容。

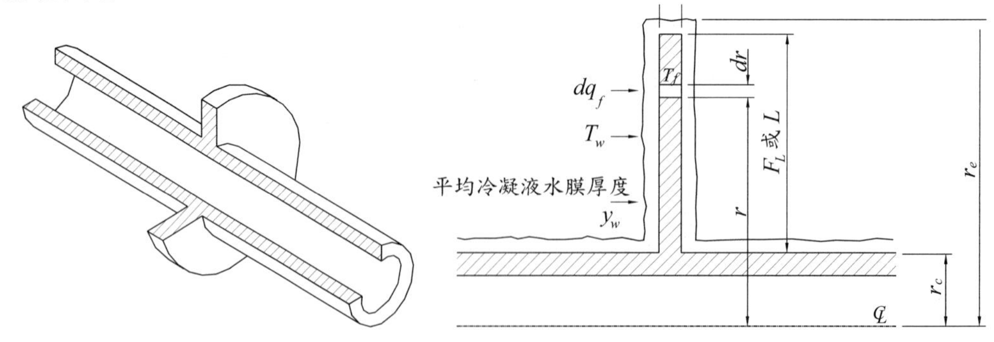

圖6-1 典型的除濕氣冷式熱交換器

6-1 空氣線圖 (Psychrometrics chart)

6-1-1 空氣線圖基本說明

空氣線圖(psychrometrics chart)係在仔細說明濕空氣的熱力性質，在進一步探討濕空氣的特性前，我們要先來瞭解乾空氣的基本組成與特性；由於一般應用上空氣的壓力都不是很高(例如1大氣壓)，因此可以假設空氣爲理想氣體；不過筆者仍要強調，如果應用在高壓時，必須要適時予以修正。乾空氣的組成如下(體積組成)：

氮(Nitrogen)：78.084%

氧(Oxygen)： 20.9476%

氬(Argon)：0.934%

二氧化碳(Carbon dioxide)： 0.0314%

氖(Neon)：0.01818%

氦(Helium)： 0.000524%

空氣的平均分子量爲28.9645 kg/kMole，空氣的氣體常數(gas constant)爲：R_a = 8314.41/28.9645 = 287.055 J/kg·K。雖然乾空氣爲一混合物，不過這個混合物的成分倒是相當的穩定，不管是在美國或是在台灣，它的成分幾乎一樣，其熱力性質可視爲一定，故基本上乾空氣可視爲一「純物質」，濕空氣則是乾空氣與水蒸氣的混合物，水的分子量爲18.01528 kg/kMole，而水的氣體常數則爲R_w = 8314.41/18.01528 = 461.52 J/kg·K。水的沸點在一大氣壓(101.325 kPa) 時爲99.97 °C。在進一步探討濕空氣的熱力性質前，我們必須先來認識(複習)一些慣用的溼度定義與符號：

M_a：乾空氣的質量

M_w：水蒸氣的質量

M：濕空氣的總質量 = $M_a + M_w$

P：濕空氣的總壓力 = $P_a + P_w$

P_a：乾空氣的壓力

P_w：水蒸氣的壓力

x_a：乾空氣的莫耳分率 (mole fraction of air) = P_a/P

x_w：水蒸氣的莫耳分率 (mole fraction of water) = P_w/P

比濕(humidity ratio, moisture content, mixing ratio)：

$W = M_w/M_a = 0.62198 x_w/x_a$

絕對溼度 (absolute humidity, water vapor density)：$d_v = M_w/V$

濕空氣密度：$\rho = (M_a + M_w)/V = (1/v)(1 + W)$

其中 v 爲濕空氣的比容 (moist air specific volume, m^3/kg dry air)

飽和比濕 (saturation humidity ratio, $W_s(T,P)$)爲在一給定的溫度及壓力下，濕空氣的飽和比濕

濕空氣的飽和度(degree of saturation, μ)，定義如下：

$$\mu = \left.\frac{W}{W_s}\right|_{T,P} \tag{6-5}$$

相對濕度(relative humidity, ϕ)，定義如下：

$$\phi = \left.\frac{x_w}{x_{ws}}\right|_{T,P} \tag{6-6}$$

由於

$P = (P_a + P_w)$ ， $n = (n_a + n_w)$

$x_a = P_a/P$

$x_w = P_w/P$

由比濕的定義可得到：

$$W = 0.62198\frac{x_w}{x_a} = 0.62198\frac{P_w}{P - P_w} \tag{6-7}$$

改寫式6-7可得

$$P_w = \frac{P}{\dfrac{0.62198}{W} + 1} \tag{6-8}$$

因此相對濕度、比濕與飽和度間的關係式可推導如下(代入式6-8)：

$$\phi = \left.\frac{x_w}{x_{ws}}\right|_{T,P} = \frac{\frac{P_w}{P}}{\frac{P_{ws}}{P}} = \frac{\frac{P\Big/\left(\frac{0.62198}{W}+1\right)}{P}}{\frac{P\Big/\left(\frac{0.62198}{W_s}+1\right)}{P}} = \frac{1+\frac{0.62198}{W_s}}{1+\frac{0.62198}{W}} = \mu\frac{0.62198+W_s}{0.62198+W}$$

$$\Rightarrow \mu = \frac{\phi}{1+(1-\phi)W_s/0.62198} \tag{6-9}$$

露點溫度(dew point temperature，T_{dew})的定義爲空氣在同一壓力及比濕條件下時，相對飽和濕空氣的乾球溫度：

$$W(P,T_{dew}) = W_s \tag{6-10}$$

ASHRAE (2005)提供下列經驗方程式來快速計算露點溫度T_{dew}如下：

$$P_{ws}(T_{dew}) = P_w = (P\times W)/(0.62198 + W) \tag{6-11}$$

若露點溫度在0到93°C間：

$$T_{dew} = 6.54+14.526\alpha+0.7398\alpha^2+0.09486\alpha^3+0.4569P_w^{\ 0.1984} \tag{6-12}$$

若溫度低於0°C

$$T_{dew} = 6.09+12.608\alpha+0.4959\alpha^2 \tag{6-13}$$

其中$\alpha = \ln(P_w)$，P_w的壓力單位爲kPa，T_{dew}溫度單位爲°C，注意這些都是有因次的方程式。熱力濕球溫度(thermodynamic wet bulb temperature, T_{wet})的定義爲在一特定的空氣壓力、乾球溫度與比濕的條件下，將水以絕熱方式來蒸發而使濕空氣到達飽和後，此時的空氣溫度稱之爲濕球溫度。

6-1-2 乾濕空氣的理想氣體性質的計算式

圖6-2爲常見的一大氣壓下的空氣線圖，如果讀者從事冷凍空調業的相關工作，對此圖應該不會陌生；除了以圖來查詢空氣的特性外，亦可使用下列介紹的方程式來計算；由於在一般冷凍空調的應用中，空氣的壓力通常不高，因此可以將空氣視爲理想氣體：

乾空氣：$P_aV = n_aRT$

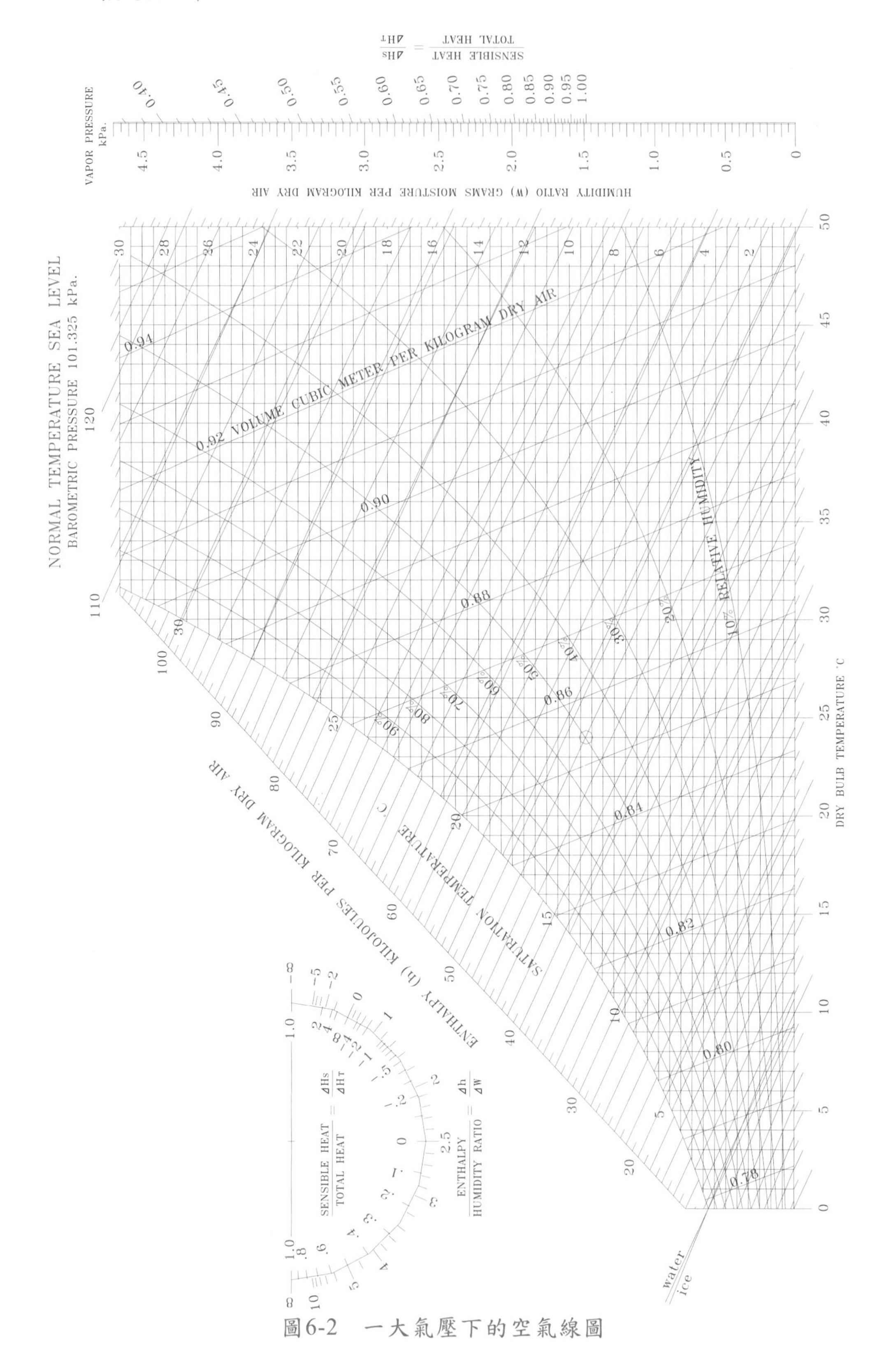

圖6-2 一大氣壓下的空氣線圖

水蒸氣： $P_w V = n_w RT$

其中：

P_a ＝乾空氣的分壓

P_w ＝水蒸氣的分壓

V ＝濕空氣的體積

n_a ＝乾空氣的莫耳數

n_w ＝水蒸氣的莫耳數

R ＝氣體常數，8314.41 J/(kg·mol·K)

濕空氣同樣要遵守理想氣體方程式，即$PV = nRT$，又由相對濕度的定義可知：

$$\phi = \left.\frac{x_w}{x_{ws}}\right|_{T,P} = \left.\frac{P_w}{P_{ws}}\right|_{T,P} \tag{6-14}$$

從空氣比容的定義可得：

$$v = V / M_a = \frac{V}{28.9645 n_a} \tag{6-15}$$

而從理想氣體方程式可得比容如下：

$$v = V / M_a = \frac{V}{28.9645 n_a} = \frac{RT}{28.9645(P - P_w)} = \frac{R_a T}{(P - P_w)}$$

又 $W = 0.62198 \dfrac{P_w}{P - P_w}$ ，所以利用式6-8可得

$$P - P_w = 0.62198 \frac{P_w}{W} = \frac{\dfrac{0.62198P}{\left(\dfrac{0.62198}{W} + 1\right)}}{W} = \frac{P}{1 + 1.6078W}$$

故

$$v = \frac{RT(1 + 1.6078W)}{28.9645P} = \frac{R_a T(1 + 1.6078W)}{P} \tag{6-16}$$

濕空氣的焓值(enthalpy)爲乾空氣的焓(i_a)與水蒸氣的焓(i_g)加總：

$$i = i_a + W i_g \tag{6-17}$$

在一大氣壓力下，乾空氣的焓(i_a)與水蒸氣的焓(i_g)可以下式來估算

(ASHRAE 2005，這些計算式均爲有因次的方程式，其中T的單位爲°C)：

$$i_a = 1.006\times T \text{ (kJ/kg)} \tag{6-18}$$

$$i_g = 2501.0+1.805\times T \text{ (kJ/kg)} \tag{6-19}$$

所以濕空氣的焓值如下：

$$i = 1.006\times T+W\times(2501.0+1.805\times T) \text{ (kJ/kg)} \tag{6-20}$$

濕球溫度的定義與說明較爲複雜，首先我們以熱力學濕球溫度(T_{wet}, thermodynamic wet bulb temperature)來說明：考慮水於一絕熱的條件下蒸發到濕空氣中(在一給定的溫度與壓力下)，在蒸發過程中，存在一個溫度可以使濕空氣蒸發到達飽和溫度，若以能量平衡來描述這個過程如下：

$$i_s^* = i + (W_s^* - W)i_w^* \tag{6-21}$$

其中

W_s^*：爲熱力濕球溫度下的飽和比濕

i_s^*：爲熱力濕球溫度下的飽和焓值

i_w^*：爲熱力濕球溫度下的冷凝水的焓值

上述方程式中的i_s^*、W_s^*和i_w^*性質均爲T_{wet}的單一函數，將理想氣體的焓值近似方程式$i_w^* = 4.186T_{wet}$代入式6-21可得(ASHRAE, 2005)：

$$\begin{aligned} & i_s^* = i + (W_s^* - W)i_w^* \\ & \Rightarrow 1.006T_{wet} + W_s^*(2501 + 1.805T_{wet}) \\ & \quad = 1.006T + W(2501 + 1.805T) + (W_s^* - W)4.186T_{wet} \end{aligned}$$

$$\Rightarrow W = \frac{(2501 - 2.381T_{wet})W_s^* - 1.006(T - T_{wet})}{2501.0 + 1.805T - 4.186T_{wet}} \tag{6-22}$$

請注意上式的溫度單位爲°C。上面這個式子告訴讀者濕球溫度與比濕及乾球溫度間的關係，基本上濕球溫度需要一些疊代過程才能算出。

本章節所要探討的濕式熱交換器，是以全濕的情形爲主，如圖6-3所示，所謂全濕，是指熱交換器上平均的鰭片溫度低於入口的露點溫度，而半乾濕是指一部份面積的溫度高於露點溫度，其他部份的溫度低於露點溫度，而形成半乾濕的現象，若鰭片的溫度都高於露點溫度，則稱之爲全乾；這三者以全乾的理論模式最為完整(見第五章)，而全濕次之，本章節探討係以全濕為主，至於半乾濕，則無系統的理論基礎，但仍有一些研究將全乾與全濕的分析方法合成後再來模擬(例如Liaw et al., 1998)，不過這部份並不在本章節的探討範圍內，有興趣的讀者，可參考該篇文獻。

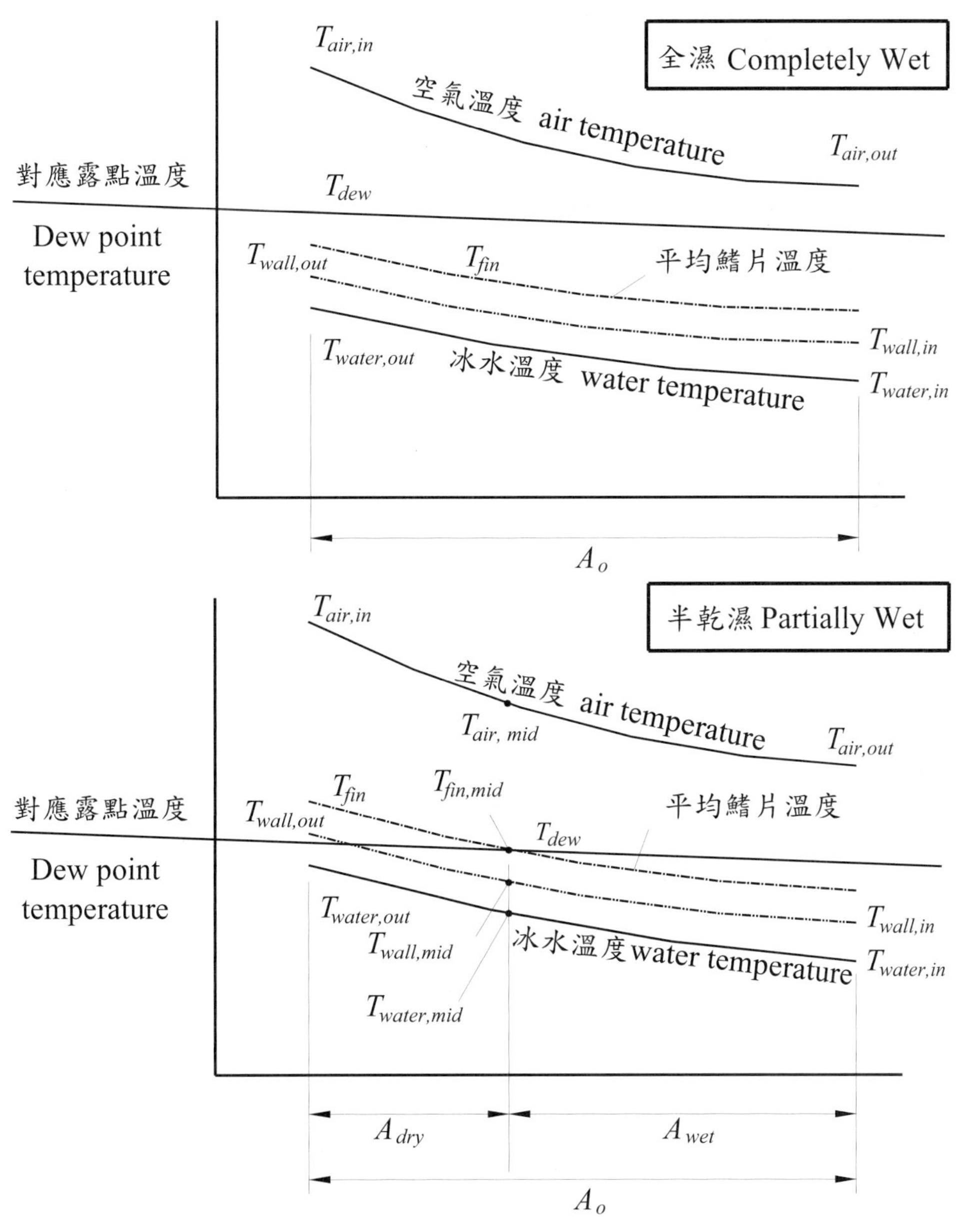

圖6-3　全濕與半乾溼熱交換器的定義

6-2 濕空氣之熱質傳驅動勢

(Driving potential for combined heat and mass transfer)

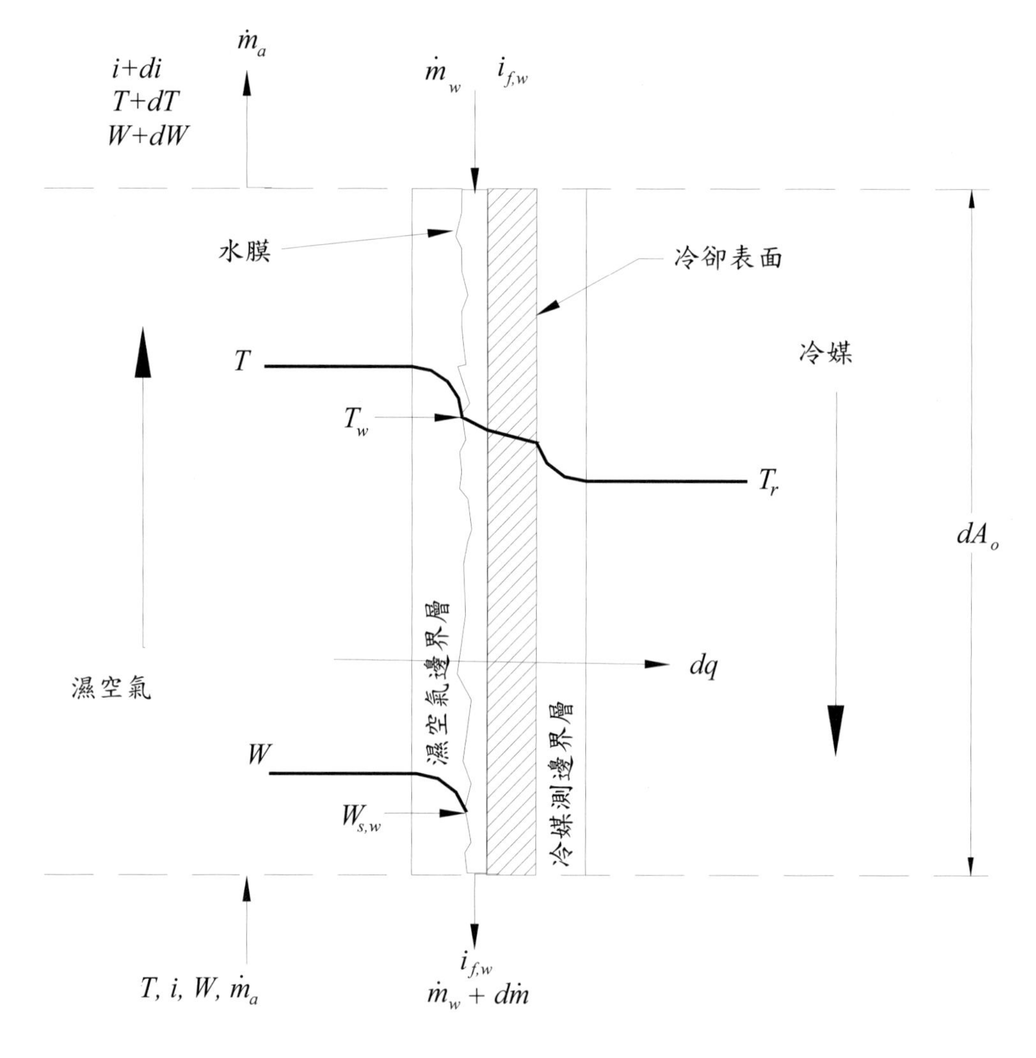

圖6-4 濕空氣熱傳的過程

在第五章中我們提到乾盤管熱傳的驅動力來自於溫度差，在濕盤管中，由於同時牽涉到熱傳與質傳，因此它的驅動勢將會有所不同，在這個章節中我們將導

出濕盤管的驅動勢 – 焓差。首先我們考慮如圖6-4所示的濕空氣熱質傳過程，在這個物理模式中，我們假設濕空氣冷凝水會均勻產生一液膜覆蓋在熱交換器的表面上，圖中的W爲比濕，i爲濕空氣的焓值，$\dot{m}_a$爲乾空氣的質量流率；若我們考慮一甚小的熱傳面積dA_o上的能量平衡，可得：

$$-\dot{m}_a di = dQ - \dot{m}_a dW \times i_{f,w} \tag{6-23}$$

其中，$i_{f,W}$爲冷凝水的焓值。

由熱傳平衡的方程式可知：總熱傳量(total heat transfer) = 顯熱熱傳量(sensible heat transfer) + 潛熱熱傳量(latent heat transfer)，顯熱熱傳來自於乾球溫度差，即$dQ_s = h_{c,o}dA_o(T - T_w)$；而潛熱的驅動力來自於氣液態間的質量傳遞，質量傳遞是由濃度差所造成，在濕空氣中常用的濃度爲比濕，因此$dQ_l = h_{D,o}dA_o(W - W_{s,w})(i_{g,t} - i_{f,w})$，所以：

$$dQ = h_{c,o}dA_o\left(T - T_w\right) + h_{D,o}dA_o\left(W - W_{s,w}\right)\left(i_{g,t} - i_{f,w}\right) \tag{6-24}$$

請注意，其中$h_{c,o}$代表濕空氣的顯熱熱傳係數，而$h_{D,o}$爲質傳係數，故

$$-\dot{m}_a dW = h_{D,o}dA_o(W - W_{s,w}) \tag{6-25}$$

如果我們定義一個新的參數，Le (Lewis number)[1]，即

$$Le = \frac{h_{c,o}}{h_{D,o}c_{p,a}} \tag{6-26}$$

所以，式6-24可以改寫如下：

$$dQ = \frac{h_{c,o}dA_o}{c_{p,a}}\left(c_{p,a}(T - T_w) + \frac{(W - W_{s,w})(i_{g,t} - i_{f,w})}{Le}\right) \tag{6-27}$$

又在標準狀況下，濕空氣的焓值可以表示如下：

$$i = c_{p,a}T + W(2501 + 1.805T) \text{ (單位爲kJ/kg)} \tag{6-28}$$

所以，在水膜溫度的飽和濕空氣焓值可表示如下：

---

[1]請注意，Le的定義有很多種，比較廣為接受的定義為α/D，其中α為熱擴散係數，D質量擴散係數。本處的定義只是配合Threlkeld (1970)的原始定義，讀者要留心。

$$i_W = c_{p,a}T_w + W_{s,w}(2501 + 1.805T_w) \tag{6-29}$$

將式6-28減去式6-29可得

$$i - i_w = c_{p,a}(T - T_w) + 2501(W - W_{s,w}) \tag{6-30}$$

將式6-24中的溫差部份(T-T_w)換成式6-30的焓差，可得：

$$\begin{aligned} dQ &= \frac{h_{c,o}dA_o}{c_{p,a}}\left((i - i_w) - 2501(W - W_{s,w}) + \frac{(W - W_{s,w})(i_{g,t} - i_{f,w})}{Le}\right) \\ &= \frac{h_{c,o}dA_o}{c_{p,a}}\left((i - i_w) + \frac{(W - W_{s,w})(i_{g,t} - i_{f,w} - 2501 \times Le)}{Le}\right) \end{aligned} \tag{6-31}$$

又由能量與質量的平衡方程式(式 6-23與式6-25)可得：

$$dQ = -\dot{m}_a di + \dot{m}_a dW \times i_{f,w} \tag{6-32}$$

$$-\dot{m}_a dW = h_{D,o}dA_o(W - W_{s,w}) \tag{6-33}$$

因此將式6-33代入式6-32，與式6-31合併後消去dQ，可寫成：

$$\begin{aligned} dQ &= h_{D,o}dA_o(W - W_{s,w})(\frac{di}{dW} - i_{f,w}) \\ &= \frac{h_{c,o}dA_o}{c_{p,a}}\left((i - i_w) + \frac{\left(W - W_{s,w}\right)\left(i_{g,t} - i_{f,w} - 2501 \times Le\right)}{Le}\right) \end{aligned} \tag{6-34}$$

將式6-34稍做處理後，我們可以得到：

$$\frac{di}{dW} = Le\frac{i - i_w}{W - W_{s,w}} + \left(i_{g,t} - 2501 \times Le\right) \tag{6-35}$$

式6-35稱之爲空氣線圖上除濕過程的空氣調和線(process line or conditioning line)。接下來，我們進一步來討論式6-34，即：

$$dQ = \frac{h_{c,o}dA_o}{c_{p,a}}\left((i - i_w) + \frac{\left(W - W_{s,w}\right)\left(i_{g,t} - i_{f,w} - 2501 \times Le\right)}{Le}\right) \tag{6-34}$$

我們考慮典型的空調狀態下來進一步簡化式6-34，首先筆者假設一個典型的空調條件如下：

(a) 水膜溫度T_w = 10°C

(b) 空氣的乾球溫度T = 20°C

(c) 相對溼度ϕ = 50%

在這個條件下，我們可以從空氣線圖中查出(圖6-2)

$$W \approx 0.0074 \text{ kg/kg dry air}$$

$$W_{s,w} \approx 0.0078 \text{ kg/kg dry air}$$

$$i \approx 39.4 \text{ kJ/kg dry air}$$

$$i_w \approx 29.4 \text{ kJ/kg dry air}$$

$$i_{g,t} \approx 2454 \text{ kJ/kg}$$

$$i_{f,w} \approx 42 \text{ kJ/kg}$$

$$i - i_w \approx 10 \text{ kJ/kg dry air}$$

在一般應用中，Le (Lewis number) 大約在0.9 左右；在此，我們假設這個值很靠近1，即$Le \approx 1.0$。

因此式6-34等號右邊的第二項可大致估算如下：

$$\frac{(W - W_{s,w})(i_{g,t} - i_{f,w} - 2501 \times Le)}{Le}$$
$$\approx (0.0074 - 0.0078)(2454 - 42 - 2501 \times 1) \approx 0.04 \text{ kJ/kg}$$

而式6-34等號右邊的第一項爲$i - i_w = 10$，顯然第一項要比第二項大很多，即：

$$\frac{\dfrac{(W - W_{s,w})(i_{g,t} - i_{f,w} - 2501 \times Le)}{Le}}{i - i_w} = \frac{0.04}{10} \approx 0$$

因此我們可以將式6-34等號右邊的第二項忽略，故式6-34可簡化成如下：

$$dQ = \frac{h_{c,o} dA_o}{c_{p,a}} \left(i - i_w \right) \tag{6-36}$$

式6-36的結果告訴讀者幾個重要訊息：(1)焓差是濕盤管的驅動力；(2)焓差驅動勢爲熱傳與質傳整合而產生的濕盤管驅動力；(3)請特別留意，$h_{c,o}$爲顯熱熱傳係數，但是這個熱傳係數是「濕潤表面下」的顯熱熱傳係數，與第五章乾盤管的熱傳係數意義並不同，第五章的熱傳係數爲熱傳表面在全乾情況下的熱傳係數；很多人經常混用這兩個熱傳係數，這是不正確的(雖然兩者的單位相同，而且數值也不會相差甚大)。

6-3　McQuiston的濕盤管分析法

有關濕盤管的分析法，最廣爲人使用的方法可能是McQuiston and Parker (1994)引用McQuiston (1978a, 1978b)的方法，筆者早期也是採用McQuiston 的方法，不過，經過多年的研究後，雖然表面上McQuiston法較簡單直接，但筆者後來還是放棄了McQuiston的方法，最主要的原因乃McQuiston法先天上有錯誤，筆者不打算在這裡詳細的去追究這個問題，有興趣的讀者可以參考Wu and Bong (1994)與Wang et al. (1997)的文章便可看出端倪，而筆者與林育才教授合作的實驗結果更是證明這個論點(Lin et al., 2001)。如果讀者堅持要使用McQuiston濕盤管的分析方法，請參考McQuiston and Parker (1994)一書，筆者不再進一步說明，筆者並不推薦使用該法，除了方法有誤外，它的測試資料庫相當有限也是一個主因；本章節濕盤管的分析主軸將以Threlkeld (1970)的方法爲主，Threlkeld 法(1970)可能是濕盤管分析法中理論基礎最爲完備的(詳見Kandilikar, 1990a 的說明)；不管是McQuiston或是Threlkeld法甚至是其他方法，筆者有一點要提醒讀者，這些方法先天上並不完全相容，讀者在使用時必須要清楚的瞭解這個方法，與其使用的資料庫與經驗方程式，如果測試資料或經驗方程式是Threlkeld方法發展所獲得的，使用者就應該使用Threlkeld法來計算，千萬不要把其他的方法扯進來混用！

6-4　Threlkeld濕盤管分析法流程

6-4-1　基本理論

從前面幾章的介紹中，我們知道若熱交換過程不牽涉到質傳，則熱傳量可寫成如下：

$$Q = U \cdot A \cdot \Delta T_m = U \cdot A \cdot F \cdot LMTD \tag{6-37}$$

而在6-2節中告訴讀者濕盤管總熱傳的驅動勢爲焓差，本章節即採用焓差分析法(Threlkeld, 1970)，因此熱傳量可寫出類似式6-37的式子如下：

$$Q = U_{o,w} \cdot A \cdot \Delta i_m = U_{o,w} \cdot A \cdot F \cdot LMHD \tag{6-38}$$

又：

$$Q = \dot{m}_a \left(i_{a,i} - i_{a,o} \right) \tag{6-39}$$

其中

A：空氣側熱傳面積

F：修正因子 (correction factor)，修正係數的算法與乾盤管的算法完全相同，唯一的差異在於乾盤管使用四個端點溫度來算P與R，而濕盤管使用四個端點的空氣焓值來計算

$U_{o,w}$ ：濕盤管之總熱傳係數

Q：濕盤管的熱傳量

$\dot{m}_a$ ：乾空氣的質量流率

$LMHD$：對數平均焓差(log mean enthalpy difference)，表示如下：

$$LMHD = \frac{(i_{a,i} - i_{r,o}) - (i_{a,o} - i_{r,i})}{\ln\left(\dfrac{i_{a,i} - i_{r,o}}{i_{a,o} - i_{r,i}} \right)} \tag{6-40}$$

其中：

$i_{a,i}$, $i_{a,o}$：爲空氣的進口和出口焓值

$i_{r,i}$：相對於冷媒進口溫度下的飽和空氣焓值 (saturated air enthalpy evaluated at the inlet refrigerant temperature)

$i_{r,o}$：相對於冷媒出口溫度下的飽和空氣焓值(saturated air enthalpy evaluated at the outlet refrigerant temperature)

這裡要提醒讀者，濕盤管的總熱傳係數U_{ow}與乾盤管的U是完全不同的(請注意它們的單位完全不同！)，因此接下來的問題是U_{ow}應該如何算？

我們考慮如圖6-5所示的圓形鰭片(鰭片厚度爲δ_f)，在鰭片外側均勻地覆蓋一層水膜(厚度爲y_w)，在下列的分析中，下標f代表鰭片，w則代表水膜。

管內的熱傳方程式如下：

$$Q_i = h_i \cdot A_{p,i} \left(T_{p,i} - T_r \right) \tag{6-41}$$

若我們導入如下定義(此定義將會在隨後進一步說明)

$$b'_r = \frac{i_{s,p,i} - i_{s,r}}{T_{p,i} - T_r} \tag{6-42}$$

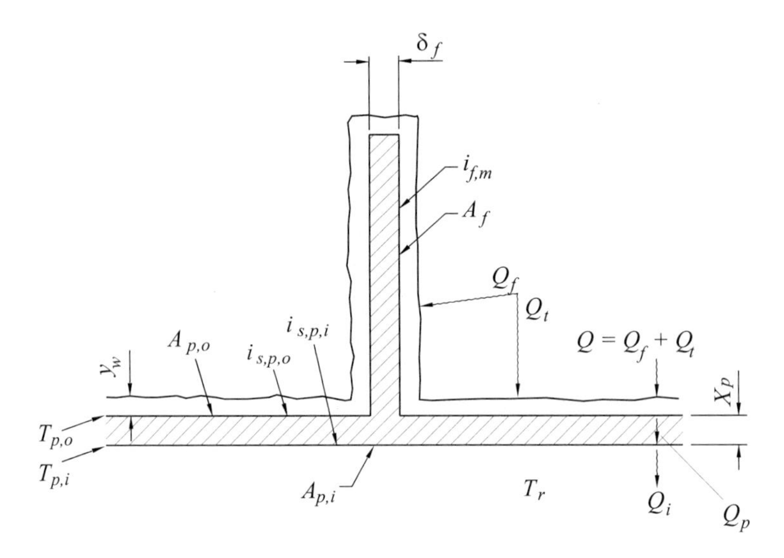

圖6-5 濕式鰭片熱傳遞途徑示意圖

其中下標s表示飽和空氣狀態，r表示以冷媒側溫度來計算，p代表管壁，i代表管內，o代表管外部份，則式6-41可改寫如下：

$$Q_i = \frac{h_i A_{p,i}}{b_r'}\left(i_{s,p,i} - i_{s,r}\right) \tag{6-43}$$

管壁部份的熱傳量如下：

$$Q_p = \frac{k_p A_{p,m}}{X_p}\left(\frac{i_{s,p,o} - i_{s,p,i}}{b_p'}\right) \tag{6-44}$$

其中X_p爲管壁厚度，式6-44中的b_p'與$A_{p,m}$定義如下：

$$b_p' = \frac{i_{s,p,o} - i_{s,p,i}}{T_{p,o} - T_{p,i}} \tag{6-45}$$

$$A_{p,m} = \frac{A_{p,o} - A_{p,i}}{\ln \dfrac{A_{p,o}}{A_{p,i}}} \tag{6-46}$$

透過鰭片的熱傳路徑可分爲兩個管道，即透過傳熱管與鰭片兩部份：

$$Q_o = \frac{h_{o,w}}{b'_{w,p}} A_{p,o}(i - i_{s,p,o}) + \frac{h_{o,w}}{b'_{w,m}} A_f (i - i_{f,m})$$

$$= \frac{h_{o,w}}{b'_{w,p}} A_{p,o}(i - i_{s,p,o})\left[1 + \frac{b'_{w,p}}{b'_{w,m}} \frac{A_f}{A_{p,o}} \frac{i - i_{f,m}}{i - i_{s,p,o}}\right] \tag{6-47}$$

$$= \frac{h_{o,w}}{b'_{w,p}} A_{p,o}(i - i_{s,p,o})\left[1 + \frac{b'_{w,p}}{b'_{w,m}} \frac{A_f}{A_{p,o}} \eta_{wet,f}\right]$$

其中$\eta_{wet,f}$爲濕式鰭片的鰭片效率，定義如下：

$$\eta_{wet,f} = \frac{i - i_{f,m}}{i - i_{s,p,o}} \tag{6-48}$$

有關$\eta_{wet,f}$的詳細內容將在隨後做進一步的說明，在上述計算中引入了幾個讓人糊裡糊塗的參數，即b'_r、b'_p、$b'_{w,p}$與$b'_{w,m}$，首先我們先來瞭解b'的意義，它的定義爲$\Delta i_s/\Delta T$(見圖6-6)，爲什麼會有這個參數跑出來？主要係由於使用焓差驅動勢的原因，若僅使用顯熱溫差當驅動勢，就不會產生這些參數，由$b' = \Delta i_s/\Delta T$的定義，可以將常用的溫差轉換成b'與焓間的關係，如此一來，就可將各個不同的阻抗通通換成焓差驅動勢，這時才能將各部份不同的阻抗加起來(因爲阻抗的驅動勢爲焓差)；這點可以從管內管壁部份的熱傳爲什麼要千辛萬苦轉成焓差的表示式b'_r、b'_p可看出，總而言之，濕盤管空氣側的驅動勢爲焓差，而若吾人不將管內與管壁部份轉成焓差，那麼管內外的阻抗將無法加總(橘子與蘋果也！)。

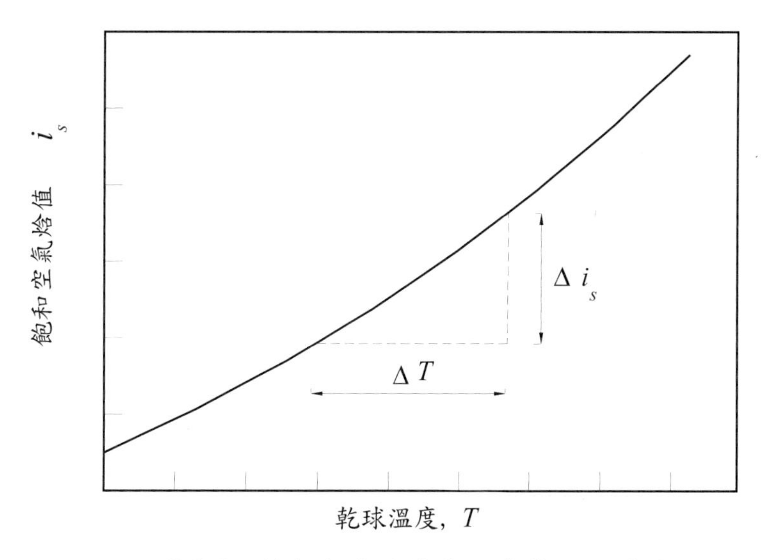

圖6-6　飽和空氣焓值與溫度變化之關係

變數$b'_{w,p}$的計算係以管壁外水膜平均溫度來計算，$b'_{w,m}$的計算係以鰭片外水膜平均溫度來計算，接下來我們將各部份的阻抗予以合成：

$$\therefore Q_o = \frac{h_{o,w}}{b'_{w,p}} A_{p,o}\left(i - i_{s,p,o}\right) + \frac{h_{o,w}}{b'_{w,m}} A_f \cdot \eta_{wet,f}\left(i - i_{s,p,o}\right) \tag{6-49}$$

因此式6-43、6-44與式6-49可改寫成：

$$i_{s,p,i} - i_{s,r} = Q_i\left[\frac{b'_r}{h_i A_{p,i}}\right] \tag{6-50}$$

$$i_{s,p,o} - i_{s,p,i} = Q_p\left[\frac{b'_p X_p}{k_p A_{p,m}}\right] \tag{6-51}$$

$$i - i_{s,p,o} = Q_o\left[\frac{1}{\dfrac{h_{o,w} A_{p,o}}{b'_{w,p}} + \dfrac{h_{o,w}}{b'_{w,m}} A_f \cdot \eta_{wet,f}}\right] \tag{6-52}$$

在穩定狀態下時，由能量平衡$Q_i = Q_p = Q_o = Q = U_{o,w}A_o(i - i_{s,r})$，因此我們可將各部份的熱通量加總起來：

$$i - i_{s,r} = Q\left[\frac{b'_r}{h_i A_{p,i}} + \frac{b'_p X_p}{k_p A_{p,m}} + \frac{1}{\dfrac{h_{o,w} A_{p,o}}{b'_{w,p}} + \dfrac{h_{o,w}}{b'_{w,m}} A_f \eta_{wet,f}}\right] \tag{6-53}$$

即

$$\frac{Q}{U_{o,w} A_o} = Q\left[\frac{b'_r}{h_i A_{p,i}} + \frac{b'_p X_p}{k_p A_{p,m}} + \frac{1}{\dfrac{h_{o,w} A_{p,o}}{b'_{w,p}} + \dfrac{h_{o,w}}{b'_{w,m}} A_f \cdot \eta_{wet,f}}\right] \tag{6-54}$$

所以

$$U_{o,w}=\left[\frac{1}{\dfrac{A_o b'_r}{h_i A_{p,i}}+\dfrac{A_o b'_p X_p}{k_p A_{p,m}}+\dfrac{1}{\dfrac{h_{o,w}A_{p,o}}{b'_{w,p}A_o}+\dfrac{h_{o,w}}{b'_{w,m}}\dfrac{A_f}{A_o}\cdot\eta_{wet,f}}}\right]$$

$$=\left[\frac{1}{\dfrac{A_o b'_r}{h_i A_{p,i}}+\dfrac{A_o b'_p X_p}{k_p A_{p,m}}+\dfrac{1}{h_{ow}\left(\dfrac{A_{p,o}}{b'_{w,p}A_o}+\dfrac{1}{b'_{w,m}}\dfrac{A_f}{A_o}\cdot\eta_{wet,f}\right)}}\right] \quad (6\text{-}55)$$

將式6-55倒數後可得

$$\frac{1}{U_{o,w}}=\frac{b'_r A_o}{h_i A_{p,i}}+\frac{b'_p X_p A_o}{k_p A_{p,m}}+\frac{1}{h_{o,w}\left(\dfrac{A_{p,o}}{b'_{w,p}A_o}+\dfrac{1}{b'_{w,m}}\dfrac{A_f}{A_o}\cdot\eta_{wet,f}\right)} \quad (6\text{-}56)$$

即

$$h_{o,w}\left(\frac{A_{p,o}}{b'_{w,p}A_o}+\frac{1}{b'_{w,m}}\frac{A_f}{A_o}\cdot\eta_{wet,f}\right)=\left[\frac{1}{U_{o,w}}-\frac{b'_r A_o}{h_i A_{p,i}}-\frac{b'_p X_p A_o}{k_p A_{p,m}}\right]^{-1} \quad (6\text{-}57)$$

同時我們可將上式的左式改寫如下

$$h_{o,w}\left(\frac{A_{p,o}}{b'_{w,p}A_o}+\frac{1}{b'_{w,m}}\frac{A_f}{A_o}\cdot\eta_{wet,f}\right)=\frac{h_{o,w}}{b'_{w,m}}\left(\frac{b'_{w,m}}{b'_{w,p}}\frac{A_{p,o}}{A_o}+\frac{A_f}{A_o}\cdot\eta_{wet,f}\right)$$

$$=\frac{h_{o,w}}{b'_{w,m}}\left(\frac{b'_{w,m}}{b'_{w,p}}\frac{\left(A_o-A_f\right)}{A_o}+\frac{A_f}{A_o}\cdot\eta_{wet,f}\right)=\frac{h_{o,w}}{b'_{w,m}}\left(\frac{b'_{w,m}}{b'_{w,p}}-\frac{A_f}{A_o}\left(\frac{b'_{w,m}}{b'_{w,p}}-\eta_{wet,f}\right)\right) \quad (6\text{-}58)$$

在一般應用的場合上，若管壁外水膜平均溫度與鰭片外水膜平均溫度的差異不是很大，則$b'_{w,p}\approx b'_{w,m}$，因此式6-58可簡化成一個類似表面效率與鰭片效率的關係式(記得第三章的$\eta_o=1-\dfrac{A_f}{A}(1-\eta_f)$)如下：

$$\eta_{o,wet} = \frac{b'_{w,m}}{b'_{w,p}} - \frac{A_f}{A_o}\left(\frac{b'_{w,m}}{b'_{w,p}} - \eta_{wet,f}\right) = \left(1 - \frac{A_f}{A_o}\left(1-\eta_{wet,f}\right)\right) \quad 如果\ b'_{w,m} \approx b'_{w,p} \tag{6-60}$$

上面計算方法最大的困擾在於濕鰭片效率$\eta_{wet,f}$的計算，接下來即針對濕鰭片效率的計算做說明。

6-4-2 濕鰭片效率

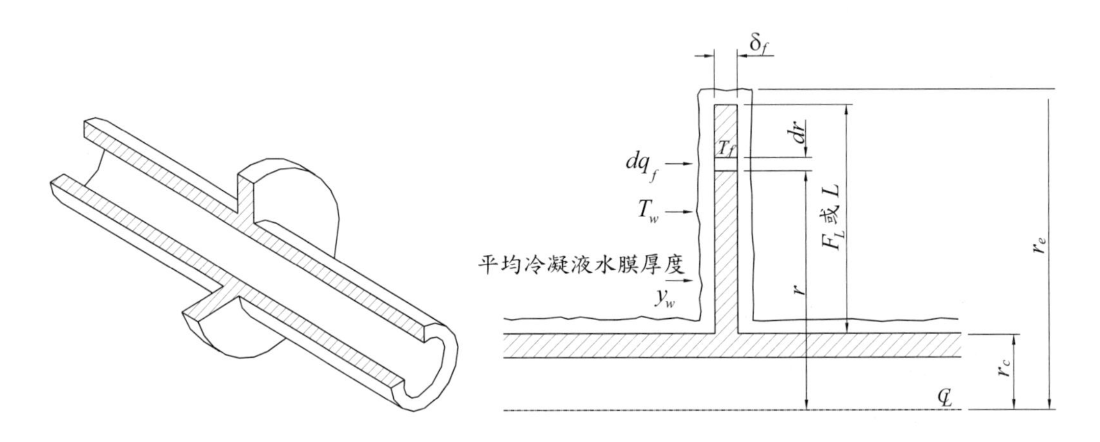

圖6-7 圓形鰭片結露模式示意圖

在本例中我們先考慮圓形鰭片(圖6-7)的鰭片效率，再推衍到平板型鰭片的鰭片效率，同樣的我們假設鰭片外部覆蓋一均勻的水膜，水膜厚度爲y_w，圓形鰭片在 r 位置的熱傳量可表達如下：

$$Q_f = 2k_f y_f \cdot 2\pi r \frac{dT_f}{dr} \tag{6-60}$$

在 r 位置一小段位置的能量變化如下：

$$dQ_f = \frac{-2k_w}{y_w}\left(T_w - T_f\right) \cdot 2\pi r \cdot dr \tag{6-61}$$

若我們考慮濕空氣的焓值在一小段溫度的變化爲線性關係，則空氣的飽和焓值可寫成如下：

$$i_s = a + bT_s \tag{6-62}$$

如果將飽和溫度換成水膜的溫度，則在水膜上的空氣飽和焓爲：

$$i_w = a_w + b'_{w,m} T_w \tag{6-63}$$

所以式6-61可改寫爲：

$$\therefore dQ_f = \frac{-2k_w}{y_w}\left(T_w - T_f\right)\cdot 2\pi r\cdot dr = \frac{-2k_w}{y_w}\left(\frac{i_w - a_w}{b'_{w,m}} - T_f\right)\cdot 2\pi r\cdot dr$$

$$= \frac{-2k_w}{y_w b'_{w,m}}\left(i_w - \left(a_w + b'_{w,m}T_f\right)\right)\cdot 2\pi r\cdot dr \tag{6-64}$$

其中$a_w + b'_{w,m} T_f$這個量的單位爲空氣焓值，所以我們可引入一個「虛假」的空氣焓值i_f，即 $i_f = a_w + b'_{w,m} T_f$，其中a_w與$b'_{w,m}$可由水膜溫度T_w計算而得，故式6-64可寫成：

$$\therefore dQ_f = \frac{-2k_w}{y_w b'_{w,m}}\left(i_w - i_f\right)\cdot 2\pi r\cdot dr \tag{6-65}$$

再由6-2節的結論：

$$dQ_f = \frac{-h_{c,o}dA}{c_{p,a}}\left(i - i_w\right) = \frac{-2h_{c,o}\cdot 2\pi r\cdot dr}{c_{p,a}}\left(i - i_w\right) \tag{6-66}$$

請特別注意上式多了一個2出來，這是因爲鰭片上的熱傳是兩側方向(請參考圖6-7)，因此有效面積$dA = 2\times 2\pi\times r\times dr$，所以由式6-65與式6-66，可將$i_w$消除：

$$\therefore dQ_f = \frac{-2k_w}{y_w b'_{w,m}}\left(i + \frac{dQ_f\cdot c_{p,a}}{2h_{c,o}\cdot 2\pi r\cdot dr} - i_f\right)\cdot 2\pi r\cdot dr \tag{6-67}$$

$$= \frac{-2k_w}{y_w b'_{w,m}}\left(i - i_f\right)\cdot 2\pi r\cdot dr - \frac{2k_w}{y_w b'_{w,m}}\cdot\frac{dQ_f\cdot c_{p,a}}{2h_{c,o}} \tag{6-68}$$

即：

$$\left(1 + \frac{k_w}{y_w b'_{w,m}}\cdot\frac{c_{p,a}}{h_{c,o}}\right)dQ_f = \frac{-2k_w}{y_w b'_{w,m}}\left(i - i_f\right)\cdot 2\pi r\cdot dr$$

$$\therefore dQ_f = \frac{\dfrac{-2k_w}{y_w b'_{w,m}}}{\left(1 + \dfrac{k_w}{y_w b'_{w,m}}\cdot\dfrac{c_{p,a}}{h_{c,o}}\right)}\left(i - i_f\right)\cdot 2\pi r\cdot dr$$

$$= \frac{-2}{b'_{w,m}\left(\dfrac{y_w}{k_w}+\dfrac{c_{p,a}}{b'_{w,m}\cdot h_{c,o}}\right)}\left(i-i_f\right)\cdot 2\pi r\cdot dr \qquad (6\text{-}69)$$

這時吾人定義：$h_{o,w} \equiv \dfrac{1}{\dfrac{c_{p,a}}{b'_{w,m}h_{c,o}}+\dfrac{y_w}{k_w}}$ (6-70)

請注意式6-70的$h_{o,w}$爲濕式熱傳係數(其單位與一般的熱傳係數相同但意義完全不同！)，其中$h_{c,o}$爲濕盤管空氣側顯熱傳係數(單位與乾盤管的熱傳係數相同，W/m^2·K)，$c_{p,a}$爲空氣比熱，y_w爲鰭片和管壁上的水膜厚度，k_w爲水膜熱傳導係數，根據Myers (1967)的說明，$\dfrac{y_w}{k_w}$與$\dfrac{c_{p,a}}{b'_{w,m}\,h_{c,o}}$項兩相比較後，通常可忽略不計，因此式6-70可簡化成：

$$h_{o,w} \cong \frac{1}{\dfrac{c_{p,a}}{b'_{w,m}h_{c,o}}} = \left(\frac{c_{p,a}}{b'_{w,m}h_{c,o}}\right)^{-1} \qquad (6\text{-}71)$$

所以式6-69可改寫成：

$$\therefore dQ_f = \frac{-2h_{o,w}}{c_{p,a}}\left(i-i_f\right)\cdot 2\pi r\cdot dr \qquad (6\text{-}72)$$

再由 $Q_f = -2k_f y_f \cdot 2\pi r \dfrac{dT_f}{dr}$

$$\therefore dQ_f = \frac{-2k_f y_f}{c_{p,a}}\cdot\frac{d^2\left(i-i_f\right)}{dr^2}\cdot 2\pi r\cdot dr - \frac{2k_f y_f}{c_{p,a}}\cdot\frac{d\left(i-i_f\right)}{dr}\cdot 2\pi r\cdot dr \qquad (6\text{-}73)$$

同時$\Delta i_f = i - i_f$

$$\therefore dQ_f = \frac{-4\pi k_f y_f}{c_{p,a}}\cdot\left(r\frac{d^2\Delta i_f}{dr^2}+\frac{d\Delta i_f}{dr}\right)\cdot dr \qquad (6\text{-}74)$$

又由式6-72與式6-74：

$$dQ_f = \frac{-2h_{o,w}}{c_{p,a}}\cdot\Delta i_f\cdot 2\pi r\cdot dr$$

$$\therefore \frac{-4\pi k_f y_f}{c_{p,a}} \cdot \left(r\frac{d^2\Delta i_f}{dr^2} + \frac{d\Delta i_f}{dr} \right) \cdot dr = \frac{-2h_{o,w}}{c_{p,a}} \cdot \Delta i_f \cdot 2\pi r \cdot dr \tag{6-75}$$

最後我們得到如下的常微分方程式：

$$\Rightarrow r\frac{d^2\Delta i_f}{dr^2} + \frac{d\Delta i_f}{dr} - \frac{rh_{o,w}}{k_f y_f} \cdot \Delta i_f = 0$$

$$\Rightarrow \frac{d^2\Delta i_f}{dr^2} + \frac{1}{r} \cdot \frac{d\Delta i_f}{dr} - \frac{h_{o,w}}{k_f y_f} \cdot \Delta i_f = 0 \tag{6-76}$$

若使用下列的邊界條件於上述方程式：

$r = 0$，$\Delta_f = i - i_{base}$

$r = L$，$d\Delta i_f / dr = 0$

則可解得此一常微分方程式的解如下：

$$\eta_{wet,f} = \frac{2r_c}{M\left(r_e^2 - r_c^2\right)} \left[\frac{K_1(Mr_c)I_1(Mr_e) - K_1(Mr_e)I_1(Mr_c)}{K_1(Mr_e)I_0(Mr_c) - K_o(Mr_c)I_1(Mr_e)} \right] \tag{6-77}$$

其中$\eta_{wet,f}$爲濕鰭片效率(定義如式6-48)，而

I_0 = 零階的第一種修正Bessel函數(modified, zero-order Bessel function of the first kind)

I_1 = 一階的第一種修正Bessel函數(modified, first-order Bessel function of the first kind)

K_0 = 零階的第二種修正Bessel函數(modified, zero-order Bessel function of the second kind)

K_1 = 一階的第二種修正Bessel函數(modified, first-order Bessel function of the second kind)

r_c：圓管的管外半徑，若管外鰭片有頸領(collar)，則$r_i = r_c$ (r_c定義參照圖6-8)

r_e：爲包含鰭片高度的管半徑

$$M = \sqrt{\frac{2h_{o,w}}{k_f \delta_f}} \tag{6-78}$$

這個方程式最主要的導出量爲濕盤管的鰭片效率$\eta_{wet,f}$。如果鰭片型式爲如圖6-8的連續型鰭片而不是圓型鰭片，則可採用等效面積法(the equivalent circular method)來近似，即以r_{eq}來取代式6-77中的r_e：

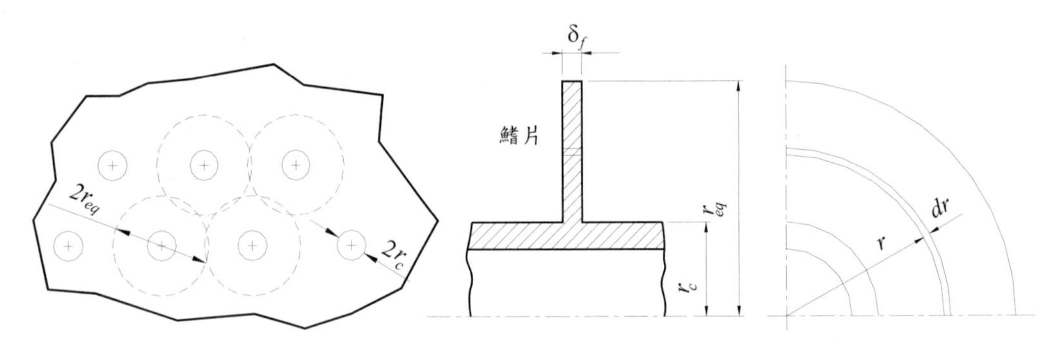

圖6-8　圓管與連續鰭片之等效半徑示意圖

$$r_{eq} = \sqrt{\frac{P_t \times P_l}{\pi}} \tag{6-79}$$

其中

P_t：鰭片的橫向節距(transverse tube pitch)

P_l：鰭片的縱向節距(longitudinal tube pitch)

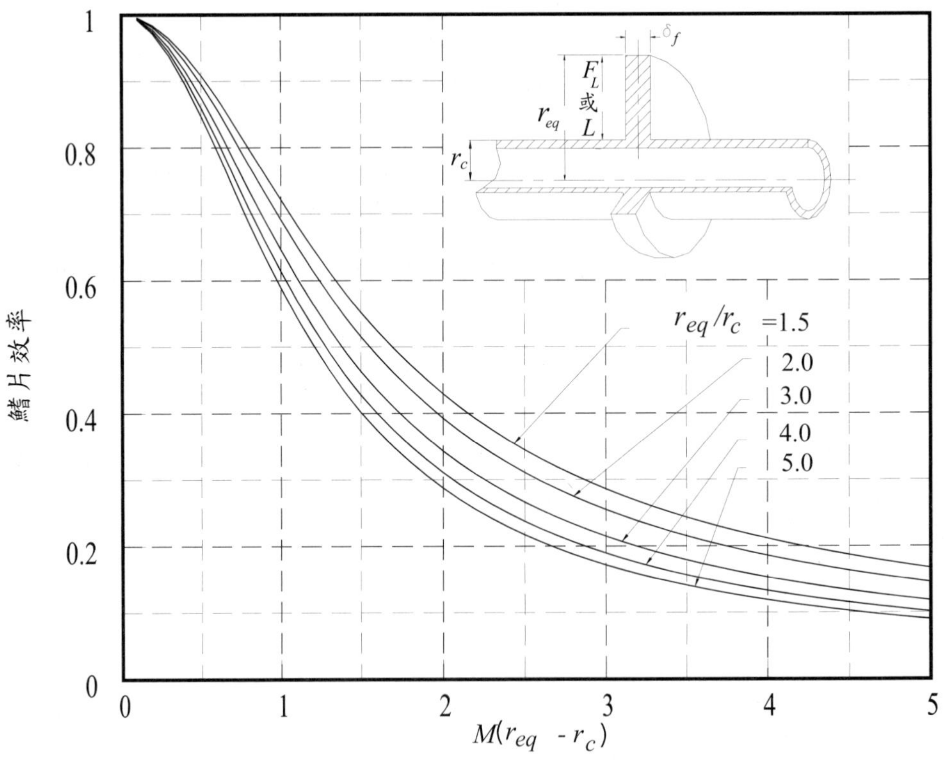

圖6-9　圓形鰭片效率與$M(r_{eq} - r_c)$的關係圖

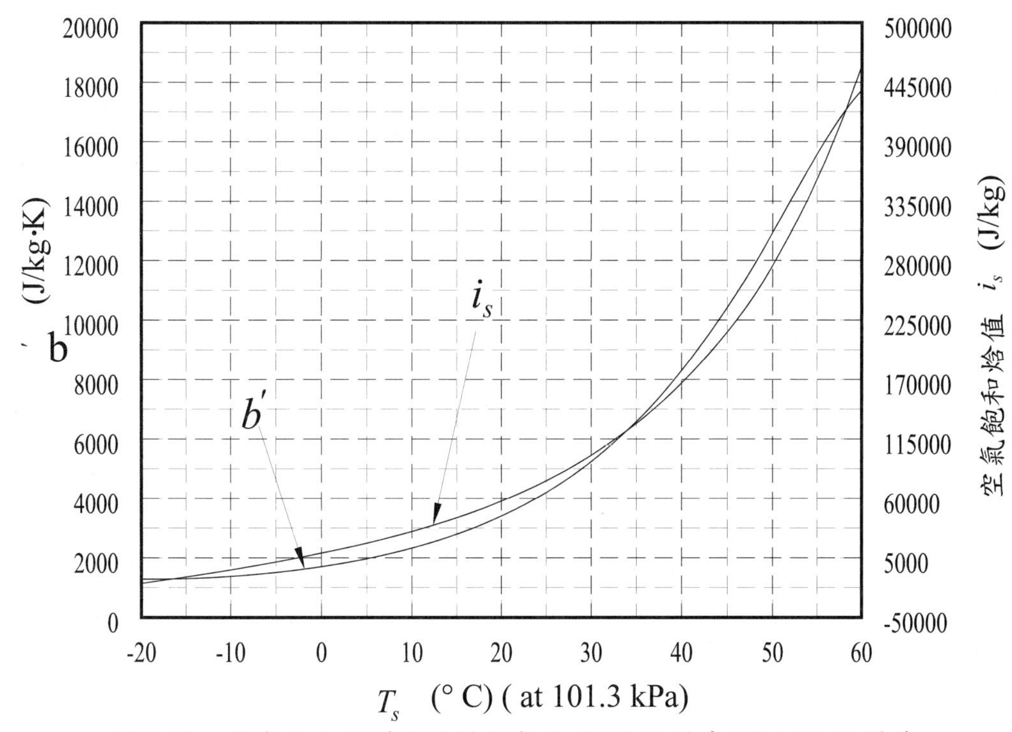

圖6-10 空氣飽和溫度(T_s)對空氣焓值(i_s)及斜率(di_s/dT_s)的關係

式6-77的I_0、I_1、K_0、K_1在計算上如果要用掌上型計算機來算是相當困難的，因此爲了方便快速計算，可參考圖6-9來查詢，同樣的，爲了快速計算焓值與b'的值，則可參考圖6-10。

6-4-3 Threlkeld 法之計算流程

有關Threlkeld (1970)的Rating 計算流程大致歸納如下：

(a) 假設空氣出口的焓值$i_{a,o}$，因此可算出總熱傳量$Q = \dot{m}_a\left(i_{a,o} - i_{a,i}\right)$。

(b) 由熱傳量Q可反算出冷媒側的出口狀態(出口溫度或出口乾度)，再由此值去估算冷媒側平均空氣飽和焓值$i_{r.s}$。

(c) 算出$LMHD$。

(d) 從下式算出濕盤管的總熱傳係數$U_{o,w}$。

$$U_{o,w} = \left[\frac{1}{\frac{b'_r}{h_i A_{p,i}} + \frac{b'_p X_p}{k_p A_{p,m}} + \frac{1}{\frac{h_{o,w} A_{p,o}}{b'_{w,p} A_o} + \frac{h_{o,w}}{b'_{w,m}} \frac{A_f}{A_o} \cdot \eta_{wet,f}}} \right] \tag{6-80}$$

請注意，要算出$U_{o,w}$需要費一點功夫，因爲必須算出b'_r、b'_p、$b'_{w,m}$與$b'_{w,p}$，且濕鰭片效率同樣也要一併算出，即 $\eta_{wet,f} = \frac{i - i_{f,m}}{i - i_{s,p}} = \frac{h_{c,o} \cdot b'_{w,m}}{h_{o,w} \cdot c_{p,a}} \cdot \frac{i - i_{s,w,m}}{i - i_{s,p}}$；有關這些參數的詳細計算將會在隨後說明。

(e)計算修正參數F。

(f)由 $Q = U_{o,w} \times A_o \times LMHD \times F$算出總熱傳量。

(g)由 $Q = \dot{m}_a \left(i_{a,o} - i_{a,i} \right)$ 來檢查原先的假設值是否得宜，若假設不對，則需從步驟(a)再來一次。

有關b'_r、b'_p、$b'_{w,m}$、$b'_{w,p}$與濕式鰭片效率的算法說明如下：

(1) b'_r 的算法：

由能量平衡：

$$U_{o,w} \cdot A_o \cdot LMHD \cdot F = Q = \frac{h_i A_{p,i}}{b'_r} \left(i_{s,p,i,m} - i_{r,m} \right)$$

其中下標m表示平均值，因此

$$Q = h_i A_{p,i} (T_{p,i,m} - T_{r,m})$$

$$\therefore T_{p,i,m} = \frac{Q}{h_i A_{p,i}} + T_{r,m}$$

如果$T_{p,i,m}$爲已知，則$i_{s,p,i,m}$可從圖6-10查出，故b'_r可由定義算出，即：

$$b'_r = \frac{i_{s,p,i,m} - i_{r,m}}{T_{p,i,m} - T_{r,m}}$$

(2) b'_p 的算法：

$$由\ Q = \frac{k_p A_{p,m}}{X_p} \left(T_{p,o,m} - T_{p,i,m} \right)$$

$$\therefore T_{p,o,m} = \frac{Q \cdot X_p}{k_p A_{p,m}} + T_{p,i,m}$$

同樣的，若$T_{p,o,m}$爲已知，則$i_{s,p,o,m}$可從圖6-10查出，故b'_p可由定義算出，

即：

$$b'_p = \frac{i_{s,p,o,m} - i_{s,p,i,m}}{T_{p,o,m} - T_{p,i,m}}$$

(3) $b'_{w,p}$的算法：

假設管外水膜的溫度與$T_{p,o,m}$相同(見Wang et al., 1997)，則$b'_{w,p}$同樣可算出。

(4) $b'_{w,m}$的算法：

$b'_{w,m}$的算法不像算b'_r、b'_p與$b'_{w,p}$那麼直接，必須透過疊代來進行，過程如下：首先要假設水膜的平均溫度$T_{w,m}$，在算出$b'_{w,m}$後再去查對假設值是否正確。疊代過程說明如下：

首先由濕鰭片效率的定義可知：

$$\eta_{wet,f} = \frac{i - i_{f,m}}{i - i_{s,p,o}}$$

再由能量平衡：

$$\frac{h_{c,o}}{c_{p,a}}\left(i - i_{s,w,m}\right) = \frac{h_{o,w}}{b'_{w,m}}\left(i - i_{f,m}\right)$$

因此濕鰭片效率可改寫如下：

$$i - i_{f,m} = \frac{h_{c,o} \cdot b'_{w,m}}{h_{o,w} \cdot c_{p,a}}\left(i - i_{s,w,m}\right)$$

$$\eta_{wet,f} = \frac{i - i_{f,m}}{i - i_{s,p}} = \frac{h_{c,o} \cdot b'_{w,m}}{h_{o,w} \cdot c_{p,a}} \cdot \frac{i - i_{s,w,m}}{i - i_{s,p,o}}$$

因此

$$i - i_{s,p,o} = \frac{b'_{w,m} \cdot h_{c,o}}{\eta_{wet,f} h_{o,w} c_{p,a}}\left(i - i_{s,w,m}\right) \tag{6-81}$$

$$i - i_{s,p,o} = \left[1 - U_{o,w} A_o \left(\frac{b'_r \cdot h_{c,o}}{h_i A_{p,i}} + \frac{X_p b'_p}{k_p A_{p,m}}\right)\right]\left(i - i_{s,r}\right) \tag{6-82}$$

又：

$$Q = \frac{h_i A_{p,i}}{b'_r}\left(i_{s,p,i} - i_{s,r}\right) = U_{o,w} A_o \left(i - i_{s,r}\right)$$

$$\therefore i_{s,p,i} - i_r = \frac{U_{o,w} A_o b'_r}{h_i A_{p,i}}\left(i - i_{s,r}\right)$$

將式6-81與式6-82相加可得：

$$\therefore i_{s,p,o} - i_{s,p,i} = \frac{U_{o,w} A_o X_p b'_p}{k_p A_{p,m}} \left(i - i_{s,r}\right) \tag{6-83}$$

再將上式予以結合可得：

$$Q = \frac{k_p A_{p,m}}{X_p b'_p}\left(i_{s,p,o} - i_{s,p,i}\right) = U_{o,w} A_o \left(i - i_{s,r}\right)$$

$$\therefore i_{s,p,o} - i_{s,r} = U_{o,w} A_o \left(i - i_{s,r}\right)\left(\frac{b'_r}{h_i A_{p,i}} + \frac{X_p b'_p}{k_p A_{p,m}}\right)$$

$$\therefore i + (-i) + i_{s,p,o} - i_{s,r} = U_{o,w} A_o \left(\frac{b'_r}{h_i A_{p,i}} + \frac{X_p b'_p}{k_p A_{p,m}}\right)\left(i - i_{s,r}\right)$$

$$\Rightarrow -\left(i - i_{s,p,o}\right) + \left(i - i_{s,r}\right) = U_{o,w} A_o \left(\frac{b'_r}{h_i A_{p,i}} + \frac{X_p b'_p}{k_p A_{p,m}}\right)\left(i - i_{s,r}\right)$$

最後我們可以得到如下的方程式：

$$\frac{b'_{w,m} h_{c,o}}{\eta_{wet,f} h_{o,w} c_{p,a}}\left(i - i_{s,w,m}\right) = \left[1 - U_{o,w} A_o \left(\frac{b'_r}{h_i A_{p,i}} + \frac{X_p b'_p}{k_p A_{p,m}}\right)\right]\left(i - i_{s,r}\right)$$

$$\Rightarrow i_{s,w,m} = i - \frac{c_{p,a} h_{o,w} \eta_{wet,f}}{b'_{w,m} h_{c,o}}\left[1 - U_{o,w} A_o \left(\frac{b'_r}{h_i A_{p,i}} + \frac{X_p b'_p}{k_p A_{p,m}}\right)\right]\left(i - i_{s,r}\right) \tag{6-84}$$

一旦$i_{s,w,m}$算出，我們便可由圖6-10反向算出$T_{w,m}$，並同時去檢查原先假設值是否正確；如此數度疊代即可得到$T_{w,m}$。

6-4-4 除濕狀態方程式 (process line equation) – 解出另一個出口參數

由前面的步驟中可得到濕盤管的熱傳量，因此就能知道空氣側的出口焓值。然而決定空氣側的出口狀態，除了空氣的出口焓值外，尚須求出另外一個參數，例如乾球溫度、相對溼度或比濕度(humidity ratio)，以決定空氣出口狀態。

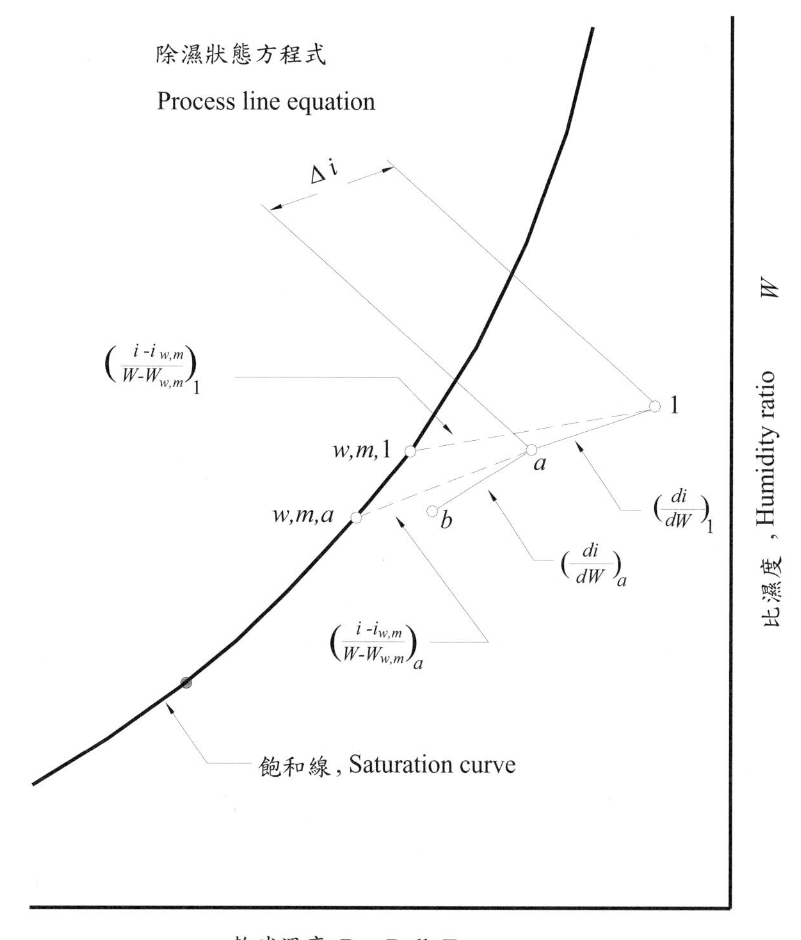

圖6-11 除濕狀態曲線方程式(process line equation)示意圖

Threlkeld (1970)提出的除濕狀態線方程式(process line equation)，如圖6-11所示，它代表除濕過程中空氣在盤管中的變化，可用以決定空氣出口的比濕度(推導過程詳見6-2節式6-35的由來，基本上也是由能量守恆而來)：

$$\frac{di}{dW} = Le\frac{i - i_w}{W - W_{s,w}} + (i_{g,t} - 2501 \times Le) \tag{6-85}$$

其中i爲空氣焓值，i_w爲相對於水膜平均溫度的飽和空氣焓值，而W爲空氣的比濕(humidity ratio)，$W_{s,w}$爲相對於水膜平均溫度下的飽和空氣的比濕度，$i_{g,t}$爲水蒸氣(water vapor)的焓值，Le爲Lewis number。

式6-85(process line equation)的計算，是將空氣出口焓值和進口焓值之差，分割成n個有限片段，並且求出每一段落的空氣溫度、比濕度、水膜溫度和冷媒溫度，如此由第一段重複至最後一段，即可求出空氣側出口溫度和比濕度，簡單來說，就是解process line equation的一階起始值常微分方程式(first order ODE)。方法說明如下：

1. 將空氣側分割成n段，故每一段的焓差值為

$$\Delta i_i = (i_{a,o} - i_{a,i})/n \tag{6-86}$$

2. 由已知空氣側進口條件和已求出的管側出口溫度，求第1段的各項狀態值：

① i_{a1}、T_{a1}已知 ⇒ W_1可由空氣線圖查出

② T_{r1} (冷媒出口溫度) ⇒ i_{r1}亦可算出

③ 由式6-85求出相對於水膜平均溫度下的飽和空氣焓值$i_{w,m}$，一旦$i_{w,m}$算出⇒則可算出相對應的水膜溫度$T_{w,m}$，若$T_{w,m}$算出⇒可求出相對於水膜溫度下的飽和空氣的比濕度$W_{w,m}$。

④ 由process line equation 計算第一個段落點焓值的斜率 $(di/dW)_1$。

3. 繼續求第2 段的各項狀態值

① 空氣出口焓值

$i_2 = i_1 + \Delta i$

② 空氣比濕度

由process line equation 求出第2段的空氣比濕度

$$W_2 = W_1 + \frac{\Delta i}{\left(\dfrac{di}{dW}\right)_i}$$

③ 空氣出口溫度

由$i_2 = c_{p,a} \times T_{a2} + W_2 \times (2501 + 1.805 \times T_{a2})$，可得

可得 $T_{a2} = \dfrac{(i_2 - 2501 \times W_2)}{(c_{p,a} + 1.805 \times W_2)}$

④ 冷媒溫度

由於每一段的熱傳量可估算如下

$$\Delta Q = \dot{m}_a \Delta i = \dot{m}_r c_{p,r} (T_{r2} - T_{r1})$$

所以冷媒溫度

$$T_{r2} = \frac{\dot{m}_a \Delta i}{\dot{m}_r c_{p,r}} + T_{r1}$$

由於T_{r2}爲已知故可算出i_{r2}。

4. 如此一直重複步驟2→3，直到最後一個分割點的狀態，即爲空氣側出口的狀態。

6-4-5 空氣側壓降分析

空氣側的壓降分析，除了考慮空氣流過管陣造成的壓降外，還需考慮鰭片本身造成的壓降及鰭片表面的摩擦效應，濕鰭片的摩擦計算方式與乾鰭片計算方式相同，即使用Kays and London (1984)提出的壓降關係式：

$$\Delta P = \frac{G_c^2}{2\rho_1}\left[\frac{A}{A_c}\frac{\rho_1}{\rho_m}f + (1+\sigma^2)\left(\frac{\rho_1}{\rho_2}-1\right)\right] \tag{6-87}$$

其中σ爲收縮比 (contraction ratio)，A_c爲最小空氣流道面積 (minimum free flow area)，ρ_1、ρ_2分別爲空氣進口和出口的密度，ρ_m爲空氣平均密度，f爲空氣的摩擦係數(friction factor)，而G_c爲最小流道面積下的質量通率。可以想見的，由於冷凝液的存在，濕盤管的壓降將會比乾盤管來的大。

6-5 各式鰭片的經驗方程式

如前面章節所提，迄目前爲止，濕盤管部份尚無一個大家能完全接受的分析方法，因此讀者若要使用相關文獻的經驗方程式，必須徹底瞭解相關文獻的分析過程與方法，筆者與同仁的研究基本上都是以Threlkeld (1970)的分析方法爲主軸，因此讀者在使用這一系列的方程式時，請務必使用Threlkeld (1970)的計算流程。下面將針對一些常用的鰭片提出一些經驗方程式，不過相較於第五章的乾盤管鰭片型式，這些方程式的誤差都會比較大，而且適用範圍也比較窄；這是因爲濕盤管在測試上甚爲耗時，因此測試件較少而且相對的誤差也比較大。

6-5-1 平板鰭片

Wang et al. (2000a)依據 Wang et al. (1997)，Wang et al. (1999a)及Wang et al. (2000b) 的測試結果與新近測試的資料，發展出如下適用平板型鰭片的經驗方程

式(適用範圍300 < Re_{d_c} < 5000)：

$$j = 19.36\mathrm{Re}_{d_c}^{j1}\left(\frac{F_p}{d_c}\right)^{1.352}\left(\frac{P_l}{P_t}\right)^{0.6795} N^{-1.291} \quad (6\text{-}88)$$

$$f = 16.55\mathrm{Re}_{d_c}^{f1}\left(10\times\mathrm{Re}_{film}\right)^{f2}\left(\frac{A_o}{A_{p,o}}\right)^{f3}\left(\frac{P_l}{P_t}\right)^{f4}\left(\frac{F_p}{D_h}\right)^{-0.5827}\left(e^{D_h/d_c}\right)^{-1.117} \quad (6\text{-}89)$$

$$\frac{h_{c,o}}{h_d c_{p,a}} = 0.372\mathrm{Re}_{d_c}^{0.1147}\left(0.6 + 0.6246\mathrm{Re}_{film}^{-0.08899\cdot\exp(F_p/d_c)}\left(\frac{F_p}{P_l}\right)^{0.08833} N^{-0.285}\right) \quad (6\text{-}90)$$

其中

$$j1 = 0.3745 - 1.554\left(\frac{F_p}{d_c}\right)^{0.24}\left(\frac{P_l}{P_t}\right)^{0.12} N^{-0.19} \quad (6\text{-}91)$$

$$f1 = -0.7339 + 7.187\left(\frac{F_p}{P_l}\right)^{2.5}\left(\log_e\left(6\times\mathrm{Re}_{film}\right)\right)^{-0.05} \quad (6\text{-}92)$$

$$f2 = -0.05417\log_e\left(\frac{A_o}{A_{p,o}}\right)\left(\frac{F_p}{d_c}\right)^{0.9} \quad (6\text{-}93)$$

$$f3 = 0.02722\log_e(6\times\mathrm{Re}_{film})\left(\frac{P_l}{P_t}\right)^{3.2}\log_e\left(\mathrm{Re}_{d_c}\right) \quad (6\text{-}94)$$

$$f4 = 0.2973\log_e\left(\frac{A_o}{A_{p,o}}\right)\log_e\left(\frac{D_h}{d_c}\right) \quad (6\text{-}95)$$

請注意這些方程式中，Wang et al. (2000a) 使用了另外一個重要的參數，即冷凝液膜的雷諾數Re_{film}，它的定義爲$2\Gamma/\mu_w$，其中Γ爲單位圓管長度的冷凝量，筆者在濕盤管的研究上發現，在全濕的狀態下，熱傳性能比較不受進口濕度的變化而改變，在較小的鰭片間距時(通常$F_p < 1.7$ mm)，壓降會因濕度增加而明顯增加，這是因爲冷凝液滴會被太靠近的鰭片間距「夾住」而無法順利排除，這個現象會隨著濕度增加而愈益明顯，所以會造成壓降明顯上升，不過，如果鰭片間距較大($F_p > 1.7$ mm)，這個「夾住」的現象會較不明顯而直接由液膜排出，此時的壓降則不會因濕度增加而明顯上升。因此，引進此一參數的(Re_{film})的主要原因在克服壓降會隨著進口濕度變化而改變的問題，請參考Wang et al. (2000d)的文章有更詳細的解說。

6-5-2 波浪鰭片(wavy, herringbone type)

根據27組測試結果，Wang et al. (1999b) 提出下列的波浪型鰭片方程式如下 ($300 < \mathrm{Re}_{d_c} < 3500$)：

$$j = 0.472293\,\mathrm{Re}_{d_c}^{j1}\left(\frac{P_t}{P_l}\right)^{j2}\left(\frac{P_d}{X_f}\right)^{j3}\left(\frac{P_d}{F_s}\right)^{j4} N^{-0.4933} \tag{6-96}$$

$$f = 0.149001\,\mathrm{Re}_{d_c}^{f1}\left(\frac{P_t}{P_l}\right)^{f2} N^{f3}\log_e\left(3.1-\frac{P_d}{X_f}\right)^{f4}\left(\frac{F_p}{d_c}\right)^{f5}\left(\frac{2\Gamma}{\mu_w}\right)^{0.0769} \tag{6-97}$$

其中

$$j1 = -0.5836 + 0.2371\left(\frac{F_s}{d_c}\right)^{0.55} N^{0.34}\left(\frac{P_t}{P_l}\right)^{1.2} \tag{6-98}$$

$$j2 = 1.1873 - 3.0219\left(\frac{F_s}{d_c}\right)^{1.5}\left(\frac{P_d}{X_f}\right)^{0.9}\left(\log_e\left(\mathrm{Re}_{d_c}\right)\right)^{1.22} \tag{6-99}$$

$$j3 = 0.006672\left(\frac{P_t}{P_l}\right)N^{1.96} \tag{6-100}$$

$$j4 = -0.1157\left(\frac{F_s}{d_c}\right)^{0.9}\log_e\left(\frac{50}{\mathrm{Re}_{d_c}}\right) \tag{6-101}$$

$$f1 = -0.067 + \left(\frac{P_d}{F_s}\right)\left(\frac{1.35}{\log_e(\mathrm{Re}_{d_c})}\right) - \frac{0.15N}{\log_e(\mathrm{Re}_{d_c})} + 0.0153\frac{F_s}{d_c} \tag{6-102}$$

$$f2 = 2.981 - 0.082\log_e\left(\mathrm{Re}_{d_c}\right) + \frac{0.127N}{4.605-\log_e(\mathrm{Re}_{d_c})} \tag{6-103}$$

$$f3 = 0.53 - 0.0491\log_e\left(\mathrm{Re}_{d_c}\right) \tag{6-104}$$

$$f4 = 11.91\left(\frac{N}{\log_e(\mathrm{Re}_{d_c})}\right)^{0.7} \tag{6-105}$$

$$f5 = -1.32 + 0.287\log_e\left(\mathrm{Re}_{d_c}\right) \tag{6-106}$$

式6-96與式6-97的平均誤差爲5.76% 與 8.27%。

6-5-3 百葉窗型鰭片(louver fin)

根據兩種百葉窗型鰭片的測試結果，Wang et al. (2000c)提出如下的設計方程式(300 < Re_{d_c} < 4000)：

$$j = 9.717\,\mathrm{Re}_{d_c}^{j1}\left(\frac{F_p}{d_c}\right)^{j2}\left(\frac{P_l}{P_t}\right)^{j3}\log_e\left(3-\frac{L_p}{F_p}\right)^{0.07162} N^{-0.543} \tag{6-107}$$

$$f = 2.814\,\mathrm{Re}_{d_c}^{f1}\left(\frac{F_p}{d_c}\right)^{f2}\left(\frac{P_l}{d_c}\right)^{f3}\left(\frac{P_l}{P_t}+0.091\right)^{f4}\left(\frac{L_p}{F_p}\right)^{1.958} N^{0.04674} \tag{6-108}$$

其中

$$j1 = -0.023634 - 1.2475\left(\frac{F_p}{d_c}\right)^{0.65}\left(\frac{P_l}{P_t}\right)^{0.2} N^{-0.18} \tag{6-109}$$

$$j2 = 0.856\exp(\tan\theta) \tag{6-110}$$

$$j3 = 0.25\log_e\left(\mathrm{Re}_{d_c}\right) \tag{6-110}$$

$$f1 = 1.223 - 2.857\left(\frac{F_p}{d_c}\right)^{0.71}\left(\frac{P_l}{P_t}\right)^{-0.05} \tag{6-111}$$

$$f2 = 0.8079\log_e\left(\mathrm{Re}_{d_c}\right) \tag{6-112}$$

$$f3 = 0.8932\log_e\left(\mathrm{Re}_{d_c}\right) \tag{6-113}$$

$$f4 = -0.999\log_e\left(\frac{2\Gamma}{\mu_w}\right) \tag{6-114}$$

6-5-4 裂口型鰭片(slit fin)

根據一種裂口型鰭片的測試結果，Wang et al. (2000d) 提出如下的設計方程式($300 < \mathrm{Re}_{d_c} < 4000$)：

$$j = 2.77301\,\mathrm{Re}_{d_c}^{j1}\,N^{j2}\left(\frac{F_s}{d_c}\right)^{j3}\left(\frac{2\Gamma}{\mu_w}\right)^{j4} \tag{6-115}$$

$$f = 0.00197\,\mathrm{Re}_{d_c}^{f1}\,N^{f2}\left(\frac{F_s}{d_c}\right)^{f3}\left(\frac{2\Gamma}{\mu_w}\right)^{f4} \tag{6-116}$$

其中

$$j1 = 0.587 + \frac{0.1686N}{\log_e(\mathrm{Re}_{d_c})} - 0.4188\frac{F_s}{d_c} + 1.7099\frac{N}{\mathrm{Re}_{d_c}} \tag{6-117}$$

$$j2 = 2.3197 + \frac{1101.9365\,{}^{F_s}\!/_{d_c}}{\mathrm{Re}_{d_c}} - \frac{18.2556}{\log_e(\mathrm{Re}_{d_c})} \tag{6-118}$$

$$j3 = 0.0819 + \frac{0.7213N}{\log_e(\mathrm{Re}_{d_c})} + \frac{31.5232N}{\mathrm{Re}_{d_c}} \tag{6-119}$$

$$j4 = 0.0283 - 0.0023\log_e\left(\mathrm{Re}_{d_c}\right) \tag{6-120}$$

$$f1 = 0.29 - 0.0003N + 0.3253\frac{F_s}{d_c} - 0.0025\frac{2\Gamma}{\mu_w} \tag{6-121}$$

$$f2 = -0.6298 + 0.0229\log_e\left(\mathrm{Re}_{d_c}\right) + 1.9589\frac{F_s}{d_c} - 0.0506\frac{2\Gamma}{\mu_w} \tag{6-122}$$

$$f3 = -4.3127 - 0.0535N + 0.4869\log_e\left(\mathrm{Re}_{d_c}\right) - 0.0646\frac{2\Gamma}{\mu_w} \tag{6-123}$$

$$f4 = -0.3005 + 0.03444\log_e\left(\mathrm{Re}_{d_c}\right) + 0.018N - 0.0506\frac{F_s}{d_c} \tag{6-124}$$

6-5-5 計算方程式之進一步說明

請注意上述的方程式都有一定的適用範圍，讀者在使用時請特別小心，儘量避免外差，可能的話，請參考筆者的原始著作。另外上述方程式僅提供了j與f的資料，換句話說，如果你只能算出口的焓值與壓降，如果想要獲得詳細的出口狀態，就必須要透過除濕狀態曲線方程式(process line equation，如圖6-11所示)來解決，因此這部份就需要另外一個重要參數Le的資訊。Le在本書的定義爲$\dfrac{h_{c,o}}{h_d c_p}$，其中h_d爲質傳係數；通常Le這個值在0.8~1.2之間，如果無正確的測試資料，建議使用一常數值0.9。另外也可以使用 Wang and Chang (1998)提出的方程式來使用：

$$\frac{h_{c,o}}{h_d c_p} = 0.57\,\mathrm{Re}_{Dh}^{0.07} \tag{6-125}$$

其中

$$\mathrm{Re}_{D_h} = \frac{4A_c L}{A_o} \tag{6-126}$$

不過筆者仍要提醒讀者，這部份的資料與資訊仍在建立與確認中，適用的範圍可能不如讀者的預期，使用上仍要小心。

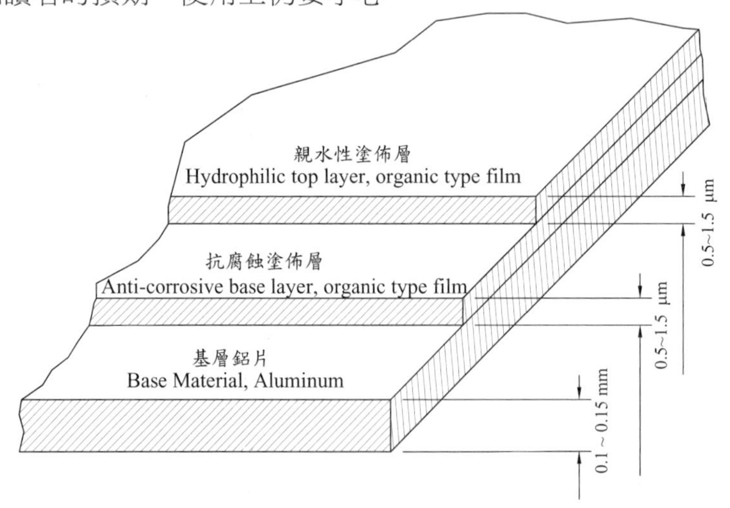

圖6-12 鋁鰭片親水性塗佈說明圖

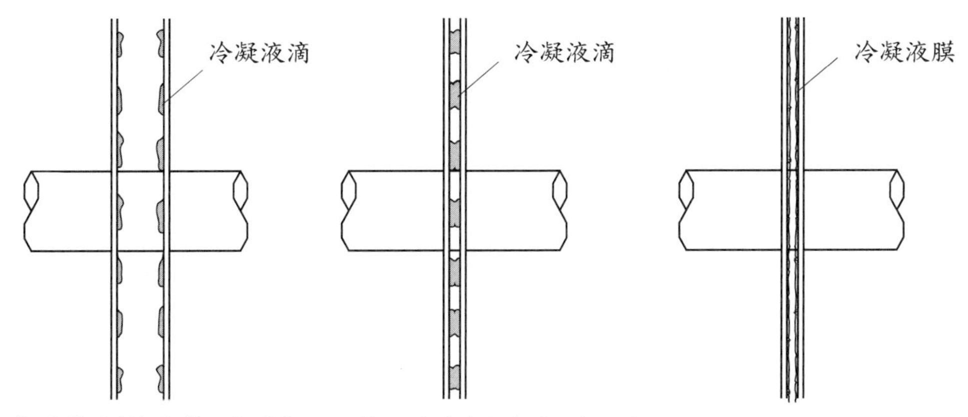

圖6-13 親水性鰭片與普通鰭片的差異

上述所發展的計算方程式的測試件鰭片均爲典型的鋁鰭片，在冷凍空調應用上，親水性鰭片(hydrophilic coating)的使用非常普遍，典型的親水性鰭片的結構可參考圖6-12，通常爲三層構造，基層爲鋁片，然後上面塗佈一層防腐蝕的塗料，最外層再塗上一層親水性材質，一般親水性材料多爲樹脂之類的物質。如所周知，空氣中的水份在鰭片表面凝結後，冷凝液會使空氣通過熱交換器的通風阻抗變大，而降低熱交換器的性能，親水性塗佈的功用就在這裡，目的在儘速排除冷凝液以降低通風阻抗，親水性鰭片的效果示意圖請參考圖6-13，有關親水性塗佈對熱交換器性能的影響大致歸納如下(參考Wang and Chang, 1998；Hong, 1996；與Mimaki, 1987)：

(1) 親水性塗佈不會影響乾盤管的熱傳與壓降的性能。

(2) 在除濕狀態下，親水性塗佈幾乎不會影響濕盤管的顯熱熱傳性能。

(3) 在除濕狀態下，親水性塗佈會大幅降低空氣通過熱交換器的通風阻抗(壓降)，而且差異會隨著入口相對濕度的變大而更爲顯著。

(4) 一般而言，親水塗佈的性能會因長期操作而顯著下降，也就是說使用一兩年後的親水性塗佈的熱交換器可能和沒有塗佈的沒什麼兩樣。

當然，親水性塗佈的研究仍在持續中，Webb教授有一系列相關的深入研究，值得有興趣的讀者參考；從基本的親水性特性(Hong and Webb, 2000)到長期信賴性的特性(Min et al., 2000)及冷凝液排除特性(Min and Webb, 2000)；這些珍貴的資料值得進一步研讀。

上述各種鰭片的熱流方程式爲除濕狀態下的結果，然而在實際應用上，很多鰭片不見得有除濕條件下的熱流數據，相反的，全乾的熱流資料反而比較容易能夠取得，因此Wang et al. (2001)以另外一種方法去整理其數據，開發出如下的設計方程式供設計上使用，此法可藉由入口條件下的相對溼度，利用全乾條件下的熱傳係數或壓降來估算全濕條件下的熱傳係數與壓降。平板、波浪、裂口與百葉窗的方程式如下：

平板鰭片

$$\frac{\Delta P_{wet}}{\Delta P_{dry}} = \left[1.12\,\mathrm{Re}_{D_c}^{P1}\left(\frac{F_p}{D_c}\right)^{P2}\left(\frac{P_t}{D_c}\right)^{P3}\right]^{-2RH_{in}^2+3RH_{in}} \tag{6-127}$$

$$\frac{h_{wet}}{h_{dry}} = 0.968\,\mathrm{Re}_{d_c}^{P4}\left(\frac{F_p}{d_c}\right)^{P5} \tag{6-128}$$

其中

$$P1 = 11.8 - 0.798\frac{\left(\frac{P_t}{P_l}\right)}{\log_e\left(\frac{P_t}{P_l}\right)} - 49.8\frac{\ln\left(\frac{P_t}{P_l}\right)}{\left(\frac{P_t}{P_l}\right)^2} \tag{6-129}$$

$$P2 = -2.45 + 0.303\ln\left(\mathrm{Re}_{d_c}\right) + \frac{378.4}{\mathrm{Re}_{d_c}} + 0.022N - 0.11RH_{in} \tag{6-130}$$

$$P3 = 0.253 + 7.07\left(\frac{P_t}{d_c}\right)^2\ln\left(\frac{P_t}{d_c}\right) - 2.6\left(\frac{P_t}{d_c}\right)^3 \tag{6-131}$$

$$P4 = -0.213 + 0.0176\ln\left(\mathrm{Re}_{d_c}\right) + 0.0172\left(\frac{d_c}{F_p}\right) \tag{6-132}$$

$$P5 = 0.551 - 2.63\left(\frac{F_p}{d_c}\right) - 0.012N \tag{6-133}$$

波浪鰭片

$$\frac{\Delta P_{wet}}{\Delta P_{dry}} = \left[0.0971\,\mathrm{Re}^{W1}\left(\frac{P_t}{d_c}\right)^{W2}\left(\frac{P_t}{P_l}\right)^{W3}\left(\frac{P_d}{X_f}\right)^{W4}\left(\frac{F_p}{d_c}\right)^{-0.2065}(N)^{-0.0204}\right]^{-2RH_{in}^2+3RH_{in}} \tag{6-134}$$

$$\frac{h_{wet}}{h_{dry}} = 0.794\,\mathrm{Re}_{d_c}^{W5}\left(\frac{P_t}{P_l}\right)^{0.308}\left(\frac{P_d}{X_f}\right)^{-0.119} \tag{6-135}$$

其中

$$W1 = 0.13 - \frac{0.0051}{F_p/d_c} - 0.0187\log_e(N) \tag{6-136}$$

$$W2 = 1.27 - 0.0168\sqrt{\mathrm{Re}_{d_c}} + 7.55\left(\ln\frac{P_t}{P_l}\right)^2 \tag{6-137}$$

$$W3 = 1.01 - 2.42\left(\frac{F_p}{d_c}\right) - 0.0965N \tag{6-138}$$

$$W4 = -0.481 - 0.168\left(\frac{P_t}{d_c}\right) + 0.187\left(\frac{P_t}{P_l}\right) \tag{6-139}$$

$$W5 = 0.0374 - 0.0018\ln\left(\mathrm{Re}_{d_c}\right) - 0.00685\left(\frac{d_c}{F_p}\right) \tag{6-140}$$

<u>百葉窗鰭片</u>

$$\frac{\Delta P_{wet}}{\Delta P_{dry}} = \left[3.754\,\mathrm{Re}_{d_c}^{L1}\left(\frac{F_p}{d_c}\right)^{L2}\left(\frac{P_t}{P_l}\right)^{L3}\left(\frac{L_p}{F_p}\right)^{-0.04}\right]^{-2RH_{in}^2+3RH_{in}} \tag{6-141}$$

$$\frac{h_{wet}}{h_{dry}} = 0.263\,\mathrm{Re}_{d_c}^{L4}\left(\frac{L_h}{L_p}\right)^{L5}\left(\frac{F_p}{d_c}\right)^{-0.72}\left(\frac{P_t}{P_l}\right)^{1.11}\left(\frac{L_p}{F_p}\right)^{-0.742} \tag{6-142}$$

其中

$$L1 = -0.0834 + 0.062\ln\left(\mathrm{Re}_{d_c}\right) - 0.0057\left(\ln\mathrm{Re}_{d_c}\right)^2 + 0.0316RH_{in} \tag{6-143}$$

$$L2 = -0.1376 + 0.1226N - 0.0357RH_{in} \tag{6-144}$$

$$L3 = -0.706 + 0.164\ln\left(\frac{F_p}{d_c}\right)^{-1} - 1.08\left(\frac{L_h}{L_p}\right)^{-1} \tag{6-145}$$

$$L4 = -0.0746 + 0.00115\sqrt{\mathrm{Re}_{d_c}} + 0.00028\left(\frac{F_p}{d_c}\right)^{-2} \tag{6-146}$$

$$L5 = 0.303 - 0.726\left(\frac{L_h}{L_p}\right) + 0.041\left(\frac{L_p}{F_p}\right) \tag{6-147}$$

裂口鰭片

$$\frac{\Delta P_{wet}}{\Delta P_{dry}} = \left[2.29\,\mathrm{Re}_{d_c}^{S1}\left(\frac{S_s}{S_h}\right)^{S2}\left(\frac{F_p}{d_c}\right)^{S3}\left(\frac{P_t}{P_l}\right)^{S4}\left(S_n\right)^{-0.4081}\right]^{-2RH_{in}^2+3RH_{in}} \tag{6-148}$$

$$\frac{h_{wet}}{h_{dry}} = 0.937\,\mathrm{Re}_{d_c}^{S5}\left(\frac{S_s}{S_h}\right)^{0.1344} N^{0.0657} \tag{6-149}$$

其中

$$S1 = -1.75 - 0.0351\left(\ln \mathrm{Re}_{d_c}\right)^2 + 0.509\left(\ln \mathrm{Re}_{d_c}\right) \tag{6-150}$$

$$S2 = -0.691 + 0.00012\,\mathrm{Re}_{d_c} + 0.0488 S_n \tag{6-151}$$

$$S3 = 0.633 - 0.708\left(\frac{P_l}{P_t}\right) - 0.0804 RH_{in} \tag{6-152}$$

$$S4 = 2.68 - 2\left(\frac{P_l}{P_t}\right) - 0.693\ln\left(\frac{S_s}{S_h}\right) \tag{6-153}$$

$$S5 = -0.143 + 0.013\ln\left(\mathrm{Re}_{d_c}\right) + 0.166\left(\frac{F_p}{d_c}\right) \tag{6-154}$$

如前所示，親水性鰭片會減少壓降但對熱傳性能的影響甚小，因此Wang et al. (2001)整理出如下的方程式供設計使用(式6-155)，此一方程式僅藉由無親水塗佈的壓降乘上一個修正式而來，而且此方程式與鰭片種類無關，在使用上相當直接；不過要特別提醒讀者此一方程式並沒有考慮親水物質的特性，因此僅能夠提供初步設計的參考：

$$\Delta P_{wet,coated} = \Delta P_{wet,non-coated} \times F \tag{6-155}$$

$$F = 1.05\,\mathrm{Re}_{d_c}^{A1}\left(\frac{F_p}{d_c}\right)^{A2}\left(\frac{P_t}{P_l}\right)^{A3} \tag{6-166}$$

$$A1 = -0.572 + 0.0185\ln\left(\mathrm{Re}_{d_c}\right) + 0.141\left(\frac{P_t}{d_c}\right) \tag{6-167}$$

$$A2 = -6.99 + 133\left(\frac{F_p}{d_c}\right) + 304\left(\frac{F_p}{d_c}\right)^2 \ln\left(\frac{F_p}{d_c}\right) \tag{6-168}$$

$$A3 = -7.86 + 0.0964\left(\ln \mathrm{Re}_{d_c}\right)^2 + \frac{94.2}{\sqrt{\mathrm{Re}_{d_c}}} \tag{6-169}$$

式6-127、6-128、6-134、6-135、6-141、6-142、6-148、6-149與6-155的適用範圍與預測準確性如表6-1所示。

表6-1　式6-127~6-155的適用範圍與預測準確性

鰭片形式	資料庫(熱交換器測試數目)	平均誤差 $\Delta P_{wet}/P_{dry}$	平均誤差 h_{wet}/h_{dry}	d_c (mm)	P_t (mm)	P_l (mm)	F_p (mm)	N	X_f or S_s or L_p (mm)	X_h or S_h or L_h (mm)
平板	36	8.8%	6.8%	6.93~10.34	17.7~25.4	12.7~22	1.19~3.16	1~4	-	-
波浪	17	9.1%	7.5%	6.93~10.33	17.5~25.4	13.6~22	1.2~2.56	1~2	1.7-3.0	0.8-1.4
百葉窗	24	8.7%	7.5%	8.62~16.77	25.4~36.0	19.05~32	1.6~3.6	1~6	4.76-8.0	1.18-1.7
裂口	34	8.8%	6.4%	7.52~10.34	20~25.4	12.7~22	1.27~2.5	1~4	1.0-2.2	0.99-2.0
親水性	11	7.65%	-	6.93~8.62	17.7~25.4	12.7~19.05	1.21~2.56	1~2	-	-

說明：1. $\mathrm{Re}_{d_c} = 300 \sim 4000$。

2. 僅適用交錯形式(staggered)。

3. 摩擦係數的計算為 $f = \frac{A_c}{A_o}\frac{\rho_m}{\rho_1}\left[\frac{2\Delta P \rho_1}{G_c^2} + \left(1-\sigma^2\right)\left(\frac{\rho_1}{\rho_2} - 1\right)\right]$

6-6　蒸發器濕盤管熱傳分析實例演算

空調機用之鰭片式熱交換器 (蒸發器) 如圖 6-14 所示，使用 R-410A 冷媒，蒸發溫度爲 7.2 °C，試估算這個熱交換器的熱交換能力、空氣出口條件與冷媒側的出口狀態及空氣側與冷媒側的相關壓降。其中空氣側空氣進口條件：乾球溫度 27.0°C，濕球溫度 19.5°C，進口風量爲 8.5 CMM (m^3/min)，蒸發器進口冷媒乾度爲 0.27，冷媒流量 75 kg/hr，熱交換器詳細幾何尺寸如下：

熱交換器寬度	W = 677 mm
熱交換器高度	H =189.6 mm
管外徑(漲管後)	d_o = 7.35 mm
鰭片型式	平板型 (plain)
節距 (fin pitch)	F_p =1.6 mm

橫向節距 (transverse fin pitch)	$P_t = 25.4$ mm
縱向節距 (longitudinal fin pitch)	$P_l = 19.05$ mm
鰭片厚度	$\delta_f = 0.115$ mm
管壁厚度	$X_p = 0.26$ mm
管路材質	銅
鰭片材質	鋁
管排數	$N = 2$
迴路數目	$N_{cr} = 2$
每排管路數目	$N_T = 7$

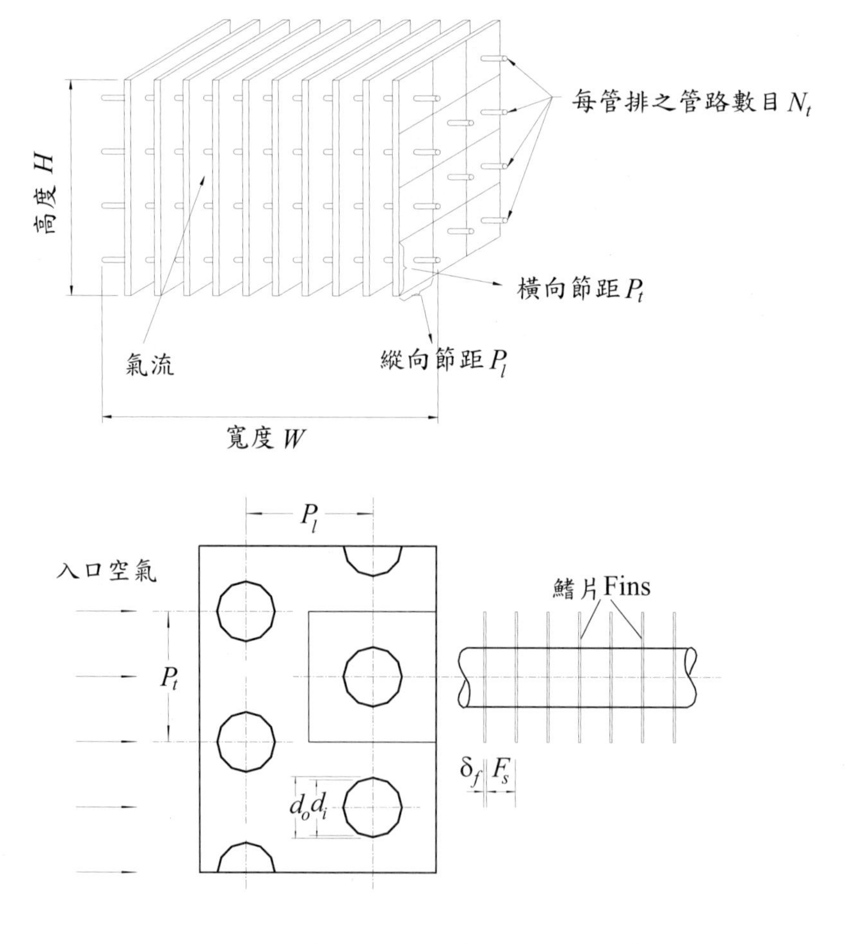

圖6-14　空調機用之鰭片式熱交換器示意圖

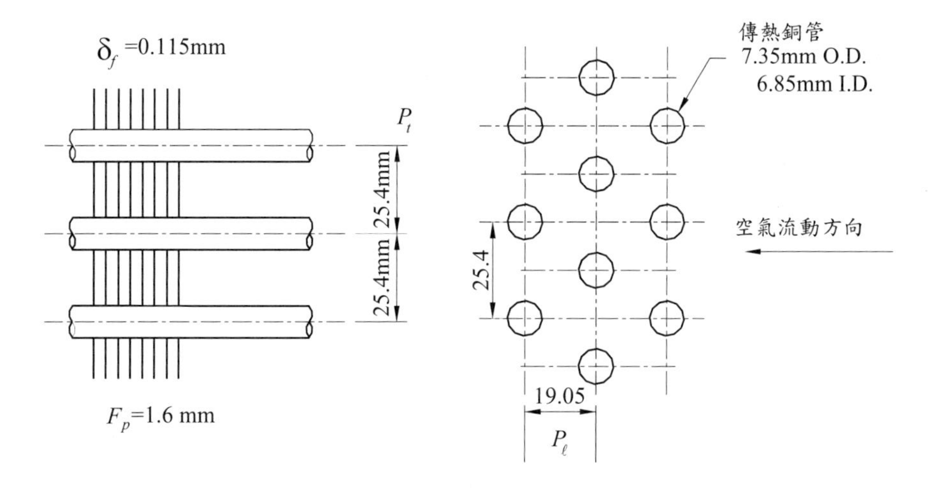

圖6-15　熱交換器銅管與鰭片之相關尺寸

【計算程序】

(a) 熱交換器幾何尺寸和熱傳面積計算

(1)管內、外徑

漲管後管子外徑，$d_o = 0.00735$ m

包含頸領 (collar) 的管路外徑，d_c

$$d_c = d_o + 2\times\text{鰭片厚度} = 0.00735 + 2\times 0.000115 = 0.00758 \text{ m}$$

管子內徑 d_i (註：漲管後管壁變薄率假設為 0.96)

$$d_i = d_o - 2\times\text{管壁厚度} = 0.00735 - 2\times 0.00026\times 0.96 = 0.00685 \text{ m}$$

(2)空氣最小流道面積 (minimum free flow area)，A_c

熱交換器正向面積 $A_{fr} = W\times H = 0.677\times 0.1896 = 0.12836\,\text{m}^2$

鰭片數目 $N_F = W / F_p = 677/1.6 = 424$ (取整數)

熱交換器空氣流量面積(如圖 6-15 所示)

$$\begin{aligned} A_c &= A_{fr} - N_T\times(d_c\times W + N_F\times\delta_f\times(P_t - d_c)) \\ &= 0.12836 - 7\times(0.00758\times 0.677 + 424\times 0.000115\times(0.0254 - 0.00758)) \\ &= 0.086355\,\text{m}^2 \end{aligned}$$

收縮比(contraction ratio)σ：

$$\sigma = \frac{\text{空氣流量面積(minimum free flow area)}}{\text{正向面積(frontal area)}} = \frac{0.086355}{0.12836} = 0.67276$$

(3)管外壁面積(outer tube surface area)，$A_{p,o}$

$$A_{p,o} = \pi \times d_c \times (W - N_F \times \delta_f) \times N_T \times N$$
$$= \pi(0.00758)(0.677 - 424 \times 0.000115)(7)(2) = 0.20945\ \text{m}^2$$

(4)鰭片面積 (fin surface area)，A_f

如圖 6-15 所示，鰭片面積為

$$A_f = 2 \times N_F \times (P_l \times H - \pi/4 \times d_c^{\ 2} \times N_T) \times N + 2 \times \delta_f \times N_F \times (H + P_l \times N)$$
$$= 2 \times 424 \times (0.01905 \times 0.1896 - \pi/4 \times 0.00758^2 \times 7) \times 2$$
$$+ 2 \times 0.000115 \times 424 \times (0.1896 + 0.01905 \times 2)$$
$$= 5.6122\ \text{m}^2$$

(5)總熱傳面積，A_o

$$A_o = A_{p,o} + A_f = 0.20945 + 5.6122 = 5.82165\ \text{m}^2$$

(6)內管壁面積，$A_{p,i}$

$$A_{p,i} = \pi \times d_i \times W \times N_T \times N = \pi \times 0.00685 \times 0.677 \times 7 \times 2 = 0.20399\ \text{m}^2$$

(7)管路平均面積，$A_{p,m}$

定義管子平均面積

$$A_{p,m} = \frac{(d_c - d_i)}{\ell n\left(\frac{d_c}{d_i}\right)} \times \pi \times W \times N_T \times N = \frac{(0.00758 - 0.00685)}{\ell n\left(\frac{0.00758}{0.00685}\right)} \times \pi \times 0.677 \times 7 \times 2$$
$$= 0.21466\ \text{m}^2$$

(b) 空氣進口條件(環境為 1 大氣壓)

當 $T_{dry,in} = 27\ °\text{C}$ ，$T_{wet,in} = 19.5°\text{C}$ 時

⇒相對濕度 RH = 0.5 (50%)，露點溫度 $T_{dew} = 15.64\ °\text{C}$，比濕度(humidity ratio) $W_{a,i}$ = 0.0110835 kg/kg-dry-air，密度 $\rho_{a,i}$ =1.176 kg/m^3，焓值 $i_{a,i}$ = 55260.2 J/kg，比熱 $c_{p,a}$ = 1007 J/kg·K，空氣黏度 μ_a = 1.86594×10^{-5} N·s/m^2，Prandtl number Pr_a = 0.708

(c) 空氣流量，$\dot{m}_a$

空氣風量 V = 8.5 CMM = 8.5 m^3/min

∴空氣流量 $\dot{m}_a = \rho_{a,i} \cdot V = (1.176)(8.5)/60 = 0.1666\ \text{kg/s}$

(d) 空氣進口雷諾數 (based on minimum free flow area)， Re_a

空氣質量面積流通率 (mass flux)

$$G_c = \frac{\dot{m}_a}{A_c} = \frac{0.1666}{0.08636} = 1.929\ \text{kg/m}^2 \cdot \text{s}$$

$$\therefore \text{Re}_a = \frac{G_c d_c}{\mu_a} = \frac{(1.929)(0.00758)}{1.86594 \times 10^{-5}} = 783.72$$

(e) 濕盤管空氣側熱傳係數，$h_{c,o}$

根據式 6-88 算出平板式濕盤管的 Colburn j factor 方程式

兩排平板片 (plain fin，2 row) $\Rightarrow j_{wet} = 0.023$

所以顯熱傳係數

$$h_{c,o} = j_{wet} \times G_c \times c_{p,a} \times \text{Pr}_a^{-2/3} = 0.023 \times 1.929 \times 1007 \times (0.708)^{-2/3} = 56.25\ \ \text{W/m}^2 \cdot \text{K}$$

(f) 冷媒飽和性質

蒸發溫度 $T_{sat} = 7.2\ ^\circ\text{C}$

⇨ $P_{sat} = 996.505\ \text{kPa}$

$$\begin{cases} i_L = 210.83\ \text{kJ/kg} \\ i_G = 423.74\ \text{kJ/kg} \\ i_{fg} = 212.907\ \text{kJ/kg} \end{cases}$$ (焓，enthalpy)

$$\begin{cases} c_{p,L} = 1.544\ \text{kJ/kg} \cdot \text{K} \\ c_{p,G} = 1.066\ \text{kJ/kg} \cdot \text{K} \end{cases}$$ (比熱，specific heat)

$$\begin{cases} \rho_L = 1141.83\ \text{kg/m}^3 \\ \rho_G = 38.21\ \text{kg/m}^3 \end{cases}$$ (密度，density)

$$\begin{cases} \mu_L = 0.000157\ \ \ \text{Pa} \cdot \text{s} \\ \mu_G = 1.234 \times 10^{-5}\ \text{Pa} \cdot \text{s} \end{cases}$$ (黏度，viscosity)

$$\begin{cases} k_L = 0.10606\ \text{W/m} \cdot \text{K} \\ k_G = 0.0119\ \text{W/m} \cdot \text{K} \end{cases}$$ (熱傳導係數，thermal conductivity)

$\text{Pr}_L = 2.293$ (Prandtl number)

$\sigma_L = 0.00866\ \text{N/m}$ (表面張力，surface tension)

(g) 冷媒質量流通率 (mass flux)，G_r

冷媒質量流率 $\dot{m}_r = 75\ \text{kg/hr} = 0.020833\ \text{kg/s}$

$$G_r = \frac{\dot{m}_r}{\left(\dfrac{\pi \cdot d_i^2}{4}\right) \times N_{cr}} = \frac{0.020833}{\left(\dfrac{\pi \times 0.00685^2}{4}\right) \times 2} = 282.59\ \text{kg/m}^2 \cdot \text{s}$$

(h) 空氣進出口鰭片溫度

經由計算結果

$$\begin{cases} 空氣進口鰭片溫度 : T_{fi} = 15.10\ ^{\circ}\mathrm{C} \\ 空氣出口鰭片溫度 : T_{fo} = 8.33\ ^{\circ}\mathrm{C} \end{cases}$$

而空氣進口露點溫度為 T_{dew} = 15.73°C，因此整個熱交換器均為全濕狀態(水分凝結下來)，故以濕盤管模式分析。

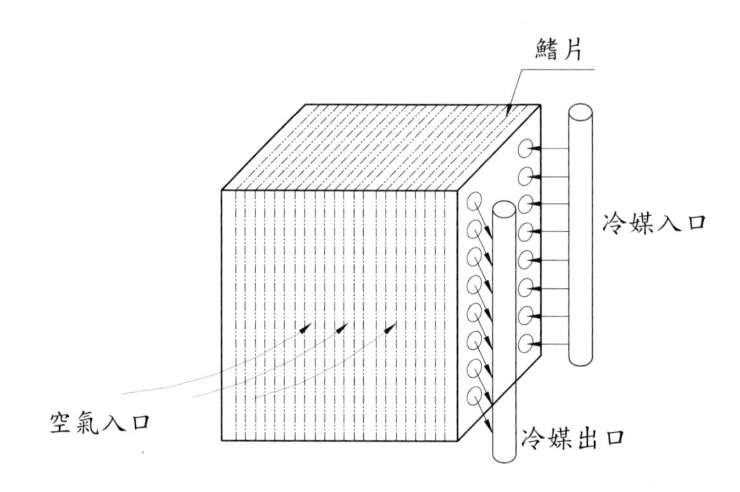

圖 6-16　交叉逆向流(counter-cross flow)示意圖

(i) 濕盤管熱傳分析

假設管內流體的流動方式為交叉逆向流 (counter-cross flow)，如圖 6-16 所示，其中

$fs2wet$：兩相流區域所佔的熱交換器厚度比例

$fs1wet$：單相流體 (即過熱區) 所佔的熱交換器厚度比例

計算流程如下：

1. 首先假設冷媒出口狀態為飽和，即出口乾度 x_e = 1.0，所以熱傳量為

$$Q = \dot{m}_r(x_e - x_i)i_{fg} = 0.020833 \times (1.0 - 0.27) \times 212907 = 3237.962\ \mathrm{W}$$

其中 x_i 為冷媒進口乾度，本例題中冷媒進口乾度條件為 x_i = 0.27，i_{fg} 為冷媒的蒸發潛熱。

2. 計算空氣側出口焓值 $i_{a,o}$

由於步驟 1 中假設冷媒出口狀態為飽和，即冷媒出口乾度 x_e = 1.0，故先假設冷媒在整個熱交換器的流動僅為相變化，即兩相流區域所佔熱交換器厚度比例為 $fs2wet$ = 1.0，則空氣側出口焓值 $i_{a,o}$ 為

$$i_{a,o} = i_{a,i} - \frac{Q}{\dot{m}_a} = 55260.2 - \frac{3237.962}{0.1666} = 35824.91\ \mathrm{J/kg}$$

3. 管內側熱傳係數 h_i

管內兩相流體的熱傳係數，採用 Kandlikar (1990b)的經驗式：

$$h_{TP} = h_L\left[C_1 Co^{C_2}(25Fr_{LO})^{C_5} + C_3(Bo)^{C_4} F_{f\ell}\right]$$

其中 h_{TP} 爲兩相流體熱傳係數，h_L 爲單相流體的熱傳係數，可由 Dittus-Boelter 方程式求得，Co 爲 convection number，定義爲

$$Co = \left(\frac{1-x}{x}\right)^{0.8}\left(\frac{\rho_G}{\rho_L}\right)^{0.5}$$

上式中 x 爲流體平均乾度，ρ_L 與 ρ_G 分別爲流體之液體及氣體的密度，C_1、C_2、C_3、C_4 與 C_5 爲特定參數，其選取由 Co 值決定(詳見第四章)。

Fr_{LO} 爲 Froude number，定義爲

$$Fr_{LO} = \frac{G_r^2}{\rho_L^2 g d_i}$$

Bo 爲 Boiling number，定義爲

$$Bo = \frac{q}{G_r \cdot i_{fg}}$$

上式中 q 爲熱通量(heat flux)，$F_{f\ell}$ 爲流體的相關參數，常見的冷媒的 $F_{f\ell}$

爲 $\begin{cases} R-22 \Rightarrow F_{f\ell} = 2.20 \\ R-134a \Rightarrow F_{f\ell} = 1.63 \\ R-410A \Rightarrow F_{f\ell} = 1.40 \end{cases}$

①管內流體平均乾度，x

$$x = \frac{(x_i + x_e)}{2} = \frac{(0.27+1.0)}{2} = 0.635$$

②單相流體的熱傳係數(based on liquid) h_L 的計算：

首先計算液體部份的雷諾數

$$\mathrm{Re}_L = \frac{G_r(1-x)d_i}{\mu_L} = \frac{(282.59)(1-0.635)(0.00685)}{0.000157} = 4487.96$$

單相流體的熱傳係數，由 Dittus-Boelter 方程式：

$$h_L = \left(0.023\,\mathrm{Re}_L^{0.8}\,\mathrm{Pr}_L^{0.4}\right)\left(k_L\right)/d_i$$

$$= \frac{0.023\times 4487.96^{0.8}\times 2.293^{0.4}\times 0.10606}{0.00685} = 414.34\ \mathrm{W/m^2\cdot K}$$

③ Froude number with all flow as liquid，Fr_{LO}

$$Fr_{LO} = \frac{G_r^2}{\rho_L^2 g d_i} = \frac{(282.59)^2}{(1141.83)^2(9.8)(0.00685)} = 0.91231$$

根據 Kandlikar (1990a) 描述，當 $Fr_{LO} > 0.04 \Rightarrow Fr_{LO}\times 25 = 1.0$

$\because Fr_{LO} = 0.91231 > 0.04 \Rightarrow Fr_{LO}\times 25 = 1.0$

④ Boiling number，Bo

熱通量 $q = \dfrac{Q}{(A_{p,i}\times fs2wet)}$

在第 1 次疊代過程中，因爲假設 $fs2wet = 1.0$

$$\therefore\ q = \frac{3237.962}{(0.20399)(1)} = 15873.16\ \mathrm{W/m^2}$$

$$\therefore\ Bo = \frac{q}{G_r\cdot i_{fg}} = \frac{15873.16}{(282.59)(212907)} = 0.000264$$

⑤ Convection number，Co

$$Co = \left(\frac{1-x}{x}\right)^{0.8}\left(\frac{\rho_G}{\rho_L}\right)^{0.5} = \left(\frac{1-0.635}{0.635}\right)^{0.8}\left(\frac{38.21}{1141.83}\right)^{0.5} = 0.1175$$

$$\because\ Co = 0.1175 < 0.65 \Rightarrow \begin{cases} C_1 = 1.1360 \\ C_2 = -0.9 \\ C_3 = 667.2 \\ C_4 = 0.7 \\ C_5 = 0.3 \end{cases}$$

⑥兩相流熱傳係數，h_{TP}

$$h_{TP} = h_L\left[C_1 Co^{C_2}(25Fr_{LO})^{C_5} + C_3(Bo)^{C_4}F_{f\ell}\right]$$

$$= 414.34\left[1.1360\times 0.1175^{-0.9}\times 1.0^{0.3} + 667.2\times 0.000264^{0.7}\times 1.4\right]$$

$$= 4444.07\ \mathrm{W/m^2\cdot K}$$

∴冷媒側熱傳係數 $h_i = h_{TP} = 4444.07\ \mathrm{W/m^2\cdot K}$

4. 焓值計算

①冷媒側之平均焓值，$i_{r,m}$

$$i_{r,m}=i_{r,o}+\frac{(i_{r,o}-i_{r,i})}{\ell n\left(\dfrac{i_{a,i}-i_{r,o}}{i_{a,o}-i_{r,i}}\right)}-\frac{(i_{r,o}-i_{r,i})(i_{a,i}-i_{r,o})}{(i_{a,i}-i_{r,o})-(i_{a,o}-i_{r,i})}$$

由於首先假設冷媒出口狀態爲飽和，所以出口溫度爲飽和溫度

$\Rightarrow T_{r,o}=T_{r,i}=7.2\,°\text{C}$ (飽和溫度)，所以冷媒平均溫度 $T_{r,m}=7.2\,°\text{C}$

而 7.2°C 的飽和空氣焓値爲 23135.5 J/kg

因此 $i_{r,i}=i_{r,o}=23135.5\ \text{J/kg}\Rightarrow i_{r,m}=23135.5\ \text{J/kg}$

②空氣側平均焓值，$i_{a,m}$

$$i_{a,m}=i_{a,i}+\frac{\left(i_{a,i}-i_{a,o}\right)}{\ell n\left(\dfrac{i_{a,i}-i_{r,o}}{i_{a,o}-i_{r,i}}\right)}-\frac{\left(i_{a,i}-i_{a,o}\right)\left(i_{a,i}-i_{r,o}\right)}{\left(i_{a,i}-i_{r,o}\right)-\left(i_{a,o}-i_{r,i}\right)}$$

$$=(55260.2)+\frac{(55260.2-35824.91)}{\ell n\left(\dfrac{55260.2-23135.5}{35824.91-23135.5}\right)}$$

$$-\frac{(55260.2-35824.91)(55260.2-23135.5)}{(55260.2-23135.5)-(35824.91-23135.5)}=44059.37\ \text{J/kg}$$

由平均焓值相對應之平均溫度爲

$i_{a,m}=44059.37\ \text{J/kg}\Rightarrow T_{a,m}=15.69\,°\text{C}$ (查圖 6-10)

③空氣與冷媒側之平均焓差 Δi_m

$$\Delta i_m=\frac{\left(i_{a,i}-i_{r,o}\right)-\left(i_{a,o}-i_{r,i}\right)}{\ell n\left(\dfrac{i_{a,i}-i_{r,o}}{i_{a,o}-i_{r,i}}\right)}=\frac{(55260.2-23135.5)-(35824.91-23135.5)}{\ell n\left(\dfrac{55260.2-23135.5}{35824.91-23135.5}\right)}$$

$$=20923.91\ \text{J/kg}$$

5. 決定 $b_r^{'}$、$b_p^{'}$、$b_{w,p}^{'}$、$b_{w,m}^{'}$ 之值

(1) 求 $b_r^{'}$ 之值

穩定狀態(steady-state)時，由內管壁傳至冷媒側的熱傳量可以表示爲

$$Q=h_iA_{p,i}(T_{p,i}-T_{r,m})$$

所以內管壁溫度

$$T_{p,i}=T_{r,m}+\frac{Q}{h_i(A_{p,i}\times fs2wet)}=7.2+\frac{3237.96}{4444.07(0.20399\times1.0)}=10.77\ ^{\circ}\mathrm{C}$$

則相對於內管壁溫度 $T_{p,i}$ 的飽和空氣焓值 $i_{s,p,i}$

當 $T_{p,i}=10.77\ ^{\circ}\mathrm{C}\Rightarrow i_{s,p,i}=31174.96\ \mathrm{J/kg}$ (查圖 6-10)

$$\therefore\ b_r^{'}=\frac{i_{s,p,i}-i_{r,m}}{T_{p,i}-T_{r,m}}=\frac{31174.96-23135.5}{10.77-7.2}=2250.85\ \ \mathrm{J/kg{\cdot}K}$$

(2) 求 $b_p^{'}$ 之值

穩定狀態下通過管壁的熱傳量為

$$Q=\frac{k_p\ A_{p,m}}{X_p}(T_{p,o}-T_{p,i})$$

其中 X_p：管壁厚度(= 0.00026 m)

k_p：管子之熱傳導係數，對銅管而言，k_p = 387 W/m·K

⇒計算外管壁溫度 $T_{p,o}$

$$T_{p,o}=\frac{Q\cdot X_p}{k_p(A_{p,m}fs2wet)}+T_{p,i}=\frac{(3237.96)(0.00026)}{(387)(0.214663\times1.0)}+10.77=10.78\ ^{\circ}\mathrm{C}$$

則相對於外管壁溫度 $T_{p,o}$ 下的飽和空氣焓值 $i_{s,p,o}$

當 $T_{p,o}=10.78\ ^{\circ}\mathrm{C}\Rightarrow i_{s,p,o}=31199.22\ \mathrm{J/kg}$ (查圖 6-10)

$$\therefore\ b_p^{'}=\frac{i_{s,p,o}-i_{s,p,i}}{(T_{p,o}-T_{p,i})}=\frac{(31199.22-31174.96)}{(10.782-10.77)}=2393.38\ \mathrm{J/kg\cdot K}$$

(3) 求 $b_{w,p}^{'}$ 之值

$b_{w,p}^{'}$ 為相對於鰭片基部水膜溫度 $T_{w,p}$ 下飽和空氣焓值的斜率，即 $\dfrac{di}{dT_{p,o}}$

(假設鰭片基部水膜溫度 $T_{w,p}$ 約等於外管壁溫度 $T_{p,o}$)， 由圖 6-10 可查出，當 $T_{p,o}=10.78\ ^{\circ}\mathrm{C}\Rightarrow b_{w,p}^{'}=2393.81\ \mathrm{J/kg\cdot K}$

(4)求 $b_{w,m}^{'}$ 之值

$b_{w,m}^{'}$ 為相對於鰭片水膜溫度 $T_{w,m}$ 飽和空氣焓值的斜率，即 $\dfrac{di}{dT_{w,m}}$

求 $b_{w,m}^{'}$ 值必須用試誤法(trial-and-error)求之，步驟如下：

① 先猜一初始值 $b_{w,m}^{'}$

假設 $b'_{w,m} = b'_{w,p} = 2393.81\ \text{J/kg}\cdot\text{K}$

② 計算濕盤管熱傳係數，$h_{o,w}$

$$h_{o,w} \cong \left[\frac{c_{p,a}}{b'_{w,m}h_{c,o}}\right]^{-1} = \left[\frac{1007}{(2393.81)(56.25)}\right]^{-1} = 133.717\ \text{W/m}^2\cdot\text{K}$$

其中 $h_{c,o}$ 為濕盤管的顯熱傳係數

③ 濕盤鰭片效率 $\eta_{wet,f}$

$$M_w = \sqrt{\frac{2h_{o,w}}{k_f\delta_f}} = \sqrt{\frac{2\times133.71}{(204)(0.000115)}} = 106.77\ \text{m}^{-1}$$

其中 k_f 為鰭片熱傳導係數，對鋁鰭片而言，$k_f = 204$ W/m·K，δ_f 為鰭片厚度(= 0.000115 m)

等效半徑 $r_{eq} = \left(\frac{P_tP_\ell}{\pi}\right)^{1/2} = \left(\frac{0.0254\times0.01905}{\pi}\right)^{0.5} = 0.0124\ \text{m}$

$$\Rightarrow M_w(r_{eq}-r_c) = 106.77\times\left(0.0124-\frac{0.00758}{2}\right) = 0.9193$$

而 $\dfrac{r_{eq}}{r_c} = \dfrac{0.0124}{\left(\frac{0.00758}{2}\right)} = 3.271$

由圖 6-9 可查知，當 $\dfrac{r_{eq}}{r_c} = 3.271$ 時，$M_w(r_{eq}-r_c) = 0.9193$

$\Rightarrow$ 濕鰭片效率 $\eta_{wet,f} = 0.672$

④ 濕盤管總熱傳係數，$U_{o,w}$

$$U_{o,w} = \frac{1}{\dfrac{b'_rA_o}{h_iA_{p,i}} + \dfrac{b'_pX_pA_o}{k_pA_{p,m}} + \dfrac{1}{h_{o,w}\left(\dfrac{A_{p,o}}{b'_{w,p}A_o} + \dfrac{A_f}{A_o}\dfrac{\eta_{wet,f}}{b'_{w,m}}\right)}}$$

$$\frac{b'_rA_o}{h_iA_{p,i}} = \frac{2250.85\times5.822}{4444.07\times0.2040} = 14.45$$

$$\frac{b'_pX_pA_o}{k_pA_{p,m}} = \frac{2393.4\times0.00026\times5.822}{387\times0.2147} = 0.0436$$

$$\frac{1}{h_{o,w}\left(\frac{A_{p,o}}{b'_{w,p}A_o}+\frac{A_f}{A_o}\frac{\eta_{wet,f}}{b'_{w,m}}\right)}=\frac{1}{133.71\left[\frac{0.2095}{2393.81\times 5.822}+\frac{5.6122\times 0.67}{5.822\times 2393.8}\right]}$$

$$=26.26$$

$$U_{o,w}=\frac{1}{14.45+0.0436+26.26}=0.02459\ \text{kg/m}^2\cdot\text{s}$$

⑤相對於水膜溫度 $T_{w,m}$ 的飽和空氣平均焓值 $i_{s,w,m}$ ($\because h_{o,w}\cong\left(\frac{c_{p,a}}{b'_{w,m}h_{c,o}}\right)^{-1}$)

$$i_{s,w,m}=i-\frac{c_{p,a}h_{o,w}\eta_{wet,f}}{b'_{w,m}h_{c,o}}\left[1-U_{o,w}A_o\left(\frac{b'_r}{h_iA_{p,i}}+\frac{X_pb'_p}{k_pA_{p,m}}\right)\right](i-i_{r,m})$$

$$=i-\eta_{wet,f}\left[1-U_{o,w}A_o\left(\frac{b'_r}{h_iA_{p,i}}+\frac{X_pb'_p}{k_pA_{p,m}}\right)\right](i-i_{r,m})$$

其中 i 爲空氣側焓值，在此取平均值，等於$i_{a,m}$，而$i_{r,m}$爲管側之平均焓值

$$\therefore\ i_{s,w,m}=44059.37-0.67\times\left\{1-0.02459\times 5.8217\left[\frac{2250.85}{4444.07\times 0.2040)}+\frac{0.00026\times 2393.38}{387\times 0.2147}\right]\right\}(44059.37-23135.5)$$

$$=35007.84\ \text{J/kg}$$

⑥相對於飽和空氣焓值 $i_{s,w,m}$ 下的水膜溫度 $T_{w,m}$

當 $i_{s,w,m}=35007.84\ \text{J/kg}\Rightarrow T_{w,m}=12.33\ ^\circ\text{C}$， 由圖 6-10 可知當 $T_{w,,m}=12.33^\circ\text{C}$ 時，$b'_{w,m}=2530.94\ \text{J/kg}\cdot\text{K}$

⑦ 比較新的 $b'_{w,m}=2530.94\ \text{J/kg}\cdot\text{K}$ ，與先前假設 $b'_{w,m}=2393.81\ \text{J/kg}\cdot\text{K}$ 不合。故需重新假設一個新的值，假設等於第一次的疊代結果即 $b'_{w,m}=2530.94\ \text{J/kg}\cdot\text{K}$；再重複步驟 ①→⑦。最後，經疊代 5 次後可得到 $T_{w,m}=12.38\ ^\circ\text{C}$ 且 $b'_{w,m}=2535.29\ \text{J/kg}\cdot\text{K}$ ；並且得到總熱傳係數 $U_{o,w}=0.02436\ \text{kg/m}^2\cdot\text{s}$。

6. 計算新的熱傳量

$$Q=U_{o,w}\cdot A_o\cdot F\cdot\Delta i_m=(0.02436)(5.8217)(1)(20923.91)=2967.88\ \text{W}$$

其中F爲修正因子，而$F=F(P,R)$，$P=(i_{c,out}-i_{c,in})/(i_{h,in}-i_{c,in})$，$R=(i_{h,out}-i_{h,in})/(i_{c,out}-i_{c,in})$ ，在本例中，管內爲兩相流動，若出口無過熱時，則進出口

冷媒溫度差甚小，故$i_{c,out} \approx i_{c,in}$，而 $R \to 0$；$F = 1$；在一般應用中F值多在 $0.9 \sim 1$間，若管內有明顯的溫度變化(如冰水盤管)，最好還是要估算F。

7. 新的熱傳量 $Q = 2967.88$ W，明顯小於之前所假設的熱傳量 $Q = 3237.96$ W。此現象表示冷媒出口狀態未達飽和，而仍是在兩相區域，因此必須計算冷媒出口乾度 x_e。首先計算新的熱傳量，假設

   $Q = (3237.96 + 2967.88)/2 = 3102.92$ W

$$\Rightarrow x_e = \frac{Q}{(\dot{m}_r \times i_{fg})} + x_i = \frac{3102.92}{(0.020833 \times 212907)} + 0.27 = 0.970$$

8. 將新的冷媒出口乾度 x_e 代入各項計算式中，並且重複 2→8 的步驟，計算新的熱傳量和冷媒出口乾度 x_e之值，直到最後熱傳量相符合爲止(共疊代 6 次)。計算結果如下：

   $Q = 3167.38$ W

   $\eta_{wet,f} = 0.6613$

   $i_{a,o} = 36248.59$ J/kg

   $x_e = 0.984$

   $h_i = 4422.58\ \text{W/m}^2 \cdot \text{K}$ (冷媒側熱傳係數)

   $U_{o,w} = 0.02452\ \text{kg/m}^2 \cdot \text{s}$

   $b_r' = 2209.21$ ， $b_p' = 2345.06$ ， $b_{w,p}' = 2345.47$ ， $b_{w,m}' = 2520.05$

9. 除濕曲線方程式

   由前面的步驟中得到濕盤管的熱傳量Q，並且知道熱交換器空氣側的出口焓值$i_{a,o}$。然而決定熱交換器空氣側的出口狀態，除了空氣的出口焓值外，尙須求出另外一項的值，例如乾球溫度或者比濕度(humidity ratio)，以決定空氣出口狀態。Threlkeld (1970) 提出的除濕曲線方程式，用以決定空氣出口的比濕度：

$$\frac{di}{dW} = Le \times \left(\frac{i - i_{s,w,m}}{W - W_{s,w,m}} \right) + \left(i_{g,t} - 2501 Le \right)$$

   其中 i、W 分別代表空氣的焓值和比濕度，$i_{s,w,m}$ 、$W_{s,w,m}$ 則是相對於水膜平均溫度下的飽和空氣焓值和比濕度，$i_{g,t}$爲飽和水蒸氣氣體 (vapor) 的焓值，Le 爲 Lewis number。除濕曲線方程式的求解步驟如下：

   ①將空氣側的進口與出口之間，分割成 n 個有限片段，本例題分割成 40 段，即 $n = 40$，故每一小段空氣焓差值爲：

$$\Delta i = \frac{(i_{a,o} - i_{a,i})}{n} = \frac{(36248.59 - 55260.2)}{40} = -475.29 \text{ J/kg}$$

②第 1 段的空氣進口狀態

因此第一段的空氣進口的乾球溫度 $T_{a,1} = 27°C \Rightarrow i_{g,t} = 2550094.3$ J/kg

(飽和水蒸氣氣體的焓值)

比濕度 $W_1 = 0.01108346$ kg/kg-dry-air

焓值 $i_1 = 55260.2$ J/kg

第一段區域中，相對於水膜平均溫度 $T_{w,m}$ 下的飽和空氣焓值 $i_{s,w,m}$：

$$i_{s,w,m} = i - \eta_{wet,f}\left[1 - U_{o,w}A_o\left[\frac{b_r'}{h_i A_{p,i}} + \frac{X_p b_p'}{k_p A_{p,m}}\right]\right](i - i_{r,m})$$

$$= 55260.2 - (0.6613)\left\{1 - (0.02452)(5.8217)\left[\frac{(2209.21)}{(4422.58)(0.2040)} + \frac{(0.00026)(2345.06)}{(387)(0.2147)}\right]\right\}(55260.2 - 23135.5)$$

$$= 41465.5 \text{ J/kg}$$

$$i_{s,w,m} = 41465.5 \text{ J/kg} \Rightarrow T_{w,m} = 14.77\ °\text{C}$$

$$\Rightarrow W_{s,w,m} = 0.0105237 \text{ kg/kg - dry air (第一小段)}$$

③計算第 2 段的空氣側狀態

由除濕曲線方程式求第 2 段的空氣進口比濕度 W_2

$$W_2 = W_1 + \frac{\Delta i}{\left(Le \times \frac{(i - i_{s,w,m})}{(W - W_{s,w,m})}\right) + (i_{g,t} - 2501000 \times Le)}$$

$$Le = 0.847$$

$$\Rightarrow W_2 = 0.01108346 + \frac{-475.29}{\frac{0.847 \times (55260.2 - 41465.5)}{0.01108346 - 0.0105237} + 255009.4 - 2501000 \times 0.847}$$

$$= 0.0110611 \text{ kg/kg-dry-air}$$

第 2 段的空氣進口焓值 i_2

$$\because\ i_2 = i_1 + \Delta i \Rightarrow i_2 = 55260.2 + (-475.29) = 54784.9 \text{ J/kg}$$

第 2 段的空氣溫度 $T_{a,2}$

$$\because i_2 = c_{p,a} \times T_{a,2} + W_2 \times (2501 + 1.805 \times T_{a,2})$$

$$T_{a,2} = \frac{(i_2 - 2501000W_2)}{(1007 + 1805W_2)} = \frac{54784.9 - 2501000 \times 0.0110611}{1007 + 1805 \times 0.0110611} = 26.42\ °\text{C}$$

當 $T_{a,2} = 26.42\ ^\circ\text{C} \Rightarrow i_{g,t} = 2549045.6\ \text{J/kg}$

第 2 段的冷媒溫度，因爲整個冷媒出口均在兩相區範圍，故 $T_{r,2} = 7.2\ ^\circ\text{C}$

④重複步驟 ② → ③ (總共 40 次)，計算每一段空氣進口的焓值 i 和比濕度 W，及相對於水膜平均溫度下的飽和空氣焓值 $i_{s,w,m}$ 和飽和比濕度 $W_{s,w,m}$，進而求出每一段的空氣出口溫度和比濕度及冷媒溫度，最後的計算結果爲

$$\begin{cases} T_{a,40} = 13.83\ ^\circ\text{C} \\ W_{40} = 0.0088399\ \ \text{kg/kg - dry air} \end{cases}$$

所以空氣出口乾球溫度 $T_{dry,out} = 13.83\ ^\circ\text{C}$，$W_{out} = 0.0088399$ kg/kg-dry-air，因此可得到空氣出口濕球溫度 $T_{wet,out} = 12.87^\circ\text{C}$，出口相對濕度 RH = 90%。

10. 凝結水量的計算式爲

$$\begin{aligned} \dot{m}_{water} &= \dot{m}_a (W_{in} - W_{out}) \\ &= 0.1666(0.01108346 - 0.0088399) = 0.00037377\ \text{kg/s} = 1.346\ \text{kg/hr} \end{aligned}$$

(j) 空氣側壓降計算

空氣側的壓降分析，除了考慮空氣流過管陣造成的壓降外，還須計入鰭片本身造成的壓降及鰭片表面的摩擦效應，Kays and London (1984)提出的壓降關係式如下：

$$\Delta P_a = \frac{G_c^2}{2}\left[\frac{\left(1-\sigma^2\right)}{\rho_1} + \frac{f_a}{\rho_m}\frac{A_o}{A_c} + 2\left(\frac{1}{\rho_2} - \frac{1}{\rho_1}\right) - \frac{\left(1-\sigma^2\right)}{\rho_2}\right]$$

其中σ爲收縮比 (contraction ratio)，A_c 爲最小空氣流道面積 (minimum free flow area)，ρ_1、ρ_2 分別爲空氣進口和出口的密度，ρ_m 爲空氣平均密度，f_a爲空氣的摩擦因子 (friction factor)。同樣的，根據式6-89算出平板式濕盤管的f-factor 方程式，在此操作條件下，濕盤管的$f_a = 0.1147$，而在1大氣壓下時，空氣進出口密度爲：

$$T_{dry,in} = 27\ ^\circ\text{C} \Rightarrow \rho_1 = 1.176\ \text{kg/m}^3\ ,\ T_{dry,out} = 13.83\ ^\circ\text{C} \Rightarrow \rho_2 = 1.23\ \text{kg/m}^3$$

∴空氣平均密度

$$\rho_m = \frac{\rho_1 + \rho_2}{2} = \frac{1.176 + 1.23}{2} = 1.203\ \text{kg/m}^3$$

∴空氣側的壓降

$$\Delta P_a=\frac{1.929^2}{2}\left[\frac{1-0.673^2}{1.176}+\frac{0.1147}{1.203}\times\frac{5.8217}{0.08636}+2\times\left(\frac{1}{1.23}-\frac{1}{1.176}\right)-\frac{1-0.673^2}{1.23}\right]$$

$$=11.86\ \text{Pa}$$

(k)管側壓降計算

本例題計算結果由於冷媒出口處未達飽和狀態，仍在兩相區範圍，因此管側壓降的計算，僅使用兩相流的計算公式。

兩相流區域的壓降可表示成

$$-\left(\frac{dP}{dz}\right)=-\left(\frac{dP}{dz}\right)_f+G_r^2\frac{d}{dz}\left[\frac{x^2}{\rho_G\alpha}+\frac{(1-x)^2}{\rho_L(1-\alpha)}\right]+g\sin\theta[\alpha\rho_G+(1-\alpha)\rho_L]$$

其中 x 爲乾度 (quality)，α爲空泡比 (void fraction)，ρ_L與ρ_G分別爲冷媒液體和氣體的密度；上式中等號右邊的第 1 項代表摩擦造成的壓降，第 2 項爲動量變化(momentum change)造成的損失，第 3 項爲高度變化所造成的壓力損失。本例題熱傳管爲水平管，因此第 3 項可忽略不計。

(1)摩擦阻力

摩擦項$-\left(\frac{dP}{dz}\right)_f$可表示成

$$-\left(\frac{dP}{dz}\right)_f=-\left(\frac{dP}{dz}\right)_L\phi_L^2=\left[\frac{2f_L\cdot G_r^2}{\rho_L\cdot D_h}\right]\phi_L^2$$

上式中的一些定義請參考第四章 ，計算壓降的管子總長度

$$L_2=W\times N_T\times N_r\times fs2wet/N_{cr}=\frac{0.677\times7\times2\times1}{2}=4.739\ \text{m}$$

乾度的計算，取冷媒進口乾度和出口乾度的平均值，所以

$$x=(x_i+x_e)/2=(0.27+0.984)/2=0.627$$

①Martinelli parameter X_{tt}

$$X_{tt}=\left(\frac{\rho_G}{\rho_L}\right)^{0.5}\left(\frac{\mu_L}{\mu_G}\right)^{0.125}\left(\frac{1-x}{x}\right)^{0.875}$$

$$=\left(\frac{38.21}{1141.83}\right)^{0.5}\left(\frac{0.000157}{1.234\times10^{-5}}\right)^{0.125}\left(\frac{1-0.627}{0.627}\right)^{0.875}=0.15962$$

②液體部份與氣體部份的 Reynolds number

$$\text{Re}_L=\frac{G_r(1-x)d_i}{\mu_L}=\frac{282.59\times(1-0.627)\times0.00685}{0.000157}=4585.79$$

$G_L = G_r \times (1 - x) = 282.59 \times (1 - 0.627) = 105.41$

$$\mathrm{Re}_G = \frac{G_r \cdot x \cdot d_i}{\mu_G} = \frac{282.59 \times 0.627 \times 0.00685}{1.234 \times 10^{-5}} = 98315.33$$

因爲 Re_L 與 Re_G 均大於 2000，所以氣體與液體流動相均可視爲紊流流動

$\therefore\ C = 20$ (請參考第四章)

$$\Rightarrow\ \phi_L^2 = 1 + \frac{C}{X_{tt}} + \frac{1}{X_{tt}^2} = 1 + \frac{20}{0.159612} + \frac{1}{0.159612^2} = 165.55$$

③單相液體部份的壓降

$f_L = 0.0791\mathrm{Re}_L^{-0.25} = 0.0791 \times (4585.79)^{-0.25} = 0.009612$

$$\Delta P_L = \frac{4L_2}{d_i} \times f_L \times \frac{G_L^2}{2\rho_L}$$

$= 4 \times 4.739/0.00685 \times 0.009612 \times (105.41)^2/2/1141.83 = 129.42\ \mathrm{Pa}$

④摩擦力造成的壓損

$$\Delta P_f = \phi_L^2 \Delta P_L = 165.55 \times 129.42 = 21425.35\ \mathrm{Pa} = 21.43\ \mathrm{kPa}$$

(2)動量變化所造成的壓損

兩相流之動量變化(momentum change)所造成的壓損計算式爲

$$\Delta P_a = G_r^2 \cdot \frac{d}{dz}\left[\frac{x^2}{\rho_G \alpha} + \frac{(1-x)^2}{\rho_L (1-\alpha)}\right]$$

其中 α 爲空泡比 (void fraction)，計算式爲

$$\alpha = \left[1 + B_B \left(\frac{(1-x)}{x}\right)^{n1} \left(\frac{\rho_G}{\rho_L}\right)^{n2} \left(\frac{\mu_L}{\mu_G}\right)^{n3}\right]^{-1}$$

上述的參數可由 Lochard & Martinelli 所建議之參數求得，爲 $B_B = 0.28$，$n1 = 0.64$，$n2 = 0.36$，$n3 = 0.07$。冷媒從進口到出口的動量變化計算，爲冷媒在出口狀態的動量減去進口時的動量，因此 ΔP_a 可寫成：

$$\Delta P_a = G_r^2 \frac{d}{dz}\left[\frac{x^2}{\rho_G \alpha} + \frac{(1-x)^2}{\rho_L (1-\alpha)}\right]$$

$$= G_r^2 \left[\frac{x^2}{\rho_G \alpha} + \frac{(1-x)^2}{\rho_L (1-x)}\right]_{Z=L_i} - G_r^2 \left[\frac{x^2}{\rho_G \alpha} + \frac{(1-x)^2}{\rho_L (1-\alpha)}\right]_{Z=L_o}$$

上式中的 $Z = L_i$、$Z = L_o$ 分別表示冷媒進口和出口處

①冷媒出口動量

冷媒出口乾度 $x_e = 0.984$，所以出口處的 void fraction 爲

$$\alpha=\left[1+0.28\left(\frac{1-x_e}{x_e}\right)^{0.64}\left(\frac{\rho_G}{\rho_L}\right)^{0.36}\left(\frac{\mu_L}{\mu_G}\right)^{0.07}\right]^{-1}$$

$$=\left[1+0.28\left(\frac{1-0.984}{0.984}\right)^{0.64}\left(\frac{38.21}{1141.83}\right)^{0.36}\left(\frac{0.000157}{1.234\times10^{-5}}\right)^{0.07}\right]^{-1}=0.993$$

冷媒出口處的動量爲

$$P_{m,out}=G_r^2\left[\frac{x_e^2}{\rho_G\alpha}+\frac{(1-x_e)^2}{\rho_L(1-\alpha)}\right]$$

$$=282.59^2\times\left[\frac{0.984^2}{38.21\times0.993}+\frac{(1-0.984)^2}{1141.83\times(1-0.993)}\right]=2040.38\text{ Pa}$$

②冷媒進口動量

冷媒進口乾度 $x_i=0.27$，所以進口處的 void fraction 爲

$$\alpha=\left[1+0.28\left(\frac{1-x_i}{x_i}\right)^{0.64}\left(\frac{\rho_G}{\rho_L}\right)^{0.36}\left(\frac{\mu_L}{\mu_G}\right)^{0.07}\right]^{-1}$$

$$=\left[1+0.28\left(\frac{1-0.27}{0.27}\right)^{0.64}\left(\frac{38.21}{1141.83}\right)^{0.36}\left(\frac{0.000157}{1.234\times10^{-5}}\right)^{0.07}\right]^{-1}=0.843$$

冷媒進口處的動量爲

$$P_{m,in}=G_r^2\left[\frac{x_i^2}{\rho_G\alpha}+\frac{(1-x_i)^2}{\rho_L(1-\alpha)}\right]$$

$$=282.59^2\times\left[\frac{0.27^2}{38.21\times0.843}+\frac{(1-0.27)^2}{1141.83\times(1-0.843)}\right]=418.17\text{ Pa}$$

③動量變化所造成的壓降

$$\Delta P_a=P_{m,out}-P_{m,in}=2040.38-418.17=1622.21\text{ Pa}$$

(3)兩相流區域總壓降

$$\Delta P=\Delta P_f+\Delta P_a=21425.35+1622.21=23047.7\text{ Pa}=23.05\text{ kPa}$$

(註：本例題演算忽略了彎頭所造成的壓降，在實際熱交換的設計中，卻不可忽略流體流過彎頭所造成的壓損，因爲彎頭壓降所佔冷媒側壓降比例有時候可以高達 20~30%)。

6-7 結語

濕盤管熱交換器在應用上相當廣泛，本章提供濕盤管熱交換器設計的基本理論與分析方法與公開的設計方程式，希望可以協助讀者對它的熱流設計有更進一步的瞭解。讀者從本章的介紹將不難理解，濕盤管的計算過程相當地瑣碎，對初學者而言很容易弄錯(即使像筆者一樣的老手也照樣犯錯)，因此借助電腦輔助軟體將是無法避免的；如果讀者需要經常性迅速且精確的計算，不妨將整個計算程序寫到程式中或藉由試算表的計算功能以降低手算常見的錯誤。

主要參考資料

ASHRAE Handbook, Fundamentals, 2005. ASHRAE.

Liaw, J.S., Jang, J.Y., and Wang, C.C., 1998. A rationally based model for air-cooled evaporator/cooling coils; accounting the effect of complex circuiting effect. *Proceeding of the Int. Conf. and Exhibit on Heat Exchangers for Sustainable Development*, Portugal, pp. 303-312.

Mimaki, M., 1987, Effectiveness of finned tube heat exchanger coated hydrophilic-type film, ASHRAE paper #3017 presented at January Meeting.

Hong, K., 1996, Fundamental characteristics of dehumidifying heat exchangers with and without wetting coating, Ph.D. thesis, department of mechanical engineering, the Pennsylvania State University.

Hong, K. Webb, R.L., 2000. Wetting coatings for dehumidifying heat exchangers. *Int. J. of HVAC&R Research*, 6(3):229-239.

Kandilikar, S.G., 1990a, *Thermal Design Theory for Compact Evaporators, in: Compact Heat Exchangers*, R. K., Kraus et al. eds., New York: Hemisphere Publishing Corp. pp. 245-286.

Kandlikar, S.G., 1990b. A general correlation for saturated two-phase flow boiling heat transfer inside horizontal and vertical tubes. *J. of Heat Transfer*, 112:219-228.

Kays, W.M., London, A.L., 1984. *Compact Heat Exchangers*, 3rd ed. McGraw-Hill, New

York.

Lin, Y.T., Hsu, K.C., Chang, Y.J., and Wang, C.C., 2001. Performance of rectangular fin in wet conditions: visualization and wet fin efficiency. *ASME J. of Heat Transfer*, 123:827-836.

McQuiston, F.C., 1978a. Correlation of heat, mass and momentum transport coefficients for plate-fin-tube heat transfer surfaces with staggered tubes. *ASHRAE Transaction*, 84(1): 294-309.

McQuiston, F.C., 1978b. Correlation of heat, mass and momentum transport coefficients for plate-fin-tube heat transfer surface. *ASHRAE Transactions*, 84(1):294-308.

McQuiston, F.C., Parker, J.D., 1994, *Heating, Ventilating, and Air Conditioning,* 4th ed., John Wiley & Sons, Inc. p. 594.

Min, J., Webb, R.L., Bemisderfer, B., 2000. Long-term hydraulic performance of dehumidifying heat-exchangers with and without hydrophilic coatings. *Int. J. of HVAC&R Research*, 6(3):257-272.

Min, J., Webb, R.L., 2000. Condensate carryover phenomena in dehumidifying finned-tube heat exchangers. *Experimental Thermal and Fluid Science*, 22:175-182.

Myers, R. J., 1967. The effect of dehumidification on the air-side heat transfer coefficient for a finned-tube coil. M. S. Thesis, University of Minnesota, Minneapolis.

Threlkeld, J.L., 1970, *Thermal Environmental Engineering*, New-York: Prentice-Hall, Inc.

Wang, C.C., Chang, C.T., 1998. Heat and mass transfer for plate fin-and-tube heat exchangers with and without hydrophilic coating. *Int. J. of Heat and Mass Transfer*, 41(20):3109-3120.

Wang, C.C., Hsieh, Y.C., and Lin, Y.T., 1997. Performance of plate finned tube heat exchangers under dehumidifying conditions. *ASME J. of Heat Transfer*, 119:109-117.

Wang, C.C., Hu, Y.Z. Chi, K.U., Chang, Y.P., 1999a. Heat and mass transfer for compact fin-and-tube heat exchangers having plain fin geometry. In: *proceedings of the 5th ASME/JSME Thermal Engng Joint Conf 1999*, paper no. AJTE-6404.

Wang, C.C., Du, Y.J., Chang, Y.J., Tao, W.H., 1999b. Airside performances of herringbone fin-and-tube heat exchangers in wet conditions. *Canadian J. of Chemical Engineering*, 77:1225-1230.

Wang, C.C., Lin, Y.T., Lee, C.J., 2000a. An airside correlation for plain fin-and-tube heat exchangers in wet conditions. *Int. J. of Heat Mass Transfer*, 43:1867-1870.

Wang, C.C., Du, Y.J., Tao, W.H., 2000b. Effect of waffle height on the heat transfer and friction characteristics of wavy fin-and-tube heat exchangers under dehumidification. *Heat Transfer Engng.*, 21(5): 17-26.

Wang, C.C. Lin, Y.T., and Lee, C.J., 2000c. Heat and momentum, transfer for compact louvered fin-and-tube heat exchangers in wet conditions. *Int. J. of Heat and Mass Transfer*, 43: 3443-3452.

Wang, C.C. Du, Y.J., Chang, C.J., 2000d. Airside performance of slit fin-and-tube heat exchangers in wet conditions. *Proceedings of 34th National Heat Transfer Conference*, paper no. 12092, Baltimore, USA.

Wang, C.C., Lee, W.S., Sheu W.J., and Liaw, J.S., 2001. Empirical airside correlations of fin-and-tube heat exchangers under dehumidifying conditions. *Int. J. of Heat Exchangers*, 2:54-80.

Wu, G., and Bong, T. Y., 1994, Overall efficiency of a straight fin with combined heat and mass transfer. *ASHRAE Transactions*, 100(1):367-374.

Chapter 7

熱交換器之性能評價方法

Performance Evaluation Criteria

7-0 前言

在前述的章節中，筆者提到了種種熱傳增強型的鰭片，增強型鰭片的用途不外乎要改善現有熱交換器的性能，在應用上，相信讀者會經常遇到這樣的一些問題，「換了××型的鰭片後，會增加多少熱傳量？」，「我換了××增強型的鰭片後，發現熱傳量並未明顯增加，爲什麼？」，「現有熱交換器的性能爲××，我應該使用那一類鰭片來增加熱傳性能？」；諸如此類的問題要怎麼解決，相信一直是讀者心中的一個結，筆者將在本章節中提供一些說明供讀者參考。

7-1 一些值得進一步商榷的觀念

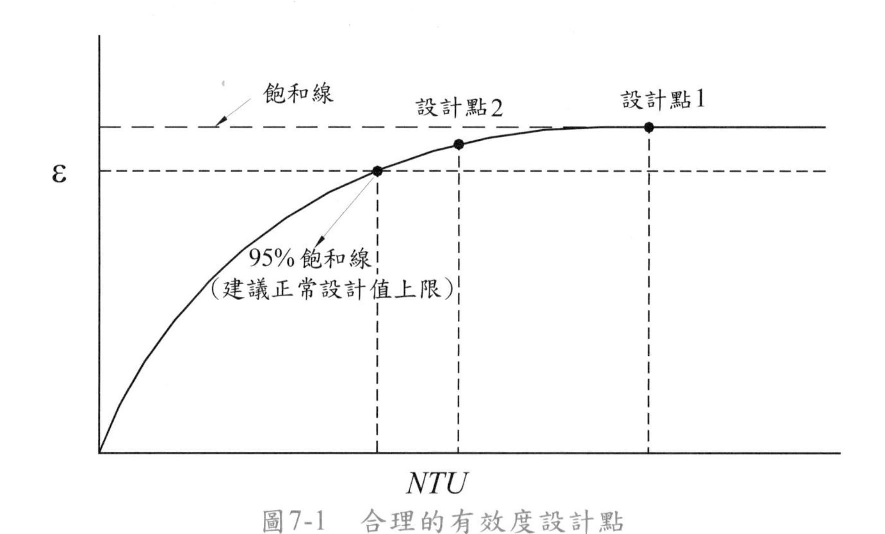

圖7-1 合理的有效度設計點

7-1-1 ε-NTU關係是否已飽和？

對一種熱交換器而言，如果流動型式與操作條件固定的話，則熱交換器的最大熱傳量是固定的，即$Q_{max} = C_{min}(T_{h,in} - T_{c,in})$，如果原始設計點爲圖7-1的設計點1，由於爲設計點落在飽和區，因此即使你再使用增強型的鰭片，在這原始設計點附近將無法有效提升有效度，因爲有效度ε不會因爲NTU的改變而有顯著的成效，更不用說要增加熱傳量了；如果要改善原有飽和區的設計點，何不將設計點定於設計點2上？試想，從設計點1到設計點2，有效度大概掉了2%，但是NTU

值大約減少了40%，換句話說，熱傳量少了2%，熱交換器的大小卻可減少40%！以成本的考量，我想應該絕對划算。這一部份的結論是在設計熱交換器前，請先畫畫ε-NTU的圖，確認一下設計點的位置。

7-1-2 錢是否花在刀口上？

如果ε-NTU的關係落在有改善的範圍(通常$\varepsilon < 0.95$)，接下來的步驟就是要去瞭解阻抗的分布，在第二章中我們知道阻抗分布關係如下：

$$\frac{1}{UA} = \frac{1}{\eta_i h_i A_i} + \frac{1}{\eta_o h_o A_o} + R_w \tag{7-1}$$

其中η_i與η_o分別爲內外側的表面效率，以鰭管式熱交換器而言，管內側的表面效率可視爲1(因爲平滑管=1，增強管內凸起的增強部份因爲鰭片高度甚小，其η_i 值接近1)。R_w爲管壁的阻抗，以銅管而言，R_w值趨近於0，不過如果是使用鈦合金或銅鎳合金或不銹鋼等熱傳導係數較低的金屬時必須適度考量。在這裡我們假設管壁阻抗甚小，所以式7-1可簡化成：

$$\frac{1}{UA} = \frac{1}{h_i A_i} + \frac{1}{\eta_o h_o A_o} \tag{7-2}$$

以家用空調氣冷式冷凝器的應用而言(正向風速 ≈ 1.0~1.5 m/s)，$h_i \approx 2000$ $W/m^2{\cdot}K$，$h_o \approx 50$ $W/m^2{\cdot}K$，$\eta_o \approx 0.7$ (上述值只是在一特殊操作條件下的近似值，讀者不可隨意將此值拿來運用於各種不同的應用場合上)。

$$\frac{1}{UA} = \frac{1}{2000A_i} + \frac{1}{0.7\times 50A_o} = \frac{1}{2000A_i} + \frac{1}{35A_o} = 0.0005\big/A_i + 0.0286\big/A_o$$

假設A_i 爲一個單位面積(m^2)，而$A_o/A_i = 10$，總熱傳係數U的參考面積爲A_o，則：

$$\frac{1}{U} = \underset{(\text{管內阻抗})}{0.005} + \underset{(\text{管外阻抗})}{0.0286} = 0.0336\ K\cdot m^2/W$$

$\Rightarrow U = 29.8\ W/m^2{\cdot}K$

這個數字告訴讀者管內的阻抗約佔15%(0.005/0.0336)，而管外阻抗約佔85%。此時就可充分說明熱傳的阻抗幾乎都是落在空氣側；因此即使管內的熱傳係數甚高(2000 $W/m^2{\cdot}K$)，仍舊無法有效提升其總熱傳係數。是故爲了能有效解決這個問題，如果將原有鰭片改成百葉窗鰭片將有助於整體性能，這裡我們假設$h_o \approx 100\ \mathrm{W/m^2 \cdot K}$，則：

$$\frac{1}{U} = \underset{(\text{管內阻抗})}{0.005} + \underset{(\text{管外阻抗})}{0.0143} = 0.0193\,\mathrm{K \cdot m^2/W}$$

$$\Rightarrow U = 51.8\ \mathrm{W/m^2 \cdot K}$$

(此值告訴讀者管在這個條件下改用百葉窗鰭片約提升56%的U值)

若不使用百葉窗鰭片而改用微鰭管(microfin tube，$h_i \approx 4000\ \mathrm{W/m^2 \cdot K}$)，則：

$$\frac{1}{U} = \underset{(\text{管內阻抗})}{0.0025} + \underset{(\text{管外阻抗})}{0.0286} = 0.0311\,\mathrm{K \cdot m^2 / W}$$

$$\Rightarrow U = 32.2\ \mathrm{W/m^2 \cdot K}$$

(此值告訴讀者在這個條件下改用微鰭管僅能提升8.1%的U值)

這個例子告訴讀者以家用空調機而言，改善鰭片的效益會比傳熱管直接。但是如果應用的範圍不同，例如空調箱的風速為2.5 m/s或天車用的冷氣的風速5.5 m/s，空氣側阻抗的比重相對的大幅減少，此時管內使用微鰭管將可大幅提升熱交換器的整體U值。

7-1-3 熱交換器越大熱傳效果越好？

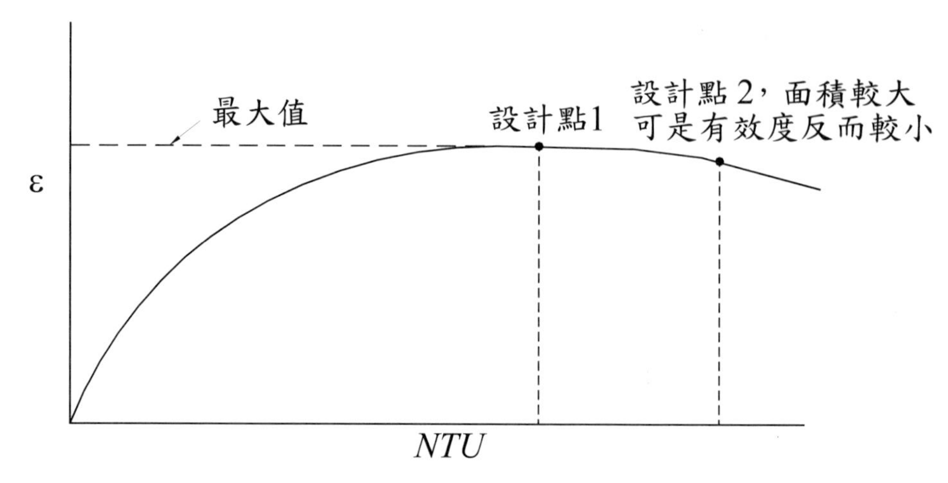

圖7-2 最大有效度與NTU間的關係

題目既然這樣問，可以想見的答案當然是不一定！這點在第二章中已有提到，熱交換器的有效度(ε)通常會隨著NTU的增加而增加，當NTU大到一定值後，就會趨近飽和(如圖7-1)；在某種特殊的安排型式，熱交換器的有效度會在*NTU*大過某最大值後出現下降的趨勢(見圖7-2)，換句話說，此時熱交換器的熱傳量反而會因爲面積的增加而下降。圖7-3爲一個典型的U型設計交錯流動之熱交換器，U型管設計在殼管式熱交換器中經常見到，如圖7-3所示，由於殼側的溫度會逐漸上升，管側的溫度也會逐漸上升，然而在某些狀態下，管側下游的內管側的溫度會高於殼側的溫度，此時熱量反而由管側傳至殼側，一旦這種情況發生，很明顯的U型管越長熱傳反而越少(因爲有熱量逆傳)；也就是說熱交換器愈大反而熱傳愈差。

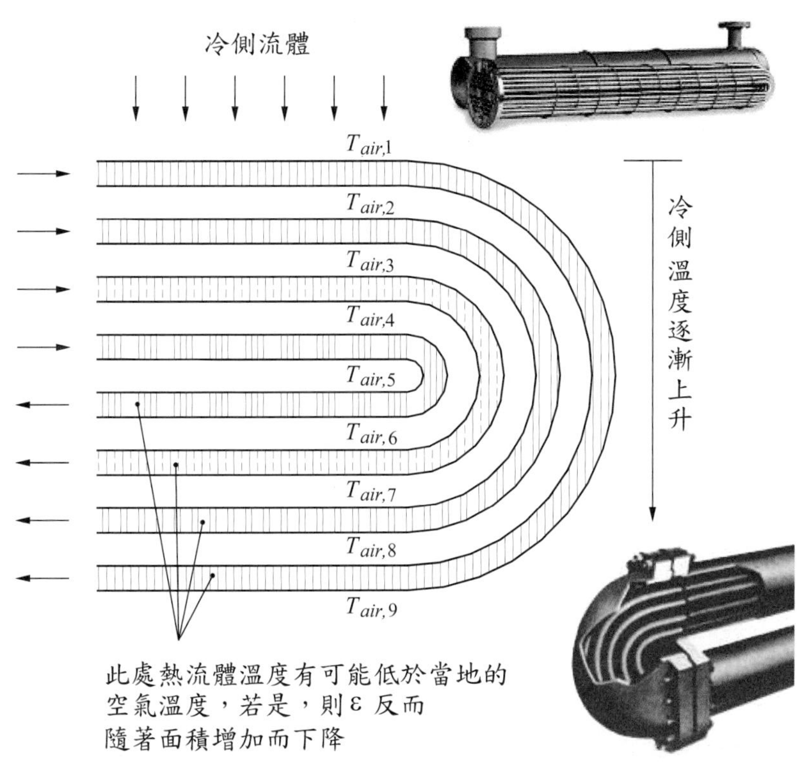

圖7-3　為一個典型的U型設計交錯流動之熱交換器

7-1-4　熱交換器設計是否僅考慮熱傳量？

答案當然不是！這點同樣在第二章中已有提到，在設計上熱傳與壓降是設計者同樣必須考慮的事實，若僅以熱傳係數與壓降對速度來作圖(若以平滑管管內的特性來考慮)，讀者可以發現熱傳係數$h \sim V^{0.8}$而$\Delta P \sim V^{1.75}$(見圖7-4)，也就是說熱傳係數增加的幅度遠小於壓降增加的幅度，如果一昧的增加速度來提高熱傳係數，伴隨的壓降將是無法接受的。

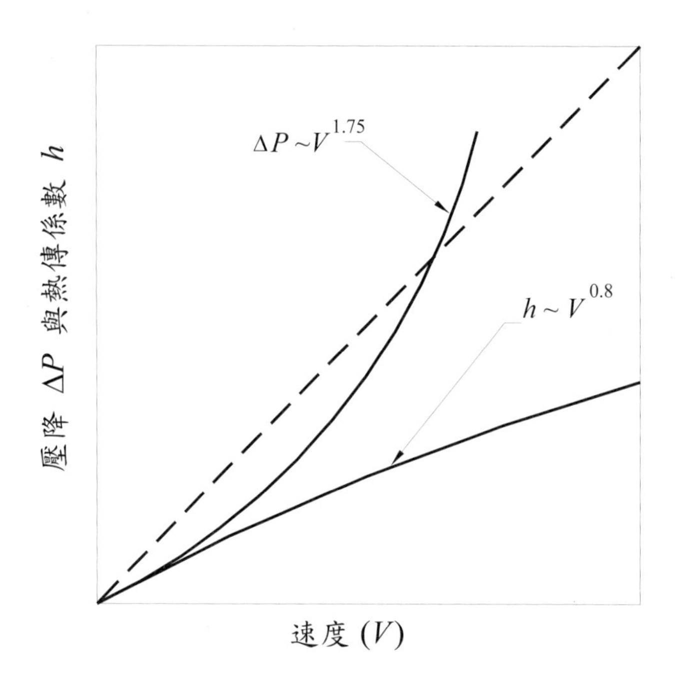

圖7-4 熱傳係數、壓降與速度的關係示意圖

7-1-5 熱傳增強管與熱傳增強鰭片使用的迷思

相較於平滑管或平滑鰭片，如果操作條件不變，熱傳增強管與熱傳增強鰭片的使用當然會提升熱交換器整體的U值，可是伴隨的壓降增加的幅度一般將遠大於增加的U值，從這個角度來看，熱傳增強管與熱傳增強鰭片的使用必須有一些根據，舉例來說，最好是使用熱傳增強管與熱傳增強鰭片後熱傳量可以增加而壓降得以減少，在不改變操作條件或熱交換器大小下，這樣的需求是不可能的；或者是使用熱傳增強管與熱傳增強鰭片後，原有熱交換器的大小可以適度的減小；因此，不同的需求就會有不同的判別方法，增加熱傳量僅是使用熱傳增強管與熱傳增強鰭片眾多原因之一，不同的「原因」，其解決方法應該不同，沒有一成不變的答案，接下來筆者將針對不同的需求來說明，熱傳增強熱交換器在選用與評價上有相當多的方法，筆者則以較實務的觀點來說明評價方法，儘量以直接的數字來取代繁雜的數理過程；這一部份的資料將以Webb教授的資料為主軸(1994)。

7-2 熱交換器性能評價方法 (Performance evaluation criteria)

使用熱傳增強管與熱傳增強鰭片來取代原有熱交換器的目的有四：

(1) 在維持相同的熱傳量且不增加壓降的條件下，如何減少熱交換器的面積。
(2) 在維持相同的熱傳量與原有熱交換器的面積下，如何降低流體間的有效溫差(或*LMTD*)。
(3) 在維持原有熱交換器的面積下，如何增加熱傳量。
(4) 在維持相同的熱傳量與原有熱交換器的面積下，如何減少流體通過熱交換器的壓降(即減少Pumping power)。

由上述的目的，可知增加熱傳量僅是使用熱傳增強管與熱傳增強鰭片的一個目的，讀者應多方面考量如何來使用；以(1)項而言，其最主要的目的在於適度的減少熱交換器的面積大小以減少成本的支出；另外，熱力學第二定律告訴讀者溫差越大，不可逆性(irreversibility)也就愈大，所以(2)項的主要的目的在於提升熱力學的效率，降低不可逆性；(3)項的目的當然在提升有效熱傳量而(4)項的目的則在減少pumping power以降低流體機械的操作成本。爲了達到(2)及(3)項的目的，熱交換器的面積通常都會變大造成成本的增加。

根據 Webb (1994)提出的熱交換器性能評價方法，大致可分爲三類，即：

(1) *FG*法則 (fixed geometry criteria)：適用於截面積與管長固定條件。*FG*法則可用於1對1直接置換式的應用，因爲新的熱交換器與舊有的熱交換器一樣大。
(2) *FN*法則 (fixed number of tubes geometry criteria)：適用於截面積固定，但管長可允許變化。
(3) *VG*法則 (variable geometry criteria)：適用於熱傳量固定，但要適度的減少熱交換器的面積。

7-2-1 PEC的數理法則

接下來，我們以單相熱流來評估PEC的使用，基本上下面的過程均是以熱交換器本身的熱流特性 j 與 f 而來，由於：

$$h = c_{p,a}\mathrm{Pr}^{-2/3} jG \tag{7-3}$$

由於PEC的比對是以熱傳增強表面(enhanced surface)替換原有的參考表面(referenced surface)，因此吾人有興趣的熱傳特性與原有的參考表面比值如下：

$$\frac{hA}{h_{ref}A_{ref}} = \frac{j}{j_{ref}}\frac{A}{A_{ref}}\frac{G}{G_{ref}} \tag{7-4}$$

同時，推動流體所需要的消耗功率可表示如下：

$$W = \Delta P \times \dot{V} = \left(\frac{fA}{A_c}\frac{G^2}{2\rho}\right)\left(\frac{GA_c}{\rho}\right) \tag{7-5}$$

因此，新的熱傳增強表面與參考表面的耗功比值為：

$$\frac{W}{W_{ref}} = \frac{\left(\frac{fA}{A_c}\frac{G^2}{2\rho}\right)\left(\frac{GA_c}{\rho}\right)}{\left(\frac{f_{ref}A_{ref}}{A_{c,ref}}\frac{G_{ref}^2}{2\rho}\right)\left(\frac{G_{ref}A_{c,ref}}{\rho}\right)} = \frac{f}{f_{ref}}\frac{A}{A_{ref}}\left(\frac{G}{G_{ref}}\right)^3 \tag{7-6}$$

從式7-4與式7-6，可將 G/G_{ref} 消去，因而得到如下的方程式：

$$\frac{\frac{hA}{h_{ref}A_{ref}}}{\left(\frac{W}{W_{ref}}\right)^{1/3}\left(\frac{A}{A_{ref}}\right)^{2/3}} = \frac{\frac{j}{j_{ref}}}{\left(\frac{f}{f_{ref}}\right)^{1/3}} \tag{7-7}$$

式7-7為性能評價的目的方程式 (object equation)，在這個方程式中，主要的幾個變數為 $hA/h_{ref}A_{ref}$、P/P_{ref} 與 A/A_{ref}，使用者必須根據他的需求(是使用FG法？或是FN法？還是VG法？)以方程式來解式7-7；表 7-1為PEC在單相系統中的應用法則與目的。

7-2-2 VG-1法則

接下來以VG-1法則來推導一個實用的例子，如表7-1所示，在VG-1的需求中，Q/Q_{ref}與 W/W_{ref}是固定的，我們使用新型熱傳增強熱交換器的目的是希望可以適度的減少熱交換器的面積。由$Q/Q_{ref}=1$，$hA/h_{ref}A_{ref}=1$與$W/W_{ref}=1$，則式7-7可簡化如下：

$$\frac{\frac{hA}{h_{ref}A_{ref}}}{\left(\frac{W}{W_{ref}}\right)^{1/3}\left(\frac{A}{A_{ref}}\right)^{2/3}}=\frac{\frac{j}{j_{ref}}}{\left(\frac{f}{f_{ref}}\right)^{1/3}}\Rightarrow\frac{A}{A_{ref}}=\left(\frac{f}{f_{ref}}\right)^{1/2}\left(\frac{j_{ref}}{j}\right)^{3/2} \tag{7-8}$$

另外將式7-8代入式7-6可得到：

$$1=\frac{f}{f_{ref}}\frac{A}{A_{ref}}\left(\frac{G}{G_{ref}}\right)^3=\frac{f}{f_{ref}}\left(\frac{f}{f_{ref}}\right)^{1/2}\left(\frac{j_{ref}}{j}\right)^{3/2}\left(\frac{G}{G_{ref}}\right)^3 \tag{7-9}$$

$$\Rightarrow\frac{G}{G_{ref}}=\left(\frac{j}{j_{ref}}\frac{f_{ref}}{f}\right)^{1/2} \tag{7-10}$$

表7-1 PEC的應用法則與目的

		固定參數				
法則	幾何參數	$\dot{m}$	W	Q	ΔT	目的
FG-1a	N，L	☆			☆	$\uparrow Q$
FG-1b	N，L	☆		☆		$\downarrow \Delta T$
FG-2a	N，L		☆		☆	$\uparrow Q$
FG-2b	N，L		☆	☆		$\downarrow \Delta T$
FG-3	N，L			☆	☆	$\downarrow W$
FN-1	N		☆	☆	☆	$\downarrow L$
FN-2	N	☆		☆	☆	$\downarrow L$
FN-3	N	☆		☆	☆	$\downarrow W$
VG-1		☆	☆	☆	☆	$\downarrow NL$
VG-2a	N，L	☆	☆		☆	$\uparrow Q$
VG-2b	N，L	☆	☆	☆		$\downarrow \Delta T$
VG-3	N，L	☆		☆	☆	$\downarrow W$

在 FG 法中，傳熱管支數 N 與管長 L 均為固定

在 VG-2與VG-3法則中，$N\times L$ 值為固定

在使用新的熱傳增強表面時，若操作條件不變，可預期所增加的壓損將會大於增加熱傳係數的優點，因此，VG-1的法則就在於此，希望維持熱傳量但並不增加壓損，於是，使用新的熱傳增強表面時，工作流體的工作速度必須下降，式7-10就說明了這點。不過仍要特別提醒讀者，式7-10不一定有解，無解代表在此一工作條件下，使用此一熱傳增強表面將無法滿足VG-1法則的要求。

例 7-2-1：一平板式(plain)鰭管式熱交換器，原工作雷諾數爲2000，若使用百葉窗式(louver)鰭片來取代，若以VG-1法則來評估其可行性，試問：(1) 百葉窗式鰭片工作的雷諾數爲何？(2)在該操作條件下，若使用百葉窗式鰭片熱交換器，則可節省多少熱交換器的面積？本例的平板與百葉窗熱交換器的排數與鰭片間距均相同。平板與百葉窗鰭片的j與f的特性如圖7-5所示，而j與f的測試資料與回歸方程式如下：

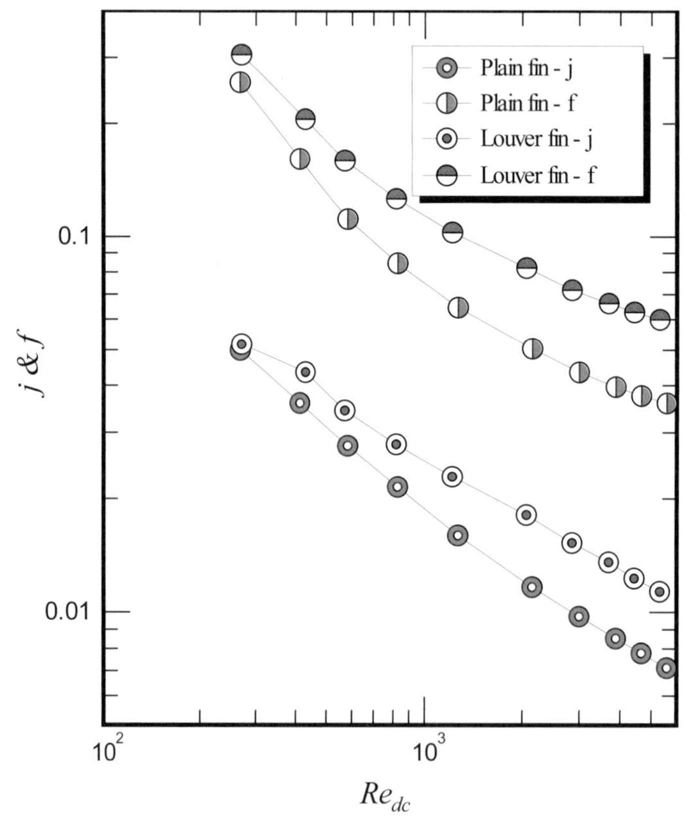

圖7-5　例 7-2-1之j、f數據圖

$$j_{louver} = 0.0084715195 + \frac{18.858621}{\mathrm{Re}_{d_c}} - \frac{1920.6343}{\mathrm{Re}_{d_c}^2}$$

$$f_{louver} = 0.050337437 + \frac{59.224153}{\mathrm{Re}_{d_c}} + \frac{2727.0893}{\mathrm{Re}_{d_c}^2}$$

$$j_{plain} = 0.00482626 + \frac{14.4216}{\mathrm{Re}_{d_c}} - \frac{627.44798}{\mathrm{Re}_{d_c}^2}$$

$$f_{plain} = 0.02961772 + \frac{38.410523}{\mathrm{Re}_{d_c}} + \frac{6174.5523}{\mathrm{Re}_{d_c}^2}$$

7-2-1 解：

由式7-10 $\frac{G}{G_{ref}} = \left(\frac{j}{j_{ref}}\frac{f_{ref}}{f}\right)^{1/2} \Rightarrow \frac{\mathrm{Re}}{\mathrm{Re}_{ref}} = \left(\frac{j}{j_{ref}}\frac{f_{ref}}{f}\right)^{1/2}$

由於 $\mathrm{Re}_{ref} = \mathrm{Re}_{plain} = 2000$；

$$j_{ref} = j_{plain} = 0.00482626 + \frac{14.4216}{\mathrm{Re}_{d_c}} - \frac{627.44798}{\mathrm{Re}_{d_c}^2}$$

$$= 0.00482626 + \frac{14.4216}{2000} - \frac{627.44798}{2000^2} = 0.0118802$$

$$f_{ref} = f_{plain} = 0.02961772 + \frac{38.410523}{\mathrm{Re}_{d_c}} + \frac{6174.5523}{\mathrm{Re}_{d_c}^2}$$

$$= 0.02961772 + \frac{38.410523}{2000} + \frac{6174.5523}{2000^2} = 0.050367$$

$$\because \frac{\mathrm{Re}}{\mathrm{Re}_{ref}} = \left(\frac{j}{j_{ref}}\frac{f_{ref}}{f}\right)^{1/2} \Rightarrow \frac{\mathrm{Re}}{2000} = \left(\frac{j}{0.0118802}\frac{0.050367}{f}\right)^{1/2}$$

要解上述方程式則需要一些疊代工作，經過一番努力後，上述方程式的解為$\mathrm{Re}_{dc} \approx 1919$。 此時的$j \approx 0.01777$而$f \approx 0.08194$。由於鰭片間距相同，所以$h \sim j$，在VG-1法則要求$h_{ref}A_{ref} = hA$

$$\Rightarrow \frac{A_{ref}}{A} = \frac{h}{h_{ref}} \approx \frac{j}{j_{ref}} = \frac{0.01777}{0.0118802} = 1.496$$

換句話說，使用百葉窗鰭片可節省約1/3(≈ 1 – 1/1.496)的面積。不過筆者必須在這裡特別提醒讀者，本計算例是在兩個假設的前提下所得，即 (1) 熱交換器的阻抗全部在空氣側；(2)假設平板與百葉窗的鰭片效率是相同的。因此讀者不可以指望換了一個百葉窗鰭片就可節省1/3的熱交換器面積。

7-2-3 FG-3法則

接下來以FG-3法則來說明另一個實用的例子，如表7-1所示，在FG-3的需求中，熱交換器的面積大小是固定的，而Q/Q_{ref}與 $\Delta T_m/\Delta T_{m,ref}$爲固定，我們使用新型熱傳增強熱交換器的目的是希望可以適度的減少運轉成本，即$W/W_{ref}<1$，這個設計在長期運轉上是很重要的。由$Q/Q_{ref}=1$， $hA/h_{ref}A_{ref}=1$與$A/A_{ref}=1$，則式7-4可簡化如下：

$$\frac{hA}{h_{ref}A_{ref}}=\frac{j}{j_{ref}}\frac{A}{A_{ref}}\frac{G}{G_{ref}}$$

$$\Rightarrow 1=\frac{j}{j_{ref}}\frac{A}{A_{ref}}\frac{G}{G_{ref}}$$

$$\Rightarrow 1=\frac{j}{j_{ref}}\frac{G}{G_{ref}}$$

$$\Rightarrow \frac{G}{G_{ref}}=\frac{j_{ref}}{j} \tag{7-11}$$

所以式7-6可簡化如下：

$$\frac{W}{W_{ref}}=\frac{f}{f_{ref}}\frac{A}{A_{ref}}\left(\frac{G}{G_{ref}}\right)^3=\frac{f}{f_{ref}}\left(\frac{G}{G_{ref}}\right)^3=\frac{f}{f_{ref}}\left(\frac{j_{ref}}{j}\right)^3 \tag{7-12}$$

例 7-2-2：同例7-2-1，平板式(plain)鰭管式熱交換器工作雷諾數爲2000，若使用百葉窗式(louver)鰭片來取代，且熱交換器大小一樣，試以FG-3法則來評估運轉動力是否可以降低？

7-2-2 解：

由式7-11，$\frac{G}{G_{ref}}=\frac{j_{ref}}{j} \quad \Rightarrow \frac{Re_{d_c}}{Re_{dc,ref}}=\frac{j_{ref}}{j}$

由於 $Re_{ref}=Re_{plain}=2000$；

同例7-2-1，

$j_{ref}=j_{plain}=0.0118802$， $f_{ref}=f_{plain}=0.050367$

$$\frac{\mathrm{Re}_{d_c}}{\mathrm{Re}_{dc,ref}}=\frac{j_{ref}}{j}$$

$$\Rightarrow\frac{\mathrm{Re}_{d_c}}{2000}=\frac{0.0118802}{0.0084715195+\dfrac{18.858621}{\mathrm{Re}_{d_c}}-\dfrac{1920.6343}{\mathrm{Re}_{d_c}^2}}$$

$$\Rightarrow\mathrm{Re}_{d_c}\approx 845$$

$$\therefore j\approx 0.0281\text{，}f\approx 0.1242$$

$$\frac{W}{W_{ref}}=\frac{f}{f_{ref}}\left(\frac{j_{ref}}{j}\right)^3=\frac{0.1242}{0.050367}\left(\frac{0.0118802}{0.0281}\right)^3=0.1864$$

此一結果告訴您使用FG-3法則設計，將可節省8成的運轉成本，不過，這個例子與例7-2-1的假設均相同；讀者在使用上仍需注意。

可以想見的，不同的法則，所導出的數學式也會不同，讀者可試著針對自己的需要去推導看看。

7-3 通用熱交換器性能評價方法 (Generalized performance evaluation criteria)

在7-2節中，我們已對PEC做了初步的說明，不過7-2節的分析式中假設熱交換器的全部阻抗均集中在一側(例如空氣側)，對氣冷式熱交換器而言，這個假設尚稱合理；不過如果氣冷式熱交換器的操作風速較高時(例如空調箱的應用中，$V_{fr}\geq 2.5$ m/s)，空氣側的阻抗可能下降到只有60%甚至更小，因此這個時候必須同時考量管內的阻抗，換句話說，PEC必須以整個熱交換器來考慮。這裡，我們先以氣冷式熱交換器來考量，設計上，應以UA來設計而非單純以hA來考慮；讀者瞭解箇中道理後，應可很容易推衍到其他的應用上。首先，我們同樣來定義參考熱交換器與改善後熱交換器的一些符號：

原參考熱交換器的空氣側的阻抗：$1/\eta_{o,ref}h_{o,ref}A_{o,ref}$
改善後熱交換器的空氣側的阻抗：$1/\eta_o h_o A_o$
管內側的阻抗：$1/h_iA_i$ (這裡先不考慮改善管內側的性能，管內側阻抗與原先參考面相同)

管壁阻抗：$1/kA_{w,m}$

其中A_o爲空氣側總面積，A_i爲管內側面積，$A_{w,m}$爲管壁平均面積，因此原參考熱交換器的總阻抗可寫成如下：

$$\frac{1}{(UA)_{ref}}=\frac{1}{\eta_{o,ref}h_{o,ref}A_{o,ref}}+\frac{1}{h_iA_i}+\frac{\Delta X}{kA_{w,m}}$$
$$=\frac{1}{\eta_{o,ref}h_{o,ref}A_{o,ref}}\left[1+\frac{\eta_{o,ref}h_{o,ref}A_{o,ref}}{h_iA_i}+\frac{\eta_{o,ref}h_{o,ref}A_{o,ref}\Delta X}{kA_{w,m}}\right] \quad (7\text{-}13)$$
$$=\frac{1}{\eta_{o,ref}h_{o,ref}A_{o,ref}}\left[1+\beta_{ref}\right]$$

其中

$$\beta_{ref}=\frac{\eta_{o,ref}h_{o,ref}A_{o,ref}}{h_iA_i}+\frac{\eta_{o,ref}h_{o,ref}A_{o,ref}\Delta X}{kA_{w,m}} \quad (7\text{-}14)$$

若我們考慮使用空氣側的熱傳增強表面：

$$\frac{1}{(UA)}=\frac{1}{\eta_oh_oA_o}+\frac{1}{h_iA_i}+\frac{\Delta X}{kA_{w,m}}=\frac{1}{\eta_oh_oA_o}\left[1+\frac{\eta_oh_oA_o}{h_iA_i}+\frac{\eta_oh_oA_o\Delta X}{kA_{w,m}}\right]$$
$$=\frac{1}{\eta_oh_oA_o}\left[1+\frac{\eta_oh_oA_o}{\eta_{o,ref}h_{o,ref}A_{o,ref}}\left(\frac{\eta_{o,ref}h_{o,ref}A_{o,ref}}{h_iA_i}+\frac{\eta_{o,ref}h_{o,ref}A_{o,ref}\Delta X}{kA_{w,m}}\right)\right]$$
$$=\frac{1}{\eta_oh_oA_o}\left[1+\frac{\eta_oh_oA_o}{\eta_{o,ref}h_{o,ref}A_{o,ref}}\beta_{ref}\right]$$

(7-15)

將式7-13除上式7-15可得到

$$\frac{UA}{(UA)_{ref}}=\frac{\eta_oh_oA_o}{\eta_{o,ref}h_{o,ref}A_{o,ref}}\left(\frac{1+\beta_{ref}}{1+\frac{\eta_oh_oA_o}{\eta_{o,ref}h_{o,ref}A_{o,ref}}\beta_{ref}}\right)$$
$$=\left(\frac{\eta_oh_o}{\eta_{o,ref}h_{o,ref}}\right)\left(\frac{A_o}{A_{o,ref}}\right)\left(\frac{1+\beta_{ref}}{1+\left(\frac{\eta_oh_o}{\eta_{o,ref}h_{o,ref}}\right)\left(\frac{A_o}{A_{o,ref}}\right)\beta_{ref}}\right) \quad (7\text{-}16)$$

在壓降部份，式7-6仍可適用：

$$\frac{W}{W_{ref}}=\frac{\left(\frac{fA}{A_c}\frac{G^2}{2\rho}\right)\left(\frac{GA_c}{\rho}\right)}{\left(\frac{f_{ref}A_{ref}}{A_{c,ref}}\frac{G_{ref}^2}{2\rho}\right)\left(\frac{G_{ref}A_{c,ref}}{\rho}\right)}=\frac{f}{f_{ref}}\frac{A}{A_{ref}}\left(\frac{G}{G_{ref}}\right)^3$$

式7-16與式7-6爲通用型PEC的適用公式 (請特別注意，在此僅考慮空氣鰭片側的增強)；以VG-1法則而言，設計的過程可簡述如下：

(1) 熱交換器的熱流特性，包括原參考熱交換器與「中意」的熱傳增強表面必須事先給定；另外，由於VG-1要求 $\frac{Q}{Q_{ref}}=\frac{W}{W_{ref}}=\frac{\Delta T_m}{\Delta T_{m,ref}}$

(2) $\therefore \frac{UA}{(UA)_{ref}}=1=\left(\frac{\eta_o h_o}{\eta_{o,ref}h_{o,ref}}\right)\left(\frac{A_o}{A_{o,ref}}\right)\left(\frac{1+\beta_{ref}}{1+\left(\frac{\eta_o h_o}{\eta_{o,ref}h_{o,ref}}\right)\left(\frac{A_o}{A_{o,ref}}\right)\beta_{ref}}\right)$

(3) $\frac{W}{W_{ref}}=1=\frac{f}{f_{ref}}\frac{A}{A_{ref}}\left(\frac{G}{G_{ref}}\right)^3$

(4) β_{ref} 爲原參考條件故可算出，即：

$$\beta_{ref}=\frac{\eta_{o,ref}h_{o,ref}A_{o,ref}}{h_i A_i}+\frac{\eta_{o,ref}h_{o,ref}A_{o,ref}}{kA_{w,m}}$$

(5) 猜新增強表面的一個合適的工作G(或 Re)值，因此 $(\eta_o h_o)/(\eta_{o,ref}h_{o,ref})$，$G/G_{ref}$，$f/f_{ref}$可一併算出，再由 $\frac{W}{W_{ref}}=1=\frac{f}{f_{ref}}\frac{A}{A_{ref}}\left(\frac{G}{G_{ref}}\right)^3$，算出 A/A_{ref}

(6) 檢查是否 $\left(\frac{\eta_o h_o}{\eta_{o,ref}h_{o,ref}}\right)\left(\frac{A_o}{A_{o,ref}}\right)\left(\frac{1+\beta_{ref}}{1+\left(\frac{\eta_o h_o}{\eta_{o,ref}h_{o,ref}}\right)\left(\frac{A_o}{A_{o,ref}}\right)\beta_{ref}}\right)=1$，若是，代表猜測的$G$值正確；若否，則需重複5~6步驟。請特別注意這個過程未必有解，若無法取得解答，則代表VG-1法則無法滿足此一熱傳增強表面的選擇。

例 7-3-1：同例7-2-1，平板式(plain)鰭管式熱交換器，原工作雷諾數爲5000，若使用百葉窗式鰭片來取代，以VG-1法則來評估其可行性，試問：(1) 百葉窗式鰭片工作的雷諾數爲何？(2)在該操作條件下，若使用百葉窗式鰭片熱交換器，則可節省多少熱交換器的面積？本例的平板與百葉窗熱交換器的排數與鰭片間距均相同，而管內熱傳係數$h_i \approx 4000$ W/m^2·K，$A_{o,ref}/A_i \approx 12.7$。平板與百葉窗鰭片的$j$與$f$的特性如圖7-5所示而$j$與$f$的方程式與例7-2-1同，$\eta_o h_o$的測試資料見圖7-6，相關的熱流方程式經回歸後如下：

$$\eta_{o,louver} h_{o,louver} = 2.3948796 + 3.4730182\,\mathrm{Re}_{d_c}^{0.43766997}$$

$$\eta_{o,plain} h_{o,plain} = 31.64771 + 0.046902626\,\mathrm{Re}_{d_c}^{0.86292333}$$

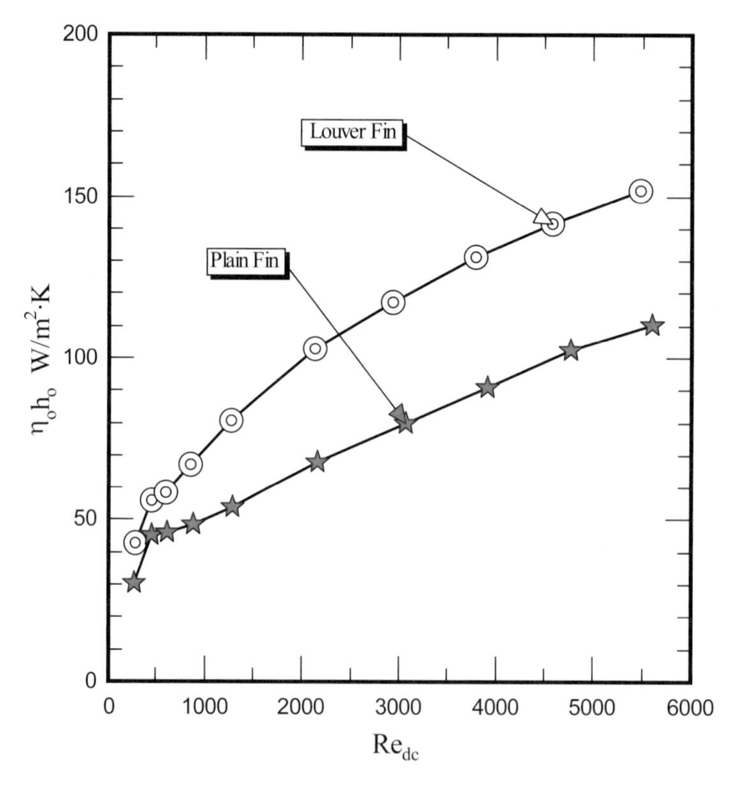

圖7-6　例7-3-1中百葉窗與平板鰭片之$\eta_o h_o$與雷諾數的關係圖

7-3-1 解：

β_{ref}爲原參考條件故可算出，並假設管壁阻抗甚小可忽略，即：

$$\beta_{ref} = \frac{\eta_{o,ref} h_{o,ref} A_{o,ref}}{h_i A_i} + \frac{\eta_{o,ref} h_{o,ref} A_{o,ref}}{k A_m} \approx \frac{\eta_{o,ref} h_{o,ref} A_{o,ref}}{h_i A_i} + \frac{\eta_{o,ref} h_{o,ref}}{h_i} \frac{A_{o,ref}}{A_i}$$

$$= \frac{31.64771 + 0.046902626 \times 5000^{0.86292333}}{4000} \times 12.7 = \frac{104.61}{4000} \times 12.7 = 0.3321$$

接下來，猜新增強表面的一個合適的工作Re_{dc}值，再進行疊代，例如

$\mathrm{Re}_{dc} = 4500$

$\Rightarrow (\eta_o h_o)/(\eta_{o,ref} h_{o,ref}) = 1.3412$

$G/G_{ref} = 0.9$

$f/f_{ref} = 1.694$

由 $\frac{W}{W_{ref}} = 1 = \frac{f}{f_{ref}} \frac{A}{A_{ref}} \left(\frac{G}{G_{ref}} \right)^3$，可算出 $A/A_{ref} = 0.8094$，再檢查

$$\left(\frac{\eta_o h_o}{\eta_{o,ref} h_{o,ref}} \right) \left(\frac{A_o}{A_{o,ref}} \right) \left(\frac{1 + \beta_{ref}}{1 + \left(\frac{\eta_o h_o}{\eta_{o,ref} h_{o,ref}} \right) \left(\frac{A_o}{A_{o,ref}} \right) \beta_{ref}} \right)$$

$$= 1.3412 \times 0.8094 \times \left(\frac{1 + 0.3321}{1 + 1.3412 \times 0.8094 \times 0.3321} \right)$$

$$= 1.063 \neq 1$$

如此幾次進行疊代，可得到最後結果如下：

$\mathrm{Re}_{dc} = 4659$

$A_o/A_{ref} = 0.7346$

換句話說，在此操作條件下約可減少26.54%的面積

上述例子只是針對VG-1法則，讀者可針對自己的需要去推導有關的通用型PEC方程式。

7-4 其他常見的熱交換器評價方法

筆者前面介紹的方法是以 Webb (1994) 的方法爲主，這是因爲這個方法非常直接，讀者可以從評價的過程中取得確切的數字，除了這個方法外，熱交換器性能的評價方法相當的多，這些方法可大致歸納如下：

(1) 直接評價j與f，作爲判別。

(2) 評價熱傳量與推動流體所需的動力的相互關聯，作爲評價基礎。

(3) 與一參考表面或熱傳管做相對性的評價(如前面介紹的Webb的方法)。

(4) 其他評價方法(例如Cowell, 1990的方法)。

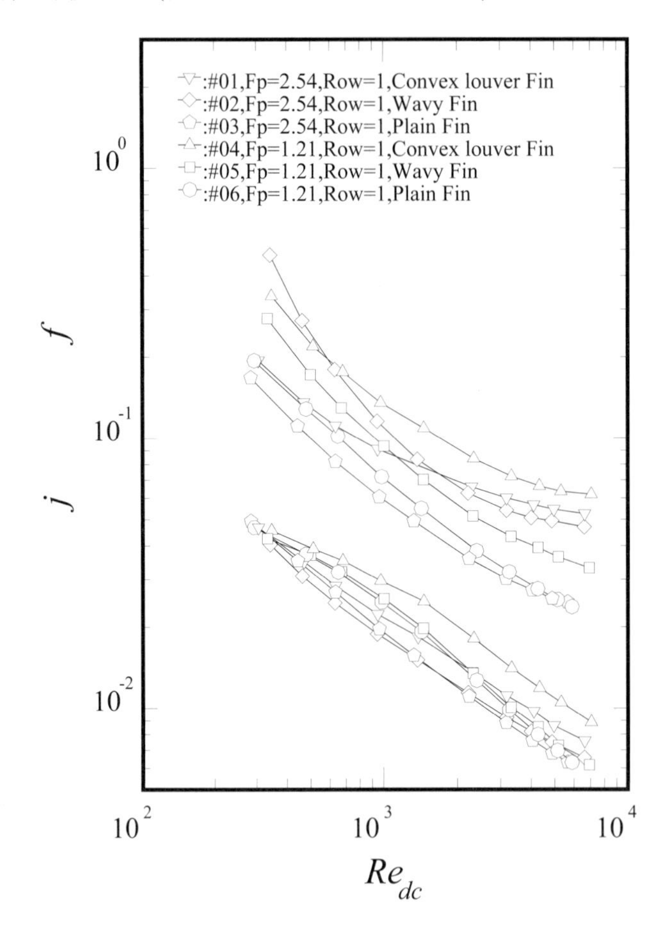

圖7-7 複合式百葉窗片(convex-louver)、波浪鰭片(wavy)與平板型鰭片(plain)的性能直接評價

不過，筆者必須在這裡特別聲明，沒有一個方法堪稱完美，因此在應用上也就見仁見智；下面我們就以一個例子來說明。在這個例子中，我們的目的在評價複合式百葉窗片(convex-louver)、波浪鰭片(wavy)與平板型鰭片(plain)的性能；P_t、P_l與排數均相同，而每種鰭片都有兩個鰭距，分別是1.21 與2.54 mm。首先，我們先直接比較j與f，圖7-7可看出直接比較j與f的結果，顯示複合式百葉窗鰭片的熱傳性能最好但摩擦係數也最高，因此這個比較結果並不能幫助設計者做更進一步判讀。

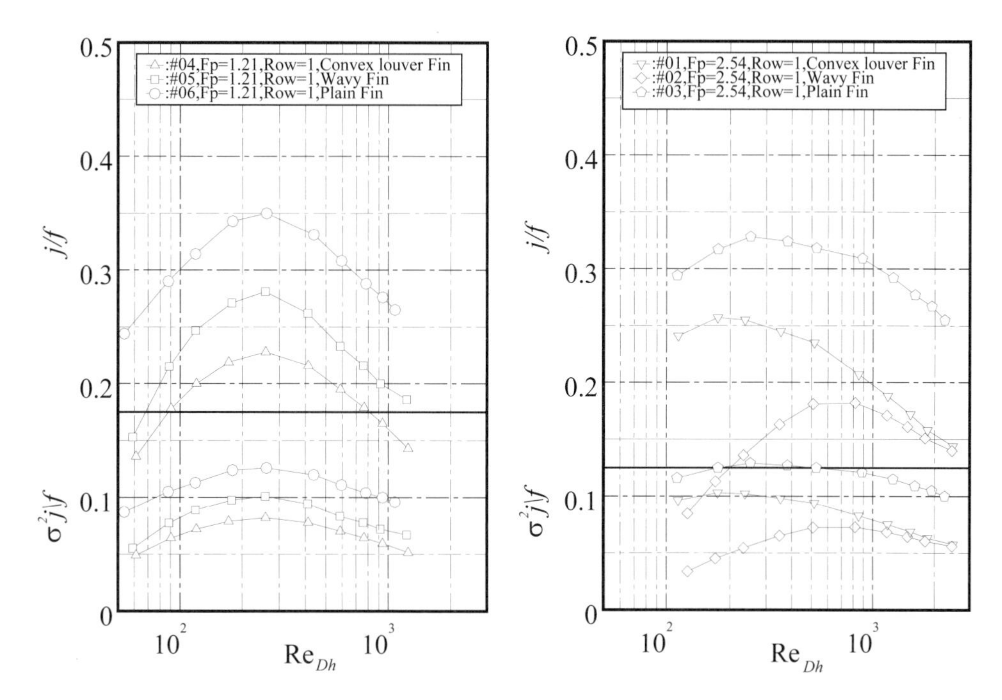

圖7-8　複合式百葉窗片(convex-louver)、波浪鰭片(wavy)與平板型鰭片(plain)以*j/f*性能指標來評價

接下來我們以許多人常用的指標*j/f*來評價熱交換器(常稱之爲area goodness method)，如圖7-8所示，在F_p = 1.21 mm時， 複合式百葉窗片鰭片的 *j/f* 比值最低，也就是說「性能最差」，而平板式熱交換器不管是F_p = 1.21 mm 或是F_p = 2.54 mm，*j/f*的值都最大；此時如果用這個基準來判別，複合式百葉窗就沒有使用的必要！而平板型鰭片的性能反而是最好？相信這個結果會讓許多人感到困惑，讀者應可以理解熱傳性能較好的鰭片，一般而言伴隨的壓降也會較大，而且通常壓降增加的幅度，都會大於熱傳增加的幅度，所以用*j/f*或是$h/\Delta P$來判別熱交換器設計的好壞，常常會出現性能較優的鰭片反而有較低的*j/f*或是$h/\Delta P$，因此Cowell (1990)認爲應該使用($\sigma^2 j/f$)比較正確，其中σ 爲熱交換器的收縮比(A_c/A_{fr})；可是即使如此，圖7-7中的評價結果依然相同，這個評價結果，相信讀者都會有這樣的問號，「爲什麼要用熱傳增強鰭片呢？平板鰭片不是最好嗎？」。正因此，合理的評價方法更顯得重要！這個評價例子的結果可說是誤導設計者，值得讀者三思。

除了上述*j/f*評價方法外，另外一種常用的評價方法爲「體積優先」評價法(volume goodness factor comparison, Kays and London ,1950)，採用的評價參數爲：

$$\eta_o h_{std}\beta = \frac{c_p\mu}{\Pr^{2/3}}\eta_o \frac{4\sigma}{D_h^2} j\,\mathrm{Re} \tag{7-17}$$

$$E_{std}\beta = \frac{\mu^3}{2g_c\rho^2}\frac{4\sigma}{D_h^4} f\,\mathrm{Re}^3 \tag{7-18}$$

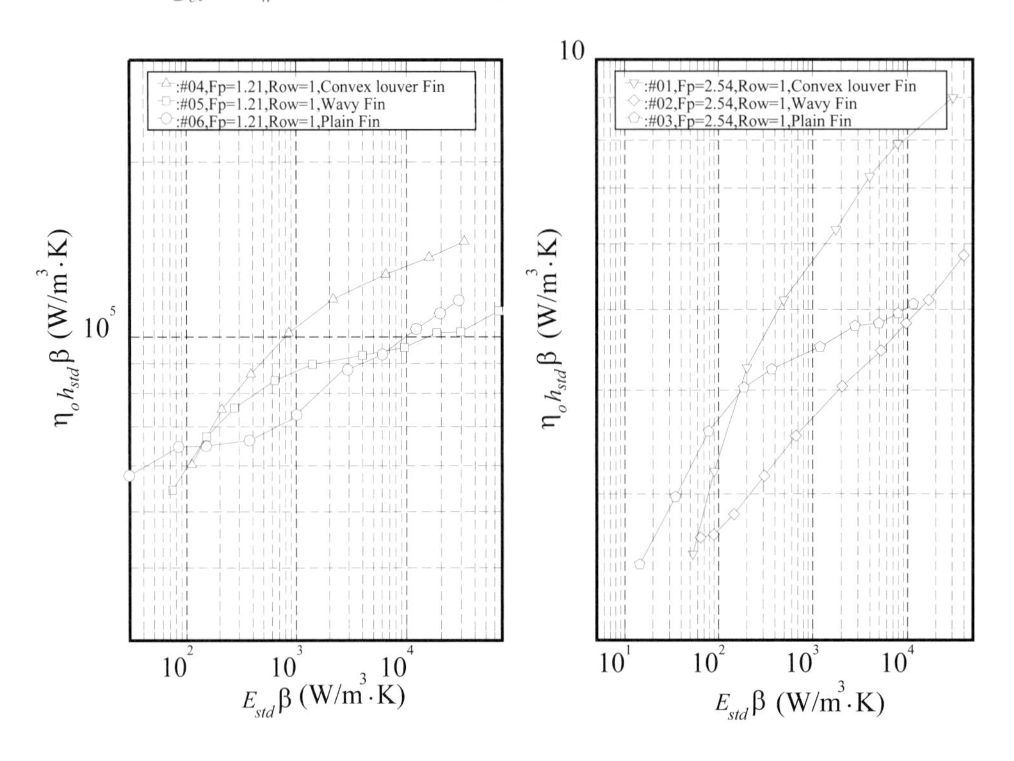

圖7-9 複合式百葉窗片(convex-louver)、波浪鰭片(wavy)與平板型鰭片(plain) 單位體積、溫差下的熱傳能力與單位體積的摩擦消耗的關係圖

其中$\eta_o h_{std}\beta$代表單位體積、溫差下的熱傳能力(heat transfer power per unit temperature difference and per unit core volume)；$E_{std}\beta$代表單位體積的摩擦消耗(friction power expenditure per unit core volume)，下標「std」代表一標準評價狀態，本例以1大氣壓35°C當作基準狀態，所以若以$\eta_o h_{std}\beta$對$E_{std}\beta$來作圖，性能比較好的熱交換器就會在圖的上方，圖7-9比較結果就顯示當F_p =1.21 mm且$E_{std}\beta$=1000時，複合式百葉窗鰭片的性能較波浪鰭片高12%，而大約比平板式鰭片高30%，同樣的當鰭片間距較大時，F_p = 2.5 mm且$E_{std}\beta$=1000時，複合式百葉窗鰭片的性能較波浪與平板鰭片分別高33%與50%，這個結果暗示熱傳增強鰭片，在較大的鰭片間距時有較好的效果；不過，讀者仍要特別注意，當$E_{std}\beta$ < 100時，平板鰭片可能是比較合理的選擇。可以看出，這個評價結果與圖7-8完全不

同。

若我們以Webb (1994)的VG-1法則來評價，以平板鰭片當基準，則評價結果可見於圖7-10，由圖中可看出當$Re_{dc,ref}$ < 1000時，複合百葉窗鰭片與波浪鰭片均無法達到VG-1的預期(無法縮小熱交換器面積)，不過在高速操作下($Re_{dc,ref}$ = 4000)，複合百葉窗鰭片與波浪鰭片大約可節省30%的面積，這個結果與 volume goodness 的評價結果類似。

除了上述一些常用的方法外，Cowell (1990)並提出一套相當完整的評價方法，他的評價方法可以從各個層面來評價熱交換器，包括相對的水力直徑、正向面積、熱交換器體積、流體驅動力、熱交換器的*NTU*等等，不過這個方法比較抽象與複雜，筆者並不打算在此深入介紹，有興趣的讀者可參考Cowell (1990)的文章與Chang et al. (1995)與Wang et al. (1998)的應用文章。

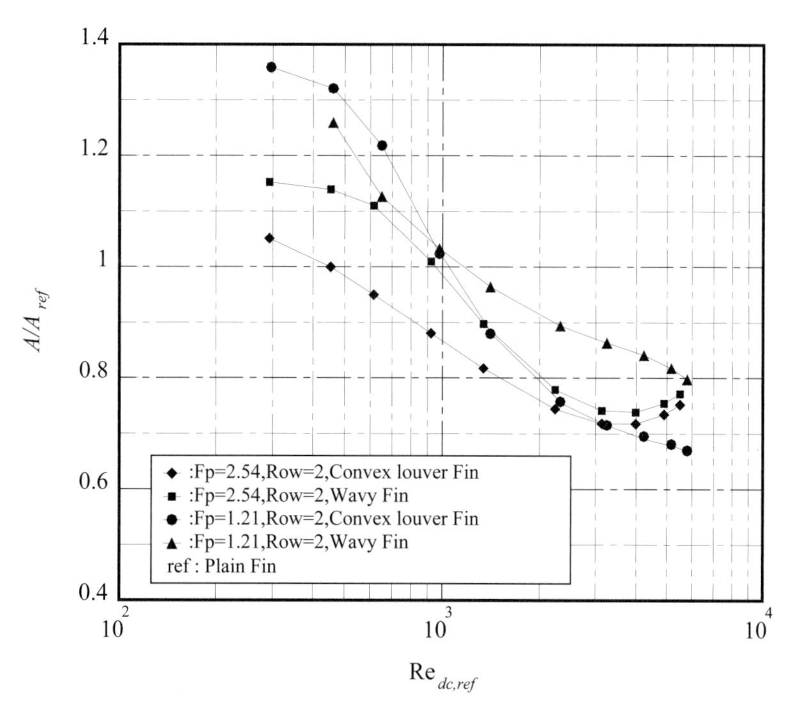

圖7-10　複合式百葉窗片(convex-louver)、波浪鰭片(wavy)與平板型鰭片(plain)以 VG-1法則的性能評價

7-5 結語

熱交換器性能的評價方法相當多，本章節主要是以 Webb教授的PEC法爲主

軸，讀者可針對使用上的設計需求使用合理的評價方法，而取得定量的數據，對工程師而言，個人極力推崇使用這種方法，過去廣為人用的*j*/*f*或$h/\Delta P$法，建議少用以免誤導。

主要參考資料

Bergles, A.E., Blumenkrantz, A.R., Taborek, J., 1974. Performance evaluation criteria for enhanced heat transfer surfaces. *Proc. of the 4th Int. Heat Transfer Conf.*, 2:239-243.

Chang, Y.J., Wang, C.C., Shyu, R.J., Hu, Y.Z. Robert, 1995. Performance comparison between automotive flat tube condenser and round tube condenser. *Proceedings of the 4th ASME/JSME Thermal Engineering Joint Conference*, 4:331-336.

Cowell, T.A., 1990. A general method for the comparison of compact heat transfer surfaces. *ASME J. of Heat Transfer*, 112:288-294.

Kays, W.M., London, A.L., 1950, *Trans. ASME*, 72:1087-1097.

Shah, R.K., 1978, Compact heat exchanger surface selection methods. Proc. 6th Int. Heat Transfer Conf., Toronto, 4:193-199.

Wang, C.C., Hsieh, Y.C., Chang, Y.J., Lin, Y.T., 1996a. Sensible heat and friction characteristics of plate fin-and-tube heat exchangers having plane fins. *Int. J. of Refrigeration*, 19(4):223-230.

Wang, C.C., Hu, Y.Z. Robert, Tsai, Y.M., 1998. A comparison study between convex-louver, wavy, and plain fin-and-tube heat exchangers. *Proceedings of the 11th Int. Heat Transfer Conf.*, 6:161-166

Webb, R. L., 1994. *Principles of Enhanced Heat Transfer*, Chap. 3, John Wiley & Sons, Inc.

Chapter

Tube-in-Tube Heat Exchanger

8-0 前言

在前述的章節中，熱交換器的型式多爲氣冷式熱交換器，氣冷式熱交換器的一個特色就是藉由大量的鰭片面積來提升熱傳性能，因此熱交換器會比較大，在接下來的章節中，將會陸續探討「非氣冷式的熱交換器」，包括套管式熱交換器殼管式熱交換器及板式熱交換器等，首先我們先將套管式熱交換器當作這一系列熱交換器介紹的開頭。本章節內容主要是參考 Hewitt et al. (1994)，Kakaç and Liu (2002)與 HEDH (2002)等書。

8-1 套管式熱交換器的分類與優點

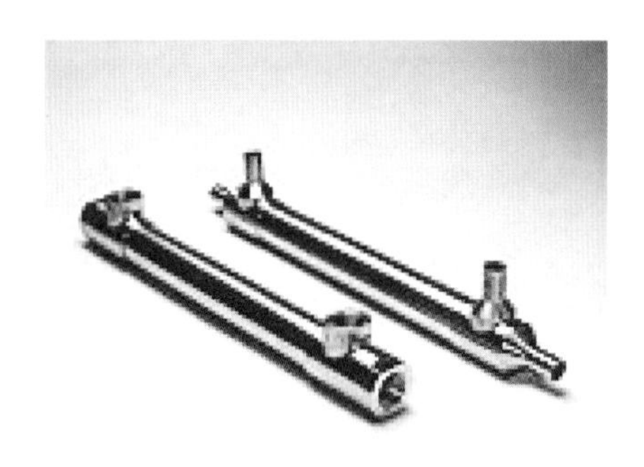

圖8-1 直管式套管型熱交換器 (Courtesy of Exergy Inc.)

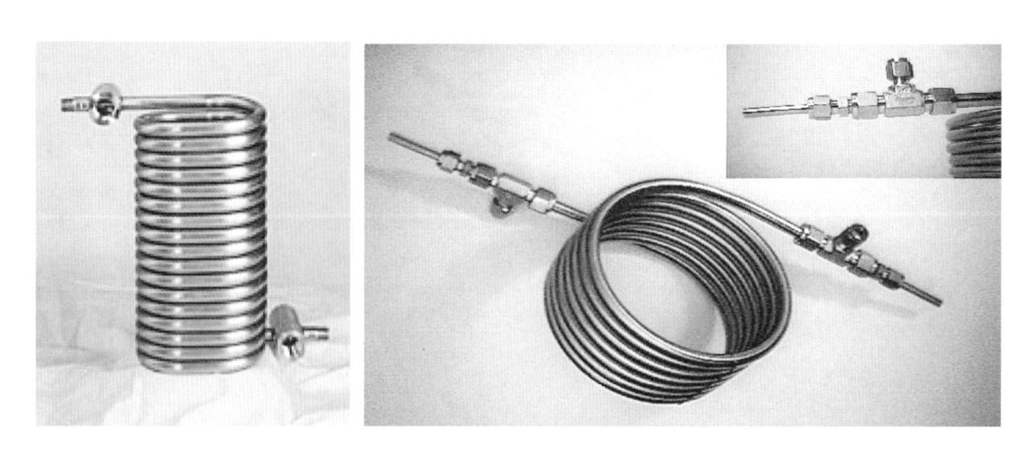

圖8-2 彎管式雙套管型熱交換器 (Courtesy of Exergy Inc.)

8-1-1 套管式熱交換器的分類

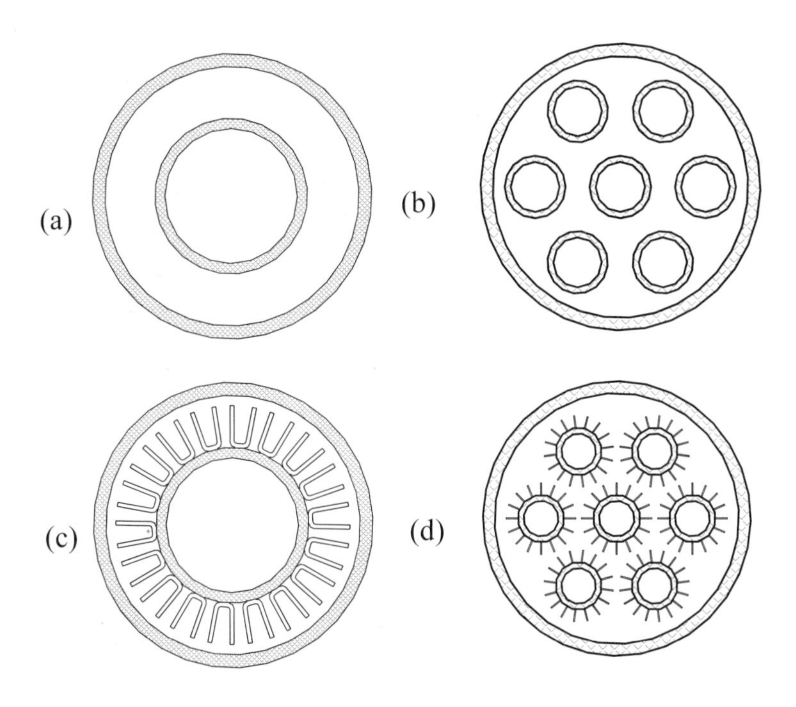

圖8-3 套管型熱交換器橫切面示意圖

圖8-4 套管型熱交換器常用之鰭管型式 (Courtesy of Brown Fintube Inc.)

套管式熱交換器可分爲三類，第一類如圖8-1所示的爲雙套管式，爲了節省空間，這種型式通常以彎管型式出現(見圖8-2)；套管式熱交換器中最常見的是雙重管型(圖8-3(a))，爲了有效降低熱阻，有時候會使用鰭管型的套管式熱交換器(圖8-3(c))，鰭管的形狀有很大的變化，例如圖8-4與圖8-5，圖8-5型式的鰭管常應用於油冷卻器，由於油的黏滯性甚大，因此相較之下的工作雷諾數也會較低，換句話說，就是熱傳係數較差；為了有效提升熱傳性能，所以採用大量的鰭片面積來增加流體的混和程度與熱傳面積。

圖8-5 油冷卻器用之鰭管 (Courtesy of Young Industry)

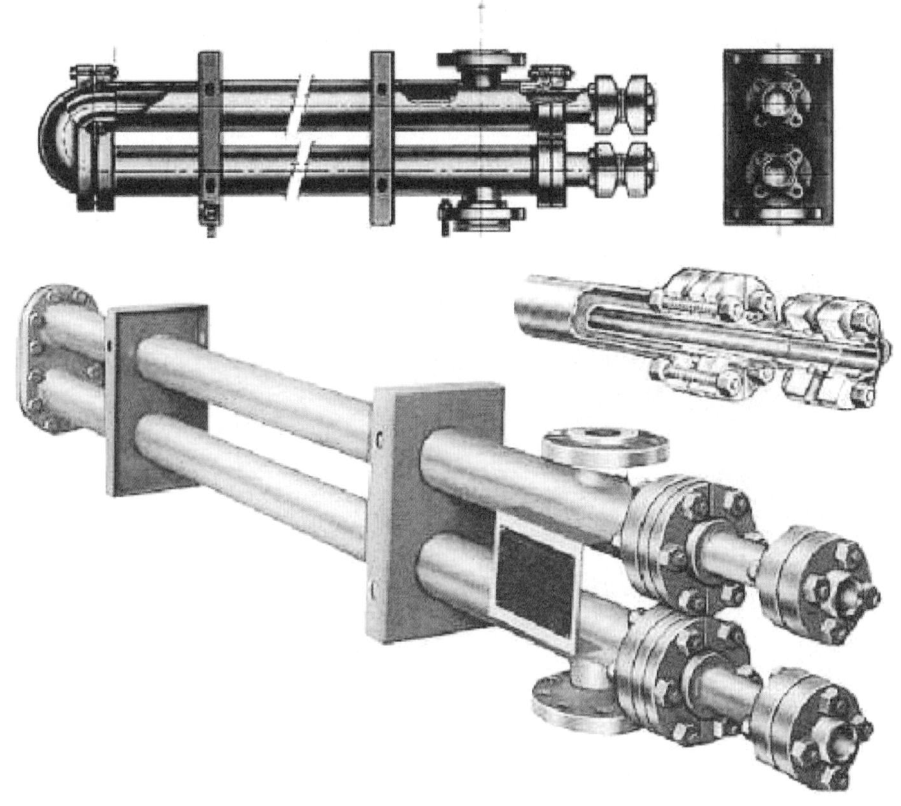

圖8-6 彎管式套管式熱交換器 (Courtesy of Brown Fintube Inc.)

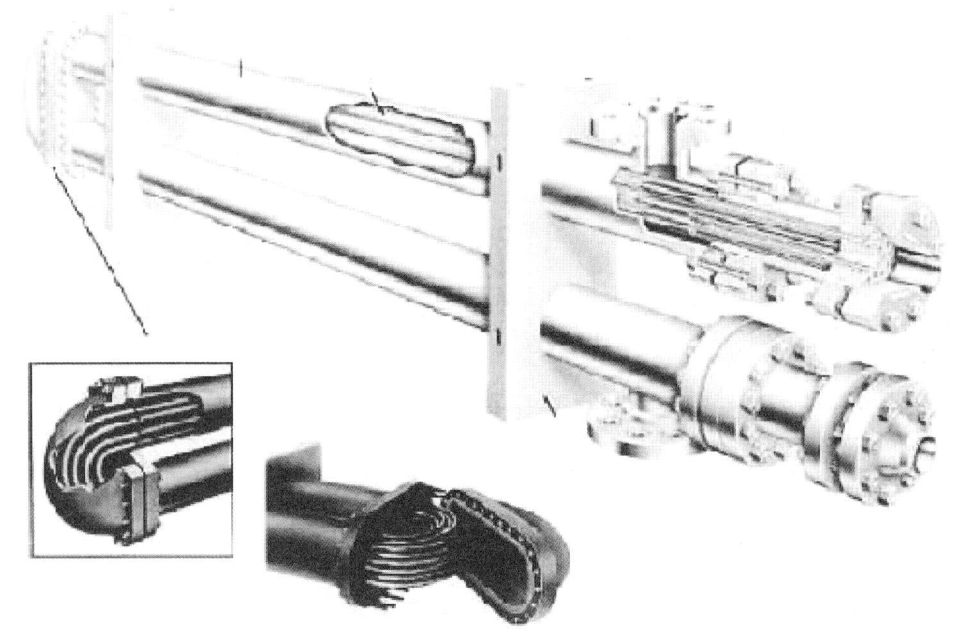

圖8-7 多管式套管式熱交換器 (Courtesy of Brown Fintube Inc.)

第二類爲如圖8-6所示的U型管雙重管熱交換器；通常在多管式套管式熱交換器的進出口會使用split ring與flanges，讓管子容易拆卸。第三類爲如圖8-7所示的多管式套管式熱交換器，多管式套管式熱交換器的構造與殼管式熱交換器(shell and tube heat exchanger)有若干神似之處，有關殼管式熱交換器的介紹將會在後續章節中進一步說明。

8-1-2 套管式熱交換器的優缺點

套管式熱交換器的優點如下：

(a) 製造容易。

(b) 易於保養維護與結垢的清理。

(c) 可容易安排成逆向流動型式。

(d) 可使用如圖8-4與圖8-5型式的鰭管。

(e) 可運用於高壓系統的相關應用。

(f) 可以模組化；如圖8-8(a)示，原系統爲四個並、串接的熱交換器所組成，如果要擴充50%的能力，可將系統並、串六個如圖8-8(b)所示的熱交換器系統模組；同樣的，如果要降低50%的負載，可將系統並、串接成兩個如圖8-8(c)所示的熱交換器系統模組。

套管式熱交換器的缺點為(1) 較為笨重；(2)造價較高。

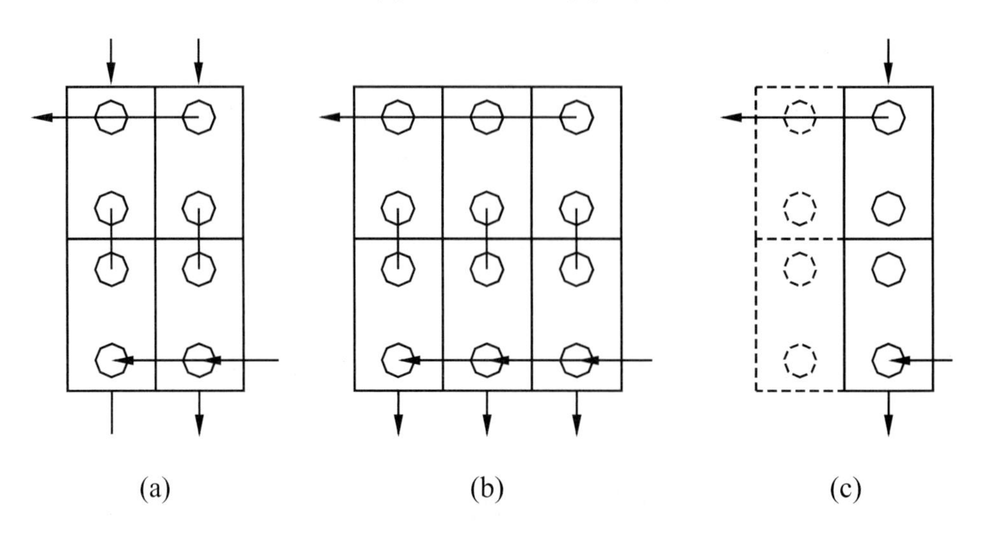

圖8-8 套管式熱交換器之模組化安排

8-2 套管式熱交換器熱流性能計算分析

在熱流分析上，套管式熱交換器可分成下列四種，其分析方法略有差異，我們將以實例計算來說明其熱流的設計流程。

(1) 雙套管式熱交換器，包括以彎管銜接(hairpin)的型式。
(2) 鰭管型雙套管式熱交換器。
(3) 多管式套管式熱交換器。
(4) 串接型套管式熱交換器。

基本上，熱流分析的方法與前述章節並沒有不同，套管式熱交換器最大的困難點在於如何精確地估算環側的熱傳性能。管內側熱傳性能的估算，如果是單相流體，則可由第一章所提的Dittus-Boelter 方程式($Nu = 0.023\ \mathrm{Re}^{0.8}\mathrm{Pr}^{0.4}\phi$)，或是用 $Nu = \dfrac{\left(f/2\right)(\mathrm{Re}-1000)\mathrm{Pr}}{1.07+12.7\sqrt{f/2}\left(\mathrm{Pr}^{2/3}-1\right)}\phi,\ f=\left(1.58\ln\mathrm{Re}-3.28\right)^{-2}$ 的Gnielinski半經驗式；其中ϕ 為流體加熱或冷卻時的修正係數(詳見第一章說明)，可寫成如下：

$$\phi_{液體} = \left(\frac{\mu_b}{\mu_w}\right)^{0.14}, \phi_{氣體} = \left(\frac{T_b}{T_w}\right)^n, \begin{cases} n = 0, \text{冷卻} \\ n = 0.45, \text{加熱} \end{cases} \tag{8-1}$$

在環側熱傳性能的估算部份，則依然可以使用Dittus-Boelter或是Gnielinski半經驗式，不過要將環側的有效直徑換成水力直徑，有關水力直徑應用於套管式熱交換器的熱流設計，仍然有一些爭議，如果以D_h = 4×截面面積/濕潤周界的定義，則可得到$D_h = (D_i - d_o)$的結果(請參考第一章)，不過有些研究者認爲外管周界上並無實質上的熱傳貢獻，因此熱傳的$D_{h,e} = 4 \times A_c/(\pi d_o) = (D_i^2 - d_o^2)/d_o$。這兩種算法何者較適合並無定論，例如Taborek (1998)與 Hewitt et al. (1994)都是使用標準的水力直徑於熱傳與壓降的計算，不過 Kakaç 與 Liu (1998) 與 Kern (1950)則將$D_{h,e}$當作Nu的特徵長度(請特別留意：Re的特徵長度仍使用D_h)，筆者對這點沒有特別的看法，不過在使用上，仍以$D_h = (D_i - d_o)$較多；這裡要特別提醒讀者，環側部份若使用Dittus-Boelter方程式或是Gnielinski半經驗式時，其雷諾數要大於8000(HEDH, 2002)，如果雷諾數甚小，例如使用油冷卻器時，環側的雷諾數可能低到數百，Taborek (1998)建議當Re < 2000時，可使用如下的方程式：

$$Nu = 3.66 + 1.2\left(\frac{D_i}{d_o}\right)^{-0.8} + \left(1 + 0.14\left(\frac{D_i}{d_o}\right)^{-0.5}\right)\frac{0.19\left(\mathrm{Re}\,\mathrm{Pr}\frac{D_h}{L}\right)^{0.8}}{1.07 + 0.117\left(\mathrm{Re}\,\mathrm{Pr}\frac{D_h}{L}\right)^{0.467}}\phi \tag{8-2}$$

其中ϕ的定義如式8-1，請特別注意這些特性參數Nu或Re均使用水力直徑當特徵長度。如果是在過渡區(8000 > Re > 2000)，Taborek (1998)建議使用如下的方程式：

$$Nu_{tr} = Nu_{laminar,\mathrm{Re}=2000} + \left(1.33 - \left(\frac{\mathrm{Re}}{6000}\right)\right)Nu_{turbulent,\mathrm{Re}=8000} \tag{8-3}$$

其中 $Nu_{laminar,\mathrm{Re}=2000}$爲使用Re = 2000到式8-2，而$Nu_{turbulent,\mathrm{Re}=8000}$則使用Re =8000到Dittus-Boelter或是Gnielinski半經驗式中，除非熱交換器的溫度變化很大，一般而言流體性質校正係數ϕ都在1上下，因此，在本章節的計算例都是以 ϕ = 1來簡化。

8-2-1 雙套管式熱交換器阻抗之推演

雙套管式熱交換器的幾個重要參數可說明如下：

$T_{h,i}$ 熱側流體進口溫度

$T_{h,o}$ 熱側流體出口溫度

$T_{c,i}$ 冷側流體進口溫度

$T_{c,o}$ 冷側流體出口溫度

D_i 環側的管內徑

d_i 管側的管內徑

d_o 管側的管外徑

L 熱傳管的長度

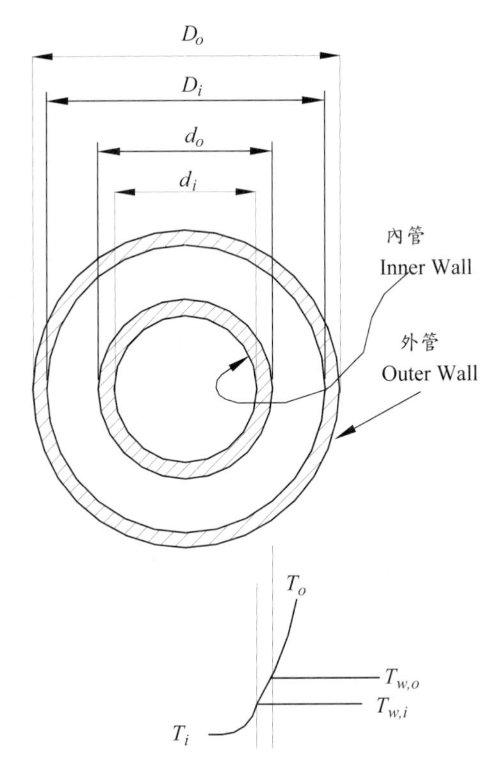

圖8-9 雙套管溫度變化示意圖

首先，我們假設管內側與環側及總熱傳係數均爲定值，再導出其間的關係式，考慮如圖8-9所示的雙套管，在穩定狀態下，管內的熱傳量要等於管壁與環側的熱傳量，所以：

$$Q = Q_i = Q_o = Q\big|_r \tag{8-4}$$

管壁阻抗R_w可由圓柱座標計算，考慮一維的熱傳導方程式：

$$\frac{d^2T}{dr^2}+\frac{1}{r}\frac{dT}{dr}=0 \tag{8-5}$$

邊界條件如下：

$T = T_{w,i}$ 當 $r = d_i/2$

$T = T_{w,o}$ 當 $r = d_o/2$

藉由簡易的積分可得

$$T=\frac{T_{w,i}-T_{w,o}}{\ln\frac{d_o}{d_i}}\ln r+\left[T_{w,i}-\frac{T_{w,i}-T_{w,o}}{\ln\frac{d_o}{d_i}}\ln\frac{d_i}{2}\right] \tag{8-6}$$

而

$$Q\big|_r=-k_wA_r\frac{dT}{dr}\bigg|_r=-2\pi k_wrL\frac{T_{w,i}-T_{w,o}}{\ln\frac{d_o}{d_i}}\frac{1}{r}=2\pi k_wL\frac{T_{w,o}-T_{w,i}}{\ln\frac{d_o}{d_i}} \tag{8-7}$$

又 $Q=Q_i=Q_o=Q\big|_r$

$$\therefore Q=UA_o(T_i-T_o)=h_iA_i(T_i-T_{w,i})=h_oA_o(T_{w,o}-T_o)=\frac{2\pi k_wL(T_{w,o}-T_{w,i})}{\ln\frac{d_o}{d_i}} \tag{8-8}$$

$$\Rightarrow\begin{cases}\frac{Q}{UA}=\left(T_i-T_o\right)\\ \frac{Q}{h_iA_i}=(T_i-T_{w,i})\\ \frac{Q}{h_oA_o}=(T_{w,o.}-T_o)\\ \frac{Q\ln\frac{d_o}{d_i}}{2\pi k_wL}=\left(T_{w,i}-T_{w,o}\right)\end{cases} \tag{8-9}$$

$$\Rightarrow\frac{Q}{UA}=(T_i-T_o)=\frac{Q}{h_iA_i}+\frac{Q}{h_oA_o}+\frac{Q\ln\frac{d_o}{d_i}}{2\pi k_wL}$$

$$\Rightarrow\frac{1}{UA}=\frac{1}{h_iA_i}+\frac{1}{h_oA_o}+\frac{\ln\frac{d_o}{d_i}}{2\pi k_wL} \tag{8-10}$$

式8-10爲雙套管式熱交換器的阻抗計算方程式，如果使用如圖8-4或8-5的鰭管時，阻抗方程式必須增加鰭片效率來修正(見第三、五、六章的說明)，即：

$$\frac{1}{UA}=\frac{1}{\eta_i h_i A_i}+\frac{1}{\eta_o h_o A_o}+\frac{\ln\frac{d_o}{d_i}}{2\pi k_w L} \tag{8-11}$$

$$\therefore\frac{1}{U}=\frac{A}{\eta_i h_i A_i}+\frac{A}{\eta_o h_o A_o}+\frac{A\ln\frac{d_o}{d_i}}{2\pi k_w L} \tag{8-12}$$

一般而言，參考面積A爲內管之外側面積 $= A_o = \pi\times d_o\times L$，又 $A_i = \pi\times d_i\times L$；

$$\therefore\frac{1}{U}=\frac{1}{\eta_i h_i}\frac{d_o}{d_i}+\frac{1}{\eta_o h_o}+\frac{d_o\ln\frac{d_o}{d_i}}{2k_w} \tag{8-13}$$

這裡要提醒讀者，式8-13並不包含熱交換器長期使用後的積垢效應(fouling)，有關積垢的影響，將會在後續章節中交代。

8-2-2 雙套管式熱交換器實例演算

例 8-2-1：一水冷式雙套管式熱交換器用於引擎之冷卻，引擎油與水的性質如下：

T(K)	ρ_{oil} (kg/m^3)	c_{oil} (kJ/kg·K)	μ_{oil} (Pa·s)	k_{oil} (W/m·K)	Pr_{oil}
370	841.8	2.20	0.019	0.136	305
360	848.2	2.16	0.025	0.137	395
350	854.0	2.12	0.036	0.138	550
340	859.8	2.08	0.053	0.139	795

T (K)	ρ_{water} (kg/m^3)	$c_{p,water}$ (kJ/kg·K)	μ_{water} (Pa·s)	k_{water} (W/m·K)	Pr_{water}
303	995.6	4.182	0.000798	0.603	5.4
313	992.2	4.179	0.000654	0.618	4.33
323	988.0	4.181	0.000548	0.631	3.56
333	983.3	4.185	0.000467	0.643	2.99

熱交換器的幾何尺寸如圖8-10 所示：

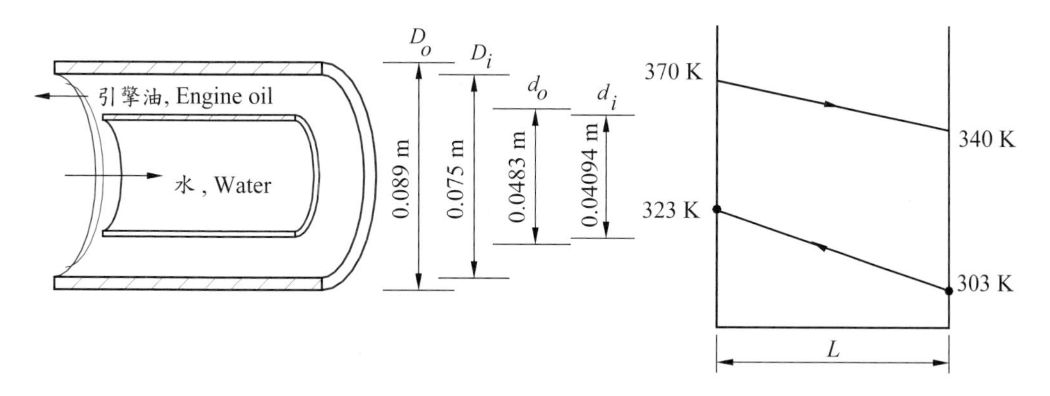

圖8-10 例8-2-1說明圖

冷卻水與引擎油的進口條件如下：

$$\dot{m}_{oil} = 1\,\text{kg/s}, T_{oil,\,in} = 370\,\text{K},\ T_{oil,\,out} = 340\,\text{K}$$

$$\dot{m}_{water} = 0.767\,\text{kg/s}, T_{water,in} = 303\,\text{K}$$

雙套管材質爲Carbon Steel (C ≈ 0.5%， $k_w \approx 53$ W/m·K)

試問本雙套管熱交換器的總長度要多少才夠？

8-2-1 解：

油的平均比熱 = $(c_{p,oil,in} + c_{p,oil,out})/2 = (2200 + 2080)/2 = 2140$ J/kg·K

總熱傳量

$$Q = \dot{m}_{oil} c_{p,oil} \left(T_{h,in} - T_{h,out}\right) = 1 \times 2140 \times (370 - 340) = 64200\ \text{W}$$

∴水側的出口溫度爲

$$T_{c,out} = T_{c,in} + \frac{Q}{\dot{m}_{water} c_{p,water}} = 303 + \frac{64200}{0.767 \times 4180} = 323.03\ \text{K}$$

管內的截面積 $A_{c,i} = \frac{\pi}{4} d_i^2 = \frac{\pi}{4}(0.04094)^2 = 0.001316\ \text{m}^2$

$$\therefore G_{water} = \dot{m}_{water} / A_{c,i} = 0.767 / 0.001316 = 582.7\ \text{kg/m}^2 \cdot \text{s}$$

∴雷諾數爲

$$\text{Re}_i = \frac{G_{water} \times d_i}{\mu_{water}} = \frac{582.7 \times 0.04094}{0.000654} = 36474 > 2300 \Rightarrow \text{紊流流動!}$$

由Gnielinski方程式(表1-8)

$$f_i = \left(1.58 \ln \text{Re}_b - 3.28\right)^{-2} = 0.00564$$

$$Nu_i = \frac{\left(\frac{f}{2}\right)(\mathrm{Re}_i - 1000)\mathrm{Pr}_i}{1.07 + 12.7\sqrt{\frac{f}{2}}\left(\mathrm{Pr}_i^{2/3} - 1\right)} = \frac{\left(\frac{0.00564}{2}\right)(36474 - 1000) \times 4.33}{1.07 + 12.7\sqrt{\frac{0.00564}{2}}\left(4.33^{2/3} - 1\right)} = 198$$

$$h_i = \frac{k_i \times Nu_i}{d_i} = \frac{0.618 \times 198}{0.04094} = 2988.9\ \mathrm{W/m^2 \cdot K}$$

環側的截面積

$$A_{c,a} = \frac{\pi}{4}\left(D_i^2 - d_o^2\right) = \frac{\pi}{4}(0.075^2 - 0.0483)^2 = 0.002586\ \mathrm{m^2}$$

環側的水力直徑

$$D_{h,o} = D_i - d_o = 0.075 - 0.0483 = 0.0267\ \mathrm{m}$$

$$\therefore G_{oil} = \dot{m}_{oil} / A_{c,a} = 1/0.002586 = 386.8\ \mathrm{kg/m^2 \cdot s}$$

∴雷諾數爲

$$\mathrm{Re}_o = \frac{G_{oil} \times D_{h,o}}{\mu_{oil}} = \frac{386.8 \times 0.0267}{0.030233} = 341.6 < 2000 \Rightarrow \text{層流流動!}$$

由式8-3

$$Nu_{oil} = 3.66 + 1.2\left(\frac{D_i}{d_o}\right)^{-0.8} + \left(1 + 0.14\left(\frac{D_i}{d_o}\right)^{-0.5}\right)\frac{0.19\left(\mathrm{Re}\,\mathrm{Pr}\frac{D_h}{L}\right)^{0.8}}{1.07 + 0.117\left(\mathrm{Re}\,\mathrm{Pr}\frac{D_h}{L}\right)^{0.467}}$$

由於上式的使用牽涉到熱交換器的總長度L，因此我們必須要假設一個長度，這裡先假設熱交換器的總長度爲350 m，則

$$Nu_{oil} = 5.59$$

$$h_{oil} = \frac{k_{oil} \times Nu_{oil}}{D_{h,o}} = \frac{0.138 \times 5.59}{0.0267} = 28.9\ \mathrm{W/m^2 \cdot K}$$

$$LMTD = \frac{\left((T_{h,o} - T_{c,i}) - (T_{h,i} - T_{c,o})\right)}{\ell n\left(\frac{T_{h,o} - T_{c,i}}{T_{h,i} - T_{c,o}}\right)} = 41.8\ ^\circ\mathrm{C}$$

由式8-12，$\dfrac{1}{U} = \dfrac{1}{\eta_i h_i}\dfrac{d_o}{d_i} + \dfrac{1}{\eta_o h_o} + \dfrac{d_o \ln\frac{d_o}{d_i}}{2k_w}$

其中$\eta_i = \eta_o = 1$，將相關幾何參數資料代入計算後，可得$U = 28.5\ W/m^2 \cdot K$

$\therefore\ A = \pi \times d_o \times L = Q/U/\Delta T_{lm}$

即$L = 355$ m，這個結果與假設差不多，正確的結果為355.7 m

【計算例子之結論】

結果算出一個天文數字的長度$L = 355.7$ m，這是因為熱傳阻抗全部落在引擎油側，油的熱傳係數通常甚差，因此，如果要有效改善性能，必須要使用如圖8-4或8-5的增強型鰭管，筆者將在下一個例子中進一步說明。

8-2-3 鰭管式套管式熱交換器實例演算

接下來以圖8-4的鰭管的使用來說明鰭管型套管式熱交換器的性能估算流程。

例 8-2-2：同例8-2-1，為了有效縮短熱交換器的長度，使用如圖8-11的鰭管，操作條件與上例均相同，試問滿足同樣熱傳量的熱交換器長度為何？鰭管的材質也是Carbon Steel (C ≈ 0.5%， $k_w \approx 53$ W/m·K)，鰭管的高度$H = 0.013$ m。鰭片的數量為$N = 60$，鰭片的厚度$\delta_f = 0.0009$ m。

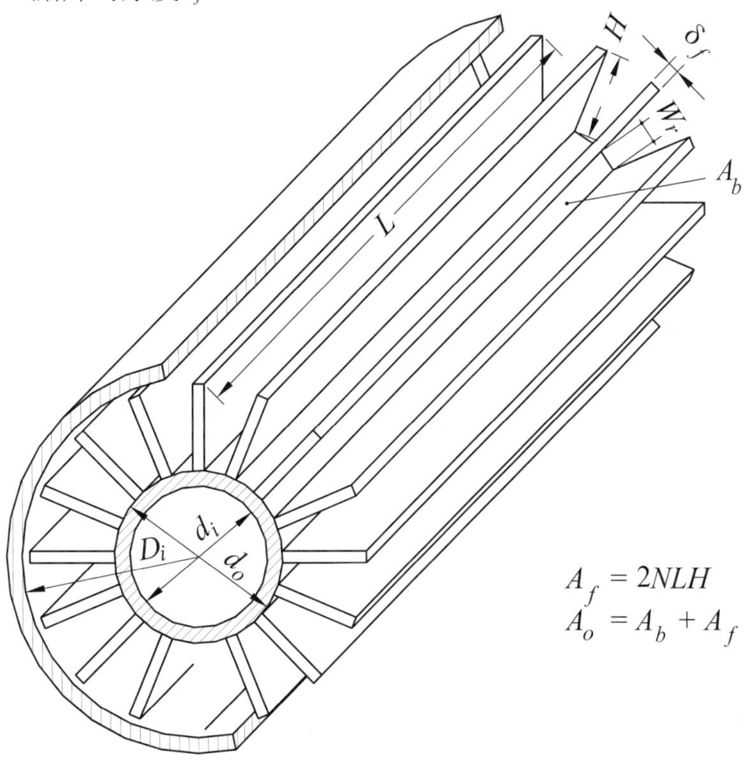

圖8-11　例8-2-2說明圖

8-2-2 解：

總熱傳量與管內側的熱傳係數均與上例相同，即：

$Q = 64200$ W

$h_i = 2988.9$ W/m^2·K

環側的截面積

$$A_{c,a} = \text{環側面積} - \text{鰭片截面積} = \frac{\pi}{4}\left(D_i^2 - d_o^2\right) - N \times \delta_f \times H$$

$$= \frac{\pi}{4}(0.075^2 - 0.0483)^2 - 60 \times 0.0009 \times 0.013 = 0.001884\ \text{m}^2$$

環側的水力直徑

$D_{h,o} = 4A_{c,a}/P_w$

P_w = 潤濕周長 = $2 \times N \times H + \pi d_o + \pi D_i = 1.947$ m

$D_{h,o} = 4A_{c,a}/P_w = 0.00387$ m

$$\therefore G_{oil} = \dot{m}_{oil} / A_{c,a} = 1/0.001884 = 530.8\ \text{kg/m}^2 \cdot \text{s}$$

∴雷諾數為

$$\text{Re}_o = \frac{G_{oil} \times D_{h,o}}{\mu_{oil}} = \frac{530.8 \times 0.00387}{0.030233} = 67.9 < 2000 \Rightarrow \text{層流流動!}$$

同樣的，假設一個熱交換器長度 $L = 20$ m，則由式8-3

$Nu_{oil} = 5.18$

$$h_{oil} = \frac{k_{oil} \times Nu_{oil}}{D_{h,o}} = \frac{0.138 \times 5.26}{0.00387} = 184.7\ \text{W/m}^2 \cdot \text{K}$$

$$LMTD = \frac{\left((T_{h,o} - T_{c,i}) - (T_{h,i} - T_{c,o})\right)}{\ell n\left(\dfrac{T_{h,o} - T_{c,i}}{T_{h,i} - T_{c,o}}\right)} = 41.8\ °\text{C}$$

由於鰭管面積與上例平滑管不同，故不可直接使用式8-13，而必須使用式8-11，即

$$\frac{1}{UA} = \frac{1}{\eta_i h_i A_i} + \frac{1}{\eta_o h_o A_o} + \frac{1}{2\pi k_w L \ln \dfrac{d_o}{d_i}}$$

採用鰭管外側面積當參考面積$A = A_o = P_f \times L$，其中P_f為單位長度的鰭管周長($= 2 \times N \times H + \pi d_o$)；請注意與潤濕周長不同(無外管的內徑周長)。

以本例而言，$P_f = 2\times N\times H + \pi d_o = 1.7117$ m

所以上式可改寫成

$$\frac{1}{U} = \frac{P_f}{h_i d_i} + \frac{1}{\eta_o h_o} + \frac{P_f}{2\pi k_w \ln\frac{d_o}{d_i}} \tag{8-14}$$

其中$\eta_o = 1 - A_f/A_o(1 - \eta_f)$

在本例中，$A_f/A_o = (P_f - \pi\times d_o)/P_f$

鰭片效率$\eta_f = \tanh(mH)/mH$ (請參考第三章)

$$m = \sqrt{\frac{2h_{oil}}{k_f\delta_f}} = \sqrt{\frac{2\times 184.7}{53\times 0.0009}} = 88\ \text{m}^{-1}$$

$\therefore\ \eta_f = \tanh(mH)/mH = 0.713$

而表面效率$\eta_o = 1 - A_f/A_o(1 - \eta_f) = 0.738$

再將相關幾何資料代入式8-14後，可得$U = 41.68$ W/m^2·K

$\therefore\ A = \pi\times P_f\times L = Q/U/\Delta T_{lm} = 36.85$ m^2

即$L = 21.53$ m，這個結果與假設差不多，正確的結果為21.56 m

【計算例子之結論】

本例的計算結果提醒讀者改善主要熱阻抗的立即好處！

8-2-4 多管式鰭管式套管式熱交換器

多管式套管式熱交換器(圖8-3(d))的計算方法與上述類似，同樣地要使用有效的水力直徑 $D_{h,e}$ = 4×截面面積/濕潤周界，而

截面面積 = $\pi D_i^2/4 - N_T(\pi d_o^2/4 + N\times\delta_f\times H)$

濕潤周界 = $\pi D_i + N_T(\pi d_o + 2\times N\times H)$

其中N_T為鰭管數目，N為鰭片數，H為鰭片高度，δ_f為鰭片厚度。

8-3 串、並多聯式套管式熱交換器分析方法

上述介紹的套管式熱交換器，都是考慮如圖8-12型式的簡單套管式熱交換器；不過筆者一開始就提到，套管式熱交換器具有並串接的擴充或卸載的功能，圖8-13即是以管側或環側分別串接或是並接而成的多聯式熱交換器模組，這種安排型式可以適度的降低管側或是環側的壓降。不過，此種串並接型式的熱交換

器，每一只熱交換器的熱傳量都不同(見圖8-14(b))，因此，分析上也較複雜；本章節的目的則在介紹多聯式系統的分析，爲了簡化分析過程，這裡都是假設以同樣大小的熱交換器來串接或是並接。由第二章的說明，熱傳量的計算如下：

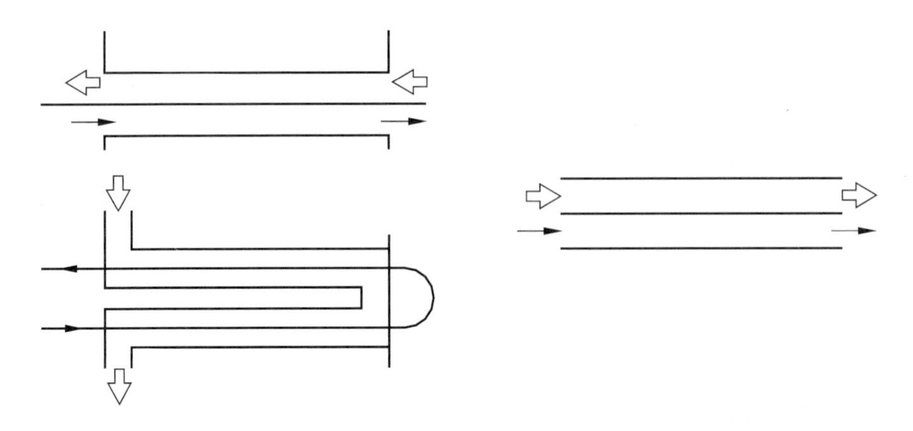

圖8-12　簡易套管式熱交換器流動示意圖

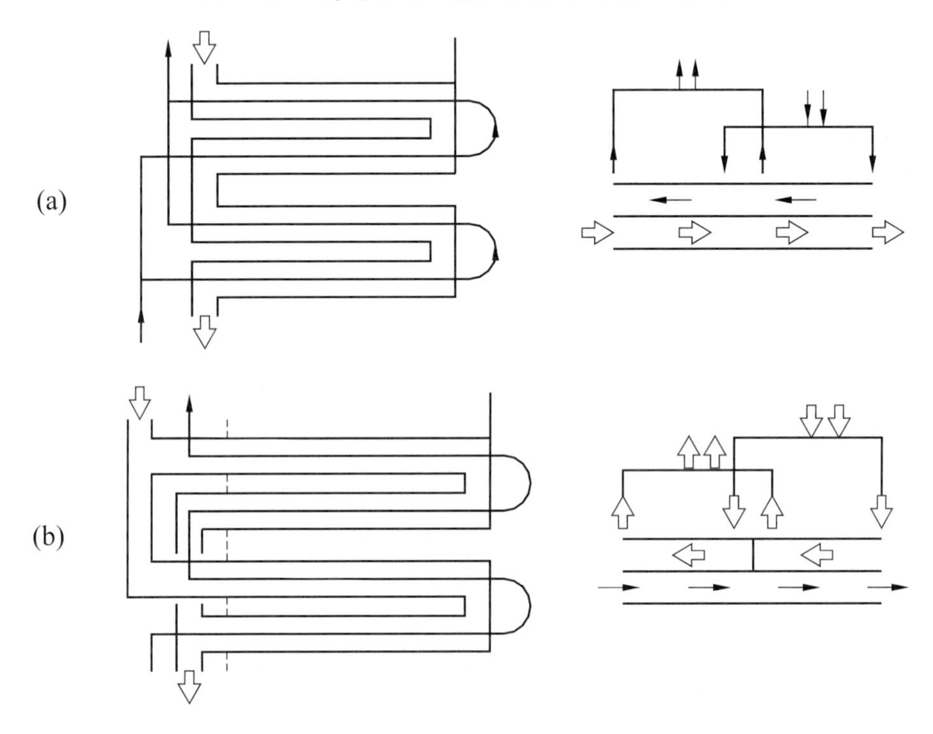

圖8-13 多聯式套管式熱交換器 (a) 環側串接，管側並接；(b) 管側串接，環側並接之示意圖

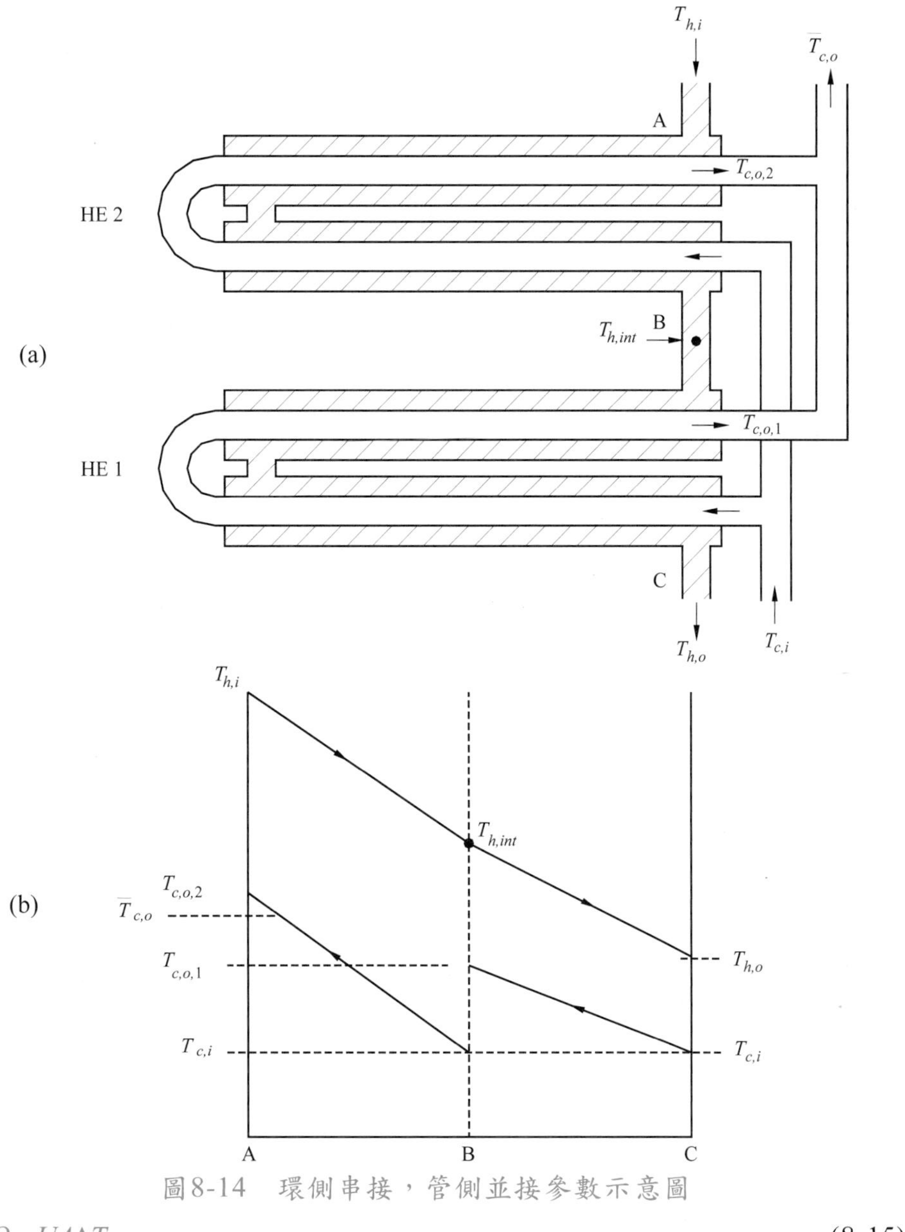

圖8-14 環側串接，管側並接參數示意圖

$$Q = UA\Delta T_m \tag{8-15}$$

其中ΔT_m為有效溫差，在逆向流動下可證明如下：

$$\Delta T_m = \frac{\left((T_{h,o} - T_{c,i}) - (T_{h,i} - T_{c,o})\right)}{\ell n\left(\dfrac{T_{h,o} - T_{c,i}}{T_{h,i} - T_{c,o}}\right)} = \Delta T_{lm} = LMTD \tag{8-16}$$

若非逆向流動，

$$Q = UAF\Delta T_{lm} \tag{8-17}$$

其中F爲P、R的函數，而$P = (T_{c,o} - T_{c,i})/(T_{h,i} - T_{c,i})$，$R = C_c/C_h = (T_{h,i} - T_{h,,o})/(T_{c,o} - T_{c,i})$。如果是單純的逆向流動，則$F = 1$，由於

$$Q = UAF\Delta T_{lm} = \dot{m}_c c_{p,c}\left(T_{c,o} - T_{c,i}\right) = \dot{m}_h c_{p,h}\left(T_{h,i} - T_{h,o}\right) \tag{8-18}$$

$$F = F\ (P, R) \tag{8-19}$$

其中

$$R = \frac{T_{h,i} - T_{h,o}}{T_{c,o} - T_{c,i}} = \frac{\dot{m}_c c_{p,c}}{\dot{m}_h c_{p,h}} \tag{8-20}$$

$$P = \frac{T_{c,o} - T_{c,i}}{T_{h,i} - T_{c,i}} \tag{8-21}$$

所以

$$PR = \frac{T_{h,i} - T_{h,o}}{T_{h,i} - T_{c,i}} \tag{8-22}$$

因此，

$$LMTD = \frac{\left((T_{h,i} - T_{c,o}) - (T_{h,o} - T_{c,i})\right)}{\ell n\left(\dfrac{T_{h,i} - T_{c,o}}{T_{h,o} - T_{c,i}}\right)} = \left(T_{h,i} - T_{c,i}\right)\frac{\left(\dfrac{T_{h,i} - T_{c,o}}{T_{h,i} - T_{c,i}} - \dfrac{T_{h,o} - T_{c,i}}{T_{h,i} - T_{c,i}}\right)}{\ell n\left(\dfrac{\dfrac{T_{h,i} - T_{c,o}}{T_{h,i} - T_{c,i}}}{\dfrac{T_{h,o} - T_{c,i}}{T_{h,i} - T_{c,i}}}\right)}$$

$$= \left(T_{h,i} - T_{c,i}\right)\frac{\left(\dfrac{T_{h,i} - T_{h,o}}{T_{h,i} - T_{c,i}} - \dfrac{T_{c,o} - T_{c,i}}{T_{h,i} - T_{c,i}}\right)}{\ell n\left(\dfrac{\dfrac{T_{h,i} - T_{c,i}}{T_{h,i} - T_{c,i}} - \dfrac{T_{c,o} - T_{c,i}}{T_{h,i} - T_{c,i}}}{\dfrac{T_{h,i} - T_{c,i}}{T_{h,i} - T_{c,i}} - \dfrac{T_{h,i} - T_{h,o}}{T_{h,i} - T_{c,i}}}\right)} = \left(T_{h,i} - T_{c,i}\right)\frac{(PR - P)}{\ell n\left(\dfrac{1 - P}{1 - PR}\right)} \tag{8-23}$$

$$= \left(T_{h,i} - T_{c,i}\right)\frac{P(R - 1)}{\ell n\left(\dfrac{1 - P}{1 - PR}\right)}$$

請注意

$$\frac{1-P}{1-PR}=\frac{T_{h,i}-T_{c,o}}{T_{h,o}-T_{c,i}} \tag{8-24}$$

所以在逆向流動下：

$$\frac{Q}{UA}=\Delta T_{LM}=\left(T_{h,i}-T_{c,i}\right)\frac{P\left(R-1\right)}{\ln\left[\left(1-P\right)/\left(1-PR\right)\right]} \tag{8-25}$$

再由式8-18可得：

$$\frac{\dot{m}_c c_{p,c}\left(T_{c,o}-T_{c,i}\right)}{UA}=(T_{h,i}-T_{c,i})\frac{P(R-1)}{\ln[(1-P)/(1-PR)]}$$

$$\therefore \begin{aligned}\frac{\dot{m}_c c_{p,c}}{UA}&=\frac{T_{h,i}-T_{c,i}}{T_{c,o}-T_{c,i}}\frac{P(R-1)}{\ln[(1-P)/(1-PR)]}=\frac{1}{P}\frac{P(R-1)}{\ln[(1-P)/(1-PR)]}\\&=\frac{(R-1)}{\ln[(1-P)/(1-PR)]}\end{aligned} \tag{8-26}$$

即：

$$\frac{\dot{m}_c c_{p,c}}{UA}=\frac{R-1}{\ln[(1-P)/(1-PR)]} \tag{8-27}$$

同樣的：

$$\frac{\dot{m}_h c_{p,h}\left(T_{h,i}-T_{h,o}\right)}{UA}=(T_{h,i}-T_{c,i})\frac{P(R-1)}{\ln[(1-P)/(1-PR)]}$$

$$\therefore \begin{aligned}\frac{\dot{m}_h c_{p,h}}{UA}&=\frac{T_{h,i}-T_{c,i}}{T_{h,i}-T_{h,o}}\frac{P(R-1)}{\ln[(1-P)/(1-PR)]}=\frac{1}{PR}\frac{P(R-1)}{\ln[(1-P)/(1-PR)]}\\&=\frac{(R-1)/R}{\ln[(1-P)/(1-PR)]}\end{aligned}$$

即：

$$\frac{\dot{m}_h c_{p,h}}{UA}=\frac{(R-1)/R}{\ln[(1-P)/(1-PR)]} \tag{8-28}$$

當U、A、R為已知且$\dot{m}_h$或$\dot{m}_c$值給定時，式8-26與8-27可用以算出P值，再由P值的定義直接算出$T_{c,o}$，這樣有什麼好處？記得第二章嗎？*UA-LMTD-F*法在Rating時需要疊代，可是，透過式8-27與8-28，可以讓疊代變成只是在解式8-27

與式8-28。接下來，我們來推導如圖8-14的多聯式套管式熱交換器(環側串接，管側並接)，假設兩只熱交換器大小一樣，且並接的流量相同。

$$\therefore R' = \frac{(\dot{m}_c/2)c_{p,c}}{\dot{m}_{h,ph}c_{p,h}} = \frac{1}{2}\frac{\dot{m}_c c_{p,c}}{\dot{m}_h c_{p,h}} = \frac{R}{2} \tag{8-29}$$

由式8-27可知，當兩只熱交換器的UA、R' 及 $\dot{m}_c$ 相同時，其 P' 也應該相同，

$$\therefore P' = \frac{T_{c,o,1} - T_{c,i}}{T_{h,i} - T_{c,i}} = \frac{T_{c,o,2} - T_{c,i}}{T_{h,i} - T_{c,i}} \tag{8-30}$$

由式8-22可知

$$P'R' = \frac{T_{h,\text{int}} - T_{h,o}}{T_{h,\text{int}} - T_{c,i}} = \frac{T_{h,i} - T_{h,\text{int}}}{T_{h,i} - T_{c,i}} \tag{8-31}$$

上式可寫成

$$\left(T_{h,\text{int}}\right)^2 - 2T_{c,i}T_{h,\text{int}} + T_{c,i}(T_{h,i} + T_{h,o}) - T_{h,i}T_{h,o} = 0 \tag{8-32}$$

因此

$$T_{h,\text{int}} = T_{c,i} \pm \sqrt{(T_{h,i} - T_{c,i})(T_{h,o} - T_{c,i})} \tag{8-33}$$

式8-33有兩個解，其中+號適用環側串接，而–號適用管側串接。以本例而言：

$$T_{h,\text{int}} = T_{c,i} + \sqrt{(T_{h,i} - T_{c,i})(T_{h,o} - T_{c,i})} \tag{8-34}$$

或

$$\frac{T_{h,\text{int}} - T_{c,i}}{T_{h,o} - T_{c,i}} = \sqrt{\frac{T_{h,i} - T_{c,i}}{T_{h,o} - T_{c,i}}} \tag{8-35}$$

對第一個熱交換器HE1，由式8-28與式8-24，可得：

$$\frac{\dot{m}_h c_{p,h}}{UA/2} = \frac{(R'-1)/R'}{\ln[(T_{h,\text{int}} - T_{c,o,1})/(T_{h,o} - T_{c,i})]} \tag{8-36}$$

由式8-31可得

$$P'=\frac{1}{R'}\frac{T_{h,i}-T_{h,\text{int}}}{T_{h,i}-T_{c,i}} \tag{8-37}$$

將$T_{h,int}$由式8-34直接代入式8-37化簡：

$$\begin{aligned}P'&=\frac{1}{R'}\frac{T_{h,i}-T_{h,\text{int}}}{T_{h,i}-T_{c,i}}=\frac{1}{R'}\frac{T_{h,i}-T_{c,i}-\sqrt{(T_{h,i}-T_{c,i})(T_{h,o}-T_{c,i})}}{T_{h,i}-T_{c,i}}\\&=\frac{1}{R'}\left(1-\sqrt{\frac{T_{h,o}-T_{c,i}}{T_{h,i}-T_{c,i}}}\right)\end{aligned} \tag{8-38}$$

由式8-30可得

$$T_{c,o,1}=T_{c,i}+P'\left(T_{h,\text{int}}-T_{c,i}\right) \tag{8-39}$$

再將式8-38與式8-33代入上式化簡可得

$$\begin{aligned}T_{c,o,1}&=T_{c,i}+P'\left(T_{h,\text{int}}-T_{c,i}\right)\\&=T_{c,i}+\frac{1}{R'}\left(1-\sqrt{\frac{T_{h,o}-T_{c,i}}{T_{h,i}-T_{c,i}}}\right)\left(T_{c,i}+\sqrt{(T_{h,i}-T_{c,i})(T_{h,o}-T_{c,i})}-T_{c,i}\right)\\&=T_{c,i}+\frac{1}{R'}\left(\sqrt{(T_{h,i}-T_{c,i})(T_{h,o}-T_{c,i})}-\left(T_{h,o}-T_{c,i}\right)\right)\end{aligned} \tag{8-40}$$

最後，再將上式與式8-33代入式8-36後，進一步整理可得

$$\begin{aligned}\frac{T_{h,\text{int}}-T_{c,o,1}}{T_{h,o}-T_{c,i}}&=\frac{T_{c,i}+\sqrt{(T_{h,i}-T_{c,i})(T_{h,o}-T_{c,i})}-T_{c,i}}{T_{h,o}-T_{c,i}}+\\&\quad\frac{\frac{1}{R'}\left(\sqrt{(T_{h,i}-T_{c,i})(T_{h,o}-T_{c,i})}-\left(T_{h,o}-T_{c,i}\right)\right)}{T_{h,o}-T_{c,i}}\\&=\frac{\sqrt{(T_{h,i}-T_{c,i})(T_{h,o}-T_{c,i})}}{T_{h,o}-T_{c,i}}\left(1-\frac{1}{R'}\right)+\frac{1}{R'}\\&=\sqrt{\frac{T_{h,o}-T_{c,i}}{T_{h,i}-T_{c,i}}}\left(1-\frac{1}{R'}\right)+\frac{1}{R'}\end{aligned} \tag{8-41}$$

$$\therefore \frac{\dot{m}_h c_{p,h}}{UA/2} = \frac{(R'-1)/R'}{\ln[(T_{h,\text{int}} - T_{c,o,1})/(T_{h,o} - T_{c,i})]}$$

$$= \frac{(R'-1)/R'}{\ln\{((R'-1/R')((T_{h,i} - T_{c,i})/(T_{h,o} - T_{c,i}))^{1/2} + 1/R'\}} \tag{8-42}$$

$$\text{即 } \frac{\dot{m}_h c_{p,h}}{UA/2} = \frac{(R'-1)/R'}{\ln\{((R'-1/R')((T_{h,i} - T_{c,i})/(T_{h,o} - T_{c,i}))^{1/2} + 1/R'\}} \tag{8-43}$$

$$\Rightarrow \frac{Q}{UA} = \Delta T_M = \frac{(T_{h,i} - T_{h,o})(R'-1)/2R'}{\ln\{((R'-1)/R')((T_{h,i} - T_{c,in})/(T_{h,o} - T_{c,i}))^{\frac{1}{2}} + \frac{1}{R'}\}} \tag{8-44}$$

如果考慮冷側出口合併後，溫度可均勻混合，則

$$\overline{T}_{c,o} = (T_{c,o,1} + T_{c,o,2})/2 \tag{8-45}$$

$$\text{又 } R = \frac{T_{h,i} - T_{h,o}}{\overline{T}_{c,o} - T_{c,i}} = 2R' \tag{8-46}$$

$$P = \frac{\overline{T}_{c,o} - T_{c,i}}{T_{h,i} - T_{c,i}} \tag{8-47}$$

因此，我們可得到最後的結果如下：

$$\frac{Q}{UA} = \Delta T_M = \frac{(T_{h,i} - T_{h,o})(R/2-1)/R}{\ln\{((R/2-1)/(R/2)(1/(1-PR))^{1/2} + 1/(R/2)\}} \tag{8-48}$$

$$\text{或 } Q = UA\gamma(T_{h,i} - T_{c,i}) \tag{8-49}$$

$$\gamma = \frac{P(R/2-1)}{\ln\{((R/2-1)/(R/2))(1/(1-PR))^{1/2} + 1/(R/2)\}} \tag{8-50}$$

上述結果爲2個熱交換器組合的結果，如果繼續擴充到n個，則可推出如下的結果：

$$\gamma = \frac{P(R/n-1)}{\ln\{((R/n-1)/(R/n))(1-PR))^{1/n} + 1/(R/n)\}} \tag{8-51}$$

同樣的，如果是環側並接而管側串接，則可推出如下的結果：

$$\gamma = \frac{P(1-nR)/n}{\ln\{(1-nR)(1-/(1-P))^{1/n} + nR\}} \tag{8-52}$$

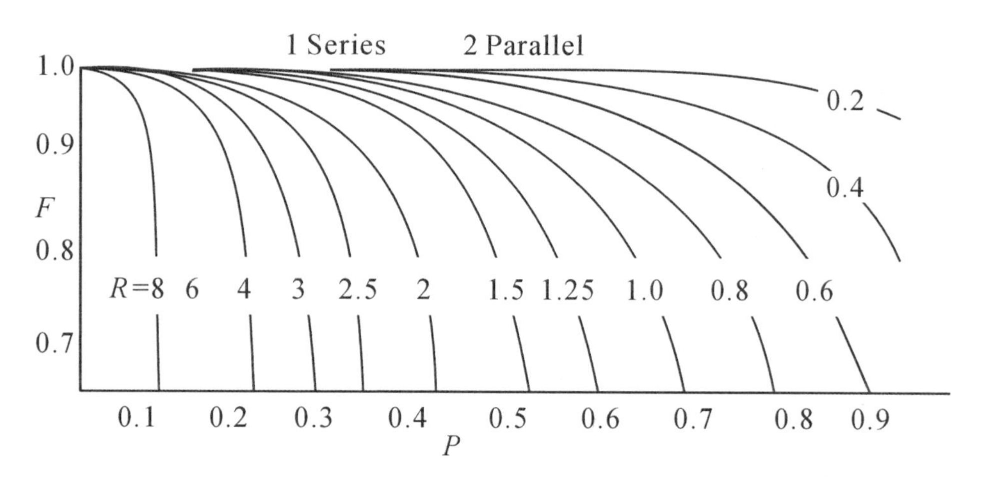

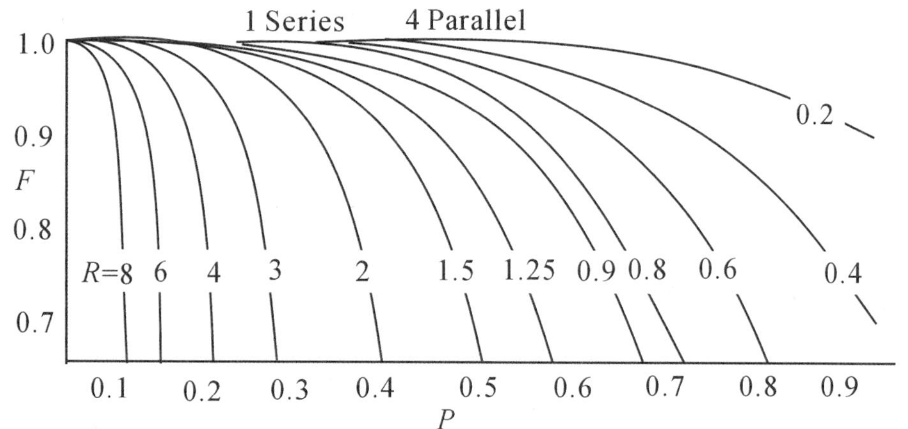

圖8-15 多聯式系統F與P、R的關係(資料來源：Hewitt et al., Process Heat Transfer 1994)

使用式8-49 ~ 8-52的最大好處在於可由最大溫差 ($T_{h,i} - T_{c,i}$)乘上一個校正值γ，就可得到有效溫差ΔT_m，然後由$Q = UA\gamma(T_{h,i} - T_{c,i})$算出熱傳量，當然對這種多聯式系統，讀者也可以使用第二章的方法，即：

$$Q = UA\Delta T_m \tag{8-53}$$

$$\Delta T_m = F\Delta T_{lm} \tag{8-54}$$

其中$F = F(P, R)$，當管側串接而環側並接時，

$$P = \frac{T_{c,o} - T_{c,i}}{T_{h,i} - T_{c,i}}, \qquad R = \frac{T_{h,i} - \overline{T}_{h,o}}{T_{c,o} - T_{c,i}} \tag{8-55}$$

而當管側並接而環側串接時，

$$P = \frac{T_{h,i} - T_{h,o}}{T_{h,i} - T_{c,i}}, \qquad R = \frac{\overline{T}_{c,o} - T_{c,i}}{T_{h,i} - T_{h,o}} \tag{8-56}$$

圖8-15爲多聯式系統 F 與P、R 間的關係圖。

例 8-3-1：如圖8-16，一多聯式系統環側與管側以水來熱交換，冷水與熱水的入口條件如下：

$\dot{m}_c = 1\,\text{kg/s}, T_{c,i} = 35\,°\text{C}$

$\dot{m}_h = 2\,\text{kg/s}, T_{h,i} = 90\,°\text{C}$

$c_{p,h} \approx c_{p,c} = 4180\ \text{J/kg}\cdot\text{K}$

每一熱交換器的UA值爲5000 W/K，試問冷熱水的出口溫度爲何？

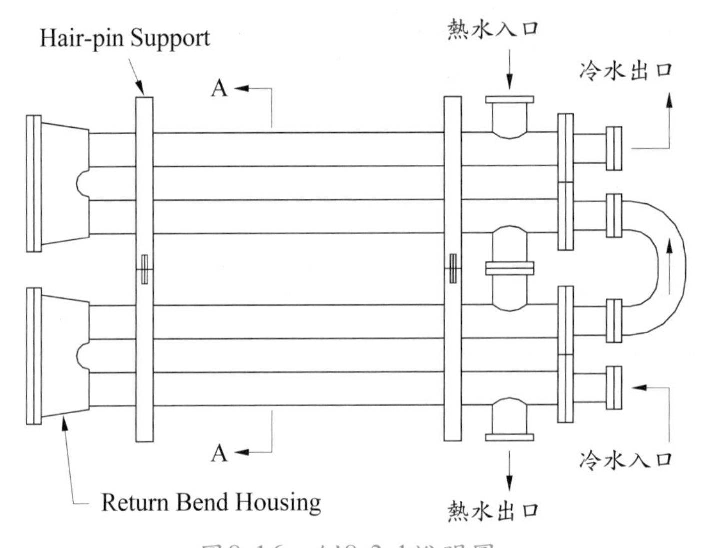

圖8-16　例8-3-1說明圖

8-3-1 解：

本例簡化了UA 的算法，讀者必須依據熱交換器的實際尺寸與進口狀態來計算真正的UA值。本題爲一Rating的問題。

本多聯式系統由兩個熱交換器所組成，故$UA = 2 \times 5000 = 10000$ W/K

由式8-49，$Q = UA\gamma(T_{h,i} - T_{c,i})$，

所以

$$T_{h,i} - T_{c,i} = 90 - 35 = 55\,°\mathrm{C}$$

$$R = \frac{\dot{m}_c c_{p,c}}{\dot{m}_h c_{p,h}} = 0.5$$

假設 $P = 0.7$，則

$$\gamma = \frac{P(R/2-1)}{\ln\{((R/2-1)/(R/2))(1/(1-PR))^{1/2} + 1/(R/2)\}}$$

$$= \frac{0.7\times(0.5/2-1)}{\ln\{((0.5/2-1)/(0.5/2))(1/(1-0.7\times0.5))^{1/2} + 1/(0.5/2)\}} = 0.4112$$

$$Q = UA\gamma(T_{h,i} - T_{c,i}) = 10000\times0.4112\times55 = 226170\ \mathrm{W}$$

所以冷側與熱側出口的溫度可分別計算如下：

$$T_{h,o} = T_{h,i} - \frac{Q}{\dot{m}_h c_{p,h}} = 90 - \frac{226170}{2\times4180} = 62.9\,°\mathrm{C}$$

$$T_{c,o} = T_{c,i} + \frac{Q}{\dot{m}_c c_{p,c}} = 35 + \frac{226170}{1\times4180} = 89.1\,°\mathrm{C}$$

故

$$P = \frac{T_{c,o} - T_{c,i}}{T_{h,i} - T_{c,i}} = \frac{89.1-35}{90-35} = 0.983$$

此值與假設值0.7不符，因此必須重新假設，再經過多次疊代，最後的答案如下：

$P = 0.7753$

$Q = 178253$ W

$T_{c,o} = 77.6$ °C 而$T_{h,o} = 66.7$°C

8-4 壓降的計算方法

套管式熱交換器壓降的算法與第一章的算法相同，管側部份的壓降，包括彎頭與直管，可參考第一章的介紹；環側部份的算法基本上也是與管內側相同，所不同的地方在於要使用水力直徑，$D_h = D_i - d_o$。接下來，我們以實例來說明：

例 8-4-1： 一彎管雙套管式熱交換器如圖8-17所示，冷水與熱水的入口條件與平均水溫如下：

$$\dot{m}_c = 1\ \mathrm{kg/s}, T_{c,ave} = 303\,°\mathrm{C}$$

$\dot{m}_h = 2\ \text{kg/s}, T_{h,ave} = 333\ °\text{C}$

$D_i = 0.075$ m, $d_o = 0.05$ m, $d_i = 0.044$ m, $L = 20$ m

請評估使用該熱交換器時，熱側與冷側的壓降爲何？

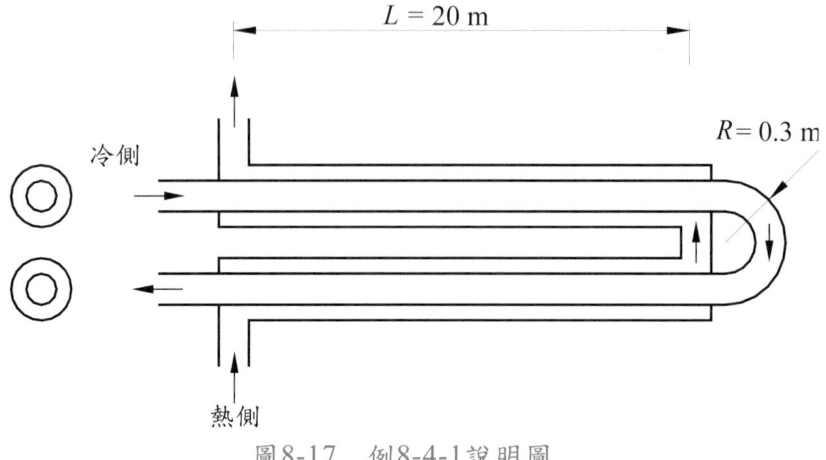

圖8-17　例8-4-1說明圖

8-4-1 解：

管側部份：

直管的壓降估算爲 $\Delta P = \dfrac{4L}{d_i} \cdot f \cdot \dfrac{G_c^2}{2\rho_c}$

而 $f = 0.0791\,\text{Re}_{d_i}^{-0.25}$

管內的截面積 $A_{c,i} = \dfrac{\pi}{4} d_i^2 = \dfrac{\pi}{4}(0.044)^2 = 0.00159\ \text{m}^2$

$\therefore G_c = \dot{m}_c / A_{c,i} = 1/0.00159 = 628.8\ \text{kg/m}^2 \cdot \text{s}$

$\therefore$ 雷諾數爲

$$\text{Re}_c = \frac{G_c \times d_i}{\mu_c} = \frac{628.8 \times 0.044}{0.000798} = 35456$$

$$f = 0.0791\,\text{Re}_{d_i}^{-0.25} = 0.005764$$

$$\Delta P_c = \frac{4L}{d_i} \cdot f \cdot \frac{G_c^2}{2\rho_c} = \frac{4 \times 20}{0.0044} \times 0.005764 \times \frac{628.8^2}{995.6} = 2034.6\ \text{Pa}$$

由於hairpin (彎管)的設計，有兩個回數，所以兩個回數的總壓降爲

$2 \times \Delta P_c = 4069.3$ Pa

接下來，要估彎管的壓降，可藉由Ito (1959)所提出的彎管壓降估算方程式(適用範圍$2\times10^4 < \mathrm{Re}_d < 2\times10^6$)：

$$\Delta P = K\frac{G_c^2}{2\rho_c}$$

其中

$$K = \begin{cases} 0.00873B\phi f_c\left(\frac{R}{r}\right) & \text{當}\mathrm{Re}\left(\frac{R}{r}\right)^{-2} < 91 \\ 0.00241B\phi\,\mathrm{Re}^{-0.17}\left(\frac{R}{r}\right)^{0.84} & \text{當}\mathrm{Re}\left(\frac{R}{r}\right)^{-2} \geq 91 \end{cases}$$

而

$$f_c\left(\frac{R}{r}\right)^{0.5} = 0.00725 + 0.076\left(\mathrm{Re}\left(\frac{r}{R}\right)^2\right)^{-0.25}$$

$$B = \begin{cases} 1+14.2\left(\frac{R}{r}\right)^{-1.47} & \text{當}\phi = 45^\circ \\ \begin{cases} 0.95+17.2\left(\frac{R}{r}\right) & \text{當}\left(\frac{R}{r}\right) < 19.7 \\ 1 & \text{當}\left(\frac{R}{r}\right) \geq 19.7 \end{cases} & \text{當}\phi = 90^\circ \\ 1+116\left(\frac{R}{r}\right)^{-4.52} & \text{當}\phi = 180^\circ \end{cases}$$

由於

$r = d_i/2 = 0.0375$ m

$R/r = 0.3/0.0375 = 8$

以本例而言，$\phi = 180^\circ$

$\therefore B = 1+116\times(8)^{-4.52} = 1.0096$

$\mathrm{Re}(R/r)^{-2} = 35456\times8^{-2} = 554 \geq 91$

$$\therefore K = 0.00241B\phi\,\mathrm{Re}^{-0.17}\left(\frac{R}{r}\right)^{0.84}$$

$$= 0.00241\times1.0096\times180\times35456^{-0.17}\times8^{0.84} = 0.423$$

$$\therefore \Delta P_{彎管} = K\frac{G_c^2}{2\rho_c} = 0.423\times\frac{628.8^2}{995.6} = 168.1 \text{ Pa}$$

故總壓降 = 直管壓降 + 彎管壓降 = 4069.3+168.1 = 4237.4 Pa

本例彎管的壓降約佔總壓降的4.1%。

環側部份：

直管的壓降估算爲 $\Delta P = \frac{4L}{D_h}\cdot f\cdot\frac{G_h^2}{2\rho_h}$

環側的截面積

$$A_c = 環側面積 = \frac{\pi}{4}\left(D_i^2 - d_o^2\right) = \frac{\pi}{4}(0.075^2 - 0.05)^2 = 0.002454 \text{ m}^2$$

環側的水力直徑

$$D_{h,o} = D_i - d_o = 0.075–0.05 = 0.025 \text{ m}$$

$$\therefore G_h = \dot{m}_h / A_{c,a} = 2/0.002454 = 814.9 \text{ kg/m}^2\cdot\text{s}$$

∴雷諾數爲

$$\text{Re}_o = \frac{G_h\times D_{h,o}}{\mu_h} = \frac{814.8\times 0.002454}{0.000467} = 43623$$

$$f = 0.0791\text{Re}_o^{-0.25} = 0.005473$$

$$\Delta P_h = \frac{4L}{D_{h,o}}\cdot f\cdot\frac{G_h^2}{2\rho_h} = \frac{4\times 20}{0.002454}\times 0.005473\times\frac{814.9^2}{983.3} = 5913.7 \text{ Pa}$$

同樣的，由於有兩個回數，所以兩個回數的總壓降爲

$$2\times\Delta P_h = 11827.5 \text{ Pa}$$

環側直角轉彎所造成的壓降的估算可參考Idelchik (1994)，這裡不再贅述。

8-5 結語

本章節介紹套管式熱交換器的熱流分析，以單相熱傳爲主，兩相部份的計算基本上也是相同的，只是使用的熱傳係數方程式不同，讀者可參考第四章的內容；這裡仍要提醒讀者，套管式熱交換器常會使用熱傳增強管，有關熱傳增強管的熱流資料，可參考Webb and Kim (2005)一書。

主要參考資料

Hewitt G.F., Shires G.L., Boll, T.R., 1994. *Process Heat Transfer*. CRC press.

Hewitt, G.F., executive editor. 2002. *Heat Exchanger Design Handbook*. Begell House Inc.

Idelchik, I.E., 1994. *Handbook of Hydraulic Resistance*. 3rd ed., CRC Press .

Ito, H., 1959. Friction factors for turbulent flow in curved pipe. *J. Basic Engng.* 81:123-134.

Taborek, J., 1998. Double pipe and Multi-tube heat exchangers, in *Heat Exchanger Design Handbook,* Hewitt G.F., ed. Part 3, Thermal and Hydraulic Design of Heat Exchanger, Chapter 3.2.

Kakaç, S., Liu H., 2002. *Heat Exchangers*. 2nd ed., CRC Press Ltd.

Kern, D.Q., 1950. *Process Heat Transfer*. McGraw Hill.

Rohsenow, W.M., Hartnett, J.P., Cho Y.I., 1998. *Handbook of Heat Transfer*. 3rd ed., McGraw-Hill, 1998.

VDI Heat Atlas, 1993. English edition.

Webb, R.L., Kim, N.H., 2005. *Principles of Enhanced Heat Transfer*. 2nd ed., John Wiley & Sons, Inc.

Chapter 9

殼管式熱交換器

Shell and Tube Heat Exchanger

9-0 前言

殼管式熱交換器，與前一章節介紹的多管式套管式熱交換器類似，都是將許多的傳熱管安置在一個甚大的殼中(見圖9-1)，經常用於石化、化工製程及冷凍空調的相關應用，根據Taborek (1998)的說法，殼管式熱交換器的使用量約佔整個熱交換器市場的50~60%；它有相當多的優點，而且應用技術也相當的成熟，使用範圍也非常的廣泛，從龐大的電廠的冷卻熱交換器到小如掌心的特殊應用都可以看到它的蹤跡 (見圖9-2)；圖9-3爲該型熱交換器內部與外殼的示意圖；有關此型熱交換器的熱流設計方法，大致歸納如下：

(1) HTFS (Heat Transfer and Fluid Service, UK)

(2) HTRI (Heat Transfer Research Institute, US)

(3) Kern Method (1950)

(4) Bell-Delaware Method (1963)

(5) ESDU (1983)

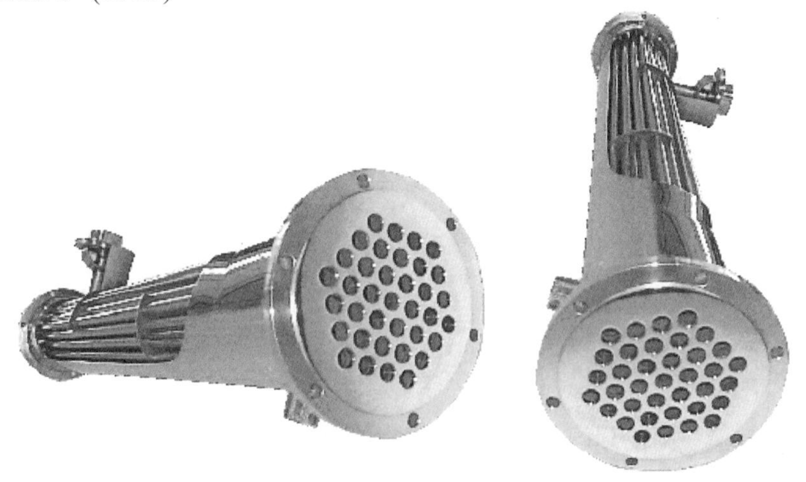

圖9-1 殼管式熱交換器 (Courtesy of Enerquip Inc.)

其中 HTFS (Heat Transfer and Fluid Flow Service，英國) 與HTRI (Heat Transfer Research Institute，美國) 均爲商業化的機構並提供相當完整的技術資料與設計套裝軟體，其中包括了許多不公開的商業機密；在公開的設計方法中，以Kern (1950)方法最簡單，Bell-Delaware (1963)的方法最廣爲流傳，ESDU (1983)方法的基本理論架構最爲完備，其中ESDU法是從 Tinker (1951)法修正而來，本章節的介紹以 Kern、Bell-Delaware與ESDU法爲主；本章節的資料主要來源爲 Hewitt et al. (1994)，ESDU (1983)，Kakaç and Liu (2002)，Bell (1963)，與 HEDH (2002)，有興趣的讀者可以參考這些經典書籍。

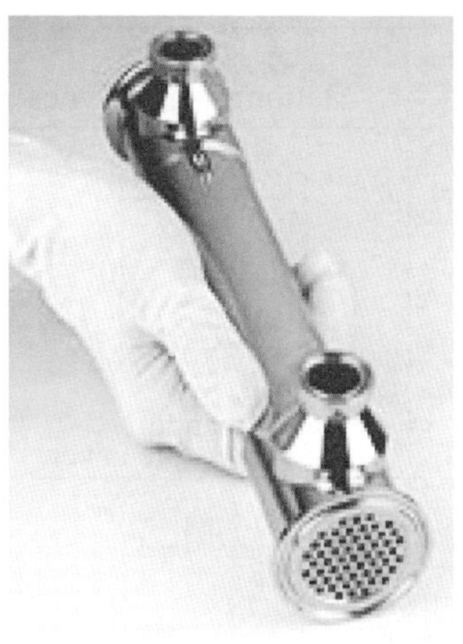

圖9-2 殼管式熱交換器 (Courtesy of Villa & Bonaldi Corp. and Exergy Inc.)

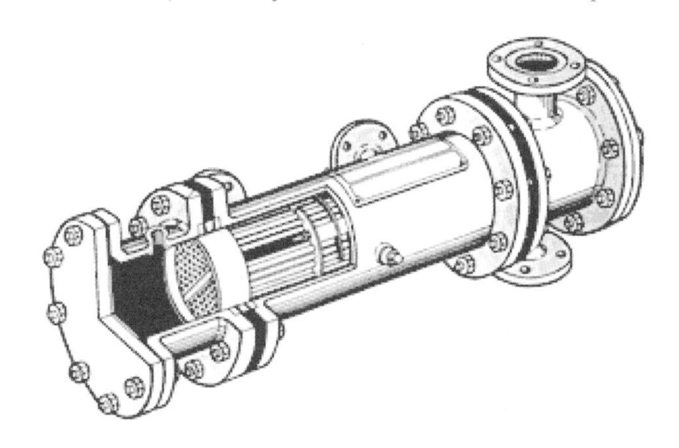

圖9-3 殼管式熱交換器 (Courtesy of HESECO Inc.)

9-1 殼管式熱交換器的特性

殼管式熱交換器與第三、四、五章的密集式熱交換器比較起來，有很大的差異，主要的差異性在於：

(a) 殼管式熱交換器不是非常的密集 (not compact)。

(b) 在外型上，殼管式熱交換器的設計非常的「強壯」，因此非常適用於高壓的應用上。

(c)可廣泛適用於各種不同的應用場合，例如惡劣的工作環境與特殊的工作流體。

(d)可適用高溫與高壓的應用場合。

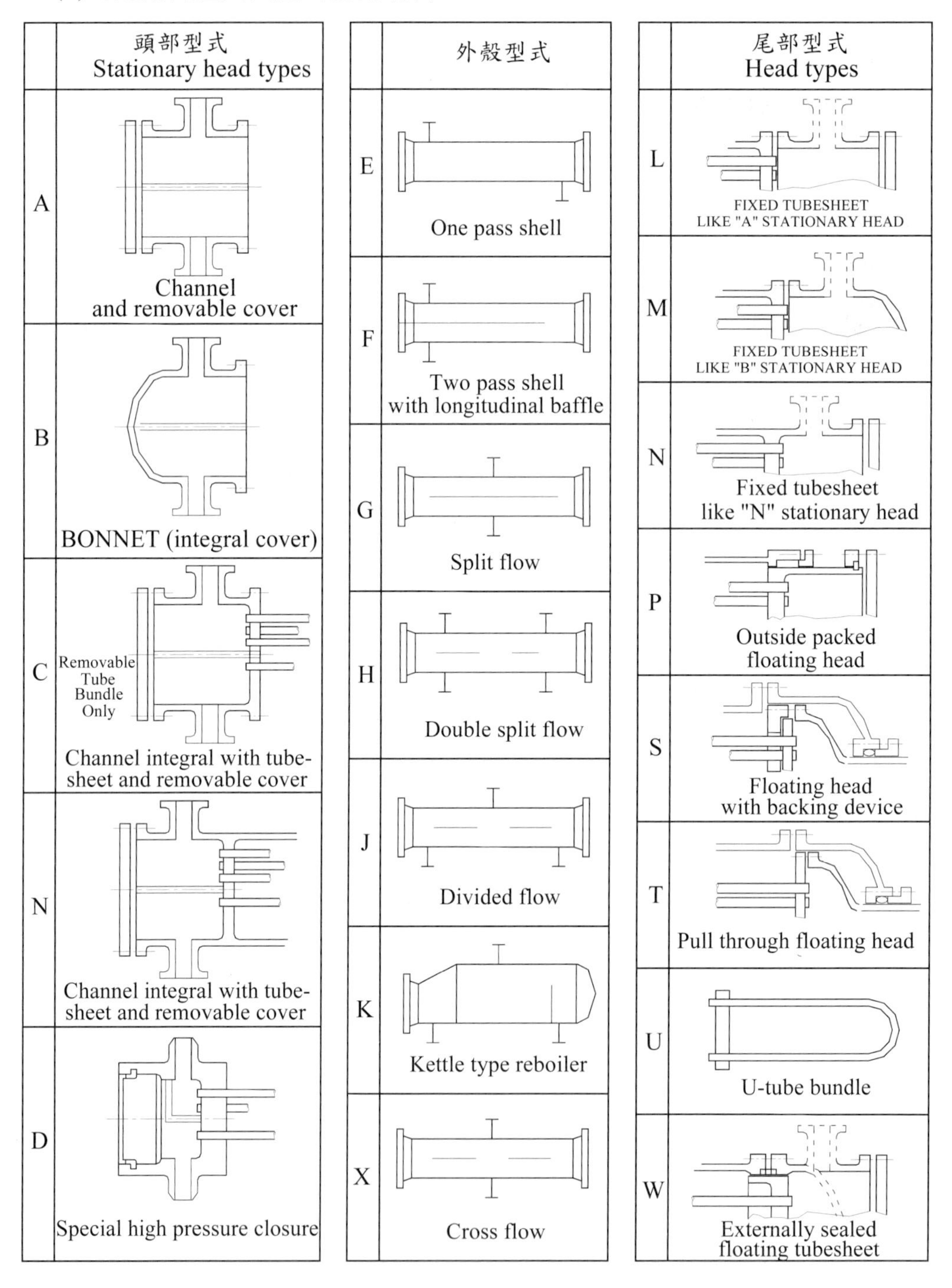

圖9-4　殼管式熱交換器各部份的代稱

講到殼管式熱交換器，就不能不提TEMA (Tubular Exchanger Manufacturers Association INC.)；TEMA制定了殼管式熱交換器的三種機械標準，包括設計、製造與材料方面的標準；另外，如果讀者在意殼管式熱交換器的機械設計，美國機械工程師學會的壓力容器標準，也是業者奉爲圭臬的重要準則，有需要的讀者可逕自參考這些資料(ASME 1980a, 1980b, 1980c) ；殼管式熱交換器依照用途，可區分爲三種等級。即：

Class R: 石化業與相關的製程應用。

Class C: 商業用途與一般的製程應用。

Class B: 化工製程應用。

上述三種等級的應用有一些限制如下：

(1) 殼側內徑不得超過1524 mm (60 in.)。

(2) 使用壓力不得超過207 bar (3000 lbf/in^2)。

(3) 殼側內徑與工作壓力的乘積不得超過105000 m·bar (60000 in.·lbf/in^2)。

殼管式熱交換器基本上由三個部份所構成，即頭部(front end)、殼部(shell)與尾部(rear end)；使用上可依據需要來組合不同的頭部、殼部與尾部；TEMA給定了標準的頭部、殼部與尾部的代號，如圖9-4所示。

例如BEM的意思爲Bonnet外殼蓋，殼側爲單回數，尾部爲固定式管板，有關殼管式熱交換器的一些名詞定義，筆者採用李昭仁教授的定義(1982)說明，如圖9-5~圖9-8上的圖號說明：

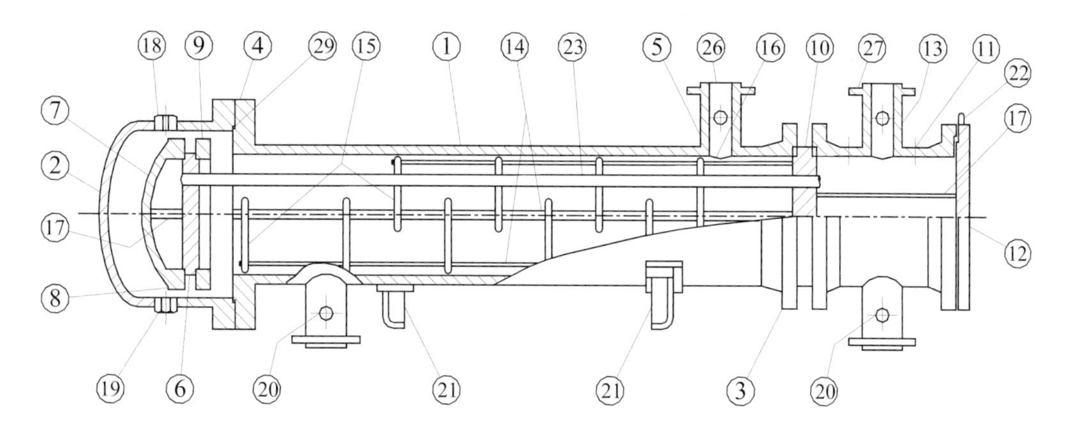

圖9-5 浮動頭型殼管式熱交換器

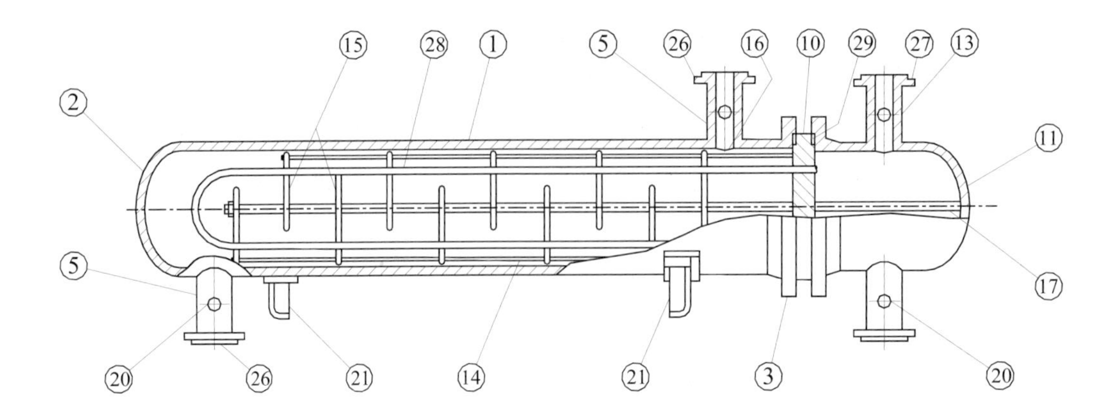

圖9-6 U字管型殼管式熱交換器

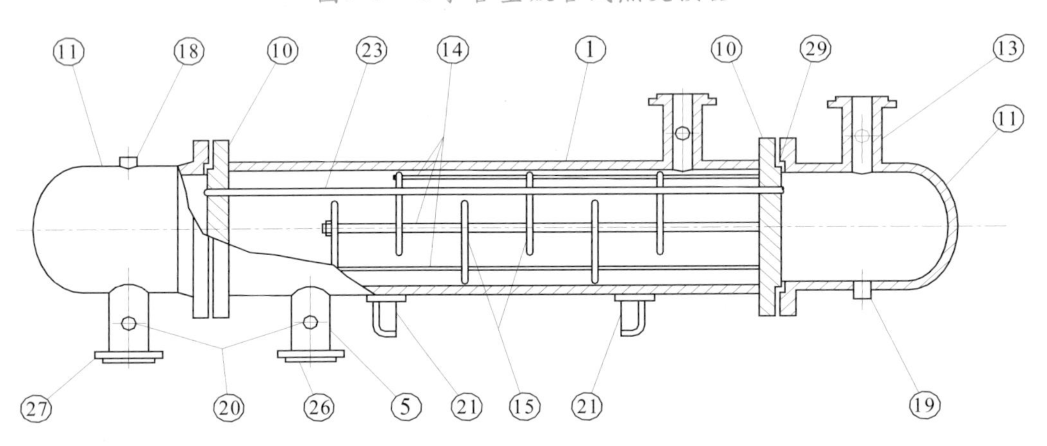

圖9-7 固定管板型殼管式熱交換器

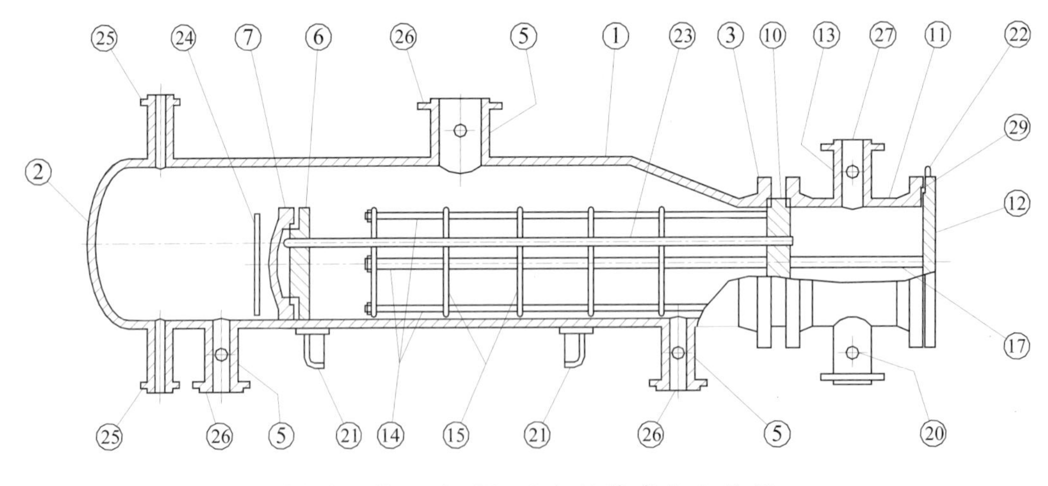

圖9-8 釜頭式 (Kettle) 殼管式熱交換器

有關圖9-5到圖9-8的各部位中英文對照說明如下:① 外殼(shell) ② 外殼蓋(shell cover) ③ 回流室側外殼凸緣(shell flange channel end)④ 外殼蓋側外殼凸緣(shell flange cover end) ⑤ 外殼噴嘴(shell nozzle) ⑥ 浮動管板(floating tube sheet) ⑦ 浮動頭蓋(floating head cover)⑧ 浮動頭凸緣(floating head flange) ⑨ 浮動頭內墊凸緣(floating head backing device) ⑩ 固定管板(stationary tube sheet) ⑪ 回流室(channel or stationary head) ⑫ 回流室蓋(channel cover)⑬ 回流室噴嘴(channel nozzle)⑭ 固定棒及間隔器(tie rod and spacer) ⑮ 擋板與支持板(transverse baffle support plate) ⑯ 緩衝板(impingement baffle)⑰ 隔板(pass partition)⑱ 排氣座(vent connection) ⑲ 排洩座(drain connection) ⑳ 儀器用座(instrument connection) ㉑ 腳架(support saddle) ㉒ 金屬吊鉤(lifting lug) ㉓ 熱傳管(tube) ㉔ 擋堰(weir) ㉕ 液面計座(liquid level connection) ㉖ 外殼噴嘴凸緣(shell nozzle flange) ㉗ 回流室噴嘴凸緣(channel nozzle flange) ㉘ U字型傳熱管(U-tube) ㉙ 密合墊(gasket)。

9-2 殼管式熱交換器的基本選取法則

在開始介紹殼管式熱交換器之前，首先針對組成殼管式熱交換器的重要元件的基本選取法則，逐一介紹。

9-2-1 外殼選取的基本方法

(a) 單回數的E shell 為最經濟且熱傳效率最佳的安排，因此應儘可能使用E shell。

(b) 如果殼側的有效溫差太小，可考慮使用F shell (見圖9-9)；但必須特別注意隔板的洩漏問題。F shell 並不適合經常性的抽換管群。

(c) 如果殼側的壓降有限制，則可以考慮使用 J shell；不過，熱傳效率會比較差。

(d) 如果使用F shell仍無法滿足殼側壓降的限制，則可以考慮使用G 或 H shell。

(e) 如果殼側的流量非常大，可考慮使用X shell，但是必須注意擋板的搭配設計使用，以避免振動的問題。

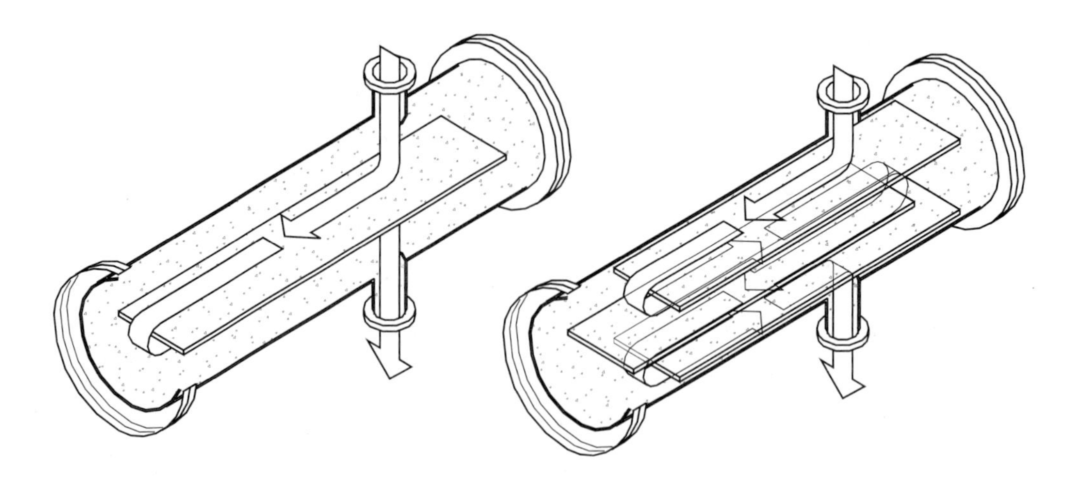

圖9-9 多回數安排之外殼型式

9-2-2 頭部外殼蓋的使用

(a) Bonnet：通常適用於管內較清潔的流體 (B 型)。

(b) 可移動式管殼蓋 Channel head removable (A型)。

(c) Channel head integral with tube sheet (C型)。

此種設計可以允許拆卸外殼蓋後，在處理傳熱管的相關問題時，不需要更動連接外殼蓋的管路；這在經常需要清理傳熱管的應用上，必須參酌考慮。

9-2-3 尾部設計

(a) 固定式管板設計(如L, M, N)較為堅固，而且製作成本也較低，但是熱脹冷縮的影響也比較明顯，一般建議在溫差差異較小的工作流體上使用，即溫差在100°F(56K)內。

(b) U 字管型殼管式熱交換器的製作成本最低，且熱脹冷縮的裕度也相當大，但是在彎管處很難清理。

(c) 外側浮動頭型式設計(見圖9-10)，其熱脹冷縮的裕度最大，可適用於大溫差的工作流體應用上。

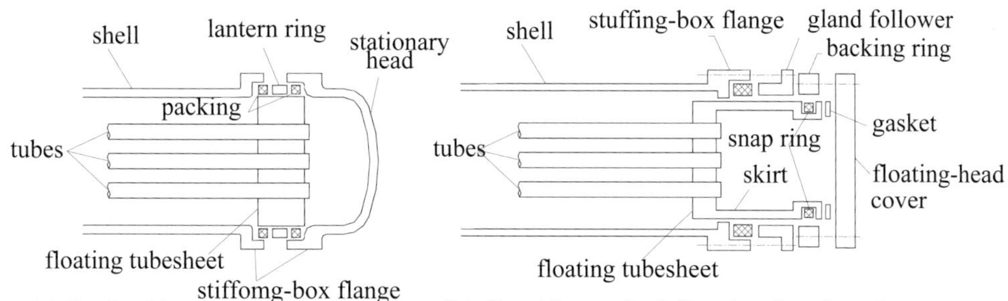

(a) Packed lanternring exchanger (b) Outside-packed floating head exchanger

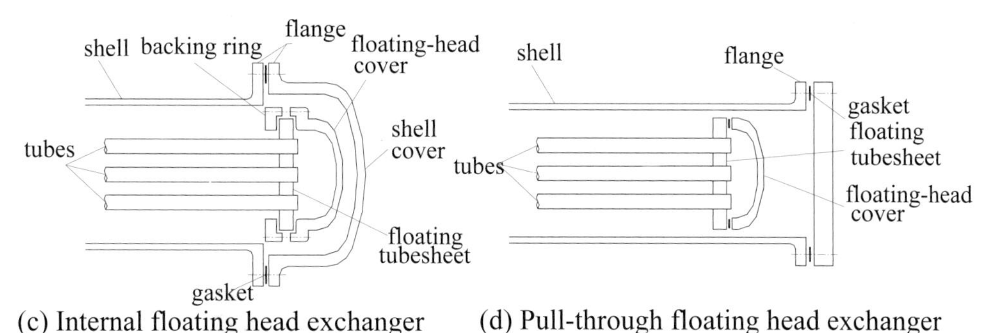

(c) Internal floating head exchanger (d) Pull-through floating head exchanger

圖9-10 各式浮動管群設計

9-2-4 擋板的選取

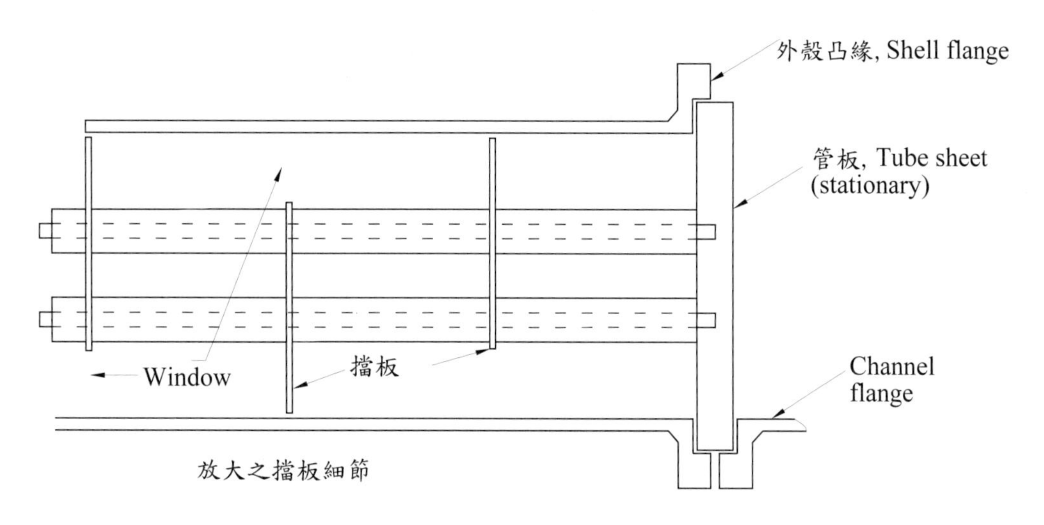

圖9-11 擋板與window示意圖

殼管式熱交換器通常甚大，因此從前頭蓋到尾部頭蓋間的熱傳管就顯得「又細又長」了。一般而言，設計上都希望傳熱管越長越好，這是因爲可適度縮小外殼的尺寸以降低成本；可是也要同時考慮到相對增加的壓降與運送上的問題，所以常見的管長/外殼直徑的比值多在5~10間。為了固定熱傳管，避免振動，通常需要使用如圖9-11所示的擋板來固定；擋板除了固定的功能外，還兼具導流的功用。擋板到擋板間的距離稱之為擋板間距 (baffle spacing L_b)，擋板最大間距的決定可參考表9-1，此一距離的決定與管徑及材質有關。

表9-1 無擋板支撐之最大擋板間距 ($L_{b,max}$)

管外徑 d_o	管材 與 長度(mm)	
	Carbon & high alloy steel Low alloy steel Nickel-Copper Nickel Nickel-Chromium-Iron	Aluminum & aluminum alloys Copper & copper alloys Titanium & zirconium at code max. Allowable temperature
19	1520	1321
25	1880	1626
32	2240	2210
38	2540	2930
50	3175	2794

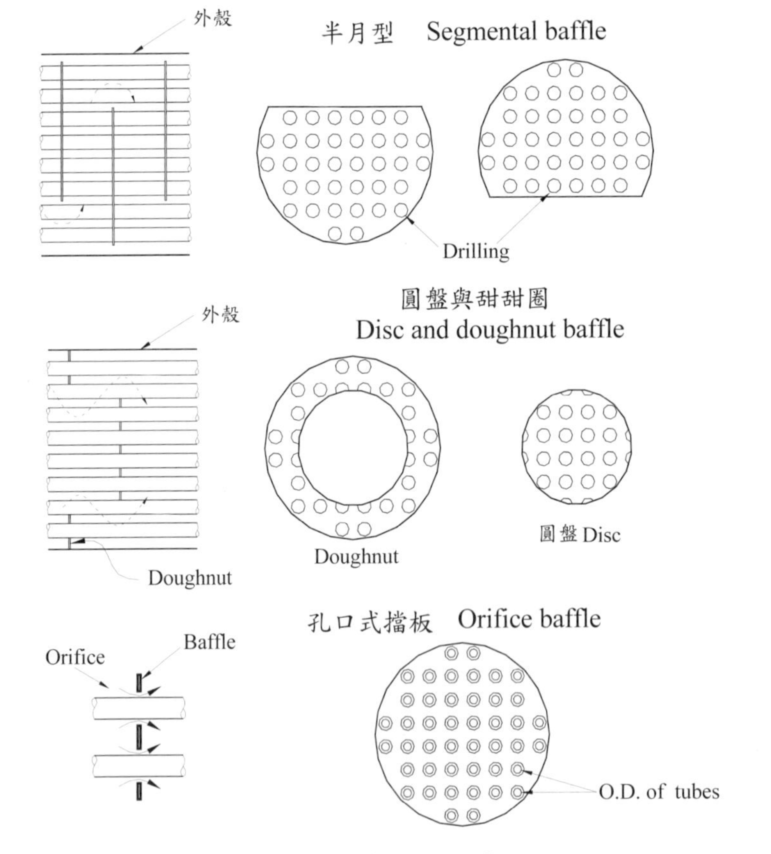

圖9-12 各式擋板示意圖

擋板型式大致可分爲半月型 (segmental)、圓盤與甜甜圈 (disc and doughnut) 板與孔口板(orifice)三種型態，如圖9-12所示。半月型擋板製造較爲簡單，但是洩漏問題比較嚴重。爲了使流體能夠流過鄰近的擋板，擋板通常會適度切掉一部份，稱之爲半月切 (baffle cut, L_{bc})，其定義可由圖9-13來說明。圖9-13同時說明最大內管群外徑的定義($D_{ot\ell}$, OTL, outer tube limit)與$D_{ct\ell}$ ($= D_{ot\ell} - d_o$)。適度的半月切有助於流體與管群的熱交換，太大或太小都有不好的影響 (見圖9-14的說明)。設計上以 25%的半月切最爲常見。

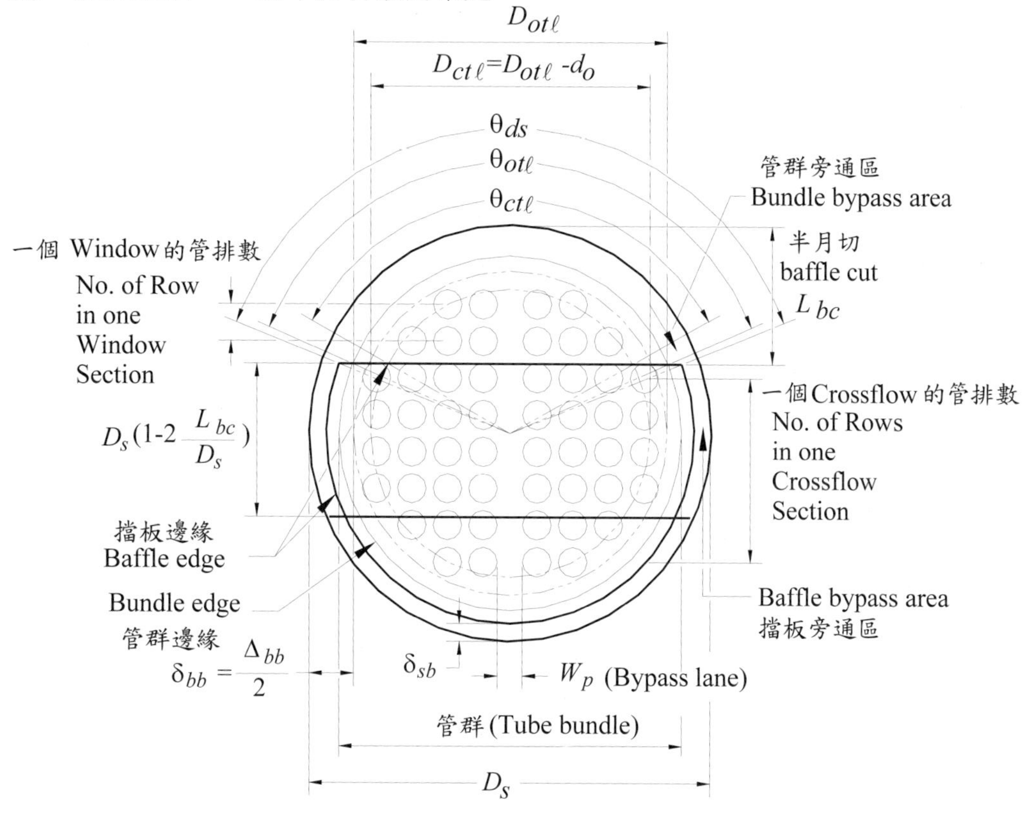

圖9-13 OTL、baffle cut (L_{bc})、W_p及D_s示意圖

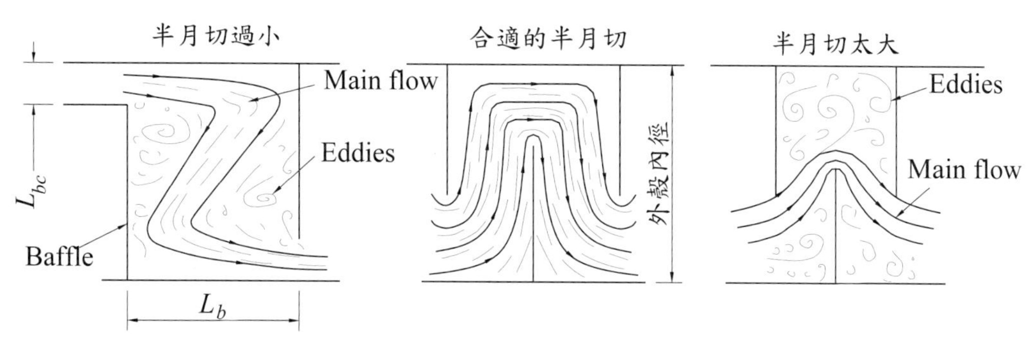

圖9-14 baffle cut 對流體流動的影響示意圖

9-2-5　傳熱管排列型式

傳熱管的排列方式見圖9-15，共有30°、45°、60°及90°四種型式，其中以30°型式最爲常見，其熱傳與壓降的比值最好，60°則較30°略差，45°則平平，在紊流流動狀態下且有壓降考量的限制時，90°有最佳的表現，但是在層流流動狀態下時，反而是最差；如果要考慮使用機械式清理，則可能必須使用45°或90°的型式；管間距與傳熱管管徑的比值(P_t/d_o，pitch ratio)，TEMA建議此值(pitch/diameter)應在1.25到1.5之間，不過，傳熱管的最小距離($P_t - d_o$)至少要1/8英吋(3.175 mm)，如果要經常使用機械式清理，建議至少要有1/4英吋(6.35 mm)以上。提醒讀者P_t與氣冷式熱交換器的定義不同，請勿混用；此外請特別注意圖9-15爲不同安排型式的管間距的定義與P_X的定義，P_X在ESDU(1983)的計算上會經常用到，另外圖中P_p與P_n分別代表平行與垂直於流動方向的管間距，P_p與P_n會在隨後的計算上使用。

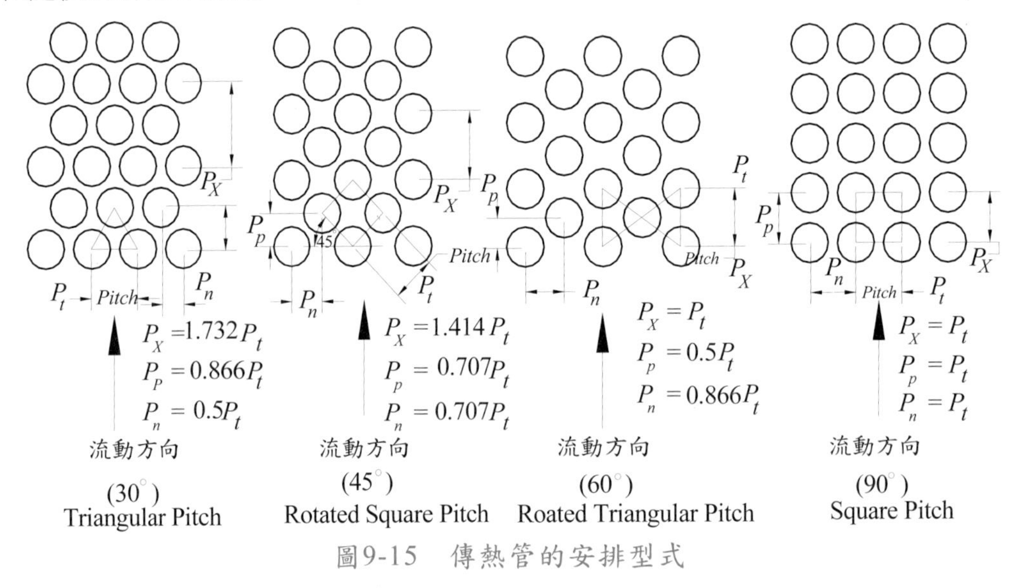

圖9-15　傳熱管的安排型式

殼管式熱交換器的傳熱管支數，可由下列方程式來估算近似值：

$$N_t = (CTP)\frac{\pi D_{ct\ell}^2}{4A_1} \tag{9-1}$$

$$CTP=\begin{cases}0.93 & \text{管側安排爲單回數 }(1-\text{Pass})\\ 0.9 & \text{管側安排爲雙回數 }(2-\text{Pass})\\ 0.85 & \text{管側安排爲三回數 }(3-\text{Pass})\end{cases} \tag{9-2}$$

$$A_1=(CL)P_t^2 \tag{9-3}$$

$$CL=\begin{cases}1.0 & 45^{\circ}\text{ 與 }90^{\circ}\text{ 適用}\\ 0.87 & 30^{\circ}\text{ 與 }60^{\circ}\text{ 適用}\end{cases} \tag{9-4}$$

式9-1也可寫成：

$$N_t=0.785\left(\frac{CTP}{CL}\right)\frac{D_{ct\ell}^2}{\left(P_t^*\right)^2 d_o^2} \tag{9-5}$$

$$P_t^*=\frac{P_t}{d_o} \tag{9-6}$$

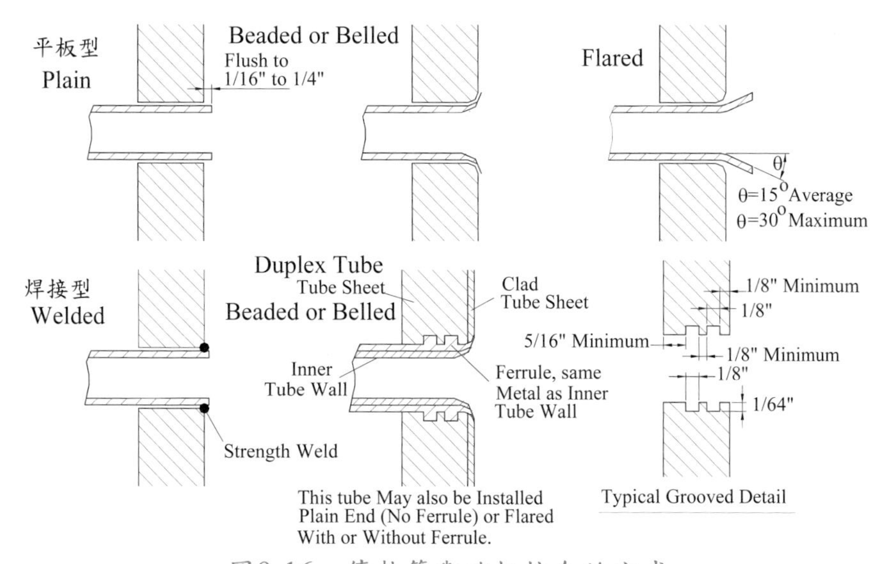

圖9-16 傳熱管與端板接合的方式

請注意式9-1與式9-5中的參考直徑爲$D_{ct\ell}$ $(= D_{ot\ell} - d_o)$，而$D_{ot\ell} = D_s - 2\delta_{bb}$，其中$\delta_{bb}$爲管陣與外殼的間隙(參考隨後介紹的Bell-Delaware 法的計算)；如果讀者一時無法確切掌握$D_{ct\ell}$而又需要快速的估算總傳熱管數的話，可以粗略的以D_s來預估；傳熱管與端板接合的方式，常見的有六種型式，如圖9-16所示。

殼管式熱交換器中管長的定義可由圖9-17來說明，L_{ta}代表有效的傳熱管長度(但不包括U型管)，其中端板的厚度(L_{ts})的決定，可以$L_{ts} = 0.1D_s$粗略估算。熱交換器的傳熱管有效長度L_{ta}在U型管中會比一般的殼管式熱交換器略長。

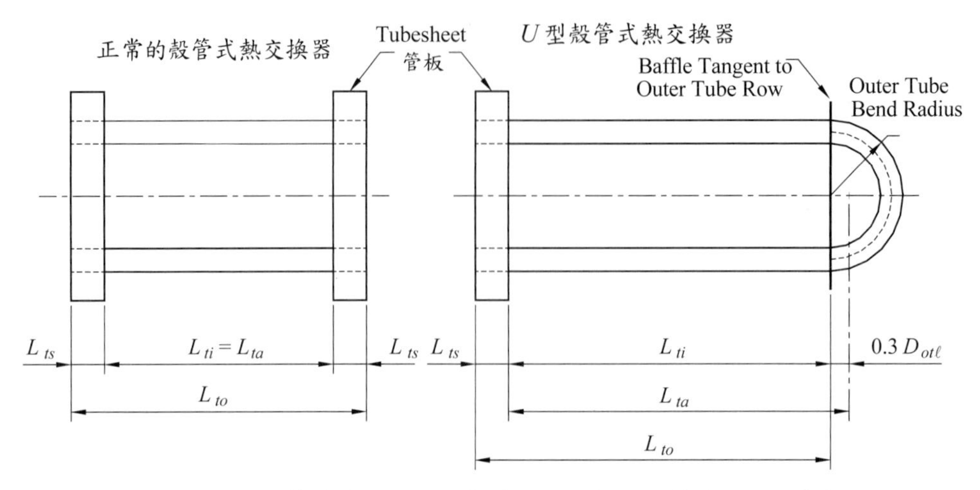

圖9-17　殼管式熱交換器中管長的符號定義與端板厚度

9-2-6　傳熱管管徑的選取與安排型式

管徑越小，熱傳性能與壓降的比值就越好，但是小管徑的傳熱管在使用上較難清理；如果殼側需要定期清理的話，建議傳熱管管徑應在20 mm 以上。在應用上，以3/4 英吋與 1 英吋的傳熱管最爲常見。

9-2-7　擋板的選擇

半月型擋板因爲製作容易，因此也最常使用；但是如果振動問題甚爲嚴重，可考慮其他如圖9-12的方式；一般建議擋板的間距至少要2英吋(50.8 mm)以上或是大於$0.5D_s$，最大的擋板間距應在1個D_s以內，擋板的半月切(baffle cut)與擋板間距的關係可用下面的方程式來估算：

$$\frac{L_{bc}}{D_s}=\frac{13}{80}\frac{L_b}{D_s}+\frac{67}{400} \tag{9-7}$$

9-2-8　管側及殼側流體選取原則

1. 較骯髒難清理的流體應儘量置於管側，這是因爲殼側更難清理。
2. 腐蝕性較強的流體應儘量置於管側，以節省使用合金外殼的材料花費。

3. 壓力較高的流體應儘量置於管側。高壓外殼甚爲昂貴；同樣的厚度下，較小的管徑的耐壓性遠比大管徑來得好。
4. 溫度較高的流體應儘量置於管側。
5. 流體性質較奇特或價錢甚爲昂貴的流體應儘量置於管側，以節省充填量。
6. 流量較小的流體可考慮置於殼側以避免多回數設計。
7. 殼側層流、紊流的分界可由$Re_{crit} = G_s d_o / \mu_s = 100$來區分；當 $Re_{crit} < 100$時，可視爲層流；而當 $Re_{crit} > 100$時，可視爲紊流。如果殼側爲層流流動，則可考慮將該流體換到管側以適度的提升熱傳性能。
8. 如果兩種工作流體其中一方的壓降要準確的估算與評估，最好是考慮置於管側。

9-2-9 回數的安排

回數的安排可從1到16，一般而言，多回數的使用在於適度的提升流體流速以增加熱傳係數並減少污垢的沉積，可能的話，管回數越少越好，這樣管板的設計會比較簡單，而且不會喪失一些傳熱管。

9-2-10 噴嘴設計與相關問題

通常，通過噴嘴的速度甚快，因此可能造成傳熱管的振動與侵蝕；因此在設計上通常會考慮採用一些緩衝保護措施(如圖9-18所示之緩衝板 impinging plate、緩衝管 impinging rod 等等)。

另外，根據TEMA的建議，如果於噴嘴後不使用緩衝保護措施(impingement plate, impingement rod 等等)，通過噴嘴的最大容許流速如下：

$$V_{n,max} = \begin{cases} \sqrt{\dfrac{2250}{\rho}} & \left\langle \text{m/s, 適用單相流體} \right\rangle \\ \sqrt{\dfrac{750}{\rho_m}} & \left\langle \text{m/s, 適用兩相流體, 其中} \dfrac{1}{\rho_m} = \dfrac{x}{\rho_G} + \dfrac{1-x}{\rho_L} \right\rangle \end{cases} \tag{9-8}$$

如果有使用緩衝保護措施，則最大容許流速可適度提高，即：

$$V_{n,\max} = \begin{cases} \sqrt{\dfrac{4500}{\rho}} & \langle \text{m/s, 適用單相液體} \rangle \\ 0.8c & \left\langle \begin{array}{l} \text{m/s, 適用單相氣體, 其中} c \text{爲該氣體條件下} \\ \text{(壓力與密度)的音速} \end{array} \right\rangle \\ \sqrt{\dfrac{1500}{\rho_m}} & \left\langle \text{m/s, 適用兩相流體, 其中} \dfrac{1}{\rho_m} = \dfrac{x}{\rho_G} + \dfrac{1-x}{\rho_L} \right\rangle \end{cases} \quad (9\text{-}9)$$

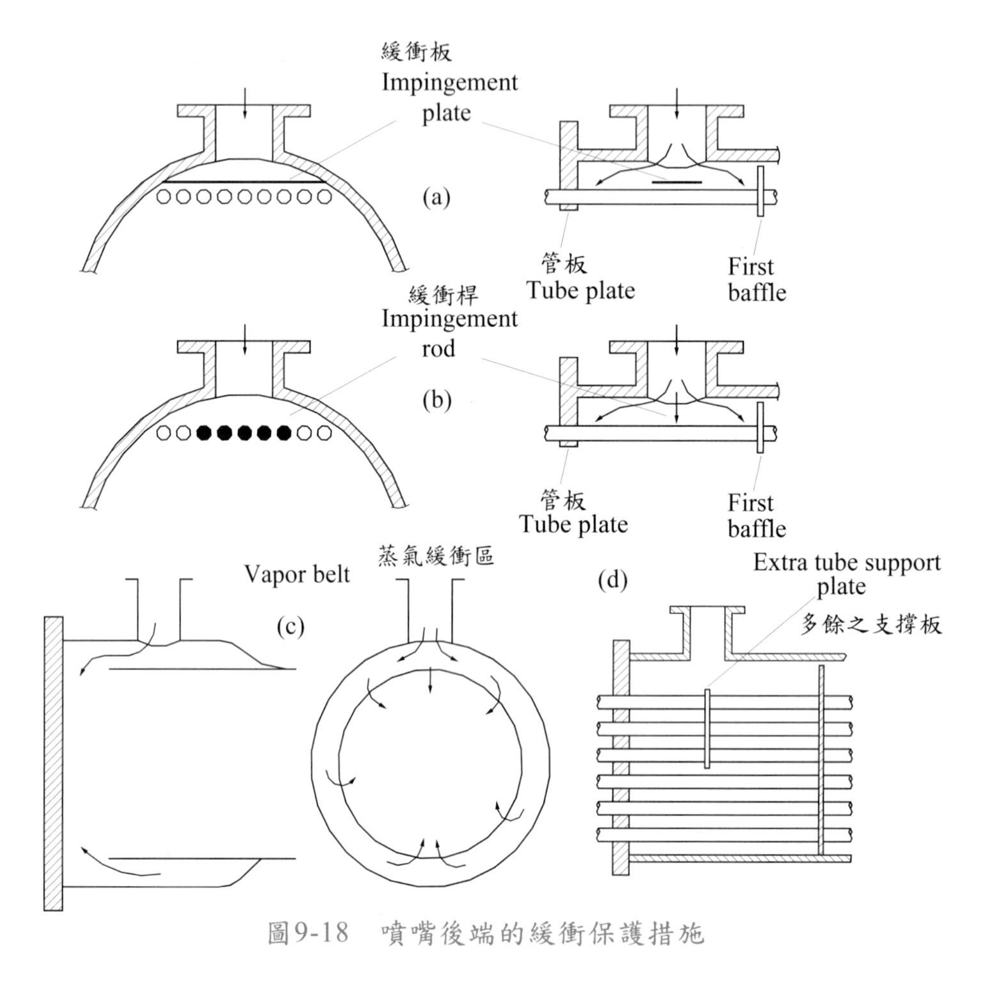

圖9-18 噴嘴後端的緩衝保護措施

9-3 殼管式熱交換器熱流設計流程

在本章節所探討的殼管式熱流設計流程，殼側部份主要是以單相流體來考慮，在管內側部份，可以是單相或是兩相流，兩相流的介紹，讀者可參考第四章；依應用的情況，採用蒸發或冷凝的相關設計方程式；管外部份若牽涉到冷凝或沸騰熱傳時，同樣可以用第四章部份的經驗方程式來初步估算，不過筆者要在這裡特別提醒讀者，殼側管陣牽涉到兩相部份的研究並不多見(雖然應用相當的廣泛)，迄目前爲止，尚無完整的通用設計經驗式可供使用，讀者在殼側牽涉兩相變化時，必須特別小心。如果殼側爲單相流體，設計資訊較完整，包括Kern (1950)、Bell-Delaware (1963)與 ESDU (1983)方法，本書對這三種方法均有完整的交代。

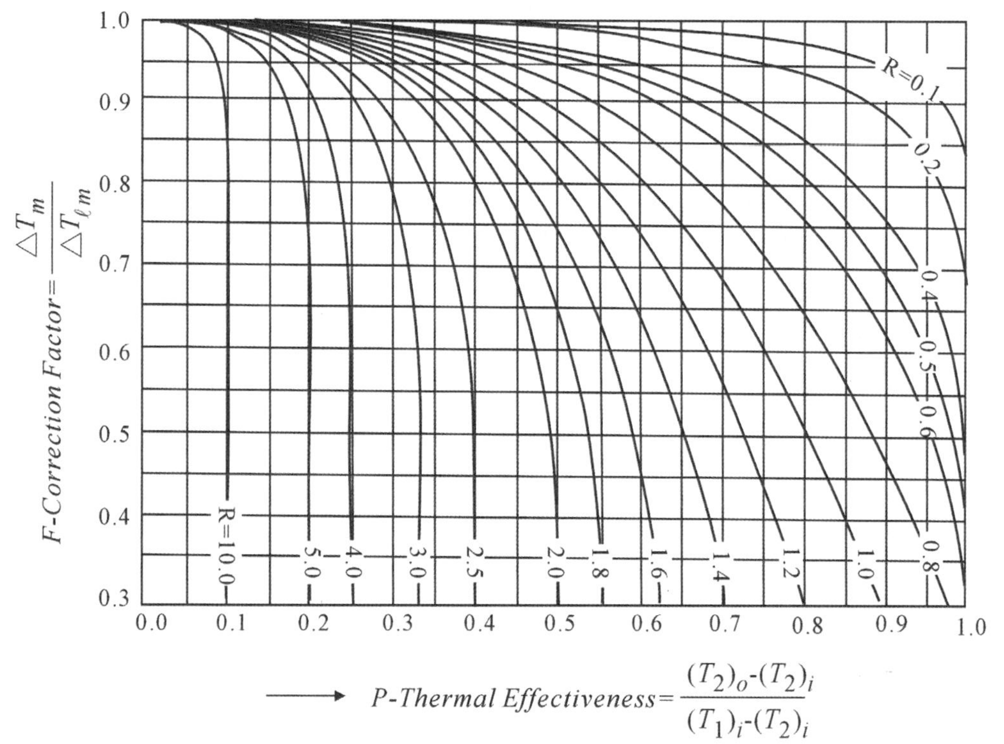

圖9-19 unmixed-unmixed 交錯流動下(見表9-2之式9-17的圖示)，F與P、R的關係圖(資料來源：HEDH, 2002)

考慮殼管式熱交換器的熱傳量爲Q，$Q = UAF\Delta T_{lm}$，其中U爲總熱傳係數，A爲熱交換器面積，ΔT_{lm}爲對數溫差，F爲校正係數，由第二章的介紹，在殼管式熱交換器的熱流設計計算，基本上不管是ε-NTU法或是UA-$LMTD$-F方法都可以適用，不過在習慣上，殼管式熱交換器多用UA-$LMTD$-F方法；UA-$LMTD$-F法中的校正係數F通常在0.8~1.0之間，由第二章的介紹可知 $F = F(P, R)$；圖 9-19與9-20爲unmixed-unmixed交錯流動與管側爲兩個回數的F與P、R 的關係圖。其他比較特別型式安排的殼管式熱交換器，讀者可以參考HEDH (2002)的資料。

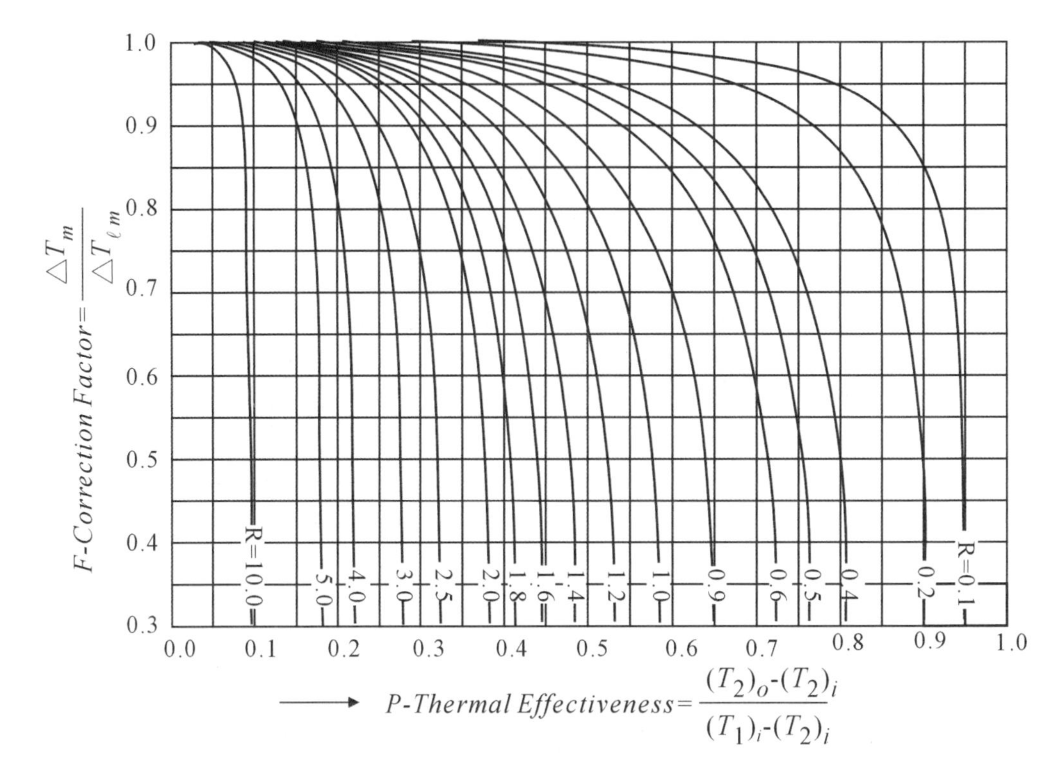

圖9-20 管側兩回數，殼側一回數流動下(見表9-2之式9-21的圖示)，F與P、R的關係圖 (資料來源：HEDH, 2002)

另外，也可以使用 P-NTU 法來計算校正係數 F；這是因為 P、R 與 NTU 在一些常用的流動安排下有完整的數學型式解(closed form solution)，因此可借用 P-NTU 間的方程式算出 P、R 與 NTU 的關係，再由

$$F = \begin{cases} \dfrac{1}{NTU_1(1-R_1)} \ln \dfrac{(1-P_1R_1)}{1-P_1} & \text{如果} R_1 \text{與} R_2 \neq 1 \\ \dfrac{P_1}{NTU_1(1-P_1)} & \text{如果} R_1 = R_2 = 1 \end{cases} \tag{9-10}$$

或

$$F = \begin{cases} \dfrac{1}{NTU_2(1-R_2)} \ln \dfrac{(1-P_2R_2)}{1-P_2} & \text{如果} R_1 \text{與} R_2 \neq 1 \\ \dfrac{P_2}{NTU_2(1-P_2)} & \text{如果} R_1 = R_2 = 1 \end{cases} \tag{9-11}$$

來算出校正係數 F，其中

$P_1 = (T_{1,i} - T_{1,o})/(T_{1,i} - T_{2,i})$，$P_2 = (T_{2,i} - T_{2,o})/(T_{2,i} - T_{1,i})$，$NTU_1 = UA/C_1$，$NTU_2 = UA/C_2$，$R_1 = C_1/C_2$，$R_2 = C_2/C_1$。

而熱交換器的有效度 $\varepsilon = Q/Q_{max}$，可證明與 P_1 的關係如下：

(1) 當 $C_1 = C_{min}$

$$\varepsilon = Q/Q_{max} = C_1(T_{1,i} - T_{1,o})/C_1(T_{1,i} - T_{2,i}) = P_1$$

(2) 當 $C_1 = C_{max}$

$$\varepsilon = Q/Q_{max} = C_1(T_{1,i} - T_{1,o})/C_2(T_{1,i} - T_{2,i}) = P_1/C^*$$

即

$$\varepsilon = \begin{cases} P_1 & \text{如果} C_1 = C_{min} \\ \dfrac{P_1}{C^*} & \text{如果} C_1 = C_{max} \end{cases} \tag{9-12}$$

各類的相關殼管式熱交換器的 P-NTU 關係式詳見表 9-2。殼管式熱交換器熱流設計最困難的地方在於總熱傳係數的計算，由第八章的介紹，總熱傳係數 U 值可估算如下：

$$\frac{1}{U} = \frac{A}{\eta_i h_i A_i} + \frac{A}{\eta_o h_o A_o} + \frac{A \ln \dfrac{d_o}{d_i}}{2\pi k_w L} \tag{9-13}$$

這裡暫不考慮管內外側的結垢阻抗(fouling resistance)的影響，結垢的影響將會在後續章節中介紹，本章節以平滑管介紹爲主，因此 $\eta_i = \eta_o = 1$，式9-13可簡化成：

$$\frac{1}{U} = \frac{A}{h_i A_i} + \frac{A}{h_o A_o} + \frac{A \ln \dfrac{d_o}{d_i}}{2\pi k_w L} \tag{9-14}$$

式9-14中真正的困難在於殼側熱傳係數 h_o 的估算，相較於殼側，管內側的流動單純多了，不管是單相或是兩相流動，計算的經驗方程式都相當多(請參考第一、四、八章)；接下來的章節重點就在於如何較爲精確地去計算殼側熱傳係數 h_o 與殼側的壓降。

表9-2 P_1-NTU_1之關係式 (資料來源：Handbook of Heat Transfer)

<table>
<tr><th>流動型式與方程式編號</th><th colspan="2">通用方程式(一般與特殊情況)</th></tr>
<tr><td rowspan="3">9-15 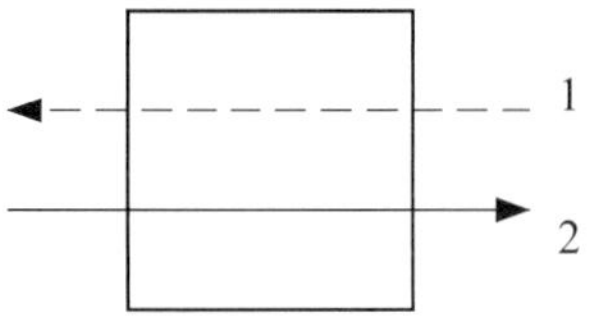
Counterflow heat exchanger, stream symmetric</td><td colspan="2">$P_1=\dfrac{1-\exp\left[-NTU_1\left(1-R_1\right)\right]}{1-R_1\exp\left[-NTU_1\left(1-R_1\right)\right]}$
$NTU_1=\dfrac{1}{\left(1-R_1\right)}\ln\left[\dfrac{1-R_1P_1}{1-P_1}\right]$, $F=1$</td></tr>
<tr><td>$R=1$</td><td>$P_1=\dfrac{NTU_1}{1+NTU_1}, NTU_1=\dfrac{P_1}{1-P_1}, F=1$</td></tr>
<tr><td>$NTU_1\to\infty$</td><td>$P_1\to 1$ 當$R_1\le 1$, $F=1$
$P_1\to 1/R_1$ 當$R_1\ge 1$, $F=1$</td></tr>
<tr><td rowspan="3">9-16 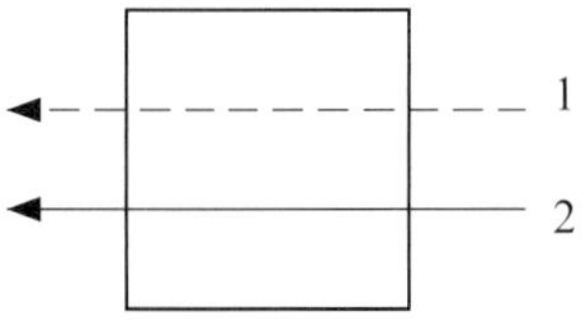
Parallel flow heat exchanger, stream symmetric</td><td colspan="2">$P_1=\dfrac{1-\exp\left(-NTU_1\left(1+R_1\right)\right)}{1+R_1}$
$NTU_1=\dfrac{1}{1+R_1}\ln\left[\dfrac{1}{1-P_1\left(1+R_1\right)}\right]$
$F=\dfrac{\left(R_1+1\right)\ln\left[\left(1-R_1P_1\right)/\left(1-P_1\right)\right]}{\left(R_1-1\right)\ln\left[1-P_1\left(1+R_1\right)\right]}$</td></tr>
<tr><td>$R=1$</td><td>$P_1=\dfrac{1}{2}\left[1-\exp\left(-2NTU_1\right)\right]$
$NTU_1=\dfrac{1}{2}\ln\left[\dfrac{1}{1-2P_1}\right]$
$F=\dfrac{2P_1}{\left(P_1-1\right)\ln\left(1-2P_1\right)}$</td></tr>
<tr><td>$NTU_1\to\infty$</td><td>$P_1\to\dfrac{1}{1+R_1}, F\to 0$</td></tr>
<tr><td rowspan="3">9-17 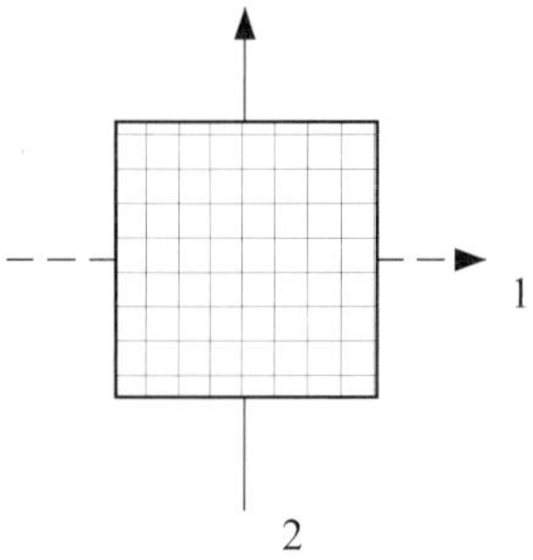
Single-pass crossflow heat exchanger, both fluids unmixed, stream symmetric</td><td colspan="2">$P_1=1-\exp\left(NTU_1\right)-\exp\left[1-\left(1+R_1\right)NTU_1\right]\times\sum_{n=1}^{\infty}R_1^nP_n\left(NTU_1\right)$
其中$P_n\left(y\right)=\dfrac{1}{\left(n+1\right)!}\sum_{j=1}^{n}\dfrac{\left(n+1-j\right)}{j!}y^{n+j}$</td></tr>
<tr><td>$R_1=1$</td><td>與上式相同</td></tr>
<tr><td>$NTU_1\to\infty$</td><td>$P_1\to 1$ 當 $R_1\le 1$
$P_1\to 1/R_1$當 $R_1\ge 1$</td></tr>
</table>

流動型式與方程式編號	通用方程式(一般與特殊情況)	
9-18 1 2 Single-pass crossflow heat exchanger, fluid 1 unmixed, fluid 2 mixed	$P_1=\left[1-\exp\left(-KR_1\right)\right]/R_1,\ K=1-\exp\left(-NTU_1\right)$ $NTU_1=\left[\dfrac{1}{1+\left(1/R_1\right)\ln\left(1-R_1P_1\right)}\right]$ $F=\dfrac{\ln\left[\left(1+R_1P_1\right)/\left(1-P_1\right)\right]}{\left(R_1-1\right)\ln\left[1+\left(1/R_1\right)\ln\left(1-R_1P_1\right)\right]}$	
	$R_1=1$	$P_1=1-\exp\left(-K\right)$ $K=1-\exp(-NTU_1)$ $NTU_1=\ln\left[\dfrac{1}{1+\ln\left(1-P_1\right)}\right]$ $F=\dfrac{P_1}{\left(P_1-1\right)\ln\left[1+\ln\left(1-P_1\right)\right]}$
	$NTU_1\to\infty$	$P_1\to\dfrac{1-\exp\left(-R_1\right)}{R_1},\ F\to 0$
9-19 1 2 Single-pass crossflow heat exchanger, fluid 1 mixed, fluid 2 unmixed	$P_1=1-\exp\left(-K/R_1\right),\ K=1-\exp\left(-R_1NTU_1\right)$ $NTU_1=\dfrac{1}{R_1}\ln\left[\dfrac{1}{1+R_1}\ln\left(1-P_1\right)\right]$ $F=\dfrac{\ln\left(1-R_1P_1\right)/\left(1-P_1\right)}{\left(1-1/R_1\right)\ln\left[1+R_1\ln\left(1-P_1\right)\right]}$	
	$R_1=1$	$P_1=1-\exp\left(-K\right)$ $K=1-\exp\left(-NTU_1\right)$ $NTU_1=\ln\left[\dfrac{1}{1+\ln\left(1-P_1\right)}\right]$ $F=\dfrac{P_1}{\left(P_1-1\right)\ln\left[1+\ln\left(1-P_1\right)\right]}$
	$NTU_1\to\infty$	$P_1\to 1-\exp\left(-1/R_1\right),\ F\to 0$
9-20	$P_1=\left[\dfrac{1}{K_1}+\dfrac{R_1}{K_2}-\dfrac{1}{NTU_1}\right]^{-1}$ $K_1=1-\exp\left(-NTU_1\right),\ K_2=1-\exp\left(-R_1NTU_1\right)$	
	$R_1=1$	$P_1=\left[\dfrac{2}{K_1}-\dfrac{1}{NTU_1}\right]^{-1}$

流動型式與方程式編號	通用方程式(一般與特殊情況)	
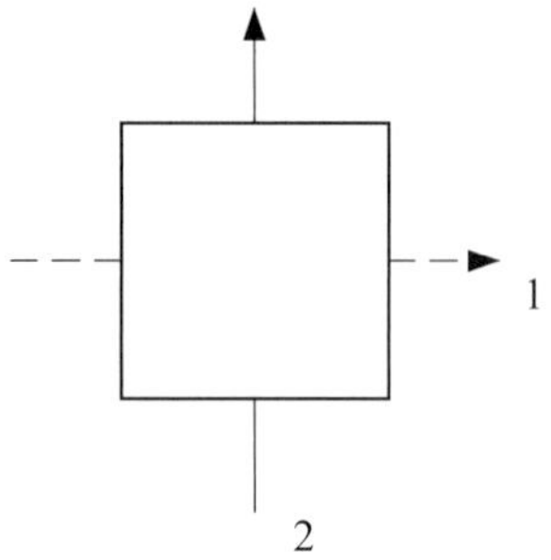 Single-pass crossflow heat exchanger, both fluid mixed, stream symmetrics	$NTU_1 \to \infty$	$P_1 \to \dfrac{1}{1+R_1}$
9-21 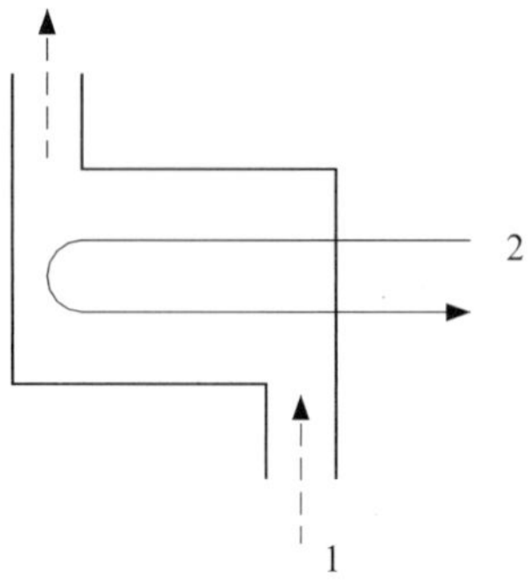1-2* TEMA E shell-and-tube heat exchanger, shell fluid mixed, stream symmetric *1 means 1 shell side pass, 2 tube side pass	$P_1 = \dfrac{2}{1+R_1+E\coth\left(E \times NTU_1/2\right)}$ $E = \left[1+R_1^2\right]^{1/2}$ $NTU_1 = \dfrac{1}{E}\ln\left[\dfrac{2-P_1\left(1+R_1-E\right)}{2-P_1\left(1+R_1+E\right)}\right]$ $F = \dfrac{E\ln\left[\left(1-R_1P_1\right)/\left(1-P_1\right)\right]}{\left(1-R_1\right)\ln\left[\dfrac{2-P_1\left(1+R-E\right)}{2-P_1\left(1+R_1+E\right)}\right]}$	
	$R_1 = 1$	$P_1 = \dfrac{1}{1+\coth\left(NTU_1/\sqrt{2}\right)/\sqrt{2}}$ $NUT_1 = \ln\left[\dfrac{2-P_1}{2-3P_1}\right]$ $F = \dfrac{P_1/\left(1-P_1\right)}{\ln\left[\left(2-P_1\right)/\left(2-3P_1\right)\right]}$
	$NTU_1 \to \infty$	$P_1 \to \dfrac{2}{1+R_1+E}$, $F \to 0$
9-22	$P_1 = \dfrac{1}{R_1}\left[1-\dfrac{\left(2-R_1\right)\left(2E+R_1B\right)}{\left(2+R_1\right)\left(2E-R_1/B\right)}\right]$ $E = \exp\left(NTU_1\right)$, $B = \exp\left(-NTU_1R_1/2\right)$ 與1-1 J shell同，見式9-29	
	$R_1 = 2$	$P_1 = \dfrac{1}{2}\left[1-\dfrac{1+E^{-2}}{2\left(1+NTU_1\right)}\right]$

流動型式與方程式編號	通用方程式(一般與特殊情況)	
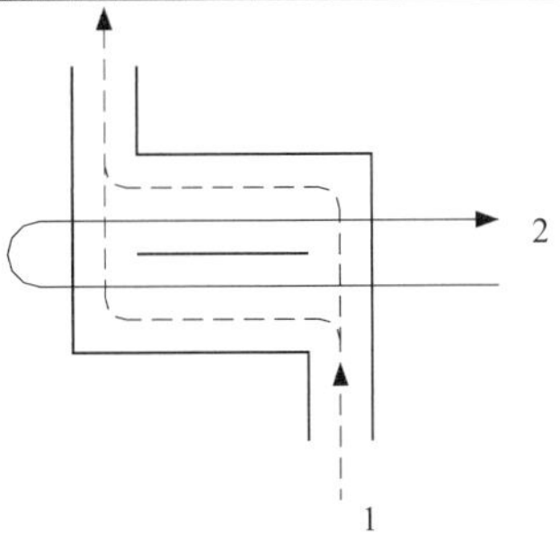 1-2 TEMA E shell-and-tube heat exchanger, shell fluid divided into two streams individually mixed	$NTU_1 \to \infty$	$P_1 \to \frac{2}{2+R_1}$ 當 $R_1 \le 2$ $P_1 \to \frac{1}{R_1}$ 當 $R_1 \ge 2$
9-23 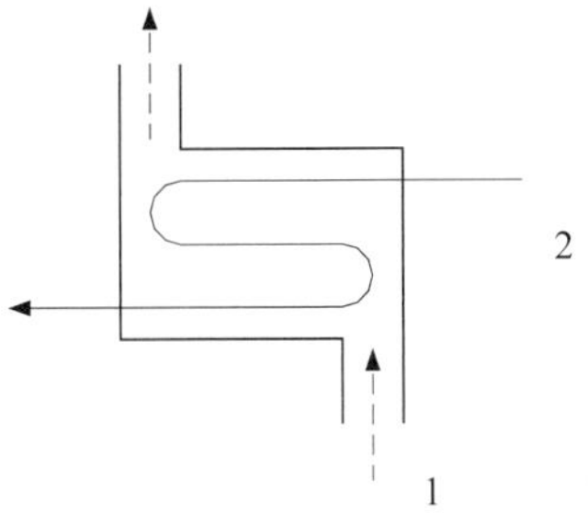 1-3 TEMA E shell-and-tube heat exchanger, shell and tube fluid mixed, one parallelflow and two counterflow	$P_1 = \frac{1}{R_1}\left[1 - \frac{C}{AC+B^2}\right]$ $A = X_1(R_1+\lambda_1)(R_1-\lambda_2)/2\lambda_1 - X_3\delta$ $\quad -X_2(R_1+\lambda_2)(R_1-\lambda_1)/2\lambda_2 + 1/(1-R_1)$ $B = X_1(R_1-\lambda_2) - X_2(R_1-\lambda_1) + X_3\delta$ $C = X_2(3R_1+\lambda_1) - X_1(3R_1+\lambda_2) + X_3\delta$ $X_i = EXP(\lambda_i NTU_1/3)/2\delta,\ i=1,\ 2,\ 3$ $\delta = \lambda_1 - \lambda_2,\ \lambda_1 = -\frac{3}{2} + \left[\frac{9}{4} + R_1(R_1-1)\right]^{1/2}$ $\lambda_2 = -\frac{3}{2} - \left[\frac{9}{4} + R_1(R_1-1)\right]^{1/2},\ \lambda_3 = -R_1$	
	$R_1 = 1$	與上式相同，但 $A = -\exp(-NTU_1)/18$ $-\exp(NTU_1/3)/2 + (NTU_1+5)/9$
	$NTU_1 \to \infty$	$P_1 \to 1$ 當 $R_1 \le 1$ $P_1 \to \frac{1}{R_1}$ 當 $R_1 \ge 1$
9-24	$P_1 = 4\left[2(1+R_1) + DA + R_1 B\right]^{-1}$ $A = \coth(D \times NTU_1/4),\ B = \tanh(R_1 NTU_1/4)$ $D = \left[4 + R_1^2\right]^{1/2}$	

<table>
<tr><th>流動型式與方程式編號</th><th colspan="2">通用方程式(一般與特殊情況)</th></tr>
<tr><td rowspan="2">2
1
1-4 TEMA E shell-and-tube heat exchanger, shell and tube fluid mixed</td><td>$R_1=1$</td><td>$P_1=4\left[4+\sqrt{5}A+B\right]^{-1}$
$A=\coth\left(\sqrt{5}NTU_1/4\right)$
$B=\tanh\left(NTU_1/4\right)$</td></tr>
<tr><td>$NTU_1\to\infty$</td><td>$P_1\to\dfrac{4}{2\left(1+2R_1\right)+D-R_1}$</td></tr>
<tr><td rowspan="3">9-25 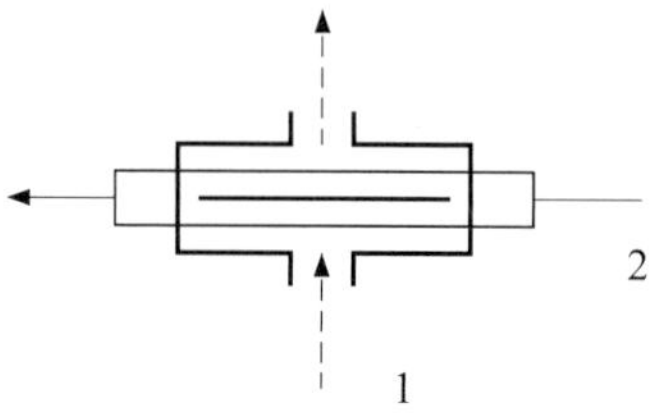
2
1
1-1 TEMA G shell-and-tube heat exchanger, tube fluid split into two streams individually mixed, shell fluid mixed, stream symmetric</td><td colspan="2">$P_1=A+B-AB\left(1+R_1\right)+R_1AB^2$
$A=\dfrac{1}{1+R_1}\left\{1-\exp\left[-NTU_1\left(1+R_1\right)/2\right]\right\}$
$B=\left(1-D\right)/\left(1-R_1D\right)$
$D=\exp\left[-NTU_1\left(1-R_1\right)/2\right]$</td></tr>
<tr><td>$R_1=1$</td><td>與上式相同，但
$B=NTU_1/\left(2+NTU_1\right)$</td></tr>
<tr><td>$NTU_1\to\infty$</td><td>$P_1\to1$ 當 $R_1\le1$
$P_1\to1$ 當 $R_1\ge1$</td></tr>
<tr><td rowspan="2">9-26 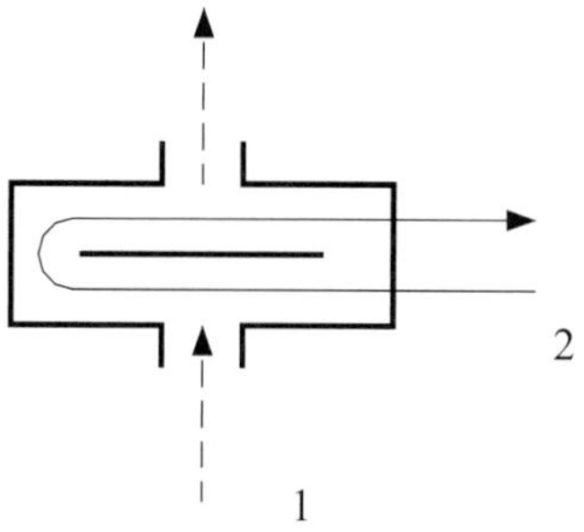
2
1
Overall counterflow 1-2</td><td colspan="2">$P_1=\left(B-\alpha^2\right)/\left(A+2+R_1B\right)$
$A=-2R_1\left(1-\alpha\right)^2/\left(2+R_1\right),$
$B=\left[4-\beta\left(2+R_1\right)\right]/\left(2-R_1\right)$
$\alpha=\exp\left[-NTU_1\left(2+R_1\right)/4\right]$
$\beta=\exp\left[-NTU_1\left(2-R_1\right)/2\right]$</td></tr>
<tr><td>$R_1=2$</td><td>$P_1=\dfrac{1+2NTU_1-\alpha^2}{4+4NTU_1-\left(1-\alpha\right)^2}$
$\alpha=\exp\left(-NTU_1\right)$</td></tr>
</table>

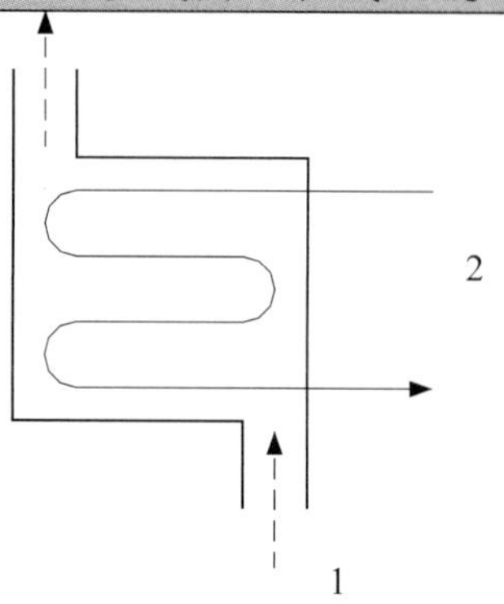

流動型式與方程式編號	通用方程式(一般與特殊情況)	
TEMA G shel-and-tube heat exchanger; shell and tube mixed in each pass at a cross section	$NTU_1 \to \infty$	$P_1 \to \dfrac{2+R_1}{R_1^2+R_1+2}$ 當 $R_1 \le 2$ $P_1 \to \dfrac{1}{R_1}$ 當 $R_1 \ge 2$
9-27 1-1 TEMA H shel-and-tube heat exchanger; tube fluid split into streams individually mixed, shell fluid mixed	$P_1 = E\left[1+\left(1-BR_1/2\right)\right]\times\left(1-AR_1/2+ABR_1\right)$ $-AB\left(1-BR_1/2\right)$ $A = \dfrac{1}{1+R_1/2}\left\{1-\exp\left[-NTU_1\left(1+R_1/2\right)/2\right]\right\}$ $B=\left(1-D\right)/\left(1-R_1D/2\right)$ $D=\exp\left[-NTU_1\left(1-R_1/2\right)/2\right]$ $E=\left(A+B-ABR_1/2\right)/2$	
	$R_1 = 2$	與上式相同，但 $B = NTU_1/\left(2+NTU_1\right)$
	$NTU_1 \to \infty$	$P_1 \to \dfrac{4\left(1+R_1\right)-R_1^2}{\left(2+R_1\right)^2}$ 當 $R_1 \le 2$ $P_1 \to \dfrac{1}{R_1}$ 當 $R_1 \ge 2$
9-28 Overall counterflow 1-2 TEMA H shel-and-tube heat exchanger, shell and tube fluids mixed in each pass at a cross section	$P_1 = \dfrac{1}{R_1}\left[1-\dfrac{\left(1-D\right)^4}{B-4G/R_1}\right]$ $B=\left(1+H\right)\left(1+E\right)^2$ $G=\left(1-D\right)^2\left(D^2+E^2\right)+D^2\left(1+E\right)^2$ $H=\left[1-\exp\left(-2\beta\right)\right]/\left(4/R_1-1\right)$ $E=\left[1-\exp\left(-\beta\right)\right]/\left(4/R_1-1\right)$ $D=\left[1-\exp\left(-\alpha\right)\right]/\left(4/R_1+1\right)$ $\alpha = NTU_1\left(4+R_1\right)/8,\ \beta = NTU_1\left(4-R_1\right)/8$	
	$R_1 = 4$	與上式相同，但 $H = NTU_1,\ \ E = NTU_1/2$

流動型式與方程式編號	通用方程式(一般與特殊情況)	
	$NTU_1 \to \infty$	$P_1 \to \left[R_1 + \dfrac{(4-R_1)^3}{(4+R_1)(R_1^3+16)} \right]^{-1}$ 當$R_1 \le 4$ $P_1 \to \dfrac{1}{R_1}$ 當 $R_1 \ge 4$
9-29 2 1 1-1 TEMA J shel-and-tube heat exchanger, shell and tube fluids mixed	$P_1 = \dfrac{1}{R_1}\left[1 - \dfrac{(1+R_1)(2E+R_1B)}{(2+R_1)(2E-R_1/B)}\right]$ $E = \exp(NTU_1),\ B = \exp(-NTU_1R_1/2)$ 與式9-22同	
	$R_1 = 2$	$P_1 = \dfrac{1}{2}\left[1 - \dfrac{1+E^{-2}}{2(1+NTU_1)}\right]$
	$NTU_1 \to \infty$	$P_1 \to \dfrac{2}{2+R_1}$ 當 $R_1 \le 2$ $P_1 \to \dfrac{1}{R_1}$ 當 $R_1 \ge 2$
9-30 2 1 1-2 TEMA J shel-and-tube heat exchanger, shell and tube fluids mixed; the results remain the same if fluid 2 is reversed	$P_1 = \left[1 + \dfrac{R_1}{2} + \lambda B - 2\lambda CD\right]^{-1}$ $B = (A^\lambda + 1)/(A^\lambda - 1),\ C = \dfrac{A^{(1+\lambda)/2}}{\lambda - 1 + (1+\lambda)A^\lambda}$ $D = 1 + \dfrac{\lambda A^{(\lambda-1)/2}}{A^\lambda - 1},\ A = \exp(NTU_1), \lambda = (1+R_1^2/4)^{\frac{1}{2}}$	
	$R_1 = 1$	與上式相同
	$NTU_1 \to \infty$	$P_1 \to \left[1 + \dfrac{R_1}{2} + \lambda\right]^{-1}$

<table>
<tr><th>流動型式與方程式編號</th><th colspan="2">通用方程式(一般與特殊情況)</th></tr>
<tr><td rowspan="3">9-31
1-4 TEMA J shel-and-tube heat exchanger, shell and tube fluids mixed</td><td colspan="2">$P_1=\left[1+\frac{R_1}{4}\left(\frac{1+3E}{1+E}\right)+\lambda B-2\lambda CD\right]^{-1}$
$B=\frac{A^{\lambda}+1}{A^{\lambda}-1},\ C=\frac{A^{(1+\lambda)/2}}{\lambda-1+(1+\lambda)A^{\lambda}}$
$D=1+\frac{\pi A^{(\lambda-1)/2}}{A^{\lambda}-1},\ A=\exp(NTU_1)$
$E=\exp(R_1 NTU_1/2),\ \lambda=\left(1+R_1^2/16\right)^{1/2}$</td></tr>
<tr><td>$R_1=1$</td><td>與上式相同</td></tr>
<tr><td>$NTU_1\to\infty$</td><td>$P_1\to\left[1+\frac{3R_1}{4}+\lambda\right]^{-1}$</td></tr>
<tr><td rowspan="3">9-32
Limit of 1-n J shel-and-tube heat exchangers for n→ ∞, shell and tube fluids mixed, stream symmetric</td><td colspan="2">與式9-20同</td></tr>
<tr><td>$R_1=1$</td><td>與式9-20同</td></tr>
<tr><td>$NTU_1\to\infty$</td><td>與式9-20同</td></tr>
<tr><td rowspan="3">9-33
Parallel coupling of n heat exchangers; fluid 2 split arbitrarily into n streams</td><td colspan="2">$P_1=1-\prod_{i=1}^{n}(1-P_{1,Ai})$ (a)
$\frac{1}{R_1}=\sum_{i=1}^{n}\frac{1}{R_{i,Ai}}$ (b)
$NTU_1=\sum_{i=1}^{n}NTU_{1,Ai}$ (c)</td></tr>
<tr><td>$R_1=1$</td><td>與上式相同，但式(b)為$1=\sum_{i=1}^{n}\frac{1}{R_{1,Ai}}$</td></tr>
<tr><td>$NTU_1\to\infty$</td><td>P_1與式9-33同
R_1與式9-33同</td></tr>
<tr><td>9-34
Series coupling of n heat exchangers; overall</td><td colspan="2">$P_1=\frac{\prod_{i=1}^{n}(1-R_1P_{1,Ai})-\prod_{i=1}^{n}(1-P_{1,Ai})}{\prod_{i=1}^{n}(1-R_1P_{1,Ai})-R_1\prod_{i=1}^{n}(1-P_{1,Ai})}$
$R_1=R_{1,Ai},i=1,.......,n$
$NTU_1=\sum_{i=1}^{n}NTU_{1.Ai}$
$F=\frac{1}{NTU_1}\sum_{i=1}^{n}NTU_{1,Ai}F_{Ai}$</td></tr>
</table>

流動型式與方程式編號	通用方程式(一般與特殊情況)	
counterflow arrangement; streams symmetric if all A_i are strem-symmetric	$R_1=1$	$P_1=\dfrac{\sum_{i=1}^{n}\left(P_{1,Ai}\right)/\left(1-P_{1,Ai}\right)}{1+\sum_{i=1}^{n}\left(P_{i,Ai}\right)/\left(1-P_{1,Ai}\right)}$ $1=R_{1.Ai}, i=1,\ldots,n$ NTU_1與 F 與式9-34 同
	$NTU_1\to\infty$	P_1與式9-15同 R_1與式9-34同
9-35 A_1 A_2 … A_n 1 2	$P_1=\dfrac{1}{1+R_1}\left\{\prod_{i=1}^{n}\left[1-\left(1+R_1\right)P_{1,Ai}\right]\right\}$ $R_1=R_{1,Ai}, i=1,\ldots,n$ $NTU_1=\sum_{i=1}^{n}NTU_{1,A}$	
Series coupling of n heat exchangers; overall parallelflow arrangement; streams symmetric if all Ai are strem-symmetric	$R_1=1$	$P_1=\dfrac{1}{2}\left\{1-\prod_{i=1}^{n}\left[1-2P_{1,Ai}\right]\right\}$ $1=R_{1,Ai}, i=1,\ldots,n$ NTU_1與式9-35 同
	$NTU_1\to\infty$	P_1與式9-35同 R_1與式9-35同

9-4 殼管式熱交換器熱流設計方法 (Kern method)

Kern (1950) 提出最早的殼側熱流設計方程式如下：

$$Nu_{shell}=\frac{h_o D_e}{k}=0.36\,\mathrm{Re}_{shell}^{0.55}\,\mathrm{Pr}^{1/3}\left(\frac{\mu}{\mu_w}\right)^{0.14} \tag{9-36}$$

$$\Delta P_{shell}=\frac{4 f_{shell} G_s^2 D_s\left(N_b+1\right)}{2\rho D_e\left(\dfrac{\mu}{\mu_w}\right)^{0.14}} \tag{9-37}$$

$$4f_{shell}=e^{0.576-0.19\ln \mathrm{Re}_{shell}} \tag{9-38}$$

$$\mathrm{Re}_{shell}=\frac{G_s D_e}{\mu} \tag{9-39}$$

$$G_s=\frac{\dot{M}_T}{A_s} \tag{9-40}$$

$$A_s = C' L_b D_s / P_t \tag{9-41}$$

$$C' = P_t - d_o \tag{9-42}$$

$$D_e=\frac{4\times \text{流道面積}}{\text{潤濕周界}}=\begin{cases}\dfrac{4\left(P_t^2-\dfrac{\pi d_o^2}{4}\right)}{\pi d_o} & \text{for square pitch}\\[2ex] \dfrac{4\left(\dfrac{P_t}{2}\times 0.86P_t-\dfrac{1}{2}\dfrac{\pi d_o^2}{4}\right)}{\dfrac{\pi d_o}{2}} & \text{for triangular pitch}\end{cases} \tag{9-43}$$

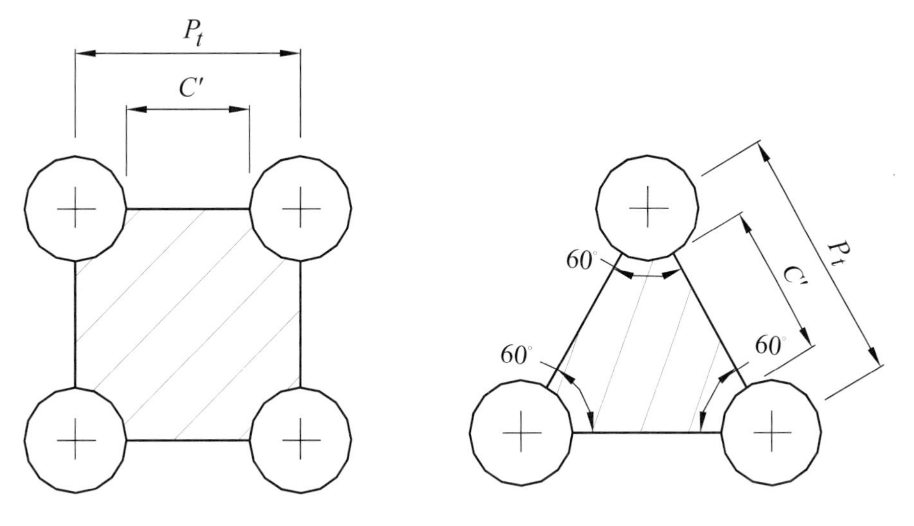

圖9-21 Kern Method P_t、C'數定義示意圖

例 9-4-1： 一殼管式熱交換器之幾何尺寸如下

外殼內徑D_s = 0.508 m

管外徑d_o = 0.01905 m

管內徑d_i = 0.016 m

隔板間距L_b = 0.5 m

熱交換器外殼總長度 = 5 m

P_t = 0.0254 m，P_t^* = 0.0254/0.01905 = 1.33

30° 排列，殼側為 E shell，殼側之工作流體為水，入口溫度為363 K (90°C)，水量為25 kg/s，試以Kern法估算殼側的壓降與殼側的熱傳係數。水的性質如下：

T (K)	ρ_{water} (kg/m^3)	$c_{p,water}$ (kJ/kg·K)	μ_{water} (Pa·s)	k_{water} (W/m·K)	Pr_{water}
283	999.6	4.194	0.001304	0.587	9.32
323	988.0	4.181	0.000548	0.631	3.56
363	965.3	4.207	0.000316	0.676	1.96

傳熱管材質為Carbon Steel (C ≈ 0.5%，k_w ≈ 53 W/m·K)，管側水的進口條件如下，管側為兩個回數；進口條件為 $\dot{m}_{water,i} = 50$ kg/s, $T_{water,\ in} = 283$ K

9-4-1 解：

管間隔為 $C' = P_t - d_o = 0.0254 - 0.01905 = 0.00635$ m

在直徑處的流道面積為A_s可由式9-41算出，即：

$A_s = C' L_b D_s / P_t = 0.00635 \times 0.5 \times 0.508 / 0.0254 = 0.0635$ m^2

$\therefore G_s = \dot{m}_s / A_s = 25 / 0.0635 = 393.7$ kg/m$^2 \cdot$s

$$D_e = \frac{4\left(\dfrac{P_t}{2} \times 0.86 P_t - \dfrac{1}{2}\dfrac{\pi d_o^2}{4}\right)}{\dfrac{\pi d_o}{2}} = \frac{4\left(\dfrac{0.0254}{2} \times 0.86 \times 0.0254 - \dfrac{1}{2}\dfrac{\pi \times 0.01905^2}{4}\right)}{\dfrac{\pi \times 0.01905}{2}}$$

$$= 0.018 \text{ m}$$

∴雷諾數為

$$\text{Re}_{shell} = \frac{G_s \times D_e}{\mu_{water}} = \frac{393.7 \times 0.018}{0.000316} = 22468 \Rightarrow \text{紊流流動!}$$

假設property index的效應很小，$(\mu/\mu_w)^{0.14} \approx 1$，所以

$$Nu_{shell} = \frac{h_o D_e}{k} = 0.36 \text{Re}_{shell}^{0.55} \text{Pr}^{1/3}\left(\frac{\mu}{\mu_w}\right)^{0.14} = 0.36 \times 22468^{0.55} \times 1.96^{0.333} = 111.4$$

$\therefore\ h_o = 0.676\times111.4/0.018 = 4185\ \text{W/m}^2\cdot\text{K}$

$$4f_{shell} = e^{0.576-0.19\ln \text{Re}_{shell}} = e^{0.576-0.19\ln 22468} = 0.2651$$

$$\Rightarrow f_{shell} = 0.0663$$

由於外殼的長度爲5 m，擋板間距爲0.5 m，因此擋板總數目爲：

$N_b = 5/0.5 - 1 = 9$

$$\therefore \Delta P_{shell} = \frac{4f_{shell}G_s^2D_s\left(N_b+1\right)}{2\rho D_e\left(\dfrac{\mu}{\mu_w}\right)^{0.14}} = \frac{0.2651\times393.7^2\times0.508\times(9+1)}{2\times965.3\times0.018} = 6006.7\ \text{Pa}$$

【計算例之結論】

Kern (1950)法相當直接與容易。

9-5 殼管式熱交換器熱流設計方法 (Bell-Delaware method)

9-5-1 Bell-Delaware法的背景資訊

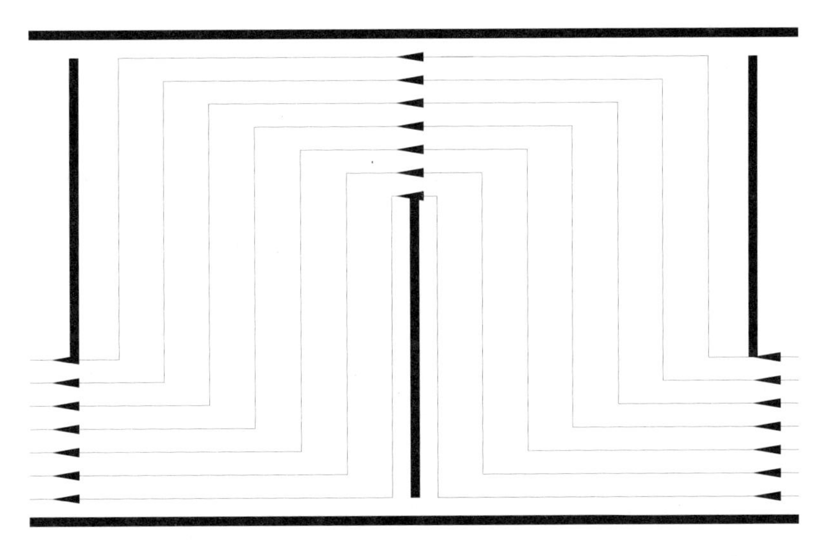

圖9-22 理想狀態下流體於殼管式熱交換器內的流動情形

公開文獻中，要以Bell-Delaware (1963) 法最廣爲使用，在介紹這個方法前，我們先來認識流體在殼管式熱交換器中的流動情形，圖9-22為理想狀態下流體的流動情形。可想而知，這種理想流動是不可能的，由於擋板與傳熱管的間隙與管群與外殼間隙的存在，一部份的殼側流體將無法有效的達成與管群熱交換的目的；這部份的流體包括洩漏 (leakage) 與 旁通 (bypass)兩部份，流體於殼側的流動情形可由圖9-23來說明。由圖9-23所示，殼管式熱交換器內的流體大致可區分成 5 種類別，即 A、B、C、E (Tinker) 及F (Bell)；說明如下：

A stream：管板與傳熱管間的洩漏(leakage stream through the tube-baffle clearance)。

B stream：傳熱管與流體熱交換的主要部份(crossflow stream through the tube bundle)。

C stream：外殼與管群間的旁通流體(bypass stream between the shell and the outside of the tube bundle)。

E stream：擋板與外殼間隙的洩漏(leakage stream through the baffle-shell clearance)。

F stream：多回數外殼設計時的旁通量(bypass in multi-pass shell design)。

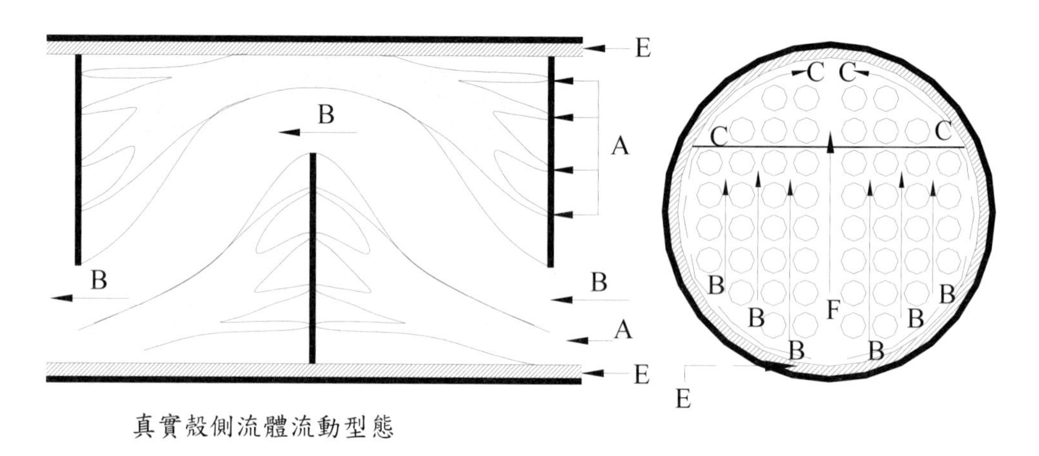

圖9-23　實際狀態下流體於殼管式熱交換器內的流動情形

請注意，簡單來講，洩漏代表軸向的無效量而旁通代表徑向的無效量。Bell-Delaware (1963)法中需要很多殼管式熱交換器的幾何尺寸資料，我們將對這些參數來說明，請參考圖9-13。

(1) N_c (一個隔板間的傳熱管的管排數，number of tube rows crossed in one crossflow section, between baffle tips)：

$$N_c = \frac{D_s \times \left(1 - 2\frac{L_{bc}}{D_s}\right)}{P_P} \tag{9-44}$$

其中P_p的定義見圖 9-15。

(2) F_c (交錯流動管支數所佔的比例，fraction of total tubes in crossflow)

$$F_c = \left(1 + \frac{2}{\pi}\left[\frac{D_s - 2L_{bc}}{D_{ot\ell}}\right]\sin\left(\cos^{-1}\left[\frac{D_s - 2L_{bc}}{D_{ot\ell}}\right]\right) - 2\cos^{-1}\left[\frac{D_s - 2L_{bc}}{D_{ot\ell}}\right]\right) \tag{9-45}$$

由圖9-22所示，流體流經window區時與傳熱管並非呈交錯型式，因此必須算出有多少部份是「純交錯流動的型式」，當然如果window區無傳熱管時，$F_c = 1$。

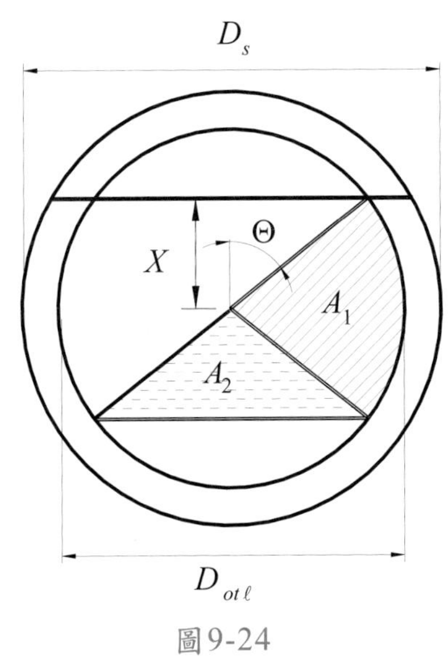

圖9-24

考慮如圖9-24的示意圖，由圖的定義可知：$X = (D_s - 2L_{bc})/2$，所以扇形面積A_1可算出如下：

$$A_1 = \frac{1}{2}\cdot\frac{\pi}{4}D_{ot\ell}^2\cdot\frac{\pi - 2\Theta}{\pi} = \frac{\pi}{8}D_{ot\ell}^2\left(1 - \frac{2\Theta}{\pi}\right) \text{ (角度以徑度量)}$$

同樣的，三角型面積計算如下：

$$A_2 = 2\cdot\left[\frac{1}{2}\cdot X\cdot\frac{D_{ot\ell}}{2}\sin\Theta\right] = \frac{1}{2}X\cdot D_{ot\ell}\sin\Theta$$

整塊面積 = $2\times(A_1 + A_2)$

$$\therefore F_c = \frac{2\left(\frac{\pi}{8}D_{ot\ell}^2\left(1-\frac{2\Theta}{\pi}\right)+\frac{1}{2}X\cdot D_{ot\ell}\sin\Theta\right)}{\frac{\pi}{4}D_{ot\ell}^2}$$

$$=\frac{\frac{\pi}{8}D_{ot\ell}^2-\frac{\pi}{8}D_{ot\ell}^2\frac{2\Theta}{\pi}+\frac{1}{2}X\cdot D_{ot\ell}\sin\Theta}{\frac{\pi}{8}D_{ot\ell}^2}=1-\frac{2\Theta}{\pi}+\frac{4}{\pi}\sin\Theta\cdot\frac{X}{D_{ot\ell}}$$

又 $\cos\Theta=\frac{D_s-2L_{bc}}{D_{ot\ell}}\Rightarrow\Theta=\cos^{-1}\left(\frac{D_s-2L_{bc}}{D_{ot\ell}}\right)$

$F_c=1+\frac{2}{\pi}\sin\Theta\cdot\frac{2X}{D_{ot\ell}}-\frac{2\Theta}{\pi}$ （將 Θ以上式帶入）

$$=\frac{1}{\pi}\left\{\pi+2\sin\left[\cos^{-1}\left(\frac{D_s-2L_{bc}}{D_{ot\ell}}\right)\right]\left(\frac{D_s-2L_{bc}}{D_{ot\ell}}\right)-2\cos^{-1}\left(\frac{D_s-2L_{bc}}{D_{ot\ell}}\right)\right\}$$

(3) 一個 window 中屬於交錯流動型態的傳熱管管排數(the number of effective crossflow rows in each window N_{cw})，Bell 根據數據提出如下的經驗式：

$$N_{cw}=0.8(L_{bc}/P_P) \tag{9-46}$$

(4) 殼管式熱交換器的隔板，N_b 可計算如下：

$$N_b=\left[\frac{L-L_{bi}-L_{bo}}{L_b}\right]+1 \tag{9-47}$$

其中L_b 爲內部擋板的隔板間距，而L_{bi} 與L_{bo} 爲進出口段的擋板隔板間距。

(5) 接近殼側中心的流道面積 (crossflow area at or near the centerline for one crossflow section)：

排列方式＝30°與90°時

$$A_m=L_b\times\left[(D_s-D_{ot\ell})+\left(\frac{D_{ot\ell}-d_o}{P_t}\right)\times(P_t-d_o)\right] \tag{9-48}$$

排列方式＝45°時

$$A_m = L_b \times \left[(D_s - D_{ot\ell}) + \left(\frac{D_{ot\ell} - d_o}{0.707 P_t} \right) \times (P_t - d_o) \right] \tag{9-49}$$

排列方式＝60°時

$$A_m = L_b \times \left[(D_s - D_{ot\ell}) + \left(\frac{D_{ot\ell} - d_o}{0.866 P_t} \right) \times (P_t - d_o) \right] \tag{9-50}$$

式9-48~9-50的證明可參考圖9-25，其中$P_t - d_o$爲傳熱管管間隙。

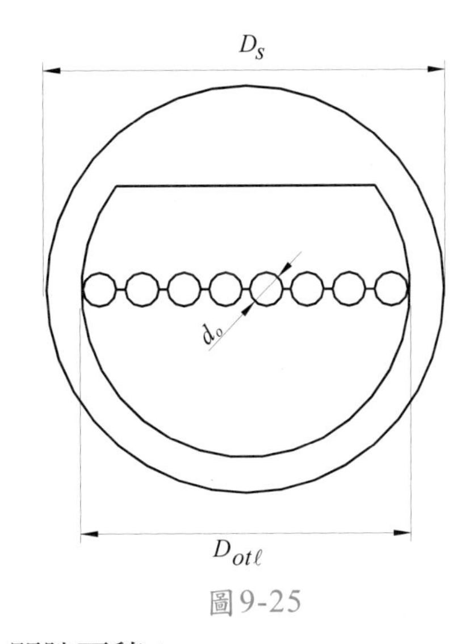

圖9-25

(6) 傳熱管與擋板的間隙面積A_{tb}

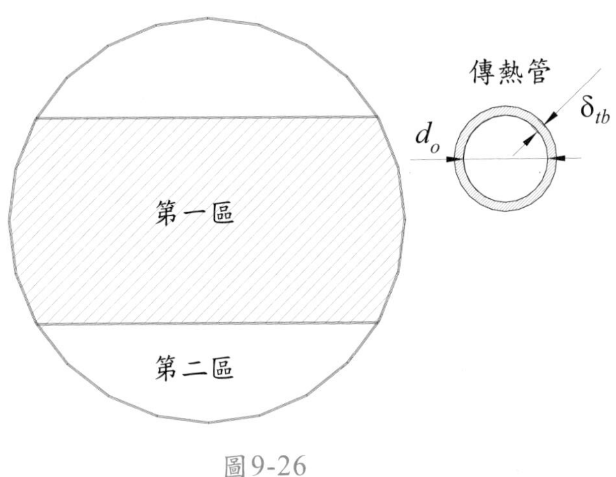

圖9-26

A_{tb}為傳熱管與隔板的縫隙面積，考慮如圖9-26所示，若單一管與隔板的縫隙為δ_{tb}，則單一管與管板的縫隙面積為$\pi d_o \delta_{tb}$，考慮如圖9-26所示的安排，當流體從一個擋板區間流到另外一個擋板區間時，除了window部份的熱傳管外，baffle上的傳熱管要考慮洩漏的問題，擋板上的傳熱管數由第一區與第二區所組成；故通過第一區與第二區的熱傳管管數為：$N_t \cdot F_c + N_t \cdot \frac{(1-F_c)}{2} = \frac{1}{2} N_t (1+F_c)$，其中$N_t$為總管數，$N_t$的快速計算可參考式9-1~9-6。因此洩漏面積為：

$$\Rightarrow A_{tb} = \pi d_o \delta_{tb} \cdot \frac{1}{2}(1+F_c) N_t \tag{9-51}$$

有關管間隙的估算，可參考圖9-27；請注意圖中Δ_{tb}為徑向的洩漏量($=2\delta_{tb}$)。

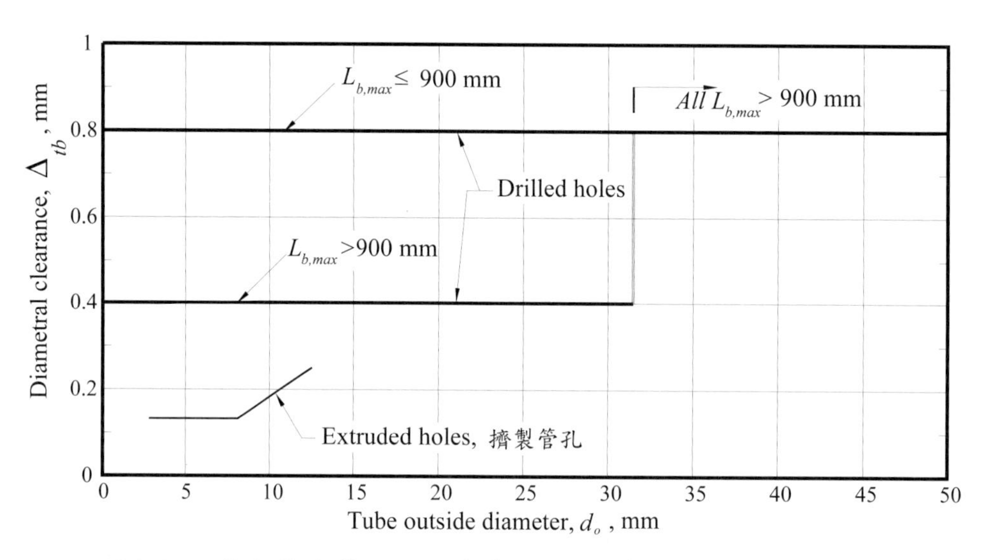

圖9-27　傳熱管與擋板縫隙參考圖 (資料來源：HEDH, 2002)

(7) 外殼與管陣間的間隙面積A_{sb}，同樣的，考慮外殼與擋板間的縫隙為δ_{sb}，可以參考圖9-28，因此這部份的洩漏面積可估算如下：$A_{sb} = \pi D_s \delta_{sb}\left(1-\frac{\theta}{2\pi}\right)$。但是$\theta = 2\cos^{-1}\left(1-\frac{2L_{bc}}{D_s}\right)$，所以：

$$A_{sb} = \pi D_s \delta_{sb}\left(1-\frac{1}{\pi}\cos^{-1}\left(1-\frac{2L_{bc}}{D_s}\right)\right) \tag{9-52}$$

這裡順便要提醒讀者，許多書上常使用直徑間隙(diametrical clearance)，例如管徑與擋板的直徑間隙爲$\Delta_{sb} = D_s - D_b = 2\delta_{sb}$。因此也可寫成如下：

$$A_{sb} = \pi D_s \frac{\Delta_{sb}}{2}\left(1-\frac{\theta}{2\pi}\right) \tag{9-53}$$

外殼與擋板的間隙(shell to baffle clearance)δ_{sb}與製造精度有關，讀者可直接使用廠商提供之數據(如果廠商有提供該筆資料)；若無，則可根據TEMA統計的平均資料，以下式來近似：

$$\Delta_{sb} = 1.6 + 0.004D_s \text{ (其中單位均爲 mm)} \tag{9-54}$$

不過，在使用上多加上一個安全係數1.5 mm，即：

$$\Delta_{sb} = 3.1 + 0.004D_s \text{ (其中單位均爲 mm)} \tag{9-55}$$

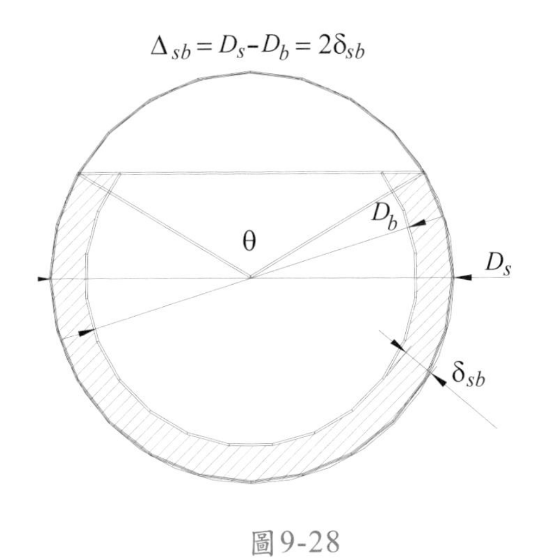

圖9-28

(8) 外殼與管群的直徑間隙(shell to tube bundle diametrical clearance) Δ_{bb} ($=2\delta_{bb}$)，可參考圖9-29來估算。Δ_{bb}定義如下：

$$\Delta_{bb} = D_s - D_{ot\ell} \tag{9-56}$$

(9) F_{sbp}爲fraction of crossflow area for bypass flow，代表旁通部份面積所佔的比例：

$$F_{sbp} = \frac{(D_s - D_{ot\ell} + 0.5 \times N_p \times W_p) \times L_b}{A_m} \tag{9-57}$$

N_p ：旁通隔板數目 (number of bypass partition lanes)

W_p：旁通隔板所佔掉的寬度 (width of the bypass lane)

L_b：擋板間距 (baffle spacing)

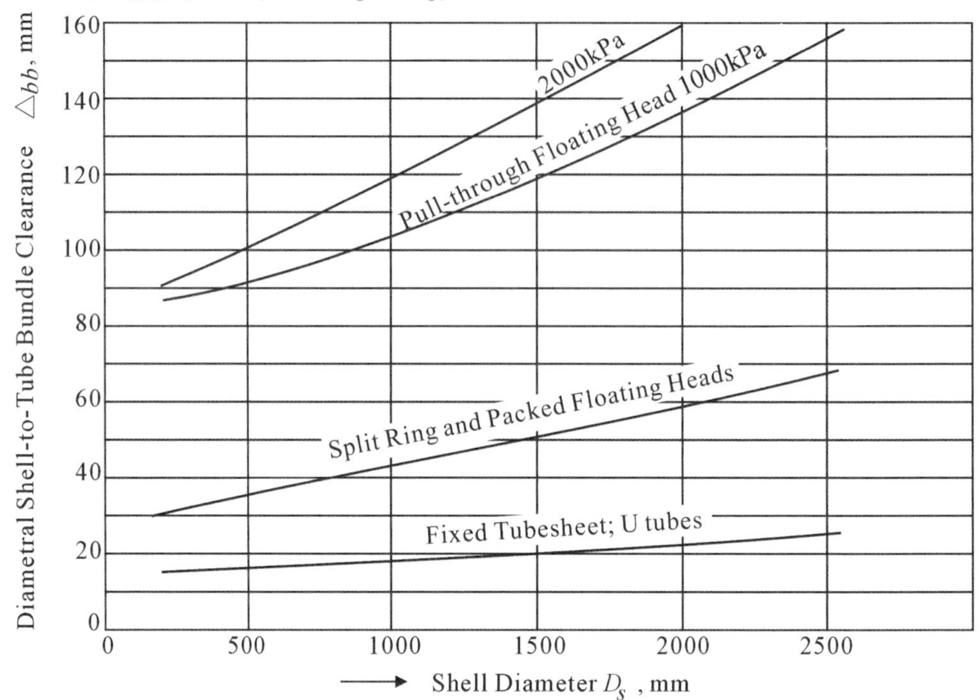

圖9-29 外殼與管群的直徑間隙參考圖 (資料來源：HEDH, 2002)

9-5-2 Bell-Delaware法－熱傳係數的計算

由於實際殼管式熱交換器內有洩漏與旁通的問題，因此Bell-Delaware方法主要就在修正理想與實際狀況間的差異，在熱傳係數上，Bell提出如下的修正：

$$h_s = h_o \times J_c \times J_\ell \times J_b \times J_s \times J_r \tag{9-58}$$

其中h_o爲理想狀態下，殼管式熱交換器殼側的熱傳係數；Bell (1963)以交錯流動下管陣的熱傳係數爲理想熱傳係數。熱傳係數通常以無因次的Coburn j係數來表示(見第三、五章說明)：

$$j = \frac{h_o}{G_s c_p} \mathrm{Pr}^{2/3} \phi_s \tag{9-59}$$

請特別注意式9-59中的 $G_s = \dot{M}_T / A_m$ ，A_m 爲靠近中心線的流道面積。其中ϕ_s

爲性質校正係數，可表示如下：

$$\phi_s = \begin{cases} \left(\dfrac{\mu_s}{\mu_w}\right)^{-0.14} & \text{如果工作流體爲液體} \\ 1 & \text{如果工作流體爲氣體，且氣體被冷卻} \\ \left(\dfrac{T_{s,av}+273.15}{273.15}\right)^{-0.25} & \text{如果工作流體爲氣體，且氣體被加熱} \end{cases} \tag{9-60}$$

其中$T_{s,av}$代表進出口溫度的平均值，ϕ_s的影響通常只在溫差變化甚大，而造成流體物性變化大的流體時(黏滯係數變化大，例如油)，才需要特別的考慮計算；一般可將之視爲1。

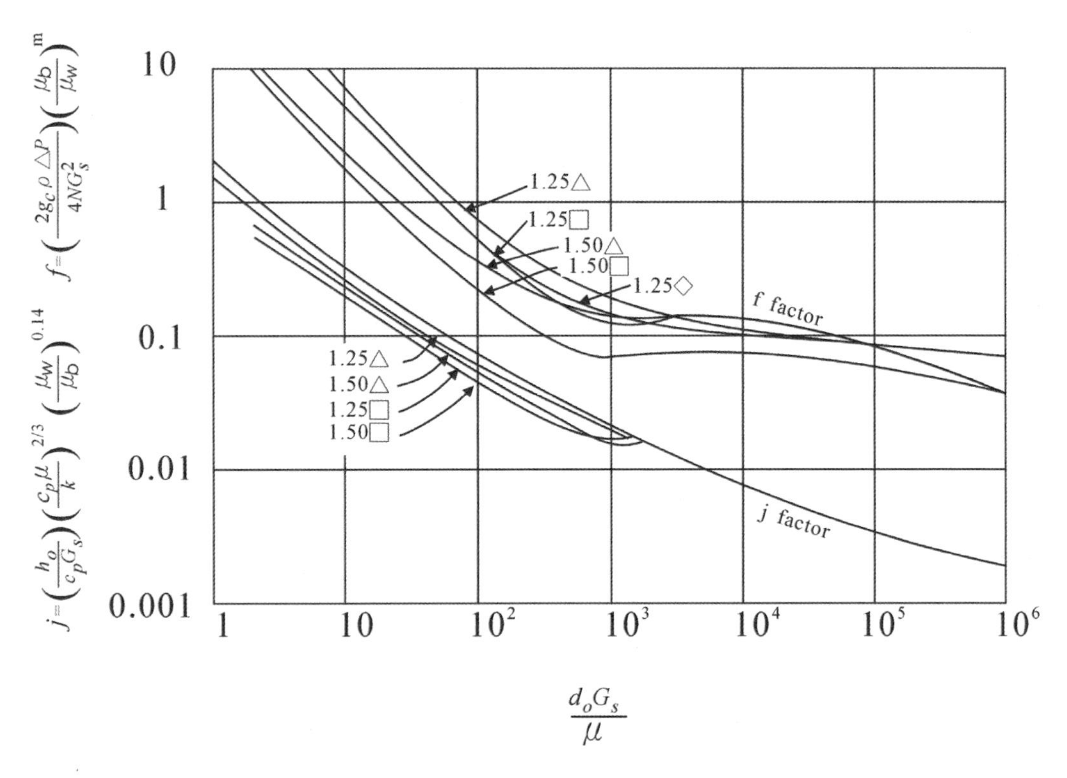

圖9-30　理想管陣之j、f與雷諾數之關係圖

Bell (1963)以圖形的方式來表示理想的j、f值與雷諾數間的關係見圖9-30，Toberk (1998)則整理出方程式如下，以方便電腦程式上的設計：

$$j = a_1\left(\frac{1.33}{P_t^*}\right)^a \mathrm{Re}_s^{a_2} \tag{9-61}$$

$$f = b_1\left(\frac{1.33}{P_t^*}\right)^b \mathrm{Re}_s^{b_2} \tag{9-62}$$

其中：

$$a = \frac{a_3}{1+0.14\mathrm{Re}_s^{a_4}} \tag{9-63}$$

$$b = \frac{b_3}{1+0.14\mathrm{Re}_s^{b_4}} \tag{9-64}$$

a_1、a_2、a_3、a_4、b_1、b_2、b_3與b_4的值如表 9-3所示：

表9-3　式9-63 ~ 9-64的a_1、a_2、a_3、a_4、b_1、b_2、b_3與b_4的值

Tube Layout	Re_s	a_1	a_2	a_3	a_4	b_1	b_2	b_3	b_4
30°	10^4-10^5	0.321	–0.388	1.45	0.519	0.372	–0.123	7.0	0.5
	10^3-10^4	0.321	–0.388			0.486	–0.152		
	10^2-10^3	0.593	–0.477			4.57	–0.476		
	10-10^2	1.36	–0.657			45.1	–0.973		
	<10	1.4	–0.667			48.0	–1.0		
45°	10^4-10^5	0.37	–0.396	1.93	0.5	0.303	–0.126	6.59	0.52
	10^3-10^4	0.37	–0.396			0.333	–0.136		
	10^2-10^3	0.73	–0.5			3.50	–0.476		
	10-10^2	0.498	–0.656			26.2	–0.913		
	<10	1.55	–0.667			32.0	–1.0		
90°	10^4-10^5	0.37	–0.395	1.187	0.37	0.391	–0.148	6.3	0.378
	10^3-10^4	0.107	–0.266			0.0815	0.022		
	10^2-10^3	0.408	–0.46			6.09	–0.602		
	10-10^2	0.9	–0.631			32.1	–0.963		
	<10	0.97	–0.667			35.0	–1.0		

J_c：代表baffle cut的影響，這個影響包括window與bundle；在良好的設計熱交換器中，J_c值接近1，這個值與流道中的傳熱管數目有關，如果window中沒有傳熱管時這個值可視為1.0，如果baffle cut很小且通過 window 的流速很快，這個值可能會增加到1.15；但是如果baffle cut很大，則可能下

降到0.52。所以，J_c與F_c應有適度的關聯，Bell (1963) 依據實驗資料整理出如圖9-31的關係圖，在正常的應用範圍裡，可以簡單的線性方程式來近似：

$$J_c = 0.55 + 0.72F_c \tag{9-65}$$

其中

$$F_c = \frac{1}{\pi}\left\{\pi + 2\left(\frac{D_s - 2L_{bc}}{D_{ot\ell}}\right)\sin\left[\cos^{-1}\left(\frac{D_s - 2L_{bc}}{D_{ot\ell}}\right)\right] - 2\cos^{-1}\left(\frac{D_s - 2L_{bc}}{D_{ot\ell}}\right)\right\}$$

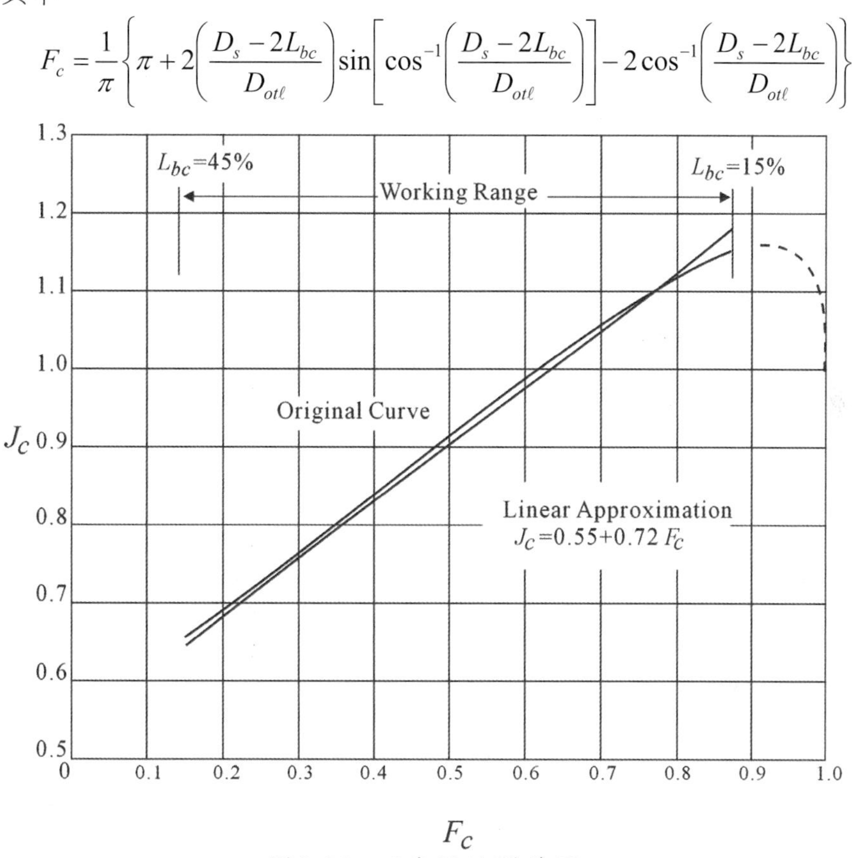

圖9-31 J_c與F_c的關係圖

J_ℓ：代表流體洩漏部份的影響，這部份包括tube-to-baffle與 shell-to-baffle兩部份的洩漏(A & E stream)；不過E stream 的洩漏部份遠大於A stream的影響；典型的J_ℓ 值約在0.7~0.8之間，可想而知J_ℓ應與隔板與外殼及隔板與傳熱管間的縫隙面積有關(A_{sb}與A_{tb})；根據Bell (1973)的整理可得到圖9-32的結果，並整理成如下的方程式：

$$J_\ell = 0.44\left(1 - \frac{A_{sb}}{A_{sb} + A_{tb}}\right) + 0.44\left(1 - \frac{A_{sb}}{A_{sb} + A_{tb}}\right)e^{-2.2\frac{A_{sb}+A_{tb}}{A_m}} \tag{9-66}$$

其中A_{tb}爲傳熱管與隔板的縫隙面積，而A_{sb}爲外殼與管陣間的縫隙面積，而A_m則可由式9-48~9-50算出。

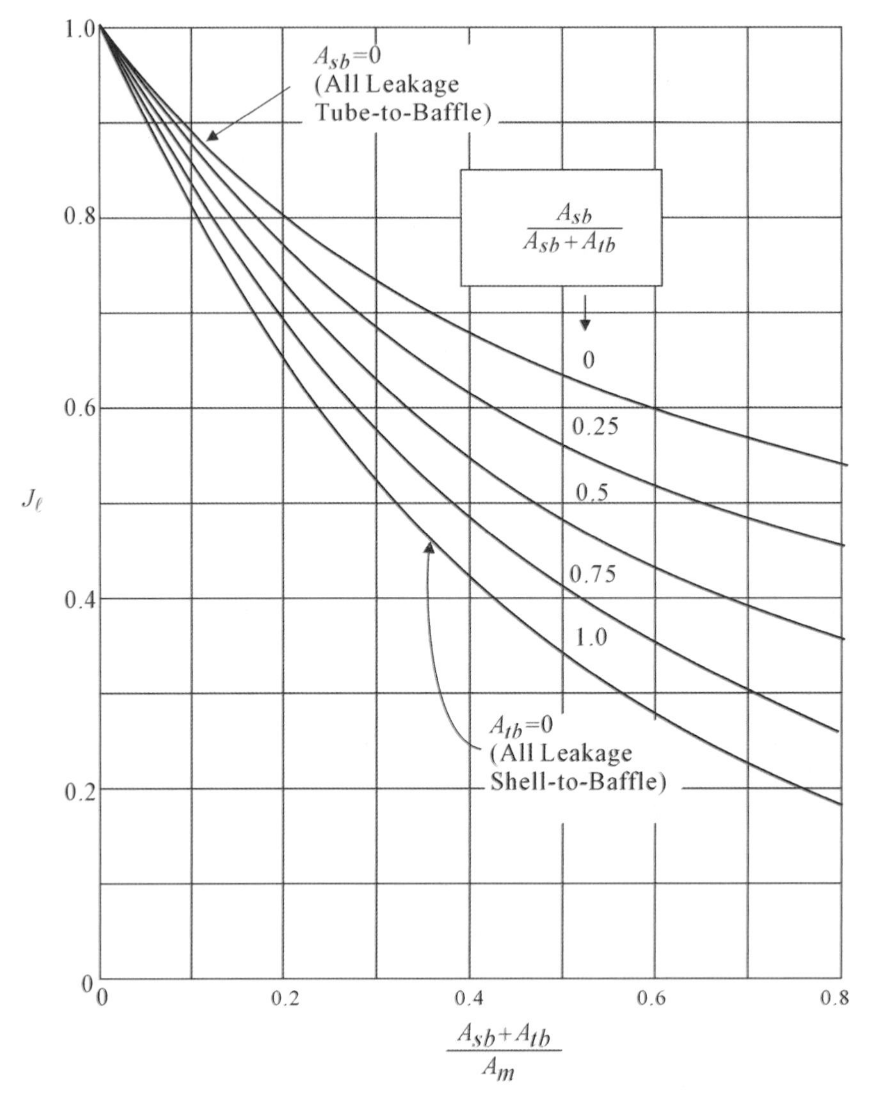

圖9-32　J_ℓ與$(A_{tb}+A_{sb})/A_m$的關係圖

J_b：代表流體旁通的影響 (C & F stream)，J_b也代表製造上的差異，如果外殼與最外緣的傳熱管的間隙甚小且管板爲固定管板型(見圖9-7)，則$J_b \approx 0.7$；如果是浮動頭型殼管式(pull-through floating head，見圖9-5)，由於縫隙較大，通常會使用如圖9-33所示的sealing strip以減少旁通量，使用sealing strip後J_b通常在0.9 附近，J_b與F_{sbp}的關係圖如圖9-34所示。

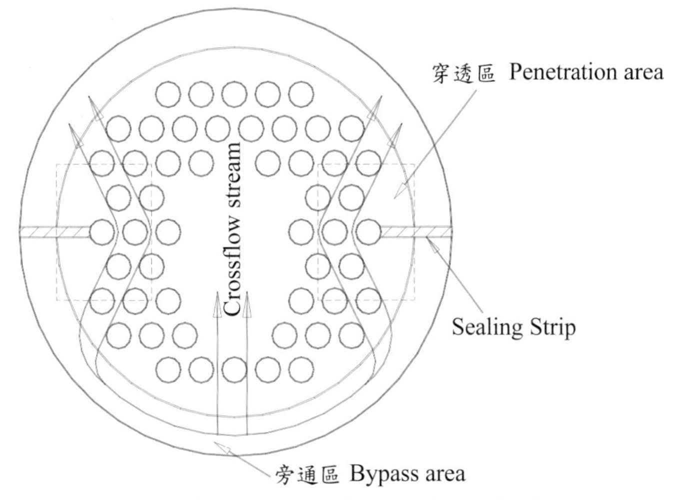

圖9-33 Sealing Strip示意圖

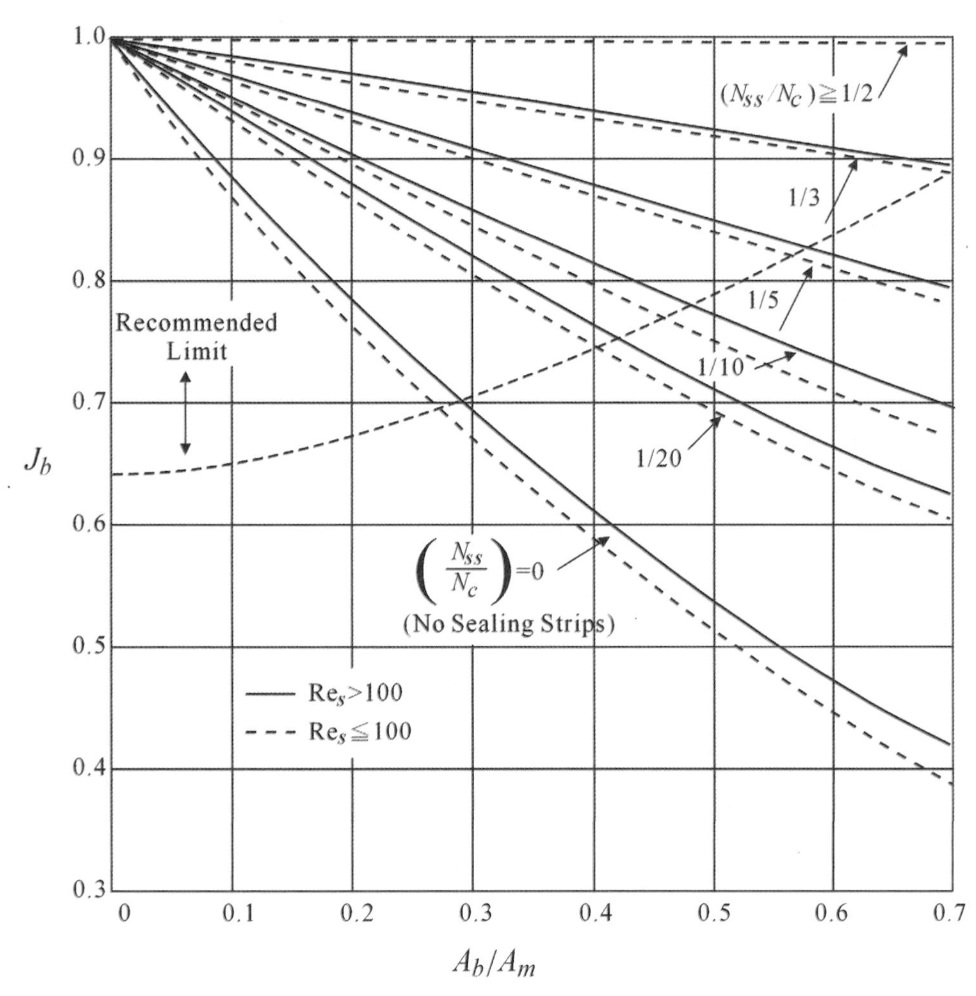

圖9-34 J_b與A_b/A_m關係圖

J_b 可以方程式表示如下：

$$J_b = \begin{cases} 1 & 當 N_s^+ \geq \frac{1}{2} \\ e^{-C_{bph} F_{sbp}\left(1-\sqrt[3]{2N_s^+}\right)} & 當 N_s^+ < \frac{1}{2} \end{cases} \tag{9-67}$$

其中

$$C_{bph} = \begin{cases} 1.35 & 當 \mathrm{Re} \leq 100 \\ 1.25 & 當 \mathrm{Re} > 100 \end{cases} \tag{9-68}$$

$$N_s^+ = N_{ss}/N_c \tag{9-69}$$

N_{ss}為一個隔板區間內的有效sealing strip的數目，N_c為一個隔板間的傳熱管管排數目，可參考式9-44的計算式。

J_s：在殼管式熱交換器的設計上，殼側進出口的設計通常為噴嘴，因此進出口的速度通常較快也較亂，因此為了緩和流體的進出，一般進出口的隔板區間會比較寬，見圖9-35。根據Bell的整理，J_s可整理出如下的方程式：

$$J_s = \frac{N_b - 1 + \left(L_i^+\right)^{1-n} + \left(L_o^+\right)^{1-n}}{N_b - 1 + L_i^+ + L_o^+} \tag{9-70}$$

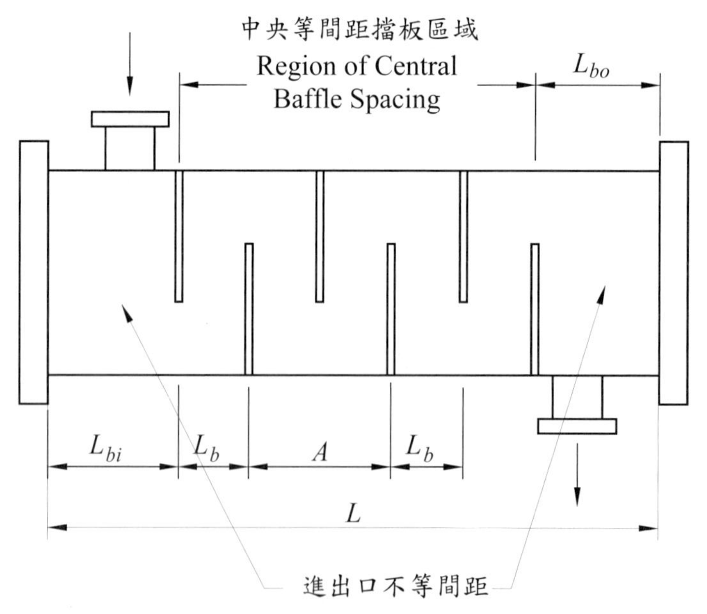

圖9-35　噴嘴進出口的不等隔板間距示意圖

其中

$$n=\begin{cases}0.6 & \text{紊流流動 Re}>100\\ 1/3 & \text{層流流動 Re}\le 100\end{cases} \tag{9-71}$$

$L_i^+=L_{bi}/L_b$，$L_o^+=L_{bo}/L_b$，N_b 爲隔板數目，可由 $(L-L_{bi}-L_{bo})/L_b+1$ 算出。

J_r：在層流流動下，溫度分布可能甚不均勻，甚至會有內部溫度梯度逆轉的情形 (adverse temperature gradient)，J_r 的目的就在校正這個現象，根據Bell的研究，J_r 的算法可歸納如下(僅適用於Re < 100)：

(1) 當$\text{Re}_s<100$時，由已知的 N_b 與(N_c+N_{cw})，再由圖9-36找出J_r^*。

(2) 如果$\text{Re}_s\le 20$，則 $J_r=J_r^*$。

如果$20<\text{Re}_s\le 100$，則 J_r 可由圖9-37查得。

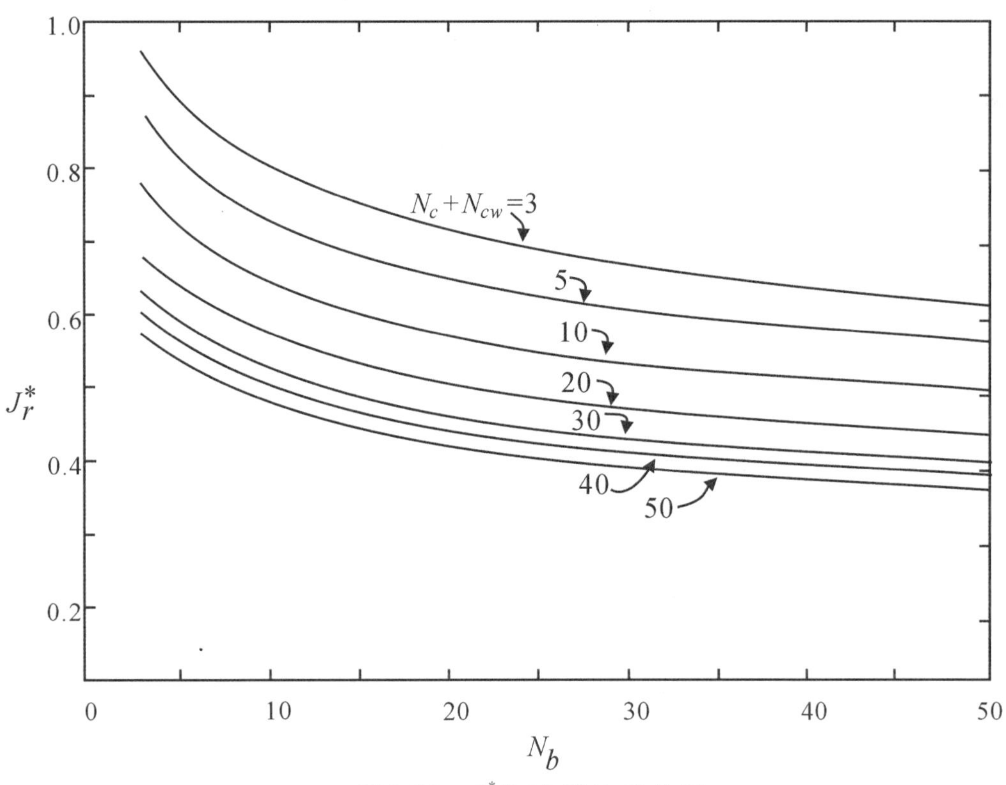

圖9-36 J_r^*與N_b間的關係圖

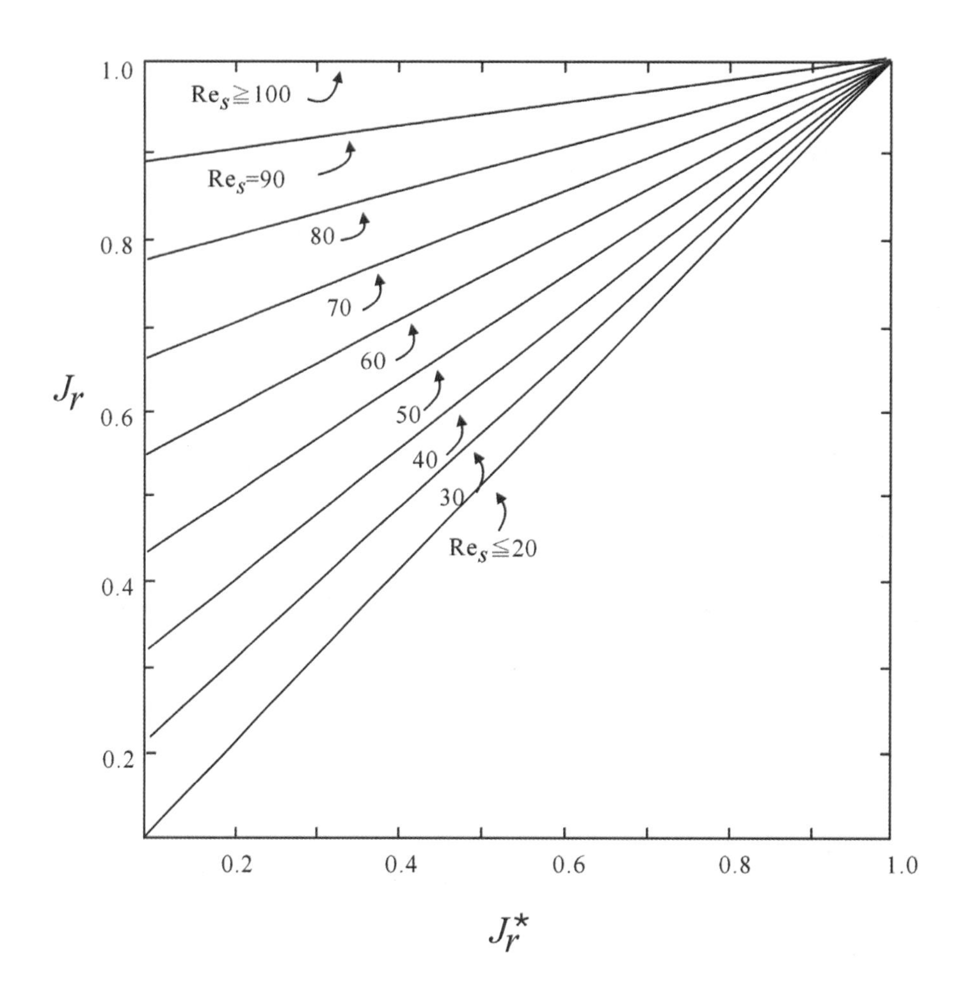

圖9-37 J_r與J_r^*間的關係圖

有關J_r的計算，HEDH (2002)提供如下的快速計算方法：

$$J_r = \begin{cases} 1 & \text{當Re} > 100 \\ \left(\dfrac{10}{N_{cc}}\right)^{0.18} & \text{當Re} \le 20 \\ \left(\dfrac{10}{N_{cc}}\right)^{0.18} + \left(\dfrac{20-\text{Re}}{80}\right)\left(\left(\dfrac{10}{N_{cc}}\right)^{0.18} - 1\right) & \text{當 } 20 \le \text{Re} \le 100 \end{cases} \tag{9-72}$$

其中N_{cc}定為代表整個熱交換器內屬於crossflow的總排數，可計算如下：

$$N_{cc} = (N_c + N_{cw}) \times (N_b + 1) \tag{9-73}$$

典型的良好設計，五個校正係數$J_c \times J_\ell \times J_b \times J_s \times J_r$ 的乘積約在0.6上下，不過較差的設計常會出現如0.4 的情形。如果讀者對一些熱交換器的設計參數不甚瞭解，建議假設一個0.4~0.6之間的值。簡單來講，$h_s = h_o \times J_c \times J_\ell \times J_b \times J_s \times J_r$，要算出熱傳係數，其過程可簡單歸納如下：

(1) 由圖9-30或式9-61與9-63算出理想的j值

(2) 再由式9-59算出理想的熱傳係數h_o

(3) 算J_c

(a) 先由式9-45算出F_c

(b) 再由圖9-31或式9-65算出J_c

(4) 算J_ℓ

(a) 如果不知道δ_{sb}(或Δ_{sb})，則可由式9-54或式9-55算出

(b) 再由式9-53算出A_{sb}

(c) 如果不知道δ_{tb}(或Δ_{tb})則可由圖9-27來估算

(d) 再由式9-51算出A_{tb}

(e) 由式9-48~9-50算出A_m

(f) 由式9-66算出J_ℓ

(5) 算J_b

(a) 由式9-57算出 F_{sbp}

(b) 再由圖9-34或式9-67~9-69找出J_b

(6) 算J_s

由式9-70~9-71算出

(7) 算J_r

(a) 當$\mathrm{Re}_s < 100$時，由圖9-36找出J_r^*

(b) 如果$\mathrm{Re}_s \le 20$，則$J_r = J_r^*$，若$20 < \mathrm{Re}_s \le 100$，則$J_r$可由圖9-37查得

(c) 亦可由式9-72~9-73算出

9-5-3 殼側壓降之計算 (shell side pressure drop)

殼側壓降的計算方法與計算熱傳係數的觀念類似；殼側部份的總壓降可由下列三區的壓降計算所得，即：

(a) 進出口段(因為進出口的隔板間距不同)。

(b) 內部區域。

(c) Window區域的壓降。

所以殼側的總壓降如下 (不包含噴嘴的壓降)

$\Delta P_{tot}=\Delta P_c+\Delta P_w+\Delta P_e$

接下來針對這三部份的計算來說明：同樣的，我們先要計算出理想狀態下，交錯流動的壓降為$\Delta P_{b,i}$，理想壓降的算法可以由圖9-30先算出摩擦係數，再算出該雷諾數下的壓降(請參考第五章)即：

$$\Delta P_{b,i}=\frac{4f_iG_s^2N_c}{2\rho_i}\phi_s \tag{9-74}$$

其中$G_s=\dot{M}_T/A_m$而ϕ_s為性質校正係數，可由式9-60計算；下面，我們將逐一對ΔP_c、ΔP_w、ΔP_e三部份來介紹。

(1) ΔP_e，這部份的壓降可由圖9-39說明；進出口的壓降與流體的旁通量有關(請特別注意與洩漏無關)，而且這一部份的壓降與進出口部份不等間距的擋板距離有關；根據Bell的整理可得如下的方程式：

$$\Delta P_e=\Delta P_{b,i}(1+N_{cw}/N_c)R_sR_b \tag{9-75}$$

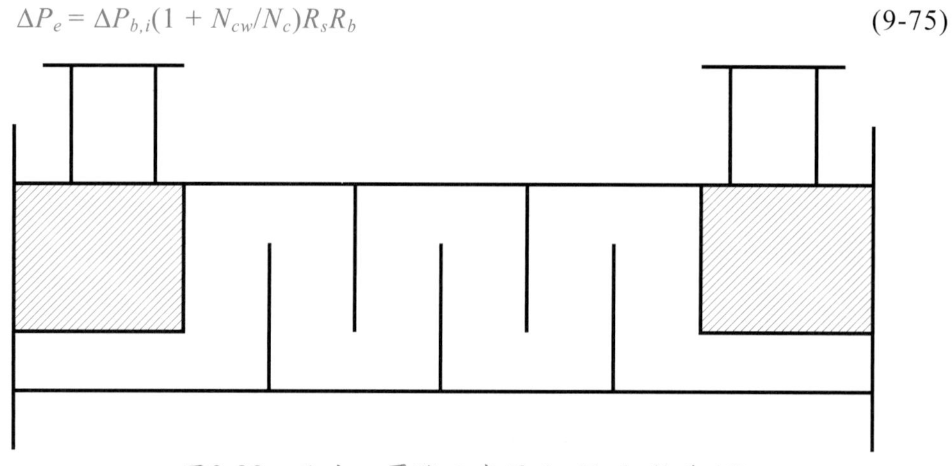

圖9-39 進出口壓降示意圖 (以E-shell 為例)

其中

R_s：為進出口與內部的不等隔板間距的校正係數，其計算式如下：

$$R_s=\left[\left(\frac{L_{bi}}{L_b}\right)^{-n'}+\left(\frac{L_{bo}}{L_b}\right)^{-n'}\right] \tag{9-76}$$

$$n' = \begin{cases} 1.8 & \text{紊流流動 } \mathrm{Re}_s > 100 \\ 1 & \text{層流流動 } \mathrm{Re}_s \le 100 \end{cases} \tag{9-77}$$

R_b: 代表流體旁通的影響(C & F stream)，這個係數與J_b類似與sealing strip數目有關，通常$0.5 < R_b < 0.8$；如果是 pull-through 浮動式設計時則R_b值較低；R_b與F_{sbp}有關，其關係圖如圖9-40所示；計算方程式可表示如下：

$$R_b = \begin{cases} 1 & \text{當} N_s^+ \ge \frac{1}{2} \\ e^{-C_{bp} F_{sbp}\left(1-\sqrt[3]{2N_s^+}\right)} & \text{當} N_s^+ < \frac{1}{2} \end{cases} \tag{9-78}$$

其中

$$C_{bp} = \begin{cases} 4.5 & \text{當} \mathrm{Re} \le 100 \\ 3.7 & \text{當} \mathrm{Re} > 100 \end{cases} \tag{9-79}$$

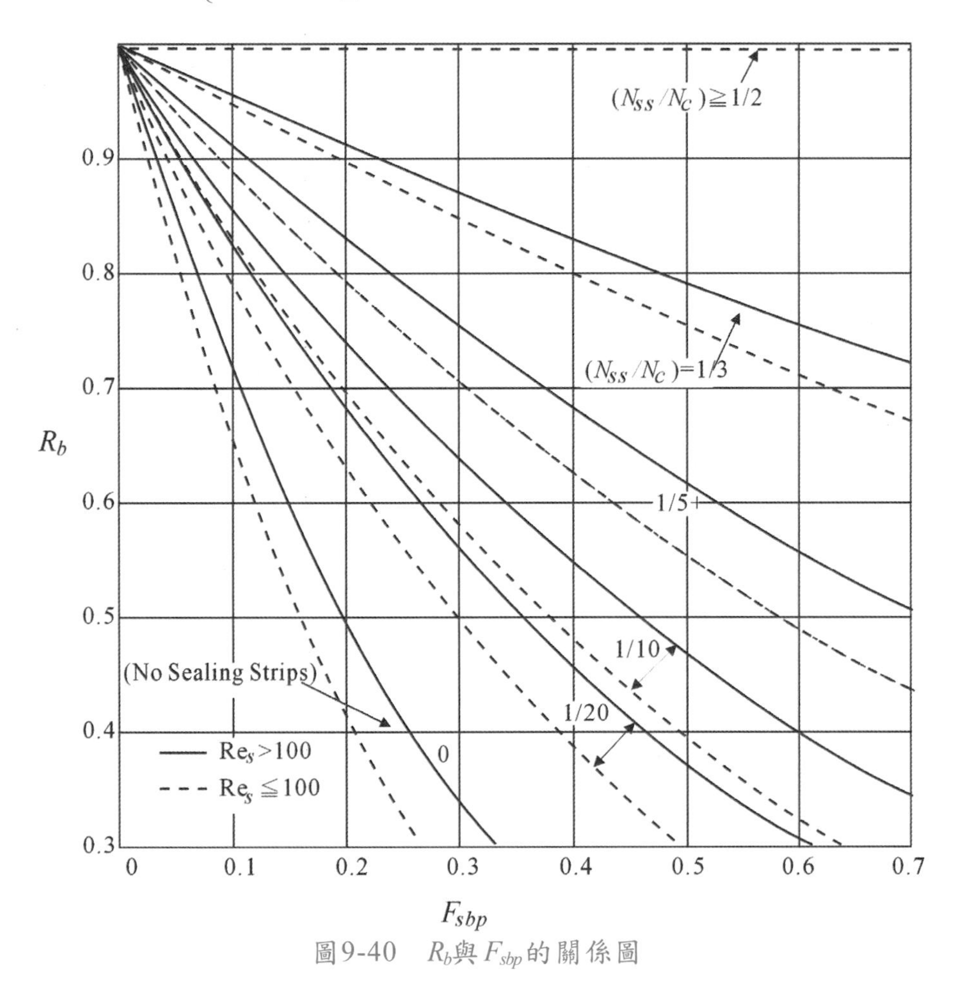

圖9-40 R_b與F_{sbp}的關係圖

N_{cw}：爲一個window區域內的傳熱管管排數(number of effective rows of tubes in one window section)。根據Bell整理的經驗式，$N_{cw} = 0.8L_{bc}/P_P$。

N_c：爲一個crossflow下的管排數(number of rows in one crossflow section)。

$$N_c = \frac{D_s \times \left(1 - 2\frac{L_{bc}}{D_s}\right)}{P_P}$$

(2) ΔP_c，這部份的壓降可由圖9-41說明；進出口的壓降與流體的旁通量及洩漏均有關聯，根據Bell的整理可得如下的方程式：

$$\Delta P_c = \Delta P_{b,i} \times (N_b - 1) R_\ell R_b \tag{9-80}$$

其中

N_b：擋板數目

$\Delta P_{b,i}$：可由式9-74算出

R_ℓ：代表洩漏效應的影響，這個值與J_ℓ不同，但同樣與洩漏面積比有關(見圖9-42)；通常$R_\ell \approx 0.4$ to 0.5。R_ℓ亦可由下式算出：

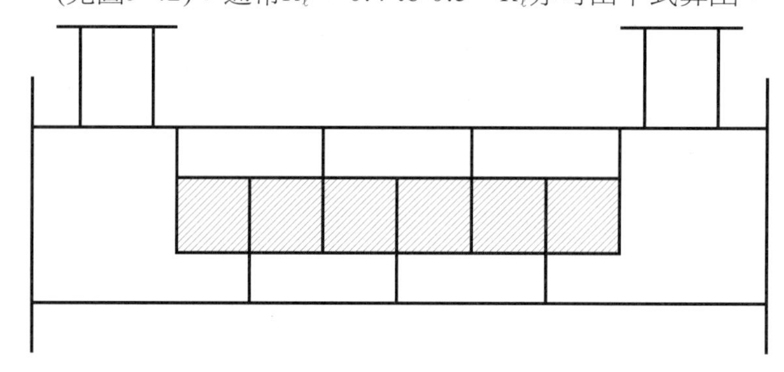

圖9-41　內部壓降示意圖(以E-shell 為例)

$$R_\ell = e^{-1.33(1+r_s)r_{lm}^z} \tag{9-81}$$

其中

$$z = -0.15r_s + 0.65 \tag{9-82}$$

$$r_s = A_{sb}/(A_{sb} + A_{tb}) \tag{9-83}$$

$$r_{lm} = (A_{sb} + A_{tb})/A_m \tag{9-84}$$

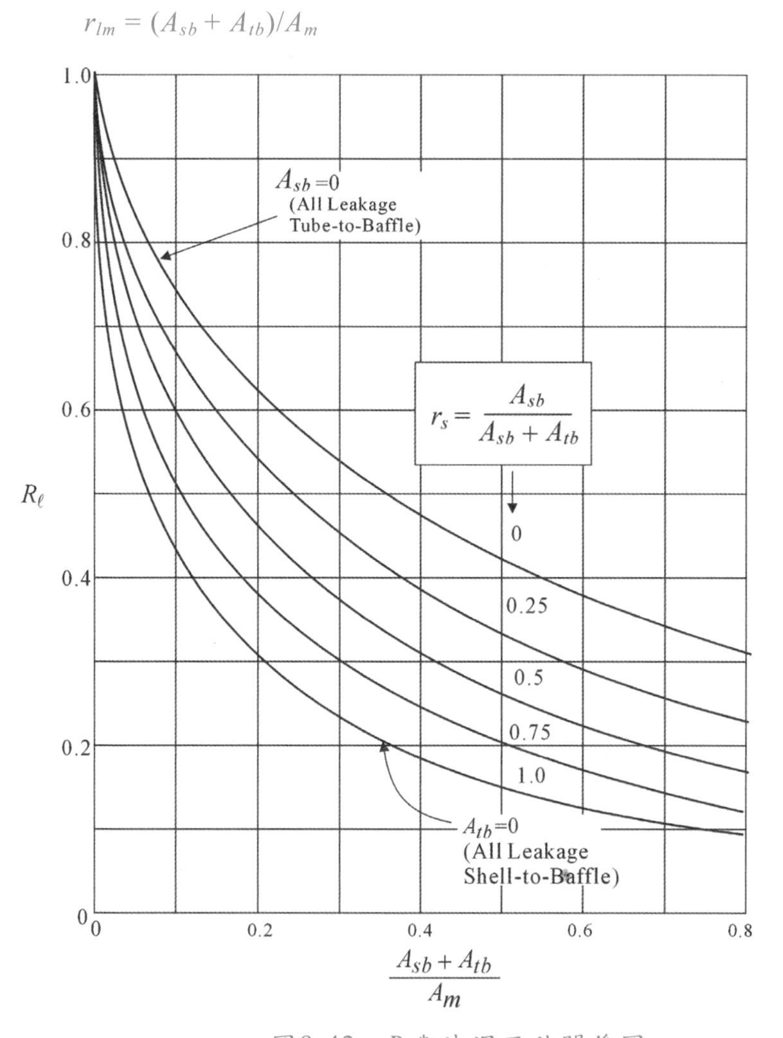

圖9-42 R_ℓ與洩漏面積關係圖

(3) ΔP_w，這部份的壓降可由圖9-43說明；這部份的壓降與洩漏有關但與旁通無關，可表示如下：

$$\Delta P_w = \Delta P_{w,i} N_b R_\ell$$

其中$\Delta P_{w,i}$爲流體通過window時，無旁通或洩漏影響的理想壓降，Bell(1963)根據測試資料整理出如下的方程式：

$$\Delta P_{w,i} = \begin{cases} (2 + 0.6N_{cw})\dfrac{G_w^2}{2\rho} & \text{當 Re} \geq 100 \\ 26\dfrac{G_w \mu}{\rho}\left(\dfrac{N_{cw}}{P_t - d_o} + \dfrac{L_{bc}}{D_w^2}\right) + 0.002\dfrac{G_w^2}{2\rho} & \text{當 Re} < 100 \end{cases} \tag{9-85}$$

其中

$$G_w = \frac{\dot{m}_s}{\left(A_m A_w\right)^{1/2}} \tag{9-86}$$

$$A_w = A_{wg} - A_{wt} \tag{9-87}$$

A_m：爲接近中心線的流道面積，可參考式9-48~9-50

A_w：爲流體通過window的面積

A_{wg}：爲window總面積

A_{wt}：爲window面積中傳熱管數所佔掉的面積

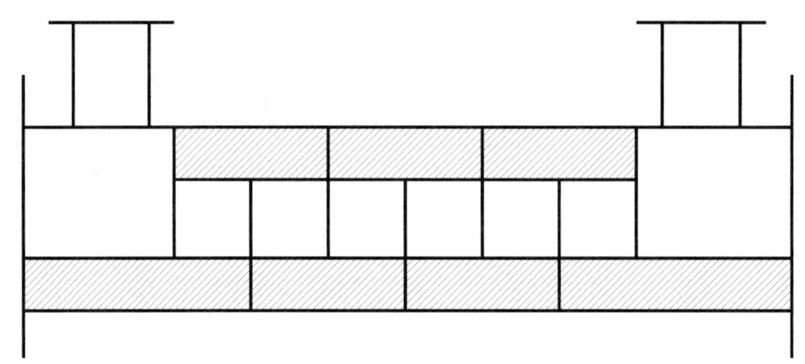

圖9-43　Window 部份壓降示意圖(以E-shell 為例)

接下來，考慮如圖9-44的示意圖，我們將詳細來推導A_{wt}與A_{wg}的關係，由圖可知各線段可表示如下：

$$\overline{CD} = \frac{D_s - 2L_{bc}}{2} \ ; \quad \overline{BC} = \frac{D_s}{2} \ ; \quad \overline{BD} = \frac{D_s}{2}\sin\frac{\theta_{ds}}{2} \ ; \quad \overline{AB} = D_s \sin\frac{\theta_{ds}}{2}$$

$$\Delta ABC\text{面積} = \frac{1}{2}\overline{AB} \times \overline{CD} = \frac{1}{2}D_s \sin\frac{\theta_{ds}}{2} \cdot \frac{D_s - 2L_{bc}}{2} = \frac{1}{4}D_s^2\left(1 - 2\frac{L_{bc}}{D_s}\right)\sin\frac{\theta_{ds}}{2}$$

扇型面積 $\bigtriangledown$ ABC $= \frac{\pi}{4}D_s^2 \cdot \frac{\theta_{ds}}{2\pi} = \frac{D_s^2}{4} \cdot \frac{\theta_{ds}}{2}$

$\therefore A_{wg} = \bigtriangledown$ABC − ΔABC

$$= \frac{D_s^2}{4} \cdot \frac{\theta_{ds}}{2} - \frac{D_s^2}{4}\left(1 - 2\frac{L_{bc}}{D_s}\right)\sin\frac{\theta_{ds}}{2} = \frac{D_s^2}{4}\left[\frac{\theta_{ds}}{2} - \left(1 - \frac{2L_{bc}}{D_s}\right)\sin\frac{\theta_{ds}}{2}\right]$$

$$A_{wt} = N_t \cdot \frac{\left(1 - F_c\right)}{2} \cdot \frac{\pi}{4}d_o^2 = \frac{N_t}{8}\left(1 - F_c\right)\pi d_o^2$$

$$\cos\frac{\theta_{ds}}{2}=\frac{\dfrac{D_s-2L_{bc}}{2}}{\dfrac{D_s}{2}}=\frac{D_s-2L_{bc}}{D_s}=1-\frac{2L_{bc}}{D_s}$$

$$\Rightarrow \theta_{ds}=2\cos^{-1}\left(1-\frac{2L_{bc}}{D_s}\right) \tag{9-88}$$

$$\therefore A_{wg}=\frac{D_s^2}{4}\left[\frac{\theta_{ds}}{2}-\left(1-\frac{2L_{bc}}{D_s}\right)\sin\frac{\theta_{ds}}{2}\right]$$

$$=\frac{D_s^2}{4}\left[\cos^{-1}\left(1-\frac{2L_{bc}}{D_s}\right)-\left(1-\frac{2L_{bc}}{D_s}\right)\sin\frac{\theta_{ds}}{2}\right]$$

$$=\frac{D_s^2}{4}\left[\cos^{-1}\left(1-\frac{2L_{bc}}{D_s}\right)-\left(1-\frac{2L_{bc}}{D_s}\right)\left(\sqrt{1-\cos^2\frac{\theta_{ds}}{2}}\right)\right] \left\langle 因爲 \sin^2 x+\cos^2 x=1\right\rangle$$

$$=\frac{D_s^2}{4}\left[\cos^{-1}\left(1-\frac{2L_{bc}}{D_s}\right)-\left(1-\frac{2L_{bc}}{D_s}\right)\left(\sqrt{1-\cos^2\left(\cos^{-1}\left(1-\frac{2L_{bc}}{D_s}\right)\right)}\right)\right]$$

$$=\frac{D_s^2}{4}\left[\cos^{-1}\left(1-\frac{2L_{bc}}{D_s}\right)-\left(1-\frac{2L_{bc}}{D_s}\right)\left(\sqrt{1-\left(1-\frac{2L_{bc}}{D_s}\right)^2}\right)\right]$$

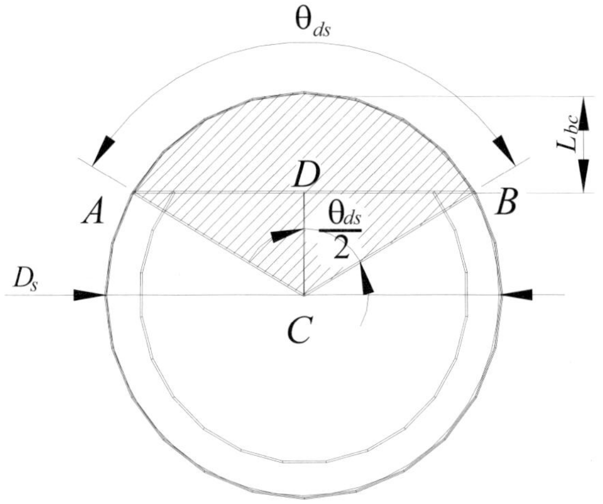

圖9-44

因此，

$$A_w = A_{wg} - A_{wt}$$

$$= \frac{D_s^2}{4}\left[\cos^{-1}\left(1-\frac{2L_{bc}}{D_s}\right)-\left(1-\frac{2L_{bc}}{D_s}\right)\left(\sqrt{1-\left(1-\frac{2L_{bc}}{D_s}\right)^2}\right)\right]-\frac{N_t}{8}\left(1-F_c\right)\pi d_o^2 \tag{9-89}$$

另外，D_w為層流流動下的等效水力直徑，由水力直徑的定義(4×截面積/潤濕周界)，則

$$D_w = \frac{4A_w}{\text{window傳熱管周界}+\overline{AB}+\widehat{AB}} = \frac{4A_w}{\pi d_o N_{tw}+\overline{AB}+\pi D_s\theta_{ds}/2\pi}$$
$$= \frac{4A_w}{\pi d_o N_{tw}+\pi D_s\theta_{ds}/2\pi}\left\langle \text{Bell故意刪除}\overline{AB}\right\rangle = \frac{4A_w}{\pi d_o N_t\dfrac{(1-F_c)}{2}+D_s\theta_{ds}/2} \tag{9-90}$$

因此，window 的總壓降可計算如下：

$$\Delta P_w = N_b \Delta P_{w,i} R_\ell \tag{9-91}$$

最後熱交換器的總壓降為：

$$\Delta P_{tot} = \left[\left(N_b-1\right)\Delta P_{b,i}R_bR_\ell + N_b\Delta P_{w,i}R_\ell + \Delta P_{b,i}\left(1+\frac{N_{cw}}{N_c}\right)R_bR_s\right] \tag{9-92}$$

同樣的，要算出殼側的總壓降，過程可歸納如下：

(1) 由圖9-30或式9-62與9-64算出理想的 f 值

(2) 再由式9-74算出理想的crossflow壓降

(3) 因為殼側的總壓降為 (不包含噴嘴的壓降)$\Delta P_{tot}=\Delta P_c+\Delta P_w+\Delta P_e$

(4) 算ΔP_e

  (a) 由式9-76~9-77算出R_s

  (b) 由圖9-40或式9-78~9-79算出R_b

  (c) 由式9-75算出ΔP_e

(5) 算ΔP_c

  (a) 由圖9-42或式9-81~9-84算出R_ℓ

  (b) 引用步驟(4)中的R_b

  (c) 由式9-80算出ΔP_c

(6) 算ΔP_w

(a) 由式9-86~9-90算出G_w、A_m、A_w、θ_{ds}與D_w

(b) 再由式9-85算出理想的window壓降ΔP_{wi}

(c) 由步驟(5)取得R_ℓ

(d) 再由式9-91算出實際的window壓降

(7) 最後由式9-92算出殼側的總壓降

例 9-5-1：同例9-4-1，試以Bell-Delaware方法來估算，假設熱交換器爲split ring and floating head 型式，一些特定的幾何參數如下：baffle cut = 25%，本例沒有使用sealing strip，另外並假設進出口擋板爲不等間距，$L_{bi} = L_{bo} = 0.75$ m，中間段的擋板間距與例9-4-1同，即$L_b = 0.5$ m。

9-5-1 解：

(1)參考上述的計算步驟，首先要估算理想的熱傳係數：

因爲熱交換器爲split ring and floating head型式，則由圖9-29可估出$\Delta_{bb} \approx 0.035$ m，所以由式9-56

$D_{otl} = D_s - \Delta_{bb} = 0.508 - 0.035 = 0.473$ m

$D_{ctl} = D_{otl} - d_o = 0.473 - 0.01905 = 0.45395$ m

由於是30°排列，所以$P_p = 0.022$ m，$P_n = 0.0127$ m (參考圖9-15)

由式9-48

$$A_m = L_b \times \left[(D_s - D_{otl}) + \left(\frac{D_{otl} - d_o}{P_t} \right) \times (P_t - d_o) \right]$$

$$= 0.5 \times \left[(0.508 - 0.473) + \left(\frac{0.473 - 0.01905}{0.0254} \right) \times (0.0254 - 0.01905) \right]$$

$$= 0.0742\ \text{m}^2$$

首先以殼側進口流體性質來計算

$$\therefore V_{max} = \frac{\dot{M}_T}{\rho A_m} = \frac{25}{965.3 \times 0.0742} = 0.349\ \text{m/s}$$

$$\text{Re} = \frac{\rho V_{\max} d_o}{\mu_s} = \frac{965.3 \times 0.349 \times 0.01905}{0.000316} = 20300$$

※ 請特別注意Bell-Delaware法是以d_o做爲Re的特徵長度，而Kern法是以D_s爲特徵長度。

由表9-3可知

$a_1 = 0.321$，$a_2 = -0.388$，$a_3 = 1.45$，$a_4 = 0.519$

$$a = \frac{a_3}{1+0.14\,\mathrm{Re}^{a_4}} = \frac{1.45}{1+0.14\times 20300^{0.519}} = 0.0578$$

$$j = a_1\left(\frac{1.33}{P_t^*}\right)^a \mathrm{Re}^{a_2} = 0.321\times\left(\frac{1.33}{1.33}\right)^{0.0578} 20300^{-0.388} = 0.00684$$

$\mathrm{Pr}_s = 1.96$，假設property index ≈ 1 ($\phi_s = \left(\frac{\mu_s}{\mu_w}\right)^{0.14} \approx 1$)，由式9-59：

$$h_o = jG_s c_p\,\mathrm{Pr}_s^{-2/3} = 0.00684\times 336.7\times 4207\times 1.96^{-0.667} = 6186\ \mathrm{W/m^2\cdot K}$$

(2)算J_c

由於baffle cut = 25%，$\therefore L_{bc} = 0.25\times D_s = 0.127$ m

$$F_c = \frac{1}{\pi}\left(\pi + 2\left[\frac{D_s - 2L_{bc}}{D_{otl}}\right]\sin\left(\cos^{-1}\left[\frac{D_s - 2L_{bc}}{D_{otl}}\right]\right) - 2\cos^{-1}\left[\frac{D_s - 2L_{bc}}{D_{otl}}\right]\right)$$

$$\frac{D_s - 2L_{bc}}{D_{otl}} = \frac{0.0508 - 2\times 0.128}{0.473} = 0.537$$

$$\therefore F_c = \frac{1}{\pi}\left(\pi + 2\times 0.537\sin\left(\cos^{-1}[0.537]\right) - 2\cos^{-1}[0.537]\right) = 0.649$$

由式9-65

$J_c = 0.55 + 0.72\,F_c = 0.55 + 0.72\times 0.649 = 1.017$

(3) 算J_ℓ

首先我們必須估算總傳熱管數，由式9-5

$$N_t = 0.785\left(\frac{CTP}{CL}\right)\frac{D_{ctl}^2}{\left(P_t^*\right)^2 d_o^2} = 0.785\times\left(\frac{0.9}{0.87}\right)\frac{0.45395^2}{1.33^2\times 0.01905^2} \approx 260$$

由於要算J_ℓ前，需要算出A_{tb}與A_{sb}，由於本例並未提供Δ_{tb}與Δ_{sb}的實際資料，因此必須以常用的經驗值來估算：

參考圖9-27，由於$L_{b,max} \le 900$ mm 且$d_o = 0.01905\ \mathrm{m} < 0.032$ m

故$\Delta_{tb} = 0.8\ \mathrm{mm} = 0.0008$ m，而 $\delta_{tb} = \Delta_{tb}/2 = 0.0004$ m

由式9-51

$$A_{tb} = \pi d_o \delta_{tb} \cdot \frac{1}{2}(1+F_c)N_t = \pi \times 0.01905 \times 0.0004 \times \frac{1}{2}(1+0.649)\times 260$$

$$= 0.005133\,\text{m}^2$$

由式9-55

$\Delta_{sb} = 3.1 + 0.004D_s$ (其中單位均爲 mm) $= 3.1 + 0.004\times 508$

$= 5.132$ mm $= 0.005132$ m

$\delta_{sb} = \Delta_{sb}/2 = 0.00257$ m

$$A_{sb} = \pi D_s \delta_{sb}\left(1-\frac{1}{\pi}\cos^{-1}\left(1-\frac{2L_{bc}}{D_s}\right)\right)$$

$$= \pi \times 0.508 \times 0.00257\left(1-\frac{1}{\pi}\cos^{-1}\left(1-\frac{2\times 0.127}{0.508}\right)\right) = 0.00273\,\text{m}^2$$

$(A_{tb}+A_{sb})/A_m = (0.005132 + 0.00273)/0.0742 = 0.1059$

$A_{sb}/(A_{tb}+A_{sb}) = 0.00273/(0.005132 + 0.00273) = 0.3472$

由式9-66

$$J_\ell = 0.44\left(1-\frac{A_{sb}}{A_{sb}+A_{tb}}\right) + 0.44\left(1-\frac{A_{sb}}{A_{sb}+A_{tb}}\right)e^{-2.2\frac{A_{sb}+A_{tb}}{A_m}}$$

$$= 0.44\times(1-0.3472) + 0.44\times(1-0.3472)e^{-2.2\times 0.1059} = 0.515$$

(4) 算J_b

由於沒有使用sealing strip，$N_{ss} = 0$

由式9-44

$$N_c = \frac{D_s \times \left(1-2\frac{L_{bc}}{D_s}\right)}{P_P} = \frac{0.508\times\left(1-2\frac{0.127}{0.508}\right)}{0.0212} = 11.55$$

$N_s^+ = 0/11.55 = 0$

另外由於本例爲E-shell ，所以$N_p = 0$

$$\therefore F_{sbp} = \frac{(D_s - D_{ot\ell} + 0.5\times N_p \times W_p)\times L_b}{A_m} = \frac{(0.508-0.473)\times 0.5}{0.0742} = 0.236$$

由於殼側的雷諾數大於100，因此式9-68的$C_{bph} = 1.25$，由式9-67：

$$J_b = \begin{cases} 1 & \text{當}N_s^+ \ge \frac{1}{2} \\ e^{-C_{bph}F_{sbp}\left(1-\sqrt[3]{2N_s^+}\right)} & \text{當}N_s^+ < \frac{1}{2} \end{cases} = e^{-C_{bph}F_{sbp}\left(1-\sqrt[3]{2N_s^+}\right)} = e^{-1.25\times 0.236\times\left(1-\sqrt[3]{2\times 0}\right)} = 0.745$$

(5) 算J_s

由式9-47

$$N_b = \left[\frac{L - L_{bi} - L_{bo}}{L_b}\right] + 1 = \left[\frac{5 - 0.75 - 0.75}{0.5}\right] + 1 = 8$$

$L_i^+ = L_{bi}/L_b = 0.75/0.5 = 1.5$

$L_o^+ = L_{bo}/L_b = 0.75/0.5 = 1.5$

由於 Re > 100，$n = 0.6$ (式9-71)

再由式9-70

$$J_s = \frac{N_b - 1 + (L_i^+)^{1-n} + (L_o^+)^{1-n}}{N_b - 1 + L_i^+ + L_o^+} = \frac{8 - 1 + 1.5^{0.4} + 1.5^{0.4}}{8 - 1 + 1.5 + 1.5} = 0.935$$

(5)算J_r

由於$Re_s > 100$，由式9-72可知$J_r = 1$

(6)算真正的h_s

$$h_s = h_o \times J_c \times J_\ell \times J_b \times J_s \times J_r = 6186 \times 1.017 \times 0.515 \times 0.745 \times 0.935 \times 1.0$$

$$= 2363.1 \text{ W/m}^2 \cdot \text{K}$$

※ 這個計算值與上例Kern 法的計算結果有段差距 (4185 $\text{W/m}^2\cdot\text{K}$)

※ $J_c \times J_\ell \times J_b \times J_s \times J_r$ 的值爲0.382 較合理的設計值0.6 爲低

接下來，以Bell-Delaware法來估算壓降

(1)同樣的，首先算理想的crossflow 壓降Δp_{bi}

由表9-3可知

$b_1 = 0.372$，$b_2 = -0.123$，$b_3 = 7.0$，$b_4 = 0.5$

$$b = \frac{b_3}{1 + 0.14\,\text{Re}^{b_4}} = \frac{7.0}{1 + 0.14 \times 20300^{0.5}} = 0.334$$

$$f = b_1 \left(\frac{1.33}{P_t^*}\right)^b \text{Re}^{b_2} = 0.372 \times \left(\frac{1.33}{1.33}\right)^{0.334} 20300^{-0.123} = 0.1098$$

由式9-74

$$\Delta P_{b,i} = \frac{4 f_i G_s^2 N_c}{2\rho_i} = \frac{4 \times 0.1098 \times 336.7^2 \times 11.55}{2 \times 965.3} = 297.7 \text{ Pa}$$

(2) 算ΔP_e

由於$Re_s > 100$，由式9-77，$n' = 1.8$，再由式9-76可知

$$R_s = \left[\left(\frac{L_{bi}}{L_b}\right)^{-n'} + \left(\frac{L_{bo}}{L_b}\right)^{-n'}\right] = \left[1.5^{-1.8} + 1.5^{-1.8}\right] = 0.964$$

同樣的，由式9-79，$C_{bp} = 3.7$，再由式9-78

$$R_b = \begin{cases} 1 & \text{當} N_s^+ \geq \frac{1}{2} \\ e^{-C_{bp}F_{sbp}\left(1-\sqrt[3]{2N_s^+}\right)} & \text{當} N_s^+ < \frac{1}{2} \end{cases} = e^{-3.7\times 0.236\left(1-\sqrt[3]{2\times 0}\right)} = 0.418$$

由式9-46，$N_{cw} = 0.8(L_{bc}/P_P) = 0.8\times(0.127/0.022) = 4.62$

再由式9-75

$$\Delta P_e = \Delta P_{bi}(1 + N_{cw}/N_c)R_sR_b = 297.7\times(1 + 4.62/11.55)\times 0.964\times 0.418\times 2 = 168 \text{ Pa}$$

(3) 算ΔP_c

由式9-83，$r_s = A_{sb}/(A_{sb} + A_{tb}) = 0.3472$

由式9-84，$r_{lm} = (A_{sb} + A_{tb})/A_m = 0.1059$

由式9-82，$z = -0.15r_s + 0.65 = 0.597$

由式9-81

$$R_\ell = e^{-1.33(1+r_s)r_{lm}^z} = e^{-1.33\times(1+0.3472)\times 0.1059^{0.605}} = 0.626$$

再由式9-80

$$\Delta P_c = \Delta P_{b,i}\times(N_b - 1)R_\ell R_b = 297.7\times(8 - 1)\times 0.626\times 0.418 = 545.6 \text{ Pa}$$

(4) 算ΔP_w

由於 $1 - 2L_{bc}/D_s = 1 - 2\times 0.127/0.508 = 0.5$

由式9-89

$$A_w = \frac{D_s^2}{4}\left[\cos^{-1}\left(1-\frac{2L_{bc}}{D_s}\right) - \left(1-\frac{2L_{bc}}{D_s}\right)\left(\sqrt{1-\left(1-\frac{2L_{bc}}{D_s}\right)^2}\right)\right] - \frac{N_t}{8}(1-F_c)\pi d_o^2$$

$$= \frac{0.508^2}{4}\left[\cos^{-1}(0.5) - (0.5)\times\left(\sqrt{1-(0.5)^2}\right)\right] - \frac{260}{8}\times(1-0.649)\times\pi\times 0.01905^2$$

$$= 0.02663 \text{ m}^2$$

由式9-86

$$G_w = \frac{\dot{m}_s}{(A_mA_w)^{1/2}} = \frac{25}{(0.0742\times 0.02663)^{1/2}} = 562.3 \text{ kg/m}^2\cdot\text{s}$$

由式9-88

$$\theta_{ds} = 2\cos^{-1}\left(1-\frac{2L_{bc}}{D_s}\right) = 2\cos^{-1}\left(1-\frac{2\times 0.127}{0.508}\right) = 2.094\ \text{rad.}\,(120^\circ)$$

由式9-90

$$D_w = \frac{4A_w}{\pi d_o N_t \dfrac{(1-F_c)}{2} + \dfrac{\pi D_s \theta_{ds}}{2\pi}}$$

$$= \frac{4\times 0.0234}{\pi\times 0.01905\times 260\times \dfrac{(1-0.649)}{2} + \dfrac{\pi\times 0.508\times 2.094}{2\times\pi}} = 0.0327\ \text{m}$$

由式9-85

$$\Delta P_{w,i} = \begin{cases} (2+0.6N_{cw})\dfrac{G_w^2}{2\rho} & \text{當 } \text{Re}_s \ge 100 \\ 26\dfrac{G_w\mu}{\rho}\left(\dfrac{N_{cw}}{P_t-d_o}+\dfrac{L_{bc}}{D_w^2}\right)+0.002\dfrac{G_w^2}{2\rho} & \text{當 } \text{Re}_s < 100 \end{cases}$$

$$= (2+0.6N_{cw})\frac{G_w^2}{2\rho} = (2+0.6\times 4.62)\frac{562.3^2}{2\times 965.3} = 781.3\ \text{Pa}$$

因此，window 的總壓降可由式9-91計算如下：

$$\Delta P_w = N_b \Delta P_{w,i} R_\ell = 8\times 781.3\times 0.626 = 3914.2\ \text{Pa}$$

(5) 總壓降$\Delta P_{tot}=\Delta P_c+\Delta P_w+\Delta P_e$ = 545.6 + 3914.2 + 168 = 4627.7 Pa

【計算例子之結論】

※ 熱傳係數的計算結果與 Kern method接近，壓降計算的結果與Kern method差異較大

※ 如果要快速計算，可以Kern method 算熱傳係數但壓降最好還是用Bell-Delaware method

9-6 殼管式熱交換器熱流設計方法 (ESDU method)

9-6-1 ESDU法的背景資訊

本章節主要是介紹ESDU (1983)法估算殼側熱傳係數及壓降的方法，不過

ESDU法著重在壓降部份的計算，熱傳係數的估算相當的簡略；ESDU法主要是由Tinker (1950)而來，雖然Tinker法的理論基礎較為完備，不過由於Tinker法相當的複雜難懂，而且在使用上需要相當多的疊代；因此很難推廣使用，ESDU法的優點在於適度地簡化Tinker法，提高實用性以方便使用。ESDU法殼側的總壓降的估算可以表示如下：

$$\Delta P_T = \Delta P_{n,in} + \Delta P_{e,in} + (N_b - 1)\Delta P_p + \Delta P_{n,out} + \Delta P_{e,out} + \rho g \Delta H$$

其中

ΔP_T ：總壓降。

$\Delta P_{n,in}$ ：進口噴嘴造成的壓降。

$\Delta P_{n,out}$：出口噴嘴造成的壓降。

$\Delta P_{e,in}$ ：進口不等間距隔板造成的壓降。

$\Delta P_{e,out}$ ：出口不等間距隔板造成的壓降。

ΔP_p ：每一個內部隔板區間所造成的壓降。

$\rho g \Delta H$：殼側進出口高度變化所造成的壓降。

根據ESDU的研究，對一般水平擺置的殼管式熱交換器，$\rho g \Delta H \approx 0$ (尤其進出口噴嘴出口都在同一側)，但如果是垂直擺設的殼管式熱交換器，$\rho g \Delta H$高度的影響應予以適度考慮。進出口噴嘴所造成的壓降，ESDU歸納如下：

$$\Delta P_n = \frac{\dot{M}_T^2}{2\rho}\left[\frac{1}{A_n^2} + \frac{1}{A_e^2}\right] \tag{9-93}$$

其中 A_n 為噴嘴的面積 ($\frac{\pi}{4}D_n^2$)，而 A_e 為由噴嘴到管群的有效區隔面積 (effective escape area)，計算如下：

$$A_e = \begin{cases} \pi D_n \Delta H_{n,b} & \text{如果有阻擋板的設計(impingement plate)} \\ \pi D_n \Delta H_{n,b} + 0.6(\pi D_n^2/4)\left(1 - \dfrac{d_0}{P_t}\right) & \text{如果沒有阻擋板的設計} \end{cases}$$

其中$\Delta H_{n,b}$為噴嘴到阻擋板或噴嘴到管群的距離，ΔP_e與ΔP_p的計算則會在隨後章節中介紹。

9-6-2 ΔP_p的計算

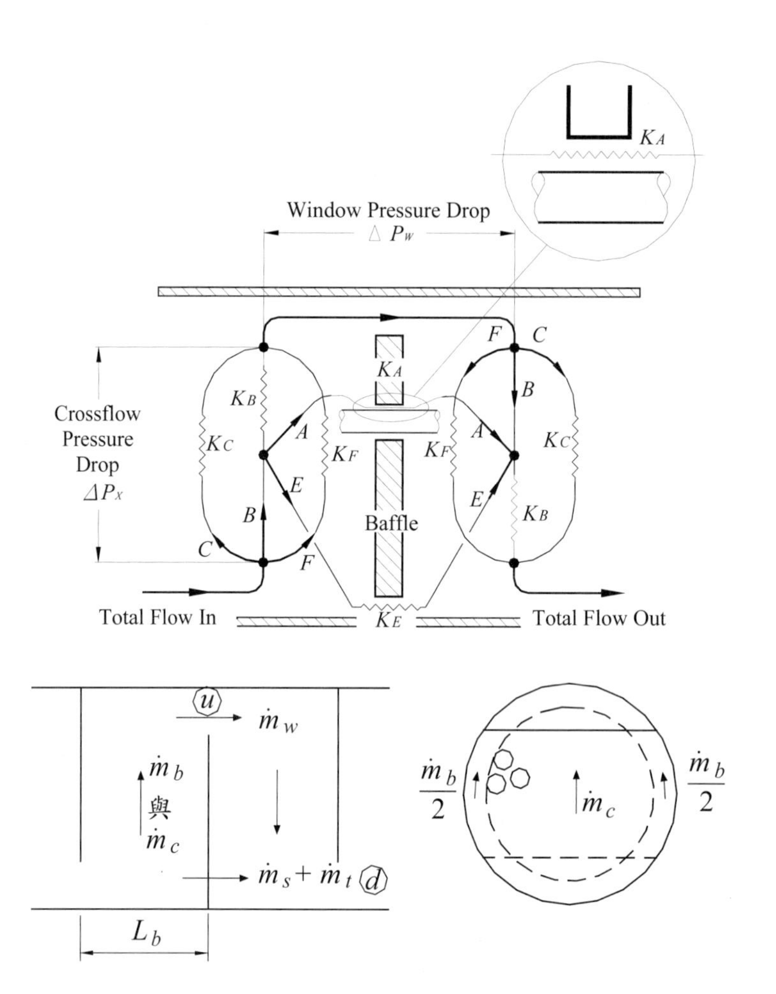

圖9-45 流道阻抗示意圖

考慮如圖9-45所示的流動阻抗分布圖，其中ΔP_p爲一個擋板的總壓降，而

$\dot{m}_c$：crossflow 流量。

$\dot{m}_b$：旁通量。

$\dot{m}_w$：通過window 流量。

$\dot{m}_t$：管板與傳熱管間隙的洩漏量。

$\dot{m}_s$：外殼與擋板間隙的洩漏量。

$\dot{M}_T$：殼側總流量。

由圖9-45的質量守恆可知：

$$\dot{M}_T = \dot{m}_w + \dot{m}_s + \dot{m}_t \tag{9-94}$$

$$\dot{m}_w = \dot{m}_c + \dot{m}_b \tag{9-95}$$

由第一章的說明，我們知道管內側的單相壓降 $\Delta P = \frac{4L}{d} f \frac{G^2}{2\rho}$，這個式子可以簡寫成 $\Delta P = C \times \dot{m}^2$；由於流動上有A、E、C、B、F等stream；因此，各個不同的steam可寫成 $\Delta P_i = n_i \dot{m}_i^2$ 的型式，其中n_i爲各個stream的流動阻抗，在應用的習慣上，常以 $\Delta P_i = K_i \frac{1}{2}\frac{G^2}{\rho}$ 的型式來表示壓降，其中K_i爲各個stream的壓降阻抗係數，因此可知 $n_i = \frac{K_i}{2\rho A_i^2}$；又由圖9-45的流動阻抗分布圖，可知 $\Delta p_p = \Delta p_s = \Delta p_t = \Delta p_b + \Delta p_w = \Delta p_c + \Delta p_w$，因此：

$$\Delta P_P = n_s \dot{m}_s^2 = n_t \dot{m}_t^2 \tag{9-96}$$

$$\Delta P_w = n_w \dot{m}_w^2 \tag{9-97}$$

$$\Delta P_c = n_c \dot{m}_c^2 = n_b \dot{m}_b^2 \tag{9-98}$$

而

$$\Delta P_p = \Delta P_w + \Delta P_c \tag{9-99}$$

其中 n_s、n_c、n_w、n_b代表相對的流動阻抗係數，如果將總壓降以window部份的流量來表示，則

$$\Delta P_p = n_a M_w^2 \tag{9-100}$$

其中 n_a 可以由式9-96、9-97、9-98、9-99與9-100整理後得到如下的方程式：

$$n_a = n_w + \left(n_c^{-1/2} + n_b^{-1/2}\right)^{-2} \tag{9-101}$$

同樣的，若我們定義一個擋板的總壓降流動阻抗係數n_p如下：

$$\Delta P_p = n_p \dot{M}_T^2 \tag{9-102}$$

整理式9-94、9-95與9-102可得

$$n_p = \left(n_a^{-1/2} + n_s^{-1/2} + n_t^{-1/2}\right)^{-2} \tag{9-103}$$

ESDU法並定義出各個stream所佔的比重，可由式9-104~9-108來表示：

旁通部份的比例：

$$F_b = \frac{\dot{m}_b}{\dot{M}_T} = \left(\frac{n_p}{n_a}\right)^{1/2}\left[1+\left(\frac{n_b}{n_c}\right)^{1/2}\right]^{-1} \tag{9-104}$$

crossflow stream 的部份：

$$F_{cr} = \frac{\dot{m}_c}{\dot{M}_T} = \left(\frac{n_p}{n_a}\right)^{1/2}\left[1+\left(\frac{n_c}{n_b}\right)^{1/2}\right]^{-1} \tag{9-105}$$

擋板與外殼的洩漏部份：

$$F_s = \frac{\dot{m}_s}{\dot{M}_T} = \left(\frac{n_p}{n_s}\right)^{1/2} \tag{9-106}$$

擋板與傳熱管的洩漏部份：

$$F_t = \frac{\dot{m}_t}{\dot{M}_T} = \left(\frac{n_p}{n_t}\right)^{1/2} \tag{9-107}$$

通過window的部份：

$$F_w = F_b + F_{cr} = (n_p / n_a)^{1/2} \tag{9-108}$$

根據Wills and Johnston (1984)的歸納整理，

$$n_s = \frac{0.036\dfrac{t_b}{\delta_{sb}} + 2.3\left(\dfrac{t_b}{\delta_{sb}}\right)^{-0.177}}{2\rho A_s^2} \tag{9-109}$$

其中t_b爲擋板的厚度 (見圖9-46說明)，圖9-46的δ_{sb}與δ_{tb}的定義均與9-5節的Bell-Delaware 法相同。

$$A_s = \pi(D_s - \delta_{sb})\delta_{sb} \tag{9-110}$$

$$n_t = \frac{0.036\dfrac{t_b}{\delta_{tb}} + 2.3\left(\dfrac{t_b}{\delta_{tb}}\right)^{-0.177}}{2\rho A_t^2} \tag{9-111}$$

$$A_t = N_t\pi(d_o + \delta_{tb})\delta_{tb} \tag{9-112}$$

$$n_w = \frac{1.9e^{0.6856\frac{A_w}{A_m}}}{2\rho A_w^2} \tag{9-113}$$

$$n_b = \frac{\frac{0.266\left(D_s - 2L_c\right)}{P_X} + 2N_{ss}}{2\rho A_b^2} \tag{9-114}$$

$$A_b = (2\delta_{bb} + W_p)L_b \tag{9-115}$$

式9-114中的P_X與排列型式有關，即：

$$P_X = \begin{cases} 1.732P_t & \text{當排列爲}30° \\ 1.414P_t & \text{當排列爲}45° \\ P_t & \text{當排列爲}60°\text{或}90° \end{cases} \tag{9-116}$$

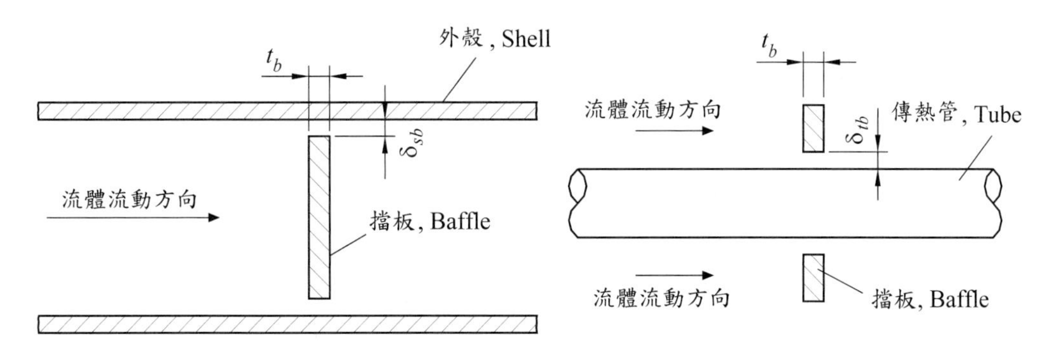

圖9-46

9-6-2-1 Crossflow 部份的壓降

理想crossflow 的估算部份($\Delta P_{c,i}$)，ESDU (1983)採用不同於Bell-Delaware法的計算(請特別注意這兩者不可以混用，不可以先使用Bell-Delaware的 f 計算方式，再應用於ESDU的計算流程)。理想crossflow壓降的計算步驟如下：

(1) 計算體積平均直徑 (volumetric mean diameter) D_v

$$D_v = \frac{aP_t^2 - d_o^2}{d_o} \tag{9-117}$$

$$a = \begin{cases} 1.273 & \text{如果爲}45°\text{或}90°\text{排列} \\ 1.103 & \text{如果爲}30°\text{或}60°\text{排列} \end{cases}$$

(2) 計算摩擦係數 f

$$f=\begin{cases}0.033\dfrac{d_o^2D_v}{\left(P_t-d_o\right)^3} & \text{如果爲45°或90°排列}\\ 0.45\,\mathrm{Re}_T^{-0.267}\dfrac{d_o^2D_v}{\left(P_t-d_o\right)^3} & \text{如果爲30°或60°排列}\end{cases} \tag{9-118}$$

其中雷諾數的計算爲

$$\mathrm{Re}_T=\frac{\dot{M}_T d_o F_{cr}}{\mu A_{cr}} \tag{9-119}$$

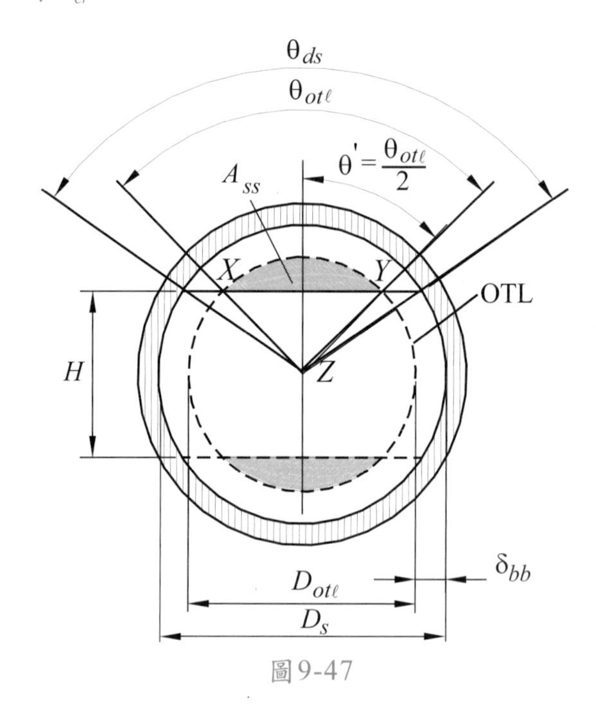

圖9-47

請特別注意Re_T的算法！Re_T是以 $\dot{m}_c$ (=總流量 $\dot{M}_T\times F_{cr}$) 與面積A_{cr}來計算，面積A_{cr}爲平均自由通路面積 (mean free crossflow area)而不是A_{mm}，計算方式可參考式9-122與圖9-47，其中OTL (outer tube limit)的面積爲 $\dfrac{\pi}{4}D_{ot\ell}^2$，而

$$\theta'=\cos^{-1}(H/D_{ot\ell})=\theta_{ot\ell}/2 \tag{9-120}$$

面積A_{ss}可計算如下：

A_{ss} = 扇型面積XYZ – 三角形面積XYZ (參考圖9-47)

$$
\begin{aligned}
&= \frac{\pi}{4} D_{ot\ell}^2 \cdot \left(\frac{\theta_{ot\ell}}{2\pi} \right) - \frac{1}{2} \times \frac{1}{2} D_{ot\ell} \sin \frac{\theta_{ot\ell}}{2} D_{ot\ell} \cos \frac{\theta_{ot\ell}}{2} \\
&= \frac{1}{8} D_{ot\ell}^2 \left(\theta_{ot\ell} - 2\sin \frac{\theta_{ot\ell}}{2} \cos \frac{\theta_{ot\ell}}{2} \right)
\end{aligned}
\quad (9\text{-}121)
$$

因此自由通路的面積可計算如下(除以H的原因是取其平均值)：

$$
A_{cr} = \left(\frac{\pi}{4} D_{ot\ell}^2 - 2A_{ss} \right) \frac{L_b}{H} - W_p L_p \quad (9\text{-}122)
$$

另外，ESDU法在計算最小流道面積(A_m)的計算方法上與Bell-Delaware方法基本上是相同的，ESDU同樣以中心線附近的最小流道面積，不過ESDU法的計算公式與Bell-Delaware法有一點點的不同，爲了區分起見，本文以A_{mm}來表示ESDU的方法：

$$
A_{mm} = \left((N_{ct} - 1)(P_t - d_o) + 2\delta_{bb} + W_p \right) L_p \quad (9\text{-}123)
$$

其中N_{ct}爲中心線的管排總數，可以用下式來預估

$$
N_{ct} = \begin{cases} \dfrac{D_{ot\ell}}{P_n} & \text{如果傳熱管安排型式爲}90° \\ \dfrac{D_{ot\ell}}{2P_n} & \text{如果傳熱管安排型式爲}30°、45°\text{或}60° \end{cases} \quad (9\text{-}124)
$$

(3) 計算壓力損失係數 (pressure loss coefficient)

$$
K_c = 4fH/d_o \quad (9\text{-}125)
$$

(4) 計算crossflow的壓降

$$
\Delta P_c = K_c \left(\frac{1}{2} \rho V_{\max}^2 \right) = \frac{K_c}{2} \frac{\dot{m}_c^2}{\rho A_{mm}^2} \quad (9\text{-}126)
$$

$$
n_c = \frac{K_c}{2\rho A_{cr}^2} \quad (9\text{-}127)
$$

9-6-3 不等間距進出口壓降的計算，$\Delta P_{e,in}$ 與 $\Delta P_{e,out}$

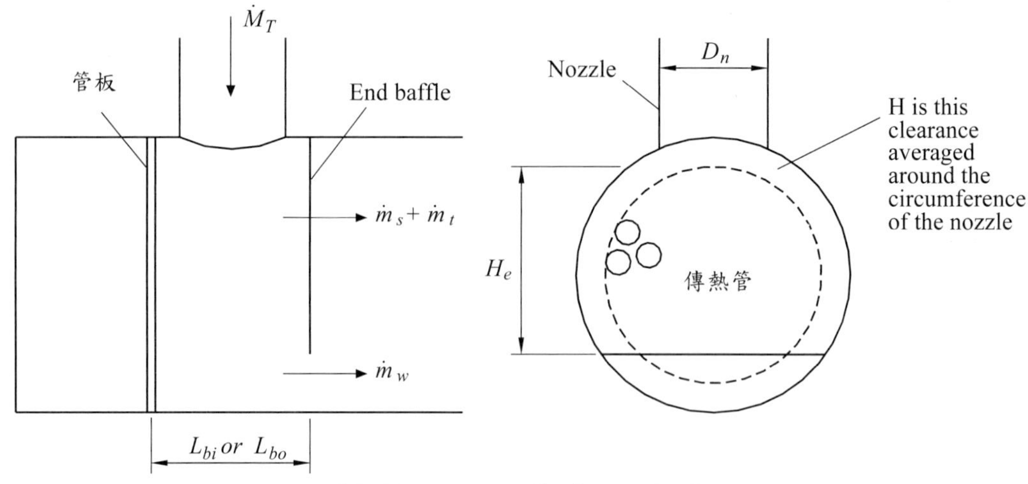

圖9-48 進口不等間距示意圖

不等間距的壓降計算與正常隔板間距不同，因此計算方法也有若干的修正，參考圖9-48，計算流程如下：計算相對的A_b、A_{cr}及A_{mm}面積(乘上一個不等長度的校正值L_{bi}/L_b或L_{bo}/L_b，此處以L_{bi}爲例)

$$A_{ie} = A_i(L_{bi}/L_b) \tag{9-128}$$

進出口段旁通與crossflow streams的流動阻抗係數n_e可表示如下

$$n_e = (n_{be}^{-1/2} + n_{ce}^{-1/2})^{-2} \tag{9-129}$$

其中n_{be}與n_{ce}可由式9-114與9-121獲得，不過A_{be}與A_{ce}面積要記得乘上式9-128的校正值。因此K_{be}與K_{ce}可表示如下：

$$K_{be} = 0.266\frac{H_e}{P_X} + 2N_{ss} \tag{9-130}$$

$$K_{ce} = 4f\frac{H_e}{d_o} \tag{9-131}$$

不等間距進出口的壓降可估算如下：

$$\Delta P_e = n_{nb}\dot{M}_T^2 + n_e\left[\frac{\dot{M}_T + \dot{m}_w}{2}\right]^2 + \frac{1}{2}n_{we}\dot{m}_w^2 \tag{9-132}$$

式9-132中右式第一項代表噴嘴與管群間的阻抗，右式第二項代表crossflow部份的壓降，由於噴嘴進口的流量爲$\dot{M}_T$，而到window時只剩下$\dot{m}_w$，因此取其平均流量$\left(\dot{M}_T + \dot{m}_w\right)/2$，一個window部份的壓降爲$n_{we}\dot{m}_w^2$，但是不等間距進出口僅貢獻一個window的效應(另外一個已爲中間區吸收)，所以一個不等間距進口的影響爲其$\frac{1}{2}n_{we}\dot{m}_w^2$；$n_{we}$爲進出口window的流動阻抗，其壓損係數$K_{we}$可估算如下：

$$K_{we} = 1.9\exp\left(0.6856\frac{A_w}{A_{me}}\right) \tag{9-133}$$

噴嘴與管群間的流動阻抗n_{nb}可估算如下：

$$n_{nb} = \frac{1.0}{2\rho A_{me}^2} \tag{9-134}$$

9-6-4 熱傳係數的估算

殼側熱傳係數的估算非常簡單，如下：

$$h_o = 0.33\frac{k}{d_o}\left(\frac{\dot{M}_T F_{cr} d_o}{A_{mm}\mu}\right)^{0.6}\left(\frac{\mu c_p}{k}\right)^{0.3} \tag{9-135}$$

其中F_{cr}爲流體通過傳熱管部份的比例(參考上述的介紹)，請特別留意熱傳係數的估算中的雷諾數是以crossflow部份的流量($\dot{m}_c = \dot{M}_T F_{cr}$)而非總流量$\dot{M}_T$，面積爲$A_{mm}$而不是以$A_{cr}$來計算，這點與摩擦係數的計算不同，切記切記！

9-6-5 ESDU法計算流程歸納說明

(1) 基本輸入資訊：$\dot{M}_T$、c_p、μ、k、p與熱交換器幾何尺寸。

(2) 取得(或算出)下列資料：D_n、d_o、D_s、D_{otl}、H、H_e、L_b、L_{bi}、L_{bo}、P_t、t_b、δ_{sb}、δ_{tb}、δ_{bb} (如果有F stream時也要輸入W_p)、N_b、N_t、N_w、P_X與N_{ct}。

(3) 算出下列資訊

$$A_b = \left(2\delta_{bb} + W_p\right)L_b$$

$$\theta_{ot\ell} = 2\cos^{-1}\left(\frac{H}{D_{ot\ell}}\right)$$

$$A_{ss}=\frac{1}{8}D_{ot\ell}^2\left(\theta_{ot\ell}-2\sin\frac{\theta_{ot\ell}}{2}\cos\frac{\theta_{ot\ell}}{2}\right)$$

$$A_{cr}=\left(\frac{\pi}{4}D_{ot\ell}^2-2A_{ss}\right)\frac{L_b}{H}-W_pL_b$$

$$A_{mm}=\left((N_{ct}-1)(P_t-d_o)+2\delta_{bb}+W_p\right)L_b$$

$$A_s=\pi(D_s-\delta_{sb})\delta_{sb}$$

$$A_t=N_t\pi(D_o+\delta_{tb})\delta_{tb}$$

$$\theta_{ds}=2\cos^{-1}\left(\frac{H}{D_s}\right)$$

$$A_w=\frac{D_s^2}{8}(\theta_{ds}-2\sin\frac{\theta_{ds}}{2}\cos\frac{\theta_{ds}}{2})-N_w\frac{\pi d_o^2}{4}$$

$$A_{be}=A_bL_{bi}/L_b$$

$$A_{ce}=A_{cr}L_{bi}/L_b$$

$$A_{me}=A_{mm}L_{bi}/L_b$$

(4) 由於在計算過程中需要疊代F_{cr}的資料，因此首先可以假設$F_{cr}=1$，故雷諾數如下(不過在隨後的疊代，要將修正的F_{cr}放回雷諾數中)：

$$\mathrm{Re}_T=\begin{cases}\dfrac{\dot{M}_Td_o}{A_{cr}\mu} & \text{第一次疊代}\\[2ex] \dfrac{\dot{M}_Td_oF_{cr}}{A_{cr}\mu} & \text{第二次以後的疊代}\end{cases}$$

根據ESDU的建議，當Re_T大於1000時，ESDU法預測的準確度相當不錯；不過當Re_T小於100時，最好是不要用ESDU法；而在$\mathrm{Re}_T=100\sim1000$間的應用上，應該會有若干的誤差。

(5) 計算壓損係數如下：

$$K_b=0.266\frac{H}{P_X}+2N_{ss}$$

$$K_s=0.036\frac{t_b}{\delta_{sb}}+2.3\left(\frac{t_b}{\delta_{sb}}\right)^{-0.177}$$

$$K_s=0.036\frac{t_b}{\delta_{tb}}+2.3\left(\frac{t_b}{\delta_{tb}}\right)^{-0.177}$$

$$K_w = 1.9\exp\left(0.6856\frac{A_w}{A_m}\right)$$

$$K_{be} = 0.266\frac{H_e}{P_X} + 2N_{ss}$$

$$K_{we} = 1.9\exp\left(0.6856\frac{A_w}{A_{me}}\right)$$

(6) 由K_b、K_s、K_t、K_w、K_{be}與K_{we}算出n_b、n_s、n_t、n_w、n_{be}與n_{we}(即$n_i = \frac{K_i}{2\rho A_i}$)

(7) 計算

$$D_v = \frac{aP_t^2 - d_o^2}{d_o}$$

其中a = 1.273 (45°或90°)； a = 1.103 (30°或60°)

(8) 由下式算出摩擦係數

$$f = \begin{cases} 0.033\dfrac{d_o^2 D_v}{(P_t - d_o)^3} & \text{如果爲45°或90°排列} \\ 0.45\,\mathrm{Re}_T^{-0.267}\dfrac{d_o^2 D_v}{(P_t - d_o)^3} & \text{如果爲30°或60°排列} \end{cases}$$

請特別注意Re_T中的面積爲A_{cr}而不是A_{mm}！

(9) 計算壓力損失係數

$$K_c = 4fH / d_o$$

$$K_{ce} = 4f_e H_e / d_o$$

(10) 算出crossflow部份的流動損失係數

$$n_c = n_{cT}F_{cr}^{-0.267}$$

$$n_{ce} = n_{ceT}F_{cr}^{-0.267}$$

其中F_{cr}爲流體流經傳熱管時屬於crossflow部份的比例，這個值在計算過程當中需要疊代，因此開始疊代時，一般都先假設F_{cr} = 1.0，再由步驟 (10) 到 (13)可算出另一個較爲準確的F_{cr}，詳細的疊代過程可參考例9-6-1。

(11) 計算n_a

$$n_a = n_w + (n_c^{-1/2} + n_b^{-1/2})^{-2}$$

(12) 計算n_p

$$n_p = (n_a^{-1/2} + n_s^{-1/2} + n_t^{-1/2})^{-2}$$

(13) 計算F_{cr}

$$F_{cr}=\left(\frac{n_p}{n_a}\right)^{1/2}\left[1+\left(\frac{n_c}{n_b}\right)^{1/2}\right]^{-1}$$

如果排列方式爲30°或60°則須回到步驟(10)

(14) 對一個良好而且乾淨的殼管式熱交換器的設計，F_{cr}可能落在 0.4到0.7之間，如果計算結果發現低於這個值，可由F_b、F_s與F_t的計算式中瞭解究竟那一個才是效率差的「罪魁禍首」；然後可根據這些資料去調整熱交換器的設計以獲得較佳的表現，例如可以縮小洩漏的間隙或是使用sealing strip。縮小間隙與使用sealing strip的方法會大幅增加壓降並同時會增加積垢的危險，因此F_t的效應也就顯得格外重要，因此在計算上，讀者可採用最糟的情況來算算看($n_t^{-0.5}=0$)，以提供設計上的一個參考。

(15) 計算ΔP_p

$$\Delta P_p=n_p\dot{M}_T^2$$

(16) 計算n_{nb}

$$n_{nb}=\frac{1.0}{2\rho A_{me}^2}$$

(17) 計算n_e

$$n_e=\left(n_{be}^{-1/2}+n_{ce}^{-1/2}\right)^{-2}$$

(18) 計算ΔP_e

$$\Delta P_e=\dot{M}_T^2\left\{n_{nb}+\frac{n_e}{4}\left[1+\left(\frac{n_p}{n_a}\right)^{1/2}\right]^2+\frac{n_{we}}{2}\frac{n_p}{n_a}\right\}$$

(19) 計算噴嘴的壓降ΔP_n

$$\Delta P_n=\frac{\dot{M}_T^2}{2\rho}\left[\frac{1}{A_n^2}+\frac{1}{A_e^2}\right]$$

其中A_e爲噴嘴到管群間的有效流動面積 (effective escape area)，根據ESDU的建議，可計算如下：

$$A_e = \begin{cases} \pi D_n \Delta H_{nb} + 0.6\left(\dfrac{\pi D_n^2}{4}\right)\left(1-\dfrac{d_o}{P_t}\right) & \text{如果沒有緩衝板設計} \\ \pi D_n \Delta H_{nb} & \text{如果有緩衝板設計} \end{cases}$$

$$\Delta H_{nb} = \begin{cases} \text{噴嘴到管群間的距離(如果沒有緩衝板設計)} \\ \text{噴嘴到緩衝板間的距離(如果有緩衝板設計)} \end{cases}$$

通常ΔP_n部份佔總壓降的比重不大。

(20) 計算總壓降

$$\Delta P_T = \Delta P_{n,in} + \Delta P_{e,in} + (N_b - 1)\Delta P_p + \Delta P_{n,out} + \Delta P_{e,out} + \rho g \Delta H$$

(21) 計算殼側熱傳係數

$$h_o = 0.33\frac{k}{d_o}\left(\frac{\dot{M}_T F_{cr} d_o}{A_{mm}\mu}\right)^{0.6}\left(\frac{\mu c_p}{k}\right)^{0.3}$$

例 9-6-1：同例9-4-1，試以ESDU方法來估算，假設熱交換器擋板厚度t_b = 2.5 mm，假設進出口的噴嘴直徑D_n爲0.2 m，無緩衝板 (impingement plate)的設計，假設噴嘴到管群的距離約爲0.03 m。

9-6-1 解：

(1)參考上例的計算結果可知

$N_t = 325$

$\Delta_{bb} \approx 0.035$ m

$D_{ot\ell} = 0.473$ m

參數計算如下：

$A_b = (2\delta_{bb} + \delta_{pp})L_b = (0.035 + 0)\times 0.5 = 0.0175\ \text{m}^2$

$P_X = 1.732\times P_t = 1.732\times 0.0254 = 0.044$ m

$H = D_s(1 - 2L_{bc}/D_s) = 0.508\times(1 - 2\times 0.127/0.508) = 0.256$ m

$$\theta_{ot\ell} = 2\cos^{-1}\left(\frac{H}{D_{ot\ell}}\right) = 2\cos^{-1}\left(\frac{0.256}{0.473}\right) = 2.01\ \text{rad.}$$

$$A_{ss} = \frac{1}{8}D_{ot\ell}^2\left(\theta_{ot\ell} - 2\sin\frac{\theta_{ot\ell}}{2}\cos\frac{\theta_{ot\ell}}{2}\right)$$

$$= \frac{1}{8}0.473^2\left(2.01 - 2\sin\frac{2.01}{2}\cos\frac{2.01}{2}\right) = 0.03081\ \text{m}^2$$

$$A_{cr}=\left(\frac{\pi}{4}D_{ot\ell}^2-2A_{ss}\right)\frac{L_b}{H}-W_pL_b$$

$$=\left(\frac{\pi}{4}\times0.473^2-2\times0.03081\right)\frac{0.5}{0.256}-0\times0.5=0.2246\,\mathrm{m}^2$$

由式9-124

$$N_{ct}=\frac{D_{ot\ell}}{2P_n}=\frac{0.473}{2\times0.0127}=18.62$$

取整數值 $N_{ct}=19$

$$A_{mm}=((N_{ct}-1)(P_t-d_o)+2\delta_{bb}+W_p)L_b$$

$$=((19-1)\times(0.0254-0.01905)+0.035+0)\times0.5=0.7465\,\mathrm{m}^2$$

A_{mm}的計算結果與Bell-Delaware幾乎相同

$A_s=\pi(D_s-\delta_{sb})\delta_{sb}=\pi(0.508-0.002566)\times0.002566=0.004074\ \mathrm{m}^2$

$A_t=N_t\pi(d_o+\delta_{tb})\delta_{tb}=260\times\pi\times(0.01905+0.0004)\times0.0004$

$=0.006355\ \mathrm{m}^2$

$$\theta_{ds}=2\cos^{-1}\left(\frac{H}{D_s}\right)=2\cos^{-1}\left(\frac{0.256}{0.508}\right)=2.094\,\mathrm{rad.}$$

如果沒有提供一個windows 的傳熱管數目，則可利用Bell-Delawrae法算出的F_c來估算：

$N_w=N_t(1-F_c)/2=260\times(1-0.6493)/2=46$ (取整數)

$$A_w=\frac{D_s^2}{8}(\theta_{ds}-2\sin\frac{\theta_{ds}}{2}\cos\frac{\theta_{ds}}{2})-N_w\frac{\pi d_o^2}{4}$$

$$=\frac{0.508^2}{8}(2.094-2\sin\frac{2.094}{2}\cos\frac{2.094}{2})-46\times\frac{\pi\times0.01905^2}{4}=0.02662\ \mathrm{m}^2$$

讀者可以發現這個計算結果與Bell-Delaware法完全相同

$$D_v=\frac{aP_t^2-d_o^2}{d_o}=\frac{1.103\times0.0254^2-0.01905^2}{0.01905}=0.0183\,\mathrm{m}$$

估算雷諾數

$$\mathrm{Re}_T=\frac{\dot{M}_Td_o}{A_{cr}\mu}=\frac{25\times0.01905}{0.07465\times0.000316}=6711$$

計算n_i

$$n_s = \frac{0.036\dfrac{t_b}{\delta_{sb}} + 2.3\left(\dfrac{t_b}{\delta_{sb}}\right)^{-0.177}}{2\rho A_s^2}$$

$$= \frac{0.036\dfrac{0.0025}{0.002566} + 2.3\left(\dfrac{0.0025}{0.002566}\right)^{-0.177}}{2\times 965.3\times 0.004074^2} = 73.19$$

$$n_t = \frac{0.036\dfrac{t_b}{\delta_{tb}} + 2.3\left(\dfrac{t_b}{\delta_{tb}}\right)^{-0.177}}{2\rho A_t^2} = \frac{0.036\dfrac{0.0025}{0.0004} + 2.3\left(\dfrac{0.0025}{0.0004}\right)^{-0.177}}{2\times 965.3\times 0.00794^2} = 15.5$$

$$n_w = \frac{1.9e^{0.6856\frac{A_w}{A_{mm}}}}{2\rho A_w^2} = \frac{1.9e^{0.6856\frac{0.02338}{0.07465}}}{2\times 965.3\times 0.02663^2} = 1.786$$

由於沒有sealing strip， 所以$N_{ss} = 0$

$$\therefore n_b = \frac{\dfrac{0.266(D_s - 2L_{bc})}{P_X} + 2N_{ss}}{2\rho A_b^2} = \frac{\dfrac{0.266\times(0.508 - 2\times 0.127)}{0.044} + 0}{2\times 965.3\times 0.0175^2} = 2.597$$

首先假設$F_{cr} = 1$，由於是30°排列，

$$\therefore f = 0.45\,\mathrm{Re}_T^{-0.267}\frac{d_o^2 D_v}{(P_t - d_o)^3} = 0.45\times 6711^{-0.267}\frac{0.01905^2\times 0.0183}{(0.0254 - 0.01905)^3} = 1.11$$

$K_{cT} = 4fH/d_o = 4\times 1.11\times 0.254/0.01905 = 59.22$

$$\therefore n_{cT} = \frac{K_{cT}}{2\rho A_{cr}^2} = \frac{59.22}{2\times 965.3\times 0.2245^2} = 0.608$$

$$\therefore n_c = n_{cT}F_{cr}^{-0.267} = 0.608\times 1^{-0.267} = 0.608$$

$$n_a = n_w + \left(n_c^{-1/2} + n_b^{-1/2}\right)^{-2} = 1.786 + \left(0.608^{-1/2} + 2.597^{-1/2}\right)^{-2} = 2.062$$

$$n_p = \left(n_a^{-1/2} + n_s^{-1/2} + n_t^{-1/2}\right)^{-2} = \left(2.062^{-1/2} + 73.19^{-1/2} + 24.21^{-1/2}\right)^{-2} = 0.9678$$

$$F_{cr} = \left(\frac{n_p}{n_a}\right)^{1/2}\left[1 + \left(\frac{n_c}{n_b}\right)^{1/2}\right]^{-1} = \left(\frac{0.9678}{2.062}\right)^{1/2}\left[1 + \left(\frac{0.9678}{2.062}\right)^{1/2}\right]^{-1} = 0.4617$$

此值與原先$F_{cr} = 1$的假設不同，故需進一步疊代，經過數次疊代後可得到如下的結果：

$F_{cr} = 0.4227$

$n_c = 0.963$

$n_a = 2.158$

$n_p = 0.998$

$$F_b = \frac{\dot{m}_b}{\dot{M}_T} = \left(\frac{n_p}{n_a}\right)^{1/2}\left[1+\left(\frac{n_b}{n_c}\right)^{1/2}\right]^{-1} = 0.257$$

$$F_s = \frac{\dot{m}_s}{\dot{M}_T} = \left(\frac{n_p}{n_s}\right)^{1/2} = 0.117$$

$$F_t = \frac{\dot{m}_t}{\dot{M}_T} = \left(\frac{n_p}{n_t}\right)^{1/2} = 0.203$$

$$F_w = F_b + F_{cr} = (n_p / n_a)^{1/2} = 0.68$$

$$\Delta P_p = n_p \dot{M}_T^2 = 1.008 \times 25^2 = 623.9\ \text{Pa}$$

若以此計算結果來估算熱傳係數：

$$h_o = 0.33\frac{k}{d_o}\left(\frac{\dot{M}_T F_{cr} d_o}{A_{mm}\mu}\right)^{0.6}\left(\frac{\mu c_p}{k}\right)^{0.3}$$
$$= 0.33 \times \frac{0.676}{0.01905} \times 2837^{0.6} \times 1.96^{0.3} = 1690.2\ \text{W/m}^2\cdot\text{K}$$

※這個熱傳係數的計算結果與Bell-Delaware的計算結果出入頗大，這是因爲ESDU法在計算熱傳係數上過於簡化，因此建議應儘量使用Bell-Delaware法來計算熱傳係數，ESDU法的優點在於準確地估算壓降；但是在熱傳係數的估算上則略遜一籌，這點ESDU亦承諾會在將來修改以大幅改善熱傳係數的預測能力。

(2)計算進出口不等間距的壓降

由於進出口的擋板間距較長，因此A_b、A_{cr}與A_{mm}需要乘上一個校正值$L_i^+ = L_{bi}/L_b = 0.75/0.5 = 1.5$；即

$A_{be} = A_b L_{bi} / L_b = 0.0175 \times 0.75 / 0.5 = 0.02625\ \text{m}^2$

$A_{ce} = A_{cr} L_{bi} / L_b = 0.2246 \times 0.75 / 0.5 = 0.3369\ \text{m}^2$

$A_{me} = A_{mm} L_{bi} / L_b = 0.07465 \times 0.75 / 0.5 = 0.112 \text{ m}^2$

然後重複步驟(1)計算相關參數：

估算雷諾數

$$\text{Re}_{eT} = \frac{\dot{M}_T d_o}{A_{ce}\mu} = \frac{25 \times 0.01905}{0.112 \times 0.000316} = 4474$$

計算n_i，n_s與n_t均不變，故：

$n_s = 73.19$

$n_t = 24.21$

$$n_{we} = \frac{1.9e^{0.6856\frac{A_w}{A_{me}}}}{2\rho A_w^2} = \frac{1.9e^{0.6856\frac{0.02662}{0.112}}}{2 \times 965.3 \times 0.02662^2} = 1.634$$

由於沒有sealing strip，所以$N_{ss} = 0$

$$\therefore n_{be} = \frac{\frac{0.266(D_s - 2L_{bc})}{P_X} + 2N_{ss}}{2\rho A_{be}^2} = \frac{\frac{0.266 \times (0.508 - 2 \times 0.127)}{0.044} + 0}{2 \times 965.3 \times 0.02625^2} = 1.154$$

首先假設$F_{cr} = 1$，由於是30°排列，

$$\therefore f = 0.45 \text{Re}_{eT}^{-0.267} \frac{d_o^2 D_v}{(P_t - d_o)^3} = 0.45 \times 4474^{-0.267} \frac{0.01905^2 \times 0.0183}{(0.0254 - 0.01905)^3} = 1.237$$

$K_{cTe} = 4fH_e/d_o = 4 \times 1.237 \times 0.254/0.01905 = 66.0$ (假設 $H_e = H$)

$$\therefore n_{cTe} = \frac{K_{cTe}}{2\rho A_{ce}^2} = \frac{66.0}{2 \times 965.3 \times 0.337^2} = 0.301$$

$$\therefore n_{ce} = n_{cTe} F_{cr}^{-0.267} = 0.301 \times 1^{-0.267} = 0.301$$

$$n_{ae} = n_{we} + \left(n_{ce}^{-1/2} + n_{be}^{-1/2}\right)^{-2} = 1.634 + \left(0.301^{-1/2} + 1.154^{-1/2}\right)^{-2} = 1.766$$

$$n_{pe} = \left(n_{ae}^{-1/2} + n_s^{-1/2} + n_t^{-1/2}\right)^{-2} = \left(1.766^{-1/2} + 73.19^{-1/2} + 15.5^{-1/2}\right)^{-2} = 0.869$$

$$F_{cr} = \left(\frac{n_{pe}}{n_{ae}}\right)^{1/2} \left[1 + \left(\frac{n_{ce}}{n_{be}}\right)^{1/2}\right]^{-1} = \left(\frac{0.869}{1.766}\right)^{1/2} \left[1 + \left(\frac{0.869}{1.766}\right)^{1/2}\right]^{-1} = 0.464$$

此值與原先$F_{cr} = 1$的假設不同，故需進一步疊代，經過數次疊代後可得到如下的結果：

$F_{cr} = 0.4258$

$n_{ce} = 0.4752$

$n_{ae} = 1.81$

$n_{pe} = 0.884$

$$F_b = \frac{\dot{m}_b}{\dot{M}_T} = \left(\frac{n_p}{n_a}\right)^{1/2}\left[1+\left(\frac{n_b}{n_c}\right)^{1/2}\right]^{-1} = 0.273$$

$$F_s = \frac{\dot{m}_s}{\dot{M}_T} = \left(\frac{n_p}{n_s}\right)^{1/2} = 0.11$$

$$F_t = \frac{\dot{m}_t}{\dot{M}_T} = \left(\frac{n_p}{n_t}\right)^{1/2} = 0.191$$

$$F_w = F_b + F_{cr} = (n_p / n_a)^{1/2} = 0.699$$

接下來計算n_{nb}與n_e

$$n_{nb} = \frac{1.0}{2\rho A_{me}^2} = \frac{1.0}{2\times 965.3\times 0.112^2} = 0.0413$$

$$n_e = \left(n_{be}^{-1/2} + n_{ce}^{-1/2}\right)^{-2} = \left(1.154^{-1/2} + 0.475^{-1/2}\right)^{-2} = 0.176$$

$$\Delta P_e = \dot{M}_T^2\left\{n_{nb} + \frac{n_e}{4}\left[1+\left(\frac{n_{pe}}{n_{ae}}\right)^{1/2}\right]^2 + \frac{n_{we}}{2}\frac{n_{pe}}{n_{ae}}\right\}$$

$$= 25^2\left\{0.0413 + \frac{0.176}{4}\left[1+\left(\frac{0.884}{1.81}\right)^{1/2}\right]^2 + \frac{2.077}{2}\frac{0.884}{1.81}\right\} = 354.7\ \text{Pa}$$

(3)計算噴嘴的壓降ΔP_n

噴嘴面積 $A_n = \pi/4\times D_n^2 = \pi/4\times 0.2^2 = 0.03141\ \text{m}^2$

$$A_e = \pi D_n H + 0.6\left(\frac{\pi D_n^2}{4}\right)\left(1-\frac{d_o}{P_t}\right)$$

$$= \pi\times 0.2\times 0.03 + 0.6(0.03141)\left(1-\frac{0.01905}{0.0254}\right) = 0.02356\ \text{m}^2$$

$$\Delta P_n = \frac{\dot{M}_T^2}{2\rho}\left[\frac{1}{A_n^2}+\frac{1}{A_e^2}\right] = \frac{25^2}{2\times 965.3}\left[\frac{1}{0.3141^2}+\frac{1}{0.02356^2}\right] = 24\ \text{Pa}$$

(4)計算總壓降

假設進出口段壓降效應相同(因爲進口與出口不等間距均相同$L_{bi} = L_{bo}$)

$\Delta P_{n,in} = \Delta P_{n,out} = 24$ Pa

$\Delta P_{e,in} = \Delta P_{e,out} = 354.7$ Pa

由於是水平擺設，$\rho g \Delta H \approx 0$，故總壓降可計算如下：

$$\Delta P_T = \Delta P_{n,in} + \Delta P_{e,in} + (N_b - 1)\Delta P_p + \Delta P_{n,out} + \Delta P_{e,out} + \rho g \Delta H$$
$$= 24 + 354.7 + (8-1) \times 624 + 24 + 354.7 = 5125.4 \text{ Pa}$$

※這個計算結果與Bell-Delaware法相當接近但較Kern爲低；一般而言Kern的計算結果多高估(有時候甚至非常的離譜)，因此建議讀者儘量採用ESDU法或是Bell-Delaware法來計算壓降。

【計算例子之結論】

※ 不建議使用ESDU法來計算熱傳係數。

※ 壓降計算的結果看起來三個方法都差不多，但是讀者要知道Kern法計算相當地簡略，雖然Kern的計算結果似乎還不錯；但是應用在其他例子的計算上可能會產生甚大的誤差，因此建議讀者在壓降的計算上儘量採用ESDU法或是Bell-Delaware法。

9-7 結語

本章節介紹殼管式熱交換器的熱流分析，以單相熱傳爲主，其中Bell-Delaware 法從1947年開始研發到1963正式發表，短短幾張的圖表與設計概念，歷經了16個年頭；讓筆者不禁慨嘆，Bell要是時空轉移，在今天開發這套方法，以現今短視近利的觀念，應該不會有任何單位願意資助他們研究。筆者要特別提醒讀者，研究發展不可能是一蹴可幾的，研發是耗時費錢的投資，好的研究也許沒有立竿見影的立即成效，但是往往卻能像倒吃甘蔗般的慢慢回收，而且這種影響是非常久遠與深入，試想，以殼管式熱交換器的熱流設計，Bell-Delaware法能夠屹立40年而不搖就是一個很明顯的例子。

主要參考資料

李昭仁, 1982. 熱交換器.高立出版社.

American Society of Mechanical Engineers, 1980a. ASME Boiler and Pressure Code,

Section VIII, Division 1: Pressure Vessels. ASME, New York.

American Society of Mechanical Engineers, 1980a. ASME Boiler and Pressure Code, Section VIII, Division 2: Pressure Vessels. ASME, New York.

American Society of Mechanical Engineers, 1980c. ASME Boiler and Pressure Code, Section IX, Welding and Brazing Qualifications. ASME, New York.

Bell, K. J., 1980. Delaware Method for Shell-Side Design, in Heat Exchanger Sourcebook, Ed. By Palen J.W., Hemisphere Publishing Corp. Washington, D.C., pp. 129-166.

Bell, K.J., 1963. Final Report of the Cooperative Research Program on Shell and Tube Heat Exchangers, Bulletin No. 5, University of Delaware Engineering Experiment Station, Newark, Delaware.

ESDU, Engineering Science Data Unit, 83038, 1983. Baffled Shell-and-Tube Heat Exchangers: Flow Distribution, Pressure Drop, and Heat Transfer Coefficient on the Shell Side.

Hewitt G.F., Shires G.L., Boll, T.R.., 1994. *Process Heat Transfer*. CRC press.

Hewitt et al. ed. 2002. *Handbook of Heat Exchanger Design*. Begell House Ltd.

Kakaç, S., Liu H., 2002. *Heat Exchangers*. 2nd ed., CRC Press Ltd.

Kern, D.Q., 1950. *Process Heat Transfer*. McGraw-Hill.

Rohsenow, W.M., Hartnett, J.P., Cho Y.I., 1998. *Handbook of Heat Transfer*. 3rd ed., McGraw-Hill.

Taborek, J., 1998. Shell and Tube Heat Exchangers, in Heat Exchanger Design Handbook, Hewitt G.F., ed. Part 3, Thermal and Hydraulic Design of heat Exchanger, Chapter 3.

TEMA, 1978. Standard of Tubular Exchanger Manufactures' Association, 6th ed., TEMA, New York.

Tinker, T., 1951. Shell-side Characteristics of Shell-and-Tube Heat Exchangers, Part I, II, and III. Proc. General Discussion on Heat Transfer, Sep. 1951, Inst. Mech. Engrs., and ASME, pp. 89-116, London.

Wills, M.J.N., Johnston, D. 1984. A new and accurate hand calculation method for shell side pressure drop and flow distribution, in 22nd Nat. Heat Transfer Conf., ASME, New York, vol. 36.

Chapter 10

板式熱交換器

Plate Heat Exchanger

10-0 前言

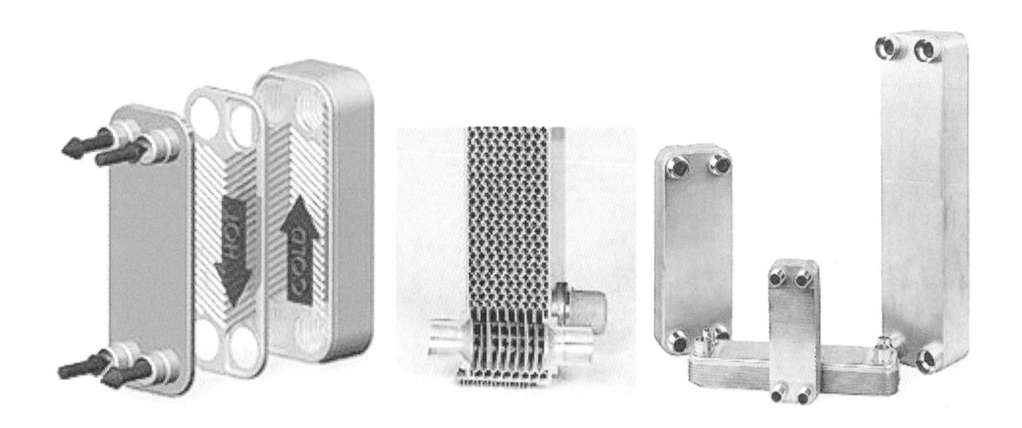

圖10-1 硬焊式板式熱交換器 (Courtesy of API Inc.)

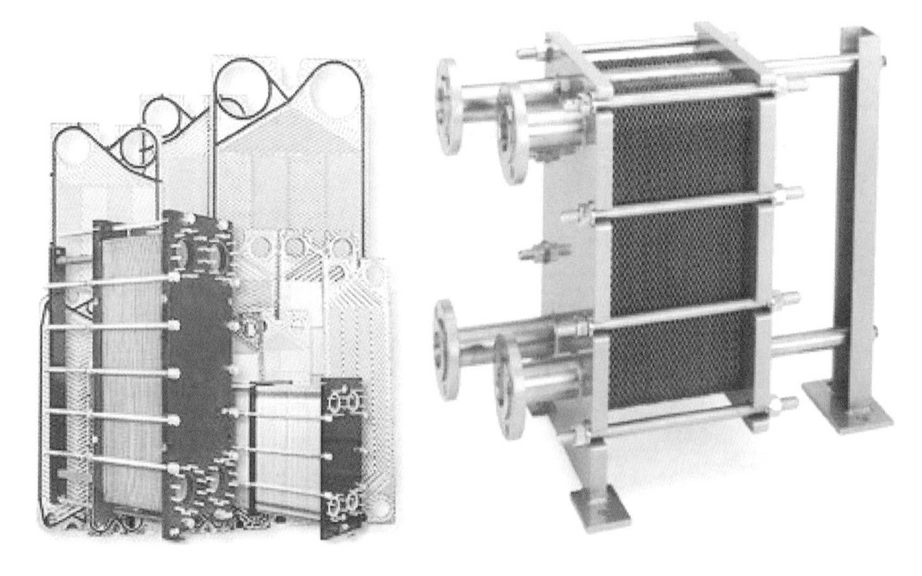

圖10-2 組合型板式熱交換器 (Courtesy of API Inc. and Garrett Inc.)

前面章節介紹殼管式熱交換器，雖然信賴性相當好，且應用範圍也相當的廣泛，但是基於熱交換器密集化、小型化與高效率的需求；近年來，板式熱交換器(如圖10-1~10-3)的使用也日益普遍，板式熱交換器的工作原理如圖10-4所示，冷熱工作流體分別在奇數與偶數的板片間流動來達到熱交換的目的；此類熱交換器依其組合方式可分爲硬焊型板式熱交換器(圖10-1)、組合型板式熱交換器(圖

10-2)及螺旋型板式熱交換器(圖10-3)等三大類。本文探討之對象則侷限於目前國內已逐漸廣泛使用之硬焊型及組合型板式熱交換器；至於螺旋型板式熱交換器，一方面其使用尚不普遍，另一方面相關的設計資料也較爲欠缺，因此將暫時不在這裡探討。

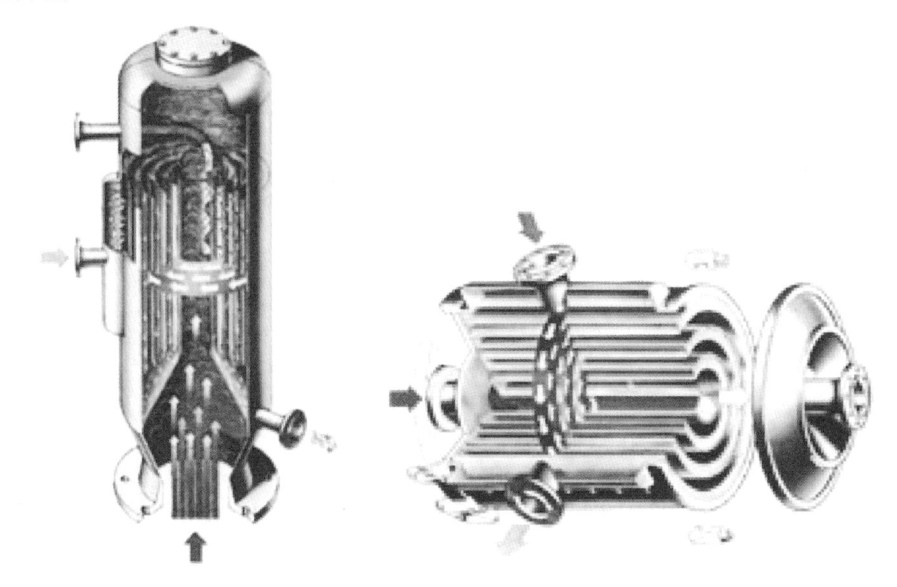

圖10-3　螺旋型板式熱交換器

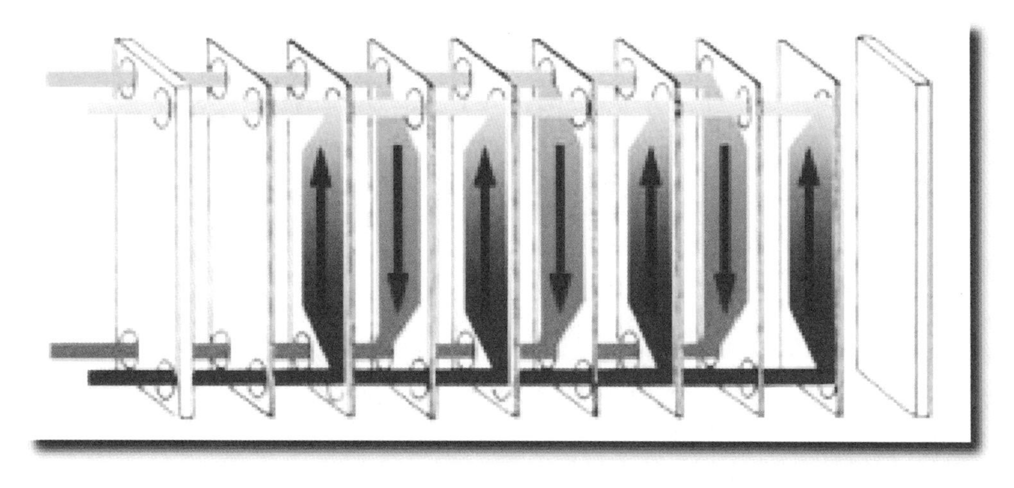

圖10-4　板式熱交換器工作原理

10-1　板式熱交換器的應用、優點與限制

板式熱交換器之應用以液體對液體之熱交換爲主，但使用於一側具相變化之

場合(如冷凍系統之蒸發器或冷凝器)仍有相當高之整體效率；至於氣對氣之場合上，以板片結構而言並不是很恰當。雖然有類似之產品應用至氣體間之熱交換，但此類應用上的板片多無凹凸狀之設計，而改以平板板片並於其間置入鰭片以增加熱傳面積來補償氣體熱傳係數偏低之缺點。傳統上板式熱交換器之應用如以行業來分可歸納如下：

(1) 食品與飲料業。
(2) 化學與製藥業。
(3) 加熱與冷凍工程。
(4) 造船與煉鋼廠。
(5) 汽車工業。
(6) 紙漿造紙工業。
(7) 紡織工業。
(8) 其他工業設施與加工。

板式熱交換器的優點可歸納如下：

(1) 易清潔、檢查及保養。
(2) 可隨負載而增減熱傳面積→藉由板片數、板片大小、板片型式、流場安排等因素之變化(針對組合式而言，硬焊式無此優點)。
(3) 低污垢阻抗→因內部流場通常是在高度紊流情況下，故其污垢阻抗只有殼管式之10~25%。
(4) 熱傳面積大→具高熱傳係數、低污垢阻抗、純逆向流動，故在同熱傳量下，熱傳面積約爲殼管式之1/2~1/3。
(5) 低成本。
(6) 體積小→同熱傳量下，體積約爲殼管式之1/4~1/5。
(7) 重量輕→在相同熱傳量下，重量約爲殼管式之1/2。
(8) 流體滯留時間短且混合佳→可達到均勻之熱交換。
(9) 容積小→含液量少、快速反應、製程易控制。
(10) 熱力性能高→溫度回復率可達1°C，有效度可達93%。
(11) 無殼管式中流體所引起之振動、噪音、熱應力及入口沖擊等問題。
(12) 適合液對液之熱交換、需要均勻加熱、快速加熱或冷卻之場合。

板式熱交換器雖然有許多優點，但是在應用上仍有許多限制，在使用上的考量如下：

(1) 避免流體中含顆粒較大之物質，通常不要超過平均通道之1/3。

(2) 可應用至黏度稍高之工作流體，但高黏度流體卻會導致板式熱交換器內部流體之分布問題。

(3) 組合型板式熱交換器之墊片會限制使用之溫度、壓力、流體性質。

(4) 對相等之流速而言，相對於殼管式熱交換器，板式熱交換器有很高之壓降，但因板式熱交換器中流體流速較慢且長度較短，故其產生之壓降在實際應用上是可以接受的。

10-2 板片之構造及板式熱交換器工作原理

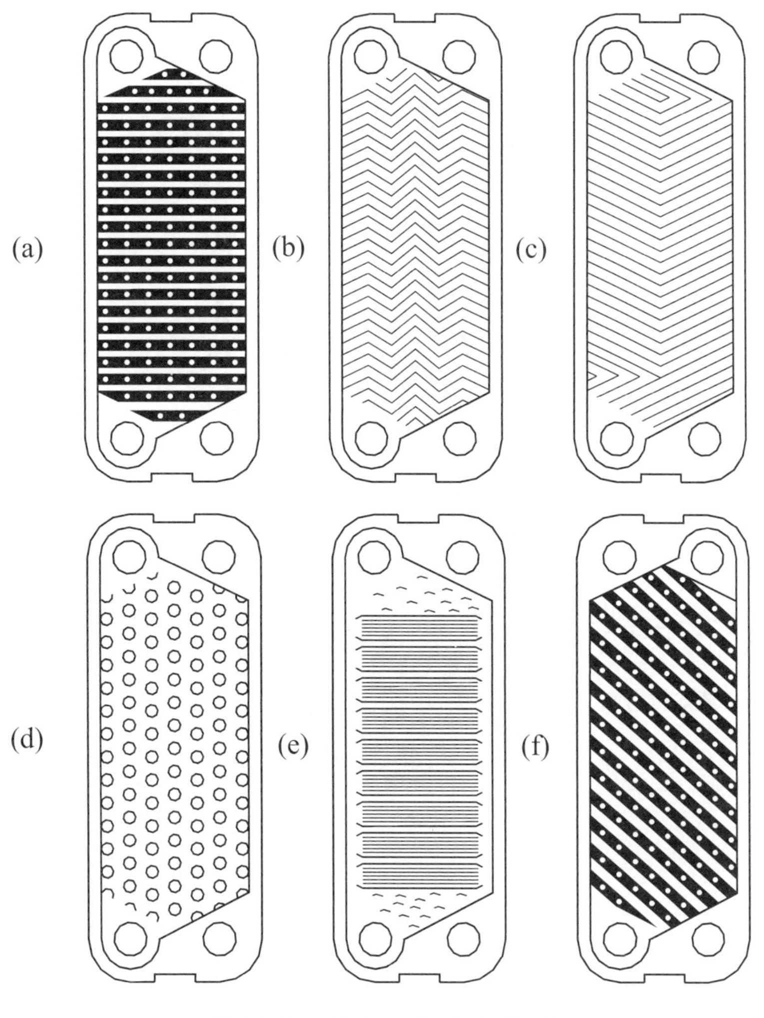

圖10-5 常見之各式板片形狀

由於板式熱交換器之發展係由組合型熱交換器後，再而硬焊型熱交換器，雖然硬焊型之發展是最近約二十年之事，但組合型之發展卻有超過一百年以上之歷史。在這期間所發表之板片型式已超過一百種，但依Shah and Focke (1983)之報告，在這千奇百怪之板片中，最常被引用至產品之製造者有下列幾種(如圖10-5所示)：(a)洗衣板式(washboard)；(b)Z字型(zig-zag)；(c)山型紋(chevron or herringbone)；(d)突出及凹入式(protrusions and depressions)；(e) 二次起伏之洗衣板式(washboard with second corrugation)，與 (f) 傾斜式洗衣板式(oblique washboard)。不過在公開的測試資料中，以(c) 山型紋的資料較多。

圖10-6　板片內流動示意圖

板式熱交換器在構造上係由凹凸圖型且抗酸之不鏽鋼板片所組成，平板之花紋方向相反而使相鄰板片上之花紋脊線彼此相交叉而構成接觸點，當此等接觸點以真空硬焊(或螺桿)結合在一起後，乃構成緊密而能耐高壓之板式熱交換器，其密集度(compactness)，約在120 ~ 660 m^2/m^3 間甚至更高。板片經硬焊(或組合)後，各板片上之溝槽形成兩個分離之槽道，能使兩種流體相互交叉流動 (如圖10-6所示)，這種錯綜複雜的渠道乃產生強大的紊流狀態而導致甚佳的熱傳效果，但相對的摩擦係數也比較高。一般應用上的雷諾數(Reynolds number, based on hydraulic diameter，參考長度爲水力直徑)約在10~800之間。板式交換器常用的性能及尺寸如表10-1所示，板片材料依其應用之對象而有不同之選擇。其中應用至冷凍空調、油冷卻器及一般工業製程中以不鏽鋼(ANSI 304及316)最常見；若工作流體有腐蝕性，則以鈦合金爲主。

表10-1 板式熱交換器之一般性能表

項 目	規 格
最大表面積	2500 m^2
板片數	3 ~ 700
出入口尺寸	400 mm (max)
板片厚度	0.3 ~ 1.2 mm
板片大小	0.03 ~ 3.6 m^2
板片間距	1.5 ~ 5 mm
板片寬度	0.05 ~ 5 m
工作壓力	0.1 ~ 2.5 MPa
工作溫度	–40 ~ 260°C
最大流速	6 m/s
通道流量	0.05 ~ 12.5 m^3/h
溫度回復	1°C
效率	93 % (最大)
熱傳係數	3000 – 7000 $W/m^2 \cdot K$

10-2-1 板式熱交換器內部流場安排

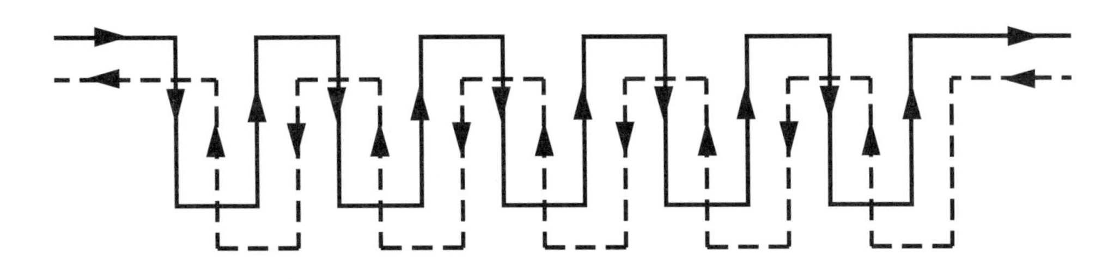

圖10-7 串聯安排型式

板式熱交換器流場安排可因熱傳量、允許壓降、容許最大及最小速度及兩流體之流量比等因素而改變，但大致上可歸類為串聯及並聯兩種方式。串聯方式(如圖10-7所示)適用於小流量，但同側流體要有大溫差且欲使兩側溫差極為接近之場合；而這樣的安排由於流體在熱交換器之內部不斷改變方向，也造成較大之壓降，同時因兩側流體在進行熱交換時，一邊是平行同向流，另一邊是逆向流，故熱交換器之整體有效性也不若純逆向流之安排方式。

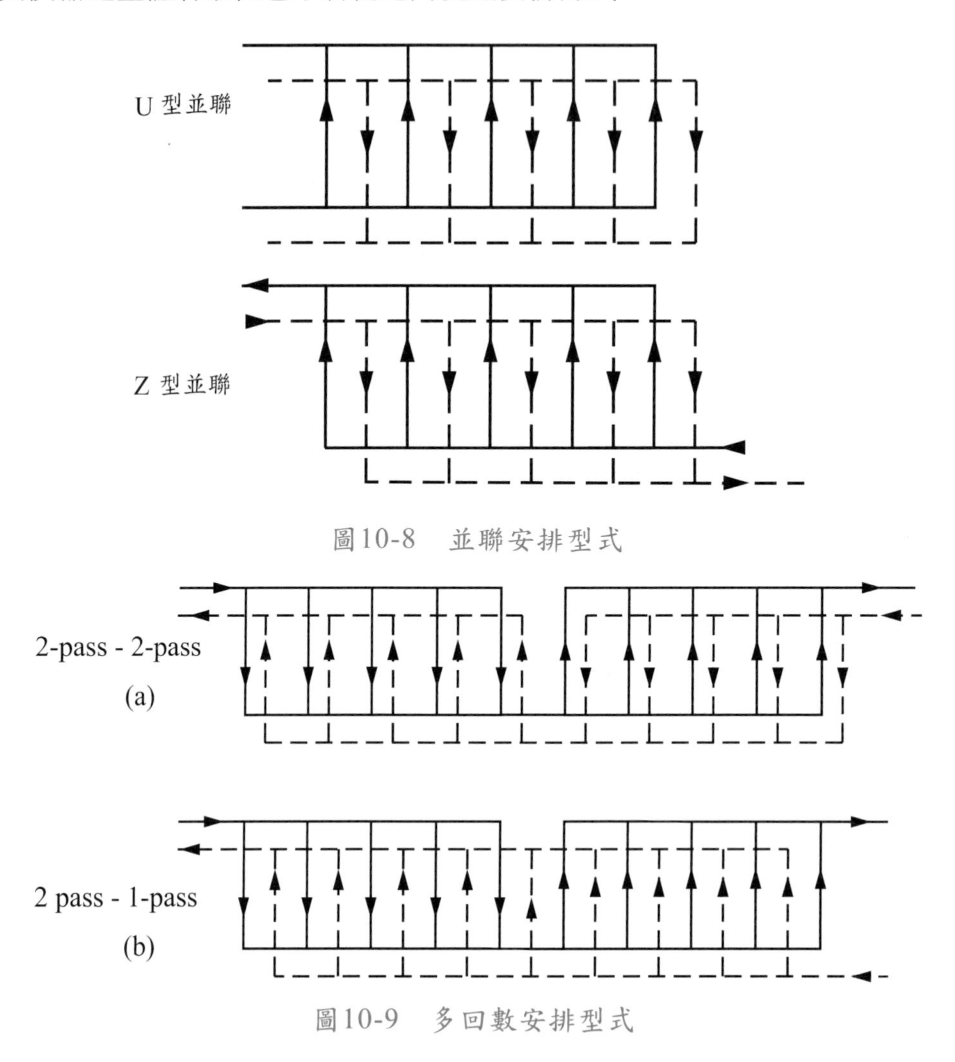

圖10-8　並聯安排型式

圖10-9　多回數安排型式

並聯方式(如圖10-8所示)適用於大流量但同側流體溫差不大之場合；而這樣的安排由於流體在熱交換器之內部為純逆向流，故熱交換器之整體有效性較高，也是一般板式熱交換器較常用之流場安排方式。而在這種並聯方式中又可分為U型安排及Z型安排兩種，在這兩種方式中又因前者之管路銜接可在同一側，故比後者更為常用；但後者仍可應用於需要多迴路安排之場合。這種多迴路之安排主要是針對：兩側流量差異較大及可容許壓降不同時，可以讓低壓降之流體走單迴路，高壓降之流體走多迴路以充分利用可容許壓降；同時低流量走多迴路，如此可使每一迴路兩側流體之熱容量相同，也就導致每一側流體有大約相同之熱傳係數(即hA)。典型的多回數安排見圖10-9。

10-2-2 板片性能探討

在前述之幾種板片型式中，根據Shah and Focke (1983)的分析較常用之三種特性，分別說明如下：

- 突出及凹入式：這些突出及凹入之構造可造成流體邊界層分離(separation)及再附著(reattachment)，同時較快形成紊流，因而增加熱傳，但壓降也相對增加，且壓降之增加比熱傳之增加更明顯(即f之增加比j更快)。
- 洗衣板式：流體在峰及谷分離並產生渦流，造成j及f均增加，j/f通常比前者高。
- 山型紋：易造成二次流(通常是渦流)，對j的增加比f更明顯，故比前二者有更佳的整體性能。

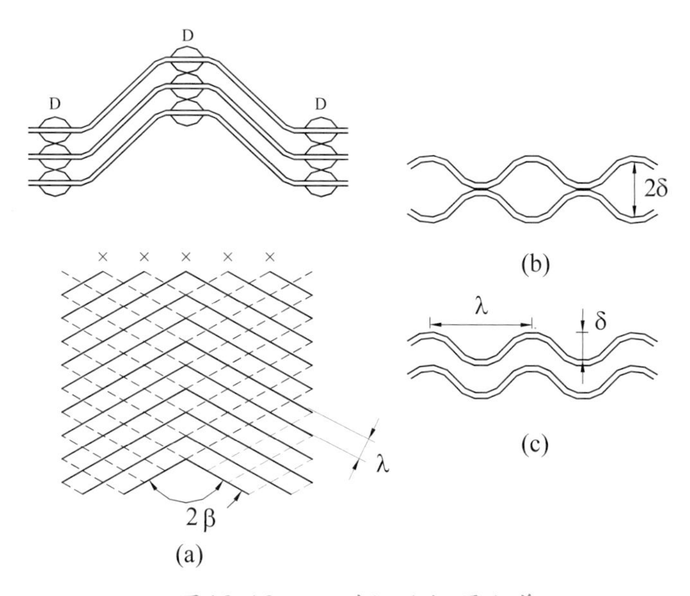

圖10-10 山型紋的相關定義

由以上之分析可知山型紋具有最佳之性能，因此本文將針對這種應用至現行產品最多的板片型式－山型紋(如圖10-10所示)－對板式熱交換器之性能影響進行探討及分析。山型紋之板片具有如下之特性：深度和板距相同、三度空間的流體通道幾乎是等面積、接觸點多，故抗壓性強，深度約爲2~5 mm左右及流場爲紊流時其流速約在0.1~1 m/s之間。而影響其性能之主要變數爲：傾斜角(β，山型紋角度和流體方向之夾角)、山型紋間距(λ)及山型紋之振幅(δ)等三因數。在探討這些變數之前，必須先有一個無因次的長度單位作爲性能修正之依據，這可用水力直徑(D_h)來表示。對板式熱交換器而言，其定義爲：

$$D_h = \frac{2\delta}{\phi} \tag{10-1}$$

式中，δ爲相鄰兩板片之平均間距，ϕ爲板片之展開面積和投影面積之比值，但因爲ϕ之量測非常困難，因此在一般之分析上均採用簡單之表示式，即：

$$D_h \approx 2\delta \tag{10-2}$$

但爲了能有所區分並避免混淆起見，我們特地將它稱爲等效直徑(D_e, equivalent diameter)。

10-2-3 傾斜角對流場之影響

Focke and Knibbe (1984) 曾觀察一系列板式熱交換器(針對具山型紋路)內部流場，他們得到如下之結論：

- $\beta = 90°$ 時，流場在$Re_{De} = 20$即會有分離現象，當$Re_{De} = 200$ 時其剪力層(shear layer)會變成不穩定，主流體在Re_{De} 稍高於此即形成紊流。流場在Re＝90 時，其分布如圖10-11(a)所示。
- $\beta = 45°$ (即$30° \leqq \beta \leqq 72°$)時，流體主要係沿著槽道而行，由板片之一側走至另一側再返回，因此在上下兩板片之間部份流體在上板片係由右流向左，而在下板片係由左流向右(如圖10-11(b)所示)。由於流體在上下兩板片間之方向不同，亦即部份流體向左，部份流體向右，因此一部份流體之速度分量將會對另一部份之流體造成影響。其中$u \times \sin 2\beta$垂直另一流向而引起二次渦流並造成熱傳增加；$u \times \cos 2\beta$平行另一流向，當$\beta > 45°$此分量將和另一流向相反而造成抵銷作用，直到$\beta = 80°$，則明顯看出流場之改變。
- $\beta = 80°$，流場呈現Z字型，流體之返回發生在板片之接觸點(如圖10-11(c)所示)。
- 混合板片，當$\beta = 45°$及$\beta = 80°$混合使用時，流場和$\beta = 45°$時相似；當

β=90°及β = 0°混合使用時，將產生一極爲複雜之牛角狀之渦流型式(如圖10-11(d)所示)。

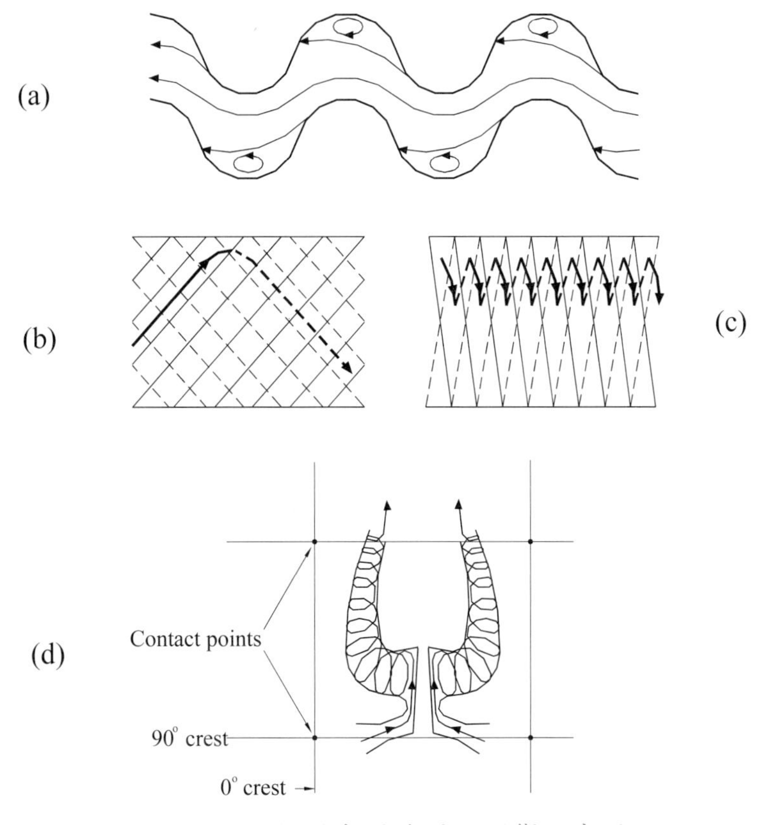

圖10-11 傾斜角對流場之影響示意圖

10-2-4 板片縱向方向熱傳對性能的影響

在一般的應用上，板片縱向流動方向的熱傳導(longitudinal heat conduction)通常都是可以忽略的，板片的熱傳導當然會使得板式熱交換器的性能變差；此一熱傳導效應的影響，可由縱向熱傳導參數來決定($\lambda' = k_w A_w / L C_{min}$)，Kroger (1967)曾深入的探討 λ' 的效應，他發現在逆向流動板式熱交換器上的最大無效度(ineffectiveness = 1 − ε)會發生在 $C^* = 1$，而且如果C^*給定，則當 λ' 增加時，有效度ε將會下降。圖10-12爲 λ' 在逆向流動板式熱交換器在$C^* = 1$時的影響；由圖可知當有效度ε固定且 $\lambda' > 0.005$且$NTU > 10$時，縱向熱傳導對NTU將有相當大的影響，記得NTU代表熱交換器的 thermal size，故NTU增加時，代表熱交換器的大小也跟著變大。

Kroger (1967)並整理出$C^* = 1$且$NTU \geq 3$時，$1-\varepsilon$與NTU、C^* 與 λ'的關係如

下：

$$1-\varepsilon=\frac{1}{1+NTU\dfrac{1+\lambda'\left[\dfrac{\lambda' NTU}{1+\lambda' NTU}\right]^{\frac{1}{2}}}{1+\lambda' NTU}} \tag{10-3}$$

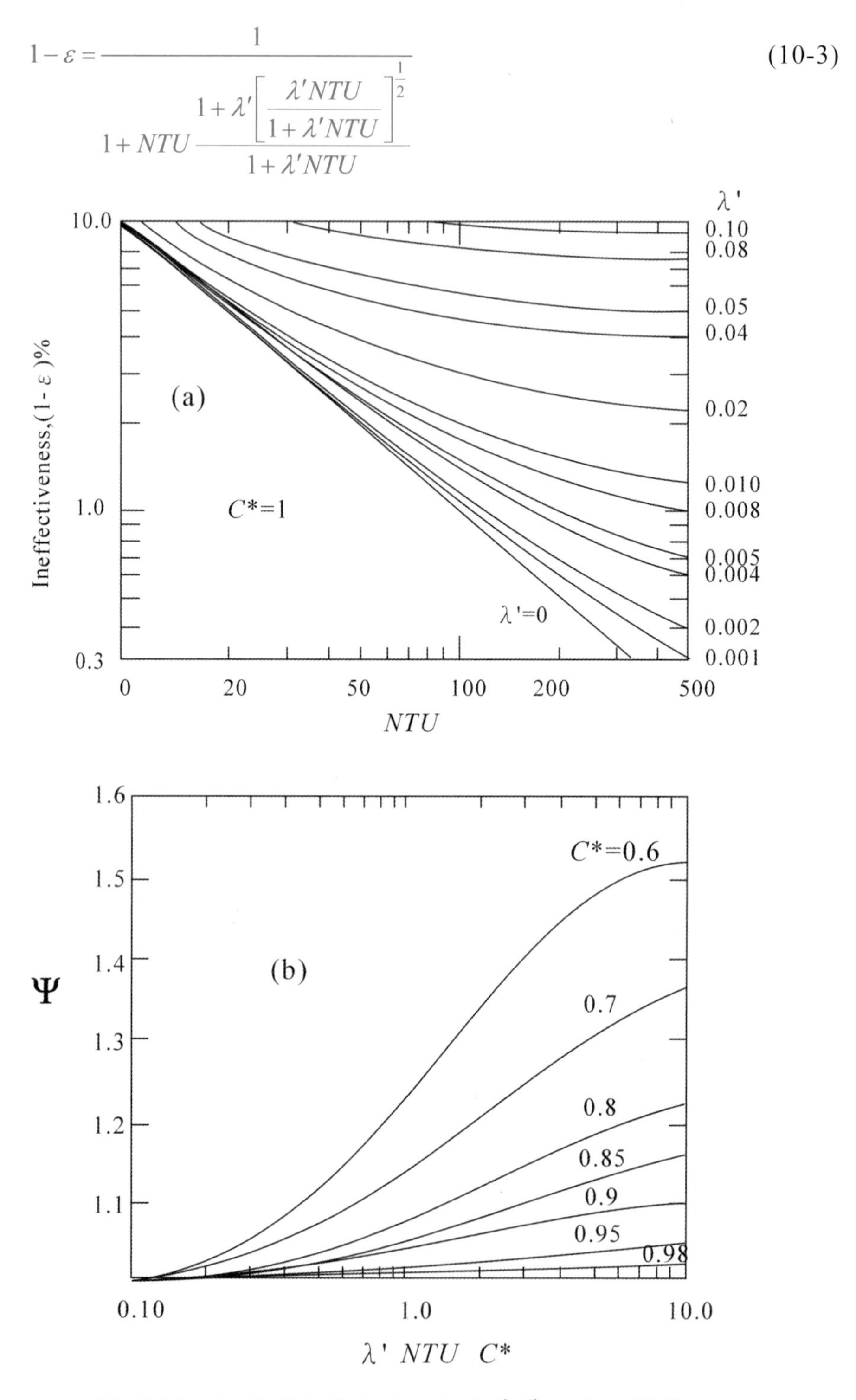

圖10-12 板片縱向流動方向的熱傳導效應的影響

如果為逆向安排但$C^* \neq 1$，Kroger (1967)則整理出圖10-12(b)的結果，其中：

$$1-\varepsilon = \frac{1-C^*}{\psi \exp(r_1) - C^*} \tag{10-4}$$

$$r_1 = \frac{(1-C^*)NTU}{1+\lambda' NTUC^*} \tag{10-5}$$

$$\psi = f(\alpha，C^*) \tag{10-6}$$

$$\alpha = \lambda' NTU\, C^* \tag{10-7}$$

10-2-5 不均勻流動對熱流特性的影響

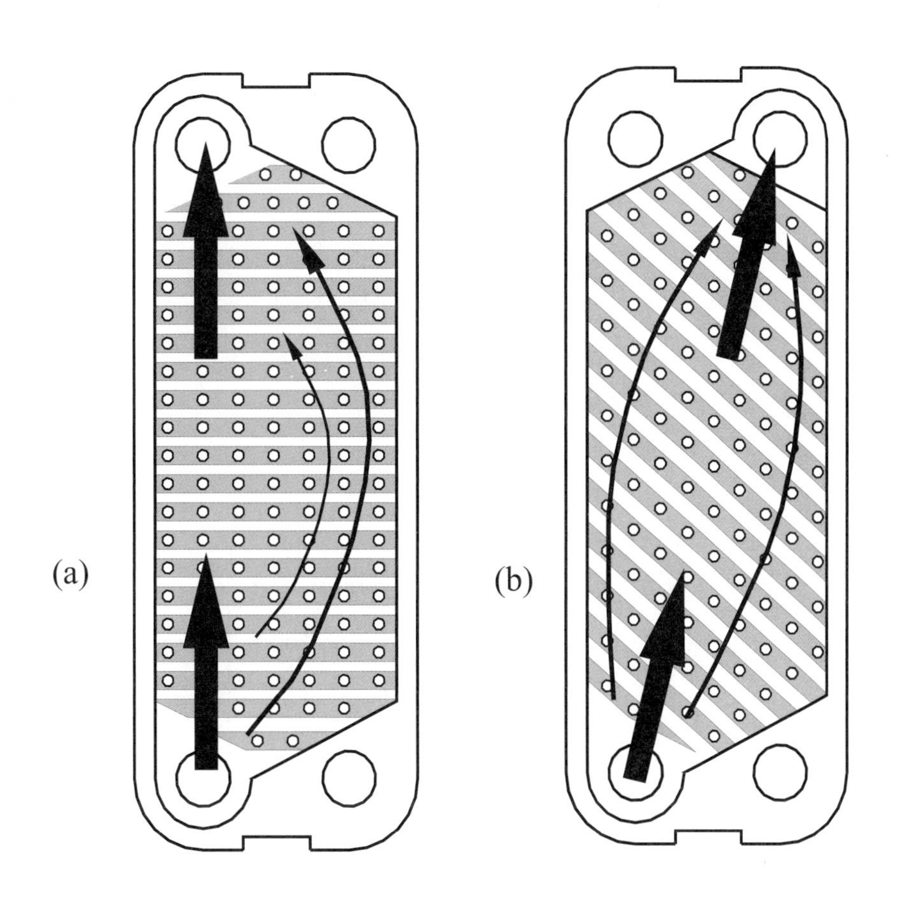

圖10-13 不均勻流動現象說明 (a) 直向流安排 (b) 對角流動安排

板式熱交換器內部均勻的流動現象大致可分為如下三類如下：

(1) 流道內的不均勻效應(within channel flow mal-distribution)，這個效應可由圖10-13來說明，如果板片的進出口都排在同一條垂直線上(直向流)，此時流體在這個垂直線上的流動阻抗會比較小，因此造成流動不均勻的現象，可以想見，對角流動的不均勻現象會比較小；但是在實際應用上，對角流在製作安排上困難度比較高，因此大部份的板式熱交換器都是直向流安排；因此幾乎整個板式熱交換器內的流道都有這個不均勻流動的現象，然而並無相關的研究資訊來說明這個不均勻現象效應的影響。

(2) 進出口引起的不均勻效應(manifold-induced flow mal-distribution)當流體流入板式熱交換器後，隨著板片數的增加，流體分流進入每一個板片前行經的距離並不相同，此一效應會促使進入板片的流體分布不均勻，這個效應會隨著流體的黏滯性升高與每一迴路數的板片數目增加而增加。

(3) 不同板片型式的不均勻效應(channel-to-channel mal-distribution)，這個效應起因於使用兩種以上不同型式的板片於板式熱交換器中，例如圖10-14所示，板式熱交換器中使用了兩種不同的板片群(plate group)，例如一個板片群使用30°的山紋角，另一個板片群使用60°的山紋角，由於流體流經兩個板片群的壓降相同，然而同樣流量下30°的山紋角與60°的山紋角的壓降並不相同，因此為了滿足壓降相同的限制，故兩個部份的流量就不同；這個不同板片的不均勻效應的影響，根據Marriott (1977) 的研究，影響性能約在7%上下。圖10-14的不同板片型式對熱傳性能的影響可由下列分析過程來說明：

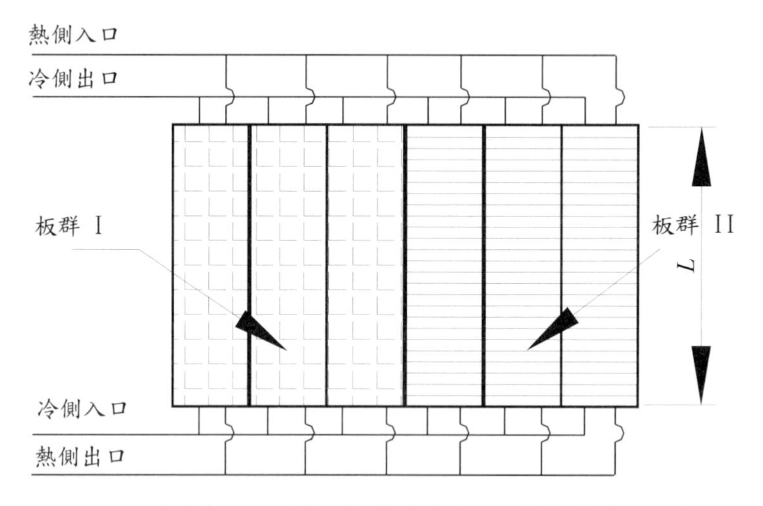

圖10-14　不同板片群造成的不均勻流動效應

因爲板片群(I)的壓降 = 板片群(II)的壓降，所以$\Delta P_{\rm I} = \Delta P_{\rm II}$，故

$$\frac{4f_I L G_I^2}{D_{e,I}\rho_I} = \frac{4f_{II} L G_{II}^2}{D_{e,II}\rho_{II}} \tag{10-8}$$

如果不考慮板片群(I)、(II)間的密度變化，則

$$\frac{f_I G_I^2}{D_{e,I}} = \frac{f_{II} G_{II}^2}{D_{e,II}} \tag{10-9}$$

由於 $\dot{m} = G_c A_c$ ，$f = a\mathrm{Re}^{-n}$，因此上式整理後可得到板片群(I)、(II)間的流量比值爲：

$$\frac{\dot{m}_I}{\dot{m}_{II}} = \left(\frac{a_{II}}{a_I}\right)^{\frac{1}{2-n}} \left(\frac{\mu_{II}}{\mu_I}\right)^{\frac{1}{2-n}} \left(\frac{D_{e,I}}{D_{e,II}}\right)^{\frac{1+n}{2-n}} \left(\frac{A_{c,I}}{A_{c,II}}\right) \tag{10-10}$$

總流量爲板片群(I)、(II)的和，即

$$\dot{m} = \dot{m}_I + \dot{m}_{II} \tag{10-11}$$

板片群(I)、(II)的$NTU_I\left(=\frac{(UA)_I}{C_{1,I}}\right)$、$NTU_{II}\left(=\frac{(UA)_{II}}{C_{1,II}}\right)$、$R_I\left(=\frac{C_{1,I}}{C_{2,I}}\right)$、$R_{II}\left(=\frac{C_{1,II}}{C_{2,II}}\right)$可算出；如果板群的參考面積 $A_I = A_{1,I} = A_{2,II} = A_{w,I}$，則整個熱交換器的熱傳量可根據10-3節的介紹先算出(I)、(II)板群的溫度有效度$P_{1,I}$與$P_{2,II}$，然後總熱傳量可計算如下：

$$Q = Q_I + Q_{II} = \left(P_{1,I}C_{1,I} + P_{1,II}C_{1,II}\right)\left(T_{h,i} - T_{c,i}\right) \tag{10-12}$$

10-2-6 限制條件下的板式熱交換器設計

由於板式熱交換器與第三、五、六章介紹的密集式熱交換器與鰭管式熱交換器並不相同，故通常在設計上，其中一側的流體無法同時滿足設計上對熱傳量與壓降限制的需求；假設在熱交換器性能設計時，我們有兩種板片選擇，如果流量固定，其熱傳能力會隨著板片數的增加而增加(面積變大)，然而壓降會隨著板片數的增加而下降(因爲板片間的流量相對減少)；其熱傳量與壓降分別可如圖10-15所示，圖中我們考慮兩種不同板片的設計，分別以① 與 ② 來表示(例如一個山紋角爲30°，另外一個山紋角爲60°)；假設熱傳量與壓降的設計値分別爲Q_r與

ΔP_r，首先考慮① 板片的設計，在滿足Q_r的條件下，其相對的面積與壓降爲A_1、ΔP_1，可知$\Delta P_1 < \Delta P_r$，如果壓降定爲ΔP_1，則① 板片設計的面積變爲A_1^*，此時的熱傳量將降爲Q^*_1，勢必無法滿足Q_r的需求。同樣的，若我們考慮板片 ② ，在A_2面積下，它滿足我們對壓降ΔP_r的需求，然而，這個面積下② 板片的熱傳量Q^*_2將超出我們的需求，所以，如果以② 板片的熱傳量來滿足設計值ΔP_r，其相對面積A_2^*下的壓降ΔP_2將超出設計需求ΔP_r 。由上說明可知，除了① 與 ② 板片外，存在一個理想的③ 板片設計可以同時滿足Q_r與ΔP_r的需求(它的山紋角可能在30~60°間)；當然，在設計上我們不可能取得一個理想的山紋角剛好達到設計的需求，不過，卻可藉由混合山紋角的板片的使用，來接近這個設計上的需求。

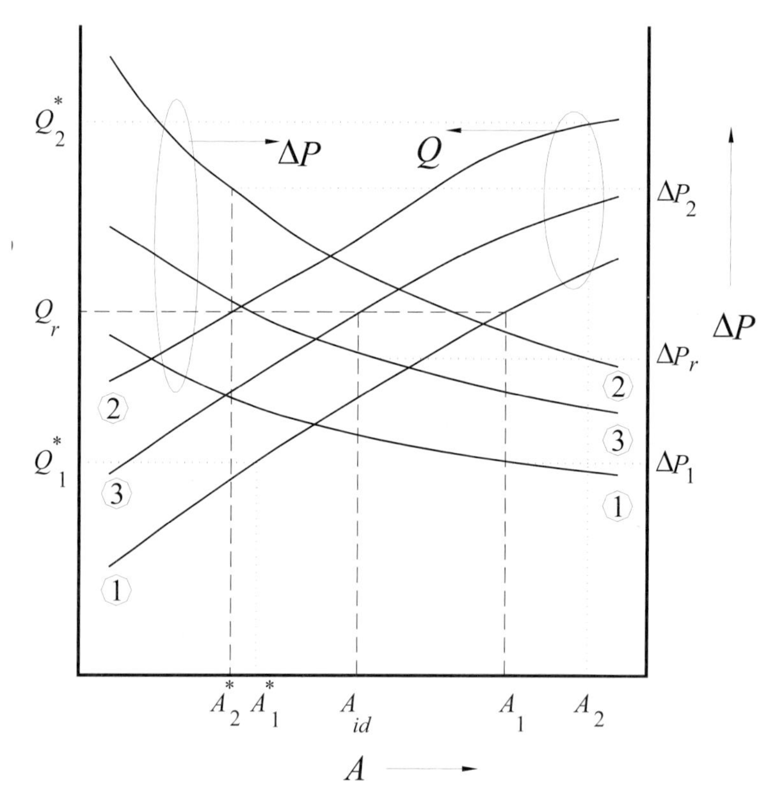

圖10-15 限制條件下的板式熱交換器設計的考量

10-3 板式熱交換器之熱流分析

板式熱交換器的熱流設計方法與第二章的介紹類似，主要的方法爲ε-NTU與UA-$LMTD$-F法；不過在實際應用上，當板片數目趨近無窮大時(Kandlikar 1989a,

建議板片數大於40即可適用)，P、R與NTU在一些常用的流動安排下，有完整的數學型式解(closed form solution)，因此可借用P-NTU間的方程式算出P、R與NTU的關係，再由

$$F=\begin{cases}\dfrac{1}{NTU_1\left(1-R_1\right)}\ln\dfrac{\left(1-P_1R_1\right)}{1-P_1} & \text{如果}R_1\text{與}R_2\neq 1\\ \dfrac{P_1}{NTU_1\left(1-P_1\right)} & \text{如果}R_1=R_2=1\end{cases} \tag{10-13}$$

或

$$F=\begin{cases}\dfrac{1}{NTU_2\left(1-R_2\right)}\ln\dfrac{\left(1-P_2R_2\right)}{1-P_2} & \text{如果}R_1\text{與}R_2\neq 1\\ \dfrac{P_2}{NTU_2\left(1-P_2\right)} & \text{如果}R_1=R_2=1\end{cases} \tag{10-14}$$

來算出校正係數F，其中

$P_1=(T_{1,i}-T_{1,o})/(T_{1,i}-T_{2,i})$，$P_2=(T_{2,i}-T_{2,o})/(T_{2,i}-T_{1,i})$，$NTU_1=UA/C_1$，$NTU_2=UA/C_2$，$R_1=C_1/C_2$，$R_2=C_2/C_1$。

而熱交換器的有效度$\varepsilon=Q/Q_{max}$，可證明與P_1的關係如下：

(1) 當 $C_1=C_{min}$

$$\varepsilon=Q/Q_{max}=C_1(T_{1,i}-T_{1,o})/C_1(T_{1,i}-T_{2,i})=P_1$$

(2) 當 $C_1=C_{max}$

$$\varepsilon=Q/Q_{max}=C_1(T_{1,i}-T_{1,o})/C_2(T_{1,i}-T_{2,i})=P_1/C^*$$

即

$$\varepsilon=\begin{cases}P_1 & \text{如果}C_1=C_{\min}\\ \dfrac{P_1}{C^*} & \text{如果}C_1=C_{max}\end{cases} \tag{10-15}$$

不過這裡仍然要提醒讀者，許多早期板式熱交換器的介紹式常以圖表來表示F與P、R、NTU的關係；例如Shah與 Focke (1983)的文章，不過後來Kandlikar and Shah (1989a, 1989b)推導出一系列如表10-2的計算式後，就可比較方便的來計算。不過這仍要特別提醒讀者表10-2僅適用於板片數目大於40 ($N_p>40$)；因此使用UA-$LMTD$-F法的讀者可由式10-13與10-14來算F，而使用ε-NTU法的讀者可使用式10-15來算ε，不過這兩個方法都要先算出P。

表10-2 P、R、NTU的關係

$$P_p(x,y)=\frac{1-e^{-x(1+y)}}{1+y}$$ 平行流動型態，$$P_c(x,y)=\frac{1-e^{-x(1-y)}}{1-ye^{-x(1-y)}}$$ 逆向流動型態

<table>
<tr><th>板片流動型式與方程式編號</th><th colspan="2">通用方程式(一般與特殊情況)</th></tr>
<tr><td rowspan="3">10-16 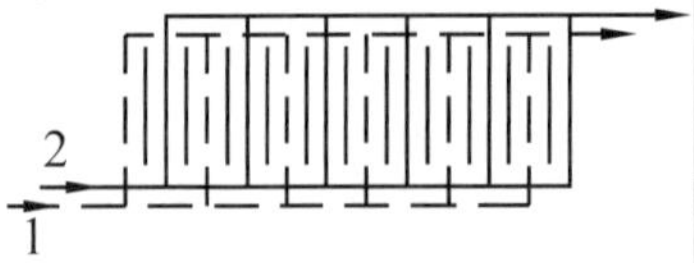
1 pass – 1 pass parallel flow plate heat exchanger, stream symmetric</td><td colspan="2">$P_1=P_p(NTU_1,R_1)$</td></tr>
<tr><td>$R=1$</td><td>$P_1=\frac{1-e^{-2NTU_1}}{2}$</td></tr>
<tr><td>$NTU_1\to\infty$</td><td>$P_1=\frac{1}{1+R_1}$</td></tr>
<tr><td rowspan="3">10-17 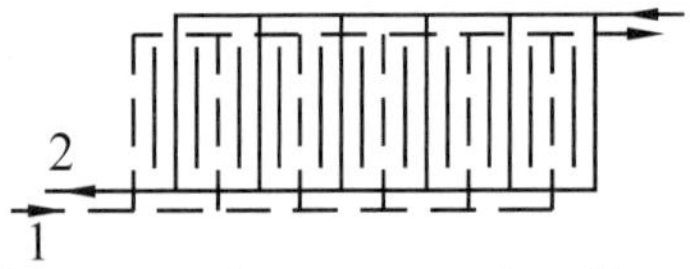
1 pass – 1 pass counter flow plate heat exchanger, stream symmetric</td><td colspan="2">$P_1=P_c(NTU_1,R_1)$</td></tr>
<tr><td>$R=1$</td><td>$P_1=\frac{NTU_1}{1+NTU_1}$</td></tr>
<tr><td>$NTU_1\to\infty$</td><td>$P_1=\begin{cases}1 & \text{當 } R_1\le 1\\ \frac{1}{R_1} & \text{當 } R_1>1\end{cases}$</td></tr>
<tr><td rowspan="3">10-18 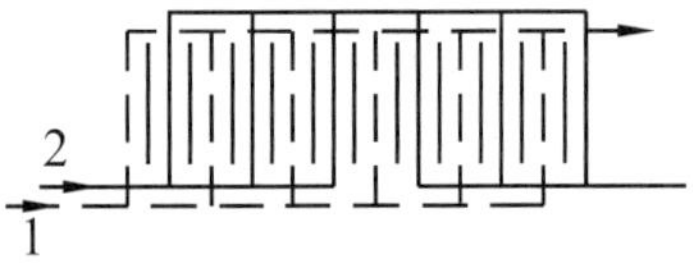
1 pass – 2 pass plate heat exchanger</td><td colspan="2">$P_1=\frac{1}{2}\left(A+B-\frac{1}{2}ABR_1\right)A$
$A=P_p(NTU_1,R_1/2)$，$B=P_c(NTU_1,R_1/2)$</td></tr>
<tr><td>$R_1=2$</td><td>與上式相同，但$B=\frac{NTU_1}{1+NTU_1}$</td></tr>
<tr><td>$NTU_1\to\infty$</td><td>$P_1=\begin{cases}\frac{2}{2+R_1} & \text{當} R_1\le 2\\ \frac{1}{R_1} & \text{當} R_1>2\end{cases}$</td></tr>
<tr><td rowspan="2">10-19 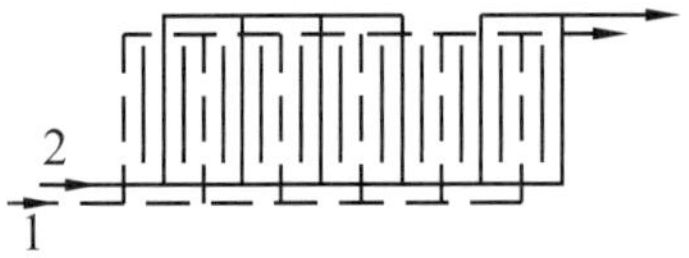</td><td colspan="2">$P_1=\frac{1}{3}\left[B+A\left(1-\frac{R_1B}{3}\right)\left(2-\frac{R_1A}{3}\right)\right]$
$A=P_P(NTU_1,R_1/3)$，$B=P_c(NTU_1,R_1/3)$</td></tr>
<tr><td>$R_1=3$</td><td>與上式相同，但$B=\frac{NTU_1}{1+NTU_1}$</td></tr>
</table>

板片流動型式與方程式編號	通用方程式(一般與特殊情況)	
1 pass – 3 pass plate heat exchanger with two end passes in parallel flow	$NTU_1 \to \infty$	$P_1 = \begin{cases} \dfrac{9+R_1}{(3+R_1)} & 當R_1 \le 3 \\ \dfrac{1}{R_1} & 當R_1 > 3 \end{cases}$
10-20	$P_1 = \frac{1}{3}\left[A + B(1-R_1A/3)(2-R_1B/3)\right]$ $A = P_p(NTU_1, R_1/3)$，$B = P_c(NTU_1, R_1/3)$	
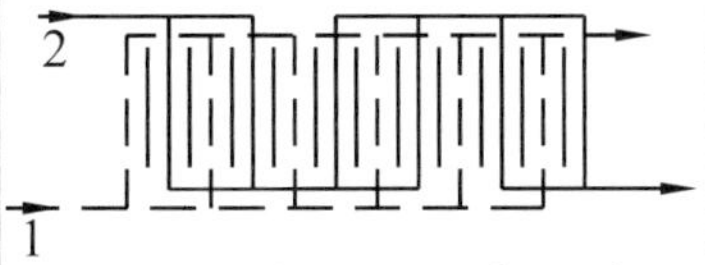	$R_1 = 3$	與上式相同，但 $B = \dfrac{NTU_1}{1+NTU_1}$
1 pass – 3 pass plate heat exchanger with two end passes in counter flow	$NTU_1 \to \infty$	$P_1 = \begin{cases} \dfrac{9-R_1}{9+3R_1} & 當R_1 \le 3 \\ \dfrac{1}{R_1} & 當R_1 > 3 \end{cases}$
10-21	$P_1 = (1-Q)/R_1$，$Q = (1-AR_1/4)^2(1-BR_1/4)^2$ $A = P_p(NTU_1, R_1/4)$，$B = P_c(NTU_1, R_1/4)$	
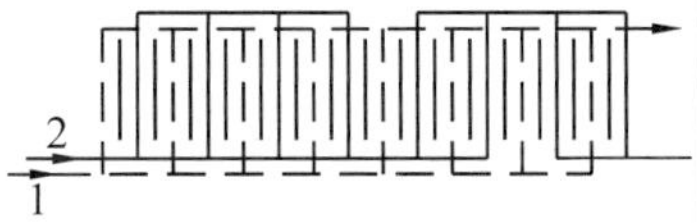	$R_1 = 4$	與上式相同，但 $B = \dfrac{NTU_1}{1+NTU_1}$
1 pass – 4-pass plate heat exchanger	$NTU_1 \to \infty$	$P_1 = \begin{cases} \dfrac{16}{(4+R_1)^2} & 當R_1 \le 4 \\ \dfrac{R_1-1}{R_1^2} & 當R_1 > 4 \end{cases}$
10-22	與式10-16均相同	
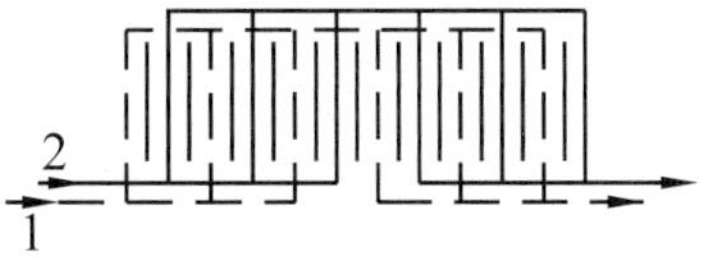	$R_1 = 1$	與式10-16均相同
2 pass – 2 pass plate heat exchanger with overall parallel flow and individual passes in parallel flow, stream symmetric	$NTU_1 \to \infty$	與式10-16均相同
10-23	$P_1 = B\left[2 - B(1+R_1)\right]$，$B = P_c(NTU_1/2, R_1)$	
	$R_1 = 1$	與上式相同，但 $B = \dfrac{NTU_1}{2+NTU_1}$

<table>
<tr><th>板片流動型式與方程式編號</th><th colspan="2">通用方程式(一般與特殊情況)</th></tr>
<tr><td> 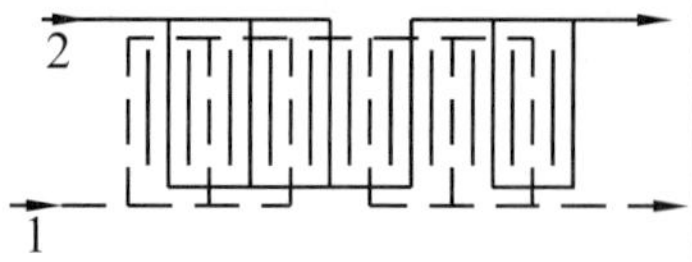2 pass – 2 pass plate heat exchanger with overall counter low and individual passes in counter low, stream symmetric</td><td>$NTU_1 \to \infty$</td><td>$P_1 = \begin{cases} 1-R_1 & 當R_1 \le 1 \\ \dfrac{R_1-1}{R_1^2} & 當R_1 > 1 \end{cases}$</td></tr>
<tr><td rowspan="3">10-24 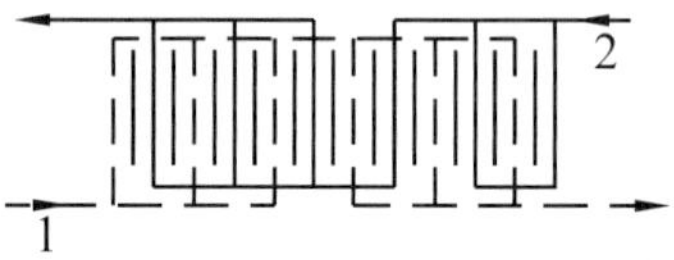
2 pass – 2 pass plate heat exchanger with overall counter flow and individual passes in parallel flow, stream symmetric</td><td colspan="2">$P_1 = \dfrac{2A - A^2(1+R_1)}{1-R_1A^2}$
$A = P_p(NTU_1/2, R_1)$</td></tr>
<tr><td>$R_1 = 1$</td><td>與上式相同</td></tr>
<tr><td>$NTU_1 \to \infty$</td><td>$P_1 = \dfrac{1+R_1}{1+R_1+R_1^2}$</td></tr>
<tr><td rowspan="3">10-25 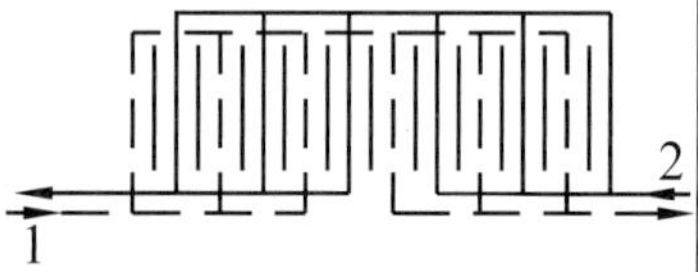
2 pass – 2 pass plate heat exchanger with overall counter flow and individual passes in counter flow, stream symmetric</td><td colspan="2">P_1與式10-17相同</td></tr>
<tr><td>$R_1 = 1$</td><td>與式10-17相同</td></tr>
<tr><td>$NTU_1 \to \infty$</td><td>與式10-17相同</td></tr>
<tr><td rowspan="3">10-26 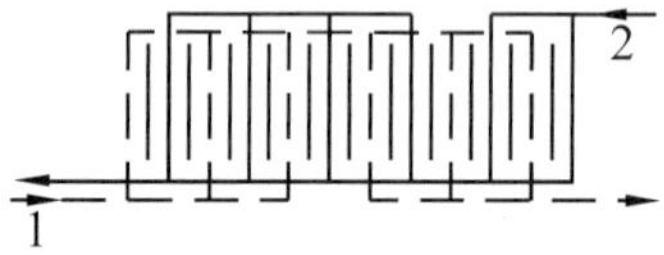
2 pass – 3 pass plate heat exchanger with overall parallel flow</td><td colspan="2">$P_1 = A + B - \left(\dfrac{2}{9} + \dfrac{D}{3}\right)(A^2 + B^2) - \dfrac{D^2A^2B^2}{9}$
$-\left(\dfrac{5}{9} + \dfrac{4D}{3}\right)AB + \dfrac{D(1+D)AB(A+B)}{3}$
$A = P_p(NTU_1/2, D)$
$B = P_c(NTU_1/2, D)$，$D = 2R_1/3$</td></tr>
<tr><td>$R_1 = \dfrac{3}{2}$</td><td>與上式相同，但$B = \dfrac{NTU_1}{2+NTU_1}$</td></tr>
<tr><td>$NTU_1 \to \infty$</td><td>$P_1 = \begin{cases} \dfrac{9-2R_1}{9+6R_1} & 當R_1 \le \dfrac{3}{2} \\ \dfrac{4R_1^2+2R_1-3}{2R_1^2(3+2R_1)} & 當R_1 > \dfrac{3}{2} \end{cases}$</td></tr>
</table>

板片流動型式與方程式編號	通用方程式(一般與特殊情況)	
10-27 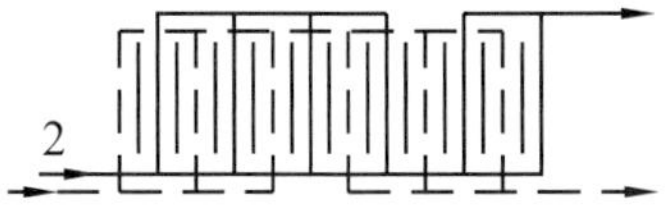 2 pass – 3 pass plate heat exchanger with overall counter flow	$P_1=\left(A+0.5B+0.5C+D\right)/R_1$ $A=\dfrac{2R_1EF^2-2EF+F-F^2}{2R_1E^2F^2-E^2-F^2-2EF+E+F}$ $B=A(E-1)$，$C=(1-A)/E$，$D=R_1E^2C-R_1E+R_1-C/2$ $E=\dfrac{1}{\left(2R_1\dfrac{G}{3}\right)}$，$F=\dfrac{1}{\left(2R_1\dfrac{H}{3}\right)}$ $G=P_c\left(NTU_1/2,2R_1/3\right)$， $H=P_p\left(NTU_1/2,2R_1/3\right)$	
	$R_1=\dfrac{3}{2}$	與上式相同，但$G=\dfrac{NTU_1}{2+NTU_1}$
	$NTU_1\to\infty$	$P_1=\begin{cases}\dfrac{27+12R_1-4R_1^2}{27+12R_1+4R_1^2} & 當R_1\le\dfrac{3}{2}\\ \dfrac{1}{R_1} & 當R_1>\dfrac{3}{2}\end{cases}$
10-28 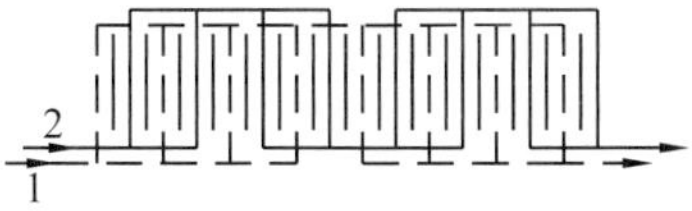 2 pass – 4 pass plate heat exchanger with overall parallel flow	$P_1=2D-\left(1+R_1\right)D^2$，$D=\left(A+B-ABR_1/2\right)/2$ $A=P_p\left(NTU_1/2,R_1/2\right)$，$B=P_c\left(NTU_1/2,R_2/2\right)$	
	$R_1=2$	與上式相同，但$B=\dfrac{NTU_1}{2+NTU_1}$
	$NTU_1\to\infty$	$P_1=\begin{cases}\dfrac{4}{\left(2+R_1\right)^2} & 當R_1\le 2\\ \dfrac{R_1-1}{R_1^2} & 當R_1>2\end{cases}$
10-29 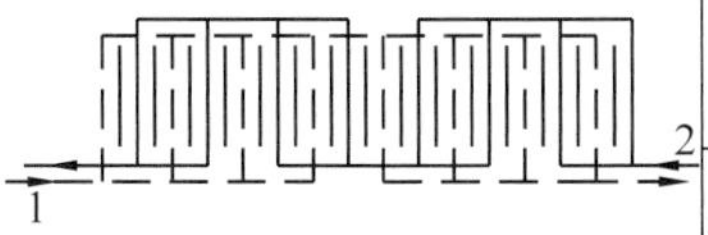 2 pass – 4 pass plate heat exchanger with overall counter flow	$P_1=\dfrac{2D-\left(1+R_1\right)D^2}{1-D^2R_1}$，$D=\left(A+B-ABR_1/2\right)/2$ $A=P_p\left(NTU_1/2,R_1/2\right)$，$B=P_c\left(NTU_1/2,R_1/2\right)$	
	$R_1=2$	與上式相同，但$B=\dfrac{NTU_1}{2+NTU_1}$
	$NTU_1\to\infty$	$P_1=\begin{cases}\dfrac{4}{4+R_1^2} & 當R_1<2\\ \dfrac{1}{R_1} & 當R_1>2\end{cases}$

板片流動型式與方程式編號	通用方程式(一般與特殊情況)	
10-30	P_1與式10-16同	
	$R_1=1$	與式10-16同
3 pass – 3 pass plate heat exchanger with overall parallel flow and individual passes in parallel flow, stream symmetric	$NTU_1 \to \infty$	與式10-16同
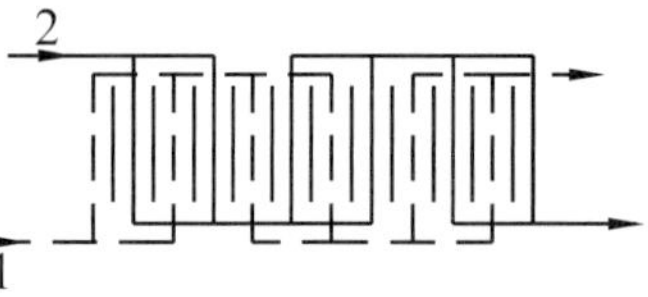 10-31	$P_1 = 3B - 3(1+R_1)B^2 + (1+R_1)^2 B^3$ $B = P_c(NTU_1/3, R_1)$	
	$R_1=1$	與上式相同，但$B = \dfrac{NTU_1}{3+NTU_1}$
3 pass – 3 pass plate heat exchanger with overall counter flow and individual passes in parallel flow, stream symmetric	$NTU_1 \to \infty$	$P_1 = \begin{cases} R_1^2 - R_1 + 1 & 當R_1 \le 1 \\ \dfrac{R_1^2 - R_1 + 1}{R_1^3} & 當R_1 > 2 \end{cases}$
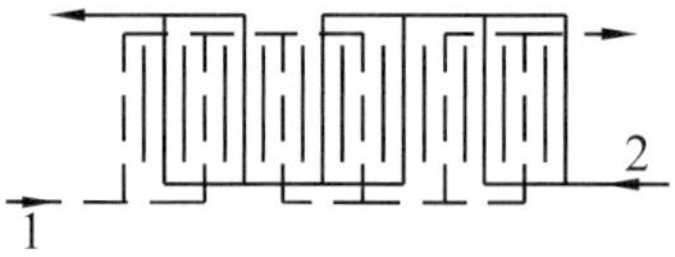 10-32	$P_1 = (A+B+C)/R_1$，$F = P_p(NTU_1/3, R_1)$ $A = \dfrac{(D-E)^2}{D^3 + E^2 - 3DE + E}, B = \dfrac{A(D-1)}{D-E}$ $C = (1-A-B)/D$，$D = \dfrac{1}{FR_1}$，$E = \dfrac{1}{R_1}$	
	$R_1=1$	與上式相同
3 pass – 3 pass plate heat exchanger with overall counter flow and individual passes in parallel flow, stream symmetric	$NTU_1 \to \infty$	$P_1 = \dfrac{R_1^2 + R_1 + 1}{R_1^3 + R_1^2 + R_1 + 1}$
10-33	P_1與式10-17同	
	$R_1=1$	與式10-17同
3 pass – 3 pass plate heat exchanger with overall counter flow and individual passes in counter flow, stream symmetric	$NTU_1 \to \infty$	與式10-17同

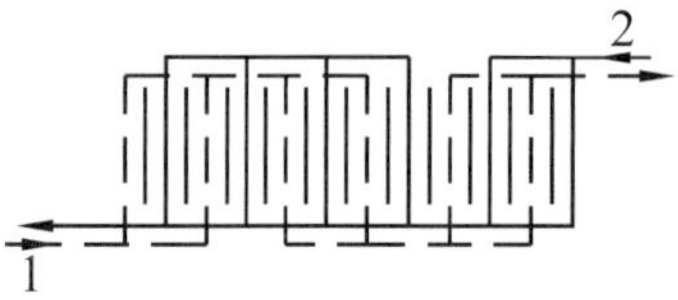

板片流動型式與方程式編號	通用方程式(一般與特殊情況)	
10-34 3 pass – 4 pass plate heat exchanger with overall parallel flow	$P_1=\frac{D}{2}\left(1-\frac{3R_1D}{4}\right)+\frac{B}{3}\left(1-\frac{3R_1D}{4}\right)\left(3-\frac{3R_1E}{4}-\frac{3R_1D}{2}\right)$ $+\frac{C}{4}\left(E+3D-\frac{3R_1DE}{4}\right)$ $A=1-(3E+D-3R_1DE/4)/4$ $B=\frac{\left(3E+D-3R_1DE/-3R_1E^2/2+2AE\right)}{4}$ $C=3R_1E^2/8+A(2-D-E)/2+R_1BD/2$ $D=P_p(NTU_1/3,3R_1/4)$，$E=P_c\left(NTU_1/3,3R_1/4\right)$	
	$R_1=\frac{4}{3}$	與上式相同，但$E=\frac{NTU_1}{3+NTU_1}$
	$NTU_1\to\infty$	$P_1=\begin{cases}\frac{9R_1^3-6R_1^2+64R_1+128}{8\left(9R_1^2+24R_1+16\right)} & 當R_1\le\frac{4}{3}\\ \frac{81R_1^4+135R_1^3-8R_1+32}{9R_1^3\left(9R_1^2+24R_1+16\right)} & 當R_1>\frac{4}{3}\end{cases}$
10-35 3 pass – 4 pass plate heat exchanger with overall counter flow	$P_1=A+\frac{BC(1-E)+BDG}{(1-E)(1-F)-GH}$，$A=\left(3I+J-rIJ\right)/4$ $B=1-A$，$C=\left(1-rI\right)\left(3I+3J-2rIJ-rJ^2\right)/6$ $D=\frac{\left(1-rI\right)\left(3-2rI-rJ\right)\left(I+3J-rIJ-2rJ^2\right)}{12}$ $E=r\left[I^2+3J^2+IJ\left(3-rI-2rJ\right)\right]/6$ $F=r\left[3I^2+J^2+IJ\left(3-2rI-rJ\right)\right]/6$ $G=1-(I+J)/2+rIJ/3$ $H=rDI/(1-rI)+rJ\left[I+3J-rJ\left(I+2J\right)\right]/12$ $I=P_c\left(NTU_1/3,r\right);\ J=P_p\left(NTU_1/3,r\right);r=3R_1/4$	
	$R_1=\frac{4}{3}$	與上式相同，但$I=\frac{NTU_1}{3+NTU_1}$
	$NTU_1\to\infty$	$P_1=\begin{cases}\frac{K}{L} & 當R_1\le\frac{4}{3}\\ \frac{1}{R_1} & 當R_1>\frac{4}{3}\end{cases}$

板片流動型式與方程式編號	通用方程式(一般與特殊情況)	
	$K = 27R_1^4 - 36R_1^3 - 120R_1^2 + 256R_1 + 512$ $L = 27R_1^4 + 54R_1^3 - 120R_1^2 + 256R_1 + 512$	
10-36  4 pass – 4 pass plate heat exchanger with overall parallel flow and individual passes in parallel flow, stream symmetric	P_1與式10-16同	
	$R_1 = 1$	與式10-16同
	$NTU_1 \to \infty$	與式10-16同
10-37 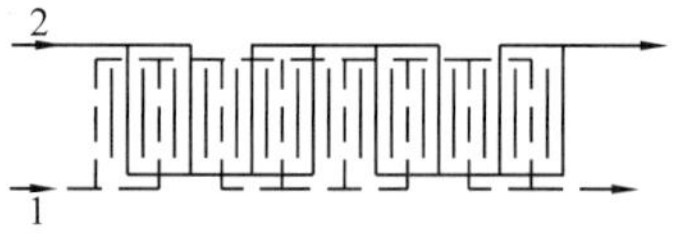 4 pass – 4 pass plate heat exchanger with overall parallel flow and individual passes in counter flow, stream symmetric	$P_1 = 4A - 6(1+R)A^2 + (1+R_1)^2 A^3 - (1+R_1)^3 A^4$ $A = P_c\left(NTU_1/4, R_1\right)$	
	$R_1 = 1$	與上式相同，但 $A = \dfrac{NTU_1}{4+NTU_1}$
	$NTU_1 \to \infty$	$P_1 = \begin{cases} 1 - R_1 + R_1^2 - R_1^3 & 當R_1 \le 1 \\ \dfrac{\left(R_1^3 - R_1^2 + R_1 - 1\right)}{R_1^4} & 當R_1 > 1 \end{cases}$
10-38 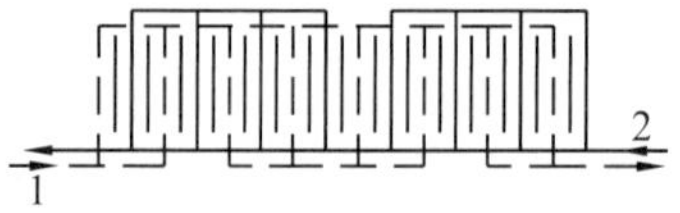 4 pass – 4 pass plate heat exchanger with overall counter flow and individual passes in parallel flow, stream symmetric	$P_1 = A + \dfrac{ABC}{\left(1 - A^2R_1\right)}$ $A = F\left[1 + (1-F)(1-R_1F)/\left(1-R_1F^2\right)\right]$ $B = (1-F)^2\left[1 + R_1F^2/\left(1-R_1F^2\right)\right]$ $C = (1-R_1F)^2/\left(1-R_1F^2\right)$ ，$F = P_p\left(NTU_1/4, R_1\right)$	
	$R_1 = 1$	與上式相同
	$NTU_1 \to \infty$	$P_1 = \dfrac{R_1^3 + R_1^2 + R_1 + 1}{R_1^4 + R_1^3 + R_1^2 + R_1 + 1}$
10-39	P_1與式10-17同	
	$R_1 = 1$	與式10-17同

板片流動型式與方程式編號	通用方程式(一般與特殊情況)	
4 pass – 4 pass plate heat exchanger with overall counter flow and individual passes in counter flow, stream symmetric	$NTU_1 \to \infty$	與式10-17同

例10-3-1： 一板式熱交換器，熱側入水溫度爲70°C，冷側入水溫度爲20°C，比熱分別爲4191 J/kg·K與4181 J/kg·K，板片的長寬度分別爲0.4 m與0.6 m，熱水與冷水的流量分別爲25 kg/s與25 kg/s，總熱傳係數爲4000 W/m^2·K。板片安排型式爲1-1逆向流動安排，板片數目爲101片，估算總熱傳量爲何？

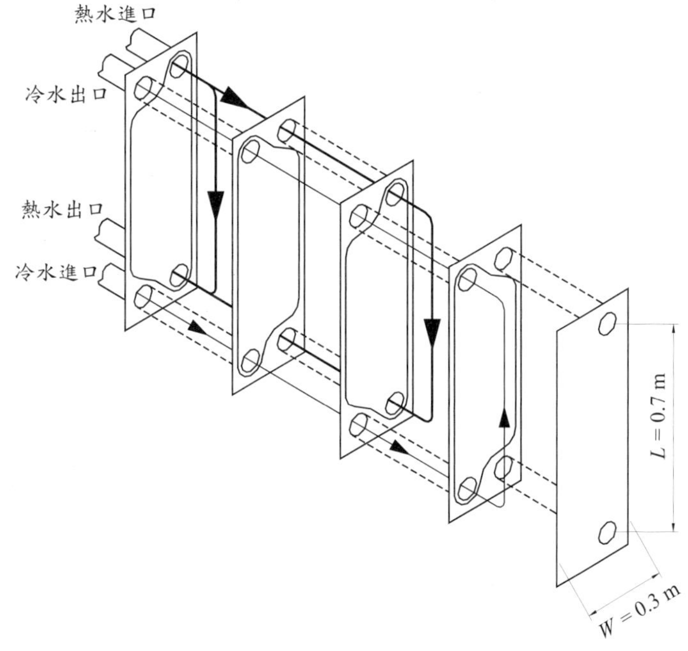

圖10-16　例10-3-1示意圖

10-3-1 解：

基本解法可使用ε-NTU法或是UA-$LMTD$-F，但是不管是使用那一個方法，都需先使用表10-2的方程式，由P-NTU算出P後再去算ε或F。

在此假設冷側爲 (1) 而熱側爲 (2)

每一片的熱交換器面積$A_p = W \times L = 0.3 \times 0.7 = 0.21\ \text{m}^2$

請特別注意，一般習慣上，板式熱交換器板片的面積都不考慮真正的總面積

(亦即凹凸部份的面積不予考慮)，而是將板片視爲一平板的投影面積(projected area)。因此總熱傳面積爲 $A = (N_p - 1)\times A_p$。請特別注意$N_p - 1$的原因，是因爲板式熱交換器的第一片與最後一片板片中，另外一側並不是有效的熱傳面積。

因此 $A = (N_p - 1)\times A_p = (101 - 1)\times 0.21 = 21\ \mathrm{m}^2$

$\therefore UA = 4000\times 21 = 84000\ \mathrm{W/K}$

$C_1 = \dot{m}_c c_{p,c} = 25\times 4181 = 104525\ \mathrm{W/K}$

$NTU_1 = UA/C_1 = 84000/104525 = 0.8036$

由於板片數大於40，且爲逆向流動型式，可使用表10-2的方程式；請注意本例的 $R_1 = C_1/C_2 \approx 1$；故要選取式10-17的例外方程式；即

$$P_1 = \frac{NTU_1}{1+NTU_1} = \frac{0.8036}{1+0.8036} = 0.4456$$

再由式10-3可知本例的$\varepsilon = P_1 = 0.4456$

又 $Q_{max} = C_{min}\Delta_o = C_1\Delta_o = 104525\times(70 - 20) = 522625\ \mathrm{W} \approx 5226\ \mathrm{kW}$

因此 $Q = \varepsilon\, Q_{max} = 0.4456\times 5226 = 2329\ \mathrm{kW}$

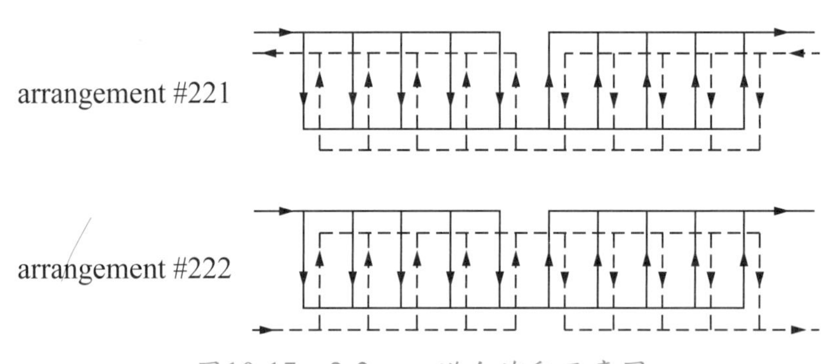

圖10-17　2-2 pass逆向流動示意圖

表10-2的方程式僅適用板片數大於40以上，Hewitt 等人(1994) 則建議板片數應大於50，因此當板片數較少時，則不可使用表10-2的方程式，可參考表10-3~10-10的資料。板片的安排型式有相當大的彈性，例如圖10-17均爲2-2回數的逆向流安排，其中的差異爲表10-3的冷側入口與熱側的出口在同側(見圖10-17之#221)，而表10-4冷熱側進口在同一側(見圖10-17之#222)，根據Kandlikar and Shah (1989a)的研究，#221與#222的 P_1值在 $N_p = 3$時相同，隨著板片數的增加後，#221的 P_1值會略高於#222。對板片型式安排有興趣的讀者，可參考Kandlikar and Shah (1989a, 1989b)的研究。

表10-3　1-1安排型式的R_1、N_p、P_1與F間關係(見式10-17的圖，奇數板片)

R_1	NTU_1	$N_p=3$		$N_p=11$		$N_p=23$		$N_p=47$		$N_p=\infty$	
		P_1	F	P_1	F	P_1	F	P_1	F	P_1	F
0.50	0.20	0.1720	0.9882	0.1729	0.9939	0.1733	0.9969	0.1736	0.9984	0.1738	1.0000
	0.40	0.3015	0.9770	0.3041	0.9880	0.3055	0.9939	0.3062	0.9970	0.3069	1.0000
	0.60	0.4020	0.9660	0.4067	0.9812	0.4091	0.9910	0.4104	0.9955	0.4117	1.0000
	0.80	4.4821	0.9553	0.4887	0.9766	0.4922	0.9881	0.4940	0.9940	0.4959	1.0000
	1.00	0.5471	0.9449	0.5550	0.9710	0.5601	0.9852	0.5624	0.9925	0.5647	1.0000
	1.50	0.6652	0.9199	0.6774	0.9571	0.6840	0.9778	0.6873	0.9887	0.6908	1.0000
	2.00	0.7436	0.8962	0.7582	0.9432	0.7662	0.9704	0.7704	0.9849	0.7746	1.0000
	3.00	0.8386	0.8535	0.8550	0.9155	0.8644	0.9548	0.8694	0.9766	0.8744	1.0000
	4.00	0.8920	0.8174	0.9075	0.8880	0.9171	0.9383	0.9222	0.9675	0.9274	1.0000
	5.00	0.9250	0.7875	0.9384	0.8614	0.9473	0.9207	0.9521	0.9573	0.9572	1.0000
	7.00	0.9615	0.7435	0.9700	0.8125	0.9768	0.8838	0.9806	0.9339	0.9847	1.0000
	10.0	0.9849	0.7034	0.9883	0.8282	0.9920	0.8282	0.9942	0.8919	0.9966	1.0000
1.00	0.20	0.1645	0.9846	0.1656	0.9920	0.1661	0.9959	0.1664	0.9979	0.1667	1.0000
	0.40	0.2795	0.9700	0.2825	0.9845	0.2841	0.9921	0.2849	0.9961	0.2857	1.0000
	0.60	0.3646	0.9562	0.3696	0.9773	0.9723	0.9885	0.3736	0.9942	0.3750	1.0000
	0.80	0.4300	0.9429	0.4370	0.9703	0.4407	0.9849	0.4426	0.9924	0.4444	1.0000
	1.00	0.4819	0.9300	0.4907	0.9634	0.4953	0.9814	0.4976	0.9906	0.5000	1.0000
	1.50	0.5744	0.8998	0.5869	0.9470	0.5934	0.9728	0.5967	0.9862	0.6000	1.0000
	2.00	0.6356	0.8722	0.6506	0.9310	0.6586	0.9645	0.6626	0.9820	0.6667	1.0000
	3.00	0.7422	0.8249	0.7299	0.9006	0.7399	0.9481	0.7449	0.9735	0.7500	1.0000
	4.00	0.7591	0.7876	0.7772	0.8720	0.7885	0.9321	0.7843	0.9651	0.8000	1.0000
	5.00	0.7914	0.7587	0.8087	0.8453	0.8209	0.9166	0.8271	0.9567	0.8333	1.0000
	7.00	0.8342	0.7189	0.8483	0.7987	0.8613	0.8868	0.8681	0.9404	0.8750	1.0000
	10.0	0.8726	0.6850	0.8816	0.7448	0.8942	0.8456	0.9016	0.9168	0.9091	1.0000
1.50	0.20	0.1574	0.9808	0.1586	0.9901	0.1593	0.9950	0.1596	0.9975	0.1599	1.0000
	0.40	0.2594	0.9628	0.2626	0.9807	0.2643	0.9902	0.2652	0.9951	0.2661	1.0000
	0.60	0.3307	0.9457	0.3359	0.9716	0.3386	0.9856	0.3400	0.9927	0.3414	1.0000
	0.80	0.3831	0.9293	0.3900	0.9628	0.3936	0.9810	0.3955	0.9904	0.3974	1.0000
	1.00	0.4231	0.9136	0.4314	0.9541	0.4358	0.9765	0.4381	0.9881	0.4404	1.0000
	1.50	0.4908	0.9771	0.5016	0.9329	0.5074	0.9651	0.5104	0.9822	0.5134	1.0000
	2.00	0.5329	0.8448	0.5448	0.9121	0.5514	0.9537	0.5549	0.9762	0.5584	1.0000
	3.00	0.5818	0.7928	0.5934	0.8723	0.6007	0.9304	0.6045	0.9635	0.6084	1.0000
	4.00	0.6091	0.7551	0.6189	0.8355	0.6260	0.9065	0.6297	0.9498	0.6336	1.0000
	5.00	0.6263	0.7279	0.6339	0.8027	0.6403	0.8825	0.6437	0.9351	0.6474	1.0000
	7.00	0.6458	0.6931	0.6497	0.7495	0.6543	0.9359	0.6570	0.9031	0.6598	1.0000
	10.0	0.6585	0.6654	0.6597	0.6960	0.6620	0.7749	0.6635	0.8515	0.6652	1.0000
2.00	0.20	0.1507	0.9770	0.1520	0.9880	0.1527	0.9939	0.1531	0.9969	0.1535	1.0000
	0.40	0.2410	0.9553	0.2444	0.9766	0.2461	0.9881	0.2470	0.9940	0.2479	1.0000
	0.60	0.3003	0.9347	0.3054	0.9654	0.3081	0.9823	0.3095	0.9910	0.3109	1.0000
	0.80	0.3417	0.9150	0.3481	0.9543	0.3515	0.9764	0.3533	0.9880	0.3551	1.0000
	1.00	0.3718	0.8962	0.3791	0.9432	0.3831	0.9704	0.3852	0.9849	0.3873	1.0000
	1.50	0.4193	0.8535	0.4275	0.9155	0.4322	0.9549	0.4347	0.9766	0.4372	1.0000
	2.00	0.4460	0.8174	0.4538	0.8880	0.0585	0.9383	0.4611	0.9675	0.4637	1.0000
	3.00	0.4733	0.7632	0.4788	0.8361	0.4827	0.9025	0.4849	0.9461	0.4872	1.0000
	4.00	0.4860	0.7275	0.4892	0.7909	0.4920	0.8649	0.4936	0.9207	0.4954	1.0000
	5.00	0.4925	0.7034	0.4942	0.7540	0.4960	0.8282	0.4971	0.8919	0.4983	1.0000
	7.00	0.4978	0.6744	0.4982	0.7015	0.4988	0.7646	0.4993	0.8311	0.4998	1.0000
	10.0	0.4996	0.6524	0.4996	0.6562	0.4988	0.6993	0.4999	0.7538	0.5000	1.0000

表10-4 2-1安排型式的R_1、N_p、P_1與F間的關係(見圖10-9(b)，奇數板片)

R_1	NTU_1	$N_p=3$		$N_p=11$		$N_p=23$		$N_p=47$		$N_p=\infty$	
		P_1	F	P_1	F	P_1	F	P_1	F	P_1	F
1.00	0.20	0.1645	0.9845	0.1650	0.9882	0.1654	0.9907	0.1656	0.9921	0.1658	0.9936
	0.40	0.2777	0.9613	0.2787	0.9660	0.2797	0.9705	0.2802	0.9732	0.2808	0.9759
	0.60	0.3587	0.9324	0.3597	0.9362	0.3611	0.9421	0.3620	0.9457	0.3629	0.9495
	0.80	0.4185	0.8996	0.4190	0.9013	0.4208	0.9082	0.4219	0.9123	0.4231	0.9168
	1.00	0.4637	0.8646	0.4634	0.8637	0.4655	0.8710	0.4668	0.8754	0.4682	0.8804
	1.50	0.5374	0.7744	0.5354	0.7684	0.5375	0.7749	0.5390	0.7793	0.5406	0.7845
	2.00	0.5797	0.6896	0.5768	0.6815	0.5785	0.6862	0.5798	0.6899	0.5814	0.6944
	3.00	0.6225	0.5497	0.6208	0.5458	0.6210	0.5461	0.6217	0.5477	0.6227	0.5502
	4.00	0.6414	0.4471	0.6435	0.4512	0.6418	0.4479	0.6417	0.4477	0.6420	0.4484
	5.00	0.6504	0.3720	0.6572	0.3834	0.6537	0.3775	0.6527	0.3759	0.6523	0.3752
	7.00	0.6570	0.2737	0.6725	0.2934	0.6661	0.2849	0.6635	0.2816	0.6616	0.2792
	10.0	0.6590	0.19.33	0.6829	0.2154	0.6738	0.2065	0.6692	0.2023	0.6655	0.1990
2.00	0.20	0.1511	0.9801	0.1512	0.9811	0.1516	0.9841	0.1518	0.9859	0.1520	0.9878
	0.40	0.2394	0.9452	0.2393	0.9446	0.2402	0.9498	0.2407	0.9528	0.2412	0.9563
	0.60	0.2944	0.8997	0.2941	0.8982	0.2952	0.947	0.2959	0.9087	0.2967	0.9132
	0.80	0.3300	0.8481	0.3300	0.8479	0.3313	0.8552	0.3321	0.8598	0.3331	0.8650
	1.00	0.3540	0.7939	0.3547	0.7977	0.3561	0.8055	0.3571	0.8105	0.3581	0.8161
	1.50	0.3866	0.6632	0.3911	0.6853	0.3928	0.6940	0.3939	0.6994	0.3950	0.7055
	2.00	0.4009	0.5533	0.4106	0.5965	0.4126	0.6063	0.4138	0.6121	0.4151	0.6186
	3.00	0.4113	0.3997	0.4311	0.4726	0.4341	0.4856	0.4357	0.4928	0.4373	0.5006
	4.00	0.4140	0.3066	0.4416	0.3910	0.4457	0.4075	0.4478	0.4165	0.4500	0.4261
	5.00	0.4149	0.2470	0.4476	0.3326	0.4530	0.3523	0.4557	0.3629	0.4583	0.9744
	7.00	0.4154	0.1771	0.4537	0.2536	0.4614	0.2776	0.4651	0.2910	0.4688	0.3057
	10.0	0.4158	0.1244	0.4570	0.1842	0.4674	0.2100	0.4724	0.2257	0.4773	0.2442
3.00	0.20	0.1391	0.9756	0.1390	0.9744	0.1393	0.9779	0.1395	0.9801	0.1398	0.9824
	0.40	0.2077	0.9288	0.2074	0.9259	0.2081	0.9318	0.2085	0.9355	0.2090	0.9397
	0.60	0.2443	0.8654	0.2444	0.8672	0.2453	0.8749	0.2459	0.8797	0.2465	0.8852
	0.80	0.2647	0.7958	0.2661	0.8070	0.2671	0.8161	0.2678	0.8218	0.2685	0.8282
	1.00	0.2766	0.7237	0.2798	0.7499	0.2810	0.7606	0.2712	0.7671	0.2825	0.7743
	1.50	0.2896	0.5632	0.2980	0.6300	0.2997	0.6458	0.3006	0.6547	0.3016	0.6644
	2.00	0.2937	0.4455	0.3067	0.5398	0.3090	0.5622	0.3102	0.5744	0.3115	0.5876
	3.00	0.2957	0.3050	0.3143	0.4147	0.3180	0.4498	0.3199	0.4706	0.3217	0.4941
	4.00	0.2960	0.2297	0.3172	0.3311	0.3220	0.3741	0.3244	0.4032	0.3267	0.4406
	5.00	0.2961	0.1840	0.3184	0.2723	0.3239	0.3173	0.3267	0.3523	0.3295	0.4059
	7.00	0.2963	0.1318	0.3191	0.1979	0.3253	0.2383	0.3287	0.2763	0.3320	0.3637
	10.0	0.2966	0.0927	0.3193	0.1393	0.3258	0.16993	0.3294	0.2020	0.3330	0.3303
4.00	0.20	0.1283	0.9711	0.1281	0.9681	0.1284	0.9721	0.1286	0.9746	0.1288	0.9774
	0.40	0.1815	0.9117	0.1812	0.9090	0.1819	0.9159	0.1822	0.9203	0.1827	0.9253
	0.60	0.2055	0.8310	0.2063	0.8404	0.2071	0.8497	0.2075	0.8556	0.2081	0.8653
	0.80	0.2169	0.7412	0.2194	0.7725	0.2203	0.7846	0.2209	0.7919	0.2215	0.8623
	1.00	0.2226	0.6535	0.2270	0.7100	0.2281	0.7255	0.2287	0.7344	0.2293	0.8001
	1.50	0.2276	0.4787	0.2361	0.5820	0.2377	0.6086	0.2385	0.6234	0.2393	0.7444
	2.00	0.2287	0.3672	0.2397	0.4863	0.2418	0.5242	0.2429	0.5468	0.2439	05729
	3.00	0.2291	0.2467	0.2422	0.3544	0.2451	0.4046	0.2465	0.4420	0.2479	0.4979
	4.00	0.2291	0.1853	0.2428	0.2724	0.2460	0.3210	0.2476	0.3642	0.2492	0.4580
	5.00	0.2292	0.1484	0.2430	0.2194	0.2463	0.2618	0.2480	0.3031	0.2497	0.4334
	7.00	0.2293	0.1063	0.2430	0.1573	0.2464	0.1888	0.2482	0.2211	0.2500	0.4049
	10.0	0.2296	0.0748	0.2430	0.1104	0.2465	0.1325	0.2482	0.1555	0.2500	0.3835

表10-5　2-2安排型式的R_1、N_p、P_1與F間的關係(見圖10-17#221，奇數板片)

R_1	NTU_1	N_p=3		N_p=11		N_p=23		N_p=47		$N_p=\infty$	
		P_1	F	P_1	F	P_1	F	P_1	F	P_1	F
0.50	0.20	0.1735	0.9978	0.1733	0.9970	0.1735	0.9983	0.1737	0.9991	0.1738	1.0000
	0.40	0.3048	0.9912	0.3052	0.9929	0.3060	0.9961	0.3064	0.9980	0.3069	1.0000
	0.60	0.4061	0.9804	0.4083	0.9879	0.4098	0.9934	0.4107	0.9966	0.4117	1.0000
	0.80	0.4853	0.9656	0.4904	0.9820	0.4929	0.9904	0.4944	0.9950	0.4959	1.0000
	1.00	0.5479	0.9473	0.5569	0.9752	0.5606	0.9869	0.5626	0.9932	0.5647	1.0000
	1.50	0.6547	0.8889	0.6768	0.9552	0.6835	0.9765	0.6871	0.9878	0.6901	1.0000
	2.00	0.7172	0.8190	0.7547	0.9314	0.7644	0.9639	0.7694	0.9815	0.7746	1.0000
	3.00	0.7775	0.6737	0.8447	0.8756	0.8594	0.9335	0.8669	0.9655	0.8744	1.0000
	4.00	0.8000	0.5493	0.8910	0.8134	0.9093	0.8969	0.9184	0.9454	0.9274	1.0000
	5.00	0.8085	0.4540	0.9168	0.7495	0.9374	0.8552	0.9474	0.9210	0.9572	1.0000
	7.00	0.8130	0.3300	0.9415	0.6292	0.9640	0.7620	0.9745	0.8580	0.9847	1.0000
	10.0	0.8138	0.2317	0.9543	0.4874	0.9772	0.6222	0.9873	0.7364	0.9966	1.0000
1.00	0.20	0.1661	0.9956	0.1661	0.9956	0.1663	0.9976	0.1665	0.9988	0.1667	1.0000
	0.40	0.2821	0.9826	0.2835	0.9892	0.2845	0.9942	0.2851	0.9970	0.2857	1.0000
	0.60	0.3659	0.9618	0.3705	0.9811	0.3726	0.9900	0.3738	0.9949	0.3750	1.0000
	0.80	0.4278	0.9345	0.4373	0.9714	0.4407	0.9850	0.4425	0.9923	0.4444	1.0000
	1.00	0.4742	0.9019	0.4899	0.9603	0.4948	0.9793	0.4973	0.9894	0.5000	1.0000
	1.50	0.5478	0.8075	0.5820	09283	0.5908	0.9627	0.5954	0.9810	0.6000	1.0000
	2.00	0.58/66	0.7096	0.6408	0.8920	0.6536	0.9434	0.6601	0.9710	0.6667	1.0000
	3.00	0.6193	0.5423	0.7097	0.8150	0.7298	0.9005	0.7399	0.9483	0.7500	1.0000
	4.00	0.6294	0.4246	0.7474	0.7397	0.7738	0.8553	0.7869	0.9234	0.8000	1.0000
	5.00	0.6326	0.3443	0.7703	0.6706	0.8021	0.8104	0.8177	0.8973	0.8333	1.0000
	7.00	0.6338	0.2473	0.7951	0.5545	0.8356	0.7258	0.8554	0.8448	0.8750	1.0000
	10.0	0.6340	0.1732	0.8108	0.4285	0.8606	0.6174	0.8850	0.7693	0.9091	1.0000
1.50	0.20	0.1590	0.9934	0.1592	0.9943	0.1595	0.9969	0.1597	0.9984	0.1599	1.0000
	0.40	0.2615	0.9741	.0.2635	0.9856	0.2647	0.9923	0.2654	0.9960	0.2661	1.0000
	0.60	0.3303	0.9438	0.3364	0.9744	0.3388	0.9865	0.3401	0.9931	0.3414	1.0000
	0.80	0.3778	0.9048	0.3896	0.9610	0.3933	0.9796	0.3953	0.9896	0.3974	1.0000
	1.00	0.4114	0.8599	0.4298	0.9460	0.4349	0.9718	0.4376	0.9856	0.4404	1.0000
	1.50	0.4594	0.7376	0.4959	0.9025	0.5045	0.9488	0.5090	0.9737	0.5134	1.0000
	2.00	0.4811	0.6228	0.5346	0.8542	0.5464	0.9222	0.5524	0.9597	0.5584	1.0000
	3.00	0.4958	0.4511	0.5754	0.7546	0.5921	0.8623	0.6003	0.9264	0.6084	1.0000
	4.00	0.4991	0.3447	0.5947	0.6617	0.6146	0.7983	0.6242	0.8874	0.6336	1.0000
	5.00	0.4998	0.2769	0.6050	0.5807	0.6270	0.7340	0.6373	0.8437	0.6474	1.0000
	7.00	0.5000	0.1980	0.6144	0.4551	0.6387	0.6152	0.6496	0.7471	0.6598	1.0000
	10.0	0.4999	0.1386	0.6189	0.3341	0.6448	0.4762	0.6554	0.6037	0.6652	1.0000
2.00	0.20	0.1524	0.9912	0.1526	0.9929	0.1530	0.9961	0.1532	0.9980	0.1535	1.0000
	0.40	0.2427	0.9656	0.2452	0.9820	0.2465	0.9904	0.2472	0.9950	0.2479	1.0000
	0.60	0.2989	0.9259	0.3058	0.9677	0.3082	0.9830	0.3095	0.9913	0.3109	1.0000
	0.80	0.3350	0.8756	0.3475	0.9507	0.3512	0.9741	0.3531	0.9867	0.3551	1.0000
	1.00	0.3586	0.8191	0.3773	0.9314	0.3822	0.9640	0.3847	0.9815	0.3873	1.0000
	1.50	0.3888	0.6738	0.4223	0.8756	0.4297	0.9335	0.4334	0.9656	0.4372	1.0000
	2.00	0.4000	0.5493	0.4455	0.8135	0.4546	0.8969	0.4592	0.9455	0.4637	1.0000
	3.00	0.4059	0.3832	0.4660	0.6873	0.4770	0.8097	0.4822	0.8918	0.4872	1.0000
	4.00	0.4068	0.2893	0.4738	0.5764	0.4850	0.7138	0.4904	0.8200	0.4954	1.0000
	5.00	0.4069	0.2317	0.4771	0.4874	0.4886	0.6222	0.4936	0.7364	0.4983	1.0000
	7.00	0.4069	0.1655	0.4796	0.3640	0.4910	0.4769	0.4956	0.5768	0.4998	1.0000
	10.0	0.4068	0.1158	0.4806	0.2592	4918	0.3435	0.4961	0.4156	0.5000	1.0000

表10-6　3-1安排型式的R_1、N_p、P_1與F間的關係(偶數板片)

R_1	NTU_1	$N_p=6$		$N_p=12$		$N_p=24$		$N_p=48$		$N_p=\infty$	
		P_1	F	P_1	F	P_1	F	P_1	F	P_1	F
1.50	0.20	0.1574	0.9805	0.1579	0.9847	0.1583	0.9879	0.1586	0.9898	0.1588	0.9918
	0.40	0.2567	0.9478	0.2562	0.9561	0.2594	0.9624	0.2600	0.9661	0.2608	0.9702
	0.60	0.3227	0.9070	0.3252	0.9188	0.3270	0.9279	0.3262	0.9333	0.3294	0.9393
	0.80	0.3684	0.8621	0.3717	0.8768	0.3743	0.8884	0.3758	0.8953	0.3740	0.9029
	1.00	0.4012	0.8161	0.4052	0.8331	0.4083	0.8465	0.4102	0.8546	0.4122	0.8637
	1.50	0.4517	0.7080	0.4568	0.7276	0.4609	0.7437	0.4634	0.7537	0.4662	0.7651
	2.00	0.4796	0.6176	0.4851	0.6368	0.4896	0.6531	0.4924	0.6638	0.4957	0.6761
	3.00	0.5093	0.4879	0.5143	0.5025	0.5185	0.5153	0.5215	0.5248	0.5257	0.5366
	4.00	0.5261	0.4049	0.5294	0.4134	0.5324	0.4212	0.5351	0.4284	0.5387	0.4384
	5.00	0.5381	0.3493	0.5391	0.3517	0.5405	0.3548	0.5425	0.3596	0.5458	0.3674
	7.00	0.5566	0.2822	0.5517	0.2730	0.5494	0.2688	0.5499	0.2697	0.5521	0.2737
	10.0	0.5788	0.2323	0.5644	0.2087	0.5562	0.1970	0.5544	0.1946	0.5548	0.1952
3.00	0.20	0.1389	0.9729	0.1393	0.9775	0.1396	0.9808	0.1398	0.9827	0.1400	0.9849
	0.40	0.2071	0.9234	0.2083	0.9336	0.2091	0.9406	0.2096	0.9446	0.2101	0.9489
	0.60	0.2439	0.8632	0.2458	0.8795	0.2471	0.8905	0.2479	0.8967	0.2486	0.9034
	0.80	0.2653	0.8006	0.2679	0.8229	0.2696	0.8377	0.2705	0.8461	0.2715	0.8550
	1.00	0.2787	0.7410	0.2818	0.7680	0.2838	0.7863	0.2849	0.7967	0.2860	0.8078
	1.50	0.2965	0.6169	0.3001	0.6501	0.3026	0.6741	0.3039	0.6884	0.3053	0.7053
	2.00	0.3055	0.5293	0.3090	0.5617	0.3115	0.5876	0.3129	0.6043	0.3145	0.6237
	3.00	0.3155	0.4245	0.3178	0.4476	0.3198	0.4702	0.3213	0.4883	0.3229	0.5122
	4.00	0.3214	0.3678	0.9225	0.3799	0.3238	0.3959	0.3251	0.4130	0.3267	0.4395
	5.00	0.3253	0.3336	0.3255	0.3361	0.3262	0.3450	0.3272	0.3599	0.3287	0.3878
	7.00	0.3298	0.2956	0.3291	0.2835	0.3289	0.2800	0.3294	0.2892	0.3307	0.3179
	10.0	0.3323	0.2692	0.3316	0.2431	0.3309	0.2264	0.3310	0.2272	0.3320	0.2543
4.50	0.20	0.1231	0.9659	0.1235	0.9711	0.1238	0.9747	0.1240	0.9767	0.1241	0.9789
	0.40	0.1700	0.9018	0.1711	0.9152	0.1717	0.9236	0.1721	0.9282	0.1724	0.9331
	0.60	0.1905	0.8261	0.1921	0.8494	0.1930	0.8637	0.1935	0.8715	0.1940	0.8796
	0.80	0.2005	0.7514	0.2025	0.7836	0.2036	0.8040	0.2042	0.8151	0.2048	0.8269
	1.00	0.2061	0.6843	0.2082	0.7229	0.2094	0.7486	0.2101	0.7630	0.2107	0.7784
	1.50	0.2130	0.5600	0.2148	0.6027	0.2160	0.6362	0.2167	0.6572	0.2174	0.6814
	2.00	0.2163	0.4835	0.2177	0.5212	0.2187	0.5559	0.2193	0.5811	0.2199	0.6132
	3.00	0.2157	0.4016	0.2202	0.4250	0.2207	0.4533	0.2211	0.4814	0.2215	0.5276
	4.00	0.2211	0.3604	0.2213	0.3722	0.2215	0.3914	0.2217	0.4178	0.2220	0.4767
	5.00	0.2217	0.3362	0.2218	0.3396	0.2218	0.3506	0.2220	0.3734	0.2221	0.4429
	7.00	0.2221	0.3097	0.2221	0.3020	0.2221	0.3010	0.2221	0.3156	0.2222	0.4409
	10.0	0.2222	0.2923	0.2222	0.2749	0.2222	0.2631	0.2222	0.2679	0.2222	0.3674
6.00	0.20	0.1098	0.9592	0.1102	0.9653	0.1104	0.9692	0.1105	0.9714	0.1107	0.9737
	0.40	0.1421	0.8816	0.1430	0.8991	0.1435	0.9095	0.1438	0.9150	0.1440	0.9207
	0.60	0.1536	0.7922	0.1548	0.8236	0.1554	0.8424	0.1558	0.8523	0.1561	0.8627
	0.80	0.1584	0.7085	0.1597	0.7507	0.1604	0.7777	0.1608	0.7927	0.1612	0.8084
	1.00	0.1609	0.6386	0.1621	0.6862	0.1629	0.7199	0.1632	0.7394	0.1636	0.7610
	1.50	0.1639	0.5221	0.1647	0.5677	0.1652	0.6082	0.1655	0.6366	0.1658	0.6727
	2.00	0.1652	0.4570	0.1657	0.4937	0.1660	0.5324	0.1662	0.5651	0.1664	0.6158
	3.00	0.1663	0.3508	0.1664	0.4119	0.1665	0.4394	0.1665	0.4717	0.1666	0.5501
	4.00	0.1666	0.3583	0.1666	0.3693	0.1666	0.3866	0.1666	0.4134	0.1667	0.5142
	5.00	0.1666	0.3395	0.1666	0.3437	0.1666	0.3529	0.1667	0.3738	0.1667	0.4918
	7.00	0.1667	0.3184	0.1667	0.3126	0.1667	0.3129	0.1667	0.3251	0.1667	0.4701
	10.0	0.1667	*	0.1667	*	0.1667	*	0.1667	*	0.1667	*

表10-7 3-3安排型式的R_1、N_p、P_1與F間的關係(見式10-33之圖，奇數板片)

R_1	NTU_1	$N_p=5$		$N_p=17$		$N_p=23$		$N_p=47$		$N_p=\infty$	
		P_1	F	P_1	F	P_1	F	P_1	F	P_1	F
0.50	0.20	0.1736	0.9990	0.1736	0.9986	0.1736	0.9988	0.1737	0.9994	0.1738	1.0000
	0.40	0.3059	0.9959	0.3061	0.9966	0.3063	0.9973	0.3066	0.9985	0.3069	1.0000
	0.60	0.4091	0.9909	0.4100	0.9941	0.4104	0.9953	0.4110	0.9975	0.4117	1.0000
	0.80	0.4910	0.9840	0.4931	0.9910	0.4937	0.9929	0.4947	0.9962	0.4959	1.0000
	1.00	0.5569	0.9752	0.5608	0.9873	0.5616	0.9901	0.5631	0.9948	0.5647	1.0000
	1.50	0.6738	0.9459	0.6834	0.9761	0.6851	0.9815	0.6878	0.9904	0.6908	1.0000
	2.00	0.7473	0.9076	0.7638	0.9621	0.7664	0.9708	0.7704	0.9848	0.7746	1.0000
	3.00	0.8271	0.8142	0.8580	0.9276	0.8619	0.9442	0.8681	0.9709	0.8744	1.0000
	4.00	0.8639	0.7143	0.9072	0.8866	0.9122	0.9120	0.9198	0.9536	0.9274	1.0000
	5.00	0.8817	0.6214	0.9351	0.8419	0.9407	0.8760	0.9490	0.9333	0.9572	1.0000
	7.00	0.8952	0.4749	0.9624	0.7499	0.9684	0.7982	0.9769	0.8851	0.9847	1.0000
	10.0	0.8995	0.3400	0.9776	0.6259	0.9834	0.6846	0.9908	0.8005	0.9966	1.0000
1.00	0.20	0.1664	0.9980	0.1664	0.9979	0.1664	0.9983	0.1665	0.9991	0.1667	1.0000
	0.40	0.2841	0.9919	0.2846	0.9947	0.2849	0.9959	0.2853	0.9978	0.2857	1.0000
	0.60	0.3708	0.9821	0.3728	0.9905	0.3732	0.9925	0.3741	0.9960	0.3750	1.0000
	0.80	0.4366	0.9687	0.4407	0.9851	0.4416	0.9884	0.4429	0.9939	0.4444	1.0000
	1.00	0.4877	0.9521	0.4946	0.9788	0.4959	0.9836	0.4979	0.9915	0.5000	1.0000
	1.50	0.5743	0.8992	0.5900	0.9595	0.5924	0.9689	0.5961	0.9839	0.6000	1.0000
	2.00	0.6256	0.8356	0.6519	0.9363	0.6554	0.9511	0.6609	0.9747	0.6667	1.0000
	3.00	0.6777	0.7008	0.7258	0.8825	0.7317	0.9091	0.7408	0.9525	0.7500	1.0000
	4.00	0.6988	0.5800	0.7674	0.8248	0.7754	0.8631	0.7876	0.9271	0.8000	1.0000
	5.00	0.7073	0.4832	0.7933	0.7677	0.8032	0.8163	0.8182	0.8999	0.8333	1.0000
	7.00	0.7116	0.3525	0.8228	0.6634	0.8358	0.7272	0.8553	0.8442	0.8750	1.0000
	10.0	0.7138	0.2494	0.8435	0.5389	0.8599	0.6137	0.8843	0.7641	0.9091	1.0000
1.50	0.20	0.1595	0.9910	0.1596	0.9973	0.1596	0.9979	0.1597	0.9989	0.1599	1.0000
	0.40	0.2639	0.9880	0.2648	0.9929	0.2651	0.9944	0.2656	0.9971	0.2661	1.0000
	0.60	0.3362	0.9734	0.3388	0.9868	0.3394	0.9898	0.3404	0.9946	0.3414	1.0000
	0.80	0.3881	0.9538	0.3930	0.9793	0.3942	0.9840	0.3957	0.9916	0.3974	1.0000
	1.00	0.4265	0.9298	0.4347	0.9704	0.4360	0.9772	0.4381	0.9882	0.4404	1.0000
	1.50	0.4865	0.8559	0.5036	0.9436	0.5059	0.9566	0.5096	0.9775	0.5134	1.0000
	2.00	0.5183	0.7723	0.5447	0.9116	0.5480	0.9320	0.5531	0.9645	0.5584	1.0000
	3.00	0.5459	0.6126	0.5889	0.8400	0.5938	0.8751	0.6011	0.9334	0.6084	1.0000
	4.00	0.5547	0.4875	0.6106	0.7664	0.6165	0.8142	0.6251	0.8974	0.6336	1.0000
	5.00	0.5574	0.3973	0.6226	0.6969	0.6291	0.7542	0.6385	0.8588	0.6474	1.0000
	7.00	0.5588	0.2866	0.6345	0.5789	0.6418	0.6460	0.6515	0.7790	0.6598	1.0000
	10.0	0.5624	0.2058	0.6417	0.4514	0.6493	0.5201	0.6585	0.6661	0.6652	1.0000
2.00	0.20	0.1530	0.9960	0.1531	0.9967	0.1531	0.9974	0.1533	0.9986	0.1535	1.0000
	0.40	0.2455	0.9840	0.2466	0.9910	0.2469	0.9930	0.2474	0.9963	0.2479	1.0000
	0.60	0.3053	0.9647	0.3083	0.9832	0.3089	0.9870	0.3098	0.9932	0.3109	1.0000
	0.80	0.3456	0.9389	0.3511	0.9735	0.3520	0.9796	0.3535	0.9894	0.3551	1.0000
	1.00	0.3736	0.9076	0.3819	0.9621	0.3832	0.9709	0.3852	0.9849	0.3873	1.0000
	1.50	0.4136	0.8143	0.4290	0.9276	0.4310	0.9442	0.4340	0.9710	0.4372	1.0000
	2.00	0.4319	0.7144	0.4536	0.8866	0.4561	0.9121	0.4599	0.9536	0.4637	1.0000
	3.00	0.4453	0.5413	0.4759	0.7958	0.4789	0.8376	0.4832	0.9104	0.4872	1.0000
	4.00	0.4488	0.4206	0.4847	0.7059	0.4877	0.7590	0.4918	0.8581	0.4954	1.0000
	5.00	0.4497	0.3400	0.4888	0.6260	0.4917	0.6846	0.4954	0.8006	0.4983	1.0000
	7.00	0.4509	0.2460	0.4924	0.5015	0.4950	0.5614	0.4979	0.6866	0.4998	1.0000
	10.0	0.4544	0.1789	0.4944	0.3803	0.4967	0.4348	0.4990	0.5503	0.5000	1.0000

表10-8 4-1安排型式的R_1、N_p、P_1與F間的關係

R_1	NTU_1	$N_p=7$		$N_p=15$		$N_p=23$		$N_p=47$		$N_p=\infty$	
		P_1	F	P_1	F	P_1	F	P_1	F	P_1	F
2.00	0.20	0.1514	0.9823	0.1516	0.9842	0.1517	0.9853	0.1519	0.9865	0.1520	0.9880
	0.40	0.2397	0.9467	0.2402	0.9503	0.2406	0.9523	0.2409	0.9546	0.2414	0.9573
	0.60	0.2944	0.9001	0.2954	0.9055	0.2959	0.9084	0.2964	0.9117	0.2971	0.9154
	0.80	0.3301	0.8483	0.3314	0.8556	0.3320	0.8592	0.3328	0.8633	0.3336	0.8680
	1.00	0.3542	0.7951	0.3560	0.8045	0.3567	0.8088	0.3576	0.8136	0.3586	0.8189
	1.50	0.3881	0.6706	0.3910	0.6848	0.3920	0.6902	0.3932	0.6961	0.3945	0.7027
	2.00	0.4045	0.5684	0.4083	0.5856	0.4095	0.5914	0.4109	0.5978	0.4124	0.6049
	3.00	0.4192	0.4263	0.4243	0.4451	0.4256	0.4502	0.4271	0.4562	0.4288	0.4632
	4.00	0.4259	0.3386	0.4316	0.3561	0.4328	0.3599	0.4342	0.3645	0.4359	0.3705
	5.00	0.4300	0.2807	0.4360	0.2966	0.4369	0.2990	0.4379	0.3020	0.4396	0.3068
	7.00	0.4347	0.2094	0.4430	0.2228	0.4415	0.2232	0.4416	0.2236	0.4427	0.2260
	10.0	0.4380	0.1512	0.4458	0.1632	0.4453	0.1623	0.4440	0.1603	0.4441	0.1603
4.00	0.20	0.1284	0.9725	0.1285	0.9736	0.1286	0.9747	0.1288	0.9763	0.1289	0.9782
	0.40	0.1819	0.9164	0.1822	0.9200	0.1824	0.9225	0.1827	0.9255	0.1830	0.9291
	0.60	0.2069	0.8473	0.2076	0.8558	0.2079	0.8599	0.2082	0.8645	0.2087	0.8698
	0.80	0.2197	0.7753	0.2208	0.7901	0.2212	0.7960	0.2216	0.8024	0.2221	0.8095
	1.00	0.2268	0.7062	0.2283	0.8277	0.2288	0.7353	0.2293	0.7436	0.2299	0.7525
	1.50	0.2348	0.5622	0.2370	0.5964	0.2376	0.6076	0.2383	0.6198	0.2390	0.6330
	2.00	0.2379	0.4599	0.2405	0.4999	0.2413	0.5132	0.2420	0.5279	0.2428	0.5448
	3.00	0.2406	0.3339	0.2436	0.3766	0.2444	0.3910	0.2452	0.4081	0.2461	0.4302
	4.00	0.2417	0.2610	0.2450	0.3029	0.2458	0.3171	0.2466	0.3347	0.2475	0.3600
	5.00	0.2423	0.2132	0.2458	0.2535	0.2466	0.2675	0.2474	0.2848	0.2483	0.3123
	7.00	0.2426	0.1545	0.2466	0.1907	0.2474	0.2043	0.2482	0.2207	0.2490	0.2504
	10.0	0.2427	0.1085	0.2470	0.1375	0.2479	0.1503	0.2487	0.1659	0.2495	0.1965
6.00	0.20	0.1101	0.9638	0.1101	0.9645	0.1102	0.9658	0.1103	0.9677	0.1105	0.9700
	0.40	0.1426	0.8909	0.1429	0.8966	0.1431	0.8999	0.1432	0.9040	0.1435	0.9088
	0.60	0.1540	0.8038	0.1546	0.8196	0.1548	0.8258	0.1551	0.8327	0.1554	0.8405
	0.80	0.1587	0.7166	0.1595	.0.7441	0.1598	0.7537	0.1601	0.7640	0.1604	0.7753
	1.00	0.1609	0.6377	0.1619	0.6753	0.1622	0.6881	0.1625	0.7018	0.1628	0.7167
	1.50	0.1631	0.4878	0.1642	0.5397	0.1645	0.5579	0.1649	0.5786	0.1652	0.6031
	2.00	0.1639	0.3904	0.1651	0.4466	0.1654	0.4677	0.1657	0.4929	0.1659	0.5266
	3.00	0.1644	0.2752	0.1657	0.3311	0.1660	0.3541	0.1662	0.3847	0.1665	0.4349
	4.00	0.1646	0.2102	0.1659	0.2610	0.1662	0.2842	0.1664	0.3173	0.1666	0.3829
	5.00	0.1646	0.1690	0.1660	0.2136	0.1663	0.2357	0.1665	0.2699	0.1666	0.3494
	7.00	0.1646	0.1208	0.1660	0.1547	0.1663	0.1730	0.1666	0.2045	0.1667	0.3088
	10.0	0.1646	0.0844	0.1661	0.1085	0.1664	0.1219	0.1666	0.1466	0.1667	0.2763
8.00	0.20	0.0953	0.9558	0.0954	0.9564	0.0954	0.9580	0.0955	0.9602	0.0956	0.9630
	0.40	0.1152	0.8672	0.1155	0.8768	0.1156	0.8814	0.1158	0.8868	0.1159	0.8932
	0.60	0.1205	0.7633	0.1210	0.7890	0.1212	0.7982	0.1213	0.8081	0.1215	0.8193
	0.80	0.1223	0.6642	0.1229	0.7053	0.1230	0.7194	0.1232	0.7347	0.1234	0.7517
	1.00	0.1231	0.5798	0.1237	0.6317	0.1238	0.6499	0.1240	0.6701	0.1241	0.6935
	1.50	0.1238	0.4305	0.1244	0.4938	0.1248	0.5180	0.1247	0.5475	0.1248	0.5876
	2.00	0.1240	0.3380	0.1246	0.4022	0.1247	0.4291	0.1248	0.4641	0.1249	0.5214
	3.00	0.1242	0.2320	0.1247	0.2885	0.1249	0.3161	0.1249	0.3563	0.1250	0.4476
	4.00	0.1242	0.1749	0.1248	0.2211	0.1249	0.2454	0.1250	0.2858	0.1250	0.4083
	5.00	0.1242	0.1400	0.1248	0.1778	0.1249	0.1985	0.1250	0.2347	0.1250	0.3845
	7.00	0.1242	0.0998	0.1248	0.1272	0.1249	0.1423	0.1250	0.1694	0.1250	0.3865
	10.0	0.1242	0.0696	0.1250	0.0875	0.1249	0.0994	0.1250	0.1187	0.1250	0.3424

表10-9 4-2安排型式的R_1、N_p、P_1與F間的關係

R_1	NTU_1	$N_p=7$		$N_p=15$		$N_p=23$		$N_p=47$		$N_p=\infty$	
		P_1	F	P_1	F	P_1	F	P_1	F	P_1	F
1.0	0.20	0.1661	0.9958	0.1661	0.9962	0.1662	0.9969	0.1663	0.9976	0.1664	0.9984
	0.40	0.2832	0.9876	0.2834	0.9889	0.2837	0.9902	0.2840	0.9917	0.2844	0.9936
	0.60	0.3692	0.9755	0.3699	0.9784	0.3704	0.9804	0.3710	0.9830	0.3717	0.9860
	0.80	0.4345	0.9603	0.4357	0.9650	0.4364	0.9680	0.4374	0.9717	0.4384	0.9759
	1.00	0.4851	0.9422	0.4870	0.9492	0.4880	0.9532	0.4893	0.9580	0.4907	0.9636
	1.50	0.5712	0.8881	0.5750	0.9019	0.5768	0.9086	0.5789	0.9164	0.5813	0.9254
	2.00	0.6232	0.8269	0.6291	0.8481	0.6317	0.8574	0.6345	0.8682	0.6378	0.8804
	3.00	0.6786	0.7039	0.6890	0.7385	0.6928	0.7519	0.6971	0.7671	0.7018	0.7845
	4.00	0.7049	0.5971	0.7192	0.6404	0.7241	0.6560	0.7294	0.6739	0.7353	0.6944
	5.00	0.7187	0.5111	0.7364	0.5588	0.7420	0.5752	0.7481	0.5941	0.7549	0.6161
	7.00	0.7315	0.3891	0.7544	0.4388	0.7608	0.4544	0.7679	0.4727	0.7760	0.4949
	10.0	0.7377	0.2813	0.7663	0.3278	0.7731	0.3407	0.7806	0.3557	0.7896	0.3752
2.0	0.20	0.1527	0.9937	0.1528	0.9941	0.1528	0.9947	0.1529	0.9956	0.1531	0.9968
	0.40	0.2448	0.9796	0.2451	0.9813	0.2453	0.9830	0.2457	0.9852	0.2461	0.9878
	0.60	0.3043	0.9588	0.3050	0.9629	0.3055	0.9659	0.3061	0.9696	0.3068	0.99740
	0.80	0.3446	0.9325	0.3458	0.9401	0.3465	0.9446	0.3474	0.9499	0.3484	0.9563
	1.00	0.3728	0.9021	0.3747	0.9141	0.3756	0.9202	0.3767	0.9274	0.3780	0.9357
	1.50	0.4139	0.8164	0.4176	0.8415	0.4190	0.8518	0.4207	0.8637	0.4225	0.8772
	2.00	0.4341	0.7289	0.4396	0.7672	0.4415	0.7814	0.4436	0.7976	0.4458	0.8161
	3.00	0.4516	0.5782	0.4599	0.6359	0.4624	0.6560	0.4651	0.6789	0.4680	0.7055
	4.00	0.4583	0.4679	0.4688	0.5355	0.4718	0.5589	0.4748	0.5860	0.4780	0.6181
	5.00	0.4615	0.3889	0.4736	0.4602	0.4769	0.4855	0.4802	0.5153	0.4837	0.5522
	7.00	0.4641	0.2871	0.4787	0.3575	0.4824	0.3844	0.4861	0.4168	0.4898	0.4596
	10.0	0.4652	0.2040	0.4818	0.2657	0.4862	0.2926	0.4902	0.3261	0.4940	0.3744
3.0	0.20	0.1407	0.9917	0.1407	0.9918	0.1408	0.9926	0.1409	0.9938	0.1410	0.9953
	0.40	0.2127	0.9719	0.2130	0.9740	0.2132	0.9761	0.2135	0.9790	0.2139	0.9824
	0.60	0.2530	0.9427	0.2536	0.9486	0.2541	0.9526	0.2546	0.9574	0.2552	0.9633
	0.80	0.2768	0.9063	0.2779	0.9180	0.2785	0.9240	0.2792	0.9311	0.2800	0.9397
	1.00	0.2915	0.8650	0.2931	0.8838	0.2938	0.8920	0.2946	0.9018	0.2955	0.9132
	1.50	0.3094	0.7539	0.3121	0.7927	0.3130	0.8069	0.3140	0.8234	0.3151	0.8423
	2.00	0.3164	0.6496	0.3199	0.7059	0.3209	0.7255	0.3220	0.7480	0.3231	0.7743
	3.00	0.3213	0.4894	0.3258	0.5662	0.3270	0.5933	0.3281	0.6250	0.3292	0.6644
	4.00	0.3229	0.3841	0.3280	0.4676	0.3292	0.4992	0.3303	0.5370	0.3313	0.5876
	5.00	0.3235	0.3132	0.3291	0.3961	0.3303	0.4303	0.3314	0.4728	0.3323	0.5336
	7.00	0.3239	0.2266	0.3300	0.2998	0.3313	0.3358	0.3323	0.3838	0.3330	0.4642
	10.0	0.3240	0.1592	0.3304	0.2159	0.3318	0.2490	0.3328	0.2984	0.3333	0.4059
4.0	0.20	0.1299	0.9896	0.1299	0.9896	0.1300	0.9906	0.1301	0.9920	0.1302	0.9938
	0.40	0.1860	0.9643	0.1863	0.9670	0.1865	0.9696	0.1868	0.9731	0.1871	0.9774
	0.60	0.2129	0.9269	0.2135	0.9353	0.2138	0.9402	0.2142	0.9463	0.2147	0.9537
	0.80	0.2266	0.8805	0.2276	0.8974	0.2280	0.9051	0.2285	0.9143	0.2291	0.9253
	1.00	0.2341	0.8288	0.2353	0.8560	0.2358	0.8667	0.2364	0.8794	0.2370	0.8942
	1.50	0.2417	0.6965	0.2435	0.7497	0.2440	0.7683	0.2446	0.7898	0.2452	0.8152
	2.00	0.2443	0.5820	0.2463	0.6543	0.2468	0.6793	0.2473	0.7084	0.2478	0.7444
	3.00	0.2458	0.4215	0.2481	0.5103	0.2486	0.5436	0.2490	0.5840	0.2494	0.6395
	4.00	0.2461	0.3240	0.2487	0.4126	0.2492	0.4502	0.2495	0.4979	0.2498	0.5729
	5.00	0.2463	0.2614	0.2489	0.3432	0.2494	0.3822	0.2497	0.4344	0.2499	0.5288
	7.00	0.2463	0.1875	0.2491	0.2531	0.2496	0.2895	0.2499	0.3425	0.2500	0.4753
	10.0	0.2463	0.1313	0.2491	0.1791	0.2496	0.2085	0.2499	0.2543	0.2500	0.4339

表10-10 4-4安排型式的R_1、N_p、P_1與F間的關係(見式10-39之圖，奇數板片)

R_1	NTU_1	N_p=7		N_p=15		N_p=23		N_p=47		$N_p=\infty$	
		P_1	F	P_1	F	P_1	F	P_1	F	P_1	F
0.5	0.20	.0.1737	0.9994	0.1736	0.9990	0.1737	0.9992	0.1737	0.9996	0.1738	1.0000
	0.40	0.3064	0.9977	0.3063	0.9975	0.3065	0.9981	0.3067	0.9990	0.3069	1.0000
	0.60	0.4102	0.9949	0.4104	0.9954	0.4107	0.9966	0.4111	0.9980	0.4117	1.0000
	0.80	0.4932	0.9910	0.4937	0.9927	0.4942	0.9946	0.4950	0.9970	0.4959	1.0000
	1.00	0.5604	0.9861	0.5615	0.9897	0.5624	0.9924	0.5634	0.9959	0.5647	1.0000
	1.50	0.6812	0.9691	0.6845	0.9797	0.6863	0.9855	0.6884	0.9922	0.6908	1.0000
	2.00	0.7592	0.9464	0.7653	0.9670	0.7680	0.9766	0.7711	0.9876	0.7746	1.0000
	3.00	0.8476	0.8867	0.8597	0.9347	0.8642	0.9540	0.8691	0.9757	0.8744	1.0000
	4.00	0.8914	0.8150	0.9090	0.8953	0.9149	0.9261	0.9210	0.9608	0.9274	1.0000
	5.00	0.9145	0.7393	0.9367	0.8515	0.9435	0.8944	0.9504	0.9432	0.9572	1.0000
	7.00	0.9342	0.5977	0.9637	0.7593	0.9713	0.8241	0.9783	0.9019	0.9847	1.0000
	10.0	0.9406	0.4377	0.9781	0.6303	0.9859	0.7169	0.9920	0.8993	0.9966	1.0000
1.0	0.20	0.1665	0.9988	0.1665	0.9985	0.1665	0.9989	0.1666	0.9994	0.1667	1.0000
	0.40	0.2848	0.9955	0.2849	0.9959	0.2851	0.9970	0.2854	0.9983	0.2857	1.0000
	0.60	0.3726	0.9900	0.3732	0.9922	0.3737	0.9943	0.3743	0.9968	0.3750	1.0000
	0.80	0.4400	0.9823	0.4413	0.9875	0.4422	0.9903	0.4432	0.9951	0.4444	1.0000
	1.00	0.4931	0.9727	0.4955	0.9820	0.4967	0.9870	0.4983	0.9931	0.5000	1.0000
	1.50	0.5853	0.9408	0.5912	0.9642	0.5938	0.9747	0.5968	0.9867	0.6000	1.0000
	2.00	0.6428	0.8999	0.6533	0.9420	0.6574	0.9593	0.6618	0.9786	0.6667	1.0000
	3.00	0.7065	0.8025	0.7272	0.8886	0.7344	0.9216	0.7420	0.9586	0.7500	1.0000
	4.00	0.7369	0.7001	0.7683	0.8289	0.7785	0.8784	0.7890	0.9349	0.8000	1.0000
	5.00	0.7517	0.6055	0.7934	0.7680	0.8064	08330	0.8196	0.9089	0.8333	1.0000
	7.00	0.7610	0.4549	0.8208	0.6542	0.8388	0.7434	0.8567	0.8540	0.8750	1.0000
	10.0	0.7586	0.3143	0.8378	0.5167	0.8621	0.6251	0.8854	0.7729	0.9091	1.0000
1.5	0.20	0.1597	0.9983	0.1596	0.9980	0.1597	0.9985	0.1598	0.9991	0.1599	1.0000
	0.40	0.2649	0.9933	0.2651	0.9944	0.2653	0.9958	0.2657	0.9977	0.2661	1.0000
	0.60	0.3385	0.9850	0.3393	0.9891	0.3399	0.9921	0.3406	0.9957	0.3414	1.0000
	0.80	0.3922	0.9737	0.3939	0.9825	0.3949	0.9874	0.3960	0.9933	0.3974	1.0000
	1.00	0.4325	0.9595	0.4355	0.9744	0.4369	0.9818	0.4385	0.9903	0.4404	1.0000
	1.50	0.4980	0.9136	0.5046	0.9493	0.5073	0.9643	0.5102	0.9812	0.5134	1.0000
	2.00	0.5351	0.8566	0.5458	0.9185	0.5497	0.9427	0.5539	0.9698	0.5584	1.0000
	3.00	0.5710	0.7302	0.5899	0.8466	0.5959	0.8911	0.6021	0.9418	0.6084	1.0000
	4.00	0.5850	0.6103	0.6111	0.7702	0.6187	0.8340	0.6262	0.9089	0.6336	1.0000
	5.00	0.5903	0.5097	0.6225	0.6963	0.6313	0.7758	0.6396	0.8731	0.6474	1.0000
	7.00	0.5912	0.3670	0.6332	0.5685	0.6437	0.6673	0.6525	0.7983	0.6598	1.0000
	10.0	0.5870	0.2480	0.6385	0.4292	0.6506	0.5353	0.6594	0.6891	0.6652	1.0000
2.0	0.20	0.1532	0.9977	0.1532	0.9975	0.1532	0.9981	0.1533	0.9989	0.1535	1.0000
	0.40	0.2466	0.9910	0.2468	0.9928	0.2471	0.9947	0.2475	0.9971	0.2479	1.0000
	0.60	0.3078	0.9800	0.3087	0.9860	0.3093	0.9899	0.3101	0.9946	0.3109	1.0000
	0.80	0.3498	0.9650	0.3517	0.9774	0.3527	0.9838	0.3538	0.9914	0.3551	1.0000
	1.00	0.3796	0.9464	0.3826	0.9670	0.3840	0.9766	0.3856	0.9876	0.3873	1.0000
	1.50	0.4238	0.8867	0.4298	0.9347	0.4321	0.9540	0.4346	0.9757	0.4372	1.0000
	2.00	0.4457	0.8151	0.4545	0.8954	0.4574	0.9262	0.4605	0.9608	0.4637	1.0000
	3.00	0.4636	0.6657	0.4767	0.8056	0.4803	0.8600	0.4838	0.9236	0.4872	1.0000
	4.00	0.4690	0.5371	0.4852	0.7142	0.4891	0.7880	0.4925	0.8788	0.4954	1.0000
	5.00	0.4703	0.4377	0.4891	0.6303	0.4930	0.7169	0.4960	0.8294	0.4983	1.0000
	7.00	0.4692	0.3078	0.4921	0.4956	0.4960.	0.5921	0.4985	0.7273	0.4998	1.0000
	10.0	0.4662	0.2066	0.4932	0.3620	0.4973	0.4545	0.4993	0.5901	0.5000	1.0000

10-4 板式熱交換器之熱流計算經驗方程式

上個章節中介紹板片數趨近無窮大時，一些常用的流動安排的P、R與NTU完整的數學型式解(closed form solution)與板片數較少時的表格；不過要能夠精確地計算板式熱交換器的性能，仍舊是「萬事俱備，只欠東風」；這個東風，就是總熱傳係數U的估算，也就是熱側與冷側的熱傳係數h。不幸的是，板式熱交換器的「東風」資料相當的欠缺，一般廠商多不願意公布原始的測試數據，在此，筆者將介紹一些常見的經驗式，但是仍要提醒讀者，這些經驗式的使用範圍有限，如果可能，儘量向原廠索取相關板片的測試數據。依據Marriott (1971) 之研究，習慣上板式熱交換器的熱傳係數多以Nusselt Number或Coburn j factor 來表示，熱流特性的Nu與摩擦係數f可表示如下：

$$Nu = C_1 \mathrm{Re}_{D_e}^{C_2} \mathrm{Pr}^{C_3} \tag{10-40}$$

$$f = C_5 + C_6 \mathrm{Re}_{D_e}^{C_7} \tag{10-41}$$

其中C_1、C_2及C_3依板片型式及幾何參數而定；通常這些參數的範圍如下：

$C_1 = 0.15 \sim 0.40$

$C_2 = 0.65 \sim 0.85$

$C_3 = 0.30 \sim 0.45$

C_5、C_6、C_7的變化範圍則較大，與板片的型式有很大的關係；如果要考慮流體溫度變化對流場的影響時(見第一章的說明)，則可表示如下：

$$\frac{Nu}{Nu_{cp}} = \left(\frac{\mu_w}{\mu_m}\right)^{n'} \tag{10-42}$$

$$\frac{f}{f_{cp}} = \left(\frac{\mu_w}{\mu_m}\right)^{m'} \tag{10-43}$$

其中μ_w為流體在熱交換面上之黏滯係數，μ_m為流體在熱交換器內部之平均黏滯係數，Nu_{cp}與f_{cp}為流體性質固定下的Nusselt number與摩擦係數；n'與m'的範圍如下：

$$
n' = \begin{cases}
-0.14 & \text{層流流動} \\
-0.11 & \text{紊流流動且流體被加熱} \\
 & \text{適用範圍:} 2 \le \Pr \le 140,\ 0.08 < \dfrac{\mu_w}{\mu_m} < 1,\ 10^4 \le \mathrm{Re}_{D_e} \le 1.25 \times 10^5 \\
-0.25 & \text{紊流流動且流體被冷卻} \\
 & \text{適用範圍:} 2 \le \Pr \le 140,\ 1 < \dfrac{\mu_w}{\mu_m} < 40,\ 10^4 \le \mathrm{Re}_{D_e} \le 1.25 \times 10^5
\end{cases} \tag{10-44}
$$

$$
m' = \begin{cases}
\begin{cases} 0.58 & \text{層流流動，且 } \dfrac{\mu_w}{\mu_m} < 1 \\ 0.54 & \text{層流流動，且 } \dfrac{\mu_w}{\mu_m} > 1 \end{cases} \\
0.25 & \text{紊流流動且流體被加熱} \\
 & \text{適用範圍：} 1.3 \le \Pr \le 10,\ 0.35 < \dfrac{\mu_w}{\mu_m} < 1,\ 10^4 \le \mathrm{Re}_{D_e} \le 2.3 \times 10^5 \\
0.24 & \text{紊流流動且流體被冷卻} \\
 & \text{適用範圍：} 2 \le \Pr \le 140,\ 1 < \dfrac{\mu_w}{\mu_m} < 2,\ 10^4 \le \mathrm{Re}_{D_e} \le 1.25 \times 10^5
\end{cases} \tag{10-45}
$$

上述的修正主要是針對圓管而來，但是Shah and Wanniarachchi (1992)認爲在板式熱交換器的應用上應該也可以使用，此一流體特性的修正在低雷諾數時特別重要，Marriott (1977)建議 n' 與 m' 的值如下：

$$
n' = -0.2
$$

$$
m' = \frac{0.3}{\left(\mathrm{Re}_{D_e} + 0.04\right)^{0.2}} \tag{10-46}
$$

如果板式熱交換器的內部流動型態爲層流(較貼切的說法是發展中流developing flow，包括速度場及溫度場，或者是速度場視爲完全發展流而溫度場則是發展中流)，此時其經驗式可依Bond (1981)之研究，使用下式表示：

$$
Nu = C_4 \left(\frac{L}{D_e \mathrm{Re}_{D_e} \Pr} \right)^{-1/3} \left(\frac{\mu_w}{\mu_m} \right)^{-0.14} \tag{10-47}
$$

其中C_4＝1.2～4.5，Nu數與板片幾何形狀及熱傳邊界條件有關，在層流或發展中流的流動上，熱傳特性與邊界條件有關，常見的邊界條件爲等溫條件(constant wall temperature)與等熱通量(constant heat flux)。比較接近等溫的應用如冷凍系統中之蒸發器或冷凝器($C^* = 0$)，而比較接近等熱通量的應用如單相流動的逆向流動之熱交換器；事實上，當流體在紊流狀態，且Prandtl number 大於 0.7 的氣體或液體，Nusselt number 和邊界條件是無關的；但對於流場是層流時則不能忽視邊界條件。對一安排良好之板式熱交換器而言，流動型態常爲紊流，故對板式熱交換器而言，其Nusselt number 在一般常用之場合均和熱傳之邊界條件無關。

有關板式熱交換器的熱流特性方程式，公開的資料並不是很多，因此，讀者必須特別小心，讀者要設計板式熱交換器，最好能取得原廠的板片測試資料(如熱傳係數、Nu、j 與f)，再利用本章節所介紹的方法來估算性能。接下來介紹一些較常使用的經驗方程式，這些經驗方程式適用範圍其實很窄，讀者使用時必須留心；根據Focke et al. (1985) 的測試資料，Chisholm and Wanniarchci (1991)整理出山型紋路的方程式如下：

$$j = 0.72\left(\frac{\beta}{30}\right)^{0.66} \mathrm{Re}_{D_e}^{0.59} \tag{10-48}$$

$$f = 0.8\left(\frac{\beta}{30}\right)^{3.6} \mathrm{Re}_{D_e}^{-0.25} \tag{10-49}$$

其中β爲山型紋路的角度；式10-48~10-49的適用範圍如下：$90° \ge \beta \ge 0°$，$\delta = 2.5\times10^{-3}$ m，$\lambda = 0.01$ m，$\phi = 1.464$ (ϕ 爲實際面積與投影面積的比值)。同樣的，Mulley et al. (1999)亦提出相關板式熱交換器的計算方程式：

$$Nu = 1.6774\left(\frac{D_e}{L}\right)^{1/3}\left(\frac{\beta}{30}\right)^{0.38} \mathrm{Re}_{D_e}^{0.5}\,\mathrm{Pr}^{1/3}\left(\frac{\mu}{\mu_w}\right)^{0.14} \tag{10-50}$$

$$f = \left[\left(\frac{30.2}{\mathrm{Re}_{D_e}}\right)^5 + \left(\frac{6.28}{\mathrm{Re}_{D_e}^{0.5}}\right)^5\right]^{0.2}\left(\frac{\beta}{30}\right)^{0.83} \tag{10-51}$$

式10-50的適用範圍爲 $60° \ge \beta \ge 30°$，$\gamma = 0.56$，$400 \ge \mathrm{Re} \ge 30$，式10-51的適用範圍爲 $60° \ge \beta \ge 30°$，$\gamma = 0.56$，$300 \ge \mathrm{Re} \ge 2$；其中$\gamma = 2\delta/\lambda$。

Kakaç and Liu (1998)一書中則推薦使用Kumar (1984)研究整理的方程式：

$$Nu = \frac{hD_e}{k} = C_h \left(\frac{G_c D_e}{\mu} \right)^n \text{Pr}^{1/3} \left(\frac{\mu}{\mu_w} \right)^{0.17} \tag{10-52}$$

$$f = \frac{K_p}{\text{Re}_{D_e}^m} \tag{10-53}$$

$$G_c = \frac{\dot{m}}{N_{cp} WL} \tag{10-54}$$

$$N_{cp} = \frac{N_p - 1}{2N} \tag{10-55}$$

式10-52~10-53中的經驗常數C_h、n、m與K_p與山紋角有關，可參考表10-11。

表10-11 Kumar (1984)方程式之經驗常數

	熱傳性能			壓降損失		
β	Re_{D_e}	C_h	n	Re_{D_e}	K_p	m
< 30°	< 10	0.718	0.349	< 10	50	1
	> 10	0.348	0.663	10~100	19.4	0.589
				> 100	2.99	0.183
45°	< 10	0.718	0.349	< 15	47	1
	10-100	0.4	0.598	15-300	18.29	0.652
	> 100	0.3	0.663	> 300	1.441	0.206
50°	< 20	0.63	0.591	< 20	34	1
	20-300	0.291	0.732	20~300	11.25	0.631
	> 300	0.13	0.326	> 300	0.772	0.161
60°	< 20	0.562	0.326	< 40	24	1
	20-400	0.306	0.529	40~400	3.24	0.457
	> 400	0.108	0.703	> 400	0.76	0.215
≥ 60°	< 20	0.562	0.326	< 50	24	1
	20-500	0.331	0.503	50~500	2.8	0.451
	> 500	0.087	0.718	> 500	0.639	0.213

板式熱交換器之整體壓降可分爲四部份：進出口及分配區之壓降、密度變化造成的壓降、內部主要熱交換區內之摩擦壓降與高度差所產生之壓降。壓降的第一部份爲流體在進出口處，由於管路之縮小或擴大所導致之壓降再加上流體在流經板式熱交換器進出口和主要熱交換區域之間所謂分配區所產生的壓降，根據經驗，可以表示成：

$$\Delta P_1 = 1.5\left(\frac{\rho u_m^2}{2}\right)_i \cdot N \tag{10-56}$$

其中，u_m爲manifold 內的流速，N是板式熱交換器內部該流體之通道迴路數(pass)，下標i 則代表流體在板式熱交換器之進口處，根據 Shah and Wanniarachchi (1992)的建議，u_m 的設計上限爲6 m/s，除了一些相當特別的應用外，通常ΔP_1部份應佔總壓降的10 %以內。

壓降的第二部份爲流體在流經板式熱交換器內部之通道時，因爲進出口密度變化引起的速度變化(即動量損失)如下(可參考第三章之密集式交換器)：

$$\Delta P_2 = \left(\frac{1}{\rho_o} - \frac{1}{\rho_i}\right) G^2 \tag{10-57}$$

對板式熱交換器應用場合而言，工作流體多爲液體，因此流體可視爲不可壓縮流體，故$1/\rho_o \approx 1/\rho_i$，所以式10-57的影響可以忽略。

壓降的第三部份爲流體於板片內摩擦所導致之壓降，此部份爲板式熱交換器壓降之主要部份，一般學者研究所提供的摩擦係數方程式都是針對這部份而言，摩擦壓降可表示如下：

$$\Delta P_3 = \frac{4fLG^2}{2D_e}\left(\frac{1}{\rho}\right)_m \tag{10-58}$$

式10-57與式10-58中的G 爲流經內部最小通道之質量流率，$G = \dot{m}/A_c$，$\dot{m}$爲質量流率，A_c則爲板式熱交換器內部最小流道截面積，平均密度$\rho_m \approx (\rho_i + \rho_o)/2$。

壓降之第四部份爲板式熱交換器高度差所引起的，可用下式來表示：

$$\Delta P_4 = \pm \rho_m g L \tag{10-59}$$

式中，"＋"表示流體係向上流，亦即造成壓降增加；"－"表示流體向下流動，亦即壓力增加。

如上所述，所有壓降中以第三部份摩擦壓降佔去整體壓降之主要部份(一般板式熱交換器設計需求是希望控制第一部份之壓降不要超過整體壓降的15~20%)，因此以下將對這部份加以說明，而所有實驗結果也將化爲以摩擦係數作爲代表之。

如果將板式熱交換器視爲流體化床式熱交換器，則 Fanning friction factor f 可以由式10-41來表示，即 $f = C_5 + \text{Re}^{C_6}$，其中，右邊第一項代表紊流對摩擦係數之貢獻，而第二項則是層流對摩擦所產生之影響。Changal (1975) 針對使用中之板式熱交換器進行一系列之實驗後發現，板片之幾何形狀對摩擦係數之影響很大，同時他們也發現對板式熱交換器而言，下式也能很正確用來表示摩擦係數，即

$$f = C_7 \, \mathrm{Re}^{C_8} \tag{10-60}$$

其中，C_7及C_8均需從實驗而來。

10-5　混合板片之設計

實際上，對板式熱交換器的設計者而言，能夠選取的板片相當有限，這是因爲對製造商而言，板片的模具費用非常高昂，因此板片型式至多僅有數十種，如果扣除固定的板片大小，可以選取的板片型式更是有限；一般設計者僅能從廠商提供的板片來篩選，如果設計上同時有熱傳量與壓降的限制，由10-2-6節的說明可知，使用一種板片通常無法達到設計的需求，因此爲了滿足此一設計需求，使用混合板片不啻是一個很好的變通設計，可以提供設計者較大的彈性；不過，混合板片的使用會促使性能略爲下降，例如Marriott (1977) 的研究指出影響性能約在7%以內。因此如果要使用混合板片，保守的設計可以將設計能力先提高7~10%再進行設計。本章節的目的就在說明混合板片的選取方法，選取設計方法分爲rating與sizing兩部份，rating的流程於10-2-6節中已有交代，sizing部份則於本節說明。考慮板式熱交換器的熱流特性可表示如下：

$$f = \frac{a}{\mathrm{Re}_{D_e}^{n}} \tag{10-61}$$

$$Nu = b_1 \, \mathrm{Re}_{D_e}^{m_1} \, \mathrm{Pr}^{1/3} \tag{10-62}$$

式10-61與式10-62整理後，引入Coburn j 後，可改寫成

$$j \, \mathrm{Re}_{D_e} = b\left(f \, \mathrm{Re}_{D_e}^{2} \right)^{m} \tag{10-63}$$

其中

$$b = \frac{b_1}{a^{m}} \tag{10-64}$$

$$m=\frac{m_1}{2-n} \tag{10-65}$$

考慮使用山紋型鰭片，由式10-48與式10-49再比較上式的a、b值可得

$$a=0.8\left(\frac{\beta}{30}\right)^{3.6} \tag{10-66}$$

$$b=0.78\left(\frac{30}{\beta}\right)^{0.554} \tag{10-67}$$

由式10-66可得

$$\beta=28.2a^{0.278} \tag{10-68}$$

壓降的計算如下：

$$\Delta P=\frac{4fLNG^2}{2D_e\rho}=\frac{2LN\mu^2}{D_e^3\rho}\left(f\,\mathrm{Re}^2\right)=2a\frac{\mu^2}{\rho}\frac{LN}{D_e^{1+n}}\dot{m}^{2-n}A_{c,p}^{n-2} \tag{10-69}$$

其中

$$D_e=\frac{4A_{c,p}L}{AR_t} \tag{10-70}$$

$$R_t=\begin{cases}\dfrac{N_p+1}{N_p} & \text{如果板片數爲奇數}\\ 1 & \text{如果板片數爲偶數}\end{cases} \tag{10-71}$$

將式10-69與式10-63中的$f\,\mathrm{Re}^2$消去可得

$$\Delta P=\frac{2LN\mu^2}{D_e^3\rho}\left(\frac{j\,\mathrm{Re}_{D_e}}{b}\right)^{\frac{1}{m}}=\frac{2LN\mu^2}{D_e^3\rho}\left(\frac{\dfrac{h}{G_cc_p}\mathrm{Pr}^{\frac{2}{3}}\dfrac{G_cD_e}{\mu}}{b}\right)^{\frac{1}{m}}$$

$$\Rightarrow\frac{h}{c_p}\mathrm{Pr}^{\frac{2}{3}}\frac{D_e}{\mu}=\left(\frac{\Delta PD_e^3\rho}{2LN\mu^2}\right)^m b$$

$$\Rightarrow\frac{h}{c_p}\mathrm{Pr}\frac{D_e}{\mu}=\left(\frac{\Delta P\rho}{2\mu^2}\right)^m b\,\mathrm{Pr}^{\frac{1}{3}}\left(\frac{D_e^3}{LN}\right)^m$$

$$\Rightarrow \frac{h}{c_p}\frac{\mu c_p}{k}\frac{1}{\mu} = \left(\frac{\Delta P \rho}{2\mu^2}\right)^m b\,\mathrm{Pr}^{\frac{1}{3}}\left(\frac{D_e^3}{LN}\right)^m D_e^{-1}$$

$$\Rightarrow h = bk\,\mathrm{Pr}^{\frac{1}{3}}\left(\frac{\Delta P \rho}{2\mu^2}\right)^m \left(\frac{D_e^{m_2}}{LN}\right)^m \tag{10-72}$$

其中

$$m_2 = \frac{3m-1}{m} \tag{10-73}$$

式10-72的主要目的在將熱傳與壓降兩者間的關聯串在一起，由於式10-72的最右邊項代表尺寸的影響，在此可定義成

$$\chi = \left(\frac{D_e^{m_2}}{LN}\right)^m \tag{10-74}$$

則式10-72可寫成

$$h = h_u \chi \tag{10-75}$$

其中

$$h_u = bk\,\mathrm{Pr}^{\frac{1}{3}}\left(\frac{\Delta P \rho}{2\mu^2}\right)^m \tag{10-76}$$

下標u代表單位尺寸面積的量，所以要使用h_u，主要是因爲sizing上的考量，如此可在sizing的過程中，避開起始面積的問題。由於

$$UA = U_u A_u \tag{10-77}$$

又

$$Q = UAF\Delta T_{lm} \tag{10-78}$$

$$\frac{1}{UA} = \frac{1}{h_h A_h} + \frac{1}{h_c A_c} + R_w \tag{10-79}$$

假設參考面積均爲板片的投影面積之有效總面積

$$\frac{1}{U_u}=\frac{1}{h_{u,h}}+\frac{1}{h_{u,c}}+\chi R_w \tag{10-80}$$

再由

$$Q = U_u A_u F \Delta T_{lm} \tag{10-81}$$

$$A_u = Q/(FU_u \Delta T_{lm}) \tag{10-82}$$

最後可算出面積如下

$$A = A_u/\chi \tag{10-83}$$

一旦面積算出後，則可由下式計算板片數

$$N_p=\frac{A}{WL\phi} \tag{10-84}$$

如果板片面積是以投影面積來計算，則ϕ = 1；接著再利用式10-74、10-83代入10-70中整理得知

$$A_{c,p}=\frac{R_t A D_e}{4NL}=\frac{R_t A_u D_e}{4NL\chi}=\frac{R_t A_u D_e}{4NL\left(\dfrac{D_e^{m_2}}{LN}\right)^m} \tag{10-85}$$

再將上式代入式10-69，整理後可得

$$\Delta P=2a\frac{\mu^2}{\rho}\frac{LN}{D_e^{1+n}}\dot{m}^{2-n}A_{c,p}^{n-2}=2a\frac{\mu^2}{\rho}\frac{LN}{D_e^{1+n}}\dot{m}^{2-n}\left(\frac{R_t A_u D_e}{4NL\left(\dfrac{D_e^{m_2}}{LN}\right)^m}\right)^{n-2}$$

$$=2a\frac{\mu^n}{\rho}\left(\frac{4\dot{m}}{R_t A_u}\right)^{2-n}\frac{(LN)^{m_3}}{D_e^{m_4}} \tag{10-86}$$

其中

$$m_3 = 1 + (1 - m)(2 - n) \tag{10-87}$$

$$m_4 = 1 + n + (2 - 3m)(2 - n) \tag{10-88}$$

由Chisholm and Wanniarachchi (1992)的定義

$$Y=\left(\frac{\Delta P\rho}{2\mu^{n}}\right)\left(\frac{A_{u}R_{t}}{4\dot{m}}\right)^{2-n} \tag{10-89}$$

因此式10-86可寫成

$$a=\frac{YD_{e}^{m_{4}}}{\left(LN\right)^{m_{3}}} \tag{10-90}$$

上式可用來比對與式10-66間的差異，若不同則需繼續疊代；請特別注意，上面的最後計算結果中，根據流體1或2的限制壓降，我們有兩個a的選擇，該如何來選擇？假設我們算出的結果中，流體1的a值較流體2爲高，如果我們選取較大的a，則流體1的壓降限制將會超過，而流體2的壓降限制將可滿足；但如果我們選取較小的a，則流體2的壓降將會低於限制值，而流體1的壓降限制將可滿足，因此保守的設計應該選取較小的a。此時1側的壓降可估算如下：

$$\Delta P=\Delta P_{r}\frac{Y_{low}}{Y_{high}} \tag{10-91}$$

如何選取混合板片來滿足兩側的壓降限制呢？接下來介紹上述的說明來sizing 混合板片的計算流程，考慮使用兩種角度不同的山紋角的板片；板片角度爲β_{low}與β_{high}。

1. 由給定流體的bulk 溫度，計算流體物理特性 ρ、μ、k、c_p。
2. 假設混合板片的最佳角度爲β。
3. 由式10-66與式10-67算a 與 b。
4. 由式10-76算h_u。
5. 由式10-80、式10-82~10-84來計算 U_u、A_u、A與N_p。
6. 由於尚不知道板片數目爲奇數或偶數，故先假設$R_t=1$，由式10-89算 Y_h與Y_c。
7. 由式10-90計算不同角度山紋角的 a 值。
8. 以步驟7算出的a值來計算新的山紋角(由式10-68)。
9. 重複步驟3-8計算出最後的山紋角。假設此一山紋角爲β_{eff}。
10. 如果β_{eff}沒有落在β_{low} 與β_{high}間，代表設計上有一些問題；如果$\beta_{eff}>\beta_{high}$，則代表板片的回數不對，應該增加一個板片回數再重複步驟1-9；如果$\beta_{eff}<\beta_{high}$，則需要變更操作條件或是變更板片型式或更改熱交換器

板片大小。

一旦計算出β_{eff}後，要如何來選取混合板片的山紋角呢？以兩種板片來說，共有三個選擇，即(1) 板群(I)、(II)分別選取β_{low}與β_{high}板片來搭配；(2) 板群(I)、(II)分別選取β_{low}與$\beta_{low}+\beta_{high}$板片來搭配；(3) 板群(I)、(II)分別選取$\beta_{low}+\beta_{high}$與β_{high}板片來搭配。其中以(2)、(3)較具彈性；故可由下列簡易的線性內插計算方法來估混合板片群中的板片數目，首先定義混合板片有效山紋角如下：

$$\beta_{app}=\frac{\beta_{low}+\beta_{high}}{2} \tag{10-92}$$

$$\frac{N_{c,I}}{N_{c,II}}=\begin{cases}\dfrac{\beta_{app}-\beta_{eff}}{\beta_{eff}-\beta_{low}} & \text{如果}\beta_{eff}<\beta_{app}\Rightarrow\text{使用選擇(2)混合板片}\\ \dfrac{\beta_{high}-\beta_{eff}}{\beta_{eff}-\beta_{app}} & \text{如果}\beta_{eff}>\beta_{app}\Rightarrow\text{使用選擇(3)混合板片}\end{cases} \tag{10-93}$$

例10-5-1：一板式熱交換器，工作流體爲水，熱側入水溫爲333 K，熱測出水溫爲313 K，冷測入水溫爲303 K，熱水與冷水的流量爲50 kg/s與40kg/s，水之相關性質見下表

T(K)	ρ_{water} (kg/m^3)	$c_{p,water}$ (kJ/kg·K)	μ_{water} (Pa·s)	k_{water} (W/m·K)	Pr_{water}
303	995.6	4.182	0.000798	0.603	5.4
313	992.2	4.179	0.000654	0.618	4.33
323	988.0	4.181	0.000548	0.631	3.56
333	983.3	4.185	0.000467	0.643	2.99

熱側與冷側的壓降限制爲50 kPa與40 kPa；板片的幾何尺寸如下：

W = 0.5 m

L = 1.2 m

Manifold pore diameter D_p = 0.15 m

板壁厚度δ_w = 0.0005 m

板壁材質爲不鏽鋼AISI 316 k_w = 13.4 W/m·K

山紋板片振幅δ = 0.003 m

有效直徑$D_e = 2\times\delta$ = 0.006 m

目前有兩種板片供選擇，其山紋角分別爲 20°與60°，試問應如何搭配才能達到設計需求？

10-5-1 解：

根據上述章節的說明，於本例中，$n \approx 0.2$，$m \approx 1/3$

由式10-73 、10-87、10-88

$$m_2 = \frac{3m-1}{m} = \frac{3\times\frac{1}{3}-1}{\frac{1}{3}} = 0$$

$m_3 = 1 + (1 - m)(2 - n) = 1 + (1 - 1/3)(2 - 0.2) = 2.2$

$m_4 = 1 + n + (2 - 3m)(2 - n) = 1 + 0.2 + (2 - 3\times1/3)(2 - 0.2) = 3$

計算進入板片的壓降需要先減掉manifold進出口部份的壓降，熱側與冷側manifold的流速爲

$$u_{m,h} = \frac{\dot{m}_h}{\frac{\pi D_p^2}{4}} = \frac{45}{\frac{\pi\times0.15^2}{4}} = 2.59\ \text{m/s}$$

$$u_{m,c} = \frac{\dot{m}_c}{\frac{\pi D_p^2}{4}} = \frac{40}{\frac{\pi\times0.15^2}{4}} = 2.27\ \text{m/s}$$

假設板片的回數設計$N = 1$

因此冷熱manifold 進出口部份的壓降如下：

$$\Delta P_{1,h} = 1.5\left(\frac{\rho u_{m,h}^2}{2}\right)N = 1.5\left(\frac{983.3\times2.59^2}{2}\right)\times1 = 4946\ \text{Pa}$$

$$\Delta P_{1,c} = 1.5\left(\frac{\rho u_{m,c}^2}{2}\right)N = 1.5\left(\frac{983.3\times2.27^2}{2}\right)\times1 = 3860\ \text{Pa}$$

因此冷熱側通過板片部份可接受的壓降爲

$\Delta P_{h,a} = \Delta P_h - \Delta P_{1,h} = 50000 - 4946 = 45054$ Pa

$\Delta P_{c,a} = \Delta P_c - \Delta P_{1,c} = 40000 - 3860 = 36140$ Pa

由於僅有兩種板片可供選擇，$\beta_{low} = 20°$，$\beta_{high} = 60°$

$\therefore \beta_{app} = (\beta_{low} + \beta_{high})/2 = (20° + 60°)/2 = 40°$

首先假設最後有效的山紋角$\beta_{eff} = 45°$

故由式10-66與式10-67算a與b

$$a = 0.8\left(\frac{\beta}{30}\right)^{3.6} = 0.8\left(\frac{45}{30}\right)^{3.6} = 3.444$$

$$b = 0.78\left(\frac{30}{\beta}\right)^{0.554} = 0.78\left(\frac{30}{45}\right)^{0.554} = 0.623$$

由式10-76

$$h_{u,h}=bk\Pr^{\frac{1}{3}}\left(\frac{\Delta P\rho}{2\mu^2}\right)^m=0.623\times0.643\times2.99^{\frac{1}{3}}\left(\frac{45054\times983.3}{2\times0.000467^2}\right)^{\frac{1}{3}}=26929$$

$$h_{u,c}=bk\Pr^{\frac{1}{3}}\left(\frac{\Delta P\rho}{2\mu^2}\right)^m=0.623\times0.603\times5.4^{\frac{1}{3}}\left(\frac{45054\times995.6}{2\times0.000798^2}\right)^{\frac{1}{3}}=20075$$

由式10-74

$$\chi=\left(\frac{D_e^{m_2}}{LN}\right)^m=\left(\frac{0.006^{2.2}}{1.2\times1}\right)^{\frac{1}{3}}=0.941$$

管壁阻抗$R_w=\delta_w/k_w=0.0005/13.4=3.73\times10^{-5}\ \mathrm{m^2\cdot K/W}$

由式10-80，

$$\frac{1}{U_u}=\frac{1}{h_{u,h}}+\frac{1}{h_{u,c}}+\chi R_w=\frac{1}{26929}+\frac{1}{20075}+0.941\times3.73\times10^{-5}=0.0001206$$

即$U_u=8192.7$

本例的$F\approx1$

由式10-82，$A_u=Q/(FU_u\Delta T_{lm})=3763800/1/8192.7/8.68=52.9$

$A=A_u/\chi=52.9/0.941=56.22\ \mathrm{m^2}$

$N_p=A/W/L=56.22/0.5/1.2=93.7$

$$Y_h=\left(\frac{\Delta P\rho}{2\mu^n}\right)\left(\frac{A_uR_t}{4\dot{m}_h}\right)^{2-n}=\left(\frac{45054\times983.3}{2\times0.000467^{0.2}}\right)\left(\frac{52.9\times1}{4\times45}\right)^{2-0.2}=11331243$$

$$Y_c=\left(\frac{\Delta P\rho}{2\mu^n}\right)\left(\frac{A_uR_t}{4\dot{m}_c}\right)^{2-n}=\left(\frac{36140\times995.6}{2\times0.000798^{0.2}}\right)\left(\frac{52.9\times1}{4\times40}\right)^{2-0.2}=10220508$$

由式10-90

$$a_h=\frac{Y_hD_e^{m_4}}{(LN)^{m_3}}=\frac{11331243\times0.0006^3}{(1.2\times1)^{2.2}}=1.639$$

$$a_c=\frac{Y_cD_e^{m_4}}{(LN)^{m_3}}=\frac{10220508\times0.0006^3}{(1.2\times1)^{2.2}}=1.478$$

由上述的說明，我們應該選取一個較小的a，即$a=a_c=1.478$

再由式10-68算出$\beta=28.2a^{0.278}=28.2\times1.478^{0.278}=31.43°$，此值小於原假設值，故需重新假設疊代，經過數次疊代後可得

$\beta_{eff}=29.1°$

板片數N_p為79片

$$\frac{N_{c,I}}{N_{c,II}}=\frac{\beta_{app}-\beta_{eff}}{\beta_{eff}-\beta_{low}}=\frac{40-29.1}{29.1-20}=1.198$$

故$N_{c,I}\approx 43$片而$N_{c,II}\approx 36$片

$N_{c,I}$的板片型式山紋角均爲20°，而$N_{c,II}$的板片型式山紋角爲20°與60°之混用板片。計算結果如下圖。

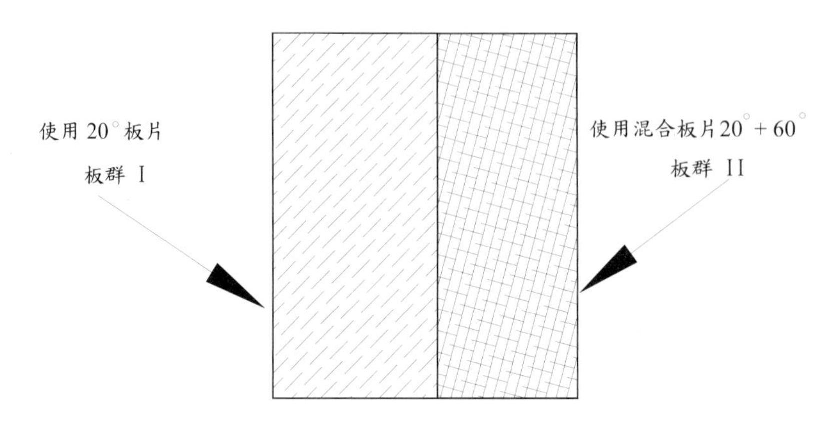

圖10-18　例10-5-1計算結果圖示

10-6　結語

由於板式熱交換器具有比傳統式殼管式熱交換器更多之優點，故其應用已逐漸廣泛；板式熱交換器中最常使用之山型紋路板片，節距(λ)、振幅(b)及山紋角(β)等三因素是影響該型板式熱交換器性能之主要變數。

板片分配區的設計不但會影響到流體由進口至主熱交換區的壓降及流動情形，更會對流體在整個板片間分布是否均勻有絕對性之影響，而這又是該型板式熱交換器整體性能是否良好一個重要的決定因素，因此在設計板片時對於此分配區之設計必須很小心；本章節的介紹以單相爲主，兩相部份的設計則不在本章節的探討，另外，誠如本章節一再重申，板式熱交換器公開的測試資料仍是相當地欠缺，設計上最好先取得原廠的技術資料後(包括板片的尺寸大小、形狀與熱流測試資訊)再來設計，切勿自行決定尺寸大小後再要求廠商配合。

主要參考資料

Changal Vaie, A.A., 1975. The performance of plate heat exchangers. Ph.D. Thesis,

University of Bradford, U.K.

Bond, M.P., 1981. Plate heat exchanger for effective heat transfer. *The Chemical Engineer*. 367:162-166, April.

Chisholm, D., Wanniarchchi, A.S., 1991. Layout of plate heat exchanger. *ASME/JSME Thermal Engineering Proceedings*, Vol. 4, pp. 433-438, ASME, New York, USA.

Chisholm, D., Wanniarchchi, A.S., 1992. Maldistribution in single-pass mixed-channel plate heat exchangers. *ASME HTD-Vol.* 201 *Compact Heat Exchangers for Compact and Process Industries*, pp. 95-99, ASME, New York, USA.

Focke, W.W., Zachariades, J., and Oliver, I., 1985. The effect of the corrugation inclination angle on the thermohydraulic performance of plate heat exchangers. *Int. J. Heat Mass Transfer*. 28:1469-1479.

Fock, W.W., Knibble, P.G. 1984. Flow visualization in parallel plate ducts with corrugated walls. *CSIR Report CENC M-519, CSIR*, Pretoria, South Africa.

Hewitt G.F., Shires G.L., Boll, T.R., 1994. *Process Heat Transfer*. CRC press.

Kakaç, S., Liu H., 2002. *Heat Exchangers*. 2nd ed., CRC Press Ltd.

Kandlikar, S.G., Shah, R.K., 1989a. Multipass plate heat exchangers - effectiveness-NTU results and guidelines for selecting pass arrangements. *ASME J. of Heat Transfer*. 111:300-313.

Kandlikar, S.G., Shah, R.K., 1989b. Asymptotic effectiveness-NTU formulas for multipass plate heat exchanger. *ASME J. of Heat Transfer*. 111:314-321.

Kroger, P.G., 1967. Performance deterioration in high effectiveness heat exchangers due to axial conduction effects. *Advances in Cryogenics Engineering*. 12:363-372.

Kumer, H. 1984. The plate heat exchanger: construction and design, 1st UK national heat transfer conference, university of Leeds, Inst. Chem. Symp., ser. No. 86, pp. 1275.

Marriott, J., 1971. Where and how to use plate heat exchangers. *Chemical Engineering*. 78(8):127-133.

Marriott, J. 1977. Performance of an Alfaflex plate heat exchangers. *Chemical Engineering Progress*. 73(2):73-78.

Mulley, A., Manglik, R.M., Metwally, H.M., 1999. Enhanced heat transfer characteristics of viscous liquid flows in a chevron plate heat exchanger. *ASME J. of Heat Transfer*. 121:1011-1017.

Rohsenow, W.M., Hartnett, J.P., Cho Y.I., 1998. *Handbook of Heat Transfer*. 3rd. McGraw-Hill.

Shah, R.K., Focke, W.W., 1988. Plate heat exchanger and their design theory. In *Heat Transfer Equipment Design*, edited by R.K. Shah, E.C. Subbarao and R.A. Mashelkar, pp. 227-254, Hemisphere Publishing Corp., Washington, DC.

Shah, R.K., Wanniararchchi, A.S., 1992. Plate heat exchanger design theory. In: *Industrial Heat Exchangers*, edited by Buchlin, J.M., lecture series no. 1991-04, Von Kármán Institute for Fluid Dynamics, Belgium.

Chapter 11

污垢對熱流特性的影響

Influence of Fouling on Heat Transfer Performance

11-0 前言

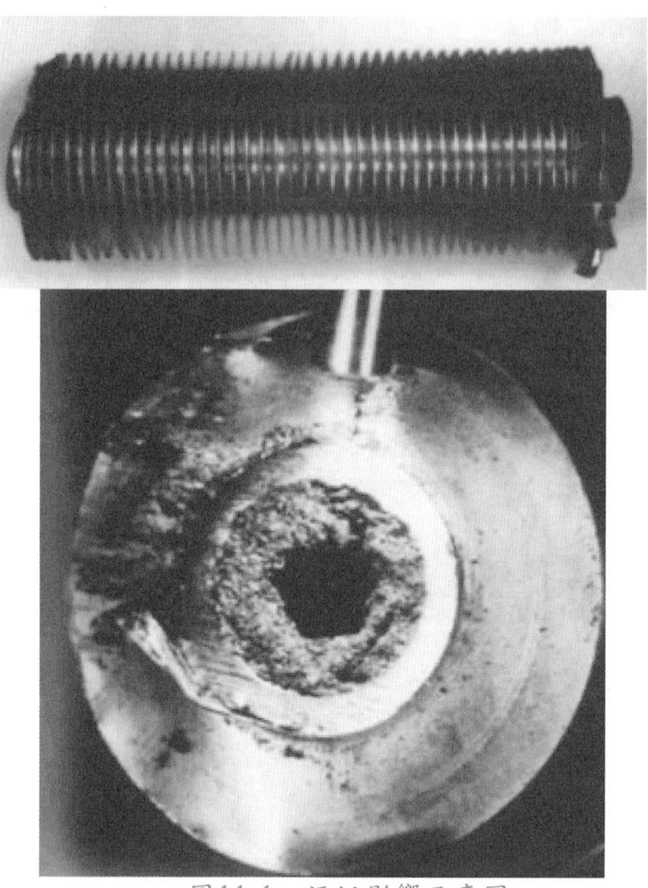

圖11-1 污垢影響示意圖

熱交換器為能量轉換系統中使用最廣泛的單元設備之一，但在實際運轉一段時間後，很多熱交換器都存在著不同程度的污垢問題。所謂污垢，係指我們不希望的物質附著在熱交換器的表面上；污垢的存在，使換熱器的傳熱能力降低，流體流動阻力增大，由此而造成了一系列的經濟損失，故污垢為熱交換器設計及維護保養的的一個重要課題。根據Watts and Levine (1984) 的研究，污垢造成美國工業每年50億美元以上的損失；由於熱交換器的結垢不僅牽涉到能量、動量和質量傳遞過程，而且是涉及到化學反應等多種複雜因素的物理與化學變化的過程，目前還無法藉由嚴格的理論分析來提出一個普遍適用的模式去描述結垢的過程，因此本章節的目的主要在給予一些污垢的基本資訊，以提供設計者參考使用。

11-1 結垢的原因

11-1-1 結垢的基本現象

表11-1 一些常見的應用下不同結垢效應影響程度的比較

工業應用	熱交換器的污垢型態	影響程度
食物類相關產品(food & kindred products)	化學反應結垢	主要
	析出結垢(milk processing)	主要
	生物結垢	中等
	微粒結垢(gas side) (spray drying)	次要/主要
	腐蝕結垢	次要
紡織業用(textile mill products)	微粒結垢(cooling water)	主要
	生物結垢(cooling water)	主要
Lumber & wood products including paper & allied products	析出結垢(liquid, cooling water)	主要
	微粒結垢(process side, cooling water)	次要
	生物結垢(cooling water)	次要
	化學反應結垢(process side)	次要
	腐蝕結垢	中等
化工與相關應用 chemical & allied	析出結垢(process side, cooling)	中等

結垢的生成一般可分爲三個階段。首先，結垢物質(foulant)由流體的中心通過熱邊界層接近熱交換器表面；然後，由熱交換器表面材質與流體界面應力的特性，及結垢物質的特性，結垢生成於熱交換器的表面上；一旦生成物附著於熱交換器上，則結垢物質同時受到繼續附著與減弱移除兩方面的作用力，隨後的結垢現象是否能夠繼續成長，端賴這兩種作用力間的關聯。結垢過程可以在靜態或動態的環境中；靜態的結垢過程(例如熱交換器系統停機)與動態的過程迴然不同，例如在靜態下腐蝕結垢會比較嚴重。結垢的型態可分爲六種：

(1) 析出結垢(precipitation fouling)

析出結垢或稱結晶結垢(crystallization fouling)，主要乃因溶解物質(通常爲無機鹽)從溶液中因爲過飽和的現象(supersaturation)，析出於熱交換器表面上而產生結晶的現象。在工業上，最常用來描述此程序的術語爲「水垢(scaling)」。其形成原因，主要是這些溶解物質，在較冷表面上易於析出。例如：$CaSO_4$、$CaCO_3$、 $Mg(OH)_2$、$LiSO_4$和$LiCO_3$，這些析出物大部份常出現於冷卻水塔的供水循環系統中。

(2) 微粒結垢(particulate fouling)

流體中懸浮的粒子在流動中於熱傳表面上沉澱堆積的現象。由於重力造成沉積現象稱之為沉澱(sedimentation)。懸浮固體包括砂子、微生物、昆蟲、胞子及葉子等。

(3) 化學反應結垢(chemical reaction fouling)

在工作流體中，由於化學反應結果所形成的固體。化學反應結垢與腐蝕結垢不同，熱交換器表面並不參與反應，但是可能於反應中扮演觸媒的角色；例如聚合反應(polymerization)、裂解反應(cracking)；這種結垢在石油化學和食品加工工業上相當普遍。

(4) 腐蝕結垢(corrosion fouling)

在熱交換表面上，因流體和熱交換表面起反應所形成的腐蝕產物，腐蝕反應多因流體中的不純物體引起，例如鹼金屬(Alkali metal，鋰鈉鉀銣銫)、硫(Sulfur)、釩(Vanadium)經常在燃油系統上出現；通常腐蝕結垢在液側的現象會比氣側嚴重。

(5) 凝固結垢(solidification fouling)

通常是在工作流體中，因某些成分的溫度下降，發生凝固所造成的結垢。例如，在水冷卻過程中形成的冰，和某些石油化學應用中產生的石蠟。

(6) 生物結垢(biological fouling)

由微生物所構成有機體層之發長和沉澱。其產生通常與溫度有關，生物結垢的有機物大致分成微型有機物(micro-organisms)與巨觀型有機物(macro-organisms)，微型有機物如細菌(bacteria)、藻類(algae)與黴菌(mold)；熱交換器表面上的生物結垢通常呈現相當不規則形狀，且常有纖維及黏稠的特性而甚難清理，電廠與海洋船艦用的冷凝熱交換器經常有生物結垢的發生。

結垢與熱交換器的表面有相當關聯，不同的工業應用上，不同的結垢效應也不太相同；表11-1為一些常見的應用下不同結垢效應影響程度的比較。

11-1-2 影響結垢的幾個重要參數

影響結垢有三個重要的參數，即溫度、流速與結垢物質(或影響結垢物質)的濃度，下面針對這三個參數來進步說明：

(1) 溫度的影響

一般而言，較低的溫度對不同結垢型式的影響如下：

(a) 降低化學反應結垢。

(b) 如果溫度低於微生物最佳的成長溫度，則可使微生物的成長趨緩。

相對於較低的溫度，較高的溫度對不同結垢型式的影響如下：

(a) 可避免因冷卻固化析出的現象

(b) 如果溫度高於微生物最佳的成長溫度，則可抑制微生物的成長。

(c) 可避免過飽和的現象。

另外，溫度會影響結垢的老化(aging)現象，結垢會因爲溫度的改變而硬化難以移除，或因爲溫度的影響而產生軟化剝落(spalling)的現象。在很高的溫度條件下，結垢沉澱物也有可能會溶解。在設計上，可藉由調整工作流體的流速來改變溫度的分布，藉由此種設計上的調整，可降低結垢的速率，延長定期清理的間隔時間。

(2) 速度的影響

一般而言，流體的速度增加會同時增加結垢沉澱物與流體間的剪力，因此可以減低結垢的效應，不過也有例外，例如沉澱的過程與質量傳遞(mass transfer)效應有關，由於速度會增加質傳效應，當質傳效應大於剪力效應時，結垢反而會增加；又譬如冷卻水系統中，較快的速度可將流體中的營養成分帶到熱交換器表面上，而加速生物結垢的現象；又例如氣冷式熱交換器空氣側的結垢，較高的速度會帶動較大尺寸的顆粒，使之積存在熱交換器上。不過，對絕大部份的應用而言，較高的速度可以減少結垢的現象；但在設計上若要以高速來克服結垢的現象仍有待斟酌，這是因爲高速度所增加的壓降相當驚人，而且速度過快時，熱交換器的表面可能會產生剝蝕(erosion)的現象，嚴重的剝蝕會損壞到熱交換器，促使系統當機，不可不慎；以殼管式熱交換器的管內側而言，一般建議設計流速最好在2 m/s以內。而且操作上最好避免經常性的變化流速，這是因爲經常性的流速變化會造成溫度場的變化，而促成積垢的發生；值得一提的是因爲速度變化造成的積垢現象通常甚快，而且多無法藉由速度的再次提高來清除。

(3)促成結垢的介質的濃度影響

在某些應用上，例如微粒結垢下，高濃度會促使微粒結垢特別明顯，又例如生物結垢與流體中的營養分與氧氣的濃度有關，通常較高的濃度會使得結垢效應較爲明顯。

11-2 結垢對熱流特性的影響

結垢的過程其實與時間有關，而且結垢的速率也可能與時間有關，如圖11-2所示，在開始結垢之前，通常有一段停滯期t_{delay}，這個停滯時間與溫度、材質、表面粗糙度與塗佈有關；在這段時間中沒有結垢的現象，隨後結垢的速率情形如圖11-2所示，大致可歸納成三種型態，即線性(linear)、下降速率(falling rate)與漸進飽和(asymptotic)，線性增加型態常見於微粒結垢中；如果操作上經常變動工作條件，則阻抗將呈現週期性的變動(如圖11-2(d))；當然如果系統有經常性的清理，其結垢的過程則會呈現如圖11-3的週期變化。結垢的阻抗其實是一個很複雜的變數，因此要應用此一阻抗值於熱交換器設計時，需要有相當的經驗，一般設計上多以一「合理」的固定阻抗值加入總阻抗方程式中來進行設計，茲將隨後說明。

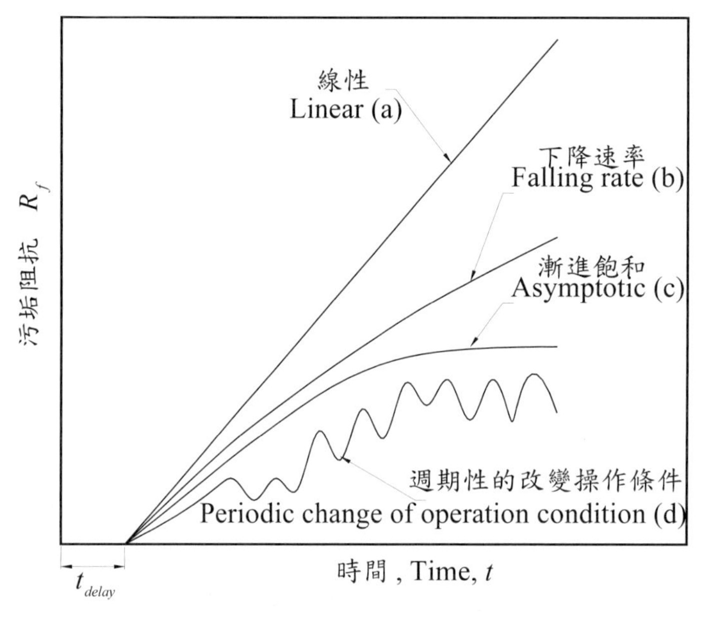

圖11-2 結垢阻抗與時間的關係示意圖

乾淨的原始熱交換器的熱阻抗方程式為：

$$R = R_h + R_w + R_c \tag{11-1}$$

$$\frac{1}{(UA)_C} = \frac{1}{h_i A_i} + \frac{\delta_w}{k_w A_w} + \frac{1}{h_o A_o} \tag{11-2}$$

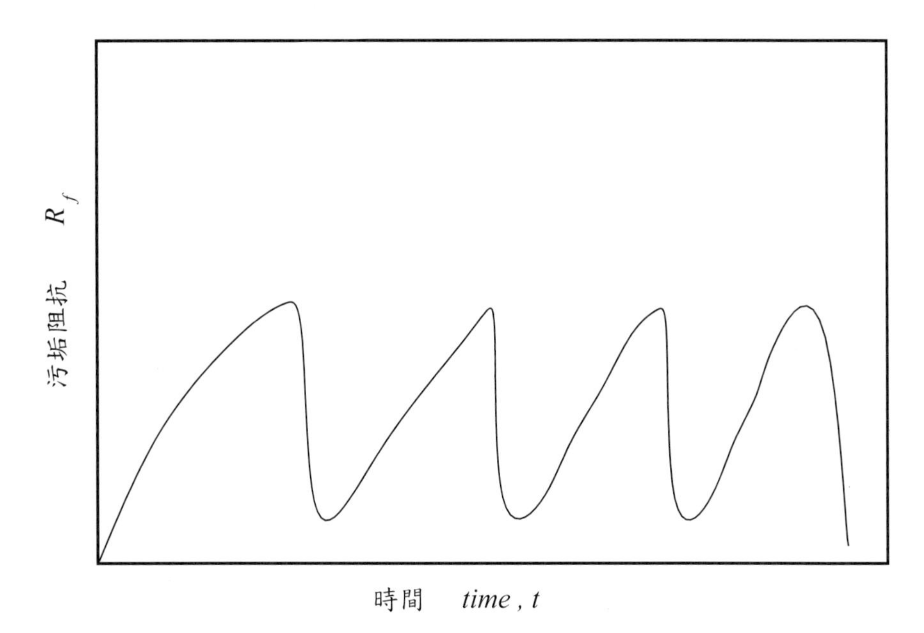

圖11-3 有經常性清理時結垢阻抗的變化示意圖

若考慮熱交換器界面爲平板，則$A_i = A_o = A_w$，故

$$\frac{1}{U_C} = \frac{1}{h_i} + \frac{\delta_w}{k_w} + \frac{1}{h_o} \tag{11-3}$$

上式可寫成單位面積下的阻抗方程式(一般習慣用的污垢阻抗係數，常使用有面積單位的阻抗值，即r)：

$$r = r_h + r_w + r_c \tag{11-4}$$

若考慮熱交換器兩側都有結垢(見圖11-4說明)，其結垢的阻抗分別爲$r_{s,h}$與$r_{s,c}$，故總阻抗爲

$$r_f = r_h + r_{s,h} + r_w + r_{s,c} + r_c \tag{11-5}$$

即：

$$\frac{1}{U_f} = \frac{1}{h_1} + \frac{1}{h_2} + \frac{\delta_w}{k} + r_{s,h} + r_{s,c} \tag{11-6}$$

其中

$$r_{s,h} = \frac{\delta_{s,h}}{k_{s,h}} \tag{11-7}$$

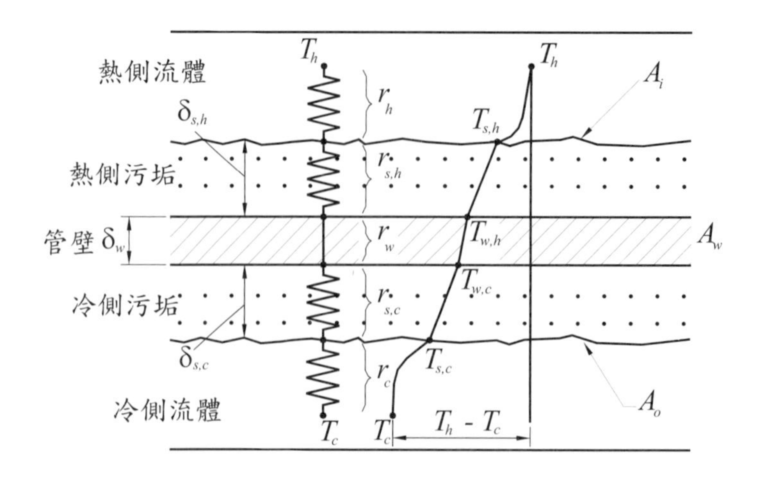

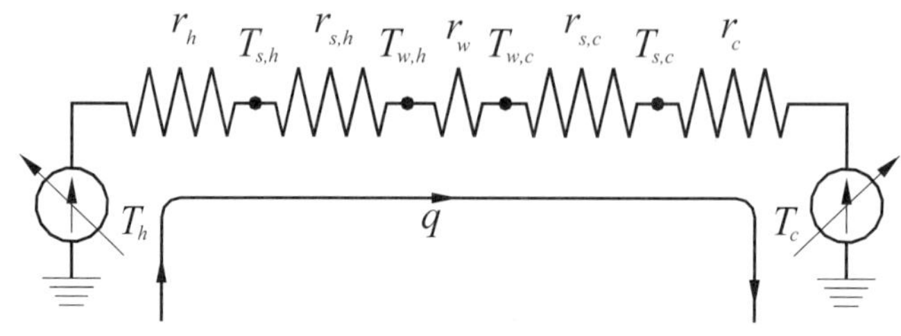

圖11-4　有結垢情形下，總阻抗的組成示意圖

$$r_{s,c} = \frac{\delta_{s,c}}{k_{s,c}} \tag{11-8}$$

如果考慮熱交換器為平滑圓管，則同樣可推導出結垢前後的總熱傳係數如下(參考式8-11的推導)

$$U_C = \frac{1}{\dfrac{A_o}{h_i A_i} + \dfrac{1}{h_o} + \dfrac{A_o \ln \dfrac{d_o}{d_i}}{2\pi k_w L}} = \frac{1}{\dfrac{d_o}{h_i d_i} + \dfrac{1}{h_o} + \dfrac{2\pi d_o L \ln \dfrac{d_o}{d_i}}{2\pi k_w L}} = \frac{1}{\dfrac{d_o}{h_i d_i} + \dfrac{1}{h_o} + \dfrac{d_o \ln \dfrac{d_o}{d_i}}{k_w}} \tag{11-9}$$

$$U_f = \frac{1}{\dfrac{A_o}{h_i A_i} + \dfrac{1}{h_o} + \dfrac{A_o}{A_i} r_{fi} + \dfrac{A_o \ln \dfrac{d_o}{d_i}}{2\pi k_w L} + r_{fo}} = \frac{1}{\dfrac{d_o}{h_i d_i} + \dfrac{1}{h_o} + \dfrac{d_o}{d_i} r_{fi} + \dfrac{d_o \ln \dfrac{d_o}{d_i}}{k_w} + r_{fo}} \tag{11-10}$$

污垢對熱交換器的影響，可由圖11-5簡單的說明，圖11-5顯示不同污垢條件下，若要維持原有熱傳量時，所要增加的熱交換器面積，其中圖中的污垢係數為

總污垢係數R_f (即包括熱側與冷側污垢的影響)，即

$$R_f = \frac{A_o R_{fi}}{A_i} + R_{fo} \tag{11-11}$$

或

$$\frac{1}{U_f} = \frac{1}{U_C} + R_f \tag{11-12}$$

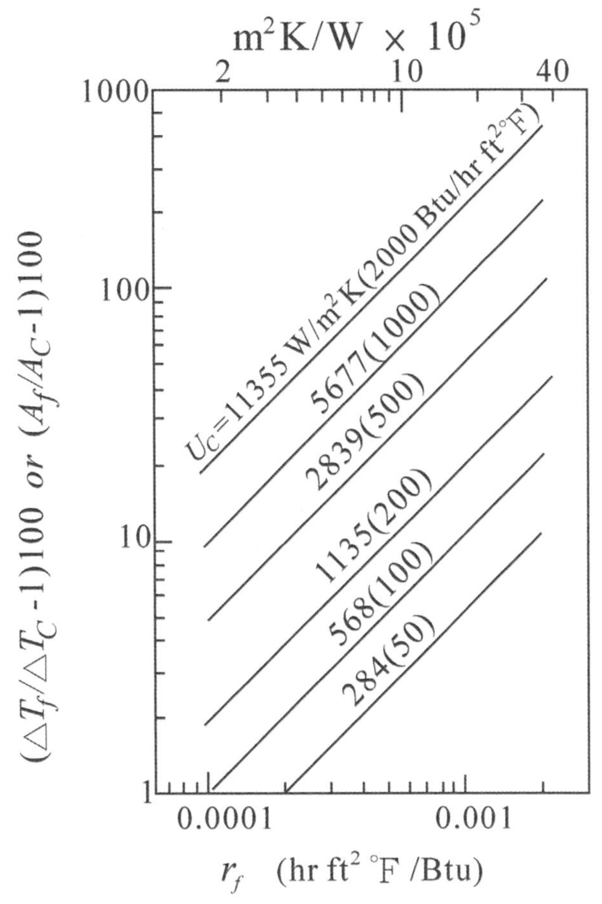

圖11-5 因污垢影響而增加的熱交換器面積的百分比 (%) (資料來源：HEDH, 2002)

如果熱交換器在結垢後的能力與有效溫差要保持不變，在設計階段時，熱交換器的傳熱面積要適度的放大，由$Q_C = Q_f = U_C A_C \Delta T_m = U_f A_f \Delta T_m$，由式11-12可得：

$$\frac{U_C}{U_f} = 1 + U_C R_f \tag{11-13}$$

再由

$$\frac{Q_C}{Q_f}=\frac{U_C A_C \Delta T_m}{U_f A_f \Delta T_m}=\frac{U_C A_C}{U_f A_f}=\left(1+U_C R_f\right)\frac{A_C}{A_f}=1 \tag{11-14}$$

可得到如下的結果：

$$\frac{A_f}{A_C}=1+U_C R_f \tag{11-15}$$

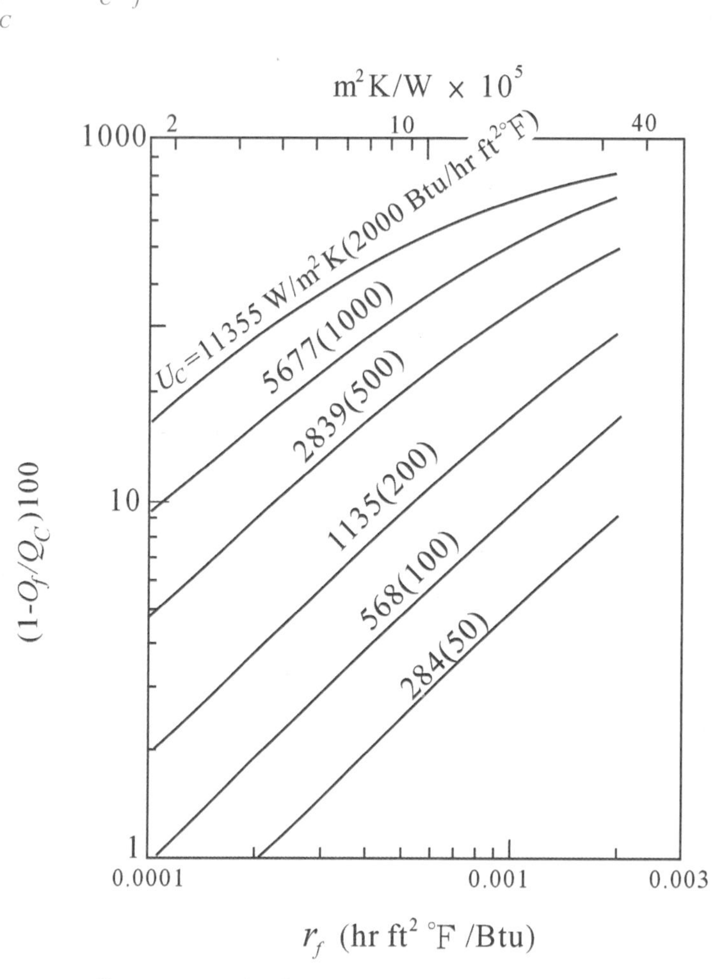

圖11-6 因污垢影響而降低的熱傳性能的百分比 (%) (資料來源：HEDH, 2002)

圖11-5顯示總熱傳係數越大則污垢影響也就相對嚴重，從這個結果可知氣冷式熱交換器受污垢影響也就比較小。同樣的，如果我們考慮熱交換器面積不變，當熱交換器受到污垢的影響後，熱交換器的熱傳性能就會下降，如果我們考慮熱交換器的有效溫差不變；則熱交換器的熱傳量下降的比率可參考圖11-6。圖中同樣顯示總熱傳係數較大的熱交換器受污垢影響的效應就比較大。

除了上述提及的結垢阻抗外，在許多應用中，常使用清潔係數(cleanliness

factor) CF，清潔係數亦可代表污垢對熱傳性能的影響，其定義如下：

$$CF = \frac{U_f}{U_C} \tag{11-16}$$

或

$$CF = \frac{1}{1 + R_f U_C} \tag{11-17}$$

從式11-5、11-13、11-14中可知，最大的關鍵在於污垢係數的估算；有關污垢係數的估算，大致有四個來源：

(1)不公開的研究資料。
(2)工廠的測試資料。
(3)個人或公司的經驗資訊。
(4)TEMA的表格。

其中以TEMA的表格最廣爲人使用，不過根據Marner and Suitor (1987)的說明指出，TEMA 的標準從1942年起修訂到最近的版本，所附錄的污垢係數幾乎沒有更動，當時TEMA的資料來源其實是很多經驗累積的結晶，而且這些污垢係數並不是漸進飽和值(asymptotic)，這些值是提供設計者在污垢發生後，仍可讓熱交換器不需要清理而繼續工作相當一段時間的經驗值；換句話說，如果熱交換器有定期的清理，TEMA提供的污垢係數對設計者而言，將是一個偏高的數字，因此TEMA表格的內容對設計者而言，應該只是一個保守的設計資料。但無論如何，TEMA的資料仍是值得讀者參考，表11-2~11-11爲TEMA提供的污垢係數值。請特別注意這些表格中的污垢係數爲r_f而不是R_f，兩者間差了一個單位面積。

表11-2　水的污垢係數 (單位為 $m^2 \cdot K/W$，r_f)

水的型態種類 (types of water)	水溫小於 325 K 且加熱流體溫度小於389 K		水溫大於325 K且加熱流體溫度介於 389 - 478 K	
	水流速 < 0.914 m/s	水流速 > 0.914 m/s	水流速 < 0.914 m/s	水流速 > 0.914 m/s
海水 (seawater)	0.0000881	0.0000881	0.000176	0.000176
略鹹的水 (brackish water)	0.000352	0.000176	0.000528	0.000352
冷卻水塔用水(cooling tower and artificial spray pond)				
有處理補充 (treated makeup)	0.000176	0.000176	0.000352	0.000352
無處理的水 (untreated)	0.000528	0.000528	0.000881	0.000704
市區用水或井水(city or well water (e.g. Great Lakes))	0.000176	0.000176	0.000352	0.000352

水的型態種類 (types of water)	水溫小於 325 K 且加熱流體溫度小於389 K		水溫大於325 K且加熱流體溫度介於 389 - 478 K	
	水流速 < 0.914 m/s	水流速 > 0.914 m/s	水流速 < 0.914 m/s	水流速 > 0.914 m/s
河水 (river water)				
最小 (minimum)	0.000352	0.000176	0.000528	0.000352
平均 (average)	0.000528	0.000352	0.000704	0.000528
泥濘 (muddy or salty)	0.000528	0.000352	0.000704	0.000528
硬水 (hard over15 grains/gal)	0.000528	0.000528	0.000881	0.000881
引擎水套 (engine jacket)	0.000176	0.000176	0.000176	0.000176
蒸餾水或密閉循環用冷凝水 (distilled or closed-cycle condensate)	0.0000881	0.0000881	0.0000881	0.0000881
處理鍋爐用 (treated boiler feedwater)	0.000176	0.0000881	0.000176	0.000176
Boiler blowdown	0.000352	0.000352	0.000352	0.000352

表11-3 工業用流體 (industrial fluids)之污垢係數

流體(fluid)	污垢係數 $m^2 \cdot K/W$
燃料油 (fuel oil)	0.000881
變壓器用油(transformer oil)	0.000176
引擎用油 (engine lube oil)	0.000176
澆熄用油(quench oil)	0.000704
冷媒(refrigerant liquids)	0.000176
工業用有機熱傳流體 (industrial organic heat transfer media)	0.000176
熔融傳熱用鹽 (molten heat transfer salts)	0.000881

表11-4 化工製程用流體 (chemical processing streams)之污垢係數

流體 (fluid)	污垢係數 $m^2 \cdot K/W$
MEA 與 DEA 溶液	0.000352
DEG 與 TEG 溶液	0.000352
Stable side draw and bottom product	0.000176
腐蝕溶液 (caustic solutions)	0.000352
食用植物油 (vegetable oils)	0.000528

表11-5 天然氣-石化製程工作流體(natural gas-gasoline processing streams)之污垢係數

流體 (fluid)	污垢係數 $m^2 \cdot K/W$
瘦油(lean oil)	0.000352
肥油(rich oil)	0.000176
天然氣與液化石油 (natural gasoline and liquefied petroleum gases)	0.000176

表11-6 原油(crude oil)之污垢係數

溫度 (K)	無鹽(dry) 流速 (m/s) ≤ 0.61 m/s	流速 (m/s) 0.61-1.22	流速 (m/s) > 1.22	含鹽 (salt) 流速(m/s) ≤ 0.61	流速 (m/s) 0.61-1.22	流速 (m/s) > 1.22
256-366	0.000528	0.000352	0.000352	0.000528	0.000352	0.000352
267-422	0.000528	0.000352	0.000352	0.000881	0.000704	0.000704
422-533	0.000704	0.000528	0.000352	0.00106	0.000881	0.000704
≥ 533	0.000881	0.000704	0.000528	0.000123	0.000106	0.000881

表11-7 真空用流體(crude and vacuum liquids) 之污垢係數

流體 (fluid)	污垢係數 $m^2 \cdot K/W$
汽油 (gasoline)	0.000176
蒸餾品 (naphtha and light distillates)	0.000176
煤油 (kerosene)	0.000176
輕油 (light gas oil)	0.000352
重油 (heavy gas oil)	0.000528
重燃料油 (heavy fuel oils)	0.000881
柏油瀝青(asphalt and residuum)	0.00176

表11-8 裂解與焦炭過程用流體 (cracking and coking unit streams) 之污垢係數

流體 (fluid)	污垢係數 $m^2 \cdot K/W$
輕原油 (light crude oil)	0.000352
重循環原油 (heavy cycle oil)	0.000528
輕焦炭油 (light coker gas oil)	0.000528
重焦炭油 (heavy coker gas oil)	0.000704
底部殘渣油 (bottoms slurry oil)	0.000528
輕生產物流體 (light liquid products)	0.000352

表11-9 Light ECDS and lube oil processing streams之污垢係數

流體 (fluid)	污垢係數 $m^2 \cdot K/W$
液體產出物 (liquid products)	0.000176
吸收油(absorption oils)	0.000352
烷基化學反應追蹤用酸的流體(alkylation trace acid streams)	0.000352
再沸器用 (reboiler streams)	0.000528
進料 (feed stock)	0.000352
溶劑進料混合用 (solvent feed mix)	0.000352
溶劑 (solvent)	0.000176
萃取(extract)	0.000528
萃取剩餘物，不溶於潤滑油之精煉溶劑之部份油(raffinate)	0.000176
柏油瀝青(asphalt)	0.000881
蠟殘渣(wax slurries)	0.000528
精煉潤滑油(refined lube oil)	0.000176

表11-10 廢氣型態 (type of flue gas) 之污垢係數

廢氣型態	污垢係數 ($m^2 \cdot K/W$)	最小之鰭片間距(m)	在不發生剝蝕現象的最大流速 (m/s)
乾淨氣體 (clean gas, cleaning devices not required)			
天然氣 (natural Gas)	0.0000881-0.000528	0.00127-0.003	30.5 - 36.6
丙烷(propane)	0.000176-0.000528	0.00178	
丁烷(butane)	0.000176-0.000528	0.00178	
氣渦輪機 (gas turbine)	0.000176		
較骯髒之氣體(provisions for future installation of cleaning devices)			
2號油(no.2 oil)	0.000352-0.000704	0.00305-0.00384	25.9-30.5
氣渦輪 (gas Turbine)	0.000264		
柴油引擎 (diesel Engine)	0.000528		
骯髒氣體 (dirty gas, cleaning devices required)			
6號油(No. 6 oil)	0.000528-0.00123	0.00457-0.00579	18.3-24.4
原油 (crude oil)	0.000704-0.00264	0.00508	
Residual oil	0.000881-0.00352	0.00508	
煤(coal)	0.000881-0.00881	0.00587-0.00864	15.2-21.3

表11-11 工業、石化業氣體污垢係數

氣體型態	污垢係數 $m^2 \cdot K/W$
工業用(industrial)	
製程用氣體(manufactured gas)	0.00176
引擎排氣(engine exhaust gas)	0.00176
無油軸承的水蒸氣(steam, non-oil-bearing)	0.000088
有油軸承的排氣(exhaust steam , oil-bearing)	0.000176
冷媒蒸氣(refrigerant vapors)	0.000352
壓縮空氣(compressed air)	0.000325
工業用有機熱傳介質 (industrial organic heat transfer media)	0.000176
化工製程 (chemical processing)	
酸氣(Acid gas)	0.000176
溶劑蒸氣 (Solvent vapors)	0.000176
Stable overhead products	0.000176
石化製程(PETROLEUM PROCESSING)	
大氣壓下的蒸餾塔(Atmospheric tower overhead vapors)	0.000176
輕石油精(Light naphthas)	0.000176
Vacuum overhead vapors	0.000352
天然氣(Natural gas)	0.000176
Overhead products	0.000176
焦炭煤煙蒸氣(Coke-unit overhead vapors)	0.000352

例11-2-1： 一殼管式冷凝器使用海水來冷卻，原新品的管內側熱傳係數爲6000 W/m^2·K，冷凝熱傳係數爲10000 W/m^2·K，原設計之總散熱量爲84000 W，傳熱管之管內外徑爲22 mm與25.4 mm，管材爲銅鎳合金，k_w = 22.7 W/m·K；海水的進口溫度爲10°C，冷凝溫度爲50°C；原設計海水流量爲1 kg/s，則(1)考慮長期污垢的影響後，冷凝器的散熱量將降爲多少？(2)如果要熱交換器在結垢後同樣維持設計的熱傳能力，則設計時要增加多少熱交換器的面積？

11-2-1 解：

新品的總熱傳係數爲

$$U_C = \frac{1}{\dfrac{d_o}{h_i d_i} + \dfrac{1}{h_o} + \dfrac{d_o}{k_w \ln \dfrac{d_i}{d_o}}} = \frac{1}{\dfrac{0.0254}{6000 \times 0.022} + \dfrac{1}{10000} + \dfrac{0.0254}{22.7 \times \ln \dfrac{0.022}{0.0254}}}$$

$$= 2206.4 \text{ W/m}^2 \cdot \text{K}$$

由表11-2海水的污垢係數爲0.0000881 m^2·K/W，冷凝側的污垢係數可予以忽略$r_{fo} \approx 0$ m^2·K/W。所以有效的總污垢係數可由式11-11來估算，即

$$r_f = \frac{A_o r_{fi}}{A_i} + r_{fo} = \frac{d_o r_{fi}}{d_i} + r_{fo} = \frac{0.0254 \times 0.0000881}{0.022} + 0 = 0.000102 \text{ m}^2 \cdot \text{K/W}$$

接下來可由圖11-5與圖11-6來速算預估，由圖可看出熱傳量大概會下降15~16%左右(圖11-6)，若要維持原有熱傳能力，則熱交換器增加的面積約在21~22%左右(圖11-5)；當然，如果我們不使用圖11-5與圖11-6來速算預估，則必須算出結垢後的總熱傳係數，即

$$U_f = \frac{1}{\dfrac{d_o}{h_i d_i} + \dfrac{1}{h_o} + \dfrac{d_o}{d_i} r_{fi} + \dfrac{d_o \ln \dfrac{d_o}{d_i}}{k_w} + r_{fo}}$$

$$= \frac{1}{\dfrac{0.0254}{6000 \times 0.022} + \dfrac{1}{10000} + \dfrac{0.0254}{0.022} \times 0.0000881 + \dfrac{0.0254 \ln \dfrac{0.0254}{0.022}}{22.7} + 0}$$

$$= 1802 \text{ W/m}^2 \cdot \text{K}$$

由於熱交換器型式爲冷凝器，因此$C^* = 0$，而C_{min}爲海水側，故ε-NTU的關係式將簡化成$\varepsilon = 1 - e^{-NTU}$ (見第二章的說明)，假設海水的$c_p \approx 4200$ J/kg·K，故海水的出口溫度爲

$$T_{c,o}=\frac{Q}{\dot{m}_{water}c_p}+T_{c,i}=\frac{84000}{1\times 4200}+10=30\,°\mathrm{C}$$

所以對數平均溫差爲

$$LMTD=\frac{\left((T_{h,o}-T_{c,i})-(T_{h,i}-T_{c,o})\right)}{\ell n\left(\dfrac{T_{h,o}-T_{c,i}}{T_{h,i}-T_{c,o}}\right)}=\frac{\left((50-10)-(50-30)\right)}{\ell n\left(\dfrac{50-10}{50-30}\right)}=28.86\,°\mathrm{C}$$

又由$Q=UA\times LMTD$，故原有新品的熱交換器面積爲

$A=Q/U_C/LMTD=84000/2206.4/28.86=1.319\ \mathrm{m}^2$

故舊品結垢後的UA可計算如下：

$U_fA=1802\times 1.319=2376.8\ \mathrm{W/K}$

由於$NTU=UA/C_{min}$，故

$NTU_f=U_fA/C_{min}=2376.8/1/4200=0.566$

$\varepsilon=1-\mathrm{e}^{-NTU}=1-\mathrm{e}^{-0.566}=0.4322$

$Q_f=\varepsilon Q_{max}=\varepsilon C_{min}(T_{h,i}-T_{c,i})=0.4322\times 4200\times(50-10)=72609.6\ \mathrm{W}$

故$Q_f/Q=72609.6/84000=0.8644$，即熱傳性能較新品下降13.56%

$R_f=A\times r_f=1.319\times 0.000102=1.3454\times 10^{-4}\ \mathrm{K/W}$

由式11-12，$\dfrac{A_f}{A_C}=1+U_CR_f=1+2206.4\times 0.00013454=1.297$，亦即熱交換器的面積必須增加29.7%，這個計算結果與圖表快速粗估差不多。

11-3 結垢基本物理預測模式之介紹

由於積垢現象與時間有關，因此在理論模擬上，必須考慮時間效應的影響，一方面汙穢物質會沈積到換熱面上而增加熱阻，而另一方面污垢物質也會被流體沖擊而剝離(見圖11-7)，使污垢熱阻減小，觀測到的污垢熱阻隨時間的變化則是由這兩個現象合成的結果。根據這一推測，Kern和Seaton (1959)提出下述常微分方程來描述這個污垢形成的模式，可表示如下：

$$\frac{d\varpi_f}{dt}=\varpi_d-\varpi_r \tag{11-18}$$

其中ϖ_f爲單位熱交換器表面上污垢的生長量，ϖ_d爲污垢沉積的速率而ϖ_r爲污垢移除的速率；有關污垢附著的模式，有相當多的研究去探討這個現象，本章

節的目的不是在廣泛的說明結垢模式，僅針對其中常見的漸進模式來說明；在這些研究中，多針對不同的結垢型態，各自提出污垢附著與時間的關聯；例如 Kern 和 Seaton (1959) 同時假定 ϖ_d 爲常數，而 ϖ_r 與 ϖ_f 成正比，於是式 11-18 可表示爲：

$$\frac{d\varpi_f}{dt} = \varpi_d - b\varpi_f \tag{11-19}$$

上式中，b 爲剝蝕率比例常數。在初始條件 $t = 0$，$\varpi_f = 0$ 下，對式 11-19 進行積分可得：

$$\varpi_f = \frac{\varpi_d}{b}\left(1 - e^{\frac{-t}{\theta}}\right) \tag{11-20}$$

如果假定污垢的成分和特性沿換熱面和污垢層的厚度方向都是均勻分布，則污垢熱阻可得：

$$r_s = \frac{\delta_s}{k_s} = \frac{\frac{\varpi_f}{\rho_s}}{k_s} = \frac{\varpi_f}{k_s\rho_s} \tag{11-21}$$

上式中，ρ_s 爲污垢密度；k_s 爲污垢的熱導係數，常見污垢的熱傳導係數可參考表 11-12；假定 ρ_s 和 k_s 在污垢生長過程中保持不變，由式 11-20 和 11-21 可得：

$$r_f = r_f^*\left(1 - e^{\frac{-t}{\theta}}\right) \tag{11-22}$$

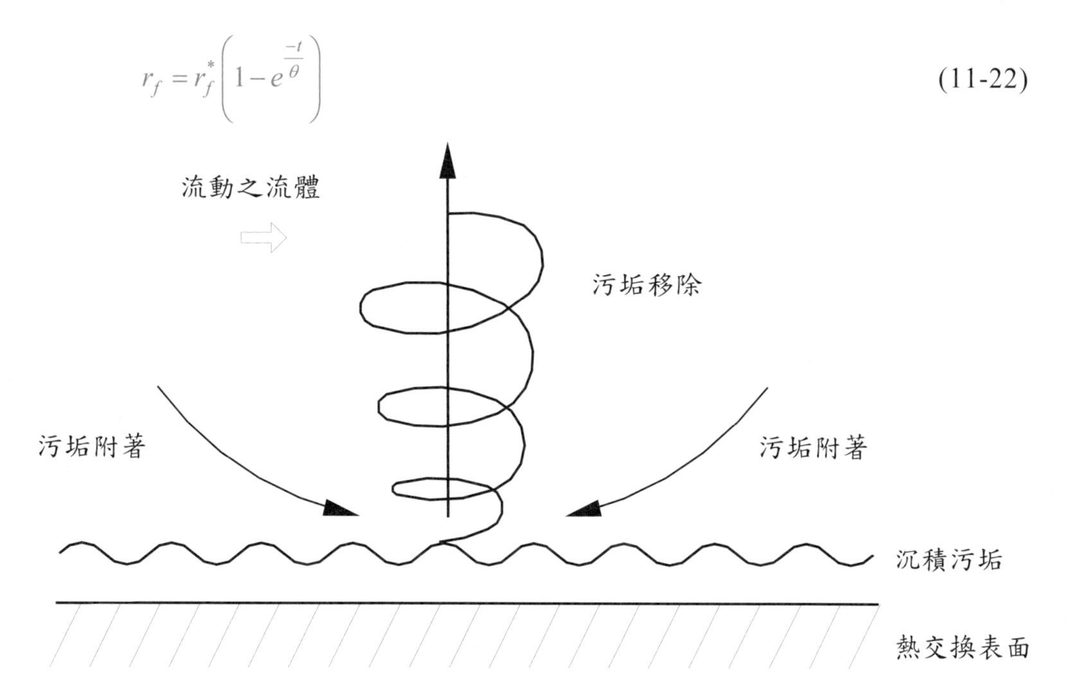

圖11-7　污垢形成之動態模式

這裏，r_f^* 爲漸近污垢的熱阻=$\frac{\varpi_d}{\rho_s k_s b}$。顯然，當 t 達到一定值時，r_f趨近於 r_f^*。式 11-22 即爲預測污垢的一個通用漸近模型，由於被觀測的污垢中有很多是屬於漸近型的，因此漸近模型已被大量用於描述熱交換設備中的污垢特性。採用式 11-22 的關鍵是要知道 r_f^* 和 θ，但關於這兩個常數的理論分析卻很少，一般多由實驗中觀察得到；而且這些資料常因測試地點不同而有明顯的變化；因此很難有通用的預測模式可供使用，本章節的說明僅是提供一簡單的模式供讀者參考。

表 11-12　常見污垢的熱傳導係數 (資料來源 Kakaç and Liu, 2002)

材質	k_s (W/m·K)
氧化鐵(含不純物)，Fe_2O_3，(Hematite)	0.6055
生化層 (biofilm)	0.7093
方解石 (Calcite)， $CaCO_3$	0.9342
Serpentine	1.038
天然硫酸鈣水和物 (Gypsum)，$CaSO_4 \cdot 2H_2O$	1.3148
磷酸氫鎂 (Magnesium phosphate)，$MgHPO_4 \cdot 3H_2O$	2.1625
Calcium sulphate	2.3355
磷酸鈣(Calcium phosphate)	2.595
磁性氧化鐵(Magnetic iron oxide)	2.8718
碳酸鈣(Calcium carbonate)	2.941

11-4　結垢對壓降的影響

沉積於熱交換器表面的污垢除了會降低熱傳外，由於污垢的存在會使熱交換器表面呈現粗糙的現象，因此壓降也會變大；若我們考慮如圖11-8所示的傳熱管內結垢示意圖，若原管壁的管內徑爲d_i而結垢後的管徑爲d_f，由第一章的介紹，乾淨與污垢情況下的管內壓降爲：

$$\Delta P_C = \frac{4L}{d_i} \cdot f_C \cdot \frac{1}{2}\rho u_C^2 \tag{11-23}$$

$$\Delta P_f = \frac{4L}{d_f} \cdot f_f \cdot \frac{1}{2}\rho u_f^2 \tag{11-24}$$

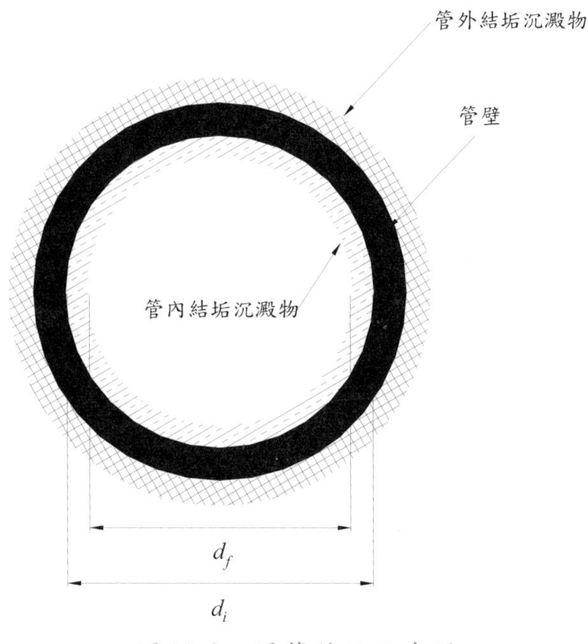

圖11-8　圓管結垢示意圖

其中下標C與f分別代表乾淨與污垢的狀態，如果考慮乾淨與污垢條件下的質量流率為一樣(由 $\dot{m}_C = \dot{m}_f \Rightarrow \frac{\pi}{4} d_i^2 \times \rho_i \times u_i = \frac{\pi}{4} d_f^2 \times \rho_f \times u_f$)，則可導出

$$\frac{\Delta P_f}{\Delta P_C} = \frac{f_f}{f_C}\left(\frac{d_i}{d_f}\right)^5 \tag{11-25}$$

此時的污垢阻抗為

$$r_f = \begin{cases} \dfrac{\delta_s}{k_f} & \text{若為平板型式} \\ \dfrac{d_f \ln\left(d_i/d_f\right)}{2\pi k_f} & \text{若為圓管型式} \end{cases} \tag{11-26}$$

以圓管而言，式11-26可改寫成

$$d_f = d_i e^{\frac{-2\pi k_f r_f}{d_i}} \tag{11-27}$$

由式11-27，污垢厚度可算出如下：

$$\delta_f = 0.5 d_i \left(1 - e^{\frac{-2\pi k_f r_f}{d_i}}\right) \tag{11-28}$$

接下來，讀者可由表11-2~11-11去估計污垢阻抗r_f，並由表11-12估算污垢的熱傳導係數k_f，再利用這些資料去計算污垢厚度與結垢後的管內徑，然後便可由式11-24算出結垢後的壓降。不過這個計算方法是假設污垢並不會改變摩擦係數；一般而言，污垢的存在會適度地提升粗糙度(摩擦係數會比較大)，但表11-2~11-11的資料卻又過於保守(污垢厚度會比較厚)，因此使用這些資料來計算，有時候反而會得到不錯的結果，但是無論如何，筆者還是要特別提醒讀者，上述的估算僅是粗略的估計，讀者應特別留心。

例11-4-1：一直管套管式熱交換器如圖11-9所示，管外爲水蒸氣冷凝，管內使用河水來冷卻，河水的流量爲0.5 kg/s，河水的入口溫度爲20°C，熱交換器的尺寸如下：

圖11-9

L = 10 m

$d_i = 0.022$ m

試問(1)如果流量不變，則此一套管式熱交換器在新品與舊品結垢後的管內壓降的差異爲何？(2)實際上，泵系統的工作馬力在新舊品間差異不大，若考慮此一條件，則結垢後的流量降爲多少？(假設泵的等熵效率(isentropic efficiency)在新舊品均相同)

11-4-1 解：

(1)首先考慮乾淨的傳熱管部份

管內的截面積 $A_{c,i} = \frac{\pi}{4} d_i^2 = \frac{\pi}{4}(0.022)^2 = 0.0003801\,\text{m}^2$

$\therefore G_{c,i} = \dot{m}_{water} / A_{c,i} = 0.5 / 0.0003801 = 1315.3\,\text{kg/m}^2 \cdot \text{s}$

∴原乾淨傳熱管的雷諾數爲

$$\text{Re}_C = \frac{G_{c,i} \times d_i}{\mu_{water}} = \frac{1315.3 \times 0.022}{0.001004} = 28880$$

$$f_C = 0.0791\,\text{Re}^{-0.25} = 0.006068$$

$$\Delta P_C = \frac{4L}{d_i} f_C \frac{G_{c,i}^2}{2\rho_{water}} = \frac{4 \times 10}{0.022} \times 0.006068 \times \frac{1315.3^2}{2 \times 998.2} = 9560.6\,\text{Pa}$$

接下來考慮污垢的傳熱管，參考表11-2，假設河水的污垢阻抗 r_f = 0.000176 m^2·K/W，而結垢主要爲碳酸鈣，由表11-12可知沉澱物的 k_f = 2.941 W/m·K ，再由式11-27可知

$$d_f = d_i e^{\frac{-2\pi k_f r_f}{d_i}} = 0.022 \times e^{\frac{-2\pi \times 2.941 \times 0.000176}{0.022}} = 0.01898\,\text{m}$$

污垢管內的截面積 $A_{c,f} = \frac{\pi}{4} d_f^2 = \frac{\pi}{4}(0.01898)^2 = 0.000283\,\text{m}^2$

$\therefore G_{c,f} = \dot{m}_{water} / A_{c,f} = 0.5 / 0.000283 = 1767.8\,\text{kg/m}^2 \cdot \text{s}$

∴污垢傳熱管的雷諾數爲

$$\text{Re}_f = \frac{G_{c,f} \times d_f}{\mu_{water}} = \frac{1767.8 \times 0.01898}{0.001004} = 33480$$

$$f_f = 0.0791\,\text{Re}^{-0.25} = 0.005848$$

$$\Delta P_f = \frac{4L}{d_f} f_f \frac{G_{c,f}^2}{2\rho_{water}} = \frac{4 \times 10}{0.01898} \times 0.005848 \times \frac{1767.8^2}{2 \times 998.2} = 19295\,\text{Pa}$$

(2)考慮泵的功率消耗功率在新舊品中大約相同，泵的功率消耗爲

$$W_p = \frac{1}{\eta_p} \frac{\dot{m}_{water}}{\rho_{water}} \Delta P$$

其中η_p 爲泵的等熵效率(isentropic efficiency)，本例中我們假設η_p在新舊品均相同，故

$$W_{p,i} = W_{p,f}$$

$$\dot{m}_{water,C}\Delta P_C = \dot{m}_{water,f}\Delta P_f$$

新品的 $\dot{m}_{water,C}\Delta P_C = 0.5\times 9560.6 = 4780.3$

假設污垢發生後水流量降爲0.4 kg/s，則

$$\therefore G_{c,f} = \dot{m}_{water,f} / A_{c,f} = 0.45/0.000283 = 1414.2\ \text{kg/m}^2\cdot\text{s}$$

∴污垢傳熱管的雷諾數爲

$$\text{Re}_f = \frac{G_{c,f}\times d_f}{\mu_{water}} = \frac{1414.2\times 0.01898}{0.001004} = 26784$$

$$f_f = 0.0791\text{Re}^{-0.25} = 0.006183$$

$$\Delta P_f = \frac{4L}{d_f} f_f \frac{G_{c,f}^2}{2\rho_{water}} = \frac{4\times 10}{0.01898}\times 0.006183\times\frac{1414.2^2}{2\times 998.2} = 13057\text{Pa}$$

舊品的 $\dot{m}_{water,f}\Delta P_f = 0.4\times 13057 = 5222.9$ ，此值大於新品的值，因此要繼續進行疊代，經過數次疊代後可得到最後的流量將降爲0.3873 kg/s。

11-5 除垢方法簡介

由於熱交換器在應用時，結垢通常無可避免；因此，在經濟許可的情況下，使用兩組熱交換器交替使用與清理，爲一個不錯的選擇，此一消極的方法當然會增加成本，但能夠維持系統之正常與持續運轉。不過基於較爲經濟的考量，一般較可行的清理方法如下：

(1) 增加過濾裝置

可降低顆粒造成之結垢，但會增加流路壓損及泵的馬力，通常也是採用雙組過濾裝置來切換清理。

(2) 停機後的機械清理方式

這種機械方式相當多，例如

(a) 毛刷與鋼刷(見圖11-10)。

(b) 吹灰及水柱沖洗：用於燃燒爐廢氣系統中較軟性結垢之清除。

(c) 磨蝕粒子(速度需高於3m/s)：利用砂、玻璃或金屬球等在管內流動以刮除管壁上之附著物，但需注意避免對管壁本身的磨耗，也要避免這些顆粒在熱交換器分布頭之沉積。

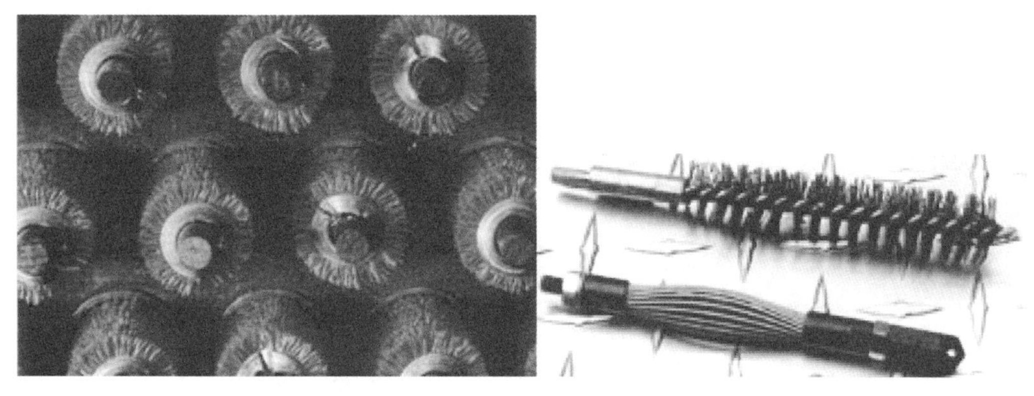

圖 11-10 典型非線上之清理方法-毛刷、鋼刷 (Courtesy of Consolidated Restoration Systems Inc.)

(d)超音波振動法：如圖11-11所示，使用超音波振動使污垢脫落，在佐以機械彈頭(bullet)來清除振落之污垢；貫穿深度及振動均可能對熱交換器產生危害，故需特別注意，通常成本很高。

(e)空氣噴射：可用於降低液體系統中沉積物之成長速率，主要是藉空氣來對液體產生擾動而產生局部紊流，可用於殼管式熱交換器之殼側。

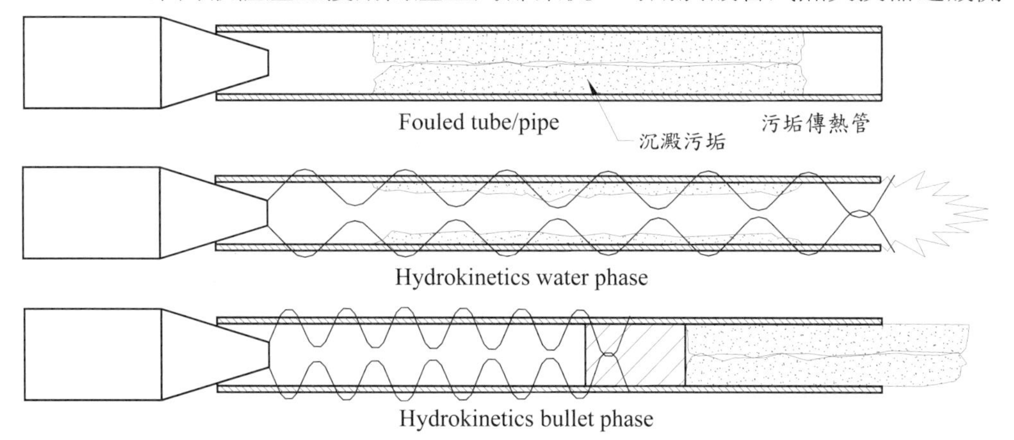

圖11-11 超音波除垢示意圖 (Courtesy of Aimm Technologies Inc.)

(3) 化學防垢處理

這需耗用大量的化學藥品以防止結垢或在管壁形成一層保護膜之腐蝕抑制劑，通常加藥方式只能延長結垢和腐蝕時間，並不能有效解決結垢問題，其缺點爲(a)當添加的劑量太多或太少時效果均不是很好；必須適度地控制化學藥劑與工作流體間的適合比率，濃度太薄可能效果不彰，而過濃又可能產生反效果傷到熱傳表面；(b)若原來的水質產生改變時，則添加劑可能就無效；(c)所有化學藥劑多少對環境污染都有影響；常用的化學除垢劑為聚磷酸(polyphosphates)、磷酸鹽(phosphonates)、磷酸酯(phosphate esters)、聚磷羧酸(polycarboxylic acid)、磷羧酸(phosphoncarboxylic)。

(4) 線上之機械清洗方式(可應用於無法使用化學處理方式之製程中)

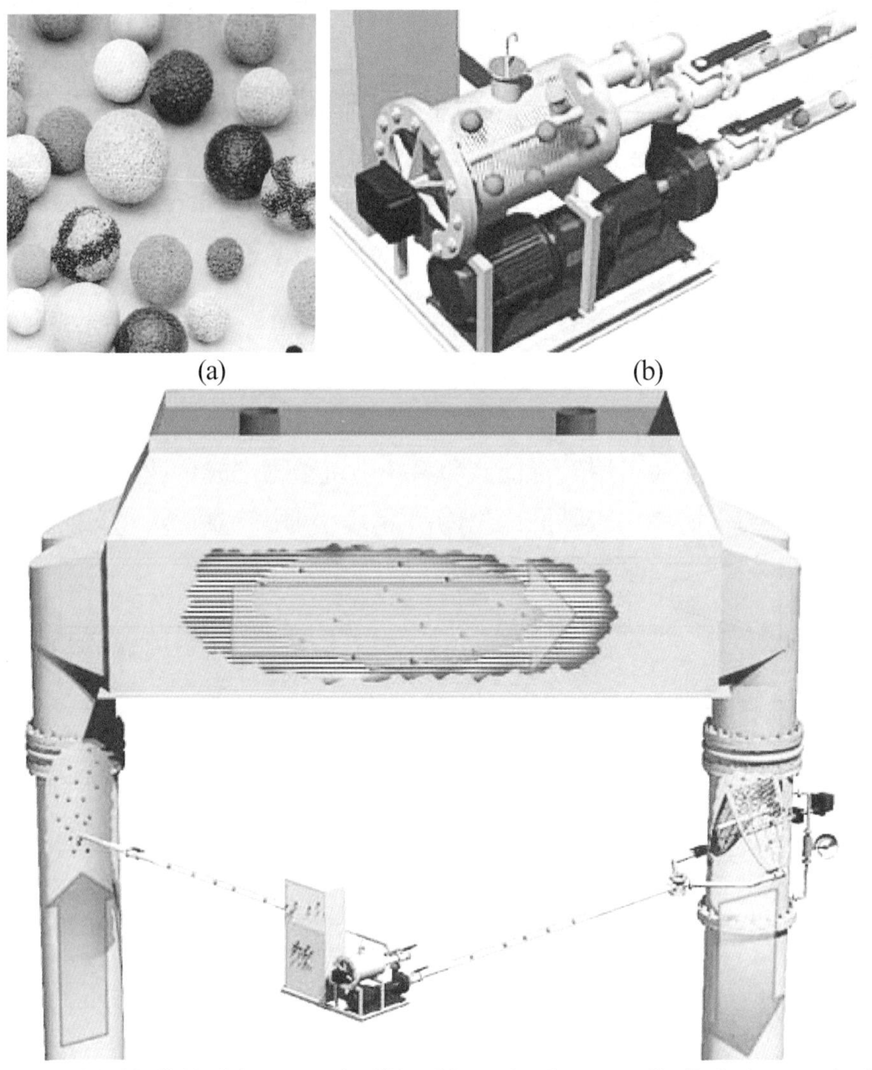

圖11-13 (a) 橡膠棉球(sponge ball)); (b) 驅動泵； (c) 橡膠棉球之工作原理 (Courtesy of WSA Inc.

(a) 橡膠棉球：如圖11-12(a)所示，常用於電廠之冷凝器中(冷卻水側之清洗)，針對顆粒、微生物、水垢及腐蝕性之附著物之清除，此方法可應用於單迴路或具U-Turn之多迴路之殼管方式熱交換器(通常是應用於管側之清理而不適用於殼側)，如用於冷卻水系統，通常和腐蝕抑制劑並用，其工作驅動泵與原理如圖11-12(b)與11-12(c)所示，通常橡膠棉球由另外一個循環系統來驅動，因此在熱交換器出口必須裝設橡膠棉球之捕捉網設計。此類裝置通常安裝成本高，但其回收亦快(尤其對大系統而言)。

(b) 刷子及籠子：如圖11-13所示，其工作原理如圖11-14所示，籠子裝於傳熱管的兩側，利用時間控制刷子正反向流動來清除污垢，此類清理方法很少應用於電力公司的冷凝器，而較常使用於工業製程中之單一熱交換器，因其不需外部循環系統，故可用於多迴路之殼管式熱交換器。和前者橡膠棉球比較時，其優點是維護費低，缺點則為中斷熱交換器之流動而破壞其穩定狀態，因此也可能造成工廠運轉中斷；另外，此法和前者一樣都可能對管壁造成磨損。

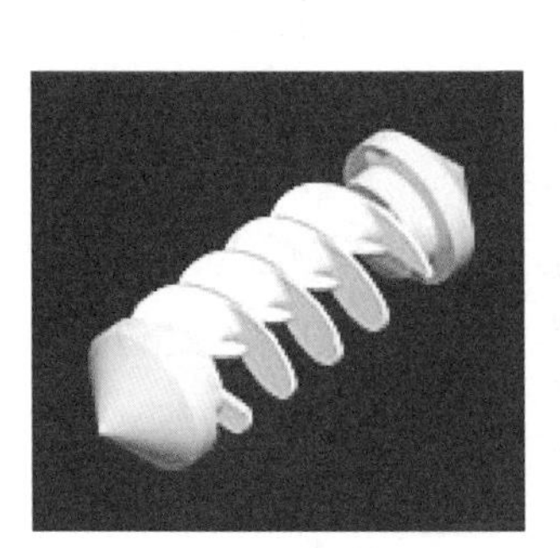

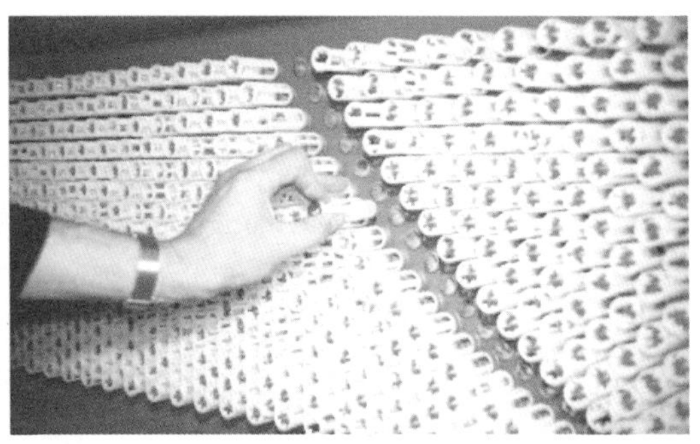

圖11-13 來回流動刷子與捕捉的籠子

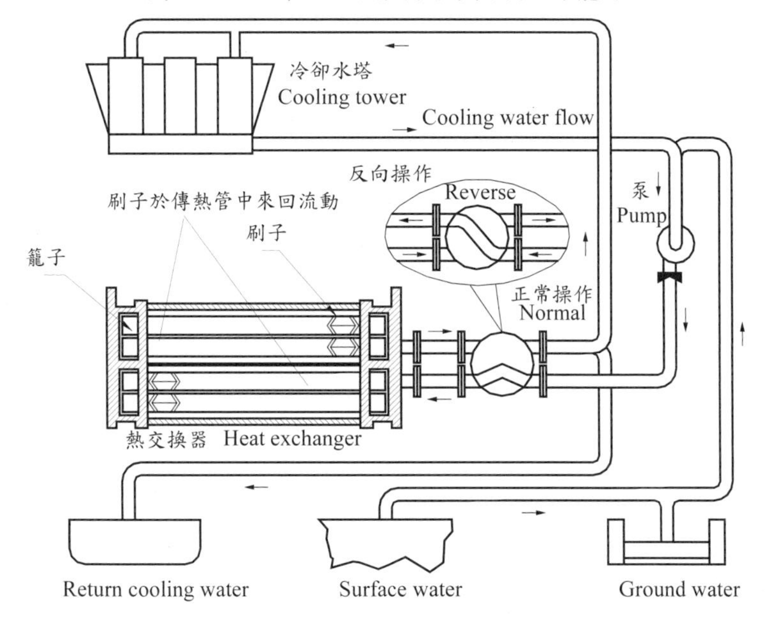

圖11-14 流動刷子與籠子之工作原理

(c)增加水流速度：通常維持在2 m/s以上，殼管式中可藉由堵住部份管子而達成，但需考慮是否減少過多熱傳面積而使熱傳量下降，而且要注意是否會因爲高速而產生剝蝕(erosion)。

(d)內部增加插入物：管內之插入物最主要是藉由流體之紊流狀況而增加熱傳效率，但也可藉由流體之擾動而降低結垢之形成，可是要避免因結垢物質在此插入物上聚集而致過高之壓降。

(e)改變溫度分布：如果溫度因素重要時，可將反向流改爲同向流，如此可避免局部溫度過高；其優點爲因熱傳面溫度會比較高，可減少水垢形成，但缺點是降低熱傳效率。

(f)利用磁場–永久磁鐵：需要磁場較強；電磁場：需要磁場較弱。目前在一般文獻中可看出其對水垢(碳酸鹽類之沉積物)有一定程度之效果，但必須注意系統之設計和安排，以利水中懸浮物之排除，同時也需和其他方式搭配，以達抑制結垢之目的。

(g)電磁式除垢器：係利用磁化法把水流經過磁場與磁力線的相交，由於磁場力的作用，破壞了它們原來與其他離子之間靜電吸引的狀態，而導致結晶條件的改變，使水中鈣、鎂等鹽類不生成堅硬的水垢，而生成鬆散泥渣，不易附著於壁上，因而防止結垢。

(h)電子式電脈動感應式：原理與電磁式一樣，只是利用交流電經一電脈動感應產生器，使通過線圈感應使水分子振動，促使鈣離子與碳酸根離子不能產生正常的結晶結構，使之產生鬆散微細沉積，故可減少水垢。

(i) 改變熱交換器材質：如係腐蝕性之結垢，則可改用抗腐蝕性較好的材料。

(j)改變加熱模式：利用加熱體本身之電阻來加熱，如感應加熱或採用微波，然而成本仍是考量重點。

(5)生物結垢之消除方法

(a) 氧化控制技術(oxidization techniques)

包括傳統的氧化殺蟲劑，諸如：氯、溴和臭氧。雖然在每種情況的化學成分稍微不同，但是主要目的都是殺死水中的「蟲」。不過，如果添加劑促成水系統中的有機物質被氧化時，可能會使殺蟲效果降低。

(b)熱處理控制技術(thermal treatments)

此方法通常稱爲「加熱殺菌法」，最早使用在製酒工業，接著在製奶和其他食品工業上大量採用。例如可將一部份的水流加熱到 90 °C左右，而將絕大多數的蟲殺掉。其目的在於藉著稀釋而有系統的加熱殺菌。如果系統中有未溶解的固體，重新結垢的可能性將大爲增加。

(c) 照射技術(irradiation techniques)

此方法在市內飲水、發酵和食品加工應用上有非常好的效果。紫外線照射的效果在於破壞微生物細胞的DNA。爲了獲致效果，照射的強度必須夠大，以穿透水流。在污濁的水系統中，有效穿透深度將嚴重降低。

(d)離子沉澱技術(ion deposition techniques)

利用添加銀和銅離子進行水的消毒，是一種令人興奮的新技術。雖然最近的硬體和軟體非常先進，但這些金屬具有消毒的特性，已經知道好幾世紀了。這些金屬的離子在恰當的濃度下，可以破壞細胞的酵素反應，使得殺菌非常有效。然而，在受污染的水中，這些離子將吸收水中有機物質，對真正目標「蟲」反而沒有產生效果。

11-6 結語

熱交換器廣泛應用於製冷、化工及能源等領域，它是許多工業應用不可少的單元設備之一。然而，在實際熱交換器的應用上，都存在著不同程度的污垢問題。污垢的存在使換熱器的傳熱能力降低、介質流動阻力增大，由此而造成了一系列的經濟損失，因此污垢問題已成爲熱交換器設計、運作與保養維護的一個重要課題。故在熱交換器性能評估中，適度地考慮污垢的影響，才能比較全面地反映熱交換器的性能。爲此，本章節提供一些熱交換器污垢影響的一些基本資訊，讓讀者在實際運用上可以適度的參考。

主要參考資料

ESDU 86038, Engineering Science Data Unit, 1986. Fouling of heat exchanger surfaces: general principles. London, International plc.

ESDU 88024, Engineering Science Data Unit, 1986. Fouling in cooling water systems, International plc.

Hewitt G.F., Shires G.L., Boll, T.R., 1994. *Process Heat Transfer*. CRC press.

Hewitt G.F., ed., 1998. *Heat Exchanger Design Handbook*, Begell house Inc.

Kakaç, S., Shah, R. K., Aung, W., ed. 1987. *Handbook of Single-Phase Convective Heat Transfer*. Wiley, New York.

Kakaç, S., Liu H., 2002. *Heat Exchangers*. 2nd. Ed., CRC Press Ltd.

Kern, D.Q., Seaton, A., 1959. A theoretical analysis of thermal surface douling. *Br. Chem. Eng.*, 4:258-262.

Marner, W.J., Suitor, J.W., 1987, Fouling with convective heat transfer. in *Handbook of Single-Phase Convective Heat Transfer*.

Rohsenow, W.M., Hartnett, J.P., Cho Y.I., 1998. *Handbook of Heat Transfer*. 3rd ed., McGraw-Hill.

TEMA, 1978. Standard of Tubular Exchanger Manufactures' Association, 6th edition, TEMA, New York.

Watts, R. L., and Levine, L. O., 1984. Monitoring Technology Trends with Patent Data: Fouling of Heat Exchangers - A Case Study. presented at the 22nd National Heat Transfer Conference and Exhibition Niagara Falls, New York, August 5-8.

Chapter 12

熱交換製程整合技術

Process Integration – Pinch Technology

12-0 前言

在前述的章節中，筆者介紹了很多種型式的熱交換器與相關的熱流設計方法，合理的熱流設計當然可以適度的提升系統的運轉效率，節省不必要的能源耗費，讀者要切記，21世紀是一個能源合理使用的世紀，現有能源如石油、煤、天然氣等等能源將逐漸枯竭，因此節省能源將是一個重大的課題，值得大家努力。

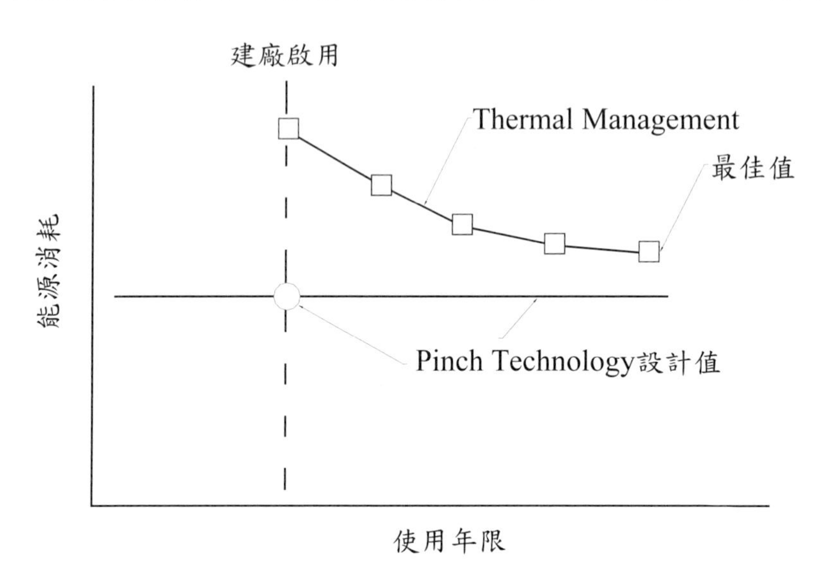

圖12-1 Thermal Management vs. Pinch Technology

在實際應用上，不管是一般化工廠、石化工廠、食品製造工廠、或是機械工廠；通常這些工廠中都有相當多的熱交換器，這是因爲熱交換器是最常見的能源轉換單元，在這麼多的熱交換器中，免不了有一些廢熱與廢冷，如果將這些廢熱與廢冷直接排放掉，不僅浪費寶貴的能源，也可能污染環境；因此回收製程系統中的這些廢熱廢冷就是本章的主題，本章以Pinch Technology作爲熱回收的主軸，這個方法與常見的Thermal management不同，已往的Thermal management是藉由建廠後長期的監控與查核，再逐步地去調整與改善耗能與沒效率的設計(如圖12-1所示)，透過系統監控與能源查核，沒有效率的能源耗費得以逐步改善，如此逐漸調整後，或許可於建廠數年後甚至是一、二十年後達到「最佳狀態」；Pinch Technology的觀念則完全不同，於建廠時就已通盤考慮，將整廠的能源規劃予以適當的設計安排，因此在建廠時能源消耗就已達到最佳狀況，而且透過此一觀念設計的引進，能源消耗甚至還比Thermal Management的最佳狀態值還低(見圖12-1)。

12-1 複合負載曲線(Composite Curve)

12-1-1 製程整合設計的步驟

製程整合Pinch Technology為一系統化的設計流程，設計過程可說明如下：

(1) 收集製程資料。

(2) 進行能量與質量的平衡。

(3) 從這些資料中取出Pinch Technology所需要的資料。

(4) 由這些資料中，選擇所需要的最小溫差。

(5) 算出能源設計的標的與Pinch點。

(6) 檢查當製程改變時，此一設計是否得當，如果需要，可以再次進行調整，重新計算。

(7) 設計符合能源標的的熱交器網路。

(8) 根據實際節能的考量，將此一熱交換器網路適度的調整。

(9) 進行經濟分析，根據分析結果來判斷最佳的選擇。

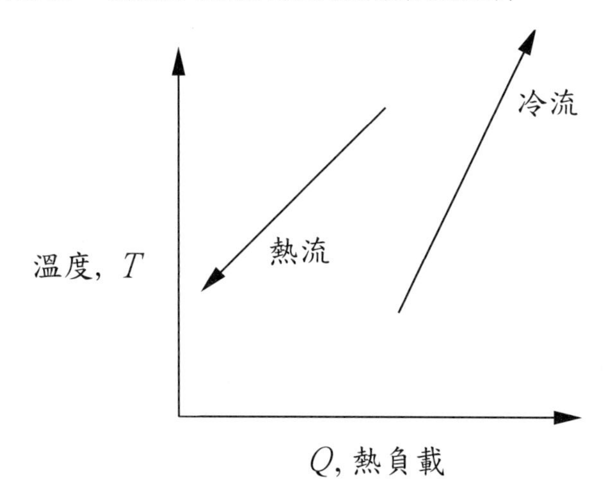

圖12-2 熱流、冷流示意圖

12-1-2 製程整合設計的一些基本定義

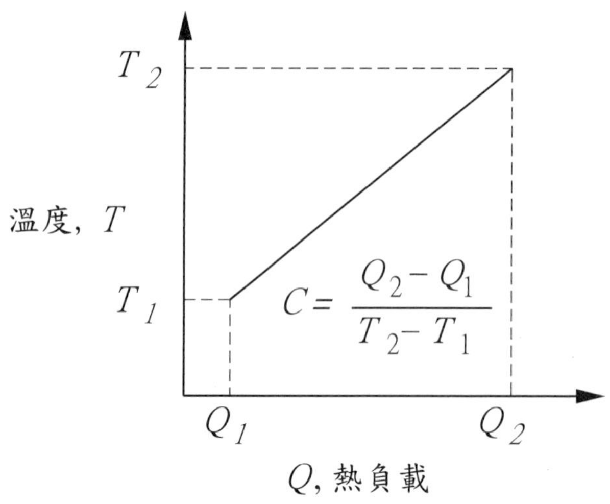

圖12-3 C與熱負載及溫差間的關係

在製程整合設計中，常會用到Stream(流)這個字眼，所謂Stream係指任何物流(Material flow)在製程中經過熱焓量改變的過程；所以，Hot stream(熱流)爲製程中，熱焓量下降的物流。而Cold stream (冷流)爲製程中，熱焓量上升的物流，由此一定義，熱流的溫度未必高於冷流(見圖12-2)，在Pinch的分析中經常要使用到熱容量流率，此一熱容量流率的定義與第二章的熱容量流率相同，在第二章中 $C = \dot{m}c_p$，即$C = \dot{m}c_p = \dfrac{Q}{\Delta T}$(見圖12-3)，在$T$-$Q$曲線中，$C$值剛好爲斜率的倒數。

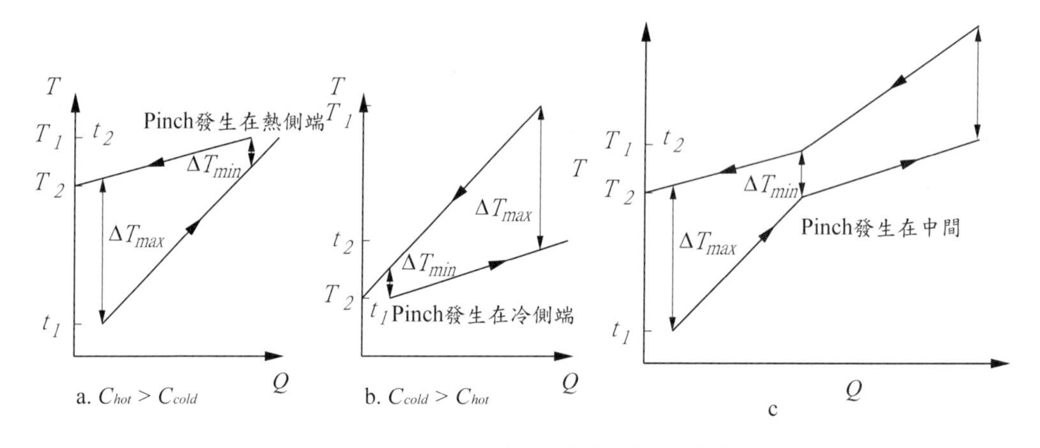

圖12-4 ΔT_{min}與熱負載間的關係

所謂Pinch(狹點)，就是熱流與冷流間於溫度-負載曲線(T-Q curve)中的最小溫度差，見圖12-4，此一最小溫差可以由ΔT_{min}來表示，在圖12-4中，ΔT_{min}可以發生在冷流或熱流的進出口(圖12-4(a)與12-4(b))，但大多數的應用上，ΔT_{min}多發生在中間部位(如圖12-4(c))，整個Pinch設計技術，就是以ΔT_{min}爲核心再展開，熱負載Q的絕對值並無實質意義，我們最後要的是最後所需要的熱量負載，即$Q_2 - Q_1$。

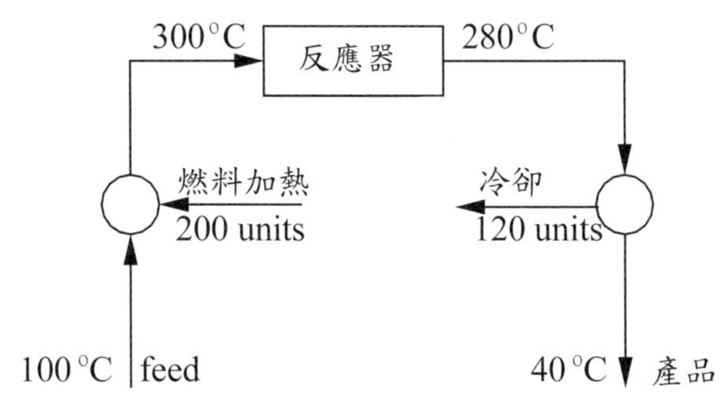

圖12-5 簡易設計案例示意圖

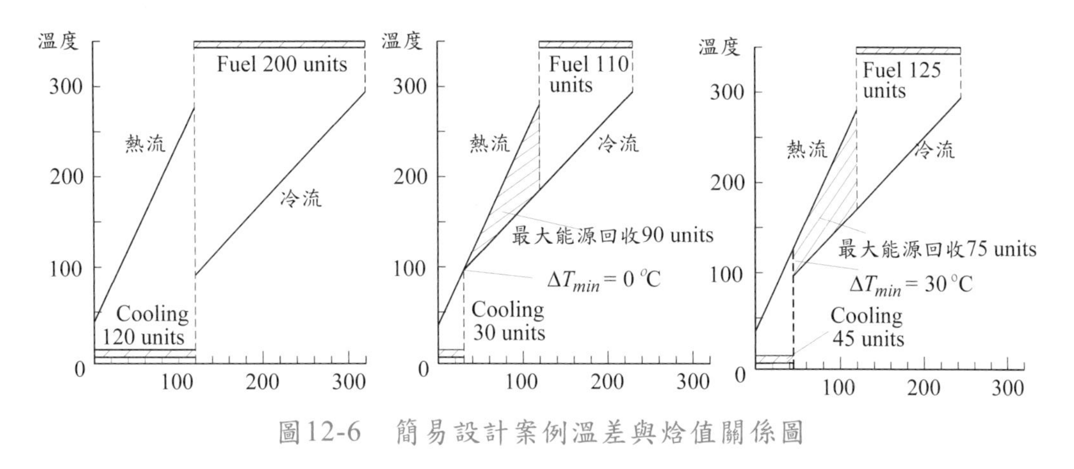

圖12-6 簡易設計案例溫差與焓值關係圖

接下來，筆者以一個簡單的案例來說明Pinch的設計應用，如圖12-5所示，考慮一個製程的需要如下：某一原料的進溫爲100°C，經過外加的燃料加熱預熱到300°C，然後置入反應器反應後轉變爲半成品(半成品的溫度爲280°C)，隨後必須將半成品降溫成最後的40°C成品。假設原料的 c_p 爲半成品與成品的一半；顯然，整個過程中需要外加燃料的加熱與冷卻的降溫，如果不考慮熱回收的問題，則原料從100°C加熱到300°C需要200個單位的燃料，而半成品從280°C降溫到40°C需要120個單位的冷卻量(注意：這是因爲原料的c_p 爲半成品與成品的一半)，因此可將冷流與熱流的熱負載與溫差間的關聯表示成圖12-6(a)；這樣的設計當然不好，因爲同時使用了大量的熱源(heat source)與冷源(heat sink)，如果可以適度的將冷流與熱流熱交換，將可以回收部份的能源；因此接下來的問題是究竟可以回收的最大能源爲何？此時可將圖12-5(a)中冷流線慢慢的平行左移，當此一冷流線與熱流線相交時ΔT_{min} = 0°C，這個時候可以發現僅需外加110個單位的燃料而僅需要30個單位的冷源，換句話說，外加的熱源與冷源的需求降到最小。然而在實際應用上，ΔT_{min}不可能爲 0°C，這是因爲若溫差爲0°C，熱回收的熱交換器的面積將趨近無窮大($A = Q/U/\Delta T_m$)，因此會有一個設計上的最小溫差，當然溫差越小熱交換器的尺寸就越大，起始投資成本也就越高昂，但是運轉成本就比較低，相反的，溫差越大熱交換器的尺寸就越小，起始投資成本低但運轉成本就比較高，所以最合適的最小溫差最好是取得兩者的折衷考量後的設計，有關最合適的最小溫差的估算，將於隨後交代。以本例而言，若ΔT_{min} = 30°C，則熱回收的最大能力爲75個單位(見圖12-6說明)，此一熱回收設計可由圖12-7來說明。

上述的設計案例中，使用到一個非常重要的圖，即圖12-6，我們稱之爲複合負載曲線(composite curve)，這個曲線代表熱流與冷流溫度變化與能量負載間的關聯；在一般的應用上，複合負載曲線不會像圖12-6如此簡單，這是因爲實際應用上的熱流與冷流可能相當的多，下面我們以一個例子來說明如何來畫出複合負載曲線。

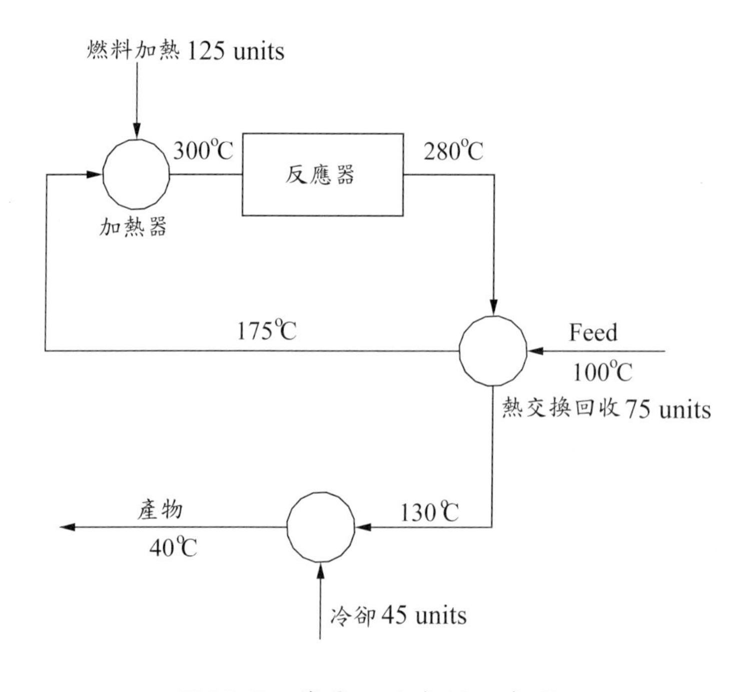

圖12-7　簡易設計案例示意圖

例12-1-1：考慮一單一流程製程的工廠，擁有熱流A(要求從200°C降溫至70°C，其流量爲10 kg/s，平均比熱爲1.1 kJ/kg·K)、熱流B(要求從150°C降溫至40°C，其流量爲8 kg/s，平均比熱爲2.0 kJ/kg·K)、熱流C(要求從120°C降溫至50°C，其流量爲12 kg/s，平均比熱爲3.0 kJ/kg·K)、熱流D(要求從210°C降溫至140°C，其流量爲2 kg/s，平均比熱爲6.0 kJ/kg·K)及冷流X(要求從20°C昇溫至180°C，其流量爲16 kg/s，平均比熱爲2.0 kJ/kg·K)、冷流Y(要求從20°C昇溫至180°C，其流量爲4 kg/s，平均比熱爲1.8 kJ/kg·K)、冷流Z(要求從250 °C昇溫至320°C，其流量爲16 kg/s，平均比熱爲2.0 kJ/kg·K)，假設熱流與冷流的Pinch溫度爲20°C，根據上述製程資料，試繪出複合耗能曲線。

12-1-1 解：

要繪出複合負載曲線，步驟如下：

(1) 首先將冷流與熱流的資料分開分別處理。

(2) 以熱流爲例，列出各個stream的資料，本例中的c_p 爲定值，但在許多實際應用中，c_p可能變化很大，此時要將各個溫度區間的 c_p變化列入考慮，最簡單的方式可取該熱流或冷流的進出口平均值，但特別提醒讀者此一做法僅適用單相的流體，如果其中牽涉到相變化，必須考慮整體熱焓的變化。

(3) 計算每一個溫度區間的熱容量流率 $C = \dot{m}c_p$ 。

(4) 將熱流的溫度由小到大，重新排序。

(5) 將各個區間的各個熱容量加總，$C_{sum} = \sum C_i$，請特別注意一個原則，各個熱流的熱容量流率的貢獻僅在自己的溫度區間內，例如熱流C的貢獻僅在120度到50度間，在其他區間的貢獻度爲0。

(6) 計算各個區段間的傳熱量，並累計期總熱傳量 $Q_i = Q_{i\text{-}1} + C_{sum}\Delta T$。

(7) 畫出排序溫度與Q_i的圖形。

(8) 根據給定的Pinch的最小設計溫度，可固定熱流曲線，平行移動冷流曲線，當熱流與冷流的最小溫差等於Pinch最小溫度時，這個熱流與冷流曲線稱之爲複合負載曲線；請讀者特別留意，這個位置一定是發生在轉折點或端點的位置上。

本例題的計算過程與結果如下表 ，請特別留意計算過程。

表12-1 例12-1計算表

流 stream	溫度 (°C)	$\dot{m}$ (kg/s)	c_p (kJ/kg K)	C $\dot{m}c_p$	排序溫度	C	C_{sum}	ΔQ_i (kW)	Q (kW)
熱流						A+B+C+D			
A	200				40				0
		10	1.1	11		0+16+0+0	16	= 16×(50−40) = 160	
	70				50				= 0+160 = 160
						0+16+36+0	52	= 52×(70−50) = 1040	
B	150				70				=160+1040 = 1200
		8	2	16		11+16+36+0	63	= 63×(120−70) = 3150	
	40				120				= 1200+3150 =4350
						11+16+0+0	27	= 27×(140−120) = 540	
C	120				140				= 4350+540 = 4890
		12	3	36		11+16+0+12	39	= 39×(150−140) = 390	
	50				150				= 4890+390 = 5280
						11+0+0+12	23	= 23×(200−150) = 1150	
D	210				200				= 5280+1150 = 6430
		2	6	12		0+0+0+12	12	= 12×(210−200) = 120	
	140				210				= 6430+120 = 6550
冷流						X+Y+Z			
X	20				20				0
		10	1	10		10+0+0	10	= 10×(150−20) = 1300	
	180				150				= 0+1300 = 1300
						10+20+0	30	= 30×(180−150) = 900	
Y	150				180				= 1300+900 = 2200
		8	2.5	20		0+20+0	20	= 20×(250−180) = 1400	
	300				250				= 2200+1400 = 3600
						0+20+24	44	= 44×(300−250) = 2200	
Z	250				300				= 3600+2200 = 5800
		6	4	24		0+0+24	24	= 24×(320−300) = 480	
	320				320				= 5800+480 = 6280

這個計算結果可以圖12-8(a)來說明，此圖看來令人有點疑惑，因爲冷流與熱流彼此交叉而且不知道有什麼用途？這個時候就可以使用步驟8來移動冷流曲線，當移動到最小溫差20°C的Pinch最小溫度差位置時，可得到圖12-8(b)的複合負載曲線，這個複合負載曲線代表什麼意義呢？由圖12-8(b)可看出這個製程在

Pinch最小溫度差時，消耗的能源可分爲三個部份，即(1)需要外加的最小冷源；(2)可回收的熱源；與(3)需要外加的熱源。在能源有效供給的需求中，最好能回收越多的能源，步驟(1)與(3)都必須外加熱源與冷源，因此設計上要儘量減小。換句話說，藉由複合負載曲線，我們可以同時知道要添購多少加熱與冷卻裝置與回收熱交換器的大小，以本例題而言，所要外加的熱源與冷源大約分別是 4170 kW與 4440 kW。

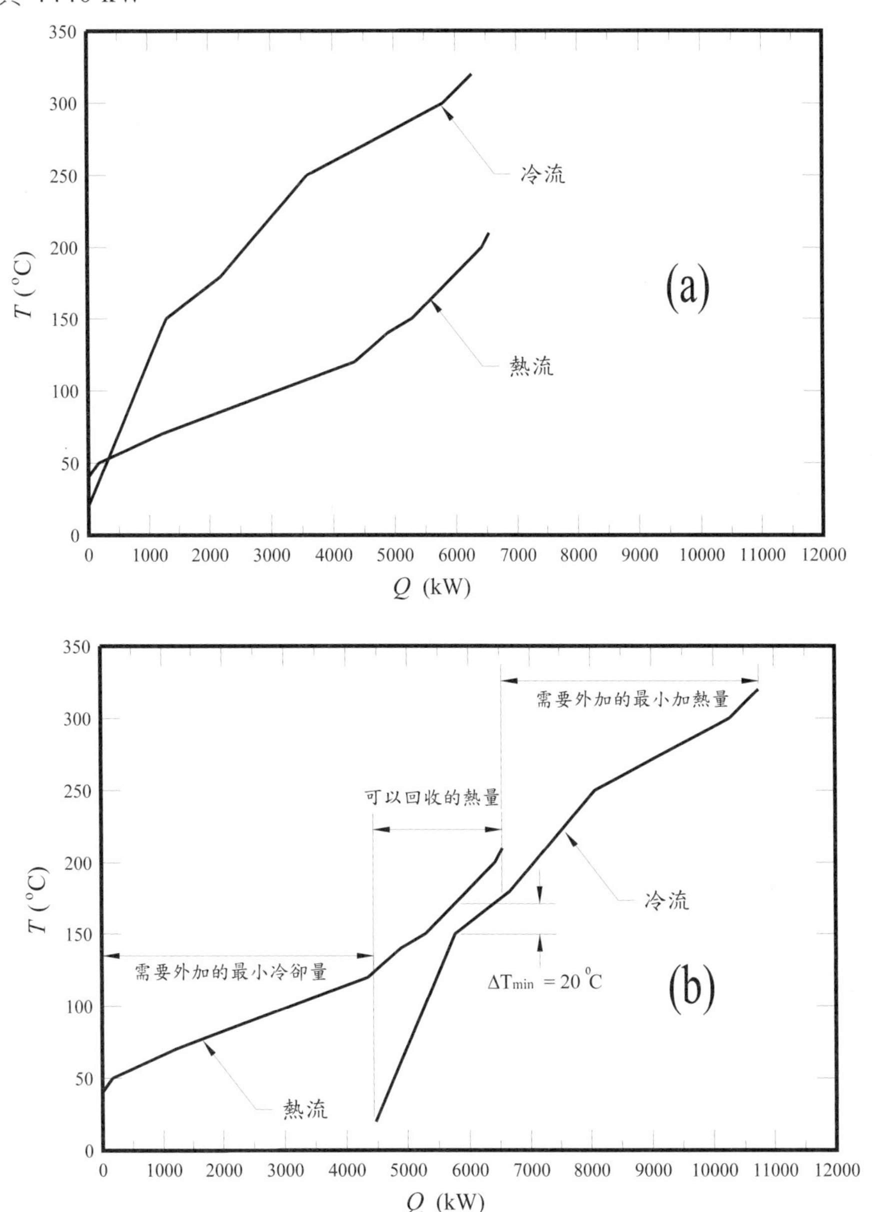

圖12-8　例12-1計算結果圖示

12-2 總複合負載曲線 (Grand Composite Curve)

12-2-1 總複合負載曲線與中間溫度

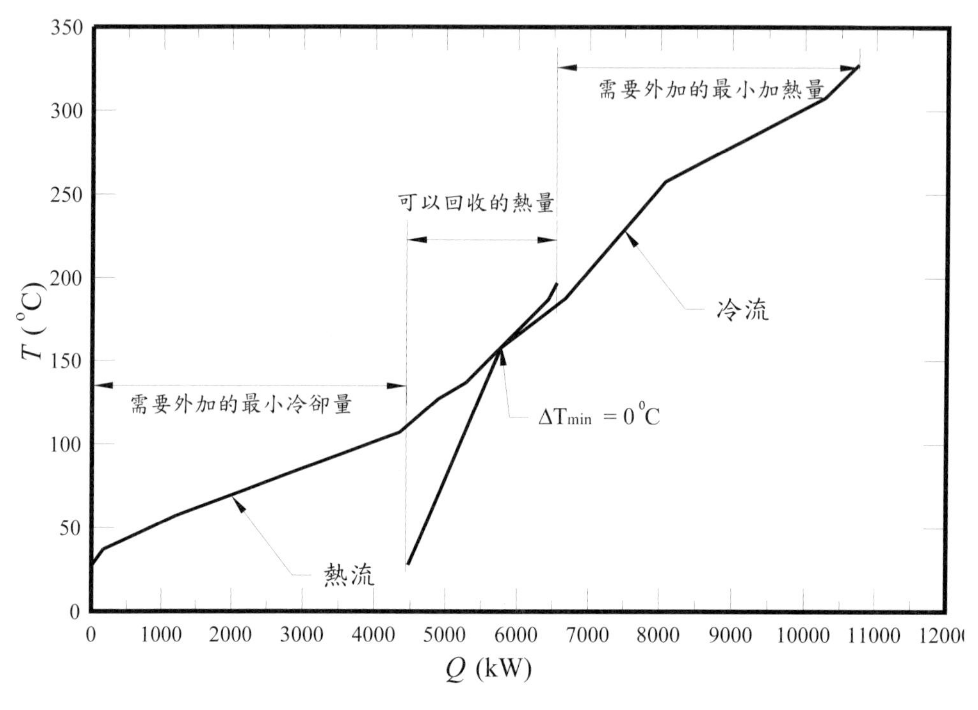

圖12-9 中間溫度

上述的設計案例中，使用到了一個非常重要的圖，即複合負載曲線(composite curve)，這個曲線在使用上仍嫌複雜，因爲必須適度的平行移動冷流到Pinch的最小溫度差，使用上不甚方便而且可能造成人爲判斷的誤差，因此可藉由總複合負載曲線的使用來避免這個誤差，總複合負載曲線使用了一個重要的參數–中間溫度(Interval Temperature)，其定義爲將原有的熱流溫度減掉$\Delta T_{min}/2$，而原有的冷流溫度加上$\Delta T_{min}/2$，因此熱流與冷流溫度會彼此上下平移而在Pinch點上交會，以上例而言，此一中間溫度可由圖12-9所示，藉由中間溫度的顯示，可將最小溫度下，可以回收的熱交換量消除，因此剩下的僅是所需要外加的最小冷源與所需要外加的熱源。

12-2-2 總複合負載曲線計算的流程

總複合負載曲線的計算需要搭配使用問題表(Problem Table)，問題表的製作與繪出總複合負載曲線的步驟如下：

(1) 將熱流與冷流的溫度以中間溫度表示，即原有的熱流溫度減掉$\Delta T_{min}/2$，而原有的冷流溫度加上$\Delta T_{min}/2$，並將各個區段間的C_i值列入表格中。

(2) 將所有的中間溫度混和排序(包括熱流與冷流)，由最高溫度排到最低溫度。

(3) 將各個區間的各個熱容量流率加總，$C_{sum,i} = \Sigma(C_{hot,i} - C_{cold,i})$。

(4) 算出各個區間的熱量 = $\Delta Q_i = C_{sum,i}\Delta T$。

(5) 由最高溫度開始，首先將最高溫度的Q_i定義為零，然後依序隨溫度下降時，累計實際的總熱傳量$Q_i = Q_{i-1} + C\Delta T$。

(6) 找出步驟(5)計算出的最小值，然後將此值定義為零(因此其他區間中不是零的值，必須加上這個最小值，例如最小值為−5000 kW，某一區間的值為 −2000 kW，則將最小值(−5000 kW)定義為零後，此一「某一區間」的值將變為−2000−(−5000) = 3000 kW。

(7) 由步驟(6)算出的結果，表的第一與最後一欄代表所需要外加的最小熱源與外加的最小冷源，此一表格稱之為問題表。

(8) 將問題表的最後一個欄位與中間溫度作圖，稱之為總複合負載曲線。

筆者將以下面的計算例來說明。

例12-2-1：同例12-1-1，試繪出總複合負載曲線。

12-2-1 解：

首先將熱流與冷流的溫度減去(或加上)$\Delta T_{min}/2$後可得中間溫度，依據中間溫度排序後，再以上述介紹的計算步驟可得下表；一個計算原則是區間運算原則，也就是能量的計算的熱容量流率要取區間值的總合，這個計算結果的總複合負載曲線可以由圖12-10來說明，由圖12-10可看出這個製程在Pinch溫度下，所需要外加的最小冷源與熱源。而表12-2即為計算的結果：

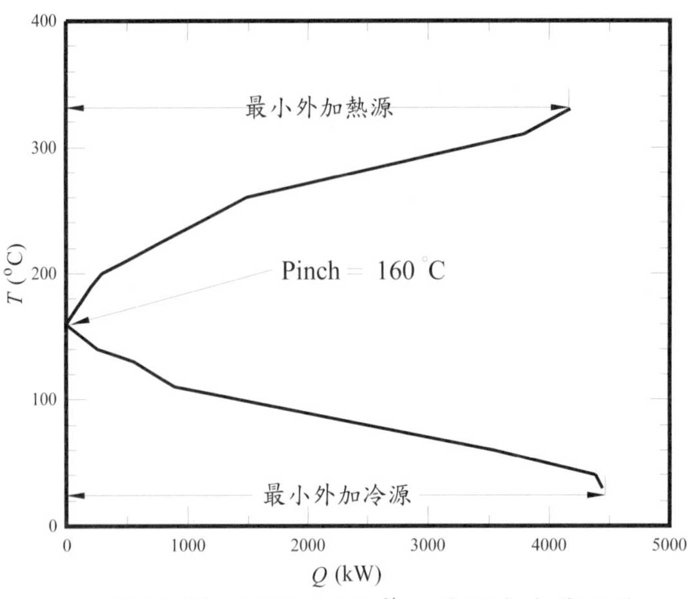

圖12-10 例12-2-1計算之總複合負載曲線

表12-2 總複合負載線問題表

中間溫度 (°C)	C (kW/K) $C_{hot,i}-C_{cold,i}$ (A+B+C+D) − (X+Y+Z)	加總 C_{sum}	ΔQ $=C_{sum}\Delta T$ (kW)	累計 Q (kW)	最後計算結果 (kW)
330	(0+0+0+0)−(0+0+24)	−24	−480	0	4170 = (Q + 最小值)
310	(0+0+0+0)−(0+20+24)	−44	−2200	−480	3790
260	(0+0+0+0)−(0+20+0)	−20	−1200	−2680	1490
200	(0+0+0+12)−(0+20+0)	−8	−80	−3880	290
190	(11+0+0+12)−(10+20+0)	−7	−210	−3960	210
160	(11+0+0+12)−(10+0+0)	13	260	−4170 (最小值)	0
140	(11+16+0+12)−(10+0+0)	29	290	−3910	260
130	(11+16+0+0)−(10+0+0)	17	340	−3620	550
110	(11+16+36+0)−(10+0+0)	53	2650	−3280	890
60	(0+16+36+0)−(10+0+0)	42	840	−630	3540
40	(0+16+0+0)−(10+0+0)	6	60	210	4380
30				270	4440

12-3 PINCH TECHNOLOGY 的三大原則

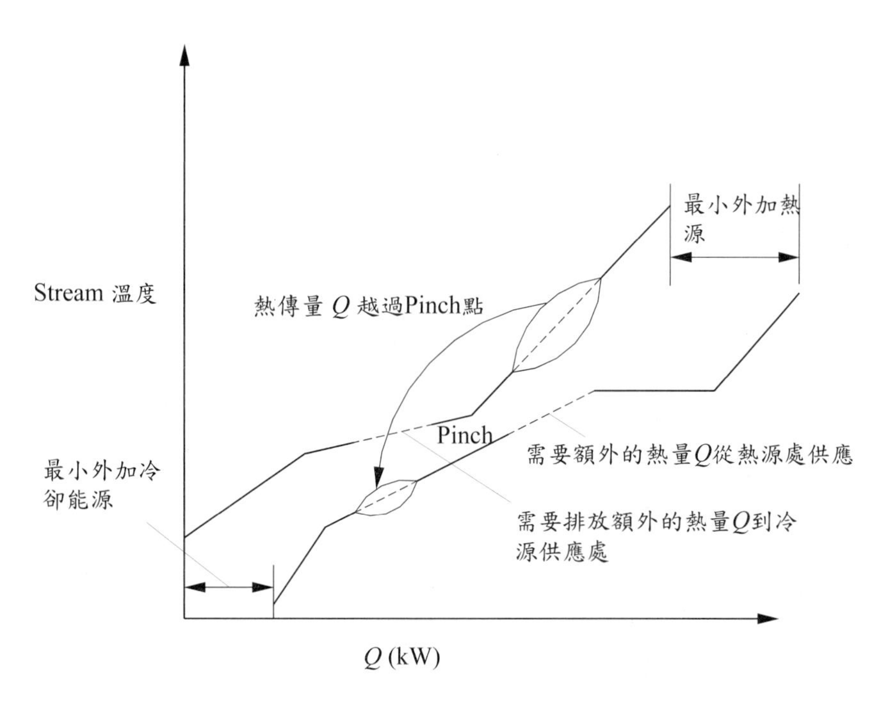

圖12-11 熱傳設計穿越Pinch的缺失

12-3-1 Pinch三大原則

製程整合通常也稱之爲Pinch技術，Pinch爲工廠製程整合分析的核心，當一個工廠(或整個製程)能源需求的複合負載曲線決定後，接下來的就是要如何來設計熱交換器來滿足複合負載曲線的設計需求，在這個設計上，Pinch技術提供了三大黃金原則(three golden rules)來設計連結熱交換器，三大原則如下；

(1) 熱交換器的網路設計連結，不可以穿越**Pinch** 點。
(2) 在**Pinch**的右上半部設計上，不要使用外加的冷卻源。
(3) 在**Pinch**的左下半部的設計上，不要使用外加的加熱源。

以(1)而言，如果在熱回收的設計上，熱交換穿過Pinch點(如圖12-11)，即Pinch右上方的熱源與Pinch左下方有連結的熱交換(假設此一熱交換量爲Q)，結果本來可以用來加熱Pinch右上方的冷流的熱流必然少掉了Q，因此必須要多使用外加的熱源Q來達到製程的需求；同樣地，本來可以用來冷卻Pinch左下方的熱流的冷源必然少掉了Q，因此必須要多使用外加冷卻源Q來達到製程的需求，這個設計結果造成了雙重的損失。黃金原則(2)與(3)也是同樣的道理。

因此，可以簡單的下一個結論，如果製程設計無法滿足原先總複合負載設計的需求，一定是設計上違反了三大黃金原則。

12-3-2 熱交換器網路安排設計

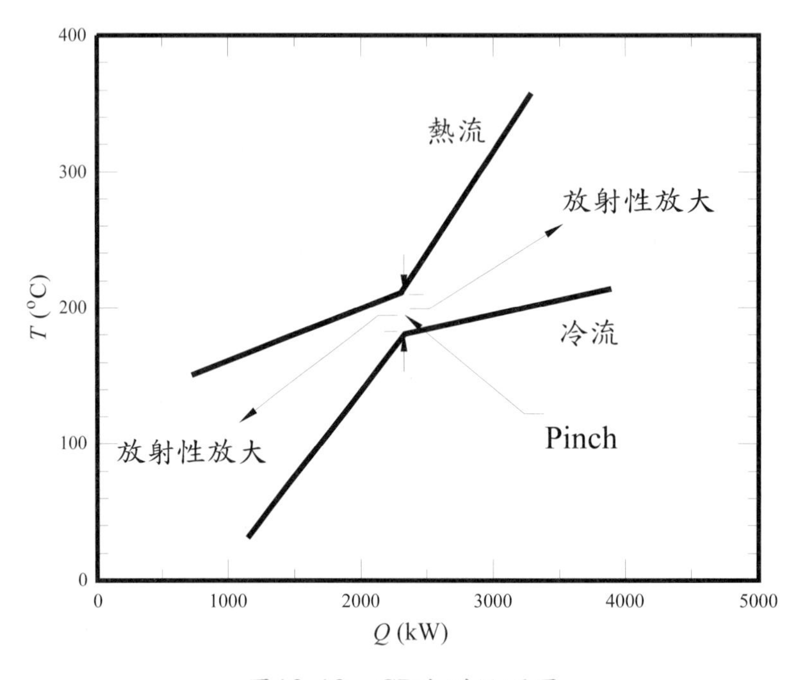

圖12-12 CP法則說明圖

在完成整個製程設計中總能源負載曲線後，基本上已完成整體能源利用的最佳安排，接下來的工作就是如何安排設計熱交換器網路，來達到此一最佳設計；製程整合熱交換器的安排受限於三大原則，由於熱交換設計不可以通過Pinch點，因此在安排設計上可以分爲兩個部份，也就是在Pinch溫度上的熱交換器設計與Pinch溫度下的熱交換器設計，而且不管是Pinch溫度上或溫度下，應以Pinch點出發向上或向下設計。在Pinch溫度上(或下)的冷熱流數目可能不盡相同，因此要彼此撮合這些冷熱流來達成能源回收的目的，當然要考慮到冷熱流的溫度分布、冷熱流彼此間的距離是否相近(可以減少連接的管路與熱量的傳送過程的損失)、熱交換器設計是否容易(含熱流設計、冷媒相容性、腐蝕性與交叉污染等問題)；但是這些基本原則如果與CP原則牴觸時，則以CP原則優先，下面將進一步介紹一些重要的熱交換器安排原則。

(1) CP 原則

所謂CP原則其實就是Pinch技術的先天特性，如圖12-12所示，考慮一個典型的複合負載曲線，由於Pinch位置點爲熱流與冷流間的最小溫差，因此可以理解在Pinch的上下冷熱流曲線就呈現放射狀的放大(divergence)，因此在Pinch點的上方，熱流的C值應比冷流的C值小；反之在Pinch點的下方，熱流的C值應比冷流的C值大，因此在熱交換器的選取與匹配上，一個比較好的方法就是要將冷熱流的C值由大到小排序，再來進一步篩選，根據Pinch點的上方或下方，撮合的熱交換器要滿足C值的特性，如果不符合，則可能造成Pinch點並不是位於最小溫差點的結果！因此Pinch technology特別適用於Pinch點上下方呈現放射狀的放大，尤其是此一現象特別明顯的狀況。

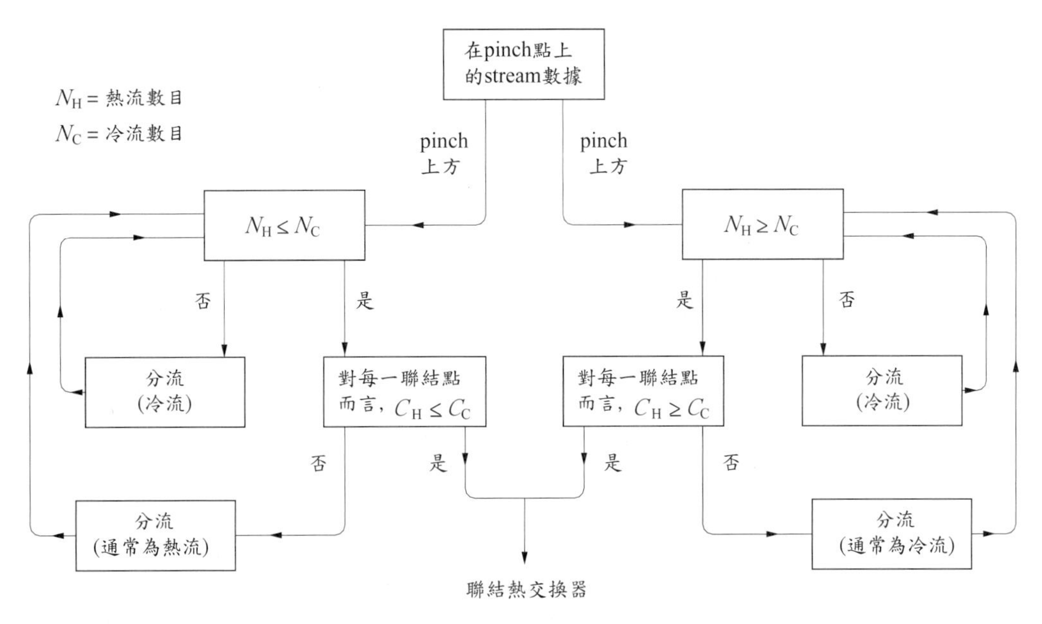

圖12-13　CP法則判斷流程

但是在這個撮合的過程中，通常熱流數目不會剛剛好等於冷流的數目，以Pinch點上方而言，如果冷流數目大於熱流數目，則可以直接以加熱設備用於多餘的冷流上面或將冷熱流在較高溫度上以熱交換器配對；然而，如果熱流數目大於冷流數目時，加熱設備將無法直接用來加熱熱流(因爲這將違反三大原則)，因此冷流必須分流，在適當的選配後，多餘的冷流再佐以外加的加熱設備。同樣的道理，在Pinch點下方時，如果熱流數目大於冷流數目，則可以直接以冷卻設備用於多餘的熱流上面或將冷熱流在較低溫度上以熱交換器配對；然而，如果熱流數目小於冷流數目時，冷卻設備將無法直接用來冷卻冷流，因此熱流必須分流，在適當的選配後，多餘的熱流再佐以外加的冷卻設備。

CP法則的設計流程可參考圖12-13，當符合CP法則後，要以熱交換器連接冷熱流時，通常連結冷熱流時，可能有幾種熱交換器選擇，讀者要特別注意不可以有溫度交叉的現象(即冷流入口溫度低於熱流出口溫度，或冷流出口溫度高於熱流進口溫度)，這是因為不可能有熱交換器可以達成這樣的結果。

下面筆者以12-2節的計算例子來說明熱交換器的安排，首先從冷熱流的數據中，可以觀察出熱流A、D與冷流X均通過Pinch點，由於Pinch溫度點為160°C，因此考慮利用的熱源溫度應從170°C ($160°C+\Delta T_{min}/2$)開始而冷源應從150°C ($160°C-\Delta T_{min}/2$)開始，設計上的考量分成Pinch上下方兩部份來進行如下：

Pinch 下方的熱流

A：C= 11 kW/K，從170°C到70°C所需要冷卻的能量為

$$Q_A = 11 \times (170 - 70) = 1100 \text{ kW}$$

D：C= 12 kW/K，從170°C到140°C所需要冷卻的能量為

$$Q_D = 12 \times (170 - 140) = 360 \text{ kW}$$

Pinch 下方的冷流

X：C= 10 kW/K，從20°C到150°C可利用的冷源能量為

$$Q_X = 10 \times (150 - 20) = 1300 \text{ kW}$$

由於$N_H (= 2) > N_C (= 1)$，而且第二個條件($C_H \geq C_C$)顯然滿足，因此無須作任何分流，所以可以直接將熱交換器予以連結，例如先將D與X連結熱交換器(E1)， 故X通過熱交換器E1的出口溫度為 = $150-12\times(170-140)/10$ = 114°C，然後再以此一出口的溫度的X來冷卻A；故第二個熱交換器E2可以用來連接A與X，而A的出口溫度為= $170-10\times(114-20)/10 = 84.55$°C，此時，已無多餘冷流來冷卻Pinch下方的熱流，因此A、B、C另需三個額外的冷卻器來冷卻(見圖12-13說明)。讀者可以檢查三個冷卻熱交換器所需要的能量如下：

$$C1+C2+C3 = 11\times(84.55-70)+16\times(150-40)+36\times(120-50) = 4440 \text{ kW}$$

這個計算結果符合總複合耗能曲線的最佳值的要求，因此Pinch下方的熱交換器的網路安排可以達成Pinch的最佳設計，接下來考慮Pinch上方的熱交換器安排。

Pinch 上方的熱流

A：C= 11 kW/K，從170°C到200°C可利用的熱源爲

$$Q_A = 11\times(200-170) = 330\text{ kW}$$

D：C=12 kW/K，從210°C到170°C可利用的熱源爲

$$Q_D = 12\times(210-170) = 480\text{ kW}$$

Pinch 下方的冷流

X：C= 10 kW/K，從150°C加熱到180°C所需要的能源爲

$$Q_X = 10\times(180-150) = 300\text{ kW}$$

Y：C=20kW/K，從150°C加熱到300°C所需要的能源爲

$$Q_Y = 20\times(300-150) = 3000\text{ kW}$$

Z：C= 24 kW/K，從250°C加熱到320°C所需要的能源爲

$$Q_Z = 24\times(320-250) = 1480\text{ kW}$$

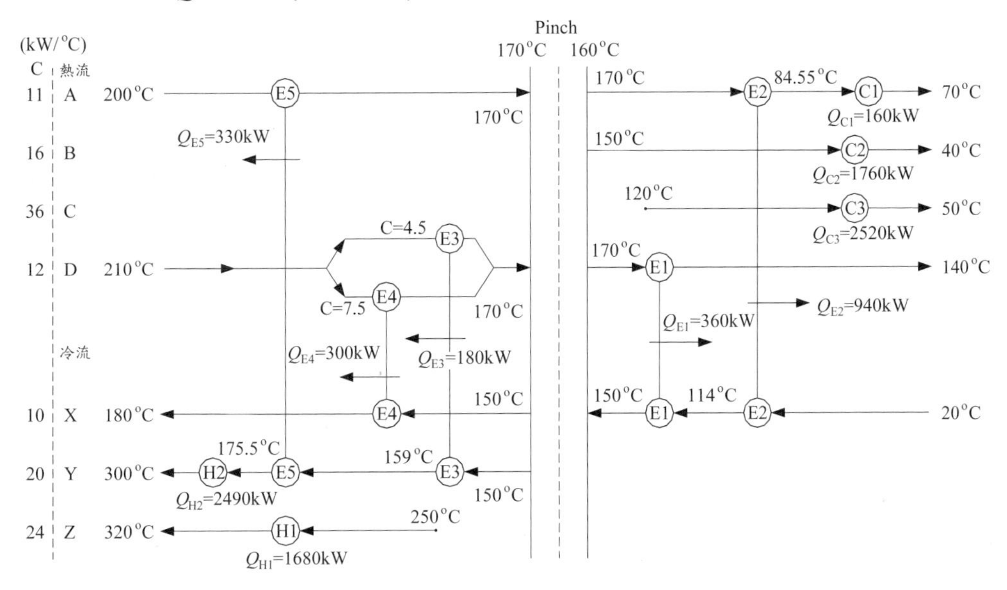

圖12-14 熱交換器網路安排

同樣地，在Pinch上方，由於N_H (=2) ≤ N_C (=3)，可是讀者要特別注意冷流Z的進出口溫度遠大於A、D熱流的進口溫度，因此根本不可能拿A、D來加熱Z，因此Z將無任何選擇，必須以外加的熱源H1來完成，此一熱源爲 24×(320−250) = 1680 kW；由表12-12可知對所有連結點要$C_C \geq C_H$，Pinch上方僅有Y符合這個條件，因此 一個快速的方法是先將Y與A結合，因此Y的出口溫度爲150+11×(200−170)/12 = 166.5°C，此時Y的出口仍低於另一熱流D的出口溫度170°C，本來仍可繼續用D來加熱Y，但是這個溫度差甚小(端點的溫差甚小僅有3.5°C)，因此若用來設計熱交換器，可能會造成的熱交換器面積較大，因此建議

選擇將熱流分流，以擁有較大的溫差設計。

所以，筆者的建議是一開始就將D stream分流，其中一個剛好用來供給X的加熱，另外一個較小的用來給Y用，如此便可同時解決X的熱回收(而且不需一單獨的外加加熱設備給X)與Y的溫度不會太高的問題，由於D的熱容量流率C又大於X，因此必須要適度的分流，這裡將D分流(12 = 7.5 + 4.5)以滿足冷側$C_C \geq C_H$的需求，然後將熱交換器連結分流的D與X(熱交換器E3)，此時分流(C = 7.5 kW/K)的D通過熱交換器後的溫度剛好為170°C，然後D stream的另一分流 (C = 4.5 kW/K) 再和Y進行熱交換，同樣的C = 4.5 kW/K 的D stream 出口溫度也是170°C，而Y stream (熱交換器E4)的出口溫度為159°C，隨後的Y stream再與A stream以熱交換器結合(熱交換器E5)，故Y stream的最後出口溫度為175.5°C。此另必須外加一加熱器(H2)，加熱器H1的加熱量為20×(300−175.5) = 2490 kW；故H1與H2的總加熱量為1680+2490 = 4170 kW，此一結果於先前的計算結果吻合，此一熱交換器的安排可見圖12-14。

(2) ΔT_{min} 原則

冷熱流於熱交換器匹配設計上，有一點要特別注意的，熱流與冷流熱交換器的ΔT_{min} 應該要小於Pinch的最小溫差，這個道理與上述說明同，溫差變小會使熱交換器變大增加成本的支出。不過這個原則並不是不可更動，如果此一成本的增加仍在可以接受的範圍，也未嘗不可以「破戒」。

12-3-3 熱交換器、外加冷卻設備與外加加熱設備的選用原則

基本上，Pinch熱交換器網路的安排，答案並不是唯一，可能有很多的熱交換器網路都可以達到最小耗能的需求，不過讀者要記住儘量的減少熱交換器的數目，這是因為同樣的熱傳能力需求下，比較多而且比較小的熱交換器的總造價會比使用較少個但比較大的熱交換器昂貴。另外，外加冷卻設備與外加加熱設備的選用大原則如下：

(1) 儘量使用便宜的低階加熱設備，避免使用昂貴的高階能源(例如電能)。

(2) 儘量使用常溫的冷卻水與較高溫的冷凍設備來冷卻，避免使用昂貴的低溫冷凍設備(例如冷凍系統)。

(3) 在Pinch點下時，嘗試增加熱水或水蒸氣的產生量，這些熱水或水蒸氣可以用於鍋爐飼水器預熱或用於空間加熱。

(4) 檢查是否有其他的設備可以提昇整體設備性能，例如汽電共生設備。

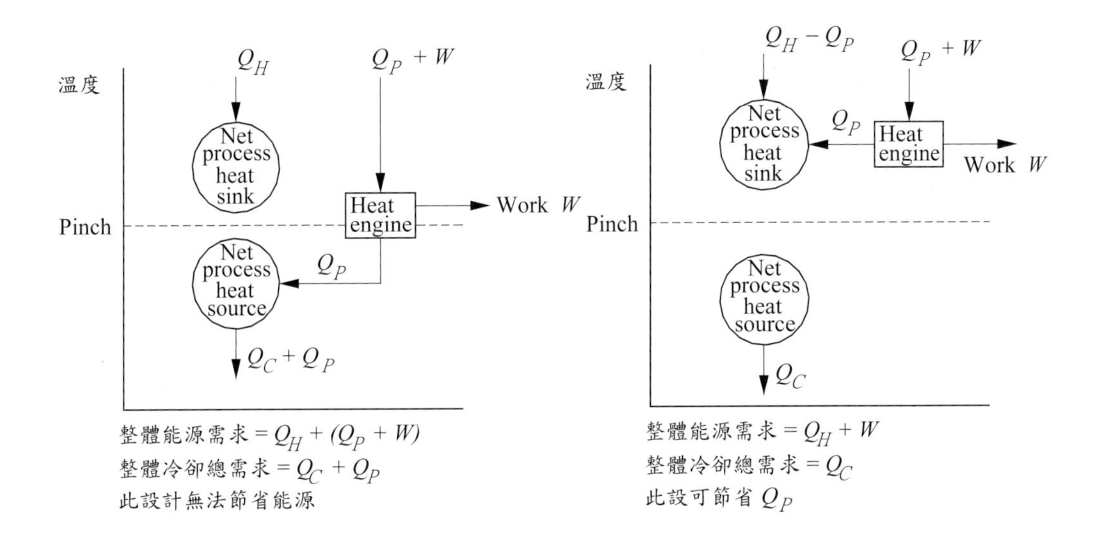

圖12-15　熱引擎於Pinch上的正確使用方法，其中(a)為錯誤的使用方法(b)為正確的設計

外加的加熱或冷卻設備，有時候會使用一些汽電共生的設備，例如熱引擎(heat engine)，熱引擎爲一將高溫的熱源轉換成低溫的熱源但同時輸出功，常用的熱引擎爲(1) 柴油或往復式氣引擎(diesel or reciprocating gas engine, $W/H = 0.5 \sim 1.25$)；(2)使用天然氣或重油燃料的氣渦輪機(gas turbine, $W/H = 0.2 \sim 0.67$)；(3) 蒸氣渦輪機(steam turbine, $W/H < 0.2$)，其中W爲輸出功率而H爲排出熱量，若以輸出功與排出熱的比值來評估上述汽電共生設備的性能，則(1)>(2)>(3)。其中如果將熱引擎應用於Pinch的技術上時，則不可將之置於Pinch的中央(見圖12-15(a))，因爲熱引擎產生的熱量將會拿來加熱冷熱流，這個設計明顯違反Pinch的三大原則，因爲等於是在Pinch的下方放入一個外加的加熱裝置，熱引擎的正確裝設方法如圖12-15(b)，此一設計除了可以輸出功W外，外加的熱源同時可以減少Q_p，雖然使用這些汽電共生設備可以提昇系統的效率，減少能源的耗費；不過，這些汽電共生設備的起始投資成本都很高，因此常常回收的年限都太長而不符合經濟成本，因此是否使用，需要進一步的詳細評估。

另外，在Pinch的應用上亦可使用熱泵(heat pump)，所謂heat pump就是將低階的能源(泛指較低溫的廢冷)升級到高階的能源(泛指較高溫的熱源)，由這個熱泵的定義，就可以大約瞭解如何將之運用在Pinch的應用上(見圖12-16)，由於一定要使用低溫的廢冷，所以熱泵的冷源一定要用Pinch點以下的冷源，由圖12-16(a)與12-16(b)所示，如果熱泵置於Pinch點上或Pinch點下時，只有浪費熱泵的耗功W，熱泵產生的熱量恰巧抵銷了抽取的冷源，因此並無實質的幫助；可是當熱泵置於Pinch間時(圖12-16(c))，雖然整個系統增加了熱泵的耗功W，可是Pinch上方增加了可以利用的熱能Q_p而Pinch下方則減少了冷能的耗費Q_p。

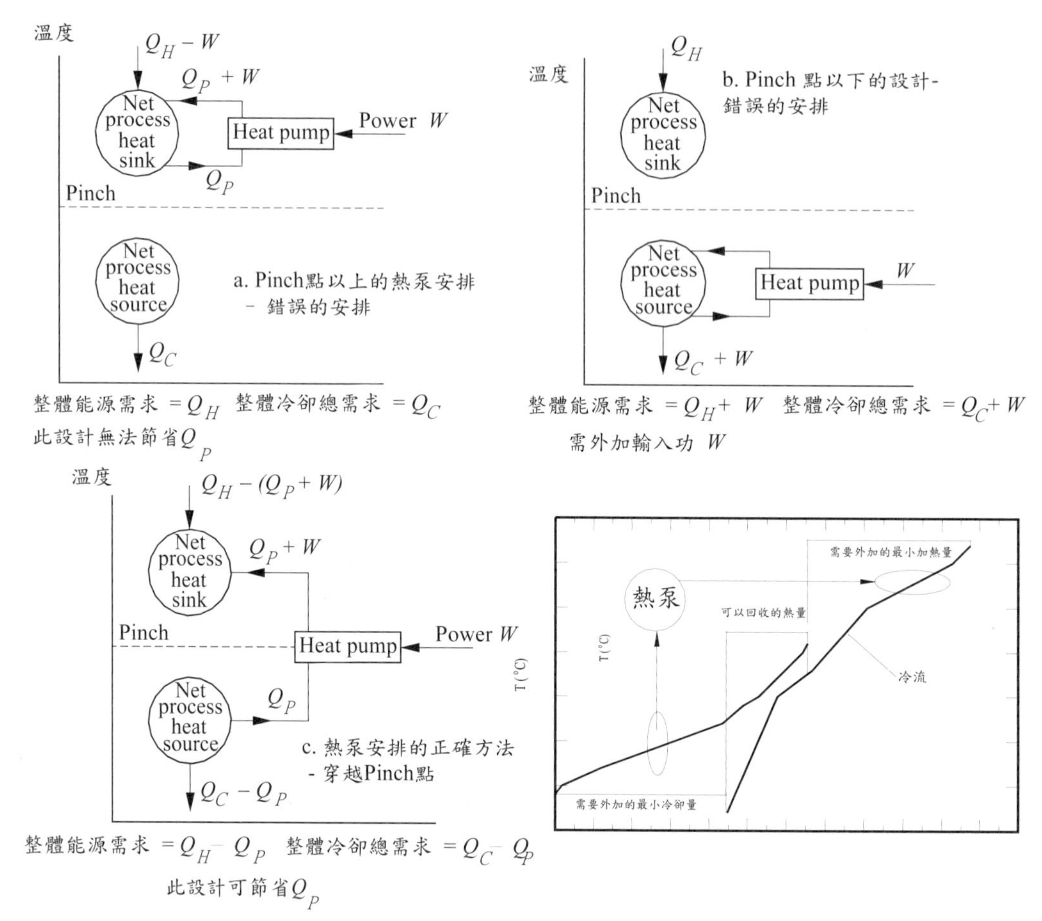

圖12-16 熱泵於Pinch上的正確使用方法，其中(a)與(b)為錯誤的使用方法(c)為正確的使用方法

12-4 PINCH最小溫度的選取原則

節省能源並不是整體系統設計的唯一考量，當然能源使用量少，運轉成本(operation cost)當然就比較低，但是爲了達到節能目的的外加設備(熱交換器、熱泵、熱引擎、外加加熱或冷卻設備等)都是不小的起始投資(capital cost)，因此設計上就需要針對二者進一步評估後來取得平衡點，設計上的最大的目標是能夠經由適度的投資後，再於合理的年限中回收。以Pinch技術而言，最重要的就是最

小溫差ΔT_{min}的決定，根據一般的使用經驗，$\Delta T_{min} < 5$ °C 的設計是毫無意義的，這是因爲起始投資過大，合理的設計中，最小溫度範圍通常在20~30°C間。

但是如果要認真的評估最佳的ΔT_{min}，那麼就要有更爲深入的資料才有辦法來評估，這裡筆者介紹這個估算的流程：

(1) 隨意先給定一個ΔT_{min}，例如10°C。

(2) 接下來由ΔT_{min}建立整個製程中的複合負載曲線(composite curve)。

(3) 因此由此一複合負載曲線，就可以得到(a)需要外加的最小冷源、(b)可回收的熱源與(c)需要外加的熱源。

(4) 估算(a)、(b)、(c)外加的冷卻設備、回收熱交換器與外加熱源設備的投資要多少錢，此部份屬與固定起始投資。以熱交換器的價錢而言，根據1987年的英鎊幣值，ESDU 87030建議如下的一個速算方程式：

$$\pounds = 300A^{0.95} + 20000 \tag{12-1}$$

其中£爲英鎊，A爲熱交換器的面積(m^2)，上述方程式適用於大尺寸的熱交換器(> 100 m^2)，而熱交換器總面積的估算，可以由熱交換器網路的設計安排，知道共有多少個熱交換器，然後再由每一個熱交換器的實際熱交換量Q_i算出各個熱交換器的面積A_i，所以所有熱交換器的總面積爲$A = \Sigma Q_i / \Delta T_{m,i} / U_i$，其中$\Delta T_{m,i}$爲熱交換器的有效平均溫差，而$U_i$爲總熱傳係數，$U_i$的估算除了熱流與冷流側的熱傳阻抗外，建議最好能夠納入管壁的阻抗與污垢的影響。此時並可估出熱交換器的大約花費成本爲Ω。

(5) 估算需要外加的最小冷源與需要外加的熱源的每年的能源消費，這個計算與使用的能源有關，譬如天然氣的價格與煤的價格並不相同，而且要估計這些設備每年的操作時數，如果預計要兩年內回收，則必須以兩年的耗費成本來估算，而且這個成本應該包含維護保修與相關的人事成本，假設此一估算值爲Ξ。

(6) 此時的總耗費成本爲 $\Psi = \Omega + \Xi$ (在某一給定的ΔT_{min}下)。

(7) 接下來繼續變化ΔT_{min}，然後重複步驟(2)到(6)，於是可以將 Ψ與ΔT_{min}的關係作圖如圖12-17所示，由圖中可以找出最小總成本下的ΔT_{min}，通常最小總成本在某一ΔT_{min}後即呈現平緩的上升走勢。

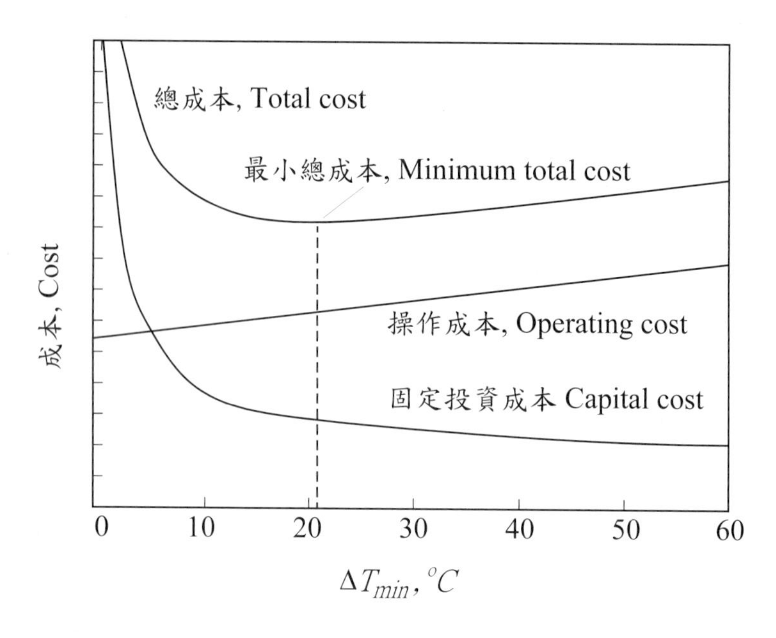

圖12-17 典型成本與ΔT_{min}間的關係

12-5 一個簡單的設計案例

表12-3 12-5計算例的熱流與冷流數據

Stream	熱流或冷流	$C=\dot{m}c_p$ (kW/K)	溫度 (°C)	
			起始溫度	最後溫度
1	Hot	6	120	40
2	Hot	300	80	79
3	Hot	3	80	40
4	Cold	8	20	135
5	Cold	2	20	70

在一化工廠內，製程上使用一些熱流與冷流；目前這些熱流或冷流都是單獨直接加熱或冷卻以達到製程上的溫度，此一冷熱流的資料見表12-3；可以想見的，此一方式將浪費大量的能源，因此公司決定以熱交換器網路回收一部份的冷源與熱源，因此公司希望作如下的評估：

(a) 如果還是繼續使用目前的方法，估計要用多少能源？

(b) 若以Pinch技術來回收熱能，則外加的熱源與冷卻裝置可降爲多少？(假設ΔT_{min} = 20°C)

(c) 根據(a)、(b)的計算結果，並由下面的外加冷熱流的運轉成本，來估算使用熱回收技術的回收年限。

假設外加的冷卻花費爲 = 0.8 NT$ 每kW·h。

假設外加的加熱花費爲 = 1.2 NT$ 每kW·h。

假設每年工作250天，每天工作16個小時。

假設熱交換器的總熱傳係數爲100 $W/m^2 \cdot K$。

解

(a) 在不使用熱回收的情形下，各stream所需之的外加熱源與冷源如下：

stream 1：$W1 = C\Delta T = 6\times(40-120) = -480$ kW (external cooling)

stream 2：$W2 = C\Delta T = 300\times(79-80) = -300$ kW (external cooling)

stream 3：$W3 = C\Delta T = 3\times(40-80) = -120$ kW (external cooling)

stream 4：$W4 = C\Delta T = 8\times(135-20) = 920$ kW (external heating)

stream 5：$W5 = C\Delta T = 2\times(70-20) = 100$ kW (external heating)

$W1 + W2 + W3 = -900$ kW →外加的冷卻量

$W4 + W5 = 1020$ kW → 外加的加熱量

(b) 從題目中知，最小溫差ΔT_{min}爲20°C，因此可將熱流溫度減去 $\Delta T_{min}/2$而冷流溫度加上$\Delta T_{min}/2$得到中間溫度，可整理出如下的問題表：

表12-4 12-5計算例的問題表

中間溫度 °C	C, MW/K						$\Delta Q = C_{sum}\Delta T$ (kW)	累計	
	Individual streams $C_{hot} - C_{cold}$					加總 C_{sum}		Q (kW)	最後值 kW
145								0	380
				-8		-8	-280		
110								-280	100
	6			-8		-2	-60		
80								-340	40
	6			-8	-2	-4	-40		
70								-380	0
	6	300	3	-8	-2	299	299		
69								-81	299
	6		3	-8	-2	-1	-39		
30								-120	260

因此最佳化設計後，外加的熱源爲380kW，而外加的冷卻源爲 260 kW，這一圖表可幫助我們完成總複合負載曲線如下：

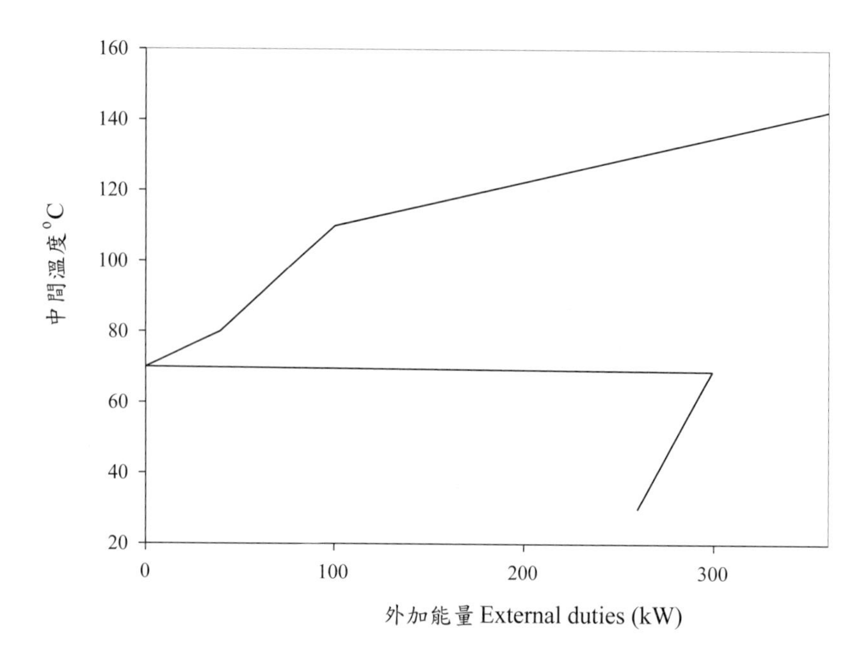

圖12-18 12-5計算例的總複合負載曲線

上面所述，經由pinch technology設計之後，系統的安排如下圖所示：

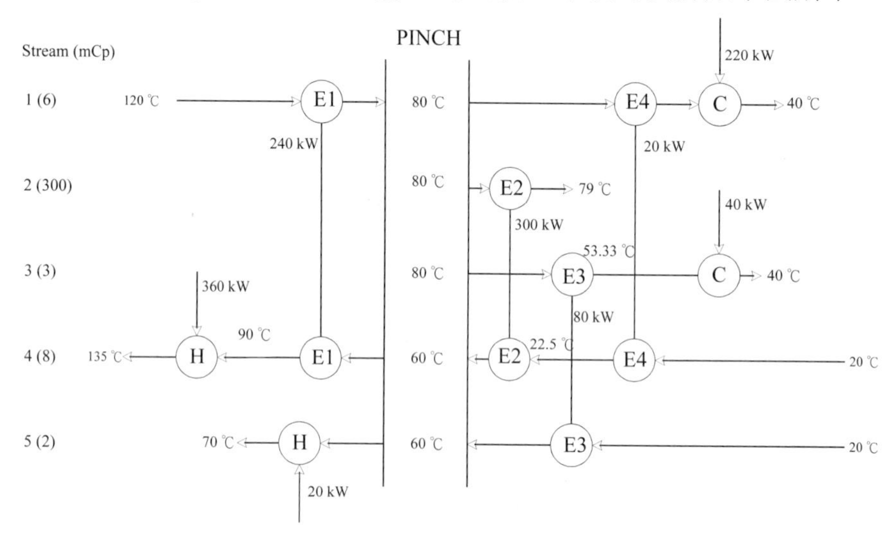

圖12-19 12-5計算例的熱交換器網路安排

(c) 已知：外加的冷卻花費爲 = 1.2 NT$ 每kW·h，而外加的加熱花費爲 = 1.8 NT$ 每kW·h。又每年工作250天，每天工作16小時。所以每年的總工作時數爲 16×250 = 4000 小時

每年節省的加熱總花費 = 1.2×4000×(1020−380) = 3648000 NT$

每年外加的冷卻總花費 = 0.8×4000×(900−260) = 1664000 NT$

每年外加的加熱與冷卻的總花費 = 3648000+1664000 = 5312000 NT$

接下來計算熱交換器的投資花費，本設計共使用了四只熱交換器 E1、E2、E3與E4，所以必須分別去估算這些熱交換器的面積

E1：

E1的傳熱量 $= Q_{E1} = C_{E1}\Delta T_{E1} = 6000\times(120-80) = 2400000$ W

E1的對數平均溫差 $= LMTD_{E1} = \dfrac{(120-90)-(80-60)}{\ln\dfrac{(120-90)}{(80-60)}} = 24.66$ °C

所以E1熱交換器的面積 $A_{E1} = Q_{E1}/LMTD_{E1}/U_{E1}/F$

$= 2400000/24.66/100/0.95$

$= 102.4\ m^2$ (假設校正係數爲 $F = 0.95$)

E2：

E2的傳熱量 $= Q_{E2} = C_{E2}\Delta T_{E2} = 300000\times(80-79) = 300000$ W

E2的對數平均溫差 $= LMTD_{E2} = \dfrac{(80-60)-(79-22.5)}{\ln\dfrac{(80-60)}{(79-22.5)}} = 35.15$ °C

所以E2熱交換器的面積 $A_{E2} = Q_{E2}/LMTD_{E2}/U_{E2}/F$

$= 300000/35.15/100/0.95$

$= 89.85\ m^2$ (假設校正係數爲 $F = 0.95$)

E3：

E3的傳熱量 $= Q_{E3} = C_{E3}\Delta T_{E3} = 3000\times(80-53.33) = 80000$ W

E3的對數平均溫差 $= LMTD_{E3} = \dfrac{(80-60)-(53.33-20)}{\ln\dfrac{(80-60)}{(53.33-20)}} = 26.1$ °C

所以E3熱交換器的面積 $A_{E3} = Q_{E3}/LMTD_{E3}/U_{E3}/F = 80000/26.1/100/0.95$

$= 32.26\ m^2$ (假設校正係數爲 $F = 0.95$)

E4：

E4的傳熱量 $= Q_{E4} = C_{E4}\Delta T_{E4} = 8000\times(22.5-20) = 20000$ W

E3的對數平均溫差 $= LMTD_{E4} = \dfrac{(80-22.5)-(79-20)}{\ln\dfrac{(80-22.5)}{(79-20)}} = 58.25$ °C

所以E3熱交換器的面積 $A_{E4} = Q_{E4}/LMTD_{E4}/U_{E4}/F$

$= 20000/58.25/100/0.95$

$= 3.62\ m^2$ (假設校正係數爲 $F = 0.95$)

所以熱交換器的總面積 $A = A_{E1}+A_{E2}+A_{E3}+A_{E4} = 102.4+89.95+32.26+3.62 = 228.16\ m^2$，熱交換器的花費可由式12-1計算：

$$£ = 300A^{0.95}+20000 = 300\times228.16^{0.9}+20000 = 72173.3 \text{ 英鎊}$$

假設1英鎊 = 60 NT，則熱交換器的總花費爲 $72173.3\times60 = 433098$ NT$， 由於本設計的加熱與冷卻設備爲既有的設備，所以不算在熱交換設備的成本中，所以回收年限爲 3031278/5312000 = 0.57 年。

12-6 無PINCH與多PINCH的設計

12-6-1 無Pinch的設計

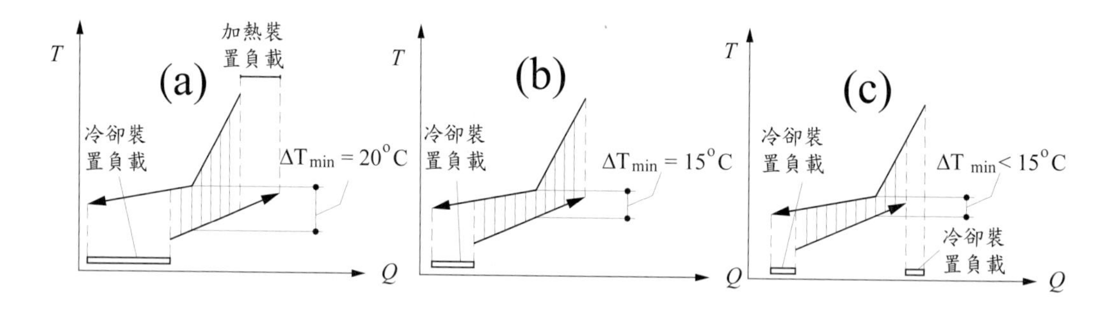

圖12-20 Threshold問題

先前介紹的Pinch製程設計爲典型的應用上，即Pinch點發生在熱流與冷流的中間點，且兩側各需要一冷源與熱源；在實際應用上經常會出現無Pinch的狀況，考慮如圖12-20(a)的複合負載曲線，假設其原先的ΔT_{min}= 20°C，原有的設計各需要冷源與熱源；若我們將此一複合負載曲線的冷流向左平移，顯然的ΔT_{min}會逐漸縮小，而冷側所需要的熱源也跟著縮小；假設當ΔT_{min}= 15°C時，冷流端點與熱流端點到達同一位置(即冷流端無須藉用加熱裝置熱源)，此時就到了一個臨界設計點(threshold design)，$\Delta T_{threshold}$當冷流持續向左移動越過臨界點，雖然冷側不需要熱源，卻造成熱流側的兩端同時需要冷源來冷卻，而且此一冷源的冷卻量則維持固定(如圖12-21)，不會因爲ΔT_{min}縮小而持續降低，也就是說無法持續降低冷源的使用量；但是因爲ΔT_{min}

縮小後反而會造成熱交換器變大，更何況冷源的冷卻量並不會持續縮小，因此設計在此臨界點後並無實質的幫忙與意義。

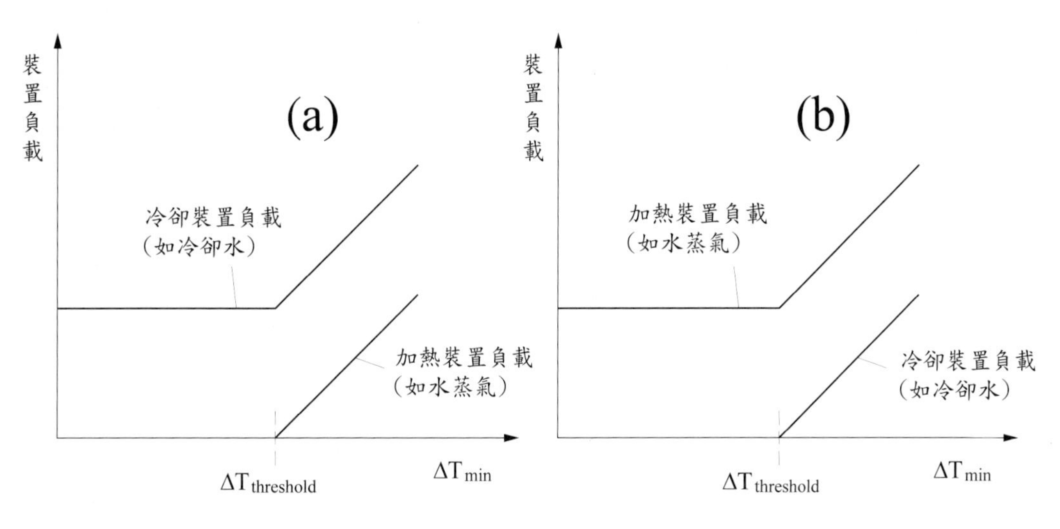

圖12-21　當溫度小於$\Delta T_{threshold}$後，負載將趨於定值

下面我們針對兩種實際應用情況來說，通常我們對ΔT_{min}都有一個預估的經驗值，即$\Delta T_{min,exp}$；如果$\Delta T_{threshold} >> \Delta T_{min,exp}$，在這個條件下，冷流與熱流負載曲線岔的相當的開，如前所說明，使用$\Delta T_{min,exp}$設計將無實質的幫助，因此設計上可以$\Delta T_{threshold}$-當做設計點，其設計步驟可說明如下：

(1) 由於在臨界點溫度下，其中一側無須使用熱源或冷源，因此該側設計必須要恰好滿足冷熱交換，不能供應多餘的冷源或熱源。

(2) 另一側需要冷源或熱源，將冷源或熱源置於開始處(即冷熱流端點起始處)。

(3) 接下來剩下的設計相當直接也非常簡單，只需將合適的加以撮合，通常有很多答案均可滿足這一側的設計，要注意設計的操作性是否良好與安排是否恰當等的考量。

第二種情形是$\Delta T_{threshold} \approx \Delta T_{min,exp}$，此時在快速設計的需求上，可由$\Delta T_{threshold} = \Delta T_{min,exp}$進行第一手設計。

12-6-2 多Pinch的觀念

如先前的說明，外加冷卻設備與外加加熱設備的選用上除了要注意減少使用量外，另外要特別注意盡量避免使用高溫加熱用的鍋爐蒸氣或低溫的冷凍系統，這是因為其能源成本相對較高；以圖12-22Pinch設計來說明，圖12-22(a)中的原設計使用了高壓的蒸氣來加熱使得冷流能夠達到設計溫度，爲了減少高壓蒸氣使用的運轉成本，設計上可加入一個低壓的蒸氣鍋爐，同時減少高壓鍋爐的容量(見圖12-22(b))，此時雖然增加了一個加熱裝置，但如果考慮長期的運轉成本，還是相當值得的；同樣的，圖12-22(c)的原設計使用了大量的低溫冷凍來冷卻熱流，利用圖12-22(d)的改善設計，引入常溫的冷卻裝置(如一般的冷卻水)，同樣的可以達到減少低溫冷凍系統的裝置容量。藉由中溫的加熱與冷卻裝置，同時產生裝置的Pinch(utility pinch)；在整個負載曲線上可能同時出現好幾個Pinch(見圖12-23)，通常增加一中間加熱或冷卻裝置，就會增加一個Pinch；此一多Pinch的詳細流程爲一進階內容，有興趣的讀者可參考Linnhoff and Smith (2002)的說明，這裡不再說明。

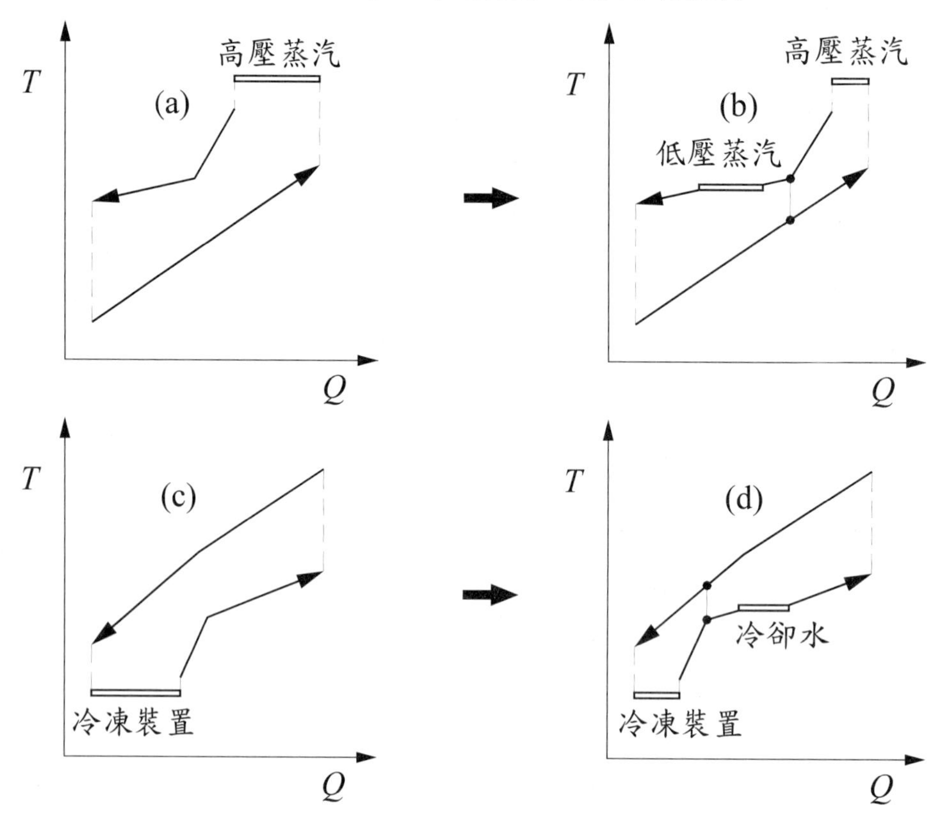

圖12-22　Threshold問題中利用外加中溫加熱裝置與中間冷卻水裝置的設計

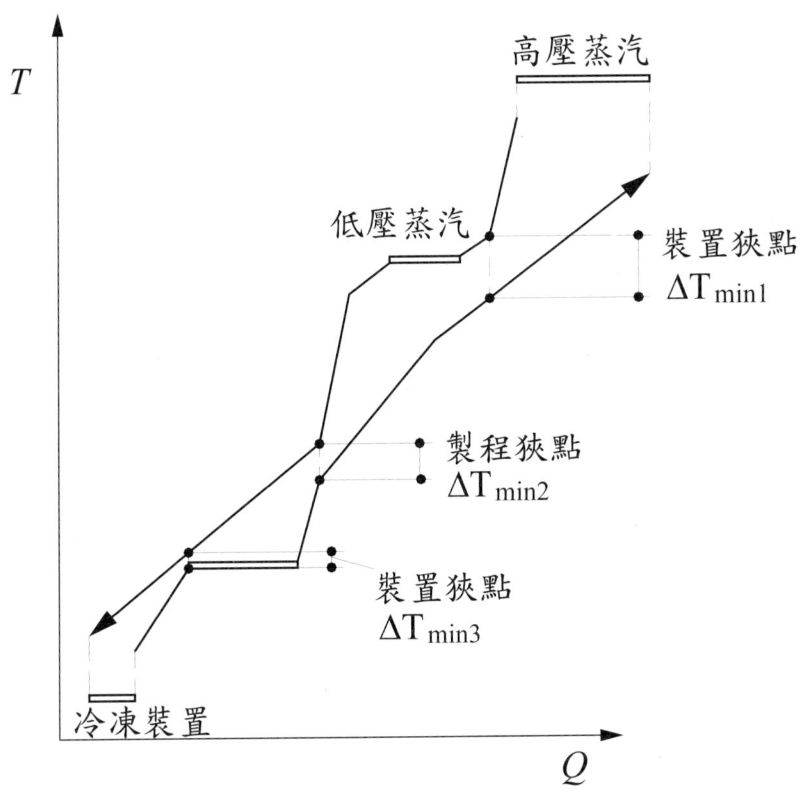

圖12-23 典型Threshold問題中的裝置Pinch與製程Pinch

12-7 結語

製程上的熱交換器相當的多，因此如何有效安排熱源與冷源也就非常的重要，因爲其中不乏可以回收的熱源與冷源、節約能源的目的就在於把回收做到最大而讓外加的冷源與熱源降到最少，Pinch Technology的目的就在這裡。Pinch Technology由Linnhoff 教授從1978年發展至今，雖然歷史很短，但是立竿見影的功效已讓此一技術逐漸爲許多公司於建廠時使用，本文只是Pinch Technology 的粗略介紹，許多深入的應用，例如低溫或Batch的設計，讀者可以參考ESDU與HEDH 2002版 Linnhoff 教授及Smith 教授(2005)親自現身說法的一系列的文章，相信不會讓讀者空手而歸。

主要參考資料

ESDU 87030, Engineering Science Data Unit, 1987. Process integration. London,

International plc.

ESDU 89001, Engineering Science Data Unit, 1989. Application of process integration to utilities, combined heat and power and heat pumps. London, International plc.

ESDU 90033, Engineering Science Data Unit, 1989. Process change and batch process. London, International plc.

Eastop, T.D., Croft, D.R. 1990. *Energy Efficiency*. John Wiley & Sons, Inc., New York.

Hewitt, G.F., Shires G.L., Boll, T.R. 1994. *Process Heat Transfer*. CRC press.

Hewitt, G.F., executive editor. 2002. *Heat Exchanger Design Handbook*. Begell House Inc., chapter 1.7, "Pinch analysis for network design," by Linnhoff, B. and Smith, R.

Shenoy, U.V. 1995. *Heat Exchanger Network Synthesis*. Gulf Publishing Company, Houston, USA.

Smith, R. 2005. *Chemical Process – Design and Integration*. John Wiley & Sons.

Chapter 13

不均勻流動對熱交換器性能的影響

Influence of Mal-distribution on the Performance of Heat Exchangers

13-0 前言

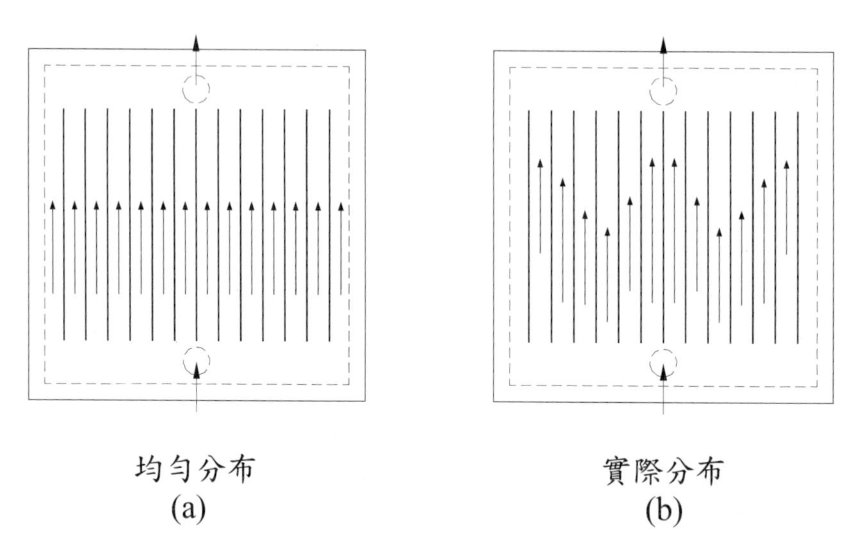

圖13-1 流體於熱交換器內流動分布示意圖

在先前對熱交換器的介紹中，主要是針對熱流性能的介紹與應用，然而在實際應用上，影響熱交換器性能的變數相當多，例如先前的分析都是假設流體流入熱交換器後都是均勻分布(如圖13-1(a)所示)，此一均勻流體的假設可能與事實有相當的偏離(例如圖13-1(b)的不均勻的流動)，此一不均勻流動的產生可能肇因於熱交換器的出入口效應、流動特性、製作公差、流體物性與熱傳影響等因素，其影響往往超過設計者所想像，底下舉一個簡單冷凍空調熱交換器來說明其影響。如圖13-2所示的一個兩回路的氣冷式蒸發器，如果每一回路的冷媒流量都相同，假設空氣側為均勻風速分布，如果原來假設均勻空氣的流速呈現一階梯狀的變化時(階梯流速比值為1:3)，如果假設空氣側熱傳性能與流速的0.5次方約成正比，則空氣側有效的熱傳性能變為 $\sqrt{0.5^{0.5}+1.5^{0.5}}\Big/(1+1)\approx 0.966$ ，換句話熱傳能力大概會降個3%左右；相反的，如果空氣風速固定不變，管內流量呈現階梯狀的變化時，在迴路1中，雖然冷媒流量暴增50%，但由於受限於原熱交換器的大小，如果蒸發溫度仍與原先條件相同，則在迴路1內所增加的冷媒絕大部份無法有效蒸發，因此迴路1的有效熱傳量大概與原先迴路1的熱傳量相當，而在迴路2內的冷媒將會全部蒸發，蒸發後僅剩下有限的顯熱熱傳，因此整體的熱傳量約為 $Q\Big/2+\frac{1}{2}(Q/2)\approx\frac{3}{4}Q$ ，也就是說熱傳性能掉了約25個百分點；從這個簡單的例子就可以說明管內側分布不均勻的影響將遠大於空氣側不均勻流動的影響，這也可以說明為什麼有關熱交換器不均勻的研究多集中在管側而不是氣側；接下來我們將針對管側不均勻效應影響來介紹，本章節主要的參考資料來自於：

"Fundamentals of Heat Exchanger Design," R. K. Shah and D. P. Sekulić, John Wiley & Sons, Inc., 2003.

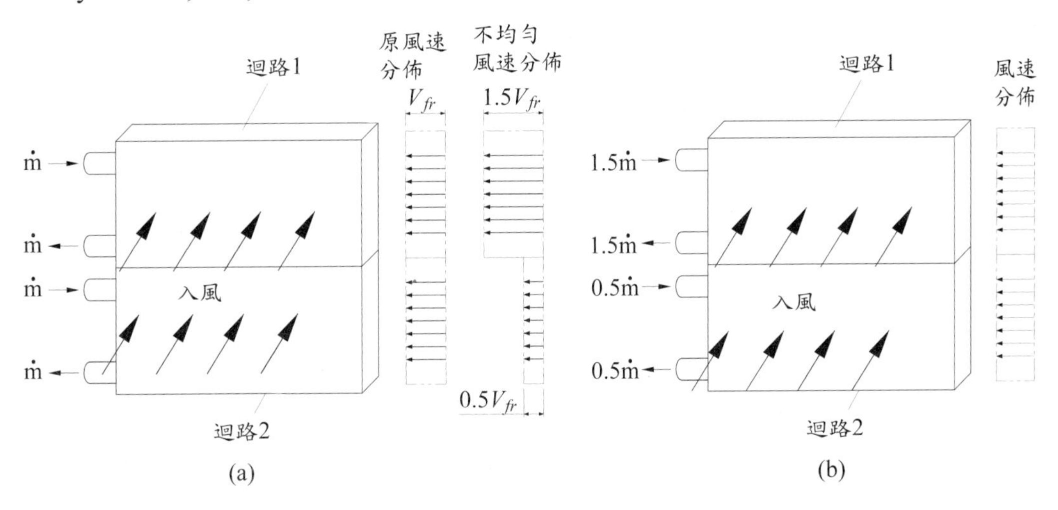

圖13-2 風速不均勻分布對氣冷式熱交換器的影響示意圖

13-1 熱交換器不均勻流動的分析

13-1-1 熱交換器不均勻流動的分類

造成熱交換器內流體不均勻流動大致可分為兩類，即：

(1) 幾何尺寸差異所造成的不均勻流動(geometry-induced flow maldistribution)。

此一不均勻現象主要來自於熱交換器製造、組裝上因公差、人為與機器誤動作所引起。幾何尺寸所引起的不均勻流動與機械設計差異有關，此一機械設計上的差異會影響流體進入熱交換器的入口條件、旁通及洩露(bypass & leakage，見第九章殼管式熱交換器)、製造公差等。

幾何尺寸所引起的不均勻流動，可簡單分為三種型態，即(1)整體不均勻流動(gross flow maldistribution)；(2)通道與通道間的不均勻流動

(passage-to-passage flow maldistribution)；(3)多孔管引起的不均勻流動(manifold-induced maldistribution)。

(2) 操作條件變化所引起的不均勻流動(operating condition-induced flow maldistribution)，操作條件改變主要受溫度、溫度梯度與多相流動變化過程中物理特性明顯變化所致(例如黏度、密度、乾度等)。

接下來我們將對上述影響進一步說明。

13-1-2　整體不均勻流動的影響(逆向與平行流)

整體不均勻流動的發生主要來自於熱交換器集管(或匯流管；eader)設計不良與熱交換管道間因製作問題造成的阻塞(如硬焊過程的殘餘焊料或焊接不良等問題)，此一流動不均勻與熱交換器局部熱傳過程無關；此一不均勻分布不僅會降低熱傳性能並可能同時增加流動壓降，是非常要不得的。接下來吾人將以較簡單的逆向或平行流動條件下的分析來瞭解此一現象的影響；這裡的分析主要是採用*P-NTU*而非ε-*NTU*；有關*P-NTU*法較詳細的說明，讀者可參考本書的第八章與第九章說明)；*P-NTU*法與ε-*NTU*相當雷同，當流體1為C_{min}時，*P-NTU*法與ε-*NTU*實際上是完全相同的($P_1 = \varepsilon$，$R_1 = C^*$)，若否(流體2為C_{min})，則$P_1 = P_2R_2$ (當$0 \le R_2 \le 1$)，使用*P-NTU*法的優點在於其特別適用串聯與並聯式的熱交換器且*P-NTU*方程式適用任何值的R_1。

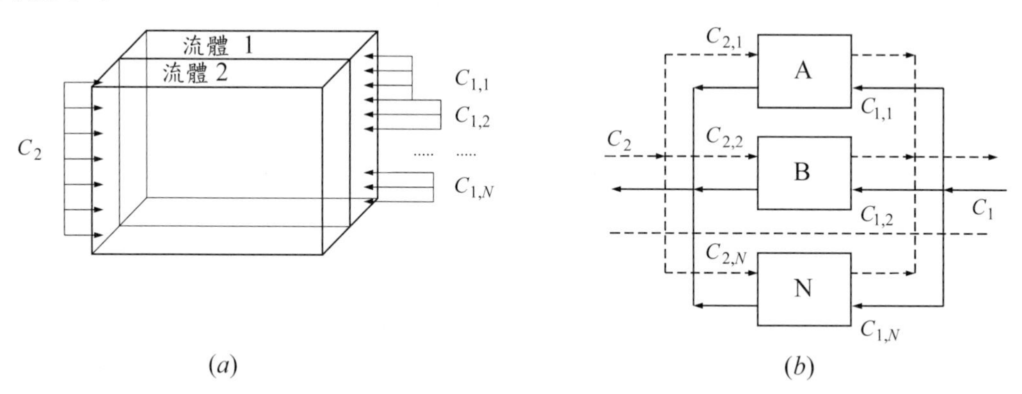

圖13-3　逆向流動熱交換器，一側為均勻分布另一側為不均勻分布的數學模型

考慮如圖13-3(a)所示的逆向流流動，其中流體2為均勻流動而流體1出現整體不均勻流動，若我們將流體2中不均勻的部份的流動細分為*N*部份的不均勻流動小塊(每一小塊的流速均相同)，在此一模式下，整體熱交換器的熱傳性能為每一小區塊的熱傳量加總所得，即：

$$Q = \sum_{j=1}^{N} Q_j \tag{13-1}$$

由第八章的說明，可知：

$$Q_j = C_{1,j} \left| \left(T_{1,i} - T_{1,o} \right)_j \right| \tag{13-2}$$

$$P_{1,j} = \frac{\left(T_{1,i} - T_{1,o} \right)_j}{T_{1,i} - T_{2,i}} \tag{13-3}$$

$$P_1 = \frac{T_{1,i} - T_{1,o}}{T_{1,i} - T_{2,i}} \tag{13-4}$$

又

$$C_1 = \sum_{j=1}^{N} C_{1,j} \tag{13-5}$$

其中第一個下標的1代表流體1，第二個下標的i與o分別代表進口與出口，下標j代表第j區塊的不均勻流體($j = 1..N$)；將式13-2與式13-3代入式13-1，可得：

$$P_1 = \frac{T_{1,i} - T_{1,o}}{T_{1,i} - T_{2,i}} = \frac{1}{C_1} \sum_{j=1}^{N} C_{1,j} P_{1,j} \tag{13-6}$$

*P-NTU*的優點之一，在於可以不管流體1或2中，那一側是冷或熱並且無須知道C_{min}在那邊，故式13-5與13-6都適用不均勻流動的狀態；因此流體1(這裡指不均勻流動側)的溫度有效度與*NTU*及熱容量流量有關，即：

$$P_{1,j} = P_{1,j} \left(NTU_{1,j}, \frac{C_{1,j}}{C_{2,j}} \right) \quad j = 1 \ldots N \tag{13-7}$$

對逆向流動與平行流動而言，其溫度有效度的方程式如下(與ε-*NTU*同)：

$$P_{1,j}=\begin{cases}\dfrac{1-\exp\left[-NTU_{1,j}\left(1-R_{1,j}\right)\right]}{1-R_{1,j}\exp\left[-NTU_{1,j}\left(1-R_{1,j}\right)\right]} & (若R_{1,j}\neq 1)\\ \dfrac{NTU_{1,j}}{1+NTU_{1,j}} & (若R_{1,j}=1)\end{cases} \quad 逆向流動 \tag{13-8}$$

$$P_{1,j}=\begin{cases}\dfrac{1-\exp\left(-NTU_{1,j}\left(1+R_{1,j}\right)\right)}{1+R_1,j} & (若R_{1,j}\neq 1)\\ \dfrac{1}{2}\left(1-\exp\left(-2NTU_{1,j}\right)\right) & (若R_{1,j}=1)\end{cases} \quad 平行流動 \tag{13-9}$$

爲了計算不均勻測的溫度有效度，必須同時計算不均勻側個別的NTU與C值與R值(即每一個j)，此一關係式可與個別分割後的有效熱交換器入口面積有關，因此對流體1的熱容量流率(C)、NTU與$R(=C_1/C_2)$可表示如下：

$$\frac{C_{1,j}}{C_1}=\frac{\dot{m}_{1,j}}{\dot{m}_1}=\frac{u_{1,j}}{u_1}\frac{A_{1,fr,j}}{A_{1,fr}} \tag{13-10}$$

$$NTU_{1,j}=\frac{UA_{1,j}}{C_{1,j}}=\frac{UA_1}{C_1}\frac{A_{1,fr,j}}{A_{1,fr}}\frac{C_1}{C_{1,j}} \tag{13-11}$$

$$R_{1,j}=\frac{C_{1,j}}{C_{2,j}} \tag{13-12}$$

上式下標fr代表正面(frontal area，見本書第三章說明)。因爲不均勻分布所造成的性能下降，可以下式來表示：

$$\Delta P_1^*=\frac{P_{1,ideal}-P_1}{P_{1,ideal}} \quad 或 \quad \Delta\varepsilon^*=\frac{\varepsilon_{ideal}-\varepsilon}{\varepsilon_{ideal}} \tag{13-13}$$

式13-13中下標ideal代表無不均勻流動下的有效度(理想狀態)。Shah (1981)曾對整體不均勻流動對性能的影響進行深入的研究，他首先考慮不均勻流動側的流動呈現一階梯狀變化(僅一階梯，$N=2$)；圖13-4爲$C^*=1$條件下，性能有效度因爲不均勻流動效應下的變化與NTU間的關係；根據Shah(1981)的研究，急劇變化($N=2$)的不均勻效應影響會比其他較爲緩和($N>2$)情況下更爲嚴重，因此使用圖13-4來速算性能受不均勻效應的影響將可視爲保守的設計值。請特別注意式13-1~13-13的分析式適用於所有的逆向或平行流動，並且沒有$N=2$與$C^*=1$的限制，而圖13-4僅適用於$N = 2$與$C^* = 1$。

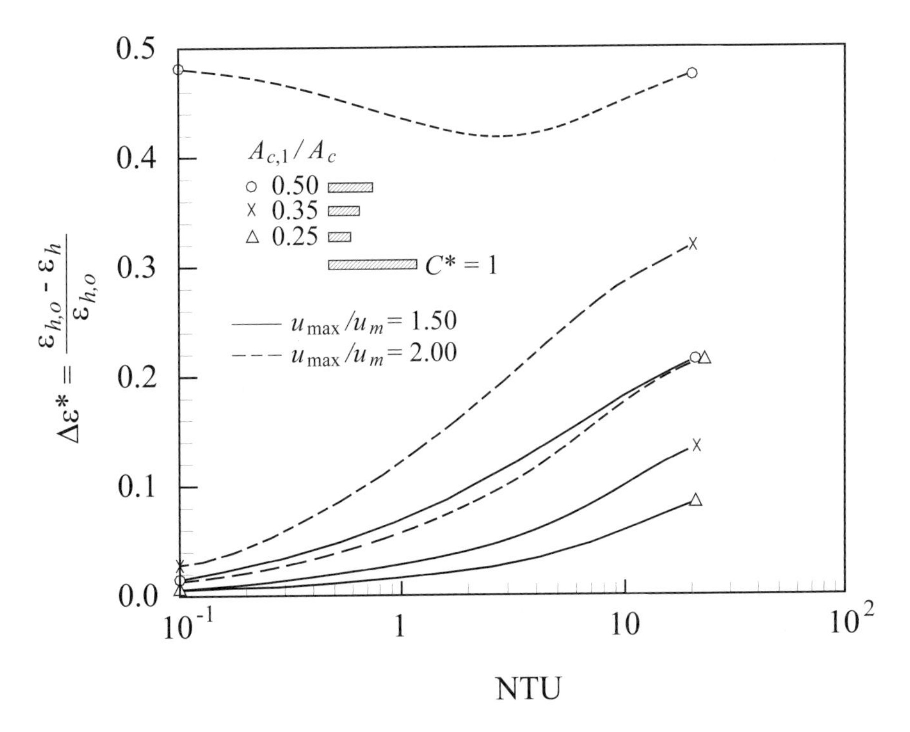

圖13-4 逆向流動熱交換器，一側為均勻分布另一側為不均勻分布條件下，性能下降與NTU間的關聯(僅適用於$N = 2$與$C^* = 1$)

例13-1-1：一逆向流動熱交換器，流體1代表不均勻流動側，流體2爲均勻流動側，$NTU_1 = 2$, $C^* = 1$, $N = 2$, $A_{1,fr,1} = 0.35A_{1,fr}$, $u_{1,\max} = 2u_{1,m}$；試問$P_1 = ?$

13-1-1 解：

由式13-6可知P_1的計算公式如下：

$$P_1 = \frac{T_{1,i} - T_{1,o}}{T_{1,i} - T_{2,i}} = \frac{1}{C_1}\sum_{j=1}^{N} C_{1,j}P_{1,j} = \frac{C_{1,1}}{C_1}P_{1,1} + \frac{C_{1,2}}{C_1}P_{1,2}$$

因此必須先算出$C_{1,1}/C_1$、$P_{1,1}$、$C_{1,2}/C_1$、$P_{1,2}$等

又由式13-10可知

$$\frac{C_{1,1}}{C_1} = \frac{u_{1,1}}{u_{1,m}}\frac{A_{1,fr,1}}{A_{1,fr}} = 2 \times 0.35 = 0.7$$

由於$u_{1,1} = 2u_{1,m}$，由於流體1側的流量固定($\dot{m}_1 = \dot{m}_2$)，因此

$$u_{1,1} \times A_{1,fr,1} + u_{1,2} \times A_{1,fr,2} = u_{1,m} \times A_{1,fr}$$

上式左右各除以$u_{1,m} \times A_{1,fr}$後可得$\frac{u_{1,1}}{u_{1,m}}\frac{A_{1,fr,1}}{A_{1,fr}} + \frac{u_{1,2}}{u_{1,m}}\frac{A_{1,fr,2}}{A_{1,fr}} = 1$

由上式可知 $0.7+\frac{u_{1,2}}{u_{1,m}}\frac{A_{1,fr,2}}{A_{1,fr}}=1$

$$\therefore \frac{C_{1,2}}{C_1}=\frac{u_{1,2}}{u_{1,m}}\frac{A_{1,fr,2}}{A_{1,fr}}=1-\frac{u_{1,1}}{u_{1,m}}\frac{A_{1,fr,1}}{A_{1,fr}}=1-0.7=0.3$$

也就是說 $\frac{u_{1,2}}{u_{1,m}}\frac{A_{1,fr,2}}{A_{1,fr}}=0.3\Rightarrow\frac{u_{1,2}}{u_{1,m}}=0.3\times\frac{A_{1,fr}}{A_{1,2}}=0.3\times(1-0.35)=0.195$

也就是說 $u_{1,1}=2u_{1,m}$ 但 $u_{1,2}=0.195u_{1,m}$

同樣的，我們可計算流體2側的對應值

$\frac{C_{2,1}}{C_2}=\frac{u_{2,1}}{u_{2,m}}\frac{A_{2,fr,1}}{A_{2,fr}}=1\times0.35=0.35$（注意：流體2側並無不均勻流動!）

$$\therefore \frac{C_{2,2}}{C_2}=\frac{u_{2,2}}{u_{2,m}}\frac{A_{2,fr,2}}{A_{2,fr}}=1\times0.65=0.65$$

由式13-11可知

$$NTU_{1,1}=\frac{UA_{1,1}}{C_{1,j}}=\frac{UA_1}{C_1}\frac{A_{1,fr,1}}{A_{1,fr}}\frac{C_1}{C_{1,1}}=2\times0.35\times\frac{1}{0.7}=1$$

$$NTU_{1,2}=\frac{UA_{1,2}}{C_{1,2}}=\frac{UA_1}{C_1}\frac{A_{1,fr,2}}{A_{1,fr}}\frac{C_1}{C_{1,2}}=2\times0.65\times\frac{1}{0.3}=4.33$$

由式13-12可計算 R 如下：

$$R_{1,1}=\frac{C_{1,1}}{C_{2,1}}=\frac{C_{1,1}}{C_1}\times\frac{C_1}{C_{2,1}}=\frac{C_{1,1}}{C_1}\times\frac{C_1}{C_2}\times\frac{C_2}{C_{2,1}}=0.7\times1\times\frac{1}{0.3}=2.33$$

$$R_{1,2}=\frac{C_{1,2}}{C_{2,2}}=\frac{C_{1,2}}{C_1}\times\frac{C_1}{C_{2,2}}=\frac{C_{1,2}}{C_1}\times\frac{C_1}{C_2}\times\frac{C_2}{C_{2,2}}=0.3\times1\times\frac{1}{0.65}=0.462$$

$$P_{1,1}=\frac{1-\exp\left[-NTU_{1,1}\left(1-R_{1,1}\right)\right]}{1-R_{1,1}\exp\left[-NTU_{1,1}\left(1-R_{1,1}\right)\right]}=\frac{1-e^{(-1\times(1-2.33))}}{1-2.33\times e^{(-1\times(1-2.33))}}=0.356$$

$$P_{1,2}=\frac{1-\exp\left[-NTU_{1,2}\left(1-R_{1,2}\right)\right]}{1-R_{1,2}\exp\left[-NTU_{1,2}\left(1-R_{1,2}\right)\right]}=\frac{1-e^{(-4.33\times(1-0.462))}}{1-0.462\times e^{(-4.33\times(1-0.462))}}=0.945$$

$$\therefore P_1=\frac{C_{1,1}}{C_1}P_{1,1}+\frac{C_{1,2}}{C_1}P_{1,2}=0.7\times0.356+0.3\times0.945=0.533$$

而理想狀態下的 $P_1=NTU_1/(1+NTU_1)=0.667$（因爲 $R=1$），所以 $\Delta P_1^*=\frac{P_{1,ideal}-P_1}{P_{1,ideal}}=\frac{0.667-0.533}{0.677}=0.2$，同樣的，我們可以從圖13-4速算性能下降約爲0.17，從這個題目，我們可根據不均勻的流動來計算熱傳性能下降量，但設計者首先必須先估算究竟是怎樣的流動不均勻？這點才是最困難的；另外，整體不均勻的流動會造成多大的壓降？不幸的是，迄目前爲止，並無相關的研究可以提供簡易的速算。

13-1-3 整體不均匀流動的影響(交錯流動)

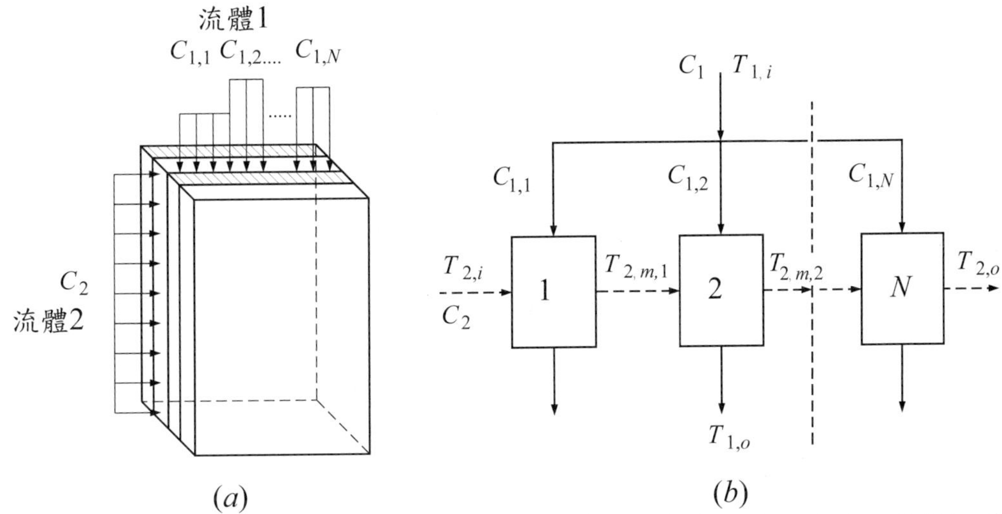

圖13-5 交錯流動熱交換器，一側為均匀分布另一側為不均匀分布的數學模型

上述的分析乃針對逆向與平行流動，接下來我們將分析交錯流動下整體不均匀流動對熱傳性能的影響，首先我們考慮如圖13-5所示的理想條件下的交錯流動，同樣的，流體1爲不均匀流動側而流體2爲均匀流動側，總熱傳量Q的計算與式13-1同，即：

$$Q=\sum_{j=1}^{N}Q_j=P_1C_1\left(T_{1,i}-T_{2,i}\right) \tag{13-14}$$

考慮如圖13-5所示的交錯流動模式，整體熱交換器在分割成N個小區塊的熱交換器後，每一個別的熱交換器的熱傳量可表示如下：

$$\begin{aligned}
Q_1&=P_{1.1}C_{1,1}\left(T_{1,i}-T_{2,i}\right)=C_2\left(T_{2,m,1}-T_{2,i}\right)\\
Q_2&=P_{1.2}C_{1,2}\left(T_{1,i}-T_{2,m,1}\right)=C_2\left(T_{2,m,2}-T_{2,m,1}\right)\\
&.\\
&.\\
Q_N&=P_{1.N}C_{1,N}\left(T_{1,i}-T_{2,m,N-1}\right)=C_2\left(T_{2,m,N}-T_{2,o}\right)
\end{aligned} \tag{13-15}$$

式13-15中的下標*m*代表混合後的平均溫度，由式13-14，可知

$$P_1=\frac{Q}{C_1\left(T_{1,i}-T_{2,i}\right)}=\frac{1}{C_1}\sum_{j=1}^{N}\frac{Q_j}{\left(T_{1,i}-T_{2,i}\right)} \tag{13-16}$$

再將式13-15帶入上式展開可得：

$$\begin{aligned}P_1&=\frac{1}{C_1}\sum_{j=1}^{N}\frac{Q_j}{\left(T_{1,i}-T_{2,i}\right)}\\&=\frac{1}{C_1}\left(P_{1,1}C_{1,1}+P_{1,2}C_{1,2}\frac{T_{1,i}-T_{2,m,1}}{T_{1,i}-T_{2,i}}+\ldots P_{1,N}C_{1,N}\frac{T_{1,i}-T_{2,m,N-1}}{T_{1,i}-T_{2,i}}\right)\end{aligned} \tag{13-17}$$

由式13-15，$Q_1=P_{1.1}C_{1,1}\left(T_{1,i}-T_{2,i}\right)=C_2\left(T_{2,m,1}-T_{2,i}\right)$

$$\begin{aligned}\therefore\frac{P_{1.1}C_{1,1}\left(T_{1,i}-T_{2,i}\right)}{C_2}&=T_{2,m,1}-T_{2,i}=T_{2,m,1}-T_{2,i}+T_{1,i}-T_{1,i}\\&=\left(T_{1,i}-T_{2,i}\right)-\left(T_{1.i}-T_{2,m,1}\right)\end{aligned} \tag{13-18}$$

上式左右同除$T_{1,i}-T_{2,i}$，可得：

$$\therefore\frac{P_{1.1}C_{1,1}}{C_2}=1-\frac{T_{1.i}-T_{2,m,1}}{T_{1,i}-T_{2,i}}\Rightarrow\frac{T_{1.i}-T_{2,m,1}}{T_{1,i}-T_{2,i}}=1-\frac{P_{1.1}C_{1,1}}{C_2} \tag{13-19}$$

同理將式13-19導入式13-15的$Q_2=P_{1.2}C_{1,2}\left(T_{1,i}-T_{2,m,1}\right)=C_2\left(T_{2,m,2}-T_{2,m,1}\right)$，可得：

$$\frac{T_{1.i}-T_{2,m,2}}{T_{1,i}-T_{2,i}}=\left(1-\frac{P_{1.1}C_{1,1}}{C_2}\right)\left(1-\frac{P_{1.2}C_{1,2}}{C_2}\right) \tag{13-20}$$

依此類推可知：

$$\begin{aligned}\frac{T_{1.i}-T_{2,m,N-1}}{T_{1,i}-T_{2,i}}&=\left(1-\frac{P_{1.1}C_{1,1}}{C_2}\right)\left(1-\frac{P_{1.2}C_{1,2}}{C_2}\right)\ldots\left(1-\frac{P_{1.N-1}C_{1,N-1}}{C_2}\right)\\&=\prod_{k=1}^{N-1}\left(1-\frac{P_{1.k}C_{1,k}}{C_2}\right)\end{aligned} \tag{13-21}$$

也就是說我們可將$\dfrac{T_{1.i}-T_{2,m,N-1}}{T_{1,i}-T_{2,i}}$項從式13-17中消除，即：

$$P_1=\frac{1}{C_1}\sum_{j=1}^{N}\frac{Q_j}{\left(T_{1,i}-T_{2,i}\right)}$$
$$=\frac{1}{C_1}\left(P_{1,1}C_{1,1}+P_{1,2}C_{1,2}\frac{T_{1,i}-T_{2,m,1}}{T_{1,i}-T_{2,i}}+\ldots P_{1,N}C_{1,N}\frac{T_{1,i}-T_{2,m,N-1}}{T_{1,i}-T_{2,i}}\right) \quad (13\text{-}22)$$
$$=\frac{1}{C_1}\left(P_{1,1}C_{1,1}+\sum_{j=1}^{N}P_{1,i}C_{1,j}\prod_{k=1}^{N-1}\left(1-\frac{P_{1,k}C_{1,k}}{C_2}\right)\right)$$

$P_{1,ideal}$的計算可參考不同形式的交錯流動的公式(見本書第9章的表9-2)，例如式9-18(single-pass cross flow, fluid 1 unmixed, fluid 2 mixed)：

$$P_1=\frac{C_2}{C_1}\left[1-\exp\left(-\frac{C_1}{C_2}\left(1-\exp\left(-NTU_1\right)\right)\right)\right] \quad (13\text{-}23)$$

$$\therefore P_{1,j}=\frac{C_2}{C_{1,j}}\left[1-\exp\left(-\frac{C_{1,j}}{C_2}\left(1-\exp\left(-NTU_{1,j}\right)\right)\right)\right] \quad (13\text{-}24)$$

請注意，式13-23與式13-24僅適用於流體1爲unmixed而流體2爲mixed。若爲unmixed/unmixed或其他情形請參考表9-2相關公式。如果流體1的不均勻分布呈現兩階梯狀的變化($N = 2$)，則：

$$P_1=\frac{1}{C_1}\left(P_{1,1}C_{1,1}+P_{1,2}C_{1,2}\left(1-\frac{P_{1,1}C_{1,1}}{C_2}\right)\right) \quad (13\text{-}25)$$

上述的不均勻流動的影響都是針對流體流動側的不均勻影響，另外一個不均勻效應來自於入口溫度不均勻的影響，這部份的研究Chiou (1982)曾做過深入的研究，他的研究結果顯示入口溫度不均勻效應的影響較流體不均勻效應的影響爲小，有興趣的讀者可參考Chiou一系列的研究。

13-1-4 通道與通道間的不均勻流動

由於熱交換器製造上無法達到完美，因此在密集式熱交換器內的相鄰通道的大小可能不完全一樣，在微細通道上製作大小完全相同的通道更是困難，因此，大小不一的通道(見圖13-6)讓個別流道的流動阻抗不同，因此通過各別通道的流體也就不同，連帶的促成熱傳量的差異。值得注意的是，對密集式熱交換器的微細通道而言，流體設計通常在層流流動區，所以此一通道與通道間的差異所造成的影響也就格外的明顯；這裡給讀者一個簡單的概念，通常流速越快分布越好，反之流動越慢，流體混合與分布也就較差；也許讀者會問那爲什麼不設計在高速流動就好了？如此不就沒有分布不均勻的問題了而且流體混合好，熱傳性能也好，這個問題的答案完全在於壓降的考量，如果讀者還有印象(見本書第一章與第七章)，在紊流流動條件下，$\Delta P \sim V^{1.75}$，太快的流速設計，不僅流體機械可能無法提供驅動工作流體，管路也可能受因流速太快產生剝蝕。

通道與通道間的不均勻的分布現象除了來自製造上的差異外，並可能來自於焊接或因結垢問題的影響，此一效應會隨著熱交換器的密集度的增加而愈加明顯。下面我們將以通道與通道間不均勻現象的影響來分析，我們考慮如圖13-6所示的熱交換器通道(三角形或長方形通道)，假設流道內因爲製造過程的問題成兩種不同尺寸的差異(請注意，只針對其中的一側流體，假設另一側的流體流道間無此一問題)。

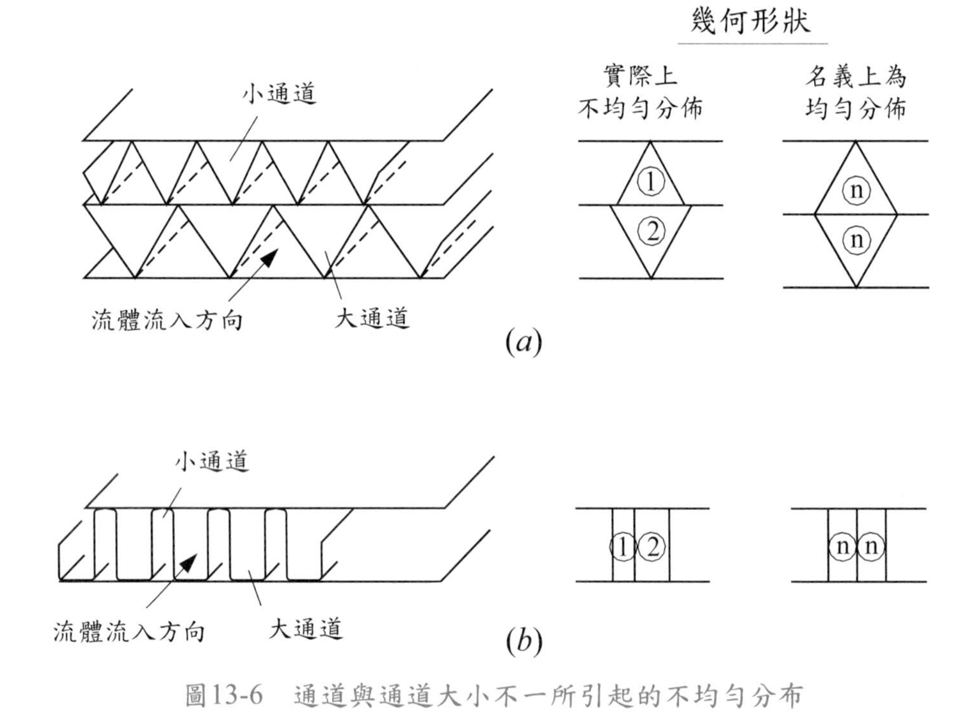

圖13-6 通道與通道大小不一所引起的不均勻分布

爲了方便起見，相對於兩種大小不一的通道尺寸($j = 1$ 或 2)，我們在此定義另一名義上的通道尺寸(即$j = n$，例如假設通道均爲相同大小的尺寸，也可以選擇某一特定尺寸如$n = 1$ 或$n = 2$)。通過流道的壓降可計算如下：

$$\Delta P_j = \frac{4L}{D_{h,j}} f_j \frac{1}{2}\rho_{m,j} u_{m,j}^2 \tag{13-26}$$

如果個別通道的最小流道面積(minimum flow area，見本書第三章說明)分別爲$A_{c,j}$，故

$$\dot{m}_j = \rho_{m,j} u_{m,j} A_{c,j} \tag{13-27}$$

由於流體分流到通道1與通道2的個別壓降相同($\Delta P_1 = \Delta P_2$)；所以可改寫式13-26如下：

$$\begin{aligned}
&\frac{4L}{D_{h,1}} f_1 \frac{1}{2}\rho_{m,1} u_{m,1}^2 = \frac{4L}{D_{h,2}} f_2 \frac{1}{2}\rho_{m,2} u_{m,2}^2 \\
&\Rightarrow \frac{1}{D_{h,1}} f_1 \rho_{m,1} u_{m,1} u_{m,1} \frac{A_{c,1}}{A_{c,1}} = \frac{1}{D_{h,2}} f_2 \rho_{m,2} u_{m,2} u_{m,2} \frac{A_{c,2}}{A_{c,2}} \\
&\Rightarrow \frac{1}{D_{h,1}} f_1 \dot{m}_1 \frac{u_{m,1}}{A_{c,1}} = \frac{1}{D_{h,2}} f_2 \dot{m}_2 \frac{u_{m,2}}{A_{c,2}} \\
&\Rightarrow \frac{\dot{m}_1}{\dot{m}_2} = \frac{f_2}{f_1}\frac{u_{m,2}}{u_{m,1}}\frac{D_{h,1}}{D_{h,2}}\frac{A_{c,1}}{A_{c,2}}
\end{aligned} \tag{13-28}$$

如果考慮流動爲層流流動(對微細通道而言，層流流動是常見的設計)且爲完全發展(fully developed)，可知$f \cdot \mathrm{Re}$ = 常數，因此式13-28可稍作修整如下：

$$\begin{aligned}
&\frac{\dot{m}_1}{\dot{m}_2} = \frac{f_2}{f_1} \frac{\dfrac{\rho_{m,2} u_{m,2} D_{h,2}}{\mu_{m,2}}}{\dfrac{\rho_{m,1} u_{m,1} D_{h,1}}{\mu_{m,1}}} \left(\frac{D_{h,1}}{D_{h,2}}\right)^2 \frac{A_{c,1}}{A_{c,2}} \frac{\rho_{m,1}\mu_{m,2}}{\rho_{m,2}\mu_{m,1}} \\
&\Rightarrow \frac{\dot{m}_1}{\dot{m}_2} = \frac{f_2\,\mathrm{Re}_2}{f_1\,\mathrm{Re}_1}\left(\frac{D_{h,1}}{D_{h,2}}\right)^2 \frac{A_{c,1}}{A_{c,2}} \frac{\rho_{m,1}\mu_{m,2}}{\rho_{m,2}\mu_{m,1}}
\end{aligned} \tag{13-29}$$

對同一流體而言，上式中的$\dfrac{\rho_{m,1}\mu_{m,2}}{\rho_{m,2}\mu_{m,1}} \approx 1$，所以：

$$\frac{\dot{m}_1}{\dot{m}_2} = \frac{f_2\,\mathrm{Re}_2}{f_1\,\mathrm{Re}_1}\left(\frac{D_{h,1}}{D_{h,2}}\right)^2 \frac{A_{c,1}}{A_{c,2}} \tag{13-30}$$

換句話說，從上式我們就可算出流量在流道1與流道2的比值，又總流量爲已

知($\dot{m}=\dot{m}_1+\dot{m}_2$)，所以個別的流量就可算出，再根據個別的流量就可算出此一不均匀流量所造成的壓降。不過，由於流體流動時會往阻抗最小的地方走，因此多數流體會往較大的流道流動，如果考慮固定流量的條件下，此一不均勻流道的特性反而會造成較小的壓降，這是因爲多數的流體流往較大的通道流動而少部份的流體則流往較小的通道，由於總流量固定且通過大流道的壓降等於小流道的壓降，如此一來一回，反而造成總壓降下降。這點我們可以用下面的例子來說明。

例13-1-2：考慮如圖13-7所示的一矩形通道($H_1 = W_1$)，此一通道又分爲兩個一樣大的通道，所以原來各別通道的流量相同，即 $\dot{m}_1=\dot{m}_2=\dfrac{\dot{m}}{2}$，現在如果流量保持一樣，但其中一個通道爲另一個通道的三倍大，如果不考慮隔開通道的隔板厚度，試問此時的壓降與原先均匀流道的差異？矩形的f·Re公式如下：

$f\cdot\mathrm{Re}=24\left(1-1.3553\alpha+1.9467\alpha^2-1.7012\alpha^3+0.9564\alpha^4-0.2537\alpha^5\right)$，$\alpha = H/W$

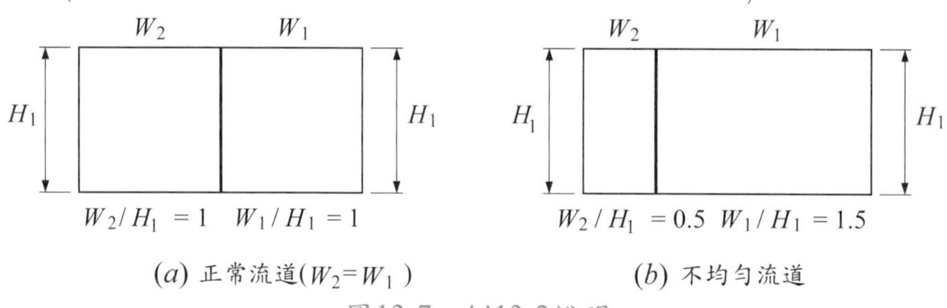

(a) 正常流道($W_2=W_1$) (b) 不均匀流道

圖13-7 例13-2說明

13-1-2 解：

由圖13-6，原來的兩個通道一樣大，$A_{c,1}=A_{c,2}$, $D_{h,1}=D_{h,2}$，

由式13-30知：

$$\therefore \frac{\dot{m}_1}{\dot{m}_2}=\frac{f_2\,\mathrm{Re}_2}{f_1\,\mathrm{Re}_1}\left(\frac{D_{h,1}}{D_{h,2}}\right)^2\frac{A_{c,1}}{A_{c,2}}=1$$

新的通道中，$\dfrac{A_{c,1}}{A_{c,2}}=3$，$P1$代表新通道1的周長，$P2$代表新通道2的周長，

$$\frac{D_{h,1}}{D_{h,2}}=\frac{\dfrac{4A_{c,1}}{P1}}{\dfrac{4A_{c,2}}{P2}}=3\times\frac{P2}{P1}=3\times\frac{3}{5}=1.8$$

$\alpha_1 = 1/1.5 = 0.667$

$$\therefore (f\cdot \mathrm{Re})_1 = 24\left(1-1.3553\alpha_1+1.9467\alpha_1^2-1.7012\alpha_1^3+0.9564\alpha_1^4-0.2537\alpha_1^5\right)=14.71$$

$$\alpha_2 = 0.5/1 = 0.5$$

$$\therefore (f\cdot \mathrm{Re})_2 = 24\left(1-1.3553\alpha_2+1.9467\alpha_2^2-1.7012\alpha_2^3+0.9564\alpha_2^4-0.2537\alpha_2^5\right)=15.56$$

$$\therefore \frac{\dot{m}_1}{\dot{m}_2} = \frac{f_2\,\mathrm{Re}_2}{f_1\,\mathrm{Re}_1}\left(\frac{D_{h,1}}{D_{h,2}}\right)^2\frac{A_{c,1}}{A_{c,2}} = \frac{14.71}{15.56}\times(1.8)^2\times 3 = 9.194$$

換句話說，$\therefore \dfrac{\dot{m}_1}{\dot{m}_2+\dot{m}_1}=0.902$，也就是說新的通道1佔了約90.2%的總流量，而新的通道2的流量還不到10%，爲了計算壓降，這裡我們用一個偷懶的方法，由式13-26，利用式13-28~13-30的推導方式，我們可改寫式13-26如下：

$$\Delta P_j = \frac{2\mu L}{\rho}\left(\frac{f\cdot \mathrm{Re}}{A_{c,j}D_{h,j}^2}\right)\dot{m}_j$$

$$\therefore \frac{\Delta P_{1,new}}{\Delta P_{1,old}} = \frac{\left(\dfrac{f\cdot \mathrm{Re}}{A_{c,1}D_{h,1}^2}\right)_{new}\dot{m}_{new}}{\left(\dfrac{f\cdot \mathrm{Re}}{A_{c,1}D_{h,1}^2}\right)_{old}\dot{m}_{old}} = \frac{(f\cdot \mathrm{Re})_{new}}{(f\cdot \mathrm{Re})_{old}}\frac{(A_{c,1})_{old}}{(A_{c,1})_{new}}\left(\frac{(D_{h,1})_{old}}{(D_{h,1})_{new}}\right)^2\frac{\dot{m}_{new}}{\dot{m}_{old}}$$

$$= \frac{14.715}{14.229}\times 0.667\times 0.8333^2\times 1.804 = 0.864$$

換句話說，同樣的總流量，新的通道的壓降僅約爲原先的86.4%！

接下來我們考慮熱傳性能所受的影響；同樣的，因爲不均勻效應對熱傳性能的影響與個別通道的熱傳性能有關，這裡特別定義個別通道的性能爲*ntu*(有別於*NTU*，因爲僅代表個別通道的性能)，即：

$$ntu_j = \left(\frac{hA}{\dot{m}c_p}\right)_j \qquad j = 1,2,n \tag{13-31}$$

式13-31可改寫如下：

$$ntu_j = \left(\frac{hA}{\dot{m}c_p}\right)_j = \left(\frac{\frac{hD_h}{k}\frac{k}{D_h}A}{\rho u A_c c_p}\right)_j = \left(\frac{Nu\frac{A}{A_c}}{\frac{\rho u D_h}{\mu}\frac{\mu c_p}{k}}\right)_j$$

$$= \left(\frac{Nu\frac{4\times PJ\times L}{4\times A_c}}{\mathrm{Re}\,\mathrm{Pr}}\right)_j \{\text{說明: } PJ\text{爲周長}\} = \left(\frac{Nu\frac{4L}{D_h}}{\mathrm{Re}\,\mathrm{Pr}}\right)_j \quad (13\text{-}32)$$

如果我們定義「名義上的ntu」爲ntu_n，則(詳細推導過程略去)：

$$\frac{ntu_j}{ntu_n} = \frac{Nu_j}{Nu_n}\frac{\dot{m}_n}{\dot{m}_j}\left(\frac{D_{h,n}}{D_{h,j}}\right)^2\frac{A_{c,j}}{A_{c,n}} \quad (13\text{-}33)$$

對個別的通道而言，我們可定義其有效度如下：

$$\varepsilon_j = \frac{T_{o,j} - T_i}{\overline{T}_{w,j} - T_i} \quad (13\text{-}34)$$

上式中的$\overline{T}_{w,j}$代表j通道的平均管壁溫度。而對流體1而言，其真正平均的有效度爲通道1、2的有效度加總：

$$\dot{m}\varepsilon_{ave} = \dot{m}_1\varepsilon_1 + \dot{m}_2\varepsilon_2 \quad (13\text{-}35)$$

對$C^* = 1$的情況，

$$\varepsilon_{ave} = \frac{ntu_{eff}}{1 + ntu_{eff}} \Rightarrow ntu_{eff} = \frac{\varepsilon_{ave}}{1 - \varepsilon_{ave}} \quad (13\text{-}36)$$

在實際計算上，我們必須分別先算出兩側流體的ntu_{eff}，然後再算出熱交換器整體的真正NTU_{eff}，最後才能決定熱交換器因爲此一不均勻流動分布所造成的性能下降。如果不考慮結垢與管壁的阻抗，利用第二章中的阻抗分布關係，整體的NTU與兩側ntu間的關係可推導如下：

$$\frac{1}{UA} = \frac{1}{(\eta_o hA)_h} + \frac{1}{(\eta_o hA)_c} \quad (13\text{-}37)$$

$$\therefore \frac{1}{\dfrac{UA}{C_{\min}}} = \frac{1}{\dfrac{(\eta_o hA)_h}{C_h}\dfrac{C_h}{C_{\min}}} + \frac{1}{\dfrac{(\eta_o hA)_c}{C_c}\dfrac{C_c}{C_{\min}}} \tag{13-38}$$

$$\therefore \frac{1}{NTU} = \frac{1}{ntu_h \dfrac{C_h}{C_{\min}}} + \frac{1}{ntu_c \dfrac{C_c}{C_{\min}}} \tag{13-39}$$

例13-1-3：考慮一如圖13-8所示的兩個矩形通道熱交換器(幾何尺寸比例與例13-2同)，其中一個爲正常的通道(圖13-8*a*)，另外一個則因爲製造的問題，其通道熱交換器內有兩種不同大小的通道交替出現(圖13-8*b*)，如果正常設計的$NTU_n = 1$，且$C^* = 1$，試問此一因製作問題所造成的熱傳性能下降爲何？假設熱交換器的管壁爲等溫條件，而矩形的*Nu*公式如下：

$\mathrm{Nu} = 7.541\left(1-2.61\alpha+4.97\alpha^2-5.119\alpha^3+2.702\alpha^4-0.548\alpha^5\right)$，$\alpha = H/W$

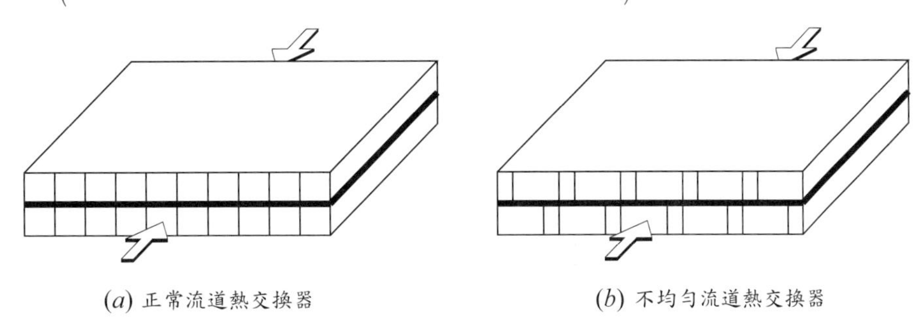

(*a*) 正常流道熱交換器　　(*b*) 不均勻流道熱交換器

圖13-8　例13-3說明

13-1-3 解：

由於$NTU_n = 1$且$C^* = 1$，這裡我們假設名義上的尺寸爲如圖13-8(*a*)所示的正常流道，由於不均勻流道(圖13-8b)爲一大一小交錯分布，因此在此定義$\dot{m}_n = \dot{m}_2 + \dot{m}_1$。由式13-39可知$ntu_h = ntu_c = 2 = ntu_n$，由於基本幾何尺寸的比例與例13-2同，如果不考慮隔板的厚度$A_{c,1}/A_{c,n} = 0.75$，$A_{c,2}/A_{c,n} = 0.25$，

$$\therefore \frac{\dot{m}_1}{\dot{m}_2} = \frac{f_2\,\mathrm{Re}_2}{f_1\,\mathrm{Re}_1}\left(\frac{D_{h,1}}{D_{h,2}}\right)^2 \frac{A_{c,1}}{A_{c,2}} = \frac{14.71}{15.56}\times(1.8)^2\times 3 = 9.194$$

換句話說，$\therefore \dfrac{\dot{m}_1}{\dot{m}_2+\dot{m}_1} = 0.902 = \dfrac{\dot{m}_1}{\dot{m}_n},\ \dfrac{\dot{m}_2}{\dot{m}_{tn}} = 0.098$

$\alpha_1 = 1/1.5 = 0.667,\ \alpha_2 = 0.5/1 = 0.5,\ \alpha_n = 1/1 = 1$

$$\mathrm{Nu}_1 = 7.541\left(1-2.61\alpha_1+4.97\alpha_1^2-5.119\alpha_1^3+2.702\alpha_1^4-0.548\alpha_1^5\right) = 3.12$$

$$\mathrm{Nu}_2 = 7.541\left(1-2.61\alpha_2+4.97\alpha_2^2-5.119\alpha_2^3+2.702\alpha_2^4-0.548\alpha_2^5\right) = 3.39$$

$$\mathrm{Nu_n} = 7.541\left(1-2.61\alpha_n + 4.97\alpha_n^2 - 5.119\alpha_n^3 + 2.702\alpha_n^4 - 0.548\alpha_n^5\right) = 2.98$$

有關$D_{h,1}/D_{h,n}$與$D_{h,2}/D_{h,n}$比值的計算，這裡要稍作說明一下，由圖13-7，可知

$D_{h,n} = 4\times(2W_1\times H_1)/(4W_1+4H_1) = 8H_1^2/8H_1 = H_1$

$D_{h,1} = 4\times(1.5W_1\times H_1)/(2\times1.5W_1+2\times H_1) = 6H_1^2/5H_1 = 1.2H_1$

$D_{h,2} = 4\times(0.5W_1\times H_1)/(2\times0.5W_1+2\times H_1) = 2H_1^2/3H_1 = 0.6667H_1$

$\therefore D_{h,1}/D_{h,n} = 0.6667$，$D_{h,2}/D_{h,n} = 1.2$

由式13-33，

$$\frac{ntu_1}{ntu_n} = \frac{Nu_1}{Nu_n}\frac{\dot{m}_n}{\dot{m}_1}\left(\frac{D_{h,n}}{D_{h,1}}\right)^2\frac{A_{c,1}}{A_{c,n}} = \frac{3.12}{2.98}\frac{1}{0.902}(0.8333)^2\times0.75 = 0.605$$

$$\Rightarrow ntu_1 = 0.605\times2 = 1.21$$

$$\frac{ntu_2}{ntu_n} = \frac{Nu_2}{Nu_n}\frac{\dot{m}_n}{\dot{m}_2}\left(\frac{D_{h,n}}{D_{h,2}}\right)^2\frac{A_{c,2}}{A_{c,n}} = \frac{3.39}{2.98}\frac{1}{0.098}\left(\frac{1}{0.6667}\right)^2\times0.25 = 6.52$$

$$\Rightarrow ntu_2 = 6.52\times2 = 13.05$$

由於爲逆向流動，且$C^* = 1$，所以

$$\varepsilon_1 = \frac{ntu_1}{1+ntu_1} = \frac{1.21}{1+1.21} = 0.547$$

$$\varepsilon_2 = \frac{ntu_2}{1+ntu_2} = \frac{13.05}{1+13.05} = 0.929$$

由式13-35，$\dot{m}\varepsilon_{ave} = \dot{m}_1\varepsilon_1 + \dot{m}_2\varepsilon_2$，所以

$$\varepsilon_{ave} = \frac{\dot{m}_1}{\dot{m}}\varepsilon_1 + \frac{\dot{m}_2}{\dot{m}}\varepsilon_2 = 0.902\times0.547 + 0.098\times0.929 = 0.585$$

由式13-36，

$$ntu_{eff} = \frac{\varepsilon_{ave}}{1-\varepsilon_{ave}} = \frac{0.585}{1-0.585} = 1.41$$

由於$C^* = 1$，所以$ntu_{eff,h} = ntu_{eff,c} = ntu_{eff} = 1.41$

再由式13-39，

$$\therefore \frac{1}{NTU_{eff}} = \frac{1}{ntu_h\dfrac{C_h}{C_{\min}}} + \frac{1}{ntu_c\dfrac{C_c}{C_{\min}}} = \frac{1}{1.41\times1} + \frac{1}{1.41\times1}$$

$$\Rightarrow NTU_{eff} = 0.704$$

$$\therefore \varepsilon_{eff} = \frac{NTU_{eff}}{1+NTU_{eff}} = \frac{0.704}{1+0.704} = 0.413$$

對正常通道而言，

$$\therefore \varepsilon_n = \frac{NTU_n}{1+NTU_n} = \frac{1}{1+1} = 0.5$$

所以此一熱交換器因爲不均勻分布所造成的有效度下降爲：

$$\Delta\varepsilon_{loss} = \frac{\varepsilon_n - \varepsilon_{eff}}{\varepsilon_n} = \frac{0.5-0.413}{0.5} = 0.173 = 17.3\%$$

以上的分析，僅針對流道中有兩種不同尺寸所造成的影響，此一分析可擴充到*N*種不同尺寸的影響，有興趣的讀者可逕自參考Shah and Sekulić (2003)一書的第12章。

13-1-5　多孔管引起的不均勻流動

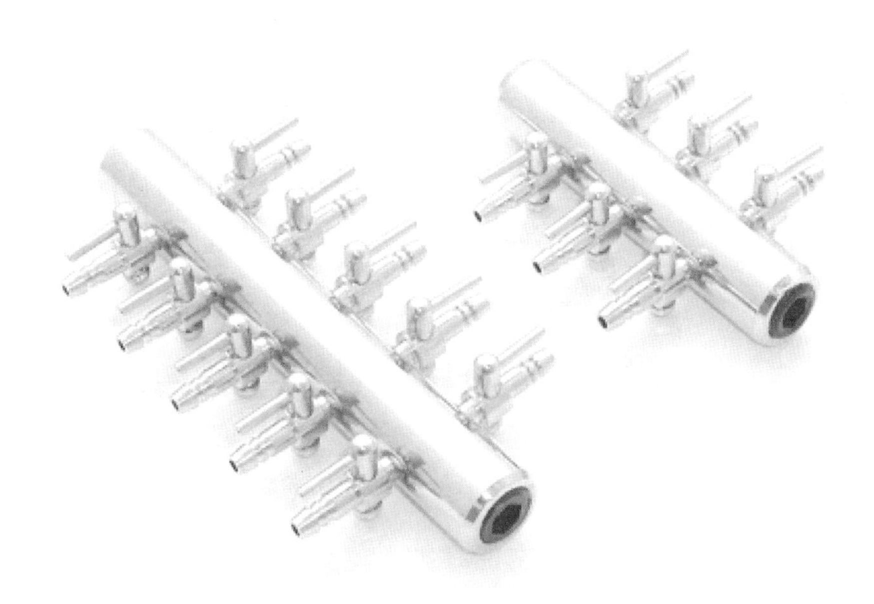

圖13-9　多孔管(Courtesy of Alita Inc.)

多孔管廣泛的應用於熱流系統的流體分布(如圖13-9)，先前介紹的板式熱交換器(第十章)與汽車用的扁管式熱交換器(第五章)多使用多孔管來進行流體進入熱交換主體前的分布，同時也負責流體熱交換後的匯集。常見的多孔管分流設計爲U型與Z型(見圖13-10)，其中U型設計乃流體進入熱交換多孔後分布到道熱交換系統，進行熱交換後流體回到集流管匯集再流出熱交換器，其進口與出口在同一側稱之爲U型設計，若進出口在不同的兩側，則稱之爲Z型設計，如圖13-10所示，流體在進入入口後，逐一將流體分布到流道中，由於多孔管的管徑固定，故沿流動方向的流速就會越來越慢，因此在進口處沿多孔管流動方向的壓力反而會逐漸上升，此與一般沿流動方向壓力遞減的現象不同；以U型設計而言，由於進出口在同一側，因此第一個流道的壓差最大(見圖13-10(c))；相反的，Z型設計的最後一個流道的壓差最大(見圖13-10(d))；在流量的分布上，U型設計的第一個流道的流量最大，然後逐漸遞減(溫度分布剛好相反)；相反的，Z型設計的第一個流道的流量最小，然後逐漸增加。有關Z型或U型設計的流量與溫度的分布，過去雖然有不少的研究，但迄目前爲止，並無簡單的預測經驗式可用，而必須藉由一些商業用的套裝軟體的協助計算，整理現有的研究，可歸納如下的結論來減低不均勻流動的影響：

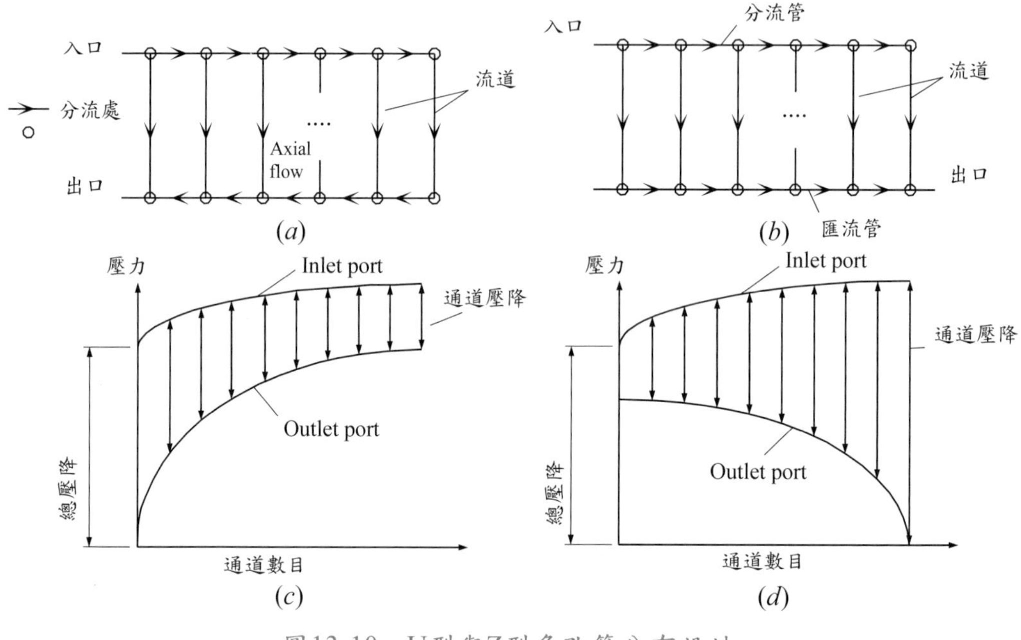

圖13-10　U型與Z型多孔管分布設計

(1) U型設計比Z型設計有較均勻的流動。
(2) U型設計的在第一個流道有最大的流量而Z型設計則再最後一個流道有最大的流量。
(3) 對板式熱交換器而言，如果一回數(pass，見本書第二章說明)的通道數小於20，則不均勻流動的影響可以忽略不計。
(4) 對U型或Z型多通道設計的板式熱交換器而言，流動不均勻會隨著進口流量增加而更加明顯。單一回數增加通道數也會增加不均勻流動的現象；此外，流體黏度降低也會讓不均勻流動變的明顯。
(5) 爲了降低流動不均勻的現象，多孔管的截面面積應大於分歧管的面積，通常分岐管與多孔管面積差異越大會有較爲均勻的流動。

(6) 如果設計不當，Z型設計的部份流道可能會出現倒流的現象，這個現象在 Lu and Wang (2005)的文章有詳盡的討論。

13-1-6 操作條件變化所引起的不均勻流動

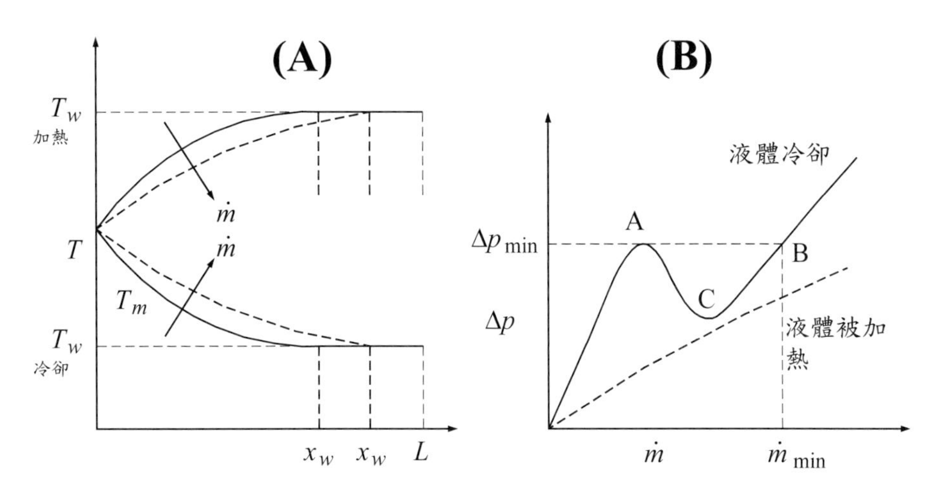

圖13-11 黏度變化引起的流量震盪效應 (A)溫度變化；(B)壓力與流量的關係

熱流系統常因實際需要調整操作條件，因此無可避免的會影響到工作溫度的高低、溫度差與多相流動形式，因此連帶的影響到流體的熱物性(如黏度、密度與乾度)；這些變化可能造成熱流系統震盪不穩定與不均勻流動，因此本文特別介紹因爲黏度變化而引起的不穩定現象，此一現象僅發生在流體冷卻的情況下，對流體被加熱的情況時則無此一特殊現象，我們以圖13-11來進一步說明。考慮一熱傳管用來冷卻某一工作流體，且管壁壁面溫度固定在T_w，如圖13-11(A)所式，此一工作流體的平均溫度T_m會隨著傳熱管流動方向逐漸下降，如果此一冷卻管夠長，流體的溫度最終會與管壁溫度同，因此此一傳熱管可分爲兩個區域，其中一個爲流體降溫區，長度從0到x_w；另一個爲固定溫度區；長度從x_w到L，顯然這兩個區域的壓降不同，如果假設第一區的平均黏度爲μ_{ave}，第二區的黏度爲μ_w，因此總壓降爲這兩區壓降的總和，以冷卻的條件而言，一般而言，當流量增加時流動的壓降會增加，但是因爲流量增加後，在第一區的平均溫度會上升，溫度上升後黏度下降，黏度下降意味著會使摩擦阻抗降低，當然如果流量甚大，此一溫度效應的負面影響會相對減小(因爲流體物性的效應較小)，但如果這兩個效應相若，則在某一個流量範圍內，整體的壓降反而會隨流量增加而下降(見圖13-11(B))；一旦出現此一現象，管路內會呈現不穩定的震盪現象，這點可以從圖13-11(B)來說明，試想，當壓降在A點時爲ΔP_{min}，若此時有一點壓力的變化，整個系統可能會從原來的流量突然跳到$\dot{m}_{\min}$(B點)，同樣的如果在B點也會降爲原來低流量$\dot{m}$，造成系統的流量震盪與不穩定的現象，因此設計上應該避免在此區操作。相反的，如果爲加熱條件(見圖13-11(A))，則無此一流動震盪現象，這是因爲流量增加除了增加原有的摩擦壓降外，第一區的有效平均溫度同時下降，有效黏度跟著下降同時增加壓降，這兩個效應無互相抵消的現象，因此沒有冷卻條件下的震盪現象；值得一提的是此一現象多發生在層流流動區，這是因爲在層流區的摩擦係數f正比於Re(即壓降與流量成正比)，而於紊流區時f正比於$Re^{-0.2\sim-0.25}$(即壓降與流量的1.7~1.75次方成正比)，故在紊流區因爲黏度改變的影響遠比摩擦效應小。

爲了避免此一現象的發生，系統設計應盡量避免低於$\Delta p_{\min}$下操作，因此Muller (1974)提出下面的經驗步驟，來估算$\Delta p_{\min}$：

(1) 由於黏度一般與溫度間的變化非常明顯，與溫度間的關係，通常可用$\mu = C_1 e^{C_2/T}$一式來表示，利用流體的黏度資料，計算出$\ln\mu$與$1/T$關係式的斜率m，其中T爲絕對溫度。

(2) 由算出的斜率m與流體的入口黏度μ_i與管壁溫度下的液體黏度μ_w，利用圖13-12估算流體在第一區的平均黏度μ_{ave}。

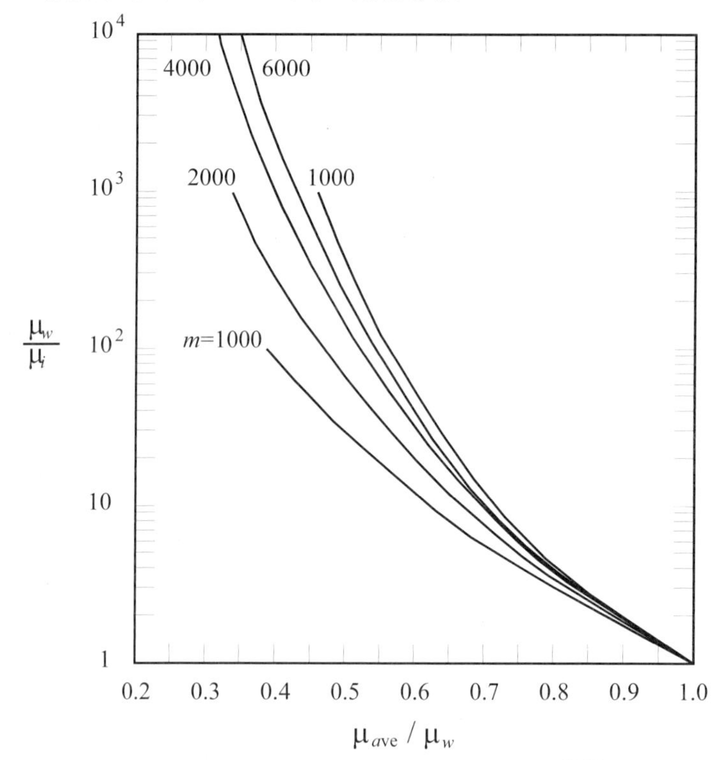

圖13-12　不同斜率下(m)，黏度比間的關係圖($\mu = C_1 e^{C_2/T}$，From Muller 1974)

(3) 由這三個黏度(μ_i、μ_w、μ_{ave})，利用圖13-11(A)，算出 x_w如下：

$$x_w = \frac{L}{2\left(1 - \frac{\mu_{ave}}{\mu_w}\right)} \tag{13-40}$$

(4) 由下式估算入口流量：

$$Gz = \frac{\dot{m} c_p}{kL} \approx 0.4 \tag{13-41}$$

上式計算出的流量稱之爲突破流量(breakthrough mass flow rate, Muller 1974)。請特別注意其中黏度比必須小於0.5才可適用($\mu_{ave}/\mu_w < 0.5$)。

(5) 再由下式計算最小壓降：

$$\Delta p_{\min} = \frac{128\dot{m}}{\pi \rho D_h^4}\left(x_w \mu_{ave} + \left(L - x_w\right)\mu_w\right) \tag{13-42}$$

如果設計上的壓降小於式13-42的計算結果，建議應增長管子的長度，如果μ_{ave}/μ_w大於0.5，則最大壓降可能發生在突破流量以上，如果總壓降大於$\Delta p_{\min}$，基本上不穩定現象的發生機會不大。

當熱交換器爲一多回路設計且爲多管數設計(N)，利用上述算出的結果必須加總來判斷，即總流量必須爲$N\dot{m}_{\min}$。也就是說當總流量大於$N\dot{m}_{\min}$時，流動震盪不穩定現象應不會發生，但是通道與通道間仍可能產生不均勻的現象；這是因爲溫度在各個通道間不同而促使黏度也不同，故各個通道間的摩擦係數也就不同，如果考慮兩個通道的例子，由式13-29可知

$$\frac{\dot{m}_1}{\dot{m}_2} = \frac{f_2 \,\mathrm{Re}_2}{f_1 \,\mathrm{Re}_1}\left(\frac{D_{h,1}}{D_{h,2}}\right)^2 \frac{A_{c,1}}{A_{c,2}} \frac{\rho_{m,1}\mu_{m,2}}{\rho_{m,2}\mu_{m,1}}$$

$$\Rightarrow \frac{\dot{m}_1}{\dot{m}_2} = \frac{\rho_{m,1}\mu_{m,2}}{\rho_{m,2}\mu_{m,1}} \text{ (考慮層流流動與兩通道大小相同)} \tag{13-43}$$

$$\Rightarrow \frac{\dot{m}_1}{\dot{m}_2} = \frac{\mu_{m,2}}{\mu_{m,1}} \text{ (考慮密度變化影響遠小於黏度的影響)}$$

如果爲紊流流動則$f \cdot \mathrm{Re} \neq$常數，必須依實際流動情形，再利用式13-29來計算。

13-2 集管與匯流管的設計

13-2-1 基本設計的考量

集管(header, mamifold)爲用來分配流體進入或流出熱交換器的銜接管件，此一分流與匯流的管件再分別與流體機械銜接；集流與匯流管的型式如圖13-13所示，在設計考量上，集管的設計有兩個重大的考量，首先；集管的目的要使流體能夠均勻的分布到熱交換器中的散熱管道上；第二，集管的目的在分流與匯流，集管內的流體通常並不直接參與熱交換，因此設計上當然是希望在集管內的壓損越小越好。

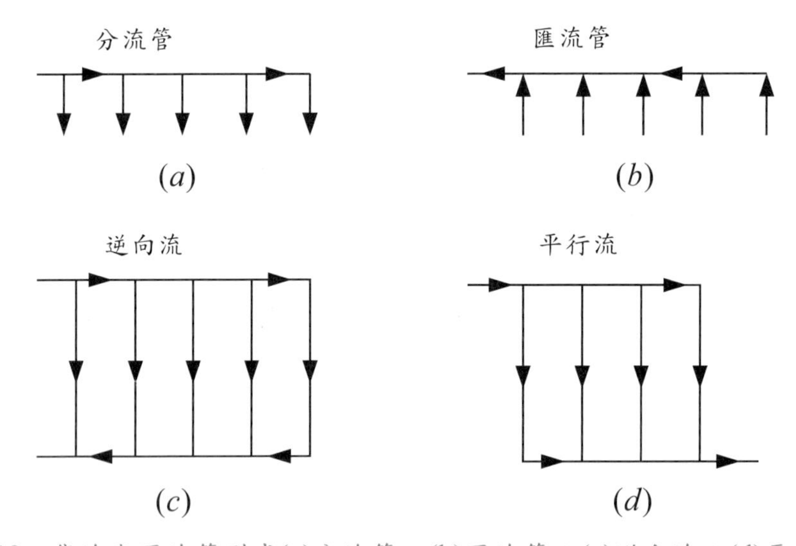

圖13-13 集流與匯流管型式(a)分流管；(b)匯流管；(c)逆向流；(d)平行流

在分流與匯流中，尤其以進口分流的影響特別重要，通常進入集流管的流體管路的截面積與集流管的截面積會小上5~50倍，如此巨大的面積差異很難讓進入的流體流動仍然保持流線型的狀態，因此進入集管的流體常出現分離(separated)與噴流(jet flow)的特性，而且由於噴流高速的撞擊特性，可能造成管壁剝蝕現象的產生，利用入口噴嘴形狀的改變可以改善此一高速撞擊的影響。同樣的，爲了降低流體匯流於出口集管的壓降，可利用較爲平緩的出口設計，例如儘量避免突然的轉彎出口設計。

13-2-2 多管式冷板設計的入口效應

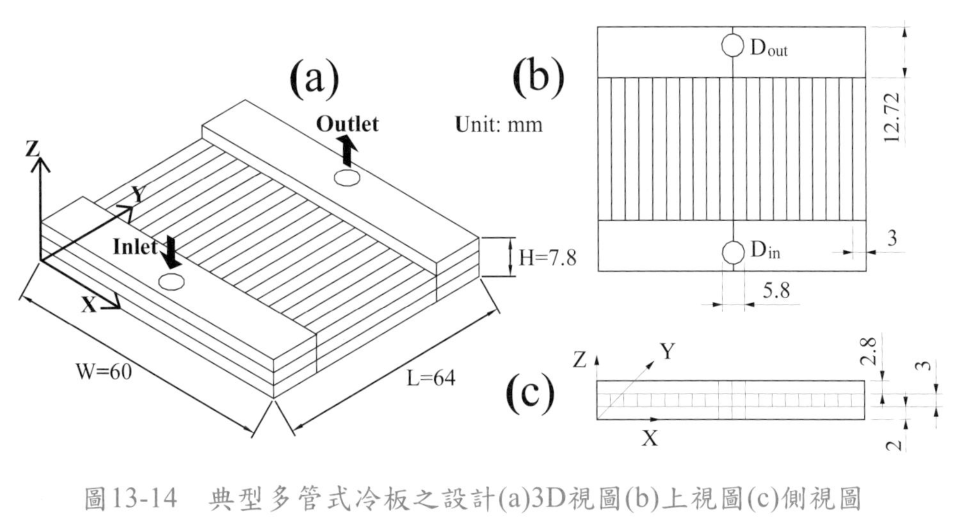

圖13-14 典型多管式冷板之設計(a)3D視圖(b)上視圖(c)側視圖

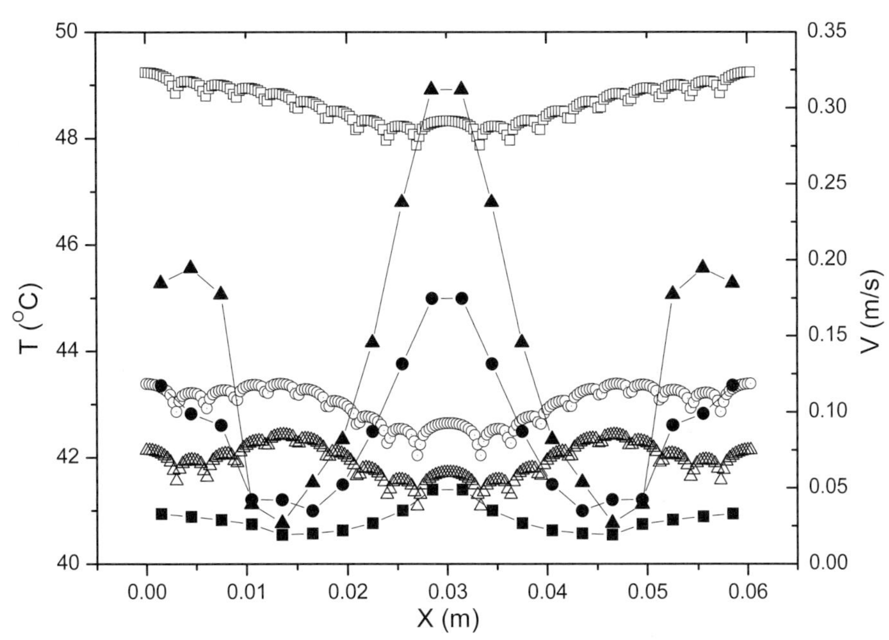

圖13-15 多管式冷板內速度與溫度分布圖

對電子散熱用的小型多管式之冷板(見圖13-14)，由於液體在此內多為層流流動，故會產生流體在各管內分布不均之問題，同時也造成整個冷板之溫度不均勻分布，Lu及Wang等人(2004)詳細探討了多管式冷板流場與熱場之不均勻分布，典型的流場模擬結果如圖13-15所示，可以清楚看出來在多管式冷板內其流量分布不均勻的情形，在邊管與中心管有較大的流速，而在邊管與中心管之間存在一管其流速最小，其原因乃是由於部份的噴射流體從入口進入後分散至邊界而後沿著牆壁流進邊管所致，此外較高的流率會引起更嚴重的流量分布不均，隨著進口流率增加，此流量分布不均會趨近一極限值。圖13-15同時顯示，此流量分布不均會造成溫度不均勻，流量較大之管有較低的溫度。

此外，多管式冷板的進出口位置亦會影響整個冷板的散熱表現，在Lu and Wang (2006)的另一篇論文中，探討了進出口位置對不均勻分布、散熱量與壓損的影響，其多管式冷管各式進出口設計：I、Γ、L、Z、]，如圖13-16所示；研究顯示其進出口位置的設計與冷板之效能息息相關，進出口位置擺設對冷板之壓降影響，其來源有三：即(1)噴射流之流場特性影響；(2)由於出口方位所造成之流場方向突然改變；(3)由於流場不均勻分布所造成之壓降。

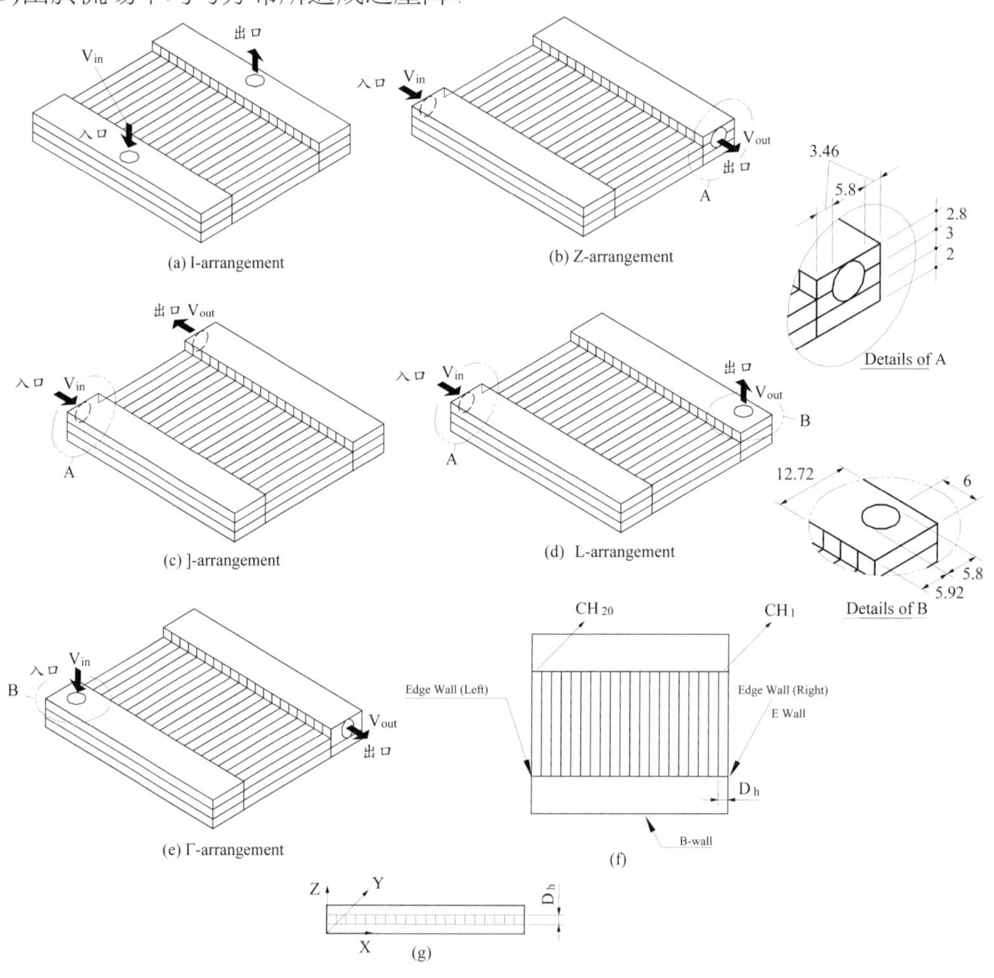

圖13-16 不同進出口擺設位置之冷板示意圖

而其研究結果顯示，在同樣的進口流量下，其冷板壓降由大至小依序是: I > Γ > L > Z >]；其中I型冷板之壓降最大，乃因為其噴射流之流場特性以及其出口方位所造成之流場方向突然轉變所致，而]型冷板由於相對而言其流場不均勻分布較小，故有較小之壓降。而在熱傳性能方面之結果如圖13-17所示，其熱傳性能由大至小依序是: I ≈ Γ >] > L > Z；其中I型與Γ型由於其噴射流場特性，故有較大之熱傳性能，而由其壓降與熱傳效能之結果判斷可發現]型冷板相對而言有較佳之整體效能。

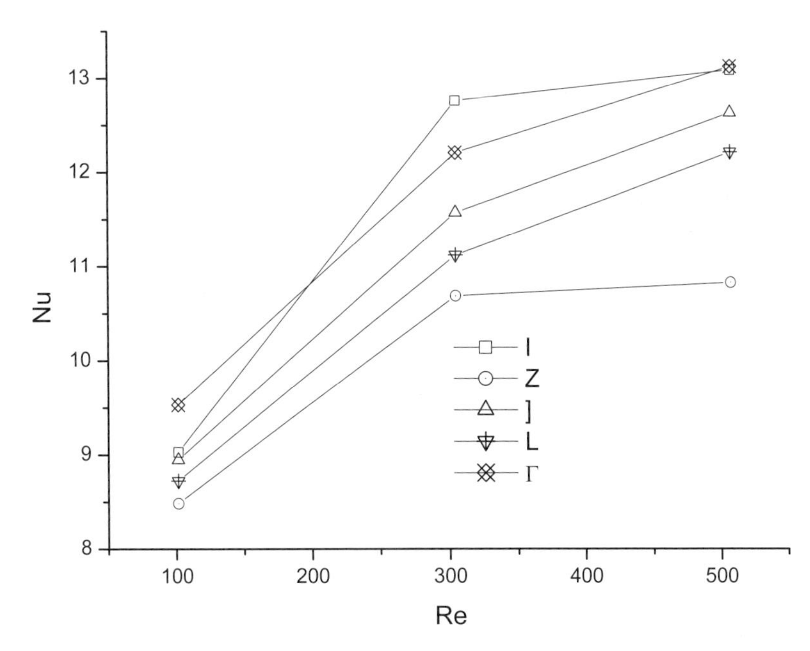

圖13-17　不同進出口位置冷板之Re與Nu關係圖(管數為20)

13-2-3　斜流式集管設計

對比較大型的熱交換系統的集管型式大致可分為正流型式(圖13-18)與斜流型式(圖13-19)，正流型乃流動方向與熱交換器通道平行而斜流型式則進入端垂直於熱交換器通道，而且因為分流的關係，斜流式集管在集管間沿流動方向的流量會越來越小，因此為了改善嚴重的速度下降與分布不均勻的問題，斜流式集管在沿流動方向的截面會逐漸縮小(見圖13-19)，此一設計多見於大型熱流系統，小系統多不會採用此種製造上較煩雜的設計。斜流式集管設計又分為平行流(parallelflow)、逆向流(counterflow)與自由出口通道(free discharge)設計(見圖13-19)；如果設計上可以自由選取，逆流式集管應是最好的選擇，因為其壓損最小，接下來是自由出口設計，最差的是平行流設計，這個結果與先前介紹的小型多管式冷板的結果雷同；有關斜流式集管設計的完整理論模式詳見London et al. (1968)等人的說明，表13-1為London 等人理論模式用來估算進出口壓降方程式，相關參數的說明見圖13-18說明。

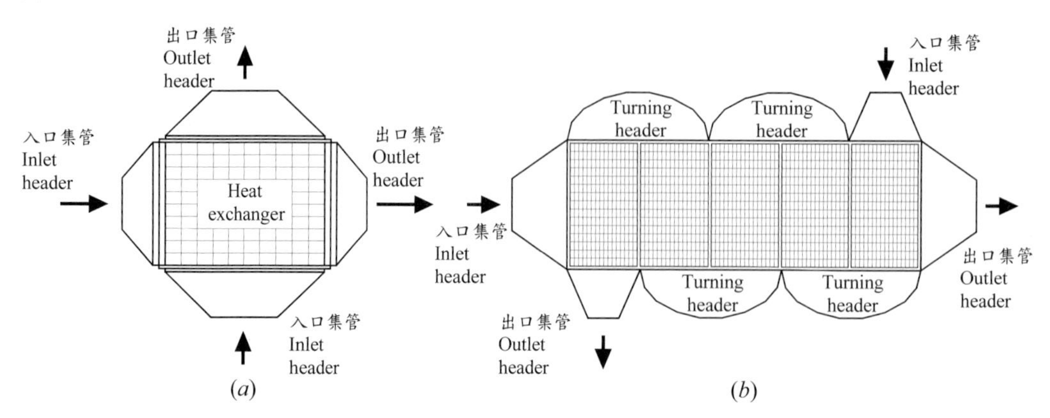

圖13-18 正流型式集管應用於單回數與多回數熱交換系統

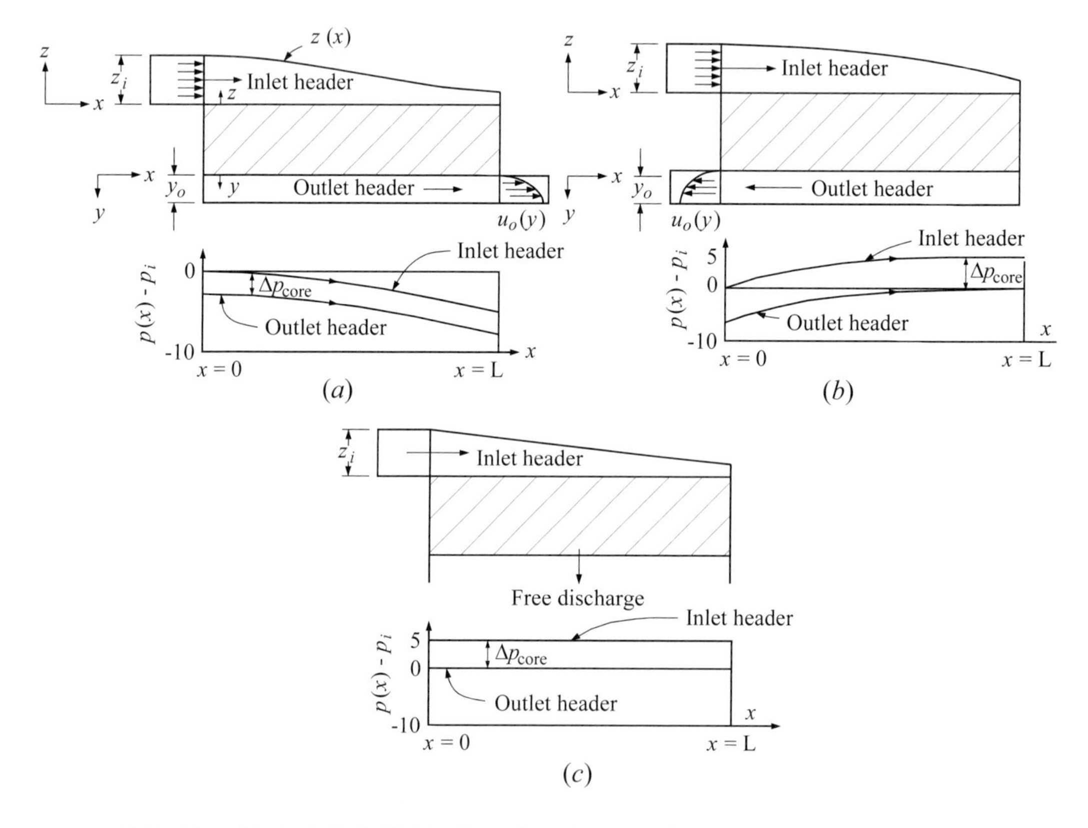

圖13-19 斜流型式集管(a) 平行流；(b)逆向流；(c)自由出口通道設計

表13-1 斜流式集管在不同流動形式下的壓降

形式	理論模式	壓降
平行流	Inlet header pressure $\frac{p_i - p\left(X^*\right)}{H_i} = \frac{\pi^2}{4}\left(X^*\right)^2 \frac{p_i}{p_0}\left(\frac{z_i}{y_0}\right)^2$ Inlet header profile $\frac{z}{y_0} = \frac{1 - X^*}{\left[\left(\pi^2/4\right)\left(p_i/p_0\right)\left(X^*\right)^2 + \left(y_0/z_i\right)^2\right]^{1/2}}$	$\frac{\Delta p_i}{H_i} = 1 + \frac{\pi^2}{12}\frac{H_0}{H_i}$ (進口) $\frac{\Delta p_0}{H_i} = 0.645\frac{H_0}{H_i}$ (出口)
逆向流	Inlet header pressure $\frac{p\left(X^*\right) - p_i}{H_i} = \frac{\pi^2}{4}\frac{p_i}{p_0}\frac{z_i}{y_0}\left[1 - \left(1 - X^*\right)^2\right]$ Inlet header profile $\frac{z}{y_0} = \frac{1 - X^*}{\left\{\left(y_0/z_i\right)^2 - \left(\pi^2/4\right)\left(p_i/p_0\right)\left[1 - \left(1 - X^*\right)^2\right]\right\}^{0.5}}$	$\frac{\Delta p_i}{H_i} = 1 + 1.467\frac{H_0}{H_i}$ (總和) $\frac{\Delta p_i}{H_i} = \frac{1}{3}$ (進口) $\frac{\Delta p_0}{H_i} = 0.645\frac{H_0}{H_i}$ (出口) $\frac{\Delta p_i}{H_i} = \frac{1}{3}$ (總和)
自由出口	Inlet header profile $\frac{z}{z_i} = 1 - X^*$	$\frac{\Delta p_i}{H_i} = 0.595$ (進口) $\frac{\Delta p_i}{H_i} = 1$ (總和)
$H_i = \left(\frac{\rho u_m^2}{2}\right)_i$	$H_0 = \left(\frac{\rho u_m^2}{2}\right)_0$	$X^* = \frac{x}{L}$

13-3 不均勻流動對熱系統的影響

不均勻流動除可能會對熱交換器熱流特性產生影響外，也可能對機械性質產生影響；總結來說，整體性流動不均勻對熱交換性能的影響不大，對殼管式熱交換器管側的不均勻流動而言，當$NTU < 4$時，熱交換性能下降小於5%；但當$NTU > 10$時，其影響相對嚴重很多；而流動不均勻可能產生的效應如下：

(1) 降低熱交換器的熱傳能力並增加壓損。

(2) 嚴重不均勻可能造成部份流體遲滯不動甚至發生回流的現象。

(3) 工作流體產生變質現象。

(4) 特別容易產生積垢現象。

(5) 機械或管件產生振動不穩定的現象。

(6) 腐蝕、剝蝕、侵蝕、磨損與機械損壞均可能因而產生。

雖然不均勻流動可能產生莫大的損害，但迄目前爲止並無一體適用的通則與改善建議能夠在每一個情況適用；對多數的應用與改善方式，多僅是個案的探討。一些常用的準則說明如下；

(1) 對殼管式熱交換器而言(殼管式熱交換器見第九章說明)；以殼側流動而言，整體流動不均勻可能發生在入口側噴嘴處，擺設一個噴流阻擋板將有助於減緩其影響。

(2) 同樣的，殼側的進出口，由於檔板間距較大，因此特別容易發生整體流動不均勻，此時若能採用一些特殊的檔板設計(如圓盤與甜甜圈設計、雙檔板設計)，將有助於減緩整體流動不均勻的現象。

(3) 通道與通道間不均勻的現象可藉由製程的管控來減緩。

(4) 操作條件引起的流動不均勻很難去精確的控制，尤其在層流流動下，此時維持足夠的壓降($\Delta p > \Delta p_{\min}$)，則可減緩此一現象的發生。

(5) 多孔管引起的不均勻流動可藉由孔口面積的精確控制與分流管路流阻的調控來減緩其效應。

另外，要提醒讀者一點的，如果熱交換牽涉到兩相變化時，不均勻流動的現象可能更容易發生；不過此一現象也特別的複雜，不在本文討論的內容。

13-4 結語

本文簡介不均勻流動對熱交換系統性能的影響，並討論兩種因幾何型式改變所引起的流動不均勻現象，即整體性與管道/管道間的不均勻流動。對密集式熱交換器而言，通道間不均勻流動很可能因製造上的差異而發生；另外本文並介紹因爲冷卻條件下因黏度變化所引起的流動震盪現象；在熱交換器設計上對不均勻的影響比較少討論，因爲其對性能影響可能不是非常的劇烈，但是讀者要注意，對大型熱系統而言，此一少量性能的下降，長期操作下來的影響也是非常的驚人；同樣的，對小型散熱系統，如電腦 CPU 的冷板，流動不均勻可能會造成局部過熱而產生燒燬的下場；因此瞭解不均勻流動的影響，將有助於設計良好的熱系統。

主要參考資料

Chiou, J.P. 1982. The effect of nonuniformities of inlet temperatures of both fluids on the thermal performance of crossflow heat exchangers. Heat Transfer 1982. 6:179-184.

London, A. L., Klopfer, G., Wolf, S. 1968. Oblique flow headers for heat exchangers – the ideal geometries and the evaluation of losses. T.R. No. 63, Department of Mechanical Engineering, Styandford University, CA, USA.

Lu, M.C., Wang, C.C. and Yang, B.C. 2004. Influence of flow mal-distribution on the flow and heat transfer for multi-channel cold-Plates. Proceedings of Semitherm XX, San Jose, CA.

Lu, M.C., Wang, C.C. 2006. Effect of the inlet location on the Performance of Parallel-channel Cold-plate. IEEE Transactions on Components & Packaging. 29:30-38.

Muller, A.C. 1974. Criteria of maldistribution in viscous flow cooler, Heat Transfer 1974. 5:170-174.

Shah, R.K. 1981. Compact Heat Exchanger Design Procedures, in: Heat Exchangers, Thermal-Hydraulic Fundamentals and Design, Ed: Kakac, S., Bergles, A.E., Mayinger, F., McGraw Hill, New York.

Shah, R.K., Sekulić, D.P. 2003. *Fundamentals of Heat Exchanger Design*, John Wiley & Sons, Inc., 2003.

Chapter 14

質量傳遞之基本介紹

Fundamentals of Mass Transfer

14-0 前言

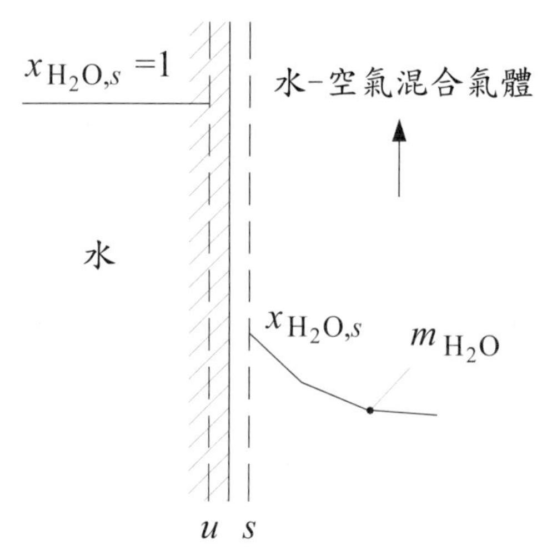

圖14-1 空氣與水界面上的濃度變化

在前述的介紹章節中，主要係以熱交換爲主軸，熱交換的驅動源爲溫度差，可是除了這些因溫度差來提供熱傳的熱交換型態外，仍有很多的熱交換器藉由質量傳遞來完成熱能傳遞(如潛熱熱交換)，例如第六章介紹的濕盤管的熱傳特性及同時包含了熱傳與質傳(simultaneous heat and mass transfer)，而將在隨後章節介紹的冷卻水塔(cooling tower)與直接接觸熱交換，則是一種以質量傳遞爲主的直接接觸式熱交換器(direct contact heat exchanger)；質量傳遞，簡單的說，就是因爲濃度(concentration)的不同，促成物質質量的傳遞。就如同熱傳是由溫度高的往溫度低的方向傳，同樣的，質量的傳遞也是由濃度高往濃度低的方向傳遞，質量的傳遞未必會與能量的傳遞牽扯在一起，不過由於本書是以熱交換器的介紹爲主，因此所介紹的質量傳遞多與熱量轉換有關，另外質量傳遞的主因爲濃度差，但此一質量傳遞亦可透過活性梯度、壓力梯度、溫度梯度或其他外力場來達成。

質量傳遞(濃度差引起)與先前介紹的熱傳(溫度差引起)的最大差別在於界面上的連續現象，以圖14-1水-空氣界面爲例，溫度場通過界面雖然可能有相當的溫度變化，可是溫度在經過界面時仍是呈現連續的現象，可是濃度差則不然，在界面下一點點(u–界面)都是水，而界面上方一點點處(s–界面)的空氣濃度則劇降爲該水溫下相對應的濕空氣飽和濃度，因此界面上下方的濃度通常呈現一不連續的特性，讀者要注意，如果是考慮液體部份的質傳問題，參考界面應爲u−界面，而若考慮氣體部份的質傳問題則參考界面應爲s−界面。

質量傳遞基本上是一個非常複雜的問題，有許多專書都有深入的探討，質量傳遞本身也是一門相當深入的學問，筆者本章節的介紹主要是以Treybal (1980)、Mills (1995)、Cussler (1997)、Seader and Henley (1998)、與Benitez (2002)等人的書籍的內容作爲介紹的藍本，筆者比較偏愛使用質量傳遞方式(mass transfer)的方式來介紹質傳，而不是使用擴散(diffusion)方式來處理，這兩種方法，前者係以一巨觀的方法來處理，藉由一些實驗的數據讓工程師在最短的時間內取得計算結果，後者則以一分散參數(distributed parameter)的觀念來解決問題，可以較深入的瞭解問題背後的物理意義，但處理過程需要較爲繁雜的數學輔助，兩者各有優缺點；擴散方式乃以質傳與熱傳類比的方式，經由Fick的研究而來，因此可以利用熱傳的方程式來描述質傳的行爲，在這個方程式，最大的差別在於質量擴散係數 (mass diffusivity) D 相對於熱擴散係數α；另外在界面上的處理，質通量與熱通量的處理方式相同，即：

$$質通量 = D\left(\frac{濃度變化}{單位長度}\right)$$

而質量傳遞的處理方式爲

$$質通量 = k(濃度變化)$$

兩者看起來好像只差了一個單位長度，其實並不然，前者的處理方式中，濃度的單位通常採用爲c(單位體積的莫耳數)而質通量的單位爲單位面積的莫耳數，因此比例常數D(質量擴散係數)的單位爲(長度)^2/時間，D值的意義類比於熱傳上的熱傳導係數，此一常數爲流體的輸送性質(transport property)，而質量傳遞中的k爲質傳係數，類比於熱傳學中的熱傳係數，此一係數通常不是常數，與形狀、空間安排、環境條件有關，通常必須由實驗分析歸納後，才能獲得這個數值；不過在處理上，不同的問題與應用常會選擇不同的濃度單位與質通量單位，例如濃度的單位可爲密度、c、壓力等等不一而足，而質通量可爲單位面積的莫耳數、單位面積的質量流率等，此一處理方法難免會造成質傳係數單位上的混亂，雖然如此，卻可較爲容易的從實驗中取得「質傳係數」方便設計運算，以避免冗長的分散式模式的數理處理過程，兩者各有利弊；但由於本書的目的在教導讀者入門的迅速運算，以配合隨後介紹的直接接觸式熱交換器的內容，因此將以

「質傳係數」爲主；另外，一些特別的質量傳遞專題，像吸附、分餾等專題，將不在這裡介紹，本章節的目的僅在帶讀者入門。

14-1 基本質傳的定義介紹

14-1-1 質量傳遞常用的一些符號說明

接下來，先從一些基本定義來介紹；由於質傳主要是靠濃度差來進行，有關各種濃度的定義，最常見的定義如下：

(1) Number concentration (數量濃度) $\mathcal{N}$，其定義爲單位體積的分子數目 = (分子數/m^3)。由於一個系統中常有許多不同種類的分子，因此：

$$N = N_1+N_2+N_3+ \ldots = \Sigma N_i \tag{14-1}$$

除了使用有單位的濃度外，也經常使用無因次的部份濃度分率如下：

$$n_1 = N_1/N \text{，} n_2 = N_2/N\ldots \tag{14-2}$$

所以，$n_1+n_2+\cdots=1$ (14-3)

(2) Mass concentration (質量濃度)ρ，其定義爲單位體積的質量(即 (kg/m^3)，這個單位與我們一般習知的密度單位相同：

$$\rho = \rho_1+\rho_2+\rho_3+ \ldots = \Sigma\rho_i \tag{14-4}$$

同樣的，若以部份分率來看，

$$m_1 = \rho_1/\rho \text{，} m_2 = \rho_2/\rho\cdots \tag{14-5}$$

所以，$m_1+m_2+\cdots= \Sigma m_i = 1$ (14-6)

(3) Molar concentration (莫耳濃度)c，其定義爲單位體積的莫耳數 = (mol/m^3)。如果分子量爲 M，則$c = \rho/M$；

$$c = c_1+c_2+c_3+\cdots = \Sigma c_i \tag{14-7}$$

同樣的，若以部份分率來看，

$$x_1 = c_1/c \text{，} x_2 = c_2/c \cdots \tag{14-8}$$

所以，$x_1 + x_2 + \cdots = 1$ (14-9)

除濃度外，另外一個基本量爲通量(flux)，在熱傳上式以熱通量(即單位面積的熱傳量 $q = Q/A$)，同樣的，質傳上常用的通量有兩種，即：

(1) Mass flux (質量流率通量，簡稱質通量)G，其定義與單位與先前章節介紹的完全相同，即單位面積的質量流率：

$$G_i = \rho_i V_i \tag{14-10}$$

(2) Molar flux (莫耳流率通量)，其定義爲單位面積與單位時間的莫耳數：

$$N_i = cV_i^* \tag{14-11}$$

請注意莫耳流率通量的速度與質量通率通量的速度定義並不相同，另外，冷凍空調上常用溼度比W當驅動勢，濕空氣的熱力特性符號表可參考14-1。

表14-1　濕空氣特性表

性 質	單位	定 義
總壓力	Pa	$P = P_1 + P_2$，其中P_1與P_2為水蒸汽與乾空氣的分壓
乾球溫度	K 或 °C	濕空氣溫度
濕球溫度	K或 °C	熱力濕球溫度
露點溫度	K或 °C	視水蒸汽部份分壓為飽和時的飽和溫度
相對濕度	%	$P_1/P_{sat}(T_{dry})$
水蒸汽的質量分率		$m_1 = \dfrac{\rho_1}{\rho} = \dfrac{\rho_1}{\rho_1 + \rho_2}$
比濕度		$W = \dfrac{\rho_1}{\rho_2} = \dfrac{m_1}{1 - m_1}$
濕空氣焓	J/kg	$i = m_1 i_1 + m_2 i_2$ 基準點： $i_1 = 0$，當水溫度為 0 °C $i_2 = 0$，當空氣溫度為 0 °C
濕空氣密度	kg/m^3	$\rho_1 = \dfrac{P_1 M_1}{RT_{dry}}, \rho_2 = \dfrac{P_2 M_2}{RT_{dry}}$, $\rho = \rho_1 + \rho_2$
濕空氣比容	m^3/kg	$v = 1/\rho$
水蒸汽莫耳分率		$x_1 = \dfrac{c_1}{c} = \dfrac{m_1 / M_1}{m_1 / M_1 + m_2 / M_2}$

例14-1-1：一大氣壓的條件下，飽和溫度為30°C，則水蒸氣的質量分率濃度為何？又水蒸氣的莫耳濃度分率為何？其中一大氣壓的壓力為101.3 kPa，又30°C的水蒸氣壓為4.24 kPa。

14-1-1 解：

這個問題中，要計算莫耳濃度分率比較容易，由於在一大氣壓下時，空氣可視為理想氣體，所以

$x_{H2O} = P_w/P = 4.24/101.3 = 0.0419$

所以空氣的莫耳濃度分率 $x_{AIR} = 1 - x_{H2O} = 1 - 0.0419 = 0.9581$

水蒸氣的分子量為18 而空氣的平均分子量為29

$$\therefore m_{H_2O} = \frac{0.0419 \times 18}{0.0419 \times 18 + 0.9581 \times 29} = 0.0264$$

14-1-2 質傳係數的定義

質傳係數定義主要是依據經驗的結果歸納所得，定義如下

$$(\text{質量傳遞量}) = k \times (\text{界面面積}) \times (\text{濃度差}) \tag{14-10}$$

上式的比例「常數」k稱之為質傳係數，使用「 」的原因，乃因為質傳係數通常與外在條件與環境有關而非一簡單的常數(如同先前介紹的對流熱傳係數一樣，與操作條件與流動狀況有關)；式14-10中的濃度的選擇，可以使用不同的定義，例如$\mathcal{N}$、n、ρ、m、c、x等等，因此質傳係數的單位會隨著不同的濃度單位而不同，這點與熱傳係數不同，因此讀者在質傳係數的使用上必須特別的注意，使用上首先就是要確定單位的使用與換算，例如最常用的質傳方程式為：

$$\dot{N} = kA(c_i - c) \tag{14-11}$$

或

$$\dot{m} = KA(\rho_i - \rho) \tag{14-12}$$

其中k 與 K 為質傳係數(莫耳或質量)；同時，亦可以使用無因次的莫耳或質量濃度方式來計算，即：

$$\dot{N} = \mathcal{g}A(x_i - x) \tag{14-13}$$

或

$$\dot{m} = \mathscr{G}A(m_i - m) \tag{14-14}$$

其中A代表通過界面的面積，下標 i 代表界面，通常習慣上常以通量來表示(即單位面積與單位時間下的莫耳數或質量流率)，所以：

$$\dot{N} / A = \mathscr{g}(x_i - x) \tag{14-15}$$

與

$$G = \mathscr{G}(m_i - m) \tag{14-16}$$

請注意k或K爲比例常數，簡單來講，就是質傳係數(mass transfer coefficient)，再次提醒讀者，質傳係數的單位會因所採用的驅動勢不同而有所變動，例如式14-11的質傳係數單位爲cm/s (或m/s，同速度單位)，但如果驅動勢採用其他的單位(如壓力、密度或比濕等等)，則單位則不同，$\mathscr{g}$、$\mathscr{G}$爲莫耳與質量的質導(molar or mass conductance)，單位爲kmol/m^2·s與kg/m^2·s；這點與熱傳係數不同，讀者在使用時常因不同單位的使用而造成錯誤的結果，總而言之，在質傳係數的使用上，首先要確定單位的使用是否正確。另外，究竟要採用式14-13、14-14、14-15或14-16來解決問題，則因問題的差異與使用者的習慣而有所不同，通常化工背景出身的人比較喜歡用式14-13或14-15來處理問題，而在機械或冷凍空調的應用上，式14-14與14-16比較常見，但無論如何，針對不同的問題，兩者(甚至是採用其他不同的驅動勢)間會有一者可以得到比較簡潔的數學運算過程，Mills (1995)則比較偏愛式14-16的使用。

本章節的介紹中，質量傳遞的過程均是以「小量」的傳遞爲考量，所謂「小量」與「大量」的質量傳遞，理論與處理過程有甚大的分野，根據Mills (1995)的看法，當 $m < 0.1$ (或 0.2) 時，可視爲「小量」，「大量」的質量傳遞必須同時考慮質量傳遞過程中誘發速度的影響，詳細的「小量」與「大量」的差異，可參考Mills (1995)一書。

例14-1-2：如圖14-2所示，一密閉立方體(1×1×1 m^3)內，盛水高度爲10 cm，剛開始時水上方的壓力爲1大氣壓，相對濕度爲10%，溫度爲25°C，經過10分鐘後，相對溼度上升到50%，試問(1)氣液界面上的質傳係數爲何？此時容器內的壓力如何？(2)要多久時間才會達到相對溼度90%？

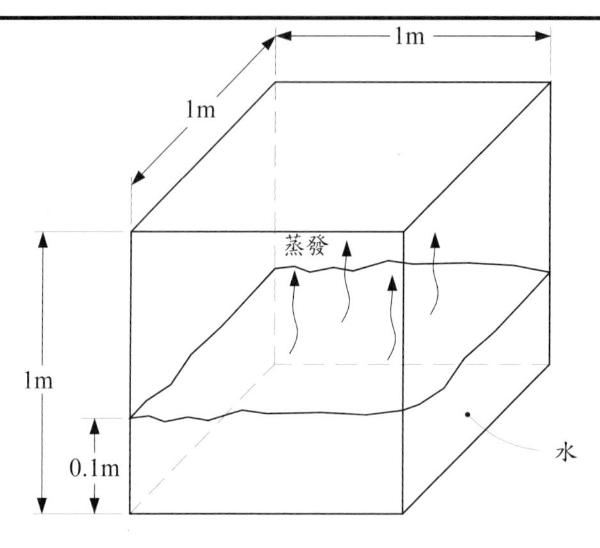

圖14-2 圖示例14-2

14-1-2 解：

要計算質傳係數，首先要知道在這十分鐘內，究竟有多少莫耳數或質量被蒸發，由於相對溼度由10%上升到50%，因此在 $\phi = 10\% = P_w/P_{ws}$，在一大氣壓下，根據ASHRAE (1997)，水蒸氣的飽和蒸氣壓在0~200°C間，可以計算如下：

$$\ln\left(P_{ws}\right) = \frac{C_8}{T} + C_9 + C_{10}T + C_{11}T^2 + C_{12}T^3 + C_{13}\ln\left(T\right) \tag{14-17}$$

其中

$C_8 = -5800.2206$

$C_9 = 1.3914993$

$C_{10} = -0.048640239$

$C_{11} = 4.17646768\times10^{-5}$

$C_{12} = -1.4452093\times10^{-8}$

$C_{13} = 6.5459653$

其中的水蒸氣飽和分壓的單位爲Pa，溫度單位爲凱式溫度(K，K = °C + 273.15)，以本例而言，$T = 25 + 273.15 = 298.15$ K，故

$$\ln\left(P_{ws}\right) = \frac{C_8}{T} + C_9 + C_{10}T + C_{11}T^2 + C_{12}T^3 + C_{13}\ln\left(T\right)$$

$$\rightarrow P_{ws} = e^{\frac{C_8}{T} + C_9 + C_{10}T + C_{11}T^2 + C_{12}T^3 + C_{13}\ln\left(T\right)} = 3169.15\ \text{Pa}$$

由於相對溼度爲10%，所以 $0.1 = P_w/P_{ws}$，可知水蒸氣在RH = 10%的分壓爲

3169.15×0.1 = 316.9 Pa，因此乾空氣的分壓爲$P_a = P - P_w = 101.325 - 0.317 =$ 100.008 kPa，此時水蒸氣的莫耳數可由理想氣體方程式計算所得，即：

$P_w V = n_w RT$

其中V爲水蒸氣的佔有體積 = 1×1×(1−0.1) = 0.9 m^3

→ n_w = 316.9×0.9/8314.41/298.15 = 0.000115 kmol = 0.115 mole

→m_w = 0.115×0.018 = 0.002071 kg = 2.071 g

這個計算過程雖然繁瑣，但是非常的基本，只要小心，應不至於算錯，不過，作爲一個工程師，若要爭取時間，可以藉由空氣線圖(參考本書的第六章)很快的找到答案，步驟如下：

(1) 由空氣線圖的T_{dry} = 25 °C，RH = 10%，可看出溼度比$W \approx$ 0.002 kg/kg-dry air，濕空氣的比容約爲0.85 m^3/kg，即密度約爲1/0.85 ≈ 1.176 kg/m^3。

(2)濕空氣在容器上的重量約爲1.176×0.9 = 1.058 kg，假設乾空氣重量幾乎等於濕空氣的重量，的因此水蒸氣的重量爲1.058×0.002 ≈ 0.0212 kg ≈ 2.12 g。

筆者建議在可能的情況下儘量以空氣線圖來估算，不過讀者也不能忘本，仍然要瞭解詳細的算法。同樣的，假設空氣蒸發後溫度不改變(但容器上的壓力會略爲上升)，當RH = 50% 的分壓爲3169.15×0.5 = 1584.58 Pa時(請注意，我們仍是以式14-17來計算飽和分壓)，此時容器上的總壓爲 $P = P_a + P_{ws}$ = 101.008+1.585 = 102.59 kPa，同時水蒸氣的莫耳數可由理想氣體方程式計算所得，即

$P_w V = n_w RT$

→ n_w=1584.5×0.9/8314.41/298.15 = 0.000575 kmol = 0.575 mole

→m_w= 0.575×0.018 = 0.010355 kg = 10.234 g

由質量通率定義，10 分鐘內(t = 600 s)單位面積 (A = 1×1 = 1 m^2)的質量的變化率G = (0.010355–0.00271)/600/1= 1.381×10^{-5} kg/m^2·s

再由式14-14，$G = \mathscr{G}(m_i - m)$，當空氣溫度爲25°C，則

$$m = \frac{\rho_1}{\rho} = \frac{\dfrac{P_w M_w}{RT}}{\dfrac{PM}{RT}} = \frac{P_w}{0.62198P}$$

，當RH = 10%時，界面上的m_i的計算如下：

$$m_{i,\phi=10\%} = \frac{P_{ws}}{0.62198P} = \frac{3.1692}{0.62198 \times 101.325} = 0.05028$$

$$m_{\phi=10\%} = \frac{P_w}{0.62198P} = \frac{0.3169}{0.62198 \times 101.325} = 0.005028$$

$$\Delta m_{\phi=10\%} = m_{i,\phi=10\%} - m_{\phi=10\%} = 0.05028 - 0.005028 = 0.04525$$

在RH = 50%，界面上的水蒸氣飽和蒸氣壓幾乎與RH = 10%沒有兩樣，故：

$$m_{i,\phi=50\%} \approx m_{i,\phi=10\%} = 0.05028$$

$$m_{\phi=50\%} = \frac{P_w}{0.62198P} = \frac{1.5845}{0.62198 \times 102.59} = 0.02483$$

$$\Delta m_{\phi=50\%} = m_{i,\phi=50\%} - m_{\phi=50\%} = 0.05028 - 0.02483 = 0.02545$$

從這裡可以知道，RH = 50%與RH =10%的驅動勢是不一樣的，因此如果要算出一個平均的質傳係數，必須取得一個較爲合理的平均驅動勢，因此可以使用先前介紹的對數平均值的觀念來算平均的質傳驅動勢，即

$$\Delta m_{LM} = \frac{\Delta m_{\phi=10\%} - \Delta m_{\phi=50\%}}{\ln\left(\dfrac{\Delta m_{\phi=10\%}}{\Delta m_{\phi=50\%}}\right)} = \frac{0.04526 - 0.02545}{\ln\left(\dfrac{0.04526}{0.02545}\right)} = 0.03441$$

再由式$G = \mathscr{G}\Delta m_{LM}$可得$\mathscr{G} = 1.381\times10^{-5}/0.03441 = 0.004012\ \mathrm{kg/m^2{\cdot}s}$，請注意這個質傳係數的值基本上是跟著驅動勢走的，因此不同的驅動勢顯然不可使用這個質傳係數。

接下來，要來估算要花多久時間才能到達RH = 90%？由於這個問題與時間的變化有關，考慮質量平衡如下：

$$\begin{pmatrix}\text{單位時間中空氣}\\\text{的水蒸氣增加量}\end{pmatrix} = \begin{pmatrix}\text{水在氣液界面}\\\text{上的蒸發量}\end{pmatrix}$$

$$\frac{d}{dt}(V\rho_1) = \mathrm{G}A(m_i - m_1)$$

又$m_1 = \dfrac{\rho_1}{\rho}$，所以上式可以改寫成：

$$\frac{d}{dt}(V\rho m_1) = \mathrm{G}A(m_i - m_1)$$

由於蒸發過程中，濕空氣中絕大部份爲乾空氣，故ρV可視爲定值，界面上的m_i也可視爲定值，故上式可改寫如下：

$$\frac{d}{dt}(m_1) = \frac{\mathrm{G}A}{\rho V}(m_i - m_1)$$

上式爲一簡單的一階常微分方程式，配合起始條件$t = 0$，$m_1 = m_{1,\phi=10\%}$，積分後可得解如下：

$$m_1 = m_i\left(1-e^{-\frac{GA}{\rho V}t}\right)+m_{1,\phi=10\%}$$

所以，將時間改爲應變數可得

$$t=-\frac{\rho V}{GA}\ln\left(1-\frac{m_1}{m_i}-m_{1,\phi=10\%}\right)$$

由第一部份的計算可知

$m_i \approx m_{i,\phi=10\%} \approx m_{i,\phi=90\%} = 0.05028$

$m_{i,\phi=10\%} = 0.05028$

同樣的，當 RH = 90%

$P_w = 0.9\times P_{ws} = 2852.2$ Pa

$P = P_a + P_w = 101.008+2.852 = 103.86$ kPa

$$m_{i,\phi=90\%}=\frac{P_w}{0.62198P}=\frac{2.852}{0.62198\times 103.86}=0.04415$$

$$t=-\frac{\rho V}{GA}\ln\left(1-\frac{m_1}{m_i}-m_{1,\phi=10\%}\right)$$

$$=-\frac{1.15\times 0.9}{0.004023\times 1}\ln\left(1-\frac{0.04415}{0.05028}-0.005028\right)=5535.8s=92.3\min$$

扣掉達到50%的十分鐘，則還需約82.3 分鐘才能達到90%的相對溼度

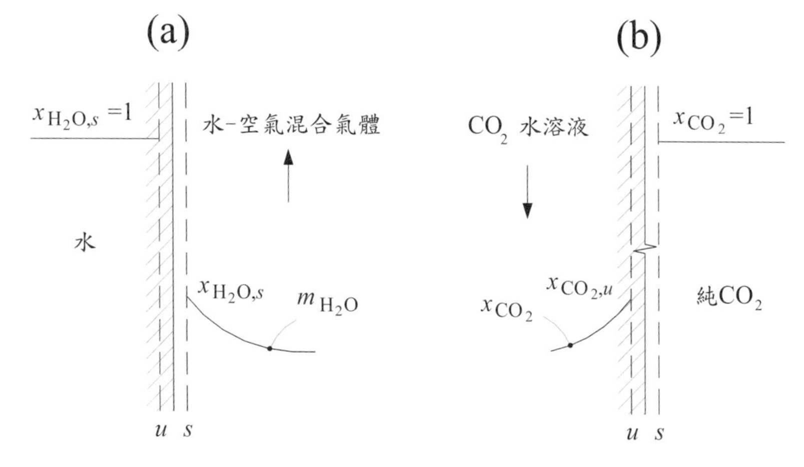

圖14-3 (a) 空氣與水界面上的濃度變化；(b) CO_2水溶液中與氣液界面上的濃度變化

14-1-3 氣液界面上濃度的決定

對一般初學者而言，常常不知道界面上的濃度究竟如何計算？事實上也的確如此，以實驗而言，應該不難在流體中心取樣得到中心處的濃度，但是要在界面上取樣量取該處濃度的確很困難，不過幸運的是，通常在氣液交界面上，例如空氣與水面上(見圖14-3(a))，由於水與水蒸氣無溶解的問題，因此界面上的濃度幾乎等於該處溫度的濕空氣的飽和平衡濃度，計算上較爲簡單；不過，如果考慮CO_2氣體溶於水中與純CO_2氣體的吸收問題(典型的汽水)，則CO_2水溶液在界面上的濃度(u–界面)究竟如何計算？對大多數的應用而言，氣體僅能微量溶於液體(當然氨＋水是典型的例外)，針對少量氣體溶於液體的現象，界面上的濃度可適用亨利定律(Henry's law)，即：

$$x_{j,s} = \mathrm{He}_j x_{j,u} \quad (14\text{-}18)$$

表14-2 一些常見氣體的亨利常數，亨利常數單位為bar(資料來源：Mills, 1995)

溶解氣體	290 K	300 K	310 K	320 K	330 K	340 K
H_2S	440	560	700	830	980	1140
CO_2	1280	1710	2170	2720	3220	–
O_2	38000	45000	52000	57000	61000	65000
CO	67000	72000	75000	76000	77000	84000
H_2	51000	60000	67000	74000	80000	84000
Air	62000	74000	84000	92000	99000	104000
N_2	76000	89000	101000	110000	118000	124000

其中下標j代表溶液內的某一成分(例如圖14-3b的CO_2)，s與u分別代表s–界面與u–界面，He_j爲亨利數(Henry number)；在某一溫度條件下，亨利數與總壓力的乘積爲一固定值，稱之爲亨利常數(Henry constant)C_{He}，C_{He}僅與溫度有關，即：

$$\mathrm{He}_j P = C_{\mathrm{He}_j}(T) \quad (14\text{-}19)$$

表14-2爲一些氣體的亨利常數。如果以圖14-3(b)的CO_2水溶液爲例，若溫度爲320 K，壓力爲5 bar，則溶液界面下的CO_2濃度可計算如下：

$$C_{\mathrm{He},CO_2} = 2720 \text{ bar}$$

由於亨利數乘上壓力爲定值，所以 $\mathrm{He}_{CO_2} = 2720/5 = 544$，再由式14-18可知 $1 = 544 \times x_{u,co2}$，故$x_{u,co2} = 0.001838$。

對一些特別容易溶於某些液體的氣體，例如NH_3(氨)與SO_2水溶液，亨利定律並不適用，而且即使此一溶液甚為稀薄，亨利定律依然不適用，此一界面的濃度與該氣體在氣態部份所具有的分壓有關，即：

$$P_{j,s} = P_{j,s}(x_{j,u}, T) \tag{14-20}$$

此一部份的資料通常以表格來表示，例如表14-3為NH_3水溶液界面上平衡濃度與溫度、壓力的資料。

表14-3 NH_3水溶液平衡濃度(資料來源：Mills, 1995)

$P_{j,s}$	$x_{j,u}$				
atm	290 K	300 K	310 K	320 K	330 K
0.02	0.03	0.019	0.012	0.08	0.006
0.04	0.056	0.036	0.024	0.016	0.012
0.06	0.078	0.052	0.035	0.024	0.017
0.08	0.096	0.064	0.046	0.032	0.023
0.1	0.11	0.079	0.056	0.04	0.029
0.2	0.18	0.14	0.099	0.057	0.052
0.4	0.26	0.21	0.16	0.12	0.092
0.6	0.31	0.26	0.2	0.16	0.13
0.8	0.35	0.29	0.23	0.19	0.15
1.0	–	0.32	0.27	0.22	0.17

14-2 常用的質傳係數與質量擴散係數方程式

14-2-1 無因次參數與常見的經驗方程式

與熱傳、流力一樣，質量傳遞會使用一些其特有的無因次參數，有關無因次參數的好處與取得方法，讀者應該可不難在熱傳流力的書籍上找到，一些常見與質傳有關的無因次參數見表14-4而常用的經驗質傳經驗方程式可參考表14-5(為避免翻譯上的失真，筆者暫時先將原文附上)，另外，質傳係數方程式的經驗式的誤差通常比熱流方程式為大，±30%很普遍，±50%也不是很意外，但無論如何，在沒有其他的較為精確的資訊可供利用下時，還是值得參考使用。

表14-4　常見與質傳有關的無因次參數

無因次參數	物理意義	經常出現的場合
Sherwood number $Sh = kL/D$	$\frac{\text{質量傳遞速度}}{\text{擴散速度}}$	最常見的應變數
Stanton number $St = k/u$	$\frac{\text{質量傳遞速度}}{\text{流體速度}}$	偶而使用的應變數
Schmidt number $Sc = v/D$	$\frac{\text{流體流動的擴散係數}}{\text{質傳的擴散係數}}$	氣體、液體質傳係數方程式最常見的自變數
Lewis number $Le = \alpha/D$	$\frac{\text{熱擴散係數}}{\text{質傳的擴散係數}}$	熱質傳同時出現的氣傳係數方程式最常見的自變數
Prandtl number $Pr = v/\alpha$	$\frac{\text{流體流動的擴散係數}}{\text{熱擴散係數}}$	熱傳係數方程式最常見的自變數
Reynolds number $Re = \rho uL/\mu$	$\frac{\text{流體流動的慣性力}}{\text{摩擦力}}$	強制對流效應出現時最常見的自變數之一
Grashöf number $Gr = \dfrac{L^3 g\Delta\rho}{\rho v^2}$	$\frac{\text{浮力}}{\text{摩擦力}}$	自然對流效應出現時最常見的自變數之一
Pélect number $Pe = uL/D$	$\frac{\text{流體速度}}{\text{擴散速度}}$	偶而使用的應變數
Second Damköhler number or (Thiele module) $Da = \dfrac{\kappa L^2}{D}$	$\frac{\text{反應速度}}{\text{擴散速度}}$	當方程式與化學反應有關時

表14-5　常用的質傳設計經驗方程式(資料來源：Cussler, 1997)

應用條件	設計方程式	主要變數
液體流過密集式塔槽	$k = \left(\dfrac{1}{vg}\right)^{1/3} = 0.0051\left(\dfrac{v^0}{av}\right)^{0.67}\left(\dfrac{D}{v}\right)^{0.50}(ad)^{0.4}$ 適用液體的最好的經驗方程式之一；預測結果有較其他預測值略低的趨勢 $\dfrac{kd}{D} = 25\left(\dfrac{dv^0}{v}\right)^{0.45}\left(\dfrac{v}{D}\right)^{0.5}$ 典型且大量使用的方程式，預測性略遜上式 $\dfrac{k}{v^0} = \alpha\left(\dfrac{dv^0}{v}\right)^{-0.3}\left(\dfrac{D}{v}\right)^{0.5}$ 較為早期的經驗式，主要式根據傳遞高度 height of transfer units (HTU's，建後續直接	a =單位體積下之接觸面積 d = 名義上之充填尺寸

應用條件	設計方程式	主要變數
	接觸熱傳遞一章說明)；α一值約在1上下	
氣體流過密集式塔槽	$\frac{k}{aD}=3.6\left(\frac{v^0}{av}\right)^{0.70}\left(\frac{v}{D}\right)^{1/3}(ad)^{-2.0}$ 適用氣體的最好的經驗方程式之一 $\frac{kd}{D}=1.2(1-\varepsilon)^{0.36}\left(\frac{dv^0}{v}\right)^{0.64}\left(\frac{v}{D}\right)^{1/3}$ 典型且大量使用的方程式，預測性略遜上式	a =單位體積下之接觸面積 d = 名義上之充填尺寸 ε = bed void fraction
純氣體氣泡於攪拌容器中	$\frac{kd}{D}=0.13\left(\frac{(P/V)d^4}{\rho v^3}\right)^{1/4}\left(\frac{v}{D}\right)^{1/3}$ 說明：k 與氣泡大小無關	d = 氣泡直徑 P/V= 單位體積之攪拌器功率
純氣體氣泡於靜止的液體中	$\frac{kd}{D}=0.31\left(\frac{d^3 g\Delta\rho/\rho}{v^2}\right)^{1/3}\left(\frac{v}{D}\right)^{1/3}$	d = 氣泡直徑 $\Delta\rho$ = 氣液體間的密度差
無攪拌溶液中，上升之大液滴	$\frac{kd}{D}=0.42\left(\frac{d^3\Delta\rho g}{\rho v^2}\right)^{1/3}\left(\frac{v}{D}\right)^{0.5}$ 液滴直徑大於0.3 cm	d = 液滴直徑 $\Delta\rho$ = 氣液體間的密度差
無攪拌溶液中上升之小液滴	$\frac{kd}{D}=1.13\left(\frac{dv^0}{D}\right)^{0.8}$	d = 液滴直徑 v^0 = 液滴速度
滑落液膜	$\frac{kz}{D}=0.69\left(\frac{zv^0}{D}\right)^{0.5}$	z = 沿液膜滑落方向之距離 v^0 = 平均液膜流動速度
薄膜	$\frac{kL}{D}=1$ 為一經常使用的方程式，即使無薄膜也可能適用	L =薄膜厚度
層流流過平板	$\frac{kL}{D}=0.646\left(\frac{Lv}{v}\right)^{1/2}\left(\frac{v}{D}\right)^{1/3}$	L = 平板長度 v^0 = 核心速度(bulk velocity)
紊流流過水平狹縫	$\frac{kd}{D}=0.026\left(\frac{dv^0}{v}\right)^{0.8}\left(\frac{v}{D}\right)^{1/3}$	v^0 = 狹縫中之平均速度 d = 2/π (狹縫寬度)

應用條件	設計方程式	主要變數
紊流流經圓管	$\frac{kd}{D}=0.026\left(\frac{dv^0}{v}\right)^{0.8}\left(\frac{v}{D}\right)^{1/3}$	v^0＝管內平均流速 d＝管直徑
層流流經圓管	$\frac{kd}{D}=1.62\left(\frac{d^2v^0}{LD}\right)^{1/3}$	v^0＝管內平均流速 d＝管直徑 L＝管長
流體平行流過capillary bed	$\frac{kd}{D}=1.25\left(\frac{d_e^2v^0}{vl}\right)^{0.93}\left(\frac{v}{D}\right)^{1/3}$	d_e＝水力直徑 v^0＝虛擬速度
流體垂直流入 capillary bed	$\frac{kd}{D}=0.80\left(\frac{dv^0}{v}\right)^{0.47}\left(\frac{v}{D}\right)^{1/3}$	d＝毛細直徑 v^0＝接近bed的速度
圓球外的強制對流	$\frac{kd}{D}=2.0+0.6\left(\frac{dv^0}{v}\right)\left(\frac{v}{D}\right)^{1/3}$	d＝圓球直徑 v^0＝球速
圓球外的自然對流	$\frac{kd}{D}=2.0+0.6\left(\frac{d^3\Delta\rho g}{\rho v^2}\right)^{1/4}\left(\frac{v}{D}\right)^{1/3}$ 適用水條件下，1-cm 圓球，自然對流效應在 $\Delta\rho=10^{-9}g/cm^3$ 時相當重要	d＝圓球直徑 g＝重力加速度
填充床	$\frac{k}{v^0}=1.17\left(\frac{dv^0}{v}\right)^{-0.42}\left(\frac{D}{v}\right)^{2/3}$	d＝填料直徑 v^0＝虛擬速度(即假設無填料時的速度)
旋轉轉盤	$\frac{kd}{D}=0.62\left(\frac{d^2\omega}{v}\right)^{1/2}\left(\frac{v}{D}\right)^{1/3}$ 適用$100<\mathrm{Re}<20000$	d＝轉盤直徑 ω＝轉速(radians/time)

請特別注意，Sh與St上的質傳係數 k 通常使用長度/時間的單位，換句話說，多使用莫耳數與c來計算(即式14-13)，讀者要使用相關計算經驗式時要採用這個單位來運算！

14-2-2 質量擴散係數的計算

在計算上述的經驗方程式中，使用了無因次的方程式，因此在還原計算的過程當中，必須要計算質量擴散係數D(mass diffusivity)；不過，迄目前爲止，並無完整的理論可以很精確的來計算質量擴散係數D，因此我們必須依賴實驗數據，在提供這些數據前，讀者應該先知道通常擴散係數D會因物質的型態(固體、液體、氣體)而有所不同，其數值通常的範圍大約如下：

氣體：$D \sim 0.1\ cm^2/s$

液體：$D \sim 10^{-5}\ cm^2/s$

固體：$D \sim 10^{-10}\ cm^2/s$ (若為高分子材料polymer與玻璃則$D \sim 10^{-8}\ cm^2/s$)

本章節僅介紹氣體與液體的擴散係數，固體部份的擴散係數請參考Cussler (1997)一書，氣體的擴散係數的計算方程式，最常使用的理論方程式為Chapman-Enskog方程式，此一方程式適用於兩種氣體混合物且其中之一種氣體的濃度較為稀薄(例如一大氣壓下空氣中的水蒸氣)，此一經驗式的預測準確度在8%以內，方程式如下：

$$D = \frac{0.00186T^{1.5}}{P\sigma_{12}^2\Omega}\sqrt{\frac{1}{M_1}+\frac{1}{M_2}} \tag{14-21}$$

由於這些方程式都不是無因次的方程式，使用時要特別注意單位，上式中所使用的單位如下：

D：cm^2/s

P：大氣壓力 (atm)

T：K

M_1、M_2：克分子量(例如水為18)

σ_{12}：分子直徑的特徵長度 = $(\sigma_1 + \sigma_2)/2$，單位為Å (10^{-10} m)

Ω：代表溫度影響的無因次參數，或稱碰撞積分常數(collision integral)

表14-6 常用物質傳的σ、ε/k_B值(資料來源：Cussler, 1997)

物質化學式	物質全名	$\sigma(\text{Å})$	$\varepsilon/k_B(K)$
Ar	氬 (Argon)	3.542	93.3
He	氦 (Helium)	2.551	10.22
Kr	氪 (Krypton)	3.655	178.9
Ne	氖 (Neon)	2.820	32.8
Xe	氙 (Xenon)	4.047	231.0
Air	空氣 (Air)	3.711	78.6
Br_2	溴 (Bromine)	4.296	507.9
CCl_4	四氯化碳 (Carbon tetrachloride)	5.947	322.7
CF_4	四氟化碳 (Carbon tetrafluoride)	4.662	134.0
$CHCl_3$	三氯甲烷 (Chlorofom)	5.389	340.2
CH_2Cl_2	二氯甲烷 (Methylene chloride)	4.898	356.3
CH_2Br	溴化甲烷 (Methyl bromide)	4.118	449.2
CH_3Cl	氯甲烷 (Methyl chloride)	4.182	350

物質化學式	物質全名	$\sigma(\mathring{A})$	$\varepsilon/k_B(K)$
CH_3OH	甲醇 (Methanol)	3.626	481.8
CH_4	甲烷 (Methane)	3.758	48.6
CO	一氧化碳 (Carbon monoxide)	3.690	91.7
CO_2	二氧化碳 (Carbon dioxide)	3.941	195.2
CS_2	二硫化碳 (Carbon disulfide)	4.483	467
C_2H_2	乙炔 (Acetylene)	4.033	231.8
C_2H_4	乙烯 (Ethylene)	4.163	224.7
C_2H_6	乙烷 (Ethane)	4.443	215.7
C_2H_5Cl	氯乙烷 (Ethyl chloride)	4.989	300
C_2H_5OH	乙醇 (Ethanol)	4.530	362.6
CH_3OCH_3	甲基醚 (Methyl ether)	4.307	395.0
CH_2CHCH_3	丙烯 (Propylene)	4.678	298.9
CH_3CCH	炔一丙炔(Methylacetylene)	4.761	251.8
C_3H_6	環丙烷 (Cyclopropane)	4.807	248.9
CH_8	丙烷 (Propane)	5.118	237.1
n-C_3H_7OH	正丙醇 (n-Propyl alcohol)	4.549	576.7
CH_3COCH_3	丙酮 (Acetone)	4.600	560.2
CH_3COOCH_3	乙酸甲酯 (Methyl acetate)	4.936	469.8
n-C_4H_{10}	正丁烷 (n-Butane)	4.687	531.4
iso-C_4H_{10}	異丁烷 (Isobutane)	5.278	330.1
$C_2H_5OC_2H_5$	乙醚 (Ethyl ether)	5.678	313.8
$CH_3COOC_2H_5$	乙酸乙酯 (Ethyl acetate)	5.205	521.3
n-C_5H_{12}	正戊烷 (n-Pentane)	5.784	341.1
$C(CH_3)^4$	2,2-二甲基丙烷 (2,2-Dimethylpropane)	6.464	193.4
C_6H_6	苯 (Benzene)	5.349	412.3
C_6H_{12}	環已烷 (Cyclohexane)	6.182	297.1
n-C_6H_{14}	正己烷 (n-Hexane)	5.949	399.3
Cl_2	氯 (Chlorine)	4.217	316.0
F_2	氟 (Fluorine)	3.357	112.6
HBr	溴化氫 (Hydrogen bromide)	3.353	449
HCN	氰化物 (Hydrogen cyanide)	3.630	569.1
HCl	氯化氫 (Hydrogen chloride)	3.339	344.7
HF	氟化氫 (Hydrogen fluoride)	3.148	330
HI	碘化氫 (Hydrogen iodide)	4.211	288.7
H_2	氫 (Hydrogen)	2.827	59.7
H_2O	水 (Water)	2.641	809.1

物質化學式	物質全名	$\sigma(\overset{\circ}{A})$	$\varepsilon / k_B (K)$
H_2O_2	過氧化氫 (Hydrogen peroxide)	4.196	289.3
H_2S	硫化氫 (Hydrogen sulfide)	3.623	301.1
Hg	水銀 (Mercury)	2.969	750
I_2	碘 (Iodine)	5.160	474.2
NH_3	氨 (Ammonia)	2.900	558.3
NO	一氧化氮 (Nitric oxide)	3.492	116.7
N_2	氮 (Nitrogen)	3.798	71.4
N_2O	氧化亞氮，笑氣 (Nitrous oxide)	3.828	232.4
O_2	氧 (Oxygen)	3.467	106.7
PH_3	磷化氫 (Phosphine)	3.981	251.5
SO_2	二氧化硫 (Sulfur dioxide)	4.112	335.4
UF_6	六氟化鈾 (Uranium hexafluoride)	5.967	236.8

表14-7　The collision integral Ω 與 ε/k_B值的關係(資料來源：Cussler, 1997)

k_BT/ε	Ω	k_BT/ε	Ω	k_BT/ε	Ω
0.30	2.662	1.65	1.153	4.0	0.8836
0.35	2.476	1.70	1.140	4.1	0.8788
0.40	2.318	1.75	1.128	4.2	0.8740
0.45	2.184	1.80	1.116	4.3	0.8694
0.50	2.066	1.85	1.105	4.4	0.8652
0.55	1.966	1.90	1.094	4.5	0.8610
0.60	1.877	1.95	1.084	4.6	0.8568
0.65	1.798	2.00	1.075	4.7	0.8530
0.70	1.729	2.1	1.057	4.8	0.8492
0.75	1.667	2.2	1.041	4.9	0.8456
0.80	1.612	2.3	1.026	5.0	0.8422
0.85	1.562	2.4	1.012	6	0.8124
0.90	1.517	2.5	0.9996	7	0.7896
0.95	1.476	2.6	0.9878	8	0.7712
1.00	1.439	2.7	0.9770	9	0.7556
1.05	1.406	2.8	0.9672	10	0.7424
1.10	1.375	2.9	0.9576	20	0.6640
1.15	1.346	3.0	0.9490	30	0.6232
1.20	1.320	3.1	0.9406	40	0.5960
1.25	1.296	3.2	0.9328	50	0.5756
1.30	1.273	3.3	0.9256	60	0.5596
1.35	1.253	3.4	0.9186	70	0.5464
1.40	1.233	3.5	0.9120	80	0.5352
1.45	1.215	3.6	0.9058	90	0.5256
1.50	1.198	3.7	0.8998	100	0.5130
1.55	1.182	3.8	0.8942	200	0.4644
1.60	1.167	3.9	0.8888	300	0.4360

常見的一些氣體的σ值可參考表14-6，Ω的計算則較為複雜、此一值代表兩種氣體碰撞產生的交互影響的積分，與Lennard-Jones的驅動勢與溫度影響的關係有關($k_B T/\varepsilon$，ε_{12}，$\varepsilon_{12}=\sqrt{\varepsilon_1\varepsilon_2}$，$k_B$為Boltzmann's constant = 1.3806503×10^{-23} $m^2\cdot kg/s^2\cdot K$)，Ω值與$k_2 T/\varepsilon$間的關係見表14-7，接下來我們將以一例子來說明如何使用式14-21。

例14-2-1：在一大氣壓的條件下，溫度為50°C，估算不凝結氣體(空氣)在水蒸氣中的質量擴散係數為何？其中一大氣壓的壓力為101.3 kPa。

14-2-1 解：

首先由表14-6可知

$\sigma_{air}=3.711\ \mathring{A}$，$\sigma_{H2O}=2.641\ \mathring{A}$

$\varepsilon_{air}/k_B=78.6$，$\varepsilon_{H2O}/k_B=809.1$

$\sigma_{12}=(\sigma_{air}+\sigma_{H2O})/2=(3.711+2.641)/2=3.176\ \mathring{A}$

$M_{air}=28.8$，$M_{H2O}=18$

$T=50°C=323.15\ K$

$$\frac{\varepsilon_{12}}{k_B T}=\frac{\sqrt{\varepsilon_1\varepsilon_2}}{k_B T}=\frac{\sqrt{\dfrac{\varepsilon_1}{k_B}\dfrac{\varepsilon_2}{k_B}}}{T}=\frac{\sqrt{\dfrac{\varepsilon_{air}}{k_B}\dfrac{\varepsilon_{H2O}}{k_B}}}{T}=\frac{\sqrt{78.6\times809.1}}{323.15}=0.7804$$

$$\therefore\frac{k_B T}{\varepsilon_{12}}=\frac{1}{\dfrac{\varepsilon_{12}}{k_B T}}=\frac{1}{0.7804}=1.2814$$

再由表14-7，可估出$\Omega\approx1.28$

$$\therefore D=\frac{0.00186T^{1.5}}{P\sigma_{12}^2\Omega}\sqrt{\frac{1}{M_1}+\frac{1}{M_2}}=\frac{0.00186\times323.15^{1.5}}{1\times3.176^2\times1.28}\sqrt{\frac{1}{28.8}+\frac{1}{18}}=0.251\ \text{cm}^2/\text{s}$$

再一次的叮嚀讀者，由於這些方程式都不是無因次，因此只要正確的使用原方程式要求的運算單位，應可順利算出。

對水蒸氣在空氣中的質量擴散係數的計算，也可以採用Sherwood與Pigford (1952)的快速計算方程式(適用範圍到1100°C)

$$D=\frac{0.926}{P}\left(\frac{T^{2.5}}{T+245}\right)\tag{14-22}$$

其中D的單位為mm^2/s，P的單位為kPa，T為K；上式所使用的單位與式14-19

不同，請特別注意。最常使用在液體質量擴散係數估算的計算方程式爲Stokes-Einstein方程式，不過，根據Reid et al. (1977)的研究，這個方程式的準確度約在±20%上下，遠較氣體的計算方程式爲差，Stokes-Einstein方程式如下：

$$D = \frac{k_B T}{6\pi\mu R_0} \tag{14-23}$$

其中μ爲流體的黏度，R_0爲溶質的半徑，Stokes-Einstein方程式最大的困難點就在於溶質的半徑R_0的估算，通常可以$R_0 = \sigma/2$來假設。除了Stokes-Einstein方程式外，另外一個廣爲人使用的經驗方程式爲Wilke and Chang (1955)，此一方程式同樣適用於稀薄溶液，準確度約在±10%：

$$D = 1.17 \times 10^{-16} \frac{(\phi_2 M_2)^{0.5} T}{\mu^{1.1} \tilde{V}_{1b}^{0.6}} \tag{14-24}$$

其中D的單位爲m^2/s，$\tilde{V}_{1b}$爲溶質爲液體狀態下於正常沸點下的莫耳比容($m^3/kmol$)，此值可參考表14-10，μ爲溶液的黏度(kg/m·s)，ϕ_2爲溶劑的輔助常數，對水而言$\phi_2 = 2.6$ (water)，$\phi_2 = 1.9$ (methanol)，$\phi_2 = 1.5$ (ethanol)，$\phi_2 = 1.0$ (heptane, ether, benzene, 與其他的溶劑)，如果讀者不想使用方程式來計算，則可參考表14-8與14-9直接取得。

表14-8　常見物質在25°C水溶液下的質量擴散係數 (資料來源：Mills, 1995)

溶質	$D\left(\times 10^{-5} cm^2/\text{sec}\right)$
氬 (Argon)	2.00
空氣 (Air)	2.00
溴 (Bromine)	1.18
二氧化碳 (Carbon dioxide)	1.92
一氧化碳 (Carbon monoxide)	2.03
氯 (Chlorine)	1.25
乙烷 (Ethane)	1.20
乙烯 (Ethylene)	1.87
氦 (Helium)	6.28
氫 (Hydrogen)	4.50
甲烷 (Methane)	1.49
一氧化氮 (Nitric oxide)	2.60
氮 (Nitrogen)	1.88
氧 (Oxygen)	2.10
丙烷 (Propane)	0.97
氨 (Ammonia)	1.64
苯 (Benzene)	1.02

溶質	$D\left(\times 10^{-5} cm^2/\sec\right)$
硫化氫 (Hydrogen sulfide)	1.41
硫酸 (Sulfuric acid)	1.73
硝酸 (Nitric acid)	2.60
乙炔 (Acetylene)	0.88
甲醇 (Methanol)	0.84
乙醇 (Ethanol)	0.84
正丙醇 (1-Propanol)	0.87
異丙醇 (2-Propanol)	0.87
正-丁醇 (n-Butanol)	0.77
苯甲醇 (Benzyl alcohol)	0.82
甲酸 (Formic acid)	1.50
醋酸 (Acetic acid)	1.21
丙酸 (Propionic acid)	1.06
苯酸 (Benzoic acid)	1.00
甘氨酸 (Glycine)	1.06
纈氨酸 (Valine)	0.83
丙酮 (Acetone)	1.16
尿素 (Urea)	$(1.380-0.0782c_1+0.00464c_1^2)^a$
蔗糖 (Sucrose)	$(0.5228-0.265c_1)^a$
蛋白氨基酸 (Ovalbumin)	0.078
血紅蛋白 (Hemoglobin)	0.069
尿素酵素 (Urease)	0.035
血漿纖維蛋白原 (Fibrinogen)	0.020

表14-9　常見物質在25°C水溶液下的質量擴散係數 (資料來源：Mills, 1995)

溶質	溶劑	$D\left(\times 10^{-5} cm^2/\sec\right)$
丙酮 (Acetone)	三氯甲烷(Chloroform)	2.35
苯 (Benzene)		2.89
乙酸丁酯 (n- Butyl acetate)		1.71
乙醇 (Ethyl alcohol) (15°)		2.20
乙醚 (Ethyl ether)		2.14
乙酸乙酯 (Ethyl acetate)		2.02
丁酮 (Methyl ethyl ketone)		2.13
醋酸 (Acetic acid)	苯 (Benzene)	2.09
苯胺 (Aniline)		1.96
苯酸 (Benzoic acid)		1.38
環己烷 (Cyclohexane)		2.09
乙醇 (Ethyl alcohol) (15°)		2.25
正庚烷 (n-Heptane)		2.10
甲基乙基酮 (Methylethylketone) (30°)		2.09

溶質	溶劑	$D\left(\times 10^{-5} cm^2/\sec\right)$
氧 (Oxygen) (29.6°)		2.89
甲苯 (Toluene)		1.85
醋酸 (Acetic acid)	丙酮 (Acetone)	3.31
苯酸 (Benzoic acid)		2.62
硝基苯 (Nitrobenzene) (20°)		2.94
水 (Water)		4.56
四氯化碳 (Carbon tetrachloride)	正己烷 (n- Hexane)	3.70
十二碳烷 (Dodecane)		2.73
正己烷 (n- Hexane)		4.21
丁酮 (Methyl ethyl ketone) (30°)		3.74
丙烷 (Propane)		4.87
甲苯 (Toluene)		4.21
苯 (Benzene)	乙醇 (Ethyl alcohol)	1.81
樟腦 (Camphor) (20°)		0.70
碘 (Iodine)		1.32
碘苯 (Iodobenzene) (20°)		1.00
氧 (Oxygen) (29.6°)		2.64
水 (Water)		1.24
四氯化碳 (Carbon tetrachloride)		1.50
苯 (Benzene)	正丁醇 (n-Butyl alcohol)	0.99
聯苯 (Biphenyl)		0.63
對二氯苯 (P- Dichlorobenzene)		0.82
丙烷 (Propane)		1.57
水 (Water)		0.56
丙酮 (Acetone) (20°)	乙酸乙酯 (Ethyl acetate)	3.18
丁酮 (Methyl ethyl ketone) (30°)		2.93
硝基苯 (Nitrobenzene) (20°)		2.25
水 (Water)		3.20
苯 (Benzene)	正庚烷 (n-Heptane)	3.40

表14-10 在正常沸點下的莫耳比容

物質	$\widetilde{V}$ m³/kmol×10³	T_b (K)
氫 (Hydrogen)	14.3	21
氧 (Oxygen)	25.6	90
氮 (Nitrogen)	31.2	77
空氣 (Air)	29.9	79

物質	$\widetilde{V}$ m^3/kmol×10^3	T_b (K)
一氧化碳 (Carbon monoxide)	30.7	82
二氧化碳 (Carbon dioxide)	34	195
二硫化碳 (Sulfur dioxide)	44.8	263
一氧化氮 (Nitric oxide)	23.6	121
氧化亞氮，笑氣 (Nitrous oxide)	36.4	185
氨 (Ammonia)	25.8	240
水 (Water)	18.9	373
硫化氫 (Hydrogen sulfide)	32.9	212
氯 (Chlorine)	48.4	239
溴 (Bromine)	53.2	332
碘 (Iodine)	715	458
鹽酸 (Hydrochloric acid)	30.6	188
酸甲酯 (Methyl formate)	62.8	305
溴苯 (Bromobenzene)	120	429
二氟二氯甲烷 (Dichlorodifluoromethane)	80.7	245
四氯化碳 (Carbon tetrachloride)	102	350
氯甲烷 (Methyl chloride)	50.6	249
乙酸乙酯 (Ethyl acetate)	106	350
醋酸 (Acetic acid)	64.1	337
丙酮 (Acetone)	77.5	329
Ethylpropyl ether	129	335
二甲醚 (Dimethyl ether)	63.8	250
正丙醇 (n- propyl alcohol)	81.8	370
甲醇 (Methanol)	42.5	338
甲烷 (Methane)	37.7	112
丙烷 (Propane)	74.5	229
庚烷 (Heptane)	162	372
乙烯 (Ethylene)	49.4	169
乙炔 (Acetylene)	42	190
苯 (Benzene)	96.5	353
氟苯 (Fluorobenzene)	102	358
氯苯 (Chlorobenzene)	115	405
碘苯 (Iodobezene)	130	462

14-3 總質傳係數

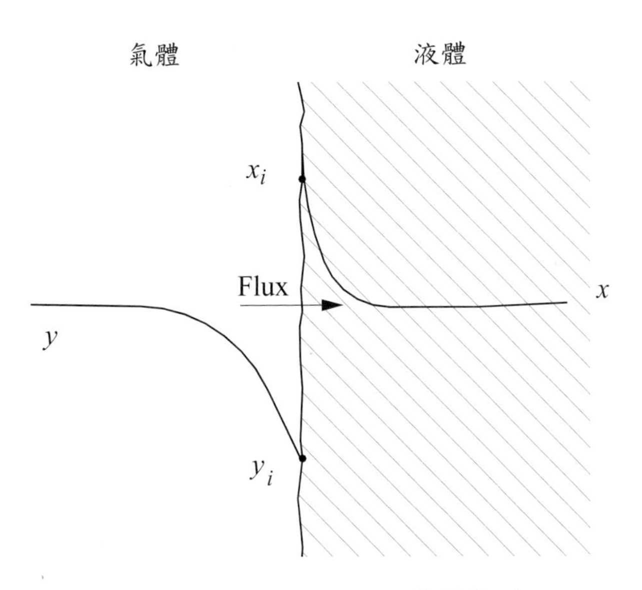

圖14-4 Two-stream的質量傳遞過程

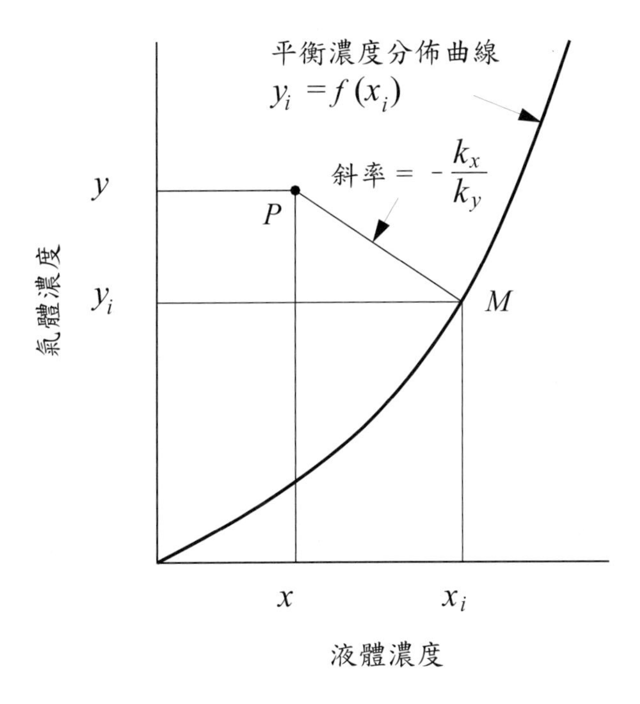

圖14-5 平衡濃度曲線

許多化工的應用上，質量傳遞常會同時與氣體與液體中要處理的成分的組成有關，例如NH_3-N_2-H_2O的Gas scrubber，原先氣體爲NH_3與N_2混合物，藉由水來吸收NH_3，在這個過程中，NH_3在氣體與液體的濃度會一直改變，因此整個質量傳遞的過程必須同時考慮氣體與液體間的交互影響，Mills (1995)稱此型的質量傳遞型式爲Two-Stream的質量傳遞，根據這個質傳過程，接下來，我們將進一步來分析，一般習慣上氣體的成分以y而液體的成分以x來代表，考慮如圖14-4的示意圖，通過介面被吸收的質通量爲：

$$N = k_y(y - y_i) = k_x(x_i - x) \tag{14-25}$$

式14-25可整理如下：

$$\frac{y - y_i}{x - x_i} = -\frac{k_x}{k_y} \tag{14-26}$$

式14-23代表如圖14-5中的$\overline{PM}$段的斜率，如果質傳係數爲已知，我們可以藉由式14-22與平衡濃度曲線的關係式($y_i = f(x_i)$)，計算出個別的氣體與液體介面濃度與質通量。顯而易見的，氣體與液體中心濃度y、x並不是一個平衡值；在實際應用上，中心濃度可以透過取樣取得，然而介面的濃度x_i與y_i並無法透過實驗上的取樣來獲得；吾人有興趣的是從氣態到液態完整的質量傳遞，而式14-22分別代表氣相與液相的質量通率，因此從氣相到液相的質量傳遞包含氣相與液相的阻抗，這點就如同第二章介紹的總熱傳係數一樣會包含各別的阻抗；因此這裡引進一個相同的觀念，即總質傳係數(overall gas-side mass transfer coefficient) K_y，然而，不同於總熱傳係數其中個別的阻抗的驅動勢均爲溫度，因此可以將個別的阻抗分別加以加總，氣液相個別的驅動勢在先天上並不適合直接加總，這是因爲個別相的濃度差所隱含的意義並不同，且氣液相濃度差的大小差異可能甚大且有不連續的現象(見圖14-4示意說明)，引此總質傳係數無法藉由類似總熱傳係數方式的推導，將總質傳量化簡爲$N = K_y(y - x)$的樣式，此一總質傳係數也常稱之爲區域總質傳係數(local overall gas-side mole transfer coefficient)，其處理方法則需藉由平衡濃度曲線的引進(即圖14-5)，在同一溫度與壓力下，平衡濃度特徵現爲固定($y_i = f(x_i)$)，因此界面上的氣體濃度y_i可藉由液體的濃度x來估算，即：

$$N = K_y(y - y^*) \tag{14-27}$$

而由圖14-6的說明，可知

$$y - y^* = (y - y_i) + (y_i - y^*) = (y - y_i) + m'(x_i - x) \tag{14-28}$$

其中m'為$\overline{CM}$段的斜率，改寫式14-25：

$$\frac{K_y}{K_y}\left(y-y^*\right)=\frac{k_y}{k_y}\left(y-y_i\right)+m'\frac{k_x}{k_x}\left(x_i-x\right) \tag{14-29}$$

$$\Rightarrow \frac{N}{K_y}=\frac{N}{k_y}+m'\frac{N}{k_x} \tag{14-30}$$

$$\Rightarrow \frac{1}{K_y}=\frac{1}{k_y}+\frac{m'}{k_x} \tag{14-31}$$

式14-28代表總質傳係數與個別相的質傳係數阻抗的關連，同樣的我們也可改寫液相部份的總質傳係數如下：

$$N=K_x(x^*-x) \tag{14-32}$$

同樣的可得到如下的結果：

$$\Rightarrow \frac{1}{K_x}=\frac{1}{m''k_y}+\frac{1}{k_x} \tag{14-33}$$

利用式14-31與式14-32，可進行初步的簡單分析，如果我們假設k_x與k_y的數值差異不大，如果平衡曲線的斜率m'很小(例如溶質非常容易溶於液體，如NH_3/H_2O)，則：

$$\frac{1}{K_y}=\frac{1}{k_y}+\frac{m'}{k_x}\approx\frac{1}{k_y} \tag{14-34}$$

此一情況下，即使液體的質傳係數有非常大的變化，對有效的總質傳幾乎沒什麼影響，此時質傳完全為氣體側的質傳所控制，液體側的影響甚小。相反的，如果m''很大(溶質非常不容易溶於液體)，同樣的如果k_x與k_y的數值差異不大狀態，則：

$$\frac{1}{K_x}=\frac{1}{m''k_y}+\frac{1}{k_x}\approx\frac{1}{k_x} \tag{14-35}$$

此時的質傳完全為液體側所控制，此一現象基本上與總熱傳係數的特性相同。對低濃度的應用而言，由亨利定律可知：

$$y_i=\mathrm{He}\cdot x_i \tag{14-36}$$

其中He為Henry number，又由式14-19可知He$P = C_{\mathrm{He},}(T)$，將式14-36帶入式14-25整理後可得：

$$N = k_y(y - \mathrm{He}\cdot x_i) = k_y(y - \mathrm{He}\cdot N/k_x \cdot x) \tag{14-37}$$

由上式可求得N如下：

$$N = \frac{1}{\dfrac{1}{k_y} + \dfrac{\mathrm{He}}{k_x}}\left(y - \mathrm{He}\cdot x\right) = K_y\left(y - \mathrm{He}\cdot x\right) \tag{14-38}$$

上式的 $K_y\left(= \dfrac{1}{\dfrac{1}{k_y} + \dfrac{\mathrm{He}}{k_x}}\right)$，稱之為氣側之總莫耳質傳傳係數(overall gas-side mole mass transfer coefficient)，同樣的處理過程，也可以得到液側之總莫耳質傳傳係數 $K_x\left(= \dfrac{1}{\dfrac{1}{k_x} + \dfrac{1}{k_y\cdot\mathrm{He}}}\right)$如下：

$$N = \frac{1}{\dfrac{1}{k_x} + \dfrac{1}{k_y\cdot\mathrm{He}}}\left(\frac{y}{\mathrm{He}} - x\right) = K_x\left(\frac{y}{\mathrm{He}} - x\right) \tag{14-39}$$

K_y 或 K_x 與熱傳學上的總熱傳係數有點類似，但並不完全相同，類似的地方乃將界面去除，又將質傳的阻抗分成氣側與液側的組成(但是必須乘上或除以Henry number)，另外，He·x 或y/He分別代表「虛假」的液側與氣側濃度而不是真正的濃度，但無論如何，此一處理將可更容易的來評估質量傳遞過程，並進一步評估值傳過程究竟是由氣側或由液側主控(或者是兩者同樣重要)，這點倒是與熱傳很相近，讀者可依據熱傳的評估方式來處理，讀者可參第二章或第七章，這裡不再贅述。

14-4 結語

在許多熱交換的過程中，經常伴隨質量的傳遞，例如直接接觸式熱交換器(冷卻水塔等)，蒸發、冷凝的過程也可視爲一種質量的傳遞，在多成分混合物的蒸發與冷凝過程當中，質量傳遞的影響尤其重要，過去，學熱傳的人多喜歡以類比的方式來說明質傳，因爲這樣特別簡單，只要知道熱傳係數再乘上類比得一個「修正係數」，就可以得到質傳係數(就像學質傳的人喜歡類比熱傳一樣)，當然這樣的方法在某些地方還得到不錯的結果，然而並不是到處都適用，如果要更爲深入的瞭解熱質傳過程，筆者認爲對質傳應該要有初步的認識而不是類比，本章節的目的就在這裡，希望透過質量傳遞的一些觀念，讓讀者初步接觸質量傳遞這個領域，才能夠更爲清楚的認識直接接觸式熱交換與多成分蒸發與冷凝的過程；另外，質量傳遞上的單位甚爲混亂，讀者在使用上要特別注意，很多的錯誤都是在單位換算中發生。

主要參考資料

ASHRAE Handbook Fundamentals, SI ed. 1997. American Society of Heating, Refrigerating, and Air-conditioning Engineers, Inc.

Benitez, J. 2002. *Principles and Modern Applications of Mass Transfer Operations.* John Wiley & Sons Inc.

Cussler, E.L. 1997. *Diffusion, Mass Transfer in Fluid Systems*, 2nd ed., Cambridge university press.

Mills, A.F. 1995. *Heat and MassTtransfer*. IRWIN Inc.

Reid, R.C., Prausnitz, J.M., Sherwood, T.K. 1977. *The Properties of Gases and Liquids*, 3rd ed., McGraw-Hill, New York.

Seader, J.D., Henley, E. 1998. *Separation Process Principles*. John Wiley & Sons, Inc.

Sherwood, T.K., Pigford, R.L. 1952. *Absorption and Extraction*, McGraw-Hill, New York, pp. 1-28.

Treybal, R.E. 1980. *Mass-transfer Operations*. 3rd ed. McGRAW-HILL.

Wilke, C.R., Chang, P. 1955. Correlation of diffusion coefficients in dilute solutions. AIChE J. 1:264-270.

Chapter 15

多成分混合物的冷凝器與蒸發器的熱流設計

Design of Multi-components Condensers and Evaporators

15-0 前言

在先前介紹的章節中，熱交換器中的工作流體主要是以單一成分的純流體爲主；然而在實際應用中，多成分的工作流體也是非常的普遍，例如石化產業應用的流體與冷凍空調的混合冷媒；簡單來講，多成分的工作流體本身就是一種混合物，混合物與純物質的一個最簡單的區別，就是它的冷凝溫度與蒸發溫度不是固定；在多成分的冷凝與蒸發的過程中，熱傳與質傳幾乎是連在一起的，由於多種成分的存在，因此其中的某些成分可能特別容易蒸發與冷凝，所以在這個熱傳過程中，液相與氣相的成分也一直在改變，因此整個熱流的行爲與純物質迥然不同，現象也就特別的複雜；因此本章節的目的就在於介紹多成分流體兩相冷凝與蒸發熱傳的計算，讓讀者得以瞭解多成分流體的熱流計算方法與熱傳係數計算之方程式，希望經由此一介紹，讓讀者得以運用先前介紹的熱交換設計方法。

15-1 起泡點與露點

15-1-1 共沸、非共沸與近共沸

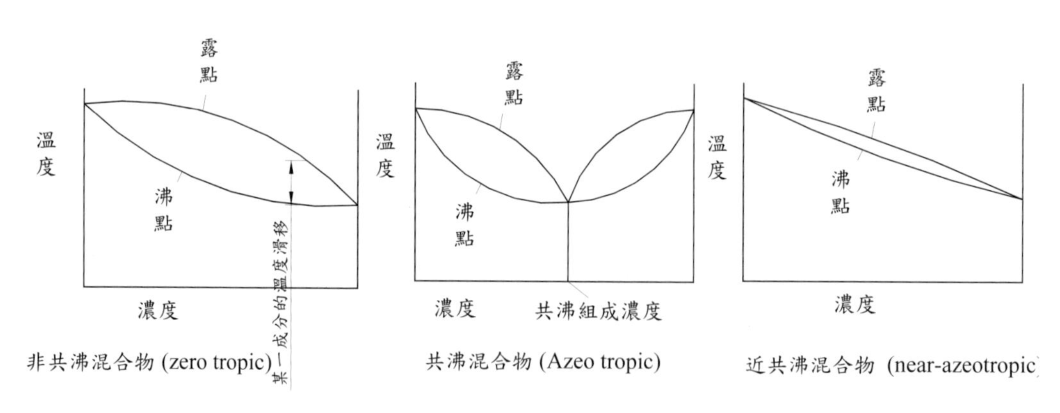

圖15-1 共沸、非共沸與近共沸示意圖

由於是混合物，因此多成分流體的沸點與凝結溫度會隨著蒸發或冷凝的過程而改變，而且開始冷凝的溫度(稱之爲露點，dew point)與開始沸騰的沸點溫度(稱

之爲起泡點，bubble point)不相同，這是因爲蒸發或冷凝過程中，比較容易蒸發或冷凝的成分走的比較快，造成蒸發或冷凝過程中成分一直在改變，因此物性也跟著在變動，通常露點溫度與起泡點溫度不相同；如果混合物具備這樣的特性時，則稱此工作流體爲非共沸(non-azeotropic, zeotropic)流體，例如冷媒R-407C(R-32 23%wt、R-125 25%wt、R-134a 52%wt 的混合物)；非共沸冷媒如圖15-1(a)所示，露點與起泡點的溫差稱之爲溫度滑移(temperature glide, $\Delta\theta$)，R-407C冷媒的溫度滑移約在6~7°C間；不過讀者也要特別注意，並不是所有的混合物的沸點與凝結溫度都會隨著蒸發或冷凝的過程而改變；某些混合物在某一特殊成分下，其冷凝與蒸發的溫度相同，也就是說此一混合物保有純物質的特性，此種混合物稱之爲共沸(azeotropic)流體，如圖15-1(b)所示；另外，如果在某個成分下，冷凝溫度與蒸發溫度很接近，則稱之爲近共沸混合物(near-azeotropic)，例如R-410A冷媒(R-32 50%wt + R125 50%wt)，其溫度滑移約在0.1~0.2°C間。

15-1-2 溫度－濃度關係曲線(temperature-composition curve)

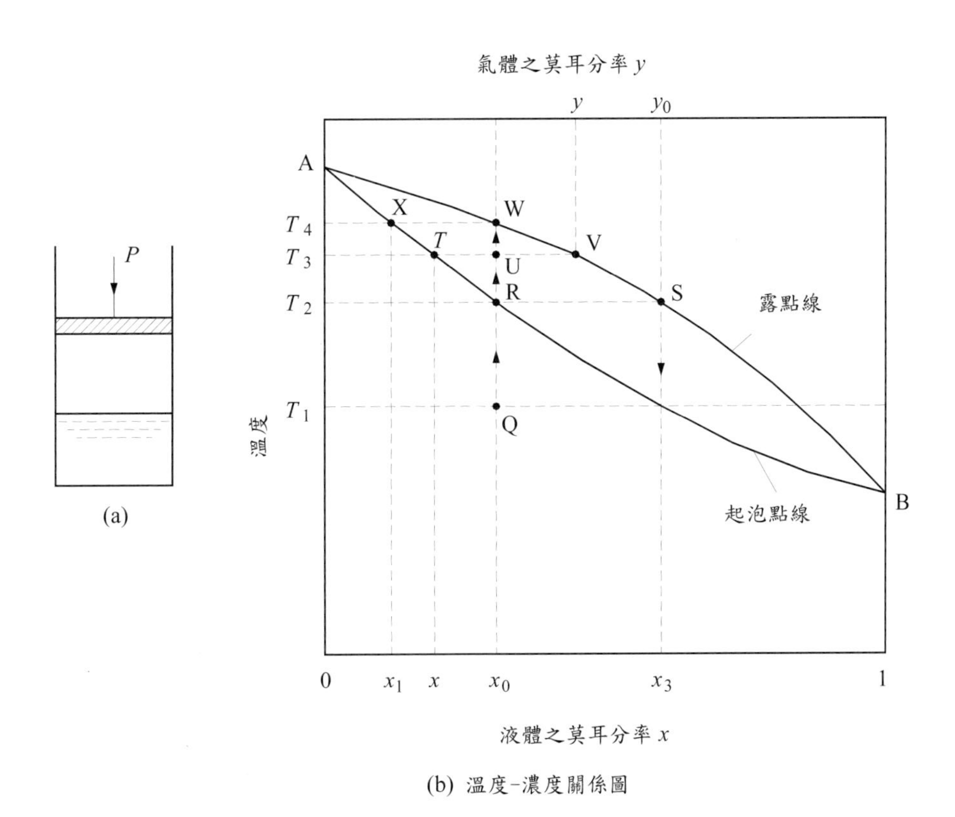

(b) 溫度-濃度關係圖

圖15-2　溫度-濃度關係曲線

前面介紹的圖15-1即是溫度-濃度關係曲線(temperature-composition curve)，這張圖包含相當多的資訊，想要一窺多成分流體的堂奧，必須要對這張圖充分的瞭解；接下來我們以一個二元混合物系統來說明這張圖(如圖15-2所示)所代表的意義；如同第十三章的介紹，習慣上 x 表示液體的莫耳分率而 y 表示氣體的莫耳分率，習慣上，莫耳分率的表示是圖中B成分當作分子，由於溫度-濃度關係曲線橫座標的範圍在0~1間，當 $x = 0$時代表全部是A，其溫度爲純物質A的沸點，而$x = 1$時代表全部是B，其溫度爲純物質B的沸點；以圖15-2爲例，由於純粹的B成分的沸點溫度($x = 1$或$y = 1$)低於純粹的A成分的沸點點溫度($x = 0$或$y = 0$)，所以B成分稱之爲比較容易蒸發的成分(more volatile)而A稱之爲比較不容易蒸發(less volatile)的成分。以圖15-2(a)爲例，考慮加熱或冷卻對混合物系統的影響，由於系統的總壓力不變，故：

$$P = P_A + P_B = \sum P \tag{15-1}$$

其中P_A與P_B爲相對的分壓，故

$$P_A = y_A P \tag{15-2}$$

$$P_B = y_B P \tag{15-3}$$

有關氣體分壓與溶液成分間的關係，有兩個定律可供參考，即：

(a) Henry定律：

$$P_A = 常數 \times x_A \tag{15-4}$$

此定律適用於稀薄溶液(x_A 甚小)。

(b) Raoult定律：

$$P_A = P_A^0 x_A \tag{15-5}$$

其中 P_A^0 爲純物質A在相同溫度與壓力下時的飽和蒸氣壓；此定律適用於濃度大的溶液(x_A 甚大)。

接下來，我們考慮如圖15-2(a)的容器中含有AB二元混合物，假設剛開始的狀態是在Q點，AB全部都是爲液體，其溫度爲T_1，在平衡狀態下時，液體中的x與氣體中的y相同；然後我們將此一容器逐漸加熱(等壓條件下)，當溫度到達T_2時(R點，起泡點溫度)，容器內的液體便開始沸騰，一部份的液體會被氣化，因此可想而知被蒸發液體中，B成分比較多而A成分比較少，那麼在起泡點蒸發的

液體中有多少B成分呢？讀者可由通過R點的水平線(tie line)與露點溫度的交點S，所對應的氣體莫耳分率y_0即是R點蒸發液體中有多少部份的B成分會變成氣體；隨著熱量的持續增加，兩相並存的混合物溶液被加熱到O的狀態點($T = T_3$)，由於較易蒸發的B成分越來越少，因此在O狀態點下液體中的B成分也就逐漸的減少，而且氣體中相對的B成分也是越來越少(這是因爲相對的A成分增加)，故實際的氣體成分可由通過O點的水平線與露點溫度的交點V，所對應的氣體莫耳分率y即是O點狀態下氣體中的實際B成分，同樣的，實際的液體成分可由通過O點的水平線與起泡點的交點T，所對應的液體莫耳分率x即是O點狀態下液體中的實際B成分。隨著熱量的繼續增加到最後的W點($T = T_4$)，此時氣體的B成分又回到剛開始的液體的成分x_0，而最後一滴液體中的B成分爲x_1，如果再繼續加熱，則完全蒸發後的氣體濃度爲$y = x_0$，由於沒有物質會從容器中消失或增加，因此，液體部份與氣體部份的比例可推導如下：

由於容器內的質量固定，

$$M_L + M_G = M \tag{15-6}$$

$$M_L x + M_G y = M x_0 \tag{15-7}$$

$$\Rightarrow x + \frac{M_G}{M_L} y = \frac{M}{M_L} x_0 = \frac{M_L + M_G}{M_L} x_0 = x_0 + \frac{M_G}{M_L} x_0$$

$$\therefore \frac{M_G}{M_L} = \frac{L}{V} = \frac{y - x_0}{x_0 - x} \tag{15-8}$$

其中在同一溫度下的y/x比值稱之爲平衡比(equilibrium ratio)，習慣上以K來表示，即

$$K = \frac{y}{x} \tag{15-9}$$

將式15-8與式15-9合併後可得

$$x = \frac{x_0\left(\frac{L}{V} + 1\right)}{K + \frac{L}{V}} \tag{15-10}$$

平衡比K值與溫度與壓力有關，詳細的資料與估算方法超出本書介紹的範圍，有興趣的讀者，可以參考Perry's (1984)的資料或是一些有關

Vapor-Liquid-Equilibrium (VLE)的書籍，例如圖15-3爲一典型碳氫化合物在壓力7.8 bar下的平衡比K值)，使用K的資料可以用來計算混合物的起泡點與露點，如果混合物爲理想混合，則：

$$\sum x_i = 1 \tag{15-11}$$

且

$$K_i = \frac{P_{s,i}}{P} \tag{15-12}$$

平衡常數　K　壓力為 7.8bar

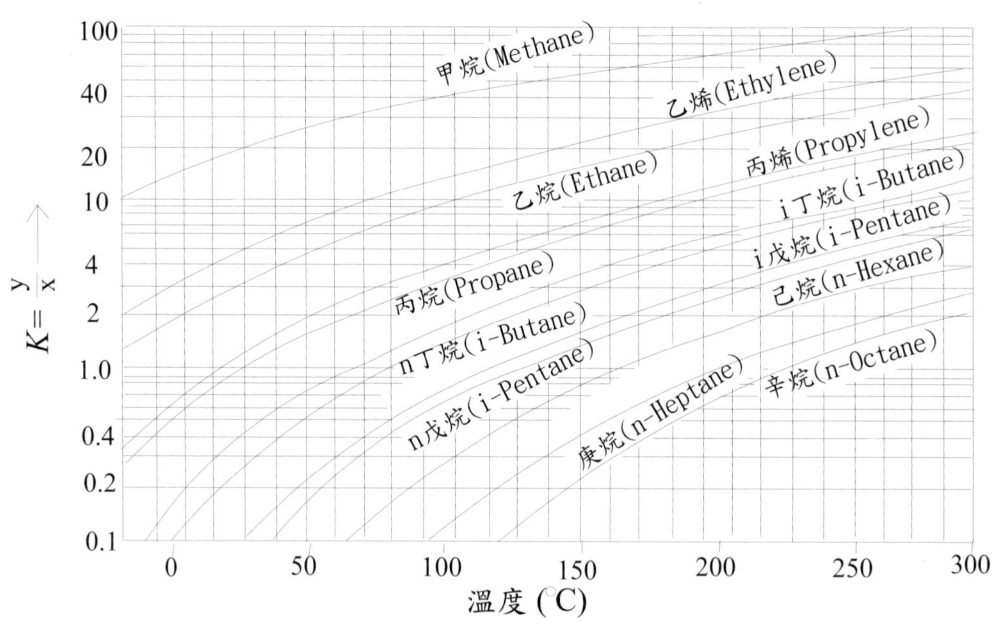

圖15-3　固定壓力下的碳氫化合物的平衡比值

如果混合物不是理想的混合， 則露點與起泡點溫度的決定必須滿足下面的限制：

$$\sum x_i = \sum \frac{y_i}{K_i} = 1 \tag{15-13}$$

$$\sum y_i = \sum K x_i = 1 \tag{15-14}$$

因此，一旦K值爲已知，就可以根據成分來計算露點與起泡點，如果壓力爲固定，則露點與起泡點溫度線的計算步驟如下：

(a) 給定一個成分(例如x_1與y_1)，假設露點溫度 ($T_{dew,1}$ 與 $T_{dew,2}$)或起泡點溫度($T_{bub,1}$與$T_{bub,2}$)，根據此一資料取得K_i值的資料(從類似圖15-3的圖表或VLE的計算方程式)。

(b) 計算

$$f_{dew,1}=\sum\frac{y_i}{K_i}\ (K_i\text{值以}T_{dew,1}\text{溫度來計算}) \tag{15-15}$$

$$f_{dew,2}=\sum\frac{y_i}{K_i}\ (K_i\text{值以}T_{dew,2}\text{溫度來計算}) \tag{15-16}$$

$$f_{bub,1}=\sum K_i x_i\ (K_i\text{值以}T_{bub,1}\text{溫度來計算}) \tag{15-17}$$

$$f_{bub,2}=\sum K_i x_i\ (K_i\text{值以}T_{bub,2}\text{溫度來計算}) \tag{15-18}$$

(c) 內插露點與起泡點溫度：

$$T_{dew}=T_{dew,1}-\frac{f_{dew,1}-1}{\left(\dfrac{f_{dew,2}-f_{dew,1}}{T_{dew,2}-T_{dew,1}}\right)} \tag{15-19}$$

$$T_{bub}=T_{bub,1}-\frac{f_{bub,1}-1}{\left(\dfrac{f_{bub,2}-f_{bub,1}}{T_{bub,2}-T_{bub,1}}\right)} \tag{15-20}$$

(d) 繼續計算不同的成分x_i與y_i即可算出完整的露點與起泡點的溫度線。

15-2 質傳對熱傳的影響

15-2-1 等效層流模式(equivalent laminar film model)

首先考慮如圖15-4所示的液膜，在有冷凝或蒸發的情況下液膜的流動變化，在蒸發時液膜會越來越薄，相反的，在冷凝的條件下，液膜會越來越厚；由於液膜與氣態界面上有明顯的剪應力變化，氣液交界面附近的氣體部份會出現速度場與溫度場的邊界層（見第一章的介紹），這個速度與溫度邊界層受質量傳遞的影響，將是本章節要介紹的核心。

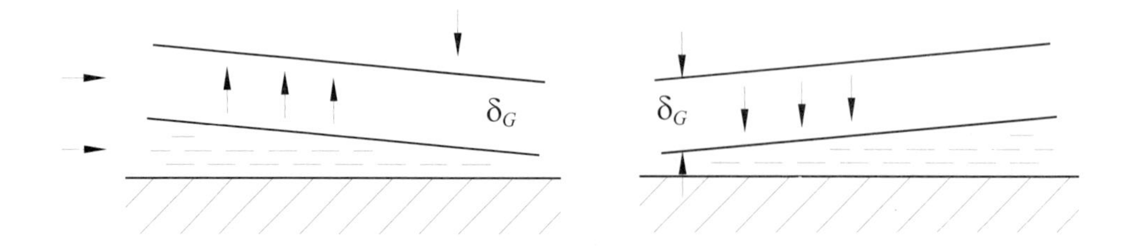

圖15-4　冷凝與蒸發時邊界層變化示意圖

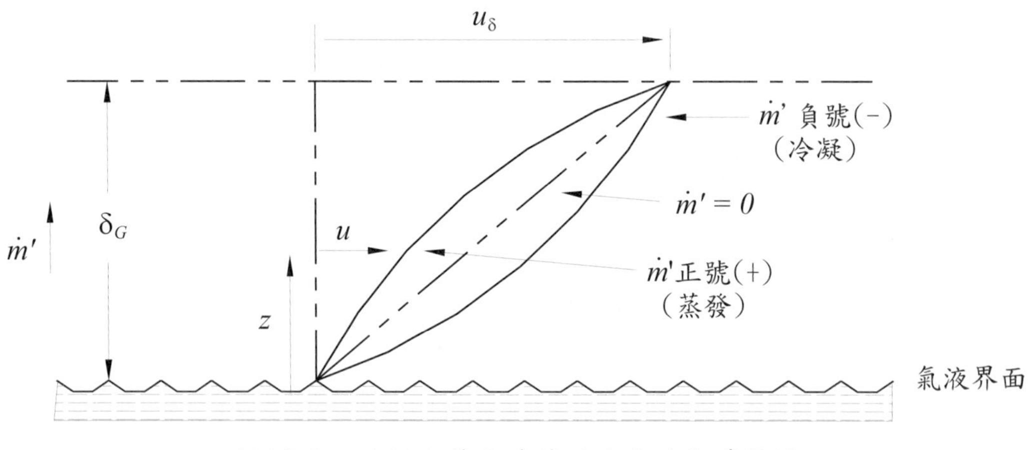

圖15-5　冷凝與蒸發時等效速度流動邊界層

考慮如圖15-5所示的速度流動場的邊界層，在蒸發或冷凝液膜界面上有質量傳遞時，則剪應力可表示如下：

$$\tau_{0,m} = \mu \frac{du}{dz} - \dot{m}'u \tag{15-21}$$

假設速度邊界層厚度δ_G不受質傳的影響，則上式邊界層的厚度積分後可表示如下：

$$\int_0^{\delta_G} dz = \int_0^{u_\delta} \frac{\mu du}{\tau_{0,m} + \dot{m}'u} \tag{15-22}$$

若質量傳遞通量 $\dot{m}'$ (kg/m^2·s)與剪應力爲定値，則上式積分結果如下：

$$\delta_G = \frac{\mu}{\dot{m}'}\ln\left(\frac{\tau_{0,m} + \dot{m}'u_\delta}{\tau_{0,m}}\right) \tag{15-23}$$

或

$$\tau_{0,m} = \frac{\dot{m}'u_\delta}{e^{\left(\frac{\dot{m}'\delta_G}{\mu}\right)} - 1} \tag{15-24}$$

從第一章中的基本流力介紹，在沒有質量傳遞時的剪應力可由摩擦係數來表示：

$$\tau_0 = f_0 \frac{\rho u_\delta^2}{2} \tag{15-25}$$

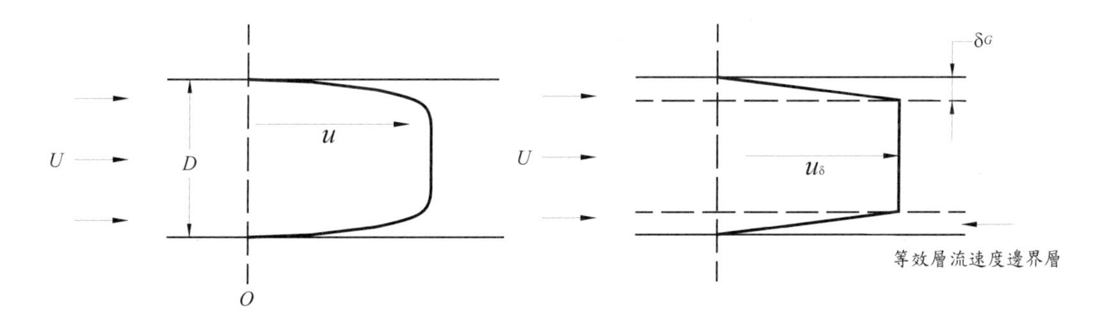

圖15-6　冷凝與蒸發時等效速度流動簡化的邊界層示意圖

又由剪應力的定義 $\tau_0 = \mu \left.\frac{du}{dz}\right|_{z=0}$，所以如果我們假設流場的分布可以由圖15-6簡化後的兩層速度分布來描述，即靠近界面處爲一層流流動的線性分布速度場，而中心處爲一均勻的等速度分布，因此

$$\tau_0 = \mu \left.\frac{du}{dz}\right|_{z=0} = \mu \frac{u_\delta}{\delta_G} = f_0 \frac{\rho u_\delta^2}{2} \tag{15-26}$$

$$\rightarrow \delta_G = \frac{\mu}{\rho u_\delta}\frac{2}{f_0} \tag{15-27}$$

$$\therefore \frac{\tau_{0,m}}{\tau_0}=\frac{\dfrac{\dot{m}'u_\delta}{e^{\left(\frac{\dot{m}'\delta_G}{\mu}\right)}-1}}{f_0\dfrac{\rho u_\delta^2}{2}}=\frac{\dfrac{\dot{m}'u_\delta}{e^{\left(\frac{\dot{m}'\frac{\mu}{\rho u_\delta}\frac{2}{f_0}}{\mu}\right)}-1}}{f_0\dfrac{\rho u_\delta^2}{2}}=\frac{\dfrac{2\dot{m}'}{e^{\left(\frac{2\dot{m}'}{f_0\rho u_\delta}\right)}-1}}{f_0\rho u_\delta}=\frac{\dfrac{2\dot{m}'}{f_0\rho u_\delta}}{e^{\left(\frac{2\dot{m}'}{f_0\rho u_\delta}\right)}-1} \tag{15-28}$$

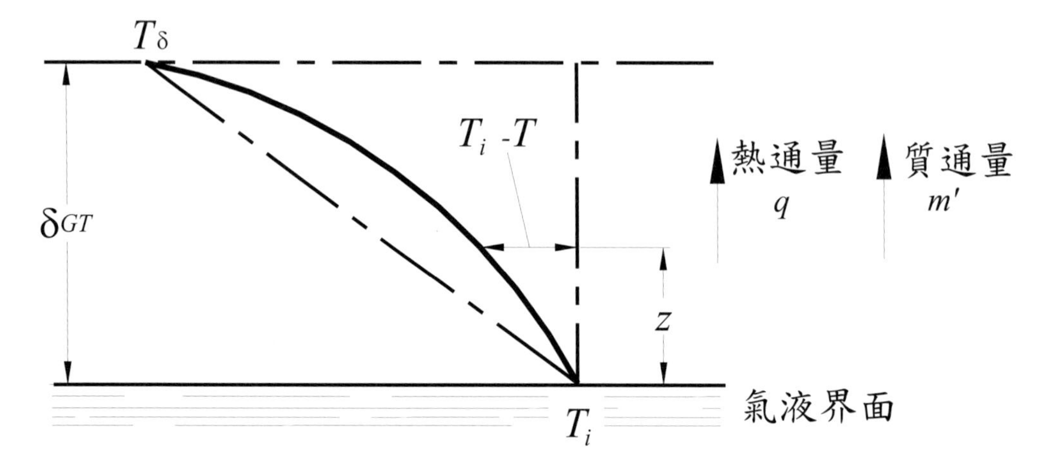

圖15-7 冷凝與蒸發時等效溫度邊界層

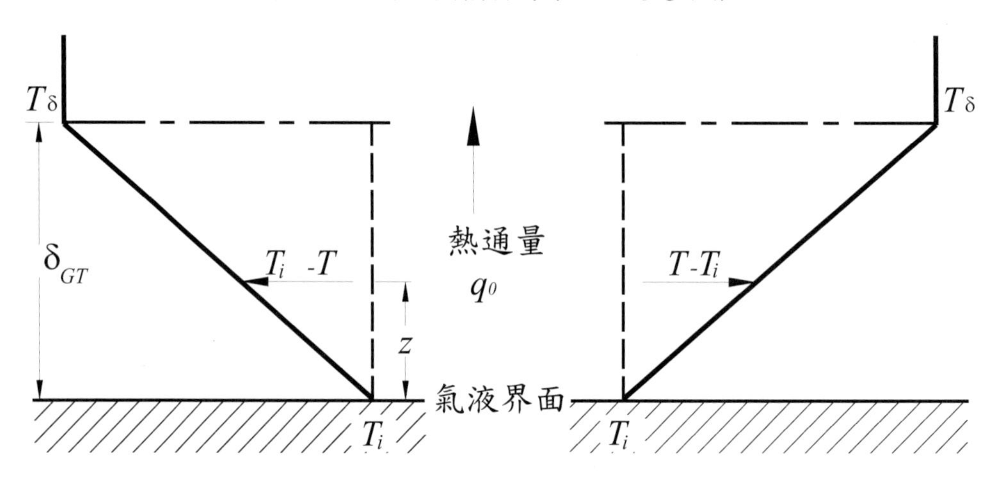

圖15-8 冷凝與蒸發時等效溫度場簡化後的邊界層示意圖

上式代表質量傳遞條件下對界面剪應力的影響，習慣上若是冷凝的質量傳遞，則 $\dot{m}'$ 為負值而蒸發時為正值；上面為質傳對速度常的影響，同樣的，質量傳遞也會影響溫度場的分布，進而左右熱傳，有關熱傳受質傳影響的分析過程將在下面說明。

同樣的，如圖15-7所示的溫度場，我們考慮在界面上的有效的層流溫度場的厚度為 δ_{GT}，請注意 δ_G 不一定等於 δ_{GT}；同樣的，如同前面的速度場，假設溫度分布可以用如圖15-8所示的一簡單的線性關係，則熱通量可表示如下：

$$q = -k\left.\frac{dT}{dz}\right|_{z=0} = k\frac{T_0 - T_\delta}{\delta_{GT}} \tag{15-29}$$

同時對流熱傳可以表示如下：

$$q = h_0\left(T_i - T_\delta\right) \tag{15-30}$$

因此由式15-29與式15-30可得

$$h_0 = \frac{k}{\delta_{GT}} \tag{15-31}$$

當質量傳遞發生時，此一質量流動會產生對流熱傳的貢獻，因此在此一層流溫度場的邊界層中：

【通過界面的熱通量】=【熱傳導熱通量】+【熱對流熱通量】　(15-32)

數學式上的表示方法如下：

$$q_m = -k\frac{dT}{dz} + \dot{m}' i_{z,0} \tag{15-33}$$

其中$i_{z,0}$為離開界面距離 z 處的焓值，若以界面溫度T_i為參考溫度，則 $i_{z,0} = c_p(T - T_i)$，因此可將式15-33積分後可得

$$q_m = -k\frac{dT}{dz} + \dot{m}' i_{z,0} = -k\frac{dT}{dz} + \dot{m}' c_p\left(T - T_i\right) \tag{15-34}$$

$$\rightarrow \int_0^{\delta_{GT}} dz = \int_{T_0}^{T_\delta} \frac{-k dT}{q_m - \dot{m}' c_p\left(T - T_i\right)} \tag{15-35}$$

同樣的，若熱通量與質量傳遞通量均為定值，則上式積分後的結果如下：

$$\rightarrow \delta_{GT} = \ln\left(\frac{q_m - \dot{m}' c_p\left(T_\delta - T_i\right)}{q_m}\right) \tag{15-36}$$

即：

$$q_m = \frac{\dot{m}' c_p (T_i - T_\delta)}{e^{\left(\frac{\dot{m}' c_p \delta_{GT}}{k}\right)} - 1} \tag{15-37}$$

上式代表質傳條件下對熱通量的影響，若沒有質量傳遞的情況下，則熱通量可由式15-30來表示，所以兩者的比值如下：

$$\frac{q_m}{q_0} = \frac{\dfrac{\dot{m}' c_p (T_i - T_\delta)}{e^{\left(\frac{\dot{m}' c_p \delta_{GT}}{k}\right)} - 1}}{h_0 (T_i - T_\delta)} = \frac{\dfrac{\dot{m}' c_p (T_i - T_\delta)}{e^{\left(\frac{\dot{m}' c_p \frac{k}{h_0}}{k}\right)} - 1}}{h_0 (T_i - T_\delta)} = \frac{\dfrac{\dot{m}' c_p}{h_0}}{e^{\left(\frac{\dot{m}' c_p}{h_0}\right)} - 1} = \frac{\phi}{e^\phi - 1} \tag{15-38}$$

也就是說

$$q_m = \frac{\phi}{e^\phi - 1} q_0 \tag{15-39}$$

上式中的$\phi = \dfrac{\dot{m}' c_p}{h_0}$即非常有名的Ackermann校正值(Ackermann correction factor)，代表質傳效應對熱傳的影響。由此一校正式可知，當冷凝量增多時，則氣體部份的冷卻量也就相對的變小，因此通過冷凝液界面的熱通量 q_i 由可由式15-34改寫如下：

$$\begin{aligned} q_i &= -k\frac{dT}{dz} = q_m - \dot{m}' c_p (T - T_i) = \frac{\phi}{e^\phi - 1} q_0 - \frac{\dot{m}' c_p}{h_0} h_0 (T - T_i) \\ &= \frac{\phi}{e^\phi - 1} q_0 - \phi h_0 (T - T_i) = \frac{\phi}{e^\phi - 1} q_0 - \phi q_0 \\ &= \left(\frac{\phi}{e^\phi - 1} - \phi\right) q_0 = \frac{\phi e^\phi}{e^\phi - 1} q_0 = e^\phi \left(\frac{\phi}{e^\phi - 1} q_0\right) = e^\phi q_m \end{aligned} \tag{15-40}$$

圖15-9的示意圖說明q_0、q_m、q_i等之路徑與相對影響的效應；讀者要特別留意q_0與q_m代表的是顯熱熱傳。

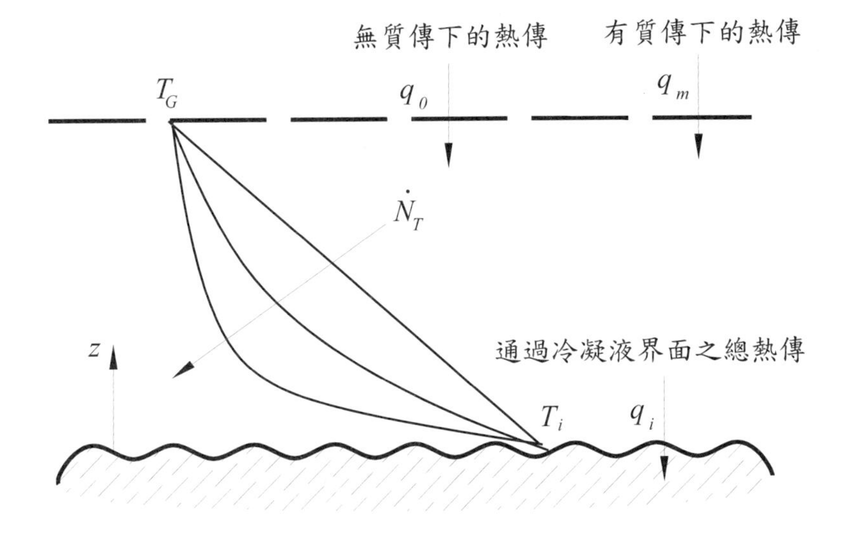

圖15-9　冷凝與蒸發時等效溫度場簡化後的邊界層示意圖

例15-2-1：一飽和的水與空氣的混合物在一大氣壓下60°C流進一內徑5 cm，長度10公尺的冷凝管，進口的總流量爲0.1 kg/s，假設出口的水與空氣的混合物仍爲飽和狀態，溫度爲30°C，試估算通通過此一傳熱管後，顯熱熱傳係數下降的幅度。

$\dot{m} = 0.1$ kg/s　　$L = 10$ m　　$d_i = 5$ cm

15-2-1 解：

首先根據空氣線圖可查得相關的濕空氣資料如下：

$\rho_G = 0.851$ kg/m^3

$i = 460.86$ kJ/kg·K

$W_{s,in} = 0.1524$ kg/kg·dry-air

因此，$W_{s,in} = \dfrac{\dot{m}_{water}}{\dot{m}_a} = \dfrac{\dot{m} - \dot{m}_a}{\dot{m}_a} = \dfrac{0.1 - \dot{m}_a}{\dot{m}_a} = 0.1524$

即乾空氣的流量爲 0.0868 kg/s

$W_{s,out} = 0.0272$ kg/kg·dry-air

冷凝水量

$$\dot{m}_c = \dot{m}_a\left(W_{s,in} - W_{s,out}\right) = 0.0868 \times (0.1524 - 0.0272) = 0.01087 \text{ kg/s}$$

管內的截面積 $A_{c,i} = \dfrac{\pi}{4} d_i^2 = \dfrac{\pi}{4}(0.05)^2 = 0.001963 \text{ m}^2$

管內的總面積 $A_i = \pi \times d_i \times L = 3.14159 \times 0.05 \times 10 = 1.571 \text{ m}^2$

因此平均的冷凝量爲 $\dot{m}' = \dfrac{\dot{m}_c}{A_i} = \dfrac{0.01087}{1.571} = 0.0692\ \text{kg/m}^2\cdot\text{s}$

進口的總質量流量

$$\therefore G_i = \dot{m}_i / A_{c,i} = 0.1/0.001963 = 50.93\ \text{kg/m}^2\cdot\text{s}$$

∴進口的雷諾數爲

$$\text{Re}_i = \frac{G_i \times d_i}{\mu_i} = \frac{50.93\times 0.05}{2.132\times 10^{-5}} = 119423 > 2300 \Rightarrow \text{紊流流動!}$$

由Gnielinski方程式(見本書第一章表1-7)

$$f_i = (1.58\ln \text{Re}_i - 3.28)^{-2} = 0.004333$$

$$Nu_i = \frac{\left(\frac{f_i}{2}\right)(\text{Re}_i - 1000)\text{Pr}_i}{1.07 + 12.7\sqrt{\frac{f}{2}}\left(\text{Pr}_i^{2/3} - 1\right)} = \frac{\left(\frac{0.004333}{2}\right)(119423 - 1000)\times 0.7}{1.07 + 12.7\sqrt{\frac{0.004333}{2}}\left(0.694^{2/3} - 1\right)} = 189.1$$

$$h_i = \frac{k_i \times Nu_i}{d_i} = \frac{0.03084\times 189.1}{0.05} = 116.6\ \text{W/m}^2\cdot\text{K}$$

$$\dot{m}_o = \dot{m}_i - \dot{m}_c = 0.1 - 0.01087 = 0.08913\ \text{kg/s}$$

$$\therefore G_o = \dot{m}_o / A_{c,i} = 0.08913/0.001963 = 45.39\ \text{kg/m}^2\cdot\text{s}$$

∴出口的雷諾數爲

$$\text{Re}_o = \frac{G_o \times d_i}{\mu_i} = \frac{45.39\times 0.05}{1.861\times 10^{-5}} = 121956 > 2300 \Rightarrow \text{紊流流動!}$$

由 Gnielinski 方程式(表1-7)

$$f_o = (1.58\ln \text{Re}_o - 3.28)^{-2} = 0.004315$$

$$Nu_o = \frac{\left(\frac{f_o}{2}\right)(\text{Re}_o - 1000)\text{Pr}_o}{1.07 + 12.7\sqrt{\frac{f}{2}}\left(\text{Pr}_o^{2/3} - 1\right)} = \frac{\left(\frac{0.004315}{2}\right)(121956 - 1000)\times 0.707}{1.07 + 12.7\sqrt{\frac{0.004315}{2}}\left(0.707^{2/3} - 1\right)} = 194.6$$

$$h_o = \frac{k_o \times Nu_o}{d_i} = \frac{0.02697\times 194.6}{0.05} = 105\ \text{W/m}^2\cdot\text{K}$$

因此，冷凝管內的平均顯熱熱傳係數爲

$$h_{avg} = \frac{h_i + h_o}{2} = 110.3\ \text{W/m}^2\cdot\text{K}$$

$$\phi = \frac{\dot{m}' c_p}{h_{avg}} = \frac{0.00692 \times 1006}{110.3} = 0.0631$$

$$\frac{\phi}{e^{\phi} - 1} = \frac{0.0631}{e^{0.0631} - 1} = 0.969$$

所以顯熱熱傳係數約下降 1–0.969 = 3.1%

【計算例子之結論】

以常用的空氣水系統，在常溫常壓下，冷凝對熱傳係數的影響並不是很大。可是如果進出口的溫度爲90°C與60°C時，若以上述的計算流程，顯熱熱傳係數將下降17.2%。也就是入口條件越接近冷凝液的沸點時，其冷凝量會明顯增多，此時顯熱熱傳係數下降相對明顯許多。

15-3 多元混合物的質量傳遞分析

15-3-1 二元與多元混合物質傳分析

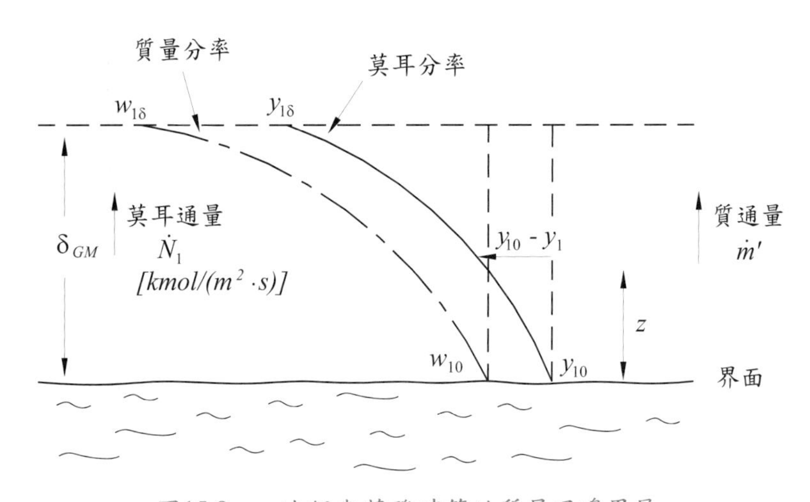

圖15-9 冷凝與蒸發時等效質量通邊界層

在15-2節中，筆者介紹質傳對流場、溫度場的影響，接下來我們要討論以等效層流的觀念來對二元混合物影響的分析，由於質量的傳遞主要由兩部份構成(見第十三章介紹)，即：

【某一成分的質通率】=【該成分質量擴散質通率】+【該成分對流質通率】

即：

$$\dot{N}_i = J_i + y_i \dot{N}_T \tag{15-41}$$

上式右式的第一項代表擴散效應的貢獻，右式的第二項代表流體流動的對流效應所帶動的質量傳遞；同樣的，考慮如圖15-9所示的等效層流質傳型式，其中δ_{GM}爲等效質傳厚度，當然，此值未必與δ_G或δ_{GT}相同(當Pr = 1時，$\delta_G = \delta_{GT}$；當Sc = 1時，$\delta_{GM} = \delta_G$)，有心的讀者也許會注意到這個型式與第十三章的介紹有相當的出入，這是因爲上式的分析採用擴散方式的分析，而非質傳方式的分析，而且分析中採用莫耳通量而非質通量，這是因爲莫耳濃度在δ_{GM}中爲定値，可是若使用質通量時則否；另外，再由Fick的質傳第一定律可知質量擴散方程式如下：

$$J_i = D\frac{dc_i}{dz} = Dc\frac{\frac{dc_i}{c}}{dz} = Dc\frac{dy_i}{dz} \tag{15-42}$$

如果考慮二元混合物($c_1 + c_2 = c_T$)，則此一成分的個別質量傳的方程式可由下面兩個方程式來描述：

$$\dot{N}_1 = -D_{12}\frac{dc_1}{dz} + \dot{N}_T\frac{c_1}{c_T} \tag{15-43}$$

$$\dot{N}_2 = -D_{12}\frac{dc_2}{dz} + \dot{N}_T\frac{c_2}{c_T} \tag{15-44}$$

如果這兩個成分中的一個成分無法冷凝(例如水蒸氣-空氣中的空氣)，若$\dot{N}_2$代表空氣，則於冷凝液界面上的$\dot{N}_2 = 0$，且$\dot{N}_1 = \dot{N}_T$，因此式15-43可改寫如下：

$$\dot{N}_1 = -D_{12}\frac{dc_1}{dz} + \dot{N}_T\frac{c_1}{c_T} = -D_{12}\frac{dc_1}{dz} + \dot{N}_1\frac{c_1}{c_T} \tag{15-45}$$

$$\Rightarrow \dot{N}_1 = \frac{-D_{12}}{1 - c_1/c_T}\frac{dc_1}{dz} = \frac{-D_{12}c}{1-y}\frac{dy}{dz} \tag{15-46}$$

因此，上式可積分如下：

$$\dot{N}_1\int_0^{\delta_{GM}} dz = \int_{y_{10}}^{y_{1\delta}} \frac{-D_{12}c\,dy_1}{1-y_1} \tag{15-47}$$

$$\Rightarrow \dot{N}_1 = \frac{D_{12}}{\delta_{GM}} c_T \ln\left[\frac{1-y_{1\delta}}{1-y_{10}}\right] = \beta c_T \ln\left[\frac{1-y_{1\delta}}{1-y_{10}}\right] \tag{15-48}$$

其中$\beta = D_{12}/\delta_{GM}$，稱之爲質傳係數(第十三章的符號爲$k$)，質傳係數通常與Reynolds數與Schmidt數有關，一些常用的關係式可參考第十三章。

式15-48中的ln項可以泰勒展開式表示如下：

$$\ln\left[\frac{1-y_{1\delta}}{1-y_{10}}\right] = \ln\left[1+\frac{\Delta y_1}{1-y_{10}}\right] = \frac{\Delta y_1}{1-y_{10}} - \frac{1}{2}\left(\frac{\Delta y_1}{1-y_{10}}\right)^2 + \frac{1}{3}\left(\frac{\Delta y_1}{1-y_{10}}\right)^3 + \cdots \tag{15-49}$$

當Δy_1 甚小時，上式可簡化成$\dfrac{\Delta y_1}{1-y_{10}}$，而且如果$y_{10} << 1$，則式15-48可簡化如下：

$$\Rightarrow \dot{N}_1 = \beta c_T \Delta y_1 = \beta \Delta c_1 \tag{15-50}$$

但是如果此一二元混合物均會冷凝(例如水蒸氣與酒精)，則式15-43與式15-44的推導必須適度修正；首先定義成分1的總冷凝莫耳分率$\tilde{z}$：

$$\tilde{z} = \frac{\dot{N}_1}{\dot{N}_T} = \frac{\dot{N}_1}{\dot{N}_1 + \dot{N}_2} \tag{15-51}$$

所以式15-43可改寫如下：

$$\dot{N}_1 = \dot{N}_T \tilde{z} = -D_{12}\frac{dc_1}{dz} + \dot{N}_T \frac{c_1}{c_T} = -c_T D_{12}\frac{dy_1}{dz} + \dot{N}_T y_1 \tag{15-52}$$

$$\Rightarrow \dot{N}_T\left(\tilde{z} - y_1\right) = -c_T D_{12}\frac{dy_1}{dz} \tag{15-53}$$

$$\Rightarrow \dot{N}_T = \frac{-c_T D_{12}}{\left(\tilde{z} - y_1\right)}\frac{dy_1}{dz} \tag{15-54}$$

$$\Rightarrow \dot{N}_T \int_0^{\delta_{GM}} dz = \int_{y_{10}}^{y_{1\delta}} \frac{-c_T D_{12}}{\left(\tilde{z} - y_1\right)}\frac{dy_1}{dz} \tag{15-55}$$

$$\Rightarrow \dot{N}_T = \frac{-c_T D_{12}}{\delta_{GM}} \ln\left(\frac{\tilde{z} - y_{10}}{\tilde{z} - y_{1\delta}}\right) = -\beta c_T \ln\left(\frac{\tilde{z} - y_{10}}{\tilde{z} - y_{1\delta}}\right) \tag{15-56}$$

15-4 多成分混合物冷凝器的設計的近似方法

多成分冷凝設計方法中，筆者將介紹兩種不同的設計方法，其中Colburn-Hougen與Colburn-Drew法不需要使用冷卻線的資料，但必須估算質傳係數與詳細的質傳量，Colburn-Hougen法適用於混合物中混有不可冷凝的氣體，而Colburn-Drew法適用於混合物氣體均可冷凝者；第二種方法為SBG (Sliver-Bell-Ghaly)法，為工業界最常用的方法，設計上必須使用冷卻線(cooling curve)的資料來設計，Webb (1998)建議應盡量可能使用Colburn-Hougen與Colburn-Drew設計方法，接下來筆者將針對這兩種方法進一步說明。

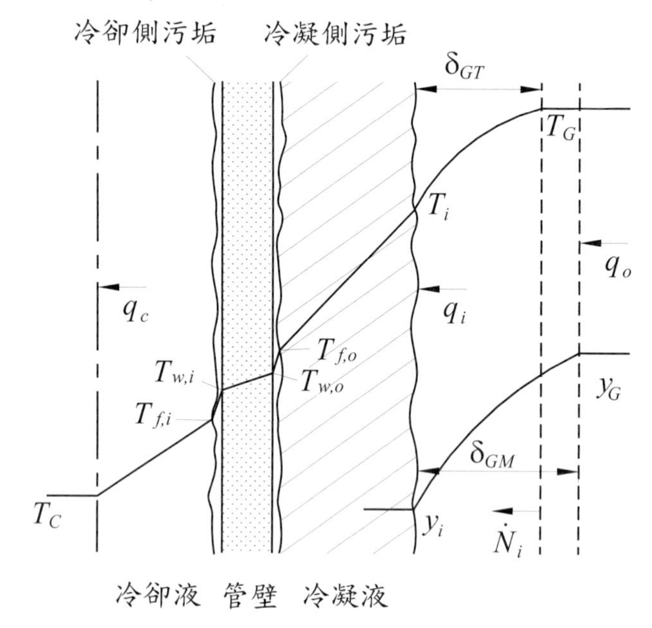

圖15-10　Colburn-Hougen 與Colburn-Drew 法示意圖

15-4-1 Colburn-Hougen 與Colburn-Drew 法

考慮如圖15-10所示的冷凝示意圖，熱量從氣體傳經等效層流層到冷凝液界面(界面溫度T_i)，再經過冷凝液膜、冷凝側污垢層、管壁、冷卻側污垢層，最後到冷卻液的中心；因此冷凝液界面到冷卻液中心的熱通量可表示如下：

$$q_c = U'(T_i - T_c) \tag{15-57}$$

上式中的總熱傳係數可計算如下(以平板管壁而言)：

$$\frac{1}{U'}=\frac{1}{h_c}+r_c+\frac{\Delta X}{k_w}+r_f+\frac{1}{h_f} \tag{15-58}$$

或(以圓管而言，推導過程可參考本書第八章與第十一章)：

$$\frac{1}{U'}=\frac{d_{w,o}}{h_c d_{w,i}}+r_c\left(\frac{d_{w,o}}{d_{w,i}}\right)+\frac{\ln\left(\frac{d_{w,o}}{d_{w,i}}\right)}{2k_w}+r_f+\frac{1}{h_f} \tag{15-59}$$

其中

h_c ：冷卻液的熱傳係數

r_c：冷卻液側的污垢係數

ΔX：管壁厚度

k_w：管壁熱傳導係數

r_f：冷凝側液膜與管壁間的污垢係數

h_f：冷凝液膜的流動熱傳係數

$d_{w,o}$：圓管管外徑

$d_{w,i}$：圓管管內徑

請讀者要特別注意，這個總熱傳係數U'與先前常用的總熱傳係數並不完全相同，先前的總熱傳係數涵蓋所有的熱阻，但是這裡的總熱傳係數僅包含冷凝液膜到冷卻液間的熱阻抗，並不包含氣體側的阻抗。

由於在冷凝的過程中，總熱傳同量爲潛熱與顯熱熱傳量的總合，所以

$$q=q_{LG}+q_s \tag{15-60}$$

潛熱熱傳通量可計算如下：

$$q_{LG}=\dot{m}' i_{LG}$$

而由式15-39介紹的Ackermann校正式，可知顯熱熱傳係數可計算如下：

$$q_s=\frac{\phi}{e^{\phi}-1}q_0=h_0\left(T_i-T_G\right)\frac{\phi}{e^{\phi}-1} \tag{15-61}$$

Colburn-Hougen 法的目的則在估算總熱通量的大小(即式15-60)，詳細的計

算過程如下：

(1) 假設一個冷凝液的界面溫度T_i，由於氣體溫度與冷卻液的溫度為已知，因此一個合理的假設溫度範圍為 $T_G > T_i > T_c$。

(2) 一旦得到界面溫度T_i，則可估算界面的分壓P_i，而進一步計算界面的莫耳分率，即$y_i = P_i/P$，其中P為總壓。

(3) 計算冷凝液的莫耳通率，可由下式算出

$$\dot{N}_1 = \frac{D_{12}}{\delta_{GM}} c_T \ln\left[\frac{1-y_{1\delta}}{1-y_{10}}\right] = \beta c_T \ln\left[\frac{1-y_{1\delta}}{1-y_{10}}\right] \tag{15-62}$$

(4) 由式15-52可計算總熱傳量，即：

$$q = q_{LG} + q_s = \dot{m}' i_{LG} + h_0 \left(T_i - T_G\right) \frac{\phi}{e^{\phi} - 1} \tag{15-63}$$

(5) 根據管內側的條件與冷凝液的條件，即式15-58或式15-59，估算總熱傳係數U'。

(6) 由上式的U'值，估算通過液膜到冷卻液的熱通量(式15-57)：

$q_c = U'(T_i - T_c)$

(7) 比較 q_c 與步驟(4)所算出的 q，如果兩者不相同，則必須重新猜測T_i值後，再從步驟(1)從新開始，直到收斂為止。

Colburn-Drew 法的過程與Colburn-Hougen類似，但此法適用於混合物中的氣體均可冷凝，其計算過程如下：

(1) 假設成分1的冷凝莫耳分率$\tilde{z}$。

(2) 給定成分1在界面上液體部份的莫耳分率x_{10}，假設液體部份與液膜充分混合。

(3) 由給定的液體部份的莫耳分率x_{10}與總壓力P，估算界面的溫度與y_{10}。

(4) 由式15-56，計算

$$\dot{N}_T = \beta c_T \ln\left(\frac{\tilde{z} - y_{10}}{\tilde{z} - y_{1\delta}}\right)$$

質傳係數β的估算，可參考上面的說明或第十三章的資料。

(5) 計算 ϕ_T 參數，即：

$$\phi_T = \frac{\left(\dot{N}_1 \tilde{c}_{p,G,1} + \dot{N}_1 \tilde{c}_{p,G,2}\right)}{h_0} \tag{15-64}$$

其中

$\tilde{c}_{p,G,1}$與$\tilde{c}_{p,G,2}$代表成分1與成分2的單位氣態莫耳比熱

(6) 由下式計算總熱通量

$$q = q_{LG} + q_s = \dot{N}_T \tilde{i}_{LG,m} + h_0 \left(T_i - T_1\right) \frac{\phi_T}{e^{\phi_T} - 1} \tag{15-65}$$

其中$\tilde{i}_{GL,m}$爲平均的單位莫耳潛熱。

$$\tilde{i}_{GL,m} = \tilde{z}\tilde{i}_{LG,1} + \left(1 - \tilde{z}\right)\tilde{i}_{LG,2} \tag{15-66}$$

(7) 同樣的，根據管內側的條件與冷凝液的條件，即式15-58或式15-59，估算總熱傳係數U'。

(8) 由上式的U'值，估算通過液膜到冷卻液的熱通量(式15-57)：

$q_c = U'(T_i - T_c)$

(9) 比較q_c與步驟(6)所算出的q，如果兩者不相同，則必須重新猜測x_i值後，再從步驟(1)從新開始，直到收斂爲止。

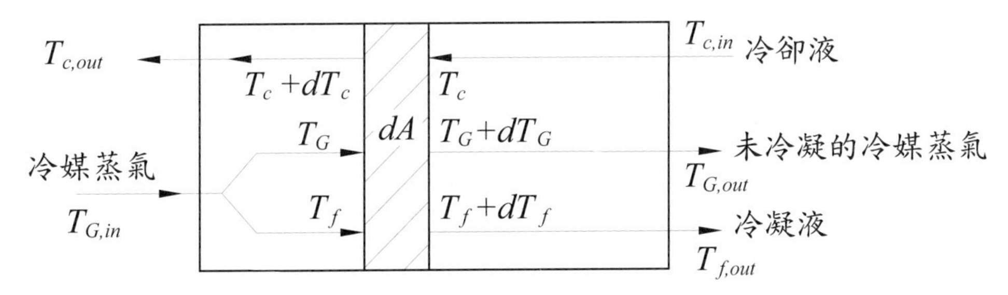

圖15-11　微小面積下使用Colburn-Hougen與Colburn-Drew法的示意圖

Colburn-Hougen 與Colburn-Drew 法雖然可以用來計算實際冷凝器中某部位的熱通量，不過在實際設計上，設計者僅知道入口處的條件，因此實際上要能真正應用此法，必須將熱交換器一部份一部份的先切割，分別計算結果再予以加總，例如以圖15-11的逆向流熱交換器爲例，使用Colburn-Hougen 與Colburn-Drew 法於單位面積dA下，可算出此一面積下的顯熱熱傳通量q_s與總熱通量q，故蒸氣部份的溫度變化如下：

$$dT_G = \frac{q_s dA}{\dot{m}_G c_{p,G}} \tag{15-67}$$

而冷卻液的溫度變化如下：

$$dT_c = \frac{qdA}{\dot{m}_c c_{p,c}} \tag{15-68}$$

由於計算過程中可取得界面溫度T_i，因此冷凝液溫度的變化可使用此一界面溫度的變化來近似，同時，可算出此一微小面積下的冷凝量，再使用此一未完全冷凝的蒸氣繼續計算下一部份面積的熱傳量與相關的溫度變化，這個過程看來相當繁瑣，不過借用電腦來進行輔助運算並不會非常困難。

例15-4-1：假設飽和的水蒸氣與空氣的混合物在一大氣壓下溫度爲90°C流進一內徑5cm，長度10公尺的雙套管冷凝管，進口的水蒸氣與空氣總流量爲0.1 kg/s，雙套管環側的冷卻水進口溫度爲20°C，假設冷卻水到冷凝液膜的總熱傳係數爲$U' = 4000\ \mathrm{W/m^2 \cdot K}$，試估算此一冷凝管的熱傳量。乾空氣的黏度 $\mu_a = 2.175\times10^{-5}$ Pa·s，水蒸氣的黏度 $\mu_w = 1.193\times10^{-5}$ Pa·s，乾空氣的$\mathrm{Pr}_a = 0.692$，水蒸氣的 $\mathrm{Pr}_w = 0.973$，乾空氣的k_a = 0.0314 W/m·K，水蒸氣的 k_w = 0.024 W/m·K，水蒸氣90 °C的潛熱爲 2283.1 kJ/kg。

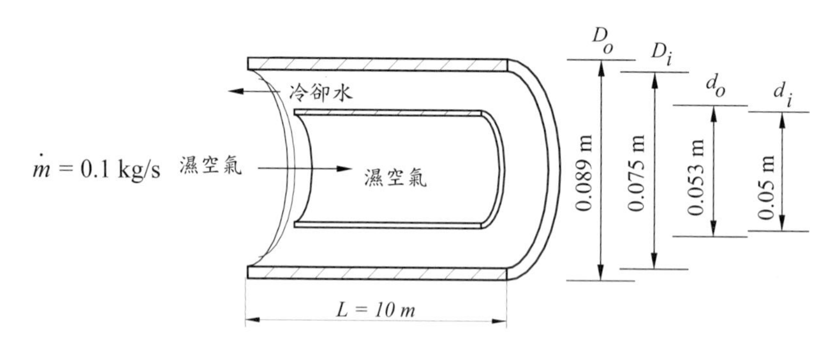

15-4-1 解：

首先根據空氣線圖可查得相關的濕空氣資料如下：

$\rho_{a,s}$ = 0.299 kg/m³

$i_{a,s}$ = 3867.6 kJ/kg·K

$W_{s,in}$ = 1.42 kg/kg-dry-air

因此，$W_{s,in} = \dfrac{\dot{m}_{water}}{\dot{m}_a} = \dfrac{\dot{m} - \dot{m}_a}{\dot{m}_a} = \dfrac{0.1 - \dot{m}_a}{\dot{m}_a} = 1.42$ kg/kg - dry - air

即乾空氣的流量 $\dot{m}_a$ 爲 0.0413 kg/s

管內的截面積 $A_{c,i} = \dfrac{\pi}{4} d_i^2 = \dfrac{\pi}{4}(0.05)^2 = 0.001963\ \mathrm{m^2}$

管內的總面積 $A_i = \pi \times d_i \times L = 3.14159 \times 0.05 \times 10 = 1.571\,\text{m}^2$

進口的總質量流量

$$\therefore G_i = \dot{m}_i / A_{c,i} = 0.1/0.001963 = 50.93\,\text{kg/m}^2 \cdot \text{s}$$

進口之平均流速爲 $V_i = 50.93/0.299 = 170.6$ m/s

進口的空氣/水蒸氣的平均黏度(假設理想混合)爲

$$\mu_i = (\mu_a \dot{m}_a + \mu_w(\dot{m} - \dot{m}_a))/\dot{m} = 1.6\times10^{-5}\text{Pa}\cdot\text{s}$$

∴進口的雷諾數爲

$$\text{Re}_i = \frac{G_i \times d_i}{\mu_i} = \frac{50.93\times0.05}{2.132\times10^{-5}} = 159281 > 2300 \Rightarrow \text{紊流流動!}$$

同樣的進口的平均$\text{Pr}_i = (\text{Pr}_a \dot{m}_a + \text{Pr}_w(\dot{m} - \dot{m}_a))/\dot{m} = 0.857$

由Gnielinski方程式(本書第一章表1-7)

$$f_i = (1.58\ln \text{Re}_i - 3.28)^{-2} = 0.004085$$

$$Nu_i = \frac{\left(\frac{f_i}{2}\right)(\text{Re}_i - 1000)\text{Pr}_i}{1.07 + 12.7\sqrt{\frac{f}{2}}\left(\text{Pr}_i^{2/3} - 1\right)} = \frac{\left(\frac{0.004085}{2}\right)(159281 - 1000)\times0.857}{1.07 + 12.7\sqrt{\frac{0.004085}{2}}\left(0.857^{2/3} - 1\right)} = 273.3$$

進口的空氣/水蒸氣的平均熱傳導係數(假設理想混合)爲

$$k_i = (k_a \dot{m}_a + k_w(\dot{m} - \dot{m}_a))/\dot{m} = 0.0271\ \text{W/m}\cdot\text{K}$$

$$h_i = \frac{k_i \times Nu_i}{d_i} = \frac{0.0271\times273.3}{0.05} = 148.1\,\text{W/m}^2\cdot\text{K}$$

同樣的，我們必須計算此條件下的質傳係數，由第十三章的表13-5，可知在紊流流動下，管內的質傳係數可計算如下：

$$\frac{\beta d_i}{D} = 0.026\,\text{Re}_i^{0.8}\left(\frac{v}{D}\right)^{1/3}$$

其中β爲質傳係數而D爲質量擴散係數，水蒸氣在空氣中的質量擴散係數的計算，讀者可以參考第十三章例13-3的計算流方程式，可知$D \approx 3.65\times10^{-5}\ \text{m}^2/\text{s}$

v：水蒸氣之動量擴散係數，90°C時爲$2.76\times10^{-5}\ \text{m}^2/\text{s}$

V：爲管內的平均速度 ($= V_i = 170.6$ m/s)

因此，質傳係數可計算如下：

$$\frac{\beta d_i}{D} = 0.026\,\text{Re}_i^{0.8}\left(\frac{v}{D}\right)^{1/3} = 0.026(159281)^{0.8}\left(\frac{2.75\times10^{-5}}{3.61\times10^{-5}}\right)^{1/3} = 348.1$$

➔ $\beta = 348.1 \times 3.61 \times 10^{-5}/0.05 = 0.4586$ m/s

接下來我們使用Colburn-Hougen 法來估算總熱通量，首先假設一個冷凝液的界面溫度T_i，

(1) 例如$T_i = 70$ °C，70 °C水蒸氣的飽和分壓為31.2 kPa

(2) 故界面的的莫耳分率， $y_i = P_i/P = 31.2/101.325 = 0.308 = y_{10}$。

(3) 估算冷凝液的莫耳通率($\dot{N}_1 = \dfrac{D_{12}}{\delta_{GM}} c_T \ln\left[\dfrac{1-y_{1\delta}}{1-y_{10}}\right] = \beta c_T \ln\left[\dfrac{1-y_{1\delta}}{1-y_{10}}\right]$)

考慮理想氣體，則

$$c_T = \frac{P}{RT} = \frac{101300}{8313 \times (273.15+90)} = 0.03356 \text{ kmole/m}^3$$

$$y_{1\delta} = \frac{\dfrac{\dot{m}_w}{M_w}}{\dfrac{\dot{m}_a}{M_a} + \dfrac{\dot{m}_w}{M_w}} = \frac{\dfrac{0.0587}{18}}{\dfrac{0.0413}{28.9} + \dfrac{0.0587}{18}} = 0.695$$

由式15-62，

$$\dot{N}_1 = \beta c_T \ln\left[\frac{1-y_{1\delta}}{1-y_{10}}\right] = 0.4528 \times 0.03356 \times \ln\left[\frac{1-0.695}{1-0.308}\right] = -0.0122 \text{ kmol/m}^2 \cdot \text{s}$$

所以

$$\dot{m}' = \dot{N}_1 \times M_w = -0.0122 \times 18 = -0.22 \text{ kg/m}^2 \cdot \text{s}$$

(4) 計算Ackerman 校正式

$$\phi = \frac{\dot{N}_1 M_w c_{p,w}}{h_i} = \frac{-0.0122 \times 18 \times 1999}{148.03} = -2.97$$

(5) 由式15-52可計算總熱通量，即

$$q = q_{LG} + q_s = \dot{m}' i_{LG} + h_0 (T_i - T_G) \frac{\phi}{e^{\phi} - 1}$$

$$= -0.22 \times 2283100 + 148.03 \times (70 - 90) \frac{(-2.97)}{e^{-2.97} - 1}$$

$$= -502360 - 9272 = 511.6 \text{ kW/m}^2$$

(6) 又$U' = 4000$ W/m²·K，所以$q_c = U'(T_i - T_c) = 4000 \times (70-30) = 160$ kW/m²，此值與(5)的計算結果不同，因此必須重新假設界面的溫度T_i，再重複步驟(1)~(6)後，界面的溫度約為84.71°C，熱通量約為218.8 kW/m²。由於傳熱管的總面積為1.571 m²，故有效熱傳量

$Q = q \times A = 218.8 \times 1.571 = 343.8$ kW

15-4-2　均勻冷凝與差分冷凝冷卻線

除了上面介紹的Colburn-Hougen與Colburn-Drew法外，工業界最常用的設計方法爲SBG(Sliver-Bell-Ghaly)法，此一設計法不需要詳細的質傳係數資料，但必須使用冷卻線(cooling curve)的資料來進行設計，因此有必要針對冷卻線來進一步說明；所謂冷卻線，如圖15-12所示，在冷凝器中係指冷凝溫度與焓值變化的關係圖，以圖15-12的多成分冷凝，可分成de-superheating、condensation與subcooling三個階段；不過，在實際的冷凝過程中，又分爲均勻式冷凝(integral condensation)與差分式冷凝(differential condensation)兩種現象，所謂均勻式冷凝，係指冷凝過程中，氣態部份與冷凝部份可視爲充分混合，例如強制對流流動下的管內的冷凝現象，通常氣體與液體的混合情況良好，因此整個冷凝過程可由圖15-13的AD線段來描述，當冷凝溫度到達起始成分下的起泡點時，所有的冷媒蒸氣將完全冷凝。

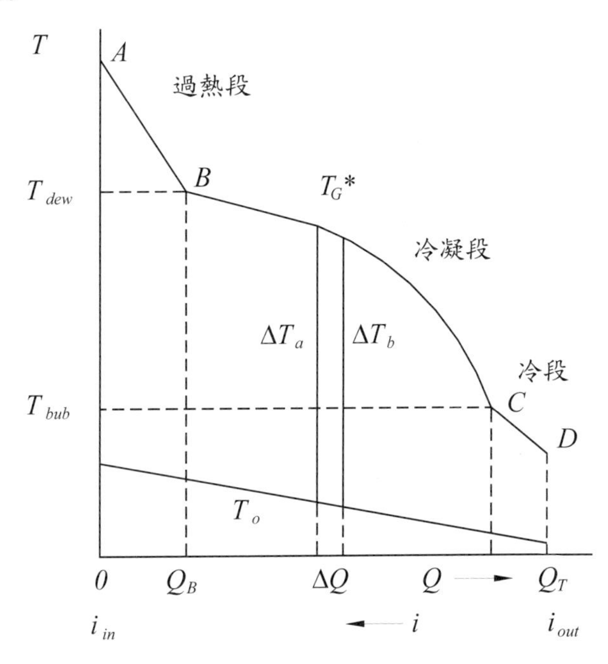

圖15-12　多成分混合物之冷凝冷卻線

相對於均勻式冷凝，在差分式冷凝的冷凝過程中，冷凝液與冷媒蒸氣會呈現若干程度的分離，由於比較容易冷凝的成分會先冷凝，因此留在氣態部份中的比較容易蒸發的成分會越來越多，因此相對的有效露點溫度會逐漸下降，假設以圖

15-13的冷凝過程中分為10個冷凝段部份的分離設計，如果冷凝液與氣體充分分離到達 $c_i v_i$ 時，由於有效露點溫度已下降到比原先成分的露點溫度還低，可是混合物氣體仍無法完全冷凝，差分冷凝現象常見於無檔板設計的殼管式冷凝器或是管內冷凝過程中，氣體與液體分離非常明顯(例如分層流，stratified flow，見本書第四章的介紹)。因此如果冷凝器的設計是以均勻冷凝來設計的話，此一冷凝器勢必無法滿足需求，所以冷凝過程比較接近差分冷凝時，熱交換面積必須適度的增加；不過，文獻上對差分冷凝的研究與各種冷凝器的差分冷凝程度的研究相當的少，習慣上多以均勻冷凝來設計，但是讀者必須要特別注意，差分冷凝的冷卻線(differential condensation curve)與習用的均勻冷凝線並不相同，差分冷凝冷卻線的計算必須分段切割來計算(見前述說明)，此一部份的過程已超出本章的範圍，有興趣的讀者可參考Webb (1998) 的說明。接下來介紹如何來計算均勻冷凝冷卻線。

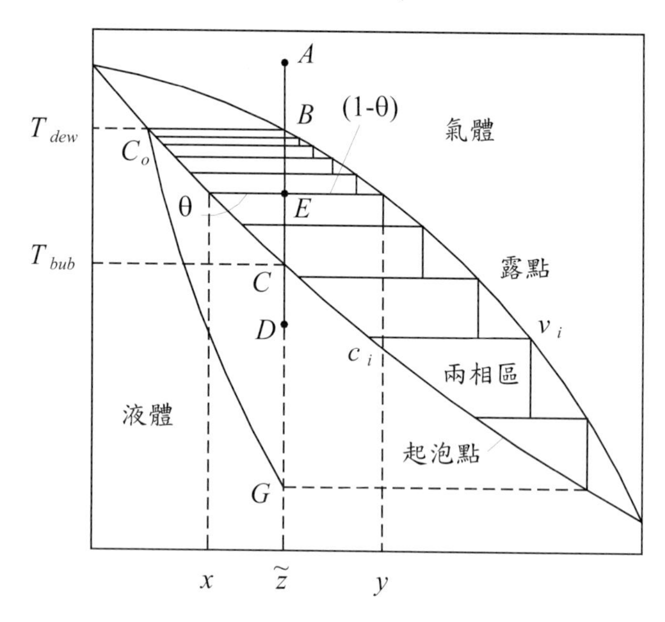

圖15-13 多成分混合物之冷凝過程

15-4-3 均勻冷凝冷卻線計算流程

對多成分的冷凝器的冷卻線計算過程中，最重要的是要掌握混合物中各個成分的比重，一般而言，總質量流量($\dot{m}_T$ ，kg/s)與各個成分的總莫耳流率(N_T，kmol/s)或是單獨成分的總莫耳流率($N_{T,i}$ ，kmol/s)，應該會事先給定，因此：

$$\dot{m}_T = \sum_{i=1}^{n} \dot{N}_{T,i} M_i \tag{15-69}$$

$$\dot{N}_L = \sum_{i=1}^{n} \dot{N}_{L,i} \tag{15-70}$$

$$\dot{N}_G = \sum_{i=1}^{n} \dot{N}_{G,i} \tag{15-71}$$

$$i_m = \frac{1}{\dot{m}_T} \sum_{i=1}^{n} \left(\tilde{i}_{G,i} \dot{N}_{G,i} + \tilde{i}_{L,i} \dot{N}_{L,i} \right) \tag{15-72}$$

請注意$\tilde{i}_{G,i}$與$\tilde{i}_{L,i}$上的~代表單位莫耳數的焓值(kJ/kmol)，此值與習慣上單位質量的焓值(kJ/kg)不同，式15-72的目的即在做此一轉換。由於

$$y_i = \frac{\dot{N}_{G,i}}{\dot{N}_G} \tag{15-73}$$

$$x_i = \frac{\dot{N}_{L,i}}{\dot{N}_L} \tag{15-74}$$

$$K_i = \frac{y_i}{x_i} \tag{15-75}$$

$$\therefore \dot{N}_{G,i} = \dot{N}_G y_i = \dot{N}_G x_i \frac{y_i}{x_i} = \dot{N}_G x_i K_i = \dot{N}_G \frac{N_{L,i}}{N_L} K_i = \frac{\dot{N}_G}{\dot{N}_L} K_i \dot{N}_{L,i} \tag{15-76}$$

又

$$\dot{N}_{G,i} + \dot{N}_{L,i} \tag{15-77}$$

$$\therefore \dot{N}_{L,i} = \dot{N}_{T,i} - \dot{N}_{G,i} = \dot{N}_{T,i} - \frac{\dot{N}_G}{\dot{N}_L} K_i \dot{N}_{L,i} \tag{15-78}$$

$$\Rightarrow \dot{N}_{L,i} = \frac{\dot{N}_{T,i}}{K_i \frac{\dot{N}_G}{\dot{N}_L} + 1} \tag{15-79}$$

$$\Rightarrow \dot{N}_T = \dot{N}_L + \dot{N}_G = \left(1+\frac{\dot{N}_G}{\dot{N}_L}\right)\dot{N}_L = \left(1+\frac{\dot{N}_G}{\dot{N}_L}\right)\sum_1^n \frac{\dot{N}_{T,i}}{K_i\frac{\dot{N}_G}{\dot{N}_L}+1} \tag{15-80}$$

當冷凝的平衡溫度固定，則計算冷凝冷卻線的過程如下：

(1) 由給定的混合物成分比重，計算各個成分的總莫耳流率 $\dot{N}_{T,i}$(包含氣態與液態)

(2) 由(1)的計算結果，可知 $\dot{N}_T = \sum \dot{N}_{T,i}$

(3) 由給定的溫度與壓力，根據圖表資料，取得各個成分的K_i

(4) 再由式15-80，可求出 $\frac{\dot{N}_G}{\dot{N}_L}$ (需要疊代)

(5) 由步驟(1)的 $\dot{N}_{T,i}$ 與步驟(4)的 $\frac{\dot{N}_G}{\dot{N}_L}$ 帶入式15-79可求得 $\dot{N}_{L,i}$

(6) 由式15-76可算出 $\dot{N}_{G,i}$

(7) 最後由式15-72算出該混合物的焓值

(8) 因此該狀態點的散熱量計算如下

$$Q = \dot{m}_T\left(i_{m,in} - i_m\right) \tag{15-81}$$

15-4-4 多成分冷凝器設計流程

本節介紹的多成分冷凝器設計方法SBG(Sliver-Bell-Ghaly)法，此一設計法的基本假設如下：

(1) 多成分冷凝爲均勻冷凝，氣態部份的溫度變化與平衡溫度相同($T_G = T_E$)；此一假設看起來並不是非常合理，可是其設計結果卻是相當不錯。

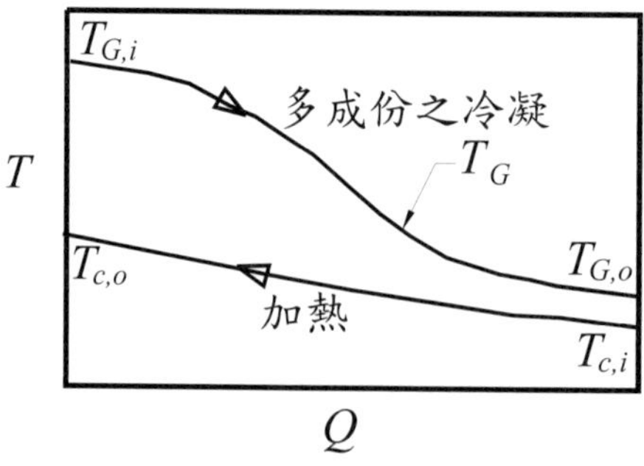

圖15-14 多成分冷凝之冷凝過程示意圖

(2) 熱傳的過程係由氣體部份透過液體界面到達內部的冷卻流體。以逆向流而言，如圖15-14所示，在單位面積下的散熱量如下：

$$dQ = dQ_L + dQ_{LG} + dQ_G = U'(T_i - T_c)dA \tag{15-82}$$

$$\rightarrow \frac{dQ}{dA} = U'(T_i - T_c) \tag{15-83}$$

其中T_i爲冷凝液界面的溫度，下標L與G分別代表單相液體與氣體，而下標LG代表潛熱變化。式15-83中單相氣體的熱傳可表示如下：

$$\frac{dQ_G}{dA} = h_G\left(T_G - T_i\right) \tag{15-84}$$

其中h_G 爲氣體到界面的顯熱熱傳係數，在SBG方法中，h_G 值可假設成無冷凝情況下的熱傳係數h_0，不過，比較合理的估算，則應該採用有質傳效應下的熱傳係數(即包含Ackermann 校正值)；式15-83與式15-84可以合併消去T_i，過程如下：

$$\frac{dQ}{dA} = U'(T_i - T_c) = U'\left(T_G - \frac{1}{h_G}\frac{dQ_G}{dA} - T_c\right) = U'\left(T_G - \frac{1}{h_G}\frac{dQ_G}{dQ}\frac{dQ}{dA} - T_c\right) \tag{15-85}$$

如果定義

$$Z = \frac{dQ_G}{dQ} \tag{15-86}$$

則式15-85可改寫如下：

$$\frac{dQ}{dA} = U'\left(T_G - \frac{Z}{h_G}\frac{dQ}{dA} - T_c\right) = U'\left(T_G - T_c - \frac{Z}{h_G}\frac{dQ}{dA}\right) \tag{15-87}$$

上式的dQ/dA可以表示如下：

$$\frac{dQ}{dA} + \frac{U'Z}{h_G}\frac{dQ}{dA} = U'\left(T_G - T_c\right) \tag{15-88}$$

$$\Rightarrow \frac{dQ}{dA}=\frac{U'\left(T_G-T_c\right)}{1+\frac{UZ}{h_G}} \tag{15-89}$$

將上式積分可得下式：

$$A=\int_0^{Q_T}\frac{1+\frac{U'Z}{h_G}dQ}{U'\left(T_G-T_c\right)} \tag{15-90}$$

由式15-86中Z的定義，在均勻冷凝的假設條件下，Z僅爲Q的函數(也就是T_E)；因此熱交換器面積大小的設計，可從式15-89根據已知的均勻冷凝線的圖表資料而來；讀者要特別留意，如果沒有均勻冷凝冷卻線的資料，將無法正確去設計估算熱交換器(這是使用SBG法上的一個盲點)，但是這個方法可以省去估算質傳係數β的困擾(Colburn-Hougen 與Colburn-Drew 法)；總而言之，正確又合理的質傳係數的資料，需要讀者多費心去收集與判斷。

15-5 多成分混合物的蒸發與沸騰現象

多成分混合物的沸騰現象與冷凝現象有相當大的出入(蒸發現象則差異較小)，筆者這裡並不打算深入去介紹基本多成分混合物的基本沸騰現象，有興趣的讀者可參考Collier and Thome (1994)一書中有關的基本理論介紹，基本上，多成分混合物與純物質沸騰現象的差異來自兩個地方，即(1)混合物的熱力性質與純物質不同；(2)質量傳遞造成的阻抗；在多成分的相變化過程中，由於比較容易蒸發的成分會先蒸發，因此比較不容易蒸發的成分會相對增加，而且此一比較不容易蒸發的成分會聚集在加熱面附近，也就是不容易蒸發成分的濃度在加熱面附近的濃度相對提高，因而形成一種質量傳遞的障礙；此一質量傳遞的障礙會使熱傳性能大幅下降；究竟熱傳係數會下降多少，則一直是研究者的興趣所在，本節的目的並不是要深究此一質量傳遞阻抗的生成原因，而僅在指引讀者如何去使用混合物熱傳特性的計算方程式。

15-5-1 池沸騰(Pool Boiling)

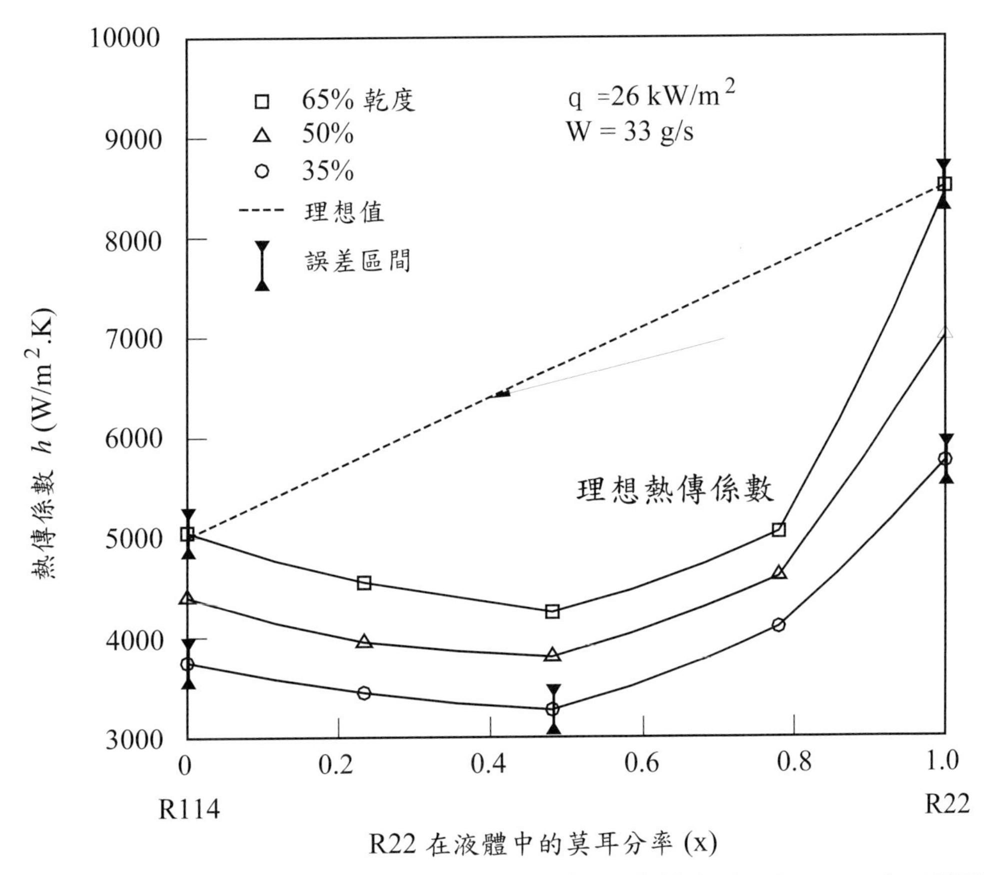

圖15-15 二元混合物池沸騰熱傳係數下降示意圖(資料來源：Jung et al., 1989)

以二元混合物而言，池沸騰熱傳係數顯然與各個成分的熱傳係數有關，假設在同一壓力下且熱通量相同，純物質成分的A與B的沸騰熱傳係數分別爲h_A與h_B，在理想的混合情形下，此一混合物在某一成分下(x，莫耳分率)的熱傳係數可表示如下：

$$h_{ID1} = h_A(1-x) + h_B x \tag{15-91}$$

不過，也有研究採用另一種形式的理想熱傳係數之估算，如下：

$$\frac{1}{h_{ID2}} = \frac{1}{\dfrac{x}{h_A} + \dfrac{(1-x)}{h_B}} \tag{15-92}$$

由於，經驗方程式都會使用 h/h_{ID} 的形式，因此讀者在使用相關的方程式時，必須要先釐清該經驗式究竟是採用何種定義的理想的熱傳係數，此外，也有一些研究是採用固定的reduced pressure 而非固定壓力來表示圖15-15，而且，也有不少的研究採用質量分率(不是莫耳分率)來表示測試結果，讀者在使用這些測試資料或經驗式時要特別小心；很不幸的，式15-91或式15-92的理想熱傳係數的預測，僅能適用於共沸混合物，對絕大多數的非共沸混合物，上式的預測結果都太高，讀者可以從圖15-15便可以看出此一明顯差異的端倪，由於此一熱傳係數下降的主要原因來自於質量傳遞的阻抗；以二元混合物而言，在沸騰的過程中，比較容易蒸發的成分轉變成氣態的量相對會比較多，因此剩下的成分中比較不容易蒸發的成分會越來越多，而這些比較不容易蒸發的成分會聚集在加熱面附近，形成一個質量傳遞的障礙，因此混合物的沸騰熱傳係數便會大幅下降，如何正確去預測混合物的沸騰熱傳係數，一直是研究人員的重心。其中，Palen and Small (1964) 提出最早的混合物沸騰熱傳係數經驗方程式如下：

$$\frac{h}{h_{ID}} = e^{-0.027\Delta\theta} \tag{15-93}$$

其中$\Delta\theta$為溫度滑移，h為混合物的熱傳係數，h_{ID}為混合物理想的熱傳係數；理想的熱傳係數係以兩個純物質混合成分的線性組合而成，即式15-91；有關混合物池沸騰的關係式相當的多，最近的方程式如Chiou et al. (1997)與 Kandlikar (1998)，Chiou et al. (1997)的經驗方程式如下：

$$\frac{h}{h_{ID2}} = \frac{1}{1+\dfrac{\Delta\theta}{\Delta T_{ID}}(PF)\left(1.5\times10^{-5}\dfrac{q}{p_r}+\dfrac{25}{\Delta T_0}\right)\times10^{6}} \tag{15-94}$$

其中

$$\Delta T_0 = \begin{cases}\Delta\theta & \text{當 } \Delta\theta > 5\ ^\circ\text{C} \\ 5 & \text{當 } \Delta\theta \le 5\ ^\circ\text{C}\end{cases} \tag{15-95}$$

$$PF = \frac{\rho_G}{\rho_L}\left(\frac{k_L\mu_L M}{\rho_L c_{p,L} T_L}\right)^{0.5} \tag{15-96}$$

Kandilikar (1998)認為一般的混合冷媒計算方程式中，多無法包括因混合物性質變化所產生的影響，這點，從理想熱傳係數的估算(式15-91與式15-92)中並不包含混合物的特性即可發現，因此他跟據Stephan and Abdelsalem (1980)純冷媒的計算方程式修正後，提出「近單一成分的計算方程式」(Pseudo-single component heat transfer coefficient)如下：

$$\frac{h_{SPC}}{h_{avg}}=\left(\frac{T_{s,m}}{T_{s,avg}}\right)^{-0.674}\left(\frac{\Delta i_{LG,m}}{\Delta i_{LG,avg}}\right)^{0.371}\left(\frac{\rho_{G,m}}{\rho_{G,avg}}\right)^{0.297}\left(\frac{\sigma_m}{\sigma_{avg}}\right)^{-0.317}\left(\frac{k_{L,m}}{k_{L,avg}}\right)^{0.284} \quad (15\text{-}97)$$

其中

$$\Delta i_{LG,avg}=\hat{x}\,\Delta i_{LG,A}+(1-\hat{x})\Delta i_{LG,B} \quad (15\text{-}98)$$

$$h_{avg}=\frac{1}{2}\left(\left(h_A(1-\hat{x})+h_B\hat{x}\right)+\left(\frac{1}{\dfrac{\hat{x}}{h_A}+\dfrac{(1-\hat{x})}{h_B}}\right)^{-1}\right) \quad (15\text{-}99)$$

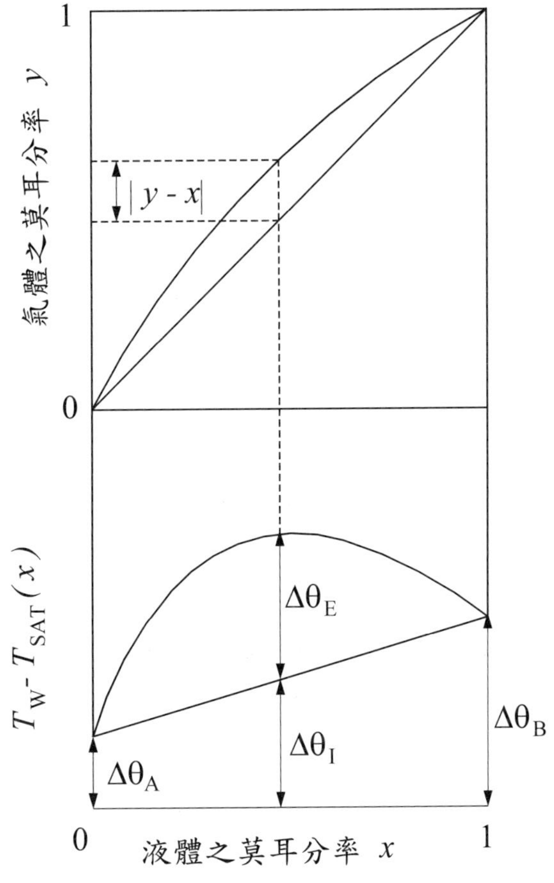

圖15-16 $\Delta\theta_I$、$\Delta\theta_E$、$\Delta\theta_A$、$\Delta\theta_B$示意圖

式15-97中下標m代表個別成分的性質，而avg代表個別成分混合後的平均性質，ρ_G、σ、T_s、k 等性質均可使用類似式15-98的計算式來運算，另外讀者要特別注意$\hat{x}$代表質量分率；然而，上述介紹的方程式，多必須大量使用混合冷媒在該成分下的性質，在某些狀況下，往往無法取的相關的資料，因此Stephan and Körner (1969) 與Stephan and Preusser (1978)則提出一僅需使用個別冷媒性質的經驗方程式，由於混合冷媒的有效過熱度會比理想的過熱度爲大，故：

$$T_w - T_s(x) = \Delta\theta_I + \Delta\theta_E = \Delta\theta_I(1 + \Theta) \tag{15-100}$$

其中$\Delta\theta_I$爲理想的過熱溫差$(=(1-x)\Delta\theta_A + x\Delta\theta_B)$，$\Delta\theta_E$爲混合後產生多餘的過熱度(見圖15-16 的說明)，根據測試資料的整理，Stephan and Körner (1969) 發現Θ可歸納如下：

$$\Theta = \Lambda|y - x| \tag{15-101}$$

$$\Lambda = \Lambda_0(0.88+0.12P) \tag{15-102}$$

表15-1　Stephan and Körner 經驗式的Λ_0值

二元混合物	Λ_0
丙酮/乙醇 (Acetone – ethanol)	0.75
丙酮/丁醇 (Acetone – butanol)	1.18
丙酮/水 (Acetone – water)	1.40
乙醇/苯 (Ethanol – benzene)	0.42
乙醇/環已烷 (Ethanol – cyclohexane)	1.31
乙醇/水 (Ethanol – water)	1.21
苯/甲苯 (Benzene – toluene)	1.44
庚烷/甲基環已烷 (Heptane – methyl cyclohexane)	1.95
異丙醇/水 (Isopropanol – water)	2.04
甲醇/苯 (Methanol – benzene)	1.08
甲醇/戊醇 (Methanol – amylalcohol)	0.8
Methyl – ethyl 或酮/甲苯 (ketone – toluene)	1.32
Methyl – ethyl 或酮/水 (ketone – water)	1.21
丙醇/水 (Propanol – water)	3.29
水/乙二醇 (Water – glycol)	1.47
水/甘油 (Water – glycerine)	1.50
水/吡啶 (Water – pyridine)	3.56

其中P的單位爲 bar，Λ_0與二元混合物有關(見表15-1)，表15-1僅有17種混合物，如果混合物不在選單內，則建議Λ_0使用1.53 (Collier and Thome, 1994)；此

計算方法的混合物選單中並無一般冷凍空調用的冷媒，而且熱通量的影響並沒有直接顯示在方程式中(僅間接的表示在個別成分上)，因此Jungnickel *et al.* (1980)提出該計算方程式的混合冷媒修正方程式如下：

$$\frac{h}{h_{ID1}}=\frac{1}{1+K_o(y-x)q^{(0.48+0.1x)}\,\rho_G/\rho_L} \tag{15-103}$$

式15-103中的K_0爲一與混合物有關的常數，此值與同一壓力下，個別成分間的沸點溫度差有關，根據Jungnickel *et al.* (1980)的圖表，可回歸出K_0的近似方程式如下：

$$K_0=\frac{1}{1.88063-0.01759\Delta T_{SN}} \tag{15-104}$$

其中ΔT_{SN}爲同一壓力下，個別成分的沸點溫度差(°C)，此一方程式適用的範圍在0~80°C。除了上述的計算方法外，Ünal (1986)亦提出一純經驗方程式，此一經驗方程式不需使用任何冷媒性質；如果手中沒有任何混合物的性質，此方程式可作爲初步的參考 ：

$$\frac{h_{ID2}}{h}=\left[1+(b_2+b_3)(1+b_4)\right]\left[1+b_5\right] \tag{15-105}$$

其中

$$b_2=(1-x)\ln\frac{1.01-x}{1.01-y}+x\ln\frac{x}{y}+|y-x|^{1.5} \tag{15-106}$$

$$b_3=0 \quad 當\ x\geq 0.01 \tag{15-107}$$

$$b_3=(y/x)^{0.1}-1 \quad 當\ x<0.01 \tag{15-108}$$

$$b_4=152P_r \tag{15-109}$$

$$b_5=0.92|y-x|^{0.001}P_r \tag{15-110}$$

$$y/x=1 \quad 當\ x=y=0 \tag{15-111}$$

前面介紹的計算方程式均爲測試資料的整理歸納，這些方程式的適用範圍與準確度很難概括的說明，而且讀者會發現這些方程式的預測結果可能相差甚大，因此在使用上，讀者必須先對要評估的混合物或冷媒有初步的認識後，再適度的評估使用計算經驗式的估算是否合理。

表15-2 五種冷媒於20°C下的熱力與輸送特性(資料計算來源：REFPROP 5.0)

性質	ρ_G	ρ_L	i_G	i_L	$c_{P,G}$	$c_{P,L}$	μ_G	μ_L
單位	kg/m³		kJ/kg		kJ/kg·K		μPa·s	
R-22	38.67	1211	252.8	67.3	0.8689	1.266	128.1	1801
R-32	40.75	981.1	383.8	102.1	1.389	1.874	125.9	1202
R-125	77.78	1219	190.1	74.6	1.044	1.386	139.8	1525
R-134a	27.76	1225	261.3	78.8	0.9824	1.404	119.2	2247
R-407C	36.56	1175	277.8	83.1	0.9326	1.455	125.2	1749
R-410A	53.84	1107	293.9	92.7	1.02	1.539	132.1	1328

15-5-2 強制流動沸騰(Convective Boiling)

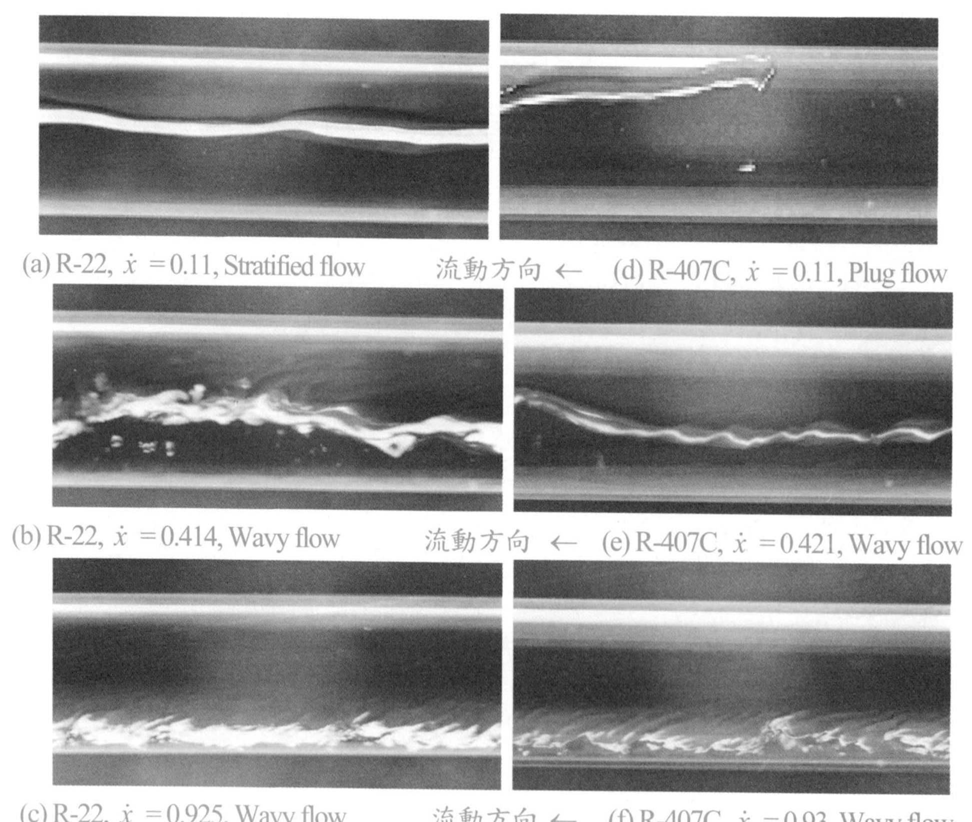

(a) R-22, $\dot{x}$ = 0.11, Stratified flow　流動方向 ←　(d) R-407C, $\dot{x}$ = 0.11, Plug flow

(b) R-22, $\dot{x}$ = 0.414, Wavy flow　流動方向 ←　(e) R-407C, $\dot{x}$ = 0.421, Wavy flow

(c) R-22, $\dot{x}$ = 0.925, Wavy flow　流動方向 ←　(f) R-407C, $\dot{x}$ = 0.93, Wavy flow

圖15-17(a) R-22與R-407C冷媒兩相流動流譜的比較 (G = 100 kg/m²·s)

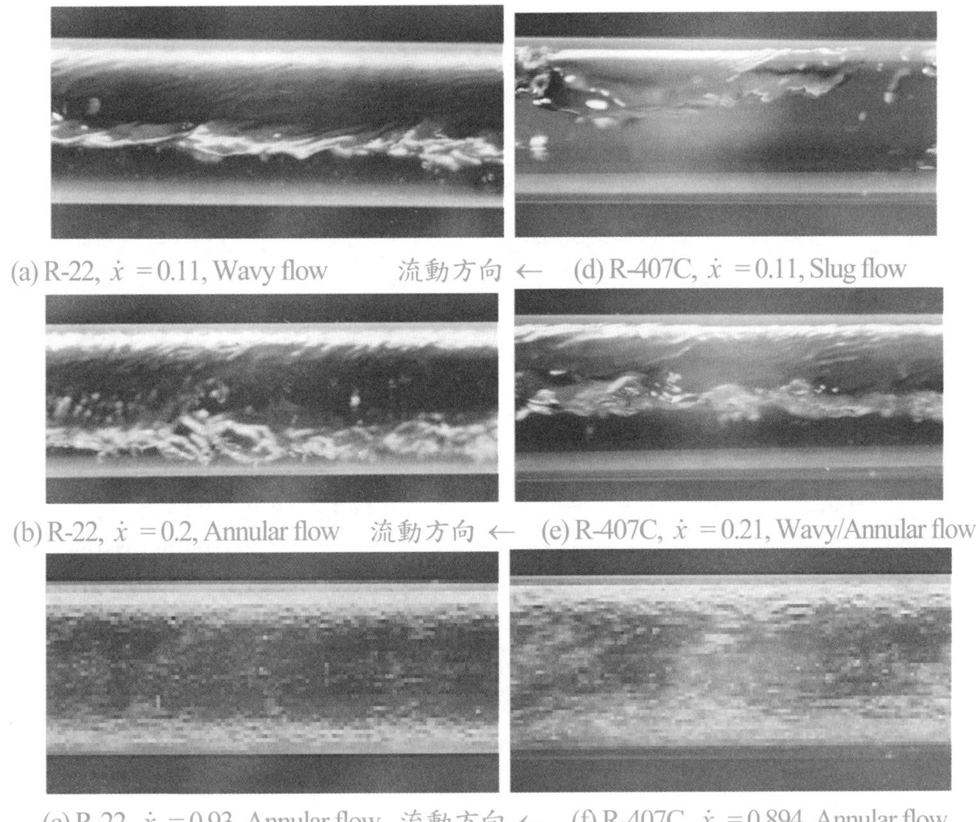

圖15-17(b)　R-22與R-407C冷媒兩相流動流譜的比較(G = 400 kg/m^2·s)

二元混合物於管內強制流動沸騰現象，常見於許多石化及冷凍空調應用上，由於在沸騰的過程中，比較容易蒸發的成分會先蒸發，因此液體與氣體中混合物的成分顯然不同，以冷凍空調常見的R-407C冷媒而言(R-22, R-32, R-125三元混合物)，在同一壓力下，其中以R-32的沸點最低而R-134a最高，因此R-32蒸發量也比較多，留在液體部份的R-134a量也會相對增多，讀者可以參考表15-2所示的20°C下五種冷媒的熱力特性。由表15-2中可知R-32的氣體密度ρ_G爲 40.7 kg/m^3，此值比R-134a高46.7%，而R-125的氣體密度爲77.83 kg/m^3，爲R-134a的2.8倍；同時，R-32的液體密度ρ_L爲981.7 kg/m^3 較R-134a高20%而R-125的液體密度與R-134a相當；故在同一質量通率條件下($G = \rho u$)，R-32與R-125較高的密度會使得氣體速度降低；同時，R-134a較高的液體密度會使液體部份的流速下降，換句話說，R-407C的平均速度會比R-22低，因此兩相流譜的發展也就比較慢(見第四章說明)，圖15-17(a)與圖15-17(b)爲R-22與R-407C冷媒兩項流動流譜的比較(G = 100 kg/m^2·s 與G = 400 kg/m^2·s；資料來源：Wang et al. (1997a) 與Wang et al. (1997b))，圖中可清楚的看出，在同一乾度下，R-407C的流譜發展比較慢；較慢的流譜發展也暗示R-407C冷媒的壓降會比較小。兩相流譜的觀察結果，可讓讀者進一步瞭解混合物在兩相蒸發過程的複雜特性，同樣的，流動狀態下混合物的相關的經驗計算方程式也相當的多；比較有代表性的設計方程式可參考表15-3。

表15-3　常用的混合冷媒於強制沸騰時的熱傳係數計算方程式

作者 (年份)	設計方程式	備註
Calus et al. (1973)	$(h_{TP}/h_L)=0.065(1/X_{tt})(T_{sat}/\Delta T_{sat})(\sigma_{water}/\sigma_L^*)^{0.9}F^{0.6}$; $F=1-(\hat{y}_A-\hat{x}_A)(c_{P,L}/i_{LG})(\alpha/D_{AB})^{0.5}(dT/d\hat{x}_A)$	僅適用對流蒸發沸騰，若成核沸騰影響大時，誤差較大。
Bennett and Chen (1980)	$(h_{TP}/h_{LO})=\left\{\left(\frac{(dP/dz)_{2\phi}}{(dP/dz)_L}\right)\frac{(\mathrm{Pr}_L+1)}{2}\right\}^{0.444}[\Delta T_m/\Delta T_s]$ $+\frac{0.00122\left(k_L^{0.79}c_{p,L}^{0.45}\rho_L^{0.49}g_c^{0.25}\right)}{(\sigma^{0.5}\mu_L^{0.29}i_{LG}^{0.24}\rho_G^{0.24})(\Delta T_{sat})^{0.24}(\Delta P_{sat})^{0.75}S_B\,\mathrm{Re}_{2\phi}}$ $S_B=[1-(c_{p,L}/i_{LG})(\hat{y}_A-\hat{x}_A)(dT/d\hat{x}_A)(\alpha/D_{AB})^{0.5}S$; $[\Delta T_m/\Delta T_s]=1-(1-\hat{y}_A)(q/\Delta T_s)(dT/d\hat{x}_A)\rvert_p$; $h_m=0.023(\mathrm{Re}_{2\phi})^{0.8}(Sc)^{0.4}\rho_L D_{AB}/d$; $\mathrm{Re}_{2\phi}=\mathrm{Re}_L\left\{\left(\frac{(dP/dz)_{2\phi}}{(dP/dz)_L}\right)\frac{(\mathrm{Pr}_L+1)}{2}\right\}^{0.555}$;	其中S 為Chen (1966) 的Suppression factor，詳見第四章的說明
Jung (1988)	$h_{TP}=(N/C_{UN})h_{UN}+C_{me}F_{phL}$ $N=\begin{cases}4048X_{tt}Bo^{1.13} & 當\ X_{tt}<1\\ 2-0.1X_{tt}^{-0.28}Bo^{-0.33} & 當\ 1\le X_{tt}\le 5\end{cases}$; $h_{SA}=207(k_L/b_d)[q_d^b/(k_LT_{sat})]^{0.674}(\rho_G-\rho_L)^{0.581}\mathrm{Pr}_L^{0.533}$; $b_d=0.0146\beta'\{2\sigma/[g(\rho_G-\rho_L)]\}^{0.5}$ 當 $\beta'=35°$; $F_P=2.37(0.29+1/X_{tt})^{0.85}$;$C_{UN}=1+(b_2+b_3)(1+b_4)(1+b_5)$; $b_2=(1-x_A)\ln[(1.01-x_A)/(1.01-y_A)]+x_A\ln(x_A/y_A)+\lvert x_A-y_A\rvert^{1.5}$; $b_3=\begin{cases}0 & 當x_A\ge 0.01\\ (x_A/y_A)^{0.1}-1 & 當x_A<0.01\end{cases}$;$b_4=152(p/p_{cmuc})^{3.9}$ $b_5=0.92\lvert x_A-y_A\rvert^{0.001}(p/p_{cmuc})^{0.66}$;$x_A/y_A=1$ 當 $x_A=y_A=0$; $h_{UN}=h_{ID2}/C_{UN}$;$h_{ID2}=[x_A/h_A+x_B/h_B]^{-1}$;$C_{me}=1-0.35\lvert x_A-y_A\rvert^{1.56}$	使用大量的經驗常數。
Kandikar (1991)	$h_{TP,B}=h_{Conv}+\frac{h_{Nucl}}{[1+\lvert\hat{y}_A-\hat{x}_A\rvert(\alpha/D_{12})^{1/2}]^{0.7}}$ 其中h_{conv}與 h_{nucl}係採用 Kandikar (1990) 流動沸騰的熱傳計算方程式，詳見第四章的說明	

請讀者要特別注意，表15-3中的^ 代表質量分率(見第十三章的介紹，此符號($\hat{x}$)與第十三章的m同，由於符號繁雜，本章節採用^)，而無^者代表莫耳分率；除了表15-3介紹的方程式外，最近，Kandlikar and Bulut (1999)的研究發現對流效應的影響在混合物中會特別明顯，而且此效應與混合物共沸程度有相當的關聯；因此，Kandlikar (1998) 引進一揮發參數V_A (volatility parameter)，定義如下：

$$V_A = \left(\frac{c_{p,L}}{i_{LG}}\right)\left(\frac{\alpha}{D_{AB}}\right)^{0.5}\frac{dT}{d\hat{x}_A}(\hat{x}_A - \hat{y}_B) \tag{15-112}$$

此一參數可用來區分混合物(共分爲三個區域)的共沸程度，即(1)近共沸區；(2) 中等擴散的熱傳衰減區；(3) 嚴重擴散的熱傳衰減區；並以此參數的區分，歸納出三個區域的的計算方程式如下：

(1) 近共沸區 ($V_A < 0.03$)：

$$h_{TP,B} = \begin{cases} h_{TP,B|NBD} \\ h_{TP,B|CBD} \end{cases} \text{中比較大者}$$

而

$$\frac{h_{TP,B|NBD}}{h_{LO}} = 0.6683\left(\frac{\rho_L}{\rho_G}\right)^{0.1}\dot{x}^{0.16}(1-\dot{x})^{0.64}f_2(Fr_{LO}) + 1058\left(\frac{q}{\dot{m}\Delta i_{LG}}\right)^{0.7}(1-\dot{x})^{0.8}F_{K,m} \tag{15-113}$$

$$\frac{h_{TP,B|CBD}}{h_{LO}} = 1.136\left(\frac{\rho_L}{\rho_G}\right)^{0.45}\dot{x}^{0.72}(1-\dot{x})^{0.08}f_2(Fr_{LO}) + 667.2\left(\frac{q}{\dot{m}\Delta i_{LG}}\right)^{0.7}(1-\dot{x})^{0.8}F_{K,m} \tag{15-114}$$

$$f_2(Fr_{LO}) = \begin{cases} (25Fr_{LO})^{0.3} & \text{當 } Fr_{LO} < 0.04 \\ 1 & \text{當 } Fr_{LO} \geq 0.04 \text{ 或是垂直管} \end{cases} \tag{15-115}$$

$$F_{K,m} = \dot{x}F_{K,A} + (1-\dot{x})F_{K,B} \tag{15-116}$$

其中 F_K 與流體有關，相關數字請參考第四章式4-39與表4-2。

(2) 中等擴散的熱傳衰減區($0.03 < V_A < 0.2$)：

$$\frac{h_{TP,B}}{h_{LO}}=1.136\left(\frac{\rho_L}{\rho_G}\right)^{0.45}\dot{x}^{0.72}(1-\dot{x})^{0.08}f_2(Fr_{LO})+667.2\left(\frac{q}{\dot{m}\Delta i_{LG}}\right)^{0.7}(1-\dot{x})^{0.8}F_{K,m}$$

(15-117)

(3) 嚴重擴散的熱傳衰減區 ($V_A > 0.2$ 或 ($0.03 < V_A < 0.2$ 但 $Bo < 10^{-4}$))

$$\frac{h_{TP,B}}{h_{LO}}=1.136\left(\frac{\rho_L}{\rho_G}\right)^{0.45}\dot{x}^{0.72}(1-\dot{x})^{0.08}f_2(Fr_{LO})+667.2\left(\frac{q}{\dot{m}\Delta i_{LG}}\right)^{0.7}(1-\dot{x})^{0.8}F_{K,m}F_D$$

(15-118)

$$F_D=0.678\left[1+\left(\frac{c_{p,L}}{\Delta i_{LG}}\right)\left(\frac{\alpha}{D_{12}}\right)^{0.5}\frac{dT}{d\hat{x}_A}(\hat{x}_A-\hat{y}_B)\right]^{-1} \quad (15\text{-}119)$$

其中

$$D_{12}=\left(D_{12}^0\right)^{x_B}\left(D_{21}^0\right)^{x_A} \quad (15\text{-}120)$$

D_{12}^0 的計算($D_{12}^0=1.1782\times10^{-16}\dfrac{(\phi_2 M_2)^{1/2}T}{\mu_{L,2}^{1.1}\widetilde{V}_{1b}^{0.6}}$)可參考第十四章的Wilke and Chang (1955)經驗方程式(相關參數第計算請參考第十四章的式14-24與表14-10)。

15-6 Modified Silver Method

在15-5節中，筆者介紹池沸騰與強制流動沸騰熱傳係數的計算方程式，常見的混合物在蒸發器(沸騰熱交換器)的流程，比較爲人所知的是Bennett and Chen (1980) 與modified Silver 法(見 Palen and Small, 1964)；由於後者在應用上使用較少的混合物性質的資料，因此，在工業設計上更廣爲使用；因此筆者特別將該法整理供讀者參考，這部份的資料主要來自於ESDU 91011 (1991) 與ESDU 85041 (1985)；請讀者特別注意，本節介紹的方法適用於流動沸騰的情形，如果是流動蒸發時，其計算方法與前述介紹的冷凝設計方法完全相同(僅是 $\dot{m}'$ 的符號要改變，SBG法亦同)；由於沸騰的熱傳係數與熱通量有相當的關聯，因此在使用上必須修正Siliver法，就是要疊帶熱傳係數與熱通量；另外，由於修正Siliver 法與前述的SBG法類似，因此使用此法時，必須提供混合物的(1) 該操作壓力下的平衡溫度－濃度關係曲線，即圖15-1；(2)如圖15-18的溫度與焓值及乾度$\dot{x}$的關係圖(與圖15-12的冷凝線類似，由於沸騰加熱的關係，此一曲線呈現成長趨勢而冷凝現爲下降趨勢)。

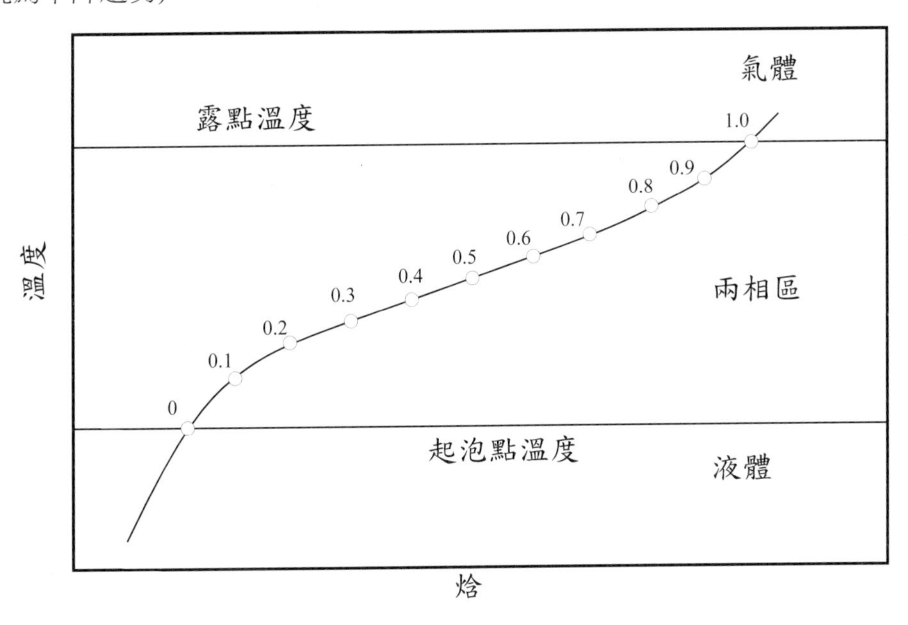

圖15-18　典型混合物之溫度與焓值及乾度$\dot{x}$的關係圖

一旦熱通量的資料算出後，便可以下面的步驟來詳細估算所需的熱傳管的長度(或面積大小)，其步驟如下：

(1) 由於熱通量已知，因此可算出熱交換器在這一個區間內的乾度變化，將此一乾度變化適度的分成數個更小的乾度區間來計算，區間越多，計算的結果也就更爲精確。

(2) 取每一小區間的中間的乾度值(例如這個小區間的乾度範圍爲$\dot{x}_1$到$\dot{x}_2$，則其中間乾度值爲$\dot{x}_{mid} = \frac{\dot{x}_1 + \dot{x}_2}{2}$)。

(3) 由圖15-18，可得知$\dot{x}_1$與$\dot{x}_2$的焓值i_1與i_2。

(4) 估算這個區間中點$\dot{x}_{mid}$的熱通量q，由於ESDU(1991)的修正Silver 法採用Gungor and Winterton (1986)的設計方程式來估算流動沸騰的熱傳係數(此法在本書的第四章中有較爲深入的說明)，此一計算方法需要提供如下的資料，包括系統參數(d_i、T_s、P_s、$\dot{x}$、T_H、x_i)、物理特性(μ_G、μ_L、ρ_G、ρ_L、k_G、k_L、

$c_{p,G}$、$c_{p,L}$、i_{LG}、$\widetilde{M}$、P_c)、Vapor-Liquid-Equilibrium (VLE)資料(包含例如圖15-19(a)、15-19(b)、15-20(a)、15-20(b)與15-21的資料)，計算方法如下，其中步驟(a)~(p)的目的僅在於預先估算一個熱通量，以作為步驟(I)~(XI)疊帶真正熱通量的起始值；當然，讀者也可以直接猜測一個起始的q值後即進入步驟(I)~(XI)，完整的計算過程如下：

(a) 計算管內的總質量通率，$G = \dfrac{4\dot{m}}{\pi d_i^2}$。

(b) 計算液體的總雷諾數，$\mathrm{Re}_{L0} = \dfrac{G d_i}{\mu_L}$，若$\mathrm{Re}_{LO} \le 4000$，則預測的熱傳係數可能會偏低。

(c) 計算液體的Prandtl number，$\mathrm{Pr}_L = \dfrac{\mu_L c_{p,L}}{k_L}$。

(d) 計算全液態的熱傳係數，$h_{Lo} = 0.023\,\mathrm{Re}_{Lo}^{0.8}\,\mathrm{Pr}_L^{0.4}\,\dfrac{k_L}{d_i}$。

(e) 計算氣態部份的雷諾數，$\mathrm{Re}_G = \dfrac{G\dot{x}d_i}{\mu_G}$。

(f) 計算氣態部份的Prandtl number，$\mathrm{Pr}_G = \dfrac{\mu_G c_{p,G}}{k_G}$。

(g) 計算氣體部份的熱傳係數，$h_G = 0.023\,\mathrm{Re}_G^{0.8}\,\mathrm{Pr}_G^{0.4}\,\dfrac{k_G}{d_i}$。

(h) 計算reduced pressure，$P_r = \dfrac{P_s}{P_c}$。

(i) 計算$C_{pr} = \dfrac{55 P_r^{0.12}}{\left(-\log_{10}(P_r)\right)^{0.55}\widetilde{M}^{0.5}}$。

(j) 計算$C_{dr} = 1.1\left(\rho_L / \rho_G\right)^{0.41}$。

(k) 計算對流沸騰增強參數，$E_{cb} = 1 + C_{dr}\left[\dfrac{\dot{x}}{1-\dot{x}}\right]^{0.74}$。

(l) 計算對流沸騰的熱傳係數(不包含成核沸騰與混合物的效應)，$h_{cb} = h_{LO}\left(1-\dot{x}^{0.8}\right)E_{cb}$。

(m) 計算總熱傳係數(不包含成核沸騰與混合物的效應)，$U_{cb} = \left(1/U' + 1/h_{cb}\right)^{-1}$。

(n) 計算熱通量(不包含成核沸騰與混合物的效應)，

$\dot{q}_{cb} = U_{cb}\left(T_H - T_s\right)$。

(o) 計算Z參數(見式15-86)，

$$Z = \frac{dQ_G}{dQ} = \frac{\dot{m}_G c_{p,G} dT}{\dot{m} di} = \frac{\dot{m}\dot{x} c_{p,G} dT}{\dot{m} di} = \dot{x} c_{p,G} \frac{dT}{di}$$ 。

(p) 以步驟(n)算出的熱通量後，可當作下面(I)~(XI)運算的起始值。

(I) 估算成核沸騰熱傳係數(nucleate boiling)，$h_{nb} = C_{pr} q^{0.67}$。

(II) 估算boiling number，$Bo = \dfrac{q}{G \Delta i_{LG}}$。

(III) 估算對流蒸發加強係數，$E = E_{cb} + 24000 Bo^{1.16}$。

(IV) 計算沸騰被壓抑係數，$S = \dfrac{1}{1 + 1.15 \times 10^{-6} E^2 \left(\mathrm{Re}_{LO}\left(1-\dot{x}\right)\right)^{1.17}}$。

(V) 計算成核沸騰熱傳係數(不包含混合物的效應)，$h_b = h_{nb} S$。

(VI) 根據Palen and Small (1964)的方法，沸騰混合物熱傳係數可歸納計算如下：

$h_{bm} = h_b e^{-C_D\left(T_{dew} - T_{bub}\right)}$。

其中C_D爲一有因次的參數，如果溫度採用°C(或 K)，則$C_D = 0.027$ °C^{-1}，如果溫度採用°F，則$C_D = 0.015$ °F^{-1}。

(VII) 計算對流蒸發熱傳係數(不包含混合物的效應)，

$h_c = h_{LO}\left(1-\dot{x}\right)^{0.8} E$。

(VIII) 混合物沸騰過程中真正的溫動驅動勢爲$T - T_{bub}(x)$，根據前述SBG法的說明，混合物當地的濃度可視爲均勻且等於當地壓力揮發時的溫度，因此$T_{bub}(x)$可視爲等於T_G (根據Sardesai et al., 1982，修正Silver法)；過程下，根據前述SBG冷凝的介紹，可知：

$$Z = \frac{dQ_G}{dQ} = \frac{dq_G}{dq}$$ 。

在兩相流動中，氣體部份顯熱熱傳與總熱傳量可分別表示爲：

$q_G = h_G\left(T_i - T_G\right)$

$q = h_c\left(T_w - T_i\right) + h_{bm}\left(T_w - T_G\right)$

$$q = h_c\left(T_w - \left(\frac{q_G}{h_G} + T_G\right)\right) + h_{bm}(T_w - T_G)$$

$$= h_c\left(T_w - T_G - \left(\frac{q_G}{q}\frac{q}{h_G}\right)\right) + h_{bm}(T_w - T_G)$$

$$= -h_c\left(Z\frac{q}{h_G}\right) + (h_c + h_{bm})(T_w - T_G)$$

$$\therefore \left(1 + \frac{Zh_c}{h_G}\right)q = (h_c + h_{bm})(T_w - T_G)$$

$$\rightarrow q = \frac{(h_c + h_{bm})}{\left(1 + \frac{Zh_c}{h_G}\right)}(T_w - T_G) = \frac{\left(1 + \frac{h_{bm}}{h_c}\right)}{\left(\frac{1}{h_c} + \frac{Z}{h_G}\right)}(T_w - T_G)$$

即 $h_m = \dfrac{1 + h_{bm} / h_c}{1/h_c + Z/h_G}$ (15-121)

(XI) 計算總熱傳係數，$U = (1/U' + 1/h_m)^{-1}$；其中U'爲外管熱傳係數與管壁部份的總熱傳係數(包含積垢的阻抗)。

(X) 計算管內到管外熱側的熱通量，$q = U(T_H - T_s)$。

(XI) 如果步驟(X)算出的熱通量值與步驟(I)的熱通量值差異甚大，則必須繼續疊帶步驟(I)~(XI)直到收斂爲止。

(5) 由 $\Delta z = \dfrac{Gd_i(i_2 - i_1)}{4q}$，算出此一區間的長度變化

此一方程式的來源可由能量平衡 $\dot{m}(i_2 - i_1) = qA = q\pi d_i \Delta z$，再由 $\dot{m} = G\dfrac{\pi d_i^2}{4}$，兩者合併整理後即可得之。

(6) 算出所有的區間變化的長度後，由 $L = \sum dz$ 算出總長度。

例15-6-1： 假設某混合物的工作系統參數爲(d_i = 0.025 m，P_s = 1 bar、進口的乾度 $\dot{x}$= 0.2，T_H = 100 °C，U' = 4000 W/m^2·K，x_i = 0.4，$\dot{m}$ = 0.15 kg/s)、物理特性(μ_G = 0.00002 Pa·s，μ_L = 0.00025 Pa·s，ρ_G = 3 kg/m^3、ρ_L = 800 kg/m^3，k_G = 0.04 W/m·K，k_L = 0.4 W/m·K，$c_{p,G}$ = 1300 J/kg·K，$c_{p,L}$ = 2300 J/kg·K，i_{LG} = 400000 J/kg，$\widetilde{M}$ = 110 kg/kmol，P_c = 35 bar)，工作流體的VLE資料見圖15-19~15-21；如果出口的乾度爲0.65，試問需要多長的傳熱管才能滿足？

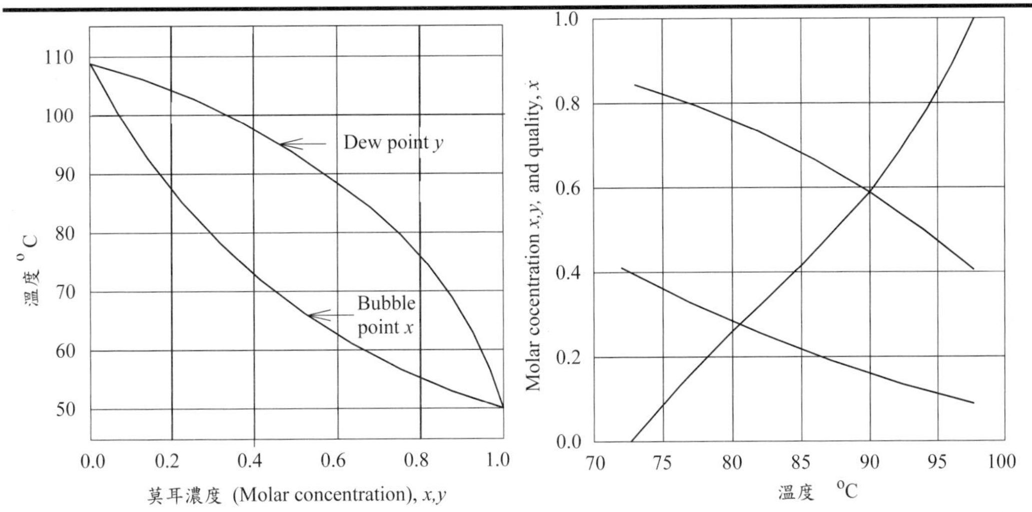

圖15-19 (a)濃度與起泡點溫度及露點溫度間的關係(b)某一特定濃度下，x、y、$\dot{x}$與溫度間的關係圖

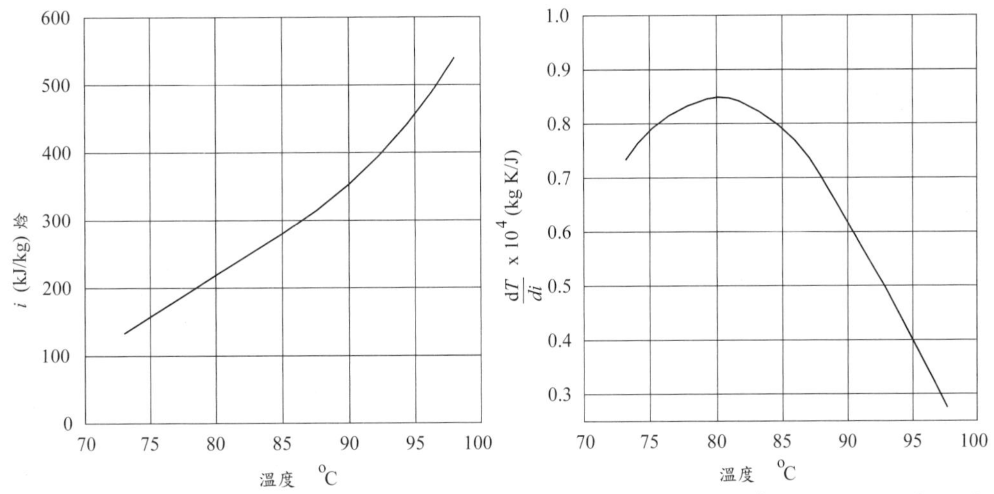

圖15-20 (a) 特定濃度下，焓值與溫度間的關係圖(b)某一特定濃度下，dT/di 與溫度的關係圖

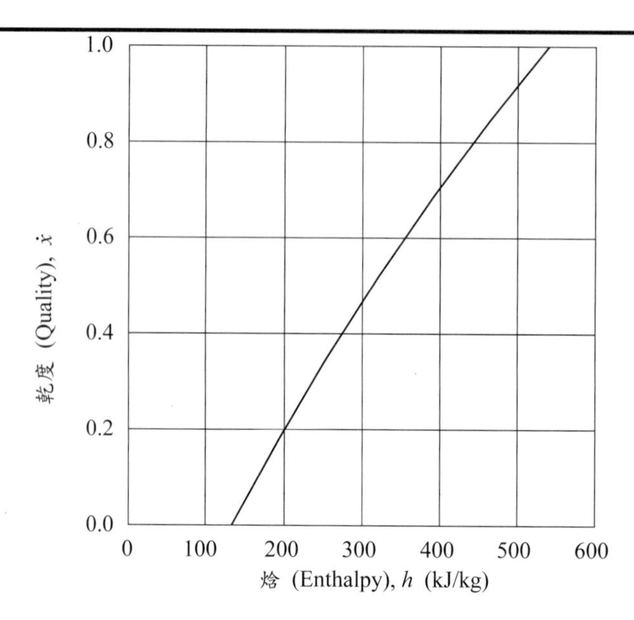

圖15-21 一特定濃度下，焓值與乾度間的關係圖

15-6-1 解：

(1) 由於進出口的乾度爲0.25與0.65，因此可將此乾度範圍劃分爲(A) 0.25~0.35；(B)0.35~0.45；(C) 0.45~0.55；(D)0.55~0.65共四區。

(2) 取每一小區間的中間的乾度值，故(A)、(B)、(C)、(D)區的平均乾度爲0.3、0.4、0.5與0.6；首先，我們先計算區間(A)的結果，(B)、(C)、(D)區間的計算過程將與(A)相同。

(3) 由圖15-21，可得知 $\dot{x}_1 = 0.25$ 與 $\dot{x}_2 = 0.35$ 的焓值約爲220.2 kJ/kg 與256.5 kJ/kg；平均的乾度爲0.3，再由圖15-19(a)，可知 T_{bub} = 73 °C，T_{dew} = 97.8°C，溫度滑移 $\Delta\theta = (T_{dew} - T_{bub}) = (97.8-73) = 24.8$°C。因此乾度0.3的飽和溫度可估算如下

$T_s = T_{bub} + \dot{x}_{mid}\Delta\theta = 73 + 0.3\times24.8 = 80.44$ °C。

(4) 估算這個區間中點 $\dot{x}_{mid}$ 的熱通量 q，過程如下：

(a) $G = \dfrac{4\dot{m}}{\pi d_i^2} = \dfrac{4\times0.15}{\pi\times0.025^2} = 305.6\ \text{kg/m}^2\cdot\text{s}$

(b) $\text{Re}_{LO} = \dfrac{Gd_i}{\mu_L} = \dfrac{305.6\times0.025}{0.00025} = 30557$

(c) $\text{Pr}_L = \dfrac{\mu_L c_{p,L}}{k_L} = 1.25$

(d) $$h_{LO}=0.023\,\mathrm{Re}_{LO}^{0.8}\,\mathrm{Pr}_{L}^{0.4}\frac{k_L}{d_i}=0.023\times 30557^{0.8}\times 1.25^{0.4}\times\frac{0.4}{0.025}$$

$$=712.7\ \mathrm{W/m^2\cdot K}$$

(e) $$\mathrm{Re}_G=\frac{G\dot{x}d_i}{\mu_G}=\frac{305.6\times 0.3\times 0.025}{0.00002}=114591$$

(f) $$\mathrm{Pr}_G=\frac{\mu_G c_{p,G}}{k_G}=0.65$$

(g) $$h_G=0.023\,\mathrm{Re}_G^{0.8}\,\mathrm{Pr}_G^{0.4}\frac{k_G}{d_i}=0.023\times 114591^{0.8}\times 0.65^{0.4}\times\frac{0.04}{0.025}$$

$$=345.4\ \mathrm{W/m^2\cdot K}$$

(h) $$P_r=\frac{P_s}{P_c}=\frac{0.1}{35}=0.02857$$

(i) $$C_{pr}=\frac{55P_r^{0.12}}{\left(-\log_{10}(P_r)\right)^{0.55}\tilde{M}^{0.5}}=\frac{55\times 0.02857^{0.12}}{\left(-\log_{10}(0.02857)\right)^{0.55}\times 110^{0.5}}=2.695$$

(j) $$C_{dr}=1.1(\rho_L/\rho_G)^{0.41}=1.1\times(800/3)^{0.41}=10.87$$

(k) $$E_{cb}=1+C_{dr}\left[\frac{\dot{x}}{1-\dot{x}}\right]^{0.74}=1+10.87\times\left[\frac{0.3}{1-0.3}\right]^{0.74}=6.8$$

(l) $$h_{cb}=h_{LO}\left(1-\dot{x}^{0.8}\right)E_{cb}=712.7\times\left(1-0.3^{0.8}\right)\times 6.8=2998.5\ \mathrm{W/m^2\cdot K}$$

(m) $$U_{cb}=\left(1/U'+1/h_{cb}\right)^{-1}=\left(1/4000+1/2998.5\right)^{-1}=1713.8\ \mathrm{W/m^2\cdot K}$$

(n) $$q_{cb}=U_{cb}\left(T_H-T_s\right)=1713.8\times(100-80.44)=33521.8\ \mathrm{W/m^2\cdot K}$$

(o) 由圖15-21，可知當T_s = 80.44 °C時，$dT/di\approx 0.000084$ kg·K/J，

$$\therefore Z=\dot{x}c_{p,G}\frac{dT}{di}=0.03276$$

(p) 以步驟(n)算出的熱通量當作下面(I)~(XI)運算的起始值

(I) $$h_{nb}=C_{pr}q^{0.67}=2.695\times 33521.8^{0.67}=2901.2\ \mathrm{W/m^2\cdot K}$$

(II) $$Bo=\frac{q}{G\Delta i_{LG}}=\frac{33521}{305.6\times 400000}=0.000274$$

(III) $$E=E_{cb}+24000Bo^{1.16}=6.804+24000\times 0.000274^{1.16}=8.576$$

(IV)
$$S=\frac{1}{1+1.15\times10^{-6}E^{2}\left(\mathrm{Re}_{LO}(1-\dot{x})\right)^{1.17}}$$
$$=\frac{1}{1+1.15\times10^{-6}\times8.576^{2}\left(30558(1-0.3)\right)^{1.17}}=0.092$$

(V) $h_b=h_{nb}S=2901.2\times0.092=267.3\ \mathrm{W/m^2\cdot K}$

(VI) $h_{bm}=h_b e^{-C_D(T_{dew}-T_{bub})}=267.3\times e^{0.027\times24.8}=136.8\ \mathrm{W/m^2\cdot K}$

(VII) $h_c=h_{LO}(1-\dot{x})^{0.8}E=712.7\times(1-0.3)^{0.8}\times8.576=459543\ \mathrm{W/m^2\cdot K}$

(VIII) $h_m=\dfrac{1+h_{bm}/h_c}{1/h_c+Z/h_G}=\dfrac{1+136.8/4595}{1/4595+0.03276/345.4}=3296\ \mathrm{W/m^2\cdot K}$

(XI) $U=(1/U'+1/h_m)^{-1}=(1/4000+1/3296)^{-1}=1807\ \mathrm{W/m^2\cdot K}$

(X) $q=U(T_H-T_s)=1807\times(100-80.44)=35342\ \mathrm{W/m^2}$

(XI) 此值與起始值有差異，因此可繼續將此值帶入步驟(I)~(XI)繼續疊帶，最後的收斂值為35535 $\mathrm{W/m^2}$止

(5) $\Delta z_A=\dfrac{Gd_i(i_2-i_1)}{4q}=\dfrac{305.6\times0.025\times(256500-220200)}{4\times35536}=1.954\ \mathrm{m}$

(6) 同樣上述的步驟可算出$\Delta z_B=2.372$ m，$\Delta z_C=2.935$ m，$\Delta z_D=3.733$ m；故總長度$L=\sum dz=1.954+2.372+2.935+3.733=11.994$ m。

【計算例子之結論】

本計算例中做了若干簡化，實際案例中，T_H會隨區間的改變而改變，因此在實際設計上時必須斟酌考慮，另外，U'值也可能隨區間改變而有所變動，實際設計上會提供熱側流體的資料，讀者可依據本書介紹的方法，分區段去估算該段的U'值，以獲得更為精確的數據。

15-7 結語

多成分的冷凝與蒸發(或沸騰)為熱交換器設計中常見的應用，型式種類相當多，本章節的目的主要在於提供常用的冷凝與蒸發沸騰的熱流計算方法，這些方法需要用到許多混合物特性的資料，例如VLE等；相較於純物質，熱流計算方法其實並不繁雜，困難的反而是這些特性資料的取得與計算，一般讀者要跨過這個門欄清楚的瞭解這些在化工上相當普遍的資訊並不容易，因此建議入門的讀者可以參考一些化工熱力學的書籍，相信更能讓讀者進入這個領域。

主要參考資料

ASHRAE Handbook Systems and Equipment, SI ed. 2000, American Society of Heating, Refrigerating, and Air-conditioning Engineers, Inc., chapter 36.

Bennett, D.L., Chen, J.C. 1980. Forced convective boiling in vertical tubes for saturated pure components and binary mixtures. *AIChE J.* 26:454-461.

Calus, W. F. and Leonidopoulos, 1974. Pool boiling-binary liquid mixture. *Int. J. Heat Mass Transfer*. 17:249-256.

Chiou. C.B., Lu. D.C., Wang. C.C. 1997. Investigations of pool boiling heat transfer of binary refrigerant mixtures. *Heat Transfer Engineering*. 18(3):61-72.

ESDU 85041, 1985. Boiling inside tubes: general aspects and saturated wet-wall heat transfer. ESDU international plc, London.

ESDU 91011, 1991. Saturated wet-wall heat transfer with mixtures. ESDU international plc, London.

Gungor, K.E., Winterton, R.H.S. 1986. A general correlation for flow boiling in tubes and annuli. *Int. J. Heat Mass Transfer*. 29:351-358.

Hewitt G.F., Shires G.L., Boll, T.R., 1994. *Process Heat Transfer*. CRC press.

Hewitt, G.F. ed. 2002. *Handbook of Heat Exchanger Design*. Chapter 2.6, condensation, Begell house.

Jung, D.S., McLinden, M., Radermacher, R., and Dididon, D., 1989. A study of flow boiling heat transfer with refrigerant mixtures. *Int. J. Heat and Mass Transfer*. 32:1751-1764.

Jungnickel, H., Wassilew, P., Kraus, W. E. 1980. Investigation on the heat transfer of boiling binary refrigerant mixtures. *Int. J. Refrig*. 3:129-133.

Kandlikar, S.G. 1991. A model for predicting the two-phase flow boiling heat transfer coefficient in augmented tube and compact heat exchanger geometries. *ASME J. of Heat Transfer*. 113:966-972.

Kandlikar, S.G. 1998. Boiling heat transfer with binary mixtures, part II: flow boiling. *ASME J. of Heat Transfer*. 120:388-394.

Kandlikar, S.G., Bulunt, M. 1999. An experimental investigation on subcooled flow boiling of ethylene-glycol/water mixtures, paper presented in the 1999 ASME National Heat Transfer Conference, Albuquerque, NM, Aug. 15-17.

Kandlikar, S.G. Shoji, M., Dhir, V.K. 1999. *Handbook of Phase Change*, Taylor and

Francis.

Mills, A.F. 1995. *Heat and Mass Transfer*. IRWIN.

NIST, REFPROP 5.02, 1996. Gaithersburg, MD: *National Institute of Standards and Technology*.

Palen, J.W., Small, W. 1964. A new way to design kettle and internal reboilers, *Hydrocarbon Proceeding*. 43(11):199-208.

Perry's Chemical Engineers' handbook, 1984. 6th Ed., McGraw-Hill book Co. - Singapore.

Sardesai, R.G., Shock, R.A.W., Butterworth, D. 1982. Heat and mass transfer in multicomponent condensation and boiling. *Heat Transfer Engineering*. 3(3-4):104-114.

Stephan, K., Körner, M. 1969. Calculation of heat transfer in evaporating binary liquid mixtures. *Chemie-Ingr-Tech.* 41(7):409-417.

Stephan, K., Preusser, P. 1978. Heat transfer in natural convection boiling of polynary mixtures. Prof. of the 6th Int. Heat Transfer Conference, 1:187-192.

Ünal, H. C. 1986. Prediction of nucleate boiling heat transfer coefficient for binary mixtures. *Int. J. Heat Mass Transfer*. 29:637-640.

Wang, C.C., Chiang, C.S., Lu, D.C., 1997a. Visual observation of flow pattern of R-22, R-134a, and R-407C in a 6.5 mm smooth tube. *Experimental Thermal and Fluid Science*. 15(4):395-405.

Wang, C.C., Chiang, C.S. 1997b. Two-phase heat transfer characteristics for R-22/R-407C in a 6.5-mm smooth tube. *Int. J. of Heat and Fluid Flow*. 18(6):550-558.

Wilke, C.R., Chang, P. 1955. Correlation of diffusion coefficients in dilute solutions, *AIChE J.* 1:264-270.

Chapter 16

直接接觸熱傳遞

Direct Contact Heat Transfer

16-0 前言

顧名思義，直接熱傳遞乃冷熱流體藉由直接接觸來交換熱量，此種設計與先前介紹的回復式熱交換，最大的差異在於允許接觸的工作流體同時進行熱傳與質傳。相較於傳統非接觸式的熱交換，直接接觸熱交換的優點包括：

- 可藉由流體的直接接觸傳達大量的熱量，其單位體積與單位溫差的有效熱傳量，一般而言都遠比回復式熱交換器來的大。
- 結構與製作較為簡單，可大幅降低起始投資成本。
- 可避免使用或減少傳統金屬的使用量，降低腐蝕、結垢與沉積沉澱的問題。
- 同時可應用在高溫流體中，由於不使用金屬，熱應力的影響也相對減少。
- 製作成本較低，而且直接接觸效率高，流體流動壓降也較小，運轉成本也較低。

當然，直接接觸也有他先天上的限制，其最大的問題，就在於直接接觸所產生的污染與隨後要清除此一污染所需要的分離；此外，直接接觸為一非常紊亂的混合，因此性能很難準確的控制與預測，此一問題在噴淋式(spray)與汽泡式(bubble)更為嚴重，造成在計算與分析上的許多困難。

16-1 直接接觸熱傳的分類

16-1-1 直接接觸熱傳的形式

最簡單的直接式熱傳的分類是依據相與相的接觸型式，即：

1. 氣體與液體的直接接觸。

   此類設計中，氣體可以是連續相(continuous phase)或分離相(dispersed phase)，如果考慮噴淋液體與氣體的熱交換滴，液滴就是分離相而氣體為連續相；此一形式的熱傳應用包含液滴與氣體的直接熱傳(圖

16-1(a))、滑落液膜與氣體接觸熱傳(圖16-1(b))、藉由管陣與填充物來增加接觸熱傳的性能(圖16-1(c)~16-1(d)))、噴霧、噴淋式的直接接觸(圖16-1(e)~16-1(f)))：

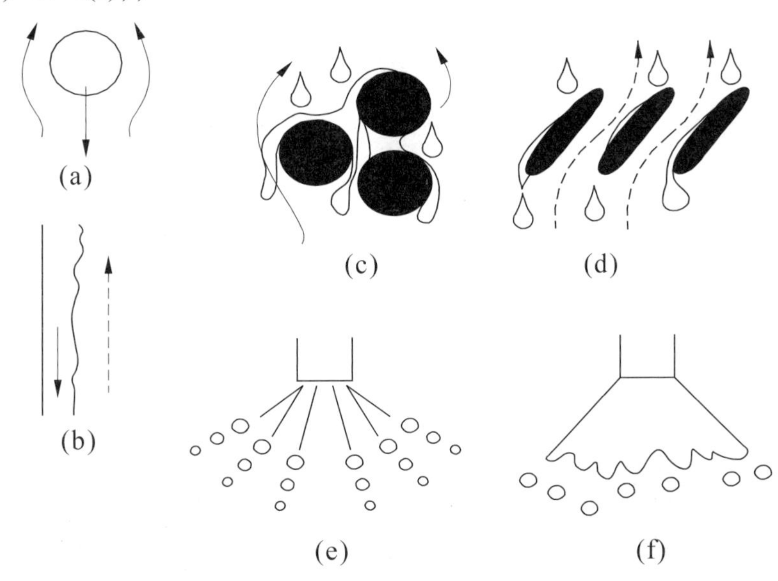

圖16-1 典型的氣體與液體接觸形式

2. 無法混合的液體與液體的直接接觸。
   此類設計中，兩種或多種流體直接接觸，但這些流體並無法直接混合(例如油和水)，正因爲混合效果不好，爲了增加熱傳效果，常會利用攪拌裝置(如圖16-2(b))來增加混合的效果。

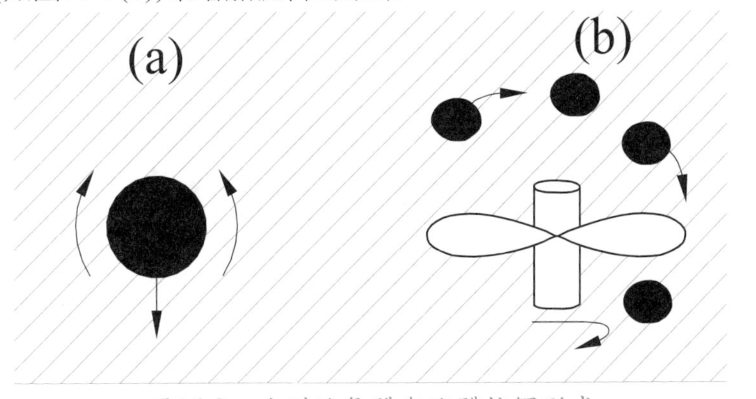

圖16-2 典型的氣體與液體接觸形式

3. 固體與流體或固體與氣體的直接接觸。
   很多工業的應用中，牽涉到一些固體顆粒的冷卻，或是藉由加熱的固體顆粒來預熱流體。如果固體的顆粒小，則可安排成如圖16-3(a)的逆流流動形式，較大的顆粒由於重力影響大，可以安排成如16-3(b)等在流體化床的應用，另外也有很多應用中固體會隨著流體流動進行直接的熱交換(圖16-3(c))。

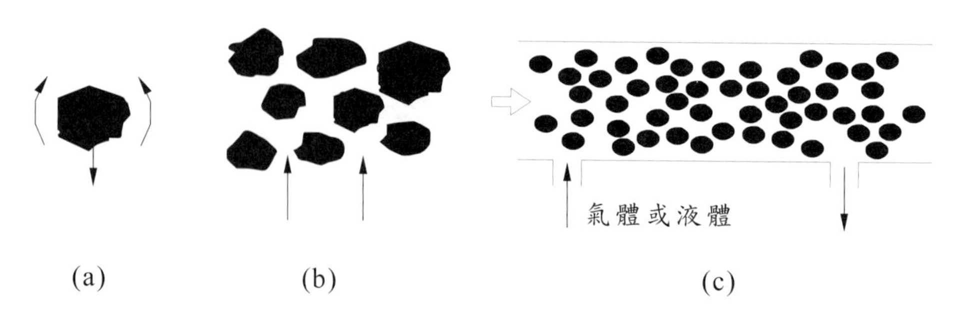

圖16-3 典型的固體與流體接觸形式

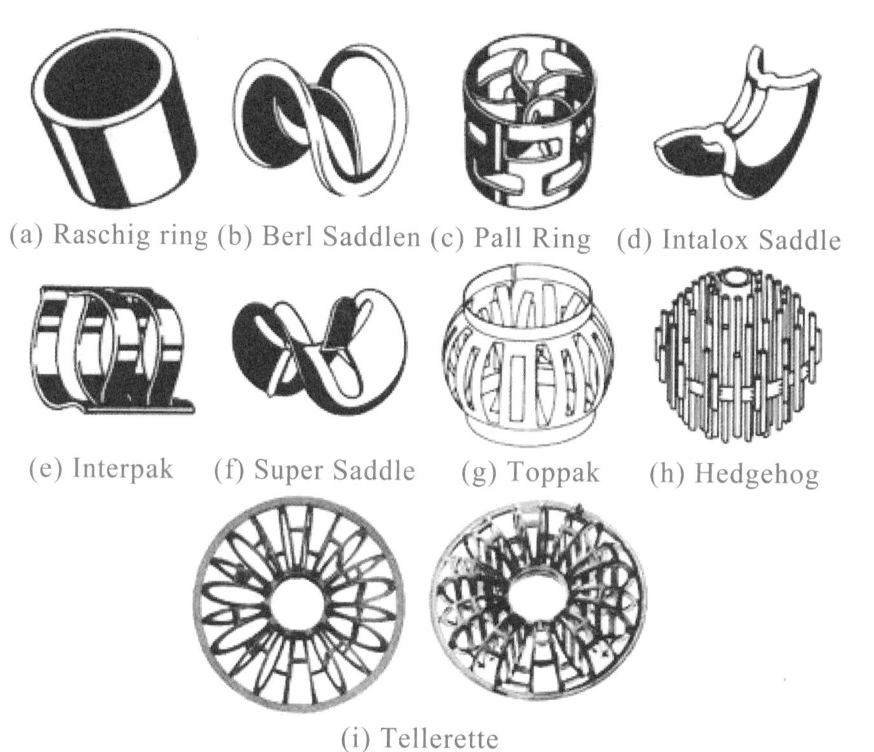

圖16-4 常見的各種填料 (www.ces.clemson.edu)

本文探討內容以液體和氣體間的熱交換爲主。直接接觸熱傳的塔槽中，除了最簡單的兩工作流體直接接觸外，通常會藉助填料來增加接觸的時間與接觸面積，讓氣體與液體間能夠充分的接觸以提升熱傳效率；操作時，氣體混合物由塔底進入，液體則由塔頂藉由分布器噴淋而下，液體流經填料與逆流而上的氣體進行熱質傳；基本上，填料並不參與實際的熱交換；填料的形式分爲隨意形式

(random packing)與結構形式(structure packing)，前者係將填料隨意置入塔槽中內來堆積，而後者則以一特別設計的安排放入塔槽中；一般而言，結構形式的效率會比隨意形式的效率好上30%以上，不過結構形式的安排型式甚多且變化甚大，本文主要則針對隨意式的安排來說明。

常見的隨意式填料形狀如圖16-4所示，其中的拉西環(Raschig ring)與貝爾鞍(Berl Saddlen)爲非常早期的設計，或稱之爲第一代的設計，在60年代中相當普遍，後來爲了提高熱質傳效率與因應低壓降的需求，新發明的填料如波爾環(Pall Ring) 現已成爲最廣爲使用的填料，或稱之爲第二代的設計，另外有許多非常複雜形狀的設計(或稱第三代設計)也逐漸爲業者所採納；良好的填料，必須同時具備強壯耐用的結構、比表面積大、空隙大、表面宜鬆、重量輕、化學特性相當穩定，不易產生化學反應、阻抗小與便宜的特性，熱流特性上則須具備大的面積、空隙與容易流動的特性。由於塔槽內的氣流與液體係逆向流動，因此當氣體與液體流量的比值大到某種程度時，噴淋下來的液體可能被往上移動的氣體所阻擋，液體無法持續流下，此一現象稱之爲溢流現象(flooding)，設計上，氣體速度必須低於溢流速度。然而，當速度到達溢流速度時，大部份或全部的填料表面都會被浸溼，而使氣體與液體相互接觸面積達到最大。所以設計者必須選取一流速低於溢流速度，以使塔槽得以安全操作；雖然選取較低的氣體速度，其相對的壓降也較低，操作成本也相對降低，但也要注意也不可以設計太低的速度；因爲如果設計速度過低，則需選擇一較大的塔槽以彌補質傳效率較低的結果(因爲氣液有效接觸面積相對較小)；通常氣體速度的選定爲溢流速度值的一半(Mcabe et al. 2004)，不過，要注意的是，文獻上估算溢流速度值的差異甚大，讀者使用上要相當留意。

16-1-2 直接接觸式熱交換器的分類

根據Jacobs (2002)的分類，直接接觸式熱交換器大致可分爲六類:

(1) 噴霧/氣泡塔槽 (Spray/Bubble columns)。

典型的噴淋式塔槽(spray columns)的設計如圖16-5(a)所示，該設計通常爲一圓形的充滿氣體的塔槽，液體透過分佈器噴灑後與氣體接觸進行熱交換(也就是說氣體爲連續相而液體爲分離相)，氣泡塔槽(bubble column)通常爲一垂直擺置的塔槽，其中液體爲連續相而氣體爲氣泡型式的分離相，氣泡藉由浮力上升與液體接觸進行熱交換(如圖16-5(b)，一般的氣泡式塔槽中幾乎不使用填料)所示。此類�槽設計的成功與噴淋或氣泡分佈裝置能否將流體/氣泡均勻的噴灑/分佈在塔槽中有決定性的關係。

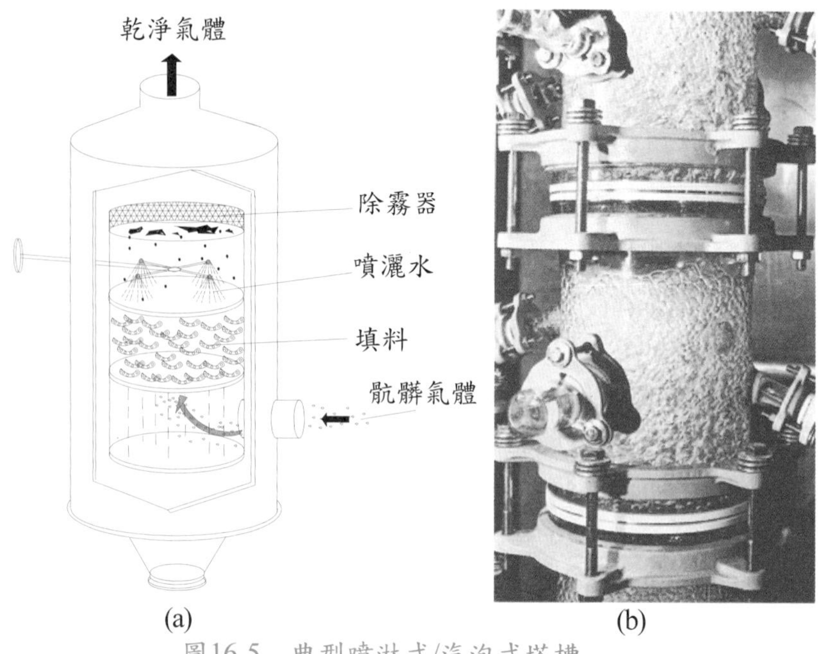

圖16-5 典型噴淋式/汽泡式塔槽

(2) 擋板盤式塔槽(Baffle Tray Columns).

典型的擋板式塔槽的設計如圖16-6所示，擋板的設計與殼管式熱交換器的擋板設計，可以採用半月切形式或甜甜圈形式，圖16-6即為一甜甜圈的設計。利用擋板的設計可以有效延長氣體與液體接觸的時間以提升熱傳效率。

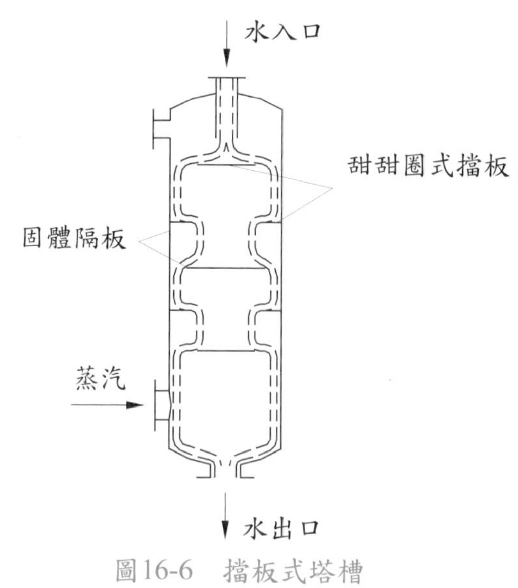

圖16-6 擋板式塔槽

(3) 篩盤塔(Sieve tray or bubble tray columns).

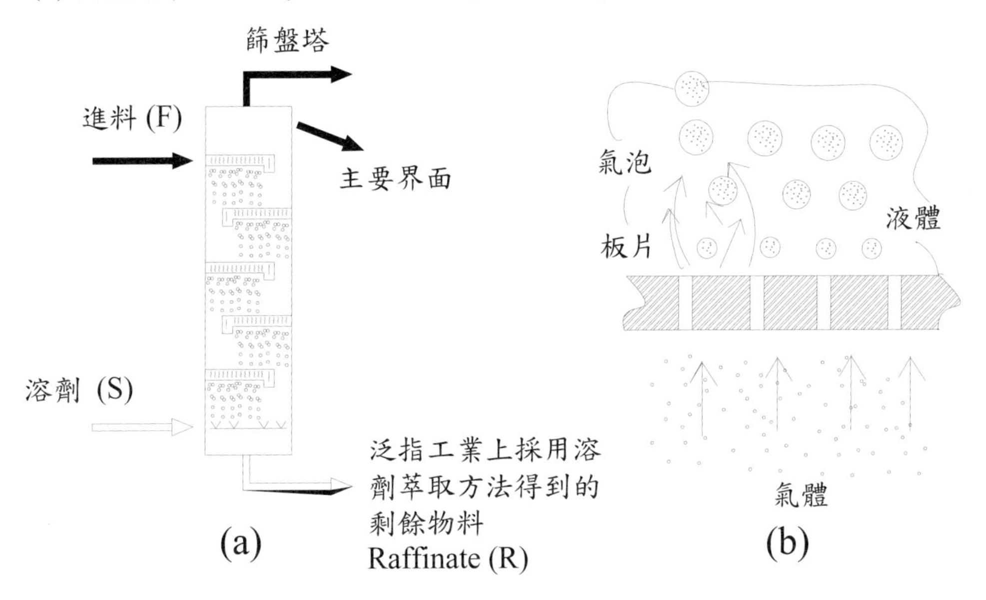

圖16-7 典型篩盤塔塔槽

此型塔槽的設計中，採用具備多孔的篩板設計使上升的氣流與下降的液體完成密切的接觸(見圖16-7(b))，基本上在各個篩板上的流動比較接近交錯流動(cross flow)而非完整的逆向流動(見圖16-7(a))，篩盤除了具備多孔洞外，在篩盤的底端會搭配一堰狀設計(weir or dam)，其目的可讓部份液體停留在堰狀內以改善上升氣體與液體間的有效接觸，設計上，靠近堰處的孔洞會被移除，讓液體有充分的時間排除上升匯集在篩板中的氣體。

(4) 填充塔(Packed columns).

填充塔的設計中主要在藉由填料的引進讓逆向流動的氣流與液體有甚大的接觸面積)，塔槽的設計可以是直立或水平擺設(見圖16-8(a)與16-8(c))，填充塔中的填料設計與使用相當的重要，填料必須具備相當的空隙讓氣液體得以平順通過且不造成相當的壓降(見圖16-8(b)中之流動示意圖)，在實際應用上，流動的液體會選取阻力較小或空隙最大的路徑流動，造成部份液體沿空隙較大處匯集流下，因而減少與氣體接觸，此一現象稱之爲水道(channeling)，乃導致填充塔操作效率偏低之主要因素之一。

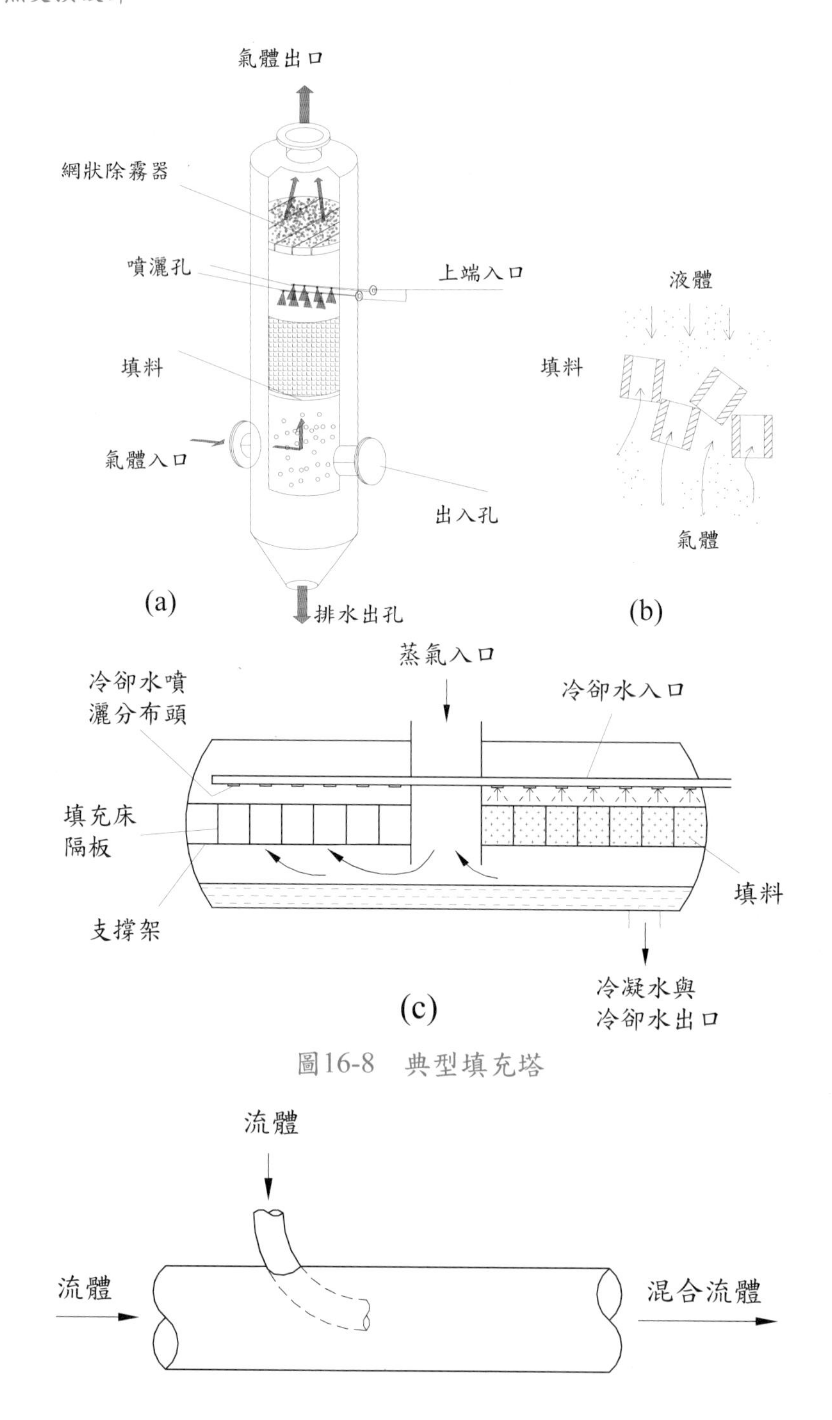

圖16-8 典型填充塔

圖16-9 典型管路接觸

(5) 管路接觸(Pipeline contactors)

如圖16-9所示，管路接觸設計乃以連接管併入主管讓兩種流體直接接觸進行熱交換，此依設計的最大優點爲造價相當的便宜，不過可能要搭配分離槽的設計來將兩工作流體分開。

(6) 機械擾動接觸(Mechanically agitated contactors)

如前面的說明，塔槽在實際應用上時最大的問題就是氣液體無法有效的均勻混合，因此爲了達到兩者的混合，有些設計在塔槽內採用機械攪拌的設計(見圖16-10)，藉由外力的強力攪拌的確可大幅提升熱質傳的性能，不過此類塔槽的設計較爲困難，而且操作上也有一些問題，例如軸封洩漏的問題。

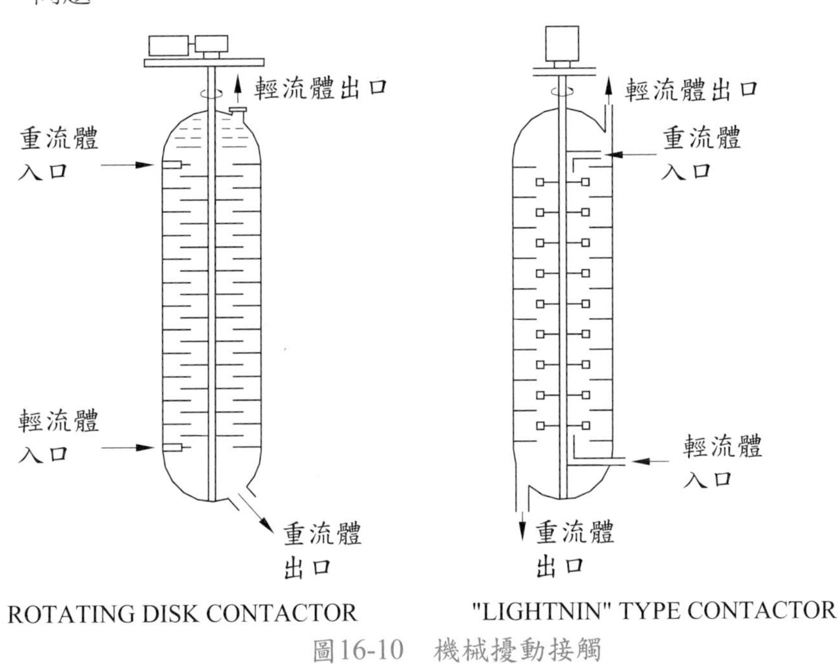

圖16-10 機械擾動接觸

16-2 直接接觸熱交換的熱流分析(無質傳效應)

16-2-1 基本熱傳分析

最簡單的直接接觸熱傳爲兩接觸流體間並無質量傳遞的現象，如果吾人考慮此一熱交換爲一上升氣體與滑落的液體間的熱交換，假設此一熱交換在一截面積爲A的塔槽內進行，塔槽的總高度爲Z_T，上升的氣體溫度爲T_G，下降的液體溫度爲T_L如果我們考慮如圖16-11所示的一小區塊內的熱平衡，則此一區塊間的接觸面積如下：

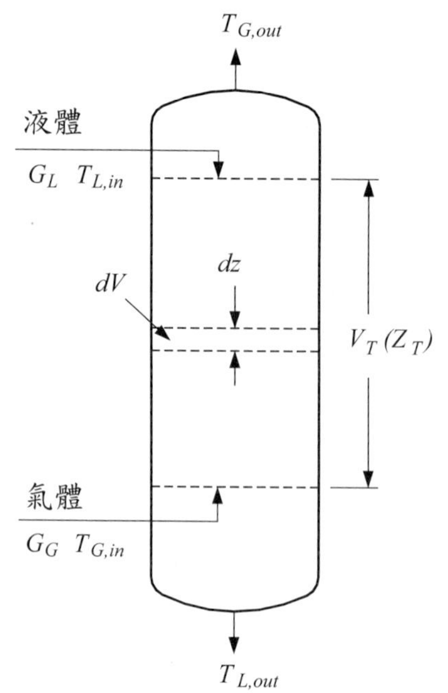

圖16-11 逆向流動塔槽分析示意圖

$$dA = adV = aAdz \qquad (16\text{-}1)$$

上式中a為單位體積內氣液接觸的界面面積(interfacial area)，為什麼要使用這個特殊的符號？主要原因在於直接接觸熱傳不像回復式熱交換可以很容易的決定有效接觸面積，讀者在隨後的推導中便會更清楚的瞭解其中原因；因此氣體與液體間的熱通量可表示如下：

$$q = h_G(T_G - T_i) = h_L(T_i - T_L) = U(T_G - T_L) \qquad (16\text{-}2)$$

其中下標i代表界面，h為熱傳係數，U為總熱傳係數，可表示如下(推導可見本書第一章)：

$$\frac{1}{U} = \frac{1}{h_G} + \frac{1}{h_L} \qquad (16\text{-}3)$$

因此圖16-11中小區塊的熱傳量可表示如下：

$$dQ = qdA = qaAdz = Ua(T_G - T_L)Adz \qquad (16\text{-}4)$$

總熱傳量的獲得，可由積分式16-4如下：

$$Q=\int_0^{Z_T} dQ=\int_0^{Z_T} Ua\left(T_G-T_L\right)Addz=Ua\int_0^{Z_T}\left(T_G-T_L\right)Addz \quad \{假設U爲定値\}$$

(16-5)

由平均值定理，上式可改寫如下：

$$Q=Ua\int_0^{Z_T}\left(T_G-T_L\right)Addz=Ua\Delta T_m\int_0^{Z_T}Adz=Ua\Delta T_mV_T \quad \{假設截面積A爲定値\}$$

(16-6)

其中V_T爲塔槽總體積而ΔT_m爲一有效平均溫度差(如果爲逆流流動，此溫度差爲對數平均溫差，見本書第二章)，如前面的說明，在實際應用中，很難去決定單位體積內氣液接觸的界面面積a；如此一來，不就代表無法利用式16-6來計算熱傳量了？這點可分爲兩個方面來說，首先如果接觸面爲一規則(或近乎規則)，例如以噴淋式塔槽中的液滴而言，當然可以假設其爲圓球狀而由液滴的平均直徑與液滴量去估算有效界面面積，而一些商業化的填料(如圖16-4)，廠商也多會提供相關資料，不過在實際應用上，液滴形狀與特殊填料、大小可能差異甚大；因此爲了簡化問題，就將熱傳係數h與a直接合併(即ha)成單位體積之熱傳係數，再藉由實驗結果來歸納其經驗式，如此就可以規避要單獨計算a的困擾。實際上，一般研究歸納的經驗式如下：

$$h_La=C_1G_G^{m_1}G_L^{n_1} \quad (16\text{-}7)$$

$$h_Ga=C_2G_G^{m_2}G_L^{n_2} \quad (16\text{-}8)$$

其中G_L與G_G分別代表液體與氣體的質量通率，C_1、C_2、m_1、m_2、n_1、n_2爲測試資料經迴歸分析後的經驗常數，這些經驗常數與填料、塔槽大小、高度有關，而且與所使用的單位有關，讀者在使用上要特別注意；然而在實際應用上，由於界面面積甚難決定，因此氣液個別相的熱傳係數很難決定，因此也有許多研究直接將數據都整理成單位體積之總熱傳係數：

$$Ua=CG_G^mG_L^n \quad (16\text{-}9)$$

例16-2-1：假設一填充塔(D = 0.305 m)利用水來冷卻熱空氣，熱空氣的入口溫度爲350 K流量爲0.06 kg/s，水的流量爲0.15 kg/s而入口溫度爲290K，表16-1爲各種填料的特性資料；試問利用不同的填料來設計塔槽的高度Z_T以符合空氣出口溫度爲295 K的需求，假設空氣的c_p = 1007 J/kg·K而水的c_p = 4180 J/kg·K。

表16-1 0.305 m 填充塔槽之一些熱傳經驗常數 (資料來源： Huang and Fair, 1989)

填料	尺寸 (m)	熱傳係數	C	m	n
Rasching rings	0.025	h_La	26,680	0.51	0.63
	0.025	h_Ga	6,947	1.10	0.02
Rasching rings	0.038	h_La	46,060	0.48	0.75
	0.038	h_Ga	6,130	1.45	0.16
Intalox saddles	0.025	h_La	36,960	0.20	0.84
	0.025	h_Ga	7,228	1.01	0.25
Intalox saddles	0.038	h_La	42,570	0.20	0.69
	0.038	h_Ga	6,174	1.38	0.10
Pall rings	0.025	h_La	33,460	0.45	0.87
	0.025	h_Ga	5,065	1.12	0.33
Pall rings	0.038	h_La	32,910	0.31	0.80
	0.038	h_Ga	5,310	1.28	0.26
HyPak rings	0.030	h_La	43,670	0.15	0.76
	0.030	h_Ga	8,150	0.99	0.18

16-2-1 解：

首先，承襲以往計算熱交換的步驟，先計算幾何尺寸與一些入出口參數，再算出個別的熱傳係數ha與單位體積總熱傳係數Ua；再由$Q = Ua\Delta T_m V_T$，算出體積V_T，最後由$Z_T = V_T/A$算出塔槽高度。詳細流程如下：

(1) 計算塔槽截面積 $A = \pi D^2/4 = \pi\times0.305^2/4 = 0.0731\ \text{m}^2$

(2) $$G_L = \frac{\dot{m}_L}{A} = \frac{0.15}{0.0731} = 2.053\ \text{kg/m}^2\cdot\text{s}$$

(3) $$G_G = \frac{\dot{m}_G}{A} = \frac{0.06}{0.0731} = 0.821\ \text{kg/m}^2\cdot\text{s}$$

(4) 塔槽之總散熱量與冷卻水之出口度：

$$Q = \dot{m}_G c_{p,G}\left(T_{G,in} - T_{G,out}\right) = 0.06\times1007\times(350-295) = 3323.1\ \text{W}$$

又 $Q = \dot{m}_L c_{p,L}\left(T_{L,out} - T_{L,in}\right)$

$$\therefore T_{L,out} = \frac{Q}{\dot{m}_L c_{p,L}} + T_{L,in} = \frac{3323.1}{0.15\times4180} + 290 = 295.3\ \text{K}$$

(5) 由於是逆向流動安排，塔槽之有效平均溫差ΔT_m = 對數平均溫差

$$\Delta T_m = LMTD = \frac{(T_{G,in} - T_{L,out}) - (T_{G,out} - T_{L,in})}{\ln\left(\frac{T_{G,in} - T_{L,out}}{T_{G,out} - T_{L,in}}\right)}$$

$$= \frac{(350 - 295.3) - (295 - 290)}{\ln\left(\frac{350 - 295.3}{295 - 290}\right)} = 20.8\ ^\circ\mathrm{C}$$

(6) 以Raschig rings 而言，

$$h_L a = C_1 G_G^{m_1} G_L^{n_1} = 26680 \times 0.821^{0.51} \times 2.053^{0.63} = 37964$$

$$h_G a = C_2 G_G^{m_2} G_L^{n_2} = 6947 \times 0.821^{1.1} \times 2.053^{0.02} = 5675$$

由h_Ga與h_La的值可知氣側的值遠小於液體側的值，因此，此一熱質傳過程中，氣側爲決定性側。因此如果要快速估算，可忽略液體側的阻抗。

(7) $$Ua = \left(\frac{1}{\frac{1}{h_G a} + \frac{1}{h_L a}}\right) = \frac{1}{\frac{1}{5675} + \frac{1}{37964}} = 4937\ \mathrm{W/m^3}$$

(8) 由$Q = Ua\Delta T_m V_T$

$$\therefore V = \frac{Q}{Ua\Delta T_m} = \frac{3323.1}{4937 \times 20.8} = 0.0324\ \mathrm{m^3}$$

(9) $Z_T = V_T/A = 0.0324/0.0731 = 0.443$ m

同樣的，可計算出其他不同填料的高度如下表：

填料	高度
Rasching rings (0.025 m)	0.44349
Rasching rings (0.038 m)	0.45403
Intalox saddles (0.025 m)	0.34243
Intalox saddles (0.038 m)	0.46565
Pall rings (0.026 m)	0.46332
Pall rings (0.038)	0.47983
HyPak rings (0.03 m)	0.31673

除了上述的分析方法外，另外一種塔槽設計的方法稱之爲熱傳單元步驟設計(heat transfer unit approach)，同樣的由：

$$Q = Ua\Delta T_m V_T = Ua\Delta T_m A Z_T \tag{16-10}$$

而

$$Q = \dot{m}_G c_{p,G}\left(T_{G,in} - T_{G,out}\right) = \dot{m}_G c_{p,G}\delta T_G$$
$$= \dot{m}_L c_{p,L}\left(T_{L,out} - T_{L,in}\right) = \dot{m}_L c_{p,L}\delta T_L \tag{16-11}$$

將式16-10與16-11合併整理如下：

$$Q = \dot{m}_G c_{p,G}\delta T_G = G_G A c_{p,G}\ \ \delta T_G = Ua\Delta T_m A Z_T$$
$$\Rightarrow Z_T = \left(\frac{G_G c_{p,G}}{Ua}\right)\left(\frac{\delta T_G}{\Delta T_m}\right) \tag{16-12}$$

又 $\frac{1}{Ua} = \frac{1}{h_G a} + \frac{1}{h_L a}$ ，所以式16-12可進一步整理如下：

$$Z_T = \left(\frac{G_G c_{p,G}}{Ua}\right)\left(\frac{\delta T_G}{\Delta T_m}\right) = G_G c_{p,G}\left(\frac{1}{h_G a} + \frac{1}{h_L a}\right)\left(\frac{\delta T_G}{\Delta T_m}\right)$$
$$= \left(\frac{G_G c_{p,G}}{h_G a} + \frac{G_G c_{p,G}}{h_L a}\right)\left(\frac{\delta T_G}{\Delta T_m}\right) = \left(\frac{G_G c_{p,G}}{h_G a} + \frac{G_G c_{p,G}}{G_L c_{p,L}}\frac{G_L c_{p,L}}{h_L a}\right)\left(\frac{\delta T_G}{\Delta T_m}\right) \tag{16-13}$$
$$= \left(H_{h,G} + \frac{G_G c_{p,G}}{G_L c_{p,L}} H_{h,L}\right) NTU_{h,G} = H_{h,G,O} NTU_{h,G}$$

上式中，

$$H_{h,G} = \frac{G_G c_{p,G}}{h_G a} \tag{16-14}$$

$$H_{h,L} = \frac{G_L c_{p,L}}{h_L a} \tag{16-15}$$

$$H_{h,G,O} = \frac{G_G c_{p,G}}{Ua} = H_{h,G} + \frac{G_G c_{p,G}}{G_L c_{p,L}} H_{h,L} \tag{16-16}$$

上式以非常簡單的表示方式來表示塔槽高度與NTU間的關係，即$Z_T = H_h \times NTU_h$，代表所需要的塔槽高度爲熱交換高度H_h與熱交換單元NTU_h的乘積，不過，讀者要注意這裡的NTU與先前熱交換器介紹中的NTU $(= UA/C_{\min})$非常相似，這點可從其定義來推導，由式16-13可知：

$$NTU_{h,G} \equiv \frac{\delta T_G}{\Delta T_m} = \frac{UAC_{\min}\delta T_G}{UAC_{\min}\Delta T_m} = \frac{UA(C_{\min}\delta T_G)}{C_{\min}(UA\Delta T_m)}$$

$$= \frac{UA(Q)}{C_{\min}(Q)} \quad \{\text{如果}C_{\min}\text{在空氣側，對塔槽而言的確如此}\} \tag{16-17}$$

$$= \frac{UA(C_{\min}\delta T_G)}{C_{\min}(UA\Delta T_m)} = \frac{UA}{C_{\min}} = NTU$$

同樣的，也可用液體側部份來表達Z_T：

$$Z_T = \left(H_{h,G}\left(\frac{\dot{m}_L c_{p,L}}{\dot{m}_G c_{p,G}}\right) + H_{h,L}\right)\left(\frac{\delta T_L}{\Delta T_m}\right) = H_{h,L,O}NTU_{h,L} \tag{16-18}$$

例16-2-2：同例16-2-1， 利用熱傳單元步驟設計來計算塔槽高度。

16-2-2 解：

同樣的以Raschig rings 而言，由式16-14~16-16，

$$H_{h,G} = \frac{G_G c_{p,G}}{h_G a} = \frac{0.821 \times 1007}{5674.8} = 0.1457\text{ m}$$

$$H_{h,L} = \frac{G_L c_{p,L}}{h_L a} = \frac{2.053 \times 4180}{37964} = 0.226\text{ m}$$

$$H_{h,G,O} = H_{h,G} + \frac{G_G c_{p,G}}{G_L c_{p,L}} H_{h,L} = 0.1457 + \frac{0.821 \times 1007}{2.053 \times 4180} \times 0.226 = 0.1675\text{ m}$$

由式16-17，

$$NTU_{h,G} \equiv \frac{\delta T_G}{\Delta T_m} = \frac{55}{20.77} = 2.648$$

$$\therefore Z_T = H_{h,L,O}NTU_{h,L} = 0.1675 \times 2.648 = 0.4435\text{ m}$$

此計算結果與例16-2-1同

16-3 質傳與熱傳的類比

如所周知，熱傳性能與質傳性能是相關聯的。熱傳性能越好，質傳性能也越好，因此有許多的研究發現其間的關聯性還相當的簡單，因此如果熱傳性能已知，則可以透過此一簡單的類比關係來獲得質傳性能，同樣的，如果質傳性能爲

已知，同樣可以透過此一簡單的類比關係來獲得熱傳的性能。此一關係式中最有名的爲路易關係式(Lewis relation)：

$$\frac{h}{h_M \rho c_p} = Le^{2/3} \tag{16-19}$$

其中h爲熱傳係數，h_M爲質傳係數，Le爲Lewis number ($Le = \alpha/D_v$ = Sc/Pr)，對空氣-水蒸氣系統而言，此值 = 0.6/0.71 = 0.845，所以：

$$\frac{h}{h_M \rho c_p} = 0.845^{2/3} = 0.894 \tag{16-20}$$

在塔槽設計中，質量傳遞常比熱傳來的重要，因此大部份的研究都集中在質傳性能的研究上，因此相關的質傳係數關係式與測試資料都相當的多；相反的，熱傳性能的資料就比較欠缺，因此如果要進行熱傳設計而又欠缺熱傳性能的資料時，一個可行的方法就是利用質傳性能的資料再利用熱質傳類比關係式來計算熱傳性能。式16-19基本上僅適用於平板的形狀，而塔槽中複雜形式的填料如Raschig rings, Intalox saddles, Pall rings與Hypac rings等幾何形狀下，式16-19是否適用？根據Huang (1982)的研究，發現此一熱質傳類比仍然適用，不過習慣上式16-19會改寫成塔槽高度的質傳形式，以氣體側的熱傳性能而言，由式16-14可知

$$H_{h,G} = \frac{G_G c_{p,G}}{h_G a} = \frac{G_G c_{p,G}}{h_{M,G} \rho c_{p,G} Le^{2/3} a} = \frac{G_G}{h_{M,G} a \rho Le^{2/3}} = H_{m,G} Le^{-2/3} \tag{16-21}$$

其中

$$H_{m,G} \equiv \frac{G_G}{h_{M,G} a \rho} \tag{16-22}$$

同樣的，

$$H_{h,L} = H_{m,L} Le^{-2/3} \tag{16-23}$$

$$H_{m,L} \equiv \frac{G_L}{h_{M,L} a \rho} \tag{16-24}$$

式16-21與16-23可改寫如下：

$$h_G a = \frac{G_G c_{p,G}}{H_{m,G}} Le^{2/3} \tag{16-25}$$

$$h_L a = \frac{G_L c_{p,L}}{H_{m,L}} Le^{2/3} \tag{16-26}$$

讀者可根據合適條件下的質傳係數資料或方程式，利用上述的類比關係來計算單位體積之熱傳係數；另外，根據Fair (1961)的研究，密集式塔槽$H_{m,G}$與$H_{m,L}$的經驗式可歸納如下：

$$H_{m,G} = \frac{\psi Sc_G^{0.5} D^{n_0}}{\left(G_L f_1 f_2 f_3\right)^{m_0}} \tag{16-27}$$

$$H_{m,L} = \varphi C_F Sc_L^{0.5} \tag{16-28}$$

式16-27中的f_1, f_2, f_3分別代表液體黏度(liquid viscosity)、液體密度(liquid density)與表面張力(surface tension)三種物理性質的影響，其方程式如下：

$$f_1 = \mu_L^{0.16} \tag{16-29}$$

$$f_2 = \rho_L^{-1.25} \tag{16-30}$$

$$f_3 = \left(\frac{\sigma}{72.8}\right)^{-0.8} \tag{16-31}$$

讀者要特別注意，式16-27~16-31均爲有因次單位的方程式，因此使用上要特別使用原方程式各因變數的單位，更不幸的是這兩個方程式都是使用英制單位或一些特別的單位，讀者在使用時，必須先將單位轉換成原方程式所要求的單位；原方程式中所使用的單位如下(並附英公制單位轉換)：

D: ft

1 ft = 0.3048 m, 1 m = 3.28084 ft

G_L: lbm/h·ft^2

1 lbm/h·ft^2 = 0.0013562 kg/s·m^2, 1 kg/s·m^2= 737.34 lbm/h·ft^2

$H_{m,L}$, $H_{m,G}$: ft

μ_L: cp

1 cp = 0.001 Pa·s, 1 Pa·s = 1000 cp

ρ_L: g/cm^3

$1\ g/cm^3 = 1000\ kg/m^3$, $1\ kg/m^3 = 0.001\ g/cm^3$

σ: dyne/cm

$1\ dyne/cm = 0.001\ N/m$, $1\ N/m = 1000\ dyne/cm$

另外，方程式中的幾個重要參數m_0、n_0、C_F、ψ與φ與填料大小及溢流程度有關，這裡所謂的溢流係指流體流經塔槽的壓降超過每一英尺單位塔槽高度有1.5 in. 水柱的壓差(即ΔP = 1.5 in. H_2O/填料高度(ft))，根據Fair (1972)的說法，式16-27~16-31的估算爲一保守的熱傳性能估計值；而且並不建議設計者在估算時超出範圍。

表16-2　方程式16-27與16-28中的經驗參數

	Rasching Rings		Saddles	
Gas-Phase Transfer	1 in.	2 in.	1 in.	2 in.
m_0	0.6	0.6	0.5	0.5
n_0	1.24	1.24	1.11	1.11
ψ				
40% 溢流	110	210	60	(95)
50% 溢流	105	210	60	(95)
80% 溢流	80	(210)	(60)	(95)
Liquid-Phase Transfer				
φ				
G_L=500	0.045	0.059	0.032	(0.044)
G_L =1,000	0.048	0.065	0.040	(0.050)
G_L =5,000	0.048	0.090	0.068	(0.075)
G_L =10,000	0.082	0.110	0.090	(0.090)
C_f				
< 50% 溢流	1.00	1.00	1.00	1.00
60% 溢流	0.90	0.90	0.90	0.90
80% 溢流	0.60	0.60	0.60	0.60

此外使用表16-2時，顯然必須要先估算氣體流過塔槽的壓降才能夠計算其溢流程度。有關隨意堆積型的逆流式塔槽壓降可由圖16-12來估算，該圖中的橫座標爲無因次單位$\frac{G_L}{G_G}\sqrt{\frac{\rho_G}{\rho_L}}$，縱座標爲一有因次單位$\frac{G_G^2 F_p \nu_L^{0.1}}{\rho_G(\rho_L-\rho_G)}$，請注意縱座標的計算係採用標準SI單位，其中$F_p$爲充填常數，與填料幾何形狀與大小有關，相關數值如表16-3所示。

表16-3 不同大小的隨意填料的F_p值 (Treybal, R.E., 1980, Mass-transfer operations)

填料	Nominal size, mm (in.)										
	6 $(\frac{1}{4})$	9.5 $(\frac{3}{8})$	13 $(\frac{1}{2})$	16 $(\frac{5}{8})$	19 $(\frac{3}{4})$	25 (1)	32 $(1\frac{1}{4})$	38 $(1\frac{1}{2})$	50 (2)	76 (3)	89 $(3\frac{1}{2})$
	Rasching ring										
Ceramic:											
Wall thickness, mm	0.8	1.6	2.4	2.4	2.4	3	4.8	4.8	6	9.5	
F_p	1600	1000	580	380	255	155	125	95	65	37	
Metal:											
0.8-mm wall:											
F_p	700	390	300	170	155	115					
1.6-mm wall:											
F_p			410	290	220	137	110	83	57	32	
	Pall rings										
Plastic:											
F_p				97		52		40	25		16
Metal:											
F_p				70		48		28	20		16
Flexirings:											
F_p				78		45		28	22		18
Hy-pak:											
F_p						45			18	15	
	Berl saddles										
Ceramic:											
F_p	900		240		170	110		65	45		
	Intalox saddles										
Ceramic:											
F_p	725	330	200		145	98		52	40	22	
Plastic:											
F_p						33			21	16	
	Super Intalox										
Ceramic:											
F_p						60			30		
Plastic:											
F_p						33			21	16	
	Tellerettes										
Plastic:										67-mm	95-mm (R)
F_p						40			20		

+ Data are for wet-dumped packing from Chemical Process Products Division, Norton Co.;

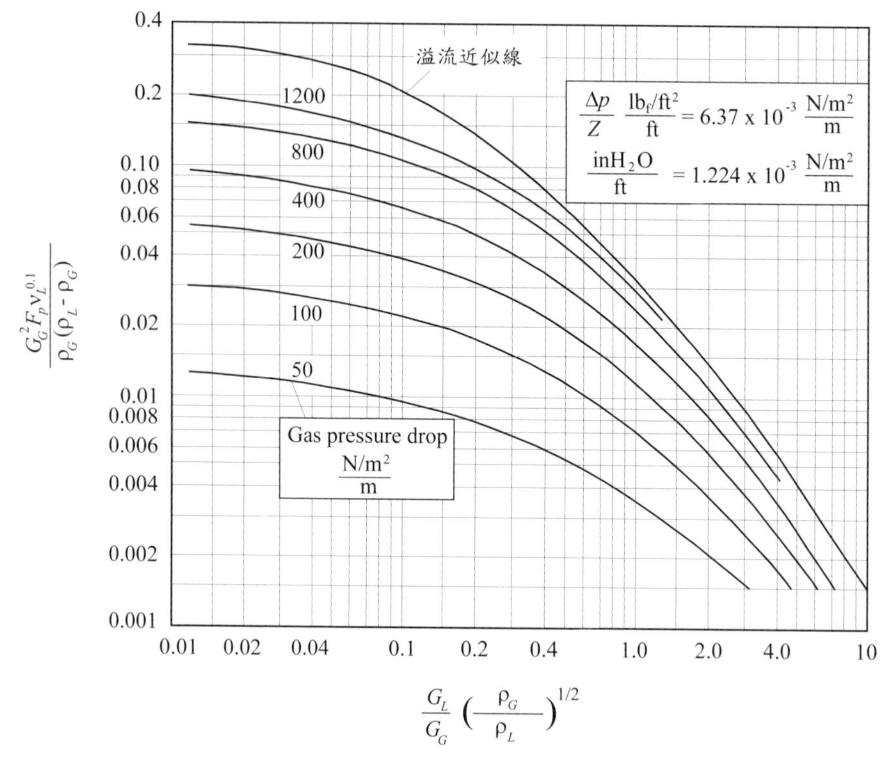

圖16-12 溢流、壓降與$\frac{G_L}{G_G}\sqrt{\frac{\rho_G}{\rho_L}}$、$\frac{G_G^2 F_p v_L^{0.1}}{\rho_G(\rho_L-\rho_G)}$間的關係圖(資料來源：Treybal, R.E., 1980, Mass-transfer operations)

例16-2-3： 同例16-2-1，利用圖16-12來計算該條件下填充塔的壓降，另外假設填料爲6 mm (1")之Ceramic Intalox saddles空氣的ρ_G = 1.2 kg/m^{3}而水的ρ_L = 1000 kg/m^3，ν_L = 1.0×10^{-6} m^2/s。

16-2-3 解：

由例16-2-1可知

(1) A = 0.0731 m^2

(2) $G_L = 2.053\,\text{kg/m}^2\cdot\text{s}$

(3) $G_G = 0.821\,\text{kg/m}^2\cdot\text{s}$

(4) 圖中的橫座標爲

$$\frac{G_L}{G_G}\sqrt{\frac{\rho_G}{\rho_L}} = \frac{2.053}{0.821}\sqrt{\frac{1.2}{1000}} = 0.0866$$

(5) 填料爲6 mm (1")之Ceramic Intalox saddles，由表16-3可知充填常數$F_p = 98$

(6) 圖中的縱座標爲

$$\frac{G_G^2 F_p \nu_L^{0.1}}{\rho_G(\rho_L - \rho_G)} = \frac{0.821^2 \times 98 \times 0.000001^{0.1}}{1.2 \times (1000 - 1.2)} = 0.01384$$

(7) 由圖16-12可知，單位高度的壓降約為 60 Pa/m，此值遠小於溢流條件

(8) 由例16-2-1可知Intalox saddles的塔槽高度為0.34243 m

(9) 所以總氣體壓降為 60×0.34243 = 20.55 Pa

16-4 直接接觸熱交換的熱流分析(有質傳效應)

先前16-2介紹無質傳效應下直接觸的基本熱傳分析，在許多應用中，兩接觸的流體會夾雜複雜的質傳效應，例如冷凝、蒸發或沸騰等現象發生時，氣體與液體間除了顯熱交換(Q_s)外，因為質傳所帶出的潛熱熱傳(Q_ℓ)會讓塔槽內的現象更為複雜。如果讀者還有印象，在第15章中有提到質傳對熱傳性能的影響，在有質傳效應的影響下(見式15-39)，$q_m = \dfrac{\phi}{e^{\phi}-1} q_0$，此式中的 $\phi = \dfrac{\dot{m}' c_p}{h_0}$ 即非常有名的Ackermann校正值(Ackermann correction factor)，代表質傳效應對熱傳的影響，基本上此一效應是具備方向性的，在冷凝與蒸發時，方向相反。根據Fair (1972)的分類，有質傳效應的情況可分四類，即：

(1) 冷卻伴隨除濕的情況(但未完全冷凝)。

根據Fair (1961)的推導，考慮氣體與液體間的有效溫差如下：

$$\Delta T_m = \overline{T}_G - \overline{T}_L = \left(\overline{T}_G - \overline{T}_i\right) + \left(\overline{T}_i - \overline{T}_L\right) \tag{16-32}$$

由於

$$Q = Ua\left(\overline{T}_G - \overline{T}_L\right) = h_L a\left(\overline{T}_i - \overline{T}_L\right) \tag{16-33}$$

$$Q_s = \gamma h_G a\left(\overline{T}_G - \overline{T}_L\right) \tag{16-34}$$

上式中，Q代表總熱傳量而Q_s代表氣體冷卻的顯熱熱傳量，另外，

$$\gamma = \frac{\phi}{e^{\phi} - 1} \tag{16-35}$$

ϕ爲Ackermann校正值，代表直傳對熱傳性能的影響，詳見第十五章說明，由式15-39可知：

$$\phi = \frac{\dot{m}' c_{p,G}}{h} = \frac{\dot{m}' c_{p,G}}{h_G a V} \tag{16-36}$$

將式16-32稍微改寫如下

$$\frac{Q}{Ua} = \frac{Q_s}{\gamma h_G a} + \frac{1}{h_L a}\frac{Q_s}{Q} \tag{16-37}$$

$$\frac{1}{Ua} = \frac{1}{\gamma h_G a}\frac{Q_s}{Q} + \frac{1}{h_L a} \tag{16-38}$$

如果在除濕的應用條件下時(冷凝)，熱傳與質傳是同一方向，因此 $\dot{m}'$ 爲正號。如果採用熱傳單元分析方法時：

$$H_{h,G,O} = \frac{G_G c_{p,G}}{Ua} = H_{h,G} + \frac{G_G c_{p,G}}{G_L c_{p,L}}\frac{Q}{Q_G} H_{h,L} \tag{16-39}$$

(2) 冷卻伴隨除濕的情況(完全冷凝)。

在此應用下，總熱傳量與冷凝熱傳量相同，故

$$Ua = h_L a \tag{16-40}$$

(3) 氣體冷卻伴隨增濕的情況。

此種應用如絕熱情況下的增濕，利用這種方式，例如利用冷卻流體的蒸發吸熱效應將熱氣體冷卻。因此總熱傳量可表示如下：

$$Q = Q_L + Q_\ell \approx \dot{m}_L c_{p,L}\left(T_{L,out} - T_{L,in}\right) + \dot{m}\left(i_{out} - i_{in}\right) \tag{16-41}$$

單位體積之總熱傳係數如下(Fair, 1961)：

$$\frac{1}{Ua} = \frac{1}{\alpha h_G a} + \frac{1}{h_L a}\frac{Q_L}{Q} \tag{16-42}$$

如果爲一絕熱條件的增濕，$T_{L,out} = T_{L,in}$，所以$Q_L = 0$：

$$\frac{1}{Ua}=\frac{1}{\gamma h_G a}+\frac{1}{h_L a}\frac{Q_L}{Q}=\frac{1}{\gamma h_G a}+\frac{1}{h_L a}\frac{0}{Q}=\frac{1}{\gamma h_G a} \tag{16-43}$$

$$\rightarrow Ua=\gamma h_G a$$

如果採用熱傳單元分析方法時：

$$H_{h,G,O}=\frac{G_G c_{p,G}}{Ua}=H_{h,G}+\frac{G_G c_{p,G}}{G_L c_{p,L}}\frac{Q_L}{Q_G}H_{h,L} \tag{16-44}$$

如果爲一絕熱條件的增濕，則：

$$H_{h,G,O}=\frac{G_G c_{p,G}}{Ua}=H_{h,G} \tag{16-45}$$

(4) 氣體加熱並伴隨增濕的情況。
此種應用如典型的冷卻水塔，循環用水被冷卻，但同時有部份的水蒸發到空氣中；此部份的熱流分析將於第十七章中介紹。

16-5 塔槽熱傳設計方程式

一般而言，質傳是塔槽設計的主要目的，因此質傳的研究相當的多，相關的設計方程式也非常的齊全，有興趣的讀者在一般單元操作的書籍中都能找到適合的方程式，相較之下，熱傳的設計方程式就相當的欠缺，如果無相關方程式，只能藉助16-4介紹的熱質傳類比來估算熱傳性能，底下介紹幾個寥寥可數的熱傳方程式供讀者參考。

16-5-1 填充塔槽

Fair (1988)建議使用熱質傳類比來計算熱傳性能。

16-5-2 噴淋式塔槽

藉由Pigford and Pyle (1951)的數據與一些其他資料，Fair (1972)提出如下的

設計方程式：

$$h_G a = \frac{867 G_G^{0.82} G_L^{0.47}}{Z} \tag{16-46}$$

讀者要特別注意此方程式使用標準公制單位，而且僅有氣側的方程式，因此在使用上經常假設液體側的循環效率甚佳，因此可忽略液體側的阻抗；此一方程式的資料來源主要是空氣/水與碳氫化合物系統，塔槽的直徑在2.5 ~ 6 英尺間(0.75 ~ 1.8 m)。根據熱質傳類比的關係，Mehta and Sharma (1970)則提出如下的類似方程式(注意！此方程式使用英制單位)：

$$h_G a = \frac{1.62 C_4 G_G^{0.82} G_L^{C_5}}{0.205^{C_5} Z_T} \tag{16-47}$$

其中C_4、C_5的經驗值見下表：

表16-4　經驗方程式16-47的C_4、C_5參數值

塔槽直徑 (in.)	噴嘴直徑 (in.)	C_4	C_5
8	0.17	0.0000515	0.93
15.2	0.17	0.00049	0.7
15.2	0.22	0.000897	0.62
15.2	0.33	0.00428	0.47

16-5-3　擋板式塔槽

同樣的，Fair (1972)提出如下的設計方程式：

$$Ua = 585 G_G^{0.7} G_L^{0.4} \tag{16-48}$$

同樣的，此方程式使用標準公制單位，但爲整體熱傳係數的方程式；經驗上顯示，一個良好的擋板式設計可以降低結垢現象的發生，在設計上，爲了要避免一流現象的發生，要注意通過半月切的最大氣體流速不得超過：

$$U_{w,\max} = 0.1768 \left(\frac{\rho_L - \rho_G}{\rho_G} \right)^{0.5} \tag{16-49}$$

同時流經擋板間的最大流速也不得超過：

$$U_{c,\max} = 0.3505\left(\frac{\rho_L - \rho_G}{\rho_G}\right)^{0.5} \tag{16-50}$$

16-6 結語

直接熱傳遞在化工塔槽設計應用中相當的多，此種設計與先前介紹的回復式熱交換，最大的差異在於允許接觸的工作流體同時進行熱傳與質傳。不過現有絕大部份的資料多集中在質傳設計上，熱傳的資料相對的非常的少，本章節的目的在整理這些有限的資料供讀者參考；最後要提醒讀者，由於這些資料多使用因次化的單位，而且經常公制、英制交錯的使用，讀者在使用時一定要用對單位，才不會有牛頭對馬嘴的結果出現。

主要參考資料

Benitez, J. 2002. *Principles and Modern Applications of Mass Transfer Operations*. John Wiley & Sons, Inc. New York.

Fair, J.R. 1961. Design of Direct-contact Gas Coolers. Petro/Chem Engineer, August, pp. 57-64.

Fair, J.R. 1972. Designing direct-contact coolers/condensers. Chemical Engineering, June 12, pp. 91-100.

Hewitt, G.F., Shires G.L., Boll, T.R. 1994. *Process Heat Transfer*. Chapter 21, CRC press.

Hewitt, G.F., executive editor. 2002. *Heat Exchanger Design Handbook*. Begell House Inc., chapter 3.19, "Direct contact heat exchangers," by Jacobs, H.R.

Huang, C.C., 1982. *Heat Transfer by Direct Gas-Liquid Contacting*, MS thesis, University of Texas at Austin.

Huang, C.C., Fair, J.R. 1989. Direct contact gas-liquid heat transfer in a packed column, Heat Transfer Engineering, Vol. 10, No. 2, pp. 19-29.

Krieth, F., Boehm R.F. 1988. *Direct Contact Heat Transfer*, Hemisphere Publishing Corp., Chapter 1 & Chapter 2.

McCabe, W., Smith J.C., Harriott P. 2004. *Unit Operations of Chemical Engineering*, 7th ed., McGraw-Hill College.

Mehta, K. C., Sharma, M.M. 1970. Mass transfer in spray columns, Brit. Chem. Eng., 15: 1440.

Treybal, R.E. 1980, *Mass-transfer Operations*. 3rd ed. McGRAW-HILL.

Chapter 17

冷卻水塔

Water Cooling Tower

17-0 前言

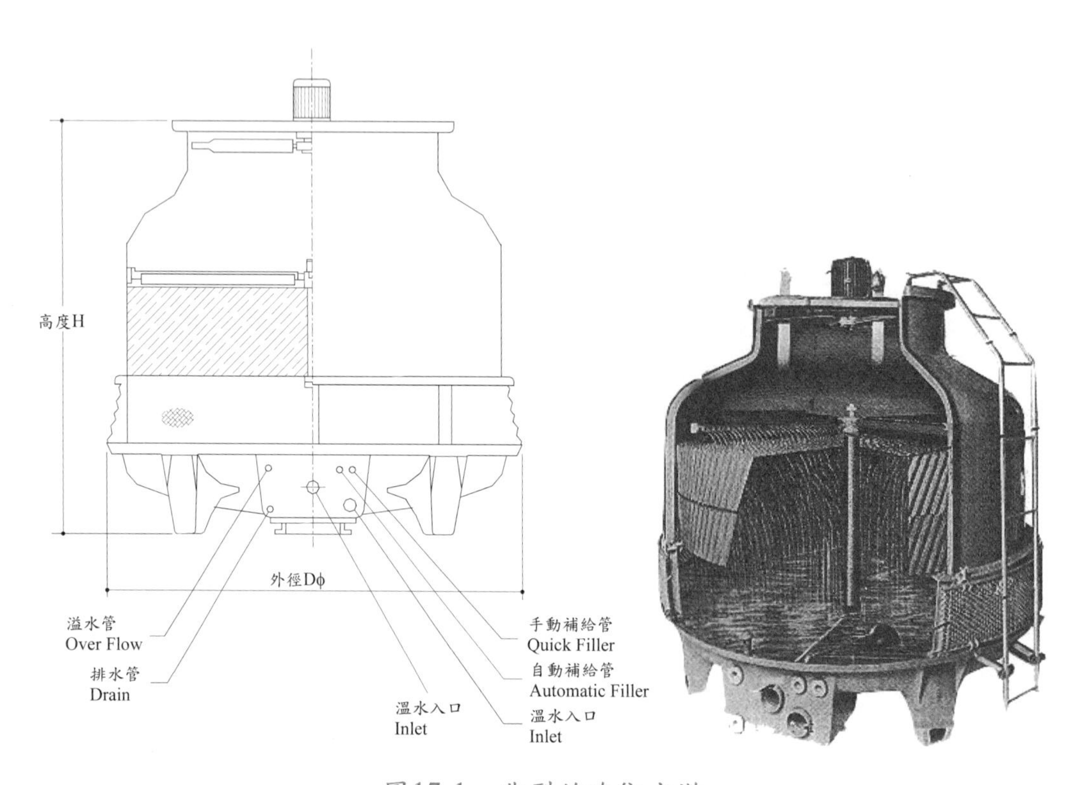

圖17-1 典型的冷卻水塔

最常見的直接接觸式熱交換器爲冷卻水塔，冷卻水塔係應用於散熱冷卻之塔狀灑水系統；以一般常見於樓頂之中小型空調用冷卻水塔而言，可參考圖17-1所示，其結構不外乎一圓型或方形殼體，而殼體內由上而下分別爲一抽風馬達及帶動氣流之抽風扇、擋水板、撒(散)水器、散熱材(填充材)、入風口，最底下爲水槽、進出水管及抽水馬達，其功能爲將空調主機所吸收或產生之熱能經由冷卻水冷卻後再傳送到冷卻水塔中，冷卻水與空氣的直接接觸後，最後將熱能排放至大氣中。由於水具有高潛熱(蒸發熱)熱能，加上取得容易，而空氣具有吸濕能力，在這種有利條件下，冷卻水塔成爲散熱最有效且最便宜的工具；一般冷卻水塔的選用上要注意下列因素：

- 消耗功率
- 製造成本
- 清理上的需求與維護保養

- 熱傳效率
- 風扇噪音
- 環境與外觀影響的衝擊

本章節著重在熱流設計方面的介紹，清理與保養維修的相關資料，將不會在本章節介紹，有興趣的讀者，可參考ASHRAE (2004)與CTI (1967)的說明。

17-1 冷卻水塔的分類

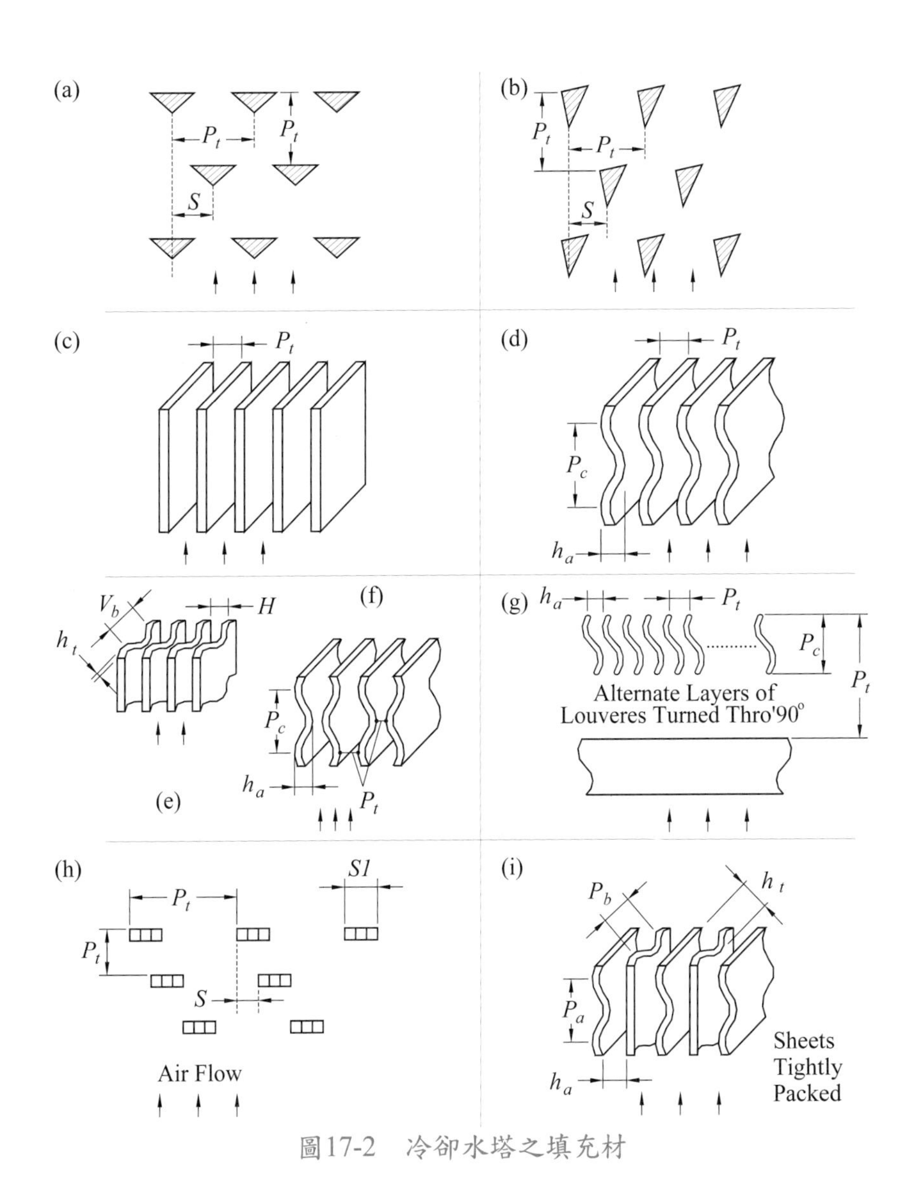

圖17-2 冷卻水塔之填充材

17-1-1　冷卻水塔形式

冷卻水塔可以區分為乾式冷卻水塔(dry cooling tower)與濕式冷卻水塔(Wet cooling Tower)，本文所探討的冷卻水塔係指透過水與空氣直接接觸式的濕式冷卻水塔，濕式冷卻水塔中填充材的功能，主要是扮演「媒人」的角色，填充材的設計在於讓空氣與水的接觸時間變長並同時增加有效的接觸面積，達成熱交換的目的，基本上填充材並不是熱交換的介質；理論上，冷卻水塔可以不需要填充材，僅藉由噴灑的液體與空氣來進行熱交換，但是實用上，紊亂的氣流流動，很難長時間維持噴灑的液滴與氣流的穩定接觸，因此實際上必須使用填充材。

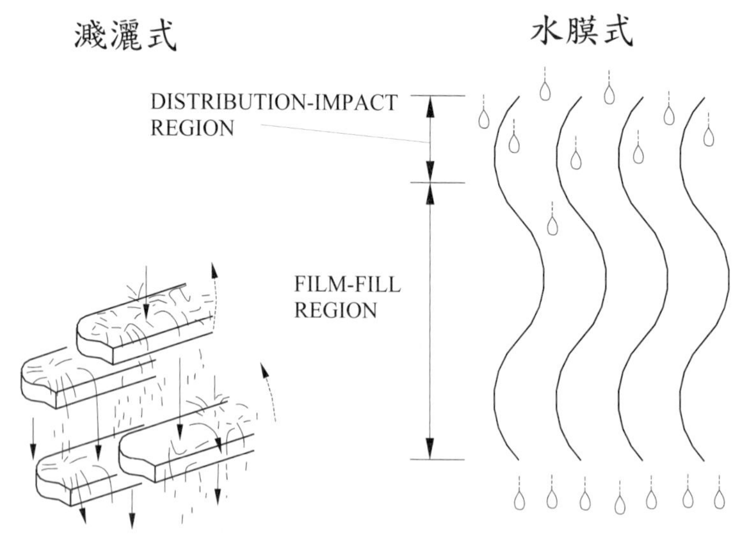

圖17-3　濺灑式(splash type)與水膜式(film type)填充材

常見的填充材形狀如圖17-2所示，良好的填充材，必須同時具備(1)強壯耐用的結構；(2)化學特性相當穩定，不易產生化學反應；(3)防火；(4)不容易產生積垢與剝蝕的現象；(5)空氣阻抗小與(6)便宜的特性，填充材大致可分成濺灑式(splash type)與水膜式(film type)，如圖17-3所示；濺灑式的優點在於藉由不同高度的變化，來延長水與空氣的接觸時間與接觸面積，水膜式同樣的可藉由密集的填充材來達到類似的功能(水膜式常使用PVC)，但濺灑式通常比較不受入口不均勻的水量或空氣分布的影響，另外當水質受到污染時，濺灑式是比較好的選擇(HEDH 2002)；讀者要特別留意，冷卻水塔的性能與填充材有絕對的關係；填充材的選擇須參考其熱傳與壓降的特性與操作上的耐久性。

17-1-2 冷卻水塔的詳細分類

許多製程或電廠等應用上，會使用超大型的冷卻水塔，此種水塔會建造成煙囪的形狀，利用煙囪效應將熱量排往較高的空氣層上，此類煙囪式的冷卻水塔主要是利用自然對流的效應；因此冷卻水塔以熱傳形式分類，大體上可分爲使用外加動力(如風扇)與自然對流式兩種，較詳細的分類如下：

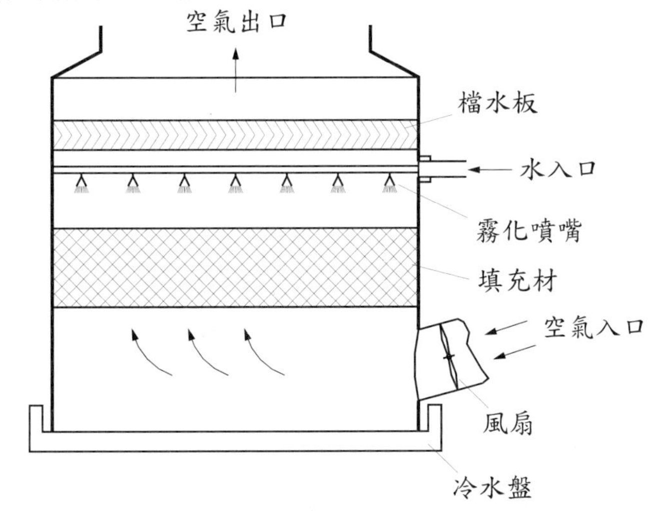

圖17-4　吹入式逆流形冷卻水塔

1. 吹入式逆流型(Forced-draft counter-flow)：空氣藉由一個風扇(或數個風扇)將外氣直接吹入冷卻水塔，典型的吹入式逆流型式如圖17-4所示，空氣與水的流動呈現逆向流動，一般逆流式的設計風速上限在1.5~3.6 m/s間(ASHRAE 2004)，因此爲避免水滴被空氣夾帶，通常此型的冷卻水塔會使用擋水板(drift eliminator)將水滴攔住，常見的擋水板有網狀(wire mesh)與鋸齒形(chevron)兩種形式。吹入式逆流形冷卻水塔的優點爲：
   (a) 良好的熱力效率。
   (b) 冷卻水塔的週遭比較不容易產生霧。
   (c) 容易保養。

   而其缺點爲：
   (a) 通常消耗功率較大。
   (b) 較爲吵雜。
2. 吸入式逆流型(induced-draft counter flow)：空氣藉由一個風扇(或數個風扇)將外氣吸入冷卻水塔，此一風扇通常放置在冷卻水塔的空氣出口處，典型的吹入式逆流型式如圖17-5所示，同樣地，空氣與水的流動呈現逆向流動，吸入式逆流形冷卻水塔的優點爲：

(a) 逆流式安排，有較佳的熱力效率。

(b) 冷卻水塔內的氣流分布較好。

缺點爲：

(a) 風扇操作在較高溫且較潮濕的空氣中，比較容易產生問題。

(b) 風扇位置通常比較不容易接近，維修與保養較困難。

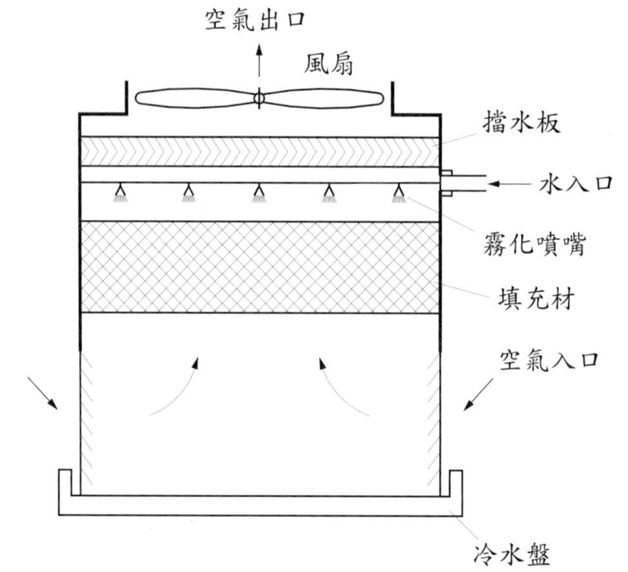

圖17-5　吸入式逆流形冷卻水塔

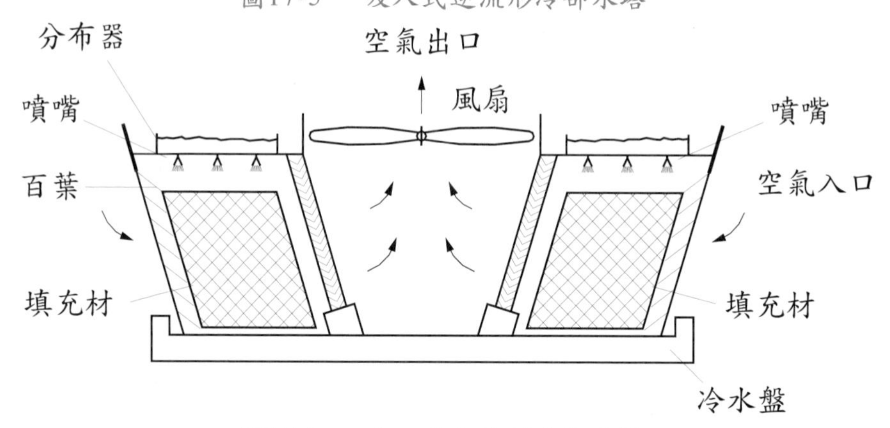

圖17-6　吸入式交流形冷卻水塔

3. 吸入式交流型(induced-draft cross flow)：空氣與水的流動呈現交錯流動，典型的吸入式交流型式如圖17-6所示，一般交流式的設計風速上限在1.8~4.0 m/s 間(ASHRAE 2004)，交流式的主要優點爲重量比較輕，缺點爲

(a) 效率較差。

(b) 水流分布較差。

另外，同樣能力下，交流式水塔的高度比較低；因此，交流式設計特別適合在大容量的系統上。

4. 逆流式自然對流驅動型 (natural draft counterflow)：藉由卻水塔本身的高度差異造成空氣密度的差來驅動空氣的流動，典型的形式如圖17-7所示；其主要優點爲逆流式安排，有較佳的熱力效率；但缺點爲：

   (a) 高度甚高。

   (b) 排出的濕空氣量甚多，可能造成當地天候的變化。

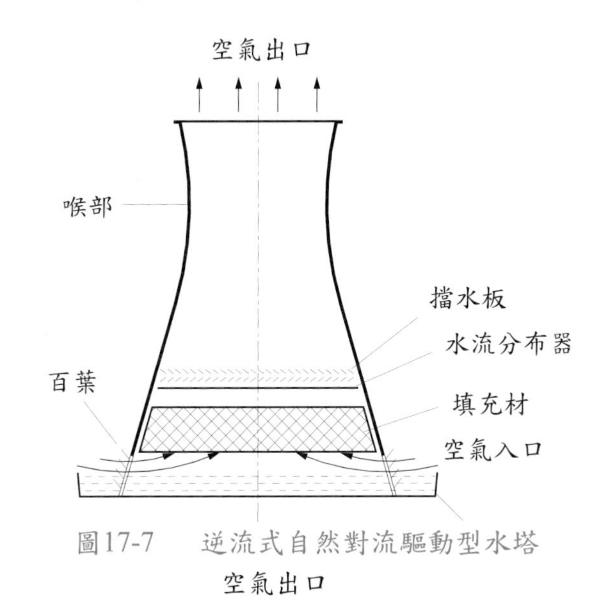

圖17-7　逆流式自然對流驅動型水塔

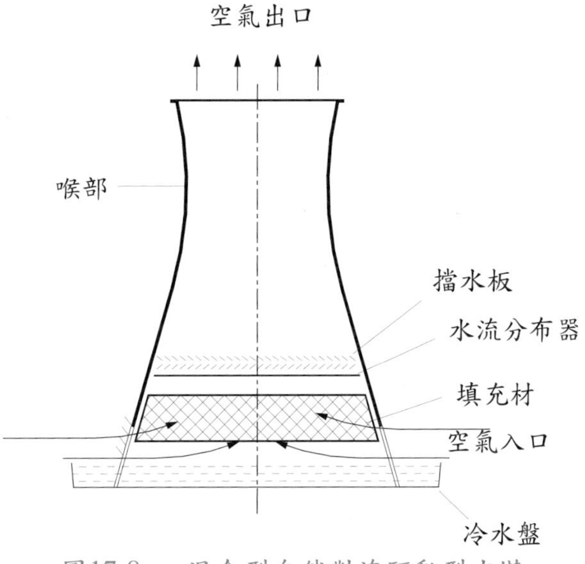

圖17-8　混合型自然對流驅動型水塔

5. 混合型自然驅動型水塔 (natural draft mixed flow)：如圖17-8所示，空氣入口的百葉與填充材呈現部份交流的特性，所以此型水塔爲逆流與交流的混合體，通常爲彌補效率不如逆流安排的缺點，入口風速會適度提高，此型水塔具備逆流與交流的優缺點。
6. 交流式自然對流驅動型冷卻水塔(natural draft cross-flow)：如圖17-9所示，填充材置於水塔的底部，空氣與填充材爲交錯式安排， 其優點爲容易處理分布器與填充材，清理與保養較沒問題 ，且相對高度較低；缺點爲效率較差。

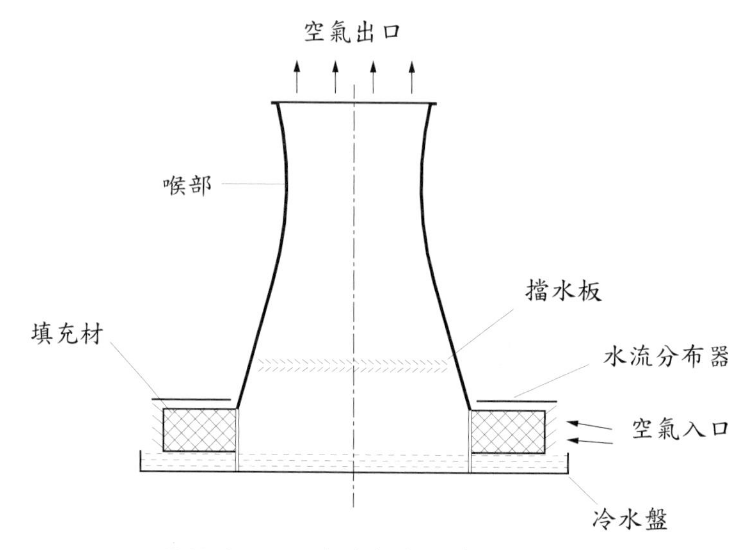

圖17-9　交流型自然對流驅動型水塔

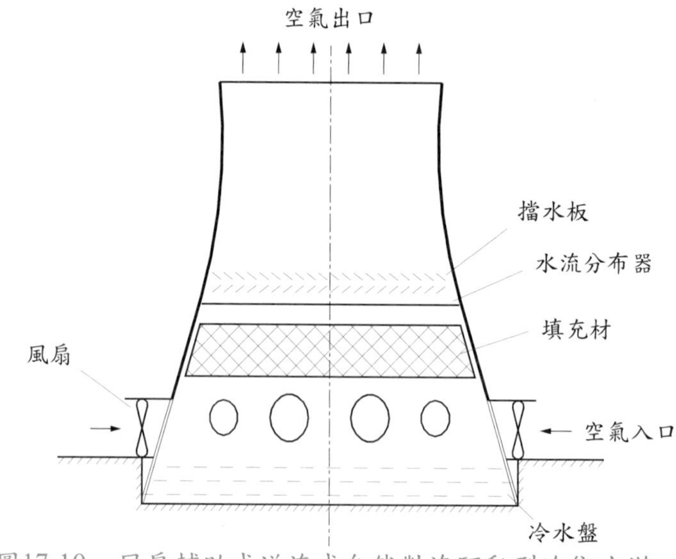

圖17-10　風扇輔助式逆流式自然對流驅動型冷卻水塔

7. 風扇輔助式逆流式自然對流驅動型冷卻水塔(assisted draft counterflow)：此型設計採用輔助型風扇(如圖17-10所示)，當氣候炎熱時，藉由風扇的強制帶動效應，以紓解自然對流的不足；如果天氣狀況許可，通常會適度關閉一些風扇以節省能源，不過，輔助風扇的設計不適用在很高的冷卻水塔設計，而且風扇或多或少會產生噪音，可能會引起另外的問題。
8. 風扇輔助式交流式自然對流驅動型冷卻水塔(assisted draft cross-flow)：如圖17-11所示，風扇通常置於填充材與水塔之間，由於風扇的安排並不是與大氣直接接觸，所以噪音的問題比較小，但是交流式的安排會造成效率較低，而且風扇直接與濕空氣接觸，問題較多。

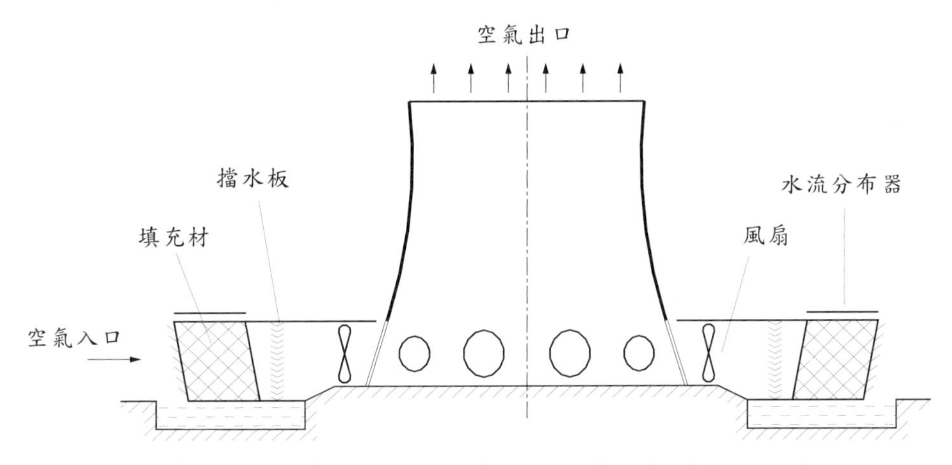

圖17-11 風扇輔助式交流式自然對流驅動型冷卻水塔

17-2 冷卻水塔的熱流分析

17-2-1 冷卻水塔的熱流分析

冷卻水塔主要的目的在藉由空氣來冷卻水，因此熱流設計上主要考量的幾個重要物理量為：

$\dot{m}_a$ ：空氣流量

$\dot{m}_L$ ：冷卻水流量

$T_{L,in}$：冷卻水入口溫度(熱)

$T_{L,out}$：冷卻水出口溫度(冷)

T_{WB}：濕球溫度

T_{DB}：乾球溫度

P_a：大氣壓力(常為一大氣壓)

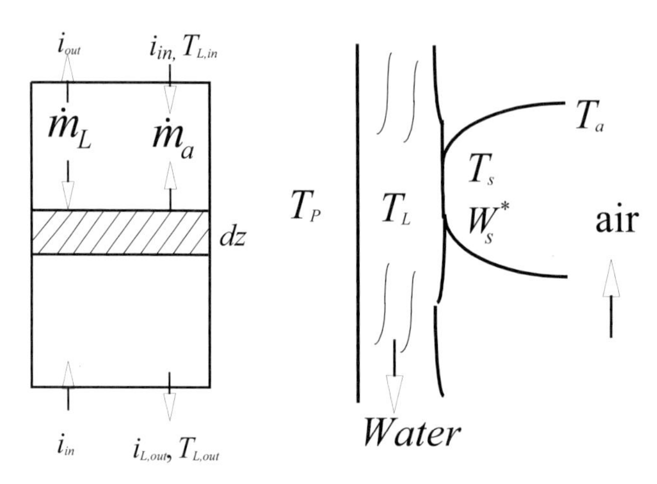

圖17-12　逆向冷卻水塔熱流分析示意圖

設計習慣上，水溫常會使用溫度差(Range = $\Delta T_L = T_{L,in} - T_{L,out}$)與溫度差距(Approach = $T_{DB} - T_{WB}$)；設計上最重要的參數為冷卻水量與空氣流量的比值 $\phi\left(=\dot{m}_L/\dot{m}_a\right)$，一旦獲得此值，由於冷卻水量為已知，因此空氣流量便可算出，接下來才能由空氣的流量去進行冷卻水塔的大小、形狀、壓損與風車選取的設計。

冷卻水塔最常使用的分析方法為墨客法(The Merkel Method)，係由墨客在1925年提出，該法適用於逆向流動的冷卻水塔，墨客法主要的目的在決定冷卻水量與空氣流量間的比值，由於冷卻水塔的熱流推導過程與第六章的濕盤管甚為類似，讀者可以參第六章的詳細推導過程，這裡不在贅述；由式6-36可知：

$$dQ = \frac{h_{c,o}dA_o}{c_{p,a}}\left(i - i_w\right) \tag{6-36}$$

再根據路易關係式(Lewis relation)，

$$Le = \frac{h_{c,o}}{h_{D,o}c_{p,a}} \approx 1 \tag{6-26}$$

所以式6-36可改寫成

$$dQ = h_{D,o}\left(i - i_a\right)dA_o \tag{17-1}$$

在冷卻水塔的應用上，通常使用的填充材的安排甚爲密集，因此填充材的資料多爲單位體積下的有效總面積(與第十六章介紹的直接接觸熱交換觀念相同)，因此式17-1可以改寫成：

$$dQ = h_{D,o}a\left(i - i_a\right)dV \tag{17-2}$$

其中 a 爲的單位體積下的有效界面面積(m^2/m^3)，考慮如圖17-12所示，水在界面上的蒸發現象，由於水量蒸發的量與水的流量相比甚小，因此能量的平衡如下：

$$\therefore dQ = \dot{m}_a di = \dot{m}_L c_{p,L} \cdot dT_L \tag{17-3}$$

因此，式17-2可以改寫如下(請注意積分的端點值，由於逆向流的安排，所以空氣入口側爲冷卻水的出口側)：

$$\frac{h_{D,o}aV}{\dot{m}_L} = \int_{T_{L,out}}^{T_{L,in}} \frac{c_p}{i - i_a} dT \tag{17-4}$$

或

$$\frac{h_{D,o}aV}{\dot{m}_a} = \int_{i_{a,in}}^{i_{a,out}} \frac{di}{i - i_a} \tag{17-5}$$

在冷卻水塔的設計習慣上，式17-4的積分結果稱之爲NTU (number of transfer unit)，不過這個NTU與先前介紹的熱交換器設計的NTU只是形式上類似，$\frac{h_{D,o}aV}{\dot{m}_L}$ 或 $\frac{h_{D,o}aV}{\dot{m}_a}$ 代表冷卻水塔的「能力尺寸」，一旦冷卻水塔的質傳特性$h_{D,o}a$ 爲已知，則冷卻水塔的尺寸大小便可算出，此一質傳特性與填充材形狀、安排與流動特性有關，這個積分值代表平均的焓差變化到單位水側溫度的變化；此一積分值或稱之爲墨客積分(Merkel Integral, I_M)，亦稱之充填函數(packing function)，讀者要特別注意，墨客積分內的 i 爲水與空氣界面溫度下對應的空氣飽和焓值(不是水的焓值！)，墨客積分的決定，可參考圖17-13的說明，當外界環境的壓力固定(例如是一大氣壓)，i 與水溫(或是水的焓i_L)的關係可由圖17-13來說明，請注意圖17-13並非我們一般習知的空氣線圖，主要是代表空氣與界面上的驅動勢(driving potential)與冷卻水焓間(或冷卻水溫度)的關係，由式17-3可知：

$$\phi = \frac{\dot{m}_L}{\dot{m}_a} = \frac{di}{di_L} = \frac{di}{c_{p,L} \cdot dT_L} \tag{17-6}$$

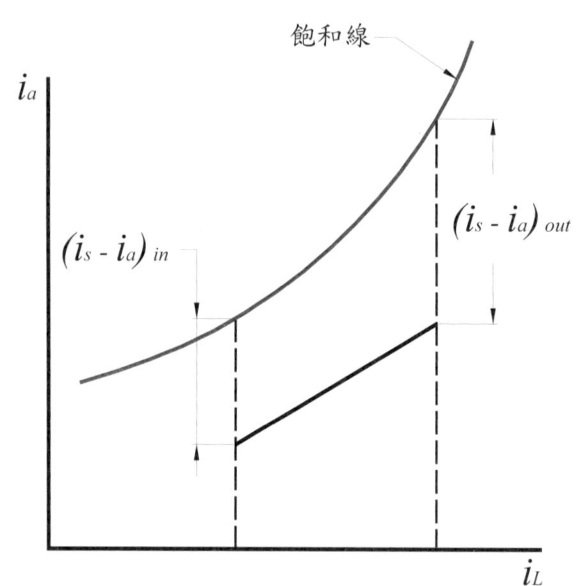

圖17-13　空氣與界面上的驅動勢(driving potential)與冷卻水焓間的關係

式17-4或17-5的積分計算，可以使用任何合適的積分法，美國冷卻水塔協會(CTI, 1967)則建議使用Tchebycheff 4點快速積分法來計算，計算過程說明如下：

$$\int_{x_i}^{x_e} y dx = \frac{(x_e - x_i)}{4}(y_1 + y_2 + y_3 + y_4) \tag{17-7}$$

其中

y_1 爲 $x = x_i + 0.1(x_e - x_i)$時的y值

y_2 爲 $x = x_i + 0.4(x_e - x_i)$時的y值

y_3 爲 $x = x_i + 0.6(x_e - x_i)$時的y值

y_4 爲 $x = x_i + 0.9(x_e - x_i)$時的y值

因此，式17-4的積分結果可表示如下(積分由空氣入口處到處口處，但由於空氣與水爲逆向流動安排設計，因此積分的水溫度是由水出口到水入口)：

$$\int_{T_{L,out}}^{T_{L,in}} \frac{c_p}{i - i_a} dT = \frac{T_{L,in} - T_{L,out}}{4}\left(\left.\frac{c_p}{i - i_a}\right|_{T=T_1} + \left.\frac{c_p}{i - i_a}\right|_{T=T_2} + \left.\frac{c_p}{i - i_a}\right|_{T=T_3} + \left.\frac{c_p}{i - i_a}\right|_{T=T_4} \right) \tag{17-8}$$

其中

$$T_1 = T_{L,in} + 0.1(T_{L,out} - T_{L,in}) \tag{17-9}$$

$$T_2 = T_{L,in} + 0.4(T_{L,out} - T_{L,in}) \tag{17-10}$$

$$T_3 = T_{L,in} + 0.6(T_{L,out} - T_{L,in}) \tag{17-11}$$

$$T_4 = T_{L,in} + 0.9(T_{L,out} - T_{L,in}) \tag{17-12}$$

由於冷卻水塔的操作過程中，$\dot{m}_L$ 與 $\dot{m}_a$ 爲固定值，故其比值ϕ亦爲定值，因此：

$$di = \phi \cdot di_L = \phi \cdot c_{p,L} \cdot dT_L \tag{17-13}$$

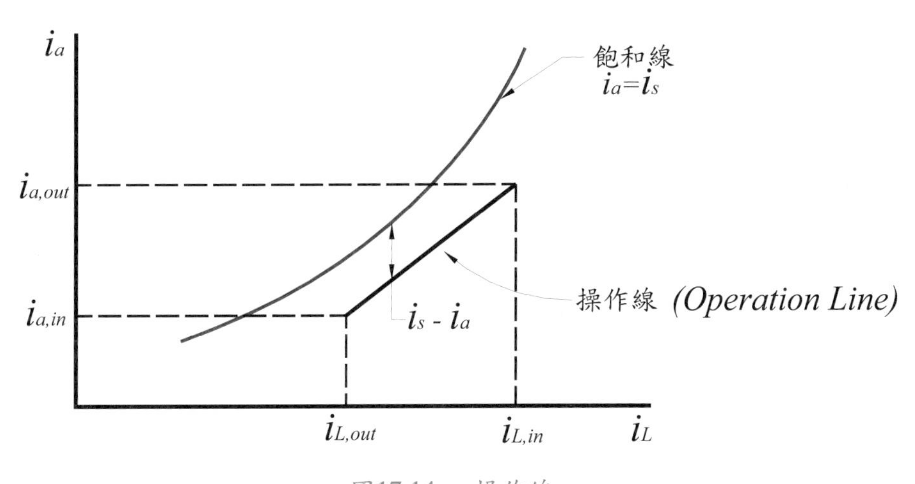

圖17-14　操作線

此意味空氣焓值的變化與ϕ成正比，且與水溫的變化成正比，故圖17-14中，空氣焓值對水溫變化呈直線的比例關係，此一關係稱之爲操作線(operation line)，一般而言，在冷卻水塔的設計上，冷卻水的進出口條件通常會給定，例如進口溫度爲35°C出口溫度爲30°C，冷卻水塔設計者主要在於調整合適的水量與空氣流量的比值與冷卻水塔的大小以符合設計上的需求，由於水的c_p 可視爲定值，因此圖17-14的橫座標也可以使用水溫T_L如圖17-15所示，其中進出口水溫的變化稱之爲範圍(range)，而進口水溫與進口濕球溫度的差，稱之爲approach，有經驗的讀者可以發現美國冷卻水塔協會提供的完整的墨客積分性能圖表，就是以進口濕球溫度與approach來表示；在設計上，此一比值ϕ 越大，可預期的空氣通過冷卻水塔後的濕度也就會越高，由於出口的相對溼度的極限值爲100%的相對溼度，因此設計上的ϕ值不可能出現出口的相對溼度超過100%，因此，設計尚在變動調整ϕ時，要特別注意是否超過極限，通常合理的設計值多在1.0上下；如果設計上出現如圖17-16中操作線與飽和線交叉的現象時，則冷卻水塔的出口就會出現「噴霧」的現象；這是冷卻水塔設計上必須避免的，相反的，如過此一比值ϕ趨近於零時，則代表操作線爲水平線，代表空氣的流量驅近無限大，也就是冷卻水塔的尺寸最小，可是卻需要無窮大的風扇馬力；當ϕ增加時，則代表增加水塔的高度要增加而水塔的寬度尺寸可以適度縮小，故合理的設計必須取得尺寸大小與風扇壓降兩者間的平衡；墨客積分的最主要功用在於調整合適的ϕ並搭配填充材的高度以符合設計上的需求。

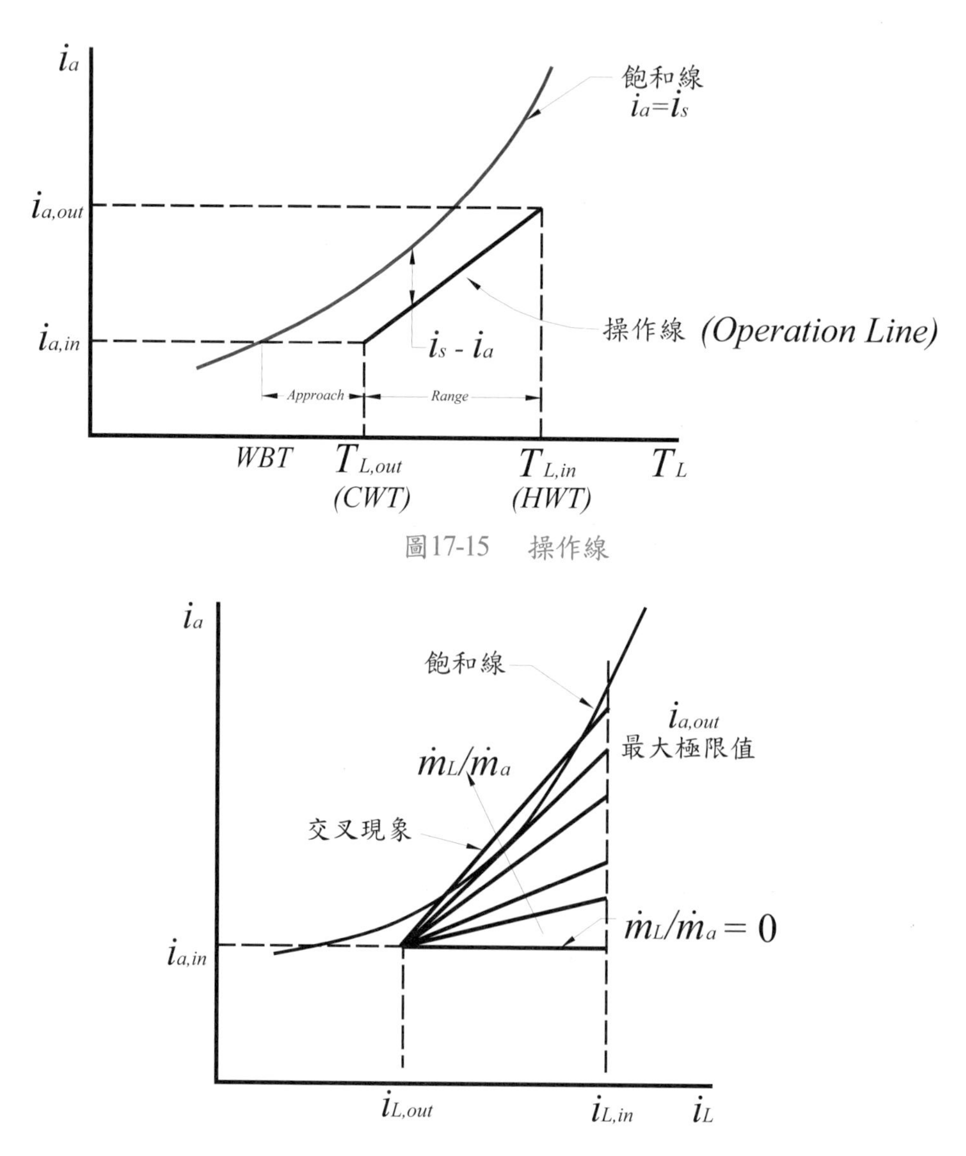

圖17-15　操作線

圖17-16　冷卻水塔與ϕ的關係

例17-2-1：一冷卻水塔的入水條件爲32 °C而回水的溫度爲27 °C，外氣的溫度爲35 °C而溼球溫度爲24 °C，$\phi = \dfrac{\dot{m}_L}{\dot{m}_a} = 1.2$，試計算該條件下的NTU值。

17-2-1 解：

由於空氣與水逆向流動且入口的濕球溫度爲24°C，且$\phi = \dfrac{\dot{m}_L}{\dot{m}_a} = 1.2$，所以由式17-13可知$\Delta i = \phi c_p \Delta T_L$，水的$c_p \approx 4.18$ kJ/kg·K，由於水的入口溫度爲32°C而出口爲27 °C，故相關的計算結果如下表所示：

表17-1 例17-1計算結果

T(°C)	i_s	i_a (= $i_{a,in}$+ $\phi c_p \Delta T_L$) kJ/kg	Δi (= $i_s - i_a$)	$1/\Delta i$
$T_{L,out}$ = 32				
T_1 = 32+0.1(27−32) = 31.5	108.14	72.38+1.2×4.18×(0.9×(32−27) =94.95	108.14−94.95 =13.19	0.07581
T_2 = 32+0.4(27−32) = 30	100.00	72.38+1.2×4.18×(0.7×(32−27) =87.43	100.00−87.43 =12.57	0.07951
T_3 = 27+0.4(27−32) = 29	94.88	72.38+1.2×4.18×(0.4×(32−27) =82.41	94.88−82.41 =12.47	0.08022
T_4 = 27+0.1(27−32) = 27.5	87.60	72.38+1.2×4.18×(0.1×(32−27) =74.89	87.60−74.89 =12.71	0.07865
$T_{L,in}$ = 27	85.28	72.38		

$$\int_{T_{L,out}}^{T_{L,in}} \frac{c_p}{i-i_a} dT = \frac{T_{L,in} - T_{L,out}}{4}\left(\left.\frac{c_p}{i-i_a}\right|_{T=T_1} + \left.\frac{c_p}{i-i_a}\right|_{T=T_2} + \left.\frac{c_p}{i-i_a}\right|_{T=T_3} + \left.\frac{c_p}{i-i_a}\right|_{T=T_4} \right)$$

$$= \frac{32-27}{4}\left(\frac{4.18}{13.19} + \frac{4.18}{12.57} + \frac{4.18}{12.47} + \frac{4.18}{12.71} \right)$$

$$= 1.642$$

17-3 冷卻水塔的特性方程式

在17-2中，筆者介紹了*NTU*積分計算方法，單單這個積分結果並不能夠讓設計者去設計冷卻水塔，如同前面章節的介紹，要進一步去設計冷卻水塔，同樣缺少了「東風」，冷卻水塔的「東風」就是質傳係數與壓降係數(與熱傳係數與摩擦因子同)，可想而知，冷卻水塔的水塔特性主要與填充材的形式有關，水塔的特性可分爲兩部份來說明而，即質傳特性與壓降特性，此一特性與$\phi = \frac{\dot{m}_L}{\dot{m}_a}$有關，許多研究均以$\phi$爲主要自變數以整理出單位長度的填充材的質傳特性的關係式，這個單位長度的填充材的質傳特性，即$h_{D,o}a/G_L$，可由式17-4改寫而來而來，過程如下：

$$\frac{h_{D,o}aV}{\dot{m}_L} = \frac{h_{D,o}aA_{fr}H}{\dot{m}_L} = \frac{h_{D,o}aH}{\frac{\dot{m}_L}{A_{fr}}} = \frac{h_{D,o}aH}{G_L} \tag{17-14}$$

其中A_{fr}爲填充材的進口截面積，而水塔特性通常可由實驗測試整理後歸納出如下的關係式：

$$\frac{h_{D,o}a}{G_L} = a_d\left(\frac{G_L}{G_a}\right)^{-b_d} \tag{17-15}$$

$$K = a_p\left(\frac{G_L}{G_a}\right) + b_p \tag{17-16}$$

其中 K 爲單位長度的壓損係數，空氣通過冷卻水塔的總壓降可計算如下：

$$\Delta P = KH\frac{\dot{m}_a^2}{2\rho_{a,m}} \tag{17-17}$$

b_d的範圍通常在0.35~1.1間，但平均而言大概在0.55~0.65間，因此如果不知確切的數值，可以0.6一值來估算，Kröger (1998)根據式17-14與17-15方程式的形式整理文獻出a_d、 b_d、a_d、b_d的數值，如表17-2所示，請注意其中填充材的形式與參考幾何尺寸的參考圖面爲圖17-2；另外請特別注意，表17-2僅適用逆向流動的冷卻水塔，交流式的冷卻水塔不可使用此表。

表17-2　逆向流動冷卻水塔使用圖17-2填充材的a_d、b_d、a_d、b_d值 (資料來源：Kröger 1998)

編號	說明	圖17-2的填充材形式	填充材參數尺寸 (m)				質傳係數		壓降係數	
			a_a	P_a	P_t	P_l	a_d	b_d	a_p	b_p
1	Triangular splash bar	a	Staggered		0.1524	0.2286	0.295	0.50	2.62	5.00

編號	說明	圖17-2的填充材形式	填充材參數尺寸(m) a_a	P_a	P_t	P_l	質傳係數 a_d	b_d	壓降係數 a_p	b_p
2	Triangular splash bar	a	Staggered		0.1524	0.1524	0.3084	0.50	2.73	9.15
3	Triangular splash bar	a	Staggered		0.1524	Altern 0.1270 0.3302	0.3150	0.45	1.57	4.5
4	Triangular splash bar	a	Staggered		0.1524	0.3048	0.246	0.42	1.89	3.0
5	Triangular splash bar	a	Staggered		0.1143	0.4572	0.236	0.47	2.16	3.75
6	Flat asbestos sheets	c			0.0444		0.2887	0.70	0.725	1.37
7	Flat asbestos sheets	c			0.0381		0.361	0.72	0.936	1.30
8	Flat asbestos sheets	c			0.0318		0.394	0.76	0.77	1.70
9	Flat asbestos sheets	c			0.0254		0.459	0.73	0.89	1.70
10	Triangular splash bar (Bar upside down)	a	Staggered		0.1524	0.2286	0.276	0.49	4.15	6.35
11	Corrugated asbestos sheets	d	0.054	0.1461	0.0445		0.69	0.69	1.93	7.80
12	Corrugated asbestos sheets	d	0.054	0.1461	0.03175		0.72	0.61	3.61	8.10
13	Corrugated asbestos sheets	d	0.054	0.1461	0.0572		0.59	0.68	1.39	1.50
14	Corrugated asbestos sheets	e	ad = 0.054	Pb = 0.1461	0.0445		0.36	0.66	1.93	0.44
15	Corrugated asbestos sheets	f	0.054	0.1461	0.0254		0.56	0.58	1.74	12.4
16	Triangular splash bar	b	In line		0.1016	0.2032	0.24	0.52	2.51	0.35
17	Triangular splash bar	b	Staggered		0.1016	0.2032	0.29	0.55	2.18	1.55
18	Triangular splash bar	b	Staggered		0.1016	0.2540	0.26	0.58	1.69	1.45
19	Triangular splash bar	b	In line		0.1016	0.2540	0.24	0.54	1.61	1.45
20	Triangular splash bar	b	Staggered		0.1016	0.1950	0.31	0.53	2.35	1.50
21	Triangular splash bar	b	Staggered		0.1016	0.1524	0.632	0.54	2.32	2.80
22	Triangular splash bar	b	Staggered		0.1270	0.2032	0.31	0.46	2.10	1.30
23	Triangular splash bar	b	Staggered		0.0508	0.1524	0.61	0.65	4.08	11.0
24	Triangular splash bar	b	Staggered		0.1270	0.1905	0.31	0.49	2.59	1.00
25	Triangular splash bar	b	Staggered		0.1524	0.1905	0.29	0.47	2.64	0.60
26	Asbestos louvers	g	0.0254	0.1461	0.0254	0.2731	0.67	0.70	1.08	7.55
27	Asbestos louvers	g	0.0254	0.1461	0.0254	0.1715	0.94	0.68	2.78	12.0
28	Asbestos louvers	g	0.0254	0.1461	0.0254	0.5271	0.39	0.69	1.06	4.30

編號	說明	圖17-2的填充材形式	填充材參數尺寸(m)				質傳係數		壓降係數	
			a_a	P_a	P_t	P_l	a_d	b_d	a_p	b_p
29	Asbestos louvers	g	0.0254	0.1461	0.0254	0.4001	0.51	0.67	1.41	5.05
30	Asbestos louvers	g	0.0381	0.1334	0.0254	0.1588	1.15	0.66	3.71	25.0
31	Asbestos louvers	g	0.0381	0.1334	0.381	0.1588	0.81	0.66	4.04	17.6
32	Asbestos louvers	g	0.0381	0.1334	0.381	0.3874	0.55	0.65	2.55	11.5
33	Asbestos louvers	g	0.0381	0.1334	0.381	0.5144	0.33	0.63	2.22	6.20
34	Rectangular splash bar	h	$L_t =$ 0.05		0.2032	0.2286	0.28	0.52	2.08	5.40
35	Rectangular splash bar	h	$L_t =$ 0.05		0.2032	0.3048	0.26	0.53	1.90	3.40
			Corrugations horizontal		Corrugations vertical					
36	Corrugated asbestos sheets	i	0.0540	0.1461	$a_b =$ 0.0540	$P_b =$ 0.1461	0.61	0.73	1.82	9.70
37	Corrugated asbestos sheets	i	0.0270	0.0730	0.0270	0.0730	1.01	0.80	2.75	24.6
38	Corrugated asbestos sheets	i	0.0270	0.0730	0.0540	0.1461	0.68	0.79	1.90	8.0
39	Corrugated asbestos sheets	i	0.0540	0.1461	0.0270	0.0730	0.81	0.79	3.18	31.2
40	Corrugated asbestos sheets	i	0.0603	0.1778	0.0603	0.1778	0.53	0.71	2.71	10.8
41	Corrugated asbestos sheets	I	0.0270	0.0730	0.2220	0.0746	0.44	0.72	2.60	3.60

有了表17-2的「東風」後，接下來讀者要如何來設計冷卻水塔呢？這個問題我們要從兩個方面說起，首先，先前已經有說明，冷卻水塔設計最重要的兩個參數是 $\phi = \frac{\dot{m}_L}{\dot{m}_a}$ 與冷卻水塔的體積大小(或是水塔的高度H，如果水塔的截面積爲已知)，然而更實際的來講，一般冷卻水流量可能爲已知(例如空調主機系統的設計已確定，冷卻水塔的目的僅在於完成冷凝器水側的散熱量)，在上一個章節中，我們介紹當空氣的進口濕球條件與 $\phi = \frac{\dot{m}_L}{\dot{m}_a}$ (或是G_L/G_a)固定時，可以算出這個條件下的所需要的NTU，由於一般設計上的濕球溫度均爲給定，因此真正的彈性在於變動 $\phi = \frac{\dot{m}_L}{\dot{m}_a}$ 以滿足設計上的需求，因此我們可變動 $\phi = \frac{\dot{m}_L}{\dot{m}_a}$ 算出冷卻水塔在濕球溫度固定時所需要的NTU的曲線，如圖17-17所示，稱之爲所需要的水塔係數(tower coefficient)；接下來，吾人可依據表17-2所提供的水塔特性，算出該水塔質傳特性 $\frac{h_{D,o}aH}{G_L}$ 與 $\phi = \frac{\dot{m}_L}{\dot{m}_a}$ (或是 G_L/G_a)間的關係，稱之爲水塔可用的係數(available coefficient)，兩條曲線的交點即是這個水塔的設計點，由這個設計點，

我們可變化水塔的設計高度H並同時取得G_L/G_a的設計值；這裡要特別提醒讀者，需要的水塔係數會隨著進口的濕球溫度改變而不同，然而水塔的可用的係數則不然，簡單來說就是水塔的質傳特性與濕球溫度無關。接下來，以一個實際設計案例來說明冷卻水塔的設計。

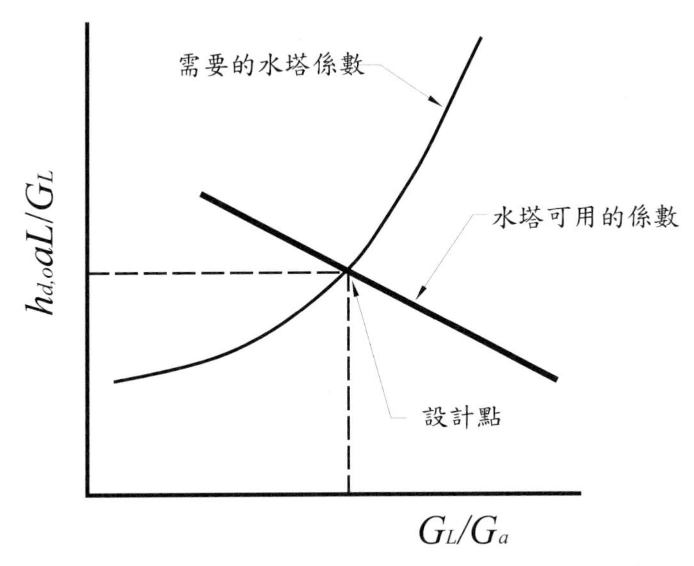

圖17-17　冷卻水塔所需要的水塔係數與可用的水塔係數

例17-3-1： 同例17-2-1，假設冷卻水塔的填充材型式爲表的17-2中的Triangular splash bar(編號1)，水塔的高度爲6 m，試計算設計的$\phi = \frac{\dot{m}_L}{\dot{m}_a}$值與該設計條件下的壓損。

17-3-1 解：

由例17-1中，$\phi = \frac{\dot{m}_L}{\dot{m}_a} = 1.2$，可算出相對的NTU值(即$\frac{h_{D,o}aV}{\dot{m}_L}$)，因此，我們可以變動$\phi$值，算出不同條件下的$NTU$如下：

ϕ	NTU
0.4	1.052
0.6	1.146
0.8	1.265
1.0	1.422
1.2	1.641
1.4	1.982
1.6	2.626

由式17-15與表17-2編號1的水塔特性方程式可知

$$\frac{h_{d,o}a}{G_L} = a_d\left(\frac{G_L}{G_a}\right)^{-b_d} = 0.295\left(\frac{G_L}{G_a}\right)^{-0.5} \tag{17-18}$$

再由式17-14

$$\frac{h_{D,o}aV}{\dot{m}_L} = \frac{h_{D,o}aH}{G_L} = 0.295H\left(\frac{G_L}{G_a}\right)^{-0.5} = 0.295\times 6\times\left(\frac{G_L}{G_a}\right)^{-0.5} = 1.77\left(\frac{G_L}{G_a}\right)^{-0.5} \tag{17-19}$$

同樣的，針對式17-19對ϕ來計算，可得下表

ϕ	NTU
0.4	2.799
0.6	2.285
0.8	1.979
1.0	1.77
1.2	1.616
1.4	1.496
1.6	1.399

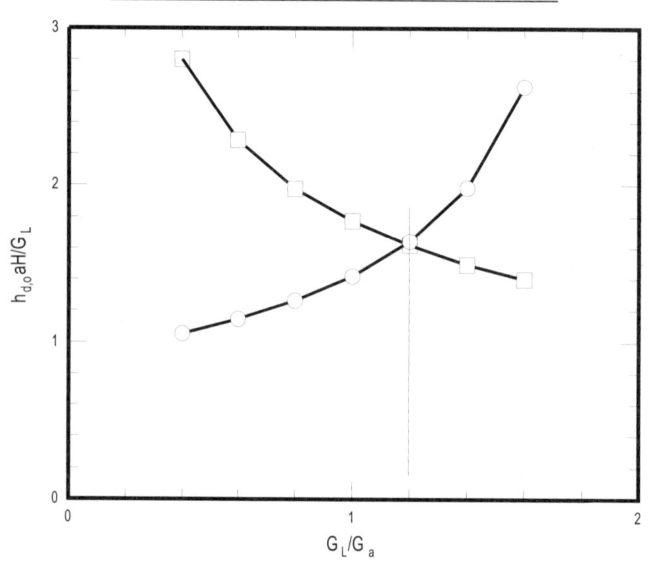

圖17-18　例17-2計算結果圖示

因此，可算出如圖17-18的結果，由圖中可知合理的設計$\phi \approx 1.2$，而其相對的壓損可計算如下：

$$K = a_p\left(\frac{G_L}{G_a}\right) + b_p = 2.62\times 1.2 + 5 = 8.144$$

$$\Delta P = KH\frac{\dot{m}_a^2}{2\rho_{a,m}} = 8.144\times 6\times G_a^2$$

此一壓損值與空氣的流量有關。

17-4 交流式冷卻水塔的設計計算流程

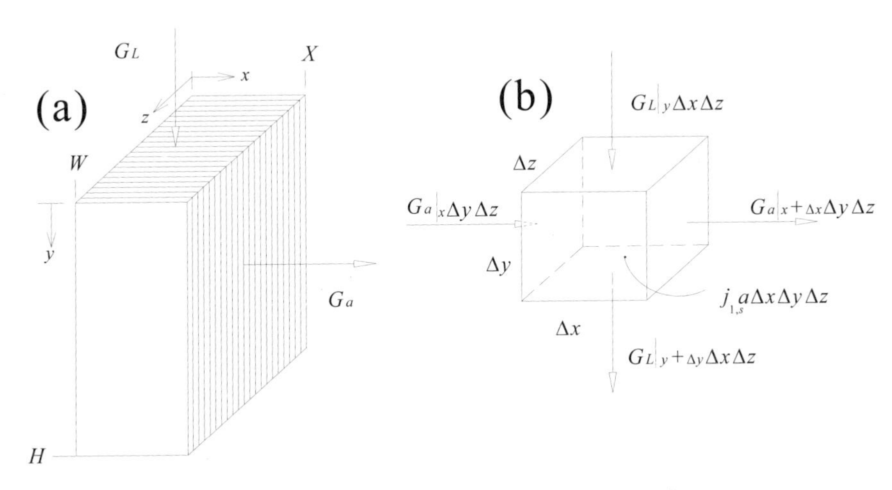

圖17-19 交流式冷卻水塔數學模擬模式

在先前的介紹中，除了最常見逆流式水塔外，在大型水塔的製作上，交流式的設計可搭配建物設計，降低高度並可依容量大小並連使用，而且所需的風扇功率較低，交流式水塔常搭配濺灑式的填充材，工業上的使用也非常普遍，不過投資成本比逆流式爲高，然而相較於逆流式水塔分析，交流式水塔的分析必須藉由借助二維的計算模式，雖然計算邏輯不難，但必須藉由程式來運算，以圖17-19(a)爲例，其中橫座標爲x，代表空氣流動的方向，而縱座標爲y代表冷卻水流動的方向。考慮如圖17-19(b)在$dxdydz$小區塊中的質能平衡，式17-1與17-2的能量平衡基本上還是適用的：

空氣側的質量平衡

$$\left(G_a\big|_{x+dx} - G_a\big|_x\right)dydz = j_{1,s}adxdydz \tag{17-20}$$

上式中的$j_{1,s}$爲通過氣液體交接面的質通量($j_{1,s} = h_{D,o}(W-W_s)$，見第六章)；式17-20以泰勒展開式展開，當$dx, dy, dz \rightarrow 0$時，上式除上單位體積$dxdydz$可得：

$$\frac{\partial G_a}{\partial x} = aj_{1,s} \tag{17-21}$$

同樣的，冷卻水的質量平衡如下：

$$\left(G_L \big|_{y+dy} - G_L \big|_{y} \right) dxdz = -j_{1,s} adxdydz \tag{17-22}$$

即

$$\frac{\partial G_L}{\partial y} = -aj_{1,s} \tag{17-23}$$

考慮氣體的能量的平衡，能量的變化可分爲顯熱與潛熱變化兩部份，因此：

$$\frac{\partial G_a i_G}{\partial x} = a\left(h_G \left(T_s - T_G \right) + j_{1,s} i_{g,t} \right) \tag{17-24}$$

請注意上式中的下標s代表氣液交接面上的值，i_G爲濕空氣的焓值而$i_{g,t}$爲水蒸氣氣態的焓值而非濕空氣的焓值，(知道爲什麼嗎？這是因爲質量傳遞僅發生在水的蒸發，此一潛熱的能量傳遞當然要使用水蒸氣的焓值)。

$$\rightarrow G_a \frac{\partial i_G}{\partial x} + i_G \frac{\partial G_a}{\partial x} = a\left(h_G \left(T_s - T_G \right) + j_{1,s} i_{g,t} \right) \tag{17-25}$$

帶入式17-21

$$\rightarrow G_a \frac{\partial i_G}{\partial x} + i_G aj_{1,s} = a\left(h_G \left(T_s - T_G \right) + j_{1,s} i_s \right) \tag{17-26}$$

$$\begin{aligned}
\rightarrow G_a \frac{\partial i_G}{\partial x} &= a\left[h_G \left(T_s - T_G \right) + h_{D,o} \left(W - W_s \right)\left(i_{g,t} - i_G \right) \right] \\
&= a\left[h_G \frac{c_{p,G}}{c_{p,G}} \left(T_s - T_G \right) + h_{D,o} \left(W - W_s \right)\left(i_{g,t} - i_G \right) \right] \\
&= ah_{D,o}\left[\frac{h_G}{h_{D,o} c_{p,G}} c_{p,G} \left(T_s - T_G \right) + \left(W - W_s \right)\left(i_{g,t} - i_G \right) \right] \\
&= ah_{D,o}\left[Le \times c_{p,G} \left(T_s - T_G \right) + \left(W - W_s \right)\left(i_{g,t} - i_G \right) \right]
\end{aligned} \tag{17-27}$$

這裡定義$Le = \dfrac{h_G}{h_{D,o} c_{p,G}}$，對一大氣壓附近的濕空氣而言，$Le \approx 1$ (見第六章說明)。所以上式可近似如下：

$$G_a \frac{\partial i_G}{\partial x} = a h_{D,o} \left[c_{p,G} \left(T_s - T_G \right) + \left(W - W_s \right) \left(i_{g,t} - i_G \right) \right] \tag{17-28}$$

在標準狀況下，濕空氣的焓值可以表示如下(見第六章式6-28)：

$$i_G = c_{p,G} T_G + W(2501 + 1.805 T_G) \text{ (kJ/kg)} \tag{17-29}$$

所以，在水膜溫度的飽和濕空氣焓值可表示如下：

$$i_s = c_{p,G} T_s + W_s (2501 + 1.805 T_s) \tag{17-30}$$

將式17-29減去式17-30可得

$$\begin{aligned} i_G - i_s &= c_{p,G}(T_G - T_s) + 2501(W - W_s) + 1.805 W (T_G - T_s) \\ &\approx c_{p,G}(T_G - T_s) + 2501(W - W_s) \text{ (說明：最後一項的值遠小於前二者)} \end{aligned} \tag{17-31}$$

將式17-31中的溫差部份(T_G-T_s)換成焓差，則式17-28可改寫成：

$$\begin{aligned} G_a \frac{\partial i_G}{\partial x} &= a h_{D,o} \left[\left(i_s - i_G \right) - 2501(W_s - W) + \left(W_s - W \right) \left(i_{g,t} - i_G \right) \right] \\ &= a h_{D,o} \left[\left(i_s - i_G \right) + \left(W_s - W \right) \left(i_{g,t} - i_G - 2501 \right) \right] \end{aligned} \tag{17-32}$$

我們考慮典型的冷卻水塔應用來進一步簡化式17-32，假設一個典型的冷卻條件如下：

(a) 水溫度 T_s = 37 °C

(b) 空氣的乾球溫度 T = 35 °C

(c) 相對溼度 RH = 0% (極端的假設，擴大其影響)

在這個條件下，我們可以從空氣線圖中查出(見圖6-2)

W = 0.0 kg/kg dry air

$W_s \approx$ 0.03676 kg/kg dry air

$i \approx$ 35.22 kJ/kg dry air

$i_s \approx$ 143.29 kJ/kg dry air

$i_{g,t} \approx$ 2413.14 kJ/kg

$i_s - i_G \approx$ 108.07 kJ/kg dry air

$$W_s - W = 0.03676 \text{ kg/kg dry air}$$

$$\therefore \left[\left(i_s - i_G\right) + \left(W_s - W\right)\left(i_{g,t} - i_G - 2501\right) \right]$$
$$= 108.07 + 0.03676 \times \left(2413.14 - 2501\right)$$
$$= 108.07 - 3.23$$

由上式的計算，顯然$\left(W_s - W\right)\left(i_{g,t} - i_G - 2501\right)$的貢獻遠小於$\left(i_s - i_G\right)$，因此式17-32可進一步簡化如下：

$$G_a \frac{\partial i_G}{\partial x} = a h_{D,o} \left(i_s - i_G\right) \tag{17-33}$$

即

$$\frac{\partial i_G}{\partial x} = \frac{a h_{D,o}}{G_a}\left(i_s - i_G\right) \tag{17-34}$$

同樣的，液體部份的能量平衡可表示如下：

$$\frac{\partial i_L}{\partial y} = \frac{-a h_{D,o}}{G_L}\left(i_s - i_G\right) \tag{17-35}$$

因此對交流是水塔而言，必須同時去解式17-21、17-23、17-34與17-35的一階偏微分方程式，其邊界條件為

$$\begin{cases} x = 0: & i_G = i_{G,in} \\ y = 0: & i_L = i_{L,in} \end{cases} \tag{17-36}$$

此一階偏微分方程式可寫成簡單的差分型式如下：

$$\Delta i_G = \frac{a h_{D,o}}{G_a}\left(i_s - i_G\right)\Delta x \tag{17-37}$$

$$\Delta i_L = \frac{-a h_{D,o}}{G_L}\left(i_s - i_G\right)\Delta y \tag{17-38}$$

其中

Δi_G 為空氣通過一小單元($\Delta x \Delta y \Delta z$)所增加的焓值
Δi_L 為冷卻水通過一小單元所減少的焓值
i_s為此一小單元中心的飽和濕空氣焓值

i_G為此一小單元中心的濕空氣焓值

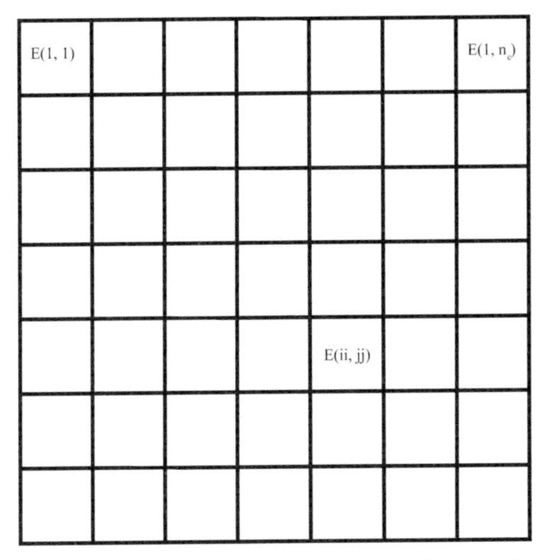

圖17-20　交流式冷卻水塔切割單元示意圖

由於水與空氣的入口狀態為已知，因此計算可先由空氣與水進口的第一個單元E(1,1)由差分方程式算出，第一行與第一列的值可依序算出；接下來可持續計算E(ii, jj)，可以一列一列的計算或一行一行的計算均可(如圖17-20所示)，因此：

$$i_G(ii+1, jj) = i_G(ii-1, jj)+\Delta i_G \quad (17\text{-}39)$$

$$i_L(ii, jj+1) = i_L(ii, jj-1) -\Delta i_L \quad (17\text{-}40)$$

在計算上，可知單元切割的愈多愈細，結果也就會比較準確，但是運算上也比較耗時，因此Fujita 與 Tezuka (1986)提出一種簡化的算法，利用逆流式冷卻水塔來計算交流式的性能，所有的計算流程都是使用逆流式的設計方法，不過其填充材的特性要修正乘上一修正係數F_0，如果K_{VP}代表填充材的特性(即$\frac{h_{D,o}aV}{\dot{m}_L}$或$\frac{h_{D,o}aV}{\dot{m}_a}$)，則：

$$F_0 = \frac{K_{VP,\text{逆向流動}}}{K_{VP,\text{交錯流動}}} = 1-0.106(1-S)^{3.5} \quad (17\text{-}41)$$

$$S = \frac{i_s\big|_{T=T_{L,out}} - i_{G,out}}{i_s\big|_{T=T_{L,in}} - i_{G,in}} \quad (17\text{-}42)$$

根據Fujita 與 Tezuka (1986)的研究指出，當空氣入口溫度在5~27°C之間而水的入口溫度在30~50°C之間時，利用此一簡化的計算流程所產生的誤差都在2%以內。

17-5 結語

冷卻水塔為一典型的直接接觸式熱交換器，其散熱模式除了將較高溫的水已顯熱傳熱給空氣外，最主要是透過水與空氣的接觸，以氣化潛熱方式將冷卻水熱能轉移給空氣，達到降低水溫的目的。冷卻水塔型式種類相當多，工業上的應用也相當的普遍，例如工廠製程冷卻、大樓水冷式空調機、發電廠等等，因為水需要回收再利用，所以需用冷卻水塔將熱傳給空氣，簡而言之，冷卻水塔是用來節省水而達到散熱效果的最佳裝置。目的是要重複循環冷卻水，達到省水的功能。本章節的目的主要在於針對常見的型式來介紹，並介紹氣熱流設計方法，讓讀者初步明瞭如何去計算與設計冷卻水塔。

主要參考資料

ASHRAE Handbook Systems and Equipment, SI ed. 2004. American Society of Heating, Refrigerating, and Air-conditioning Engineers, Inc., chapter 36.

Cooling tower institute. 1967. Cooling tower performance curves, Millican press, Texas, USA.

Fujita, T., Tezuka, S., 1986. Calculations on thermal performance of mechanical draft cooling towers. ASHRAE Transactions. 92(1A):274-287.

Hewitt, G.F., Shires, G.L., Boll, T.R. 1994. *Process Heat Transfer*. CRC press.

Hewitt, G.F., executive editor. 1998. *Heat Exchanger Design Handbook*. Begell House Inc., chapter 3.12, "Cooling Towers," by Singham J.R.，另外本書第2002年版該章節的作者為Niessen R.，內容與1998年差異甚大，前後兩版的資料都值得參考。

Kröger, D.G., 1998. *Air-cooled heat exchangers and cooling towers.*

Mills, A.F., 1995. *Heat and Mass Transfer*. IRWIN Inc.

Chapter 18

再生式熱交換器

Regenerator

18-0 前言

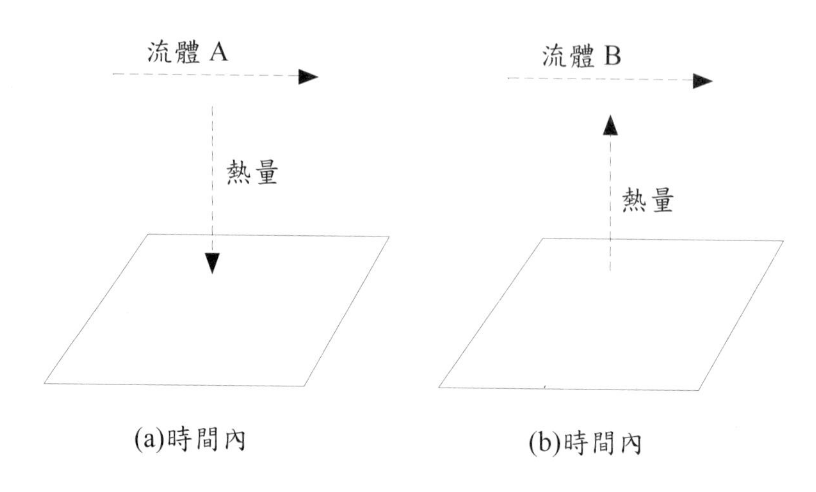

圖2-7 再生式熱交換器工作原理

在前面的章節介紹中，筆者已介紹兩種最常見的熱交換器，即回復式熱交換器與直接接觸式熱交換器，這個章節中，筆者要介紹第三類的「再生式熱交換器」(regenerator)，此種熱交換器，常應用於廢熱回收系統，如同本書第二章的介紹，這類熱交換器雖然與回復式熱交換器須透過界面(熱交換器)來傳遞熱量，但是對冷熱介質而言，其間的熱傳遞並不在同一時間發生，其傳遞方式可以本書的圖2-7來說明，這裡特別再次與已重複說明；在(a)時間內，流體A流經傳熱界面，把熱量傳至界面上，界面則將熱量儲存在熱交換器本身的材質上。在(b)時間內，儲存在界面的熱量在流體B流經時，再將熱量釋放至流體B上，也就是說此一熱交換的過程並不是在一穩定狀態下進行，而是以一週期性的變化型態在進行。由於再生式熱交換器蓄熱的特性，熱交換器的材質基本上與回復式熱交換器不同，為了能有效的儲存熱量，一般而言，熱交換的材質通常選用較大的c_p值(比熱)與較小熱傳導係數(k值)，這類熱交換器常見於高溫高熱的場所(例如玻璃工廠、鋼鐵廠等)；通常再生式熱交換器都是使用逆向流的安排(counterflow)，其主要優點如下：

(1) 可以使用相當密集的設計，其密集度可高達2000~15000 m^2/m^3，典型殼管式熱交換器僅500 m^2/m^3。由於密集度甚高，相對的熱效率也甚高，例如空氣分離與液化的應用上，熱效率常超過99%。

(2) 可以使用相當便宜的填料。

(3) 由於熱側與冷側以週期性逆向交替流動的方式通過熱交換器，因此熱交換器具備「自行清理」的特性。

(4) 接頭(header)設計比較簡單。

當然，此類熱交換器也有一些缺點如下：

(1) 由於熱側與冷側可能有相當大的壓差(4~7 bar)，因此需要使用密封的設計，以減少洩漏的問題。

(2) 相對於回覆式熱交換器，其流動方向來回的變化較爲複雜，因此流體的流動損失也比較大。

(3) 由於壓降的限制，通常熱交換器的正向面積會比較龐大。

(4) 流體流動中的夾帶物(carryover)會增加額外的流動損失，同時亦可能造成熱側與冷側流體的互相混合，促使污染的發生。

(5) 由於熱效率相當的高，$\varepsilon \approx 1$，因此熱交換器的熱容相當的大，通常設計上遠比工作流體的熱容爲大，因此再生式熱交換器僅適用於氣體的應用。

(6) 轉輪式的再生式熱交換器需要而外的支撐設計與驅動裝置。

再生式熱交換器多使用於顯熱熱交換的回收，不過，近來在空調系統上，也有相當多的設計能夠同時回收顯熱與潛熱，此類的熱交換器稱之爲全熱交換器(total heat exchanger)，本章節的介紹以顯熱再生式熱交換器爲主，主要的資料來源爲HEDH (1998)、Schmidt and Willmott (1983)、Hewitt (1994)、Kuppan (2000)、Shah and Sekulić (2003)等書。

18-1 再生式熱交換器的分類

在實際的應用上，再生式熱交換器又分爲兩類，即(a)固定床型式(Fixed bed)與(b)旋轉型式(Rotary)，固定床型式的安排可擁有一個或多個再生式熱交換器，如果熱側流體與冷側流體的操作時間不同，則可使用一個熱交換器(見圖18-1)，此類熱交換器常見於鋼鐵工業，如圖18-1所示的熱風爐(hot blast stove)，在爐體加熱週期內，由燃燒爐中的高熱空氣通過儲存熱量的爐體(見圖 18-1(a))，當溫度上升到設定要求後，加熱爐體的氣體即不再進入，此時則進入冷卻爐體的週期，較冷的氣體通入爐體升溫(見圖18-1(b))，此類熱交換設計，需要藉助閥件的切換控制，以避免熱側與冷側氣體的混合，而且由於應用在相當的高溫中，因此填料多使用磚塊之類的設計；若熱側流體與冷側流體非間歇性的操作運轉，則須使用多只熱交換器(見圖18-2)，並借用更多的控制閥件的搭配週期性的控制變化，來達到熱交換的目的；相較於轉輪式，固定床型式的優點下：

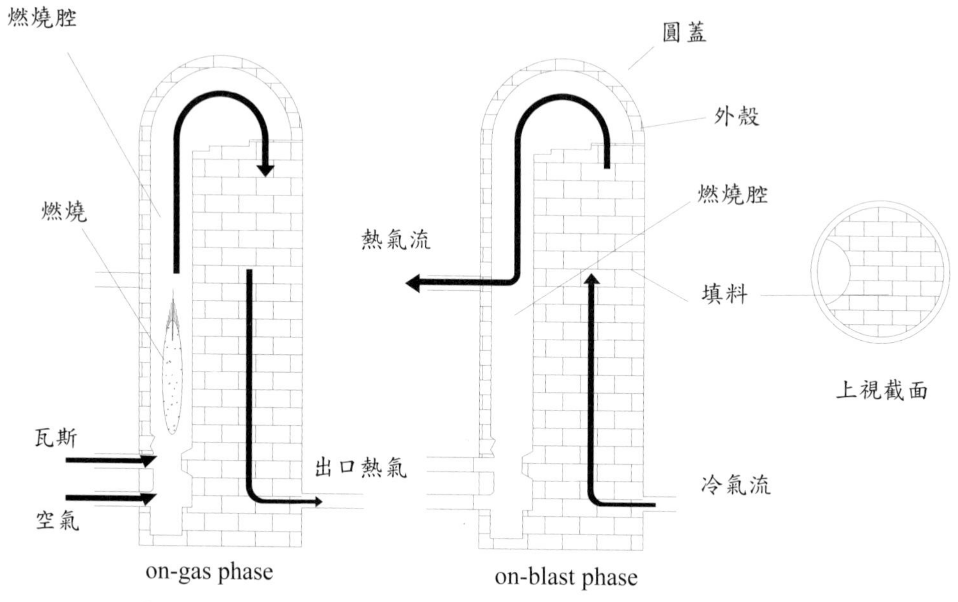

圖18-1　hot blast stove 型式之再生式交換器之工作原理

(1) 由於安排形式不像轉輪式的密集，因此熱應力的影響比較小。

(2) 由於相對不密集的安排方式，故填料比較容易移動與置換。

(3) 積垢的影響甚小。

旋轉型再生式熱交換器的設計中，與固定床型式不同，冷熱流體爲連續性的流入流出；轉輪式的安排(見圖18-3)爲常見的設計；熱側流體與冷側流體在同一時間中通過熱交換器的不同部份，藉由轉輪緩慢的旋轉，熱量或儲存或釋放到轉輪上；此類熱交換器又分爲兩種型態，即(1) Rothemule型式與(2) Ljungstrom型式；前者爲填料旋轉，後者爲銜接的覆蓋(hood)旋轉而填料本身並不旋轉(見圖18-4說明)；轉輪式熱交換器的特性如下：

(1) 相當密集的設計，通常β可達8800 m^2/m^3 (固定床型式約在1600 m^2/m^3)。

(2) 填料可使用多孔隙材質，故有效熱交換器面積相當的龐大。

(3) 非常高的熱效率。

(4) 相對於固定床型式，其操作壓力與溫度都比較低。

(5) 洩漏問題與冷熱流體間的夾帶物造成的汙染比較嚴重。

(6) 由於逆向流動的安排，熱交換器本身具備「自我清理」的功能，因此污垢的影響比較小。

(7) 由於甚小的水力直徑，流體通常在層流範圍運作。

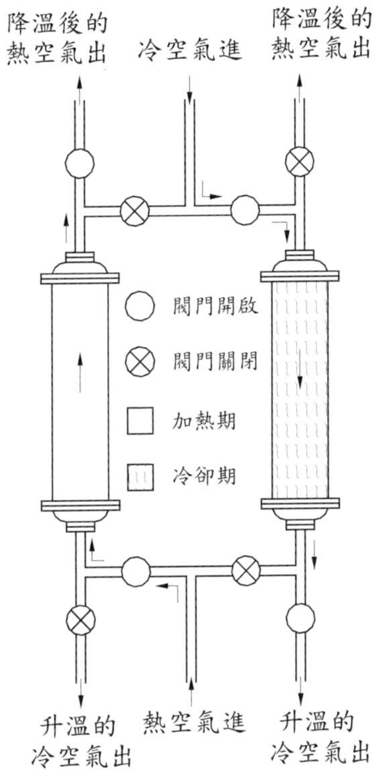

圖18-2 多只型式再生式交換器之工作原理示意圖

圖18-3 轉輪型式再生式交換器之閥件與填料(Courtesy of Eventus Inc.)

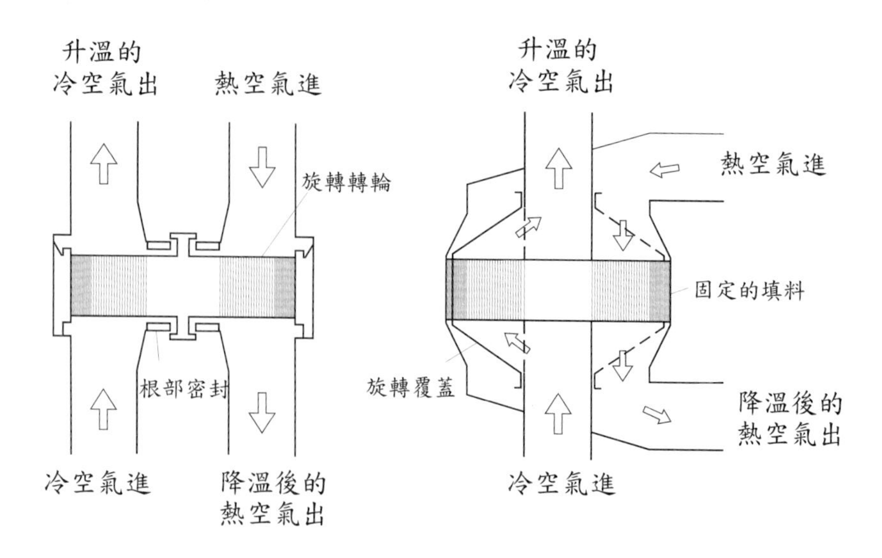

圖18-4 (a) Rothemule 型式與(b) Ljungstrom 型式轉輪式再生式交換器

18-2 再生式熱交換器之填料

再生式熱交換器的填料(packing or checkerwork)隨應用之不同而有很大的變化，在選擇上，考慮的主要因素包含(1) 溫度操作的範圍；(2) 工作氣體內所特別含有的腐蝕物質；(3) 實際應用上可以忍受的壓降。更為詳細的選擇的要點，則必須考量下列因素：

(1) 高比熱。

(2) 高密度。

(3) 高熱擴散係數。

(4) 允許可逆加熱與冷卻。

(5) 化學與幾何的穩定性。

(6) 不可燃燒，不腐蝕，且無毒性。

(7) 低蒸氣壓以避免污染。

(8) 造價便宜。

(9) 足夠的機械強度。

(10) 合適的操作溫度。

(11) 可長期操作。

目前常用的填料大致可分為三類，即(A)非全屬類；(B)金屬類；(C) PCM (phase change materials)；常見的非金屬類填料如黏土(clay)、橄欖石(olivine)、鉻黃(chrome)、菱鎂礦石(magnesite)、Fe_2O_3、混凝土(concrete)、砂礫碎石(gravel)；金屬類的填料如 gray cast irons, cast irons；通常此類金屬中都會滲入合金添加物，例如矽或鋁，雖然金屬合金的設計可以提供相當高的單位體積的熱容量，但是其造價太高，使其經濟效益相對變差，唯一的例外是轉輪式再生式熱交換器，借由矩陣式的金屬排列，可以得到相當高的面積／體積比。PCM則是最近相當受到重視的填料，其最大的優點在於PCM材料具備相當大的融熔熱(heat of fusion)，典型的PCM如硫酸銅水合物sodium sulfate decahydrate ($Na_2SO_4 \cdot 10H_2O$)與石蠟(paraffin waxes)。固定床型式熱交換器的填料安排必須能夠攔截氣流流動的夾帶物(carryover)，但同時不能阻礙流體的流動，因此常見的設計如圖18-5(a)的basket weave型式或是18-5(b)中的offset型式的安排。

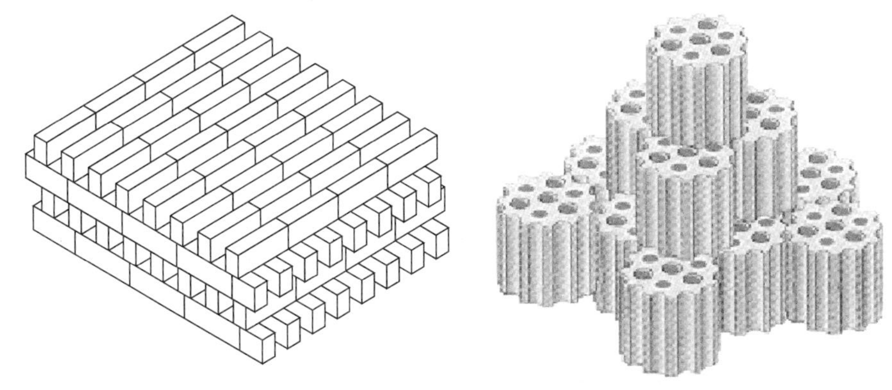

圖18-5 (a) basket weave 型式與(b) hot blast stove 填料的offset的安排型式

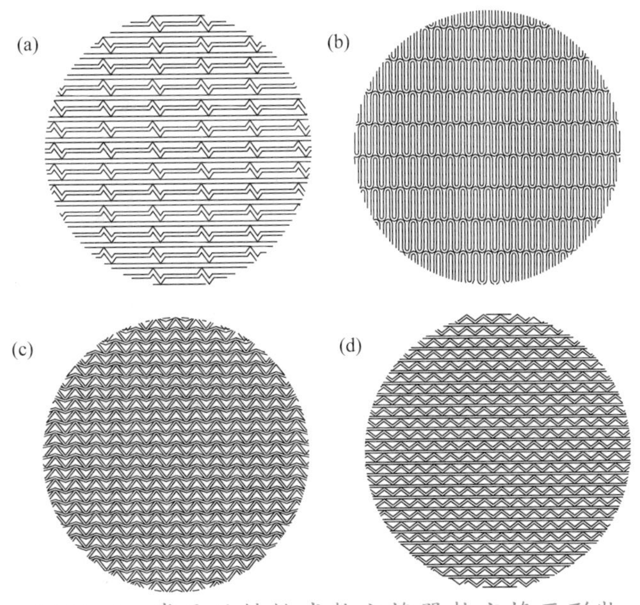

圖18-6 常見的轉輪式熱交換器熱交換面形狀

轉輪式熱交換器的熱交換表面通常不會使用斷續型式，例如裂口(slit)或百葉窗(louver)型式(見第五章說明)，主要的原因在於避免熱交換面橫向方面的洩漏，最常見的形狀如方形、三角形、六角形、圓形等(如圖18-6所示)；這些形狀的重要幾何參數如表18-1所示。

表18-1　轉輪式熱交換器常用幾何形狀的重要參數

	Cell density N_c (cell/in^2)	Porosity P_{or} -	面積密度 β (1/m)	水力直徑 r_h (m)
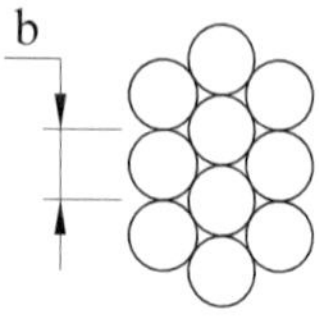	-	0.37-0.39	$\frac{6(1-P_{or})}{b}$	$\frac{b(P_{or})}{6(1-P_{or})}$
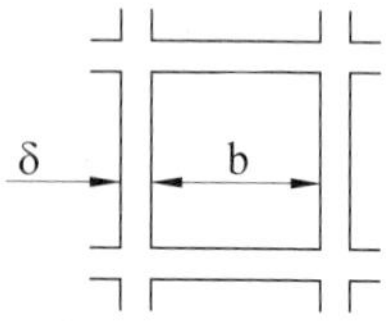	$\frac{1}{(b+\delta)^2}$	$\frac{b^2}{(b+\delta)^2}$	$\frac{4b}{(b+\delta)^2}$	$\frac{b}{4}$
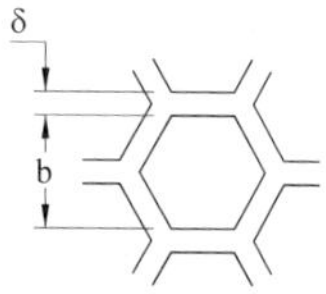	$\frac{2}{\sqrt{3}(b+\delta)^2}$	$\frac{b^2}{(b+\delta)^2}$	$\frac{4b}{(b+\delta)^2}$	$\frac{b}{4}$
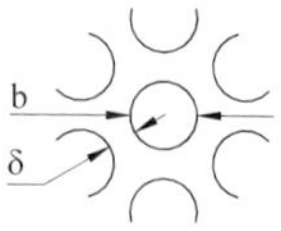	$\frac{2}{\sqrt{3}(b+\delta)^2}$	$\frac{\pi b^2}{2\sqrt{3}(b+\delta)^2}$	$\frac{2\pi b}{\sqrt{3(b+\delta)^2}}$	$\frac{b}{4}$
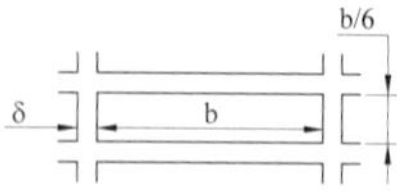	$\frac{1}{\left(\frac{b}{6}+\delta\right)(b+\delta)}$	$\frac{b^2/6}{\left(\frac{b}{6}+\delta\right)(b+\delta)}$	$\frac{7b/3}{\left(\frac{b}{6}+\delta\right)(b+\delta)}$	$\frac{b}{14}$
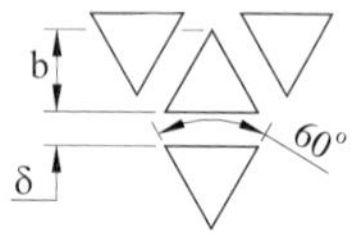	$\frac{4\sqrt{3}}{(2b+3\delta)^2}$	$\frac{4b^2}{(2b+3\delta)^2}$	$\frac{24b}{(2b+3\delta)^2}$	$\frac{b}{6}$

18-3　固定床型式再生式熱交換器(FIXED BED)

只要填料是耐火耐高溫的材料，或是材料選擇得宜，固定床型式再生式熱交換器可以應用在環境非常惡劣的地方(例如有腐蝕性的氣體)與相當高溫的場合(溫度可到1200 °C甚至高達1600 °C)，許多玻璃工廠都會使用這種熱交換器以抵擋石灰(lime)、碳酸鉀(potash)、二氧化矽(silica)、硫酸鈉(solidum sulphate)的侵蝕，對固定床型的再生式熱交換器而言，通常熱側與冷側流體都被完全隔離，因此此一系統比較能夠忍受較大的壓力差(可達5個大氣壓)，不過仍必須藉由控制閥件的週期性變化，來達到熱交換控制的功能，通常這種高溫控制閥件的造價都相當的昂貴。

在應用上，再生式熱交換器的效率與操作時間有很大的關聯，通常，面積/質量的比值越大，週期循環時間也就越短。有關再生式熱交換器的熱流分析，有(1)ε–NTU_o法與(2)Λ–Π法；其中前者較常應用於轉輪式再生式熱交換器，而後者常用於固定床型式再生式熱交換器，不過Coppage and London (1950)說明這兩種方法其實是相等的(就如同ε–NTU與UA–$LMTD$法相同)；本節則針對後者來說明。

18-3-1 Λ–Π法

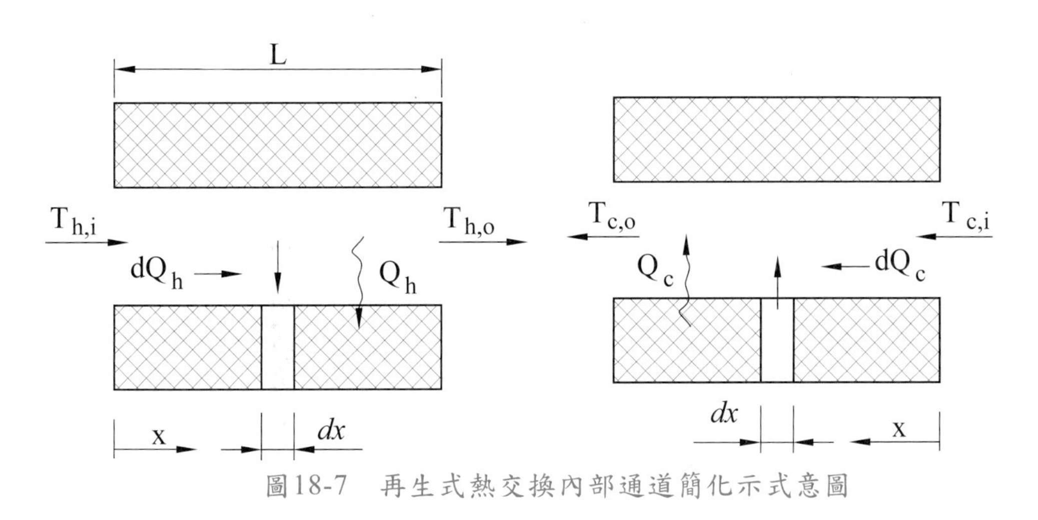

圖18-7 再生式熱交換內部通道簡化示式意圖

首先，吾人考慮如圖18-7所示的再生式熱交換器的簡化示意圖來說明Λ–Π法，並搭配由下面的簡化假設：

(1) 填料的熱傳導係數在沿流動方向甚小(≈ 0)而與流動方向垂直時則甚大($\approx \infty$)。

(2) 填料的比熱為定值。

(3) 熱側與冷側流體在冷熱週期切換時無混合現象。

(4) 流體與填料間的對流熱傳係數為定值(熱側與冷側可以不同)。

(5) 流動為逆向流動。

(6) 進入熱交換器的入口溫度為均勻分佈且不隨時間變動。

(7) 冷熱切換週期固定，且熱損失甚小可忽略。

(8) 流體洩漏的效應甚小可忽略。

(9) 熱流特性可以一維尺度來描述(1-dimensional)。

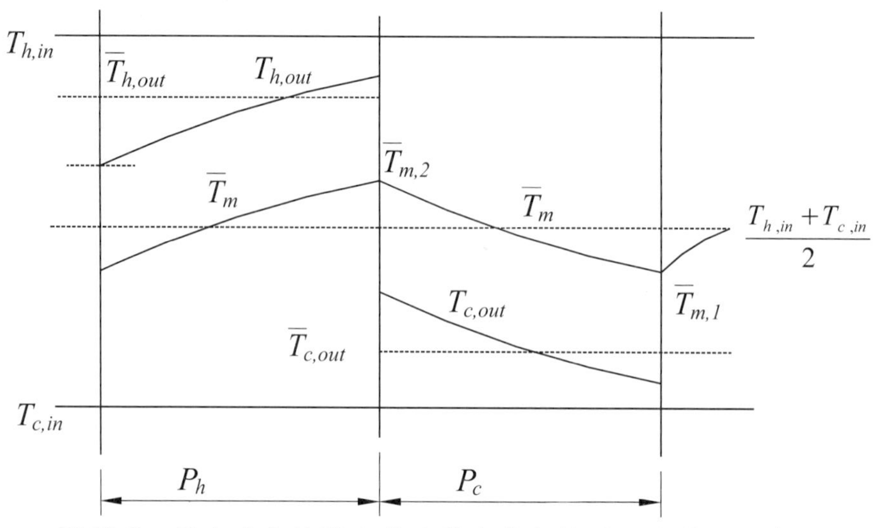

圖18-8 再生式交換器冷熱流體與熱交換器溫度變化示意圖

考慮如圖18-7所示的簡化模式，其中T_m代表再生式熱交換器的平均溫度，下標h代表熱側而c代表冷側，in表入口，out代表出口，由圖18-7，考慮單位面積下，熱側氣流的能量平衡；在加熱週期中，熱側的出口溫度會隨時間增加，同樣的，在冷卻週期中，冷側的出口溫度會隨時間增加，因此在熱交換器加熱週期中，熱側的出口溫度會隨時間增加，典型冷熱週期的溫度變化如圖18-8所示，因此【加熱週期熱傳量】=【儲存在再生式熱交換器中的熱傳量】，所以：

$$dQ = \frac{M_m c_{p,m}}{L}\frac{\partial T_{m,h}}{\partial t} \tag{18-1}$$

其中下標m代表填料而h代表加熱週期，同時【加熱週期熱傳量】=【熱側流體的顯熱變化】+【儲存在通過熱側流體的熱傳量】，所以：

$$dQ = \frac{h_h A}{L}\left(T_h - T_m\right) = \rho_h c_{p,h} V\frac{\partial T_h}{\partial t} + \rho_h c_{p,h} V u\frac{\partial T_h}{\partial x} = m_h c_{p,h}\frac{\partial T_h}{\partial t} + \dot{m}_h c_{p,h} u\frac{\partial T_h}{\partial x} \tag{18-2}$$

式18-2中右式的第一項代表流體的儲存熱量的效應，而第二項代表流體被加熱的顯熱效應；另外由於 $m_h = \rho_h \cdot A_{fr} \cdot L$，$A_{fr}$ = 截面積，V = 體積 = $A_{fr} \cdot L$，故時間 $t = L/u$，即$u = L/t$。所以式18-2可改寫如下：

$$dQ = \frac{h_h A}{L}\left(T_h - T_m\right) = m_h c_{p,h}\frac{\partial T_h}{\partial t} + m_h c_{p,h} u \frac{\partial T_h}{\partial x}$$
$$= m_h c_{p,h}\frac{\partial T_h}{\partial t} + m_h c_{p,h}\frac{L}{t}\frac{\partial T_h}{\partial x} = \frac{m_h}{t} t c_{p,h}\frac{\partial T_h}{\partial t} + \frac{m_h}{t} c_{p,h} L \frac{\partial T_h}{\partial x} \quad (18\text{-}3)$$
$$= \dot{m}_h \frac{L}{u} c_{p,h}\frac{\partial T_h}{\partial t} + \dot{m}_h c_{p,h} L \frac{\partial T_h}{\partial x} = \dot{m}_h c_{p,h} L\left(\frac{1}{u}\frac{\partial T_h}{\partial t} + \frac{\partial T_h}{\partial x}\right)$$

式18-1與18-3爲再生式熱交換器的基本設計方程式。對再生式熱交換器而言，其最重要的設計參數爲熱效率比(thermal ratio)η_{reg}，此參數與第二章介紹的有效度ε意義很類似，熱效率比定義如下：

$$\eta_{reg,c} = \frac{T_{c,out} - T_{c,in}}{T_{h,in} - T_{c,in}} \quad (18\text{-}4)$$

同樣的，熱側的熱效率比(thermal ratio)定義如下：

$$\eta_{reg,h} = \frac{T_{h,in} - T_{c,out}}{T_{h,in} - T_{c,in}} \quad (18\text{-}5)$$

對逆流再生式熱交換器而言，可以證明η_{reg}與Λ、Π有關(就如同ε-NTU法中的ε與NTU、C^*有關)；其中Λ爲「縮減長度」(reduced length)，與ε-NTU法中的NTU類似，代表再生式熱交換器的熱尺寸(thermal size)，定義如下：

$$\Lambda = \frac{hA}{\dot{m}c_p} \quad (18\text{-}6)$$

而Π爲「縮減週期」(reduced period)，定義如下：

$$\Pi \equiv \frac{hA\left(P - \dfrac{L}{u}\right)}{M_m c_{p,m}} \quad (18\text{-}7)$$

其中P爲週期，L/u代表前次週期中的流體滯流於填料內的時間，對一般的應用而言，$P >> L/u$，所以$\Pi \approx \dfrac{hAP}{M_m c_{p,m}}$。由於加熱週期與冷卻週期可能不同，因此一個再生式熱交換器的縮減長度、縮減週期又分爲熱側與冷側，即Λ_c、Π_c、Λ_h、Π_h；其中下標h代表加熱週期，c代表冷卻週期；如果再生式熱交換器的$\Lambda_c = \Lambda_h$且$\Pi_c = \Pi_h$，則稱之爲「對稱」(symmetric)，此時熱側與冷側的熱效率比相同，即$\eta_{reg,c}$

$= \eta_{reg,h}$；如果考慮加熱週期與冷卻週期間的能量平衡，可得：

$$\dot{m}_h c_{p,h} P_h \left(T_{h,in} - T_{h,iout}\right) = \dot{m}_c c_{p,c} P_c \left(T_{c,out} - T_{c,in}\right) \tag{18-8}$$

上式兩側同時除上$T_{h,in}$–$T_{c,in}$後，可得到下式：

$$\dot{m}_h c_{p,h} P_h \eta_{reg,h} = \dot{m}_c c_{p,c} P_c \eta_{reg,c} \tag{18-9}$$

若式18-9中的 $\dot{m}_h c_{p,h} P_h = \dot{m}_c c_{p,c} P_c$ ，則稱此一再生式熱交換器爲「平衡」(balanced)，如同對稱式的再生式熱交換器，此時熱側與冷側的熱效率比相同，即$\eta_{reg,c} = \eta_{reg,h}$。如果將式18-9兩邊予以簡單的數學處理，可以建立Λ_c、Π_c、Λ_h、Π_h、$\eta_{reg,c}$、 $\eta_{reg,h}$間的關係，詳細處理的過程如下：

$$\rightarrow \frac{h_h A}{h_h A} \frac{1}{M_m c_{p,m}} \dot{m}_h c_{p,h} P_h \eta_{reg,h} = \frac{h_c A}{h_c A} \frac{1}{M_m c_{p,m}} \dot{m}_c c_{p,c} P_c \eta_{reg,c}$$

$$\rightarrow \frac{\dot{m}_h c_{p,h}}{h_h A} \frac{h_h A P_h}{M_m c_{p,m}} \eta_{reg,h} = \frac{\dot{m}_c c_{p,c}}{h_c A} \frac{h_c A P_c}{M_m c_{p,m}} \eta_{reg,c}$$

$$\rightarrow \frac{\Pi_h}{\Lambda_h} \eta_{reg,h} = \frac{\Pi_c}{\Lambda_c} \eta_{reg,c} \tag{18-10}$$

換句話說，如果一再生式熱交換爲平衡($\eta_{reg,c} = \eta_{reg,h}$)，則

$$\rightarrow \frac{\Pi_h}{\Pi_c} = \frac{\Lambda_h}{\Lambda_c} = k \tag{18-11}$$

其中k稱之爲平衡比(balance ratio)；當然，如果$k = 1$就代表是對稱；式18-10可以適度改寫與修正成下式：

$$\frac{\Pi_h}{\Lambda_h} \times \frac{\Lambda_c}{\Pi_c} = \gamma \tag{18-12}$$

同樣的，如果$\gamma = 1$，則代表再生式熱交換器爲平衡；若$\gamma \neq 1$，此一再生式熱交換器則稱之爲非平衡式(unbalanced)。

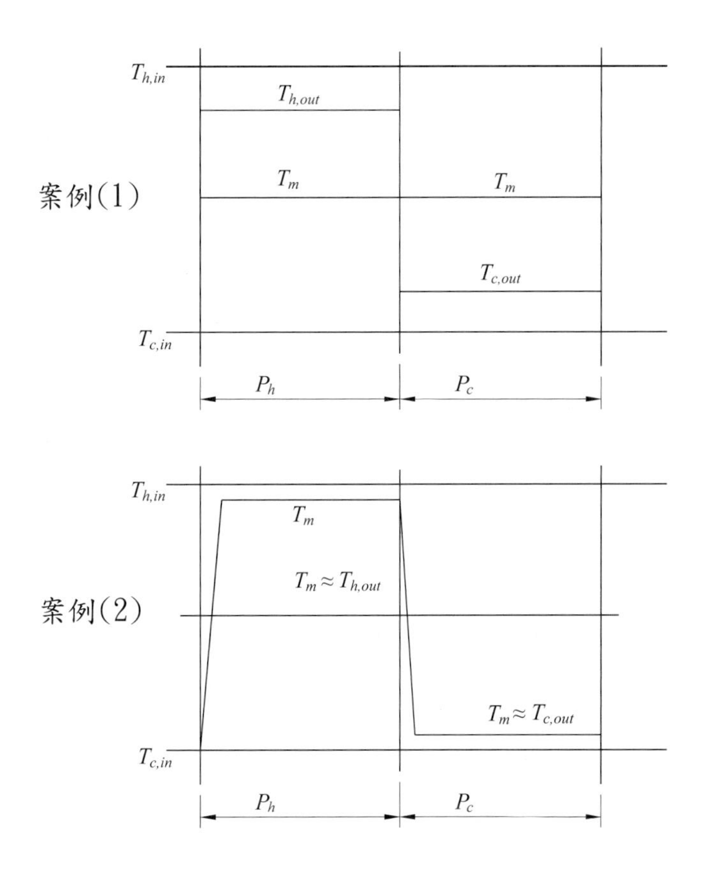

圖18-9 (1) $\Pi \to 0$與(2) $\Pi \to \infty$時，再生式熱交換器溫度變化之示意圖

爲了進一步瞭解Λ、Π這兩個參數的意義，可藉由下面臨界案例來說明，即(1) $\Pi \to 0$；與(2) $\Pi \to \infty$；圖18-9爲案例(1)與案例(2)溫度變化之示意圖；在案例(1)中，$\Pi \sim 0$，由式18-7可知填料的質量M_m很大或週期P甚短，因此填料的溫度變化也就很小，此一溫度可視爲熱側流體進口與冷側流體進口溫度的平均值$\left(T_m \approx \dfrac{T_{h,in}+T_{c,in}}{2}\right)$，所以冷側的出口溫度$T_{c,out}$可表示如下：

$$Q = \bar{h}A\left(T_m - T_{c,avg}\right) = \dot{m}_c c_{p,c}\left(T_{c,out} - T_{c,in}\right) \tag{18-13}$$

$$\therefore T_{c,out} = T_{c,in} + \frac{\bar{h}A}{\dot{m}_c c_{p,c}}\left(T_m - T_{c,avg}\right) \tag{18-14}$$

假設冷側的平均溫度$T_{c,avg} = \dfrac{T_{c,in}+T_{c,out}}{2}$，

$$\therefore T_{c,out} = T_{c,in} + \Lambda_c \left[T_m - \left(\frac{T_{c,in} + T_{c,out}}{2} \right) \right] \tag{18-15}$$

$$\rightarrow T_{c,out} - T_{c,in} = \Lambda_c \left[\left(T_m - T_{c,in} \right) - \left(\frac{T_{c,out} - T_{c,in}}{2} \right) \right] \tag{18-16}$$

$$\therefore \left(T_{c,out} - T_{c,in} \right)\left(1 + \frac{\Lambda_c}{2} \right) = \Lambda_c \left(T_m - T_{c,in} \right) = \Lambda_c \left(\frac{T_{h,in} + T_{c,in}}{2} - T_{c,in} \right)$$

$$= \frac{\Lambda_c}{2}\left(T_{h,in} - T_{c,in} \right) \tag{18-17}$$

$$\therefore \eta_{reg,\Pi \to 0} = \frac{T_{c,out} - T_{c,in}}{T_{h,in} - T_{c,in}} = \frac{1}{2}\frac{\Lambda_c}{\left(1 + \frac{\Lambda_c}{2} \right)} = \frac{\Lambda_c}{2 + \Lambda_c} \tag{18-18}$$

在第二個案例中，$\Pi \to \infty$；意即週期P非常大或填料質量M_m很小，因此填料的溫度T_m在加熱週期時會非常接近熱側流體的出口溫度，而在冷卻週期時則非常接近冷側流體的出口溫度，因此若考量個別的加熱或冷卻週期中的最大溫差，此值應為$T_{h,in} - T_{c,in}$，故總熱傳量為：

$$Q = \dot{M}_m c_{p,m} (T_{h,in} - T_{c,in}) \tag{18-19}$$

以冷卻週期為例，冷側流體的平均的溫度變化如下：

$$\bar{T}_{c,out} - T_{c,in} = \frac{Q}{\dot{m}_c c_{p,c} P} = \frac{\dot{M}_m c_{p,m} \left(T_{h,in} - T_{c,in} \right)}{\dot{m}_c c_{p,c} P} \tag{18-20}$$

$$\therefore \eta_{reg,\Pi \to \infty} = \frac{\dot{M}_m c_{p,m}}{\dot{m}_c C_{p,c} P_c} = \frac{\Lambda_c}{\Pi_c} \tag{18-21}$$

同樣的，如果我們考慮加熱週期，也可以得到類似的結果；若僅僅先考慮對稱式型式的再生式交換器，即$\Lambda_c = \Lambda_h = \Lambda$且$\Pi_c = \Pi_h = \Pi$，根據Hausen (1983)的研究，此一對稱型再生式熱交換器的熱效率比與Λ及Π之間的關聯可由圖18-10的結果來表示，同時，圖18-10的結果，可經由另一階段的無因次的新座標轉換處理後，得到如圖18-11所示的類似「相似圖」(similarity)，此圖在使用上更為簡易，而且可以從圖中歸納出如下的結果：

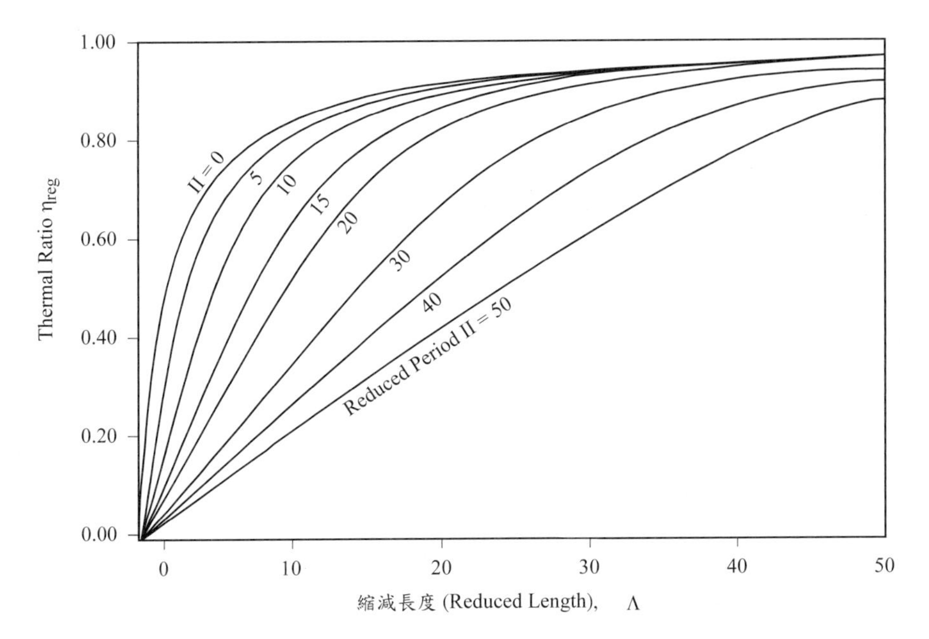

圖18-10 對稱式再生式熱交換器熱效率比η_{reg}與Λ的關係圖

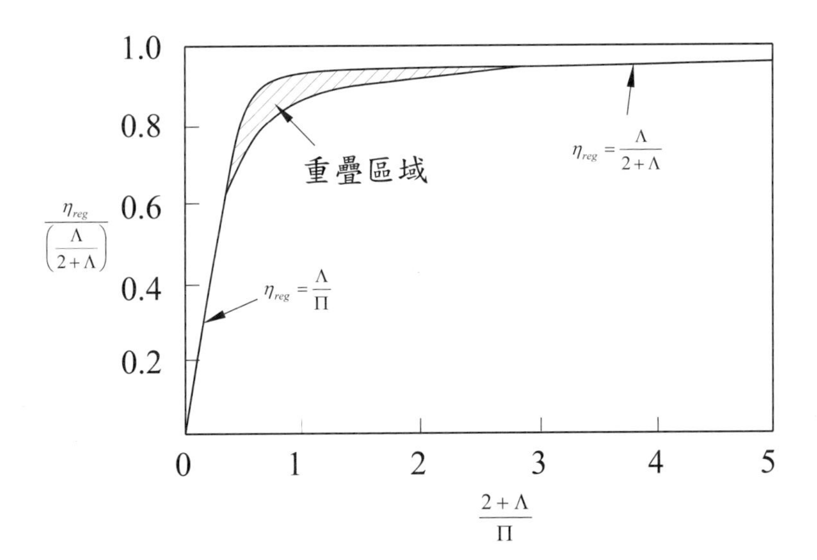

圖18-11 對稱式再生式熱交換器$\frac{\eta_{reg}}{\left(\frac{\Lambda}{2+\Lambda}\right)}$與$\frac{2+\Lambda}{\Pi}$的關係圖

$$\eta_{reg} \approx \frac{\Lambda}{2+\Lambda} \text{ 當 } \frac{2+\Lambda}{\Pi} > 1.7 \tag{18-22}$$

$$\eta_{reg} \approx \frac{\Lambda}{\Pi} \text{ 當 } \frac{2+\Lambda}{\Pi} < 0.75 \tag{18-23}$$

上面的結果是針對對稱型的再生式熱交換器，如果是非對稱型式，Hausen (1942)則提出如下的修正方法來計算平衡型再生式熱交換器，運算過程說明如下(請特別注意：僅適用於平衡型)：

(1) 首先算出非對稱再生式熱交換器的Λ_c、Λ_h、Π_c、Π_h。

(2) 計算平衡式再生式熱交換器的縮減長度與縮減週期的和諧平均值Λ_H、Π_H (Harmonic means)：

$$\frac{2}{\Lambda_H} = \frac{1}{\Pi_H}\left(\frac{\Pi_c}{\Lambda_c} + \frac{\Pi_h}{\Lambda_h}\right) \tag{18-24}$$

$$\frac{2}{\Pi_H} = \frac{1}{\Pi_c} + \frac{1}{\Pi_h} \tag{18-25}$$

(3) 利用計算的Λ_H、Π_H值，再參考圖18-10或圖18-11找出其對應的熱效率比。

上面的計算流程顯示平衡型的再生式熱交換器，在經過處理後，可以對稱型式的圖來描述。同樣的，根據Hausen (1942)的研究，非平衡型的再生式熱交換器的熱效率比值，再經過若干的處理，也可以利用平衡型的計算流程來計算，詳細的非平衡式運算流程說明如下：

(1) 首先算出非平衡再生式熱交換器的Λ_c、Λ_h、Π_c 、Π_h。

(2) 由式18-11，計算$\gamma = \dfrac{\Pi_h}{\Lambda_h} \times \dfrac{\Lambda_c}{\Pi_c}$ 。

(3) 由式18-25，計算Π_H。

(4) 由式18-24，計算Λ_H。

(5) 利用計算的Λ_H、Π_H值，再參考圖18-11或圖18-12找出其對應的平衡熱效率比$\eta_{reg,H}$ 。

(6) 計算F，即
$$F = \frac{\eta_{reg,H}\left(1-\gamma^2\right)}{2\gamma\left(1-\eta_{reg,H}\right)} \tag{18-26}$$

(7) 由下式計算熱週期的熱效率比$\eta_{reg,,h}$，即：

$$\eta_{reg,h} = \frac{1-e^F}{\gamma - e^F} \tag{18-27}$$

(8) 由下式計算冷週期的熱效率比$\eta_{reg,,c}$，即：

$$\eta_{reg,c} = \gamma \eta_{reg,h} \tag{18-28}$$

例18-3-1：根據下面三種(對稱、平衡與非平衡)型式的再生式熱交換器的資料，計算其相對的熱效率。

(a) $\Lambda_c = \Lambda_h = \Lambda = 10$，$\Pi_c = \Pi_h = \Pi = 5$

(b) $\Lambda_c = 20$，$\Lambda_h = 10$，$\Pi_c = 10$，$\Pi_h = 5$

(c) $\Lambda_c = 10$，$\Lambda_h = 10$，$\Pi_c = 5$，$\Pi_h = 2.5$

18-3-1 解：

(a) 對稱式熱交換器

由於$\dfrac{2+\Lambda}{\Pi} = \dfrac{2+10}{5} = 2.4 > 1.7$，由式18-22可知

$$\eta_{reg} \approx \frac{\Lambda}{2+\Lambda} = \frac{10}{2+10} = 0.867$$

(b) 平衡式交換器

由於$\dfrac{\Pi_h}{\Lambda_h} = \dfrac{5}{10} = \dfrac{\Pi_c}{\Lambda_c} = \dfrac{10}{20} = 0.5 = k$，故為平衡式，計算平衡式再生式熱交換器的縮減長度與縮減週期的和諧平均值Λ_H、Π_H (由式18-24與式18-25)：

$$\frac{2}{\Pi_H} = \frac{1}{\Pi_c} + \frac{1}{\Pi_h} = \frac{1}{10} + \frac{1}{5} \rightarrow \Pi_H = 6.67$$

$$\frac{2}{\Lambda_H} = \frac{1}{\Pi_H}\left(\frac{\Pi_c}{\Lambda_c} + \frac{\Pi_h}{\Lambda_h}\right) = \frac{1}{6.67}\left(\frac{10}{20} + \frac{5}{10}\right) = 6.67$$

$\therefore \Lambda_H = 3.33$

$$\frac{2+\Lambda_H}{\Pi_H} = \frac{2+3.33}{6.67} = 0.8 < 1.7$$

由圖18-10估算可得$\eta_{reg} \approx 0.59$

(c) 非平衡式交換器

由式18-11，計算$\gamma = \dfrac{\Pi_h}{\Lambda_h} \times \dfrac{\Lambda_c}{\Pi_c} = \dfrac{2.5}{10} \times \dfrac{10}{5} = 0.5$

由式18-25，計算Π_H，$\dfrac{2}{\Pi_H} = \dfrac{1}{\Pi_c} + \dfrac{1}{\Pi_h} = \dfrac{1}{5} + \dfrac{1}{2.5} \rightarrow \Pi_H = 0.8333$

由式18-24，$\dfrac{2}{\Lambda_H} = \dfrac{1}{\Pi_H}\left(\dfrac{\Pi_c}{\Lambda_c} + \dfrac{\Pi_h}{\Lambda_h}\right) = \dfrac{1}{0.8333}\left(\dfrac{5}{10} + \dfrac{2.5}{10}\right) = 0.9$

$\therefore \Lambda_H = 2.22$

$$\frac{2+\Lambda_H}{\Pi_H}=\frac{2+2.22}{0.833}=5.07>1.7$$

由式18-22可知$\eta_{reg} \approx \frac{\Lambda_H}{2+\Lambda_H}=\frac{2.22}{2+2.22}=0.526$

由式18-26計算F，即$F=\frac{\eta_{reg,H}\left(1-\gamma^2\right)}{2\gamma\left(1-\eta_{reg,H}\right)}=\frac{0.526\times\left(1-0.5^2\right)}{2\times 0.5\times\left(1-0.526\right)}=0.833$

由式18-27計算熱週期的熱效率比$\eta_{reg,,h}$，即

$$\eta_{reg,h}=\frac{1-e^F}{\gamma-e^F}=\frac{1-e^{0.833}}{0.5-e^{0.833}}=0.722$$

由式18-28計算冷週期的熱效率比$\eta_{reg,,h}$，即

$$\eta_{reg,c}=\gamma\eta_{reg,h}=0.526\times 0.722=0.361$$

18-3-2 修正Λ–Π法

Hausen (1942)根據Rummel (1931)與Heilgenstadt (1925)等人的觀念，提出修正Λ–Π法，此法最大的特色在於將再生式熱交換器以先前介紹的回復式熱交換器(recuperator)設計關念來模擬再生式熱交換器，因此本方法也稱之爲pseudo-recuperator model，Rummel假設再生式熱交換器的性能可以一整體熱交換係數K來表示，即：

$$E=KA\left(\overline{T}_h-\overline{T}_c\right)\left(P_h+P_c\right) \tag{18-29}$$

其中E代表冷熱週期的總熱量；請特別注意，E爲能量的單位而非功率單位(例如爲**Joule**而非**Watt**)，$\overline{T}_h-\overline{T}_c$代表加熱週期與冷卻週期的整體平均溫差(spatial and chronological average)，此一溫差可由進出口的對數平均溫差來表示：

$$\overline{T}_h-\overline{T}_c=\frac{\left(T_{h,in}-\overline{T}_{c,out}\right)-\left(\overline{T}_{h,ou}-T_{c,in}\right)}{\ln\left(\frac{T_{h,in}-\overline{T}_{c,out}}{\overline{T}_{h,out}-T_{c,in}}\right)} \tag{18-30}$$

其中$\overline{T}_{h,out}$與$\overline{T}_{c,out}$分別代表加熱週期與冷卻週期出口的週期平均溫度；冷熱

週期的能量平衡可由下式表示：

$$E = \dot{m}_h c_{p,h} P_h \left(T_{h,in} - \overline{T}_{h,out}\right) = \dot{m}_c c_{p,c} P_c \left(\overline{T}_{c,out} - T_{c,in}\right) \tag{18-31}$$

若定義

$$Y = \frac{\dot{m}_c c_{p,c} P_c}{\dot{m}_h c_{p,h} P_h} \tag{18-32}$$

則式18-31可改寫成

$$\overline{T}_{h,out} = T_{h,in} - Y\left(\overline{T}_{c,out} - T_{c,in}\right) \tag{18-33}$$

另外若考慮加熱週期熱側的能量平衡(P_h)，

$$E = KA\left(\overline{T}_h - \overline{T}_c\right)\left(P_h + P_c\right) = \dot{m}_h c_{p,h} P_h \left(T_{h,in} - \overline{T}_{h,out}\right) \tag{18-34}$$

同樣的，定義

$$X = \frac{KA\left(P_h + P_c\right)}{\dot{m}_h c_{p,h} P_h} \tag{18-35}$$

將式18-35與18-30帶入式18-34整理後，可得：

$$X\left(\frac{\left(T_{h,in} - \overline{T}_{c,out}\right) - \left(\overline{T}_{h,out} - T_{c,in}\right)}{\ln\left(\dfrac{T_{h,in} - \overline{T}_{c,out}}{\overline{T}_{h,out} - T_{c,in}}\right)}\right) = T_{h,in} - T_{h,out} \tag{18-36}$$

再將式18-33帶入式18-36化簡可得：

$$X\left(\frac{\left(T_{h,i} - \overline{T}_{c,out}\right) - \left(T_{h,in} - Y\left(\overline{T}_{c,out} - T_{c,in}\right) - T_{c,in}\right)}{\ln\left(\dfrac{T_{h,in} - \overline{T}_{c,out}}{T_{h,in} - Y\left(\overline{T}_{c,out} - T_{c,in}\right) - T_{c,in}}\right)}\right) = T_{h,in} - T_{h,in} + Y\left(\overline{T}_{c,out} - T_{c,in}\right)$$

$$\rightarrow X\left(\frac{(Y-1)(\overline{T}_{c,out}-T_{c,in})}{\ln\left(\frac{T_{h,in}-\overline{T}_{c,out}}{T_{h,in}-(1-Y)T_{c,in}-Y\overline{T}_{c,out}}\right)}\right)=Y(\overline{T}_{c,out}-T_{c,in})$$

$$\rightarrow X\left(1-\frac{1}{Y}\right)=\ln\left(\frac{T_{h,in}-\overline{T}_{c,out}}{T_{h,in}-(1-Y)T_{c,in}-Y\overline{T}_{c,out}}\right)$$

$$\rightarrow e^{X\left(1-\frac{1}{Y}\right)}=\frac{T_{h,in}-\overline{T}_{c,out}}{T_{h,in}-(1-Y)T_{c,in}-Y\overline{T}_{c,out}}$$

$$\rightarrow (T_{h,in}-(1-Y)T_{c,in}-Y\overline{T}_{c,out})e^{X\left(1-\frac{1}{Y}\right)}=T_{h,in}-\overline{T}_{c,out}$$

$$\rightarrow \left(1-Ye^{X\left(1-\frac{1}{Y}\right)}\right)\overline{T}_{c,out}=(-YT_{c,in}-(T_{h,in}-T_{c,in}))e^{X\left(1-\frac{1}{Y}\right)}+T_{h,in}$$

$$\rightarrow \overline{T}_{c,out}=\frac{(-YT_{c,i}-(T_{h,i}-T_{c,i}))e^{X\left(1-\frac{1}{Y}\right)}+T_{h,in}}{\left(1-Ye^{X\left(1-\frac{1}{Y}\right)}\right)}$$

$$\rightarrow \overline{T}_{c,out}=\frac{\left(\left(1-Ye^{X\left(1-\frac{1}{Y}\right)}\right)T_{c,in}-T_{c,in}-(T_{h,in}-T_{c,in})e^{X\left(1-\frac{1}{Y}\right)}\right)+T_{h,in}}{\left(1-Ye^{X\left(1-\frac{1}{Y}\right)}\right)}$$

$$\rightarrow \overline{T}_{c,out}=T_{c,in}+\frac{\left(1-e^{X\left(1-\frac{1}{Y}\right)}\right)(T_{h,in}-T_{c,in})}{\left(1-Ye^{X\left(1-\frac{1}{Y}\right)}\right)} \quad (18\text{-}37)$$

在上面的計算方法中，最重要的整體熱交換係數K的計算必須涵蓋加熱週期與冷卻週期間的熱傳性能，根據Hausen (1942)的研究，若氣體與熱交換器本體的溫度爲線性變化，K_o可表示如下：

$$\frac{1}{K_0}=\left(\frac{1}{h_hP_h}+\frac{1}{h_cP_c}\right)\left(P_h+P_c\right) \tag{18-38}$$

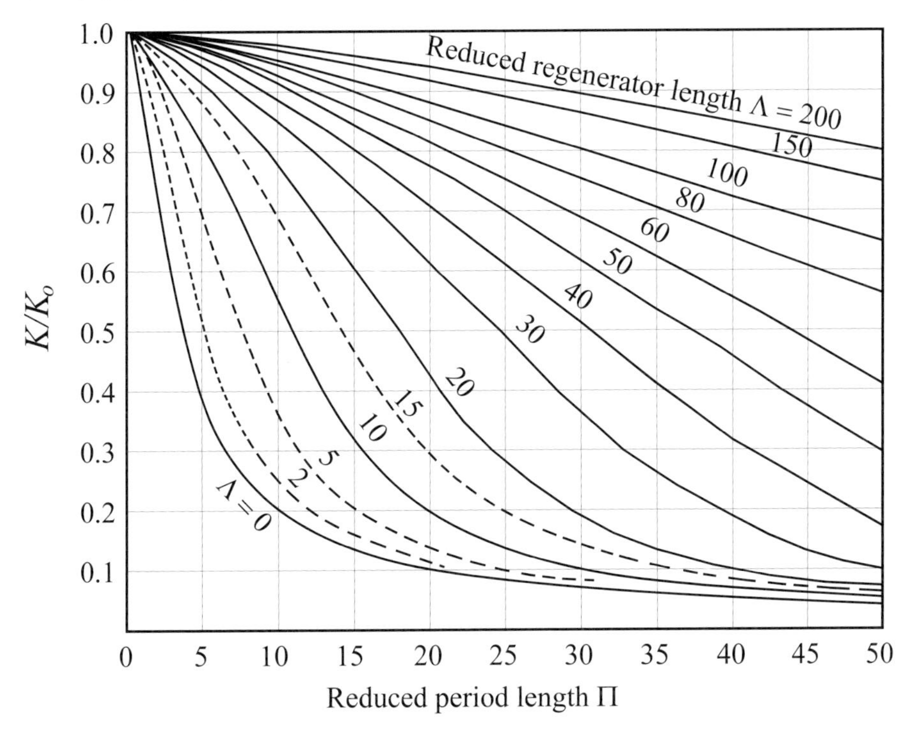

圖18-12 K/K_0與Λ、Π間的關係圖

然而，在實際應用中，氣體於進出再生式熱交換器附近處，熱交換器的本體溫度多呈現非線性的變化，若非線性的影響越大，則真正的有效的整體熱交換係數K就會變小(即K/K_0變小)，通常非線性的影響在較小的再生式熱交換器上就更爲明顯，在對稱或平衡式的再生式熱交換器，Hausen (1942)建議真正的整體熱交換係數K應該與縮減長度Λ與縮減週期Π有關，K/K_0與Λ、Π間的關係如圖18-12所示，或可由下式來計算：

$$\frac{K}{K_0}=\frac{2\eta_{reg,h}}{\Lambda_H\left(1-\eta_{reg,h}\right)} \tag{18-39}$$

若是非平衡式的再生式熱交換器，Razelos (1979)的研究顯示K/K_0與$\eta_{reg,h}$、γ有關，即：

$$\frac{K}{K_0}=\frac{4\gamma}{\Lambda_H\left(1-\gamma^2\right)}\ln\left(\frac{1-\gamma\eta_{reg,h}}{1-\eta_{reg,h}}\right) \tag{18-40}$$

因此，一旦K/K_0算出，再生式熱交換器真正的熱傳量爲：

$$E=\frac{K}{K_0}K_0A\left(\overline{T}_h-\overline{T}_c\right)\left(P_h+P_c\right) \tag{18-41}$$

另外，Hausen (1942)的研究雖然是以平衡式的再生式熱交換器爲主，不過此法應用在非平衡式的熱交換器上也有相當不錯的結果。

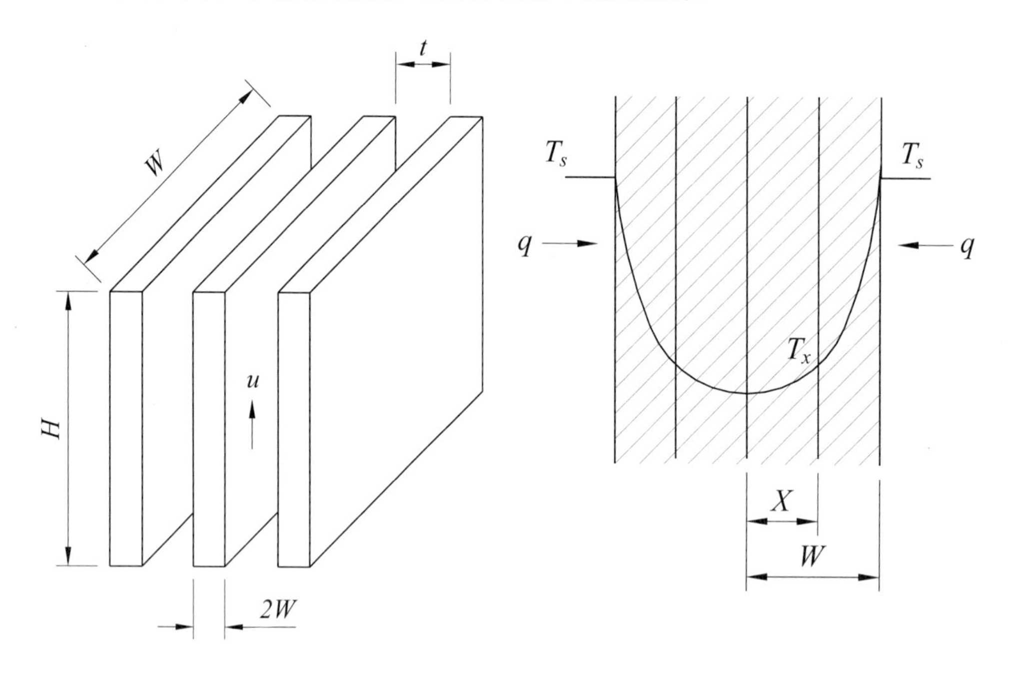

圖18-13　平板式填料(slab)安排與板材內溫度變化示意圖

18-3-3　板片軸向熱傳導效應的影響

在上面的分析都是假設再生式熱交換器的填料的熱傳導係數在流動方向爲零，而垂直於流動方向爲無窮大(見18-3-1的假設一)，如果填料的熱傳導係數較大(如金屬)或是填料甚薄，則此一假設還算合理，但在實際應用上，填料的熱傳導係數通常甚小且有相當的厚度，例如以圖18-13所示的平板式填料(slab)爲例，若考慮此一板片的厚度爲2w，而升溫的速度一定(dT/dt = θ = 常數)，考慮如圖

18-13的幾何座標說明，則由平板中心處算起，在x位置的熱通量為：

$$q_x = k_m \left(\frac{dT}{dx}\right)_x = \rho_m c_{p,m} \theta x \tag{18-42}$$

$$\therefore \left(\frac{dT}{dx}\right)_x = \frac{1}{\alpha_m} \theta x \tag{18-43}$$

其中 $\alpha_m = k_m / \rho_m c_{p,m}$

$$\therefore T = \frac{\theta}{\alpha_m} \frac{x^2}{2} + C \tag{18-44}$$

若邊界條件為$x = w$ 時，$T = T_s$，則可求出上式的常數C值($C = T_s - \frac{\theta}{\alpha_m}\frac{w^2}{2}$)，因此上式可改寫如下：

$$T_s - T = \frac{\theta}{\alpha_m}\left(\frac{w^2 - x^2}{2}\right) \tag{18-45}$$

接下來由 $\bar{T} = \int_o^x Tdx \Big/ w$，可計算整片板片的平均溫度 $\bar{T}$ 如下(並將常數C值帶入)：

$$\bar{T} = \frac{\int_o^x Tdx}{w} = \frac{\theta}{\alpha_m}\frac{w^2}{6} + C = \frac{\theta}{\alpha_m}\frac{w^2}{6} + T_s - \frac{\theta}{\alpha_m}\frac{w^2}{2}$$

$$\rightarrow T_s - \bar{T} = \frac{\theta}{K_m}\frac{w^2}{3} \tag{18-46}$$

而在板片與氣體界面的熱通量為

$$q_{x=w} = k_m \left(\frac{dT}{dx}\right)_{x=w} = \frac{k_m \theta}{\alpha_m} \tag{18-47}$$

此一軸向不均勻溫度造成的等效熱傳係數為

$$\bar{h}_m = \frac{q_{x=w}}{T_s - \bar{T}} = \frac{3k_m}{w} \tag{18-48}$$

因此，真正有效的熱傳係數必須考慮此一不均勻效應，由第二章介紹的等效熱阻觀念，

$$\frac{1}{h_o}=\frac{1}{h}+\frac{1}{\overline{h}_m} \tag{18-49}$$

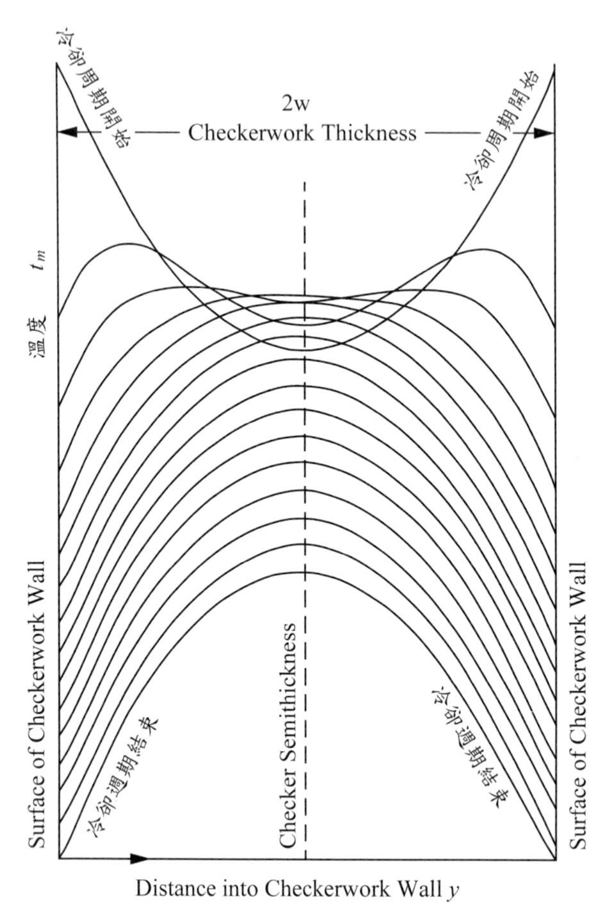

圖18-14 冷熱週期的交替切換中板片內溫度變化示意圖(資料來源：Schmidt and Willmott, 1981)

其中h代表氣側的熱傳係數(可以包括熱輻射的影響，單純對流熱傳係數的計算可由一般常見的公式而來)，然而在真正的再生式熱交換器中，由於冷熱週期的交替切換，故板片內的溫度將更爲複雜(見圖18-14示意圖)，此一暫態的效應同樣的會增加熱傳的阻抗，根據拋物線的溫度分布來分析此一效應的影響，Hausen(1942)提出修正參數ϕ_H於不均勻溫度分布的等效熱傳係數中，即：

$$\frac{1}{h_o}=\frac{1}{h}+\frac{\delta}{2(n+2)k_m}\phi_H \tag{18-50}$$

其中

若填料爲板片，則$n = 1$，δ = 板片厚度 (= $2w$)。

若填料爲圓管，則$n = 2$，δ = 圓管直徑 (= d)。

若填料爲圓球，則$n = 3$，δ = 圓球直徑 (= d)。

$$\phi_H=\begin{cases}1-\dfrac{\delta^2}{4\left((n+3)^2-1\right)\alpha_m}\left(\dfrac{1}{P_h}+\dfrac{1}{P_c}\right) & \text{如果 } \dfrac{\delta^2}{4\alpha_m}\left(\dfrac{1}{P_h}+\dfrac{1}{P_c}\right)\le 5\dfrac{(n+1)}{2} \\ \dfrac{2.142(n+2)}{\sqrt{\zeta+\dfrac{18\delta^2}{\alpha_m}\left(\dfrac{1}{P_h}+\dfrac{1}{P_c}\right)}} & \text{其他情形下}\end{cases} \tag{18-51}$$

$$\zeta=\begin{cases}2.7 & \text{板片 (plate)} \\ 9.9 & \text{圓柱 (cylinder)} \\ 27 & \text{圓球 (sphere)}\end{cases} \tag{18-52}$$

例18-3-2：一再生式熱交換器用來回收高溫的廢熱空氣，此熱交換器使用平板板片，熱交換器的操作條件如下：

	加熱週期	冷卻週期
P(週期)	2000 s	2000 s
T_{in}(進口溫度)	1300 °C	100 °C
c_p(比熱)	1000 J/kg·K	1040 J/kg·K
$\dot{m}$	18 kg/s	20 kg/s
h	32 W/m^2·K	26 W/m^2·K

板片之物理性質與幾何尺寸如下：

$\rho_m = 2000$ kg/m^3

$c_{p,m} = 1500$ kJ/kg·K

$k_m = 1$ W/m·K

$L = 0.06$ m

$\alpha_m = 0.5\times10^{-6}$ m^2/s

$A = 10000\ \text{m}^2$ (加熱面積)

$V = 100\ \text{m}^3$

$M_m = \rho_m \times V = 2000 \times 100 = 200000\ \text{kg}$

根據上述的情況，請估算此一熱交換器的總熱交換量與冷熱側的平均出口溫度。

18-3-2 解：

(a) 首先要計算真正有效的熱傳係數，因此必須要確定式18-50的適用性，

由於平板 $n = 1$，故 $5\dfrac{(n+1)}{2} = 5$

$$\therefore \text{Check} = \frac{\delta^2}{4\alpha_m}\left(\frac{1}{P_h}+\frac{1}{P_c}\right) = \frac{0.06^2}{4\times 0.5\times 10^{-6}}\left(\frac{1}{2000}+\frac{1}{2000}\right) = 1.8 \le 5$$

由式18-51可知

$$\phi_H = 1 - \frac{\delta^2}{4\left((n+3)^2-1\right)\alpha_m}\left(\frac{1}{P_h}+\frac{1}{P_c}\right) = 1 - \frac{\text{Check}}{15} = 1 - \frac{1.8}{15} = 0.88$$

有效熱傳係數可由式18-50來計算，$\dfrac{1}{h_o} = \dfrac{1}{h} + \dfrac{\delta}{2(n+2)k_m}\phi_H$

$$\therefore h_{o,h} = \frac{1}{\dfrac{1}{32} + \dfrac{0.06}{2(1+2)\times 1}\times 0.88} = 24.97\ \text{W/m}^2\cdot\text{K}$$

$$h_{o,c} = \frac{1}{\dfrac{1}{26} + \dfrac{0.06}{2(1+2)\times 1}\times 0.88} = 21.16\ \text{W/m}^2\cdot\text{K}$$

由式18-38，$\dfrac{1}{K_0} = \left(\dfrac{1}{h_h P_h} + \dfrac{1}{h_c P_c}\right)(P_h + P_c)$

$$\therefore K_0 = \frac{1}{\left(\dfrac{1}{24.97\times 2000} + \dfrac{1}{21.16\times 2000}\right)\times(2000+2000)} = 5.73\ \text{W/m}^2\cdot\text{K}$$

(b) 接下來計算再生式熱交換器的一些無因次參數以獲得真正的熱交換係數 K

$$\Lambda_h = \frac{h_{o,h}A}{\dot{m}_h c_{p,h}} = \frac{24.97\times 10000}{18\times 1000} = 13.87$$

$$\Lambda_c = \frac{h_{o,c}A}{\dot{m}_c c_{p,c}} = \frac{21.16\times 10000}{20\times 1040} = 10.17$$

$$\Pi_h \equiv \frac{h_{o,h}AP_h}{M_m c_{p,m}} = \frac{24.97\times 10000\times 2000}{200000\times 1500} = 1.665$$

$$\Pi_c \equiv \frac{h_{o,c}AP_c}{M_m c_{p,m}} = \frac{24.97\times 10000\times 2000}{200000\times 1500} = 1.411$$

由式18-24與式18-25：

$$\frac{2}{\Pi_H} = \frac{1}{\Pi_c} + \frac{1}{\Pi_h} = \frac{1}{1.411} + \frac{1}{1.665} \rightarrow \Pi_H = 1.527$$

$$\frac{2}{\Lambda_H} = \frac{1}{\Pi_H}\left(\frac{\Pi_c}{\Lambda_c} + \frac{\Pi_h}{\Lambda_h}\right) = \frac{1}{1.527}\left(\frac{1.411}{10.17} + \frac{1.665}{13.87}\right) \rightarrow \Lambda_H = 11.81$$

由算出的Π_H與Λ_H，再由圖18-13，可估算$K/K_0 \approx 0.99$

$\therefore\ K = K_0 \times K/K_0 = 5.73\times 0.99 = 5.66\ \text{W/m}^2\cdot\text{K}$

(c) 最後，根據算出的整體熱交換係數K來計算

由式18-35，$X = \dfrac{KA(P_h + P_c)}{\dot{m}_h c_{p,h} P_h} = \dfrac{5.66\times(2000+2000)}{18\times 1000\times 2000} = 6.299$

由式18-32，$Y = \dfrac{\dot{m}_c c_{p,c} P_c}{\dot{m}_h c_{p,h} P_h} = \dfrac{20\times 1040\times 2000}{18\times 1000\times 2000} = 1.156$

由式18-37，

$$\overline{T}_{c,o} = T_{c,i} + \frac{\left(1 - e^{X\left(1-\frac{1}{Y}\right)}\right)\left(T_{h,in} - T_{c,in}\right)}{\left(1 - Ye^{X\left(1-\frac{1}{Y}\right)}\right)} = 100 + \frac{\left(1 - e^{6.299\times\left(1-\frac{1}{1.156}\right)}\right)(1300-100)}{\left(1 - 1.156\times e^{6.299\times\left(1-\frac{1}{1.156}\right)}\right)}$$

$$= 1043.3\ ^\circ\text{C}$$

由式18-33，

$$\overline{T}_{h,out} = T_{h,in} - Y\left(\overline{T}_{c,out} - T_{c,in}\right) = 1300 - 1.156\times(1043.3 - 100) = 209.9\ ^\circ\text{C}$$

由式18-31，

$$E = \dot{m}_h c_{p,h} P_h \left(T_{h,in} - \overline{T}_{h,out}\right) = 18\times 1000\times 2000(1300 - 209.9)$$
$$= 39242721856\ \text{J} = 39242.7\ \text{MJ}$$

上面介紹的方法為再生式熱交換器的性能計算方法(rating)，如果是要依據給定的能力來評估熱交換器的大小(sizing)，則可將式18-29與18-34合併，則可得到熱交換器的大小：

$$A=\frac{\dot{m}_h c_{p,h} P_h\left(T_{h,i}-T_{h,o}\right)}{KA\left(\overline{T}_h-\overline{T}_c\right)\left(P_h+P_c\right)} \tag{18-53}$$

18-4 轉輪式再生式熱交換器

習慣上，轉輪式熱交換器的熱流設計方法以NTU_o法較爲常用，此一設計法係由Coppage 與 London (1952) 發展而來，此法的基本假設與固定床型式相同；由於此法計算的觀念與先前第二章介紹的ε-NTU法類似，轉輪式熱交換器的熱傳性能同樣的可以用有效度ε來表示，其定義與第二章完全相同，即$\varepsilon = Q/Q_{max}$，如果$C_c < C_h$，則

$$\varepsilon=\frac{Q}{Q_{\max}}=\frac{C_c\left(T_{c,out}-T_{c,in}\right)}{C_c\left(T_{h,in}-T_{c,out}\right)}=\frac{T_{c,out}-T_{c,in}}{T_{h,in}-T_{c,out}} \tag{18-54}$$

同樣的，如果$C_c > C_h$，則

$$\varepsilon=\frac{Q}{Q_{\max}}=\frac{C_h\left(T_{h,in}-T_{h,out}\right)}{C_h\left(T_{h,in}-T_{c,out}\right)}=\frac{T_{h,in}-T_{h,out}}{T_{h,in}-T_{c,out}} \tag{18-55}$$

對先前介紹的回覆式熱交換器，可以證明$\varepsilon=\varepsilon(C^*$，$NTU$，流動形式)，同樣的，對轉輪式熱交換器，一樣可證明如下的類似關係式

$$\varepsilon=\varepsilon\left(C^*,C_r^*,(hA)^*,NTU_o\right) \tag{18-56}$$

其中C^*與第二章的定義相同，C^*、C_r^*、$(hA)^*$與NTU_o的定義如下：

$$C^*=C_{\min}/C_{\max} \tag{18-57}$$

$$C_r^*=\frac{C_r}{C_{\min}}=\frac{M_m c_{p,m}\omega}{\left(\dot{m}c_p\right)_{\min}} \tag{18-58}$$

其中ω爲轉輪的轉速(例如同常給定爲rpm但計算上必須轉換成標準SI單位，即每秒幾轉)

$$(hA)^* = \frac{(hA)_{C_{\min}}}{(hA)_{C_{\max}}} \tag{18-59}$$

$$NTU_o = \frac{1}{C_{\min}}\left[\frac{1}{\frac{1}{(hA)_h}+\frac{1}{(hA)_c}}\right] \tag{18-60}$$

當$C_r/C_{\min}\to\infty$，此時的轉輪式熱交換器的性能趨近於逆向流動的熱交換器，對逆流式的回復式熱交換器的有效度(ε_{cf}，注意ε_{cf}不是轉輪式熱交換器的有效度！)：

$$\varepsilon_{cf} = \begin{cases} \dfrac{1-e^{-NTU_0(1-C^*)}}{1-C^* e^{-NTU_0(1-C^*)}} & \text{if } C^* \neq 1 \\ \dfrac{NTU_0}{1+NTU_0} & \text{if } C^* = 1 \end{cases} \tag{18-61}$$

通常，若$C_r/C_{\min}$的值爲有限大小，Kays and London (1984) 根據 Lambertson (1958)的研究，提出轉輪式熱交換器與逆流式回復式熱交換器間的經驗關係方程式如下：

$$\varepsilon = \varepsilon_{cf}\left(1-\frac{1}{9\left(C_r^*\right)^{1.93}}\right) \tag{18-62}$$

上面的經驗式的誤差度在±1%內，但適用於 $0.25 \le (hA)^* \le 4$ 與 $0.9 \le C^* \le 1$ 的條件下而且轉輪爲平衡式，另外，仍必須在下列的適用範圍中使用：

(1) $3 \le NTU_0 \le 9,\ 0.9 \le C^* \le 1,\ 1.25 \le C_r^* \le 5$；

(2) $2 \le NTU_0 \le 14,\ C^* = 1,\ C_r^* \ge 1.5$；

(3) $NTU_0 \le 20,\ C^* = 1,\ C_r^* \ge 2$；

此一應用範圍看來似乎相當的窄，不過讀者要瞭解在實際應用上(例如空氣渦輪機)，通常設計的範圍如下：

$\varepsilon = 50\% \sim 90\%$

$C_c/C_h = 0.9 \sim 1.0$

$C_r/C_c = 1 \sim 10$

$(hA)^* = (hA)_c/(hA)_h = 0.2 \sim 1$

$NTU_0 = 1 \sim 10$

故此一應用範圍通常落在該方程式的適用區內，讀者在真正的應用設計時也應特別注意；設計時要留意合理的應用範圍。一旦獲得轉輪式的有效度ε，則其熱交換量便可以下式算出(與第二章的回復式熱交換器設計方法完全相同)：

$$Q = \varepsilon C_{\min}\left(T_{h,i} - T_{c,i}\right) \tag{18-63}$$

式18-62僅適用於平衡式轉輪且範圍比較侷限，至於非平衡式的轉輪計算方法，Razelos (1979)則提出一等效式對稱方法，此方法計算有效度適用於$C^* < 1$的條件，其有效度的計算過程如下所示：

(1) $$NTU_{0,m} = \frac{2NTU_0 C^*}{1 + C^*} \tag{18-64}$$

(2) $$C_{r,m}^* = \frac{2C_r^* C^*}{1 + C^*} \tag{18-65}$$

(3) $$\varepsilon_r = \frac{NTU_{0,m}}{1 + NTU_{0,m}}\left(1 - \frac{1}{9\left(C_{r,m}^*\right)^{1.93}}\right) \tag{18-66}$$

(4) $$\varepsilon = \frac{1 - e^{\frac{\varepsilon_r\left(\left(C^*\right)^2 - 1\right)}{2C^*(1-\varepsilon_r)}}}{1 - C^* e^{\frac{\varepsilon_r\left(\left(C^*\right)^2 - 1\right)}{2C^*(1-\varepsilon_r)}}} \tag{18-67}$$

當$C_r^* \to \infty$時，式18-62的估算結果可證明與Razelos (1979)的結果相同，但在其他條件下，Razelos (1979)計算結果比式18-62的估算較爲精確。如前所說明，轉輪式熱交換器的設計(ε-NTU_0)方法與固定床型式方法基本上是相通的，根據Shah (1988)的研究，固定床型式的熱效率與轉輪式是相同的，其中有四個設計參數彼此間剛好相互對照，其對照關係如表18-2所示。

表18-2 ε-NTU₀法與Λ-Π 法設計參數對照表

ε-NTU_0 法	Λ-Π 法
$NTU_o=\dfrac{\dfrac{\Lambda_c}{\Pi_c}}{\dfrac{1}{\Pi_c}+\dfrac{1}{\Pi_h}}$	$\Lambda_h=C^*\left[\dfrac{1}{1+(hA)^*}\right]NTU_0$
$C^*=\dfrac{\Pi_c\Lambda_h}{\Pi_h\Lambda_c}$	$\Lambda_c=C^*\left(1+(hA)^*\right)NTU_0$
$C_r^*=\dfrac{\Lambda_c}{\Pi_c}$	$\Pi_h=\dfrac{1}{C_r^*}\left[\dfrac{1}{1+(hA)^*}\right]NTU_0$
$(hA)^*=\dfrac{\Pi_c}{\Lambda_c}$	$\Pi_c=\dfrac{1}{C_r^*}\left(1+(hA)^*\right)NTU_0$

例18-4-1： 一轉輪式熱交換器用來回收高溫的廢熱空氣，此熱交換器的幾何尺寸與物理性質如圖18-15所示

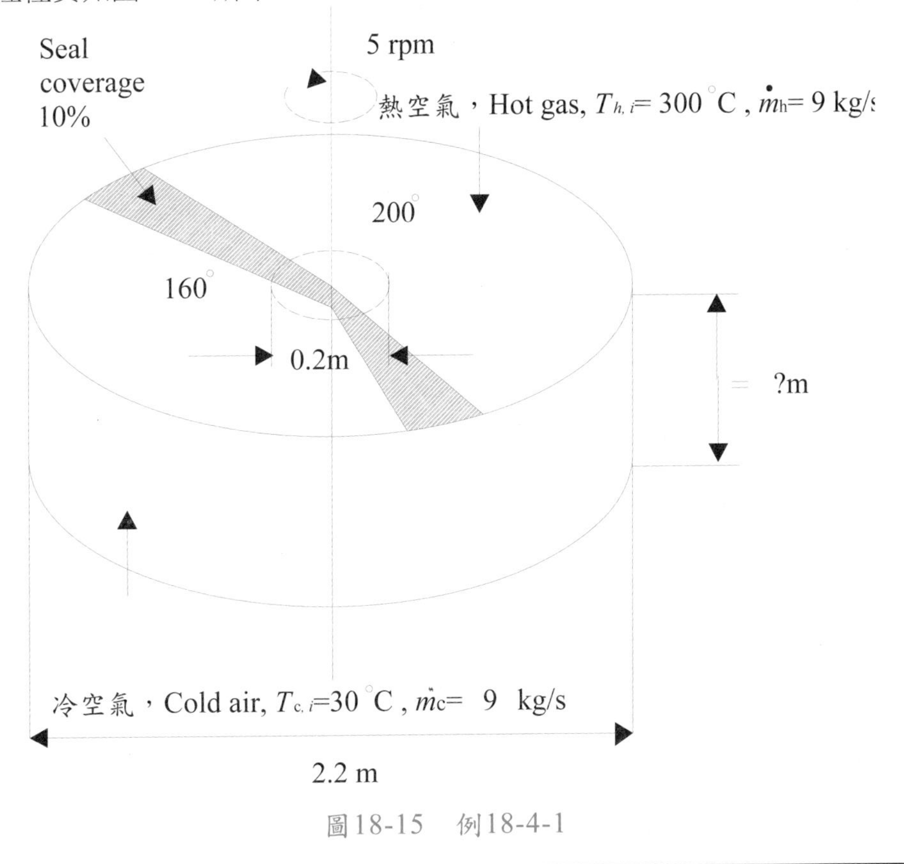

圖18-15 例18-4-1

轉輪材質與幾何尺寸如下：

$\rho_m = 6000\ \text{kg/m}^3$

$c_{p,m} = 500\ \text{kJ/kg·K}$

σ (轉輪孔隙率，porosity) = 0.75

β (轉輪密集度，packing density) = 1300 m^2/m^3

ω (轉輪轉速) = 5 rpm

d (轉輪直徑) = 2.2 m

d_r (轉輪中心轉軸直徑) = 0.2 m

冷熱兩側因隔熱所產生的無效區域(seal coverage) = 10% = 0.1

熱交換器其他的操作條件如下：

	熱側	冷側
T_{in}(進口溫度)	400°C	30°C
氣體通過轉輪所佔的角度	200°	160°
c_p(比熱)	1120 J/kg·K	1006 J/kg·K
$\dot{m}$	9 kg/s	7 kg/s
h	50 W/m²·K	40 W/m²·K

根據上述的情況，如果設計希望達到0.9有效度的熱回收，則轉輪的厚度應爲何？

18-4-1 解：

這個題目要計算轉輪式熱交換器的尺寸，讀者如果還有印象，在第二章中提到以ε-NTU法來做sizing的題目通常需要疊代，因此這裡我們先假設一個轉輪的厚度L= 0.5 m，然後再看看最後計算的有效度是否可達到0.9，如果不夠，則可重新假設一個比較大的值，否則就假設小一點的值再試試看。在L= 0.5 m時的計算過程如下：

(a) $C_h = \dot{m}_h c_{p,h} = 9 \times 1120 = 10080\ \text{W/K}$

$C_c = \dot{m}_c c_{p,c} = 7 \times 1006 = 7042\ \text{W/K}$

$\therefore C_{\min} = C_c = 7042\ \text{W/K}$，$C_{\max} = C_h = 10080\ \text{W/K}$

$$C^* = \frac{C_{\min}}{C_{\max}} = \frac{7042}{10080} = 0.69861$$

(b) 由於熱側面積與冷側面積的比值轉輪在熱側的角度與冷側角度的比值，

$$\text{所以}\ (hA)^* = \frac{(hA)_{C_{\min}}}{(hA)_{C_{\max}}} = \frac{40 \times 160^\circ}{50 \times 200^\circ} = 0.64$$

(c) 轉輪的重量(必須扣除轉輪中心轉軸部份的無效熱傳區域)

$$M_m = \rho_m V_m = \rho_m \times \left[\frac{\pi}{4}\left(d^2 - d_r^2\right) L \times \left(1 - \text{孔隙率，Prosity}\right) \right]$$

$$= 8000 \times \left[\frac{\pi}{4}\left(2.2^2 - 0.2^2\right) \times 0.5 \times \left(1 - 0.75\right) \right] = 3769.9 \text{ kg}$$

(d)

$$C_r^* = \frac{C_r}{C_{\min}} = \frac{M_m c_{p,m} \omega}{\left(\dot{m} c_p\right)_{\min}}$$

$$= \frac{3769.9 \times 500 \times \frac{5}{60}\left(\text{rpm必須換爲以秒計算的標準SI單位}\right)}{7042}$$

$$= 22.306$$

(e) 計算熱交換的有效總面積A

A = 轉輪截面積×轉輪厚度(L)×密集度(β)×(1−隔熱所產生的無效區域)

$$= \frac{\pi}{4}\left(2.2^2 - 0.2^2\right) \times 0.5 \times 1300\left(1 - 0.1\right) = 2205.4 \text{ m}^2$$

∴ 加熱側的總面積 $A_h = A \times 200°/360° = 1225.2 \text{ m}^2$

冷卻側的總面積 $A_c = A \times 160°/360° = 980.18 \text{ m}^2$

(f) $(hA)_h = 50 \times 1225.2 = 61261$ W/K

$(hA)_c = 40 \times 980.18 = 39207$ W/K

(g) $$NTU_o = \frac{1}{C_{\min}} \left[\frac{1}{\frac{1}{(hA)_h} + \frac{1}{(hA)_c}} \right] = \frac{1}{7042} \left(\frac{1}{\frac{1}{61261} + \frac{1}{39207}} \right) = 3.3949$$

(h) 由式18-61 (由於$C^* \neq 1$)

$$\varepsilon_{cf} = \frac{1 - e^{-NTU_0\left(1 - C^*\right)}}{1 - C^* e^{-NTU_0\left(1 - C^*\right)}} = \frac{1 - e^{-3.3949(1-0.69861)}}{1 - 0.69861 \times e^{-3.3949(1-0.69861)}} = 0.85534$$

(i) 由式18-62

$$\varepsilon = \varepsilon_{cf}\left(1 - \frac{1}{9\left(C_r^*\right)^{1.93}}\right) = 0.85534 \times \left(1 - \frac{1}{9 \times 22.306^{1.93}}\right) = 0.8551$$

計算上也可以利用Razelos (1979)式18-64~18-67的算法如下：

(j) 由式18-62，$NTU_{0,m} = \frac{2NTU_0 C^*}{1 + C^*} = \frac{2 \times 3.3949 \times 0.69861}{1 + 0.69861} = 2.7925$

(k) $C_{r,m}^{*}=\frac{2C_r^*C^*}{1+C^*}=\frac{2\times 22.306\times 0.69861}{1+0.69861}=18.348$

(l) $\varepsilon_r=\frac{NTU_{0,m}}{1+NTU_{0,m}}\left(1-\frac{1}{9\left(C_{r,m}^{*}\right)^{1.93}}\right)=\frac{2.7925}{1+2.7925}\left(1-\frac{1}{9\times 18.348^{1.93}}\right)=0.73603$

(m) $\varepsilon=\frac{1-e^{\frac{\varepsilon_r\left(\left(C^*\right)^2-1\right)}{2C^*(1-\varepsilon_r)}}}{1-C^*e^{\frac{\varepsilon_r\left(\left(C^*\right)^2-1\right)}{2C^*(1-\varepsilon_r)}}}=\frac{1-e^{\frac{0.73603\left(0.69861^2-1\right)}{2\times 0.69861(1-0.73603)}}}{1-069861\times e^{\frac{0.73603\left(0.69861^2-1\right)}{2\times 0.69861(1-0.73603)}}}=0.85503$

此依計算方法與式18-61的計算結果幾乎相同，不過此一計算值低於設計值0.9，因此必須重新假設厚度L，經過幾次的嘗試後，可算出$L\approx 0.6418$ m。順帶一提，由於熱效率 = 0.9，且$C_{\min}=C_c$，因此由式18-54，

$\varepsilon=\frac{Q}{Q_{\max}}=\frac{C_c\left(T_{c,out}-T_{c,in}\right)}{C_c\left(T_{h,in}-T_{c,out}\right)}=\frac{T_{c,out}-T_{c,in}}{T_{h,in}-T_{c,out}}$ ，可算出冷熱側的出口溫度。

18-5 流動方向熱傳導效應的影響

在上面的介紹中，所有的分析均假設熱交換器在流動方向的熱傳導可以忽略不計，但是在許多高效率的再生式熱交換器設計，可能在流動方向有相當大的溫度差，此時將會造成若干的熱損失，根據Bahnke and Howard (1964)的研究，此一縱向熱傳導的效應可以由下面的參數來說明：

$$\lambda=\begin{cases}\dfrac{k_wA_{k,t}}{LC_{\min}} & \text{轉輪式}\\[2ex] \dfrac{k_wA_{k,t}}{LC_{\min}}\left(\dfrac{P_h+P_c}{P_c}\right) & \text{固定床式}\end{cases}\tag{18-68}$$

其中L為熱交換器的深度，$A_{k,t}$為可用來縱向熱傳導的面積，此一面積的定義如下：

$$A_{k,t}=A_{fr}(1-\sigma)\tag{18-69}$$

其中A_{fr}爲正向面積而σ爲收縮比(contraction ratio，見第三章說明)；Bahnke and Howard (1964)藉由此一縱向熱傳導參數，式18-54可以改寫如下：

$$\varepsilon = \varepsilon\left(C^*, C_r^*, (hA)^*, NTU_o, \lambda\right) \tag{18-70}$$

根據Romie (1991)的研究，此一縱向熱傳導的效應對熱傳有效度的影響與G_L參數有關，G_L參數爲考慮縱向熱傳導的影響於逆流式再生式熱交換器的分析中產生，在$C^* = 1$ 且 $(hA)^* = 1$的條件下時，

$$G_L = 1 - \left(1 - \frac{\tanh(b)}{b}\right)\left(\frac{NTU_0}{b}\right)^2 \tag{18-71}$$

$$b = NTU_0\left(1 + \frac{1}{\lambda NTU_0}\right)^{0.5} \tag{18-72}$$

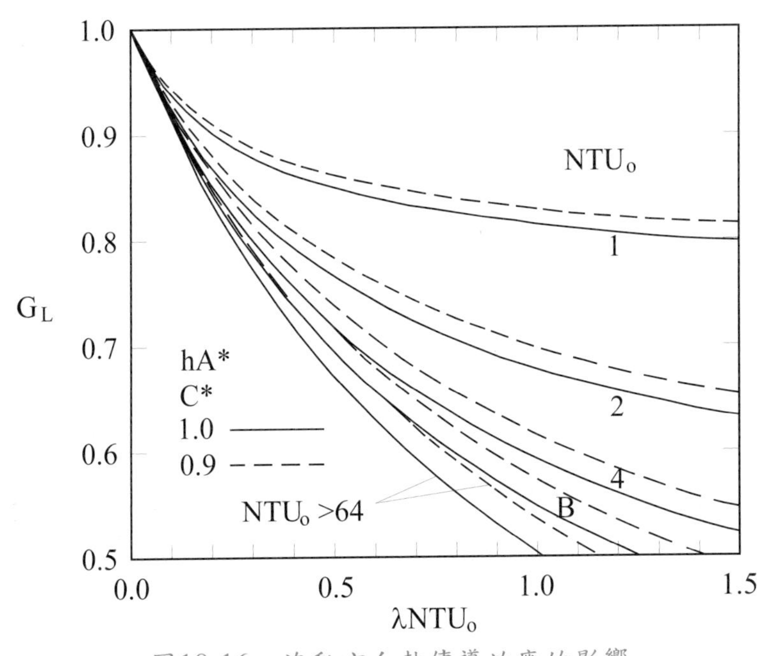

圖18-16 流動方向熱傳導效應的影響

但如果$C^* \neq 1$ 或 $(hA)^* \neq 1$時，Romie (1991)則提供圖18-16可供參考，圖中顯示$C^* = 0.9$與 $C^* = 1.0$的結果，另外請讀者特別注意，該圖並無$(hA)^*$的效應，這是因爲Romie (1991)的研究中發現該效應的影響不大；若一旦獲得G_L效應的影響後，Romie (1991)建議以下面方程式來計算再生式熱交換器的有效度：

$$\varepsilon_{\lambda\neq 0}=\begin{cases}\dfrac{1-e^{-G_L NTU_0\left(1-C^*\right)}}{1-C^*e^{-G_L NTU_0\left(1-C^*\right)}} & \text{if } C^*\neq 1\\ \dfrac{G_L NTU_0}{1+G_L NTU_0} & \text{if } C^*=1\end{cases} \tag{18-73}$$

18-6 再生式熱交換器的熱傳係數

前面的設計方法要能夠精確的落實於應用上，最重要的就是熱傳係數 h 的資料；這部份的資料其實相當的多，基本上熱傳係數與填料形狀、間隔、操作條件有相當的關係，當然，最直接的來源可由製造廠商而來；如果無此部份的資料，讀者可依據選擇材料的形狀選擇一合適的熱流計算方程式，下面介紹的熱傳係數的介紹主要是參考HEDH (2002)一書，熱傳係數的估算分成(a)填充床(packed bed)；(b) 高爐熱風爐(blast furnace stove)與(c) 轉輪式再生式熱交換器。

18-6-1 填充床熱流特性之估算

填充床熱傳係數的性能與填料形式、大小與空泡比(void fraction)有關，這裡並不打算詳細去介紹如何來估算，僅介紹簡化後的經驗方程式(HEDH 2002)，如果填充床的填充粒徑在0.01~0.06 m間，質通量G在0.01到1.0 kg/m^2·s間，而平均溫度在300~450 °C間時，熱傳係數可歸納如下的經驗方程式：

$$\log_{10} h=C_0+C_1\overline{T}_m+C_2\log_{10} G \tag{18-74}$$

其中經驗常數C_0、C_1、C_2與填充粒徑間的關係如表18-3所列。相對於熱傳係數，壓降的估算也是非常的重要，其相對估算的經驗方程式如下：

$$\frac{\Delta P}{L}=\frac{G(1-\varepsilon_0)}{\rho_f d\varepsilon_0^3}\left(1.75G+150\frac{1-\varepsilon_0}{d}\mu_f\right) \tag{18-75}$$

其中ε代表填充床中的空泡比，請注意式18-73與18-74均爲有因次的經驗方程式，使用上必須使用標準SI單位。

表18-3 填充床熱傳係數之經驗方程式18-73的經驗常數

係數	填充粒徑 d_s(m) 0.01	0.02	0.03	0.04	0.05	0.06
C_0	1.9011	1.7652	1.6896	1.6377	1.599	1.567
C_1	4.6178×10^{-4}	4.3894×10^{-4}	4.2605×10^{-4}	4.1699×10^{-4}	4.0845×10^{-4}	4.0485×10^{-4}
C_2	0.3853	0.4223	0.443	0.4571	0.4676	0.4767

18-6-2 高爐熱風爐熱流特性之估算

不同於填充床多的應用，高爐熱風爐(見圖18-1)經常應用在非常高溫中，在加熱週期中的溫度可能超過1000°C，因此在加熱週期中除了對流熱傳的貢獻外，輻射熱傳也很重要而必須加以考慮，在冷卻週期中，溫度較低，因此對流熱傳係數可由Boehm (1932, 引用自HEDH 2002)經驗方程式來估算，即：

$$h_c = \frac{0.687\bar{T}_{m,c}^{0.25} G_c^{0.8}}{d_h^{0.33} \rho_c^{0.8}} \tag{18-76}$$

在高溫週期中，熱量主要是由燃燒產生的兩種主要氣體，水蒸氣與二氧化碳經由對流與輻射兩種模式傳遞到填料間(主要是方格樣填料，checkerwork)，所以加熱週期間總熱傳量可表示如下：

$$E = E_{conv} + E_{rad} \tag{18-77}$$

其中對流熱傳量E_{conv}可表示如下

$$E_{conv} = h_c A\left(\bar{T}_h - \bar{T}_{h,m}\right) P_h \tag{18-78}$$

而輻射熱傳量E_{rad}可表示如下

$$E_{rad} = \sigma_s \frac{\varepsilon_m + 1}{2} A\left(\varepsilon_f \tilde{T}_h^{\,4} - \varepsilon_f \tilde{T}_m^{\,4}\right) P_h \tag{18-79}$$

其中下標m代表方格樣(即填料)而$\tilde{T}_h$與$\tilde{T}_m$代表熱週期與填料的絕對平均溫度，ε_f為氣體的放射率(emissivity)，由於氣體主要為水蒸氣與二氧化碳，因此

$$\varepsilon_f = \varepsilon_{co_2} + \beta\varepsilon_{water} \tag{18-80}$$

其中下標CO_2與 water分別代表二氧化碳與水；而β爲校正值，經回歸分析後可歸納成下式：

$$\beta = 0.9883+0.5157P_w - 0.028\log 10(P_w d_h) \tag{18-81}$$

式18-80中的P_w代表水蒸氣在熱氣體中的分壓而d_h爲水力直徑，水蒸氣與二氧化碳的放射率。因此熱週期的有效熱傳係數爲：

$$h_h = \frac{0.687\bar{T}_{m,h}^{0.25} G_c^{0.8}}{d_h^{0.33} \rho_h^{0.8}} + \sigma \frac{\varepsilon_m + 1}{2}\left(\frac{\varepsilon_f \tilde{T}_h^{\ 4} - \varepsilon_f \tilde{T}_m^{\ 4}}{\bar{T}_h - \bar{T}_m}\right) \tag{18-82}$$

18-6-3 轉輪式再生式熱交換器熱流特性之估算

同樣的，轉輪式的熱流性能與填料形式有關，Kays and London (1984)一書中的表10-10提供適用crossed-rod三種安排型式(排列，inline；交錯，staggered；隨意，random packing)的資料，旗熱傳性能與摩擦特性如表18-4所示，其中熱流性能均以j及f對Re_{Dh}來表示，有關j、f、Re_{Dh}的意義與計算式，讀者可參考第三章的說明；另外這些數據中孔隙率(Porosity)爲0.5的數據，HEDH 2002歸納後的經驗方程式如下(其適用的質通量G在0到125 kg/m^2·s間，而平均溫度在550~1000 °C間)：

$$\log_{10} h = C_0 + C_1\bar{T}_m + C_2 \log_{10} G + C_3\bar{T}_m \log_{10} G + C_4 \left(\log_{10} G\right)^2 \tag{18-83}$$

其中經驗常數C_0、C_1、C_2、C_3與C_4的關係如表18-5所列。

表18-4 Crossed-rod填充材熱傳係數之經驗方程式18-82的經驗常數 (資料來源: Kays and London, 1984)

Re_{Dh}	j	f	Re_{Dh}	j	f	Re_{Dh}	j	F
In-line stacking			Staggered stacking			Random stacking		
孔隙率＝0.832，橫向截距X_t＝4.675								
120,000	0.00784	0.255	120,000	0.00840	0.356	100,000	0.0086	0.280
100,000	0.00815	0.227	100,000	0.00880	0.370	80,000	0.0093	0.290
80,000	0.00858	0.228	80,000	0.00942	0.383	60,000	0.0103	0.301
60,000	0.00922	0.230	60,000	0.0103	0.401	40,000	0.0117	0.315
40,000	0.0105	0.232	40,000	0.0119	0.429	30,000	0.0130	0.323
30,000	0.0115	0.234	30,000	0.0133	0.443	20,000	0.0150	0.334

Re_{Dh}	j	f	Re_{Dh}	j	f	Re_{Dh}	j	F
In-line stacking			Staggered stacking			Random stacking		
20,000	0.0133	0.236	20,000	0.0155	0.463	10,000	0.0196	0.350
15,000	0.0147	0.240	15,000	0.0175	0.478	8,000	0.0215	0.354
10,000	0.0170	0.247	10,000	0.0208	0.498	6,000	0.0241	0.360
8,000	0.0185	0.250	8,000	0.0227	0.510	4,000	0.0283	0.370
6,000	0.0206	0.256	6,000	0.0253	0.530	3,000	0.0319	0.379
4,000	0.0242	0.267	4,000	0.0292	0.561	2,000	0.0379	
3,000	0.0268		3,000	0.0328		1,000	0.0520	
2,000	0.0306		2,000	0.0390		800	0.0580	
1,500	0.0337		1,500	0.0451		600	0.0670	
孔隙率＝0.766，橫向截距X_t＝3.356								
80,000	0.00804	0.223	80,000	0.00798	0.253	80,000	0.0089	0.277
60,000	0.00872	0.230	60,000	0.00888	0.267	60,000	0.0098	0.290
40,000	0.00990	0.239	40,000	0.0101	0.292	40,000	0.0114	0.308
30,000	0.0110	0.243	30,000	0.0111	0.308	30,000	0.0126	0.313
20,000	0.0126	0.252	20,000	0.0130	0.330	20,000	0.0145	0.330
15,000	0.0142	0.257	15,000	0.0145	0.342	10,000	0.0190	0.346
10,000	0.0166	0.264	10,000	0.0173	0.361	8,000	0.0208	0.350
8,000	0.0182	0.268	8,000	0.0190	0.371	6,000	0.0232	0.356
6,000	0.0203	0.273	6,000	0.0215	0.383	4,000	0.0272	0.362
4,000	0.0236	0.278	4,000	0.0256	0.401	3,000	0.0308	0.371
3,000	0.0264	0.283	3,000	0.0293	0.419	2,000	0.0364	0.381
2,000	0.0304	0.295	2,000	0.0351	0.452	1,000	0.0500	
1,500	0.0337	0.308	1,500	0.0401	0.480	800	0.0560	
1,000	0.0388	0.300	1,000	0.0488	0.527	600	0.0640	
孔隙率＝0.675，橫向截距X_t＝2.417								
60,000	0.00820	0.213	60,000	0.00704	0.173	80,000	0.0081	0.232
40,000	0.00940	0.226	40,000	0.00832	0.189	60,000	0.0090	0.243
30,000	0.0103	0.235	30,000	0.00935	0.200	40,000	0.0105	0.267
20,000	0.0119	0.248	20,000	0.0110	0.217	30,000	0.0118	0.280
15,000	0.0132	0.257	15,000	0.0124	0.230	20,000	0.0137	0.297
10,000	0.0154	0.267	10,000	0.0148	0.249	10,000	0.0178	0.318
8,000	0.0167	0.273	8,000	0.0162	0.258	8,000	0.0194	0.320
6,000	0.0188	0.280	6,000	0.0185	0.271	6,000	0.0215	0.329
4,000	0.0221	0.290	4,000	0.0222	0.290	4,000	0.0251	0.339
3,000	0.0247	0.298	3,000	0.0255	0.307	3,000	0.0281	0.343
2,000	0.0294	0.310	2,000	0.0310	0.331	2,000	0.0330	0.355
1,500	0.0332	0.321	1,500	0.0356	0.351	1,000	0.0443	0.375
1,000	0.0397	0.347	1,000	0.0431	0.383	800	0.0490	0.381
800	0.0436	0.361	800	0.0480	0.401	600	0.0560	
600	0.0492	0.386	600	0.0550	0.430			
孔隙率＝0.602，橫向截距X_t＝1.974								
40,000	0.00865	0.185	40,000	0.00745	0.142	60,000		0.154
30,000	0.00930	0.190	30,000	0.00825	0.150	40,000	0.0086	0.169
20,000	0.0107	0.202	20,000	0.00973	0.164	30,000	0.0094	0.180
15,000	0.0120	0.213	15,000	0.0110	0.175	20,000	0.0108	0.195
10,000	0.0140	0.228	10,000	0.0130	0.019	10,000	0.0138	0.218

Re_{Dh}	j	f	Re_{Dh}	j	f	Re_{Dh}	j	F
In-line stacking			Staggered stacking			Random stacking		
8,000	0.0155	0.234	8,000	0.0142	0.198	8,000	0.0150	0.227
6,000	0.0174	0.241	6,000	0.0160	0.209	6,000	0.0167	0.237
4,000	0.0206	0.251	4,000	0.0189	0.223	4,000	0.0195	0.250
3,000	0.0233	0.259	3,000	0.0212	0.235	3,000	0.0219	0.257
2,000	0.0276	0.267	2,000	0.0250	0.251	2,000	0.0255	0.263
1,500	0.0311	0.274	1,500	0.0286	0.263	1,000	0.0340	0.286
1,000	0.0370	0.291	1,000	0.0351	0.280	800	0.0375	0.303
						600	0.0422	0.331
						400	0.0510	
						300	0.0590	
						200	0.0730	
孔隙率＝0.5，橫向截距X_t＝1.571								
30,000	0.00860	0.153	30,000	0.00806	0.132	30,000	0.00838	0.157
20,000	0.00995	0.163	20,000	0.00932	0.142	20,000	0.00980	0.170
15,000	0.0111	0.171	15,000	0.0104	0.151	15,000	0.0110	0.179
10,000	0.0129	0.183	10,000	0.0121	0.165	10,000	0.0129	0.194
8,000	0.0140	0.190	8,000	0.0132	0.174	8,000	0.0140	0.200
6,000	0.0156	0.200	6,000	0.0147	0.185	6,000	0.0156	0.210
4,000	0.0183	0.212	4,000	0.0172	0.200	4,000	0.0183	0.222
3,000	0.0204	0.222	3,000	0.0192	0.210	3,000	0.0204	0.229
2,000	0.0239	0.233	2,000	0.0225	0.222	2,000	0.0239	0.238
1,500	0.0270	0.242	1,500	0.0254	0.231	1,500	0.0270	0.244
1,000	0.0324	0.252	1,000	0.0305	0.243	1,000	0.0324	0.252

表18-5　Crossed-rod填充材熱傳係數之經驗方程式18-83的經驗常數

Coefficient	In-line Stacking	Staggered stacking	Random stacking
C_0	1.72	1.68	1.72
C_1	2.24×10^{-4}	2.16×10^{-4}	2.15×10^{-4}
C_2	0.567	0.589	0.584
C_3	-2.3×10^{-5}	-1.7×10^{-5}	-1.5×10^{-5}
C_4	0.024 6	0.0148	0.0134

18-7 結語

在應用上，再生式熱交換器大致有兩類用途；在很多情況能源的使用常因使用時段的不同，而有尖峰負載的情形發生，此時，在能源的回收與再釋放上也就會出現相當大的落差，使用再生式熱交換器回收低負載時的能源而在高負載時釋放就相當合適；另外，如果應用上冷熱側溫度相當的穩定，與回覆式熱交換器比較下，由於再生式熱交換器有非常大的單位體積與有效熱交換面積，且具備壓力分布均勻及單一流道與逆向流動的優點，因此使用上也可以考慮這些特質以取代回覆式熱交換器的應用。本章節主要在於介紹再生式熱交換器的應用與性能估算方法，讓讀者能夠初步明瞭計算與設計的基本方法，想要進階深入瞭解再生式熱交換器的熱流特質，就會牽涉到式18-1與18-2的偏微分數值解法，有興趣的讀者可以參考HEDH (1998)、Hausen (1983)與Schmidt and Willmott (1981)的資料，有更爲深入的說明。

主要參考資料

Bahnke, G.D., Howard, C.P. 1964. The effect of longitudinal heat conduction on periodic flow heat exchanger performance. Trans. ASME, J. Eng. Power, pp. 105-120.

Coppage, J.E, London, A.L. 1953. The periodic-flow generator – a summary of design theory, Trans. ASME. 75:779-787.

Das, S.K., 2005. *Process Heat Transfer*. Alpha Science International Ltd., chapter 9.

Heiligenstadt, W. 1925. Mitteilung Wärmestelle V.d Eisenhüttenwesen, 73: 325-360.

Hewitt G.F., Shires G.L., Boll, T.R. 1994. *Process Heat Transfer*. CRC press.

Hewitt, G.F. ed. 2002. *Handbook of Heat Exchanger Design*. Chapter 3.15, regeneration and thermal energy storage, Begell house.

Huasen, H. 1942. Verovollstandigte Berechnung des Warmaustausches in Regenertoren. Z. Ver. Deustch Ing., Beiheft Verftk. 2:31-43.

Huasen, H. 1983. *Heat Transfer in Counterflow, Parallel flow, and Cross flow*. McGraw-Hill, New York.

Kays, W.M., London, A.L. 1984. *Compact Heat Exchanger*. 3rd ed., McGraw-Hill, New York.

Kuppan, T. 2000. *Heat Exchanger Design Handbook*, chap. 6, Marcel Dekker Inc.

Lambertson, T.J. 1958. Performance factors of a periodic flow heat exchanger, Trans. ASME, 80:586-592.

Razelos, P. 1979. An analytical solution to the electric analog simulation of the regenerative heat exchanger with time-varying fluid inlet temperature, Wärme Stoffübertrag. 12:59-71.

Romie, F.E. 1991. Treatment of transverse and longitudinal heat conduction regenerators, Trans. ASME, J. of Heat Transfer. 113:247-249.

Rummel, K. 1931. The calculation of the thermal characteristics of regenerators. J. Institute of Fuel, pp. 160-175, Feb.

Schmidt, F.W., Willmott, A.J. 1981. *Thermal Energy Storage and Regeneration*. Hemisphere/McGraw-Hill, New York.

Shah, R.K. 1988. Counterflow rotary regenerator thermal design procedures, in Heat *Transfer Equipment Design*, pp. 267-296, ed. By Shah, R.K., Subbarao, E.C., and Mashelikar), Hemisphere, Washington, D.C.

Willmot, A.J. 1997. Regenerative heat exchangers, in International Encyclopedia of Heat & Mass Transfer, eds. By Hewitt G.F., Shires, G.L., Polezhaev, Y.V., CRC press, pp. 944-953.

Chapter 19

攪拌容器的熱流設計

Heat Transfer in Agitated Vessels

19-0 前言

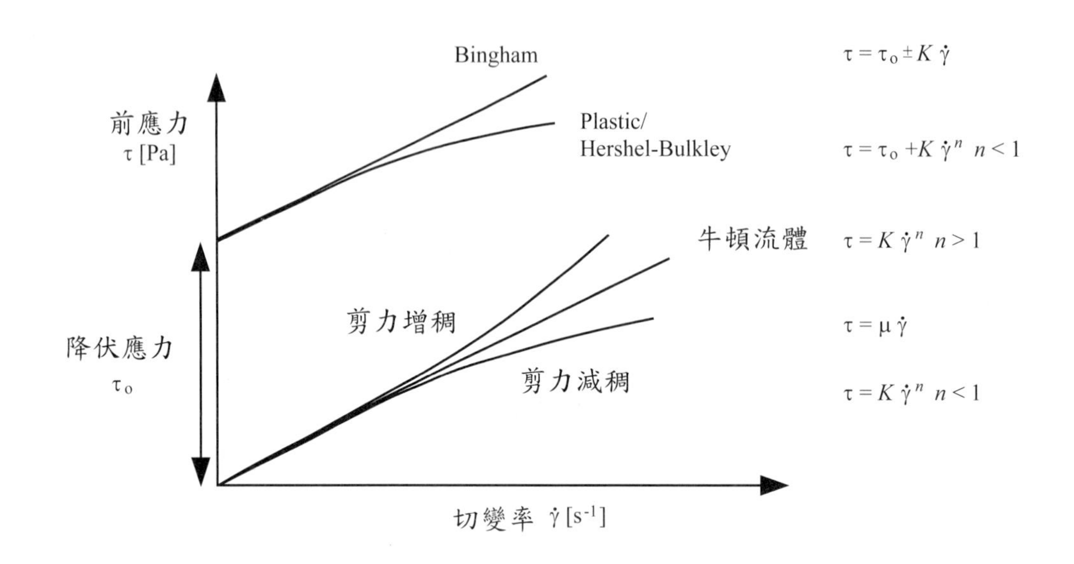

圖19-1 剪應力與切變率間的關係示意圖

在許多工業上的應用，經常會藉由攪拌容器來加熱或冷卻其中的流體，樹脂製造業、食品加工、化工業等；而且在這些應用中的被攪扮流體經常是非牛頓流體，在說明非牛頓流體前，先來複習黏度的定義；與固體一樣，當我們施力於流體時，流體同樣會產生形變，在流體力學中，施力通常以剪應力(shear stress, τ)來表示，形變則習慣以切變率(shear rate，$\dot{\gamma} = \dfrac{\partial u}{\partial y}$)，剪應力與切變率間的關係可表示如下：

$$\tau = C\dot{\gamma} \tag{19-1}$$

所謂牛頓流體，係指剪應力與切變率間爲線性關係，即C爲常數，也就是我們所稱的黏度(viscosity)μ，對牛頓流體而言，黏度爲溫度與壓力的函數(主要是溫度)，一般常用的工作流體如水、油等都是典型的牛頓流體；然而，如果剪應力與切變率之間的關係不是單純的線性關係，則稱之爲非牛頓流體，剪應力與切變率間的可能關係如圖19-1所示，如果 $\tau = K\dot{\gamma}^n$ 且n>1，則稱之爲剪力增稠流體(shear thickening)，如泥漿等浮懸液；若$n < 1$，則稱之爲剪力減稠流體(shear thinning)，如許多高分子聚合物都具備這種特性，又例如血液也擁有剪力減稠的特性；對非牛頓流體而言，其外觀黏度(apparent viscosity)的定義爲：

$$\mu_{app} = \frac{\tau}{\dot{\gamma}} \tag{19-2}$$

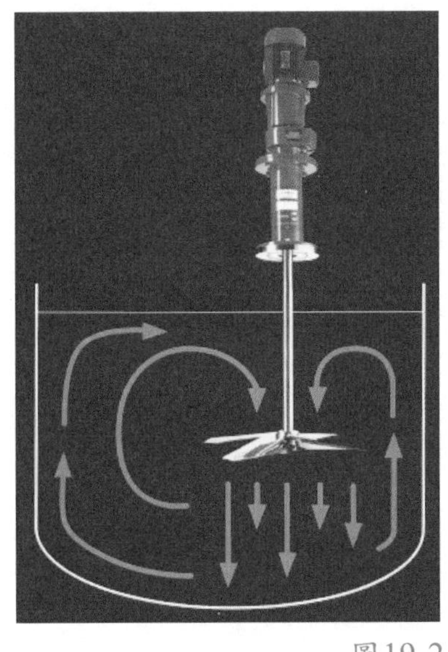
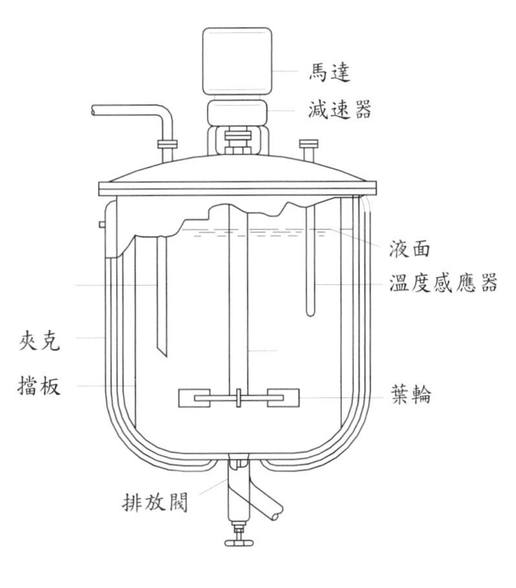

圖19-2 攪拌容器示意圖

非牛頓流體的外觀黏度除了與溫度及壓力有關外，也同時與切變率有關；在加熱與冷卻的過程中，流體的黏度可能會有相當大的變化，開始到反應結束間的差異可能完全不同；在應用上，反應可能會產生相當的熱量，因此必須要藉由冷卻熱交換器來控制與維持容器內的溫度，但是容器通常體積甚大，而且冷卻熱交換器又多無法均匀的分布在容器內，因此常需藉由攪拌器來增加流體混合的效果，攪拌器的設計除了可控制溫度外，並可讓容器內的質傳、化學反應更爲均勻；攪拌容器的研究相當的多也相當的深入，有興趣的讀者不難發現相關的資料，本章節的目的僅針對熱傳設計，典型的攪拌容器如圖19-2所示，其構造主要由馬達與減數器帶動旋轉軸與攪拌器讓流體達到充分的混合，如果容器的底部爲平坦的方形設計，則由於方形交接面上容易產生二次流等現象使流體不易混合均勻，所以容器的底部形狀通常爲圓形而非方形設計，而且容器形狀要避免瘦長型設計；通常容器的直徑與攪拌器內填充的液體高度相當。

19-1 基本觀念

攪拌容器內的熱傳特性與容器/攪拌器的搭配、檔板數目、流體特性與熱交換表面的選擇有相當的關聯；攪拌容器的熱傳設計步驟如下(1) 選擇攪拌器與容器尺寸；(2) 選擇合適的容器內部構造；(3) 決定攪拌器尺寸與熱傳面積。設計者必須掌握攪拌器、容器、製程應用等等的一些基本特性，例如：

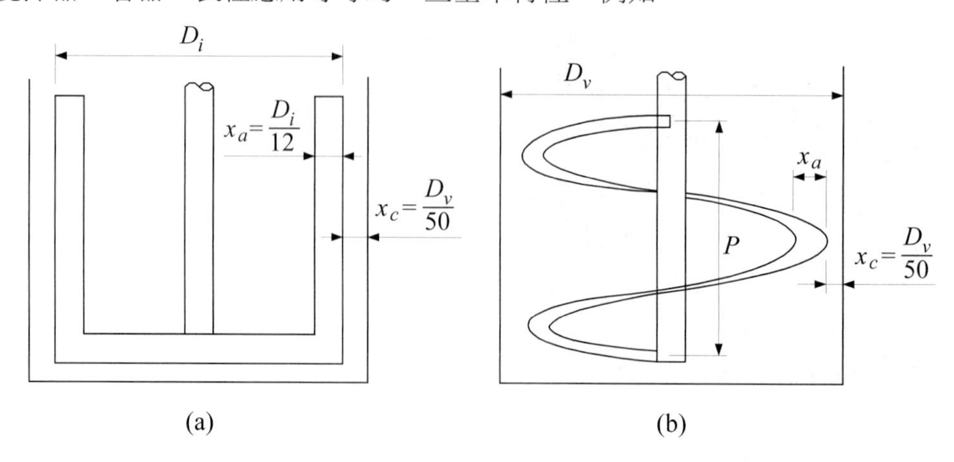

圖19-3　典型鄰近(proximity)設計之攪拌器(a) 錨狀設計；(b) 螺旋帶狀設計

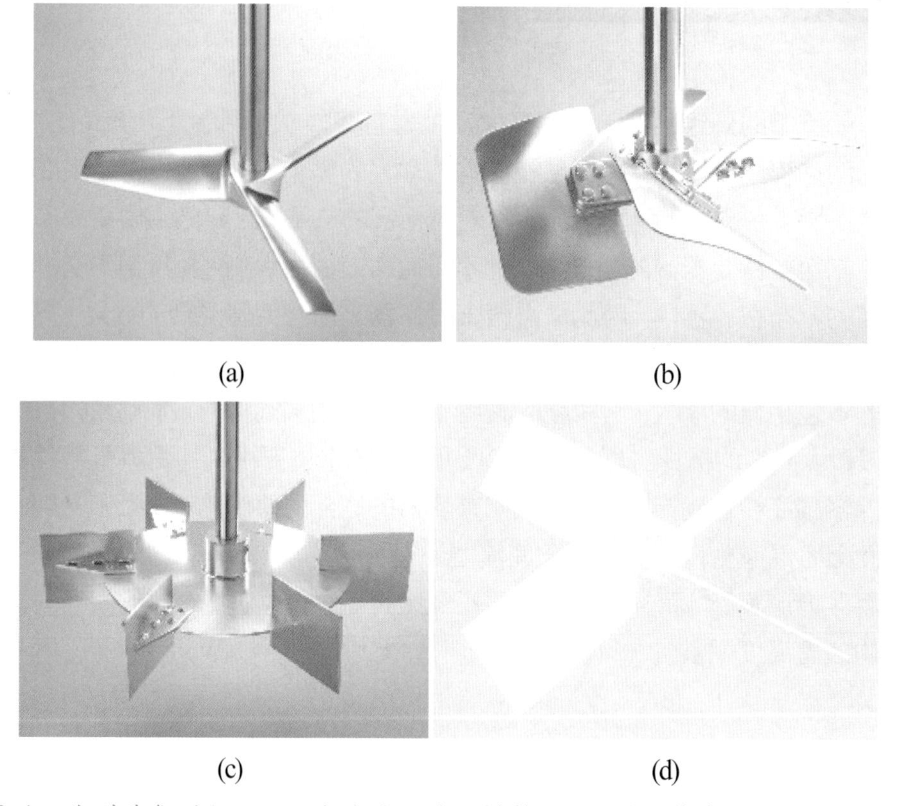

圖 19-4　典型非鄰近(non-proximity)設計之攪拌器(a) 螺旋槳式(Propeller)；(b) 軸流式(Axial flow impeller)；(c) 渦輪式(Disk turbine)；(d) pitched-blade turbine

(1) 選擇合適的攪拌器。

攪拌器的形式分爲鄰近(proximity)與非鄰近的設計(nonproximity)；所謂鄰近與非鄰近的差異乃在於攪拌器與容器間的距離，前者的距離較小而後者的距離較大；典型的鄰近設計如圖19-3所示，其中攪拌器與容器間的距離僅有$D_v/50$，19-3(a)的攪拌器爲錨狀物而19-3(b)爲螺旋帶狀物(helical ribbon)，可想而知，此種設計主要是針對黏稠流體而來，典型鄰近設計攪拌器與容器間的間距，如圖19-3所建議，爲$D_v/50$；一般而言，錨狀設計適用的範圍爲如下：

當$Re > 50$且$20\ Pa{\cdot}s < \mu < 100\ Pa{\cdot}s$，並且適用於所有的應用。

螺旋帶狀設計適用的範圍爲：

當$Re < 50$且$100\ Pa{\cdot}s < \mu < 1000\ Pa{\cdot}s$，通常可適用於所有的應用，但不建議應用在非牛頓流體上。

典型的非鄰近攪拌器的設計(nonproximity)如圖19-4所示，以螺旋槳式(propeller)的攪拌器而言，其適用的範圍爲$Re > 300$, $\mu < 2\ Pa{\cdot}s$，且容器體積在6 m^3以下。而圓盤渦輪(disk turbine)的攪拌器主要用於氣體之分散，其適用的範圍爲 $Re > 50$, $\mu < 20\ Pa{\cdot}s$，且容器體積在6 m^3以下。而pitched blade turbine)攪拌器適用於單相流體與流體與固體混合物的應用，其適用的範圍爲 $Re > 100$, $\mu < 20\ Pa{\cdot}s$，且容器體積在6 m^3以下。

對低黏度的流體而言；常見的攪拌器的葉輪形狀如螺旋槳(19-4(a))與渦輪(19-4(c))，兩者間帶動的流場是完全不同的，以螺旋槳型的葉片而言，主要流動的方向爲軸向(見圖19-5(a))，靠近壁面與檔板處的流體被帶動的效果可能較差，因此若使用渦輪式的設計(見圖19-5(b))，由於提供橫向的流動，靠近壁面與檔板處可獲得較好的混合，而且流場流動可分爲兩個區域，即渦輪上與渦輪下兩區；此一渦輪式攪拌器設計經常應用在有固體浮懸的流體混合上；先前有提到容器設計通常要避免瘦長型，不過實際應用上或因空間、成本限制等的考量，可能會使用瘦長型的設計，此時就必須使用如圖19-5(c)的多攪拌器的設計，多攪拌器的設計會出現多區域的流體流動。値得一提的，如果流體爲非牛頓流體，如先前介紹的剪力減稠流體，速度越快，其有效外觀黏度就會越低，換句話說，因爲攪拌器附近的流速較快，所以在攪拌器附近的流體混合效果比較好，可是一旦遠離攪拌器，其相對的外觀黏度就會大幅增加，因而造成這個區域的混合效果變差，其典型的流場如圖19-6所示，如果流體是剪力增稠流體，則結果就剛好相反。

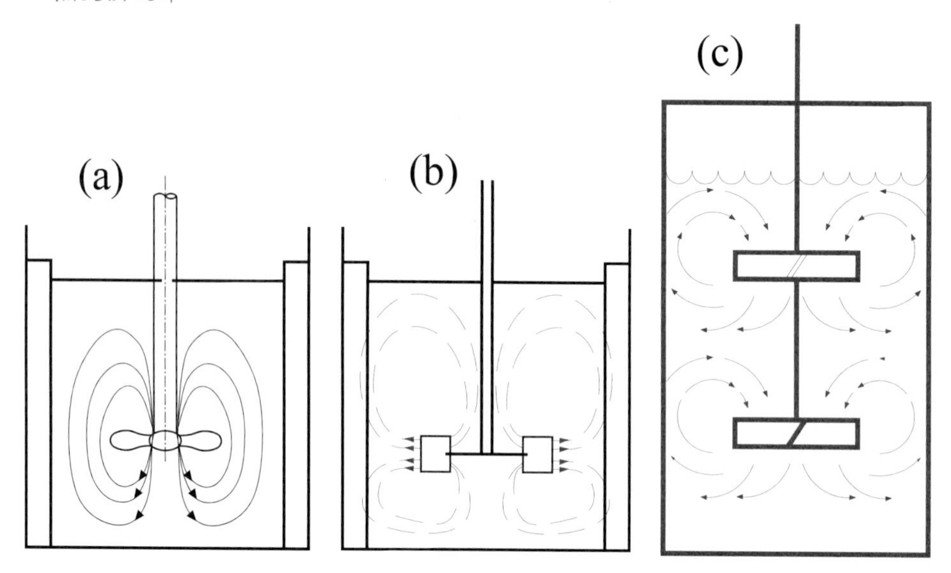

圖19-5 典型攪拌器的流場(a) 螺旋槳式；(b) 渦輪式；(c)多攪拌器

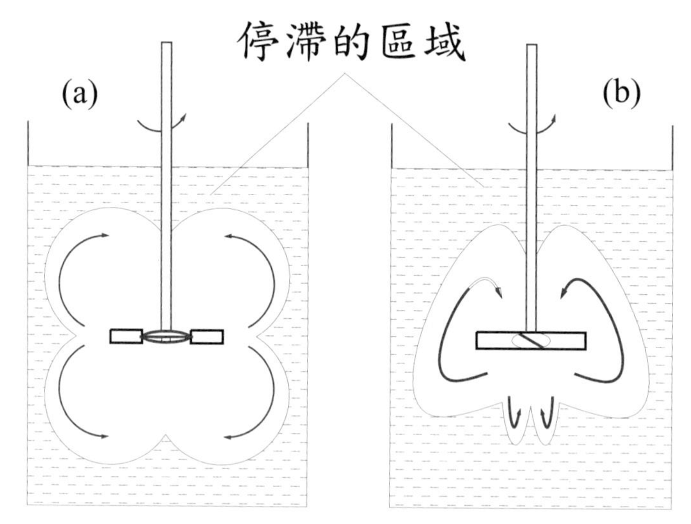

圖19-6 典型非牛頓流體剪力減稠流體的攪拌流場(a) 渦輪式；(b) 螺旋槳式

對攪拌器的整體設計而言，主要的考量點為：

(1) 選擇合適的容器與內部的配合裝置。

(2) 設計滿足熱傳需求的攪拌器。

在攪拌槽中，影響熱傳設計最主要的參數為：

(1) 製程中的一些條件與結果。

(2) 設計的單位體積的總熱傳量。

(3) 流體的物理性質，尤其是黏度。

如果流體的黏度不大，例如小於10 Pa·s

(4) 容器的體積。

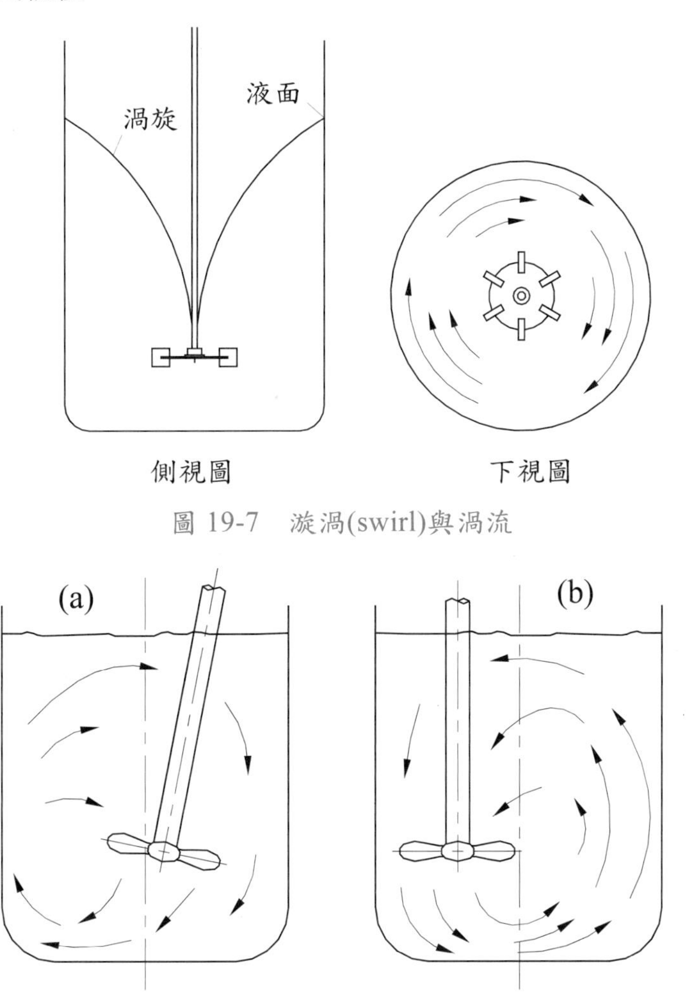

圖 19-7 漩渦(swirl)與渦流

圖 19-8 (a) 調整攪拌器器轉動軸方向設計與(b) 平移的偏心的攪拌器設計

對非鄰近設計的容器而言，擾動裝置很可能會產生漩渦(swirl)與渦流(vortex，見圖19-7)，渦漩渦流會降低混合的效果，例如流體中含有固態顆粒時，因爲渦漩或渦流離心力的作用，會讓固體顆粒與流體產生分離的現象，因此應用上要儘量避免渦漩或渦流的產生，避免與降低渦漩或渦流的產生的影響有三種方法，對小容器而言，可採用改變攪拌器轉動軸的方向，例如圖19-8(a)中轉動軸與垂直方向成一角度；或將攪拌器轉軸平移的偏心設計(圖19-8(b))；但對較大的容器而言，調整或平移擾動器的設計可能有困難，較常使用的方法使加入擋板(baffle)，如圖19-9，擋板可有效的阻礙旋轉流體而不會干擾橫向與徑向流動的流體，在應用上，除非容器相當的大，一般四片擋板的設計即可有效改善渦漩的問題；如果設計上無法使用到四片的設計，一片或兩片的擋板也可看到相當程度的改善；另外如果工作流體較爲黏稠(黏度 > 5 Pa·s)，漩渦很容易被彌平，因此無須外加擋板。

另外，攪拌器擾動時，帶動的流體流動的流場有可能會不太順暢，流體可能僅在攪拌器附近來回而無法非常有效的混合，這點尤其常出現在固體與液體的混合浮懸流體，如果發生部份固體浮懸在液面附近而無法與攪拌的流體充份混合，則可使用牽引管(draft tube，見圖19-9)的設計來改善流場，使流體流動得以接近液面以促成流體充份混合，讀者可從圖19-8與19-9中比較得知其差異，不過牽引管的設計會增加流體流動的摩擦，因此在同一條件的攪拌器設計下，沒有牽引管設計的攪拌器可以帶動較多的流體，所以設計上除非必要應儘量不要使用。

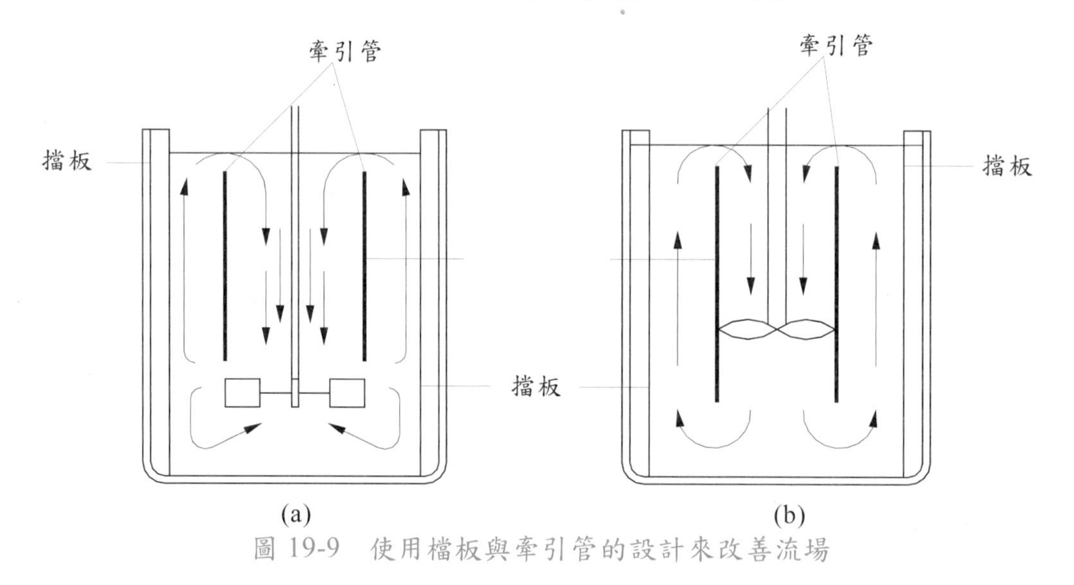

圖 19-9 使用檔板與牽引管的設計來改善流場

19-2 基本熱傳設計

在應用上，攪拌容器內溫度的控制(加熱或冷卻)與維持需藉由一外加的管路將流體來進行熱交換，最常見的熱交換設計有兩種，即將熱傳管纏繞在容器外與直接將熱傳管置入容器內的兩種設計；前者的設計又分爲管壁夾克式(wall jacket，圖19-10(a))的設計與螺旋管式(limpet coil，圖19-10(b))；夾克型設計與容器有較大的熱交換面積，但缺點在於加熱或冷卻的流體流入後可能產生明顯的分布不均勻而造成溫度的明顯分層，而螺旋管的設計則可以彌補此一缺點，然而其相對的接觸面積則比夾克型式小。

上述的設計，無論是夾克或外螺旋管的設計，相對的製作與後續維護保養都比較容易，缺點是熱傳效率比較差，因此也有另一種直接將螺旋管直接置入容器的設計(見圖19-11)，此型設計除了熱交換較爲直接的優點外，內置設計的螺旋管也比較容易與攪拌器互動產生較大的紊流，可同時增加熱傳與混合的效果，螺旋管可直接固定在檔板上；當然對螺旋管而言，此種設計的維護保養比較困難。

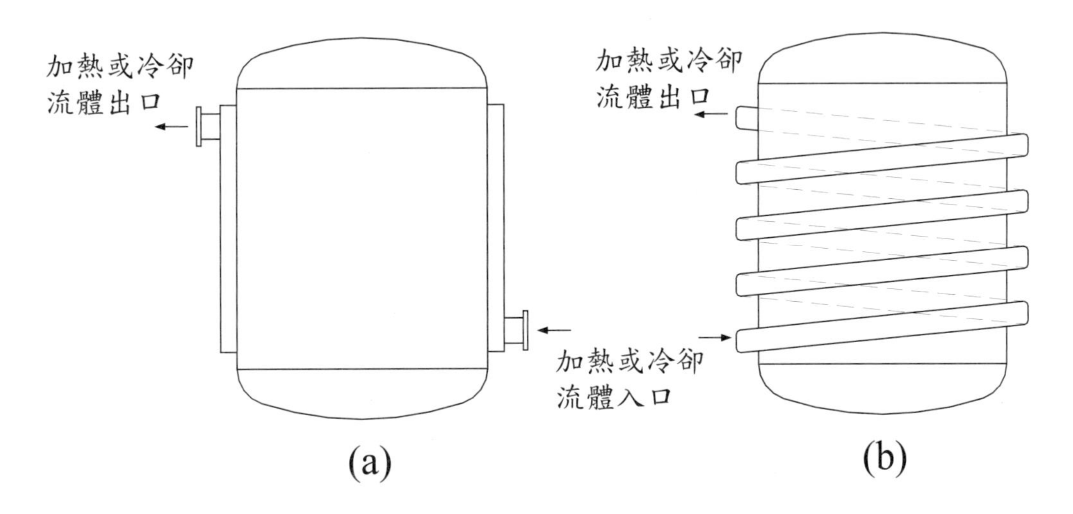

圖 19-10 典型外置式(a)夾克設計與(b)螺旋管設計

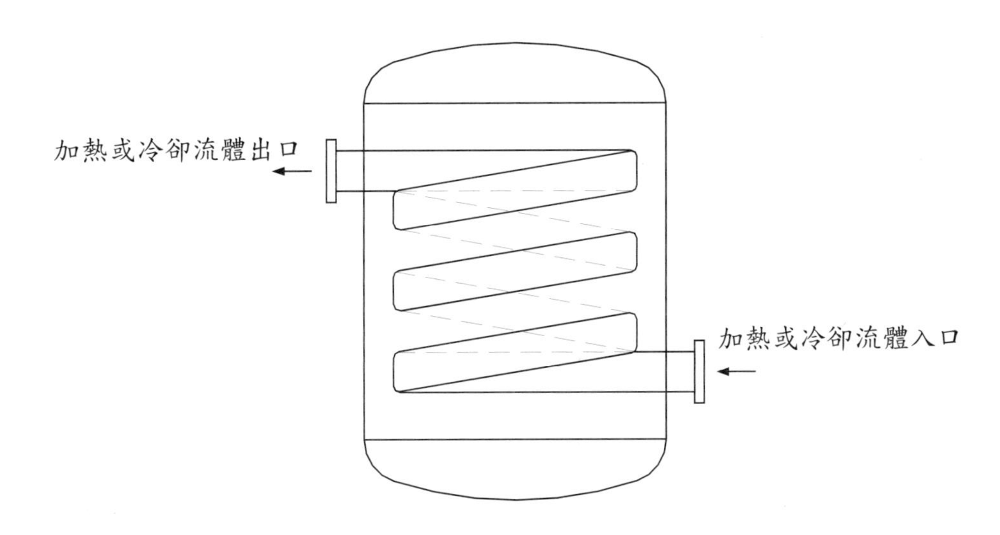

圖 19-11 典型內置式螺旋管設計

有關直接置入式的螺旋管尺寸設計，可參考圖19-12，圖中顯示建議的相對尺寸，其中D_v代表容器的內直徑，設計上建議的尺寸如下：

螺旋管管徑(d_t)：$D_v/30$

螺旋管管間距(d_g)：$d_t/30$

攪拌器直徑(D_i)：$D_v/3$

攪拌器與容器底部的距離(x_i)：$D_v/3$

擋板與容器的間距：$D_v/75$

擋板的厚度(x_b)：$D_v/12$

內置螺旋管數目為1或2(2為上限)，如果為2，則此二螺旋管間距$d_s = 1.5d_t$，內置形式的設計除了螺旋管的設計外，另有板片管式(plate coil)與豎琴管式(harp coil)的設計(見圖19-13)，板片管式(plate coil)或豎琴管式(harp coil)的設計均可依需要旋轉一個角度(如45°)。

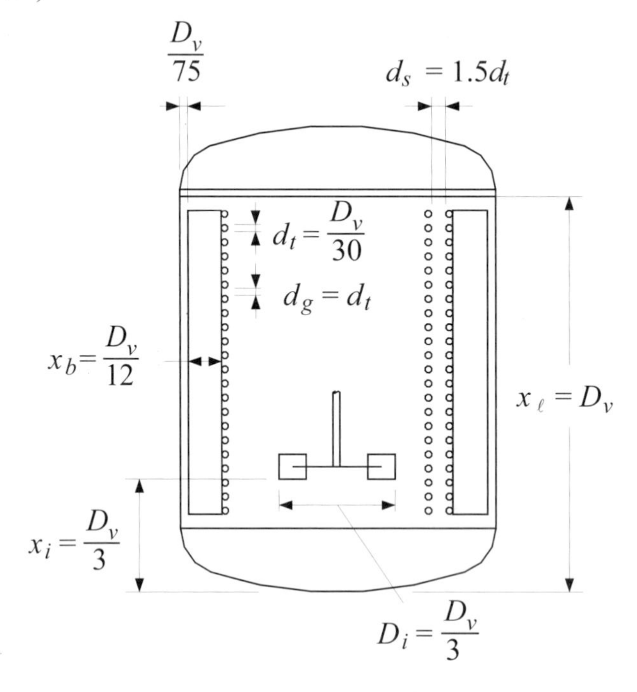

圖 19-12 典型內置式螺旋管的尺寸設計

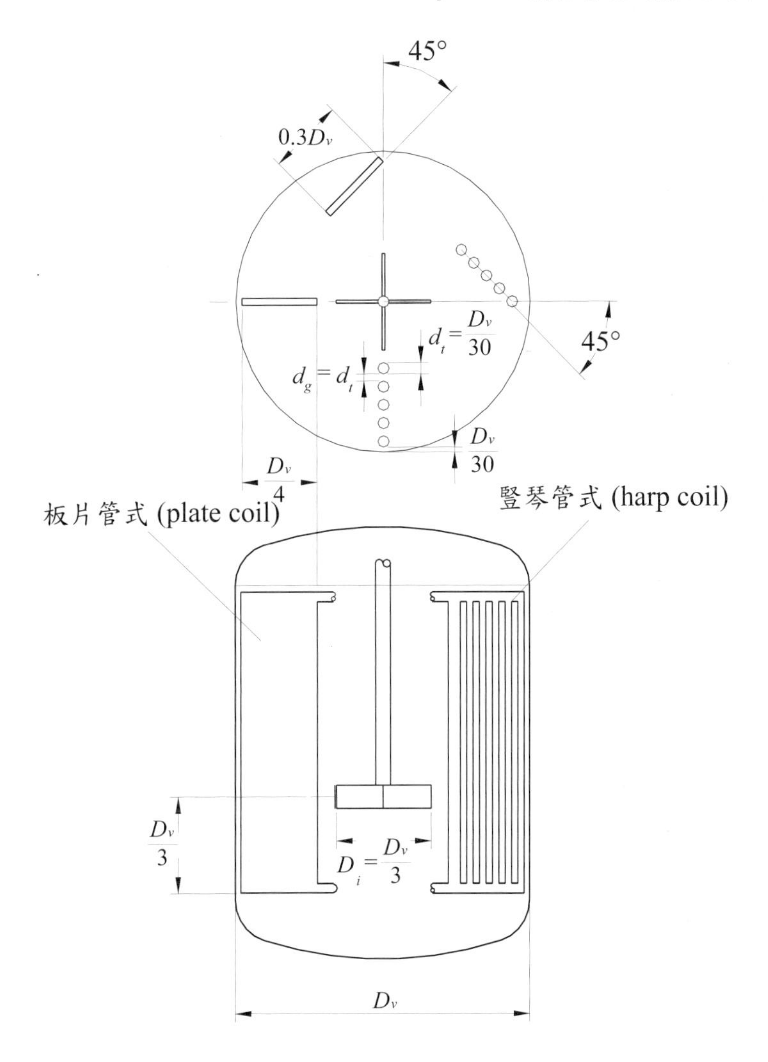

圖 19-13　典型板片管式(plate coil)與豎琴管式(harp coil)的尺寸設計

19-3　熱傳性能的估算

19-3-1　螺旋管內熱傳性能的估算

螺旋管內的熱傳性能與管內的流動型態有關，如果流動型態爲層流流動，則熱傳性能與邊界條件有關(例如邊界爲等溫或等熱通量時，熱傳性能不同；詳見一般熱傳書籍的介紹)；但如果在紊流條件下時，熱傳性能則比較不受邊界條件的影響；相對於直管，螺旋管或彎管會讓流體產生二次流的流動(secondary flow, Cheng and Yuen, 1987，見圖 19-14)，因此對螺旋管而言，紊流流動會提前發生；而且此一現象會隨著纏繞直徑縮小而變的更為明顯，換句話說當纏繞半徑縮小時，層流與紊流間的轉換會變得很不明顯甚至無法區分，筆者與陳英洋教授最近一系列的研究即可充分的說明此一現象(Chen et al. 2003, 2004a, 2004b)，由於二次流的存在與紊流的提前發生，螺旋管內的熱傳與壓降都會比直管來的大，因此早期的熱流經驗方程式都是以直管的性能再乘上一「校正係數」來代表螺旋管的性能，例如 Jeschke (1925)的經驗方程式：

$$h_c = h_s\left(1 + 3.5\frac{d_i}{d_c}\right) \tag{19-3}$$

其他研究建議的方程式，讀者可參考本書第一章中有關螺旋管的方程式，這裡不再重複。

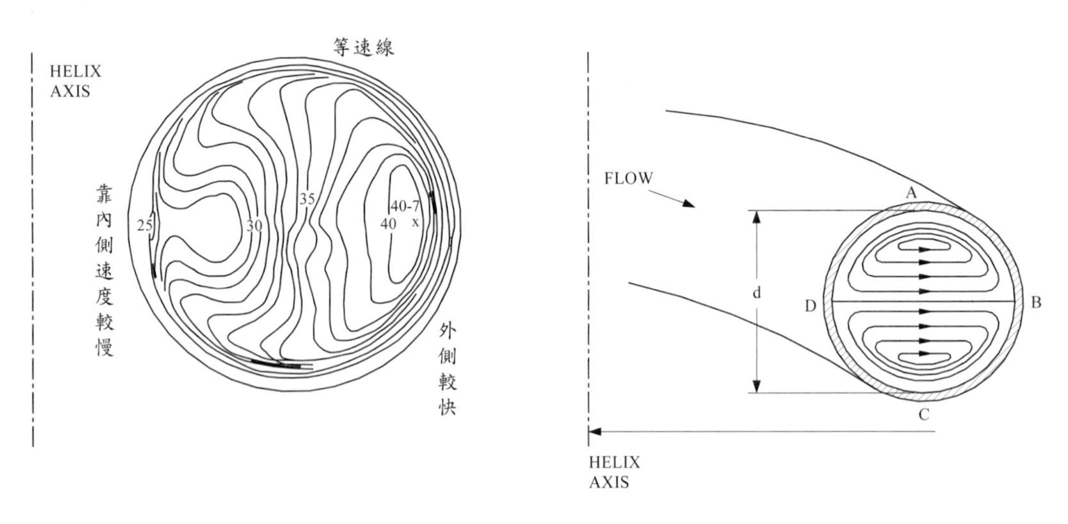

圖 19-14　彎管內的二次流動形態

19-3-2　擾動流體熱傳性能的估算-非鄰近擾動器

由於擾動流體的紊流強度甚強，因此一般認為其熱傳性能不論是使用外置螺旋管或內置螺旋管，熱傳性能都相當(Hewitt et al, 1994)。在第一章的介紹中，於紊流流動下，熱傳性能與雷諾數及普朗特數有關(Nu = Nu(Re, Pr))， 同樣的，在擾動容器中，根據簡單的無因次分析，容器內被攪拌的流體的熱傳特性與流體性質及幾何參數的關係可歸納如下：

$$Nu = Nu(\mathrm{Re}_a, \mathrm{Pr}, \mathrm{Gr}, \mathrm{Fr}, \mathrm{We}, \mathrm{Wi}, \text{幾何尺寸參數比}) \tag{19-4}$$

其中

Nu 爲紐賽數 (Nusselt number) = $h \times D_v / k$，D_v 爲容器的內徑

Re_a爲轉動雷諾數 (Reynolds number) = $\dfrac{\Omega D_i^2}{\nu}$，$D_i$爲擾動器的直徑，$\Omega$爲轉數(單位爲每秒幾轉)，$\nu$爲kinematic viscosity

Pr 爲普郎特數 (Prandtl number) = $\dfrac{\mu c_p}{k}$

Fr 爲Froude number = $\dfrac{\Omega^2 D}{g}$

We 爲 Weber number = $\dfrac{\rho \Omega^2 D^3}{\sigma}$

Wi 爲Weissenberg number (僅適用黏彈流體)

對一般的應用而言，Fr、We 的影響不大，即僅與 Re 與 Pr 有關，根據 Penny (HEDH 2002)一系列的研究，可得：

$$Nu = C_0 \,\mathrm{Re}_a^{C_1} \,\mathrm{Pr}^{C_2} \left(\frac{\mu_b}{\mu_w}\right)^{C_3} \times \left(\text{其他幾何參數的效應}\right) \tag{19-5}$$

讀者要特別注意上式中每個參數的組成，尤其是 Nu 與 Re 中的特徵長度。C_0、C_1、C_2、C_3 爲經驗常數；非鄰近型擾動器的經驗方程式中的相關經驗式整理如表 19-1 所示。

表 19-1 非鄰近攪拌器之熱傳經驗方程式 (資料來源：HEDH 2002)

擾動裝置形式		適用範圍								經驗參數				建議幾合何修正參數
	熱傳面	x/D_v	x/x_l	D/D_v	L/D_i	D/D_v	D_g/D_t	N_H	擋板	C_0	C_1	C_2	C_3	
各式渦輪：disk, flat, and pitched blades	容器壁面	1.0	1/3	1/3	1/5			6	No	0.54	2/3	1/3	0.14	$\left(\frac{L_i/D_i}{1/5}\right)^{0.2}\left(\frac{N_{bl}}{6}\right)^{0.2} \times [\sin(\theta)]^{0.5}$
各式渦輪：disk, flat, and pitched blades	容器壁面	1.0	1/3	1/3	1/5			6	Yes	0.74	2/3	1/3	0.14	$\left(\frac{L_i/D_i}{1/5}\right)^{0.2}\left(\frac{N_{bl}}{6}\right)^{0.2} \times [\sin(\theta)]^{0.5}$

攪動裝置形式	適用範圍									經驗參數				建議幾合何修正參數
	熱傳面	x/D_v	x/x_l	D/D_v	L/D_i	D_t/D_v	D_g/D_t	N_H	擋板	C_0	C_1	C_2	C_3	
螺旋槳形式 Propeller	容器壁面	1.0	1/3	1/3	$P/D_i=1$			3	No	0.37	2/3	1/3	0.14	$\left(\frac{D_v/D_i}{3}\right)^{\frac{1}{4}}\left(\frac{x_i}{x_l}\right)^{0.15}$
螺旋槳形式 Propeller	容器壁面	1.0	1/3	1/3	$P/D_i=1$			3	Yes	0.5	2/3	1/3	0.14	$\left(\frac{1.29P/D_i}{0.29+P/D_i}\right)$
Three glass-coated retreating Blades	容器壁面	–	–	–	–			3	Yes	0.33	0.67	0.33	0.14	
各式渦輪：disk, flat, and pitched blades	內置螺旋管	1.0	1/3	1/3	1/5	0.064	1.0	6	No	0.08	0.56	1/3	0.14	$\left(\frac{L_i/D_i}{1/5}\right)^{0.15}\left(\frac{d_t/D_v}{0.064}\right)^{0.5}$
各式渦輪：disk, flat, and pitched blades	內置螺旋管	1.0	1/3	1/3	1/5	0.04	1.0	6	Yes	0.03	0.67	1/3	0.14	$\left(\frac{L_i/D_i}{1/5}\right)^{0.2}\left(\frac{d_t/D_v}{0.04}\right)^{0.5}\left(\frac{D_v}{x_l}\right)^{0.15}\times\left(\frac{N_{bl}}{6}\right)^{0.2}\left[\sin(\theta)\right]^{0.5}$
螺旋槳形式 Propeller	內置螺旋管	1.0	1/3	1/3	$P/D_i=1$	0.03	1.0	3	No	0.078 (a)	0.62	1/3	0.14	$\left(\frac{d_t/D_v}{0.03}\right)^{0.5}\left(\frac{D_v/D_i}{3}\right)^{0.2}$
Propeller	內置螺旋管	1.0	1/3	1/3	$P/D_i=1$	0.04	1.0	3	Yes	0.016	0.67	0.37	0.14	$\left(\frac{D_i/D_v}{1/3}\right)^{0.2}\left(\frac{d_t/D_v}{0.04}\right)^{0.5}$ $\left(\frac{L_i/D_i}{1/5}\right)^{0.1}\left(\frac{d_t/D_v}{0.04}\right)^{0.5}$
Four-blade Disk turbine	垂直擋板	1.0	1/3	1/3	1/5	0.04	1.0	2	Three Tubes	0.06 (b)	0.65	0.3	0.4	$\left(\frac{D_v}{x_l}\right)^{0.15}\left(\frac{2}{no.baffles}\right)^{0.2}$
Two six-bladed, flat-blade turbines	垂直擋板coil at 45° to radius	2.0	1/4, 3/4	1/3	1/8	0.04	0.7	4	Four Tubes	0.021	0.67	0.4	0.27	$\left(\frac{L_i/D_i}{1/8}\right)^{0.2}\left(\frac{d_t/D_v}{0.04}\right)^{0.5}$
Two six-bladed, flat-blade turbines	Plate coils	2.0	1/4, 3/4	1/3	1/8	$\frac{S_{pc}}{D_v}=0.3$		4	Yes	0.031	0.66	0.33	0.5 (d)	$\left(\frac{L_i/D_i}{1/8}\right)^{0.2}$

a 此值可能太大，建議使用0.05一值。

b此值可能太大，建議使用0.04一值。

d 如果為容器管壁，$Nu_v = h_v D_v/k$；如果為垂直管擋板，$Nu_t = h_v d_t/k$ ；如果為板管式，$Nu_t = h_v(W_{pc}/4)/k$

例 19-3-1：假設一螺旋槳攪伴器直徑為1.0 m，攪拌速度為100 rpm，而容器直徑D_v為2.0 m，相關幾何尺寸如圖19-15所示，用來攪拌一鹼性溶液(原容器的溫度為25°C，k_a = 0.7 W/m·K, $c_{p,a}$ = 4000 J/kg·K, μ_a = 0.001 Pa·s，ρ_a = 1100 kg/m^3)，並藉由一內置式的螺旋管來預熱此一溶液，預熱螺旋管直徑為0.025 m，使用流量50 kg/hr的 90°C

水蒸氣來加熱(水蒸氣的壓力P_w = 0.701 bar, 液體的$k_{w,L}$ = 0.676 W/m·K, $\mu_{w,L}$ = 0.000316 Pa·s，$\rho_{w,L}$ = 965 kg/m^3，$Pr_{w,L}$ = 1.96；**註**：這裡僅提供液體資料，因爲冷凝熱傳係數計算上的需要)；螺旋管內水蒸氣冷凝熱傳係數的計算(直管部份)可參考本書第一冊第四章介紹的Shah correlation (式4-63)，$h_{c,m} = h_L\left(0.55 + \dfrac{2.09}{P_r^{0.38}}\right)$，在此一條件下，試估算要多久的時間才能將溶液預熱到70°C？

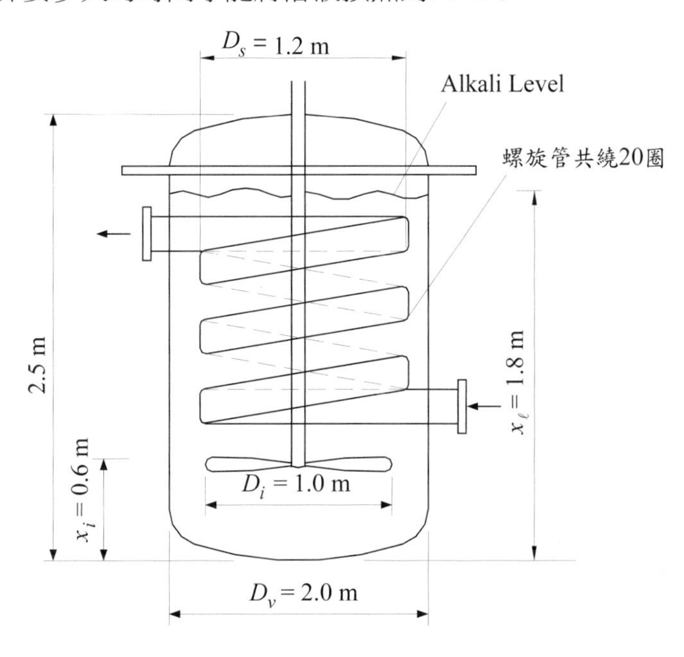

圖19-15 例19-1詳細幾何尺寸

19-3-1 解：

首先，我們來分析整個計算的能量平衡，如果容器內的容易總質量爲M kg，容器內的溫度爲T，此一溫度會隨著時間的增加，因吸收螺旋管內因蒸氣冷凝提供的熱量Q而逐漸上升，因此其能量平衡可表示如下：

$$\frac{dQ}{dt} = Mc_{p,a}\frac{dT}{dt} \tag{19-6}$$

又

$$Mc_{p,a}\frac{dT}{dt} = UA\Delta T_m \tag{19-7}$$

ΔT_m 爲溶液與螺旋管的平均溫差，由於螺旋管內爲冷凝，因此管內的溫度可視爲一定，所以ΔT_m可以表示如下(其中T_s 代表水蒸氣的飽和溫度，即90 °C)：

$\Delta T_m = T_s - T$

因此式19-7可改寫如下：

$$Mc_{p,a}\frac{dT}{dt} = UA(T_W - T) \tag{19-8}$$

$$\frac{dT}{(T_W - T)} = \frac{UAdt}{Mc_{p,a}} \tag{19-9}$$

$$\therefore \int_{T=25°C}^{T=70°C}\frac{dT}{(T_W - T)} = \int_0^t \frac{UAdt}{Mc_{p,a}} \tag{19-10}$$

$$\therefore \ln\left(\frac{T_W - T_1}{T_W - T_2}\right) = \frac{UAt}{Mc_{p,a}} \rightarrow \ln\left(\frac{90-25}{90-70}\right) = \frac{UAt}{Mc_{p,a}}$$
$$\rightarrow t = 1.179 \times \frac{Mc_{p,a}}{UA} \tag{19-11}$$

接下來就是要計算出總熱傳係數U與容器內的容器總質量及可算出預熱到70 °C所需要的時間，由於總熱傳係數爲管內冷凝熱傳係數與管外攪拌熱傳係數的總和，即(見第八章式8-11)：

$$\frac{1}{UA} = \frac{1}{h_{w,c}A_i} + \frac{1}{h_a A_o} + \frac{\ln\frac{d_o}{d_i}}{2\pi k_{wall} L} \tag{19-12}$$

這裡我們一些簡化，假設管壁的阻抗甚小且管內外面積幾乎相同，所以：

$$\frac{1}{U} \approx \frac{1}{h_{w,c}} + \frac{1}{h_a} \tag{19-13}$$

管內冷凝熱傳係數必須先計算管內液相向的熱傳係數$h_{W,L}$，由於液體的質量通率爲：

$$G_{w,L} = \frac{\dot{m}}{A_c} = \frac{50/3600}{\pi \times 0.025^2/4} = 28.294\ \text{kg/m}^2 \cdot \text{s}$$

$$h_{w,L} = \frac{k_L}{d_i}0.023\left(\frac{G_{w,L}d_i}{\mu_L}\right)^{0.8}\text{Pr}^{0.4} = \frac{0.676}{0.025}0.023\left(\frac{28.294 \times 0.025}{0.000316}\right)^{0.8}1.96^{0.4}$$
$$= 389.6\ \text{W/m}^2 \cdot \text{K}$$

$$h_{c,m} = h_L\left(0.55 + \frac{2.09}{P_r^{0.38}}\right) = 389.6\left(0.55 + \frac{2.09}{0.003169^{0.38}}\right) = 257141\ \text{W/m}^2 \cdot \text{K}$$

注意上式中的P_r爲reduce pressure = 壓力/臨界壓力 = 0.701/221.2 = 0.003169，上式的方程式爲值管條件，而螺旋管實際上爲彎管，因此由式19-3：

$$h_{c,m,\text{彎管}} = h_{c,m}\left(1+3.5\frac{d_i}{d_c}\right)257141\left(1+3.5\times\frac{0.025}{1.2}\right) = 275892\ \text{W/m}^2\cdot\text{K}$$

而攪拌器中的熱傳係數，根據表19-1可估算如下：

$$Nu = C_0\,\text{Re}_a^{C_1}\,\text{Pr}^{C_2}\left(\frac{\mu_b}{\mu_w}\right)^{C_3}\times(\text{其他幾何參數的效應})$$

$$= 0.078\,\text{Re}_a^{0.62}\,\text{Pr}^{0.3333}\left(\frac{\mu_b}{\mu_w}\right)^{0.14}\times\left(\frac{d_t/D_v}{0.03}\right)^{0.5}\left(\frac{D_v/D_i}{3}\right)^{0.2}$$

$$\approx\ 0.078\,\text{Re}_a^{0.62}\,\text{Pr}^{0.3333}\times\left(\frac{d_t/D_v}{0.03}\right)^{0.5}\left(\frac{D_v/D_i}{3}\right)^{0.2}\ (\text{忽略黏度效應})$$

$$\text{Re}_a = \frac{\Omega D_i^2}{\nu} = \frac{100/60\times 0.1^2}{0.001/1100}\ (\text{rpm與黏度轉換}) = 1833333$$

$$\text{Pr}_a = 0.001\times 4000/0.7 = 5.714$$

$$\therefore Nu_a = 0.078\,\text{Re}_a^{0.62}\,\text{Pr}^{0.3333}\times\left(\frac{d_t/D_v}{0.03}\right)^{0.5}\left(\frac{D_v/D_i}{3}\right)^{0.2}$$

$$= 0.078\times 1833333^{0.62}\times 5.714^{0.3333}\times\left(\frac{0.025/2.0}{0.03}\right)^{0.5}\left(\frac{2.0/1.0}{3}\right)^{0.2} = 634.4$$

$$\therefore\ h_a = Nu_a\times k/D_v = 222.0\ \text{W/m}^2\cdot\text{K}$$

由此可知攪拌熱傳係數遠低於水蒸氣的冷凝係數，因此式19-13可計算如下：

$$\frac{1}{U} = \frac{1}{h_{w,c}} + \frac{1}{h_a} \approx \frac{1}{275892} + \frac{1}{222} \rightarrow U = 221.8\ \text{W/m}^2\cdot\text{K}$$

由圖19-15，螺旋管共繞20圈，因此有效的熱傳面積可估算如下：

A = (螺旋管周長)×(螺旋管長度) = ($\pi\times d_t$)×圈數×($\pi\times D_s$)

$= (\pi\times 0.025)\times 20\times(\pi\times 1.2) = 5.922\ \text{m}^2$

容器內容易的質量如下：

$$M = \frac{\pi D_v^2 x_\ell}{4}\times\rho_a = \frac{\pi\times 2^2\times 1.8}{4}\times 1100 = 6220.4\ \text{kg}$$

再由式19-11

$$t = 1.179\times\frac{Mc_{p,a}}{UA} = 1.179\times\frac{6220.4\times 4000}{221.8\times 5.922} = 22324\ \text{secs} = 6.2\ \text{hrs}$$

19-3-3 擾動流體熱傳性能的估算-鄰近攪拌器

常見的鄰近型擾動器爲錨狀物(anchor)與爲螺旋帶狀物(helical ribbon)，根據Harry and Uhl (1973)的測試整理，方程式的形式與式19-5類似如下：

$$Nu = C_0 \,\mathrm{Re}_a^{C_1}\, \mathrm{Pr}^{1/3}\left(\frac{\mu_b}{\mu_w}\right)^{0.14} \tag{19-14}$$

其中C_0與C_1如表19-2所示，此一方程式預測能力在±30%內。

表 19-2 鄰近攪拌器之熱傳經驗方程式 (資料來源：HEDH 2002)

錨狀物 (anchor)					
$\mathrm{Re}_a < 12$		$12 < \mathrm{Re}_a < 100$		$\mathrm{Re}_a > 100$	
C_0	C_1	C_0	C_1	C_0	C_1
1.05	1/3	0.69	1/2	0.32	2/3
螺旋帶狀物(helical ribbon) $P/D_v = 1/4$					
$\mathrm{Re}_a < 9$		$9 < \mathrm{Re}_a < 135$		$\mathrm{Re}_a > 135$	
C_0	C_0	C_0	C_0	C_0	C_0
0.98	1/3	0.68	1/2	0.3	2/3
螺旋帶狀物(helical ribbon) $P/D_v = 1/4$					
$\mathrm{Re}_a < 13$		$13 < \mathrm{Re}_a < 135$		$\mathrm{Re}_a < 9$	
C_0	C_0	C_0	C_0	C_0	C_0
0.94	1/3	0.61	1/2	0.25	2/3

19-4 結語

攪拌容器廣泛的應用在許多工業應用上，例如化工、農業、石化、食品食物飲料、生化、高分子製程與醫藥產業上。如何有效的均勻攪拌爲相當重要的課題；本文的重點在介紹攪拌過程中的熱傳特性，有興趣的讀者，可以在參考資料中找到更爲深入的資料。

主要參考資料

Chen, I.Y., Lai, K.Y., Wang, C.C. 2003. Frictional performance of small diameter u-type wavy tubes. ASME J. of Fluid Engineering. 125:880-886.

Chen, I.Y., Wang, C.C., Huang, J.C. 2004a. Single-phase and two-phase frictional characteristics of small U-type wavy tubes. Int. Communications in Heat and Mass Transfer. 31:303-314.

Chen, I.Y., Lai, K.Y., Wang, C.C. 2004b. Air-water two-phase pressure drop in small diameter U-type wavy tubes. AIAA J. of Thermophysics and Heat Transfer. 18:364-369.

Cheng, K. C., Yuen, F.P. 1987. Flow visualization studies on secondary flow patterns in straight tubes downstream of a 180 deg bend and in isothermally heated horizontal tubes. ASME J. of Heat Transfer. 109:49-61.

Edward, L., Victor, A. Atiemo-Obeng, Suzanne M. Kresta. 2004. *Handbook of Industrial Mixing: Science and Practice*. John Wiley & Sons, Inc.

Hewitt, G.F., Shires G.L., Boll, T.R. 1994. *Process Heat Transfer*. Chapter 31, CRC press.

Hewitt, G.F., executive editor, 2002. *Heat Exchanger Design Handbook*. Begell House Inc., chapter 3.14.

McCabe, W., Smith J.C., Harriott P. 2004. *Unit Operations of Chemical Engineering*, 7th ed., McGraw-Hill College.

Chhabra, R.P. 2003. Fluid mechanics and heat transfer with non-newtonian liquids in mechanically agitated vessels, in *Advances in Heat Transfer*, Vol. 37, pp. 77-178. Edited by Hartnett J.P., Cho Y.I. and Greene G. A., Academic Press, Elsevier.

Chapter 20

Heat Pipe

20-0 前言

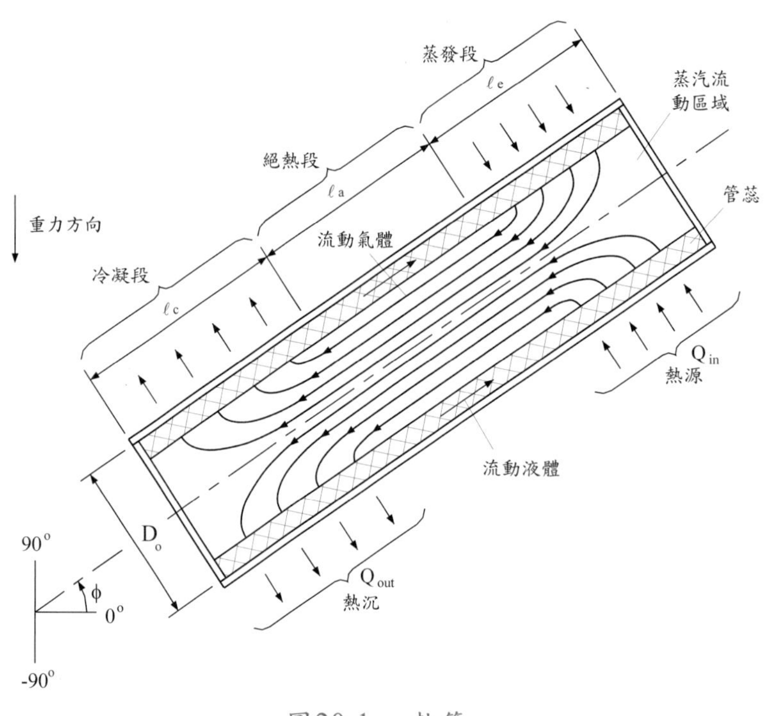

圖20-1 熱管

熱管爲在一密閉空間內，充填某種工作流體於此空間中，藉由反覆的蒸發與冷凝循環流動以達到熱交換的目的，如圖20-1所示，圖中密閉容器的兩端分別爲加熱與冷卻，在加熱端中，流體因加熱汽化後沿容器方向流動到另外一端，蒸氣在此一端因冷凝放熱回復到液體狀態，隨後液體再沿著管壁流回加熱端，如果冷凝端的位置低於蒸發端，液體勢必無法克服重力回到加熱端，因此通常熱管會再管壁附近加入具備毛細結構的管蕊，液體再藉由毛細粒流經管蕊回到蒸發端完成一循環；通常此一密閉空間的形狀不一，最常見的形狀如圓管與方管，很多熱管會在蒸發段與冷凝段間增加一絕熱段，流體流動主要是藉由表面張力的機制來達到循環，不過利用重力機制也很常見，偶而，也有熱管會使用靜電力(electrostatic)或滲透性(osmotic)的原理。讀者要特別注意，熱管的作用在導熱而非散熱，目的在將熱量由熱源集中處(通常空間受限無法提供很大的散熱裝置或該空間必須嚴格控管溫度，不允許因熱源存在所造成的升溫)帶到較遠的地方，在由熱交換裝置(如熱沉)將熱量散到外界。

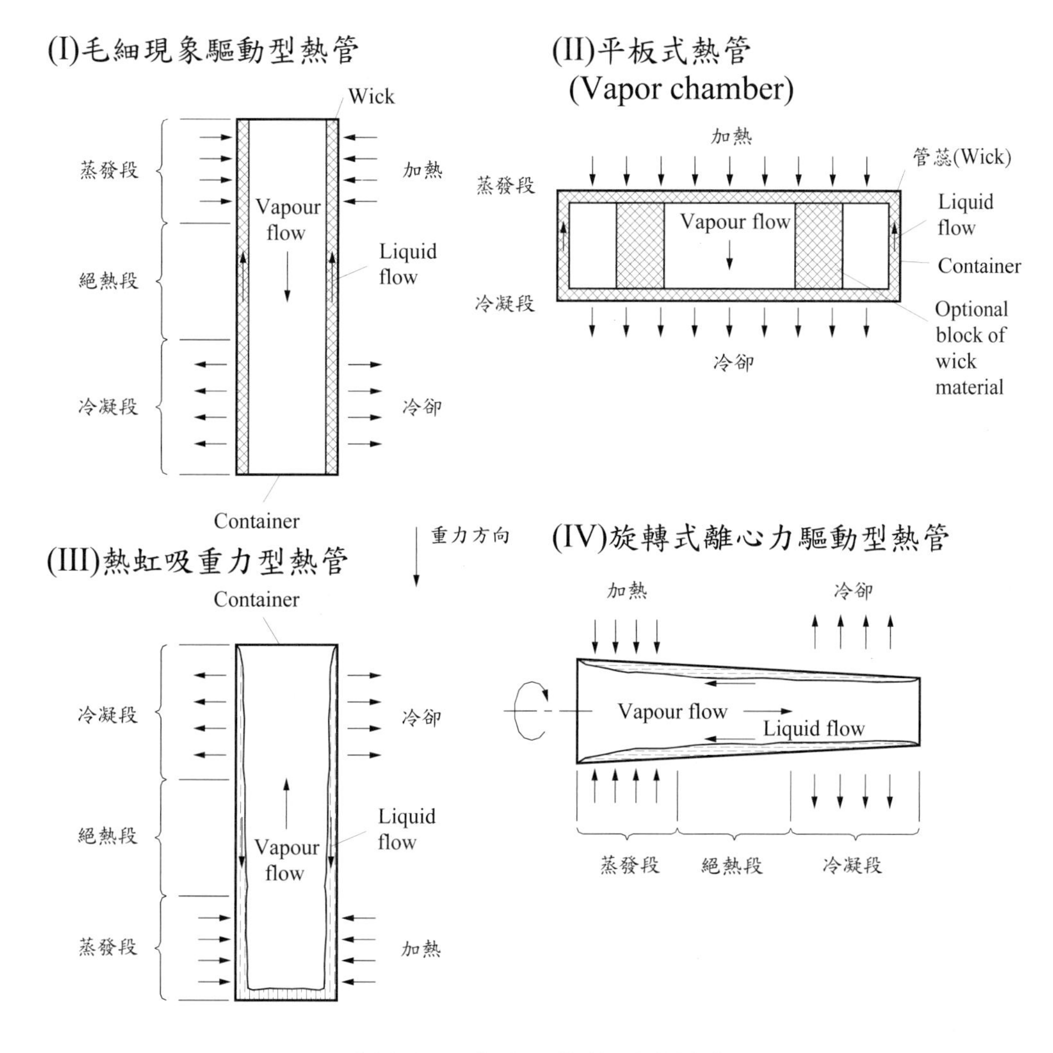

圖20-2　常見的熱管運作模式

如前面的說明，流體於熱管的蒸發段吸收潛熱汽化後，氣體穿越絕熱段到達冷凝段凝結釋出潛熱熱量，冷凝液體再流回蒸發段完成循環。因此在應用上熱管的邊界條件大致如下：

(1) 給定熱通量(等熱通量邊界條件)。

(2) 熱源或熱沉(heat sink)的溫度給定。

(3) 給定熱交換面的溫度(等溫邊界條件)。

比較常見的熱管運作模式有四種，如圖20-2所示，即(1)毛細現象驅動熱管；(2)平板式熱管；(3)兩相熱虹吸式熱管(重力驅動)；(4)旋轉式熱管(離心力) 。其中以第一種形式的應用最爲常見，其中液體的流動主要是藉由表面張力的作用，爲了要利用表面張力，熱管管內壁通常會使用管蕊(wick，其原理將於隨後說明)，當然也可能並用重力的影響；不過重力與方向有關，因此若無表面張力的影響，液體將無法從低處流往高處，也就是說這類熱管的蒸發段必須放在位置較低的地方；表面張力的設計可應用在可繞式的熱管應用。第二類的平板式熱管(flat-plate heat pipe，或稱vapor chamber)，此類熱管在流動方向的長度遠小於冷凝段與蒸發段的長度(small aspect ratio)，其最大的優點在於提供平板部份的均溫；同樣的，此型熱管最常藉由毛細現象的表面張力；第三類的熱虹吸熱管中，流體主要是利用重力機制來流動，當然偶而也會利用管蕊來加強流體與管壁的接觸。第四類高速旋轉型熱管很少使用，流體可藉由離心回到蒸發段，因此通常不需要使用管蕊。

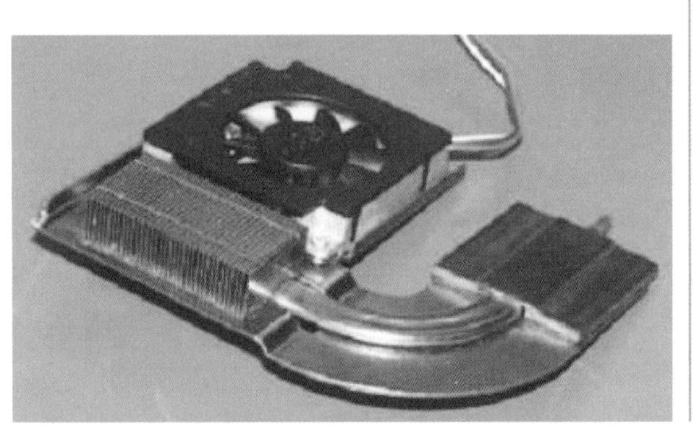
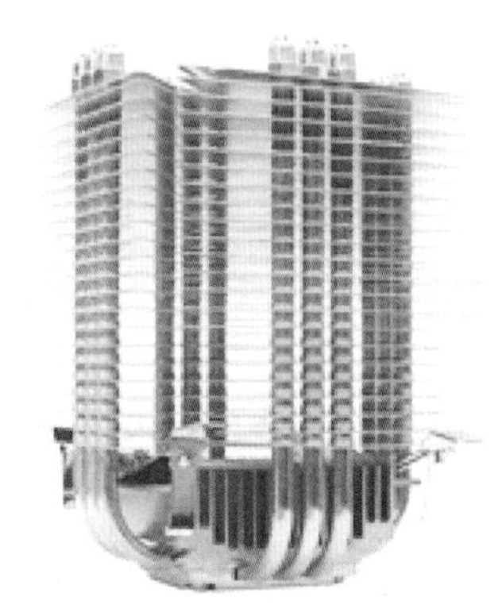

圖 20-3　典型電子散熱用熱管散熱器(a)筆記型電腦模組(b)桌上型用

近年來，熱管技術逐漸成熟，產品成本隨之降低，熱管熱交換器受到人們廣泛重視，尤其在電子零件的散熱上，如筆記型電腦，熱管已是相當成熟的產品(見圖20-3)；此外，在熱回收的應用上，熱管熱交換器的表現也是相當的優異，由於熱管熱交換器的特性，尤其適宜於回收低溫排氣的餘熱，因此熱管熱交換器在工程上的節能應用已成爲熱管技術發展的一個重鎮。另外，在一些化工裝置和其它工業應用中，熱管熱交換器的應用也日益增多。例如圖20-4所示常見的氣對氣熱管熱交換器，用於熱回收的應用。從外形上看熱管熱交換器管束與普通鰭管式熱交換器類似(見第五、六章說明)，兩者的區別在於熱管熱交換器的冷、熱交換流體全部在管外流動，其運作原理有點像先前介紹的再生式熱交換器，即熱側流體將熱量傳至熱管的蒸發器內的工作流體，此工作流體蒸發後再流到冷凝器冷凝將熱量排出，不過熱管內熱量傳輸的速度甚快，不似再生式熱交換器使用熱量囤積的現象，在使用上，每根熱管都可以看爲一獨立的熱交換單元，由於冷熱交換均發生在同一根管上，因此熱管外側通常會使用隔絕設計將冷熱流體隔開，使其不能相互接通，可用來避免交叉污染的問題；而藉由熱管內部工作流體的蒸發(或沸騰)與冷凝來傳遞熱量。熱管熱交換器與其它型式的熱交換器比較上有以下的優點：

圖20-4　常見之熱回收用氣對氣熱管熱交換器

1. 沒有運動部件，每根熱管都是永久性密封的，沒有額外的能量消耗，可大大提升操作的可靠性。
2. 熱管熱交換器的結構可使用逆流設計，而且熱管本身的溫降很小，近乎等溫運作，故熱交換效率高。
3. 由於冷、熱流體都在熱管外表面流過，所以容易用增加鰭片的方法來提高冷、熱流體與熱管表面的對流熱傳性能。
4. 每根熱管完全獨立，容易更換，管排寬度及熱管外表面鰭片高度和間距可以根據性能要求及維修、清洗的要求，進行適當的選擇。
5. 設備的傳熱性能爲可逆安排設計，即冷、熱流體可以變換，這對空調系統的節能十分有利。

6. 結構比較緊湊密集，單位體積的傳熱面積大，通常在流動方向上熱交換器的尺寸不大於 500 mm。
7. 即使於冷、熱氣流間溫差很小（如僅十幾度）的情況，也能得到一定的熱回收效率。
8. 即使溫度低於露點，熱管熱交換器也可以適用，例如用於溶劑的回收。
9. 壽命長。

在地面應用的熱管熱交換器中，也經常使用熱虹吸式的重力熱管，這種熱管的性能受傾斜角度的影響，所以此類熱管熱交換器的傾斜角度的選取和控制必須特別注意。熱管表面常使用鰭片來增加有效熱傳面積，鰭片的加工可以用擠壓方法，也可以用螺旋纏繞方法，鰭片與熱管連接處可以鉛焊以降低接觸熱阻，流動方向管排數通常爲4~10排。鰭片和熱管可以是同一種材料，也可以使用不同的材料，鰭片的幾何形狀和間距除考慮傳熱條件外，還要考慮流動阻力和便於清理污垢。

對於氣–氣熱管熱交換器的設計，通常氣流速度在2~5 m/s範圍內，可以使通過管束的壓降維持在合理的範圍。增加流速，可以提高空氣側的熱傳係數，但這將導致通過熱交換器的氣流壓降增加。熱管熱交換器的加熱段，一般是排出的廢氣，可能比較髒，所以，可以選用鰭片的間距稍大些，使清理灰塵、污物的工作容易進行，在冷凝段如用的是清潔的空氣，鰭片間距可以小些。設計的熱管熱交換器如除了預熱空氣外，還可以用來預熱水，由於液體的熱傳係數通常遠比空氣大，所以，這部份的設計可以不需要鰭片。

20-1 熱管的工作原理

由於最常見的熱管主要是利用毛細現象，因此有必要對毛細現象來進一步的說明，所謂毛細現象係指微細孔洞結構內在氣液界面上忍受壓力變化的能力。

20-1-1 表面張力與潤濕特性

流體內的分子彼此間有相互的作用力，由於分子數目相當的多，因此在流體內部，此一作用力會相互抵銷，然而在氣液界面上，氣體部份的分子數目明顯減少，因此分子彼此間的作用力會出現不平衡，所以促成液體界面上出現拉伸的現象，此一氣液界面的拉力稱之爲表面張力(surface tension)，表面張力與溫度變化有關，溫度越高表面張力越小。

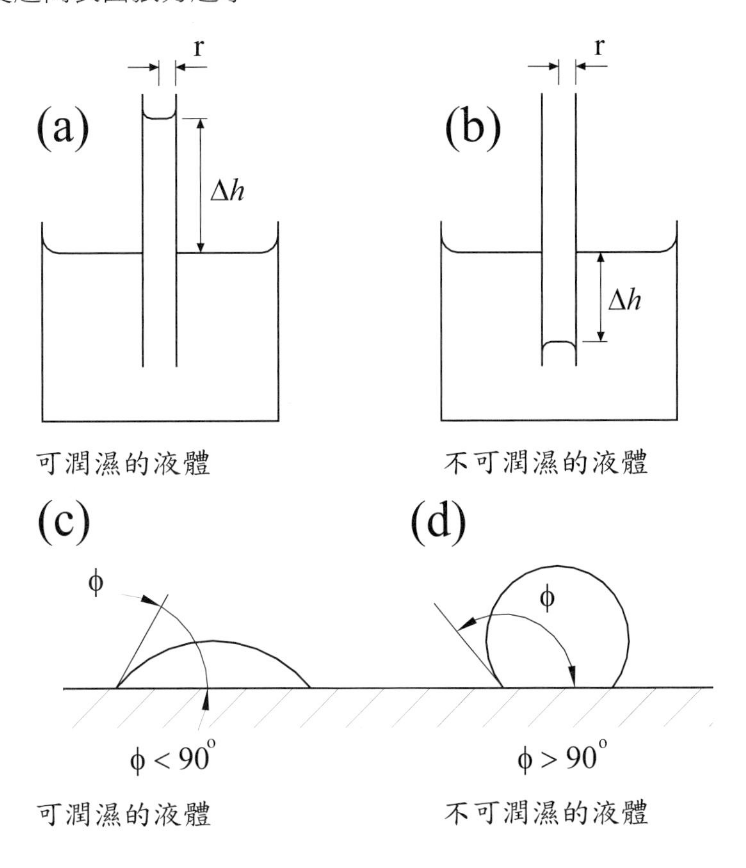

圖20-5 流體與接觸面的潤濕特性

潤濕特性(wettability)乃液體附著與固體表面上時擴散(spread)的能力，通常當液滴與固體接觸時會產生變形，而液滴與固體接觸面的切線角稱之爲接觸角(contact angle)，見圖20-5，接觸角的大小與液體間彼此間的親合力(cohension)及液體與固體間的吸附力(adhension)有關，習慣上若接觸角小於90度，稱之爲不可潤濕，但若接觸角大於90度，則稱之可潤濕，潤濕特性與表面張力對流體的影響則表現在毛細特性上(capillarity)，所謂毛細特性即液體曲面忍受壓力變化的能力。因此，若以一個小管徑玻璃管插入一不可潤濕的流體時，則該流體的液位會下降，且該流體在玻璃管內的液位會下降且接觸面上會呈現凸起狀(如圖20-5(b)所示)；相反的，若插入一可潤濕的流體時，且該流體在玻璃管內的液位會上升且接觸面上會呈現凹陷形狀(如圖20-5(a)所示)。

考慮如圖20-5(a)所示的說明，上升彎曲液面上的蒸氣壓爲P_G而上升的高度爲Δh，基準面上的液體壓力爲P_L，插入管之內管徑爲 r ，液體的表面張力爲σ，液體與插入管的接觸角爲ϕ，因此若考慮氣液界面的力平衡可知

$$\pi r^2\left(P_G-P_L\right)=2\pi r\sigma\cos\phi \tag{20-1}$$

即

$$P_G-P_L=\Delta P_\sigma=\frac{2\sigma}{r}\cos\phi=\frac{2\sigma}{r_\sigma} \tag{20-2}$$

其中$r_\sigma=\cos\phi/r$，由於液面上升的高度爲Δh，因此氣體與液體的壓力差爲

$$P_G-P_L=\rho_L g\Delta h \tag{20-3}$$

因此，上升的高度可表示如下：

$$\Delta h=\frac{2\sigma}{\rho_L g r}\cos\phi \tag{20-4}$$

式20-2中的ΔP_σ稱之爲最大毛細壓力(maximum capillary pressure)，與彎曲面的有效的半徑(= $\cos\phi/r$)有關，由於接觸角會因爲不純物與灰塵的加入後而大幅增加，因而促成面張力大幅下降，故造成毛細壓力明顯下降；因此在毛細管的製作上，如何避免灰塵與不純物的影響，是相當重要的課題。式20-3與式20-4適用於可潤濕與不可潤濕的液體，若是不可潤濕，則液位會出現如圖20-3(b)的下降現象，熱管的使用在理論上並不一定要使用可潤濕的工作流體，但是在應用上，應儘量使用潤濕性良好的工作流體；另外使用管蕊的另外一個特性就是可增加流體忍受拉力的作用(tensile liquid)，如所週知，液體雖然可以忍受很大的壓力，但卻不像固體一般可以忍受拉力，通常一點點的拉力就會使流體產生非常大的變形，但是如果使用毛細結構，則流體將可忍受相當大的拉力而不致產生明顯的變形，這點，我們同樣可以由式20-2來說明，假設氣體的壓力固定(P_G = 常數)，若我們使用非常小的毛細結構，則式20-2右式的最大可能毛細壓可能會大於氣體壓力，換句話說P_L的符號將變爲負號(即由壓力轉換成拉力)，一個典型的例子就是樹木的毛細結構，讀者可以簡單的算算，水每升高10公尺就需要一個大氣壓差，然而數十公尺高的樹木比比皆是，它是如何辦到水分的傳輸呢？實際上樹木使用一種特殊的毛細結構Xylen，此一結構可使水分忍受拉力並同時提供水分爬升所需要的壓差。

20-1-2 熱管流動時內部的壓力變化

首先我們考慮最常使用的毛細管驅動形式的熱管，此類熱管通常會使用管蕊；氣體與液體在熱管內的流動形式如圖20-6所示，由於管蕊的作用，氣體與液體會在液氣交界面上形成壓差，但因爲氣體沿熱管方向流動時也會產生壓降，因此液體與氣體的壓差會越來越小，也就是說往冷凝段的氣液交界曲面的曲率半徑會越來越小，所以會在冷凝段的盡頭處出現近乎水平的曲率(見圖20-6)。

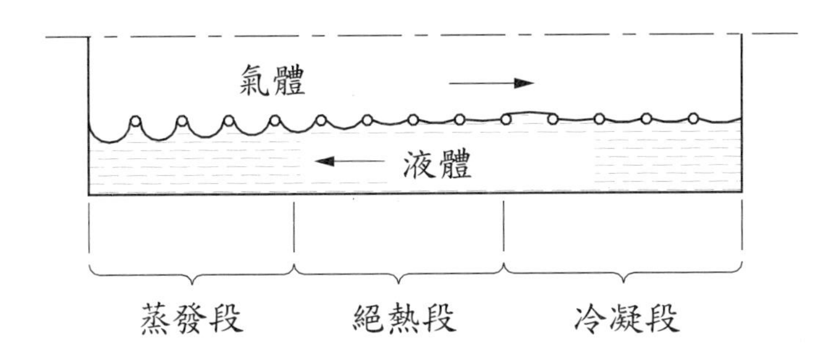

圖20-6 氣體與液體在熱管內的流動形式

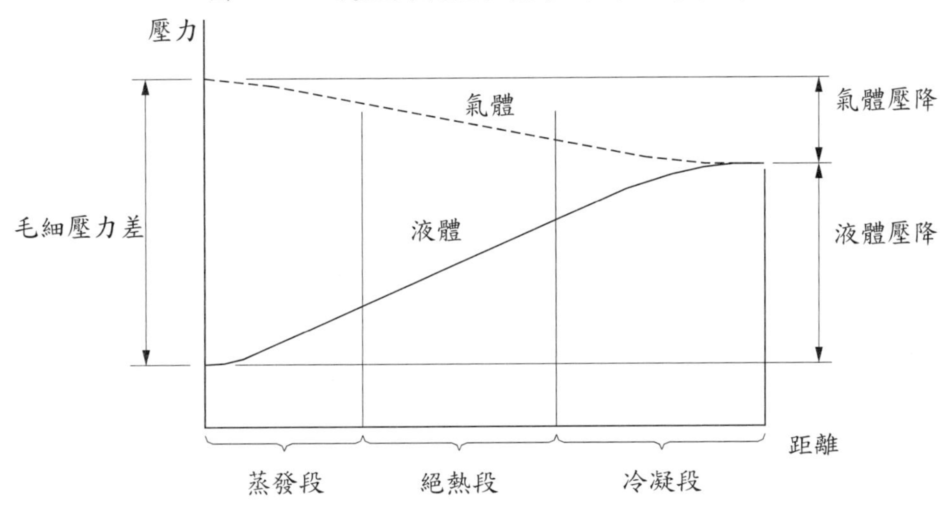

圖20-7 較低氣體速度下，熱管內的氣液的壓力分布

典型熱管內氣體與液體的壓力部份又會與氣體流動速度有很大的關聯，在比較低的流動情況下，氣體的壓力會沿著冷凝段方向而逐漸下降，相反的，液體會沿著蒸發段的方向而逐漸下降，因此在冷凝段的盡頭有最小的壓差(近乎零，見圖20-7)，而在蒸發段的入口有最大的壓差；如果氣體的流速增加，同樣的氣體

的會沿著冷凝段的的方向下降直到冷凝段的入口，此時氣體的壓力不再下降，壓力反而會沿著冷凝段而逐步回升(見圖20-8)，這個原因可說明如下，兩相的總壓降與單相一樣，由三部份所構成，即$\Delta P = \Delta P_a+\Delta P_f+\Delta P_g$，其中$\Delta P_a$爲速度變化造成的壓降，$\Delta P_f$爲工作流體於管內的摩擦壓降，$\Delta P_g$爲工作流體因高度變化所造成的壓降；如果不考慮高度變化所造成的壓降，$\Delta P \approx \Delta P_a+\Delta P_f$，由於在冷凝狀態下，流速減慢，因此$\Delta P_a$與$\Delta P_f$，的符號剛相反，如果速度變化所增加的壓升比摩擦壓降來的大，則氣體壓力在進入冷凝段後反而會出現壓力反轉上升的現象(見圖20-8)，如果持續增加氣體的流速(熱負載增加)，而且液體於管蕊的流量不多時，則冷凝段的氣體壓力變化可能會大於液體的壓力變化，此時有可能在冷凝段的入口出現氣體與液體壓力相等的狀況(見圖20-9)。

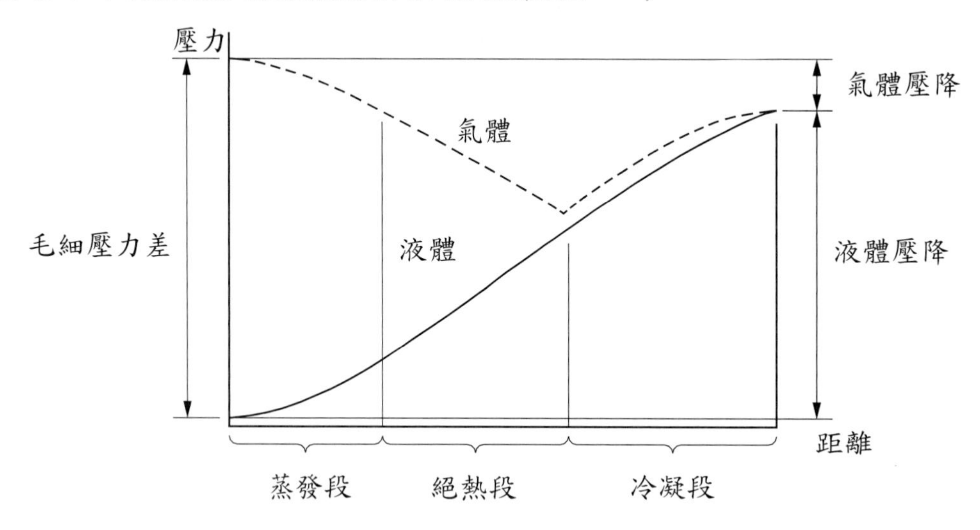

圖20-8　適中氣體速度下，熱管內的氣液的壓力分布

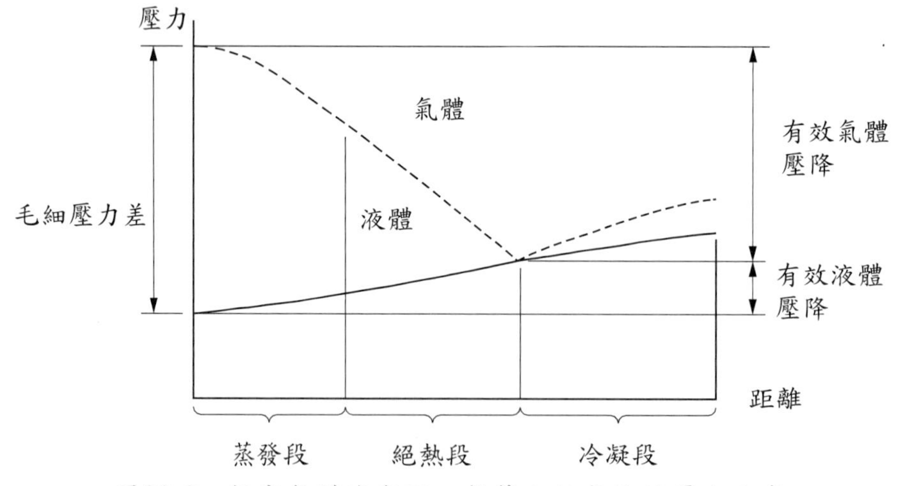

圖20-9　較高氣體速度下，熱管內的氣液的壓力分布

20-1-3 熱管設計的限制

雖然熱管可以迅速的執行熱量的傳遞，但實際應用上，毛細驅動熱管的熱傳量有先天上的限制，稱之爲操作限制(operational limits)，這些操作限制，在應用上常見的共有五種，即(1) 蒸氣壓限制 (vapor pressure limit)；(2) 音速限制 (sonic limit)；(3) 攜帶限制 (entrainment limit)；(4) 循環限制 (circulation limit)；(5) 沸騰限制 (boiling limit)；接下來針對這幾個限制來進一步說明：

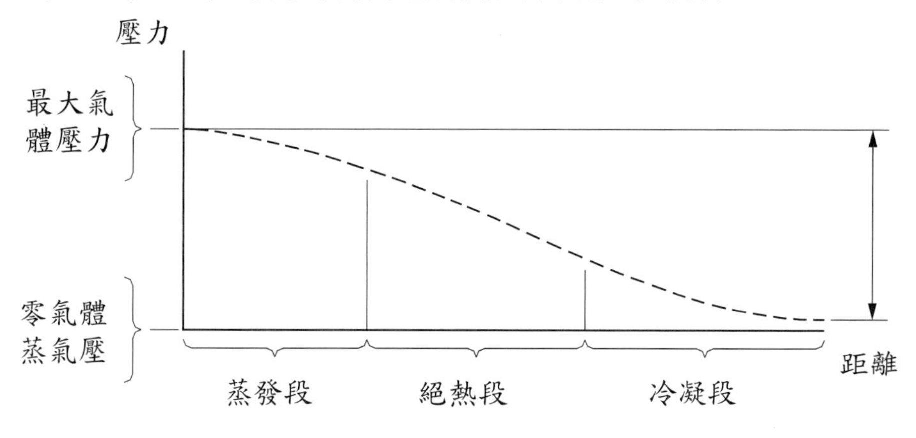

圖20-10 熱管內的蒸氣的壓力變化

(1) 蒸氣壓限制：在熱管內的蒸氣壓通常不高，而沿著冷凝段方向由於摩擦的損耗，蒸氣壓會逐步下降，然而氣體與先前介紹的液體不同，液體藉由表面張力的影響可以忍受負壓(即拉力)，但氣體的壓力不可能有負壓的情況，因此即使在冷凝段的盡頭，蒸氣的壓力必定是大於零(見圖20-10)，因此熱管內的熱傳性能就受限於此一蒸氣的壓力，此一限制稱之爲蒸氣壓限制，雖然對一個給定的蒸氣壓，熱管的熱傳性能受到限制，但是在應用上常因改變操作工作溫度因而改變其對應的蒸氣壓。

(2) 音速限制：在低溫與低壓的應用場所中，氣體的相對密度較低而流速也比較高，如果氣體的速度高到等於該位置的音速時，我們稱之此時達到聲速限制，此時或稱之爲音速流(choked flow)，也就是說無法再增加流速或流量，如果讀者學過可壓縮流(compressible flow)，就會很清楚個中的道理，同樣的音速限制與蒸發段進口的溫度有關，如果工作流體爲液態金屬，此一現象可能會發生。

(3) 攜帶限制：由於氣體與液體的密度差甚大，熱管內氣體與液體的相對流速差會很大，此一氣體流動的慣性力可能將管蕊上的液體剝離，因此這些脫離管蕊的液體便會造成氣體流向冷凝段的障礙，如果此一濺灑的情持續惡化，將會促使蒸發段出現乾涸的現象(dry out)，此時稱之爲攜帶限制。

(4) 循環限制：在前述的介紹中，可知熱管中的驅動壓力差與管蕊及工作流體有很大的關聯，一旦建立最大毛細壓力，則熱管內的流率將會維持在一個固定值以下，若持續的增加熱傳量將可能使蒸發段出現乾涸的現象，此時的熱通量稱之爲循環限制。

(5) 沸騰限制：通常在蒸發段內，液體是以蒸發的型態變化成氣體，但是如果熱通量過大，則液體有可能以沸騰的形式轉變成氣體(請注意蒸發發生在氣液界面上，而沸騰則發生在固體與液體的交界面上，請參酌本書第四章的說明)，如果沸騰相當的激烈，則可能造成蒸發段表面出現乾涸的現象，此時稱之爲沸騰限制，另外，沸騰也會破壞管蕊間液體與體界面的曲率因而大幅降低驅動毛細力，不過因爲沸騰促成的乾涸的現象很難預測，因此習慣上多以蒸發段出現沸騰現象時稱之，不過這裡仍要特別強調，沸騰限制對毛細驅動的影響較大，以重力驅動的熱虹吸型熱管，沸騰並不會立即帶來乾涸的嚴重後果(這是因爲熱虹吸型熱管所填充的工作流體通常比較多)。

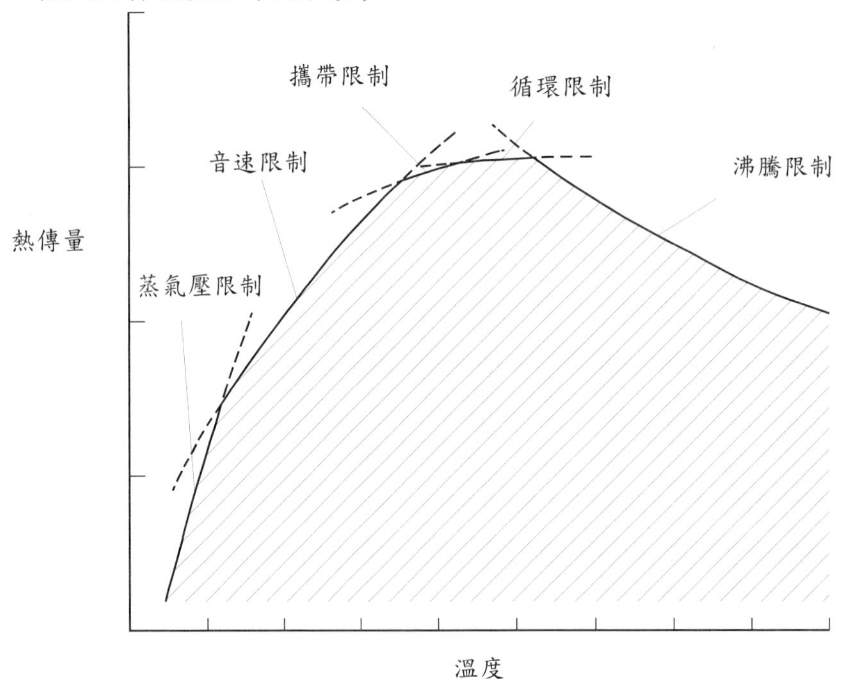

圖20-11 熱管內的熱傳的各種限制

對一熱管而言，上面的限制發生在不同的工作溫度與熱傳量下，例如圖20-11爲一典型熱管各種限制與溫度間的關係圖，此圖恰巧由上面說明的五種限制形成一包絡線(envelope)，只有在包絡線下的斜線部份才是熱管的工作範圍，若設計在包絡線外時，熱管將無法運作；在實際應用上，以音速限制、循環限制與沸騰限制及最爲常見；有關各種限制的詳細估算，將會在隨後介紹。除了上述五種常見的限制外，另外有兩種較不常見的限制，即連續流體限制(continuum flow limit)與凍結限制(frozen startup limit)，前者常發生在微細熱管中，如果工作溫度與壓力甚低，蒸氣流動可能會發生在稀薄流體範圍，由於連續流動的一些定理定律都不適用，此時熱傳性能會受到相當大的影響；如果熱管在啓動前，內部的工作流體爲固化狀態，當啓動後蒸氣可能在絕熱段或冷凝段上凝結甚至固化而無法流蒸發端，因此造成蒸發端的乾涸，此稱之爲凍結限制。

20-1-4　熱管的熱阻分布

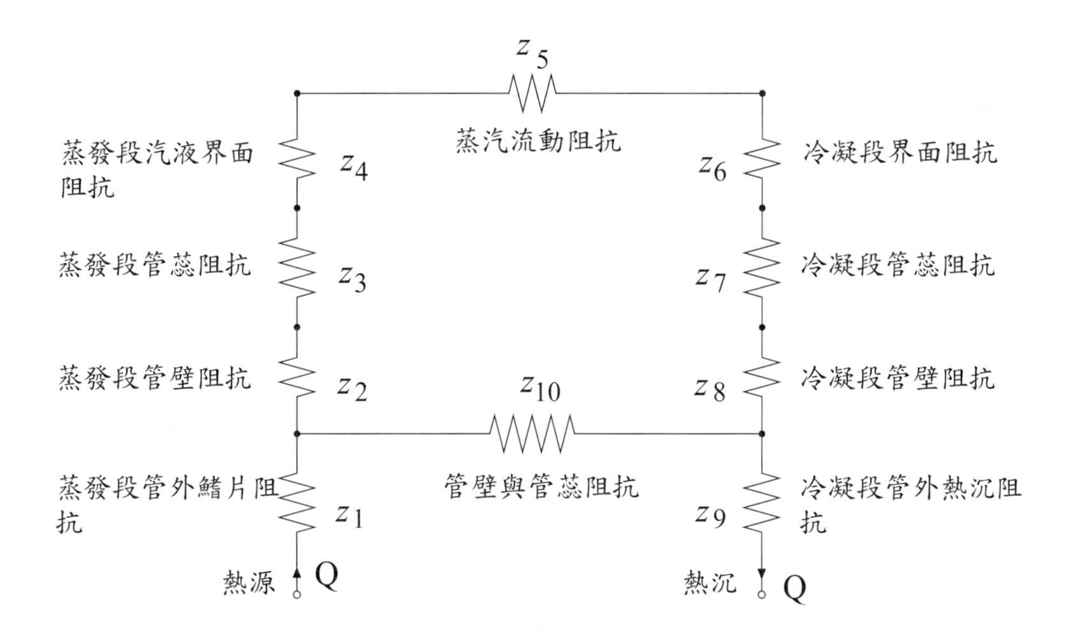

圖20-12　熱管內的阻抗分布

在實際應用上，熱管的熱源會置於蒸發段而熱沉會置於冷凝段，因此熱傳的總阻抗爲溫度差及熱傳量的比值(如同電阻爲電壓與電流的比值)，即：

$$z = \frac{\Delta T}{Q} \tag{20-5}$$

表20-1 圓管與平板型的z_1~z_9阻抗計算方程式(資料來源：ESDU 79012)

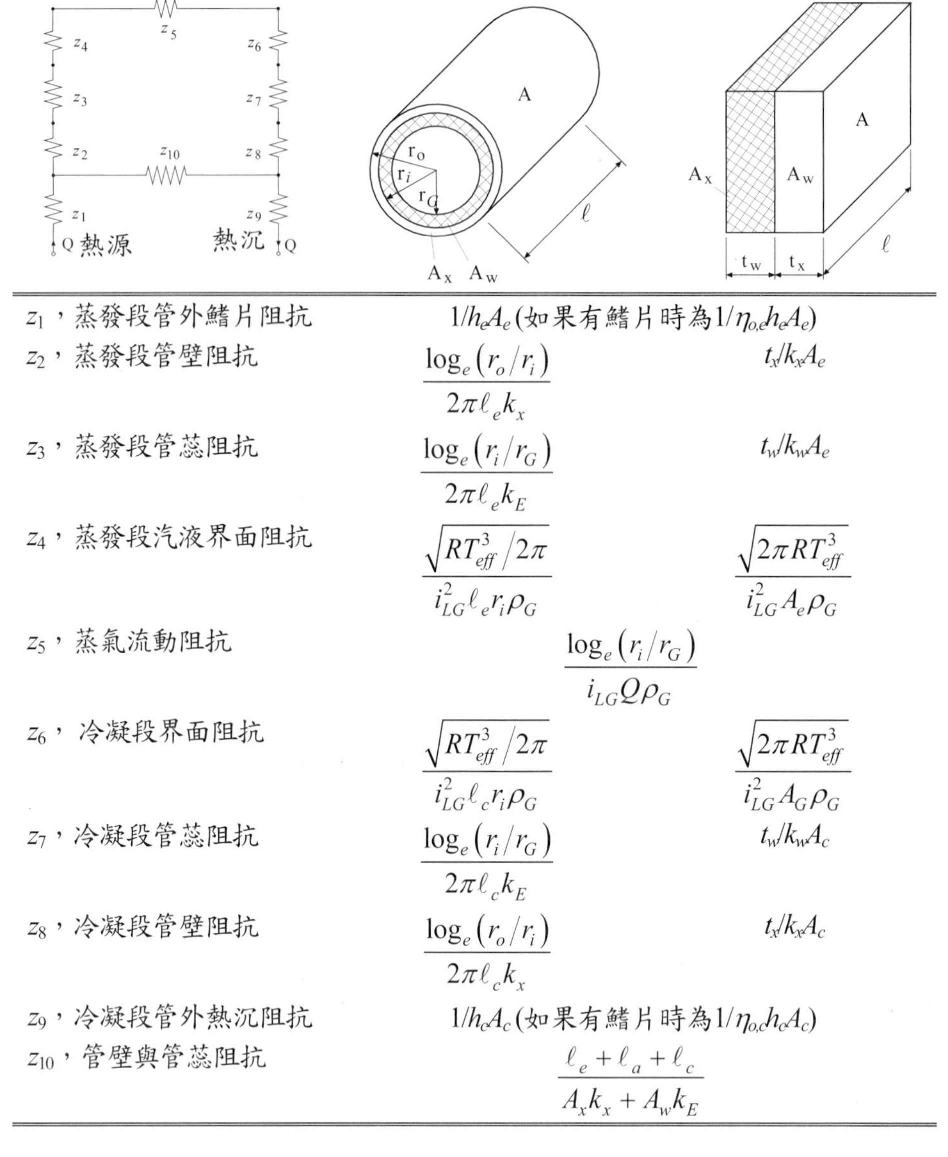

阻抗	圓管	平板
z_1，蒸發段管外鰭片阻抗	$1/h_eA_e$(如果有鰭片時為$1/\eta_{o,e}h_eA_e$)	
z_2，蒸發段管壁阻抗	$\dfrac{\log_e(r_o/r_i)}{2\pi\ell_e k_x}$	t_x/k_xA_e
z_3，蒸發段管蕊阻抗	$\dfrac{\log_e(r_i/r_G)}{2\pi\ell_e k_E}$	t_w/k_wA_e
z_4，蒸發段汽液界面阻抗	$\dfrac{\sqrt{RT_{eff}^3/2\pi}}{i_{LG}^2\ell_e r_i\rho_G}$	$\dfrac{\sqrt{2\pi RT_{eff}^3}}{i_{LG}^2A_e\rho_G}$
z_5，蒸氣流動阻抗	$\dfrac{\log_e(r_i/r_G)}{i_{LG}Q\rho_G}$	
z_6，冷凝段界面阻抗	$\dfrac{\sqrt{RT_{eff}^3/2\pi}}{i_{LG}^2\ell_c r_i\rho_G}$	$\dfrac{\sqrt{2\pi RT_{eff}^3}}{i_{LG}^2A_G\rho_G}$
z_7，冷凝段管蕊阻抗	$\dfrac{\log_e(r_i/r_G)}{2\pi\ell_c k_E}$	t_w/k_wA_c
z_8，冷凝段管壁阻抗	$\dfrac{\log_e(r_o/r_i)}{2\pi\ell_c k_x}$	t_x/k_xA_c
z_9，冷凝段管外熱沉阻抗	$1/h_cA_c$(如果有鰭片時為$1/\eta_{o,c}h_cA_c$)	
z_{10}，管壁與管蕊阻抗	$\dfrac{\ell_e+\ell_a+\ell_c}{A_xk_x+A_wk_E}$	

但是如果要深入去瞭解此一總阻抗的組成，可發現其中的阻抗又可分爲(1)蒸發段管外阻抗z_1；(2)蒸發段管壁阻抗z_2；(3) 蒸發段管蕊阻抗z_3；(4) 蒸發段氣液界面阻抗z_4；(5)蒸氣流動阻抗z_5；(6) 冷凝段氣液界面阻抗z_6；(7) 冷凝段管蕊阻抗z_7；(8) 冷凝段管壁阻抗z_8；(9) 冷凝段 管外阻抗z_9；與(10)管壁與管蕊阻抗z_{10}。這些阻抗如圖20-12所示，請特別注意這些阻抗並非全部串聯，其中蒸氣流動阻抗z_5與管壁與管蕊阻抗z_{10}爲並聯。對大多數的應用而言，徑向熱傳導的影響通常甚小，因此初步的估算可以假設$z_4 \approx z_5 \approx z_6 \approx 0$，而且設計經驗上顯示合理的設計應滿足下列的條件(ESDU, 1979)：

$$\frac{z_{10}}{z_2+z_3+z_7+z_8}>20 \tag{20-6}$$

如果無法滿足式20-6經驗式的要求，則代表熱管的運作是在一個不合適的操作點上，其性能應該很差。對於圓管與平板型熱管的阻抗的計算方程式，$z_1 \sim z_{10}$，可見表20-1。其中管蕊的有效熱傳導係數，為工作流體與管蕊材質熱傳導係數加總後的有效值，對絕大部份的應用而言，$z_4 \approx z_5 \approx z_6 \approx 0$，故阻抗$z_4 \sim z_6$ 的影響可忽略不計。

20-1-5 熱管的管蕊

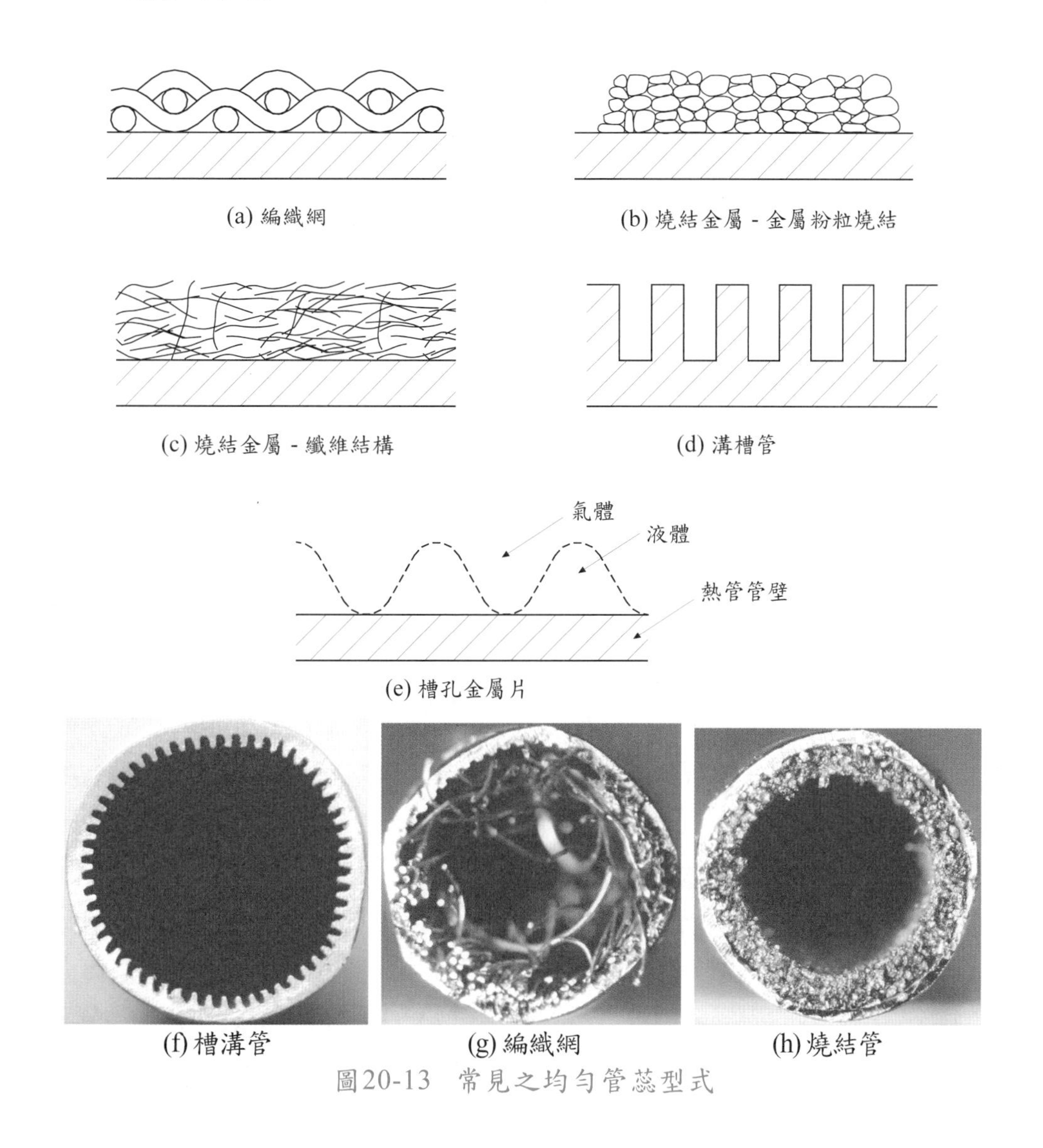

圖20-13 常見之均勻管蕊型式

普通熱管中管蕊的樣式可分爲二類，即均勻管蕊和組合管蕊。常用的均勻管蕊有編織層網、軸向槽道、燒結蕊等，如圖 20-13 所示；其中以編之層網的製作最爲簡單，利用一層或多層的金屬網纏繞在管壁附近，其特性與單位面積的孔隙數有絕對的關係，對編織網而言，其與管壁間的接觸可能不甚理想，因而造成有效熱傳導係數會偏低，因此利用燒結金屬(圖 20-13(b)~13(c))的設計，則可有效改善此一缺點，但相對的其孔隙度也較小，對流體提供較大的阻力(尤其是冷凝液)，因此利用溝槽管的設計(圖 20-13(d))則可提供較大的液體流動空間與較小的流動阻力，不過溝槽管能夠提供的毛細壓力也比較小，而且氣液交接面上比較容易產生先前說明的攜帶限制，另外溝槽管受重力的影響也比燒結或層網結構大很多。

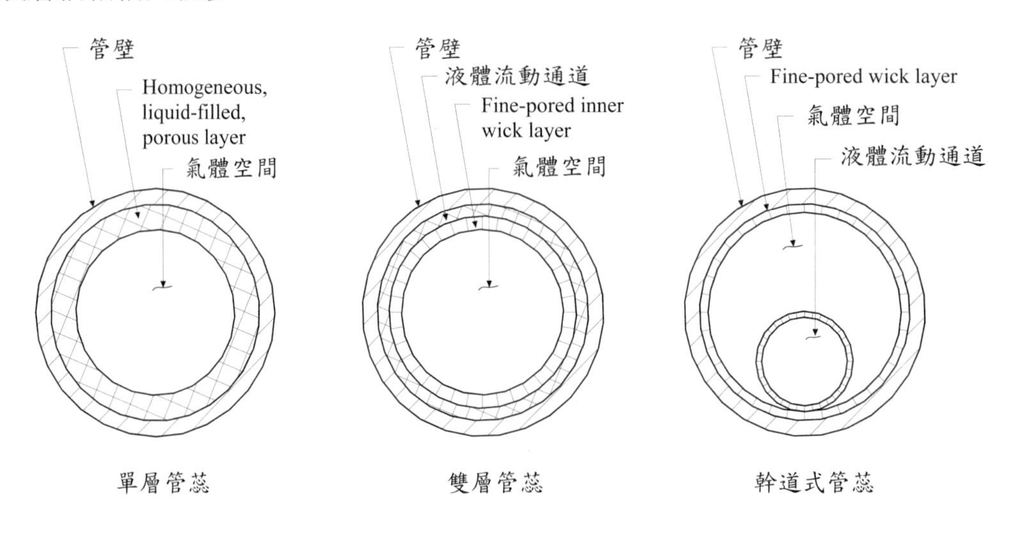

圖20-14　常見之管蕊於熱管內的安排的型式

在先前計算熱管的各個阻抗中(表20-1)，可發現許多阻抗的估算均與管蕊的特性有關，熱管管蕊提供液體循環所需的毛細驅動力以及液體流動的通道，因此對管蕊的要求，首先是能提供足夠的毛細壓，即管蕊應具有小的有效毛細孔半徑。同時要求管蕊對液體流動的阻力要小，即管蕊應具有高的滲透率。對於由均勻毛細材料組成的無方向性管蕊而言(稱爲均勻管蕊，homogeneous)，這兩種要求基本上是互相矛盾的，因而促使人們研究有方向性的「組合式」(composite)管蕊。對這種管蕊，毛細壓和滲透率是相互獨立的，因而有可能使兩者同時增大。另外，管蕊又是熱量進入與傳出熱管的必經之路，因此管蕊的熱阻值要儘可能地小。管蕊於熱管內的安排的型式大致可分爲三類，即單層、雙層與幹道式管蕊，如圖20-14所示。除了使用溝槽管的設計來降低冷凝液的阻力外，另外一種常見的設計爲幹道是設計(見圖20-14(c))，此一幹道式設計，可使冷凝液流經較大的管道很容易的回到蒸發端而又同時均勻的將液體分布到整個蒸發端上；但其製作成本較高且能夠提供的毛細力也較小。

表20-2　常見熱管管蕊之有效熱傳導係數與孔隙率

<table>
<tr><th colspan="2" rowspan="2">管蕊型式*</th><th>有效熱傳導係數</th><th rowspan="2">孔隙率</th></tr>
<tr><th>方程式</th></tr>
<tr><td rowspan="3">單層網格型式</td><td rowspan="2">screen
Annular
環狀網，網格下有一液體流動空間，間隔為t_w，網格的厚度為t</td><td>$k_E = k_L$
多數研究指出，此一近似的估算效果相當不錯(即使$\varepsilon \neq 1$)</td><td>$\varepsilon = 1$</td></tr>
<tr><td colspan="2">$k_E = \dfrac{(t+t_w)k_L k_2}{k_L t + t_w k_2}$
$k_2 = \dfrac{k_L\left[k_L + k_W - (1-\varepsilon)(k_L - k_W)\right]}{k_L + k_W + (1-\varepsilon)(k_L - k_W)}$</td></tr>
<tr><td>金屬網</td><td colspan="2">Armour and Cannon (1968)
$\varepsilon \approx 1 - \dfrac{\pi C_1 C_2}{2(1+C_1)}\sqrt{1+\left(\dfrac{C_1}{1+C_1}\right)^2}, C_1 = \dfrac{d}{W}, C_2 = \dfrac{d}{t}$
Marcus (1972)
$\varepsilon \approx 1 - \dfrac{\pi SNd}{4}, S = 1.05, N = \dfrac{1}{d+W}$
Chang (1990)
$\varepsilon \approx 1 - \dfrac{\pi C_1 C_2}{2(1+C_1)}, C_1 = \dfrac{d}{W}, C_2 = \dfrac{d}{t}$
$k_E = \dfrac{k_L}{(1+C_1)}\left\{\alpha^2 C_1 C_3 + \left(1 + C_1(1-\alpha)\right)^2\right\}$
$C_3 = \dfrac{\alpha C_1}{\alpha - \dfrac{\pi C_2\left(1-\dfrac{k_L}{k_W}\right)}{2}} + \dfrac{2\left(1+C_1(1-\alpha)\right)}{\alpha - \dfrac{\pi C_2\left(1-\dfrac{k_L}{k_W}\right)}{4}}$
$\alpha = 1.11716 - 0.07024\log_{10}\left(\dfrac{k_L}{k_W}\right), 25 < \dfrac{k_L}{k_W} < 160$</td></tr>
</table>

管蕊型式*		有效熱傳導係數 方程式	孔隙率
	screen, α_r, α Screen-covered grooves (isosceles trianngle)	$k_E \approx 0.8k_W\left[k_L/(k_W \sin\alpha)\right]^{0.63}$	$\varepsilon = 0.5$
	c, b, t_w, screen Screen-covered grooves (rectangle)	$k_E \approx \varepsilon k_L + (1-\varepsilon)k_W$	$\varepsilon = \dfrac{b}{b+c}$
c, b, t_w, screen 溝槽管		$k_E \approx \dfrac{k_L\left[ck_W t_w + b(0.185ck_W + t_w k_L)\right]}{(b+c)(0.185ck_W + t_w k_L)}$	$\varepsilon = \dfrac{b}{b+c}$
t_W		$k_E \approx \dfrac{k_L\left[k_L + k_W - (1-\varepsilon)(k_L - k_W)\right]}{k_L + k_W + (1-\varepsilon)(k_L - k_W)}$	$\varepsilon \approx 1 - \dfrac{N\pi d}{4}$
t_W	平板	$k_E \approx \dfrac{k_L\left[2k_L + k_W - 2(1-\varepsilon)(k_L - k_W)\right]}{2k_L + k_W + (1-\varepsilon)(k_L - k_W)}$	$\varepsilon \approx 0.48$
	燒結	$k_E \approx \dfrac{k_W\left[2k_W + k_L - 2\varepsilon(1-\varepsilon)(k_L - k_W)\right]}{2k_W + k_L + \varepsilon(k_W - k_L)}$	
t_W 燒結金屬－纖維結構		Dul'nev and Muratova (1968)	

管蕊型式*	有效熱傳導係數	孔隙率
	方程式	
	$k_E = k_W\left(c^2 + R_k(1-c)^2 + \frac{2R_k c(1-c)}{R_k c + (1-c)}\right)$ $R_k = \frac{k_L}{k_W};\ c = 0.5 + A_1 \cos\left(\frac{\phi}{3}\right)$ $\begin{cases} A_1 = -1, \phi = \cos^{-1}(1-2\varepsilon) \text{ 當} 0 \le \varepsilon \le 0.5 \\ A_1 = 1, \phi = \cos^{-1}(2\varepsilon - 1) \text{ 當} 0.5 \le \varepsilon \le 1 \end{cases}$ Acton (1982) $k_E \approx \varepsilon^2 k_L + (1-\varepsilon)^2 k_W + \frac{4\varepsilon(1-\varepsilon)k_L k_W}{k_L + k_W}$ Mantle and Chang (1991) $k_E = k_W\left(1 + \frac{\varepsilon}{\left(\frac{1-\varepsilon}{m_1}\right) + \left(\frac{k_W}{k_L - k_W}\right)}\right)$ $m_1 = \left(1.2 - 29\frac{d_{fiber}}{\ell_{fiber}}\right)(0.81-\varepsilon)^2 + 1.09 - 2.5\frac{d_{fiber}}{\ell_{fiber}}$ d_{fiber}為纖維直徑，ℓ_{fiber}為纖維長度	

簡而言之，這類均勻管蕊大多具有結構簡單的特點，但無法兼顧毛細力與流動特性的需求，因此相對上的性能比較差。組合管蕊的結構較複雜，但具有較好的傳熱性能與擁有較低的熱阻，例如可以在溝槽式熱管上加上一層網設計，(見表 20-3 的第五項)，利用一層網的設計來大幅改善毛細壓與重力的影響。熱管管蕊的性能表現在幾個重要的參數上，即有效熱傳導係數(effective thermal conductivity, k_E)、最小毛細半徑(minimum capillary radius, r_σ)與滲透率(permeability, K)，基本設計上需要高的熱傳導係數與良好的滲透率，以及較小的毛細半徑來提供毛細力，可是實際上，這兩種需求是互相違背的；另外很多熱管的管蕊都具有方向性，也就是說熱傳導係數與熱傳的方向有關(同樣溫差下，軸向與徑向熱通量不同)，因此有必要提供與管壁垂直方向的熱傳導係數供設計者參考，此一方向性的熱傳導係數稱之爲有效熱傳導係數，可以預見的，

有效熱傳導係數與管蕊的孔隙率(porosity, ε)、工作流體的熱傳導係數 k_L 及管蕊材質的熱傳導係數 k_W 有關，由於 k_E 的值應在工作流體的熱傳導係數及管蕊材質的熱傳導係數兩者串聯的下限值之上，即：

$$\hat{k}_E = \frac{k_L k_W}{(1-\varepsilon)k_L + \varepsilon k_W} \tag{20-7}$$

同時，k_E 也應在假設工作流體的熱傳導係數及管蕊材質的熱傳導係數兩者並聯的上限值之下，即：

$$\breve{k}_E = (1-\varepsilon)k_W + \varepsilon k_L \tag{20-8}$$

式 20-7 與 20-8 雖然可用來估算有效熱傳導係數的上下限，但這兩個方程式並無法依據管蕊的實際結構來估算有效熱傳導係數；而且，如果管蕊中存有些許雜質，將會使有效熱傳導係數明顯下降，例如管蕊中有含磷物質 2 wt%將可使有效熱傳導係數下降 10%以上，所以在實際估算上，使用純物質的熱傳導係數可能會高估。在應用上，如果可能，當然應該採用製造廠商所提供的管蕊的有效熱傳導係數來估算，如果沒有這部份資料，筆者參考 ESDU (1979)與 Faghri (1995)的建議，提供表 20-2 一些常見熱管管蕊之有效熱傳導係數與孔隙率的估算公式。

設計管蕊首先需選擇所用的管蕊類型，表20-3與20-4中介紹一般管蕊的優缺點與一般評價，供設計者在選擇管蕊時的參考。表中所列的滲透率 K (permeability)及有效毛細半徑 r_σ 決定了熱管傳熱能力的大小，所謂滲透率 K，乃流體於管蕊中流動能力的好壞，毛細結構基本上為一種多孔性介質(porous media)，根據達西定律(Darcy's law)，描述流體在多孔性介質中的運動方程式為：

$$-\nabla P = \frac{\mu U}{K} \tag{20-9}$$

其中 P 為孔隙壓力，μ 為流體黏度，U 為達西速度(代表忽略孔隙結構影響的「虛擬速度」)，K 為滲透率，對一維流動而言，可簡化如下：

$$K = \frac{\mu_L U}{\frac{-dP}{dz}} = \frac{\mu_L \frac{\dot{m}}{\rho_L A_W}}{\frac{\Delta P_L}{L_W}} = \frac{L_W \dot{m} \mu_L}{A_W \Delta P_L \rho_L} \tag{20-10}$$

表 20-3　各類管蕊的優缺點比較 (資料來源：ESDU 80013)

管蕊型式	優點	缺點
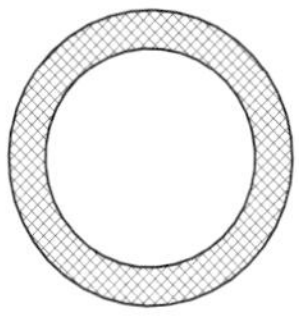 均勻型 (homogeneous)	較高的熱傳導係數、r_σ較小、製造較容易、不凝結氣體與工作流體充填量不足時對熱管性能影響較小。	滲透率K通常不是很大。
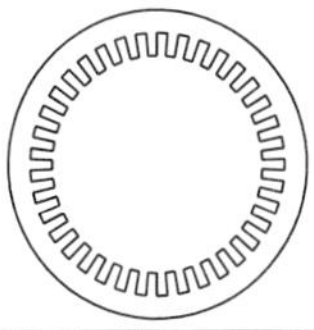 軸向槽道 (longitudinal groove)，槽道形狀可以是方型或其他形狀	較高的熱傳導係數、製造相當容易、滲透率K相當大。	r_σ較大、液體比較有攜帶的傾向(entrainment)。
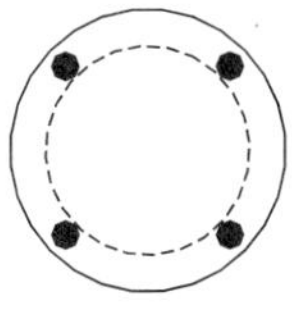 環狀網 (annular)	r_σ較小、製造較容易、滲透率K相當大。	比較有沸騰的傾向、較低的熱傳導係數不凝結氣體與工作流體充填量不足時的影響較大。
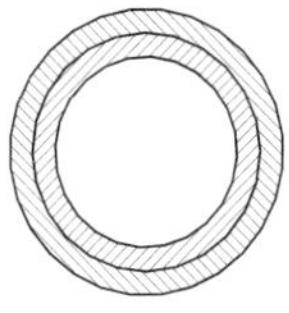 組合管蕊 (composite)	較高的熱傳導係數、r_σ較小、滲透率 K 相當大、不凝結氣體與工作流體充填量不足時對熱管性能影響較小。	中等的沸騰的傾向的影響。
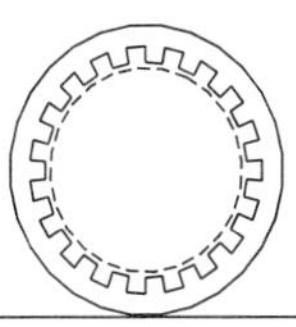 網蓋槽道蕊 (screen-covered groove)	較高的熱傳導係數、r_σ較小、製造相當容易、滲透率 K 相當大。	若沸騰出現將對性能的影響很大、不凝結氣體與工作流體充填量不足時的影響較大。
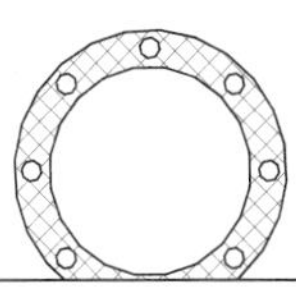 一體式幹道蕊 (integral artery)	較高的熱傳導係數、r_σ較小、滲透率K相當大。	若沸騰出現將對性能的影響很大、不凝結氣體與工作流體充填量不足時的影響較大
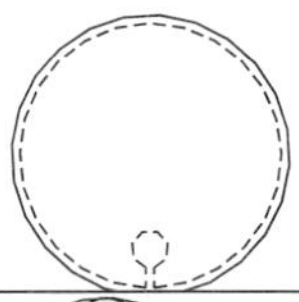 網管式幹道蕊 (pedestal artery/screen)	較高的熱傳導係數、管蕊厚度薄、r_σ較小、滲透率K相當大、幹道內不容易沸騰。	若沸騰出現將對性能的影響很大、不凝結氣體與工作流體充填量不足時的影響較大
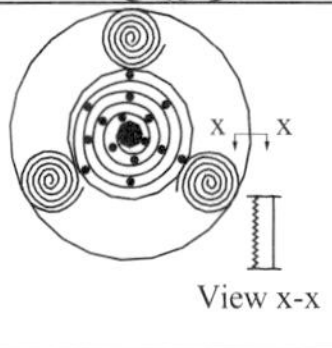 環型槽道式螺旋幹道蕊 (spiral artery /circumferential groove)	較高的熱傳導係數、槽道管蕊厚度薄、r_σ較小、滲透率K相當大、幹道內不容易沸騰。	若沸騰出現將對性能的影響很大、不凝結氣體與工作流體充填量不足時的影響較大

管蕊型式		優點	缺點
	網管式中央型幹道蕊 (central artery/ screen)	較高的熱傳導係數、管蕊厚度薄、r_σ較小、滲透率 K 相當大、幹道內不容易沸騰。	若沸騰出現將對性能的影響很大、不凝結氣體與工作流體充填量不足時的影響較大
View x-x	環型槽道式塊狀幹道蕊 (slab artery /circumferential groove)	較高的熱傳導係數、槽道管蕊厚度薄、r_σ較小、滲透率 K 相當大、幹道內不容易沸騰。	

表20-4 各類管蕊的比較 (資料來源：張長生)

管蕊類型	溫度範圍	有效毛毛細半徑	滲透率	熱阻	可靠性	成本	製作性	充填量
多層網	高、中、低	小	小	大	中	低	好	少
燒結粉末、網	中、低	小	小	中	高	中	好	少
軸向槽道	高、中、低	小	中	中	高	低	好	中
同心環道	高	小	大	大	中	中	中	多
槽道+網	高、中	小	中	中	中	中	中	中
板式幹道	中、低	小	小	小	高	中	好	少
網管式幹道	中、低	小	大	小	差	高	差	多
螺旋幹道	中、低	小	中	小	中	高	差	中
隧道幹道	中	小	大	小	中	高	差	多

滲透率與管蕊的孔隙尺寸大小有關，由於液體在管蕊內的流速甚慢，通常屬層流流動範圍，故此一係數不受流量變化而有明顯的變化(請參考第一章，在層流流動下ΔP正比於$\dot{m}$)。理論上，K值與管蕊型式有關，並可直接由理論推導得知，例如考量圓形幹道式通道，流體流動的動量平衡可由Hagen-Poiseuille方程式來描述，即：

$$\frac{dP}{dz}=\frac{-4\tau_w}{D} \tag{20-11}$$

上式中的τ_w為管壁上的剪應力，由基本流力(見第一章說明)可知：

$$\tau_w = f\frac{1}{2}\rho u_{a,p}^2 \tag{20-12}$$

其中f為摩擦係數，$u_{a,p}$為孔隙內的速度，所以式20-11可改寫如下：

$$\frac{dP}{dz}=\frac{-4\tau_w}{D}=\frac{-4f\frac{1}{2}\rho u_{a,p}^2}{D}=\frac{-2f\rho u_{a,p}^2}{D} \tag{20-13}$$

再由式20-10，可知

$$K=\frac{\mu_L U}{\frac{-dP}{dz}}=\frac{\mu_L U}{\frac{2f\rho_L u_{a,p}^2}{D}}=\frac{\frac{U}{u_{a,p}}}{\frac{2f}{D^2}\frac{\rho_L u_{a,p}D}{\mu_L}}=\frac{D^2\frac{U}{u_{a,p}}}{2f\frac{\rho_L u_{a,p}D}{\mu_L}} \tag{20-14}$$

上式中的$\frac{\rho_L u_{a,p}D}{\mu_L}$爲孔隙內的雷諾數$\mathrm{Re}_{a,p}$，而$u_{a,p}/U$比値代表孔隙內流速與孔隙不存在下，「虛擬速度」的比値，也就是代表孔隙率ε，可改寫式20-14如下：

$$K=\frac{D^2\frac{U}{u_{a,p}}}{f\frac{\rho_L u_{a,p}D}{\mu_L}}=\frac{D^2}{2f\,\mathrm{Re}_{a,p}\,\varepsilon} \tag{20-15}$$

對層流流動而言，$f\cdot\mathrm{Re}$値爲一常數(見第一章)，例如以本例圓管中，$f\cdot\mathrm{Re}=16$，又幹道式通道內$\varepsilon=1$，因此式20-14可改寫如下：

$$K=\frac{D^2}{2f\,\mathrm{Re}_{a,p}\,\varepsilon}=\frac{D^2}{32} \tag{20-16}$$

如果幹道不是圓管的形狀，則上式可以水力直徑修正如下：

$$K=\frac{D_E^2}{2f\,\mathrm{Re}_{a,p}\,\varepsilon} \tag{20-17}$$

由於在熱管管蕊流動的液體多以層流形式流動，在應用上必須估計管蕊內流體流動的雷諾數(Reynolds number)，而此一雷諾數的定義爲：

$$\mathrm{Re}=\frac{G_L D_E}{\mu_L} \tag{20-18}$$

其中D_E爲等效直徑，定義與本書第一章介紹的水力直徑相同，即：

D_E= 4×管蕊之截面積/管蕊之潤濕周長 (20-19)

如果管蕊爲多孔性介質，D_E亦可表示爲

$$D_E = 4\times 管蕊之體積/管蕊之總表面積 \tag{20-20}$$

同樣的，爲了快速估算，ESDU (1979)亦提供如表20-5所示的一些常見熱管管蕊之滲透率、D_E與r_σ的估算公式。

表20-5　常見熱管管蕊之滲透率*K*(資料來源：ESDU 790013)

管蕊型式*		滲透率K 方程式	等效直徑 D_E	r_σ
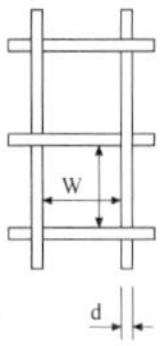 單層網格型式	t_w, screen Annular	$K=\frac{t_w^3}{12}$	$D_E=2t_w$	$r_\sigma=\frac{1}{2N}$
	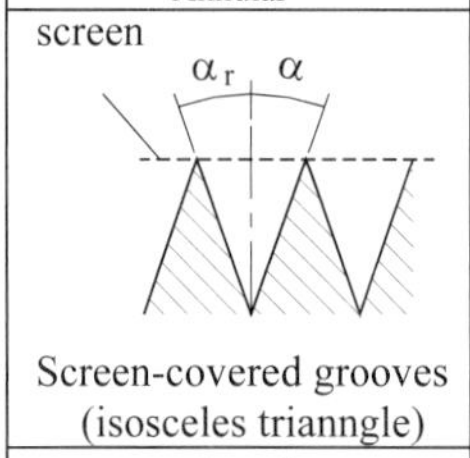 screen, α_r, α Screen-covered grooves (isosceles trianngle)	$K=Ft_w^2\varepsilon$ F見圖20-15之說明	$D_E=\frac{2t_w\sin\alpha}{1+\sin\alpha}$	
	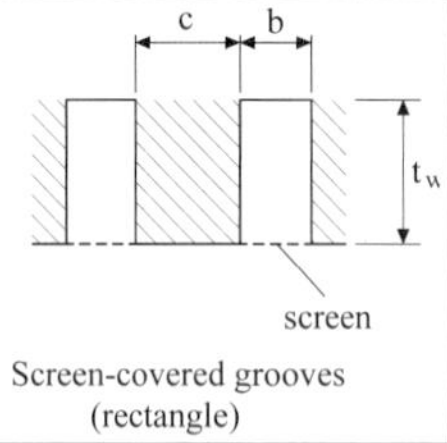 c, b, t_w, screen Screen-covered grooves (rectangle)	$K=Fbt_w\varepsilon$ F見圖20-16之說明	$D_E=\frac{2bt_w}{b+t_w}$	
t_w		$K=\frac{d^2\varepsilon^3}{122(1-\varepsilon)^2}$	$D_E=\frac{d\varepsilon}{(1-\varepsilon)}$	$r_\sigma=\frac{1}{2N}$
t_w	平板燒結	$K=\frac{d^2\varepsilon^3}{150(1-\varepsilon)^2}$	$D_E=\frac{2d\varepsilon}{3(1-\varepsilon)}$	$r_\sigma=0.21d$
t_w		$K=\frac{C_1(y^2-1)}{y^2+1}$	$D_E=\frac{d\varepsilon}{1-\varepsilon}$	$r_\sigma=\frac{d}{2(1-\varepsilon)}$

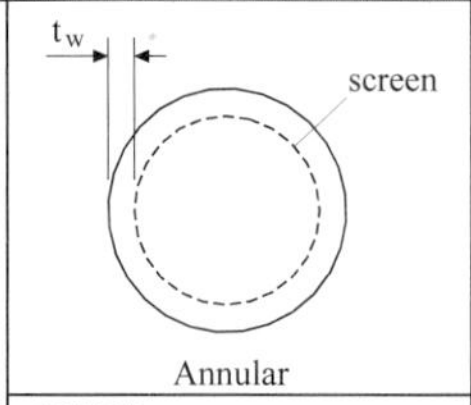

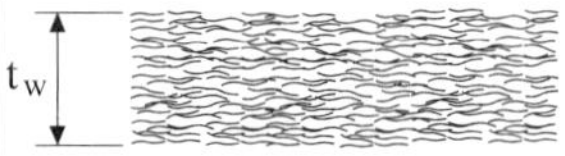

管蕊型式*	滲透率K	等效直徑	r_σ
	方程式	D_E	
	$y=1+\dfrac{C_2 d^2 \varepsilon^3}{(1-\varepsilon)^2}$ $C_1=6.0\times10^{-10}\,\text{m}^2$ $C_2=3.3\times10^{7}\,1/\text{m}^2$		

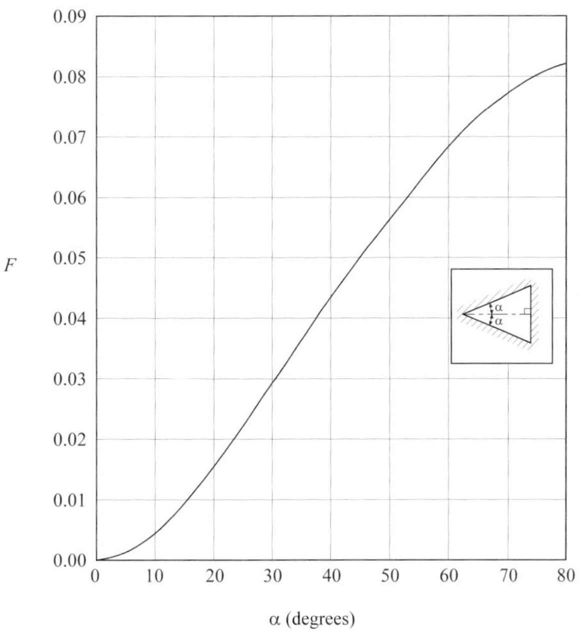

圖20-15 表20-5中之F參數

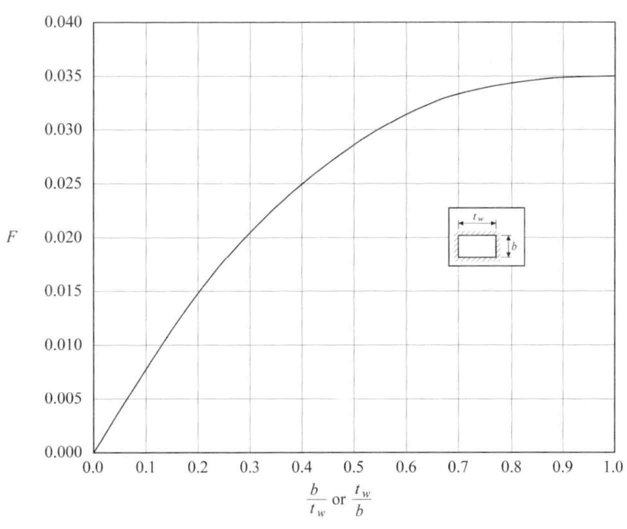

圖20-16 表20-5中之F參數

管蕊對熱阻的影響會因所用的工作流體的不同而有所差異，選擇管蕊主要著眼於流動的要求，如果工作流體爲液態金屬，管蕊的類型與結構對熱阻的影響不大；但對中、低溫熱管，工作流體均爲不良導熱介質，熱阻主要取決於所用的管蕊的特性。

可靠性在某些場合(如航太應用)有極重要意義。對一般的應用，可靠性也是一個重要的指標。熱管的可靠性包括可靠的起動、管蕊在失去液體後能可靠地自動充滿、性能的重複性、長使用壽命、對充填不足與過量充填是否敏感等等問題。從這幾方面來看，軸向糟道熱管具有非常好的優點，它擁有良好的自動充滿能力及性能重複性，對過量充填與充填不足不甚敏感。而網管式與幹道式熱管的可靠性就相對比較差，其自行充填的能力只能在很小熱負荷下才有較佳的表現，另外不凝結氣體存在幹道間或充填不足會嚴重削弱其傳熱能力，因此阻礙它在航太上的應用。

製造技術簡單、成本低的熱管無疑是熱管設計者追求的一個重要目標。但對不同的應用，要求的層次往往是不同的。例如，在航太應用中，成本與性能指標與可靠性的重要性相比之下，往往是一個次要的因素。但對大多數工業應用，例如廢熱回收用換熱器，由於用熱管數量很多，因此成本的考量反而是決定其經濟性及競爭能力的關鍵。在各種管蕊中，多層網是成本最低的一種管蕊材料；幹道管蕊製造技術複雜、成本較高而燒結管蕊在大批量生產下，其成本較低。對幹道式的管蕊，成本取決於管材。對銅、鋁等延展性好的材料，採用擠壓法生產時，成本也不高。

至於工作流體的塡充量，因爲總塡充量一般不多，因此對成本的影響不大。但對低溫熱管來說，因它在常溫貯存時是超臨界狀態，壓力與工作流體質量成正比，因此在滿足熱性能的前提下，應選擇工作流體充塡量少的管蕊。

迄今爲止，最常用的管蕊仍是單層或多層網結構。網材料大多採用金屬材料，如銅、鎳、不鏽鋼等金屬絲網，也有採用各種編織物，如氈、纖維布等。這種管蕊的最大優點是成本低、使用靈活、適用於各種形狀複雜的熱管。所用孔隙尺寸可在很大範圍內變化。採用細孔網可使毛細力提升，有利於克服重力影響；但缺點是流動阻力及熱阻較大，性能再現性較差。採用這種管蕊的關鍵問題在於必須讓網層與網層間以及網層與管壁之間能夠緊密貼合，因此常需使用彈簧撐緊或點焊，以確保性能。

軸向幹道熱管也是一種使用廣泛的熱管，特別是在航太的應用中。在低重力或零重力條件下，雖然這種管蕊的有效孔徑大，但並不影響其使用。相反的，它的熱傳能力大，熱阻較小、可靠性高。它的另一優點是製作技術簡單，製作上可藉由一次擠壓成型即可直接使用，不需要其它管蕊的焊接、成型與裝配等製程，而且能做得較細(ϕ6)與很長(5米以上)，這是其它管蕊比較難做到的。使用時也很靈活方便，可以任意彎曲，彎曲後對其性能的影響很小。由於幹道尺寸容易控制，因此其性能再現性也極爲令人滿意；但由於製作上多採用擠壓成型作法以滿足低成本和大規模生產的需求，因此管材需用延展性好的材料。幹道式熱管在地面應用時，總是在水平狀態或有重力輔助條件下工作，以克服其毛細力因高度提升變小的缺點。當熱傳量在中等時，常選用此類管蕊。

在低熱阻管蕊中，管壁上使用螺紋細槽，並在管內放置各種幹道的管蕊也經常使用。在熱流密度較高、要求溫差較小的中低溫領域是理想的管蕊，缺點是成本較高、技術較複雜。另一種常用的低熱阻管蕊是燒結金屬蕊。燒結材料可以是網、粉末或纖維，這種管蕊的熱阻遠比多層網要小，毛細力也較大，通常爲提高傳熱能力，可以在燒結時，在管蕊上開出軸向糟道或在蕊內留出液體流動通道。

管蕊的主要幾何參數是有效孔半徑r_σ、管蕊橫截面積A_w、蒸氣通道面積A_v、管蕊厚度δ_w等。對於以軸向傳熱爲主的熱管，一般根據流動的毛細限制(隨後說明)來確定這些參數，再根據傳熱溫差的要求，計算管蕊厚度、所需的蒸發段及冷凝段面積。然後再檢查是否會出現攜帶限制、聲速限制及沸騰限制等。若計算出的管徑或管長超過了設計要求，則應重新選取一傳熱能力更高或熱阻更小的管蕊再行計算，直到滿足要求爲止。對於熱流密度較高的徑向傳熱熱管或等溫性要求較高的熱管，主要應從熱流限制及熱阻需求出發，計算所需傳熱面積及管蕊厚度。在確定有關尺寸(如糟寬、糟深)時，還需考慮技術上是否可行。設計上，管蕊尺寸往往要經多次反覆計算才能確定，爲了快速提供設計上參考，表20-6爲一些常見的管蕊型式與工作流體匹配時的ε、r_σ、K。

表20-6　常見熱管蕊型式與工作流體匹配時的ε、r_σ、K(資料來源：張長生)

序號	類型	材料及規格	工作流體	ε	$r_\sigma \times 10^6$ (m)	$K \times 10^6$ (m^2)
1	網	不鏽鋼 120 目	水		231	3.02
2	網	不鏽鋼 120 目 900K 氧化	水		191	1.73
3	網	不鏽鋼 200 目	水	0.733	58	0.52
4	網	不鏽鋼 200 目	苯	0.733	57	
5	網	不鏽鋼 200 目	甲醇	0.733	56	
6	網	不鏽鋼 400 目	水		29	
7	網	不鏽鋼 400 目	乙醇		30	
8	網	鎳　50 目	水		1813	5.81
9	網	鎳　50 目 900K 氧化	水		580	0.47
10	網	鎳　50 目 燒結	水	0.625	306	6.63
11	網	鎳　100 目 燒結	水	0.679	<131	1.52

序號	類型	材料及規格	工作流體	ε	$r_{\sigma}\times10^{6}$ (m)	$K\times10^{6}$ (m^2)
12	網	鎳 100目燒結	水	0.678	84	
13	網	鎳 200目燒結	水	0.676	64	0.77
14	網	鎳 500目燒結	水	0.60	12.5	
15	網	銅 60目	水		481	4.20
16	網	銅 60目氧化	水		298	2.38
17	網	磷青銅120目	乙醇		102	
18	網	磷青銅120目	水		105	
19	網	磷青銅200目	乙醇		54	
20	網	磷青銅200目	水		60	
21	網	磷青銅250目	乙醇		51	
22	網	磷青銅250目	水		48	
23	網	磷青銅270目	乙醇		41	
24	網	磷青銅270目	水		43	
25	網	磷青銅325目	乙醇		32	
26	網	磷青銅325目	水		33	
27	氈	不鏽鋼 繞結	水	0.822	110	11.61
28	氈	不鏽鋼 繞結	水	0.916	94	5.46
29	氈	不鏽鋼 繞結	水	0.808	65	1.96
30	氈	鎳	水	0.891	165	5.17
31	氈	鎳	水	0.815	120	0.306
32	氈	鎳	乙醇		56	0.48
33	氈	鎳	水	0.85	40	0.88
34	氈	鎳	水		38	1.27
35	氈	鎳 900K氧化	水		32.5	0.48
36	氈	鎳	水	0.80	30	0.48
37	氈	鎳	水	0.80	25.5	0.80
38	氈	鎳	水	0.70	17	0.116
39	氈	鎳	水	0.60	10.5	0.042
40	氈	銅	甲醇	0.895	279	
41	氈	銅	水	0.895	229	12.4
42	氈	銅	苯	0.895	216	
43	氈	銅	水	0.80	144	0.778
44	氈	銅	水	0.80	40.6	
45	氈	無氧銅	水	0.80	23	0.37
46	泡沫	鎳 220-5	甲醇	0.96	267	
47	泡沫	鎳 220-5	水	0.96	229	37.2
48	泡沫	鎳 220-5	苯	0.96	216	
49	泡沫	鎳 210-5	水	0.944	229	27.3
50	泡沫	鎳 210-5	甲醇	0.9452	229	
51	泡沫	銅 2105-5	苯	0.945	229	
52	泡沫	銅 2105-5	水	0.945	216	20.2
53	泡沫	銅 2205-5	水	0.912	241	23.2
54	粉末	鎳 繞結	水	0.696	82	

序號	類型	材料及規格	工作流體	ε	$r_\sigma \times 10^6$ (m)	$K \times 10^6$ (m^2)
55	粉末	鎳　燒結	水	0.691	69	
56	粉末	鎳　燒結	水	0.658	61	2.73
57	粉末	鎳　燒結	水	0.597	58	
58	粉末	鎳　燒結	水		38.7	0.07
59	粉末	鎳　燒結	水	0.477	<31	
60	粉末	鎳　燒結	水	0.540	<36	0.808
61	粉末	鎳　燒結	水	0.52	9.39	0.009
62	小球	銅　20~30 目 燒結	水		175	1.11
63	小球	蒙乃爾 20~30 目	水	0.40	352	
64	小球	蒙乃爾 30~40 目	水	0.40	252	4.12
65	小球	蒙乃爾 40~50 目	水	0.40	179	2.31
66	小球	蒙乃爾 50~70 目	水	0.40	126	1.25
67	小球	蒙乃爾 70~80 目	水	0.40	96.9	0.775
68	小球	蒙乃爾 80~100 目	水	0.40	81.5	0.559
69	小球	蒙乃爾 100~140 目	水	0.40	63.4	0.328
70	小球	蒙乃爾 140~200 目	水	0.40	44.5	0.110

20-2 熱管的工作流體

20-2-1 熱管的管材

熱管材料的選擇，取決於熱管內充填的工作流體和工作環境的情況。工作流體的選擇主要由熱管工作溫度範圍來決定。若以工作溫度從低到高來區分，常用的工作流體有氨、氟里昂(Freon)、丙酮、甲醇、乙醇、水、導熱姆(聯苯和苯醚的混合物)、液態金屬(如水銀、鉀、鈉等)。設計時必須考慮管材與工作流體的相容性，熱管管殼材料可選用鋁、銅、不鏽鋼和碳鋼，熱管的使用壽命主要取決於工作流體與熱管管材的相容性，其中又以因爲不相容而產生不凝結氣體的影響最爲常見，此現象是由於工作流體與管蕊或管殼產生化學變化而來；熱管中因不相容而產生的不凝結氣體會在冷凝段聚集，使流道阻塞並減少有效熱傳面積，因此造成熱管熱傳性能因而大幅下降。另外，腐蝕也是一種常見的不相容現象，腐蝕會改變管蕊滲透率、有效毛細孔半徑與孔隙率，使熱管效率下降；嚴重時造成熱管穿孔；表20-7與20-8爲熱管工作流體與材料不相容的原因與影響及爲一些常見熱管管材與工作流體是否相容的說明。

表20-7 熱管工作流體與材料不相容的原因與影響 (資料來源：張長生)

影響	原因
熱管熱阻增大	1. 反應產物沉積，使熱傳係數減小 2. 由於化學反應產生不凝結氣體 3. 管殼、管蕊、工作流體的出氣 4. 工作流體分解產生不凝結氣體
熱管傳熱能力下降	1. 管蕊被固體顆粒堵住，流動阻力增大 2. 管蕊內有氣泡存在，使流動阻力增加或使液流中斷 3. 由於化學反應使管蕊潤濕能力下降 4. 由於工作流體中溶解了反應產物或金屬離子，使表面張力變小 5. 工作流體中溶解了反應物使粘度增加 6. 管蕊被腐蝕，無法輸送液體
管殼損壞	1. 管殼的電化學腐蝕 2. 管殼材料溶解在工作流體中

表20-8 熱管工作流體與一些常見熱管管材的相容性 (資料來源：張長生)

工作流體	鋁	不鏽鋼	低碳鋼	鐵	銅	黃銅	鎳	鎢	鉭	鉬	錸	鈦	鈮	Inconel
水	I	C*					C*					C		I
氨	C	C	C	C	I	I	C							
甲醇	I	C		C	I	C	C							
丙酮	C**	C**			C	C								
R-11	C				C									
R-21	C			C										
R-113	C													
苯	C													
導熱姆A	C	C	C		C**									
導熱姆E	I	C*			C	I								
DC-200	C	C			C									
鋰		C					I	C	C*	C		I	C	I
鈉		I					C					I	C	C
鉀		C					C					I		C
銫		C										C	C	
汞									C*	I		I	I	I
鉛		C						C	C			I	I	I
銀		I						C			C			

1. C 相容

2. I 不相容

3. C* 相容，但對表面處理技術敏感

4. C** 相容，但溫度高有問題

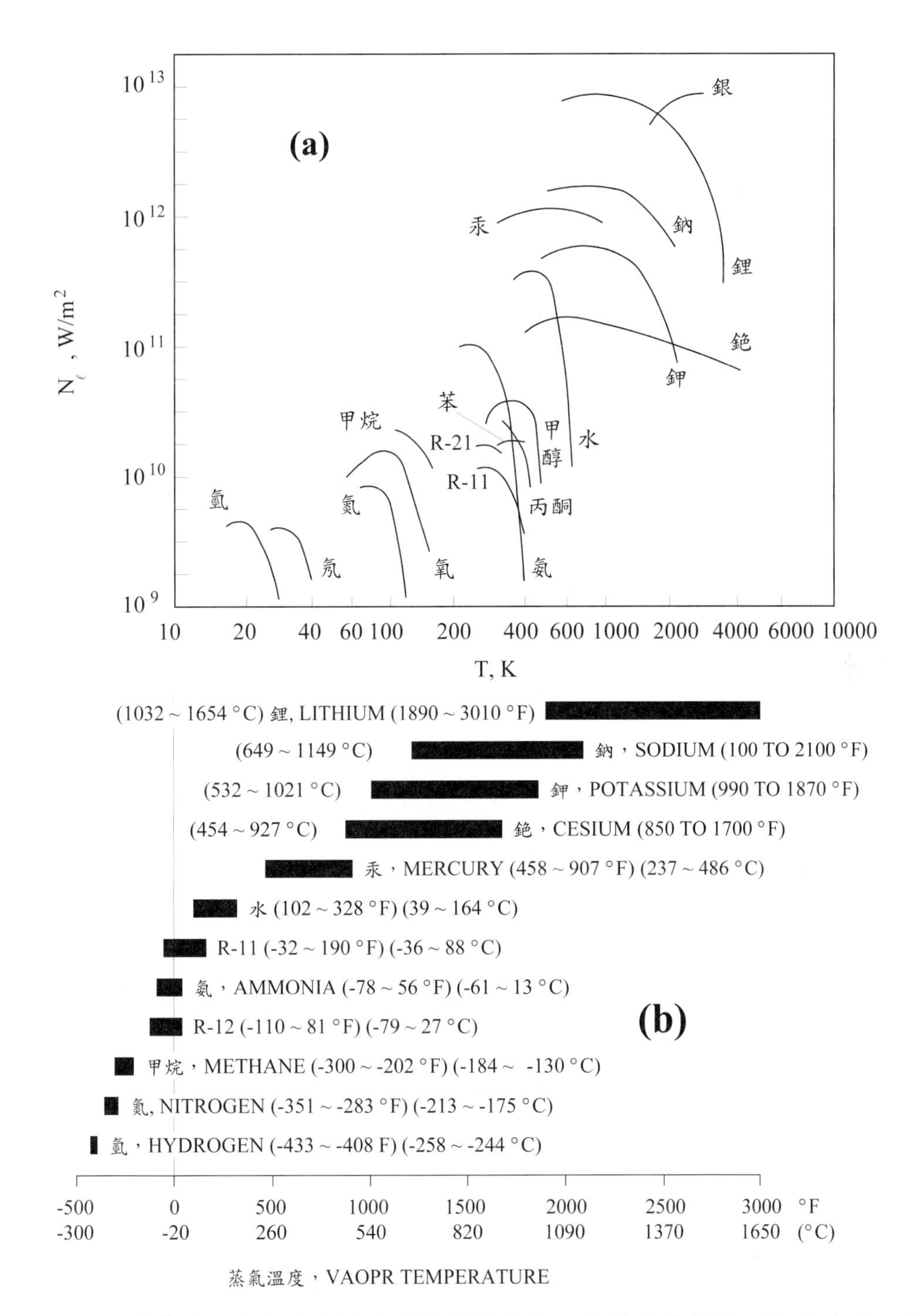

圖20-17　一些常見工作流體的(a) 液體傳輸係數與溫度間的關係圖；(b) 合適的工作範圍

20-2-2 熱管的工作流體

應用於熱管內的良好工作流體應具有如下的特性：(1) 熱傳性能好 (2)適中的飽和蒸氣壓；(3)化學組成穩定；(4)與管蕊、管殼材料能長期相容；(5)熱傳導係數高；(6)潤濕性能好；選擇時，首先要確定工作流體的工作溫度界於凝固點與臨界點間，某些有機工作流體可能在高溫時分解，選擇時也要特別注意，對中低溫熱管而言，熱管內部壓力應大於0.1個大氣壓，而在最高溫度操作時，內部壓力建議應在10~20大氣壓間(張長生，1993)。一般來講，熱管中所用工作流體量並不多，在整個熱管成本中只佔很小的部份，往往不爲人們所重視。但是，一旦選用某一種工作流體後，往往也就決定了所用管蕊與管殼的材料。所以工作流體的選擇對熱管成本的管控有決定性的影響。例如廢熱回收用的熱管熱交換器，所用熱管的數量很大，故若能降低熱管成本才有實際的經濟價值。因此，管殼應選用廉價的材料，如普通碳鋼、鋁合金等。這樣就必須選擇與此種材料相容的工作流體。

在隨後的介紹中，將會說明，只要蒸氣的壓降甚小、液體流動形式爲層流、流體的水力靜壓頭甚小可忽略與最大熱傳量由毛細限制所決定，以物理性質而言，好的工作流體應具備高的熱傳導係數(k)、潛熱大(i_{LG})、高密度(ρ)與低黏度以降低流動阻抗、好的潤濕特性(σ)；將這些重要的物理參數串在一起可得到液體傳輸係數N_ℓ(liquid transport parameter)，定義如下：

$$N_\ell = \frac{\rho_L \sigma i_{LG}}{\mu_L} \tag{20-21}$$

其中ρ_L、σ、i_{LG}與μ_L分別代表爲液體的密度 、表面張力、蒸發潛熱與黏度，液體傳輸係數爲一有單位的係數，其單位與熱通量相同(W/m^2)，熱管的熱傳能力與液體傳輸係數成正比，圖20-17(a)爲一些常見工作流體的液體傳輸係數與溫度間的關係圖而20-17(b)爲一些常見工作流體的合適工作範圍；在1200K~1800K範圍內，鋰的液體傳輸係數N_ℓ最高，然而與它相容的管材是鉬合金和鎢等較貴的材料。相較之下，鈉的傳輸係數雖然較小，但它與不鏽鋼能長期相容，從經濟觀點出發人們往往採用鈉－不鏽鋼熱管。

採用不同的工作流體，熱管可以在極其廣泛的溫度範圍內工作。根據溫度範圍可將熱管分爲超低溫、低溫、中溫和高溫熱管。超低溫熱管是指工作溫度在4K~200K範圍內的熱管。以氦爲工作流體，可以在4K以下工作。氫和氖可以在20~30K

範圍內的熱管。若溫度持續升高，則可用的工作流體有氮和氧。在100 ~ 200K範圍內常用的工作流體有甲烷、乙烷、與R-13等。超低溫熱管能夠傳輸的熱量都很小，這是因爲其液體傳輸係數都很小，表面張力也很小。它們與一般的材料均能相容，但用氫當作工作流體時需注意材料的氫脆(腐蝕)問題。很多超低溫工作流體是易燃易爆，而且這些工作流體在常溫下貯存時均爲超臨界狀態，壓力很高，因此需注意使用的安全性。

低溫熱管是指工作在200~550K範圍內的熱管。這是現今使用最爲廣泛的熱管。在此溫度範圍內，水的熱物性能最好，可以在350~500K溫度下使用，缺點是與鋁、鋼等常用工程材料在長期操作下並不相容，只能與銅長期相容，而且其凝固點高，因此限制了它的使用。但近年來相關的研究甚多，在鋼－水相容性方面取得了相當的進展，所以鋼－水熱管在廢熱回收的應用已非常廣泛。在常溫的應用上，尤其200~350K範圍內，氨也是一個非常好的選擇(僅次於水)，而且氨能與鋁、鋼等工程材料長期相容，凝固點也低，因此在衛星、航太上得到了廣泛的使用。丙酮和甲醇可以可以在300~400 K範圍內使用，其蒸氣壓比氨低，與氨相比，可在較高溫度時使用，特別是甲醇，其熱物性能僅次於氨，有良好的控制靈敏度，因而在氣體控制熱管中特別有用。此外，R-11、R-21、R-113等冷媒也可以在這一溫區內使用。

中溫熱管應用在550~750 K範圍，合適的工作流體較少。合適的工作流體如汞和硫與一些有機物如導熱姆、聯苯等。但這些有機物的共同特點是蒸發潛熱及表面張力較小，而且當溫度超過一定溫度時可能發生分解。鑑於這一溫區在熱能回收、太陽能利用、化工製程上有很有重要的應用，尋找該溫區的熱管工作流體仍是一個重要的課題。

高溫熱管工作溫度大於750K，流體均爲液態金屬，例如汞可在500~900 K內使用，並具有滿意的熱力性能；由於汞在室溫下是液態，因此液體的充填與熱管的起動比起其它液態金屬熱管要容易，而且它的溫度範圍正好填補了550~750K的溫度範圍。不過，由於汞很難潤濕管蕊與管殼的金屬材料並具有相當的毒性；故在廣泛應用上受到相當的限制。若工作溫度持續增高，常用的工作流體有鉀、鉀、鈉等。在1400K以上，鋰是較好的工作流體。高溫液態金屬工作流體的特點的是液體傳輸係數高，表面張力大，因此高溫熱管的傳熱能力比中、低溫熱管要大得多。此外，液態金屬的熱傳導係數比非金屬工作流體要大上兩個級數，故高溫度熱管的徑向熱阻比中、低溫熱管要小得多，所能達到的最大徑向熱流密度也要高得多。由於這些工作流體除汞外在常溫下均爲固態，因此熱管的起動過程較爲複雜，往往會遇到聲速限和攜帶限制(見後續說明)。在超高溫熱管的應用上(現已達到的最高溫度爲3000 K)，可使用的工作流體如銀。

20-2-3 熱管的啟動

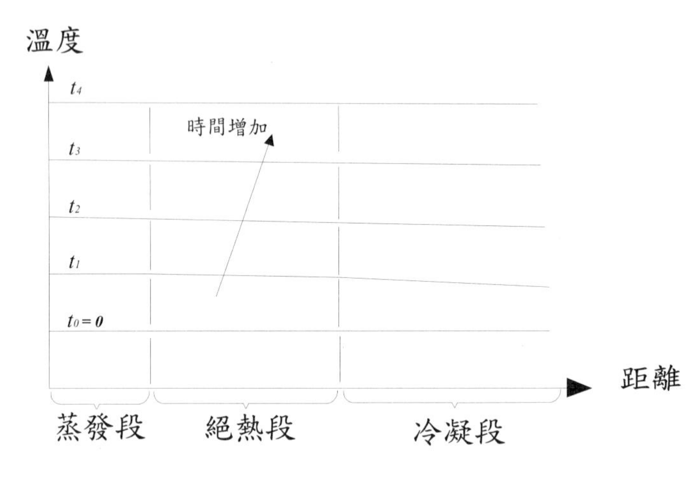

圖20-18 典型均勻啟動下，軸向溫度隨時間的變化圖

如先前的說明，熱管的應用溫度相當的廣泛，不過讀者要注意到熱管啓動前的溫度可能是在室溫，因此可能需要有「啓動暖機」的過程，如果啓動加熱速度過快，可能會造成過熱燒毀的現象，例如高溫的熱管多使用液態金屬，可是在常溫啓動時，金屬爲固體狀態，因此急速加入的熱量可能無法立即熔融金屬來正常運作。理想的啓動是要逐步的升溫到達正常的工作溫度；不過實際上可能無法做到，對大多數的應用，熱量都是突然由零加到最大，因此經常造成熱管在啓動上的諸多問題。

如果熱管在啓動時可以均勻啓動(uniform startup)，如圖20-18所示，即整根熱管軸向的溫度以近乎等溫地方式在加熱，這種啓動方式不會造成熱管的不正常運作與問題，如果工作流體在啓動前爲液態，則多屬此一均勻啓動的模式。
如果熱管在啓動前，內部的工作流體爲固化狀態，則此一啓動模式則稱之爲凍結啓動(frozen startup)，例如工作流體爲液態金屬；在啓動前，熱管內多在真空狀態，當啓動後，僅局部的熱量用來加熱已固化的金屬，因此僅在蒸發端可看到溫度的上升(如圖20-19所示)，一旦加熱量能夠使管蕊的流體熔融後，蒸發量才足夠產生蒸氣開始流向冷凝端，才能使絕熱端與冷凝端的溫度逐漸上升，由於熱管沿軸向的溫度梯度甚大且壓力甚低，因此可能促成先前介紹的音速限制，不過此一音速限制並不會損壞到熱管。

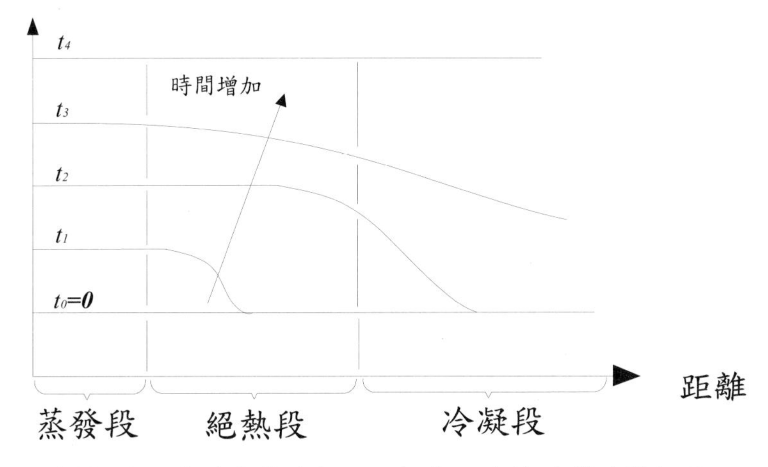

圖20-19　典型凍結啟動下，軸向溫度隨時間的變化圖

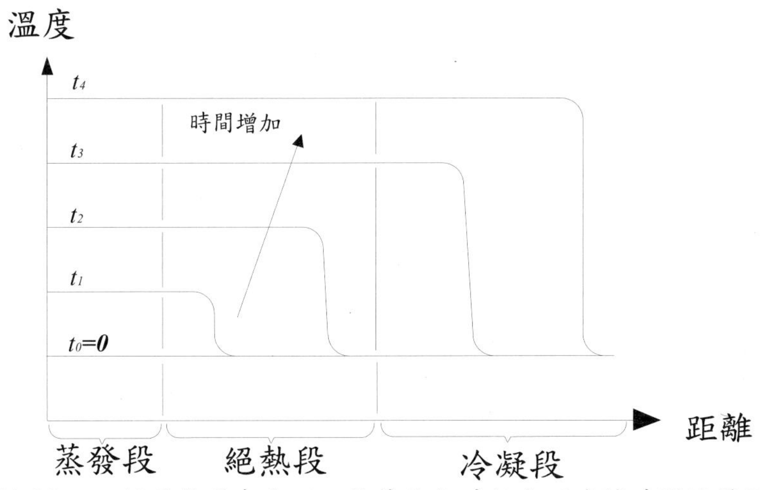

圖20-20　不凝結氣體存在下，熱管啟動時軸向溫度隨時間的變化圖

如果熱管內本身有明顯的不凝結氣體，在啓動前，不凝結氣體會均勻的分布在熱管內的空管處，不過一旦啓動，不凝結氣體會迅速的被帶到冷凝端(假設工作流體啓動時爲液體狀態)，而在冷凝端形成阻礙蒸氣流動的氣障，阻礙蒸氣流到冷凝端；因此冷凝無法順利進行，因此造成在蒸氣與不凝結氣體的交接面上出現陡降的溫度變化(如圖20-20)，此一啓動模式稱之氣体充填起動(gas loaded startup)，隨著蒸發端溫度的上升，壓力也越來越大，因此會壓縮不凝結氣體區塊所佔的比重，一旦蒸氣得以進入冷凝端，則可進行冷凝，但交接面上溫度的變化則越來越大。

20-3 熱管的限制估算

在上面的介紹中，熱管有五大限制，至於這些限制的量化估算方法，將於本章節中介紹；熱管要能夠順利操作，毛細結構所提供的壓差必須要能夠克服液體、氣體與重力的壓差，即：

$$\Delta P_{\sigma} > \Delta P_L + \Delta P_G + \Delta P_g \tag{20-22}$$

其中ΔP_L、ΔP_G 與 ΔP_g分別代表液體流動、氣體流動與重力在熱管軸向方向的影響造成的壓差，ΔP_g可表示如下：

$$\Delta P_g = \rho_L g cos\theta \tag{20-23}$$

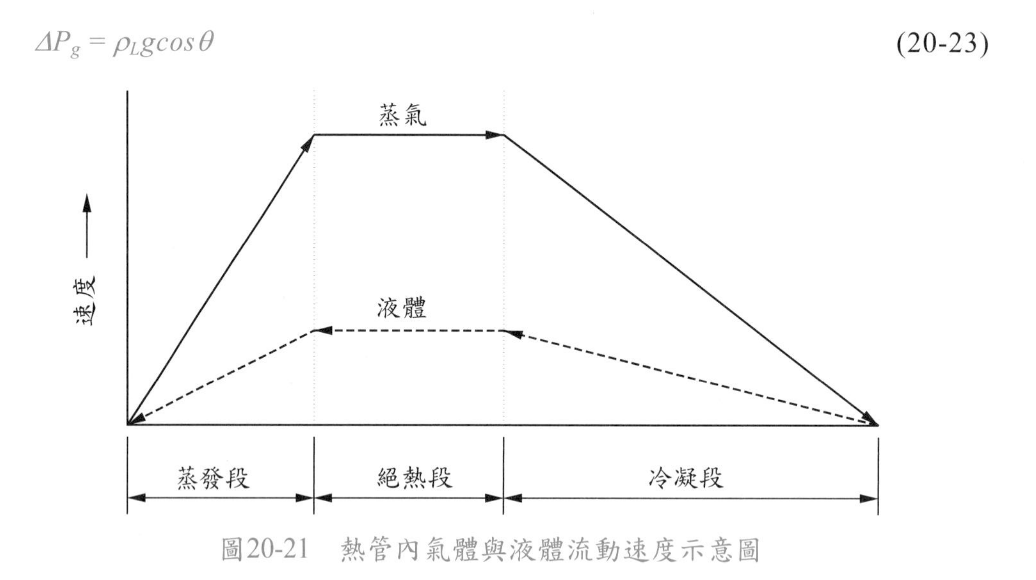

圖20-21 熱管內氣體與液體流動速度示意圖

式20-22中的ΔP_{σ}稱之爲最大毛細壓力，在先前的式20-3已有充分的說明，由於壓降與流體流動的速度有很大的關聯，典型熱管內的氣體與液體在軸向流動的速度示意圖可由圖20-21來說明，若考慮蒸發段與冷凝段的熱通量爲一定值，則蒸發段中的氣體速度會由零開始，以線性幅度增加到蒸發段的出口處達到最大值，隨後維持此一速度在絕熱段中流動，在進入冷凝段後，以同樣以線性幅度下降到零，由於蒸發段與冷凝段的長度通常不相同，因此線性上升與下降的斜率也不相同；相反的，液體的速度變化恰巧與氣體的變化相反，在冷凝段中逐漸增加而同樣在絕熱段中維持定值，最後在蒸發段逐漸下降到零，請注意由於氣體的密度通常遠大於液體，因此液體的速度通常很小。在第一章的流力介紹中，一般習慣以雷諾數2300來界定流動是否在層流範圍內，在熱管內氣體與液體的交互流動更爲複雜，因此層流流動的臨界雷諾數可能會有些許的下降，但迄目前爲止並無確切的研究來界定此一臨界值。一般假定的臨界值約在1600~2100間(見Silverstein, 1992, Dunn and Reay, 1994)；接下來將進一步來說明ΔP_L、ΔP_G的估算。

20-3-1 ΔP_L的估算

液體在熱管中的流動速度通常甚低，因此對絕大多數的應用中，均可視爲層流流動，流體(含氣體與液體)於圓管層流流動時的徑向速度分布可由Hagen-Poiseuille 程式來描述(詳細推導過程請參考一般流體力學的書籍)：

$$V_r = \frac{a^2}{4\mu}\left(1-\left(\frac{r}{a}\right)^2\right)\frac{P_i - P_o}{\ell} \tag{20-24}$$

其中V_r爲徑向的速度(爲一拋物線分布)而a爲圓管半徑，$(P_i - P_o)/\ell$爲單位長度的壓差，因此平均的速度可估算入下：

$$V_m = \frac{\int_0^a V_r dA}{\int_0^a dA} = \frac{\int_0^a V_r 2\pi r dr}{\pi a^2} = \frac{\int_0^a \frac{a^2}{4\mu}\left(1-\left(\frac{r}{a}\right)^2\right)\frac{P_i-P_o}{\ell}2\pi r dr}{\pi a^2}$$

$$= \frac{\frac{a^2}{4\mu}\frac{P_i-P_o}{\ell}2\pi\int_0^a\left(1-\left(\frac{r}{a}\right)^2\right)rdr}{\pi a^2} = \frac{1}{2\mu}\frac{P_i-P_o}{\ell}\int_0^a\left(1-\left(\frac{r}{a}\right)^2\right)rdr \tag{20-25}$$

$$= \frac{1}{2\mu}\frac{P_i-P_o}{\ell}\left(\frac{1}{2}r^2-\frac{r^4}{4a^2}\right)\Bigg|_0^a = \frac{1}{2\mu}\frac{P_i-P_o}{\ell}\left(\frac{1}{2}a^2-\frac{a^4}{4a^2}\right) = \frac{a^2}{8\mu}\frac{P_i-P_o}{\ell}$$

因此，流體的流量可表示如下：

$$\dot{m} = \rho V_m A = \frac{\rho a^2}{8\mu}\frac{P_i-P_o}{\ell}\pi a^2 = \frac{\rho a^4}{8\mu}\frac{P_i-P_o}{\ell} \tag{20-26}$$

由於蒸發段與冷凝段的流量一直在改變，在蒸發段的有效質通量會逐漸增加而在冷凝段時會逐漸減少，而在絕熱段的質量流率爲一固定值，如果考慮等熱通量的情況下，可將整個熱管的流量均維持在絕熱段下的定值，但此時蒸發段與冷凝段的有效長度僅爲原蒸發段與冷凝段的一半，即$\frac{\ell_e}{2}$與$\frac{\ell_c}{2}$，所以整個熱管的有效長度ℓ_{eff}爲$\frac{\ell_e}{2}+\ell_a+\frac{\ell_c}{2}$，其中下標$a$代表絕熱段，若考慮均勻式管蕊之熱管，則在管蕊內可供流體流動之有效面積$A_{w,eff}$爲：

$$A_{w,eff}=\pi\left(r_w^2-r_G^2\right)\varepsilon \tag{20-27}$$

上式中的ε代表管蕊間的有效空間，由式20-18，可知管蕊內的液體流量爲：

$$\dot{m}=\rho_L V_m A_{w,eff}=\frac{\rho r_\sigma^2}{8\mu_L}\frac{P_i-P_o}{\ell_{eff}}\pi\left(r_w^2-r_G^2\right)\varepsilon \tag{20-28}$$

另外，由於

$$Q=\dot{m}i_{LG} \tag{20-29}$$

故式20-28中的液體壓降可表示如下：

$$\Delta P_L=P_i-P_o=\frac{8\mu_L\dot{m}\ell_{eff}}{\pi\left(r_w^2-r_G^2\right)\rho_L r_\sigma^2\varepsilon}=\frac{8\mu_L Q\ell_{eff}}{\pi\left(r_w^2-r_G^2\right)\rho_L r_\sigma^2\varepsilon i_{LG}} \tag{20-30}$$

由於上式爲層流流動條件下的結果，且管蕊爲一相當複雜的結構，故式20-30中的常數8通常需要適當的經驗修正，一般修正如下：

$$\Delta P_L=\frac{b\mu_L\dot{m}\ell_{eff}}{\pi\left(r_w^2-r_G^2\right)\rho_L r_\sigma^2\varepsilon}=\frac{b\mu_L Q\ell_{eff}}{\pi\left(r_w^2-r_G^2\right)\rho_L r_\sigma^2\varepsilon i_{LG}} \tag{20-31}$$

b一值的範圍常在12~20間，與管蕊的結構形式有關；在實際應用的計算上，式20-31中的b、ε與r_σ很難同時取得精確的資料，所以在應用上常會將這三個值合併，再由實驗來取得這個數值；如果我們參考孔隙材料(porous material)內的流動計算方程式達西定理(Darcy's law)，可知；

$$\Delta P_L=\frac{\mu_L\dot{m}\ell_{eff}}{\rho_L K A_{w,eff}} \tag{20-32}$$

式20-32中的K稱之爲熱管管蕊之滲透率，比較式20-31與20-32，可發現滲透率K 與b、ε、r_σ的關係如下：

$$K = \frac{r_\sigma^2 \varepsilon}{b} \tag{20-33}$$

一些常見管蕊的滲透率K可參考表20-6。由於熱管使用時，可能會傾斜一個角度(見圖20-1)，因此液體的壓降部份必須同時考慮摩擦與重力的影響，故：

$$\Delta P_L = \frac{\mu_L \ell_{eff} Q}{\rho_L A_{w,eff} K i_{LG}} + \rho_L g L \sin\theta \tag{20-34}$$

20-3-2 ΔP_G 的估算

由於氣體較低的密度與黏度，在熱管內氣體的流動速度不算低，雖然許多應用中仍爲層流流動，但紊流流動也很常見，因此在壓降的估算上遠比液體來得複雜，在蒸發與冷凝時，氣體透過管蕊進入中心區(蒸發段)或離開中心區再滲入管蕊(冷凝段)，此一進出管蕊的速度對冷凝與蒸發造成若干的影響，因此習慣上定義一徑向雷諾數來描述此一效應($\mathrm{Re}_r = \dfrac{\rho_G V_r D_G}{\mu_G}$)，簡單來說，此速度影響分爲兩個方面，第一來自速度上動量造成的壓降(ΔP_m)，而動量進出管蕊時又造成摩擦的壓降(ΔP_f)，雖然動量變化的壓降在蒸發段與冷凝段的符號恰巧相反，但並不代表蒸發段與冷凝段個別的動量變化恰好可以抵銷，這點從圖20-13~20-15就可看出，冷凝段盡頭的壓力一定比蒸發段盡頭低，此意味在冷凝段的壓力回復並不如蒸發段的壓損，例如Cotter (1960)的理論說明冷凝段的壓力回復僅爲蒸發段壓降的$4/\pi^2$，對於詳細的氣體部份的壓降的估算，許多熱管專書均有相當的著墨，有興趣的讀者可逕自參考這些資料，筆者這裡使用ESDU 79012所提出的一比較簡化的經驗估算式，此法的計算來自Kadaner and Rassadkin (1976)。ESDU 法的計算流程的基本假設包含(1) 蒸發段與冷凝段爲均勻的熱通量，但蒸發段與冷凝段的熱通量不一定要相等；(2)氣液界面上的剪應力影響可以忽略；(3)使用邊界層的近似理論，徑向壓力梯度的影響可以忽略且相較於徑向速度的二次導數(second derivative)，軸向速度的二次導數甚小可以忽略。

根據Kadaner and Rassadkin (1976)的推導，提出一新的參數s用以代表軸向與徑向速度變化的特徵參數，在蒸發段中，一旦軸向的長度大於一個熱管的直徑時，軸向速度對s將與影響，有關該計算方法的原由與詳細的推導步驟，可參考

Kadaner and Rassadkin (1976)與ESDU (1979)進一步的說明，筆者這裡僅針對完整的計算方法的步驟，說明如下：

(1) 由熱通量，計算氣體的速度、氣體雷諾數、音速、速度動量等，即：

$$V_G = \frac{Q}{\rho_G A_G i_{LG}} \tag{20-35}$$

$$M = \frac{V_G}{c} = \frac{V_G}{\sqrt{\rho R T_{eff}}} \tag{20-36}$$

$$\mathrm{Re}_G = \frac{\rho_G V_G D_{e,G}}{\mu_G} \tag{20-37}$$

$$\text{速度動量} = \rho_G V_G^2 \tag{20-38}$$

(2) 如果馬赫數(Mach number)小於0.2，音速限制將不會發生，但若大於0.2，則可能發生此一現象，代表此一設計點不甚好；建議設計者重新考量設計點。

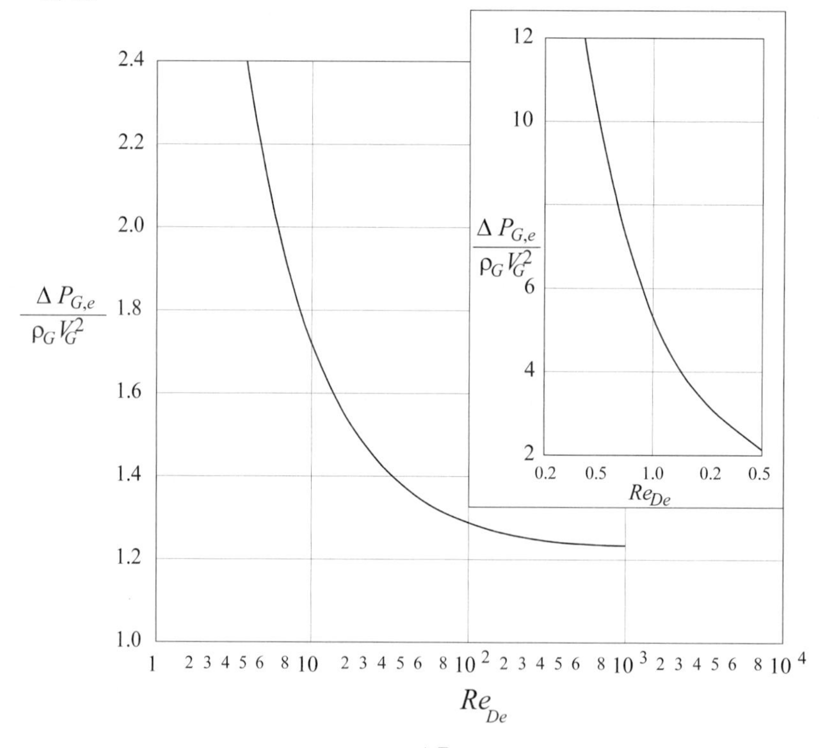

圖20-22 熱管蒸發段 $\frac{\Delta P_{G,e}}{\rho_G V_G^2}$ 與 Re_{De} 的關係圖

(3) 如果$\mathrm{Re}_G < 2000$，則代表氣體爲層流流動，ΔP_G的計算過程如下

(a) 計算蒸發段的有效雷諾數，

$$\mathrm{Re}_{De} = \mathrm{Re}_G \frac{D_{e,G}}{4\ell_e} \tag{20-39}$$

(b) 由圖20-22，取得在Re_{De}下$\dfrac{\Delta P_{G,e}}{\rho_G V_G^2}$的數值(即$R_e$)，因此$\Delta P_{G,e} = \rho_G V_G^2 R_e$。

(c) 再由圖20-23，取得在Re_{De}下的s_e的數值。

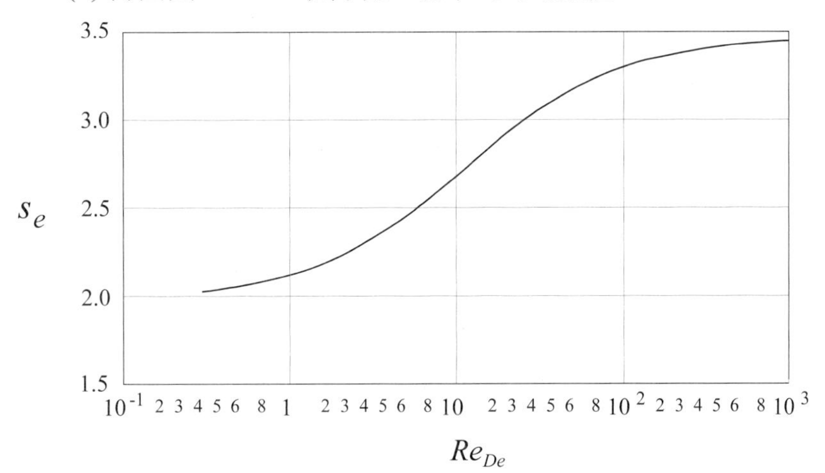

圖20-23　熱管蒸發段s_e與Re_{De}的關係圖

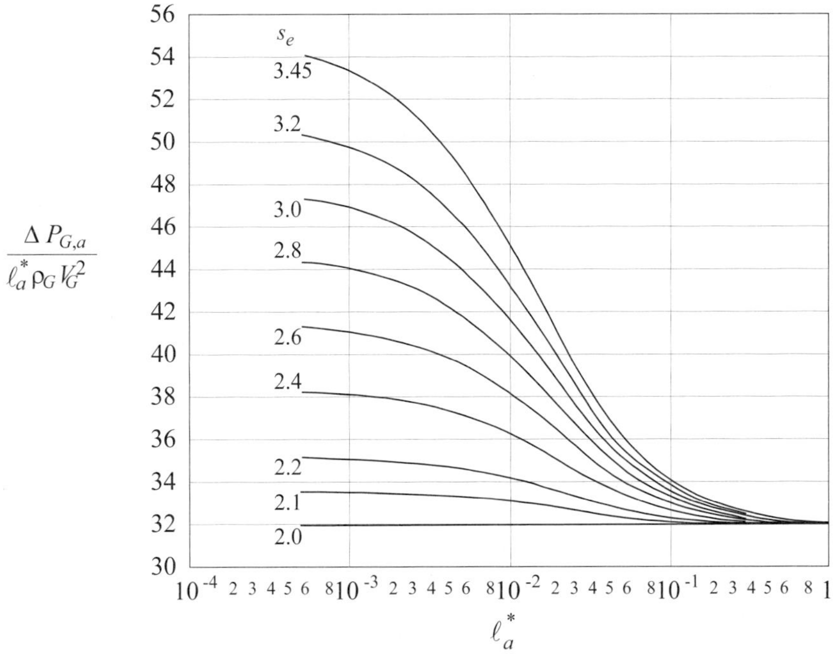

圖20-24　熱管絕熱段$\dfrac{\Delta P_{G,a}}{\ell_a^* \rho_G V_G^2}$與$\ell_a^*$的關係圖

(d) 若熱管擁有絕熱段，則 $\ell_a^* = \dfrac{\ell_a}{D_{e,G}\,\mathrm{Re}_G}$ 。由圖20-24，取得在 ℓ_a^* 下的 $\dfrac{\Delta P_{G,a}}{\ell_a^* \rho_G V_G^2}$ 的數值 (即R_a)，因此 $\Delta P_{G,a} = R_a \times \rho_G V_G^2$ 。再由圖20-25，取得 ℓ_a^* 條件下的數值 s_a 。

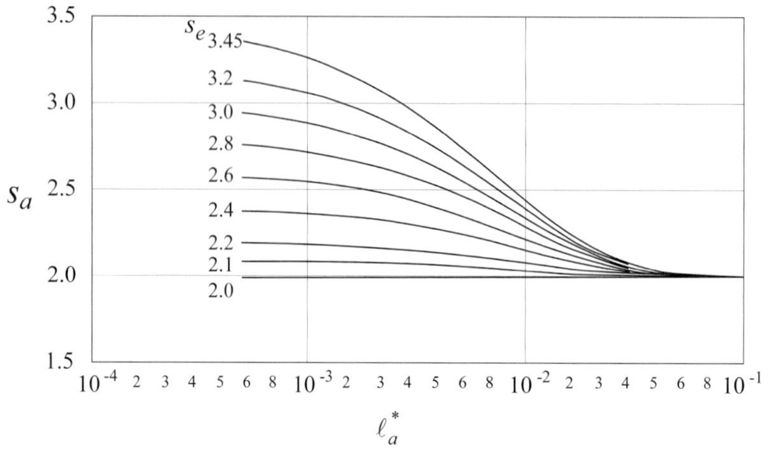

圖20-25 熱管絕熱段s_a與 ℓ_a^* 的關係圖

(e) 計算蒸發段的有效雷諾數，

$$\mathrm{Re}_{Dc} = \mathrm{Re}_G \frac{D_{e,G}}{4\ell_c} \tag{20-40}$$

(f) 由圖20-26，取得在Re_{Dc}下的 $\dfrac{\Delta P_{G,c}}{\rho_G V_G^2}$ 的數值 R_c，因此 $\Delta P_{G,c} = \rho_G V_G^2 R_c$ 。

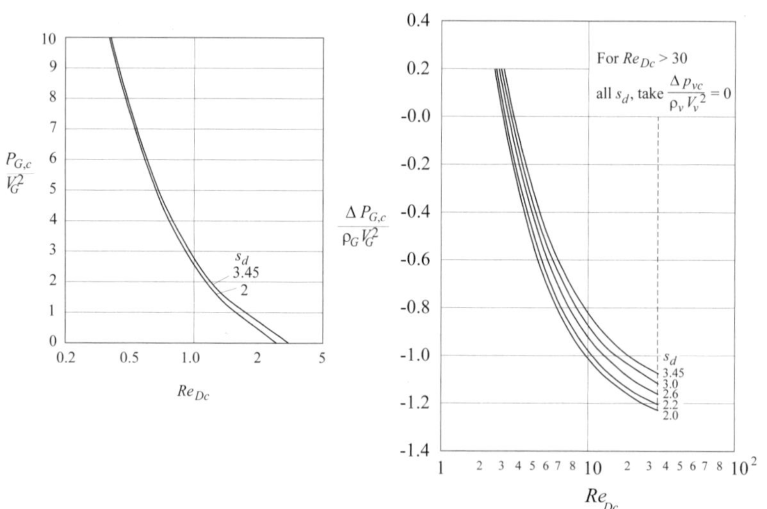

圖20-26 熱管冷凝段 $\dfrac{\Delta P_{G,c}}{\rho_G V_G^2}$ 與Re_{Dc}的關係圖

(g) $\Delta P_G = \Delta P_{G,e} + \Delta P_{G,a} + \Delta P_{G,c}$ (20-41)

(4) 如果爲紊流流動，計算過程如下：

(a) 由下式計算蒸發段與絕熱段的總壓降(此式爲一保守的高估計算式)：

$$\frac{\Delta P_{G,e} + \Delta P_{G,a}}{\rho_G V_G^2} = \frac{0.158}{D_{e,G}\,\mathrm{Re}_G}\left(\frac{\ell_e}{2.75} + \ell_a\right) \quad (20\text{-}42)$$

若無絕熱段，則$\ell_a = 0$。

(b) 由下式計算冷凝段的壓降(此式同樣爲一保守的高估計算式)：

$$\frac{\Delta P_{G,c}}{\rho_G V_G^2} = \frac{0.158}{D_{e,G}\,\mathrm{Re}_G}\left(\frac{\ell_c}{2.75}\right) - 0.93 \quad (20\text{-}43)$$

(c) $\Delta P_G = \Delta P_{G,e} + \Delta P_{G,a} + \Delta P_{G,c}$ (20-44)

20-3-3 總壓降ΔP的估算

當熱管在高負載(高速度)運轉時，壓力在冷凝段可能會逐漸上升(見先前的說明)，因此氣體壓力變化$\Delta P_{G,c}$可能爲負值，在這種情況下，使用先前介紹的壓降估算方程式來預測氣液壓力變化時可能會出現液體的壓力大於氣體壓力的現象，此一結果暗示氣液界面會出現凸起面而非一般習知的凹面，然而於真實的熱管內幾乎不可能出現這個情況，這是因爲蒸氣會往氣液界面冷凝；如此，如果計算上無法滿足$\Delta P_{L,c} > \Delta P_{G,c}$時，ESDU建議應完全忽略氣體在冷凝段的壓力降，即有效的壓力降爲：

$$\Delta P_G = \Delta P_{G,e} + \Delta P_{G,a} \quad (20\text{-}45)$$

20-3-4 其他限制的估算

如20-2節的介紹，在熱管內的蒸氣壓通常不高，而沿著冷凝段方向由於摩擦的損耗，蒸氣壓會逐步下降，因此即使在冷凝段的盡頭，蒸氣的壓力必定是大於零(蒸氣壓限制)，由於ΔP_G會隨著熱負載Q的增加而變大，因此蒸氣壓限制與Q有直接的關聯；由於蒸氣壓限制爲一絕對必要的基本限制，在冷凝段的出口不可能出現負的蒸氣壓，因此設計者要特別注意避免此一現象的發生，根據理論上的推導(Busse 1972, Vinz and Busse, 1973)，最大蒸氣壓下的熱傳量如下：

$$Q_M = \frac{A_v D_{e,G}^2 i_{LG} \rho_G P_G}{64 \mu_G \ell_{eff}} \tag{20-46}$$

上式中的P_G係指蒸發段盡頭的蒸氣壓，所有的性質均在此一壓力及溫度下來估算。在一些低溫的應用中，最大的蒸氣速度可能會與音速相當，如果當速度等於熱管內該處的音速時，則稱之爲該熱管發生音速流阻塞(Choked)的現象，在實際的應用中，熱管幾乎不會設計在阻塞的情況下，絕大部份的應用上設計應在下列限制條件內，即

$$\begin{cases} M < 0.2 \\ \dfrac{\Delta P_G}{P_G} < 0.1 \end{cases} \tag{20-47}$$

根據Levy (1968)與Deverall et al. (1970)的理論推導，音速限制下的最大熱傳量如下：

$$Q_M = \frac{A_v i_{LG} \rho_G}{\sqrt{2(1+\gamma)}} \tag{20-48}$$

隨著蒸氣速度的增加，剪應力的影響也相對升高，因此有部份的液體將會被夾帶到蒸氣流道中而回到冷凝段，由於此部份流體沒有流到蒸發段進行蒸發的工作，因此熱管的性能會出現明顯的下降，如果此一液體的揮濺效應過於嚴重，液體幾乎無法回到蒸發段而造成蒸發段的乾涸現象，有關此一攜帶限制的估算的資料相當的少，而且從這些研究中並無法得到確切的結論，根據Kemme (1967)的研究，如果懷疑熱管可能出現攜帶限制，則可以下式來保守的估計攜帶限制下的最大熱傳量如下(所謂保守係指估算值會偏低)：

$$Q_M = A_v i_{LG} \sqrt{\frac{\rho_G \sigma}{x}} \tag{20-49}$$

其中x爲熱管管蕊的特徵長度，此一特徵長度可以毛細直徑來估算($2r_\sigma$)。隨著熱負載的逐漸增加，管蕊溫度層的溫差(過熱度)也會逐漸增加，如果過熱度太

大可能會促成管蕊內發生沸騰的現象，一旦產生此一沸騰則稱之爲沸騰限制，根據Chi (1967)的研究，沸騰限制下的最大熱傳量可由下式估算：

$$Q_M = \frac{T_{eff}}{i_{LG} z_3 \rho_G}\left(\frac{2\sigma}{r_n} - \Delta P_\sigma\right) \tag{20-50}$$

其中r_n爲成核沸騰半徑(nucleation radius)，ESDU 1979建議使用2×10^{-6} m 一值，T_{eff}爲蒸發段的有效溫度，該值爲熱管內的溫度與管外溫度的平均值。在熱管設計中，以循環限制的影響最爲直接，因爲如果熱管所提供的毛細壓不足以驅動工作流體流動，則熱管將無法運作，因此一般設計上首要必須要檢查管蕊所提供的毛細壓力是否足夠，下面我們將以一設計例來說明。

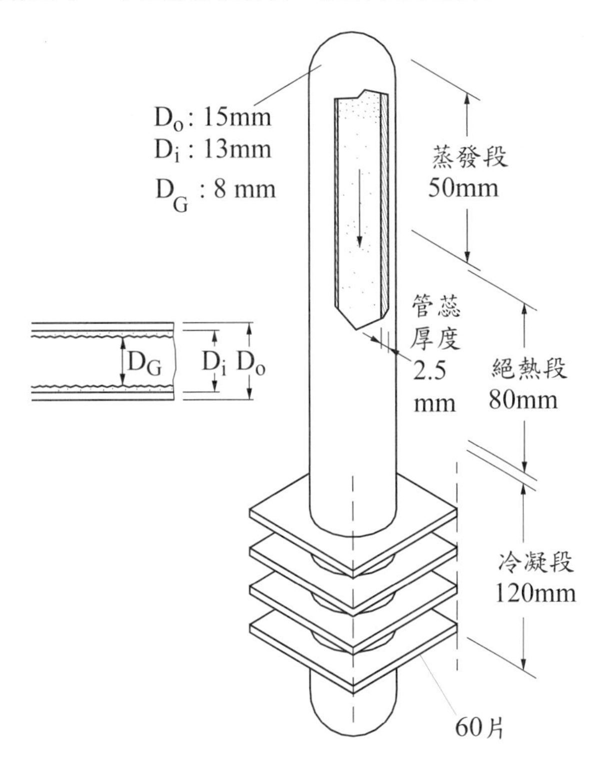

圖20-27 例20-3-1說明示意圖

例20-3-1：如圖20-27所示，一垂直擺設的熱管(不鏽鋼，k = 20 W/m·K)熱管外徑爲0.015 m，管內徑爲0.013 m，蒸發段、絕熱段與冷凝段的長度分別爲0.05m、0.1m 與0.12 m，空氣側每片的鰭片大小爲0.025m×0.025 m，共有60片，假設空氣側的熱傳係數h爲40 W/m^2·s而表面效率η_o爲0.85；空氣側的環境條件如下：空氣的入口溫度爲35°C。熱管的管蕊使用燒結銅顆粒來製作(顆粒粒徑在燒結前約

爲150 μm，銅之熱傳導係數爲386 W/m·K)，管蕊厚度δ_w爲2.5 mm (所以$D_G = D_i - 2\times\delta_w = 0.013 - 2\times0.0025 = 0.008$ m)，如果設計的散熱量爲100 W，試問此一設計的熱管能否達到此一需求(循環限制的設計)？

20-3-1 解：

(a) 首先計算冷凝散熱段的幾何尺寸，熱管截面積爲：

$A_c = (\pi/4)\times D_o^2 = (\pi/4)\times 0.015^2 = 0.0001767\ \text{m}^2$

冷凝段外鰭片面積爲 $A_{f,c} = 60\times2\times(0.025\times0.025 - A_c) = 0.05379\ \text{m}^2$

冷凝段部份熱管外管面積 $A_{b,c} = \pi D_o\ell_c = \pi D_o\ell_c = \pi\times0.15\times0.12 = 0.005655\ \text{m}^2$

冷凝段部份外側總面積 $A_{o,c} = A_{f,c} + A_{t,c} = 0.05379\ \text{m}^2 + 0.005665 = 0.05945\ \text{m}^2$

(b) 由設計散熱量 $Q = \eta_o h_{o,c} A_{o,c}(T_{w,c,o} - T_a)$，所以冷凝段外管壁溫度計算如下：

→ $T_{w,c,o} = Q/(\eta_o h_{o,c} A_{o,c}) + T_a = 100/0.85/40/0.05945 + 35 = 84.47$ ℃

(c) 由表20-5，可知燒結網內之有效熱傳導係數可估算如下(假設熱管內水的工作溫度約爲88 °C，則$k_L \approx 0.675$ W/m·K)：

$$k_{w,eff} \approx \frac{k_w\left(2k_w + k_L - 2\varepsilon\left(k_w - k_L\right)\right)}{2k_w + k_L + 2\varepsilon\left(k_w - k_L\right)}$$

$$= \frac{386\times\left(2\times386 + 0.675 - 2\times0.48\times\left(386 - 0.675\right)\right)}{2\times386 + 0.675 + 2\times0.48\left(386 - 0.675\right)} = 162.3\ \text{W/m}\cdot\text{K}$$

(d) 阻抗z_2、z_3、z_7與z_8可計算如下(表20-8，請記得r_o/r_i與D_o/D_i比值相同)：

$$z_2 = \frac{\log_e\left(D_o/D_i\right)}{2\pi\ell_e k_x} = \frac{\log_e\left(0.015/0.013\right)}{2\pi\times0.005\times20} = 0.02276\ \text{K/W}$$

$$z_3 = \frac{\log_e\left(D_i/D_G\right)}{2\pi\ell_e k_{w,eff}} = \frac{\log_e\left(0.013/0.008\right)}{2\pi\times0.005\times162.3} = 0.009519\ \text{K/W}$$

$$z_7 = \frac{\log_e\left(D_o/D_i\right)}{2\pi\ell_c k_x} = \frac{\log_e\left(0.013/0.008\right)}{2\pi\times0.012\times162.3} = 0.003966\ \text{K/W}$$

$$z_8 = \frac{\log_e\left(D_o/D_i\right)}{2\pi\ell_c k_x} = \frac{\log_e\left(0.015/0.013\right)}{2\pi\times0.012\times20} = 0.00949\ \text{K/W}$$

(e) 因此蒸發段到冷凝段溫度差的變化爲：

$\Delta T = Q(z_2 + z_3 + z_7 + z_8) = 4.58$ °C

故蒸發段外管的溫度 = 84.47+4.58 = 89.05 °C

因此熱管的有效工作溫度 = (89.05+84.47)/2 = 86.76 °C

在這個溫度下水的相關性質如下：

i_{LG} = 2291248 J/kg

P_G = 61661 Pa

γ = 1.3

μ_L = 0.00032308 Pa·s

μ_G = 1.154×10^{-5} Pa·s

ρ_L = 969.6 kg/m^3

ρ_G = 0.3762 kg/m^3

$c_{p,L}$ = 4196.7 J/kg·K

$c_{p,G}$ = 1960.6 J/kg·K

σ = 0.06102 N/m

(f) 阻抗z_{10}可由表20-8，

$$z_{10}=\frac{\ell_e+\ell_a+\ell_c}{A_xk_x+A_wk_{w,eff}}=\frac{\ell_e+\ell_a+\ell_c}{\frac{\pi}{4}\left(D_o^2-D_i^2\right)k_x+\frac{\pi}{4}\left(D_i^2-D_G^2\right)k_{w,eff}}$$

$$=\frac{0.005+0.1+0.12}{\frac{\pi}{4}\times\left(0.015^2-0.013^2\right)\times20+\frac{\pi}{4}\left(0.013^2-0.008^2\right)\times162.3}=18.9\text{ K/W}$$

由式20-13，

$$\frac{z_{10}}{z_2+z_3+z_7+z_8}=\frac{18.9}{0.002278+0.09519+0.003966+0.00949}=413.6>20$$

(g) 最大毛細壓力的估算可參考表20-6，即

r_σ=0.21×d

其中d爲燒結前銅顆粒之平均粒徑直徑 (d = 150 μm)，故

r_σ= $0.21\times150\times10^{-6}$ = 0.0000315 m

再由式20-9(假設純水與乾淨的環境，$\phi\approx0°$)，即

$$\Delta P_\sigma=\frac{2\sigma\cos\phi}{r_\sigma}\approx\frac{2\times0.06102}{0.0000315}=3874\text{ Pa}$$

(h) 由表20-6，滲透率K可計算如下：

$$K=\frac{d^2\varepsilon^3}{150(1-\varepsilon)^2}=\frac{\left(150\times10^{-6}\right)^2\times0.48^3}{150\times(1-0.48)^2}=6.135\times10^{-11}\text{ m}^2$$

(i) $\ell_{eff}=\frac{\ell_e}{2}+\ell_a+\frac{\ell_c}{2}$ = 0.005/2+0.1+0.012/2 = 0.0185 m

(i) 由式20-26

$$\Delta P_L = \frac{\mu_L \ell_{eff} Q}{\rho_L A_{w,eff} K i_{LG}} + \rho_L g L \sin\theta$$

$$= \frac{0.000323 \times 0.0185 \times 100}{969.6 \times 8.2467 \times 10^{-5} \times 0.48 \times 6.135 \times 10^{-11} \times 2291248}$$

$$+ 969.6 \times 9.806 \times 0.27 = 3675\ \text{Pa}$$

(j) 接下來進行蒸氣側壓降的估算(ΔP_G)，蒸氣速度如下：

$$V_G = \frac{Q}{A_G i_{LG} \rho_G} = \frac{100}{\left(\frac{\pi}{4} \times 0.008^2\right) \times 2291248 \times 0.3762} = 2.308\ \text{m/s}$$

該條件下的馬赫數(Mach number，音速爲 $c = \sqrt{\gamma R T_{eff}}$)：

$$M = \frac{V_G}{c} = \frac{100}{\sqrt{\gamma R T_{eff}}} = \frac{100}{\sqrt{1.3 \times 462 \times (273.15 + 86.76)}} = 0.005$$

$$\text{Re}_G = \frac{\rho_G V_G D_G}{\mu_G} = \frac{0.3762 \times 2.308 \times 0.008}{1.154 \times 10^{-5}} = 601.7$$

$$\rho_G V_G^2 = 0.3762 \times 2.308^2 = 2.004\ \text{Pa}$$

(k) $\text{Re}_{De} = D_G \text{Re}_G / (4 \times \ell_e) = 0.008 \times 601.7 / (4 \times 0.05) = 24.07$

由圖20-21可知 $\frac{\Delta P_{G,e}}{\rho_G V_G^2} \approx 1.46$ ，因此蒸氣在蒸發段的壓降可估算如下：

$$\Delta P_{G,e} \approx 1.46 \times \rho_G V_G^2 = 1.46 \times 2.004 = 2.926\ \text{Pa}$$

(l) 而由圖20-23可知 $s_e \approx 3.0$，且此一熱管擁有0.1 m長度的絕熱段，故

$$\ell_a^* = \frac{\ell_a}{D_{e,G} \text{Re}_G} = \frac{0.1}{0.008 \times 601.7} = 0.02077$$

由圖20-24，估算 ℓ_a^* 下的 $\frac{\Delta P_{G,a}}{\ell_a^* \rho_G V_G^2}$ 的數值約爲38.8，因此

$$\Delta P_{G,a} = 38.8 \times \ell_a^* \rho_G V_G^2 = 38.8 \times 0.02077 \times 2.004 = 1.615\ \text{Pa}$$

(m) 由圖20-25，取得 ℓ_a^* 條件下的數值 $s_a \approx 2.15 (s_a = s_d)$，又

$\text{Re}_{Dc} = D_G \text{Re}_G / (4 \times \ell_c) = 0.008 \times 601.7 / (4 \times 0.12) = 10.03$

由圖20-26可知 $\dfrac{\Delta P_{G,c}}{\rho_G V_G^2} \approx -0.98$ ，故蒸氣在冷凝段蒸發段的壓降可估算如下：

$$\Delta P_{G,c} \approx -0.98 \times \rho_G V_G^2 = -0.98 \times 2.004 = -1.964\ \text{Pa}$$

(n) 蒸氣部份總壓降爲

$\Delta P_G = \Delta P_{G,e} + \Delta P_{G,a} + \Delta P_{G,c} = 2.926 + 1.615 - 1.964 = 2.578$ Pa

$\Delta P_G / P_G = 2.578/61661 = 4.18 \times 10^{-5} < 0.1$，故ESDU計算法使用於本例

(o) 工作流體於熱管內循環總壓降爲：

$\Delta P_G = \Delta P_G + \Delta P_{G,L} + \rho L g \ell \cos\theta = 2.578 + 3675 + 0 = 3677.5$ Pa $< \Delta P_\sigma = 3874$ Pa

故此一熱管的設計符合循環限制。

20-4 特殊熱管

熱管的主要限制爲其允許的最高工作溫度，從熱管熱交換器的發展來看，最初是用在加熱應用與通風及空調設備的應用上，此類設備的工作溫度和周圍環境溫度的差別不大。但近年來隨著節能技術日益受到重視，熱管開始用於工業製程，如回收加熱爐和其它爐窯排出的煙氣的廢熱，用來預熱氣體或產生水蒸氣，以及在煤油、化工裝置中利用反應餘熱以降低能耗，在這些流程中，如果使用熱管熱交換器，其工作溫度可能高達300°C。更高溫度範圍工作的熱管熱交換器要投入工業應用，還需要解決一系列控制性的問題，因此特殊熱管與可控熱管也就特別的具有吸引力；由於普通熱管的工作溫度是隨著熱源條件(熱沉或冷源)的不同而變化的，它本身沒有維持自身溫度的能力，因而有可控熱管的產生，這類熱管可以在外界條件變化時，自動調節其工作溫度的熱管。可控熱管大體上可分三類：(1)可變熱導熱管；(2)熱二極管；和(3)熱開關。後兩者主要用於並聯熱回路；本節只對一些基本概念做簡略介紹。

20-4-1 可變熱導熱管

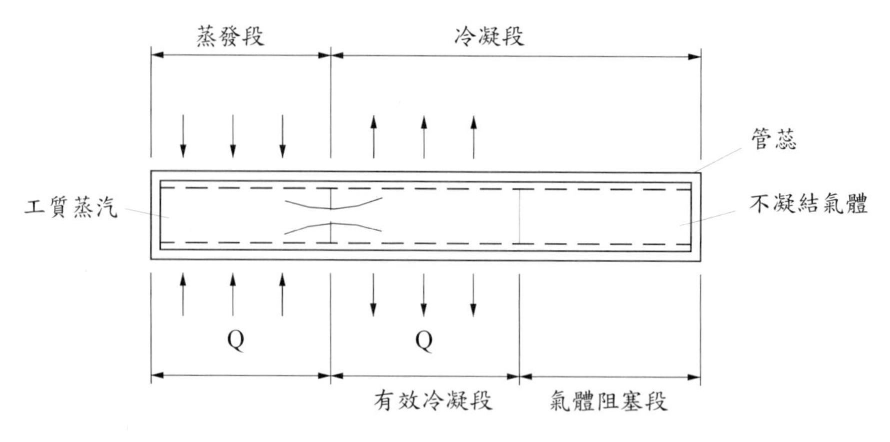

圖20-28　不凝結氣體可變熱導導管

可變熱導熱管主要目的在於不凝結氣體的控制，除正常的工作流體外，此熱管中還裝有少量的不能凝結的氣體(在常溫下經常使用的是氮氣)；當熱管啓動後，可凝結的蒸氣會與不凝結氣體混合往冷凝段移動。在冷凝段，蒸氣凝結後經由管蕊回流到蒸發段，而不凝結的氣體就停留在冷凝段，逐漸形成一個氣塞，將部份或全部堵塞，如圖20-28所示。熱管的冷凝段是排除來自蒸發段傳來的熱量，當蒸發段溫度稍有升高時，管內蒸氣壓力增加，將氣塞壓縮，使冷凝段的有效排熱面積增加，蒸發段的溫度不再升高。反之，若蒸發段溫度降低，管內蒸氣溫度下降(壓力下降)，於是氣塞膨脹，有效冷卻面積減少，使熱管溫度不再降低。這就是不凝結氣體控制可變熱導熱管的原因。由於熱管本身的溫度得到控制，因而與熱管蒸發段相聯接的熱源(如儀器)的溫度也得以控制。

可變熱導熱管可分爲被動式和主動式兩類。被動式可變熱導熱管靠熱管自身的蒸氣－不凝結氣體的溫度、壓力關係來進行自動調節，使蒸氣溫度變化最小。這類可控熱管與圖20-28所示的可控熱管的不同，增加了一個儲藏不凝結氣體的貯氣室，這個貯氣室的作用是提供可控熱管的蒸氣溫度的控制精度。同時，由於有了貯氣室，當熱管處於最大熱負荷時，可以充分利用熱管的散熱面積。

被動式可變熱導熱管又可分爲冷貯氣室和熱貯氣室可變熱導熱管兩種，說明如下：

① 冷貯氣室可變熱導熱管

這種可變熱導熱管的貯氣室置於冷凝段端，其典型結構如圖20-29所示。其組成部份包括蒸發段、第一絕熱段、冷凝段、第二絕熱段及冷貯氣室。第一絕熱段的作用是防止在最冷條件下時，蒸發段熱量沿管壁散失，第二絕熱段是防止在最熱情況時，熱量傳入貯氣室。冷貯氣室一般置有毛細結構並與整個管蕊相連通，以便使冷貯氣室中凝結的工作流體能回流到蒸發段。由於設置了貯氣室，當熱源溫度變化時，熱管工作溫度的波動ΔT_G得以減小。當貯氣室容積比熱管冷凝段容積大很多時，ΔT_G的值趨近一極限(但仍大於零)。另外，這種可控熱管的工作溫度ΔT_G還是容易受排熱環境的溫度變化的影響。

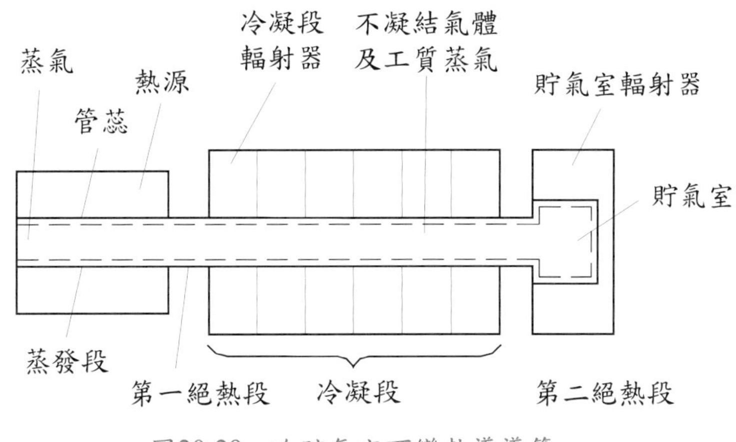

圖20-29　冷貯氣室可變熱導導管

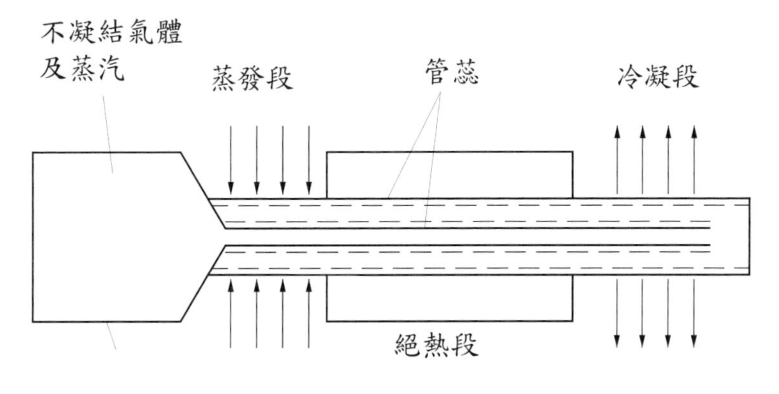

圖20-30　熱貯氣室可變熱導導管

② 熱貯氣室可變熱導熱管

爲克服前述可變熱導熱管易受排熱環境溫度波動影響的缺點，必須設法使貯氣室的溫度穩定起來，最簡單的辦法就是把貯氣室置於被控制的溫度(ΔT_G)環境之下。這就是熱貯氣室可變熱導熱管(圖20-30)。由於ΔT_G波動較小，因此貯氣室溫度比較穩定。熱貯氣室熱管的貯氣室中不設毛細結構，不允許液體工作流體進入貯氣室；否則當熱管工作時，貯氣室中的液態工作流體蒸發，可將不凝結氣體中的部份或全部趕出貯氣室，使整個熱管的工作點及控制特性發生變化，甚至完全阻塞冷凝段而使熱管失效。

前述兩種可控熱管均屬被動式，它們是利用不凝結氣體與蒸氣本身的壓力溫度關係，自動地調節熱管的蒸氣溫度。但蒸氣的溫度會受熱沉溫度變化的影響，另外，即使ΔT_G不變，由於熱源 (例如發熱儀器)與熱管之間的熱阻不變，故當熱源功率變化時，尙需採取其他措施。這就是此處要介紹的主動回饋式可變熱導熱管。它是以熱源溫度作爲回饋信號，透過機械或電信號的回饋控制系統來改變不凝結氣體的位置，控制排熱面積來達到固定熱源溫度的目的。主動式熱管又有兩種常用的典型：

① 機械回饋式可控熱管

機械回饋式可控熱管(圖20-31)爲典型機械回饋式可控熱管的一種。控制系統由兩個波紋管製成的膜盒與一個置於熱源處的感溫球組成。內膜盒內充有不可壓縮流體，通過毛細管與感溫球聯結在一起。當熱源溫度變化時內膜盒及其毛細管中的輔助液體的溫度就發生變化，相對地造成壓力的變化，而使內膜盒產生位移，使貯存不凝結氣體的外膜盒也隨之移動，由此而改變蒸氣和不凝結氣體的交界面的位置，調節熱管的冷凝段面積，因而改變了冷凝段的熱導，而使熱源溫度達到控制。

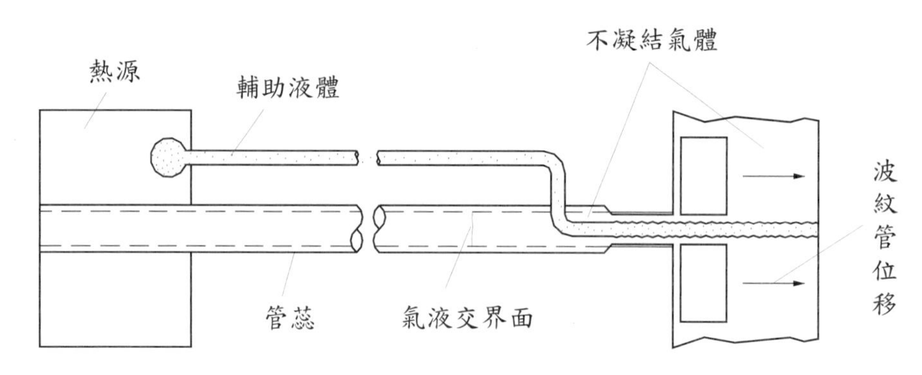

圖20-31 機械回饋式可控熱管

② 電回饋式可控熱管

電回饋型主動式可控熱管可由圖20-32所示。使用一個溫度感測器(如熱敏電阻)來偵測熱源溫度，將接收的溫度信號，通過裝在貯氣室上的輔助加熱器來控制不凝結氣體與工作流體蒸氣的交界面，亦即控制熱管冷凝段的散熱面積與控制熱源的溫度。電回饋式熱管的管蕊延伸到貯氣室中，與貯氣室中的網蕊相連，因此貯氣室中總是存在飽和的工作流體。在平衡條件下，貯氣室中蒸氣分壓就是貯氣室溫度下的飽和蒸氣壓，因此可以通過控制輔助加熱器控制蒸氣分壓。

貯氣室中：

$$P_{vR}+P_{gR}=P_{va} \tag{20-51}$$

式中 P_{vR} 為貯氣室中的蒸氣分壓，P_{gR} 為貯氣室中不凝結氣體的分壓力，可表示為：

$$P_{gR}=\frac{nR_oT_R}{V_R} \tag{20-52}$$

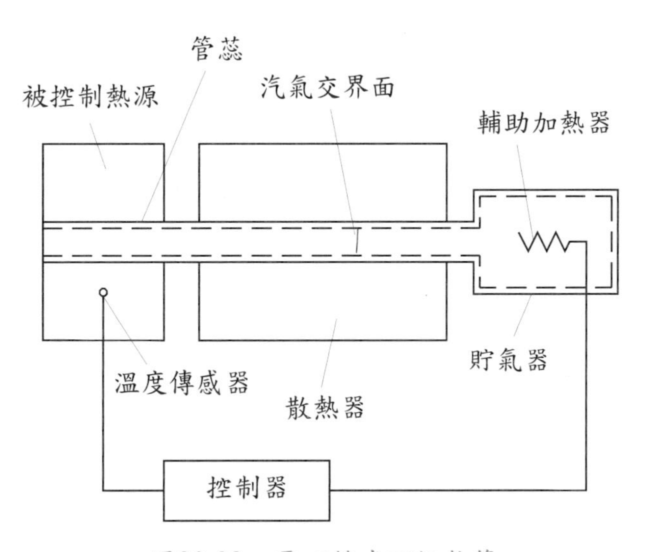

圖20-32　電回饋式可控熱管

由於工作流體蒸氣壓力對於溫度很敏感，貯氣室溫度的很小變化，就能使貯氣室蒸氣分壓發生較大的變化，結果使冷凝段的氣體阻塞長度得到調節。這種控制系統的設計考慮，是從兩個極端情況出發的，這就是高熱負荷、高熱沉溫度狀況和低熱負荷、低熱沉溫度兩種狀況。對於前者，應保証冷凝段的熱量能夠全部排出，使冷凝段導熱能力達到最大值。相反地，對於低熱負荷、低熱沉溫度狀況，就必須啓動輔助加熱器，使貯氣室溫度升高，其中的蒸氣分壓迅速升高，不凝結氣體就被蒸氣推到熱管凝結段占據冷凝面積，而使冷凝段的熱導下降到最小。請注意在軸向導熱和質量擴散減到最小的情況下，不凝結氣體所占據的冷凝段部份是幾乎是無法散熱。

20-4-2 熱二極管和熱開關

除上述可變熱導熱管外，可控熱管還包括所謂「熱二極管」和「熱開關」。如果將熱控制回路與電回路相類比，熱二極管和熱開關則相當於電路中單向導通作用的二極管和電路開關。

在應用上，爲了控制熱管的工作過程，必須調整熱管工作過程中的一個或幾個環節。這些環節包括液態工作流體在蒸發段的蒸發過程、工作流體蒸氣的流動過程、蒸氣在冷凝段的凝結過程以及工作流體液體通過毛細結構(管蕊)的回流。前面所討論的凝結氣體控制的可變熱導熱管，就是利用不凝結氣體阻塞凝結熱傳，以調整熱管的冷凝段的散熱熱阻達到控制的目的。要使熱管實現二極管式的單向運行的特點，必須使上述熱管運行環節中的某個過程具有不可逆性。至於熱開關的實現，則必須上述四個環節中至少一個過程中斷，而造成在某一特定條件下，整個熱管工作的中斷。

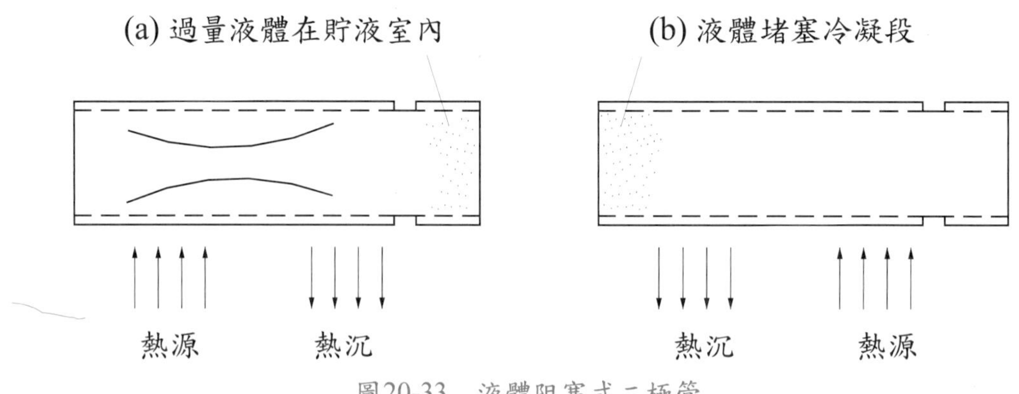

圖20-33 液體阻塞式二極管

(1) 熱二極管

如前所述，熱二極管是一種熱流單向導通的熱管，嚴格地說，應該是正向運行時熱阻最小(與普通熱管一樣具有「超高熱導」的性質)，而在熱流逆向時，熱阻很大。然而實際應用上，因爲尚有管壁和管蕊的導熱，反向熱傳上並不能夠完全中斷，僅是具備一個相當大的熱阻而已。熱二極管的運行的不可逆性，可由許多辦法實現。例如靠重力作用的熱虹吸管(或稱無重力熱管)，就是最簡單的熱二極管。當加熱段在熱管的下方時，熱虹吸管可以正常工作，可是當加熱段改置於管的上部時，熱虹吸管的熱傳工作就會中斷。

熱二極管可利用工作流體液體捕集或液體阻塞的方式實現。圖20-33爲液體阻塞二極管的動作情形。其結構形式和上面液體捕集式的一樣。只是在正常工作狀態時(圖20-33(a))，貯液容器處於冷凝段端，適度的過量工作流體會儲藏在容器之中，不參與熱管的循環。當熱管處於逆向時操作時(圖20-33(b))，工作流體蒸發爲氣體，通過熱管而到達新的冷凝段完成凝結，這些過量工作流體聚積在變換方向後的新冷凝段並將其堵塞，迫使熱管中斷工作。

此外，如前圖20-28所示的簡單不凝結氣體可控熱管亦具有熱二極管的特點；只要不凝結氣體量配置適當，當可變熱導熱管改變操作方向時，不凝結氣體正好將新的冷凝段全部阻塞，則熱管就會停止工作。

實現熱二極管的方式相當多元，性能當然各有差異，具體的選擇要視實際的使用條件和要求而定。

(2) 熱開關

熱開關與前述二極管比較，相同之處都是實現「通」與「斷」的機構，導通時熱阻最小，切斷時熱阻最大。不同之處在於熱開關的動作是干預工作流體流程中的某個環節來實現，與熱二極體切換熱流方向倒轉有所區別。

干預流動過程的辦法很多，例如將工作流體凍結、將工作流體從熱管中排出、使管蕊乾涸、切斷蒸氣流道以及用不可凝氣體將冷凝段完全堵塞等方法都可中斷流程而使熱管停止工作。圖20-34所示爲一種機械控制式熱開關。在蒸氣流道中置一可轉動的肋片，肋片與汽流方向垂直或平行分別相應於蒸氣流道的關閉與開通，亦即對應於熱管的關斷和正常動作。

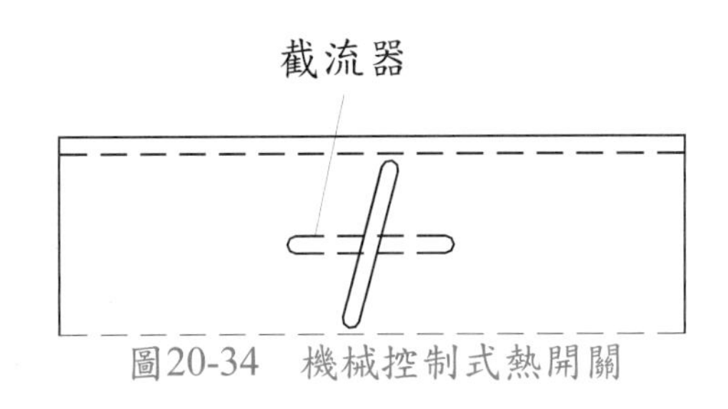

圖20-34　機械控制式熱開關

另一個例子是工作流體液體捕集式熱開關。它與前面所舉可變熱導熱管、熱二極管的例子一樣，在熱管的一端連接一容器(圖20-35)。容器中有管蕊但不與熱管管蕊相連。當容器溫度高於熱管工作溫度時，熱管正常工作。當容器溫度低於熱管時，工作流體蒸氣跑到容器中凝結，而使熱管流失工作流體造成工作中斷。這種熱開關動作的條件是熱管與容器之間的溫度差，即前者高於後者，熱管關斷。若後者大於前者，工作流體蒸氣會流回熱管，熱管便會重新運行起來。因此可將容器置於一溫度恆定之處，熱管則只能在低於溫度之下運行。這種熱開關能在預先指定條件下自行動作，與某種繼電器類似。而前述的肋片式熱開關則需靠外力推動肋片動作。對於熱開關，要求在關斷之後熱導最小，而在熱管正常進行時要求有關動作器械不影響熱管的性能。此外，關斷和啓動作過程持續時間要短，動作要有可逆性等。

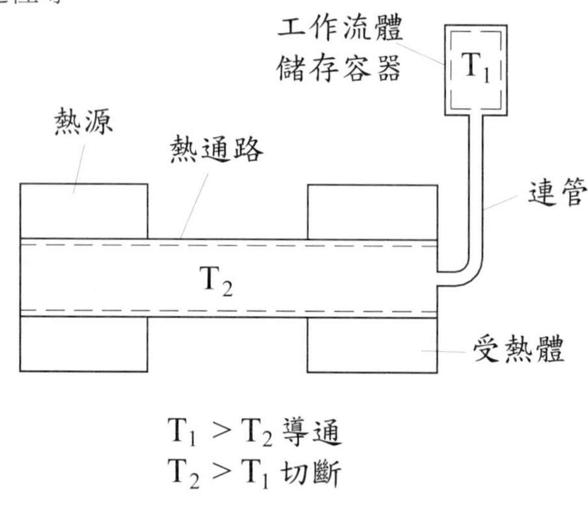

圖20-35　工作流體捕集式熱開關

20-4-3　微熱管(micro heat pipe)

微熱管與傳統熱管最大的區野在於傳統熱管是藉由管蕊內的毛細現象的表面張力來達成傳遞，而微熱管內通常並無管蕊的存在，且其管內氣液界面的曲率約與熱管尺寸相當，熱管的形狀通常爲三角形(見圖20-36)或方型，橫向尺寸約在10 μm 到 1 mm 間而長度約爲數公分(cm)；由於微熱管的微細尺寸，故可於侷限的空間內整合較多的散熱面積；此優點在電子散熱、飛行電控儀器的散熱上具備相當的應用潛力。其工作原理如圖20-36(b)所示，如同一般所習知的熱管，流體於加熱段蒸發後流到冷卻端冷凝，在管截面的橫向方向，由於液體的表面張力，液體會集結在角落上形成凹面，此一凹面所提供的表面張力係提供微熱管內的毛細驅動力的來源(所以微熱管的形狀多爲三角形或方形，以提供「角落」)；由於冷凝端液體凝結後聚集在角落的特性，因此氣液界面的曲率在冷凝段會比蒸發段大，且此一曲率會從冷凝端逐漸減小到蒸發段，因此在蒸發段的表面上披覆的液體薄膜層會相當的薄，甚至只有幾個Å，此一薄膜層覆蓋的蒸發段稱之爲micro-region，在此一區域中蒸發效應非常的顯著且曲率變化相當的大(從一有限值到一無限值！)。微熱管的限制與一般熱管的操作限制大致相同，即(1) 蒸氣壓限制 (vapor pressure limit)；(2) 音速限制 (sonic limit)；(3) 攜帶限制 (entrainment limit)；(4) 循環限制 (circulation limit)；(5) 沸騰限制 (boiling limit)，不過微熱管最常見的限制仍為循環限制，熱管中常見的沸騰限制很少會發生(Lallemand and Sartre, 2002)，此外微熱管多了一個特別限制，即當流動從層流轉變到分子流時，此時層流理論將不再適用。

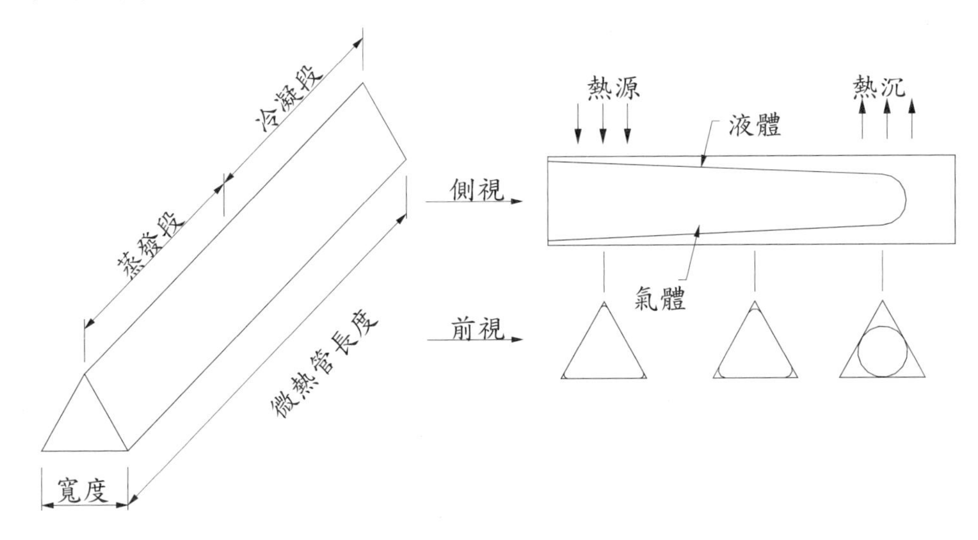

圖20-36 微熱管

20-4-4 迴路熱管(Loop heat pipe)與毛細泵迴路熱管(capillary pumped loop)

先前介紹的傳統熱管中，毛細結構通常佈滿在整個管路中，造成液體流動的阻力，而且氣體與液體的流動方向相反，可能會促成攜帶限制的發生，因此傳統熱管能夠傳輸的距離都不大，且通常距離愈長，毛細結構的阻力就越大，因此會限制液體的傳輸(即熱傳量)；故傳統熱管會將加大毛細結構的有效孔隙度來克服這個問題，然而加大毛細結構的孔隙卻也同時減少最大毛細壓力(見式20-2)，因此傳統熱管的長度有一定的限制。針對這些傳統熱管的問題，發展出迴路式熱管與毛細泵迴路熱管(如圖20-37所示)，其與傳統式熱管最大的差異在於毛細結構僅存在蒸發段內，而傳輸管路與冷凝段均為平滑結構，因此主要的液體流動阻抗發生在蒸發段的毛細結構內，液體流動的相對阻抗也就小很多，因此可利用微細孔隙產生大的毛細壓力但又可降低液體流動的阻力，所以迴路式熱管的設計可傳輸較長的距離。

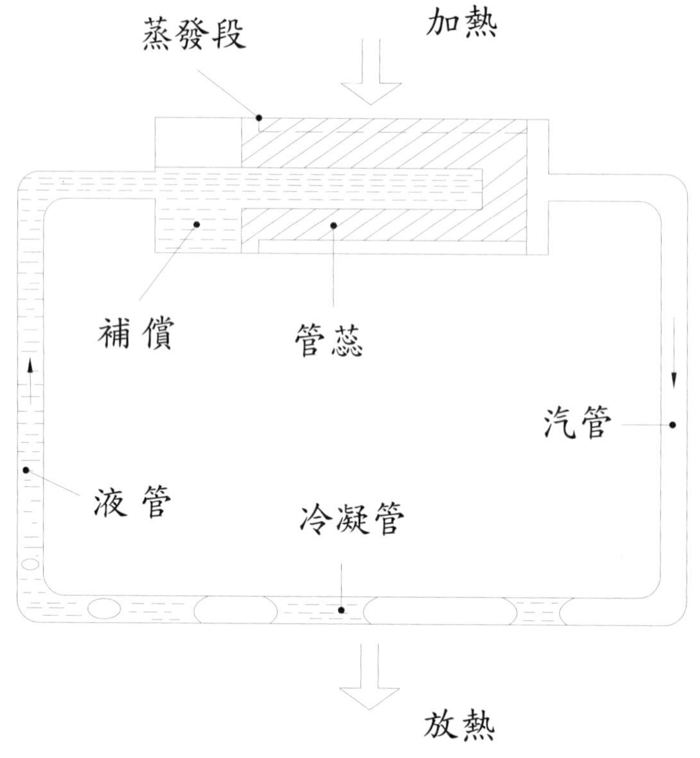

圖20-37 迴路式熱管

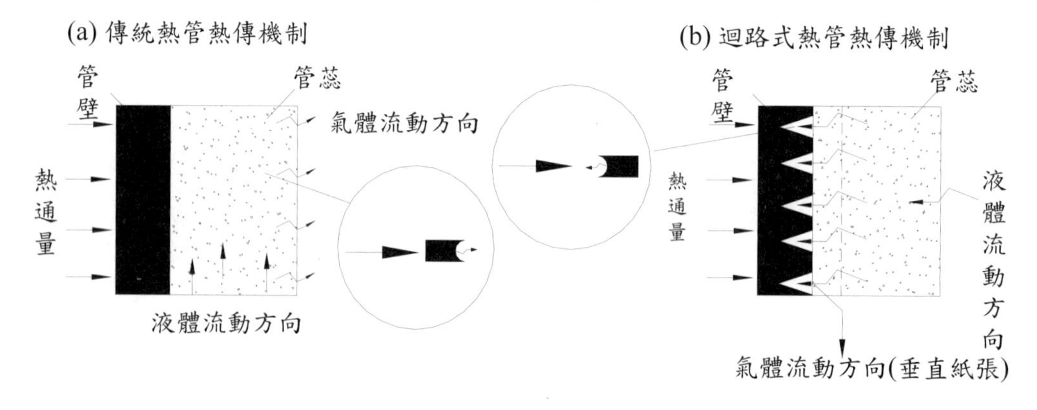

圖20-38 迴路式熱管與傳統熱管熱傳機制之差異

另外，傳統熱管在其熱傳機制上與迴路式熱管及毛細泵迴路最大的不同在於其毛細結構與蒸發器壁面之間的液汽變化的機制，如圖20-38所示，當熱量施於迴路式熱管時，熱量傳經管壁後便直接傳至管蕊內的工作流體蒸發液面，且蒸發的彎月型液面直接朝向加熱面，此爲所謂的逆彎月型液面之原理(the principle of “inverted menisci”)；而傳統熱管其傳熱過程須先透過管壁將熱量傳至毛細結構再蒸發流體成汽態，因此阻力較大，所以熱傳量不若迴路式熱管或毛細泵迴路來得大。

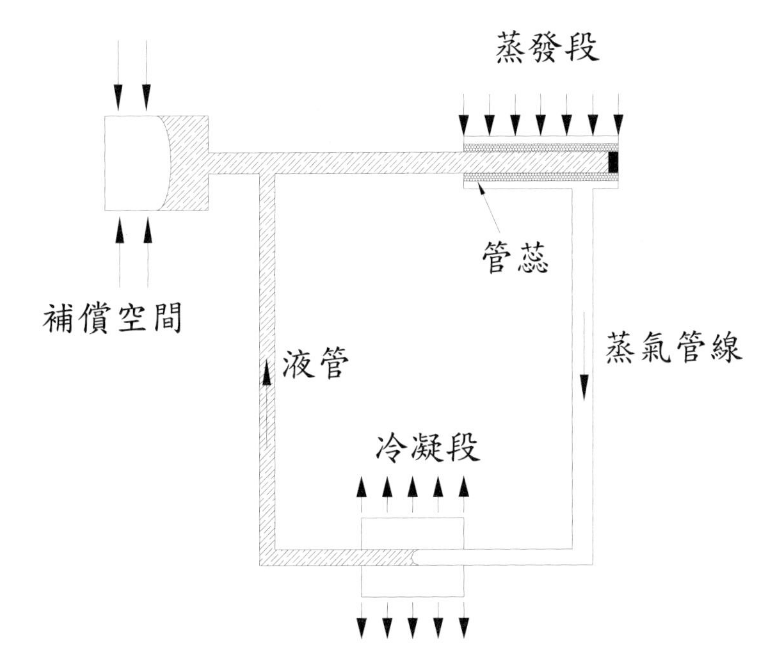

圖20-39 毛細泵迴路式熱管

毛細泵迴路其操作原理與迴路式熱管相似，但有一最大的不同點為毛細泵迴路蒸發器並不與儲存槽結合，也因此毛細泵迴路在操作前須先將儲存槽加熱使工作流體流入蒸發器中達到全溢流的狀態(Full flooded condition)下，如此才可使毛細泵迴路順利運作(見圖20-39)；而迴路式熱管在操作前並不需事先加熱補償室即可直接傳輸熱量，由於迴路式熱管依靠其先天上元件的配置因素，即補償室緊靠蒸發器使得隨時有液態工作流體進入蒸發器之毛細結構，使毛細結構隨時保持為濕潤的狀態。

20-4-5 震盪熱管(Pulsating heat pipe)

震盪式熱管非常適合用來電子散熱的應用，尤其是消除集中熱量，提供均溫的效果。圖20-40為典型的震盪式熱管，其管徑尺寸約與一般毛細管相當，並利用U型設計當作蒸發端與冷凝端，管中並無一般熱管的毛細結構，製作上與一般熱管類似，即先抽真空後再填入工作流體，流體會自然的在管內形成塊狀流(slug flow，這是因為管徑小且系統在低壓操作)， 在彎曲管的一方加熱後，流體汽化產生蒸氣及較大的壓力，產生的氣泡會推動流體往低壓冷凝端走，而冷凝端會因冷凝產生更大的壓力差，但是由於冷凝端間是藉由彎管接平行的管路相通，因此如果U型管一邊的流體流向冷凝端，另一端則會流向蒸發端，就如同彈簧回復特性一般。所以造成內部流體就會在蒸發與冷凝端間來回震盪，此一散熱過程是在一非穩態(non-steady)與不平衡(non-equilibrium)的情況下進行，此一系統能夠成功的運作也依賴此種不平衡狀態的維持，流體震盪的頻率與振幅與加熱量及流量有關，震盪式熱管的性能會稍微受到重力的影響，通常垂直擺設會有較高的操作溫度而水平的操作溫度會必較低。

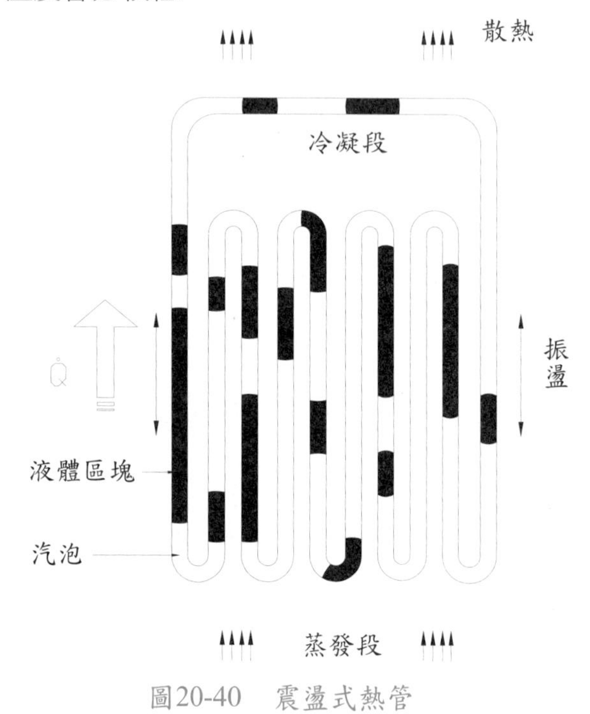

圖20-40 震盪式熱管

20-4-6 蒸氣腔室(平板式熱管，Vapor Chamber)

對目前的電子產品而言，晶片的功能要求卻越來越高，但空間要求卻越來越小，造成晶片的能量密度逐漸上升，若熱管理失當，晶片很可能會因過熱而失效，甚至損毀，因此散熱問題也逐漸成爲須考量的重要課題。一般而言，熱沉的熱傳面積越大，其熱阻會較低。因此在實際應用上，常將一個底板面積較大的熱沉，貼在晶片上以增加對流熱傳面積；由於接觸面積不相同，擴散熱阻也隨之產生，對於面積相差程度大的情況，擴散熱阻可能會遠大於一維的傳導熱阻。爲了降低擴散熱阻，除了使用傳導能力好的金屬材料，如銅或鋁等等，由於熱管(heat pipe)與蒸氣腔室(vapor chamber：平板式熱管)優秀的傳熱能力，近來開始被應用在電子散熱上。先前介紹的熱管外型多爲圓柱狀，但對於電子散熱的應用而言，晶片

(也就是熱源)爲平板狀，一般的熱管較不易與晶片直接接觸。相較之下，由於蒸氣腔室(也有人稱之爲均熱片或均熱板)本身就是平板狀，所以能與熱源直接接觸，工作原理如圖20-41(a)所示，蒸發端與冷凝段非常的靠近，其主要目的在於將集中的加熱源迅速的擴散到上方的冷凝段，避免局部的溫度過熱。除此之外，蒸氣腔室也較易與一般的鰭片整合爲散熱模組(如圖20-41(c)所示)。

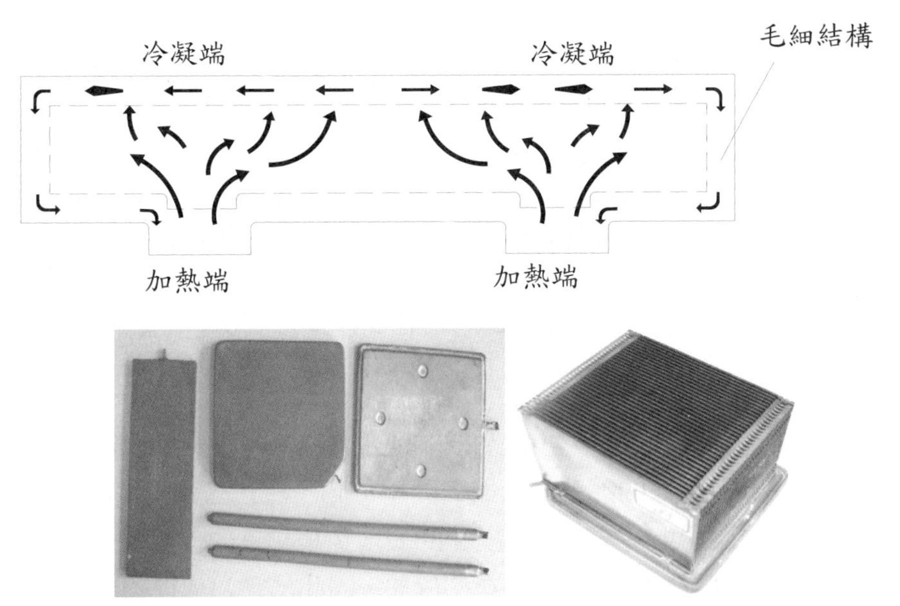

圖20-41　(a) 蒸氣腔室工作原理 (b) 熱管與蒸氣腔室，(c)與熱沉整合的產品

考慮到熱傳導能力與加工技術等等因素，最常在電子散熱方面使用的金屬材料就是銅跟鋁，先前說明蒸氣腔室主要在於降低集中熱源所產生的局部過熱問題。若以水爲工作流體，毛細結構燒結銅粉爲燒結銅粉的製成的蒸氣腔室與相同大小(86×71×5 mm3)的銅板及鋁板進行比較，熱源置於板子中央，加熱面積爲20×20 mm^2，則所量測的熱阻如圖20-42(a)所示，可看出蒸氣腔室的熱阻會比相同尺寸的銅板及鋁板來得低；也因爲銅的熱傳導能力比鋁好，相同尺寸下的銅板熱阻會比鋁板低。

除了熱阻之外，並量測板子另一面中央與四個角落的溫度分布，以計算表面溫度分布的均方根(root mean square：RMS)，其結果如圖20-42(b)所示。當加熱功率逐漸增加時，銅板與鋁板的均方根會逐漸增加，表示表面溫度分布差異逐漸增大，因爲鋁的傳熱能力沒有銅好，鋁板的表面溫度分布會較銅板不均勻。相較之下，蒸氣腔室的溫度分布不但更爲均勻，而且不會隨著加熱功率有太大變化。由圖3的結果顯示，蒸氣腔室不但有較低的熱阻，溫度分布也較均勻，更是利於配合散熱模阻的設計及效果提升。

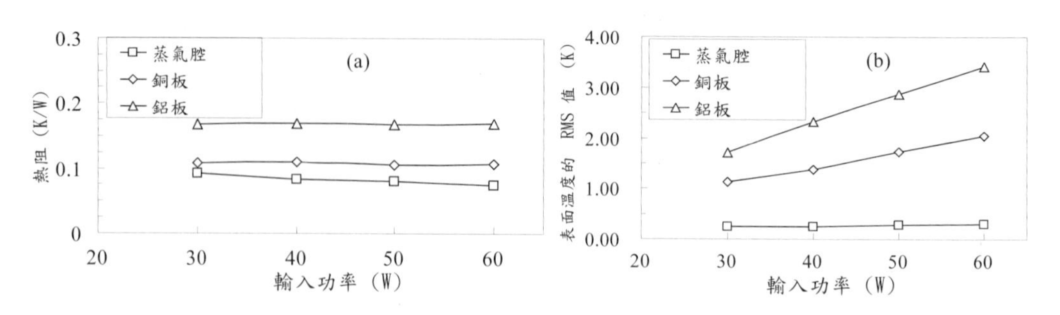

圖20-42 蒸氣腔室與銅板、鋁板之比較結果：(a)熱阻；(b)表面溫度分布之均方根 (操作面速 = 3 m/s, 加熱源面積 = 20×20 mm^2)

20-5 結語

近年來，熱管技術逐漸成熟，產品成本隨之降低，熱管熱交換器受到人們廣泛重視，尤其在電子零件的散熱上，如筆記型電腦，熱管已是相當成熟的產品；此外，在熱回收的應用上，熱管熱交換器的表現也是相當的優異，由於熱管熱交換器的特性，尤其適合於回收低溫排氣的餘熱，因此熱管熱交換器在工程上的節能應用已成為熱管技術發展的一個重鎮。另外，在一些化工裝置和其它工業應用中，熱管熱交換器的應用也日益增多。由於熱管熱交換器沒有運動部件，而且每根熱管都是永久性密封的，無額外的能量消耗，信賴性、可靠性與操作性能都相當的優越，因此實際應用越來越廣，尤其在電子散熱的應用上，經常可以看到它的蹤影，本文的主要目的在介紹熱管的特性、限制與基本設計方法；有興趣的讀者可以參考進一步的資料以瞭解熱管應用的堂奧。

主要參考資料

Chi, S.W., 1976. Heat Pipe Theory and Practice. Hemisphere Publishing Corporation, Washington/London, 1976.

Cotter, T.P. 1965. Theory of heat pipes, LA-3246-MS.

Deverall, J.E., Kemme, J.E., Florschutz, L.W., 1970. Sonic limitations and start-up problems of heat pipes. Los Alamos Scientific Laboratory Report LA-4518-MS,

University of California, Los Alamos, New Mexico, USA.

Dunn, P.D., Reay, D.A., 1994. Heat Pipes, Elsevier Sci. Ltd.,

ESDU Heat pipes – Performance of capillary-driven designs. Data Item No. 79012, ESDU International plc, London, 1979.

ESDU Heat pipes – properties of common small-pore wicks. Data Item No. 79013, ESDU International plc, London, 1979.

ESDU Heat pipes – general information on their use, operation and design. Data Item No. 80013, ESDU International plc, London, 1980.

ESDU Thermalphysical properties of heat pipe working fluids: operation range from -60 °C to 300 °C. Data Item No. 80017, ESDU International plc, London, 1980.

Faghri, A., 1995. Heat Pipe Science and Technology. Taylor and Francis.

Kadaner, Y. S., Rassadkin, Y.P. 1976. Laminar vapor flow in a heat pipe. J. Engng Phys., Vol. 28, pp. 140-146.

Kemme, J.E. 1967. High performance heat pipes. Record of IEEE Thermionic Conversion Specialists Conference, Palo Alto, California, USA, pp. 355-358.

Levy, E.K. 1968. Theoretical investigation of heat pipes operating at low vapor pressures. Trans. Am. Soc. mech. Engrs, Series B, J. Engng Indust., Vol. 90 pp. 547-552.

Maydanik, Y.F., 2005. Loop heat pipes. Applied thermal Engineering, Vol. 25, pp. 635-657.

Peterson, G.P., 1994, An introduction to Heat Pipes, modeling, testing, and applications. John Wiley & Sons, Inc.

Vasiliev, L.L., 2005. Heat pipes in modern heat exchangers. Applied thermal Engineering, Vol. 25, pp. 1-19.

Vinz, P., Busse, C.A. 1973. Axial heat transfer limits of cylindrical sodium heat pipes between 25 W/cm^2 and 15.5 kW/cm^2. Proceedings of the 1st International Heat Pipe Conference, Stuttgart, West Germany, Paper 2-1.

Silverstein, C.C., 1992. Design and technology of heat pipes for cooling and heat exchange, Hemisphere publishing Corporation.

張長生，1993，熱管技術應用研究計畫期末報告，能源基金研究報告，報告編號063820244。

張云銘、陳瑤明，2006，迴路式熱管的介紹與應用，工業材料雜誌，231期，2006年三月號， pp. 95-100。

Chapter 21

微通道單相流動熱傳特性

Fundamentals of Single-phase Micro-channel Heat Transfer

21-0 前言

表21-1 作用力與尺度的關聯 (資料來源：Guo 2000)

作用力	與尺度的關聯
電磁力 (Electromagnetic force)	$\sim L^4$
離心力 (Centrifugal force)	$\sim L^4$
重力 (Gravitational force)	$\sim L^3$
浮力 (Bouyancy force)	$\sim L^3$
慣性力 (Inertia force)	$\sim L^2$
摩擦力 (Viscous force)	$\sim L^1$
表面張力 (Surface tension)	$\sim L^1$
靜電力 (Electrostatic force)	$\sim L^{-2}$

近年來，微機電的應用逐漸成熟，連帶的熱流研究的範疇也日益縮小，尤其最近當紅的奈米科技，熱流系統的特徵尺寸更是急劇的逼近原子的尺寸，當熱流系統微細化後，熱流現象迴異於傳統習知的理論，許多尺寸的效應變逐漸浮現，甚至出現量子效應，故此一微細熱流系統的散熱、流動特性的瞭解需要我們拋開往昔的認知，歸零從頭開始。

從1980年以降，積體電路在墨耳定律以每一年半縮小一倍的速度在發展，隨著日益密集的電路設計，熱流問題的影響也愈來愈重要；根據Guo (2000)對各種力場的說明(見表21-1)可知，隨著尺度的縮小，在大系統中舉足輕重的作用力如慣性力、重力、浮力的相對影響逐漸變小，而一些我們平常忽略的力場的影響也就越來越重要，例如表面張力與靜電力；除了作用力的相對影響外，當尺度變小時，以往對流體連續性的描述也出明顯的落差，例如當尺度從微米(10^{-6} m)進入奈米(10^{-9} m)時，巨觀理論的差異性也就越來越大；例如：Fourier conduction 的擴散模式已不再適用，而連續流體的Navier-Stokes方程式的適用性也出現問題；在巨觀的系統中，熱流研究經常可以藉由無因次的分析，或將熱流問題予以適當的簡化，或將熱流問題以類比類似(similarity)的觀念的方式來進行解析，但是隨著尺度的快速減小，當尺度縮小時，對熱流系統會有怎樣的影響呢？簡單來說，就是流體分子稀薄效應的顯現(rarefaction effect)，這個效應對氣體的影響尤其明顯(Guo and Li, 2002)。

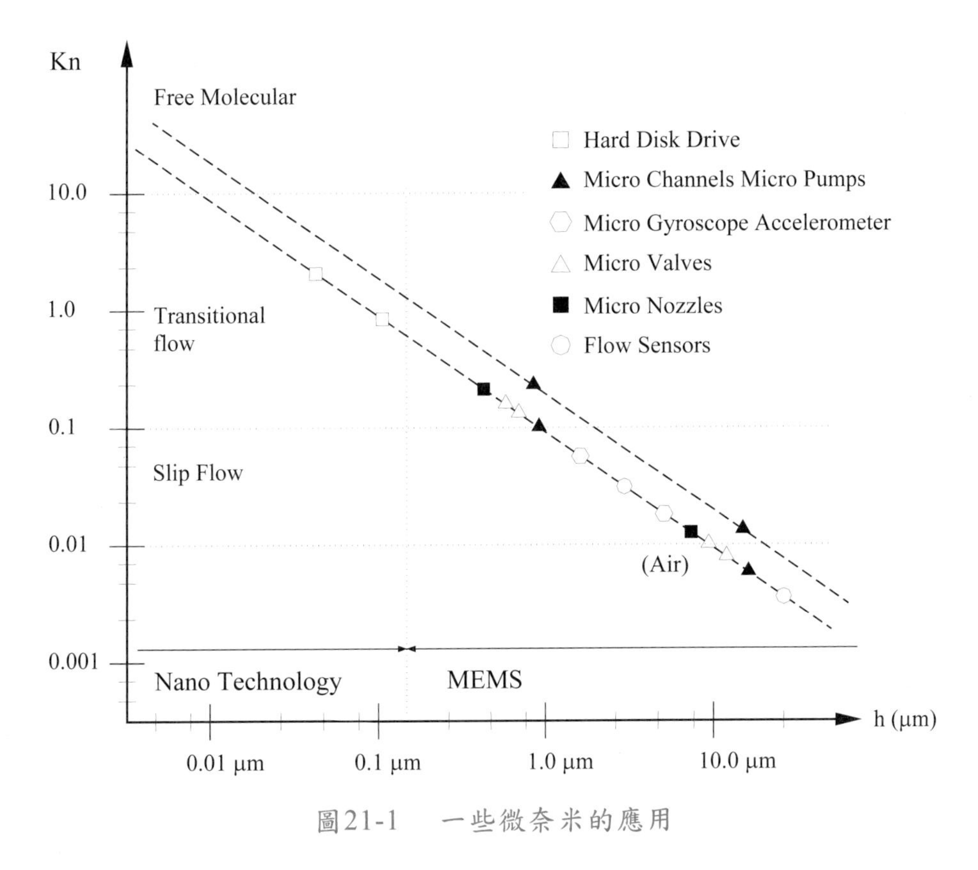

圖21-1　一些微奈米的應用

微奈米熱流的應用在實際上其實還相當的多，圖21-1說明一些微奈米產品中熱流應用的範圍，從早期的Winchester-type硬碟機，其讀寫頭與磁碟間的距離僅50奈米；到微機電(MEMS)的產品中的次世代的密集式電路(next generation circuits)，超快速雷射加工處理(ultra-laser processing)應用中，未來微電子應用已到20 nm~100 nm的尺寸，此時溫度的影響已遠比過去重要，因此微細尺寸熱流的應用也就特別的重要，本章節的目的首先介紹微細熱流與傳統熱流系統上的差異，引導讀者進入此一嶄新的領域，隨後主要的內容將集中在單相流體在微通道(> 1 μm)內的熱流特性。

21-1　一些基本觀念

首先，以微觀的觀點來看，能量的傳遞主要是藉由光子(photon)、電子(electron)與聲子(phonon)來進行，所謂聲子乃晶格震動的量子化的粒子，雖然晶格的振動為一典型的波動特性，但在近代物理中的描述中，波與粒子實為一體的兩面。

在流體運動的模式上，大致可分為連續(continuum)與分子模擬(molecular)兩種模式，傳統連續流體(continuum)的觀念除了侷限在空間尺度的影響外，另外一個重要的參數為時間尺度的影響；在微細系統上有四個重要的時間尺度(Majumdar 1997, 見Microscale energy transport 一書)，最小的時間尺度為分子碰撞的時間(duration of collision)τ_c，在古典物理中，碰撞通常是即時發生(instantaneous, $\tau_c = 0$)，但事實上碰撞過程中是需要時間的，以電子在金屬而言，此一時間尺度約為10^{-15}秒 (1 fs)，而聲子(phonons)在此一條件下則約為10^{-13}秒。第二個重要的時間尺度為粒子從本次碰撞到下一次碰撞所需的平均時間(mean free time)τ，而粒子碰撞所行走的平均距離稱之為平均自由路徑(mean free path)，如果時間間隔小於τ，粒子行徑可以彈道方式(ballistically)來進行，且其路徑與該粒子的起始狀態有關，通常$\tau > \tau_c$；粒子在多次碰撞後會達到一個區域平衡的狀態(local equilibrium)，達到此一平衡的時間稱之為平衡時間(relaxation time)τ_r，一般而言，粒子需要5~20次的碰撞才會達到平衡；另外一個重要的時間間隔為擴散時間τ_d ($\approx L^2/\alpha$)，其中L為系統的特徵長度，而α為熱擴散係數。

相對於時間尺度τ、τ_r與τ_d，其對應的長度分別為ℓ、ℓ_r與ℓ_d，若考慮圓形堅固(rigid spheres)的理想氣體分子，其平均碰撞距離如下：

$$\ell = \frac{1}{\sqrt{2}\pi n d^2} = \frac{kT}{\sqrt{2}\pi P d^2} \tag{21-1}$$

其中n為數量密度(單位體積的分子數)，d為分子直徑，k為波茲曼常數(Boltzmann constant , 1.38×10^{-23}J/K·mole)，T、P分別代表溫度及壓力；對一個熱流系統而言，如果ℓ甚小於此一系統的特徵長度L時，則連續模式將可適用，反之，流體可能處於一非平衡狀態且應力一應變間的線性關係可能也不再適用，此時邊界上無滑移(no slip)的邊界條件將不再適用；同樣的，熱通量與溫差間的線性關係也不再適用，因此界面上溫度連續(no-jump)的現象也不見得成立，對熱流系統而言，特徵長度可以是某些特別的長度，不過，比較精確的系統長度應為某種巨觀特性梯度的變化(Bird,1994)，例如密度ρ，即：

$$L = \frac{\rho}{\frac{\partial \rho}{\partial y}} \quad (21\text{-}2)$$

平均自由路徑與此一特徵長度的比值稱之爲Knudsen數，即：

$$Kn = \frac{\ell}{L} \quad (21\text{-}3)$$

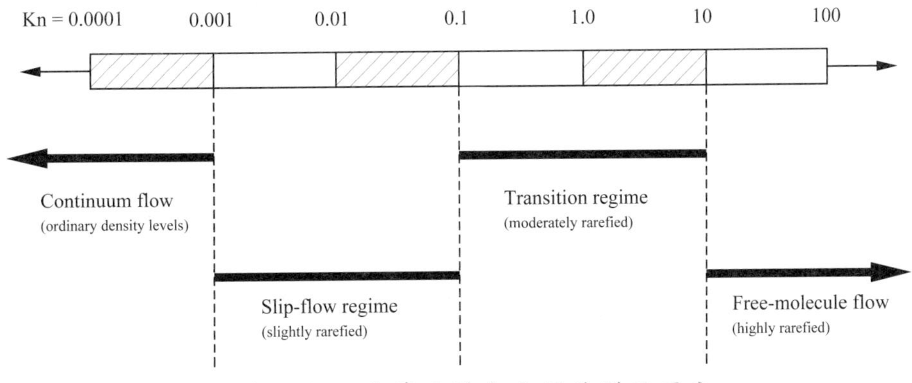

圖21-2　連續流體與分子流體的區分

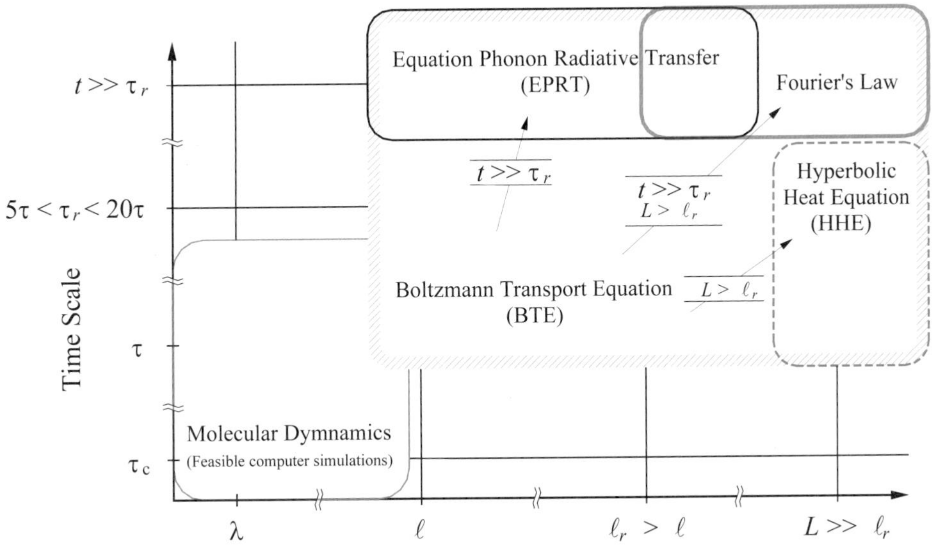

圖21-3　特徵長度與時間間隔來區分出傳統與微觀世界裡適用的模擬模式（資料來源：Amon, 2002)

一般而言，當$Kn < 0.1$時，流體可視爲連續，見圖21-2的區分；不同的熱流系統中在不同的空間與時間尺度下，其輸送現象的描述方程式也不同，如果系統

的特徵長度與光波波長相當，則粒子會顯現出明顯的波動特性如繞涉干涉等現象。對光子而言，可以應用Maxwell波動光學方程式來描述波動特性；而對電子或聲子而言，則可以使用量子力學的法則來描述。如果特徵長度與ℓ(或ℓ_r)相當但$t >> \tau$或(τ_r)，則區域性的熱平衡(local thermodynamic equilibrium)將不適用，粒子間的輸送現象係以一彈道式的跳躍方式來進行，因此必須藉由時間上的平均方法與統計來處理空間上的非區域特性(non-locality)；在另一方面，如果特徵長度$L >> \ell$(或ℓ_r) 但t 與τ或(τ_r) 相當，則非區域特性將出現在時間上而非空間，此時必須以統計方法來處理時間；同樣地，如果特徵長度L與ℓ(或ℓ_r)相當且t與τ或(τ_r)相當，則非區域特性將同時出現在時間上與空間上，此時必須以統計方法同時處理時間與空間；最後，如果 $L>>\ell$(或ℓ_r)且$t >> \tau$或(τ_r)，則傳統的Fourier熱傳導定律與Ohm電阻定律均可適用，圖21-3為Amon (2002)根據特徵長度與時間間隔來區分出傳統與微觀世界裡適用的模擬模式。

21-2　微細系統的模擬模式

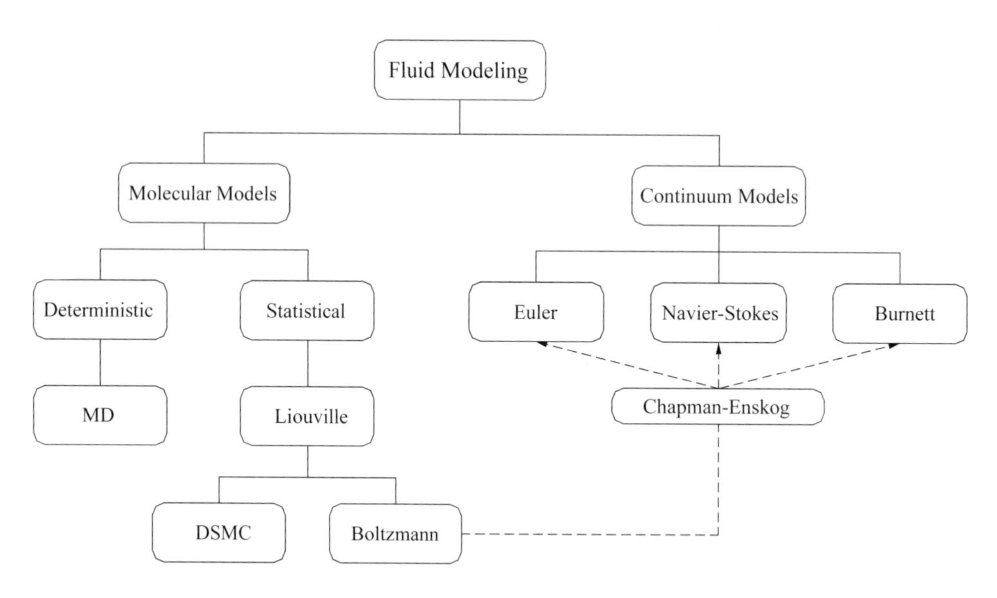

圖21-4　流體流動之模擬模式 (資料來源：Gad-el-Hak, 1999)

如前所述，微細熱流系統的模擬與特徵長度與時間尺度有很大的關聯，由於其物理機制有很大的區野，因此模擬上大致可分為兩種模式，即連續流體模式與分子模擬模式，詳細的模擬模式可參考圖21-4。在模擬微細熱流系統時，由於氣態與液態的特性不同，因此在模擬上必須考量不同效應的相對影響，例如在氣體時必須考慮下列效應的影響：

(1) Rarefaction (稀薄效應)
(2) Compressibility (可壓縮特性)
(3) Viscous heating (黏滯加熱特性)
(4) Thermal creep (熱匍匐現象)

對氣體而言，稀薄效應與可壓縮特性彼此間會交替影響，氣體的可壓縮特性會促使壓力分布出現曲線分布，而稀薄效應又會使壓力分布線性化(見圖21-5說明)；黏滯加熱效應係因黏滯應力作功所引起的加熱現象(dissipation)，此一效應在微奈米通道下才會特別明顯，而且即使原來表面上爲等溫狀態都會受到影響，因此會造成流動方向的溫度梯度產生。以氣體而言，熱的氣體會往冷的區域匍匐前進(密度大往密度小的地方移動)；而在液體時則須考慮下列效應的影響：

(1) Wetting (濕潤特性)
(2) Adsorption (吸附特性)
(3) Electrokinetics (電動特性)

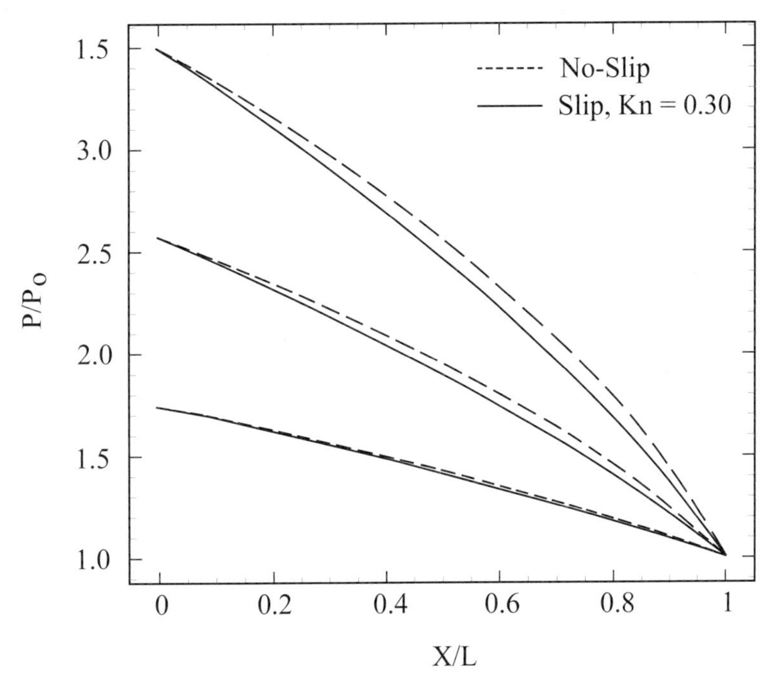

圖21-5 微通道內的壓力分布， slip vs. no-slip

以潤濕特性而言，則必須考慮流體本身的親水(hydrophilic)與疏水性(hydrophobic)，這個特性與先前介紹的表面張力的效應有關，當尺寸變小時，表面張力的效應的影響也相對變大。吸附則與表面奈米孔隙有相當的關聯，流體流動的邊界條件與此類表面吸附特性有關，流體如果爲此類奈米孔隙所捕捉，則可能出現超冷(supercooling)的現象。

21-2-1 連續流體之模擬

連續流體力學的模擬方程式中，最有名的莫過於Navier-Stokes方程式，由於大部份的微機電熱流應用中的流速都很慢，因此流體通常可視爲不可壓縮，不過在特殊的微系統與推進應用上，速度仍可能相當的快，此時則必須考慮流體的壓縮性；有關N-S方程式的推導這裡不再贅述，有興趣的讀者不難在流體力學的書籍上找到，流體的連續、動量與能量方程式如下：

$$\frac{\partial \rho}{\partial t} + \nabla \cdot \rho \vec{v} = 0 \tag{21-4}$$

$$\rho \frac{D\vec{v}}{Dt} = -\nabla P + \nabla \cdot \vec{\tau} + F \tag{21-5}$$

$$\rho c_p \frac{DT}{Dt} = -P\nabla \cdot \vec{v} + \nabla \cdot \left(k\nabla T\right) + \Phi \tag{21-6}$$

其中變數上的→符號代表向量，式21-6中 $\Phi = \vec{\tau} \cdot \nabla \vec{v}$ ，代表散失函數(dissipation function)，而 $\frac{D}{Dt} = \frac{\partial}{\partial t} + \vec{v}\nabla$ ，式21-4~21-6爲可壓縮之N-S方程式組，其中共有6個未知數，即($\rho, \vec{v}, P, T$)，如果流體爲inviscid flow，即不考慮摩擦的影響($\mu = 0$)則方程式將簡化成Euler方程式，即：

$$\frac{\partial \rho}{\partial t} + \nabla \cdot \rho \vec{v} = 0 \tag{21-7}$$

$$\frac{\partial \rho v}{\partial t} + \nabla \cdot \left(\rho v v\right) = -\nabla P \tag{21-8}$$

$$\rho c_p \frac{DT}{Dt} = -P\nabla \cdot \vec{v} + \nabla \cdot \left(k\nabla T\right) + \Phi \tag{21-9}$$

此一Euler方程式組允許從次音速到超音速間的非連續解(即Shock)，如果流體爲不可壓縮，則$D\rho/Dt = 0$，式21-4~21-6爲可壓縮之N-S方程式組可化如下：

$$\nabla \cdot \vec{v} = 0 \tag{21-10}$$

$$\rho \frac{D\vec{v}}{Dt} = -\nabla P + \nabla \cdot \left(\mu \left(\nabla \vec{v} + \left(\nabla \vec{v} \right)^T \right) \right) + F \tag{21-11}$$

$$\rho c_p \frac{DT}{Dt} = -P\nabla \cdot \vec{v} + \nabla \cdot \left(k \nabla T \right) + \Phi \tag{21-12}$$

在許多微流道的應用中，速度通常甚小且非線性的影響可以忽略，此時方程式可簡化成Stokes方程式，即：

$$\nabla \cdot \vec{v} = 0 \tag{21-13}$$

$$\frac{\partial v}{\partial t} = -\frac{\nabla P}{\rho} + \nu \nabla^2 \vec{v} + F \tag{21-14}$$

有時候，在MEMS的應用中，尤其在Electrostatic應用上，若不考慮divergence算符(∇)的影響，且不考慮時間影響的效應，則Stokes方程式可簡化成Poisson方程式，即：

$$-\nu \nabla^2 \vec{v} = F \tag{21-15}$$

21-2-2 滑移邊界條件

隨著流道的縮小，Kn數也會相對增加，如先前的說明，流體在模擬上須由不同的Kn區域來區分所適用的統御方程式，即：

$Kn \rightarrow 0$: Euler equation

$Kn < 10^{-3}$: Navier-Stokes equation with no-slip condition

$10^{-3} \le Kn < 10^{-1}$: Navier-Stokes equation with slip condition

$10^{-1} \le Kn < 10$: Transition regime, Burnett equation with slip B.C

$10 \le Kn < \infty$: Free molecular flow, DSMC, Lattic Boltzmann equation.

當$Kn < 0.1$時，連續流體的觀念可適用，但當$0.001 \le Kn < 0.1$時，邊界上速度無滑移與溫度連續的特性將不適用，因為在此一Kn數下，靠近邊界有一層厚度約為平均碰撞距離的流體分子不適用N-S方程式，此一層厚度稱之為Knudsen layer，在Knudsen layer內的流體必須以Boltzmann方程式來描述，當$Kn < 0.1$時即意味Knudsen layer 的厚度小於通道1/10，因此該區的影響相對變小，故可以中心區域(bulk)的結果外差到邊界上，此一做法便會產生有限的速度出現在邊界

上，基本上無滑移的邊界條件僅是一經驗上的發現。如果Kn數大於0.1，則constitute law上定義應力張量(stress tensor)與熱通量向量(heat flux vector)將不再適用(Chapman and Cowling, 1970)，此時需要使用比較高階的constitute law，例如Burnett或Wood方程式，使用Chapman and Cowling的展開式應用在Boltzmann方程式上，即：

$$\vartheta = \vartheta_0\left(1 + aKn + bKn^2\right) \tag{21-16}$$

則可得到Burnett或Wood方程式，其中a、b爲氣體密度、溫度與巨觀速度向量的函數，ϑ_0爲平衡條件下的分布函數(Maxwellian distribution function)，即：

$$\vartheta_0 = \left(\frac{m}{2\pi k_B T_0}\right)^{3/2} \exp\left(-\frac{mv^2}{2k_B T_0}\right) \tag{21-17}$$

其中m爲分子質量，k_B爲波茲曼常數，v爲平均熱速度，T_0爲平衡溫度，式21-16的零階解即爲平衡解，應力張量(stress tensor)與熱通量向量(heat flux vector)爲零，而一階的解爲N-S方程式，二階解爲Burnett或Wood方程式 ，如果考慮一二維直角座標之conservation方程式，則：

$$\frac{\partial}{\partial t}\begin{pmatrix}\rho \\ \rho u_1 \\ \rho u_2 \\ E\end{pmatrix} + \frac{\partial}{\partial x_1}\begin{pmatrix}\rho u_1 \\ \rho u_1^2 + p + \sigma_{11} \\ \rho u_1 u_2 + \sigma_{12} \\ \left(E + p + \sigma_{11}\right)u_1 + \sigma_{12}u_{12} + q_1\end{pmatrix} + \frac{\partial}{\partial x_2}\begin{pmatrix}\rho u_2 \\ \rho u_1 u_2 + \sigma_{21} \\ \rho u_2^2 + p + \sigma_{22} \\ \left(E + p + \sigma_{22}\right)u_2 + \sigma_{21}u_1 + q_2\end{pmatrix} = 0 \tag{21-18}$$

式21-18適用於連續與稀薄流體，不過其中的黏滯應力(viscous stress)σ_{ij}與熱通量q_i在不同的區域的型式也不同，以可壓縮的N-S方程式適用區間而言，黏滯應力σ_{ij}^{N-S}如下：

$$\sigma_{ij}^{N-S} = -\mu\left(\frac{\partial u_j}{\partial x_i} + \frac{\partial u_i}{\partial x_j}\right) + \mu\frac{2}{3}\frac{\partial u_m}{\partial x_m}\delta_{ij} - \varsigma\frac{\partial u_m}{\partial x_m}\delta_{ij} \tag{21-19}$$

其中μ與ζ分別爲流體的動黏滯係數(dynamic viscosity, first coefficient)與bulk黏滯係數(bulk viscosity, second coefficient)，δ_{ij}爲Kronecker delta，而熱通

量可由傅力葉定律來描述，即：

$$q = -k \nabla T \tag{21-20}$$

如果流體流動落在滑移區段，根據Maxwell 在1879年的建議指出滑移速度如下：

$$u_s - u_w = \frac{2-\sigma_v}{\sigma_v}\frac{1}{\rho\left(2RT_w/\pi\right)^{1/2}}\tau_s + \frac{3}{4}\frac{\Pr(\gamma-1)}{\gamma\rho R T_w}(-q_s) \tag{21-21}$$

上式中，右式的第二項代表熱匍匐現象的影響，該項在流動方向(tangential)有明顯溫度梯度時特別重要，q_s代表橫向流動方向的熱通量，Pr爲Prandtl number，u_s爲滑移速度而u_w爲壁面的參考速度，式中的σ_v爲切線動量累積係數(tangential momentum accommodation coefficient)，定義爲流體分子在橫向入射方向動量(τ_i)減去反射動量(τ_r)後，再與橫向入射方向動量減去邊界重新發射動量(τ_b，對固定的表面而言，τ_b = 0)的比值：

$$\sigma_v = \frac{\tau_i - \tau_\gamma}{\tau_i - \tau_b} \tag{21-22}$$

當σ_v = 0時，稱之爲specular reflection，代表流體分子的橫向速度與反射分子的速度相同，而正向速度(normal velocity)的大小相同，但由於邊界的反射其符號相反。當σ_v = 0代表無橫向動量的交換，故流體與固體的界面上無摩擦力的存在，此即爲inviscid flow，而當$\sigma_v \to 0$時，$\partial u_s/\partial n \to 0$；當流體爲inviscid flow時，速度滑移的邊界條件(式21-21)並不需要，因爲Euler方程式僅需無穿透之邊界條件(no penetration)。相反的，當σ_v = 1時，稱之爲diffuse reflection，此時分子由壁面反射時並無橫向速度，因此入射與反射分子間有明顯的橫向動量交換，因而促成相當的摩擦阻力，σ_v與流體與壁面的溫度、壓力、速度大小與方向有關。同樣的，除了速度在邊界上的滑移現象，溫度在邊界上也不再是連續(no-jump)，根據Smoluchowski (Kennard, 1938)的建議，邊界上溫度不連續的條件如下：

$$T_s - T_w = \frac{2-\sigma_T}{\sigma_T}\left[\frac{2(\gamma-1)}{\gamma+1}\right]\frac{1}{R\rho\left(2RT_w/\pi\right)^{1/2}}(-q_n) \tag{21-23}$$

其中q_n爲正向熱通量，σ_T爲熱累積係數，(thermal accommodation

coefficient)，定義爲流體分子在横向入射方向能量通量(E_i)減去反射能量通量(E_r)後再與横向入射方向能量通量減去邊界重新發射能量通量(E_w)的比值：

$$\sigma_T = \frac{dE_i - dE_\gamma}{dE_i - dE_w} \tag{21-24}$$

在理想的能量交換條件下，$\sigma_T = 1$；一些氣體與壁面的σ_v與σ_T如表21-2所示；diffuse reflection比較容易發生在粗糙面上，實際上分子必須經過幾次碰撞後才會將横向動量轉移到表面上，然而要增加碰撞，就必須增加表面積，比較小的σ_v值意味會增加流體與壁面間的滑移現象，在微細系統上，粗糙面的影響相對重要，但是在實際上很難去量化此一效應；根據Mo and Rosenberger (1990)研究粗糙面在微細通道的影響歸納如下：

(1) 如果微通道內的固體表面爲原子光滑(atomically smooth)，且$Kn_g = \lambda/h < 0.01$時，無滑移邊界條件可適用。

(2) 如果微通道內固體表面爲原子粗糙(atomically rough)，且Kn_r在1上下，即$\lambda/\varepsilon \approx 1$時($\varepsilon$爲粗糙面上的高度)，無滑移邊界條件可適用。

(3) 若非上述的情況，微通道內的邊界應有明顯的速度滑移現象。

當流體大幅偏移平衡狀態時，上述介紹的Conservation方程式仍然適用，不過應力張量與熱通量向量必須以高階處理來修正(例如Burnett方程式)，由於Burnett 方程式乃從Chapman-Enskog的二階展開式而來，因此在邊界上也需要一個二階的滑移條件，這部份資料的說明與更進一步的高階滑移邊界條件的說明，可參考Karniadakis et al. (2005)一書。

表21-2　一些氣體與壁面的σ_v與σ_T

氣體	表面	σ_v	σ_T
Air	Al	0.87~0.97	0.87~0.97
He	Al	0.073	–
Air	Iron	0.87~0.96	0.87~0.93
H2	Iron	0.31~0.55	–
Air	Bronze	–	0.88~0.95

21-2-3　Boltzmann Equation

時間與空間上的區域熱力平衡(local thermodynamic equilibrium)假設爲先前

Kinetic理論的基本假設，在這各理論中，長度與時間的尺度分別爲ℓ_r與τ_r，然而如果應用上$L \approx \ell$、ℓ_r或$t \approx \tau$、τ_r時，區域熱力平衡假設將不再適用；此時必須使用更爲基本的理論，例如波茲曼方程式(BTE)，根據Ziman (1960)的推導，泛用BTE如下：

$$\frac{\partial \vartheta}{\partial t} + \vec{v} \cdot \nabla \vartheta + \vec{F} \cdot \frac{\partial \vartheta}{\partial \vec{p}} = \left(\frac{\partial \vartheta}{\partial t} \right)_{scat} \tag{21-25}$$

式21-25中的$\vec{p}$代表動量向量，$\vec{F}$爲加於粒子上的外力，其中$\vartheta(\vec{r}, \vec{p}, t)$代表某種粒子的ensemble後的統計分布函數，此一分布函數代表此一粒子在時間t下相空間(phase space)中的數目，所謂相空間爲動量與空間座標的空間$(\vec{x}, \vec{p})$，爲一6度空間(三個座標軸與三個動量座標)；式21-25中的左式的第一項代表粒子在相空間下的時間的變化量，而左式的第二項爲粒子以對流速度$\vec{v}$通過一流體空間的影響量，而第三項代表粒子受外力的影響後，在通過速度空間上所產生對流效應通。基本上BTE適用所有Kn的範圍，即$0 < Kn < \infty$，且適用所有ensemble的粒子如電子、光子、聲子與氣體分子等等滿足某一統計分布的粒子，式21-25中的左式稱之爲drift term，而右式稱之爲scattering term，scattering term代表分布函數因碰撞或散射(scattering)隨時間的改變量，散射的改變量是促使粒子趨於平衡的重要影響原因，由於粒子碰撞是與碰撞前的狀態$(\vec{r}, \vec{p})$到碰撞後的狀態$(\vec{r}, \vec{p})$有關，故此一散射向可表示如下：

$$\left(\frac{\partial \vartheta}{\partial t} \right)_{scat} = \sum_{p'} \left[W(\vec{p}, \vec{p}') \vartheta(\vec{p}') - W(\vec{p}', \vec{p}) \vartheta(\vec{p}) \right] \tag{21-26}$$

其中$W(\vec{p}, \vec{p}')$代表從$\vec{p}'$狀態到$\vec{p}$狀態的散射率，式21-26右式中的第一項代表從$\vec{p}'$到$\vec{p}$散射量的總合，而第二項代表從$\vec{p}$到$\vec{p}'$散射量的總合，式21-26相當的複雜且散射率W爲一非線性函數，故實際上很難去解式21-25，不過在實際應用上可使用若干簡化技巧，例如使用moment method, BGK model與relaxation-time近似法，最常使用的relaxation-time近似法的方法如下：

$$\left(\frac{\partial f}{\partial t} \right)_{scat} \approx \frac{\vartheta_0 - \vartheta}{\tau(\vec{r}, \vec{p})} \tag{21-27}$$

其中f_0爲平衡時的分布，而τ爲鬆弛時間(relaxation time)，此一平衡分布可以針對各種不同處理方式的粒子，例如氣體分子適用Maxwell-Boltzmann分布，電子適用Fermi-Dirac分布而光子或聲子適用Bose-Einstein分布；因此式21-25可簡化改寫如下：

$$\frac{\partial \vartheta}{\partial t}+\vec{v}\cdot\nabla\vartheta+\vec{F}\cdot\frac{\partial \vartheta}{\partial \vec{p}}=\frac{\vartheta_0-\vartheta}{\tau(\vec{r},\vec{p})} \tag{21-28}$$

雖然經過簡化，即使要真槍實彈解決BTE獲得粒子的分布函數也不是很容易，有興趣的讀者可以參考列舉的參考資料；不過，一旦獲得分布函數ϑ後(ϑ的單位爲單位體積與單位動量下的粒子數)，則可以由下式加總計算在動量空間上的熱通量向量：

$$\vec{q}(\vec{r},t)=\sum_{\vec{p}}\vec{v}(\vec{r},t)\vartheta(\vec{r},\vec{p},t)\varepsilon(\vec{p}) \tag{21-29}$$

其中$\varepsilon(\vec{p})$爲粒子的能量，同樣的上式也可以積分的形式來表示：

$$\vec{q}(\vec{r},t)=\int\vec{v}(\vec{r},t)\vartheta(\vec{r},\vec{p},t)\varepsilon(\vec{p})d^3\vec{p} \tag{21-30}$$

如果採用能量密度的關念$D(\varepsilon)$，上式可表示如下：

$$\vec{q}(\vec{r},t)=\int\vec{v}(\vec{r},t)\vartheta(\vec{r},\varepsilon,t)\varepsilon D(\varepsilon)d\varepsilon \tag{21-31}$$

從巨觀的觀點來看，如果時間與空間上爲區域熱力平衡(local thermodynamics equilibrium)，即$L>>\ell$(或ℓ_r)且$t>>\tau$或(τ_r)，此時可假設$\nabla\vartheta\approx\nabla\vartheta_0$，以一維的BTE而言，可解出分布函數$\vartheta$如下:

$$\vartheta=\vartheta_0-\tau v_x\frac{\partial \vartheta_0}{\partial x} \tag{21-32}$$

上式稱之爲準平衡近似式(quasi-equilibrium approximation)，其中v_x爲x方向的速度；又由於區域熱力平衡的條件，故f爲溫度的函數：

$$\frac{\partial \vartheta_0}{\partial x}=\frac{d\vartheta_0}{dT}\frac{\partial T}{\partial x} \tag{21-33}$$

再由式21-31，

$$\begin{aligned} q_x &= \int v_x \left(\vartheta_0 - \tau v_x \frac{\partial \vartheta_0}{\partial x} \right) \varepsilon D(\varepsilon) d\varepsilon = \int v_x \left(\vartheta_0 - \tau v_x \frac{d\vartheta_0}{dT} \frac{\partial T}{\partial x} \right) \varepsilon D(\varepsilon) d\varepsilon \\ &= \int v_x \vartheta_0 \varepsilon D(\varepsilon) d\varepsilon - \int \tau v_x^2 \frac{d\vartheta_0}{dT} \frac{\partial T}{\partial x} \varepsilon D(\varepsilon) d\varepsilon \\ &= q_0 - \int \tau v_x^2 \frac{d\vartheta_0}{dT} \frac{\partial T}{\partial x} \varepsilon D(\varepsilon) d\varepsilon \end{aligned} \tag{21-34}$$

由於式21-34中右式的第一項積分值爲平衡條件下的熱通量q_0，由於在熱力平衡條件下，故$q_0 = 0$，因此，

$$q_x(x) = -\frac{\partial T}{\partial x} \int v_x^2 \tau \frac{d\vartheta_0}{dT} \varepsilon D(\varepsilon) d\varepsilon = -k \frac{\partial T}{\partial x} \tag{21-35}$$

上式中的積分值 $\int v_x^2 \tau \frac{d\vartheta_0}{dT} \varepsilon D(\varepsilon) d\varepsilon$ ，剛好是Fourier定律中的熱傳導係數k，簡單來講，若時間與空間均滿足區域熱力平衡，BTE可化簡到巨觀的Fourier law。

在波茲曼方程式的數值模擬方面，以爲稀薄氣體分子在混沌狀態(molecular chaos)下而言，其分子之速度分布函數可以波茲曼方程式(Boltzmann equation)來近似描述，故可由求解該方程式來預測氣體行爲。然而，由於波茲曼方程式爲一高度非線性之方程式，除了在紐森數無限大的自由分子區，因無分子間的碰撞，可以省略方程式中的碰撞項而得以求解外，在一般的紐森數下並無法得到正解。因此，即有若干作者提出各樣的近似法，以求解波茲曼方程式。如Chapman和Cowling (1954)所提出之Chapman-Enskog展開法；另有直接將碰撞積分項拿掉，改以其它的模式項取代者，如Bhatnagar等人所提出之B-G-K模式。然而上述求解波茲曼方程式的方法通常都只侷限於小擾動流動、簡單分子模型，或是只有一個宏觀因變數的情形，在應用上較爲受限。

21-2-4 Hyperbolic heat Equation

如果考慮x方向的波茲曼方程式再將等式兩方分別乘上$v_x \varepsilon D(\varepsilon)$，之後再將能量部份與以積分，則：

$$\int \frac{\partial \vartheta}{\partial t} v_x \varepsilon D(\varepsilon) d\varepsilon + \int v_x \frac{\partial \vartheta}{\partial x} v_x \varepsilon D(\varepsilon) d\varepsilon + \int F \frac{\partial \vartheta}{\partial p_x} v_x \varepsilon D(\varepsilon) d\varepsilon = -\int \frac{\vartheta_0 - \vartheta}{\tau(x,\varepsilon)} v_x \varepsilon D(\varepsilon) d\varepsilon \tag{21-36}$$

如果考慮空間上爲區域熱平衡(即特徵尺寸$L >> \ell_r$)但時間座標上爲非區域特性(non-local, $t \approx \tau, \tau_r$)，並忽略上式的左式中第三項(加速項)的影響，同樣的平衡項的積分值爲零，故上式可改寫下：

$$\frac{\partial q_x}{\partial t} + \int v_x^2 \frac{\partial \vartheta}{\partial x} \varepsilon D(\varepsilon) d\varepsilon = -\int \frac{\vartheta v_x \varepsilon D(\varepsilon) d\varepsilon}{\tau(x,\varepsilon)} \tag{21-37}$$

如果再進一步假設鬆弛時間τ_r與粒子的能量無關且準平衡條件可適用(式21-33)，則上式可改寫如下：

$$\frac{\partial q_x}{\partial t} + \frac{q_x}{\tau} = -\frac{k}{\tau}\frac{\partial T}{\partial x} \tag{21-38}$$

式21-38稱之爲Cattaneo equation，如果與下面式21-39的能量平衡方程式合併後，可得到類似波動方程式的式21-40：

$$C\frac{\partial T}{\partial t} + \frac{\partial q_x}{\partial x} = 0 \tag{21-39}$$

$$\tau\frac{\partial^2 T}{\partial t^2} + \frac{\partial T}{\partial t} = \frac{k}{C}\frac{\partial^2 T}{\partial x^2} \tag{21-40}$$

式21-40稱之爲hyperbolic heat equation，其型式與波動方程式類似，由式21-40可知熱傳遞速度爲$\sqrt{\dfrac{k}{C\tau}}$，此速度爲能量粒子的速度(例如聲子的聲速)；請特別注意hyperbolic heat equation僅適用$L >> \ell_r$且$t \approx \tau, \tau_r$(見圖21-3的適用區域)。

21-3 單相流體在微通道內的摩擦特性

21-3-1 為何要使用微通道？

前面基本理論可應用在微奈米尺度的流體應用上，對大多數習知的應用上，微米尺度的應用遠比奈米尺度來的多，因此微通道的基本熱流特性也就非常重要；微通道究竟有什麼吸引力？爲什麼要使用它？以熱流的眼光來看，通道越細，如果流量不變，壓降不是越大嗎？從這個角度來看微通道似乎不是個好選擇，不過讀者如果從另一邊思考就可清楚它的優點，筆者以圖21-6的矩形通道來說明，其中21-6(a)爲原來的矩形流道，如果把它分成圖21-6(b)的10×10個小流道，顯然每一個小流道的水力直徑僅爲原來的1/10，如果兩流道長度相同則21-6(b)微流道有效熱交換面積則增爲原來的10倍，如果假設進入圖21-6(a)與21-6(b)的總流量一樣(所以其進口流速相同，圖21-6(b)中的雷諾數降爲原來的1/10)，如果要求流過微通道21-6(b)的壓降與21-6(a)相同，則由壓降的計算方程式(見第一章說明)：

$$\Delta P = \frac{4L}{D_h} f \frac{1}{2} \rho u^2 = \frac{4L}{D_h} f \frac{\rho u D_h}{\mu} \frac{\mu}{D_h} \frac{1}{2} u = \frac{2\mu u L}{D_h^2} f\,\mathrm{Re} \tag{21-41}$$

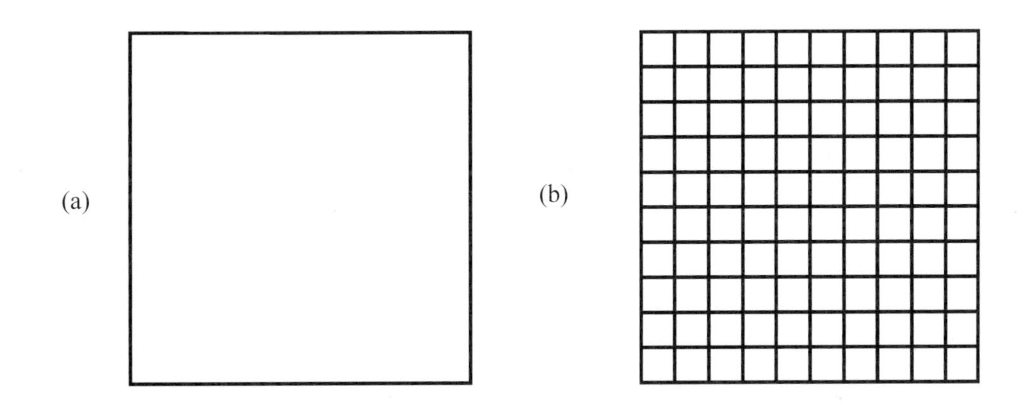

圖21-6　通道由大變小示意圖

考慮流動已完全發展且爲層流流動($f \cdot \mathrm{Re}$ = 常數)，又21-6(a)與21-6(b)的流速相同，故由式21-41可知$\Delta P \propto \dfrac{L}{D_h^2}$，由於水力直徑降爲原來的1/10，如果要滿足壓降不變的需求，微流道的有效長度必須降爲1/100，也就是微通道熱交換的有效體積降爲原有的1/100而其有效表面積降爲1/10，剩下來的問題就是此一微通道的熱傳阻抗是否與原有相同？答案是「YES」，因爲在長度變爲原有的1/100後，微通道的熱交換面積爲原來的1/10，又層流完全發展流動下，熱傳性能$Nu = hD_h/k$ = 常數，水力直徑縮小10倍意味熱傳係數增加10倍，因此有效熱傳阻抗(= $1/hA$)就圖21-6(a)與21-6(b)而言是相同的，從這個簡單理想的估算中，可知在相同熱傳性能與壓降的需求下，明顯的可以看出微通道尺寸縮小的優點，以本例而言，所有性能維持一樣但體積縮小成原來的1/100！簡而言之，可藉由「很多」的微通道來達成大幅提升性能的目的。

流體在微細通道內的研究從Wu and Little (1983)發表U型微細通道內熱傳與壓降的特性開始，近二十年來，陸續都有相關研究發表，根據Mehendale et al. (2000) 的分類，將熱交換器的通道分成三類，即微熱交換器(Micro heat exchanger, D_h = 1~100 μm)、迷你(Meso heat exchanger, D_h = 100 μm ~ 1 mm)、密集交換器(compact heat exchanger, D_h = 1~6 mm)與傳統熱交換器(conventional heat exchanger, D_h > 6 mm)；其間的分野是以熱交換器的水力直徑D_h來區分；習慣上，有關微細通道的研究(1 μm~ 1 mm)在2000年前，研究結果相當的分歧，此一嚴重的差異的主要原因，根據Kandlikar et al. (2005)的研究，主要來自下面幾個主要原因：

(1) 入口效應的影響。
(2) 實驗量測誤差。
(3) 邊界條件無法清楚的界定。

其中以實驗上的影響最大，量測上的差異，主要來自包括密度、流量與管徑大小尺寸的量測，當中又以尺寸差異的影響最為重要，這是因為微細通道尺寸量測誤差非常容易被放大，此一量測上不準確性造成文獻上的結論南轅北轍；不過2000年後，有關微細通道內的熱流研究的結果已較為統一，包括Sobhan and Garimella (2000)、Sharp et al. (2002)、Celata et al. (2002)、Guo (2002)到最近的Kandlikar et al. (2005)，都顯示傳統的較大管徑的熱流設計方程式在微通道中仍可適用，不過先決條件當然必需滿足先前介紹的連續流體範疇(Kn < 0.001)，就一般液體而言，微通道尺寸在1 μm以上應該可輕易的滿足這個條件；不過筆者要再次強調，應用上必須清楚而精確的掌握實際微通道的尺寸才會有正確的結果。另外，由於在微流道內的流動多在層流範圍，層流流動的熱流特性已有相當完整的研究，其中以Shah and London (1978)一書的整理介紹最為詳盡，舉凡各種形狀、邊界條件與入口效應，該書都有詳盡的報告，想要對微通道中，單相流動的熱流特性有通盤的瞭解，該書應該是不二選擇，接下來要介紹的單相流體在微通道的熱流設計。

21-3-2　層流流動下的摩擦特性

如果讀者還有印象，在第一章的介紹中，不管在壓降或熱傳的計算，都提供了相當多的計算方程式；原則上這些方程式也適用於微通道的熱流計算中，不過要特別提醒讀者，這些方程式僅適用於流體已完全發展(fully developed)，所謂完全發展的流動，可由圖21-7來說明，如果流體進入通道前為均勻流動(速度$V = U_{in}$)，當流體流入管內，靠近管壁的速度因阻力而驟降(壁面上必須滿足無滑移邊界條件，$u_w = 0$)，因此原先均勻分布的流體分布，被迫擠向通道中央，因此速度的分布產生改變，隨者通道長度的增加，速度的分布會達到一個「平衡」，不隨位置繼續增加而有所變化的狀態，此時稱之為完全發展，一般對速度場「完全發展」有比較嚴格的數學定義，即速度分布$\partial u/\partial x = 0$，習慣上以流體進入通道後最大速度發展到99%的最大已完全發展速度，稱之為水力發展長度(hydrodynamic entrance length, L_{hy})，此一長度與進口流動速度、通道幾何形狀與水力直徑有關，速度越快，所需要的發展長度也就越長，過去有許多文獻多以無因次的流場完全發展長度L^+_{hy}來整理此一長度的關係式，L^+_{hy}定義如下：

$$L^+_{hy} = \frac{L_{hy}}{D_h \mathrm{Re}} \tag{21-42}$$

在層流流動下，一個較為籠統的快速估算可由下式粗估水力發展長度：

$$L^+_{hy} \approx 0.05 \text{ (有些文獻建議 0.06) (層流流動)} \tag{21-43}$$

$$L^+_{hy} \approx 4.4\mathrm{Re}^{-\frac{5}{6}} \text{ (紊流流動} \rightarrow \text{資料來源: www.engineeringtoolbox.com)} \tag{21-44}$$

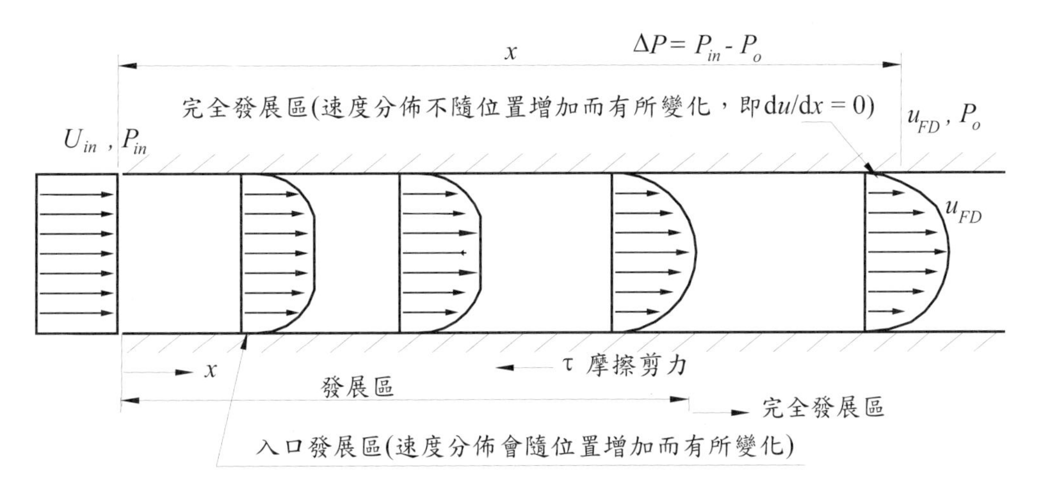

圖21-7 通道內的速度分布發展示意圖

或許讀者會納悶，顯然流體流入通道都必然經歷這樣的過程，那為何先前的介紹都是以「完全發展」的角度來估算呢？其實這是個相對的問題，在先前較大通道的應用中，熱交換器中的熱傳管的流體多在紊流流動範圍，相反的，在微通道的應用中，由於壓降的考慮，流體多在層流中流動，如果考慮微通道的Re = 1000而一般通道的應用Re = 10000，由式21-42與式21-43，可估出$L_{hy，層流流動} \approx 0.05$(或0.06)$\times 1000 \times D_h = 50 \sim 60\ D_h$，而$L_{hy，紊流流動} \approx 4.4 \times 10000^{1/6} \times D_h = 20.5\ D_h$；顯然在層流流動下的微通道需要比較長的流動長度來達到完全發展，因此當流體流動型態爲紊流時，邊界狀態與進口長度的效應亦相對應的減少，所以一般紊流流動的經驗方程式中多不見邊界條件的影響，也比較不在意入口效應的影響，相較之下，微通道的應用中，入口效應的影響則相對重要。簡單來講，在流體入口發展區中，流速分布變化會提供額外的流動阻力(在完全發展區中，壓力變化僅與管壁的摩擦阻力有關)。

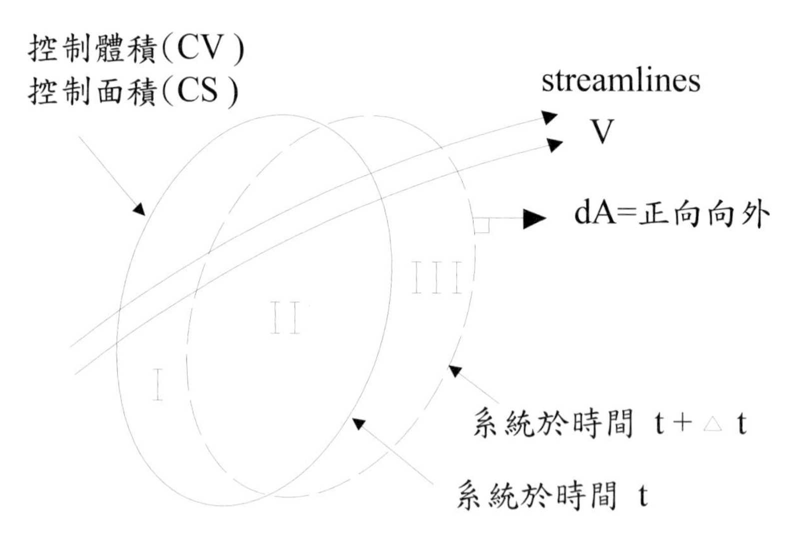

圖21-8　流動控制體積(CV)與控制面積(CS)隨時間變化示意圖

接下來，我們來進一步探討入口效應的影響，在第一章中，藉由無因次參數f (Fanning friction factor, 其定義爲$\tau_w \Big/ \left(\dfrac{1}{2}\rho u^2\right)$)，可用來計算管路中的摩擦損失，此一定義可算出管路中當地(local)的摩擦係數$f_x = \tau_{w,x} \Big/ \left(\dfrac{1}{2}\rho u_m^2\right)$，其中下標$x$代表入口流體流經$x$距離於該位置的值，$u_m$代表該處的平均速度($u_m = \int_{A_c} u dA_c$，$A_c$爲該處截面，如果密度爲定值且截面大小固定，此一平均速度與入口速度U_{in}相同)，在更深入介紹入口效應的影響前，首先複習一些流體力學的基本知識，考慮如圖21-8所示的控制體積內流體流經後的某種特性Ψ隨時間的變化的特性(此特性Ψ可爲質量、動量與能量等等) dΨ/dt，如圖21-8的說明，其中I+II區代表原流體系統在時間t時的控制體積，經過Δt時間後，原控制體積移動成II+III區間，其中II區爲控制體積在時間t+Δt時仍舊停留在控制置體積在時間t的區域，因此Ψ隨時間的變化可表示如下：

$$\frac{d\Psi}{dt}=\lim_{\Delta t\to 0}\frac{\left(\Psi_{II}+\Delta\Psi_{III}\right)_{t+\Delta t}-\left(\Delta\Psi_{I}+\Psi_{II}\right)_{t}}{\Delta t}=\lim_{\Delta t\to 0}\left[\frac{\left(\Psi_{II}\right)_{t+\Delta t}-\left(\Psi_{II}\right)_{t}}{\Delta t}+\frac{\Delta\Psi_{III}}{\Delta t}-\frac{\Delta\Psi_{I}}{\Delta t}\right] \tag{21-45}$$

由於區域III代表特性Ψ往外流動的部份而I區則代表特性Ψ流入的部份，因此上式的極限值可表示如下：

$$\frac{d\Psi}{dt}=\frac{d}{dt}\int_{CV}\frac{d\Psi}{dm}\rho d\left(Vol\right)+\int_{CS}\frac{d\Psi}{dm}\rho V\cdot dA \tag{21-46}$$

上式稱之爲雷諾輸送定律(Reynolds transport theorem)，其中CV代表控制體積而CS代表控制面積，如果Ψ代表質量的特性，則：

$$\frac{d\Psi}{dt}=\frac{dm}{dt}=\frac{d}{dt}\int_{CV}\frac{dm}{dm}\rho d\left(Vol\right)+\int_{CS}\frac{dm}{dm}\rho V\cdot dA=\frac{d}{dt}\int_{CV}\rho d\left(Vol\right)+\int_{CS}\rho V\cdot dA \tag{21-47}$$

上式中的Vol代表體積，由於質量守衡，因此

$$0=\frac{d}{dt}\int_{CV}\rho d\left(Vol\right)+\int_{CS}\rho V\cdot dA \tag{21-48}$$

如果Ψ代表動量的特性(mV)，利用牛頓第二定律dmV/dt = dF)，則：

$$\begin{aligned}\frac{d\Psi}{dt}&=\frac{d\left(mV\right)}{dt}=\sum F=\frac{d}{dt}\int_{CV}\frac{d\left(mV\right)}{dm}\rho d\left(Vol\right)+\int_{CS}\frac{d\left(mV\right)}{dm}\rho V\cdot dA\\&=\frac{d}{dt}\int_{CV}V\rho d\left(Vol\right)+\frac{d}{dt}\int_{CV}\frac{mdV}{dm}\rho d\left(Vol\right)+\int_{CS}\frac{mdV}{dm}\rho V\cdot dA+\int_{CS}V\rho V\cdot dA]\\&=\frac{d}{dt}\int_{CV}V\rho d\left(Vol\right)+\int_{CS}V\rho V\cdot dA+\frac{mdV}{dm}\left(\frac{d}{dt}\int_{CV}\rho d\left(Vol\right)+\int_{CS}\rho V\cdot dA\right)\\&=\frac{d}{dt}\int_{CV}V\rho d\left(Vol\right)+\int_{CS}V\rho V\cdot dA\ \text{(由先前的質量守衡, 上式括號內爲零)}\end{aligned} \tag{21-49}$$

接下來，如圖21-9所示，考慮入口爲均勻流速U_{in}，由一外加的壓力差ΔP克

服管壁的摩擦阻抗與入口區因速度變化所增加的阻力，這裡假設下遊區已完全發展，u_{FD}代表已完全發展時的速度分布，由上式可知這裡的外力來自於外加的壓力差以及必須被克服的壁面摩擦阻力，所以：

$$\frac{d\psi}{dt}=\sum F=\Delta PA-\int_0^x \tau_{w,x}P_h dx=\frac{d}{dt}\int_{CV} V\rho d(Vol)+\int_{CS} V\rho V\cdot dA \tag{21-50}$$

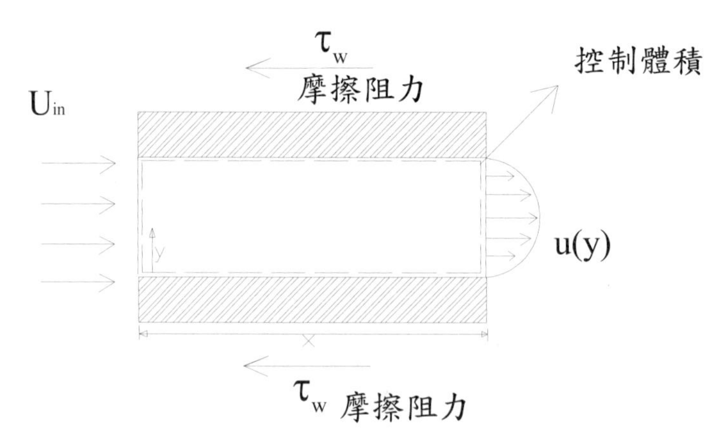

圖21-9　通道內控制體積示意圖

其中P_h代表通道的周長，如果考慮穩定的流動狀態($d/dt = 0$)，且流體爲不可壓縮流體(即密度爲定值)，則上式可改寫如下：

$$\begin{aligned}\sum F&=\Delta PA_c-\int_0^x \tau_{w,x}P_h dx=\int_{CS} V\rho V\cdot dA \ (\text{注意}\rightarrow\text{管壁處的速度爲零故勿須考量})\\&=\int_{\text{出口}} V\rho V\cdot dA-\int_{\text{入口}} V\rho V\cdot dA=\int_{\text{出口}}\rho u_{FD}^2 dA-\rho U_{in}^2 A_c\end{aligned} \tag{21-51}$$

利用水力直徑$D_h = 4A_c/P_h$的關係式，再將上式同時除上$\frac{1}{2}\rho U_{in}^2$可得：

$$\begin{aligned}\therefore \frac{\Delta PA_c}{\frac{1}{2}\rho U_{in}^2}&=\int_0^x \frac{\tau_{w,x}}{\frac{1}{2}\rho U_{in}^2}P_h dx+2\int_{\text{出口}}\frac{u_{FD}^2}{U_{in}^2}dA-2A_c\\&=\int_0^x f_x P_h dx+2\int_{\text{出口}}\frac{u_{FD}^2}{U_{in}^2}dA-2A_c=\frac{P_h x}{x}\int_0^x f_x dx+2\int_{\text{出口}}\frac{u_{FD}^2}{U_{in}^2}dA-2A_c\\&=f_m P_h x+2\int_{\text{出口}}\frac{u_{FD}^2}{U_{in}^2}dA-2A_c=\frac{4A_c}{D_h}f_m x+2\int_{\text{出口}}\frac{u_{FD}^2}{U_{in}^2}dA-2A_c\end{aligned} \tag{21-52}$$

將上式同時除以截面積A_c，可得

$$\Delta P^* \equiv \frac{\Delta P}{\frac{\rho U_{in}^2}{2}} = f_m \frac{4x}{D_h} + \frac{2}{A_c}\int_{A_c}\left(\frac{u_{FD}}{U_{in}}\right)^2 dA_c - 2 \tag{21-53}$$

對一般的工程師而言，要利用式21-53來估算所需的壓降並不容易，這是因爲要事先知道流速的分布後再去積分，因此在考量實際上方便運算，較常使用的方式有兩種，第一種方法引進一「明顯」摩擦係數f_{app} (apparent friction factor)，直接將式21-53表示成下：

$$\Delta P^* \equiv \frac{\Delta P}{\frac{\rho U_{in}^2}{2}} = f_{app} \frac{4x}{D_h} \tag{21-54}$$

另外一種作法將壓降分成「完全發展部份的摩擦貢獻」與「發展區中速度分布變化的影響」兩部份，即：

$$\Delta P^* \equiv \frac{\Delta P}{\frac{\rho U_{in}^2}{2}} = \Delta P_{FD}^* + \Delta P_{DEV}^* = f_{FD} \frac{4x}{D_h} + K(x) \tag{21-55}$$

其中$K(x)$稱之爲壓力缺陷(pressure defect)，代表速度分布變化所造成的壓力損失，將式21-54減去式21-55可得：

$$K(x) = \left(f_{app} - f_{FD}\right)\frac{4x}{D_h} \tag{21-56}$$

當流動已達完全發展時，$K(x)$趨近程定値，不再變化，此值通常以$K(\infty)$來表示也稱之爲Hagenbach's factor，例如圓管的值約爲1.28，較爲精確的估算式爲：

$$K(\infty) = 1.2 + \frac{38}{\text{Re}} \tag{21-57}$$

由於f_{app}或K與位置有關，因此文獻上都會使用無因次的流動距離x^+ (dimensionless axial distance)來整理相關的資料，即：

$$x^+ = \frac{x}{D_h \text{Re}} \tag{21-58}$$

表21-3 不同長寬比的矩形中f_{app}·Re與x^+的關係

x^+	$\alpha^* = 1$	$\alpha^* = 0.5$	$\alpha^* = 0.2$	$\alpha^* = 0$
0	142	142	142	287
0.001	111	111	11	112
0.003	66	66	66.1	67.5
0.005	51.8	51.8	52.5	53
0.007	44.6	44.6	45.3	46.2
0.009	39.9	40	40.6	42.1
0.01	38	38.2	38.9	40.4
0.015	32.1	32.5	33.3	35.6
0.02	28.6	29.1	30.2	32.4
0.03	24.6	25.3	26.7	29.7
0.04	22.4	23.2	24.9	28.2
0.05	21	21.8	23.7	27.4
0.06	20	20.8	22.9	26.8
0.07	19.3	20.1	22.4	26.4
0.08	18.7	19.6	22	26.1
0.09	18.2	19.1	21.7	25.8
0.1	17.8	18.8	21.4	25.6
0.2	15.8	17	20.1	24.7
1	14.2	15.5	19.1	24

在完全發展的層流流動中，將流速分布(通常爲2次曲線)帶入摩擦剪力的定義後，最後可以證明f·Re = 常數；因此許多經驗式都會使用f·Re當自變數來整理(f·Re 或稱之爲Poiseuille number, Po)，例如以圓管而言，Shah and London (1978)建議如下的方程式：

$$f_{app}\,\mathrm{Re} = \frac{3.44}{\sqrt{x^+}} + \frac{16 + \dfrac{1.25}{x^+} - \dfrac{3.44}{\sqrt{x^+}}}{1 + 0.00021\left(x^+\right)^{-2}} \tag{21-59}$$

若爲平行板通道，Shah and London (1978)建議如下的方程式：

$$f_{app}\,\mathrm{Re} = \frac{3.44}{\sqrt{x^+}} + \frac{24 + \dfrac{0.1685}{x^+} - \dfrac{3.44}{\sqrt{x^+}}}{1 + 0.00029\left(x^+\right)^{-2}} \tag{21-60}$$

若爲矩形流道，則與其長寬比值有關，這裡定義長寬比 = 短邊/長邊 = α^*，f_{app}·Re與x^+的關係如表21-3所示。

有關壓降的計算，利用式21-54來計算的好處爲直接而利用式21-55則可清楚瞭解這兩部份的個別影響，兩種方法都有人用，筆者個人的建議計算過程如下：

(1) 首先判斷入口發展區的影響，即計算入口發展區的長度，如果此一長度僅佔通道長度的數個百分比(例如小於10%)，此時入口效應的影響相對不重要，設計者可以用完全發展的摩擦係數估算整個通道的壓降(完全發展區的Po數對圓管、平行板通道與矩形通道分別見式21-62、21-64與21-65)，判斷發展長度的估算可由式21-43粗估或由下列方程式估算(Shah and London, 1978)：

圓管：

$$\frac{L_{hy}}{D_h} = \frac{0.6}{0.035\,\mathrm{Re}+1} + 0.056\,\mathrm{Re} \tag{21-61}$$

$$f_{FD}\cdot \mathrm{Re} = 16 \tag{21-62}$$

平行板通道(可用0.011近似或用下式)：

$$\frac{L_{hy}}{D_h} = \frac{0.315}{0.0175\,\mathrm{Re}+1} + 0.011\,\mathrm{Re} \tag{21-63}$$

$$f_{FD}\cdot \mathrm{Re} = 24 \tag{21-64}$$

矩形通道的L_{hy}/D_h如下表：

$\alpha^* = 1$	$\alpha^* = 0.5$	$\alpha^* = 0.2$	$\alpha^* = 0.2$
0.09Re	0.085Re	0.075Re	0.08Re

$$f_{FD}\,\mathrm{Re} = 24\left(1-1.3553\alpha^* + 1.9467\left(\alpha^*\right)^2 - 1.7012\left(\alpha^*\right)^3 + 0.9564\left(\alpha^*\right)^4 - 0.2537\left(\alpha^*\right)^5\right) \tag{21-65}$$

(2) 如果通道長度大於發展長度，但不像(1)有很大的差距，則由式21-55(其實也可以由式21-54來計算，兩者答案應相同；例題21-3-1中會有兩者的計算的比較)。

$$\Delta P^* = f_{FD}\frac{4x}{D_h} + K(x) = f_{FD}\frac{4x}{D_h} + K(\infty)\ \text{(因為通道長度}x > L_{hy}\text{)} \tag{21-66}$$

其中

圓管：

$$K(\infty)=1.2+\frac{38}{\mathrm{Re}} \tag{21-57}$$

平行板通道：

$$K(\infty)=0.64+\frac{38}{\mathrm{Re}} \tag{21-67}$$

矩形通道的$K(\infty)$理論數據方程式如下(與實驗數據差異不大，見Shah and London一書說明)：

$$K(\infty)=1.778-1.149e^{(\alpha^*)} \tag{21-68}$$

(3) 如果通道長度比發展長度還短，筆者建議利用式21-54來計算壓降，由式21-59, 21-60與表21-3來計算f_{app}。

例21-3-1：考慮一平行通道微通道，平行通道間距為500 μm，長度為5公分，入口的雷諾數為1000，試估算通過平行通道的無因次壓降ΔP^*。

21-3-1 解：

首先計算平行板通道的水力直徑D_h，由其定義$D_h = 4A_c/P_h$可知D_h能等於兩倍的平行板通道間距 = 2×500 μm = 1 mm = 0.001 m。由式21-63，

$$\frac{L_{hy}}{D_h}=\frac{0.315}{0.0175\mathrm{Re}+1}+0.011\mathrm{Re}=\frac{0.315}{0.0175\times1000+1}+0.011\times1000=11.02$$

$$\therefore L_{hy}=11.02\times D_h=11.02\times0.001=0.01102\ \mathrm{m}$$

也就是說入口長度約佔總長度的22%

由式21-67，$K(\infty)=0.64+\frac{38}{\mathrm{Re}}=0.64+\frac{38}{1000}=0.6438$

所以$\Delta P^*=f_{FD}\frac{4x}{D_h}+K(\infty)=\frac{24}{\mathrm{Re}}\frac{4x}{D_h}+K(\infty)=\frac{24}{1000}\times\frac{4\times0.05}{0.001}+0.6438=5.4438$

另外由式21-58，$x^+=\frac{x}{D_h\mathrm{Re}}=\frac{0.05}{0.001\times1000}=0.05$

故$f_{app}\mathrm{Re}=\frac{3.44}{\sqrt{x^+}}+\frac{24+\frac{0.1685}{x^+}-\frac{3.44}{\sqrt{x^+}}}{1+0.00029\left(x^+\right)^{-2}}=\frac{3.44}{\sqrt{0.05}}+\frac{24+\frac{0.1685}{0.05}-\frac{3.44}{\sqrt{0.05}}}{1+0.00029(0.05)^{-2}}=26.1242$

$$\therefore f_{app}=\frac{26.12423}{\mathrm{Re}}=0.02612423$$

$$\Delta P^* = f_{app}\frac{4x}{D_h} = 0.026124\times\frac{4\times 0.05}{0.001} = 5.2248$$

此計算結果顯示式21-54與式21-55的結果差不多，其中的差異來自於相關經驗式的誤差。另外提醒讀者，在本例中用完全發展部份的摩擦係數來估算全部的壓降$\left(\text{即} f_{FD}\frac{4x}{D_h}\right)$，可得值4.8，會比式21-55的計算值低上近12%。

21-3-3 紊流流動下的摩擦特性

在較大的管道中，例如圓管，流動從層流開始轉變流動型態的雷諾數約爲2300，當雷諾數超過10000時則可視爲完全紊流流動，過去對微通道是否是用此一轉換雷諾數的研究結論相當分歧，但最近的很多研究已明確的指出，此一轉換雷諾數並不會因爲微通道而有所改變(Kandlikar et al., 2005)，雖然大多數的微通道應用都落在層流區，如果是圓管且爲完全紊流流動，則傳統Blasius方程式仍可適用：

$$f = \begin{cases} 0.0791\mathrm{Re}_{D_h}^{-0.25} & \text{當}\ \mathrm{Re}_{D_h} < 2\times 10^4 \\ 0.046\mathrm{Re}_{D_h}^{-0.2} & \text{當}\ \mathrm{Re}_{D_h} \ge 2\times 10^4 \end{cases} \tag{21-69}$$

Phillips (1987) 則提出依比較精確且同時適用於流動發展區與完全發展區的方程式如下：

$$f = \left(0.0929 + \frac{1.01612}{\frac{x}{D_h}}\right)\mathrm{Re}_{D_h}^{\left(-0.268-\frac{0.3293}{\frac{x}{D_h}}\right)} \tag{21-70}$$

如果通道爲矩形管，仍可利用式21-69與21-70來計算，不過Jones (1976)建議使用矩形管等效雷諾數(equivalent Reynolds number)來計算壓降，等效雷諾數定義如下：

$$\mathrm{Re} = \frac{\rho u_m D_{le}}{\mu} = \frac{\rho u_m\left(\frac{2}{3}+\frac{11}{24\alpha^*}\left(2-\frac{1}{\alpha^*}\right)\right)D_h}{\mu} \tag{21-71}$$

21-3-4 粗糙度對摩擦特性的影響

在較大的管道中，粗糙度對層流流動並無影響但在紊流流動中則隨粗糙度增加而變大，在微通道內，其影響究竟如何，Kandlikar et al. (2005)建議用「侷限流動直徑」(constricted flow diameter)取代真實直徑來計算摩擦係數，所謂「侷限直徑」，簡單來講就是真實直徑減去兩倍的粗糙度，其基本想法是在微通道中，粗糙度覆蓋部份的流體很難流動，只有在粗糙度外的流動流體才能有比較有效流動，所以：

$$D_{cf} = D_h - 2\delta \tag{21-72}$$

而在完全發展的流動下，

$$\Delta P = \frac{4L}{D_{h,cf}} f_{cf} \frac{\rho u_{m,cf}^2}{2} \tag{21-73}$$

其中

$$u_{m,cf} = \frac{\dot{m}}{A_{cf}} \tag{21-74}$$

$$\mathrm{Re}_{cf} = \frac{\rho u_{m,cf} D_{h,cf}}{\mu_{cf}} \tag{21-75}$$

$$D_{h,cf} = \frac{4A_{cf}}{C_{cf}} \tag{21-76}$$

根據Kandlikar et al. (2005)的實驗與整理，如果在層流流動且 $0 \le \varepsilon/D_{h,cf} \le 0.15$，則：

$$f_{cf} = \frac{\mathrm{Po}}{\mathrm{Re}_{cf}} \tag{21-77}$$

如果在紊流流動範圍，則：

$$f_{cf}=\begin{cases}\dfrac{\left(\log_{10}\left(\dfrac{\delta/D_{h,cf}}{3.7}+\dfrac{5.74}{\mathrm{Re}_{cf}^{0.9}}\right)^{-2}\right)}{16} & 當0\le\delta/D_{h,cf}\le0.03\\ 0.0105 & 當0.03<\delta/D_{h,cf}\le0.05\end{cases}\tag{21-78}$$

21-4　單相流體在微通道內的熱傳特性

21-4-1　微通道的單相流熱傳特性

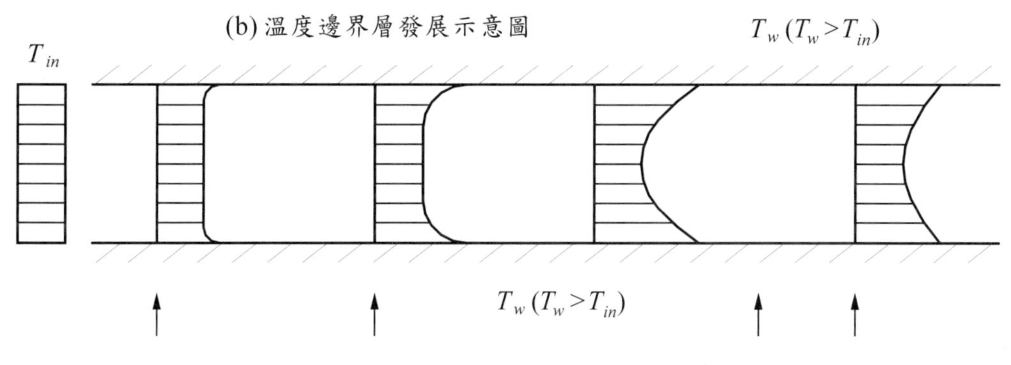

圖21-10　通道內的溫度場發展示意圖

在上節中介紹了速度場在通道間的入口效應，同樣的如果通道壁面上提供加熱或冷卻條件時，流體的溫度場也會隨位置的改變而產生「入口效應」，因此同樣有入口效應溫度場的完全發展(fully developed)問題，如圖21-10所示，然而完全發展的溫度場與完全發展的速度場其實定義並不相同，在先前完全發展的速度場中，其流動方向的速度已不再隨流動方向變化，即$u(x,y,z)=u(y,z)$，$\partial u/\partial x=0$，但完全發展的溫度場中，溫度仍然會持續隨位置(x)增加而持續改變，完全發展的溫度場的定義如下：

$$\frac{\partial}{\partial x}\left(\frac{T_{w,m}-T}{T_{w,m}-T_m}\right)=0\tag{21-79}$$

上式下標m表平均值而w代表壁面，上式代表的意義是溫度場的梯度變化不再隨位置改變而有所變化，而非溫度絕對值不隨位置改變，在實際的通道中，流場與溫場在進入通道後可能同時在發展中，此一狀況稱之為同時發展(simultaneously developing flow)，下面的介紹中則分成兩部份來看，首先是流場已完全發展後，來考量溫場於通道中的變化，另外則為兩者通時發展的影響。

21-4-2 流場已完全發展後通道才開始加熱或冷卻的發展溫度場入口效應

相對於先前介紹的無因次的流動發展距離x^+，溫度場的入口效應也有一相對發展的長度(dimensionless thermal axial distance)，由於溫度場的變化與流體特性有關，因此一長度含有流體性質Prandtl number (Pr)，即：

$$x^* = \frac{x}{D_h \mathrm{Re}\,\mathrm{Pr}} = \frac{x}{D_h \mathrm{Pe}} \tag{21-80}$$

在第一章的介紹中，層流流動下，我們瞭解熱傳性能(紐賽數Nu_x)會隨著入口長度x增加而下降，到達完全發展區時熱傳性能趨於定值($Nu_\infty \rightarrow$定值，定值與幾何形狀有關，見第一章表 1-7)；而溫度場完全發展長度L_{th}的定義，Shah and London (1978)建議以$Nu_x/Nu_\infty = 1.05$時當作溫度場完全發展長度，而無因次的溫度場完全發展為：

$$L_{th}^* = \frac{L_{th}}{D_h \mathrm{Pe}} = \frac{L_{th}}{D_h \mathrm{Re}\,\mathrm{Pr}} \tag{21-81}$$

另外，對層流流動而言，熱傳性能與邊界條件有關(這裡分等溫壁面與等熱通量壁面)來考量，其中下標T代表等溫條件，H代表等熱通量條件，x代表該位置的性能而m代表入口到該位置的平均值，其中平均的$Nu_{x,m}$一定大於Nu_x而，圓管、平行板通道與矩形流道的熱流性能如下：

圓管：

$$L_{th,T}^* = 0.0334654 \tag{21-82}$$

$$L_{th,H}^* = 0.0430527 \tag{21-83}$$

$$Nu_{\infty,T} = 3.66 \tag{21-84}$$

$$Nu_{\infty,H} = 4.36 \tag{21-85}$$

$$Nu_{x,T} = \begin{cases} 1.0077\left(x^*\right)^{-1/3} - 0.7 & 當x^* \le 0.01 \\ 3.657 + 0.236162\left(x^*\right)^{-0.488} e^{-57.2x^*} & 當x^* > 0.01 \end{cases} \tag{21-86}$$

$$Nu_{x,m,T} = \begin{cases} 1.615\left(x^*\right)^{-1/3} - 0.7 & 當x^* \le 0.005 \\ 1.615\left(x^*\right)^{-1/3} - 0.2 & 當0.005 < x^* \le 0.005 \\ 3.657 + \dfrac{0.0499}{x^*} & 當x^* > 0.03 \end{cases} \tag{21-87}$$

$$Nu_{x,H} = \begin{cases} 1.302\left(x^*\right)^{-1/3} - 1 & 當x^* \le 0.00005 \\ 1.302\left(x^*\right)^{-1/3} - 0.5 & 當0.00005 < x^* \le 0.0015 \\ 4.364 + 0.2633418\left(x^*\right)^{-0.506} e^{-41x^*} & 當x^* > 0.0015 \end{cases} \tag{21-88}$$

$$Nu_{x,m,H} = \begin{cases} 1.953\left(x^*\right)^{-1/3} & 當x^* \le 0.03 \\ 4.364 + \dfrac{0.0772}{x^*} & 當x^* > 0.03 \end{cases} \tag{21-89}$$

式21-88與21-89為分段是用的方程式，Churchill and Ozoe (1973a, 1973b)則提出適用全區域的方程式如下：

$$\frac{Nu_{x,T} + 1.7}{5.357} = \left[1 + \left(\frac{388}{\pi} x^*\right)^{-8/9}\right]^{3/8} \tag{21-90}$$

$$\frac{Nu_{x,H} + 1.7}{5.364} = \left[1 + \left(\frac{220}{\pi} x^*\right)^{-10/9}\right]^{3/10} \tag{21-91}$$

平行板通道：

$$L^*_{th,T} = 0.0079735 \tag{21-92}$$

$$L^*_{th,H} = 0.0115439 \tag{21-93}$$

$$Nu_{\infty,T} = 7.541 \tag{21-94}$$

$$Nu_{\infty,H} = 8.235 \tag{21-95}$$

$$Nu_{x,T} = \begin{cases} 1.233\left(x^*\right)^{-1/3} + 0.4 & \text{當} x^* \le 0.001 \\ 7.541 + 0.236162\left(x^*\right)^{-0.488} e^{-245x^*} & \text{當} x^* > 0.001 \end{cases} \tag{21-96}$$

$$Nu_{x,m,T} = \begin{cases} 1.849\left(x^*\right)^{-1/3} - 0.7 & \text{當} x^* \le 0.0005 \\ 1.849\left(x^*\right)^{-1/3} + 0.62 & \text{當} 0.0005 < x^* \le 0.006 \\ 7.541 + \dfrac{0.0235}{x^*} & \text{當} x^* > 0.006 \end{cases} \tag{21-97}$$

$$Nu_{x,H} = \begin{cases} 1.49\left(x^*\right)^{-1/3} & \text{當} x^* \le 0.0002 \\ 1.49\left(x^*\right)^{-1/3} - 0.4 & \text{當} 0.0002 < x^* \le 0.001 \\ 8.235 + 0.2633418\left(x^*\right)^{-0.506} e^{-164x^*} & \text{當} x^* > 0.001 \end{cases} \tag{21-98}$$

$$Nu_{x,m,H} = \begin{cases} 2.236\left(x^*\right)^{-1/3} & \text{當} x^* \le 0.01 \\ 2.236\left(x^*\right)^{-1/3} + 0.9 & \text{當} 0.001 < x^* \le 0.01 \\ 8.235 + \dfrac{0.0364}{x^*} & \text{當} x^* > 0.01 \end{cases} \tag{21-99}$$

矩形通道：

矩形流道的熱傳特性與長寬比有關，因此多以表格方式來表示，其中溫度場發展長度，根據Shah and London (1978)的整理如表下：

表21-4 不同長寬比的矩形中無因次溫場發展長度

α^*	流場已完全發展 (Pr = ∞)		流場、溫場同時發展 (Pr = 0.7)
	$L^*_{th,T}$	$L^*_{th,H1}$	$L^*_{th,H1}$
0	0.0080	0.0115	0.017
1/4	0.054	0.042	0.136
1/3	-	0.048	0.17
1/2	0.049	0.057	0.23
1	0.041	0.066	0.34
圓管	0.0335	0.0431	0.053

$$Nu_{\infty,T}=7.541\left(1-2.61\alpha^{*}+4.97\left(\alpha^{*}\right)^{2}-5.119\left(\alpha^{*}\right)^{3}+2.702\left(\alpha^{*}\right)^{4}-0.548\left(\alpha^{*}\right)^{5}\right)\tag{21-100}$$

$$Nu_{\infty,H1}=8.235\left(1-2.0421\alpha^{*}+3.0853\left(\alpha^{*}\right)^{2}-2.4765\left(\alpha^{*}\right)^{3}+1.0578\left(\alpha^{*}\right)^{4}-0.1861\left(\alpha^{*}\right)^{5}\right)\tag{21-101}$$

$$Nu_{\infty,H2}=8.235\left(1-10.6044\alpha^{*}+61.1755\left(\alpha^{*}\right)^{2}-155.1803\left(\alpha^{*}\right)^{3}+176.9203\left(\alpha^{*}\right)^{4}-72.9236\left(\alpha^{*}\right)^{5}\right)\tag{21-102}$$

表21-6　等熱通量(H1)與完全發展條件下，不同長寬比及部份絕熱面對矩形流道的熱傳性能影響

$\frac{2b}{2a}$	Nu_{H1}				
	b, a				
0.0	8.235	8.235	8.235	0	5.385
0.1	6.700	6.939	7.248	0.538	4.410
0.2	5.704	6.072	6.561	0.964	3.914
0.3	4.969	5.393	5.997	1.312	3.538
0.4	4.457	4.885	5.555	1.604	3.279
0.5	4.111	4.505	5.203	1.854	3.104
0.6	3.884	-	-	-	2.987
0.7	3.740	3.991	4.662	2.263	2.911
0.8	3.655	-	-	-	2.866
0.9	3.612	-	-	-	2.843
1.0	3.599	3.556	4.094	2.712	2.836
1.43	3.750	3.740	3.195	3.508	3.149
2.0	4.123	4.111	3.146	2.947	3.539
2.5	4.472	4.457	3.169	2.598	3.777
3.33	4.990	4.969	3.306	2.182	4.060
5.0	5.738	5.704	3.636	1.664	4.411
10.0	6.785	6.700	4.252	0.975	4.851
∞	8.235	8.235	5.385	0	5.385

其中下標$H1$代表軸向爲等熱通量而周長爲等溫條件，$H2$代表軸向與周長均爲等熱通量條件，除了式21-100~21-102均勻等溫或等熱通量的邊界條件外，對矩形通道而言，其四個面在應用上並非一定在加熱或冷卻狀態，其中可能僅有一個、兩個甚至三個面爲絕熱面，此時熱傳性能將與四面加熱不同，Shah and London (1978)整理出等溫(表21-5)與H1邊界條件(表

21-6)於完全發展時的熱傳性能，其中表中矩形旁之▒代表絕熱面，表21-7爲正方形流道在溫度場發展過程中的熱傳性能，而表21-8爲長寬比0.5、1/3與0.25的矩型通道在等溫與等熱通量邊界條件下，熱傳性能因溫度場發展的影響。

表21-7　正方形流道中($\alpha^* = 1$)，溫度場發展變化對熱傳性能的影響

$\frac{1}{x^*}$	$Nu_{x,T}$	$Nu_{m,T}$	$Nu_{x,H1}$	$Nu_{m,H1}$	$Nu_{x,H2}$	$Nu_{m,H2}$
0	2.975	2.975	3.612	3.612	3.095	3.095
10	2.976	3.514	3.686	4.549	3.160	3.915
20	3.074	4.024	3.907	5.301	3.359	4.602
25	3.157	4.253	4.048	5.633	3.481	4.898
40	3.432	4.841	4.465	6.476	3.843	5.656
50	3.611	5.173	4.720	6.949	4.067	6.083
80	4.084	5.989	5.387	8.111	4.654	7.138
100	4.357	6.435	5.769	8.747	4.993	7.719
133.3	4.755	7.068	6.331	9.653	5.492	8.551
160	-	-	6.730	10.279	5.848	9.128
200	5.412	8.084	7.269	11.103	6.330	9.891

表21-8　矩形流道中，溫度場發展變化對熱傳性能的影響

$\frac{1}{x^*}$	等溫邊界						等熱通量邊界 (H1)					
	$\alpha^* = 0.5$		$\alpha^* = 1/3$		$\alpha^* = 0.25$		$\alpha^* = 0.5$		$\alpha^* = 1/3$		$\alpha^* = 0.25$	
	$Nu_{x,T}$	$Nu_{m,T}$	$Nu_{x,T}$	$Nu_{m,T}$	$Nu_{x,T}$	$Nu_{m,T}$	$Nu_{x,H1}$	$Nu_{m,H1}$	$Nu_{x,H1}$	$Nu_{m,H1}$	$Nu_{x,H1}$	$Nu_{m,H1}$
0	3.39	3.39	3.96	3.96	4.51	4.51	4.11	4.11	4.77	4.77	5.35	5.35
10	3.43	3.95	4.02	4.54	4.53	5.00	4.22	4.94	4.85	5.45	5.45	6.03
20	3.54	4.46	4.17	5.00	4.65	5.44	4.38	5.60	5.00	6.06	5.62	6.57
30	3.70	4.86	4.29	5.39	4.76	5.81	4.61	4.16	5.17	6.60	5.77	7.07
40	3.85	5.24	4.42	5.74	4.87	6.16	4.84	6.64	5.39	7.09	5.87	7.51
60	4.16	5.85	4.67	6.35	5.08	6.73	5.28	7.45	5.82	7.85	6.26	8.25
80	4.46	6.37	4.94	6.89	5.32	7.24	5.70	8.10	6.21	8.48	6.63	8.87
100	4.72	6.84	5.17	7.33	5.55	7.71	6.05	8.66	6.57	9.02	7.00	9.39
120	4.93	7.24	5.42	7.74	5.77	8.13	6.37	9.13	6.92	9.52	7.32	9.83
140	5.15	7.62	5.62	8.11	5.98	8.50	6.68	9.57	7.22	9.93	7.63	10.24
160	5.34	7.97	5.80	8.45	6.18	8.86	6.96	9.96	7.50	10.31	7.92	10.61
180	5.54	8.29	5.99	8.77	6.37	9.17	7.23	10.31	7.76	10.67	8.18	10.92
200	5.72	8.58	6.18	9.07	6.57	9.47	7.46	10.64	8.02	10.97	8.44	11.23

21-4-3　流場與溫場同時發展對熱傳性能影響的入口效應

許多應用中，流場與溫場是同時在變化，因此入口效應的影響長度會更長，同樣的此一熱傳性能與無因次的x^*有關，相關方程式與表格如下所示：

圓管：

$$L_{th,T}^{*} = 0.037 \tag{21-103}$$

$$L_{th,H}^{*} = 0.053 \tag{21-104}$$

$$Nu_{\infty,T} = 3.66 \tag{21-84}$$

$$Nu_{\infty,H} = 4.36 \tag{21-85}$$

$$\frac{Nu_{x,T}+1.7}{5.357\left(1+\left(\frac{388}{\pi}x^{*}\right)^{\frac{-8}{9}}\right)^{\frac{3}{8}}} = \left(1+\left(\frac{\frac{\pi}{284x^{*}}}{\left(1+\left(\frac{\Pr}{0.0468}\right)^{\frac{2}{3}}\right)^{\frac{1}{2}}\left(1+\left(\frac{388}{\pi}x^{*}\right)^{\frac{-8}{9}}\right)^{\frac{3}{4}}}\right)^{\frac{4}{3}}\right)^{\frac{3}{8}} \tag{21-105}$$

$$\frac{Nu_{x,H}+1}{5.357\left(1+\left(\frac{220}{\pi}x^{*}\right)^{\frac{-10}{9}}\right)^{\frac{3}{10}}} = \left(1+\left(\frac{\frac{\pi}{115.2x^{*}}}{\left(1+\left(\frac{\Pr}{0.0207}\right)^{\frac{2}{3}}\right)^{\frac{1}{2}}\left(1+\left(\frac{220}{\pi}x^{*}\right)^{\frac{-10}{9}}\right)^{\frac{3}{5}}}\right)^{\frac{5}{3}}\right)^{\frac{3}{10}} \tag{21-106}$$

平行板通道：

平行板通道相關方程式與表格如下：

$$Nu_{\infty,T} = 7.541 \tag{21-94}$$

$$Nu_{\infty,H} = 8.235 \tag{21-95}$$

$$Nu_{x,m,T} = 7.55 + \frac{0.024\left(x^{*}\right)^{-1.14}}{1+0.0358\left(x^{*}\right)^{-0.64}\Pr^{0.17}} \tag{21-107}$$

表21-9 圓形流道於等溫邊界條件下，流場與溫度場同時發展變化對熱傳性能的影響

x^*	$Nu_{x,T}$			$Nu_{m,T}$		
	Pr = 0.7	Pr = 2	Pr = 5	Pr = 0.7	Pr = 2	Pr = 5
0.0002	24.8	21.2	18.9	44.1	36.4	30.3
0.0003	21.0	18.2	16.4	37.8	31.1	26.6
0.0004	18.6	16.2	14.7	33.6	27.7	24.0
0.0005	16.8	14.8	13.6	30.5	25.2	22.1
0.0006	15.5	13.8	12.7	28.1	23.4	20.7
0.0008	13.7	12.4	11.5	24.6	20.8	18.4
0.0010	12.6	11.4	10.6	22.2	19.1	16.9
0.0015	10.8	9.8	9.2	18.7	16.2	14.4
0.002	9.6	8.8	8.2	16.7	14.4	12.8
0.003	8.2	7.5	7.2	14.1	12.4	11.1
0.004	7.3	6.8	6.5	12.4	11.1	9.9
0.005	6.7	6.2	6.05	11.3	10.2	9.2
0.006	6.25	5.8	5.70	10.6	9.5	8.6
0.008	5.60	5.3	5.27	9.5	8.5	7.7
0.010	5.25	4.93	4.92	8.7	7.8	7.2
0.015	4.60	4.44	4.44	7.5	6.8	6.3
0.020	4.28	4.17	4.17	6.8	6.2	5.8
∞	3.66	3.66	3.66	3.66	3.66	3.66

表21-10 圓形流道於等熱通量邊界條件下，流場與溫度場同時發展變化對熱傳性能的影響

x^*	$Nu_{x,H}$		
	Pr = 0.7	Pr = 2	Pr = 5
0.0002	-	-	27.5
0.0003	29.8	26.3	23.7
0.0004	26.3	23.4	21.1
0.0005	23.7	21.2	19.2
0.0006	21.8	19.6	17.8
0.0008	19.2	17.3	15.8
0.0010	17.5	15.8	14.4
0.0015	14.7	13.4	12.2
0.002	13.0	11.8	10.9
0.0025	-	-	-
0.003	11.0	10.1	9.4
0.004	9.8	9.0	8.5
0.005	9.0	8.2	7.9
0.006	8.4	7.7	7.4
0.008	7.5	6.9	6.7
0.010	6.9	6.4	6.2
0.015	6.0	5.7	5.6
0.020	5.5	5.3	5.2
0.025	-	-	-
0.05	-	-	-
0.10	-	-	-
0.25	-	-	-
∞	4.36	4.36	4.36

表21-11　平行板流道於等溫邊界條件下，流場與溫度場同時發展變化對熱傳性能的影響

Pr = 0.1		Pr = 0.72		Pr = 10		Pr = 50	
x^*	$Nu_{m,T}$	x^*	$Nu_{m,T}$	x^*	$Nu_{m,T}$	x^*	$Nu_{m,T}$
0.0000625	115.7	0.0000434	116.1	0.0000125	130.7	0.0000075	150.2
0.000188	60.50	0.0000868	72.87	0.0000188	114.3	0.0000138	108.4
0.000313	47.77	0.000260	44.14	0.000025	98.65	0.0000200	89.93
0.000469	38.53	0.000434	35.09	0.000050	70.69	0.0000250	80.79
0.000625	33.88	0.000608	30.23	0.000075	58.66	0.0000563	54.95
0.00125	25.16	0.000955	24.91	0.000100	51.53	0.0000875	45.19
0.00188	21.25	0.00130	21.90	0.000125	46.68	0.000119	39.77
0.00250	18.92	0.00174	19.52	0.000188	38.99	0.000150	36.20
0.00313	17.33	0.00260	16.63	0.000250	34.38	0.000275	28.73
0.00375	16.17	0.00347	14.90	0.000500	25.73	0.000400	25.15
0.00438	15.27	0.00434	13.74	0.00075	21.94	0.000525	22.91
0.00500	14.55	0.00608	12.24	0.00106	19.25	0.000625	21.62
0.00563	13.96	0.00868	10.96	0.00200	15.44	0.000938	18.92
0.00625	13.47	0.0148	9.593	0.00313	13.40	0.00125	17.26
0.00938	11.84	0.0234	8.827	0.00625	11.01	0.00156	16.10
0.0125	10.94	0.0321	8.474	0.00938	9.978	0.00188	15.23
0.0281	9.240	0.0434	8.225	0.0125	9.402	0.00313	13.11
0.0438	8.691	0.0651	7.986	0.0250	8.474	0.00438	11.94
0.0594	8.396	0.0942	7.792	0.0406	8.106	0.00563	11.17
0.0750	8.218	0.1519	7.707	0.0656	7.878	0.00688	10.63

表21-12　平行板流道於等熱通量邊界條件下，流場與溫度場同時發展變化對熱傳性能的影響

Pr = 0.01		Pr = 0.7		Pr = 1		Pr = 10	
x^*	$Nu_{x,H}$	x^*	$Nu_{x,H}$	x^*	$Nu_{x,H}$	x^*	$Nu_{x,H}$
0.001	24.5	0.000714	21.98	0.00050	24.34	0.000050	50.74
0.002	18.5	0.00179	15.11	0.00125	16.62	0.000125	34.07
0.004	13.7	0.00625	10.03	0.00438	10.79	0.000438	20.66
0.007	11.1	0.0107	8.90	0.0075	9.31	0.00075	17.03
0.01	10.0	0.0286	8.24	0.0200	8.31	0.00200	12.60
0.02	9.0	0.0893	8.22	0.0625	8.23	0.00625	9.50
0.04	8.5	0.143	8.22	0.100	8.23	0.0100	8.80
0.07	8.3						
0.20	8.23						

矩形通道：

同樣的矩形流道的熱傳特性因流場與溫度場同時發展的熱傳性能如表21-13與21-14(僅適用 Pr = 0.72，即空氣)，另外表21-15僅適用長寬比爲0.5

但包含Pr = 0, 0.1, 0.72, 10與∞：

表21-13 矩形流道於等溫邊界條件下，流場與溫度場同時發展變化對熱傳性能的影響 (Pr = 0.72)

$\frac{1}{x^*}$	$Nu_{m,T}$				
	長寬比 α^*				
	1.0	0.5	1/3	0.25	1/6
0	3.75	4.20	4.67	5.11	5.72
10	4.39	4.79	5.17	5.56	6.13
20	4.88	5.23	5.60	5.93	6.47
30	5.27	5.61	5.96	6.27	6.78
40	5.63	5.95	6.28	6.61	7.07
60	5.95	6.27	6.60	6.90	7.35
80	6.57	6.88	7.17	7.47	7.90
100	7.10	7.42	7.70	7.98	8.38
120	7.61	7.91	8.18	8.48	8.85
140	8.06	8.97	8.66	8.93	9.28
160	8.50	8.80	9.10	9.36	9.72
180	8.91	9.20	9.50	9.77	10.12
200	9.30	9.60	9.91	10.18	10.51
220	9.70	10.00	10.30	10.58	10.90

表21-14 矩形流道於等熱通量邊界條件下，流場與溫度場同時發展變化對熱傳性能的影響 (Pr = 0.72)

$\frac{1}{x^*}$	$Nu_{x,H1}$				$Nu_{m,H1}$			
	長寬比 α^*				長寬比 α^*			
	1.0	0.5	1/3	0.25	1.0	0.5	1/3	0.25
5	-	-	-	-	4.60	5.00	5.57	6.06
10	4.18	4.60	5.18	5.66	5.43	5.77	6.27	6.65
20	4.66	5.01	5.50	5.92	6.60	6.94	7.31	7.58
30	5.07	5.40	5.82	6.17	7.52	7.83	8.13	8.37
40	5.47	5.75	6.13	6.43	8.25	8.54	8.85	9.07
50	5.83	6.09	6.44	6.70	8.90	9.17	9.48	9.70
60	6.14	6.42	6.74	7.00	9.49	9.77	10.07	10.32
80	6.80	7.02	7.32	7.55	10.53	10.83	11.13	11.35
100	7.38	7.59	7.86	8.08	11.43	11.70	12.00	12.23
120	7.90	8.11	8.37	8.58	12.19	12.48	12.78	13.03
140	8.38	8.61	8.84	9.05	12.87	13.15	13.47	13.73
160	8.84	9.05	9.38	9.59	13.50	13.79	14.10	14.48
180	9.28	9.47	9.70	9.87	14.05	14.35	14.70	14.95
200	9.69	9.88	10.06	10.24	14.55	14.88	15.21	15.49
220	-	-	-	-	15.03	15.36	15.83	16.02

表21-15 矩形流道於等熱通量邊界條件下，流場與溫度場同時發展變化對熱傳性能的影響 ($\alpha^* = 0.5$)

$\frac{1}{x^*}$	$Nu_{m,H1}$				
	Pr = ∞	10	0.72	0.1	0
20	5.60	6.15	6.94	7.90	8.65
40	6.64	7.50	8.54	9.75	10.40
60	7.45	8.40	9.77	11.10	11.65
80	8.10	9.20	10.83	12.15	12.65
100	8.66	9.90	11.70	13.05	13.50
140	9.57	11.05	13.15	14.50	14.95
180	10.31	11.95	14.35	15.65	16.15
220	10.95	12.75	15.35	16.70	17.20
260	11.50	13.45	16.25	17.60	18.10
300	12.00	14.05	17.00	18.30	18.90
350	12.55	14.75	17.75	19.10	19.80
400	13.00	15.40	18.50	19.90	20.65

例21-4-1： 考慮一圓形微通道熱交換器，微通道圓管水冷式冷板如圖21-11所示，圓管直徑爲750 μm，共有50個通道，冷板貼於一均勻發熱之熱源，其發熱量爲400 W，設計上使用入水溫度爲34.3°C，此溫度下相關的物性爲$\rho_{water} = 994.27\ kg/m^3$，$\mu_{water} = 0.000743525$ Pa·s，$c_{p,water} = 4178$ J/kg·K, $k_{water} = 0.6235$ W/m·K, $Pr_{water} = 5.0$，需要將發熱表面的平均溫度控制在50°C以下，試問設計水流量應至少要多大？

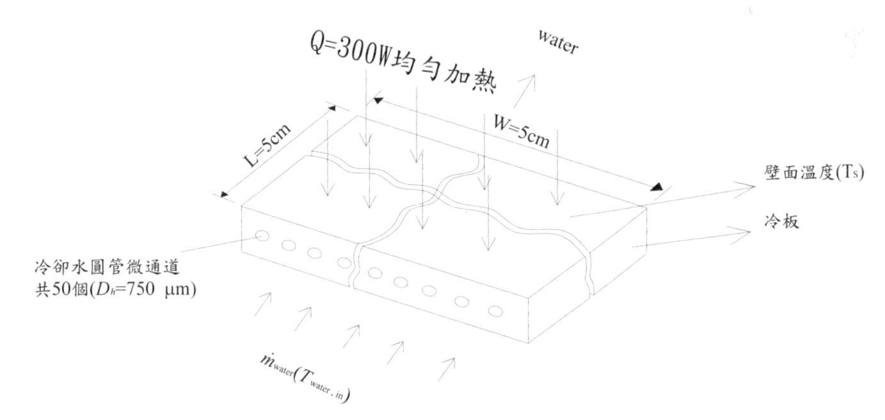

圖21-11 例21-4-1圓管微通道熱交換冷板示意圖

21-4-1 解：

在計算前，必須先要瞭解通道中的流動狀態，才能去估算其中的熱傳性能，由於通道的尺寸爲750 μm，即$D_h = 0.00075$ m，由於不知道水的流量，因此首先假設一個流量，例如水流量為每分鐘1 kg，即$\dot{m}_{water} = 1/60 = 0.01667$ kg/s，因為發熱量為300 W ($Q = \dot{m}_{water} c_{p,water} \left(T_{water,out} - T_{water,in} \right)$)，所以冷卻水的出口溫度為：

$$T_{water,out} = \frac{Q}{\dot{m}_{water} c_{p,water}} + T_{water,in} = \frac{300}{0.01667 \times 4178} + 34.3 = 38.6°\text{C}$$

而每一通道的截面積：

$$A_c = \frac{\pi D_h^2}{4} = \frac{\pi \times 0.00075^2}{4} = 4.41786 \times 10^{-7}\ \text{m}^2$$

因此每一通道中的質量速度：

$$G_{water} = \frac{\dot{m}_{water}}{A_c} = \frac{0.01667}{4.41786 \times 10^{-7}} = 754.51\ \text{kg/m}^2 \cdot \text{s}$$

其相對的雷諾數：

$$\text{Re}_{water} = \frac{G_{water} D_h}{\mu_{water}} = \frac{754.51 \times 0.00075}{0.00074352} = 761.08$$

檢查溫度長發展長度x^*，由式21-80，

$$x^* = \frac{L}{D_h \text{Re} \Pr} = \frac{0.05}{0.00075 \times 761.08 \times 5.0} = 0.0175$$

本例其實屬於流場與溫度場同時發展，又由於水冷式設計的應用中(以本例而言)，進出口溫度其實不大，因此本例的熱邊界條件反而比較接近等溫，由式103可知完全發展長度為0.037，故此一冷板微通道熱交換器均落在發展區，由表21-9，當$x^* = 0.0175$，$\Pr = 5$時，$Nu_{m,T} \approx 5.697$，故平均熱傳係數

$h_{m,T} = Nu_{m,T} k_{water}/D_h = 5.697 \times 0.6235/0.00075 = 4736.5\ \text{W/m}^2 \cdot \text{K}$

同樣的由能量平衡

$Q = hA\Delta T_m$

這裡的面積為圓管有效傳熱面積 = A = 通道數目×每一圓管的表面積 = $50 \times \pi \times D_h \times L = 50 \times \pi \times 0.00075 \times 0.05 = 0.00589\ \text{m}^2$

ΔT_m此為壁面與流體間的有效溫差，此一溫度差可由對數平均溫差(log mean temperature difference, *LMTD*, 見第二章介紹)來估算(也可以用流體進出口溫度的平均值與壁面溫度的差值當作平均溫差，差異應該不大)，故：

$\Delta T_m = Q/(h_{m,T} A) = 300/4736.5/0.00589 = 10.75°\text{C}$

假設壁面為等溫，再由LMTD的定義：

$$LMTD = \frac{\left(T_s - T_{water,in}\right) - \left(T_s - T_{water,out}\right)}{\ln\left(\frac{T_s - T_{water,in}}{T_s - T_{water,out}}\right)} = \frac{\left(T_s - 34.3\right) - \left(T_s - 38.61\right)}{\ln\left(\frac{T_s - 34.3}{T_s - 38.61}\right)} = 10.75$$

上式爲一非線性方程式，讀者可藉由試誤法算出$T_s \approx 47.35°C$，此一溫度低於50°C的需求，因此可考慮持續降入水量，重覆此計算過程，最後可得到最小的水量約爲0.693 kg/min。

本計算例中都以水入口溫度當做計算流體物性的基準溫度，實際上應該用水的進出口溫度平均値，不過，此一影響差異並不會很大。另外，本例是以等溫邊界條件來估算，讀者也可以考慮使用等熱通量的邊界條件來估算，實際應用上的條件都是介於等溫與等熱通量兩種條件之間，要選用何者端賴一些真正使用時的經驗與實際結果間的驗證，本例使用等溫邊界條件爲一比較保守的設計，因爲一般的熱傳性能都比較低。

21-4-4 紊流流動下的熱傳特性

在紊流流動時，邊界條件對熱傳性能的影響甚小，有很多研究指出微通道於紊流流動時熱傳性能與傳統大通道差不多，然而也有些研究建議要略微修正，例如Phillips (1990)建議如下微通道的熱傳性能估算方程式，此一方程式包含入口效應的影響(不過，Kandlikar et al. (2005) 建議此方程式仍需要進一步驗證)：

$$Nu = \begin{cases} 0.0214\left(1+\left(\frac{D_h}{x}\right)^{\frac{2}{3}}\right)\left(\mathrm{Re}_{D_h}^{0.8}-100\right)\mathrm{Pr}^{0.4} & \text{當}0.5 < \mathrm{Pr} < 1.5 \\ 0.012\left(1+\left(\frac{D_h}{x}\right)^{\frac{2}{3}}\right)\left(\mathrm{Re}_{D_h}^{0.87}-280\right)\mathrm{Pr}^{0.4} & \text{當}1.5 \le \mathrm{Pr} < 500 \end{cases} \tag{21-108}$$

另外Yu et al. (1995)根據自己的研究資料，整理如下的修正方程式：

$$Nu = Nu_{GN}\left(1+\varphi\right) \tag{21-109}$$

其中：

$$Nu_{GN} = \frac{\left(f/2\right)\left(\mathrm{Re}-1000\right)\mathrm{Pr}}{1.07+12.7\sqrt{f/2}\left(\mathrm{Pr}^{2/3}-1\right)} \tag{21-110}$$

$$f = \left(1.58\ln\mathrm{Re}-3.28\right)^{-2} \tag{21-111}$$

$$\varphi = 7.6\times10^{-5}\left(1-\left(\frac{D_h}{D_{h,ref}}\right)^2\right) \quad \text{其中}D_{h,ref}\text{爲參考直徑=1.164 mm} \tag{21-112}$$

21-5 結語

以微觀的觀點來看，能量的傳遞主要是藉由光子(Photon)、電子(Electron)與聲子(Phonon)來進行，所謂聲子乃晶格振動的量子化的粒子，雖然微觀熱傳晶格的振動爲一典型的波動特性，但在近代物理中的描述中，波與粒子實爲一體的兩面；當時間與空間尺寸逐漸縮小後，尤其在進入奈米範圍後，許多特別的效應一一浮現，現有習知的Fourier熱擴散方程式與N-S方程式在微細流道，需適度的修正，本文的目的首先在介紹此一差異，不過大多數的工程應用中(例如電子散熱或微熱交換器應用)，仍落在微米級的範圍，在這部份的應用上，傳統熱傳流力仍可適用，不過要特別注意入口效應與邊界條件的影響，本章節後半段的介紹就在提醒讀者如何去利用已知的熱流知識到此類單相流動的微通道的應用上，這部份的介紹僅適用於單相流體，至於雙相流體(如沸騰凝結等)，即使在數百微米等級的微通道中，其現象都與傳統較大的通道有明顯的差異，這部份筆者將於後續預計出版的電子散熱一書中詳述。

主要參考資料

Amon, C., 2002, Advances in Computational Modeling of Nano-Scale Heat Transfer, 12th Int. Heat Transfer Conference, Grenoble, France, paper no 02-KNL-02.

Bird, G.A., 1994. Molecular gas dynamics and the direct simulation of gas flows, Oxford Science Publications.

Celata G. P., Cumo M., and Guglielmi, M., Zummo G., 2002, Experimental investigation of hydralic and single-phase heat transfer in 0.13-mm capillary tube. Microscale thermophysical Engineering, Vol. 6, pp. 85-97.

Chapman, S.m and Cowling, T.G., 1970. The mathematical theory of non-uniform gases, 3rd. Cambridge university press, Cambridge, UK.

Chapman, S.M. and Cowling, T.G., 1970. The mathematical theory of non-uniform gases, 3rd ed. Cambridge university press, Cambridge, UK.

Churchill S.W., and Ozoe, H. 1973a, Correlations for laminar forced convection in flow over an isothermal flat plate and in developing and fully developed flow in an isothermal tube. J. Heat Transfre, Vol. 95, pp. 416-419.

Churchill S.W., and Ozoe, H. 1973b, Correlations for laminar forced convection with uniform heating in flow over a plate and in developing and fully developed flow in a tube. J. Heat Transfre, Vol. 95, pp. 78-84.

Gad-el-Hak et al. ed. 2001, The MEMS handbook, CRC press, chapters 4, 6, 7, 8, 9, 10, 11.

Guo, Z. Y., Li, Z. X., 2002, Size Effect on Microscale Flow and Heat Transfer, 12th Int. Heat Transfer Conference, Grenoble, France, paper no 021-KNL-04.

Guo, Z.Y., 2000, Size effect of flow and heat transfer characteristics in MEMS, Proceedings of the Int. Conf. On Heat Transfer and Transport Phenomena in Microscale, Banff, Canada, Celeta G.P. et al. Ed., pp. 21-31.

Jones Jr., O. C., 1976. An Improvement in the Calculation of Turbulent Friction in Rectangular Ducts, Trans. of ASME, Journal of Fluid Engineering, Vol. 98, pp. 173–181

Kandikar, S.G. Steinke, M.E. Tian, S. and Campbell, L.A. 2001, High-speed photographic observation of flow boiling of water in parallel minichannels, Paper presented at the ASME National Heat Transfer Conference, ASME, June 2001.

Kandlikar, S.G. 2001, Fundamental issues related to flow boiling in minichannels and microchannels, Experimental Thermal and Fluid Science, Vol. 26, pp. 389-407.

Kandlikar, S., Garimella, S., Li, D., and Colin, S, and King M. R., 2005. Heat transfer and fluid flow in minichannels and microchannels, Elsevier Science Ltd.

Karniadakis, G., Beskok, A., and Aluru, N., 2005. Microflows and nanoflows – fundamentals and simulation, Springer science + Business Media, Inc.

Keblinski, P. Phillpot, S. R., Choi, S. U. S. and Eastman, J. A., 2002. Mechanism of Heat Flow in Suspensions of Nano-Sized Particles (NanoFluids). Int. J. Heat and Mass Transfer, Vol. 45, pp. 855-863.

Incropera, F.P., 1999. Liquid cooling of electronic devices by single-phase convection, John Wiely & Sons.

Mehenendale, S.S., Jacobi, A.M., and Shah, R.K., 2000. Fluid flow and heat transfer at micro- and meso-scale with application to heat exchanger design, Appl. Mech. Rev., Vol. 53, pp. 175-193.

Phillips, R.J., 1987. Forced convection, liquid cooled, microchannel heat sinks, M.S. Thesis, Dept. of Mechanical Engineering, Massachusetts Institute of Technology.

Philips, R.J., 1990. Microchannel Heat Sinks. Advances in Thermal Modeling of Electronic components and systems, Bar-Cohen A. and Kraus A.D. eds., vol. 2 ASME press, New York.

Shah, R.K., and London, A.L., 1978. Laminar flow forced convection in ducts, Academic Press.

Tien, C. L., Majumdar, A. and Gemer, F. M. 1997. Microscale Energy Transport. Taylor & Francis, New York.

Wu, P., and Little W.A. 1983, Measurement of friction factors for the flow of gases in the fine channels used of microminiature Joule-Thomson refrigerators, Cryogenics, vol., 23, pp. 273-277.

Wu, P. and Little W.A. 1984, Measurement of the heat transfer characteristics of gas flow in fine channel heat exchangers used for microminiatures, Cryogenics, vol. 24, pp. 415-420.

Yu, D., Warrington, R.,Barron, R., and Ameel, T., 1995. An Experimental and Theoretical Investigation of Fluid Flow and Heat Transfer in Microtubes, ASME/JSME Thermal Engineering Conf., vol. 1, pp. 523–530.

Ziman, J.M., 1960. Electrons and phonons, Oxford classic text.

附錄 (Appendix)

(A-1) 空氣熱力性質

(A-2) 水熱力性質

(A-3) R-22熱力性質

(A-4) R-134a熱力性質

(A-5) R-410A熱力性質

(A-6) R-407C熱力性質

(A-7) 非金屬性質

(A-8) 金屬性質

(A-9) 引擎油(engine oil)熱流性質

(A-1) Thermodynamic properties of moist air, (standard atmospheric pressure, 101.325 kPa)

溫度	飽和比濕	比容			焓			Condensed Water	
T	kg/kg-dry-air	m^3/kg-dry-air			kJ/kg			Enthalpy	Vapor pressure
℃	W_s	v_a	v_{as}	v_s	i_a	i_{as}	i_s	i_w(kJ/kg)	P_s (kPa)
0	0.003789	0.7734	0.0047	0.7781	0.000	9.473	9.473	0.06	0.6112
2	0.004381	0.7791	0.0055	0.7845	2.012	10.97	12.982	8.49	0.706
4	0.005054	0.7848	0.0064	0.7911	4.024	12.672	16.696	16.91	0.8135
6	0.005818	0.7904	0.0074	0.7978	6.036	14.608	20.644	25.32	0.9353
8	0.006683	0.7961	0.0085	0.8046	8.047	16.805	24.852	33.72	1.0729
10	0.007661	0.8018	0.0098	0.8116	10.059	19.293	29.121	42.11	1.228
12	0.008766	0.8075	0.0113	0.8188	12.071	22.108	34.179	50.5	1.4026
14	0.010012	0.8132	0.0131	0.8262	14.084	25.286	39.370	58.88	1.5987
16	0.011413	0.8188	0.015	0.8338	16.096	28.867	44.963	67.26	1.8185
18	0.012989	0.8245	0.0172	0.8417	18.108	32.9	51.005	75.63	2.0643
20	0.014758	0.8302	0.0196	0.8498	20.121	37.434	57.555	84	2.3389
22	0.016741	0.8359	0.0224	0.8583	22.133	42.527	64.66	92.36	2.6448
24	0.018963	0.8416	0.0256	0.8671	24.146	48.239	72.385	100.73	2.9852
26	0.021448	0.8472	0.0291	0.8764	26.159	54.638	50.198	109.09	3.3633
28	0.024226	0.8529	0.0331	0.8962	28.172	61.804	89.976	117.45	3.7823
30	0.027329	0.8586	0.0376	0.8962	30.185	69.82	100.006	125.81	4.2462
32	0.030793	0.8643	0.0426	0.9069	32.198	78.78	110,979	134.17	4.7586
34	0.03466	0.87	0.0483	0.9153	34.212	88.799	123.011	142.53	5.3242
36	0,038971	0.8756	0.0546	0.9303	36.226	99.983	136.209	150.89	5.9468
38	0.043778	0.8813	0.0618	0.9431	38.239	112.474	150.713	159.25	6.6315
40	0.049141	0.887	0.0698	0.9568	40.253	126.43	166.683	167.61	7.3838
42	0.055119	0.8927	0.0788	0.9714	42.268	142.007	184.275	175.97	8.2081
44	0.061791	0.8983	0.0888	0.9872	44.282	159.417	203.699	184.33	9.111
46	0.069239	0.9040	0.1002	1.0042	46.296	178.882	225.179	192.69	10.0982
48	0.077556	0.9097	0.1129	1.0226	48.311	200.644	248.955	201.06	11.1754
50	0.086858	0.9154	0.1272	1.0425	50.326	225.019	275.345	209.42	12.3503
52	0.097272	0.9211	0.1433	1.0643	52.341	252.340	304.682	217.78	13.6293
54	0.108954	0.9267	0.1614	1.0852	54.357	283.031	337.388	226.15	15.0205
56	0.122077	0,9324	0.1819	1.1143	56.373	317.549	373.922	234.52	16.3311
58	0.136851	0.9381	0.2051	1.1432	58.389	356.461	414.850	242.88	18.1691
60	0.15354	0.9438	0.2315	1.1152	60.405	400.438	460.863	251.25	19.9439
62	0.17244	0.9494	0.2614	1.2110	62.421	450.377	512.798	259.62	21.8651
64	0.19393	0.9551	0.2957	1.2508	64.438	507.177	571.615	268	23.9405
66	0.21848	0.9608	0.3350	1.2958	66.455	572.116	638.571	216.37	26.1810
68	0.24664	0.9665	0.3803	1.3467	68.472	646.724	715.196	284.75	28.5967
70	0.27916	0.9721	0.4328	1.4049	70.489	732.959	803.448	293.13	31.1966
72	0.31698	0.9778	0.4943	1.4719	72.507	833.335	905.842	301.51	33.9983
74	0.36130	0.9835	0.5662	1.5497	74.525	951.077	1025.63	309.89	37.0063
76	0.41377	0.9892	0.6519	1.6411	76.543	1090.63	1167.17	318.28	40.2369
78	0.47663	0.9948	0.7550	1.7498	78.562	1257.921	1336.483	326.67	43.7020
80	0.55295	1.0005	0.8805	1.8810	80,581	1461.2	1541.781	335.06	47.4135
82	0.64724	1.0062	1.0360	2.0422	82.600	1712.547	1795.148	343.45	51.3860

溫度	飽和比濕	比容			焓			Condensed Water	
T	kg/kg-dry-air	m^3/kg-dry-air			kJ/kg			Enthalpy	Vapor pressure
℃	W_s	v_a	v_{as}	v_s	i_a	i_{as}	i_s	i_w(kJ/kg)	P_s (kPa)
84	0.76624	1.0119	1.2328	2.2446	84.620	2029.983	2114.603	351.85	55.6337
86	0.92062	1.0175	1.4887	2.5062	86.640	2442.036	2528.677	360.25	60.1727
88	1.12800	1.0232	1.8333	2.8565	88.661	2995.89	3084.551	368.65	65.0166
90	1.42031	1.0289	2.3199	3.3488	90.681	3776.918	3867.599	377.06	70.1817

(A-2) Refrigerant 718 (water/steam) properties of saturated liquid and saturated vapor

溫度 T	壓力	密度 kg/m³	密度 m³/kg	焓 kJ/kg		比熱 kJ/kg·K		黏度 μ Pa·s		熱傳導係數 W/m·K		表面張力	Pr	
℃	MPa	Liquid	Vapor	Liquid	Vapor	Liquid	Vapor	Liquid	Vapor	Liquid	Vapor	N/m	Liquid	Vapor
0.01[a]	0.00061	999.8	205.98	0	2500.5	4.229	1.868	1792.4	9.22	561	17.07	75.65	13.2	0.858
10	0.00123	999.7	106.32	42	2518.9	4.188	1.874	1306.6	9.46	580	17.62	74.22	9.32	0.873
20	0.00234	998.2	57.777	83.8	2537.2	4.183	1.882	1002.1	9.73	598.4	18.23	72.74	6.95	0.888
30	0.00425	995.6	32.896	125.7	2555.3	4.183	1.892	797.7	10.01	615.4	18.98	71.2	5.4	0.901
40	0.00738	992.2	19.528	167.5	2573.4	4.182	1.905	653.2	10.31	630.5	19.6	69.6	4.33	0.912
50	0.01234	988	12.037	209.3	2591.2	4.182	1.919	547	10.62	643.5	20.36	67.95	3.56	0.924
60	0.01993	983.2	7.674	251.2	2608.8	4.183	1.937	466.5	10.93	654.3	21.18	66.24	2.99	0.934
70	0.03118	977.8	5.0447	293	2626.1	4.187	1.958	404	11.26	663.1	22.07	64.49	2.56	0.946
80	0.04737	971.8	3.4098	334.9	2643.1	4.194	1.983	354.5	11.59	670	23.01	62.68	2.23	0.959
90	0.07012	965.3	2.3611	376.9	2659.6	4.204	2.011	314.5	11.93	675.3	24.02	60.82	1.96	0.973
100[b]	0.10132	958.4	1.6736	419.1	2675.7	4.217	2.044	281.8	12.27	679.1	25.09	58.92	1.75	0.987
110	0.14324	951	1.2106	461.3	2691.3	4.232	2.082	254.8	12.61	681.7	26.24	56.97	1.58	1
120	0.16902	947.1	1.037	482.5	2698.8	4.24	2.103	243	12.78	682.6	26.84	55.98	1.43	1.02
130	0.19848	943.2	0.89222	503.8	2706.2	4.249	2.126	232.1	12.96	683.2	27.46	54.97	1.31	1.03
140	0.27002	934.9	0.66872	546.4	2720.4	4.268	2.176	213	13.3	683.7	28.76	52.94	1.21	1.05
150	0.36119	926.2	0.50898	589.2	2733.8	4.288	2.233	196.6	13.65	683.3	30.13	50.86	1.13	1.08
160	0.47572	917.1	0.39287	632.3	2746.4	4.312	2.299	182.5	13.99	692.1	31.59	48.75	1.06	1.1
170	0.61766	907.5	0.30709	675.6	2758	4.338	2.374	170.3	14.34	680	33.12	46.6	1.01	1.13
180	0.79147	897.5	0.24283	719.3	2768.5	4.369	2.46	159.6	14.68	677.1	34.74	44.41	0.967	1.15
190	1.0019	887.1	0.19403	763.2	2777.8	4.403	2.558	150.2	15.02	673.4	36.44	42.2	0.932	1.18
200	1.2542	876.1	0.1565	807.6	2785.8	4.443	2.67	141.8	15.37	668.8	38.23	39.95	0.906	1.21
210	1.5536	864.7	0.12732	852.4	2792.5	4.489	2.797	134.4	15.71	663.4	40.1	37.68	0.886	1.24
220	1.9062	852.8	0.10438	897.7	2797.7	4.542	2.943	127.6	16.06	657.1	42.07	35.39	0.871	1.28
230	2.3178	940.3	0.08615	943.5	2801.3	4.604	3.109	121.6	16.41	649.8	44.15	33.08	0.861	1.31
240	2.7951	827,2	0.07155	990	2803.1	4.675	3.3	116	16.76	641.4	46.35	30.75	0.850	1.35
250	3.3447	813.5	0.05974	1037.2	2803	4.759	3.519	110.9	17.12	632	48.7	28.4	0.859	1.39
260	3.9736	799.1	0.05011	1085.3	2800.7	4.857	3.772	106.2	17.49	621.4	51.22	26.05	0.866	1.43
270	4.6894	783.8	0.04219	1134.4	2796.2	4.973	4.069	101.7	17.88	609.4	53.98	23.7	0.882	1.48
280	5.4999	767.7	0.03564	1194.6	2789.1	5.111	4.418	97.5	18.28	596.1	57.04	21.35	0.902	1.54
290	6.4132	750.5	0.03016	1236.1	2779.2	5.279	4.835	93.6	18.7	581.4	60.52	19	0.932	1.61
300	7.438	732.2	0.02556	1289.1	2765.9	5.485	5.345	89.7	19.15	565.2	6439	16.68	0.97	1.69
310	8.5838	712.4	0.02167	1344.1	2748.7	5.746	5.981	85.9	19.65	547.7	69.49	14.37	1.024	1.79
320	11.279	667.4	0.01548	1461.3	2699.7	6.542	7.898	78.4	20.94	509.4	83.59	9.88	1.11	1.92
330	12.852	641	0.01298	1525	2665.3	7.201	9.458	74.6	21.6	489.2	94.48	7.71	1.2	2.1
340	14.594	610.8	0.01079	1593.9	2621.3	8.238	11.865	70.4	22.55	468.6	110.2	5.64	1.35	2.36
350	16.521	574.7	0.00881	1670.4	2563.5	10.126	16.11	65.9	23.81	447.6	134.65	3.68	1.61	2.84
360	18.655	528.1	0.00696	1761	2492	14.69	25.795	60.4	25.71	427.2	178.01	1.89	8.37	16.4
373.99	22.064	322	0.00311	2085.9	2085.9	∞	∞	43.1	43.13	∞	∞	0	0.882	1.48

a = triple point   b = boiling point   c = critical point

(A-3) R-22 properties of saturated liquid and saturated vapor

溫度	壓力	密度		焓		比熱		黏度		熱傳導係數		表面張力
℃	kPa	kg/m^3		kJ/kg		kJ/kg·K		μ Pa·s		W/m·K		N/m
		Liquid	Vapor	Liquid	Vapor	Liquid	Vapor	Liquid	Vapor	Liquid	Vapor	
-40	105.2	1407	4.873	154.9	388.1	1.091	0.6083	342.6	9.786	0.1131	0.00709	0.01794
-38	115.4	1401	5.311	157.1	389.1	1.093	0.6134	334.5	9.871	0.1122	0.00719	0.01762
-36	126.3	1395	5.779	159.3	390	1.096	0.6186	326.7	9.955	0.1112	0.00729	0.01746
-34	138	1389	6.279	161.5	390.9	1.099	0.6239	319.1	10.04	0.1103	0.0074	0.01698
-32	150.5	1383	6.811	163.7	391.8	1.102	0.6293	311.7	10.12	0.1094	0.00751	0.01666
-30	163.9	1377	7.379	165.9	392.7	1.105	0.6349	304.6	10.21	0.1085	0.00761	0.01634
-28	178.2	1371	7.982	168.1	393.6	1.108	0.6406	297.7	10.29	0.1075	0.00772	0.01602
-26	193.4	1365	8.623	170.3	394.5	1.112	0.6465	291	10.38	0.1066	0.00783	0.0157
-24	209.7	1359	9.304	172.6	305.3	1.115	0.6525	284.4	10.46	0.1057	0.00794	0.01539
-22	227	1353	10.03	174.8	396.2	1.119	0.6587	278.1	10.55	0.1048	0.00806	0.01507
-20	245.3	1347	10.79	177	397.1	1.123	0.665	271.9	10.63	0.1039	0.00817	0.01476
-18	264.8	1340	11.6	179.3	397.9	1.127	0.6715	265.9	10.72	0.103	0.00829	0.01445
-16	285.4	1334	12.45	181.6	398.7	1.131	0.6782	260.1	10.8	0.1021	0.0084	0.01414
-14	307.3	1328	13.36	183.8	399.6	1.135	0.6851	254.4	10.89	0.1011	0.00852	0.01383
-12	330.4	1321	14.31	186.1	400.4	1.139	0.6921	248.8	10.98	0.1002	0.00865	0.01352
-10	354.8	1315	15.32	188.4	401.2	1.144	0.6994	243.4	11.06	0.0993	0.00877	0.01321
-8	380.5	1308	16.38	190.7	402	1.149	0.7068	238.1	11.15	0.0984	0.00889	0.01291
-6	407.7	1302	17.5	193	402.8	1.154	0.7145	233	11.24	0.0975	0.00902	0.0126
-4	436.3	1295	18.68	195.3	403.5	1.159	0.7224	227.9	11.32	0.0966	0.00915	0.0123
-2	466.4	1288	19.92	197.7	404.3	1.164	0.7306	223	11.41	0.0957	0.00928	0.0120
0	498	1282	21.23	200	405	1.169	0.739	218.2	11.5	0.0948	0.00942	0.0117
2	531.2	1275	22.6	202.4	405.8	1.175	0.7476	213.5	11.59	0.094	0.00956	0.0114
4	566.1	1268	24.04	204.7	406.5	1.181	0.7566	208.9	11.68	0.0931	0.0097	0.0111
6	602.6	1261	25.56	207.1	407.2	1.187	0.7658	204.4	11.77	0.0922	0.00984	0.01081
8	640.9	1254	27.15	209.5	407.9	1.193	0.7753	200	11.86	0.0913	0.00999	0.01051
10	680.9	1247	28.82	211.9	408.6	1.199	0.7852	195.7	11.96	0.0904	0.01014	0.01022
12	722.9	1239	30.57	214.3	409.2	1.206	0.7954	191.5	12.05	0.0895	0.01029	0.00993
14	766.7	1232	32.41	216.7	409.9	1.213	0.8061	187.3	12.14	0.0886	0.01045	0.00964
16	812.4	1225	34.34	219.1	410.5	1.22	0.8171	183.2	12.24	0.0877	0.01061	0.00935
18	860.2	1217	36.36	221.6	411.1	1.228	0.8285	179.2	12.33	0.0868	0.01077	0.00906
20	910	1210	38.48	224.1	411.7	1.236	0.8404	175.3	12.43	0.0859	0.01095	0.00878
22	961.9	1202	40.7	226.5	412.2	1.244	0.8528	171.5	12.53	0.085	0.01112	0.0085
24	1016	1195	43.03	229	412.8	1.252	0.8657	167.7	12.63	0.0841	0.0113	0.00822
26	1072	1187	45.47	231.5	413.3	1.261	0.8792	163.9	12.74	0.0832	0.01149	0.00794
28	1131	1179	48.02	234.1	413.8	1.271	0.8933	160.3	12.84	0.0823	0.01169	0.00766
30	1192	1171	50.7	236.6	414.3	1.281	0.9081	156.7	12.95	0.0814	0.01189	0.00738
32	1255	1163	53.52	239.2	414.7	1.291	0.9237	153.1	13.06	0.0805	0.0121	0.00711
34	1321	1154	56.46	241.8	415.1	1.302	0.94	149.6	13.17	0.0796	0.01231	0.00684
36	1389	1146	59.55	244.4	415.5	1.314	0.9573	146.1	13.28	0.0787	0.01254	0.00657
38	1460	1137	62.79	247	415.9	1.326	0.9755	142.7	13.4	0.0778	0.01277	0.0063
40	1534	1129	66.19	249.6	416.2	1.339	0.9948	139.4	13.52	0.0769	0.01302	0.00604
42	1610	1120	69.76	252.3	416.6	1.353	1.015	136.1	13.64	0.076	0.01328	0.00577
44	1689	1111	73.51	255	416.8	1.368	1.037	132.8	13.77	0.0751	0.01355	0.00551
46	1770	1101	77.45	257.7	417.1	1.384	1.061	129.5	13.9	0.0741	0.01383	0.00525
48	1855	1092	81.59	260.5	417.3	1.401	1.086	126.3	14.04	0.0732	0.01413	0.00500
50	1943	1082	85.95	263.2	417.4	1.419	1.113	123.1	14.18	0.0723	0.01445	0.00474

溫度	壓力	密度		焓		比熱		黏度		熱傳導係數		表面張力
℃	kPa	kg/m3		kJ/kg		kJ/kg·K		μ Pa·s		W/m·K		N/m
		Liquid	Vapor	Liquid	Vapor	Liquid	Vapor	Liquid	Vapor	Liquid	Vapor	
52	2033	1072	90.54	266	417.6	1.439	1.142	120	14.32	0.0714	0.01478	0.00449
54	2127	1062	95.38	268.9	417.6	1.461	1.173	116.9	14.47	0.0704	0.01514	0.00424
56	2224	1052	100.5	271.8	417.7	1.485	1.208	113.8	14.63	0.0695	0.01552	0.00400
58	2324	1041	105.9	274.7	417.6	1.511	1.246	110.7	14.8	0.0686	0.01592	0.00375
60	2427	1030	111.6	277.6	417.5	1.539	1.287	107.6	14.98	0.0676	0.01636	0.00351
62	2534	1019	117.6	280.6	417.4	1.571	1.333	104.6	15.16	0.0667	0.01683	0.00327
64	2645	1007	124.1	283.6	417.2	1.607	1.385	101.5	15.35	0.0657	0.01734	0.00304
66	2759	995	130.9	286.7	416.9	1.646	1.443	98.5	15.56	0.0648	0.01789	0.00281
68	2876	983	138.2	289.9	416.5	1.692	1.508	95.4	15.78	0.0639	0.0185	0.00258
70	2997	970	146	293.1	416.1	1.743	1.584	92.4	16.02	0.0629	0.01916	0.00236
72	3123	956	154.4	296.4	415.5	1.803	1.671	89.3	16.27	0.062	0.0199	0.00214
74	3252	942	163.4	299.7	414.9	1.873	1.774	86.2	16.55	0.0611	0.02072	0.00192
76	3385	927	173.1	303.2	414.1	1.956	1.896	83.1	16.85	0.0602	0.02164	0.00171
78	3522	911	183.8	306.8	413.1	2.057	2.045	79.9	17.18	0.0594	0.02268	0.0015
82	3810	875	208.3	314.3	410.7	2.34	2.468	73.3	17.97	0.058	0.02526	0.0013
84	3961	856	222.7	318.3	409.1	2.55	2.784	69.9	18.44	0.0575	0.02689	0.00111
86	4116	834	239	322.5	407.2	2.84	3.224	66.3	18.99	0.0574	0.02886	0.00092
88	4277	809	257.9	327.1	404.8	3.272	3.882	62.5	19.66	0.0578	0.03132	0.00074
90	4442	780	280.6	332.1	401.9	3.981	4.975	58.3	20.48	0.0594	0.03455	0.00056
92	4614	745	309.3	337.8	397.9	5.377	7.142	53.7	21.59	0.0633	0.03918	0.0004
94	4791	698	350.2	344.8	392	9.47	13.47	48.1	23.3	0.0721	0.0486	0.00024

(A-4) R-134a properties of saturated liquid and saturated vapor

溫度	壓力	密度		焓		比熱		黏度		熱傳導係數		表面張力
℃	kPa	kg/m³		kJ/kg		kJ/kg·K		μ Pa·s		W/m·K		
		Liquid	Vapor	Liquid	Vapor	Liquid	Vapor	Liquid	Vapor	Liquid	Vapor	Liquid
-40	51.21	1418	2.769	148.1	374	1.255	0.749	472.2	9.122	0.1106	0.00817	0.0176
-38	56.82	1412	3.053	150.7	375.3	1.258	0.755	457.8	9.203	0.1096	0.00834	0.01728
-36	62.91	1406	3.359	153.2	376.5	1.262	0.761	444.1	9.284	0.1086	0.0085	0.01697
-34	69.51	1400	3.689	155.7	377.8	1.265	0.768	431	9.364	0.1077	0.00866	0.01666
-32	76.66	1394	4.044	158.2	379.1	1.269	0.774	418.5	9.444	0.1067	0.00883	0.01635
-30	84.38	1388	4.426	160.8	380.3	1.273	0.781	406.4	9.525	0.1058	0.00899	0.01604
-28	92.7	1382	4.836	163.3	381.6	1.277	0.788	394.9	9.605	0.1048	0.00915	0.01573
-26	101.7	1376	5.275	165.9	382.8	1.281	0.794	383.8	9.685	0.1039	0.00932	0.01543
-24	111.3	1370	5.45	168.5	384.1	1.285	0.801	373.1	9.765	0.1029	0.00948	0.01512
-22	121.6	1364	6.248	171.1	385.3	1.289	0.809	362.9	9.845	0.102	0.00965	0.01482
-20	132.7	1358	6.784	173.6	386.6	1.293	0.816	353	9.925	0.1011	0.00982	0.01451
-18	144.6	1352	7.357	176.2	387.8	1.297	0.823	343.5	10.01	0.1001	0.00998	0.01421
-16	157.3	1346	7.967	178.8	389	1.302	0.831	334.3	10.09	0.0992	0.01015	0.01391
-14	170.8	1340	8.617	181.4	390.2	1.306	0.839	325.4	10.17	0.0983	0.01032	0.01361
-12	185.2	1333	9.307	184.1	391.5	1.311	0.846	316.9	10.25	0.0974	0.01049	0.01332
-10	200.6	1327	10.04	186.7	392.7	1.316	0.854	308.6	10.33	0.0965	0.01066	0.01302
-8	216.9	1321	10.82	189.3	393.9	1.32	0.863	300.6	10.41	0.0956	0.01083	0.01272
-6	234.3	1314	11.65	192	395.1	1.325	0.871	292.9	10.49	0.0947	0.011	0.01243
-4	252.7	1308	12.52	194.6	396.3	1.33	0.88	285.4	10.57	0.0938	0.01117	0.01214
-2	272.2	1301	13.45	197.3	397.4	1.336	0.888	278.1	10.65	0.0929	0.01134	0.01185
0	292.8	1295	14.43	200	398.6	1.341	0.897	271.1	10.73	0.092	0.01151	0.01156
2	314.6	1288	15.46	202.7	399.8	1.347	0.906	264.3	10.81	0.0911	0.01169	0.01127
4	337.7	1281	16.56	205.4	400.9	1.352	0.916	257.6	10.9	0.0902	0.01186	0.01099
6	362	1275	17.72	208.1	402.1	1.358	0.925	251.2	10.98	0.0894	0.01204	0.0107
8	387.6	1268	18.94	210.8	403.2	1.364	0.935	244.9	11.06	0.0885	0.01222	0.01042
10	414.6	1261	20.23	213.6	404.3	1.37	0.946	238.8	11.15	0.0876	0.0124	0.01014
12	443	1254	21.58	216.3	405.4	1.377	0.956	232.9	11.23	0.0867	0.01258	0.00986
14	472.9	1247	23.01	219.1	406.5	1.383	0.967	227.1	11.32	0.0859	0.01277	0.00958
16	504.3	1240	24.52	221.9	407.6	1.39	0.978	221.5	11.4	0.085	0.01295	0.0093
18	537.2	1233	26.11	224.7	408.7	1.397	0.989	216	11.49	0.0841	0.01314	0.00903
20	571.7	1225	27.78	227.5	409.7	1.405	1.001	210.7	11.58	0.0833	0.01333	0.00876
22	607.9	1218	29.54	230.3	410.8	1.413	1.013	205.5	11.67	0.0824	0.01353	0.00848
24	645.8	1210	31.39	233.1	411.8	1.421	1.025	200.4	11.76	0.0816	0.01372	0.00821
26	685.4	1203	33.34	236	412.8	1.429	1.038	195.4	11.85	0.0807	0.01392	0.00795
28	726.9	1195	35.38	238.8	413.8	1.437	1.052	190.5	11.95	0.0798	0.01413	0.00768
30	770.2	1187	37.54	241.7	414.8	1.446	1.065	185.8	12.04	0.079	0.01433	0.00742
32	815.4	1180	39.8	244.6	415.8	1.456	1.08	181.1	12.14	0.0781	0.01454	0.00715
34	862.6	1172	42.18	247.5	416.7	1.466	1.095	176.6	12.24	0.0773	0.01476	0.00689
36	911.8	1163	44.68	250.5	417.6	1.476	1.111	172.1	12.34	0.0764	0.01498	0.00664
38	963.2	1155	47.32	253.4	418.5	1.487	1.127	167.7	12.44	0.0756	0.01521	0.00638
40	1017	1147	50.09	256.4	419.4	1.498	1.145	163.4	12.55	0.0747	0.01544	40
42	1072	1138	53	259.4	420.3	1.51	1.163	159.2	12.65	0.0739	0.01568	42
44	1130	1129	56.06	262.4	421.1	1.523	1.182	155.1	12.76	0.073	0.01593	44
46	1190	1121	59.29	265.5	421.9	1.537	1.202	151	12.88	0.0721	0.01618	46
48	1253	1112	62.69	268.5	422.7	1.551	1.223	147	13	0.0713	0.01645	48

溫度	壓力	密度		焓		比熱		黏度		熱傳導係數		表面張力
℃	kPa	kg/m^3		kJ/kg		kJ/kg·K		μ Pa·s		W/m·K		
		Liquid	Vapor	Liquid	Vapor	Liquid	Vapor	Liquid	Vapor	Liquid	Vapor	Liquid
50	1318	1102	66.27	271.6	423.4	1.566	1.246	143.1	13.12	0.0704	0.01672	50
52	1385	1093	70.05	274.7	424.1	1.582	1.27	139.2	13.24	0.0696	0.01701	52
54	1455	1083	74.03	277.9	424.8	1.6	1.296	135.4	13.37	0.0687	0.01731	54
56	1528	1073	78.24	281.1	425.5	1.618	1.324	131.6	13.51	0.0678	0.01763	56
58	1604	1063	82.68	284.3	426.1	1.638	1.354	127.9	13.65	0.067	0.01796	58
60	1682	1053	87.38	287.5	426.6	1.66	1.387	124.2	13.79	0.0661	0.01831	60
62	1763	1042	92.36	290.8	427.1	1.684	1.422	120.6	13.95	0.0652	0.01868	62
64	1847	1031	97.64	294.1	427.6	1.71	1.461	117	14.11	0.0643	0.01907	64
66	1934	1020	103.2	297.4	428	1.738	1.504	113.5	14.28	0.0635	0.0195	66
68	2024	1008	109.2	300.8	428.4	1.769	1.552	109.9	14.46	0.0626	0.01995	68
70	2117	996	115.6	304.3	428.6	1.804	1.605	106.4	14.65	0.0617	0.02045	70
72	2213	984	122.4	307.8	428.9	1.843	1.665	102.9	14.85	0.0608	0.02098	72
74	2313	971	129.7	311.3	429	1.887	1.734	99.5	15.07	0.0599	0.02156	74
76	2416	957	137.5	314.9	429	1.938	1.812	96	15.3	0.059	0.02221	76
78	2523	943	145.9	318.6	429	1.996	1.904	92.5	15.56	0.0581	0.02292	78
80	2633	928	155.1	322.4	428.8	2.065	2.012	89	15.84	0.0572	0.02372	80
82	2747	913	165	326.2	428.5	2.147	2.143	85.5	16.14	0.0563	0.02462	82
84	2865	896	176	330.2	428.1	2.247	2.303	82	16.48	0.0554	0.02565	84
86	2987	878	188	334.3	427.4	2.373	2.504	78.4	16.87	0.0545	0.02684	86
88	3114	859	201.5	338.5	426.6	2.536	2.766	74.7	17.3	0.0536	0.02823	88
90	3244	838	216.8	342.9	425.4	2.756	3.121	70.9	17.81	0.0528	0.02991	90
92	3379	814	234.3	347.6	423.9	3.072	3.63	66.9	18.41	0.0522	0.032	92
94	3519	788	255.1	352.6	421.9	3.567	4.426	62.6	19.16	0.0517	0.0347	94
96	3664	756	280.7	358.1	419.2	4.46	5.848	58	20.14	0.0518	0.03847	96
98	3815	716	315.1	364.5	415.1	6.574	9.14	52.6	21.54	0.0531	0.04464	98
100	3972	651	373	373.3	407.7	17.59	25.35	45.1	24.21	0.06	0.06058	100

(A-5) R-410A [R-32/125 (50/50)] properties of liquid on the bubble line and vapor on the dew line

絕壓力	溫度		密度		焓		比熱		黏度		熱傳導係數		表面張力
	起泡溫度	露點溫度	kg/m^3		kJ/kg		kJ/kg·K		μ Pa·s		W/m·K		
kPa	℃	℃	Liquid	Vapor	Liquid	Vapor	Liquid	Vapor	Liquid	Vapor	Liquid	Vapor	N/m
400	-20.06	-19.99	1246	15.42	170.6	413.5	1.426	0.9646	211.1	11.24	0.1263	0.01003	0.01185
450	-16.87	-16.80	1235	17.30	175.2	414.8	1.437	0.9850	203.1	11.40	0.1244	0.01027	0.01133
500	-13.95	-13.87	1224	19.17	179.4	416.0	1.447	1.0040	196.1	11.56	0.1226	0.01050	0.01086
550	-11.24	-11.16	1214	21.06	183.3	417.0	1.457	1.0230	189.8	11.70	0.1209	0.01072	0.01043
600	-8.71	-8.62	1205	22.95	187.0	418.0	1.467	1.0410	184.1	11.83	0.1194	0.01093	0.01003
650	-6.34	-6.25	1196	24.85	190.5	418.8	1.478	1.0590	178.9	11.96	0.1179	0.01114	0.00965
700	-4.10	-4.01	1187	26.76	193.9	419.6	1.487	1.0770	174.2	12.08	0.1165	0.01134	0.00930
750	-1.98	-1.89	1179	28.68	197.0	420.3	1.497	1.0940	169.8	12.20	0.1152	0.01154	0.00897
800	0.04	0.13	1171	30.61	200.1	421.0	1.507	1.1110	165.7	12.32	0.1140	0.01174	0.00866
850	1.96	2.05	1163	32.55	203.0	421.5	1.517	1.1280	161.9	12.43	0.1128	0.01194	0.00837
900	3.80	3.89	1156	34.51	205.8	422.1	1.527	1.1450	158.3	12.54	0.1116	0.01214	0.00809
950	5.56	5.66	1149	36.48	208.5	422.6	1.537	1.1620	154.9	12.64	0.1105	0.01234	0.00782
1000	7.25	7.35	1141	38.46	211.1	423.0	1.547	1.1790	151.7	12.75	0.1094	0.01254	0.00757
1050	8.88	8.99	1135	40.46	213.6	423.4	1.558	1.1960	148.7	12.85	0.1084	0.01275	0.00732
1100	10.46	10.56	1128	42.47	216.1	423.8	1.568	1.2130	145.8	12.94	0.1074	0.01295	0.00709
1150	11.98	12.08	1121	44.50	218.4	424.2	1.578	1.2300	143.1	13.04	0.1064	0.01316	0.000686
1200	13.45	13.56	1115	46.55	220.8	424.5	1.589	1.2470	140.4	13.13	0.1055	0.01338	0.00665
1250	14.88	14.98	1109	48.61	223.0	424.7	1.599	1.2640	137.9	13.23	0.1046	0.01359	0.00644
1300	16.26	16.37	1102	50.69	225.2	425.0	1.610	1.2820	135.5	13.32	0.1037	0.01381	0.00624
1350	17.60	17.71	1096	52.78	227.4	425.2	1.621	1.3000	133.2	13.41	0.1028	0.01404	0.00605
1400	18.91	19.02	1090	54.90	229.5	425.4	1.632	1.3180	131.0	13.49	0.1020	0.01426	0.00586
1450	20.18	20.29	1084	57.03	231.6	425.6	1.643	1.3360	128.9	13.58	0.1011	0.01450	0.00568
1500	21.42	21.54	1078	59.19	233.6	425.8	1.655	1.3550	126.8	13.67	0.1003	0.01474	0.00551
1550	22.63	22.74	1073	61.36	235.6	425.9	1.666	1.3740	124.8	13.76	0.0995	0.01498	0.00534
1600	23.81	23.93	1067	63.55	237.5	426.0	1.678	1.3930	122.9	13.84	0.0988	0.01523	0.00517
1650	24.96	25.08	1061	65.77	239.5	426.1	1.690	1.4130	121.0	13.93	0.0980	0.01549	0.00501
1700	26.09	26.20	1056	68.01	241.3	426.2	1.703	1.4330	119.2	14.01	0.0972	0.01575	0.00486
1750	27.19	27.31	1050	70.27	243.2	426.3	1.715	1.4540	117.4	14.10	0.0965	0.01602	0.00471
1800	28.27	28.38	1044	72.55	245.0	426.3	1.728	1.4750	115.7	14.18	0.0958	0.01629	0.00456
1850	29.33	29.44	1039	74.86	246.8	426.3	1.741	1.4960	114.0	14.26	0.0951	0.01658	0.00442
1900	30.36	30.47	1034	77.19	248.6	426.3	1.755	1.5180	112.4	14.35	0.0944	0.01687	0.00428
1950	31.37	31.49	1028	79.55	250.3	426.3	1.769	1.5410	110.8	14.43	0.0937	0.01717	0.00414
2000	32.37	32.48	1023	81.93	252.1	426.3	1.783	1.5640	109.3	14.51	0.0930	0.01748	0.00401
2050	33.34	33.46	1018	84.34	253.8	426.3	1.797	1.5880	107.8	14.60	0.0923	0.01780	0.00388
2100	34.30	34.42	1012	86.78	255.5	426.2	1.812	1.6120	106.3	14.68	0.0917	0.01812	0.00376
2150	35.24	35.36	1007	89.25	257.1	426.1	1.828	1.6380	104.9	14.77	0.0910	0.01846	0.00363
2200	36.16	36.28	1002	91.75	258.8	426.1	1.844	1.6640	103.5	14.85	0.0904	0.01881	0.00351
2250	37.07	37.19	996	94.32	260.4	426.0	1.860	1.6910	102.1	14.93	0.0897	0.01917	0.00340
2300	37.97	38.08	991	96.83	262.0	425.8	1.877	1.7180	100.8	15.02	0.0891	0.01953	0.00328
2350	38.84	38.96	986	99.42	263.6	425.7	1.894	1.7470	99.4	15.11	0.0885	0.01991	0.00317
2400	39.71	39.82	981	102.0	265.2	425.6	1.912	1.7770	98.1	15.19	0.0879	0.02030	0.00306
2450	40.56	40.67	976	104.7	266.8	425.4	1.931	1.8070	96.9	15.28	0.0873	0.02071	0.00296
2500	41.40	41.51	970	107.4	268.3	425.2	1.950	1.8390	95.6	15.37	0.0867	0.02112	0.00285
2550	42.22	42.33	965	110.1	269.9	425.0	1.970	1.872	94.4	15.45	0.0861	0.02155	0.00275

絕壓力	溫度		密度		焓		比熱		黏度		熱傳導係數		表面張力
	起泡溫度	露點溫度	kg/m^3		kJ/kg		kJ/kg·K		μ Pa·s		W/m·K		
kPa	℃	℃	Liquid	Vapor	Liquid	Vapor	Liquid	Vapor	Liquid	Vapor	Liquid	Vapor	N/m
2600	43.03	43.15	960	112.9	271.4	424.8	1.991	1.9070	93.2	15.54	0.0855	0.02199	0.00265
2650	43.83	43.94	955	115.7	272.9	424.6	2.012	1.9420	92.0	15.63	0.0849	0.02245	0.00255
2700	44.62	44.73	950	118.6	274.4	424.4	2.034	1.9800	90.8	15.72	0.0843	0.02292	0.00246
2750	45.40	45.51	944	121.4	275.9	424.1	2.058	2.0180	89.6	15.82	0.0837	0.02341	0.00237
2800	46.16	46.27	939	124.4	277.4	423.9	2.082	2.0590	88.5	15.91	0.0832	0.02391	0.00228
2850	46.92	47.03	934	127.4	278.9	423.6	2.107	2.1010	87.4	16.00	0.0826	0.02443	0.00219
2900	47.67	47.78	929	130.4	280.4	423.3	2.133	2.1460	86.3	16.10	0.0820	0.02497	0.00210
2950	48.42	48.52	923	133.5	281.9	423.0	2.161	2.1930	85.2	16.20	0.0815	0.02553	0.00201
3000	49.13	49.24	918	136.6	283.3	422.6	2.190	2.2410	84.1	16.30	0.0809	0.02610	0.00193
3050	49.84	49.95	913	139.8	284.8	422.3	2.220	2.2920	83.0	16.40	0.0804	0.02670	0.00185
3100	50.55	50.66	907	143.0	286.2	421.9	2.252	2.3460	82.0	16.50	0.0798	0.02731	0.00177
3150	51.25	51.36	902	146.3	287.7	421.6	2.285	2.4030	80.9	16.60	0.0793	0.02794	0.00169
3200	51.94	52.04	897	149.7	289.1	421.2	2.320	2.4630	79.9	16.71	0.0787	0.02860	0.00161
3250	52.62	52.72	891	153.1	290.5	420.8	2.358	2.5270	78.8	16.82	0.0782	0.02929	0.00154
3300	53.30	53.40	886	156.6	292.0	420. 3	2.397	2.5940	77.8	16.93	0.0777	0.03000	0.00147
3350	53.96	54.06	880	160.2	293.4	419.9	2.439	2.6660	76.8	17.04	0.0771	0.03074	0.00139
3400	54.62	54.72	874	163.8	294.8	419.4	2.483	2.7420	75.8	17.16	0.0766	0.03151	0.00132
3450	55.27	55.36	869	167.6	296.3	418.9	2.530	2.8240	74.8	17.27	0.0761	0.03230	0.00125
3500	55.91	56.01	863	171.4	297.7	418.4	2.581	2.9110	73.8	17.40	0.0756	0.03313	0.00119
3550	56.54	56.64	857	175.3	299.1	417.9	2.635	3.0040	72.8	17.52	0.0751	0.03400	0.00112
3600	57.17	57.26	851	179.2	300.6	417.3	2.692	3.1050	71.9	17.65	0.0746	0.03490	0.00106
3650	57.79	57.88	845	183.3	302.0	416.8	2.755	3.2130	70.9	17.78	0.0740	0.03584	0.00100
3700	58.41	58.50	839	187.5	303.5	416.1	2.822	3.3300	69.9	17.92	0.0735	0.03683	0.00093
3750	59.01	59.10	833	191.8	304.9.5	415.5	2.895	3.4570	68.9	18.06	0.0730	0.03787	0.00087
3800	59.61	59.70	827	196.3	306.4	414.9	2.974	3.5960	67.9	18.21	0.0725	0.03895	0.00082
3850	60.21	60.29	821	200.8	307.8	414.2	3.061	3.7480	67.0	18.36	0.0720	0.04010	0.00076
3900	60.79	60.88	814	205.6	309.3	413.4	3.156	3.9150	66.0	18.52	0.0715	0.04130	0.00070
3950	61.38	61.46	808	210.4	310.8	412.7	3.261	4.1000	65.0	18.68	0.0710	0.04257	0.00065
4000	61.95	62.03	801	215.4	312.3	411.9	3.377	4.3050	64.0	18.85	0.0706	0.4392	0.00060

(A-6) R-407C [R-32/125/134a (23/25/52)] properties of liquid on the bubble line and vapor on the dew line

絕對	溫度		密度		焓		比熱		黏度		熱傳導係數		表面
壓力	起泡溫度	露點溫度	kg/m³		kJ/kg		kJ/kg·K		μ Pa·s		W/m·K		張力
kPa	℃	℃	Liquid	Vapor	Liquid	Vapor	Liquid	Vapor	Liquid	Vapor	Liquid	Vapor	N/m
400	-10.37	-4.00	1274	17.15	185.5	406.9	1.375	0.9269	237.9	11.24	0.1063	0.01093	0.01231
450	-6.98	-0.69	1262	19.24	190.2	408.5	1.385	0.9449	228.0	11.39	0.1045	0.01119	0.01177
500	-3.87	2.35	1251	21.33	194.6	410.0	1.395	0.9622	219.3	11.53	0.1029	0.01144	0.01128
550	-0.98	5.16	1240	23.44	198.6	411.3	1.405	0.9789	211.6	11.66	0.1014	0.01168	0.01083
600	1.71	7.78	1230	25.55	202.4	412.5	1.415	0.9951	204.7	11.79	0.1000	0.01191	0.01041
650	4.24	10.25	1221	27.67	206.0	413.6	1.425	1.011	198.3	11.91	0.0986	0.01213	0.01002
700	6.63	12.57	1212	29.80	209.4	414.6	1.434	1.027	192.6	12.03	0.0974	0.01235	0.00965
750	8.896	14.77	1203	31.95	212.7	415.6	1.444	1.042	187.2	12.14	0.0962	0.01256	0.00931
800	11.04	16.86	11.95	34.11	215.8	416.4	1.454	1.057	182.3	12.25	0.0951	0.01276	0.00899
850	13.09	18.85	1187	36.28	218.8	417.2	1.463	1.073	177.7	12.35	0.0940	0.01297	0.00868
900	15.05	20.76	1179	38.47	221.7	418.0	1.473	1.088	173.4	12.45	0.0930	0.01317	0.00839
950	16.94	22.59	1172	40.68	224.5	418.7	1.482	1.103	169.3	12.55	0.0920	0.01336	0.00811
1000	18.75	24.34	1164	42.90	227.2	419.3	1.492	1.118	165.5	12.65	0.0911	0.01356	0.00784
1050	20.49	26.03	1157	45.14	229.8	419.9	1.502	1.133	161.9	12.75	0.0902	0.01376	0.00759
1100	22.17	27.67	1150	47.40	232.3	420.5	1.511	1.148	158.5	12.84	0.0893	0.01395	0.00735
1150	23.80	29.24	1143	49.67	234.8	421.0	1.521	1.164	155.2	12.94	0.0884	0.01415	0.00711
1200	25.28	30.77	1136	51.97	237.1	421.5	1.531	1.179	152.1	13.03	0.0876	0.01434	0.00689
1250	26.91	32.24	1129	54.28	239.5	422.0	1.541	1.195	149.1	13.12	0.0868	0.01454	0.00667
1300	28.39	33.68	1123	56.62	241.8	422.4	1.552	1.210	146.3	13.21	0.0860	0.01474	0.00646
1350	29.83	35.07	1116	58.98	244.0	422.8	1.562	1.226	143.6	13.30	0.0852	0.01493	0.00626
1400	31.23	36.42	1110	61.36	246.2	423.1	1.573	1.242	140.9	13.38	0.0845	0.01513	0.00606
1450	32.60	37.74	1104	63.76	248.3	423.5	1.583	1.259	138.4	13.47	0.0838	0.01534	0.00587
1500	33.93	39.02	1097	66.19	250.4	423.8	1.594	1.276	136.0	13.56	0.0831	0.01554	0.00569
1550	35.22	40.27	1091	68.64	252.5	424.1	1.605	1.293	133.6	13.64	0.0824	0.01575	0.00551
1600	36.49	41.49	1085	71.11	254.5	424.3	1.617	1.310	131.4	13.73	0.0817	0.01596	0.00534
1650	37.73	42.68	1079	73.62	256.5	424.6	1.628	1.328	129.2	13.82	0.0810	0.01617	0.00518
1700	38.94	43.84	1073	76.15	258.4	424.8	1.640	1.346	127.0	13.90	0.0804	0.01638	0.00501
1750	40.12	44.98	1067	78.70	260.3	425.0	1.652	1.364	125.0	13.99	0.0797	0.01660	0.00486
1800	41.28	46.09	1061	81.29	262.2	425.2	1.664	1.383	123.0	14.07	0.0791	0.01683	0.00470
1850	42.42	47.18	1055	83.90	264.1	425.3	1.677	1.402	121.0	14.16	0.0785	0.01705	0.00455
1900	43.53	48.25	1050	86.55	265.9	425.5	1.690	1.422	119.1	14.25	0.0779	0.01728	0.00441
1950	44.63	49.29	1044	89.22	267.8	425.6	1.703	1.443	117.3	14.33	0.0773	0.01752	0.00427
2000	45.70	50.31	1038	91.93	269.5	425.7	1.717	1.464	115.5	14.42	0.0767	0.01771	0.00416
2050	46.75	51.32	1032	94.67	271.3	425.8	1.731	1.485	113.7	14.51	0.0761	0.01801	0.00399
2100	47.78	52.30	1027	97.45	273.1	425.8	1.745	1.508	112.0	14.60	0.0756	0.01826	0.00386
2150	48.80	53.27	1021	100.3	274.8	425.9	1.760	1.531	110.3	14.68	0.0750	0.01852	0.00374
2200	49.79	54.22	1015	103.1	276.5	425.9	1.776	1.554	108.6	14.77	0.0744	0.01878	0.00361
2250	50.77	55.15	1010	106.0	278.2	425.9	1.792	1.579	107.0	14.86	0.0739	0.01905	0.00349
2300	51.74	56.07	1004	108.9	279.9	425.9	1.808	1.604	105.5	14.96	0.0734	0.01932	0.00337
2350	52.69	56.97	998.3	111.9	281.5	425.9	1.825	1.630	103.9	15.05	0.0728	0.01961	0.00325
2400	53.62	57.86	92.6	114.9	283.2	425.9	1.843	1.658	102.4	15.14	0.0723	0.01990	0.00314
2450	54.54	58.73	987.0	118.0	284.8	425.8	1.861	1.686	100.9	15.23	0.0718	0.02020	0.00303
2500	55.45	59.59	981.3	121.1	286.4	425.7	1.880	1.715	99.5	15.33	0.0713	0.02051	0.00292
2550	56.34	60.43	975.7	124.2	288.1	425.6	1.899	1.746	98.0	15.43	0.0708	0.02082	0.00281

絕對	溫度		密度		焓		比熱		黏度		熱傳導係數		表面
壓力	起泡溫度	露點溫度	kg/m^3		kJ/kg		kJ/kg·K		μ Pa·s		W/m·K		張力
kPa	℃	℃	Liquid	Vapor	Liquid	Vapor	Liquid	Vapor	Liquid	Vapor	Liquid	Vapor	N/m
2600	57.22	61.26	970.0	127.4	289.6	425.5	1.920	1.778	96.6	15.52	0.0703	0.02115	0.00271
2650	58.09	62.08	964.3	130.6	291.2	425.4	1.941	1.811	95.2	15.62	0.0698	0.02148	0.00261
2700	58.94	62.89	958.6	133.9	292.8	425.3	1.963	1.846	93.8	15.72	0.0693	0.02183	0.00251
2750	59.79	63.68	952.8	137.3	294.4	425.1	1.987	1.882	92.5	15.83	0.0688	0.02218	0.00241
2800	60.62	64.46	947.1	140.7	295.9	424.9	2.011	1.920	91.1	15.93	0.0683	0.02255	0.00231
2850	61.44	65.23	941.3	144.2	297.5	424.7	2.036	1.960	89.8	16.04	0.0679	0.02293	0.00222
2900	62.25	65.99	953.5	147.7	299.0	424.5	2.063	2.002	88.5	16.15	0.0674	0.02332	0.00213
2950	63.05	66.74	929.6	151.3	300.6	424.3	2.091	2.047	87.3	16.26	0.0669	0.02372	0.00204
3000	63.84	67.48	923.7	155.0	302.1	424.1	2.121	2.093	86.0	16.37	0.0665	0.02414	0.00195
3050	64.62	68.20	917.8	158.7	303.6	423.8	2.153	2.142	84.7	16.49	0.0660	0.02457	0.00187
3100	65.39	68.92	911.8	162.6	305.2	423.5	2.186	2.195	83.5	16.60	0.0656	0.02502	0.00178
3150	66.15	69.63	905.8	166.5	306.7	423.2	2.221	2.250	82.2	16.73	0.0651	0.02548	0.00170
3200	66.90	70.33	899.7	170.5	308.2	422.9	2.258	2.309	81.0	16.85	0.0647	0.02597	0.00162
3250	67.65	71.01	893.5	174.5	309.7	422.5	2.298	2.371	79.8	16.98	0.0643	0.02647	0.00154
3300	68.38	71.69	887.3	178.7	311.2	422.1	2.340	2.438	78.6	17.11	0.0638	0.02699	0.00147
3350	69.11	72.36	881.0	183.0	312.8	421.8	2.386	2.509	77.4	17.25	0.0634	0.02754	0.00139
3400	69.83	73.03	874.6	187.4	314.3	421.3	2.434	2.585	76.2	17.39	0.0630	0.02810	0.00132
3450	70.54	73.68	868.1	191.9	315.8	420.9	2.487	2.668	75.0	17.53	0.0626	0.02870	0.00125
3500	71.24	74.32	861.5	196.5	317.3	420.4	2.543	2.756	73.9	17.68	0.0622	0.02932	0.00117
3550	71.94	74.96	854.8	201.2	318.8	419.9	2.605	2.852	72.7	17.83	0.0618	0.02997	0.00111
3600	72.63	75.58	848.0	206.1	320.4	419.4	2.671	2.956	71.5	17.99	0.0614	0.03065	0.00104
3650	73.31	76.20	841.0	211.2	321.9	418.8	2.744	3.069	70.3	18.16	0.0611	0.03137	0.00097
3700	73.98	76.81	833.9	216.4	323.5	418.2.2	2.824	3.194	69.1	18.34	0.0607	0.03213	0.00091
3750	74.65	77.42	826.7	221.7	325.0	417.6	2.912	3.330	68.0	18.52	0.0604	0.03293	0.00085
3800	75.31	78.01	819.2	227.3	326.6	416.9	3.009	3.481	66.8	18.71	0.0600	0.03379	0.00079
3850	75.97	78.60	811.6	233.1	328.2	416.2	3.118	3.648	65.6	18.91	0.0597	0.03469	0.00073
3900	76.62	79.17	803.8	239.1	329.8	415.5	3.240	3.834	64.4	19.12	0.0595	0.03567	0.00067
3950	77.26	79.75	795.7	245.4	331.5	414.7	3.377	4.044	63.2	19.34	0.0592	0.03671	0.00061
4000	77.90	80.31	787.4	251.9	333.1	413.8	3.534	4.282	61.9	19.58	0.0590	0.03783	0.00056

(A-7) 非金屬物理性質

Structural Materials	T (℃)	ρ (kg/m^3)	c_p (kJ/kg・K)	k (W/m・K)	$\alpha\times10^7$ (cm^2/s)
Asphalt	20 - 55			0.74 - 0.76	
Bakelite	20	1273	1.59	0.232	1.14
Bricks					
Common	20	1602	0.84	0.69	5.2
Face	20	2050		1.32	
Carborundum brick	600			18.5	
	1400			11.1	
Chrome brick	200	3011	0.84	2.32	9.2
	550			2.47	9.8
	900			1.99	7.9
Diatomaceous earth	204			0.24	
(fired)	871			0.31	
Fire-clay brick	500	2050	0.96	1.04	5.3
(burnt 1330℃)	800			1.07	5.4
	1100			1.09	5.5
Fire-clay brick	500	2323		1.28	5.7
(burnt 1450℃)	800			1.37	6.1
	1100			1.40	6.3
Fire-clay brick	200	2643	0.96	1.00	3.9
(Missouri)	600			1.47	5.8
	1400			1.77	7.0
Magnesite	204		1.13	3.81	
	650			2.77	
	1204			1.90	
Cement, portland		1500		0.29	
Cement, mortar	24			1.16	
Concrete	20	1900 - 2300	0.88	0.81 - 1.40	4.0 - 8.4
Concrete, cinder	24			0.76	
Glass, plate	20	2700	0.84	0.76	3.2
Glass, borosilicute	30	2225		1.09	
Plaster, gypsum	21	1440	0.84	0.48	4.0
Plaster, metal lath	21			0.47	
Plaster, wood lath	21			0.28	
Stone					
Granite		2640	0.82	1.73 - 3.98	8.0 - 18.3
Limestone	100 - 300	2480	0.91	1.26 - 1.33	5.6 - 5.9
Marble	20	2500 - 2700	0.81	2.77	12.7 - 13.7
Sandstone	20	2160 - 2300	0.71	1.63 - 2.08	10.0 - 13.6
Wood, cross grain					
Balsa	30	140		0.055	
Cypress	30	465		0.097	
Fir	24	417	2.72	0.11	0.96
Oak	30	480 - 600	2.39	0.17	1.3
Yellow pine	24	640	2.81	0.16	0.91
White pine	30	430		0.11	
Wood, radial					
Fir	20	417 - 421	2.72	0.14	1.2
Oak	20	480 - 600	2.39	0.17 - 0.21	1.2 - 1.8

Insulating Materials	T (℃)	ρ (kg/m^3)	c_p (kJ/kg・K)	k (W/m・K)	$\alpha\times10^7$ (cm^2/s)

Structural Materials	T (℃)	ρ (kg/ m^3)	c_p (kJ/kg・K)	k (W/m・K)	$\alpha\times10^7$ (cm^2/s)
Asbestos					
Loosely packed	-45			0.149	
	0	470 - 570		0.154	3.3 - 4
	100			0.161	
Cement				2.08	
Cement boards	20			0.744	
Sheet	51			0.166	
Felt (40 laminations / in.)	38			0.057	
	149			0.069	
	260			0.083	
Felt (20 laminations / in.)	38			0.078	
	149			0.095	
	260			0.113	
Corrugated (4 plies / in.)	38			0.087	
	93			0.100	
	149			0.119	
Balsam wool	32	32		0.040	
Cardboard, corrugated				0.064	
Celotex	32			0.048	
Corkboard	30	160		0.043	
Cork					
Expanded scrap	20	45 - 119	1.88	0.036	1.6 - 4.3
Ground	30	151		0.043	
Diatomaceous earth					
(Sil-o-cel)	0	320		0.061	
Felt,hair	30	130 - 200		0.036	
Felt,wool	30	330		0.052	
Fiber insulating board	21	237		0.049	
Glass wool	23	24		0.038	22.6
Kapok	30			0.035	
Magnesia, 85%	38	270		0.068	
	93			0.071	
	149			0.074	
	204			0.080	
Rock wool	32	160		0.040	
Loosely packed	150	64		0.067	
	260			0.087	
Silica aerogel	32	140		0.024	
Wood shavings	23			0.059	
Clay	20	1458	0.88	1.28	10.0
Coal					
Anthracite	20	1200 - 1500	1.26	0.26	1.4 - 1.7
Powdered	30	737	1.30	0.116	1.2
Cotton	20	80	1.30	0.059	5.7
Earth, coarse	20	2050	1.84	0.52	1.4
Ice	0	913	1.93	2.22	12.6
Rubber, hard	0	2000		0.151	
Sawdust	23			0.059	
Silk	20	58	1.38	0.036	4.5

(A8) 金屬物理性質

Metals Alloys	Properties at 20℃ (293K)				Thermal conductivity k (W/m·K)						
	ρ kg/m^3	c_p kJ/kg·K	k W/m·K	α cm^2/s	−100℃	0℃	100℃	200℃	400℃	600℃	1000℃
Aluminum											
Pure	2720	0.896	204	0.842	215	202	206	215	249		
Duralumin (94 – 96% Al, 3-5%Cu,trace Mg)	2787	0.883	164	0.667	126	159	182	194			
Silumin (87% Al, 13% Si)	2659	0.871	164	0.710	149	163	175	185			
Antimony	6690	0.208	17.4	0.125	19.2	17.7	16.3	16.0	17.2		
Beryllium	1850	1.750	167	0.516	126	160	191	215			
Bismuth,polycrystalline	9780	0.124	7.9	0.065	12.1	8.4	7.2	7.2			
Cadmium,polcrystalline	8650	0.231	92.8	0.464	97	93	92	91			
Cesium	1873	0.230	36	0.836							
Chromium	7190	0.453	90	0.276	120	95	88	85	77		
Cobalt (97.1% Co) polcrystalline	8900	0.389	70	0.202							
Copper											
Pure	8954	0.384	398	1.16	420	401	391	389	378	366	336
Commerical	8300	0.419	372	1.07							
Aluminum bronze (95% Cu,5% Al)	8666	0.410	83	0.233							
Brass (70% Cu, 30% Zn)	8522	0.385	111	0.341	88		128	144	147		
Brass (60% Cu, 40% Zn)	8400	0.376	113	0.358							
Bronze (75% Cu, 25% Sn)	8666	0.343	26	0.086							
Brozen (85% Cu, 6% Sn, 9% Zn, 1% Pb)	8800	0.377	61.7	0.186							
Constantan (60% Cu, 40% Ni)	8922	0.410	22.7	0.061	21		22.2	26			
German silver (62% Cu, 15% Ni, 22% Zn)	8618	0.394	24.9	0.073	19.2		31	40	48		
Gold	19300	0.129	315	1.27		318		309			
Iron											
Pure	7897	0.452	73	0.205	87	73	67	62	48	40	35
Cast (5% C)	7272	0.420	52	0.170							
Carbon steel, 0.5% C	7833	0.465	54	0.148		55	52	48	42	35	29
1.0% C	7801	0.473	43	0.117		43	43	42	36	33	28
1.5% C	7753	0.486	36	0.097		36	36	36	33	31	28
Chrome steel, 1% Cr	7865	0.460	61	0.167		62	55	52	42	36	33
5% Cr	7833	0.460	40	0.111		40	38	36	33	29	29
20% Cr	7689	0.460	22	0.064		22	22	22	24	24	29
Chrome-Nickel steel,											
15% Cr, 10% Ni	7865	0.460	19	0.053							
20% Cr, 15% Ni	7833	0.460	15.1	0.042							
Invar (36% Ni)	8137	0.460	10.7	0.029							
Manganese steel, 1% Mn	7865	0.460	50	0.139							
5% Mn	7849	0.460	22	0.064							
Nickel-Chrome steel											

	Properties at 20℃ (293K)				Thermal conductivity k (W/m·K)						
Metals Alloys	ρ kg/m^3	c_p kJ/kg·K	k W/m·K	α cm^2/s	−100℃	0℃	100℃	200℃	400℃	600℃	1000℃
80% Ni, 15% Cr	8522	0.460	17	0.045							
20% Ni, 15% Cr	7865	0.460	14	0.039		14	15.1	15.1	17	19	
Silicon steel, 1% Si	7769	0.460	42	0.116							
5% Si	7417	0.460	19	0.056							
Stainless steel, Type 304	7817	0.460	13.8	0.040			15	17	21	25	
Type 347	7817	0.420	15	0.044	13		16	18	20	23	28
Tungsten steel, 1% W	7913	0.448	66	1.858							
2% W	7961	0.444	62	0.176		62	59	54	48	45	36
5% W	8073	0.435	54	1.525							
10% W	8314	0.419	48	0.139							
20% W	8826	0.389	43	1.249							
Wrought (0.5% CH)	7849	0.460	59	0.163	36.9	59	57	52	45	36	33
Lead	11340	0.130	34.8	0.236		35.1	33.4	31.6	23.3		
Lithium	530	3.391	61	0.340	178	61	61				
Magnesium											
Pure	1746	1.013	171	0.970		171	168	163			
6 - 8% Al, 1 -2 % Zn					93			74			
electrolytic	1810	1.000	66	0.360		52	62	130			
2% Mn	1778	1.000	114	0.640		111	125				
Manganese											
Pure	7300	0.486	7.8	0.022							
Manganin (84% Cu, 4% Ni, 12% Mn)	8400	0.406	21.9	0.064							
Molybdenum	10220	0.251	123	0.480	138	125	118	114	109	106	99
Monel 505 (at 60℃)	8360	0.544	19.7	0.043							
Nickel											
Pure	8906	0.445	91	0.230	114	94	83	74	64	69	78
Nichrome (24% Fe,16% Cr)	8250	0.448	12.6	0.034							
90% Ni, 10% Cr	8666	0.444	17	0.044		17.1	18.9	20.9	24.6		
Niobium	8570	0.270	53	0.230							
Palladium	12020	0.247	75.5	0.254		75.5	75.5	75.5	75.5		
Platinum	21450	0.133	71.4	0.250	73	72	72	72	74	77	84
Potassium	860	0.741	103	1.62							
Rhenium	21100	0.137	48.1	0.166							
Rhodium	12450	0.248	150	0.486							
Rubidium	1530	0.348	58.2	1.09							
Silver, 99.99% Ag	10524	0.236	427	1.72	431	428	422	417	401	386	
99.90% Ag	10524	0.236	411	1.66	422	405		373	364		
Sodium	971	1.206	133	1.14		57.4					
Tantalum	16600	0.138	57.5	0.251							
Tin, polycrystalline	7304	0.220	67	0.417	76	68	63				
Titanium, polycrystalline	4540	0.523	22	0.093	26	22	21	20	19	21	22
Tungsten, polycrystalline	19300	0.134	179	0.692		182					
Uranium	18700	0.116	28	0.129	24	27	29	31	36	41	

Metals Alloys	Properties at 20℃ (293K) ρ kg/m³	 c_p kJ/kg·K	 k W/m·K	 α cm²/s	Thermal conductivity k (W/m·K) −100℃	 0℃	 100℃	 200℃	 400℃	 600℃	 1000℃
Vanadium	6100	0.502	31.4	0.103		31.3					
Wood's metal (50% Bi, 25% Pb, 12.4% Cd, 12.5% Sn)	1056	0.147	12.8	0.825							
Zinc	7144	0.388	121	0.437	122	122	117	110	100		
Zirconium, polycrystalline	6570	0.272	22.8	0.128		23.2					

(A9) 引擎油(engine oil) 熱流性質

溫度 (K)	比容，v_f $(m^3/kg)\times10^3$	比熱 c_p $(kJ/kg\cdot K)$	μ_f (W/m·K)	k_f (W/m·K)	Pr_f	α_f $(m^2/s)\times10^8$
250	1.093	1.72	32.2	0.151	367000	9.60
260	1.101	1.76	12.23	0.149	14500	9.32
270	1.109	1.79	4.99	0.148	60400	9.17
280	1.116	1.83	2.17	0.146	27200	8.90
290	1.124	1.87	1.00	0.145	12900	8.72
300	1.131	1.91	0.486	0.144	6450	8.53
310	1.139	1.95	0.253	0.143	3450	8.35
320	1.147	1.99	0.141	0.141	1990	8.13
330	1.155	2.04	0.084	0.140	1225	7.93
340	1.163	2.08	0.053	0.139	795	7.77
350	1.171	2.12	0.036	0.138	550	7.62
360	1.179	2.16	0.025	0.137	395	7.48
370	1.188	2.20	0.019	0.136	305	7.34
380	1.196	2.25	0.014	0.136	230	7.23
390	1.205	2.29	0.011	0.135	185	7.10
400	1.214	2.34	0.009	0.134	155	6.95

快速索引

主題分類

國家圖書館出版品預行編目(CIP)資料

熱交換設計 = Heat Transfer Design/王啟川編著.--初版.--臺北市:五南圖書出版股份有限公司, 2007.06
面; 公分

ISBN 978-957-4764-2(精裝)

1.熱交換器 - 設計

460.21 96008509

5I10

熱交換設計
Heat Transfer Design

編　　著— 王啟川(16.1)
發 行 人— 楊榮川
總 經 理— 楊士清
總 編 輯— 楊秀麗
文字編輯— 王啟川
副總編輯— 王正華
封面設計— 鄭依依
出 版 者— 五南圖書出版股份有限公司
地　　址:106台北市大安區和平東路二段339號4樓
電　　話:(02)2705-5066　　傳　　真:(02)2706-6100
網　　址:https://www.wunan.com.tw
電子郵件:wunan@wunan.com.tw
劃撥帳號:01068953
戶　　名:五南圖書出版股份有限公司

法律顧問　林勝安律師

出版日期　2007年6月初版一刷
　　　　　2024年6月初版六刷

定　　價　新臺幣1200元